中国地震局地震研究所发展基金资助
中国地震局监测预报司资助
湖北省学术著作出版专项资金资助项目

地震大地测量学

Earthquake Geodesy

周硕愚　吴　云　江在森　申重阳　薄万举　乔学军　王庆良
李　辉　刘文义　谭　凯　王　伟　周义炎　饶扬誉 等　著

WUHAN UNIVERSITY PRESS
武汉大学出版社

图书在版编目(CIP)数据

地震大地测量学/周硕愚等著.—武汉:武汉大学出版社,2017.10
中国地震局地震研究所发展基金资助　中国地震局监测预报司资助
湖北省学术著作出版专项资金资助项目
ISBN 978-7-307-19517-2

Ⅰ.地…　Ⅱ.周…　Ⅲ.大地测量学　Ⅳ.P22

中国版本图书馆 CIP 数据核字(2017)第 187602 号

责任编辑:鲍　玲　　责任校对:李孟潇　　版式设计:马　佳

出版发行:**武汉大学出版社**　　(430072　武昌　珞珈山)
(电子邮件:cbs22@whu.edu.cn 网址:www.wdp.com.cn)
印刷:武汉市宏达盛印务有限公司
开本:787×1092　1/16　印张:51　字数:1203 千字　插页:2
版次:2017 年 10 月第 1 版　　2017 年 10 月第 1 次印刷
ISBN 978-7-307-19517-2　　定价:260.00 元

序　一

在自然科学领域中，地球科学的活力不弱于其他学科。在外部，地球科学与物理学、天文学、数学、化学乃至生命科学相互交叉融合，产生出诸如地球物理学、地球化学等边缘学科；在内部，地球科学各学科之间也相互交叉融合，产生出一些生机勃勃的新兴学科，例如，研究地球本身的结构与发展时，作为用物理学的原理和方法研究固体地球的运动、物理状态、物质组成、作用力和各种物理过程的综合性学科的地球物理学与利用地面上直接观测到的数据研究地下浅层构造与变化过程和资源情况的地质学关系密切，产生出地震科学的一个重要的分支学科——地震地质学；地球物理学又与研究地球表面形状的大地测量学有许多共同关注的研究对象，如地球的重力场、地球形状、地球固体潮、地震，等等。

在许多情况下，地球物理学家是用天然或人工地震激发的瞬态地震波来研究地震与地球内部结构的。地震时产生的巨大的、急剧变化的形变是由大范围、长时间、复杂的形变场所产生的，所以，通过测量缓慢的地面形变可望增进对地震及产生地震过程的认识，为此就要用到检测布设在地面上观测点的位置移动的大地测量学方法。

作为地球物理学重要分支学科的地震学与大地测量学的密切关系至少可以追溯到 20 世纪初。1910 年，里德（F. Reid）根据他对 1906 年 4 月 18 日旧金山（面波震级 $M_S 7.8$，矩震级 $M_W 8.0$）地震的研究提出关于地震直接成因的弹性回跳理论主要观测依据之一便是地震前、后的三角测量结果。1961 年，钦纳里（M. Chinnery）利用 1927 年 3 月 7 日日本丹后（Tango）地震（$M_S 7.3$，$M_W 7.1$）前后三角测量点的位移变化，即地面水平形变推断地震断层的位置、大小和错动量等工作是大地测量结果在地震震源研究成功应用的经典例证。1965 年普雷斯（F. Press）强调了大地震在震中区直至远震距离产生的残余（持久）位移、应变与倾斜对于地震震源研究的重要意义。他指出，地震的动态监测与静态监测的区别是人为的，"应当把地震静态场的监测和解释工作视为'零频地震学'"。普雷斯的研究开创了零频地震学。在大地测量学中，与零频地震学相应的学科便是地震大地测量学。

长期以来，一直到半个世纪以前，大地测量基本上是依靠三角测量、三边测量和水准测量三种方法。三角测量是用经纬仪测量测线之间的夹角，三边测量是用激光测距仪测量点位之间的距离，而水准测量则是靠精密水准仪瞄准远处的标尺进行测量。这些方法费时、费力，并且精确度不高，极大地限制了大地测量学方法在地震研究中的应用。

运用来自空间的信号进行大地测量的方法的出现，使得测量位置的精确度达到毫米级成为可能，现在可以比过去容易得多地由大地测量资料获得前所未有的高精确度地震前、后与同震运动。

在地球科学领域中，空间技术属于最复杂的科学技术之一。不过，在理论方面它所运用的电磁波传播理论本质上与地震波传播理论是类似的。目前，空间技术用于大地测量的主要有三种方法，即甚长基线干涉术（Very Long Baseline Interferometry，VLBI）、人造卫星激光测距（Satellite Laser Ranging，SLR），以及全球定位系统（Global Positioning System，GPS）。VLBI 运用来自遥远的类星体辐射的无线电波到达地球上不同地点的走时差，由走时差求出两点间的距离；SLR 运用由地基激光仪发出的激光经由人造卫星反射的双程走时；而 GPS 则是运用卫星与地面观测站之间的无线电信号的走时。

空间技术 VLBI，SLR，GPS，InSAR 等的出现，使大地测量学家与地震学家在地震研究方面有了共同的观察手段。地震大地测量学与零频地震学这两个长期以来由于观测手段不同而被认为是性质截然不同的学科，如今已几乎不加区别。地震大地测量学被视为是甚低频地震学、零频地震学，而天然地震学则被视为是高频大地测量学。

半个世纪以来，我国在地震大地测量学方面取得了可喜的进展，其中主要包括：①集成当代多种高新技术（空间、信息、数字、超导、激光等），建立多尺度空-时-频域的具有世界先进水平的中国大陆现今运动-变形监测（探测）系统；②开拓现今（10^{-2} 秒 ~ 10^2 年）大陆地壳运动与变形动力学研究新领域；③参与并促进地震科学的发展；④参与并支持大陆动力学新理论体系的建立；⑤持续监测研究中国大陆现今地壳运动、变形及大地震孕育与发生过程；⑥为地震预测探索提供新思路、新技术、新信息、新模式以及新方法等；⑦为防灾减灾、环境保护、公共安全、测绘、国土规划、国防提供相关的科学技术服务。

虽然半个世纪以来地震大地测量学已取得令人振奋的进展，但依然是一门方兴未艾的新兴学科。为使该学科能更坚实、更深入地进入大陆动力学与地震科学基础研究和更有效地持续推进地震预测创新，周硕愚等专家学者共同撰写了《地震大地测量学》专著。该书系统地总结了国际、国内地震大地测量学半个世纪以来所取得的进展；并以观测方法为经线，以认知过程为纬线，依次论述了空间大地测量学、物理大地测量学、几何大地测量学、动力大地测量学等方法；从现今大陆地壳变形的角度探讨了大地震孕育、发生的动力学机理；提出了一些具有前瞻性的科学思路和具有可操作性的预测方法。

该书各章均由活跃在各个分支学科第一线，在该学科领域执牛耳的专家学者执笔写成。该书既适合于初学者入门，对于从事地震大地测量学研究与教学的专家学者、博士生与硕士生而言，这是一部很有深度和广度的教科书；又适合于已有相当经验的专家学者继续深造，开阔学术视野，对于从事地震研究的专家学者、从事防灾减灾事业的科技专家与管理专家，以及其他相关学科领域的专家学者而言，这也是一部很有参考价值的专著。

我自 1962 年开始从事地球物理学研究工作，1970 年转向，主要从事地震震源的理论与应用研究。鉴于地震震源研究与大地测量学的密切关联，以及个人的研究兴趣，有幸与周硕愚、黄立人等地震大地测量学专家学者时相过从，或探讨疑难学术问题，或合作研究撰写学术论文，尽享学科交叉融合之乐趣。日前，周硕愚教授寄来《地震大地测量学》一书文稿，邀我作序。我慨然允诺，得以先睹为快。粗读之后，写下以上感言，权以当序，并以此表达对皇皇巨著《地震大地测量学》付梓的衷心祝贺。

陈运泰

中国科学院院士

发展中国家科学院（TWAS）院士

2016 年 10 月 14 日

序　二

　　大地测量学是地球科学中具有悠久历史的学科。在新技术革命(空间、信息,如GNSS)、地学革命(板块学说、地球系统科学)和社会迫切需求(减灾、环保等)的推进下,从20世纪60年代始,大地测量学发生了深刻的变化,跃升为现代大地测量学。其主要特征为:①突破时空局限性具有多尺度多时变全球整体测地能力;②由静态测地迈入了动态时变过程对地监测;③由陆地表层测量扩展到对地球内部和外部各圈层关系的综合观测与探测;④由地球拓展到星际测量(月球、火星等)。这些变化使大地测量服务对象从为各类测绘提供参考基准为主,走向探索地球科学基本问题(地球系统及其动力学过程)的道路;并与相关学科交叉融合,强劲推动环境、灾害、资源等领域的科学技术进步与创新。正是经典大地测量学向现代大地测量学的大发展,方使地震大地测量学的诞生成为可能。

　　大地测量技术作为地震研究重要技术途径之一,如1911年Reid提出的国际上第一个地震理论模型——弹性回跳说就是以大地测量资料为主要观测证据的。我国从1966年邢台大地震后组织大规模地震监测预报工作,一批批大地测量学专业人员投身于地震监测预报科学探索之中,大地测量学技术、理论和方法在这一领域应用研究中逐步发展形成为今天中国的地震大地测量学体系。由于地震预测紧迫的社会需求与科学挑战性,在半个世纪地震监测预报探索中,无论从观测技术还是研究内容,原有的大地测量学范畴都有了诸多拓展和延伸。如20世纪70年代后就发展了为捕捉地震孕育过程地壳形变微动态信息的高精度、高灵敏度的定点连续地壳形变测量技术,使小尺度形变测量精度达到10^{-10}以上;针对孕震断裂带断层活动的精密跨断层测量等(短水准测量、短基线测量、蠕变测量等);20世纪80年代起就将GNSS等空间大地测量新技术应用到地震监测研究中,以及地面精密重力测量、卫星重力测量和合成孔径雷达差分干涉测量(DInSAR)等技术的应用和发展,逐步形成了从大区域到地震断层带及定点多尺度的地壳形变场、重力场动态过程及瞬态变化的观测能力,在精确测定地震孕育、发生及震后过程的多尺度地壳形变、动态时变重力场及其研究中发挥了不可替代的作用。一方面,大地测量学在地震科学研究中与地震学、地震地质学、岩石力学和复杂动力系统理论等交叉相融,并把系统科学新理论率先引入到地震科学研究中,逐渐成长为一门精确测量和研究现今大陆变形动力系统演化及其地震行为的前沿交叉新兴学科。而另一方面,现代大地测量学在诸多方面的发展,如空间大地测量学提供了在ITRF参考框架下各部分运动-变形-地震孕发的相互关联和整体演化过程,包括GNSS地震学、GNSS-重力水准等;物理大地测量学可提供从地表至深部各不同层面上的密度变化(物质运移);几何大地测量学对垂直运动和断层系及断层等不同尺度的精确的远近场观测;动力大地测量学提供了甚宽频域的数字化信息,已基本实现测量时频延伸覆盖到地震学频域,又开拓出新的生长点等。从地表至深部及高空,从全球到某定点,全时空和全频域的现今整体动态精确观测，地震大地测量学已成为地球系统新时期推进大陆动力学、地震科学和地震预测发展的具革命性和可操作性的科学技术之一。现代大地测量学，将为地震大地测量学源源不断地提供新理论和新技术支撑。而地震大地测量学通过整体与局部、浅部与深部、线性与非线性，图像与模式相结合的途径研究复杂变形动力演化及其灾变地震行为的探索性开拓，不仅丰富了地球系统科学时代动力大地测量学的研究，并在大陆地震监测预测等研究中又从动力学预测的需求和问题出发，反过来促进现代大地测量学理论和观测技术的发展。

地震大地测量学作为一门新学科是在地震科学研究中大地测量学与地震学、地质学等众多学科交叉融合中发展起来的，更是靠一批批大地测量学专业人员全身心投入这一社会需求紧迫而又颇具科学挑战性的研究探索之中推进的。如以本书作者周硕愚研究员为代表的一些满怀热情、挚爱地震减灾科学事业的先行者们，正是由于他们长期坚持不懈地努力，地震大地测量学才取得若干令人振奋的进展。本书由地震大地测量学不同领域的十多位研究者共同撰稿，作为首部具有探索性的地震大地测量学专著，较全面反映了五十年来地震大地测量学取得的主要进展和他们自己的研究创见。全书共 15 章，按不同观测技术（空间大地测量、物理大地测量、几何大地测量、动力大地测量）与观测→理解→模型→预测的认知过程等方式论述。既重视从大量翔实的各类观测资料中发现和证实客观存在的自然现象，也重视方法、模型模式的建立和预测及检验等，促进了理性认识的不断深入。本书的研究揭示了诸多过去未能认知的可能与地震孕育过程有关联的复杂现象及其动力学机理，提出了一些具有前瞻性的科学思想、模式和具有可操作性的预测方法，如"大陆现今变形动力系统演化及其地震行为"，"大陆现今变形动力学"，"现今变形图像动力学"，"地震预测的科学思路"等。本书的出版可望充实地球系统科学基础研究，促进地震监测预测科技创新，对与地壳形变相关的多种自然灾害监测预测和国民经济建设应用也有借鉴作用，对推进学科建设和人才培育更有重要意义。

中国工程院院士
2016 年 12 月 25 日

前　　言

　　地球科学已进入地球系统科学新时期，以解决人类面临严峻挑战的资源、环境和灾害难题为己任；以系统组成部分之间的相互作用和演化过程为焦点；倡导学科交叉和系统集成，催生了一批前沿交叉新兴学科，地震大地测量学(Earthquake Geodesy)即为其中之一。

　　板块构造理论能解释全球构造和板间地震，但难以解释大陆(板内)构造运动、现今变形过程及其地震孕发行为。大陆地震预测既是社会急迫需求，又是世界科学难题；是中国地球科学从大国走向强国，达到国际先进水平必须直面的严峻现实。

　　1956 年我国制定了十二年科学技术远景规划，其中第 33 项任务为"天然地震的灾害及其防御"，由傅承义院士和刘恢先院士起草，是第一部地震预测国家规划。1966 年邢台大地震后，地震预测成为紧迫的国家任务，在方俊院士引领下大地测量学从此进入此领域。在 50 年漫长、艰辛，甚至忍辱负重的探索实践中，地震工作者既深感复杂性与困难，又窥见到内蕴规律的曙光。基于学科本身的特性和冲破窘境的强烈渴望，从 20 世纪 80 年代起就将 GPS 等新技术和系统科学等新理论率先应用于观测、研究与预测。现代大地测量学(空间大地测量学、物理大地测量学、几何大地测量学和动力大地测量学)通过与地震学、地震地质学、岩石力学和复杂动力系统理论的交融，在地震监测预测和研究中，逐渐成长为一门精确测量和研究现今大陆变形动力系统演化及其地震行为的新兴交叉学科——地震大地测量学。

　　在 50 年探索中，地震大地测量学的主要进展为：①集成当代多种高新技术(空间、信息、数字、超导、激光等)，建立了多尺度时(频)-空域的具有世界先进水平的"中国大陆现今运动-变形监测(探测)系统"，为科学创新与自然灾害预测奠定坚实基础。②开拓"现今(10^{-2} 秒 ~ 10^2 年)大陆地壳运动与变形动力学"研究新领域，基本填补了地震学与地质学之间的时间(频率)空白域。精确揭示出此域内前人未曾知晓的多种复杂自然现象及其相互关系，使研究从过去到现在并可望预测未来的动力学模型与机理成为可能。③基于对"现今大陆变形动力学"的探索，即通过对现今大陆变形的精确测量，揭示其动力学机理的途径，参与并支持大陆动力学新理论体系的建立。④通过"现今大陆变形动力系统演化及其地震孕发行为"的研究，即动力系统(整体论)与震源(还原论)相结合；变形(阻抗力)，物质运移(体积力)和地震(破裂)相结合的途径，作为新兴科学"地震科学"的组成部分之一，参与并促进其发展。⑤持续监测研究中国大陆现今地壳运动，变形及大(强)地震孕发过程，揭示出大陆形变系统是一个类似生命体的能自我演化的复杂系统，即自组织动力系统，其基本状态(常态)是稳定态，地震是局部时空域偏离稳态走向失稳又回归稳态的暂态行为。地震具可预测性又很难实现完全确定性的预测，预测尚存在很大的可进步空间。⑥为地震预测走出困境，提供新思路、新技术、新信息、新模式以及具有可操作

1

性的预测新方法等。尽管地震预测仍有待长期探索，然而如今在一定条件下，已有可能通过预测为某些地震的预报-减灾做出一些实际贡献。⑦为防灾减灾、公共安全、环保、测绘、国土规划和国防安全提供相关的科学技术服务。

地震大地测量学虽已取得若干令人振奋的进展，但依然是一门正在成长中的稚嫩学科。2006—2008年，在中国地震局"十二五"发展规划研究中，我们提出：有必要整合升华多年积累的新信息和新认知，初步构建地震大地测量学学科体系；使学科能更坚实、更深入地融入大陆动力学和地震科学基础研究，更有效地持续推进地震预测创新，更有利于人才成长。中国地震局地震研究所在所长基金支持下进行了调研与预研究，得到多门学科多位学者专家的鼓励和中国地震局的支持，决定以"展示性、交叉性、创新性和前瞻性"为目标，由周硕愚拟定撰写大纲，协商约请武汉、天津、西安、北京等地在该领域内有多年研究成果积累及预测实践的专家，协同撰写首部《地震大地测量学》专著。全书共15章，采用了"分手段"和"学科整体"相结合的结构。前者包括：GNSS，InSAR；重力（CHAMP，GRACE，GOCE，绝对与相对测量）；精密水准测量与基于GNSS的垂直形变；边界带、断层和断层系的组合观测；GNSS、地应变、地倾斜、重力等高密采样数字台网监测；对地下介质物性（密度、潮汐因子）和电离层物性参量的探测等。后者包含：学术思想、学科框架、研究方法、数据理解、大陆变形动力系统演化及地震行为，地震预测途径的新探索以及观测（探测）→理解→模型（模拟）→预测（检验）认知过程等。纵横交织，相辅相成，整体而又具体地表达学科内涵及未来发展。各章撰稿人分别为：周硕愚撰写第1、第11和第12章；王伟、乔学军撰写第2章；李辉、申重阳撰写第3章；申重阳撰写第4章；王庆良撰写第5章；薄万举撰写第6章；乔学军撰写第7章；吴云、张燕撰写第8章；谭凯撰写第9章；周义炎、吴云撰写第10章；江在森撰写第13章；饶扬誉、刘锁旺撰写第14章；刘文义撰写第15章。其中少数章还有一些新锐科技人才参与（见各章尾末注）。周硕愚、吴云通过与各章撰稿人的交流研讨，统筹全书撰写。饶扬誉统编全书并谋划出版；付燕玲、黄清、贺克锋、鲁小飞、胡敏章等参与编辑。

地震大地测量学是一门前沿交叉稚嫩学科，在其成长过程中有幸获得 傅承义 、陈运泰、陈颙（地球物理学）；方俊 、许厚泽、宁津生、刘经南（大地测量学）；丁国瑜、马宗晋、马瑾、张培震（地质学）；叶淑华（天文学）等院士的关注和鼓励，学术启导与合作研究支持。陈运泰院士多年来一直在推动此交叉学科的发展，明确提出地震大地测量学是当代新兴学科地震科学（Earthquake Science）的组成部分之一，在本书撰写过程中给予指导，审阅书稿和撰写序言；刘经南院士基于现代大地测量学母学科，持续关注、推进此新兴子学科的成长，直接参与某些关键科技问题研究，为学科培养高素质博士人才，在本书撰写过程中给予指导并撰写序言。

在地震大地测量学形成过程中，周江文 、陈鑫连 、梅世蓉 、赖锡安 、李延兴 、陶本藻、郭增建、李瑞浩、吴翼麟、邵占英、张祖胜、黄立人、王琪、许才军、朱文耀、贾民育、蔡唯鑫、夏治中、杜瑞林、秦小军、龚守文、丁平、欧吉坤、杨国华、王敏、王若柏、车兆宏、谢觉民、杜方、王双绪、祝意青、李盛乐、李正媛、陈志瑶等教授（研究员）；朱煜城、邢灿飞、余绍熙、刘本培、宋永厚等高级工程师和薛宏交、柳建桥编审，等等，都作出了自己的贡献。

在学科专著形成过程中，中国地震局地震研究所姚运生研究员给予了极大支持，全程协调并以所长基金为本书提供了持续的资助；中国地震局第一监测中心龚平研究员、中国地震局第二监测中心张尊和研究员、中国地震局预测研究所任金卫研究员、中国地震局地球物理研究所吴忠良研究员给予了热情支持与鼓励。

本书的出版得到中国地震局监测预报司的支持和资助，中国地震局地震研究所发展基金的资助，武汉大学出版社的支持与帮助，有幸获得湖北省学术著作出版专项资金资助。

本书的形成与撰写均经历较为艰难的过程，有幸获得了上述专家和领导的指导、帮助、支持与鼓励，否则难以完成。值此地震大地测量学五十年之际，向抚育我们的祖国和人民，向指导帮助学科成长的各学科的多位学者专家，向踏遍崇山峻岭和坚守台站的众多战友，致以诚挚的感谢与崇高的敬礼！

鉴于研究对象的高度复杂性，虽历经数十年探索和五年撰写，由于作者认知水平所限，必有欠深入、全面，有待在今后研究与实践中接受检验。恳请专家、学者和相关领域的同行批评指正。

世界永恒的奥秘就在于它的可理解性(爱因斯坦)，如果你走的是一条认知世界的路，那么任其遥远艰难都要前进(菲尔岛西)。众里寻他千百度，蓦然回首，那人却在灯火阑珊处(辛弃疾)。

周硕愚

2016 年 10 月 1 日

目　　录

第1章 地震大地测量学——一门前沿交叉新学科

本章概述地震大地测量学的缘由，近50年的学科交融史与学科的形成，取得的主要成就，学术思想和研究方法，面对的核心科技问题，学科的框架结构和内涵，学科特色、作用与定位，等等。

1.1 地震大地测量学形成的社会需求与科学技术

1.1.1 防震减灾——急迫的社会需求与当代科学难题

科学、技术和社会相互关系日趋紧密，STS(Science，Technology and Society)是当代大趋势，也是地球科学与地震科学发展的大趋势。人类生活在一颗不断运动变化、十分活跃的星球上。地球是人类共同的家园，它不但提供人类赖以生存的资源、能源和环境，也不时地兴风作浪，给人类带来灾害。面对灾害，人类要努力去研究它、认识它，寻求避免和减轻灾害的办法，学会如何"与灾相处"(Inter-Agency Secretariat of the International Strategy for Disaster Reduction，2004)。联合国减灾组织(United Nation Disaster Reduction Organization，1984)给灾害下的定义是，"一次在时间和空间上较为集中的事故，事故发生期间当地的人类群体及其财产遭到严重的威胁并造成巨大损失，以至家庭结构和社会结构也受到不可忽视的影响"，"自然或人为环境中对人类生命、财产和活动等社会功能的严重破坏，引起广泛的生命、物质或环境损失；这些损失超出了受影响社会靠自身资源进行抵御的能力"。

我国《国家中长期科学和技术发展规划纲要(2006—2020)》明确指出，"公共安全是国家安全和社会稳定的基石。我国公共安全面临严峻挑战，对科技提出重大战略需求"。规划开展"重大自然灾害监测与防御：重点研究开发地震、台风、暴雨、洪水、地质灾害等监测、预警和应急处置关键技术，森林火灾、溃坝、决堤险情等重大灾害的监测预警技术以及重大自然灾害综合风险分析评估技术"。

灾害大致可分类为地震灾害、地质灾害、气象灾害和海洋灾害。在众多的自然灾害中，地震灾害的突发性和巨大的破坏力令人触目惊心(陈运泰，2007)。20世纪以来，全球地震死亡人数160万，而中国达60万。历史记载，全球死亡超过20万人的地震有7次。其中，中国有4次。21世纪前10年，大地震接踵而至，例如，汶川M_S8.0级地震(2008年5月12日)、印度尼西亚苏门答腊M_W9.1巨震(2004年12月26日)、海地M_S7.3级地震(2010年1月12日)、智利M_S8.8级地震(2010年2月27日)和玉树M_S7.1级地震(2010 年 4 月 14 日)等,均给当代社会以极大的震撼!大地震除直接成灾外,还会引发一系列次生及衍生灾害链,造成更大的伤亡、破坏与损失,如导致山体大滑坡、江河堵塞、水坝溃堤、火灾,导致海啸、核泄漏,影响社会稳定和经济持续发展等。

从系统科学、复杂动力系统和地球系统科学、地球动力系统观点看,对灾害规律的科学认知、预测及防御,主要取决于导致该灾害发生的动力学系统的复杂程度及其可观测性。气象灾害、海洋灾害发生在大气圈和水圈,通过空间、地面、水面和水下观测,其动力学系统的演化过程基本上具可观测性。但地震灾害发生在岩石圈(上地壳、下地壳与岩石圈地幔),不仅其动力学系统的复杂程度更大,而且目前尚无法深入地球内部直接观测其演化过程。经过多年努力,对气象灾害的物理机理已有较明确的认识,例如,能建立动力学方程,实施数值预报;但对地震灾害而言,目前尚难以达到此层次。火山灾害主要发生在基于板块构造学说可以解释的全球板块边界带上,机理与位置均较明确;但板块构造学说难以直接解释大陆板块内的变形和地震动力学,尚有待大陆动力学等新理论体系的发展。至于滑坡、岩崩等地质灾害均发生在地表(地壳浅层),位置明确,可进行直接监测。因此,总体上看,所有的自然灾害都是人类社会面临的难题,但比较而言,对自然规律的科学认知、预测及防御,似以地震灾害的难度为最大。因此,地震预测被国际科学界公认为是当代最具挑战性的科学难题。

社会的急迫需求、政府的高度重视和多学科的共同关注,成为包括地震大地测量学在内的地震科学发展的持续动力。科技工作者面对当代科学难题的强烈兴趣、好奇心与责任感,使他们不畏挫折,不计得失,"路漫漫其修远兮,吾将上下而求索"。

1.1.2　新技术革命——从经典大地测量学到现代大地测量学

历史悠久的大地测量学是地球科学的基础学科之一,其经典定义为"大地测量学是测绘地球表面的科学"(F. R. Helmert, 1880)。从 20 世纪 60 年代开始,大地测量学发生了深刻的变化,由经典大地测量学发展到现代大地测量学(Modern Geodesy)。三种动力促进了学科的变化和升越:一是在航天、信息等高新技术支撑下,以人造地球卫星应用为标志的空间大地测量的崛起,使大地测量学发生了革命性的巨变;二是当代科学的发展,板块大地构造学说的确立和地球系统科学的提出,深化了对地球的认识;三是当代社会对减灾和环境监测等的需求与日俱增(胡明城, 1993, 2003;宁津生等, 2005)。

大地测量学不断涌现出新的子学科,如空间大地测量学、动力大地测量学、行星大地测量学;原有的子学科(几何大地测量学、物理大地测量学、地球形状学)则旧貌换新颜。20 世纪 90 年代我国制定的国家标准《学科分类与代码》(GB/T 13745—92)在一定程度上反映了大地测量学的深刻变化。自然科学的代码为 110~180;工程与技术科学的代码为410~630。作为自然科学一级学科的地球科学(代码 170),其下属的二级学科大地测量学(170. 35)包含了如下三级学科:地球形状学(170. 3510)、几何大地测量学(170. 3520)、物理大地测量学(170. 3530)、动力大地测量学(170. 3540)、空间大地测量学(170. 3550)、行星大地测量学(170. 3560)以及大地测量学其他学科(170. 3561~3599,为以后新形成的子学科预留代码)。三级学科编号的顺序,反映了该子学科形成时间的先后。此外,作为工程与技术科学一级学科的测绘科学技术(代码420),其下属的二级学科大地测量技术(420.10),又包含了如下三级学科:大地测量定位(420.1010)、重力测量(420.1020)、测量平差(420.1030)和大地测量技术其他学科(420.1031—1099)等。国家标准《学科分类与代码》(GB/T13745—92)表达了当代科技界的共识:现代大地测量学包括地球科学的大地测量学(自然科学类)和测绘科学技术的大地测量定位(工程与技术科学类),两者相辅相成。

现代大地测量学不同于经典(传统)大地测量学的基本特征为:

①由局部区域测地迈入全球统一参考框架中的全球整体测地;

②由静态测地迈入对动态变化观测(空间域、时间域、频率域)和动力学研究;

③由地表(岩石圈表层)测量扩展到对地球内部与外部各圈层关系和动力学耦合的观测与探测;

④由测量地球扩展到星际测量(月球、火星、金星等)。

经典大地测量学的主要任务是为测绘地形和工程测量提供控制网点。现代大地测量学不仅能以更高的精度、极高的效率、更低的成本履行传统任务;更重要的进展在于,它能为揭示地球系统的结构和动力学过程,提供过去难以获得的多种几何、力学和物理学的整体动态精确信息。现代大地测量学使古老学科重新焕发青春,成为推进当代地球科学(170)、地震科学、环境科学技术(610)、安全科学技术(620)、航空、航天科学技术(590)、军事学(830)等的一个重要创新源泉。

从20世纪60年代开始,大地测量学(170.35)与固体地球物理学(170.20)、地质学(170.50)等相结合,共同应用于地震科学以及地震预测和防震减灾。这既是地球科学(170)发展的内在逻辑,也是大地测量学本身发展的内在逻辑。

1.1.3 多门科学新进展——地球科学迈入地球系统科学新时期

1. 科学革命与新科学群,系统科学及复杂性科学、非线性科学

科学思想与方法,从古到今,历经了由整体到局部,再到整体的发展过程。古代是朴素的思辨性的整体论,在古代中国与希腊,科学与哲学是混为一体的。从15世纪下半叶起,近代科学开始兴起,各门科学不仅从哲学中分离,而且越分越细,这种以分析为主的思想与方法,极大地推动了科学技术的发展。以牛顿、笛卡儿和拉伯拉斯等为代表的经典科学方法论,其基本观念为"还原论"(reductionism)、"机械论"、"完全确定论",固然曾取得一系列辉煌成就,但当面临多层次结构、多动力源的复杂系统(如资源、环境、生态、灾害、地球演化、社会发展等)时就显得力不从心。原因在于,"由于它撇开整体的联系来考察事物和过程,就障碍堵塞了自己从了解部分到了解整体,到洞察普遍联系的道路①"(钱学森,1982)。

从20世纪中叶开始,科学本身正经历着一场革命。在物理学、数学、化学、生物学和控制工程,信息工程以及计算机科学等多种学科现代发展与相互交融的基础上,所诞生的新兴科学——系统科学,正是这场科学革命所取得的一项重大成就。我国制定的国家标准《学科分类与代码》(GB/T 13745—92)(1993)对系统科学及其相关学科的新进展,在一

① 钱学森. 论系统工程[M]. 长沙:湖南科技出版社,1982.

定程度上有所反映。信息科学与系统科学(代码 120)已成为一门新兴的一级学科,其下属二级学科有:信息科学与系统科学基础学科(120.10)、系统学(120.20)、系统工程(120.60)等。在信息科学与系统科学基础学科中包含:信息论(120.1010)、控制论(120.1020)、系统论(120.1030)等。在系统学中包含:混沌(120.2010)、一般系统论(120.2020)、耗散结构理论(120.2030)、协同学(120.2040)、突变论(120.2050)、超循环论(120.2060)等。与其相呼应,在一级学科数学(代码 110)中,包含有动力系统(110.51):微分动力系统(110.5110)、拓扑动力系统(110.5120)、复动力系统(110.5130)。在一级学科力学(130)中,包含有非线性力学(130.1030)、临界现象与相变(130.4050)。在一级学科生物学(180)中,包含有系统生物物理学(180.1465)、生态系统生态学(180.4445)。

从 20 世纪下半叶至 21 世纪初,系统科学的继续深入与拓展主要表现在复杂系统理论(更广义的为复杂性科学)与非线性动力学(更广义的为非线性科学)方面。以系统学(120.20)对复杂系统的研究为基础,对复杂系统理论的研究进一步深入,主要强调多动力作用下多层次结构的复杂系统,通过相互作用导致非线性,产生局部难以推断的整体性,系统演化和系统行为表现出多样性与整体涌现性(whole emergence)。欧洲学派(比、德、法等)基于现代物理学、现代化学和现代生物学,提出复杂系统自组织理论等。美国圣菲研究所(SFI)提出了复杂适应系统理论等,认为"圣菲研究所正在架构的理论是第一个能替代牛顿以来,主宰科学的线性、还原论想法的严谨方案,而且这个方案能够充分解释今日世界的种种问题",并称之为"复杂性科学";美国 Science 杂志 1999 年 4 月出版"复杂系统"专辑,认为"超越了还原论""正在开创 21 世纪的新科学"。中国钱学森院士等从系统科学与系统工程学出发,提出"开放的复杂巨系统及其方法论"等,有力促进了中国航天工程等的前进。

地球及其自然界是复杂系统,不能简单地视为"机器"。经典动力学是研究物体机械运动变化与其所受力关系的学科,很难用经典动力学来研究地球演化过程中的复杂性和非线性。非线性动力学具有更为广泛的跨学科的普适性,如混沌动力学、分形动力学、斑图动力学、孤立波等。复杂系统一定是非线性系统,但非线性不一定均产生于复杂系统。因此,系统科学与非线性科学既有很宽阔的共同域,关系密切,但又不尽相同;它们共同推进对复杂系统和非线性问题的定量研究。

系统科学(System Science)以及复杂性科学(Complexity Science)、非线性科学(Nonlinear Science),被誉为"新的整体性科学,具有科学发展的时代特征,鲜明的前瞻性与探索创新性","改变了世界科学图像和当代科学家思维方式的新科学","21 世纪的科学","能够更好地解释和应对当今世界面临的种种复杂问题和挑战,如资源、能源、环境、灾害、可持续发展"。

2. 地球科学迈入地球系统科学新时期

当代人类社会面临着资源、能源、环境、生态、灾害等全球性问题的严峻挑战,为应对挑战,地球科学需要寻求新的科学理念和方法。地球科学与系统科学相交融,形成地球系统科学,既是社会需求的呼唤,也是科学内在逻辑的必然。1988 年,美国国家航空航天局(NASA)地球系统科学委员会出版了《地球系统科学》报告(NASA Advisory Council),

标志着地球系统科学的形成。接着开展了"国际地圈生物圈计划"（IGBP）、"世界气候研究计划"（WCRP）、"全球环境变化的人文因素计划"（IHDP）、"生物多样性计划"（DIVERSITAS）和"地球科学事业战略计划"（ESE）、"地球透镜计划"（Earthscope）等一系列全球变化研究计划。

地球科学正在经历重大转折，"自 20 世纪 80 年代以来，地球科学开始走向以地球系统科学为特征的新时代"（中国科学院地学部地球科学发展战略研究组，2009）。主要表现为：

①地球科学性质：地球科学成为人类社会持续发展的科学支柱之一，"地球科学可视为认知人类与其生存的行星地球和固体地球等系统相互作用和协同演化的科学"。

②地球科学目标："系统认知行星地球整体系统和各圈层的起源、形成、演化以及它们相互作用的自然规律"；研究"地球起源"、"内部地球"、"宜居地球"，"灾害与资源"等前沿性重大基础科学问题（Committee on Grand Research Questions in the Solid-Earth Sciences，National Research Council，USA，2008）。

③地球科学理论探索和应用研究相互交织：科学应对人类社会面临的环境、能源、资源、生态和灾害等重大挑战，为人类生存与可持续发展提供科学认识与对策。

④地球科学研究的途径：基于高新技术获得的有关地球过程的精确连续观测（探测）数据，在现代数学、力学、物理学、化学、生物学、天文学和有关技术科学的理论、方法和新进展的支持下，从以往的定性静态描述转向以动态过程为目标的精确定量的动力学研究；认知地球动力系统及其所属子系统的过去、现在和未来的行为，建立定量的或概念性和定量相结合的预测模式。

⑤地球科学思想与科学方法：以系统科学的思想与方法来研究地球。将地球视为一个由岩石圈、地幔、地核、水圈、大气圈和生物圈（包括由人类社会组成的智慧圈）整体构成的相互作用的动力系统。在统一的动力学框架下，描述与认识地球系统在多种时间尺度中的各子系统之间的相互作用、整体演化过程和行为。地球系统科学的研究方法，是对地球系统过程进行观测、理解、模拟和预测。回答地球系统的根本科学问题——地球系统的驱动力、变化性、对自然和人为活动的响应、变化的影响与后果和对未来变化的预测。

⑥地球系统科学成为地球科学内部各门学科及其与外部多门学科之间开展跨学科研究的框架。例如，通过"地球动力系统"连接各圈层动力系统，通过"岩石圈动力系统"连接"地壳运动变形动力系统"以至"地震孕发动力系统"等，实现整体论与还原论，过去、现在与将来结合的跨学科研究。

地球系统科学除促进地球科学的整体发展外，也必然促进地球科学各分支学科以及与其他相关学科之间的交叉融合，开拓若干新领域并促进一些新的前沿交叉新子学科的形成，如"地震科学"、"地震大地测量学"等。

1.1.4 地震科学的兴起与应运而生的地震大地测量学

在 STS 大趋势驱动下，在社会急迫需求和多门学科内在发展逻辑的交汇处，以地球系统科学的概念与方法为框架，催生了新的前沿研究领域——地震科学（Earthquake Science），并形成一门新的交叉子学科——地震大地测量学（Earthquake Geodesy）。

1. 从地震学（Seismology）到地震科学（Earthquake Science）

20 世纪 50 年代起，世界科学界和一些国家不约而同地加强了对地震灾害的关注。1956 年，我国制定了"十二年科学技术远景规划"，其中第 33 项是"天然地震的灾害及其防御"，由傅承义院士和刘恢先院士起草任务书。这是最早的地震预测和防御的国家规划（傅承义，1993）。

地震孕育发生在岩石圈的地壳层中，要实现对破坏性地震的预测、防御和减灾，必须研究大陆地震构造环境与动力学背景、地震的成因机理、地震孕育发生及其动力学过程。固体地球物理学（地震学、地球内部物理学、地球动力学等）首当其冲，同时也必须与地质学（构造地质学、大地构造学等），大地测量学（动力大地测量学、空间大地测量学、物理大地测量学、几何大地测量学等）交融互补。相关学科还可列出许多，如地球科学内的空间物理学、大气科学、地球化学；地球科学外的动力系统理论（数学）、固体力学、非线性力学、天文地球动力学等。对地震预测、防御和减灾而言，关系最密切和最基础的学科则是固体地球物理学、地质学和大地测量学，这已成为世界科学界（中、美、俄、日等）的共同认识与实践。

1966 年 3 月 8 日邢台 6.8 级地震发生后，我国的地震活动进入一个新的活跃期。周恩来总理亲临现场视察，制定了"以预防为主"的地震工作方针，号召"有关研究地震自然现象的各种科学机关，必须加强研究，包括地球物理、地质、大地测量等学科"。1970 年中国科学院地球物理研究所、中国科学院地质研究所、中国科学院测量与地球物理研究所、中国科学院工程力学研究所、中国科学院兰州地球物理研究所、中国科学院昆明地球物理研究所和中国科学院中南大地构造研究室等七个单位划归新成立的国家地震局，由此奠定了固体地球物理学、地质学、大地测量学和工程力学作为基础学科综合交融，开展地震科学研究；进而推动地震监测、预测、预报和防震减灾的基本格局。

历经 50 年学科交融与综合研究，兴起了一个前沿交叉的新研究领域——地震科学（Earthquake Science：a New Start）。"地震科学是在多学科交叉域综合研究地震现象的科学"，"地震科学所包含的学科有传统地震学、地震大地测量学、地震地质学（Earthquake Geology）、岩石力学、复杂系统理论（Complex System Theory）以及与地震研究有关的信息和通信技术"（Chen Yuntai，2009）。

2. 应运而生的地震大地测量学（Earthquake Geology）

防灾减灾的急迫社会需求呼唤着大地测量学。空间、信息等高新技术的集成应用推动着大地测量学迈入现代大地测量学新阶段。大地测量学成为当今信息时代最具活力的一门地学基础学科。20 世纪中期，世界一些国家如美国、苏联、日本和我国等大致同时起步，不约而同地将大地测量学应用于地壳运动、地震监测预测和减轻灾害研究。1962 年，广东河源新丰江水库发生 6.1 级地震，根据李四光院士倡议，中国科学院测量与地球物理研究所（中国地震局地震研究所前身）首次将大地测量学应用于该区地壳运动监测与地震研究。1966 年，河北邢台 6.8 级地震发生后，作为一项国家任务，不仅中国科学院测量与地球物理研究所整建制划归地震系统，国家测绘局第一大地测量队和第七大地测量队也投入地震监测，武汉测绘学院在大地测量系又特别开设了地震本科班；大地测量学较全面地应用于中国大陆地壳运动与地震监测预测，与固体地球物理学、地质学等逐步交融，开拓了现今地壳运动(Present-day Crustal Movement)与现今变形动力学(Present-day Deformation Dynamics)定量研究新领域。在海城、唐山、松潘、龙陵、炉霍、通海、丽江、昆仑山西口、汶川、玉树等一系列大震及强震中经受严峻考验，逐步深化科学认识。经过近50年理论结合实际的探索，使一门前沿交叉新学科在中国逐渐形成，该学科被称为"地壳形变大地测量学"(Crustal Deformation Geodesy)或"地震大地测量学"。

地震大地测量学是在地球系统科学框架内，大地测量学(空间大地测量学、物理大地测量学、动力大地测量学、几何大地测量学)与固体地球物理学(地震学、地球内部物理学、地球动力学)、地质学(构造地质学、现代地壳运动)、力学(固体力学、非线性力学)、数学(动力系统)、系统科学(协同学、复杂系统理论)相结合所形成的一门前沿交叉学科。地震大地测量学集成多种先进的天、地、深观测(探测)技术，构建整体动态监测系统，在全球至定点多层次空间尺度内，在数十年至秒的现今时(频)域尺度中，精确揭示了地壳形变、重力和在相关圈层中与之耦合的诸力学、物理学参量的连续变化；通过数据处理，理解与模拟，给出空-时-频域连续演化图像，建立动力学模型并预测未来变化。参与并促进地球动力系统、地球动力学、大陆动力学、地震科学、地震动力学等基础研究；直接推进地震预测、防震减灾及其他相关灾害的应用研究。地震大地测量学既是大地测量学的子学科，又是新兴学科地震科学的子学科，是一门应运而生的正在发展中的当代前沿交叉新学科(周硕愚，1994，1999，2002，2008，2013)。

1.2 地震大地测量学的形成

大地测量学在地震领域中的应用，始于1962年新丰江水库地震，在1966年邢台地震后广泛开展。大地测量学应用于防震减灾并与相关学科交融的历程，就是地震大地测量学逐步形成的历程。按科学技术特征和功能，可分为如下三个发展阶段：

1.2.1 建立局域的地壳形变、重力动态监测系统(20世纪60、70年代)

这是大地测量学与地震科学的磨合期，又恰逢中国大陆1966—1976年的大地震研究高潮期。将水准测量、激光测距、基线丈量、精密三角网(几何大地测量)，地倾斜、地应变、重力与地球固体潮汐连续观测(动力大地测量)和重力测量(物理大地测量)用于局部地域(震源区、潜在震源区、活动断裂带)地壳形变和重力的时间过程与空间分布变化监测。实现了大地测量学由静态到动态的转化，开我国动态大地测量之先河，促进了我国动力大地测量学的发展。

学术思想以断层致震说和震源物理为主导，形成了区域形变(重力)、定点形变(重力)与固体潮汐、跨断层形变几种地震监测预测手段，发展了一套有别于经典大地测量学的高精度动态观测技术、时空动态数据处理和地震形变(重力)前兆识别方法。作为一种力学型的地震监测手段，围绕各个分散的地震危险区(设想中的震源或潜在震源区)开展监测与研究，如大(强)震孕育中地壳形变的动态过程特征、对同震破裂的反演等。在预测1965年海城7.3级大地震等实战中，发挥了重要作用，成为地震监测预测不可缺失的支柱之一。在此期间研究者们既体验了成功，更体验了一系列的失败。积累了丰富的观测数据与经验认知，克服了初期的幼稚想法，认识到地震预测与地震科学的复杂性和困难性；激发出对高新技术和当代新科学理论的渴望；感悟到建立前沿交叉学科的必要性。此阶段是地壳形变大地测量学，地震大地测量学的起步期。

1.2.2　空地深立体监测，地壳形变大地测量学初步形成（20 世纪 80、90 年代）

此时期的特点是：革命性的观测技术、当代新科学理论与地震大地测量观测预测实践相结合；建立了空（间）、地（面）、深（部），面、线、点，长、中、短（临）的整体动态精密的地震大地测量监测台网；在大陆现今地壳运动、动力学和地震关系研究上取得了一系列创新性成果；开拓了中国大陆现今地壳运动和地震研究新领域，地壳形变大地测量学（地震大地测量学）学科逐步形成。

多年来由于地面测地技术的局限，使一些基本问题难以解决（如测定大空间尺度的地壳水平运动：板块与板内块体、板内块体之间、边界带（断裂带）与块内变形之间的关系以及"场"与"源"的关系等）。1988 年，国家地震局地震研究所与德国汉诺威大学合作，在滇西地震预报实验场建立了我国第一个 GPS 网，用于现今地壳运动监测和地震危险性预测，引领和推进了 GPS 的应用；积极参与以空间大地测量实际应用于我国地球科学研究为主要特征的国家攀登计划——"现代地壳运动和地球动力学研究"。20 世纪 90 年代后期，中国地震局、总参测绘局、中国科学院、国家测绘局联合建成了国家重大科学工程——"中国地壳运动观测网络"（Crustal Movement Observation Network of China），科学目标以地震预测预报为主，兼顾大地测量等多种需要，标志着我国地球科学观测技术的飞跃。大空间尺度的 GPS 与多种形变、重力观测相结合，使时间尺度不同于新构造运动的现今地壳运动、动力学与地震关系研究成为可能。

人卫激光测距仪（Satellite Ranging System）、甚宽频带地震计（Broadband Seismometer）和多种地倾斜、地应变、重力连续观测新仪器的自主研发成功和在国内外的应用，从根基上支撑了地壳形变大地测量学（地震大地测量学）学科的形成与发展。

率先将系统科学、非线性动力学应用于现今地壳运动、地壳形变与地震预测域。开展了"中国大陆现今地壳运动与变形动力系统"演化及其地震行为的多学科综合研究，对地壳形变大地测量学（地震大地测量学）学科构建和未来发展具有战略意义。

板块大地构造学说是地球科学的一场重大革命，它解释了全球构造的许多现象，但难以解释板块内部的基本问题（如中国大陆内部的形变与地震）。针对此问题，基于中国大陆地震大地测量监测台网，多位学者研究并提出了中国大陆板内块体与边界带现今运动模型、速度场与应变率场模型，中国大陆主要活动带现今地壳运动与动力学，青藏高原现今地壳运动以及板内断层-块体网络整体演化及其与大地震关系。这些研究是前人未曾从事过的，具有开创性。对支持大陆动力学与大陆地震研究，推进地震预测和防震减灾的科技进步均有重要意义，为国内外同行所关注。1988 年，《重力测量学》（李瑞浩）、《系统科学导引》（周硕愚），1994 年，《动态大地测量》（陈鑫连等）等著作面世。

1987 年，中国地震学会常务理事会批准成立中国地震学会地壳形变专业委员会。中国地震局成立了中国地震局地形变学科技术协调组；1981 年《地壳形变与地震》（*Crustal*

Deformation and Earthquake)学科专业杂志创刊,地壳形变大地测量学(Crustal Deformation Geodesy)初步形成,成为地震科学、地震监测预测和防震减灾不可缺失的科技支柱之一。

1.2.3　地壳及相关圈层动力系统现今演化与地震研究新阶段(进入 21 世纪后)

从 21 世纪初起,在地球科学迈入地球系统科学新时期,灾害和环境等问题备受关注的大背景下,以近 40 年累积为基础,地震大地测量学迈入加速发展的新阶段,观测技术和科学思想均有显著进步,且两者获得更快更好的结合。

1. 基础观测系统加速发展

全球卫星定位技术和应用进一步发展,不再是 GPS(美)一枝独秀,GLONASS(俄)、Galileo(欧)和北斗系统(中)相继兴起,构成一个更广阔、更精确、更方便的 GNSS 全球导航定位系统。20 世纪 90 年代建立的国家重大科学工程——中国地壳运动观测网络取得令人瞩目的科学效益和社会效益;以此为基础,2006—2009 年中国地震局、总参测绘局、中国科学院、国家测绘局、中国气象局和教育部六部委又联合建立了"中国大陆环境构造监测网络"重大项目。后者是前者的拓展和深化,例如,由前者的 25 个 GPS 基准站,发展到后者的 260 个 GNSS 连续运行参考站,加上各省(市、自治区)的局域网,GNSS 连续运行参考站已超过千个。中国地震局地壳形变台网、重力台网等,全部实现数字化。这些都从观测基础上支撑地震大地测量学加速发展。

2. 由地壳表层动态监测拓展到与深部层和外空层动力学耦合的整体监测

由基于"板块大地构造学说"的壳体表层监测,发展到基于"地球系统科学","地球动力系统"的立足于岩石圈的地球多圈层相互作用的整体动态监测、探测与研究。

CHAMP、GRACE、GOCE 等卫星重力测量新技术的应用,其创新意义可与 GPS 相比拟。卫星重力与地面重力、相对重力与绝对重力、流动重力与台网重力、地面重力与海洋重力测量的结合和整体协同,不仅提高了对中国大陆及其邻近区域多种尺度重力场动态变化的监测能力,也显著提升了对深部物质运移、密度变化的动态探测能力。在重力数据融合、动态图像生成、三维密度场反演、由重力变化精算大地水准面变化和汶川大地震前后重力场变化等方面,有新的进展,展现了地震大地测量学揭示深部过程及其与地表过程动力学耦合关系的能力和潜力。

地震大地测量学与空间物理学(170.25)结合,基于地基(地面连续 GNSS)与空基(人造卫星),开展了对电离层介质物性(TEC)时变的探测、反演和地震-电离层耦合机理研究及大地震前(汶川、昆仑山西口等)电离层异常扰动的新探索。

3. 由零频拓展到宽频,打开发现未知自然现象的新窗口

传统大地测量学的频率域可视为近似零频,而 GNSS(GPS)连续观测网和地壳形变、重力数字台网时间序列的采样间隔已可达到秒、10^{-2} 秒及其以下(50 赫兹或更高频),很大地拓宽了频率域。在低频端(数十年、年时间尺度)与地质学新构造运动相呼应,在高频端(秒及其以下时间尺度)已基本与地震学频率域连接,有利于地震学(固体地球物理学)、地震大地测量学(大地测量学)、地震地质学(地质学)的贯通与交融。

地震大地测量学连续观测时间序列蕴含有极其丰富的新信息,发现地壳形变不仅具有趋势性还具有复杂的波动性。频谱分析和时-频分析，已初步揭示出许多自然现象，如较低频(周期大于 500 天)的长趋势起伏、震前数十小时的高频颤动、临震数十分钟至数秒的显著性暂态事件等；对环境激励、地震动力学、对地震预测，尤其是短临震预测和预警均可能有意义，在汶川等地震中有所显露，提供了新的研究途径。

4. 多手段组合互补走向系统整体动态观测

面对较为复杂的地球科学问题，单手段的观测与研究常让人感到力不从心，必须走向对系统的组合观测与整体研究。例如，被称为"影像大地测量"的 InSAR，在监测现今地壳形变时产出的信息是空间连续，时间不连续；而 GPS 则是时间连续，空间不连续，两者结合互补。通过 InSAR/GPS 的方式组合观测与整体建模，形成空间连续与时间连续互补的优势，就可能获得三维形变场随时间变化的全景动态。在揭示大地震翔实的时-空破裂过程(如汶川 8.0 级地震)，在环境恶劣地区研究断层网络块体现今构造活动(如喀什拗陷区与南天山及帕米尔块体)等方面均取得新进展。又如 GPS 测定水平形变的精度较高，但测定垂直形变的精度较低，仍然难以摆脱对经典的繁重的精密水准测量的依赖。在 GPS、重力、水准与 DEM(数字高程模型)综合集成，精化该区域似大地水准面模型的基础上，通过 GPS 快速观测，就能获得该区域内的高程和垂直形变(如在汶川大地震后得到有效应用)。再如，跨断层形变观测中短边近场与长边远场，即地面与空间技术相结合，使构建断层深部滑动与浅部应变动力学耦合模型成为可能(如在鲜水河断裂带取得进展)。

5. 地震大地测量学的科学理念和框架初步形成

唐山、汶川等多个大地震表明，关于地震成因的某些基本观念存在片面性。实际上，大地震的动力源不仅是上地壳内的推挤力(阻抗力)，低速层与地幔软流层顶部的地下物质运移及上涌(体积力)同样具有重要作用。大陆板内地震的成因既难以用板块构造学说来解释，也不能仅归结于某条断层的运动。"大陆变形动力系统"内部多层次(尺度)动力系统的相互作用，导致"地震孕发系统"(坚固体为"核"的震源与周围构造动力环境的组合整体)的形成和孕发，另外，动力系统的复杂性和内蕴规律性是无法回避的。

从地球系统科学及地球动力系统观念看，岩石圈中的现今地壳运动系统是一个正在演化中的复杂动力系统，地震是此动力系统演化过程中出现的一种行为。《国家中长期科学和技术发展规划纲要(2006—2020)》明确提出，通过"微观与宏观的统一，还原论与整体论的结合，多学科的相互交叉，数学等基础科学向各领域的渗透，先进技术和手段的运用"，形成研究"地球系统过程与资源、环境和灾害效应"、"复杂系统、灾变形成及其预测控制"的新思路。

汶川等大地震对地震科学，不仅是震撼，更是检验与启示。在地球系统科学框架下、加速地震大地测量学学科建设，整合多种观测手段，通过观测→理解→模型(模拟)→预测(检验)的循回认知，逐步深入地研究"大陆现今地壳运动"，"现今变形—地震动力系统"的演化及其行为，揭示其动力学机理，促进大陆动力学、地震科学、地震预测和防震减灾的新思路日趋明确。现已取得一些进展：如在动力系统框架下通过综合观测，整体论和还原论相结合的理解，建立可演绎的正常动态模型(模拟)，方能客观地识别异常；通过 GNSS、重力和地面形变测量生成多尺度空间分布随时间演化动态图像，用"图像(斑图)动力学(Pattern Dynamics)"研究大地震的孕发及震后过程；又如综合应用多种高密度采样连续观测时序（GNSS、宽频带地震计、多种地面形变和重力），以复杂系统演化稳定性变异的概念揭示和研究大震前临界态地震行为；再如基于大量观测结果，研究证实现今地壳运动基本的动力学常态是自组织动平衡稳定状态，并非处处时时均锁定在临界自组织状态（SOC），因此地震是可能预测的，但预测又很难是完全确定的，等等（周硕愚、吴云等，1994，2007，2010；江在森等，2009，2010，2012）。

2001 年 Wang Q 等在 *Science* 发表"Present-day crustal deformation in China constrained by Global Positioning System measurements"一文，2011 年 Wang Q 等在 *Nature* 发表"Rupture of deep faults in the 2008 Wenchuan earthquake and uplift of the Longmenshan"一文。2002 年《中国大陆活动块体与边界带现今地壳运动》（赖锡安，刘经南等），2004 年《中国大陆现今地壳运动》（赖锡安等），2008 年《地壳形变测量》（吴云等）等著作相继面世。这都意味着地壳及相关圈层动力系统现今演化与地震研究已进入新阶段。

1.2.4 科学内在逻辑持续作用——地震大地测量学基本形成

20 世纪 60 年代在实践中逐渐形成了"地壳形变与地震"的科学理念与共识。1981 年《地壳形变与地震》（*Crustal Deformation and Earthquake*）学科杂志创刊。2002 年更名为《大地测量与地球动力学》（*Journal Geodesy and Geodynamics*），它既是中国地球物理学类核心期刊又是中国测绘学类核心期刊。2010 年又创办了面向国际科学界的英文刊物 *Geodesy and Geodynamics*。刊物名称的更新和范围的扩展，从一个侧面反映了学科逐步形成，走向当代前沿交叉研究、走向世界的历程。

1987 年，中国地震学会地壳形变专业委员会成立，强化了国内外学术交流。1993 年中国地震局建立中国地震局地形变（含重力）学科技术协调组，规划学科发展和台网布局，并下设若干技术管理组负责全国各类地震大地测量台网的管理、运行、维护与技术服务。

2006—2008 年，在中国地震局"十二五"发展规划研究专题之六"现代大地测量学与对地观测规划研究报告"中，提出了以"地壳形变大地测量学"（Crustal Deformation Geodesy）为基础，拓展至"地震大地测量学"（Earthquake Geodesy）的意见（周硕愚等，1999；姚运生等，2008；周硕愚等，2008；周硕愚等，2013）。汶川大地震后，笔者倍感加速学科建设的迫切性，以 50 年学科交融创新和预测实践为基础，集多位专家之力，从 2012 年开始撰写《地震大地测量学》专著。

2012 年建立的"中国地震局地震大地测量重点实验室"（Key Laboratory of Earthquake Geodesy，CEA），其任务为：①对地壳运动、地震形变、地震重力场变化等的地震发生物理及动力学过程进行模拟实验、验证和研究；②发展地震大地测量观测技术，研发地震科学相关传感器；③进行地震观测仪器，特别是地震大地测量仪器测试、比测，并提供计量检定服务；④发展高铁、核电以及重大设施的地震预警技术和预警系统。

国家自然科学基金委员会和中国科学院，在国家科学思想库"未来 10 年中国学科发展战略·地球科学"中指出，"地震大地测量学将传统的大地测量学和地震学结合起来，利用新的方法和手段，研究地震、地下结构、资源勘探、灾害预测等重大问题，无论在理论研究还是在国家需求上都有非常重要的意义，有很好的发展前景"（2012）。

科学史与科学学表明，"科学的生长点往往发生在社会需求和科学内在逻辑的交叉点上"（Б. М. Кедров，1971）。面对公共安全的迫切需求，在地球系统科学框架下，现代大地测量学与地球物理学、地质学、固体力学、复杂动力系统理论等相交融，开拓"现今地壳运动"和"现今大陆变形动力学"新领域，推进大陆动力学、地震科学、地震预测与防震减灾的研究。在科学内在逻辑持续作用下，历经三个阶段 50 余年的发展，地震大地测量学——一门当代前沿交叉学科，从科学理念、观测技术到学科实体均已基本形成，但它仍是一个正在发展中的有待进一步完善的学科。

1.3   地震大地测量学的主要进展

1.3.1   组合创新天地深观测新技术，建立精密整体动态监测系统

观测技术与观测系统是地震大地测量学的基础，是地震大地测量学和地震科学能快速持续发展的前提。近 50 年来，在组合创新天地深观测新技术，建立精确整体动态观测系统方面取得了令人瞩目的重要进展。

1. 成功研制具有自主知识产权的多种科学仪器系列

我国大地测量工作者成功研制了具有自主知识产权的 30 多种科学仪器系列，包括 100 多种观测仪器，或填补了我国的空白，或达到世界先进水平。除国内应用外，有些仪器已出口到多个国家，促进国际合作。坚持研制—试验（试用）—再改进—应用—再研制，不断进步，并获得国家发明二等奖、三等奖，中国专利金奖，国家科学技术进步二等、三等奖，全国科技大会重大成果奖，国家地震局科技进步一等奖、二等奖，省部级科技进步一等奖、二等奖等多项奖励，具体有以下几个系列：

人卫激光测距仪：DZR-2 型人卫激光测距仪，DZR-3 型人卫激光测距仪，CTLRS-2 型流动人卫激光测距仪，TROS-1 型流动人卫激光测距仪等；

宽频带地震仪：JCZ-1T 超宽频带数字地震计，CTS-1E 甚宽频带数字地震计，CTS-1L 甚宽频带地震计，STS-2 宽频带地震计等；

JSJ 精密水准仪经纬仪综合检验仪系列 JSJ-I，JSJ-II，JSJ-B，JSJ-PB 和 JSJ-ZB 等；

陆地重力仪：DZW 型微伽重力仪，DZZ-1 型重力仪等；

海洋重力仪：HSZ-1 型海洋石英重力仪，ZYZY 型海洋金属弹簧重力仪，DZY-2 型海洋金属弹簧重力仪等；

定点连续形变地倾斜观测仪器：JB 型金属水平摆倾斜仪，SQ 型石英水平摆倾斜仪，ZB-77 型整体摆倾斜仪，FSQ 型浮子水管倾斜仪，VS 型垂直摆倾斜仪，DSQ 型数字水管倾斜仪，SSQ 型数字石英水平摆倾斜仪，CZB 型钻孔竖直摆倾斜仪等；

定点连续形变洞体应变观测仪器：SSY-型石英水平伸缩仪，SS-Y 型数字伸缩仪，ORBES 系列仪器（中、比、卢合作）等；

定点连续形变钻孔应变观测仪器：TJ-型体积式钻孔应变仪，RZB-型电容式钻孔应变仪，YRY-型压容式钻孔应变仪等；

工程变形与工程地震观测仪器：CG-2A 型垂线观测仪、JSY-1 型液体静力水准遥测仪、DG-1 型静力水准仪、EMD-S 型遥测垂线坐标仪、SS-4 型丝式伸缩仪、GDF-1 型多功

能工程地震分析仪、WCZ-1 型工程振动测试仪等；

火山与地球动力学观测仪器：CE 系列仪器(中、西合作)等。

2. 率先将空间新技术应用于现今地壳运动与地震监测

面对社会需求和世界性科学难题的严峻挑战，对当代革命性高新技术(空间技术等)和新科学理论(地球系统科学等)的高度敏感与急迫渴求，已成为地震大地测量学科技工作者的潜意识。因而能基本做到早察觉、早跟踪、早研究、早应用。通过调研选择，国际合作，试验消化，率先将 GPS(GNSS)等空间测地新技术，组合创新地应用于中国大陆现今地壳运动及地震监测，促进了我国测地技术革命的进程。以 GPS 为例，由于在防震减灾实践中，痛切地感到地面测地技术的局限，1988 年，通过中、德合作在滇西地震预报实验场建立了我国第一个 GPS 监测网。以此为基础，1992—2001 年，参与完成了国家重大基础研究(攀登)项目"现代地壳运动和地球动力学研究"。1991—1995 年完成了国家科技攻关项目"GPS 在地壳形变测量和中长期地震预报中的应用研究(1991—1995)"。为1997—2000 年中国地震局、总参测绘局、中国科学院、国家测绘局联合建成的国家重大科学工程——"中国地壳运动观测网络"完成了前期探索和做好了必要科学技术准备。而作为"中国地壳运动观测网络"的拓展与延伸，2006—2009 年中国地震局、总参测绘局、中国科学院、国家测绘局、中国气象局和教育部六部委又联合建立了规模更大、功能更强、用途更广的"中国大陆环境构造监测网络"重大项目，使我国测量地球的科学技术获得革命性进步，迈入一个新的时期。

在对合成孔径雷达干涉测量(InSAR)、卫星重力(CHAMP、GRACE、GOCE)的引进消化应用，以及 InSAR 与 GPS 结合、卫星重力与地面重力测量的结合和应用上也经历了类似的率先历程。

3. 建立中国大陆现今地壳运动—变形及地震的整体动态监测系统

互补集成当代多种高新技术(卫星、激光、超导、数字化、传感及自动化等)，基本建立"空(间)、地(面)、深(部)"；"面、线、点"；"长、中、短(临)"；"全国、重点区、应急"相结合，建立具有中国特色的大陆现今地壳运动—变形及地震的精确整体动态监测系统，总体达到世界先进水平。包括：

第一，中国大陆(及邻区)和区域整体动态监测：

①GNSS(GPS 等)观测网：高精度地产出 ITRF 参考系中的地壳形变场三维空间分布(纬向、经向和垂直向)及其随时间的变化；

②精密水准观测网：高精度地获取相对于平均海平面的垂直形变场空间分布及其随时间的变化；

③流动重力观测网：以相对重力仪、绝对重力仪的流动复测，高精度地获取重力场的空间分布及其随时间变化；

④卫星重力观测：获取多种尺度和分辨率的重力场空间分布及其随时间变化；

⑤块体边界带、断层带和断层网络监测网：在块体边界带-断层带上，实施跨越式的近远场相结合的高精度动态观测，获取剪切、张压和垂直向变化时间序列族，包括短水准、短基线、全站仪、电磁波测距、GPS 和重力测量等手段；

⑥InSAR 观测：通过卫星观测，在一些重点区域获取空间连续的精确的地壳形变三维

影像及其随时间变化。

第二，定点台网密集采样精确连续监测：

①GPS 基准网：设置在多个台站上的 GPS 连续观测，时序采样间隔由 30s 至 1s 及其以下，产出 ITRF 参考框架中的纬向、经向和垂直向位移宽频域的随时间的多种细微变化；

②地倾斜及其潮汐观测台网：精确记录地倾斜及倾斜固体潮汐等多种短周期自然现象随时间的细微变化，其时序采样间隔由 60s 至 1s 及其以下；

③洞体地应变及其潮汐观测台网：精确记录地应变及应变固体潮汐等多种短周期自然现象随时间的细微变化，其时序采样间隔由 60s 至 1s 及其以下；

④钻孔地应变及其潮汐观测台网：精确记录地应变及应变固体潮汐等多种短周期自然现象随时间的细微变化，其时序采样间隔由 60s 至 1s 及其以下；

⑤重力及其潮汐观测台网：精确记录重力及重力固体潮汐等多种短周期自然现象随时间的细微变化，其时序采样间隔由 60s 至 1s 及其以下；

⑥断层形变、蠕变连续观测台网：时序采样间隔由 1h 至 60s 以其以下。

第三，整体动态监测系统（空间分布、时间序列、宽频域）也具有一定的探测功能：由于地壳与地下圈层和外空圈层之间存在着能量流和物质流交换，动力学耦合，除直接观测地壳表层各物理量变化外，还可探测地下和外空圈层。如基于重力空间分布随时间变化，反演地下介质三维密度随时间的变化，基于重力、地倾斜、地应变潮汐因子推求介质弹性参数-勒夫数（h、k、l）及其随时间变化，基于 GPS 连续观测对电离层介质物性参量（TEC）时变的探测等。

1.3.2　开拓大陆现今（10^{-2} 秒 ~ 10^2 年）地壳运动与变形动力学研究新领域

地球由多圈层组成，充满活力，时刻处于变动之中。地壳运动是整个地球活动的一部分，对人类的生存和发展有着最直接的关系。地壳是地球内部和外部动力作用的交汇界面，地壳运动是多种动力共同作用的反映，因此对地壳运动的观测和研究是推进地球动力学、地球动力系统、大陆动力学、地震科学、地震动力学、地震预测和防灾减灾不可或缺的科学基础与通道。

地壳运动从时间尺度上可以分为几千万年、几百万年、几十万年、几万年、几千年、几百年、近百年（几十年）到当今正在发生的运动。时间越近，它对人类的影响越直接，更为科学界和社会所关注，被认为是地球科学的"生长点"之一。一般，将发生在晚第三纪以前各地质时期的构造运动，称为老构造运动；将发生在晚第三纪和第四纪的构造运动，称为新构造运动（Neotectonic Movement）。丁国瑜（1999）认为，喜马拉雅运动第三幕是形成我国现代构造应力场及现代地貌形态基本面貌的一个阶段；我国一般将这一构造幕以来的这一时段，视为新构造运动阶段，距今约几百万年。对地质痕迹和年代学长期研究取得的成果，为认识中国大陆现代和现今地壳运动提供了一个重要的不可或缺的背景与基础。

苏联学者在 20 世纪 50 年代末提出"现代地壳运动"（Recent Crustal Movement）这一特定的研究领域，引起全球地质学家、大地测量学家、地球物理学家的共同关注。1960 年，在赫尔辛基召开的第十二届 IUGG 大会上，正式成立了国际现代地壳运动委员会，还成立了区域性的现代地壳运动委员会。研究现代地壳运动的基本方法是地质-地貌法。关于现代地壳运动的时间跨度，地质学家们虽有所差别但又基本趋同，大多数苏联地质学家都认为"现代运动"就是指整个第四纪的运动或其中的一部分，其期限大致相当于人类发展的历史时期（А. А. Никонов，1977）。刘光勋（1988）认为把最近 1 万年即"全新世时期的地壳运动称为现代地壳运动较为合适"。澳大利亚活动构造和构造地貌学者 C. D. 奥利尔（1985）也把现代"Recent"一词定义为最近 1 万年，即全新世。

为解决当代人类社会生存与发展有关问题，如对地震、火山、泥石流、滑坡等灾害的预测，对海平面变化、地球角动量变化等的研究，百万年、一万年均显得太长。最为关注的是几十年、几年到此时此刻的变化，不仅研究平稳的变化，更关注于非线性、微动态和突变；不仅重视已发生的变化，而且尤为关切正在进行的和即将来到的变化。因此，20世纪 80 年代以来各有关学科均强调要研究"现今"运动，见表 1-1。

表 1-1　　　中国大陆现今地壳运动与现代地壳运动、新构造运动的比较

地壳运动名称	测定方法	时间尺度	运动描述	与人类对比
现今地壳运动 Present-day Crustal Movement	现代大地测量	由分秒至 100 年	时间连续过程细节	人类寿命时间尺度
现代地壳运动 Recent Crustal Movement	地质-地貌方法	近 1 万年（全新世）	时间区间内的平均	人类历史尺度
新构造运动 Neotectonic Movement	地质学方法	2~3 百万年（上新世末~第四纪）	时间区间内的平均	直立人出现

如前所述，面对防震减灾急迫社会需求和当代世界性科学难题的挑战，集成当代多种高新技术，历经近 50 年努力，已初步建成了"中国大陆现今地壳运动观测系统"（也可称为"地震大地测量学监测系统"），此系统能连续监测正在进行中的由数十年至分秒的现今地壳运动过程。周硕愚（1994）提出将时间尺度由分、小时、日、月、年至几十年（百年），基本上填补地震学与地质-地貌学之间空白的，用现代测地技术直接测定的当前正在进行着的地壳运动称为"现今地壳运动"（Present-day Crustal Movement），进而研究我国地震预报的应用基础学科——板内现今地壳运动动力学。赖锡安等（2004）也把时间跨度从近百年、几十年直到当前的，用大地测量观测技术所观测到的地壳运动称为现今地壳运动。尽管迄今为止，对现今地壳运动还没有一个完全统一的定义，但由于其与人类生存发展密切相关，已获得国内外广泛重视。国际大地测量协会（IAG）在评述 2000 年大地测量发展方向和前景时指出，"在 1 小时至 100 年间"，最重要和最有意义的信息是，大地测量实际观测结果与地质和地球物理学时间（百万年）尺度上理论推算的某种平均结果之间的"偏差"。美国宇航局（NASA）地球系统科学委员会提出，

"具有一个人寿命时间尺度的全球变化和现实性，为地球研究提供了新而急迫的任务"。马宗晋（1989）提出了现今地球动力学的研究设想，认为地球动力学原则上可分为历史地球力学和"现今地球动力学"。前者以各类地学遗迹或残迹为对象，最终完成全球构造演化全过程的再造；后者以现今可见、可测和可直接进行正反演的现象、场和暂态信息为对象，研究全球时空协调运动与动力学。

地壳运动是一个古老而又年轻的持续演化着的动力系统。新构造运动及现代地壳运动是现今地壳运动的基础；后者则是前者的延续和现今微动态。只有将过去和现今相结合，才有可能预测未来；反之，"对过去的解释也需要对当前运行着的类似过程的知识"（NASA，1988）。

现代大地测量学应用于防震减灾近 50 年，初步形成的地震大地测量学及其监测系统（中国大陆现今地壳运动观测系统）开拓了中国大陆"现今地壳运动"与"现今变形动力学"研究新领域：

①开垦出其时间-频率域介于地震学与地质-地貌学之间的"处女地"，填补了此认知的"空白域"。揭示出大陆地壳运动与变形在现今尺度（10^{-2}秒～10^2年）和频率域（50Hz～近似零频）内随时间的连续变化，发现过去未曾认识的或无法精确定量的许多新自然现象。为大陆动力学、地震科学、地震动力学和地震预测及防灾提供新信息，从基础上促进创新。

②在统一的参考框架（ITRF 等）下，定量研究不同圈层、不同地体多种时-空演化过程的相互作用，使整体论（动力系统）和还原论（震源）相结合成为可能，开拓"中国大陆现今地壳运动"，"现今大陆变形动力学"，"现今大陆变形动力系统演化及其地震行为"等研究领域。提出新的科学概念，建立新的定量模型，开拓新的预测途径，参与并促进大陆动力学和地震科学的基础研究；直接而又扎实地推进地震预测和防灾减灾的科学技术进步，促使其逐步挣脱困境。

③有利于监测和定量研究不可忽视的地球动力学因子——人类活动对地壳运动稳定性和灾变的影响，如水库地震、过分抽取地下水、山区过度开发、特大型工程地学效应，等等，促进人与自然的协调发展，经济与社会的可持续发展。

1.3.3　参与并促进地球动力学、大陆动力学和地震科学基础研究

50 年来，尤其是近 30 年来地震大地测量学立足于先进的天地深整体动态观测系统所获得的现今地壳运动丰富信息，参与并促进地球科学、大陆动力学和地震科学前沿研究，并取得了一些令人兴奋的进展。试举几例：

地震大地测量学对大陆动力学和地球动力学作出了有益的贡献。1988 年以来，数十位研究者（刘经南、朱文耀、王琪、黄立人、李延兴、王敏、江在森、杨国华、吴云、王庆良、帅平、王伟等）基于 GPS（GNSS）网复测数据，相继建立了在欧亚板块和印度板块、太平洋板块、菲律宾海板块等不同性质的板块碰撞和俯（仰）冲机制共同作用下的一系列中国大陆现今地壳运动模型，包括中国及其邻区的现今速度场、应变（力）率场模型，板内块体现今运动模型（分别以 ITRF、欧亚大陆或中国大陆整体无旋转基准为参考基准）。应用这些模型可以演绎出中国大陆内部现今地壳运动的速度场，应变（力）率场，活动地

块及边界带运动。这是前人无法取得的创新成果，其重要的地球动力学、大陆动力学意义与减灾应用价值不言而喻。此外，还可引申出更深一步的若干地壳动力学问题，如 GPS 实际测定的几年时间尺度的现今地壳运动模型与百万年时间尺度的地质学模型整体符合良好，说明地壳运动系统是自组织动力系统，能在长时间尺度上维持着整体稳定状态。研究证实现今地壳运动动力学的基本状态是动平衡稳定态（常态、震间态），为识别震前异常变化提供了基准，是大自然对地震有可能预测的恩赐。有些国外学者以"沙堆模型"作简单类比提出的"地壳处处时时均处于自组织临界状态（SOC）"是片面的，不符合自然界实况（周硕愚等，1999，2002，2007）。再如板块构造学说的核心是岩石圈板块能在软流圈上运动，因而方能以简单的欧拉矢量来定量刻画构造板块在地球球面上（软流圈之上）作刚性运动（平移与转动）。但"它的根据和应用，主要限于海洋及大陆边缘。对于大陆内部，这个学说几乎全未涉及，这是急需补充的"（付承义，1972）。以 GPS 网重复观测数据为基础，将研究全球板块运动的一套概念和方法（欧拉矢量）或稍加修改（加入了量级不大的块内变形附加项）应用于建立中国大陆板内块体现今运动模型，同样取得相当好的效果。为什么大陆板块内，至少是相当数目的块体（活动地块）也能在地球球面上运动？在其之下也是否应存在着顶托并拖曳其运动的陆下地幔流或其他滑脱层，如中下地壳隧道流（channel flow）等？这是大陆动力学、现代大陆变形动力学必须回答的问题。而且无论何种理论模型，都必须接受地震大地测量学定量结果的约束（见本书第 11 章）。

地震大地测量学与地震学结合互补，多位研究者首先是用基于近似零频的地面大地测量数据研究大陆内部大地震的同震位错，如唐山 7.8 级、共和 7.0 级等地震（陈运泰，王庆良，巩守文等）；进而应用 GPS、InSAR 等空间大地测量与地面大地测量，以至与重力测量相结合精细研究大地震破裂的全时空过程，如汶川 8.0 级地震等（王琪等，2011；乔学军等，2009，2014 等）；以及震后该源发地震在另一接收断层上所产生的库仑应力变化可能导致的促震或滞震的作用（谭凯等，2005，2013），中国大陆地壳形变对远源巨震的响应（江在森等，2005；杨国华等，2006）等，均取得新的进展。

基于地学遗迹和年代学的新构造（现代）地壳运动研究，对断裂带运动给出了百万年、万年时间尺度内的平均结果。而基于对断裂带及网络近数十年运动过程持续观测的地震大地测量学，定量揭示出许多新的丰富生动的断裂带现今动力学行为。在时间过程上，存在着"地震断层形变循回"，包括：继承性的稳定的定常运动，非线性加速运动、临界预滑动、同震位错、震后以对数型余滑归复常态以及多姿的蠕变暂态事件等（周硕愚等，2004）。在空间结构上，除证实单条活动断层的分段特性外，还存在着"断层网络系统丛集运动特性"，即表现在一定空间域内，由不同走向断层组成的网络，其活动强度在大地震前后显示出密切关联的时空协同特性（周硕愚等，1990；薄万举等，1995）。若将断层面底部（深部）设为具缓慢定常蠕滑特性，上部设为具有若干大小不等的障碍体，则可构建断层深浅部动力学耦合模型，对观测结果作出较好的数值模拟（吴维夫，周硕愚，2004；杜方，闻学泽，2010）。

地倾斜、地应变、重力台网和 GPS 基准站（连续运行参考站）网络的密集采样连续观测，在探测地下深部介质参量（多种潮汐因子、勒夫数）和高空电离层介质参量（TEC）及其与地壳运动及地震的圈层动力学耦合关系，在揭示过去隐匿未知的多种自然现象及现今地壳运动动力学行为(尤其是临界态行为)方面均取得新的进展(吴云等，2010)。

地球动力学、岩石圈动力学、大陆动力学和地震科学都要研究力和地球动力系统演化及其行为的关系。众所周知，力很难直接测定，但地震大地测量学可以精确测定力作用下的地壳运动(位移、速度、加速度)、变形(应变)、重力(大地水准面)的时空变化过程，探测介质物性参量(密度、质量、勒夫数、电离层电子浓度)时空变化过程。它所揭示的多种过去未能认知的自然现象为概念模型创新提供基础；它所产出的多种定量结果为动力学模型的数值模拟提供了不可缺失的先验、约束、检验条件。它的现今时间尺度连接了过去与未来。它的频率域大致填补了地震学与地质学之间的空当。它定位于国际地球参考架(ITRF)的整体空间关系和连续观测的时间过程能较方便地与多门学科结合，并有利于以地球系统科学为框架，综合应用动力学(还原论)和复杂系统理论(整体论)取得创新性的科学研究进展。尽管地震大地测量学仍是一门正在发展中的学科，但已能参与并促进地球动力学、大陆动力学和地震科学的基础和关键性问题研究。

1.3.4　推进地震预测和防震减灾科技进步不可缺失的创新引擎

地震预测既是一个世界性科学难题，又是一个必须应对的社会需求。从当代 STS 的整体关系出发，基础与应用研究的相互交织与反馈，"边观测、边研究、边实践"是明智而现实的科技路线。既要客观地承认对自然规律认识不足，预测水平不高，扎实地推进基础研究；又要基于当代科技已可能达到的水平，热忱服务于社会需求。只有通过"观测(获取足够信息)→理解(解释)→模拟(模型)→预测(应用与检验)"的多次循回，方能逐步实现科学认识的升华和应对社会需求。

地震是岩石圈系统演化过程中，在某些局部空-时域内发生的一种具突变破裂特征的变形动力学行为。地球动力学、构造物理学、岩石力学等的研究均表明，在主破裂发生之前会出现变形及微破裂，进而在不均匀的复杂的地体中引发一系列的多种异常。震前异常(地震前兆)按其性质可分为：力学型、力学→物理型、力学→化学型、力学→物理、化学→生物型等。地壳形变(应变、应力)和地震学是力学型的直接型的前兆。其他类型前兆固然各有其特色与作用，但均非直接型而属转换型(一次或多次转换)。从信息论观点看，转换必然会降低来自"信源"信息的保真度(可信度)，转换次数越多其可信度越低。因此，科学界在建立各种地球动力学或地震学模型时，一般均以大地测量学和地震学的观测结果，作为其约束、检验条件。在评价多种物理型、化学型或生物型等观测手段所获得的地震异常信息的可靠性时，往往考察它们是否能与地壳变形(应变、应力)或微破裂能建立某种关系，能否实现某种"转换"。只有实现了转换，才有可能进行具有地震动力学意义的综合和综合预报。由此可见，不管动力学地震预测(数值预测)，还是统计性或经验性地震预测，地震大地测量学均是不可缺失的支柱之一。

尽管地震预测仍是一个有待探索的难题，但 50 年来地震大地测量学通过"观测→理解→模拟→预测(检验)"的多次循回，在认知现今地壳运动与地震孕发关系和探索预测途径上依然取得了一些不可轻易否定的进展。例如：①时间过程上可能具有"地震地壳形变循回"特性：震间形变—震前非线性形变—临界态形变—同震破裂—震后归复性形变—震间形变；可望对过程状态作稳定性判别；②空间分布上存在着"广义变形局部化"过程；

其可能途径是"图像(斑图)动力学(Pattern Dynamics)"识别;③大陆地震动力源不仅是板块-块体系统的推挤(应变、阻抗力),陆下地幔流或中下地壳隧道流中的物质运移和上涌(体积力)也不可忽视,但不同地震的侧重有所不同;④有可能观测到地形变震前预滑动及频率结构改变(地壳与诸圈层动力学耦合加强,响应灵敏度增强,高频异常时空丛集等),因此地震大地测量学除为地震危险性、长中期预测作贡献外,还可能推进临震和预警;⑤地块网络存在强相互作用,可能出现变形、物质运移、地震活动等现今构造事件的长程关联;大地震前可能显现由大尺度至小尺度、由深部至浅部,向内逼近"坚固体(震源)"的收缩行为;大地震后又会在震源区之外某些断层处出现库仑应力场的变化;⑥大陆岩石圈地壳形变系统是复杂动力系统,地震是系统为保持自身稳定必要的自调节(自组织)行为,是演化过程中偏离并回归常态的一种暂态行为;多样性、不确定性与内蕴规律性并存。当前对地震预报的两种极端看法,可能均为排中律式的机械论思维,不符合大自然实况。应以更符合大自然实况的复杂动力系统思维来理解地震,人类必须学会与地震灾害长期共处,但地震预测和地震预报,依然存在广阔的可改进空间(周硕愚,1993,1997,1998,2007,2010)。上述认知主要来源于对地震大地测量学新颖观测结果的初步理解,地震预测与地震学、构造物理学、大陆动力学、地球动力学、岩石力学和地球系统科学、地球动力系统、复杂系统理论、非线性动力学等是相容和互补的。

地震预测是对大自然奥秘的科学探险,它有多方面多层次的内涵。地震预报是在地震预测基础上权衡社会效应得失的一种风险决策,也会有多种方式。来之不易的地震预测的任何进展,对改善地震预报都是宝贵的,也不宜把地震预测仅理解为短临预测。尽管迄今为止,对地震预测的失败仍多于成功,但实践表明,在一定的条件下(构造环境、监测能力、认知水平等),对某些地震的预测也曾取得过成功,即预测与后来发生的实况相符。例如,海城7.3级地震(1975-02-04)前金州台跨断层形变速率的非线性变化及其震后恢复(辽宁省地震局)。基于"滇西地震预报试验场"和"首都圈地震预报试验场"相对较密集的观测和较多的科技积累,地震大地测量学在大震预测和"平安预测"上均取得了一些实际进展。在云南丽江7.0级地震(1996-02-03)之前三年和前三个月曾两次提出书面预测,其地点与震级均与后来发生地震的实况相符。中国地震局地震研究所与武汉测绘科技大学三年前提出的预测是基于对该区现今构造活动的GPS反演。中国地震局地震研究所三个月前提出的预测是基于对滇西、滇东断层网络系统1982年以来由"信息系统合成"获得的垂直形变、水平形变整体活动强度演化过程异常,以及距震中仅数十千米的地倾斜和地应变台站固体潮汐因子异常,这些异常变化在震后均恢复至正常动态。山西大同6.1级地震(1989-10-19)发生后,有专家预言其后在首都圈将发生类似1976年唐山地震那样的大地震。为此,国家地震局下达了"首都圈地壳形变应急追踪"的专项任务(中国地震局分析预报中心、综合监测中心、第一监测中心和中国地震局地震研究所)。通过对首都圈1965—1971年地壳垂直形变场动态演化系列图像及其动力学参量(熵、分数维、有序度)的定量研究和1972—1992年断层网络系统水平形变和垂直形变速率合成(整体活动强度)的定量研究,发现:该区地壳垂直形变场非均匀度参量(信息熵、分维数)和断层网络整体活动强度在唐山7.8级地震前和大同6.1级地震前两次显著地偏离动平衡态出现异常,而震后均已经回归至动平衡稳定态(正常动态)。因而,提出了首都圈最近3年估计不会有6级以上地震的平安预测意见,与后来的实况相符。

GPS(GNSS)等空间大地测量技术的广泛应用,有助于夯实地震预测的科学技术基础。推进了现今地壳运动(尤其是水平运动)观测技术的革命,在统一的全球参考框架内建立了板块、欧亚板块内部中国大陆各块体网络多层次的现今地壳运动模型,从而可能以大陆变形动力学的新视野,研究大尺度现今地壳运动与局部域小尺度地震灾变行为的关系,为地震动力学模型的建立提供了不可或缺的约束条件。GPS 连续观测网络的建立,使我们首次能在大空间范围内在统一的参考系中,整体研究现今地壳运动及其频谱随时间的连续变化;并催生了"GNSS 地震学"、"GNSS/InSAR 影像大地测量学"、"GNSS 水准测量"、"GNSS 电离层学"、"GNSS 气象学"以及"GNSS 固体潮汐与勒夫数探测"等新的观测-研究域;促进了学科交叉,促进了地震孕发过程中地球圈层动力学耦合的研究,不仅直接推进地震的长、中期预测,并可望为短临地震预测、预警开拓新路。

2008 年汶川 8.0 级大地震未能预测,对地震人既是空前严峻的挫折,又是醍醐灌顶的启示。汶川大地震发生在地壳运动速度差异很大的巴颜喀拉块体与华南块体的边界带——龙门山断裂带。尽管具有高应变积累的构造背景(应变-应力积累总量应该很高),但地壳形变观测表明,大震之前数年该区水平应变速率(应变的相对变化如年应变速率)却一直处于很低的水平,没有观测到出现加速异常过程;断裂带滑动速度也极低,基本处于闭锁状态;与此相应的是地震活动寂静。根据已有的认知体系,无论是物理模式(基于断层运动变异的弹性回跳模式、以岩石破裂实验为基础的 DD 与 IEP 模式),还是多年经验的积累(如同为板内大陆地震的唐山、丽江等大震震例),均无法演绎推理出此区近期会有 8 级大震发生。物理模式的失效和对数十年经验的超越,说明我们对地震自然规律的认识仍处于片面肤浅的初级阶段(如强调了壳面板块-块体的推挤力,忽视了深部物质运移和上涌的体积力等)。在观测技术上也存在若干不足,如缺乏现代化的高效精确的垂直形变和应变测量,如何强化对深部物质运移、上涌和介质物性变化的动态探测;如何对形变空区、断层闭锁区应当进行监测,缺乏监测地壳绝对应力的实用方法以及震源区与近源区内观测站既稀疏,时序又很短等。

尽管如此,但地震大地测量学在汶川大地震中仍有不俗的表现:在地震前几年 GPS 测量已揭示出印度板块对中国大陆的推挤速度明显增加;西藏地块相对于华南地块的运动也显著增强;昆仑山口西 M_S8.1 级和印度尼西亚苏门答腊 M_W9.1 级两大地震对中国大陆应变积累有所影响,在全国年度地震趋势会商会上曾提出"大区域应力应变场调整最可能使南北地震带中、中南段应力应变加速积累和集中,对该区域强震的孕育发生起促进作用",从空间和时间的宏观尺度上已觉察到地震大形势严峻(江在森等,2006,2007)。区域重力测量揭示出重力场空间分布图像结构随时间变化的异常(1998—2007),据此在震前提出了书面预测意见,对发震地域及震级的预估基本正确(祝意青等,2007),震后更详密的资料处理验证了其依据的可信度(申重阳等,2009)。震后研究发现:存在着断层形变异常(周硕愚等,2009);基于 GPS 连续观测网(参考基准站网)的时频分析揭示出大震前在广阔地域内发生过低频波动异常(张燕等,2010);基于地基 GPS 对电离层的探测揭示出震前数日电离层电子浓度发生异常(周义炎等,2012)。模型研究方面基于 GPS 和 InSAR 结合并融合经典大地测量成果,翔实地测定了震源区与近源区的同震形变,并据此建立了龙门山边界带汶川地震破裂过程模型，这些研究成果已在 *Nature* 上发表（王琪等，2011）以及应用于震后库仑应力场研究（谭凯等，2005，2013）等。汶川大震前（在2001—2008年间），在"现今大陆变形动力系统"边缘与内部的广阔空间域中，出现了几种变形异常与地震行为的长程关联现象，整体趋势是由远及近，由西及东，由深及浅，收缩逼近，直至呈现以未来震源区为"核"的变形局部化过程（参见本书第12、第13章）。

地震大地测量学与相关学科交融致力于地震预测五十年，促进了大陆地震预测理论和技术途径的创新探索。例如，提出了从构造动力过程进行强震危险性时空逼近的科学思路，即通过从板块边界动力作用→大尺度动态场→区域动态场→应力应变增强-集中区→孕震危险段中短期危险性的时空逼近的强震预测思路和"强震动力动态图像预测技术研究"（江在森等，2010，2013）；提出了"大陆变形动力系统现今演化及其地震行为"，"现今地壳运动动力学基本状态与地震的可预测性"，"现今大陆变形动力学"，"地壳形变图像（斑图）动力学"（Pattern Dynamic of Crustal Deformation）方法，"地壳运动-地震系统自组织演化模式说"等（周硕愚等，1994，1996，2007，2010，2015）。

综上所述，地震大地测量学对中国大陆五十年变形过程及其地震行为的发现与精确观测以及对其动力学机理的初步揭示与理解，均表明："大陆变形动力系统现今演化及其地震行为"既具高度复杂性，又具可望揭示的内蕴规律性。尽管地震预测预报是世界性科学难题，依然任重道远；然而，可观测、可理解、可模拟和可操作的地震预测预报，已曙光初现，且已取得了一定进展。我国地震大地测量学50年研究和预测实践所获得的基本认知，与2009年意大利拉奎拉地震后由 T. H. 乔丹（美），陈运泰，P. 伽斯帕里尼（意）等10位国际知名专家组成的"国际地震预报专家委员会"提交给意大利政府的《可操作的地震预报》（陈运泰，2015）的基本观点和主要结果是能共鸣的，这绝非偶然。在地球科学已进入地球系统科学新时期，我国的大陆动力学、地震科学（包括地震大地测量学）正蓬勃发展之际，我们应坚定不移地坚持多学科的国际性的地震预测预报的研究、实践与应用。

汶川大地震促进了地震大地测量学反思，在发现问题的同时，也意识到自己的潜力，深感强化学科基础建设迫切。地震大地测量是推进地震预测和防震减灾科技进步不可缺失的引擎，必将在未来发挥更大的作用。

1.3.5　促进多种地质灾害的监测预测（水库地震、滑坡、火山等）

构造地震与水库地震、滑坡、火山喷发等灾害预测既各有特色，又具共性。从机理上看，它们均是地球动力学系统——岩石圈动力学系统中某层次子系统，在多种动力作用下，渐变偏离动力学稳定态至临界态，发生突变（灾变），而后又重归动力学稳定态的自组织（自调节）过程。从预测看，均必须监测现今地壳运动和变形的时空变化过程，地下不同深部物质运移和密度（质量）的时空变化过程，建立模型，判别临界态和失稳点等。因此，地震大地测量学有可能发挥其新颖观测技术、天地深整体动态组合监测系统，严谨处理多源数据、动态图像与图像动力学之长以及预测模型、预测经验等，促进多种地质灾害的监测预测。近50年来地震大地测量学在新丰江、丹江口、长江三峡等水库地震监测、研究与预测中均发挥了重要作用，甚至某些开创性作用（中国地震局地震研究所，长江水利委员会三峡勘测研究院，2012；吴翼麟等，1979）。在长江三峡西陵峡新滩、链子崖岩崩区建立监测系统，连续监测和分析研究，对其后新滩滑坡(1985 年 6 月 12 日)的成功预报，作出了贡献①。在中国和西班牙"火山与地球动力学监测研究"科技合作项目中研制多种水平应变仪、静力水准仪和铅垂摆倾斜仪，安装在 Cuera 和 Timanfaya 等火山监测实验站，连续观测探索火山活动引起的地壳形变和喷发前兆信息(蔡惟鑫，R. Vieira 等，2005)。

火山喷发、滑坡和水库地震等，相对于构造地震而言，可将前者视为后者在一定已知或简化条件下的科学实验(如地域已知等)。火山喷发与地震预测在模型和机理上能较好地对应与类比，如均为深层韧性部分与浅层脆性部分的相互作用，都是地球动力学与非线性动力学的交叉点等，成功预测前者的认知可以启迪后者(Keiiti Aki，2003)。滑坡似可视为震源深度为零的地震，其完整的形变时间过程及临界态行为有助于地震预测。水库地震可望加深对地震孕发过程中流体作用、荷载作用、物质运移等的认知。可见，地震大地测量学除致力于现今地壳运动、地壳变形动力学和地震预测外，地质灾害预测也是一个可以有所作为的领域；且通过认知反馈，又能促进地震预测，形成灾害大地测量学，即广义的"地震大地测量学"。

1.4　学科发展历程反思——科学方法论

1.4.1　经验性预测——归纳法的作用和缺陷

以揭露大自然深层次奥秘为己任的地震预测无异于"科学探险"。较多地球科学家认为，岩石圈地壳运动在某些构造部位上导致局部变形——逐步累积应变(应力)，当超过岩石强度时岩体突然破裂，释放应变能——发生地震。如果没有应变的逐步累积，就不可能有突然的释放，因此地震之前应有物理前兆出现，"预告的最直接标志就是前兆，寻找前兆一直是研究地震预告的一条重要途径"(傅承义，1963)。地震学、地震大地测量学、地震电磁学和地震地下流体物理化学，多年来均在寻觅地震前兆，期望通过观测发现地震前兆，进而实现地震预测。怎样寻觅地震前兆？除可从岩石破裂实验中得到一些基本启示外("类比法")，主要源于对地震震例(特别是大震震例)的经验总结。即基于地震前后的观测结果，对一些被认为与地震孕育发生有关的震前异常案例作归纳，将这些归纳结果暂视为"地震前兆"。这种预测方法本质上是"经验性预测"(包括数理统计)，其方法论属于"归纳法"。

科学方法论认为，由个别到一般的"归纳法"能发现新事物，但"归纳推理的结论不具有必然性，仅具有或然性，可能真实、也可能虚假"。"不管我们已经观察到多少只白天鹅，也不能证明这样的结论：所有天鹅都是白的"(Karl R. Popper, *The Logic of Scientific Discovery*, 1977)。例如，在邢台 7.2 级地震(1966 年 3 月 22 日)前，小震活动出现了"密集—平静"等特征，以这些经验为基础，成功地预报了海城 7.3 级地震(1975 年 2 月 4

---

①　余绍熙，况仁杰，等，《西陵峡链子崖绝对位移观测初步小结》(1975)，《西陵峡新滩滑坡体绝对位移观测小结》(1982)。

日）；但在唐山7.8级地震(1976年7月28日)前这些经验性特征却没有出现。又如，在唐山地震后曾归纳出一套震前地壳形变异常的时、空、强特征；在丽江7.0级地震(1996年2月3日)前也曾观测到类似的地壳形变震前异常特征，基于这些特征曾在丽江7.0级地震之前三个月提出过较为正确的(内部书面)预测，当时曾认为这些前兆特征在大地震前可能具有可重现性。但这些特征在汶川8.0级地震(2008年5月21日)前不仅未被察觉，而且即便通过震后总结也尚未能以高显著性加以证实。由于篇幅所限，更多的实例不在此一一列出。

中国大陆岩石圈是一个纵、横向不均匀、不连续，具有多层结构和流变学特征的综合体——复杂动力系统。各个大地震孕育的构造环境与动力学背景、发生的物理过程与机理都会有所差异，甚至会有显著的不同；因而其地震前兆特征(时间过程、空间分布随时间演化、异常的强度和频率域及其组合形式等)也必然会有所差异，甚至有显著的不同(如汶川地震与唐山地震)。尽管以观测前兆现象和震例总结为基础的归纳法"在科学知识的网络体系中作为连接经验知识与理论模型之间的纽带发挥着重要作用"；但必须清醒地认识归纳法的局限性，无论作了多少次"总结"，或反复"攻关"，都不可能从根本上深化对自然规律的科学认识。

认知一个动态实体(系统)的科学方法一般可分为几个层次。最粗浅的层次是现(唯)象学(Phenomenology)，然后是运动学(Kinematics)，即"从几何方面来研究物体间的相对位置随时间的变化，而不涉及运动的原因"。更高的层次则是动力学(Dynamics)，即"讨论系统所受的力和在力作用下发生的运动两者之间的关系"，它"可以根据系统过去与现时状态以及内部各部分间的相互作用和系统与它周围环境之间的相互作用来预言随之发生的运动"。由于相对论、量子力学、系统科学等新科学理论的问世，当代的动力学(如动力系统、复杂系统理论)已超越了研究机械运动规律的经典动力学的局限，成为地球系统科学研究的主要方法。以归纳法为基础的经验性预测本质上尚处在现象学的初级阶段(也涉及了部分运动学研究)，已积累了近五十年经验知识的地震大地测量学，除继续使用归纳法和类比法外，其研究主体必须尽快地由现象学、运动学走向动力学，走向动力系统、复杂系统理论研究。这正是我国《国家中长期科学和技术发展规划纲要(2006—2020年)》中明确指出的"复杂系统、灾变形成及其预测控制"的研究方向和科技途径。

1.4.2 "信息金矿上的穷人"——观测数据如何用?

地震大地测量学应用了以空间对地观测为核心的多样的综合高新观测技术，开拓了岩石圈现今地壳运动"处女地"，尽管获取了前人难以得到的大自然的海量般的新信息，但深刻理解信息，揭示隐藏在千姿百态表面现象之后的自然规律还很不够。地震大地测量人尚未根本改变"金矿上穷人"的状态，其原因如下：

1. 受到经典大地测量学数据处理观念的束缚

经典大地测量学的主要任务是为测绘地图建立控制网，它主要关心的是目标值(如坐标值)的精度。它对观测值的理解是：

$$观测值=目标值+系统误差+偶然误差+粗差 \tag{1-1}$$

地震大地测量学是现代大地测量学的一个分支，是一门新的前沿交叉子学科。它对式

(1-1)有不同的新理解。其目标值不是一个不变的确定量，而是一个反映地球内部动力作用下的现今地壳运动过程（包括震前异常）。许多系统误差并非一定要将其理解为误差，实际上它们反映了大气圈、水圈、宇宙天体和生物圈的诸种动力学因子对岩石圈（或地壳）的作用以及岩石圈（或地壳）对这些作用的响应。例如，年周变（季节变）、日周变、固体潮汐、水库水荷载变化引起的形变等，显然，将它们理解为某种动力学过程和对动力学过程的响应，要比理解为误差更为合理；系统误差既有应该加以消除的一面，但也有提供有用信息的一面。例如，可以利用 GPS 观测值中的诸种"系统误差"来探测电离层和对流层中介质参量的变化、分析与地震有关的波动信号，发展出 GPS 电离层学、GPS 气象学和 GPS 地震学等，开拓新的动力学信息源。

同样，粗差也不能仅理解为测量中的失误或错误，它也可能反映动力学环境中的某种突发事件或突跳信号。例如，同震形变也可以引起记录曲线的跃阶，仪器系统对地震波的响应可以引起大幅度的波动（同震振荡），而某些突跳和群发性突跳也不能完全排除是短临前兆（如预滑动、与地震成核相应的临界变形过程或波动等）的可能。因此，粗差不能简单化地一概删除，而应具体问题具体分析。

由此可见，地震大地测量学与经典大地测量学在数据处理上，除了共同关注目标值精度（均方差或标准差）外，前者还有新的独特要求，即"理解"（理解观测值的物理构成，各成分的相互关系及其动力学意义）和"预测"（建立模型，预测现今地壳运动的未来变化趋势，并在预估正常变化的基础上识别异常变化）。

2. 企图用观测数据直接对应（预测）地震

近代地震研究偏向于寻觅某参量时间序列或某参量空间分布与地震的直接对应关系，致力于建立观测数据至地震前兆（预测）之间的"直通车"，追求类似工业化生产的信息识别流程。偶有所得，就壮志豪情，误认成功在即，屡战屡败，又速转失望灰心，不知所措。其原因均为对大陆岩石圈现今地壳运动—变形动力系统演化过程及其灾变行为的复杂性缺乏认识。

"直通车幻影"严重阻碍了对观测数据深层次的研究、开发与应用。例如，对观测系统完整性、观测和分析推理结果精确性和有效性的评估；对在岩石圈现今地壳运动中新发现自然现象的定量描述及其可靠性和可用价值的评估；对观测数据物理学的和数学的分解与理解；对不同观测数据物理学的、数学的和信息学的集成、合成与融合；用多种观测数据建立系统模型（包括中国大陆现今地壳运动变形动力学系统模型、子模型以及以某坚固体为核心的地震孕发模型等）；用模型来演绎（解释）观测数据，用模型来预测未来并经受检验与修正，以及构建更高层次的模型等。

"直通车幻影"还阻碍了"大地测量学与地球动力学信息产品"（或"地震大地测量学信息产品"）的研发、产出与问世。由于对"大陆现今地壳运动—变形和动力学"研究新领域（处女地）的开拓，我们已拥有前人难以获得的、高精度的具有十余年至三十余年持续观测历史的多种观测数据流和数据簇。对这些令许多中外科学家羡慕的"金矿"，应系统地有效地整理、开发和应用。定期或不定期地产出"信息产品（系列）"，服务于地球科学、地球动力系统、大陆动力学、地震科学和地震等灾害预测及防灾减灾等社会公共安全。从强化科学基础与改善信息资源环境两方面，促进高水平创新成果的诞生和跨学科卓越人才的成长。

可见，必须转变测量数据处理传统观念，抛弃"地震直通车幻影"，直面大陆岩石圈现今地壳运动复杂系统；扎实地深挖、深研数据信息金矿，逐步揭示隐蔽在千姿百态表面现象之后的自然规律，并相应产出多种层次的数据信息产品，方能从根本上改变"信息金矿上的穷人"的状态，既能在科学圣殿中有一席之地，又实实在在地服务于社会。

1.4.3 如何改变"手段颇多交叉少"——动力系统及其模式研究

各种固体地球物理模式和地震模式都离不开大地测量，或至少与大地测量密切相关。地震大地测量学尽管具有几何的、物理的、动力学的多种科学内涵；拥有从空中到地表到海洋到地下深部的多种学科的观测与探测手段(空间大地测量、几何大地测量、物理大地测量、动力大地测量)，每种观测手段都在努力研制自己的仪器、建设台网、强化管理、分析数据、开展研究、发表论文、探索地震预测和防震减灾之道，但整体的基本态势仍是：平行推进，各行其道，"手段颇多交叉少"；老同学，好朋友，工作室近在咫尺，岁月悠悠华发生，但研究领域多未能交融共振。迄今为止，地震大地测量学的多种观测结果，如何在统一的空-时-频域，或在同一动力系统中，相互沟通、联结、融合，统一地处理数据、模拟和预测的实质性进展依然难以令人满意。"观测手段大拼盘"的状态尚未从根本上得到改变，阻碍了深层次高质量有重大影响力的科学成果的诞生。

究其原因可能与地震大地测量学的学科源流和学科传统有关。大地测量学与固体地球物理学的研究域虽有一定交叉，但两者的侧重点不同，前者以全面发展测量理论和技术研究为重点，后者则以深部地球探测和动力学研究为重点。大地测量学在精密测地(尤其是精密测定各种时空尺度地壳形变过程)具有突出优势，但在建立具有推理演绎功能的地学模式上则实践不多。此外，现代大地测量学的各分支学科，如几何大地测量学、物理大地测量学、动力大地测量学和空间大地测量学在 20 世纪 50 至 80 年代间，先后介入地震领域后彼此之间如何紧密联结并与地球物理学、地质学和地球系统科学等深度交融，仍是一个正在解决中的并有待进一步完善的问题。改变"观测手段大拼盘"，"手段颇多交叉少"与地震大地测量学的学科建设密切有关。在地球系统科学框架下，强化模式研究，具有重要意义。

1. 模式(假说)在探寻自然规律中不可缺失的作用

"假说是网，只有撒网的人才能捕获"(Novalis)。观测固然是探寻自然规律的前提，也正是地震大地测量学的优势。但如前所述，从观测事实中用归纳法得到的经验特征，其可靠性是存在疑问的。只有当它被纳入一个理论模型的解释范围，并被作为某种深层机制的必然结果而从模型中推导(演绎)出来，它的正确性才能有所保证。此外，理论模型又是发现新事实的一种重要工具。当一个理论模型被提出之后，人们总是要想方设法去检验它。正是在为它寻觅肯定的或否定的证据的过程中，我们的经验知识会更丰富起来；而模型也会逐步完善，进而升华为深刻反映自然规律的兼备解释和演绎功能的科学理论。大陆漂移—海底扩张—板块构造，科学认知三部曲导致了"板块构造理论"这一地球科学革命性成果的确立，显示了模式(假说)在探寻自然规律中的不可缺失作用。

地震是生灭于地球岩石圈复杂动力学系统演化过程中的一种活动。观测数据固然是揭示自然规律的前提与基础，但它不可避免地具有表象性、片面性和局限性，不可能直达自然规律。傅承义院士既强调模式不是来源于虚构，而是由实践所启发；又强调模式的必要有两方面的原因：

①经验关系都有它的应用范围。在范围之外必须外推，外推就必须建立模式。

②前兆出现的方式常不以某个物理量单独出现，而是几个量的综合，综合不等于简单叠加。如何最有效地综合，需借助于模式（傅承义，1993）。

我国大地测量学科技人员，在掌握丰富观测信息资源和勇于涉险科考"地球三极"（南极、北极和世界屋脊）方面，均不逊于外人和前人（例如 A. Wegener）；但在勇于提出创新性模式（假说）并锲而不舍地反复检验修正方面，似乎尚有待加强。因此，模式（模型）研究应成为地震大地测量学必不可缺的常规的研究环节；模式（模型）的范围不能仅是震源模式，应比其更广阔、更丰富和更多样。强化和坚持模式（模型）研究，有助于地震大地测量学从"手段颇多交叉少"，"信息金矿上的穷人"的束缚中顺理成章地获得解脱并优雅地升华。

2. 在地球系统科学框架下建立多层次多阶段的多种模式

自 20 世纪 80 年代以来，地球科学开始进入一个新的发展时期——地球系统科学时期。在这一时期，强调从整体出发，将地球各圈层作为一个有机联系的地球系统来研究。地球系统科学的研究目标，在于回答地球系统的根本科学问题：地球系统的变化性、地球系统变化的驱动力、地球系统对自然和人为变化的响应、地球系统变化的影响与后果、对地球系统未来变化的预测。地球系统科学的研究方法，是对地球系统过程进行观测、理解、模拟和预测（NASA，1988，2000，2002）。地球系统由多层次的子系统构成。每个子系统都有自己的范围、内部的组分（更低一级的子系统）与结构、外部的环境（驱动力）、在内外诸因子相互作用下涌现出的整体功能与演化进程。地震大地测量学的研究对象是地球系统科学框架下岩石圈在特定空-时尺度范围内的子系统，即大陆岩石圈地壳系统现今演化过程（10^{-2}秒 ~ 10^2年）及其灾变行为和动力学。

地震大地测量学采用地球系统科学的研究方法，在地球系统科学框架下开展多层次多阶段的多种模式研究是合适的。首先，利于地震大地测量学嵌入地球系统科学框架，这对地震大地测量学广泛吸收多门学科营养，成长成熟，并作出适合其特性的贡献（如对大陆动力学和地震科学）是有益的。其次，也有利于地震大地测量学本身建立自己的系统框架，开展多层次多阶段的子系统建模研究。例如，在空间上可参考现代构造运动框架，包括板块与边界带、多层次块体与多层次断裂带、中国东部与西部、构造地质学和构造物理学划定的特定系统等；在时间上可参考形变（应变、应力）场和重力（密度、质量）场的演化、宏观系统时-空结构演化的斑图动力学、各潜在震源形成与竞争、震源各演化阶段、同震、震后效应与库仑应力作用等。在数据处理上，可考虑台站、台网长期持续测定量（如固体潮汐因子、勒夫数、可识别的短周期事件等）的时序和空-时分布；在系统论的框架下，实现还原论与整体论、微观与宏观、定量与定性、多样性与整体涌现性的结合，研究建立不同系统层次和不同发展阶段的模式（模型、假说）。模式应可推演和解释基本观测结果、可演绎未来发展趋势（预测）并在实践中接受更多的检验，或被舍弃、或趋于逐步完善。此外，地震大地测量学本身具有的全球参考系——国际地球参考框架（ITRF）和大地水准面以及全球板块运动模型等，在连接各种观测结果和研究各子系统的相互关系中均能发挥作用，为在地球系统科学框架下建立地震大地测量学各层次子系统模式提供了方便。

3. 概念模式、数值模式与实际应用之间的反馈促进

"自然的复杂性使得我们必须用概念模式和数值模式来洞察重要的地球系统过程"，"在每一个定量模式的后面，都有被模拟问题的一些最主要方面的定性概念为背景"（NASA，1988）。例如，A. Wegener 提出的"大陆漂移假说"，不仅是他阅览地图时，由大西洋两岸海岸线相似所触发的灵感，更是综合思考当时已能获取的多种观测结果（大地测量、地球物理、地质、古生物与生物、古气候）后，提出的可能反映了某种深层次机理的概念模式——地壳块体可能在地球球壳上运移，挑战了当时居统治地位的"固定论"，具有惊世骇俗的创新性。在被一系列科学实践（古地磁、海底地质和地球物理考察、GPS 观测等）不断地检验与发展完善后，终于形成了"板块构造学说"及其可解释可演绎（推演）观测结果的定量模型。但是，板块构造学说很难解释大陆板内的地壳运动、变形、物质运移、动力学和大陆地震等问题，而地震大地测量学在这些领域具有很大的创新潜力与优势。在地球系统科学框架下整合本学科内部各学科手段，加强与相关学科交融，在概念模式、定量模式和数值模式研究和检验上都可望取得较大的进展，促进地震科学、大陆动力学、现今地球动力学的发展，进而为地震预测和防震减灾作出贡献。

"模拟是从对实际现象的个例研究起步的"（NASA，1988）。地震大地测量学除对中国大陆及其邻区进行整体研究外，还应选择一些具代表性的可望具有"大自然实验室"的现今构造活动区域（如青藏高原、川滇菱形块体、帕米尔高原、鲜水河断裂带等）和大地震案例（如汶川 8.0 级地震等），进行持续不断的锲而不舍的研究。基于现有的多学科手段的观测和认知，提出概念模式，构建相应的定量模式（根据复杂程度可以是数值模拟，也可以不是）。将模式输出与观测事实作比较，用相互独立的数据组检验模式性能，评价模式的核心思想、基本设计及有关的数值折中方案；否定或改进模式。必要时改善观测条件，如添加观测手段、增强数量（空间密度、采样间隔）、提高质量（分辨率等）。应用模式进行解释与预测，再修正模式。通过多次反馈，必能在克服"手段颇多交叉少"、"观测手段大拼盘"、"经验性预测的局限"和"信息金矿上的穷人"的缺陷方面取得进展，推进大地测量学科的发展。

1.5 地震大地测量学的特色、领域、方法和学科结构

1.5.1 地震大地测量学的特色

1. 集成、应用、发展先进测量理论和高新观测技术

针对大陆动力学、地震科学、现今大陆变形动力系统与地震防震减灾需求，综合空间大地测量学、物理（重力）大地测量学、几何大地测量学和动力大地测量学理论。集成 GNSS（GPS、COMPASS、GLONASS、Galileo）、InSAR、SLR、LiDAR；卫星重力（CHAMP、GRACE、GOCE），陆地、航空、海洋，绝对与相对重力测量；精密水准和 GNSS 水准；

定点精密连续数字化观测与探测（CGPS、地应变、地倾斜、重力）、边界带-断裂带综合连续观测；GNSS 地震学、电磁卫星与 GNSS 电离层探测等高新技术。在应用中与时俱进地不断发展、完善和创新，包括多种多样具有自主知识产权的先进仪器的研制，针对复杂动力系统需求研究整体动态测量理论和组合创新天、地、深观测（探测）新技术等。

2. 建立立体动态监测系统，开拓现今尺度（10^{-2} 秒～10^2 年）地壳运动，物质运移和动力学研究新领域

建立并不断完善立体动态监测系统，对周缘板块、中国大陆、板内块体、边界带、断裂带、块内、地震危险区、潜在震源区的地壳形变、重力场与深部物质运移的时空演化过程及其与相关圈层（地幔、地核、大气圈、水圈、人类圈）间的相互作用（响应），实施持续的整体动态精密监测与探测、获取前人无法知晓的新信息。在时间（频率）尺度上成为连接地震学和构造地质学的天然通道，填补两学科之间的空白区域，促进地球物理学、大地测量学和地质学更紧密交融，直接推进地球动力学和大陆动力学现今演化过程研究。

3. 严谨处理多源异质动态数据，提取多种地球动力学参量，生成多尺度时（频）空动态图像

现代大地测量数据处理理论与地球物理学反演理论和地球动力系统理论相结合，在 ITRF、大地水准面或局部相对参考框架内，提取空间域由定点至大陆（全球）、时间域由秒（0.02s 及其以下）至数十年、频率域由 50Hz（甚至更高）至近似零频的多种地壳动力学参量（位移、速度、加速度、应变、重力等）、地下不同深部物性参量（密度、勒夫数等）和电离层物性参量（电子浓度等）及其时变。生成多种时-频-空尺度或特定研究域的动态图像并建立运动学模型。为地球动力学、地球动力系统、大陆动力学、地震科学和防震减灾等提供不可或缺的基础信息支撑。

4. 大陆岩石圈系统地壳形变和物质运移现今演化过程与灾变行为的动力学研究

在地球系统科学理念下，面对大陆岩石圈复杂系统，基于现今大陆形变、重力场和深部物质运移的精确观测（探测）结果及对结果的理解，与地震学、大陆动力学、地球内部物理学、构造物理学和复杂动力系统理论相结合。以"现今大陆变形动力学"，"现今大陆变形动力系统演化及其地震行为"作为学科的研究目标与框架，涉及大陆变形过程与深部过程关系、板内块体运动与陆下流变、大陆内部各块体与断裂带网络之间的相互作用、强震发生的构造环境和孕发过程动力学、岩石圈变形与多圈层相互作用等。在探索大陆系统整体的同时，侧重强震多发典型地域（子系统），为建立动力学模型和数值模拟提供先验、边界和约束条件；模型建立后推演地震大地测量学的基本观测（探测）结果，并预测其未来变化，不断检验与修正，为地震预测、防灾减灾逐步夯实科学基础。

5. 通过应用基础研究创新，不断促进地震预测、预警和防震减灾的科技进步

地震大地测量学与地震学互补，通过应用基础研究创新，不断取得提高震减灾实效的新进展。例如，形变（应变）场、重力（密度）场与地震活动、地震应力场动态图像与图像（斑图）动力学；形变、重力和地震学对地下结构和介质物性的反演；数字地震学与 GNSS（GPS）地震学；地震成核过程与多种临界态地壳形变（预滑、丛集波动）；地震、慢地震、静地震与定点连续观测台站（地应变、地倾斜、CGPS、重力、跨断层）多种短周期事件与波动；地震学与影像大地测量学（InSAR/GNSS）对震源破裂过程的精细快速成像等的互补研究。可望在应用研究上逐步取得一定的进展，如基于对深部与浅部动力学态势的整体研究，改进长中期地震危险性动态预测；基于同震与震后形变，大震破裂模型和周边地区的地壳性质，研究震后库仑应力场对周边区域地震活动性的影响；基于对正常动态模型和稳定性研究，推进平安预测及对异常态识别能力；基于对破裂临界态及圈层动力学耦合响应灵敏度的研究探索预警途径；基于对震源破裂过程的精细快速成像，为大震后的应急与救灾提供决策依据等。

6. 为减灾、环保、资源、重大工程安全等提供基础动态信息与高新技术支持

为火山、地质灾害(滑坡、泥石流、沉降等)、水库诱发地震、矿难、深部资源、重大工程安全(高铁、核电、水坝)等持续提供基础动态信息与高新技术支持。

1.5.2 地震大地测量学的研究领域、研究方法和学科结构

1. 地震大地测量学的研究领域

大陆岩石圈系统地壳形变和地下物质运移现今演化过程与动力学，包括：大陆地壳变形动力学，大陆地壳变形动力系统演化及其行为；地震灾变形成过程及其预测、预警与防灾减灾。观测研究地球壳面的空间尺度由全球(以中国大陆为主体)至定点；垂向尺度由上地幔至电离层；介质物性包括固体弹性、黏弹性、流变性及离子体等，涉及地壳层与地球多圈层的相互作用。时间尺度由 10^{-2} 秒至 10^2 年；频率范围由 50Hz(甚至更高)至近似零频；开拓地壳运动与变形、重力和地下物质运移在现今时间尺度内连续变化观测与研究的新领域("处女地")，基本填补了地震学与地质学之间的频域空白区。研究领域是地球系统科学的一个子系统，而其本身又包括相互作用的多层次的多个子系统(板块、块体、地块、边界带、断裂带、块内、应力集中区、震源区等)。只有与地球物理学、地质学、当代数学、力学与地球系统科学、地球动力系统等相结合，才能深刻揭示自然规律，有效推进防灾减灾。

除上述研究领域外，还包括中国全部海域、全球板块与全球重力场变化等领域。

2. 地震大地测量学的研究方法

学科研究领域的特性和研究目的决定了学科的研究思路、途径和方法。

地震大地测量学将研究对象视为地球系统科学框架内的子系统，即"大陆岩石圈现今地壳运动—变形动力系统"(简称为"大陆变形动力系统")，将地震视为系统演化过程中的灾变动力学行为。坚持归纳法(观测综合)、类比法(实验)与演绎法(动力学模型)的结合；还原论与整体论的结合；微观与宏观的结合；多学科的相互交叉；空间测地等先进技术和手段的充分运用；当代数学与力学和整体性新科学对研究领域的广泛渗透；基础研究、应用研究与应用检验的结合。

研究的基本途径是：观测→理解→模型(模拟)→预测(检验)→观测。

在研究与应用过程中，灵活地组合创新各种研究方法，例如，现代大地测量学方法与地球物理学方法的结合；国际地球参考框架(ITRF)、大地水准面基准与地质学现代地壳运动构造体系和复杂系统演化动力学"吸引子"的结合与互补。基于揭示复杂自然现象的需求选择各种合适的相对基准；GPS(GNSS)地震学、多种形变连续观测与数字地震学的结合与互补；重力、形变反演与地震学层析成象的互补；地球动力学与非线性动力学和地

球动力系统的结合与互补，等等。

图 1-1 展示了"观测"、"理解"、"模型（模拟）"和"预测（检验）"四个研究环节的基本内涵、相互关系和螺旋式循环的科学认知流程。迄今为止，科学界对大陆变形与深部过程，强震发生的构造环境与动力学机制这些有待探索的根本性问题的认知还很不足。五十年实践也证明强震预测、预警和防灾减灾远比人们想象的更复杂更困难。观测与预测之间不存在"直通车"，必须遵循科学认知规律扎实地做好基础工作和基础研究。反之，由于面临迫切的社会需求，放弃预测实践而只专注于理论研究也绝非良策。合适的途径是不断基于基础研究的新进展和对自然规律的新认知，有选择地开展应用研究和应用试验，力争对强震预测、预警和防灾减灾的科技进步作出某些推进。客观严谨地评价实效，检验观测、理解、模型（模拟）和预测各环节、发现问题并进一步改进。因此，选择"观测→理解→模型（模拟）→预测（检验）→观测"作为地震大地测量学的研究途径和方法，可能是实事求是的。

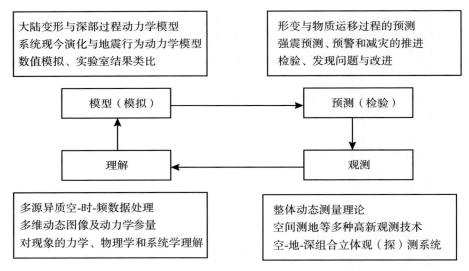

图 1-1　地震大地测量学主要研究环节与过程示意图

3. 地震大地测量学的学科结构

地震大地测量学学科由以下六个基本部分构成：

①观测——测量理论、观测技术、观（探）测系统；

②理解——数据处理、动态图像、自然现象的发现与理解；

③模拟——模型、模拟、动力学机理；

④预测——预测、减灾应用与检验；

⑤实验室与大自然实验室（试验场）；

⑥信息系统与信息产品。

下面各小节将简要分述地震大地测量学六个基本组成部分及其内涵、学科的科学与社会功能。

1.5.3　观测——测量理论、观测技术、观测系统(学科结构 1)

大地测量学的特色是全面发展测量理论和技术研究。地震大地测量学作为大地测量学与地震科学相交融而形成的新分支学科具有强烈的观测科学特性。其基本任务是通过整体动态、精密观测，揭示现今地壳运动与物质运移时空变化，地球内外动力环境变化和地震孕发的动力学过程。面对研究对象的高复杂性、高动态性和高微量性，如何针对科学问题，组合应用当代革命性观测技术，形成具有鲜明特色的空-地-深整体动态观测(探测)系统；揭示出前人未能知晓或无法精准测定的自然现象，是学科的基础、优势和创新之源。观测系统是精确揭示岩石圈-地壳-地震复杂系统空、时、频域现今演化过程的科学工程。

1. 观测的基本内涵

①整体动态测量理论；

②高新技术的吸收与应用创新；

③新仪器的自主研发；

④观测技术的组合优化；

⑤多尺度空-地-深，时-空-频域整体动态观(探)测系统；

⑥地震危险区观(探)测系统；

⑦观测系统完备性的评估与改善；

⑧参考框架族；

⑨应急观测。

2. 有待拓展和深化的观测技术

①GNSS 观测技术(COMPASS 和 GPS、GLONSS、Galileo)的综合优化与实时化；

②垂直形变观测的现代化：GNSS/重力精密水准测量，垂直位移与垂直应变观测等新技术；

③GNSS/InSAR 互补组合(影像大地测量)：获取时-空域连续四维图像的新技术；

④观测或推算地壳应变(积累总)量的新理论和新技术；

⑤边界带-断裂带之深-浅部、近-远场耦合效应的整体动态观测系统；

⑥真正具有宽频域的测量地倾斜、地应变、重力及其固体潮汐仪器系列；

⑦跨学科观测的深化："GNSS 地震学"；

⑧相关圈层探测深化："GNSS 电离层学"，"GNSS 固体潮汐与勒夫数"及"GNSS 气象学"；

⑨深井多参量(形变、重力、地震、地热)综合观测系统；

⑩海底观测网络；

⑪以揭示地震灾变临界现象为目标的甚宽频综合(地震、GNSS、形变、重力)台网及其信息互验、融合与预警技术。

1.5.4　理解——数据处理、空地深动态图像与理解(学科结构 2)

地震大地测量学开拓了现今时间尺度(10^{-2}秒~10^2年)地壳形变和地下物质运移观测与研究的"处女地"，提供了前所未有的立体、动态、精确、连续的信息资源。从海量般的多源异质动态数据流中提炼出各种动力学的、物理学的、构造微动态的系统信息学参量；透过千姿百态的表象，探索和理解隐匿于其中的自然规律，是地震大地测量学能否成为一门新子学科的关键。

1. 理解数据信息的层次

①对数据本身的理解（结构、内涵、分解与合成，精准度与可信度）；

②对数据与数据源关系、不同数据流信息关系的理解；

③空-时（频）域动态图像和动力学参量生成，对它们揭示和认知大陆地壳现今运动、深部过程及地震灾变的理解；

④在理解多层次（尺度）动力系统数据，动态图像和运动学的基础上，逐步形成定性概念模式，为进一步构建动力学模型和数值模拟提供基础与背景。

2. 理解的基本内涵

①观测数据完备性评估与改善；

②对原始观测数据结构，内蕴动力学（物理学、系统学）含义的理解；

③多动力源交叉作用下微弱信号数据处理的理论方法；

④形变、重力及其多种衍生参量和状态变量估计的理论方法；

⑤深部与高空介质物性动态反演（探测）的理论方法；

⑥现今空地深动态图像与构造微动态框架和过程的匹配；

⑦现今地壳形变、重力场与地下物质运移的运动学模型；

⑧不同尺度空间-时间-频域动态图像与运动学模型；

⑨对新发现自然现象的评估与解释；

⑩地球系统科学理念和"大陆现今地壳运动—变形动力学系统"框架下，对观测结果的整体理解（从力学、物理学、构造微动态和复杂动力系统演化的视角）。

1.5.5　模型——模式、模拟、动力学机理（学科结构 3）

表象与规律，观测与预测，是无法直通的此岸与彼岸，若无"桥梁"，则无法沟通；建模即是架桥。较适合大陆现今地壳运动—变形动力学系统建模并研究其地震行为的途径有以下几种：

1. 从概念模式到定量模型

由于地球-岩石圈-地壳-地震孕发系统的高度复杂性和动态性，我们需要先形成定性概念模型（模式），再发展为定量模型（模式）；又由于许多问题很难用线性常微分方程求解，往往必须用数值模拟来建立定量模型（模式）。在每一个定量模型（模式）的后面，都有被模拟问题的一些最主要方面的定性概念作为背景。

2. 还原论、整体论建模与互补

地震大地测量学应在地球系统科学以及现今地壳运动—变形动力学系统框架下，与地震学、地震地质学、当代数学与力学相结合。基于实际需求，通过地球动力学、固体力学、流体力学和复杂系统理论、动力系统、非线性动力学等不同途径组合互补建模。

3. 从区域性个例着手

地球科学具有区域性强的特征，大陆岩石圈（地壳与上地幔）更为突出，不少模型具有鲜明的区域特性，因此从个例开始建模是可取的。对少数精心挑选的地区（构造子系统、地震孕发系统——大震震例）进行重点观测，以尽可能高的分辨率，将空间大地测量和现场地面观测数据相结合，以寻求多种不同变量之间的关系，可望取得较好结果。个例建模如同军事科学的典型战例研究，具有认识论与实用性的双重意义。

4. 模型族与不同层次模型的互补

大陆岩石圈-地壳-地块-地震孕发有多种层次（系统及其多级子系统），其模型（式）也必然有多种层次。不仅是空间尺度层次，也包括时间尺度和频率域层次。因此，建模面对的是一个模型族，每个模型各有其适用范围。低层次的模型有助于装配更高层次模型；反之，经过检验的高层次模型有可能为低层次模型的建模提供思路与约束。例如，不能舍弃大陆变形、地下物质运移和圈层相互作用的大尺度背景，孤立地去建立某地区地震孕发模型；而多个各具区域性特色的地震孕发模式又可望促进对大陆地震机理的整体认识。

5. 数据优势与大胆设想

模型（式）的核心是对自然规律的一种假说，模拟是此假说在一定条件下的量化。如果假说或理论被实践证明为假，就应抛弃并以更经得住检验的假说或理论代替，通过这种无限的发展而逐渐逼近真理。地震大地测量学在为模式提供约束和检验上具有明显优势（甚至可为其专门设计和建立观测系统）；但不可忽略大胆的设想、未被证明的预感和多学科的思辨，否则很难步入自主创新、原始创新。

6. 逐渐接近真理的无限攀援

模型（模式）固然十分重要，但无论是对自然规律的揭示，还是用于防震减灾的实效，均永远仅具相对性。Karl Popper 在《科学发现的逻辑》中指出"科学决不追求使它的回答成为最后的甚至可几的这种幻想的目的。宁可说，它的前进是趋向永远发现新的、更深刻和更一般的问题，以及使它的永远是试探性的回答去接受永远更新的和永远更严格的检验这一无限然而可达到的目的"。

7. 模型研究基本内涵提示

①地球系统科学框架下，还原论（经典地球动力学）和整体论（复杂动力系统，非线动力学，地球动力系统）模型如何各尽其长，组合互补的研究；

②"大陆现今地壳运动—变形动力学系统"及其多层次子系统（如块体、边界带、大震孕发系统）概念模型研究；

③现今大陆地壳运动—变形与深部过程动力学耦合模型研究；

④现今地壳运动变形正常动态（稳定态、震间态）的动力学模型、数值模拟；

⑤演绎未来及检验（速度场、应变场、重力场、块体及边界带、断裂带及网络等）；

⑥同震位错与破裂过程的精细反演；

⑦震后库仑应力场动力学模型和数值模拟；

⑧地震大地测量学动态图像与图像（斑图）动力学（Pattern Dynamics）；

⑨大陆岩石圈现今地壳运动—变形动力学系统演化及其地震灾变行为模型；

⑩地震地壳形变循回模型（震间→震前→临界→同震→震后→震间）；

⑪顾及浅部阻抗力、深部体积力、介质物性和圈层相互作用的多力源大强震孕发模型；

⑫个例研究：汶川 M_S8.0 级等大地震孕发过程动力学模式及数值模拟；

⑬个例研究：鲜水断裂带浅部变形与深部流变耦合模式和地震行为及数值模拟；

⑭动力系统内多个潜在大(强)震震源的合作与竞争演化模型；

⑮动力系统内关联性大震群发模式研究(个例Ⅰ)：昆仑山口西 M_S8.1 级，苏门答腊 M_W9.1 级，汶川 M_S8.0 级和芦山 M_S7.0 级等地震的动力学关联模式与数值模拟；

⑯动力系统内关联性大震群发模式研究(个例Ⅱ)：1976 年龙陵、唐山、松潘 6 个 7 级以上大震群发及其与邢台、海城地震动力学关联模式及数值模拟。

1.5.6　预测——预测、减灾应用与检验(学科结构 4)

精确测量需要连续追踪动态过程，理解其动力学、物理学含义，并以此为基础预测未来变化，服务于防灾减灾。这是地震大地测量学对经典大地测量学的新拓展，也是学科的基本特色。

1. 对预测的多角度理解

①预测未来变化，是对观测是否到位与充分，数据处理和理解是否正确，模型是否基本揭示了自然规律最客观、最实际的检验，所发现的问题又成为进步的新起点。因此，预测是地震大地测量学学科发展的需要，是研究流程中不可缺失的重要一环。

②预测是防震减灾不可或缺的重要基础之一。地震大地测量学是一门应用基础学科，不倦地推进预测的科学技术进步，是应尽的社会责任，也是学科发展的动力之一。

③预测应理解为对研究对象未来变化的科学预估，不能狭隘地理解为仅是对某地震三要素(地点、强度、时间)的短临预测。它包括：对现今地壳运动、变形、重力、地下物质运移及其诸衍生参量在多种空间-时间(频率)尺度内正常态变化的预测；对中国大陆多层次结构(板块、各级块体、边界带、断裂带、块内等)现今构造微动态演化的预测；对地震危险区划，地震大形势估计，地震长、中、短临预测与预警，同震破裂过程、震后形变与地震活动性以及平安预测等。

④预测与预报的 STS 属性截然不同。预测是科学试验，是一种纯科学技术行为。地震预报是综合考虑社会经济系统现状和预测实际水平的一种科技-社会决策行为(准则是"多害相衡取其轻")。

⑤地震大地测量学应积极、严谨地开展多种预测试验，并适时建立内部档案。同时应慎重地选择某些对推进防震减灾当前科技进步可能有一定实效的项目(如地点与强度预估、震后形势、震源破裂过程的精细快速成像、预警等)，不断地开展实际应用性试验，取得进展力求有所应用并进一步检验。

⑥"科学的未来是不能完全准确预测的，但一切科学的预见实际上都是开拓与创新未来的动力"(路甬祥，2007)。地球-大陆岩石圈-地壳-地震孕发系统是复杂动力系统，其行为的基本特征是多样性与整体性的统一。要求每项观测结果都能包含震前异常，具有重现性，且能直通震源力学仅是幻想。不仅经验预测、统计预测不可能具有完全确定性，即便实现了动力学预测，也不可能具有完全确定性。然而，现今地壳运动动力学的基本状态——"常态"，不是"自组织临界态(SOC)"，而是"动平衡态-自组织稳定定态"，是大自然赐给的天然基准；认为地震不可预测，同样也是片面的。地震大地测量学和地震学等相

关学科相结合，无论在深刻揭示自然规律的基础研究层面，还是在推进防灾减灾科技进步的应用层面，均具有很大的可发展空间。

2. 预测研究基本内涵提示

①"大陆现今地壳运动—变形动力学系统"及其子系统演化与地震灾变行为；

②构造动力过程从大空-时尺度至小空-时尺度的强震危险性时空逼近；

③地震-地壳形变循回(震间、震前、临界、同震和震后)各阶段特征与识别；

④图像(斑图)动力学在预测中的应用(变形局部化、寻觅震源区、稳定性分析等)；

⑤强震动力动态图像预测技术系列研究；

⑥从众多背景性地震危险区(潜在震源)中识别现今地震危险区的理论与方法(包括补充观测)；

⑦提高中期地震危险性预测水平的理论方法；

⑧强震短临预测与预警的理论与方法——临界态响应敏感度提升，频率域时空结构变异与圈层动力学耦合等；

⑨同震模型、震后形变、库仑应力场与震后地震活动性预测方法；

⑩正常动态基准模型的构建与外推对提高异常识别能力和推进平安预测的方法；

⑪震源破裂过程的精细快速成像，为大震的应急与救灾提供决策依据；

⑫现今地壳运动动力系统吸引子与地震的可预测性、预测的局限性；

⑬地震大地测量学在防灾减灾中的各种应用。

1.5.7 实验室与大自然试验场(地震预测试验场)(学科结构5)

实验对现代科学的形成与发展具有决定性作用，"数学是大自然的语言，实验是科学的基础"(伽利略)。对地球科学而言实验的作用更为突出。地震大地测量学的"观测"→"理解"→"模型"→"预测"四个环节的运行，必须有创新环境建设来保障。"实验室与大自然实验室(试验场)"就是一项最基本的创新环境建设。地震科学和地震大地测量学对复杂地学系统的探索、发现和科技创新，是一个长期积累、坚韧攀登的过程，要求研究团队有稳定的方向，必要的硬件、软件、实验、试验及检验条件。

实验室与大自然试验场正好相辅相成地体现了这种要求。实验室是地震大地测量学学科发展的硬、软件支撑平台和研究基地，侧重形变、重力现今演化与地震孕发过程的实验与模拟，新观测理论与新技术，地震预警技术和预警系统的发展等。试验场是在少数精心挑选的强震多发区布设的大自然实验室，侧重于新技术、新理论、新方法在监测、预测中的现场试验、应用与检验。从方法论上看，前者是在实验室可控条件下，对大自然实况作必要简化，抓住根本性关系，通过样本实验、模型研究和数值模拟揭示自然规律，提出新理论、新方法，侧重于还原论为主的实验-类比-归纳-演绎方法。而后者是在大自然不可控的真实环境中，侧重于整体论为主的观测-研究成果应用-预测-检验。实验室与大自然试验场体现了还原论与整体论、基础性与应用性的互补，持续推进地震大地测量学水平的提升，并成为地震科技人才培育和创新团队成长的演练场与攀援地。实验室与地震预测试验场的基本内涵有以下几点：

1. 地震大地测量重点实验室（Key Laboratory of Earthquake Geodesy）和各单位相关研究室

2012年，中国地震局地震大地测量重点实验室建立，设立在中国地震局地震研究所。实验室包括实验、测试、比测、研发和模拟平台等。其研究方向为：

①地震大地测量学基础理论及应用研究：地震大地测量参照系；大噪声中弱信号提取；背景场与扰动分离；多源（空间、地面、几何、物理），多维数据联合处理；形变、重力变化过程数值模拟（含标本实验）及地震孕育和前兆机理；正、反演理论及算法；观测资料的相关应用。

②地震大地测量观测技术发展、新型传感器自主研发：定点形变（倾斜、应变重力测量、固体潮观测、数字宽带）地震观测技术发展，现有仪器升级改造，地形变及测震新型传感器自主研发，陆地、海洋、航空系列重力仪研发及中试，绝对重力仪研制，发展钻孔、深井及海底观测技术。

③地震大地测量仪器测试、计量校准、标准建立及传递：地形变仪器传递函数研究；重力测量仪器校准技术、比测及系统传递；地震观测光、电仪器水平、垂直基准，国家及行业标准建立及传递。

④空间对地观测技术及观测成果应用：跟踪GNSS、SLR、VLBI、InSAR、卫星重力、卫星测高、电磁卫星的新发展，重点突破数据处理及数据产品及其在构造运动、重力场变化检测中的应用；继续改进提高SLR技术水平；探索VLBI在测地中的应用，研究空间技术测定勒夫数的理论和方法。

⑤地震预警技术研究：发展高铁、核电以及重大设施的地震预警技术和预警系统。除重点实验室外，中国地震局第一和第二形变中心、地震预测研究所及地壳应力研究所等均有相关的研究室或实验室，各有侧重与亮点。

2. 大自然试验场（地震预测试验场）

地震大地测量学学科以现今地壳运动的空间测量技术、地面连续观测和数据处理方法为先导，参与了"中国大陆主要活动带现今地壳运动及动力学研究"、"青藏高原岩石圈现今变动与动力学研究"和"水库诱发地震研究"等研究项目，均具有大自然试验场的性质。多年来，地震大地测量学学科参与了多个地震预测试验场的建设和研究，如新疆地震预测试验场、滇西地震预测试验场、首都圈地震预测试验场以及鲜水河断裂带、河西走廊、喀什拗陷区与南天山及帕米尔块体等。无论在现今地壳运动和重力场、运动学与动力学方面，还是在地震模式、前兆识别和地震预测方面，均取得令人称道的收获。说明这种针对自然界复杂性，对局部区域进行较长期跟踪，精细综合研究的方法是可取的。由此建议：

①精心挑选试验场（强震多发区、典型的构造系统）并长期坚持；

②详查该区及邻区地壳和上地幔细结构与介质物性参量；

③同时顾及壳面动力（能量流、阻抗力），深部动力（物质流、体积力），外部力（外圈层、天体）及智慧圈（人类活动）的作用与响应；

④针对区域性特征设计，以尽可能高的分辨率强化监测与深部探测系统；

⑤创新试验多种空间大地测量和现场观测相结合的组合观测；

⑥试验地球动力学、非线性动力学和复杂动力系统的多种预测方法；

⑦创新试验多种组合预测方法；

⑧检验评价观测技术、监测系统、数据处理、模型与模拟结果和预测理论方法；

⑨检验已有的大陆动力学和地震模式，勇于修正，探索新模式。

1.5.8　地震大地测量学信息系统与数据信息产品(学科结构6)

地震大地测量学开拓了现今时间尺度(10^{-2}秒~10^2年)地壳运动—变形和重力(物质运移)研究新领域，直接建立和推动建立了质量与规模均属空前的观测系统，在科学与社会需求推动下必然还会进一步发展，将涌流出更多更优质的海量观测数据。时间之矢不停滞，如何及时获得完备的数据信息，挖掘信息，使前人无法获得的信息资源转化为大陆动力学、地震科学等的创新成果；转化为科技生产力，切实服务于减灾、环保、能源，改变"信息金矿上的穷人"的状态，对地震大地测量学具有决定成败的意义。因此"信息系统(平台)与数据信息产品"，是保证地震大地测量学的"观测"→"理解"→"模型"→"预测"四个环节的运行必不可少的创新环境建设，也是地震大地测量学的一个有机组成部分(结构)。信息系统(平台)与信息产品的基本内涵如下：

1. 中国地震局地壳形变(含重力)学科技术协调组及各种观测手段技术管理与数据中心

1992年，中国地震局地壳形变(含重力)学科技术协调组成立，其任务为：根据国内外学科发展和观测技术进展，规划学科发展战略和台网布局；制定学科观测技术系统优化和更新改造方案；建立和修订国家技术标准与观测规范；编写教材与手册，组织业务交流与人员培训；进行观测资料评比验收与质量控制；建立相应的数据信息中心；产出多种数据信息产品及其他有关的协调工作。中国地震局地形变学科技术协调组由各相关单位科技专家组成，中国地震局地震研究所为学科协调组的挂靠单位。

按学科观测手段类型分设数个技术管理与数据中心，如图1-2所示，具体运作各种观测手段的管理、数据的基本处理、信息服务与共享。包括：

①大地形变测量技术管理与数据中心：区域精密水准观测、GNSS水准观测、跨边界带(断裂带)形变场地观测、跨断层定点台站观测。

②国家形变台网技术管理与数据中心：地倾斜与倾斜固体潮汐观测、洞体地应变与应变固体潮汐观测、钻孔地应变与应变固体潮汐观测。

③国家重力台网技术管理与数据中心：绝对与相对重力流动观测、相对重力与重力固体潮汐观测、卫星重力、航空重力与海洋重力观测。

④中国地壳运动观测网络技术管理与数据中心：GPS基准网、GPS基本网、GPS区域网与GPS联测观测。

⑤空间大地测量技术管理与数据中心：InSAR、SLR、卫星测高、电磁卫星等。

2. 地震大地测量与地球动力学数据信息中心

构建高效的、拥有最新技术的观测数据分析和信息管理综合平台。

①综合数据库：包括空间大地测量、物理大地测量、动力大地测量、几何大地测量、圈层关系探测及相关环境动态数据集合。

②高效能计算虚拟中心：发展计算和编程先进技术、源码公开、程序模块化，便于维

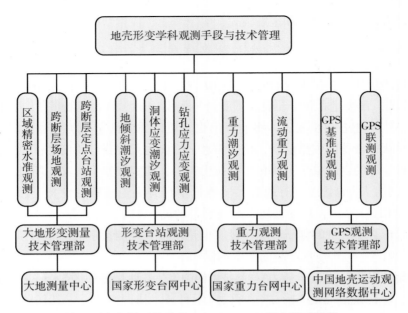

注：还应包括卫星重力、InSAR、SLR 及电磁卫星等。

图 1-2　地震大地测量学观测手段与技术管理(陈志遥，国家形变台网中心图版)

护发展，界面友好、科学计算结果可视化和涵盖全国的网格计算网络。在数据共享的基础上实现科研计算程序共享。

③高速信息网络：发展地震大地测量学与地球动力学高速信息网络，以提高行业内部的信息网和公共信息网信息资源利用和共享的效率。

3. 地震大地测量与地球动力学数据信息产品

①完备化的各类各种地震大地测量学原始观测数据集。

②从观测数据中总结与派生出的各种动态参量：各种力学的、物理学的以及映射系统演化状态的各种动态参量流。

③各种参量和状态变量的动态图像：反映现今地壳运动与应变、重力场与地下物质运移和圈层相互作用的各种参量和状态变量的多尺度的空-时(频)域动态图像。

④各种参量和状态变量的正常变化与动力学模拟：不同构造域，不同空-时(频)尺度内的正常变化(定常吸引子)与动力学模拟。

⑤偏离正常动态的异常变化图像。

⑥重点危险区正常动态与异常变化图像及其动力学稳定性评估。

⑦大地震生灭过程空-时(频)立体动态图像及其动力学状态评估：震源区、近源区、远源区、地下深部、圈层相互作用与动力学大环境；震间(正常动态，定常动力学吸引子)、震前、破裂临界(混沌边缘)、同震破裂过程与震后近、远场效应的动态图像及动力学状态评估。

1.6 地震大地测量学的定位与功能

1.6.1 地震大地测量学与多门学科的关系和学科定位

以观测见长的现代大地测量学勇敢地介入地震科学及地震预测的科学探险之旅；面对当代世界科学难题，除观测外更要理解自然奥秘和预测未来，显然必须与多门学科交融，否则就寸步难行。与多门学科的交融历程就是地震大地测量学的形成过程。地震大地测量学与经典大地测量学相较，多学科交叉也是其鲜明特性之一。

图 1-3 表现了现代大地测量学在五十年防震减灾实践中与多门科学技术之间的交叉渗透，由图可见它促成了一门新分支学科——地震大地测量学的形成及其基本内涵的构成。

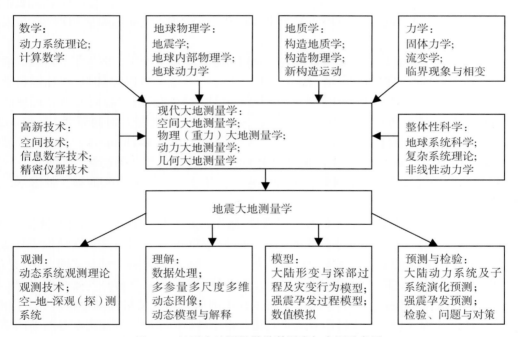

图 1-3 地震大地测量学学科源流与内涵示意图

1. 与现代大地测量学各分支学科的关系

现代大地测量学是地震大地测量学的母学科，它由地球科学中的大地测量学和测绘科学技术中的大地测量技术组成。大地测量学又包括地球形状学、几何大地测量学、物理大地测量学、动力大地测量学、空间大地测量学和行星大地测量学等三级学科。大地测量技术又包括：大地测量定位、重力测量和测量平差这三级学科。

地震大地测量学不断地与时俱进吸取大地测量技术的革命性最新进展。综合应用空间大地测量学、物理大地测量学和几何大地测量学监(探)测岩石圈地壳运动系统现今演化过程，继承并拓展动力大地测量学的理论方法，探索现今地壳运动与地震的关系；推进大陆动力学、地震科学与地震预测，服务于防灾减灾。

2. 与地球物理学和地质学的交融

地质学侧重于地学基础背景，地球物理学侧重于地球内部物理学与动力学，而大地测量学则侧重于岩石圈现今地壳运动时空定量过程，各自独立又互补，从而优化了整体功能。它们对地球科学、大陆动力学、地震科学和地震预测、防灾减灾，均具有不可替代性，这是国际地球科学界的共识。

地震大地测量学的频率域恰介于地震学与新构造运动、现代构造运动之间，填补了发现和认知地学自然现象的空白，有利于学科间的交叉连通与整体演化研究。地震学是地震科学的核心，地震大地测量学必须与其紧密结合。新构造运动和现代构造运动则为地震大地测量学的现今地壳运动提供演化基础与比较基准。形变与重力等宝贵观测数据，唯有与地震学、地球内部物理学、构造物理学、构造地质学、实验地球物理学、计算地球物理学相结合，才能转化为地球科学认知，促进地球动力学、大陆动力学、地震科学及地震预测。此外，空间大地测量学的应用与发展也离不开空间物理学（如电离层物理学）与天文动力学等。

地球物理学、地质学和大地测量学共同应用于地震领域数十年，催生了一门新的前沿交叉科学或学科群落，即地震科学（Earthquake Science）。陈运泰院士认为，"地震科学是一个新的开拓"，"地震科学具广阔科学视野，是在多学科交叉域综合研究地震现象的科学，所包含的学科有传统地震学（Traditional Seismology）、地震大地测量学（Earthquake Geodesy）、地震地质学（Earthquake Geology）、岩石力学（Rock Mechanics）、复杂系统理论（Complex System Theory）以及与地震研究相关的信息和通信技术"（陈运泰，2009）。

3. 与地球系统科学、系统科学、复杂性科学、非线性科学和当代数学、物理学、力学的结合

地震大地测量学的基本任务是研究岩石圈-地壳运动系统的现今演化及其灾变行为。现今地壳运动系统是地球系统的一部分，是在多种动力源作用下具有多层次结构的复杂系统。研究此复杂系统的演化及其灾变行为，需要一个框架来研究各个部分之间、全局与部分之间、输入与输出之间、过程与状态之间、常态与变异之间、多样性与规律性之间、随机性与确定性之间的关系，并利于综合集成多种观测信息和交叉集成多学科研究。同时，也需要一种能兼容并包传统学科还原论研究和新兴学科整体论研究并使之互补的新的学术思想和新的研究方法。

系统科学、非线性科学和复杂性科学是一族紧密交连的横向性科学，被誉为"新的整体性科学，具有科学发展的时代特征，鲜明的前瞻性与探索创新性"，"改变了世界科学图像与当代科学家思维方式的新科学"，"能够更好地解释和应对当今世界面临的种种复杂问题和挑战"。系统科学应用于地学诞生了地球系统科学。复杂系统必然导致非线性。当代数学中的"动力系统"，当代力学中的"非线性力学"、"物理力学"及临界现象与相变等新研究，更从基础上支撑与推进复杂系统理论，因此地震大地测量学应以地球系统科学为框架，以动力系统和复杂系统理论为新的学术思想和新的研究方法。例如，安艺敬一很喜欢 V. I. Keilis-Borok 在著作《非线性动力学和地震预测》中关于"地球动力学和非线性动力学处于地震预测的宽广领域里的两个相反的极端"的观点，认为"给了我一个关于地震预测研究前景的极其美好的展望"(Keiiti Aki，2003)。地球系统科学和复杂系统理论，有助于地震大地测量学实现与多学科交叉并综合集成多种观测信息，扎实推进岩石圈现今地壳运动(复杂动力系统)演化研究，以此为基础进而揭示地震生灭过程的行为与机理，持续支撑地震预测与防灾减灾的科技进步。

4. 对空间、信息、通信等当代高新技术的吸收与应用

采用高新技术对岩石圈现今地壳运动实施整体动态的精密监测，是地震大地测量学的基本优势。除与时俱进地从母学科——现代大地测量学的革命性进展中求得更新外，还必须根据地震科学、地震预测及防灾减灾的特殊需要，自主地进行系列研发并及时应用。首先，是观测技术的研究和科学仪器研制，因此必须敏感地关注空间、信息、通信等当代工程技术科学以及人造地球卫星、传感器、激光、光纤、超导、机器人、通信技术、精密仪器、测试计量仪器等"硬"科学技术的进步。其次，为了从浩如烟海的多源异质数据流中提取所需信息，适时产出信息产品，进而转化为知识，必须敏感地关注信息处理技术和计算机科学技术等"软"科学技术的进步，如数据库、数据处理、数据挖掘、大数据，信号检测、参数估计、模式识别、空间分析、计算机图形学、计算机仿真、人工智能、知识工程、理论预测学、预测评价学等。

5. 地震大地测量学在现代科学体系中的定位

由上述学科关系分析可知，地震大地测量学具有鲜明的前沿学科和交叉学科特性。地球系统科学框架下，现代大地测量学在介入地震科学、地震预测及防灾减灾的研究应用过程中，与地球物理学、地质学、固体力学、复杂动力系统理论以及空间、信息等高新技术相结合，逐渐形成地震大地测量学。从学科源流与学科关系看，地震大地测量学在现代科学体系中，应定位为地球科学的大地测量学的一门新的前沿交叉子学科；同时又是新兴的地震科学不可或缺的组成部分之一。

1.6.2 地震大地测量学的科学功能与社会功能

地震大地测量学作为当代地球科学的一个前沿交叉分支学科，和地球科学一样具有理论探索和应用研究相互交织的基本性质，既具有通过基础研究揭示自然规律的科学功能，又具有通过应用研究促进防震减灾科技进步的功能。这两种功能在性质上既有区别，但又相互交织，相互反馈促进。

1. 开拓了现今时间尺度地壳运动和动力学研究新领域，对地球科学有重要意义

在地质学万年时间尺度以下和地震学秒时间尺度以上，存在一块"待开垦的处女地"，地震大地测量学以现今时间尺度(10^2年~10^{-2}秒)的观测和研究基本填补了此处空白，促进了学科之间的联通与交融。对过去时间尺度的研究结果，需要现今时间尺度的观测与研究来验证；而只有基于过去与现今的结合，方能预测未来。对未来，特别是对现今未来(秒至数十年)的预测，对于应对人类社会面临的灾害、环境、能源和资源等重大挑战，为人类生存与可持续发展提供科学认识与对策具有尤为重要的意义。

2. 定量研究地球系统科学的一个特定时-空域子系统

地震大地测量学定量研究板块内部中国大陆地壳运动系统在现今时间尺度内的演化过程与灾变行为，包括内部结构(多层次块体网络子系统)，各子系统间的相互作用及其与深部和壳外各圈层的相互作用，动力输入（板块推挤、深部物质运移、壳外动力、人类社会），演化过程与状态（常态稳定、亚稳定、临界、失稳、调整等），输出（形变、重力、地震等），反馈以及整体性与多样性等。实际上是定量研究地球系统框架中的一个特定时-空域子系统，有利于从相邻子系统和地球系统科学的整体进展中及时获得新的科学滋养，也是对地球系统科学的充实。

3. 揭示并持续提供前人难以获得的现今过程的连续观测（探测）定量信息

地震大地测量学可按整体设计或专门需求，源源不断地提供现今地壳位移、速度、加速度、应变（力）变化；绝对重力、相对重力与卫星重力变化，地下物质运移；地倾斜及其固体潮汐变化、地应变及其固体潮汐变化、重力及其固体潮汐变化；从近似零频至高频的多种频率域内的形变与重力波动；蠕变、静地震、地震（同震）、地脉动、地颤动、震前丛集扰动；地下介质密度、勒夫数、对流层湿度、电离层电子浓度及其时变；形变场、应变场、重力场、地下三维密度场随时间变化、强震破裂三维过程、震后应力场变化等。这些都是前人难以获得或难以精确定量的信息，对多种学科研究和工程应用均有难以取代的基础信息源价值。

4. 参与并促进大陆动力学研究

板块大地构造学术很难解释板块内部，如中国大陆地壳形变、岩石圈内部流变、地震和动力学等问题。大陆动力学已成为继板块大地构造学术之后，地球科学的又一重大创新领域，并将从科学基础上支撑地震科学与防震减灾。地震大地测量学能提供大陆构造系统在现今时间尺度内的运动、变形和运动学模型，重力场和深部三维密度场的演化，活动断裂带蠕滑过程等多种定量化信息以及它们与大（强）震关系的初步认知。可望从现今大陆变形动力学角度，参与并推进大陆动力学研究。地震大地测量学的数十年以下的现今时间尺度精确连续过程结果是不可或缺的，它与数千年、数万年、数百万年、数亿万年长期平均结果相结合，方能连贯地、可检验地研究大陆演化过程，推进大陆动力学研究。

5. 参与并推进地震科学研究

地震学与地震大地测量学和地震地质学的交融，是新兴前沿交叉学科——地震科学的内动力。地震大地测量学的地壳变形、深部密度结构和高密集采样（GNSS、形变与重力连续观测）揭示的波动谱恰好能与地震学的破裂、深部速度结构和数字地震学波谱相连接和互补。地震大地测量学对现今构造运动基本态和微动态的定量化研究，也恰好能与地震地质学的构造运动和现代地壳运动相互补。从而可望在岩石圈-地壳动力系统全方位框架和时空演化态势下，研究在系统局部时空域内产生的地震灾变行为（动力学环境、演化选择、孕育发生过程和机理等），推进地震科学进展及其应用。

6. 参与并推进地震预测创新

地震是岩石圈-地壳系统演化过程中产生的一种动力学行为。$f = m \cdot a$，地壳运动中的力是很难直接测定的，但地震大地测量学能测定运动的速度、加速度和介质的密度与质量的时空演化过程。地震学与地震大地测量学最直接地反映地震动力学行为，是构建动力学模型的基石和力学型信道。结合地震地下流（气）体、地震电磁等多种各有其特色的信道，共同推进地震预测研究。

地震预测是当代的科学难题，至少以下几个问题可能是难以绕过的：

①地球深部过程体积力与大陆地壳内阻抗力的动力学耦合关系及对其现今演变过程的观(探)测，模拟。

②全球板块现今运动和全球特大地震、大地震群等事件对中国大陆动力学环境的具体影响。

③大陆岩石圈的地壳运动—变形动力系统在现今演化过程中，如何在其某些局部域内促使潜在震源区向现实危险震源转化？

④如何全面顾及板块-地块体推挤、深部物质运移、外部力和人类社会等多种力源，从个例开始，建立地震预测的科学概念模型、斑图动力学模型和数值模拟模型并在实际中检验？

⑤鉴于所面对动力系统的复杂性，如何实现以还原论为主的地球动力学与整体论为主的动力系统理论、非线性动力学在观念和方法上的互补并应用？

⑥在临界破裂状态，是否存在地壳变形与深部和外圈层的动力学耦合增强(出现正反馈优势)，从而导致响应灵敏度，频率域结构变异，震前预滑及多种波动丛集？

地震大地测量学除立足壳面多时空尺度观测并对深部和壳外圈层作整体动态探测外，还具备将多层次多尺度观测信息(自然现象、参量、状态变量)和相关的地质构造联结并纳入全球参考框架(ITRF)、精化大地水准面(重力等位面)以及按实际需要设定的某种相对参考系框架之中，显然有助于推进上述几个问题的研究。此外，高密集样的 GNSS、SAR 卫星、重力卫星、电磁卫星、数字化形变与重力的观测和探测也有助于推进上述问题的研究。

鉴于地震大地测量学对"现今地壳运动"、"现今大陆变形动力学"、"现今大陆变形动力系统演化及其地震行为"、"地震大地测量图像(斑图)动力学"等新领域和新途径的开拓，它可望推动地震预测创新。

7. 持续推进防震减灾科技进步

地震科学的研究和地震预测的探索是长期的，与此同时我们应将已取得的某些进展及时而审慎地用于推进防震减灾的科技进步。既服务于社会需求，又检验研究结果。例如，地震大地测量学与地震地质学、地震学相结合，估计地震活动大形势，搜寻潜在震源与震源，推进地震危险性动态评估，改进中长期地震预测；对大陆大震进行不同动力学类型的分类。大地测量学与地震学相结合，基于当代多种先进技术推进大震震源破裂过程的精细快速成像，为大震的应急与救灾提供决策依据，探索对某些地域提供预警信号的可能；基于大(强)震同震模型、震后形变和库仑应力场，探索震后周围地域地震危险性和活动性的可能变化。地震大地测量学与地震地质学、复杂系统理论相结合，定量刻画某特定构造的现今动平衡稳定态(正常态、动力学吸引子)，提升异常识别能力和安全预测能力。地震大地测量学与地震电磁学等相结合，持续探索大(强)震破裂临界态行为与圈层动力学耦合关系，争取在时间预测(预警)上信度有所提高等。

8. 持续支持减灾、环保、资源和公共安全

相对而言，地震灾害较于其他自然灾害、预测和认知的难度更大；面对地震灾害，地震大地测量学采用了当代最先进的观(探)测技术，并达到了尽可能高的分辨率；而各种灾害的孕发过程与机理也有某些相通之处。因此，地震大地测量学立足于地壳层并与多个圈层耦合的天地深整体动态精密观测技术、多尺度空-时(频)的动态观测数据、多种地震大地测量与地球动力学数据信息产品、某些理念、模型与方法，对火山、滑坡、泥石流、沉降、矿难等灾害的预测与减灾应是有借鉴和支持作用的。对水库诱发地震、核电站等环境保护，对地下资源的探测，对高铁、核电以及涉及公共安全重大设施的地震预警技术和预警系统均能起到支持作用。对测绘、地理、国土规划、国防等的重要意义更是不言而喻。

1.6.3　地震大地测量学的学科名称与初步定义

《21 世纪中国地球科学发展战略报告》指出，"地球科学开始进入一个新的发展时期——地球系统科学时期。从地球系统的概念推动学科的发展，使原有学科更加焕发出新的活力，一些学科之间的界限变得模糊，学科间的交叉渗透更为加强，促进了新分支学科的形成"(2009)。地震大地测量学就是在此背景下逐渐形成的一个新分支学科。

1. 地震大地测量学名称的由来

学科名称应能简洁明确地表达出学科的特征、内涵及其在科学大家族中的定位。每一门新学科在其形成过程中，名称往往会呈现出多样性与演变性。本书所阐述的学科，在国际会议上，常被称为"地壳形变"(Crustal Deformation)。在美国，曾称为"构造形变测量"(Tectonic Geodesy)、"地震大地测量学"(Earthquake Geodesy)。在澳大利亚，曾称为"地球物理大地测量学"(Geophysical Geodesy)。在中国，先后有不同的称呼："地壳形变"、"大地形变"、"地壳形变测量学"(Crustal Deformation Geodesy)、"形变大地测量学"(Deformation Geodesy)和"地震大地测量学"(Earthquake Geodesy)。

20 世纪下半叶，我们曾用过的各种名称(学术杂志、学会专业委员会和学科技术协调组)均以"形变"为学科的词根。这与当时的监测研究以"地表形变(上地壳)"为主大致是适应的，但经常仍不得不声明：形变(含重力)，已显示名称有欠缺之处。进入 21 世纪，多种重力卫星、空基与地基 GNSS 等新技术的广泛应用，极大地增强了对地球内部和壳外圈层物质运移、物性变化的探测能力。以地球系统科学的框架来研究地球演化及其灾变的学术思想已成为新共识。因此，打破"形变"的自我局限，既立足于现今地壳运动又考虑地球各圈层间动力作用，已成为学科与时俱进的正确选择。2002 年学科学术杂志《地壳形变与地震》(*Crustal Deformation and Earthquake*)在创刊 22 年后更名为《大地测量与地球动力学》(*Geodesy and Geodynamics*)，实践证明突破局限后效果良好。地震孕育发的力源不仅来自表层的阻抗力，而且深部物质运移的体积力也不可忽略。若仍以"形变"来命名学科，从观测内涵到动力学成因都具有较大的片面性。鉴于数十年来此领域科学技术自然发展的趋势与内在逻辑，在中国地震局"现代大地测量与对地观测'十二五'发展规划研究"中，正式提出了以"地震大地测量学"作为学科名称的设想并著文论述(姚运生等，2008；周硕愚等，2008)。

以"地震大地测量学"作为学科名称，较其他名称能更贴切、更明确地反映此新分支学科的源流与特性。表明它是现代大地测量学应用于地震科学和防震减灾领域，在与地球物理学、地质学诸学科交融过程中产生的一门前沿交叉新学科；也表明它是理论探索和应用研究的相互交织，"基础研究服务于国家目标，通过基础研究解决未来发展中的关键、瓶颈问题"(《国家中长期科学和技术发展规划纲要(2006—2020年)》),为防灾减灾提供科学认识与对策。因此,本书阐述的学科,以"地震大地测量学"命名。令我们欣慰的是在地球物理学家陈运泰院士提出的"地震科学"(2009)的组成中,包含了"地震大地测量学"。"地壳形变大地测量学"可认为是狭义的"地震大地测量学",而广义的"地震大地测量学"可能就是"灾害大地测量学"。

2. 地震大地测量学的初步定义

地震大地测量学是集成空间-地面-深部观测(探测)新技术,研究岩石圈现今地壳运动—变形动力系统演化(10^{-2}秒~10^2年)及其地震行为的一门前沿交叉学科,是现代大地测量学在减灾领域中的拓展,也是地震科学的组成部分之一。

在地球系统科学框架下,现代大地测量学(空间大地测量学、物理大地测量学、几何大地测量学和动力大地测量学)与固体地球物理学(地震学、地球动力学)、地质学(构造地质学、现代地壳运动)、力学(固体力学、非线性力学)、数学(动力系统)及系统科学(复杂系统理论)相交融,在防震减灾五十年历程中逐步形成了地震大地测量学。

地震大地测量学集成发展当代测量理论和天地深新观测技术,构建整体动态精密观测(探测)系统,开拓全球至定点现今时间尺度(10^{-2}秒~10^2年)地壳形变,物质运移和动力学研究新领域。精确测定形变、重力和在地球内部与外部圈层中与之耦合的各种力学、物理学参量的连续变化;严谨处理并深入理解多源动态数据,持续生成空-时-频域多维动态图像,建立运动学和变形动力学模型;揭示大陆岩石圈地壳形变和地下物质运移现今演化过程与地震灾变行为,预测未来变化,参与并促进地震科学、地震动力学、大陆动力学和地球动力学,地球动力系统等基础研究;持续推进地震预测(警)、防震减灾的科技进步,为地球科学以及减灾、环保、资源、重大工程安全等提供动态定量基础信息与高新技术支持。

一个更为简化的定义是:以精确测量和研究现今大陆变形动力系统演化及其地震行为为己任的地震大地测量学。

(本章执笔:周硕恩)

本章参考文献

1. 毕思文,许强. 地球系统科学[M]. 北京:科学出版社,2002.

2. 蔡惟鑫,Vieira R,等. 火山与地壳变动[M]. 北京:地震出版社,2005.

3. 曾融生. 固体地球物理学概论[M]. 北京:科学出版社,1984.

4. 陈鑫连,黄立人,孙铁珊,等. 动态大地测量[M]. 北京:中国铁道出版社,1994.

5. 陈运泰. 可操作的地震预测预报[M]. 北京:中国科学技术出版社,2015.

6. 地震监测仪器大全编写组. 地震监测仪器大全[M]. 北京:地震出版社,2008.

7. 丁雅娴. 学科研究分类与应用[M]. 北京:中国标准出版社,2001.

8. 傅承义,陈运泰,祁贵仲. 地球物理学基础[M]. 北京:科学出版社,1985.

9. 傅承义. 地壳形变与地震[J]. 地壳形变与地震, 1981, 1(1): 1-2.

10. 傅承义. 地球物理学的探索及其他[M]. 北京: 科学技术文献出版社, 1993.

11. 郭增建, 秦保燕. 震源物理[M]. 北京: 地震出版社, 1979.

12. 国家科委基础研究高技术司组织, 叶叔华. 运动的地球——现代地壳运动和地球动力学研究及应用[M]. 长沙: 湖南科学技术出版社, 1996.

13. 胡明城, 鲁福. 现代大地测量学(上册)[M]. 北京: 测绘出版社, 1993.

14. 胡明城, 鲁福. 现代大地测量学(下册)[M]. 北京: 测绘出版社, 1994.

15. 胡明城. 现代大地测量学的理论及其应用[M]. 北京: 测绘出版社, 2003.

16. 江在森, 刘经南. 利用最小二乘配置建立地壳运动速度场与应变场的方法[J]. 地球物理学报, 2010, 53(5): 1109-1117.

17. 江在森. 利用动态大地测量资料研究中国大陆构造形变与地震关系[D]. 武汉: 武汉大学, 2012.

18. 赖锡安, 黄立人, 徐菊生, 等. 中国大陆现今地壳运动[M]. 北京: 地震出版社, 2004.

19. 李瑞浩. 重力测量学[M]. 北京: 地震出版社, 1988.

20. 马瑾. 构造物理学概论[M]. 北京: 地震出版社, 1987.

21. 马宗晋, 杜品仁. 现今地壳运动问题[M]. 北京: 地质出版社, 1995.

22. 美国国家航空和宇航管理局地球系统科学委员会. 地球系统科学[M]. 陈泮勤, 马振华, 王庚辰, 译. 北京: 地震出版社, 1992.

23. 美国国家研究委员会固体地球科学重大研究问题委员会. 地球的起源和演化: 变化行星的研究问题[M]. 张志强, 郑军卫, 王天送, 等, 译. 北京: 科学出版社, 2010.

24. 宁津生, 刘经南, 陈俊勇, 等. 现代大地测量学的理论与方法[M]. 北京: 测绘出版社, 2005.

25. 乔学军, 游新兆, 王琪, 等. 2008 年 1 月 9 日西藏改则扎西错 $M_S 6.9$ 级地震的 InSAR 实测形变场[J]. 自然科学进展, 2009, 19(2): 173-179.

26. 乔学军, 王琪, 杨少敏, 等. 2008 年新疆乌恰 $M_W 6.7$ 地震震源机制与形变特征的 InSAR 研究[J]. 地球物理学报, 2014, 57(6): 1805-1813.

27. 孙义燧. 非线性科学若干前沿问题[M]. 合肥: 中国科学技术大学出版社, 2009.

28. 谭凯, 杨少敏, 乔学军, 等. 2008 年汶川地震中断坡-滑脱断层破裂: 龙门山挤压隆升的大地测量证据[J]. 地球物理学报, 2013, 56(5): 1506-1516.

29. 涂光炽. 地学思想史[M]. 长沙: 湖南教育出版社, 2007.

30. 吴翼麟, 等. 丹江口水库诱发地震文集[M]. 北京: 地震出版社, 1979.

31. 武汉测绘学院大地测量系地震测量教研组. 大地形变测量学[M]. 北京: 地震出版社, 1980.

32. 姚运生, 周硕愚, 吴云. 现代大地测量学与对地观测发展规划研究[J]. 大地测量与地球动力学, 2008, 28(专刊): 49-55.

33. 中国地震局监测预报司编. 地壳形变测量[M]. 北京: 地震出版社, 2008.

34. 中国科学院地学部地球科学发展战略研究组. 21 世纪中国地球科学发展战略报告

[M]．北京：科学出版社，2009．

35．丁国瑜．中国岩石圈动力学概论[M]．北京：地震出版社，1991．

36．中国自然科学基金委员会．未来 10 年中国学科发展战略：地球科学[M]．北京：科学出版社，2012．

37．周硕愚，吴云，王若柏，等．地震孕育过程中地壳形变场图像动力学参量的研究[J]．地震学报，1994，16(3)：336-340．

38．周硕愚．努力创建地震预报的应用基础学科——兼论板内现今地壳运动动力学[J]．地震学刊，1994(4)：9-15．

39．周硕愚．地壳形变图像动力学与地震预报[G]//许厚泽，欧吉坤，等(编)．大地测量学的发展(祝贺周江文研究员八十寿辰)．北京：测绘出版社，1996：200-210．

40．周硕愚，施顺英，帅平．唐山地震前后地壳形变场的时空分布演化特征与机理研究[J]．地震学报，1997，19(6)：559-565．

41．周硕愚．系统科学导引[M]．北京：地震出版社，1988．

42．周硕愚．走向 21 世纪的地壳形变学——对大陆动力学与地震预测的新推动[J]．地壳形变与地震，1999，19(1)：1-12．

43．周硕愚，吴云，李正媛．推动地学创新的地壳形变大地测量学[J]．国际地震动态，2002，10(286)：1-11．

44．周硕愚，吴云，李正媛．形变大地测量学的进展、问题与地震预报[J]．大地测量与地球动力学，2004，24(4)：95-101．

45．周硕愚，吴云，施顺英．现今地壳运动动力学基本状态与地震可预报性研究[J]．大地测量与地球动力学，2007，27(4)：92-99．

46．周硕愚，吴云．地壳运动——地震系统自组织演化模式假说[G]//中国地球物理．北京：地震出版社，2010．

47．周硕愚，吴云．地震大地测量学五十年——对学科成长的思考[J]．大地测量与地球动力学，2013，33(2)：1-7．

48．周硕愚，吴云．由震源到动力学系统——地震模式百年演化[J]．大地测量与地球动力学，2015，35(2)．

49．周硕愚，吴云，江在森．地震大地测量学及其对地震预测的促进——50 年进展、问题与创新驱动[J]．大地测量与地球动力学，2017，37(6)：551-562．

50．周义炎，申文斌，吴云，张训诚．地基 GPS VTEC 约束的电离层掩星反演方法[J]．地球物理学报，2012，55(4)：1088-1094．

51．(日)Keiiti Aki(安艺敬一)．预测地震和火山喷发的地震学[M]．尹祥础，等，译．北京：科学出版社，2009．

52．(美)R. Clark Robinson．动力系统导引[M]．韩茂安，邢业朋，毕平，译．北京：机械工业出版社，2007．

53．Chen Yuntai. Earthquake science：a new start[J]. Earthquake Science，2009，22(1)：1-1.

54．Christopher H，Scholz. The mechanics of earthauakes and faulting[M]. 2nd ed.

Cambridge：Cambridge University Press，2002.

55. Committee on Grand Research Questions in the Solid-Earth Sciences. Origin and Evolution of Earth：Research Questions for57. A Changing Planet［R］. New York：National Research Council，USA，2008.

56. Brillinger D R，Robinson E A，Schoenberg F P，et al. Time Series Analysisand Applications to Geophysical Systems［M］. Berlin：Springer，2004.

57. Hamblin W K，Christiansen E H. Earth's dynamic systems［M］. 9th ed. Prentice-Hall，Inc. 2001.

58. Keilis-Borok V I，Soloviev A A（Eds）. Nonlinear Dynamics of the Lithosphere and Earthquake Prediction［M］. Springer Berlin Heidelberg，2003.

59. Stefa，Hergarten. Self-Organized Criticality in Earth Systems ［M］. Berlin：Springer，2002.

60. Tarbuck E J，Lutgens F K. Earth：An Introduction to Physical Geology［M］. 9th ed. Pearson Prentice Hall，Macmillan Publishing Company，1993.

第 2 章　GNSS 对现今地壳形变和地震的研究

近 20 多年来，GNSS 对中国大陆现今地壳运动观测与研究新领域的开拓包括全球板块与大陆板内运动、大陆现今地壳运动速度场与应变率场、活动地块与边界带现今运动、大震破裂过程的精细研究与 GNSS 地震学探索等。GNSS 正在强劲推进地震科学和地震预测的多种技术与科学创新，激动人心的进展才刚开始。

2.1　概述

地球表面的变动是地球变化的几何表象，它包含着重要的地球内部物质运动和物性变化信息。地壳形变监测是地学研究的重要手段之一，同时也是研究地震的关键技术。研究表明，地震事件具准周期性，在每个循环内必然伴随着应力应变的积累和释放过程，而地壳的运动和变形则是应力应变变化的一种直接表现形式，也是目前我们可以直接测量的最有用的物理参数之一。因此，获取地壳形变过程的高精度、高分辨率图像对研究形变动力系统演化及地震孕发行为、规律及预测均具重要意义。

以往构建地壳形变速度场的研究，主要依据活断层滑动速率以及地震矩张量资料，其中，地质学作为地球表层形变研究的主要手段，发挥了极为重要的作用，然而，基于对地质痕迹和年代学的测定，给出的仅是地质学长时间尺度内的平均值。经典地面大地测量技术精度低、效率差、成本高和传递误差大，且在很多地区，如青藏高原，极难开展有效的野外作业。

以 GNSS 为代表的空间测地观测技术，提供了前所未有的具革命性的监测新途径，开拓出现今地壳运动(10^{-2}秒 ~ 10^2 年)研究新领域。空间观测技术的精度比常规大地测量提高了三个数量级，从根本上突破了常规大地测量受地形制约的局限性，使测定多种空间尺度、多种时间分辨率和宽频率域的现今地壳运动成为可能，已发展成为实现大地测量学科各类目标最基本、最适用的技术手段。在时间(频率)域内基本填补了地震学和地震地质学之间的科学认知空白域，促进了地球物理学、大地测量学、地质学三大学科的交融，有力地推动了地震大地测量学的成长和地震监测预测的进步。

当前用于精密定位、且广为使用的空间观测技术有：射电源甚长基线干涉测量(VLBI)、人造卫星激光测距(SLR)、全球导航卫星定位系统(GNSS)。空间观测技术的最大优点就是无需测站间通视，从理论上讲，全球陆地上任意一点的运动状况都可以被监测，而且地壳运动的观测精度也基本上不受观测距离远近的制约，这大大地提高了大地测量监测地壳运动的灵活性，给科学研究带来极大的便利和想象力。

GPS 是 20 世纪 80 年代由美国发展起来的 GNSS 系统，从 1980 年起，美国就在南加州圣·安德烈斯断层地区布设 GPS 监测网，而日本则在关东地区进行布网观测工作，当时 GPS 观测的相对精度均为 10^{-6} 左右，20 世纪 80 年代后期到 90 年代初期 GPS 监测地壳形变在世界许多地区陆续推广使用，如冰岛及斯堪的纳维亚地区，希腊、土耳其、地中海地区，另外西南太平洋地区、新西兰、加勒比地区、俄罗斯西伯利亚地区、东南亚、印度尼西亚地区等都开展了规模不等的 GPS 地形变监测活动。

美国的西海岸是一个地震多发区，20 世纪 90 年代以来，曾先后多次发生 7 级以上强烈地震，造成巨大损失。出于对地震灾害的高度关切，在北美地区，南加州率先建成专为地震监测服务的 GPS 连续跟踪站组成的观测阵列，到 2001 年该监测网络已有 250 多个连续站投入运行。GPS 连续观测以很高精度检测出 Landers 7.3 级地震同震形变，以及明显的震后形变及变形恢复过程。

日本也是地震灾害频发的国家，长期以来，地壳运动的监测与研究是日本地震预报研究计划中的主要项目。日本曾在关东—东海地区布设了世界上最早的 GPS 台阵，用于监测断层运动，精度达到毫米级，并检测到火山喷发引起的地表形变。

经过多年的努力，在利用研究 GPS 板块运动、断层变形及火山地震活动等方面，取得了很多有意义的进展与发现。例如，不到 20 年的时间，全球范围流动 GPS 观测就极大地丰富了人们对地壳变形的认识。而连续 GPS 观测深化了对岩石圈动力过程的理解。将来 GPS 将完全有能力对地震、火山过程进行全面监测，捕获地震与火山爆发前异常变动，提高地震、火山的预测水平，减轻灾害。

在中国大陆及周边地区，以构造变形研究为主要目的的 GPS 监测研究始于 1988 年的滇西地区，在之后十余年间先后在天山、贝加尔、印度、喜马拉雅、阿尔金断裂、华北、川滇、河西走廊、福建东南沿海等地区得到广泛应用，获得了丰富的观测资料和有价值的研究成果，在国际上产生了重要影响。

29 世纪 90 年代后期(1997—2000)和本世纪以来，科学工程"中国地壳运动观测网络"和国家重大科技基础设施工程"中国大陆构造环境监测网络"的建设，从根本上改变了我国空间观测应用于地壳运动监测与研究的落后局面，极大地促进了我国的地壳形变及地球动力学研究，取得了丰硕的成果，并在多次强震的形变研究中发挥了重要作用。

随着 GNSS 应用范围的不断扩大，国内一些主要省市及自治区也陆续建立了较密集的区域 GPS 连续站和流动站，如用于城市导航及定位服务的区域 CORS 系统、用于天气预报研究的气象 CORS 系统及精华大地水准面 GPS 网，这些网络及观测站的建立，极大地丰富了我国地壳形变研究的资源。

我国在 GNSS 技术研发方面，成功地研发了北斗卫星导航系统(BDS)，是继美、俄之后的世界上第三个拥有自主卫星导航系统的国家。BDS 系统的建设目标是：建成独立自主、开放兼容、技术先进、稳定可靠的覆盖全球的北斗卫星导航系统，促进卫星导航产业链形成，形成完善的国家卫星导航应用产业支持、推广和保障体系，推动卫星导航在国民经济社会各行业的广泛应用。北斗卫星导航系统由空间段、地面段和用户段三部分组成，空间段包括 5 颗静止轨道卫星和 30 颗非静止轨道卫星，地面段包括主控站、注入站和监测站等若干个地面站，用户段包括北斗用户终端以及与其他卫星导航系统兼容的终端。在 2015 年尼泊尔地震的研究中，我国学者利用 BDS 观测，采用历元间差分观测值实时解算测站速度结果，成功捕获地震波信号，使北斗速度测量精度达到 2~3mm/s，位移测量精度达到 2~5cm，证明了北斗已具有与 GPS 同样的高精度地震监测能力(Geng et al.，2015)。

2.2 空间大地测量(GNSS)对大陆现今地壳运动与地震研究的新推进

中国大陆地壳在广阔的时空域内不间断地进行着不同层次的构造变动，其中青藏高原是中国大陆地壳运动最为强烈的地区，也是全球陆内地震活动最为强烈的地区之一。完整、可靠的地壳运动速度场的构造变形定量描述，是揭示中国大陆新生代构造演化动力过程的基本依据。中国大陆的晚新生代构造变形分布十分广泛，获取第四纪活动断裂和活动褶皱的定量数据，需要漫长的时间和大量的投入。到 20 世纪末，对此运动和动力过程的认识，基本来自第四纪活动断层地质痕迹的研究及百余年来地震矩张量反演(丁国瑜、卢演俦，1986；马杏垣，1989；丁国瑜，1991)。总体上，对正在进行中的现今大陆地壳运动—变形动力学过程的定量认知，主要来自 GNSS 等新技术的精细观测，在时间(频率)域中，地震大地测量学起着连接地震学和地震地质学的作用。

大地测量是精确量测现今地壳变动最行之有效的方法(赖锡安等，2004)。理论上，任何地壳变动都可以表现为地表上两点间的几何变化，通过现代空间大地测量等观测技术完全能以必要的精度和时空分辨率，直接测定现今地壳运动的位移场。在 GNSS 等空间大地测量技术出现前，曾用三角测量、三边测距、水准测量等方法观测地表变形，但传统测量技术不仅受地形条件限制，观测精度也有限，更难以满足地球系统科学时代的地震研究(预测)对多种空-时(频)尺度整体动态演化监测的要求。20 世纪 80 年代以来，以 GNSS 为代表的空间观测技术突破了传统测量的局限性，迅速成为地壳运动监测最基本、最适用的技术，其观测结果提供了高精度、大范围和准实时的地壳运动定量数据，使得在短时间内获取大范围地壳运动速度场成为可能，为大陆变形的模型验证提供约束。

1988 年，国家地震局地震研究所与德国汉诺威大学合作，在滇西地震预报试验场布设了我国第一个 GNSS 监测网并进行首期观测，揭开了中国大陆地区现今地壳运动 GNSS 监测研究的序幕(赖锡安等，2004)。之后的十多年，地震部门与国内外研究单位合作，在青藏高原、喜马拉雅及周缘地区，以及华北、华南、川滇、新疆等地布设 GNSS 控制点或形变监测点，完成了不同地区 GNSS 网点的复测，积累了大量可用于地壳运动研究的观测资料。国家攀登项目"现代地壳运动和地球动力学"建立了覆盖中国大陆的 22 个测站构成的 GNSS 监测网，该网分别于 1992 年、1994 年和 1996 年进行了 3 期联测，获得了 22 个测站的可靠的水平运动监测结果，大部分测站的速度精度都优于 3mm/a。

"九五"国家重大科学工程"中国地壳运动观测网络"，由 25 个连续站组成的基准网、56 个站组成的基本网和 1000 多个点的区域网(图 2-1)。该工程以监测地壳运动服务于地震预报为主要目标，兼顾大地测量和国防建设的需要(牛之俊等，2002)。它以 GNSS 技术为主，以 VLBI、SLR、精密重力和水准为辅构成大范围、高精度、高时空分辨率的现今地壳运动网络，其规模、布网密度和观测精度等方面都使我国地壳运动观测与研究达到前所未有的新高度。

　　作为"网络工程"项目的延伸，"十一五"国家重大科学工程"中国大陆构造环境监测网络"（以下简称"陆态网络"）于 2009 年建成，组成了 260 个基准站和 2000 个流动站的大规模 GNSS 观测网，见图 2-2）。

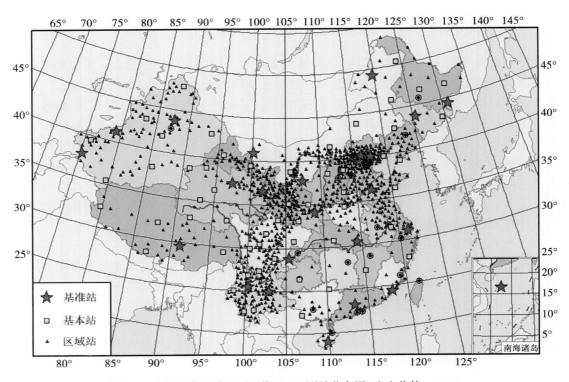

图 2-1　中国地壳运动观测网络 GNSS 测站分布图（牛之俊等，2002）

　　这些日益丰富的 GNSS 观测与研究，开拓了中国大陆现今地壳运动—变形和动力学研究新领域（10^{-2} 秒 ~ 10^2 年），直接支持大陆动力学、地震科学、地震大地测量学和地震预测的创新（赖锡安等，2004；周硕愚等，2006，2007），同时也为中国大陆的地壳运动和地球动力学研究提供了十分重要的基础资料和约束条件。

2.3　全球板块构造与中国大陆板内运动

　　20 世纪 60 年代兴起的有关板块生成、大陆漂移、洋底扩张和消减的板块构造学说（Morgan，1968），极大地丰富了对岩石圈变动的认识。全球大部分海洋地区的地壳运动场可以成功地运用板块运动模型来解释，即地壳-岩石圈是由为数有限的刚性块体所组成，板块内部不存在形变，地壳运动场主要表现为块体的相互运动，在块体的边界形成断裂带，产生挤压、拉张及剪切位错。

　　根据板块构造理论，刚性板块的运动形态相对简单，可通过有限的运动参数（欧拉

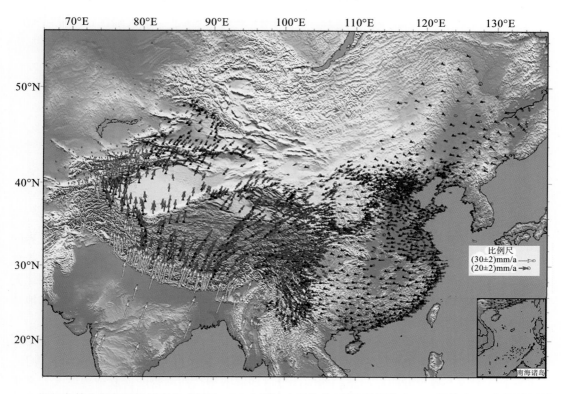

深红色箭头以年平均速率方式展示1979个测站水平位移(误差椭圆代表67%置信度),新测站用黑色三角形表示,788个粉红色箭头代表境外测站位移。

图2-2 "陆态网络"测定的中国大陆相对稳定欧亚板块的水平速度场(李强等,2012)

极、转动速率)来描述,但板块边界带形态及运动方式则十分复杂,如图2-3所示,尤其是大陆板块碰撞引起的变形表现为较为广泛的弥散分布、地震频繁,由板块边界向大陆腹地扩散,难以完全用纯运动学性质的板块理论来解释。这就促使人们采用新理论,提出新方法,去探索板内地壳运动、构造变形和地震孕育机理这一新的复杂问题,于是大陆构造变形及其动力学研究,继板块构造学说之后,成为又一新的地球科学前沿。

中国大陆位于欧亚大陆的东南隅,是欧亚板块的重要组成部分,也是全球构造活动异常活跃、地震较为频繁的地区之一(赖锡安等,2004)。中国大陆东部地区受西太平洋洋型板块俯冲、削减的影响,发育一系列与弧后扩张有关的陆缘海伸展和断陷盆地。在中国大陆西部,现今地壳运动由于受印度板块与青藏地块陆壳碰撞后的构造效应,表现为青藏高原的快速隆起、沿巨型活动带的走滑、逆冲倾滑为代表的强烈变形。此外,我国台湾省位于菲律宾板块与欧亚板块的交界带,变形十分强烈,菲律宾板块的年消减速率高达数厘米,台湾省是世界上强震活动最频繁的地区之一,其地处环太平洋火山、地震带,其地震属板缘地震,具有频度高、强度大的特征,如1999年9月21日台湾集集7.6级地震形成了长达80km、垂直位移近8m的地表破裂带。

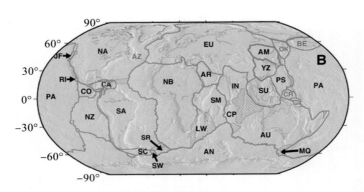

图 2-3　全球板块构造分布（Demets et al. , 2010）

中国大陆及其周边地区的地壳应力场同时受板块构造理论中两种最具代表性的边界的约束。在陆-陆碰撞和洋-陆俯冲的联合作用下，内部变形响应既具有重要的全球构造意义，又具有独特的演化特征，与世界上其他一些构造活动的典型地区，如阿尔卑斯和北美相比，中国大陆的现今地壳运动类型复杂、性质多样、变形强烈、地貌清晰，是全球地球动力学研究中具有重要地位的天然实验场。

中国大陆现今构造活动具有明显的分区性，周边板块对大陆的影响以及自身构造变形响应差异显著。中国大陆构造运动特征及岩石圈地球物理场可大致以 $102° \sim 105°E$ 为界，在地域上展示为差异十分明显的东、西两部分。西部的构造活动幅度、复杂程度大大高于东部地区，而青藏高原的构造变形尤为突出，在全球造山带中最具典型意义。包括青藏高原在内的东、中亚地区被公认为研究大陆动力学的最佳场所，尤其是青藏高原的形成、隆升、地壳增厚以及活动断层，是非常典型的构造样式，涉及大地构造、造山活动及气候演变等一系列重大科学问题，一直是不同学科研究的重点地区。

青藏高原是中国大陆变形最强烈的地区，印度次大陆低角度挤入青藏下部，喜马拉雅地区向南仰冲形成山前沉积、褶皱变形，喜马拉雅及以北地区的地壳因此不断增厚，高原分阶段分区域持续抬升；高原内部地块向东挤出，沿大型走滑断层大幅度滑移，导致塔里木、鄂尔多斯、华南作刚性旋转；周缘地带逆冲和走滑断层广泛发育并伴随大量地震活动；高原以北的天山南北缩短、复活造山、贝加尔拉张、大陆裂谷形成，在广阔大陆腹地展示出丰富、复杂、各异的构造样式。构造变动虽然各具特点，但又为一定规律所控制，具有一种传承、发展关系。

板块间的相互作用和大陆板块内部深部动力的联合作用造就了中国大陆内部活动构造和现代构造的复杂性及地震活动的弥散性，但是二者的联系仍然十分密切。活动断裂、活动盆地、活动褶皱和活动块体与地震活动均表现出紧密的相关性，从而构成划分地震带和潜在震源区、分析强震发震构造和发震地点的有力依据。因此，由于大地构造环境不同、岩石圈深部结构与动力学条件不同、地质演化历史与先存构造格局不同，中国大陆地震活动也具有明显的分区特征。南北地震带作为我国板内块体运动、地壳变形和地震活动的区分界线是十分突出的。以南北地震带为界，中国东、西部差异明显，西部地震强度与频度大大高于东部，这与西部强烈的岩石圈变形和现今地壳运动有关。中国东部台湾岛处在欧亚板块与菲律宾板块的边界上，因而是我国地震最强的地域。华北既是我国历史上强震屡发地区，也是现代强震高发区。东北、华南和南海断块区的活动构造和地震活动水平均比较低，仅在少数断裂和盆地有中等强度地震发生。华南仅在沿海地带地震活动程度较高，广大腹地相对平静。华南断块区东南沿海较高的地震活动水平与台湾板块边界活动构造带的影响有关，而吉林东部深震区则是西太平洋俯冲带活动的表现。

2.4 中国大陆现今地壳运动速度场与应变率场

以 GNSS、SLR、VLBI 为代表的空间对地观测技术能够提供高精度、大范围和准实时的现今地壳运动定量数据，使得在短时间内获取大范围地壳运动速度场成为可能（Dixon，1991；Segall & Davis，1997），也为大地测量反演的发展和应用开辟了广阔的前景。随着 GNSS 观测技术的迅速发展和逐渐完善、成熟，用 GNSS 监测现今地壳运动，已经在地球动力学研究中发挥越来越重要的作用。GNSS 资料的空间尺度从区域到全球，时间尺度从数秒、数小时到数十年，长基线相对定位精度可达 10^{-9} 的量级。因此，以 GNSS 为代表的空间大地测量手段所获得的高精度、高时空分辨率的现今构造变形的定量运动图像是研究大陆动力学的重要基础。

Wang 等（2001）在统一的参考框架下，综合处理中国大陆 1992—2001 年各构造区域 GNSS 站点资料，获取了中国大陆范围内 300 多个站点地壳运动速度场，是迄今为止在亚洲大陆地壳运动研究中令人印象最深刻的一项成果（图 2-4）。尽管当时 GNSS 站点较少、复测次数不多，但所获取的全国范围地壳运动图像可直接回答中国大陆地区许多构造变动的重大运动学问题，加深了人们对区域运动学与动力学问题的理解。

20 世纪 90 年代后期，我国开展了重大科学工程"中国地壳运动观测网络"（以下简称"网络工程"）的建设。"网络工程"的 GNSS 监测网由基准网、基本网、区域网组成（见图 2-1），基准网相邻站间距离平均约 700km，主要目标是监测中国大陆一级地块的构造运动。在中国大陆六大地块，除南海地块外，每个地块上至少有三个基准站，基本控制了中国大陆一级地块的运动，对监测大尺度地壳运动和构造变形起到了关键的作用。基本网由 56 个定期复测的 GNSS 站组成，主要用于一级地块本身及地块间的地壳变动的监测，作为基准网的重要补充。数据处理结果表明，实测精度水平分量小于 3mm，垂直分量小于 10mm，全网基线相对精度达 3×10^{-9}，具有对中国大陆现今地壳运动较高的整体监测能力（牛之俊等，2002，图 2-5 为"网络工程"测定的中国大陆水平速度场）。

江在森等（2001）根据中国大陆不同来源的多个 GNSS 区域监测网 1991—1999 年间的观测资料和"网络工程"基本网 1998—2000 年的观测资料，联合处理得到中国大陆地壳水平运动速度场结果，通过最小二乘配置法建立中国大陆水平运动速度场模型，获得了基于连续介质假设的中国大陆水平应变场，初步的结果表明中国大陆中西部构造变形强烈，应变速率值高，而东部地区构造变形相对较弱。强震通常发生在剪切应变率的高值区及其边缘，尤其是与构造变形背景相一致的剪应变率高值区。而李延兴等（2003）从地壳运动与应变的角度给出了中国大陆活动地块的定义，根据中国大陆及周边地区 GNSS 观测得到的

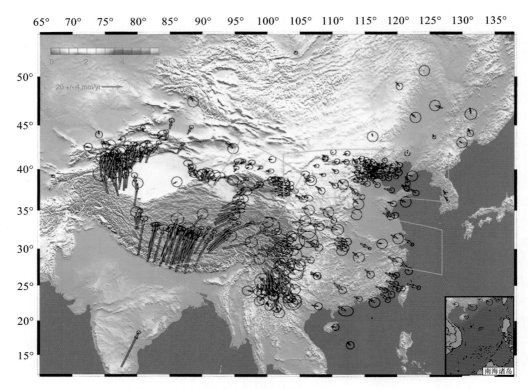

图 2-4　中国大陆地壳运动速度场(Wang et al., 2001)

速度场估计了各个活动地块的运动与应变参数, 分析了各个活动地块的运动与应变状态。

　　牛之俊等(2005)利用"网络工程"1999—2004 年 3 期 GNSS 区域站观测资料获取了中国大陆地壳运动速度场, 该速度场清晰地揭示了不同构造单元(或地块)的变形方式或运动速度的分区差异, 表明不同的地块具有不同的运动速度和变形特征。其最明显的特征是, 青藏高原和川滇地区绕东喜马拉雅构造结顺时针旋转, GNSS 观测的速度矢量在西藏东部向北东方向运动, 到川西一带转为向南东东方向, 到云南地区逐渐转为向南南东、南西方向运动。此外, 中国西部速度矢量由南向北逐渐递减, 表明青藏高原的地壳缩短吸收了绝大部分印度和欧亚板块之间的相对运动, 剩余部分则被天山及以北的缩短所吸收。比较图 2-4 与图 2-5, 尽管两者所采用 GNSS 观测站的数目差别很大, 观测时间区间也有所不同, 然而两者却具高度一致性, 这既表明了中国大陆现今地壳运动的整体稳定性, 也证实了 GNSS 的可靠性。

　　岩石圈构造运动和变形过程在几何表象上为一种变动速度场、应变场, 是动力学研究的主要对象。在大陆地区变形本身与其动力机制有关, 研究各类变形场具有重要理论价值(Molnar, 1988)。由于现今地壳应变场与地震活动关系密切(England & Molnar, 1997b), 高值应变区往往是地震活动频繁的地带, 是研究地震活动、预测地震危险性的重要依据。获取分辨精细、精度一致的构造变形的速度场、应变场必须以质量均匀、分布广泛、密度

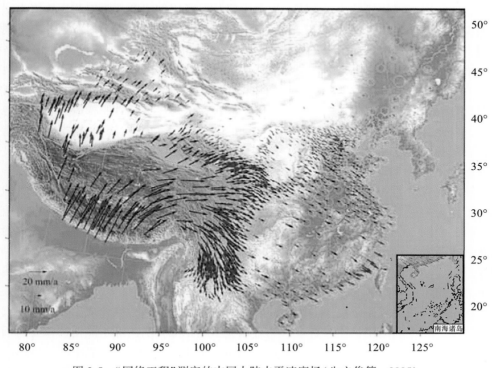

图 2-5 "网络工程"测定的中国大陆水平速度场(牛之俊等，2005)

适当的地壳变动和应变的实测资料作为基础。GNSS 技术出现以前，人们主要利用地质和地震资料，如断层滑动速率，中强地震的震源机制解间接推断(丁国瑜、卢演俦，1986；洪汉净等，1998；England & Molnar，1997a；1997b)，为定量化描述大陆变形奠定了初步基础。

　　GNSS 观测精度、时间尺度、站点分布可以在一定范围内人为调控，因而由其产生的观测图像具有量化清晰、意义明确、时空均匀的特点(江在森等，2002b；李延兴等，2003)。GNSS 研究一方面改善了对构造变形的认识，另一方面对研究大陆地震活动及其判定地震危险性具有参考意义。杨少敏等(2005)利用"网络工程"的各类 GNSS 观测结果，采用连续变形的双三次样条函数方法，模拟中国大陆构造变形的整体速度场和应变率场。该方法采用数值内插对应变和实测速度值进行逼近，使之服从最小应变约束，速度场可完全由应变率场的性质(挤压、拉张、左旋或右旋剪切)唯一确定，最后反演出自恰的应变率场，这一理论成为模拟变形场各类实测资料较为常用的方法(Haines & Holt，1993；Holt et al.，1993)。

　　在数值模拟中，考虑到大陆构造变形与地震活动分布的特征(许忠淮，2001；任金卫等，1999；England & Molnar，1997a；1997b)，可将中国现今大陆变形视为连续介质的流变(England & Houseman，1986)。将研究区域分割成大小不等的网格状区域，通过区域地震活动性事先配置应变张量的方差-协方差矩阵，同时可以顾及不同活动地块的刚性运动，因此各向异性的大陆内部地块就被分割为大小不同、刚度不一的网格。在反演中，通常将某些刚性地区网格内的偏导数置为零，以此设定某些区域如印度、西伯利亚块体为完全的刚性地块。依据地震震源机制解和第四纪活动断裂的实际分布将变形区域划分为不规则曲线格网(Holt et al., 2000；杨少敏等，2002)，尽量考虑现有地质构造背景，使网格线的走向与第四纪活动断层或褶皱的走向尽量保持一致，勾画这些构造带的几何轮廓。由于板块边界的几何形状、板块内部相对较硬地块(如塔里木、华南等)的几何形状对区域变形的形态具有一定影响，因此采用不规则格网来界定板块边界带、主要构造带和主要地质构造单元，以便合理地展示板块边界带及其内部的变形分布。模拟过程中根据实际构造变动状态，设定某些区域为刚性或弹性体，假定欧亚板块(中国大陆除外)作刚性运动，并选取欧亚板块作为参考框架。

在缺乏更有效的外部检核的条件下，GNSS 给出的模型速度场与地质资料给出的模型对比，可作为衡量 GNSS 模型总体质量的一个参考。丁国瑜、卢演俦(1986)建立的运动模型，反映了中国大陆地壳百万年尺度的平均运动状态，而 GNSS 反演得到的是现今的地壳运动状态，两者在空间分布格局和运动方式上具有整体一致性(赖锡安等，2004)，这说明现今地壳运动是新构造运动、现代构造运动的继承和延续。在运动幅度方面的某些差异，可能反映了中国大陆的构造形变在时间上的缓慢进化。

利用三次样条函数插值内插中国大陆的地壳变形速度值，整体合成出反映中国大陆整体水平运动的速度场图像，比较直观、清楚地显示出中国大陆内部不同构造单元对周边板块和板内深部构造动力共同作用的变形响应(Yang et al., 2005)。模型速度场显示出中国地壳整体水平运动具有如下特征：由南往北，速度场矢量逐渐递减，东西部运动方向以 90°E 左右为界分异明显。西部地区构造变形具有北北西向逐渐转向北北东向转移的特点，而东部地区由北到南表现出北东向到近东西向再到东南向旋转的趋势，向东的运动分量较大。拟合速度值得到的模型速度场和实测速度场的分析结论基本一致，揭示了青藏高原整体向北和向东运动的趋势。由南向北，北向的运动分量逐渐减小，印度恒河平原与阿拉善地块之间的相对运动之差大约为 36mm/a，约占印度和欧亚板块间的相对运动速度的 90%。模拟速度场最显著的特征表现为绕喜马拉雅东构造结，近似 180°的顺时针旋转。与实测速度场完全一致，模拟完全展示了同一种事实：青藏高原的向东挤出实际上是地壳物质在印度板块推挤下和周边刚性地块阻挡下，围绕东构造结发生的顺时针旋转川滇地区向南东-南南东方向作滑移运动的，构成了一个分布式的右旋剪切带；东西部运动量以南北地震带(104°E)为界，西部地区地壳水平变形速率远大于东部地区。

运动方向从印度恒河平原上的大约 N20°E 向北逐渐向东偏转，向东的分量也增加，在青藏高原中部的玛尼-玉树一带最大，方向约为 N75°E，东西向速度约为 25mm/a；再向北横跨昆仑和柴达木地块，运动方向转变为大约 N60°E，东西向运动速度降低为 11～16mm/a；总体上形成了以羌塘地块北部(或玛尼、玉树-鲜水河断裂)为中心的地壳物质向东流动带，反映了青藏高原物质的向东运移。祁连山主峰一带地壳物质同样表现为向东流动，但仍是青藏高原中部的流动带向北的自然延伸，并不能视为形成了以祁连山主峰为中心的另一条流动带。

图 2-6 显示了中国大陆地区平均最大主应变率，由 269 个非规则格网内的最大主应变

率合成。该应变率图表明，构造应力相对集中于青藏及其周缘的断裂带、天山和川滇地区。其中喜马拉雅构造带应变以挤压应变为特征，拉张的成分极小甚至为零。天山地区的应变基本上类似于喜马拉雅，也具有明显的挤压特征。不过天山东段小部分地区的应变出现少量拉张，其他地区的应变一般同时含有挤压和拉张成分，或者挤压占主导，如南山-祁连山，或者拉张占主导，如藏南地区。

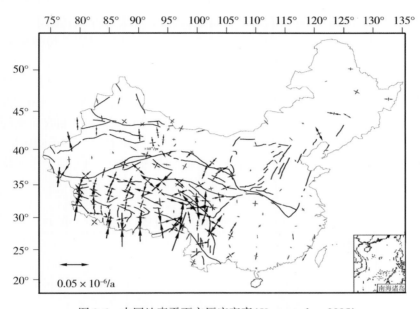

图 2-6　中国地壳平面主压应变率（Yang et al.，2005）

从主应变率的大小分析，鄂尔多斯和塔里木地块内部、阿拉善等地区的平均主压应变率很微小，即相邻点位之间不发生相对位移，其内部结构完整。青藏高原内部的拉萨、羌塘、祁连山地块，阿尔金断裂带和天山，内部相邻点位之间发生了相对运动，内部也积累了一定的构造应力，就其范围而言，形变、应变规模不大。地块内部变形的方向和幅度的差异远远小于地块间的差异。如具有地块边界性质的鲜水河断裂带、昆仑山断裂和喜马拉雅，相邻点位之间相对位移比较显著，构造应力相对集中，内部构造活动强烈，也是强震最为频繁的地带（张培震等，2003；张国民等，2004）。

主应变方向分布的一个显著特征是，北东向的最大水平主压应变方向一直从喜马拉雅山弧向东北延伸到贝加尔一带，在这一线的西侧，最大水平主压应变轴向西偏，而在其东侧，则向东和东南偏转，尤其在青藏东南部，最大水平主压应变轴由近南北向逐渐偏转到近东西向最后到近南北向，形成绕喜马拉雅东构造结旋转的态势。Zoback（1992）曾发现，其他板块内部最大主压应力方向多数与全球板块运动模型推断的绝对运动速度方向一致。然而，中国东南部的应力场与此推算不符，主要受其周缘特定地块相互作用，处于独特的构造环境。

在印度和欧亚板块的碰撞下，喜马拉雅、祁连山和天山构造带整体受挤压作用，且挤压方向大致和该断裂带的走向正交，地震机制解表现为逆断层型应力状态。阿尔金断裂带可能同时受张应力和压应力的共同作用，且该断裂带的挤压方向并不是与该断裂带的走向正交，而是向东有一定的偏转。玛尼、玉树-鲜水河断裂带和阿尔金断裂带的应变状态相似，不同之处在于，其张应变稍大于压应变。

与青藏高原内部其他地区比较，玛尼、玉树-鲜水河断裂带的张应变最大，且张应变的方向沿该断裂带逐渐向东偏转。西藏中部的玛尼地区，张应变的方向约为 N45°W，鲜水河断裂南部张应变方向转为近南北向。张培震等（2002）认为青藏高原中部存在一条以玛尼、玉树-鲜水河断裂带为中心的地壳物质东流带，这里从区域应力场的角度提供了一种佐证，青藏高原内部其他地区同样也受挤压和拉张的双重作用影响。

整个区域的面膨胀率分布如图 2-7 所示，中国大陆地壳伸展和压缩区域一目了然。假设体积不变，$2\dot{\sigma}$ 值为负值说明该区域地壳水平缩短（垂直增厚），图 2-7 中用实线表示；$2\dot{\sigma}$ 值为正值说明地壳水平伸展（地壳变薄），图 2-7 中用虚线表示。水平面收缩率的最大值出现在喜马拉雅构造带，其西段为 $0.1 \times 10^{-6} \sim 0.3 \times 10^{-6}/a$，而东段高达 $0.6 \times 10^{-6}/a$。西藏中部大部分地区、天山西部、阿尔金、云南、鄂尔多斯周缘等地区均为地壳水平拉伸区，其面膨胀率的量级为 $0.03 \times 10^{-6}/a$。

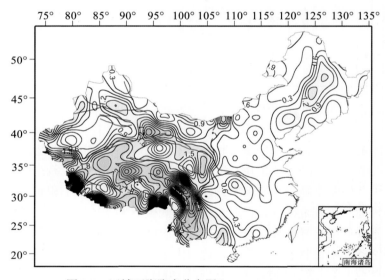

图 2-7　区域面膨胀率分布图（Yang et al.，2005）

图 2-8 反映的局部变形特征，如藏北地区昆仑山一带水平压缩高值区和水平伸展高值区交替出现。2001 年昆仑山 $M_S8.1$ 级地震刚好位于这一应变梯度带上，与昆仑山地震南盘相对北盘向东错动的左旋走滑特征相对应。另一个水平张性应变率高值区位于鲜水河断裂带及其南部的藏东地区。整个天山地区以压缩为主，但是天山东部有小部分地区呈现水平拉伸态势，这多少与该地区挤压构造特征有所出入。

中国大陆地区的最大剪应变率以南北地震带为界，呈西强东弱态势，图 2-8 显示中国大陆内部剪应变率最大的三个区域依次是喜马拉雅、昆仑山断裂带、阿尔金断裂带，藏南、羌塘地块中西部部分地区、昆仑山中部至鲜水河—安宁河—小江断裂带一带、东天山等属最大剪应变率高值区（李延兴等，2003）。另外，安宁河、小江断裂带、鄂尔多斯东北角、祁连山和天山的剪应变值也相对较高。根据模拟计算，鲜水河断裂带的最大剪应变率量级为 $7×10^{-8}/a$；天山东部、安宁河-小江断裂带的最大剪应变率量级为 $5×10^{-8}/a$。羌塘、阿尔金、祁连山、西天山等地区，其最大剪应变率量级为 $2×10^{-8}/a$。东部地区以及塔里木盆地，最大剪应变率很小，其最大剪应变率小于 $1×10^{-8}/a$。1995 年以来发生的 M_S ≥6 地震的震中分布一般都是在剪应变高值区，尤其是 2001 年昆仑山口西 M_S8.1 级地震，发生在青藏北部剪应变率值最高区。

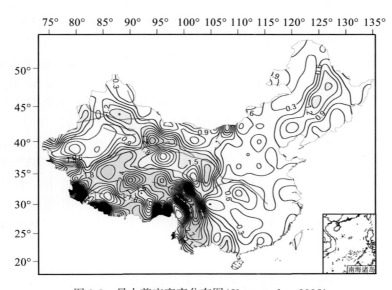

图 2-8　最大剪应变率分布图（Yang et al.，2005）

在数千千米的尺度上，利用中国大陆及周边的 GNSS 观测资料构建的中国大陆形变场、各类应变场具有真实、直观、丰富、划一的特点。与其他资料间接得到的同类结果相比，资料基础更为坚实，并少受主观假定的制约。GNSS 资料比较精细地展示了中国大陆的构造变形与应变的总特征——西强东弱、南强北弱态势，佐证了长期以来形成的基本观念（丁国瑜，1989），并进一步加深、细化这种基本认识，突出了现今地壳运动观测对中国大陆构造演化研究的作用。但另一方面，GNSS 所反映的变形更多的是现今构造活动，不一定与地质时间尺度的平均运动完全吻合。

比较典型的如阿尔金断裂带，GNSS 现有的结果（Bendick et al.，2000；Shen et al.，2001）均表明其现今滑动的速率不过 9 mm/a，而 Peltzer 等（1989）、Mériaux 等（2004）研究表明阿尔金断层全新世以来具有 2~3cm/a 的走滑活动，活动幅度由西向东递减（徐锡伟等，2003），这意味着阿尔金断层是高强度的剪切带。而拟合中国大陆地区 GNSS 数据得到阿尔金断裂带的应变率整体偏小，且西段应变率小于东段，东段拉张成分又大于西段，模拟结果也仅对应一个低的滑动速率。需要说明的是，对阿尔金断裂滑动速率的争论一直存在，仅就地质学方法而言，也有研究表明其长期滑动速率不过 5mm/a(国家地震局阿尔金断裂课题组，1990)，与 GNSS 的结果基本吻合。

天山地区东部的构造环境为大陆造山带内比较典型的挤压构造，山前分布的逆冲断层以及地震机制解均说明持续的地壳缩短。但 GNSS 给出应变场表明该地区具有的拉张环境，与以往的认识有所不同。如果将活断层资料引入 GNSS 速度场的反演的过程，其模拟结果与单纯用 GNSS 资料反演的结果不同(杨少敏等，2002)。前者显示天山的应变状态仍属于挤压构造，是一种反映长期构造活动的常态。后者所反映的拉张应变，如果准确无误的话，可能有多种解释。但如果是误差原因，一种可能是它与 GNSS 在该地区的布网以及测站速率的解算精度有关。目前该地区的观测资料尚稀，且观测期数不足，因而在拟合中该地区的应变场受到误差的影响，改变了应变场的性质。随着 GNSS 观测周期的不断延长，其正确与否将会得到进一步证实。

由 GNSS 推算的现今地壳应变场的空间变化与大陆强震具有较好的对应关系(张培震等，2003)，2001 年的昆仑山口西 M_S8.1 级地震正好发生在面膨胀应变率和最大剪应变率高值区边缘的高梯度带上(Lin et al.，2002)，其高应变率值和最大主应变方向正好符合其以南盘为主向东错动的左旋走滑特征(徐锡伟等，2002；乔学军等，2002)。此外，鲜水河断裂带和云南中部的应变速率也引人注目，尤其是鲜水河断裂带的最大剪应变率较大。在连续形变假设条件下，利用 GNSS 观测结果求解水平形变场、水平应变场的空间分布，虽然拟合结果受观测资料的精度、分布密度、分布均匀性等因素的影响，但是仍然能够较客观地反映空间分布特征和一般事实。随着 GNSS 观测精度的进一步提高和观测资料的日益丰富，通过构建合适的模型，利用其进行地壳构造变形和地球动力学研究以及地震预测的应用价值将进一步体现。

2.5 中国大陆活动地块与边界带现今运动

印度、太平洋、菲律宾海板块与欧亚板块的相互作用及欧亚板内深部地球动力作用造就了中国大陆不同类型的活动构造，控制着中国大陆强震的空间展布格局，其最显著的特征之一就是巨大的晚第四纪活动断裂十分发育，将中国大陆切割成为不同级别的活动地块，活动块体内部微弱变形，或基本不变形，大部分变形发生在块体的边界，是历史上破坏性地震集中的地区(张培震等，2003)。活动地块的几何特征由其边界断层决定，其力学性质由整体运动和内部变形决定。有历史记载以来，中国大陆的几乎所有 8 级和 80% 的 7 级以上的强震发生在这些活动地块的边界带上，活动地块的运动及其相互作用对中国大陆强震孕育和发生起着直接的控制作用。图 2-9 为中国大陆主要活动断裂、活动地块与强震分布。

迄今关于中国大陆内部活动的划分主要依据第四纪活动断层，活动地块分成两级结构(邓起东等，2002)，比较典型例如喜马拉雅、喀喇昆仑、阿尔金、海原等断裂围陷的一级地块——青藏地块，及其青藏地块内部断层(鲜水河、红河、小江、昆仑山)切割而成的二级地块(川滇、巴颜喀拉、祁连山、拉萨、羌塘等)，这些地块组合如按板块运动的方式各自作刚性旋转。近 20 年来，以 GNSS 为代表的空间大地测量技术也得到了迅速发展，

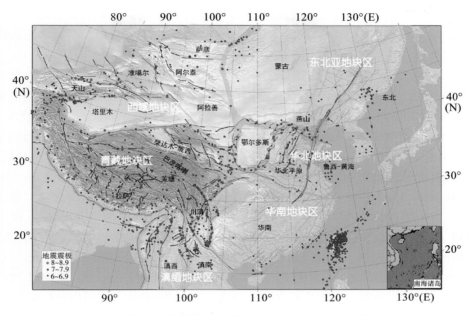

图 2-9 中国大陆主要活动断裂、活动地块与强震分布(张培震等，2013)

由于其具有时空分辨率高、覆盖范围广、观测精度高的特点，为大陆构造变形的运动学及动力学研究提供了十分重要的观测约束(Wang et al.，2001；Zhang et al.，2004；Gan et al.，2007；李强等，2012)。各类空间大地测量资料得到的速度场揭示了中国大陆现今运动的分块特征，即不同的活动地块具有不同的水平运动和变形方式(王敏等，2003；王琪等，2001；李强等，2012)。

利用早期的 GNSS 观测资料，张强、朱文耀(2000)在 ITRF96 参考框架内，用28 个分布在全国及周边地区的 GNSS 站，建立了由 10 地块组成的运动学模型，给出了每个地块的欧拉矢量，其研究表明：中国大陆各地块由 GNSS 确定的运动幅度、方向等与地质资料给出的长期运动趋势具有较好一致性。王敏等(2002)用 1000 个"网络工程"资料建立了活动块体模型，给出了每个构造单元之间的欧拉极和相对旋转速率。其模型显示中国大陆存在三种类型的变形方式：第一种表现为连续、分布式的变形，如青藏高原内部、天山等；第二种呈现为刚性块体运动与板块类似，如塔里木盆地，块体刚性运动比较明显；第三种变形方式介于前述两种之间，如青藏高原边缘地带的柴达木、祁连山和川滇菱形块体。随着 GNSS 站点的加密观测，最近的研究表明现有活动地块模型与布局结构不足以准确模拟 GNSS 速度场 (Meade 2007；Loveless & Meade，2011；Zhang et al.，2013；Wang et al.，2011)，日益精细、空间分辨率更高的 GNSS 站点资料表明有对活动地块及其边界带以及各典型的构造区域进一步划分的必要。近来，Taylor 和 Yin(2009)综合了有关青藏高原活动断裂的大量构造与地质研究成果，同时结合地震分布、GNSS 观测等资料，指出青藏高原地区 5 级以上地震均发生在现有已知的活动断层或断裂带上，并且 GNSS 获取的十年尺度应变场与现有活动断裂的空间分布及其滑动速率十分一致。

　　国内最早开展构造运动 GNSS 研究的地区之一是华北（Shen et al.，2000；江在森等，2001）。Shen 等（2000）研究显示华北块体以 3~7mm/a 速率相对西伯利亚运动。而江在森等（2001）用非连续地壳变形方法指出华北东西部应力场的显著差异，确认华北地区主要表现为压缩变形，而块体西边界山西断陷带明显有东西向拉张活动。

　　基于 1992—1999 年的观测数据，王琪等（2000）给出了天山南北汇聚变形的大地测量证据，其中西天山 400km 宽地带的汇聚速率在 20mm/a，而东天山细窄地带上的汇聚速率不过 4mm/a。GNSS 测定的汇聚速率从西向东递减，与地形从东西向由宽变细十分吻合。杨少敏等（2008）对整个天山地区 1992—2006 年间多期重复 GNSS 观测资料进行研究，结果显示天山地区北西走向的走滑断层（如塔拉斯-费尔干纳断裂）的滑移速率仅为 1~4mm/a，而近东西走向、低倾角的山前主滑脱断层的滑动速率在西南天山达 10~13mm/a，境外北天山为 6~12mm/a，东天山为 2~5mm/a。GNSS 速度场显示天山南北向汇聚变形分布不均匀，天山内部缩短变形相对较小，其两侧山盆交接地带的变形占总汇聚变形的 80%~90%。跨天山的汇聚变形具有非线性特征，突出表现为天山与南北两侧结合带的变形明显大于天山山体内部，山盆过渡地带变形可用盆地向天山下部挤入形成滑脱构造来解释，过渡带内滑脱断层的剪切作用控制了天山缩短变形的空间分布，其积累的弹性应力最终以间歇性大震活动释放，导致山前永久性应变，盖层褶皱隆起，天山由此向两侧伸展。

　　江在森等（2001）利用 1993 年、1999 年河西走廊地区的 GNSS 观测结果，研究了青藏高原东北缘地区水平运动。在欧亚固定的参考框架下，31 个测站显示出一个南南东向的整体位移，速率大约为 9mm/a。南部甘青块体运动较快，而北部阿拉善地块移动慢得多，比南部慢 6mm/a。海原断层上左旋走滑十分显著，20 世纪曾发生过 8.5 级地震，该地区西部压应力场方向为北北东，东部是北东东，而甘青和阿拉善地区普遍存在北西西的拉张作用（Chen et al.，2000）。2001 年 11 月 14 日昆仑山口西发生 8.1 级地震，江在森等（2003）分析 1991—2001 年间青藏地区 GNSS 数据表明在震前青藏地区存在大范围的左旋剪切变形，而且剪切应变最大地区恰位于震源区，其等值线走向与破裂方向基本一致，面应变也说明该地区有大范围的拉张，可以认定局部构造变动促成近 400km 长左旋走滑破（江在森等，2003）。

　　我国西南地区的地壳运动特征是国内外格外关注的地区之一，也是最早开展 GNSS 监测的地区之一。Chen 等（2000）利用 1991—1997 年多期观测资料，揭示出西南地区的地壳变形的主要方式——顺时针构造旋转和块体边界断裂的非均匀滑动。他们的研究结果显示川滇地块及其以西地区相对成都的运动速度大致在 5~10mm/a，鲜水河—小江断裂以东的川青地块和扬子地块运动微弱，幅度为 1~7 mm/a。申重阳等（2002）通过弹性位错模型和 GNSS 观测表明，红河断裂和鲜水河断裂吸收了相当部分的地壳变形，如果变形完全以弹性能形式积累，并主要以地震来释放，变形积累的能量每年可沿这些断层产生一个 6 级左右的中等强度地震。近年来，王阎昭等（2008）用最小二乘方法反演了川滇地区主要活动地块运动速率和活动断裂带的现今错动，其结果显示鲜水河-小江断裂带是一条大型左旋走滑断裂带，该断裂带内的甘孜—玉树、鲜水河、安宁河、则木河左旋速率分别为 0.3~14.7、8.9~17.1、5.1 ±2.5、2.8±2.3（单位：mm/a）。在印度板块向北北东方向楔入青藏高原和高原重力势能的东向推挤作用下，高原东南部向东挤出，受到稳定华南块体的阻挡后转向南东方向继而向南运动，使得川滇地区围绕东喜马拉雅构造结作顺时针运动（王阎昭等，2008）。

青藏高原的地壳运动研究最早从珠穆朗玛峰地区开始，根据 1992 年、1998 年两次GNSS 观测推算，珠峰地区相对欧亚内部的运动速率达 60~70mm/a 水平（陈俊勇等，2001）。用 GNSS 全面监测青藏高原现今运动的重要步骤是建立跨青藏高原腹地的 GNSS剖线（游新兆等，1994；蔡宏翔等，1997；刘经南等，1998）。朱文耀等（1997）利用攀登项目 GNSS 观测反映了青藏地区地壳南北向缩短、东西向拉张特征。而刘经南等（2000）利用 1993—1997 年间 3 期观测资料，给出了喜马拉雅北缘至柴达木盆地南缘一带的水平和垂直速度场，分析表明喜马拉雅块体的缩短量大致为 19±2 mm/a，藏南地区中段的拉张速率为 6±6mm/a，而西藏块体相对于柴达木地块的汇聚速率为 9±5 mm/a，并伴随有 9±6 mm/a 的东向运移，反映了青藏高原物质向东部地区的侧向挤出。喜马拉雅块体表现为压应变，而西藏块体以张应变为主，青藏中部地区的东西向拉张速率最高达 16±6 mm/a。从青藏中部 5 个测站的垂直运动分析，青藏高原垂直向隆升也相当可观，隆升速率为 8±5 mm/a（Xu et al.，2000），与 1993—2000 年拉萨用绝对重力观测推算的隆升速率 10 mm/a 基本一致（张为民等，2000）。

在青藏高原内部，地质学、地震矩张量研究表明青藏高原不同区域的变形模式和构造活动差异显著。在青藏高原南部主要发育多条近南北走向的正断层和张性地堑，Armijo 等（1986）假设亚东—谷露裂谷 1.4 mm/a 的拉张变形若均匀分布于整个藏南地区的拉张盆地和地堑，推算整个藏南的拉张速率可能为 10±5.6 mm/a（Armijo et al.，1986）。而喀喇昆仑—嘉黎断裂带作为分割藏南拉萨地块与羌塘地块的边界断裂，Armijo 等（1989）推测其为青藏高原物质向东挤出的南边界，野外地质考察估计其晚新生代以来右旋走滑速率为 10~20 mm/a。位于青藏高原西部的喀喇昆仑断裂是一条长度大于 1000 km、构造活动和地貌特征十分复杂的右旋走滑断裂，其滑动速率有很大争议（Chevalier et al.，2005），Chevalier 等（2011，2012）对其野外考察，得到全新世以来地质滑动速率为 8~11 mm/a。阿尔金、祁连山和海原断裂带是青藏高原北部的主控断裂带，而东昆仑断裂、鲜水河断裂则是高原内部分割不同活动块体的主要边界带。国外的研究人员通过地质研究表明阿尔金、海原断裂带表现为显著的左旋走滑运动。国内研究人员得到的阿尔金、海原等断裂带的地质滑动速率相对较低，一般小于 10 mm/a（郑文俊等，2009），与 GNSS 观测获取的较低滑动速率比较一致（Bendick et al.，2000；Shen et al.，2001）。

Yang 等（2005）利用三次样条函数插值，内插球面上 2°×2° 规则格网点上的地壳变形速度值，整体合成出反映中国大陆整体水平运动的速度场和应变场图像，该图像直观、清楚地显示出，中国大陆内部不同构造单元对周边板块和板内深部构造动力共同作用的变形响应。由 GNSS 推算的现今地壳应变场的空间变化与大陆强震具有较好的对应关系。如2001 年的昆仑山口西 Ms8.1 级地震正好发生在面膨胀应变率和最大剪应变率高值区边缘的高梯度带上，其高应变率值和最大主应变方向正好符合其以南盘为主向东错动的左旋走滑特征。此外，鲜水河断裂带和云南中部的应变速率也引人注目，尤其是鲜水河断裂带的最大剪应变率较大。喜马拉雅、天山构造带应变以挤压应变为特征，其他地区应变的同时有挤压和拉张成分，鄂尔多斯、塔里木、阿拉善、华南等地区的主压应变很微小。面膨胀应变图(图 2-7)表明,青藏高原边缘地带特别是藏南地区具有强烈的挤压变形,而高原内部东西向拉张显著,中国大陆的东部地区变形微弱,山西地堑表现为拉张,华南几乎无任何应变积累。最大剪应变率分布图(图 2-8)显示出中国西部地区具有非常显著的剪切变形,如昆仑山、青藏东南部的川滇、东北缘海原、昆仑山、六盘山等均是剪切应变的高梯度带,也是大地震的多发地带,东部地区剪切变形微弱。

迄今为止,对中国大陆活动地块与边界带运动的科学认知,主要源于地质学新构造运动研究和近 20 多年来地震大地测量学的观测研究。前者以地质学痕迹的野外调查和年代学为基础,获取百万年(最短至万年)时间尺度的平均值,提供了相对稳定的构造运动框架和具有地学基础意义的认知,十分重要。后者应用 GNSS 为主的当代新技术,开拓出前人尚未涉猎的新领域,即现今大陆运动变形与动力学研究领域。它能在多种空间尺度和多种时间尺度内(十年、数年及其以下)以毫米级的高精确度表达出当前正在进行中的各地块及其边界断裂的运动方向、方式与速率,图 2-10 是上述多位作者多项研究结果中的一例。从目前的观测结果看,GNSS 为研究中国大陆主要活动地块及其边界带的现今运动变形提供了最有效、可靠的手段。

地震地质学和地震大地测量学对中国大陆主要活动地块及其边界带的研究具有良好的互验性和互补性。研究证实正在进行中的现今运动是新构造运动的继承延伸及其微动态,为震前形变的可识别性提供了可能。随着 GNSS 测站密度的增加,空间分辨率的不断提升,又为大陆内部不同等级活动地块及其边界带更精细更合理的划分提供了定量依据。

鉴于 GNSS 以地球质心为时空基准,具有测定从全球板块到中国大陆各等级地块及其边界带(断裂带)的相互关系和整体演化能力。为认知从全球板块至中国大陆整体的运动学及动力学机制提供了一种比较有力的变形约束,有利于动力学模型与机理研究的创新。

2.6　地震重点危险区地壳变形场的 GNSS 研究

中国大陆岩石圈新生代和现代构造变形的最显著特征,是巨大的晚第四纪活动断裂十分发育,将中国大陆切割成为不同级别的活动地块(张文佑,1984;丁国瑜,1991;张培震,1999)。活动地块边界构造活动强烈,内部相对稳定,绝大多数强烈地震都发生在地块边界的活动构造带上。根据晚第四纪构造变形、地震活动和地球物理场的差异,可以将中国大陆分成若干活动地块(张培震,2003;2013),如图 2-9 所示。GNSS 定量揭示的中国大陆现今运动场清晰地表现出了分块特征(图 2-10),不同的活动地块具有不同的水平运动和变形方式,以下分地区逐一加以介绍分析。

天山地区是大陆内部典型的复活或再生造山带(Avouac et al., 1993;张培震等,1996;Yin et al., 1998),天山以南是古老而稳定的塔里木地块(Allen et al., 1999;Carroll et al, 1995),以北则是同样古老而稳定的准噶尔地块。晚第四纪构造变形以前陆盆地的褶皱和逆冲断裂为主要特征,天山沿高角度断裂向南北两侧前陆盆地上逆冲(邓起东等,2000)。山体内部同时也发生变形,形成受逆断裂控制的山间挤压盆地,如巴音布鲁克盆地、伊犁盆地等,整个天山在两侧稳定地块的挟持下而遭到挤压和缩短(Burchfiel et al, 1999)。

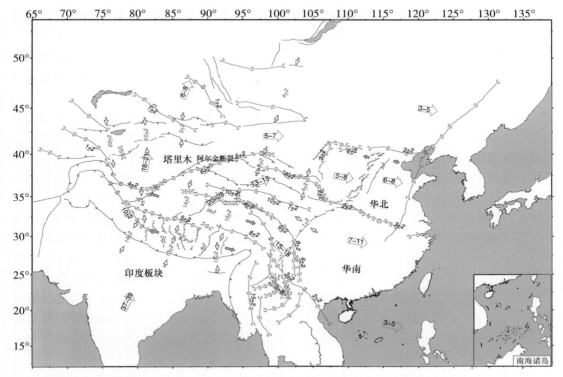

红色箭头数字和方向分别代表各地块运动速率及方向，蓝色数字代表活动地块边界断裂的滑动速率，单位为 mm/a。

图 2-10　GNSS 观测资料得到的中国大陆主要块体及边界带运动速率（中国地震局地震研究所空间大地测量室，2013）

GNSS 观测结果揭示了区域变形场的类似特征，与地质和数值模拟结果类似（张培震等，1996；Avouac et al.，1993），GNSS 大地测量也揭示了整个天山地壳缩短由西向东逐渐衰减的趋势。在西天山喀什以西，速度为 20mm/a 向北的运动跨过天山之后逐渐衰减为 0~2mm/a（Abdrahkamatov et al.，1997；Reigber et al.，2000）。喀什以东的地壳缩短速率减小为 13 mm/a，穿过中天山的测线表明天山正在经历着向北逐渐递减的构造变形。

在库车一带，位于塔里木盆地的 ARAL（阿拉尔）相对稳定欧亚大陆的运动速率为 19±1 mm/a。向北位于南天山新生代褶皱带内 KEZI（克孜尔）的速度是 18±1mm/a。北天山新生代褶皱带内 KYVT（奎屯）的速率是 13±1 mm/a，这一经度的地壳缩短大约为 7mm/a。东天山南麓库尔勒运动速度是 12~13 mm/a，北麓 URUM（乌鲁木齐）的速率是 11 mm/a，横跨东天山的地壳缩短量小于 2mm/a。再向东到天山东端的哈密一带，向北运动的分量基本上趋于零。缩短变形不是仅限于天山两侧、盆地边缘的山前断层，基本为分布于整个天山的众多东西向断层吸收（Thompson et al.，2002）。准噶尔盆地南缘的观测站仍然具有 10~12mm/a 向北的运动速度，跨过盆地带阿尔泰山，向北的运动速度才衰减到零。这些测站靠近山前断裂带，断层的活动或地震会影响测站的变形方式，因此还不能断定准噶尔盆地正在经历着缩短和构造变形。

　　祁连山地区位于青藏高原东北边缘，新构造和活动断裂研究表明，逆冲断裂、活动褶皱、构造隆升发生在整个祁连山、河西走廊和牛首山一带，整个祁连山地区都正在经历着强烈的构造变形（中国地震局地质研究所、兰州地震研究所，1993）。区域应变被分解为沿祁连山山前和河西走廊带的逆冲以及沿，祁连山主峰一线的高角度走滑剪切（Meyer et al.，1998）。

　　GNSS 观测结果表明祁连山正在遭受的挤压变形是均匀的，位移矢量在南祁连最大，向北逐渐减小。东西运动分量除了由西向东逐渐增大外，由南向北还逐渐减小，表明祁连山地区的左旋位移是分布式的，整个祁连山构成一条巨大的左旋剪切带。从整个运动图像来看，地壳运动缩短在跨过主要断裂带时，没有发生明显的跳跃，表明构造变形分布在整个祁连山地区，而不是集中在少数几条主要断裂带。祁连山地区主要构造线的走向大约是 N60°W，构造走向的垂直方向大约为 N30°E。沿 N30°E 方向上，GNSS 测定的地壳缩短分量，祁连山体是 6~10 mm/a，河西走廊在 3~6 mm/a 之间变化，阿拉善则在 4~6 mm/a 之间变化，十分容易理解青藏高原东北侧地区对板块边界构造力远程作用的变形响应。祁连山和阿拉善之间的地壳缩短速率可能是 4±1 mm/a。垂直于 N30°E 方向的左旋走滑分量也表现为由南至北递减，祁连山在 10~14 mm/a 之间，河西走廊在 6~10 mm/a 之间，阿拉善在 5~7 mm/a 之间变化。祁连山和阿拉善之间的左旋走滑速率是 5~9 mm/a。这一运动速度可能代表了整个青藏高原东北边缘的左旋走滑速率，与地质学方法获得的全新世和第四纪的长期平均滑动速率类似。

　　川滇地区位于青藏高原的东南隅，即川滇菱形地块，是中国大陆地震活动最强烈的地区之一。川滇活动地块的北东边界是晚第四纪构造活动十分强烈的鲜水河—小江断裂带，该带以左旋走滑为特征，错断了一系列山脊水系，滑动速率可达 10~15 mm/a，控制了有历史记载以来 17 次 7 级以上地震的发生。活动构造研究证明川滇菱形活动地块具有向南东运动的趋势，但运动可能是不均匀的，横切菱形地块中部发育的北东向的丽江—小金河断裂很可能就阻挡了地块向南东方向的运动。

　　GNSS 观测结果揭示了川滇地块的两个重要特征：首先，川滇活动地块上的 GNSS 观测点位移矢量主要表现为向 N150°-160°E 方向的运动，在北部的鲜水河一带运动方向 N120°E 左右，而到南部的昆明一带方向变为 N165°E，既反映了鲜水河—小江断裂的左旋走滑运动，又反映了川滇菱形地块向南南东方向的总体运动和顺时针旋转。King 等（1997）以及 Chen 等（2000）获得了同样的结果。其次，地块的变形确实是不均匀的，小金河断裂以西 GNSS 站点的运动速度平均为 19 mm/a，而以东站点的平均运动速度只有 13~14 mm/a。

　　华北地区位于欧亚大陆的东部，以太行山为界，分为鄂尔多斯地块和华北平原两个具有不同地貌特征和演化历史张性构造单元。前人的研究已经表明华北整体向东运动的趋势（Shen et al.，2000）。鄂尔多斯活动地块位于中国中部，除西南角受青藏高原东北边缘的强烈挤压作用外，其他各边均被断陷盆地带所围限。鄂尔多斯地块内部构造活动性微弱，内部不发育大规模的活动断层。GNSS 观测结果表明，鄂尔多斯地块周边盆地带的运动比较复杂，西边界向北北东方向运动，北边界向东运动，东边界和南边界总体上向南东东方向运动(Shen et al., 2000)。位于鄂尔多斯地块上的五个测站表现出相对均匀的向东运动,速度是 6±1 mm/a,这证明了鄂尔多斯地块的整体性和运动的一致性。

鄂尔多斯东西两侧分别为北北东向的银川—吉兰泰盆地带和山西盆地带,南北两侧则为东西走向的渭河和河套断陷盆地带。其中,除山西断陷盆地带是上新世开始发育的盆地带之外,其余三条盆地带均开始形成于渐新世(邓起东,尤惠川,1985)。这些断陷盆地带都以剪切拉张变形为特征。其中,银川—吉兰泰和山西盆地带受北北东向右旋正走滑断裂控制,而渭河和河套断陷盆地带则受近东西向左旋正走滑断裂控制,但正断层分量更占有主导的位置(中国地震局鄂尔多斯课题组,1988)。

山西断陷盆地是一条正活动拉张构造带,位于其东部的测站运动速率大于西部的测站。根据 GNSS 观测结果,Shen 等(2000)确定山西断陷带具有大约 4±2 mm/a 的拉张位移。但本书中 GNSS 观测表明在这个盆地带上并无明显的拉张活动,与"网络工程"观测结果一致(王敏等,2003)。但整个华北北部地区的运动速率在 6~8 mm/a,可能具有大约 2~3mm/a 的拉张活动,分布在山西断陷盆地带和太行山区以东地区,形成了宽达 300km 的拉张或伸展带。

华北平原的西界是新生的太行山伸展带,东边界是著名的郯庐大断裂,而几十千米宽、断续出露的张家口—渤海断裂带和溧阳—新乡隐伏断裂带,构成了华北活动地块的南北边界。这两条断裂带可能从晚第四纪开始形成,是目前正在发展的新生断裂带。在新生代早期,华北活动地块遭受了强烈的拉张和裂陷作用,形成了一系列北北东走向正断裂和地垒地堑(Ma & Wu, 1987)。上新世以来,华北活动地块停止了裂陷作用,华北平原开始了整体下沉,并在北北东向正断层的基础上,形成右旋走滑断裂。

20 世纪 70 年代,在平原内部发生了几次 7 级以上地震,以沿北北东向断裂的右旋走滑运动为主。但 GNSS 观测结果表明,整个华北平原正经历着整体的向东运动,既没有明显的拉张伸展,也无沿断裂的右旋走滑运动。只是华北平原的北边界具有明显的左旋走滑分量,张家口—渤海断裂带以南向东运动的速度比其以北地区高 2~4 mm/a(Shen et al., 2000)。

华南地区包括东南沿海地区在内,在新构造运动上属于比较稳定的地块。其作为一个单独的次级板块的地位已广为认同(Holt et al., 2000;Bird, 2003)。Tapponnier(1982)将华南视为大陆南北碰撞挤压而产生的向东南方向滑移的构造单元,内部不发育明显的活动断裂和褶皱,地震活动性与华北和西部比相对较弱;东南沿海则发育一些晚更新世活动断裂(丁祥焕等,1983)。早期 Avouac 和 Tappinner(1993)认为,青藏向东的侧向挤出可占板块汇聚的 40%~50%,即华南的相对于西伯利亚向东南滑移速率可达 15~20mm/a。

Molnar 和 Deng(1984)根据 20 世纪八十多年的中国大陆及周边地震资料,间接估算华南地区向东滑动速率高达 21±10 mm/a。而丁国瑜(1991)估算的速率则低于 5mm/a。近年来对华南地区向东滑移速率的估算得到不断修正,Peltzer 和 Saucier(1996)以及 England 和 Molnar(1997a)同样基于第四纪主要活动断层的滑动速率,但利用不同的方法,推算出低于 10 mm/a 的速率值。

GNSS 观测完全证实华南和东南沿海整体向东和南东东方向的运动,其中东部的 SHAO 向东运动速率为 10±2 mm/a,与 VLBI 的结果(Molnar & Gipson, 1996;Heki,

1996)和 Shen 等(2000)对华北地区 GNSS 的研究结果基本一致。虽然华南地块可能是一个没有内部构造变形的刚性地块，所有上述研究只是根据一个或少数几个测站的资料。而"网络工程"更多更可靠的资料说明整个华南地块内部不存在明显的速度梯度带，内部没有重要的差异运动。

东北地区是一个构造活动相对稳定的地块，除了在与朝鲜交界一带有深源地震发生和火山活动，伊兰—伊通等有少量的右旋活动的迹象之外，几乎没有第四纪构造变形，断层活动也不明显，在东北地区有 11 个测站，测站的运动速率较小。可能是误差的原因，该地区测站的各个运动方向变化很大，该地区运动方向没有规律。包括东北地区在内、朝鲜半岛相对于稳定欧亚大陆的几乎没有运动，充分表明燕山以北、日本海以西的广大大陆地区均可能属于稳定欧亚大陆的组成部分。

青藏高原具有整体向北和向东运动的趋势，可以通过 GNSS 速度矢量图清楚显示(图 2-10)。由南向北，GNSS 观测站向北的运动分量逐渐减小，而向东与向北分量的比值则逐渐增大；由西向东，向东的运动分量逐渐增大。喜马拉雅山前的恒河平原上的 GNSS 观测站(BIRA、JANK、BHAI、NEPA、SIMA)的平均运动方向为 N20°E 左右，平均速率值约为 39~41 mm/a。跨过喜马拉雅山之后，运动方向变为 N30°-47°E，平均速率为 29~31mm/a。这些数据表明喜马拉雅主逆冲带的平均滑动速率为 10~13 mm/a，略小于 Bilham 等(1997)和 Larson 等(1999)的结果，与 Jouanne 等(1999；2004)的研究结果基本一致。

这一运动方式实际上反映了印度板块与欧亚大陆碰撞之后的持续楔入作用，在地质上则表现为主边界冲断带(MBT)和山前冲断带(HFT)向印度平原的逆冲作用(Molnar & Lyon-Caen，1989；Holt et al.，1995)。从地质历史发展演化的角度，青藏高原在结构上由南向北可划分为 6 个地块，各地块被缝合带分开(常存法，郑锡澜，1973；潘裕生等，1994)。自晚新生代欧亚和印度板块碰撞以来，这些古老的地块和缝合带被重新改造和组合。有些缝合带继续活动构成活动地块新的边界，有些则不再活动，活动地块边界由其他活动断裂构成(张培震，1999)。

晚新生代以来的活动构造研究表明，青藏高原内部发育了一系列规模宏大、活动性强的弧形断裂带，自南而北有：喜马拉雅主逆冲带，喀喇昆仑—嘉利断裂带，玛尼、玉树—鲜水河断裂带，昆仑—玛沁断裂带，西秦岭-南祁连断裂带和阿尔金、北祁连—海原断裂带。这 6 条断裂带将青藏高原分隔成 5 个不同形状的长条形活动地块(拉萨、羌塘、昆仑、柴达木、祁连)，GNSS 观测结果揭示了这 5 个活动地块不同的现今地壳运动状态。

在青藏高原南部，拉萨地块晚第四纪构造变形，以一系列近南北向正断裂-地堑系，以及断续的、北西西走向右旋走滑断裂的相互组合为主要特征(Armijo et al.，1986；中国地震局地质研究所，西藏自治区地震局，1992)，反映了近东西向的拉张和右旋剪切作用。Armijo 等(1996)研究获得长期平均速率 10±5 mm/a，Molnar 和 Lyon-Caen (1989)地震记录所获得 18±9 mm/a 东西向拉张速率。

GNSS 揭示出拉萨地块的优势运动方向为 N30°—47°E，平均速率为 27~30 mm/a。在大约 32°E 的纬度上，拉萨地块西部的狮泉河东西向速率分量只有 5±1 mm/a，而东部索县的东西向分量却为 26±1 mm/a，工布江达的东西向分量更高达 29±1 mm/a。所以，拉萨地块的东西向拉张速率可能达到 24±3 mm/a，与地震学的研究结果相近或稍大些(Molnar &

Lyon-Caen, 1989)。

羌塘地块的 7 个测点显示出向 N60°E 优势方向的运动, 速率平均为 28±5 mm/a, 与其以南的拉萨地块不同。向北的昆仑地块上仅有 3 个测站, 分别是位于昆仑山断层以南的 BUDO (不动泉)、WUDA (无道梁)、烽火山以南的 ERDA (二道沟), 运动方向为 N61°E, 平均速率为 21 mm/a。柴达木活动地块虽然运动方向与昆仑地块没有太大的差别, 但昆仑地块以北测站运动速率骤减到 12~14 mm/a。而再向北到祁连山活动地块, 优势运动方向变为 N70°-90°E, 速率则减小为 7~14 mm/a。所以, 青藏高原内部活动地块的运动方式是分块的, 各块之间或者运动方向不同, 或者运动速度不同。

青藏高原周缘发育一系列巨形活动构造 (Tapponnier & Molnar, 1977; Molnar & Tapponnier, 1978), 北边界是左旋走滑的阿尔金断裂带, 东北边界是祁连山—海原断裂带, 东边界是龙门山—小江断裂带。这些周边断裂带的活动习性、变形方式、滑动速率是研究青藏高原构造变形的重要内容。

作为青藏高原与塔里木盆地的边界, 北东走向的阿尔金断裂长上千千米, 切割整个岩石圈 (Wittlinger et al., 1998), 左旋走滑量显著 (Molnar et al., 1987), 是一条规模巨大的主控分界断层, 对中国大陆新构造运动、第四纪地质、地震活动、气候演变等具有重要影响 (徐锡伟等, 2003a)。但关于该断裂带的滑动速率, 目前仍有较大的争论。

最早的 Peltzer 等 (1989) 估算其全新世滑动速率为 20~30mm/a, 并以此作为青藏高原物质向东大幅度挤出的重要运动学证据。但国内地质学研究确定的全新世滑动速率不过 3~5mm/a (中国地震局阿尔金断裂课题组, 1993), 方法类似, 对象相同, 但确定的速率大小相差很大, 最大、最小之差可达数倍之多。根据穿越阿尔金断裂中段的 GNSS 测线 (90°E), Bendick 等 (2000) 估算的速率是小于 10mm/a。Wallace 等 (2004) 最近对原来 GNSS 剖线进行新一轮复测 (包括在 85°E 处的一条新剖线), 重新修正的结果为 9±4mm/a, 与 Shen 等 (2001) 根据阿尔金断裂两侧的 GNSS 观测, 推算的 9±2 mm/a 的滑动速率结果完全一样。令人惊异的是, 大地测量观测结果与 Yin 等 (2002) 估算的阿尔金断裂新生代 (49 个百万年) 平均滑动速率 (9±2 mm/a, 470±70km) 几乎一致。

近年来的 GNSS 观测资料表明阿尔金断裂的左旋走滑速率约为 5±2 mm/a, 与王敏等 (2003) 利用"网络工程"GNSS 区域网资料推算的速率 (大约 6 mm/a) 更为接近, 与国内地质学家获得的全新世活动速率 3~5 mm/a 几乎一致 (中国地震局阿尔金断裂课题组, 1993)。此外, 本书的结果还显示出, 阿尔金断层存在一定的挤压分量, 并不完全是走滑断层。

与阿尔金断层类似, 地质学家们对于青藏高原西南的喀喇昆仑断层右旋走滑同样有很大争议。北北西走向的喀喇昆仑断层, 全长近 1000km, 从我国境内的西藏普兰延伸到新疆帕米尔高原上的塔什库尔干, 基于卫片资料得到的全新世以来的平均滑动速率高达 20~30mm/a, 因而与阿尔金断裂一样, 可作为青藏高原大幅度向东挤出的南边界 (Avouac & Tapponier, 1993), 对青藏高原构造演化具有重要控制作用。

但在基本相同的地质年代内, Brown 等 (2002) 利用宇宙成因核素方法定年仅获得 4±2 mm/a 的很低的滑动速率。本书中位于断层以北的两个测站不能直接给出喀喇昆仑断层的滑动速率, 但用这两个测站的相对位移, 并假定断层两侧的变形具有对称性, 可间接推算的活动速率不低于 3mm/a，与 Brown 等(2002)估算的速率的下界比较接近。考虑断层两侧的变形，其现今滑动速率大约为 6±2mm/a。

青藏高原东北边界的祁连山可视为宽阔的左旋剪切带，并具有大量逆冲、褶皱以及走滑断层活动(Tapponnier et al.，1988；Meyer et al.，1998)。其中，最为显著的是祁连山北缘—海原左旋逆走滑断裂，具有 2～9 mm/a 的滑动速率(Meyer et al.，1998；邓起东等，2002)。GNSS 给出了横跨整个祁连山的左旋剪切速率为 8±1 mm/a，而且这一速率与第四纪期间(Burchfiel et al.，1991)和全新世期间(Zhang et al.，1991)的长期平均滑动速率相当。

东边界的龙门山断裂少有向东的逆冲作用(Burchfiel，1995)，GNSS 观测到的青藏高原东边缘和华南地块的速度差不过 2～4 mm/a，与 King 等(1997)和 Chen 等(2000)的研究结果基本相似，龙门山断裂微小现今地壳缩短以及大地测量观测的安宁河—小江断裂的左旋走滑，可能都是由于青藏高原围绕东构造结的顺时针旋转而造成的(England & Molnar，1990；Holt & Haines，1993)。

2.7　对大震同震形变与地震破裂过程的精细研究与 GNSS 地震学探索

2.7.1　GNSS 结合多种手段对大震同震形变与地震破裂过程的精细研究

中国大陆大震变形的 GNSS 观测始于 2001 年昆仑山山口西 7.8 级地震科考，乔学军等(2003)首次利用"网络工程"站点 GNSS 观测资料，给出该次地震同震位移场，不过由于西部地区 GNSS 站点分布太稀疏，昆仑山地震 GNSS 观测结果对分析该地震破裂状况作用有限，建立破裂分布模型主要依据 InSAR 观测结果(Lasserre et al.，2005；万永革等，2004)。此外，"网络工程"和"陆态网络"GNSS 观测资料还分别探测到 2004 年苏门答腊(王敏等，2006)、2011 年日本地震数千千米以外的远场同震位移(Zhao et al.，2012)，如图 2-11 所示。

"网络工程"和"陆态网络"的 GNSS 站点资料在 2008 年汶川地震、2011 年日本东北地震、2013 年芦山地震等研究中发挥了重大作用(中国地壳运动观测网络项目组，2008；Zhao et al.，2012)，数百个 GNSS 测站给出了不同大震事件的同震位移矢量，详细揭示了地震导致的断层滑动分布与破裂方式。例如，Wang 等(2011)综合 GNSS、水准观测和卫星 SAR 遥感图像分析了 2008 年汶川特大地震同震位移特征(图 2-12)，其获取的汶川地震同震位移场揭示了该次地震的精细同震位移场，断层下盘(四川盆地)变形总体呈扇形集中指向震中，断层上盘(龙门山)变形总体上呈逆时针旋转态势，最大的实测水平位移5.5m，汶川、理县、茂县等地测站位移指向破裂带方向，而平武、青川等地测站逐渐转变为平行，乃至远离破裂带方向，与汶川地震逆冲兼走滑的破裂特征一致，断层上盘大幅隆升，下盘靠近断层的区域以下沉为主，远场表现为幅度很小的隆升。

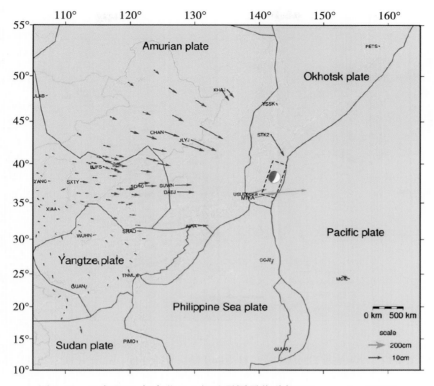

图 2-11 日本 2011 年东北 9.0 级地震同震位移场(Zhao et al., 2012)

2.7.2 GNSS 地震学探索

作为对传统 GNSS 的补充,高频 GNSS 以基于历元尺度捕获短周期的地震暂态信号为特征,在近些年来也有着较为广泛的应用。2003 年,Larson 等(2003)成功利用 1-Hz 采样的 GNSS 数据恢复了 2002 年德纳利(Denali)7.9 级地震的远场地震波,从而奠定“GNSS 地震学”的基础。此后,世界各地的 GNSS 观测网络开始更新数据采样率至 1-Hz 甚至更高,以寻求 GNSS 观测窗口从静态扩展至动态的多频率窗口,例如,高采样率 GNSS 基准站首次记录到汶川地震强地面震动和震后持续位移(殷海涛等,2010;Shi et al.,2010)。高频GNSS 开始作为地震波资料的辅助手段,参与了每一次强震的研究,研究焦点主要集中在利用高频 GNSS 信号研究地震信息、地震(海啸)预警以及约束地震破裂模型这三个方面。当然,由于目前的高频 GNSS 较传统的地震记录而言记录的采样率依然较低,精度较差,将导致其对部分震相的记录缺失。有学者提出将同址观测的强震记录与高频 GNSS 记录进行融合,以获取兼顾两种观测方式优点,即通过高频 GNSS 来矫正强震记录,以强震记录来提高高频 GNSS 采样率与精度,可以期待 GNSS 地震学在未来有着更为广泛的应用。本节主要从高频 GNSS 信号提取地震信息、地震(海啸)预警以及约束地震破裂模型三个方面来介绍 GNSS 在地震学的应用。

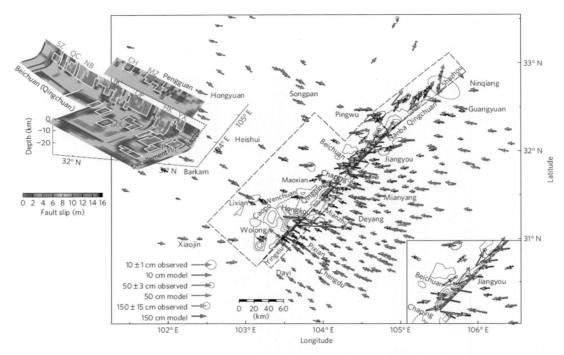

图 2-12　汶川地震的同震水平位移场以及断层滑动分布（Wang et al. , 2011）

1. 高频 GNSS 应用与强震研究

虽然高频 GNSS 拓宽了传统 GNSS 的观测频谱，使之逐渐与地震学观测频谱融合，并有效地补充了地震波资料，但高频 GNSS 能够记录的震相是什么？如何进行识别？如何识别其 P 波震相的初动？与地震记录相比较有何异同？如何将其与地震波数据融合进行后续研究？一系列问题形成了 GNSS 地震学的研究焦点之一，即高频 GNSS 形变波中所包含的地震信息及其提取方法。

（1）与地震记录的比较

高频 GNSS 在地震学中的第一个应用即为其记录到了哪些地震信息？可靠性如何？因此将其与地震记录相比较成为地震学家和大地测量学家关注的问题。早在 Larson K. M. 等（2003）将高频 GNSS 恢复 Denali 地震的地面位移时，就将其与强震数据进行了比较。此后开展了较多关于高频 GNSS 与地震仪比较等方面的研究。如 Ji C. 等（2004）在对 San Simeon 地震的破裂过程反演前，先验证了高频 GNSS 与强震记录的拟合度；Emore G. L. 等（2007）对 1-Hz GNSS 和强震加速度记录进行比较，并联合两者恢复 2003 年 $M_\mathrm{W}8.3$ Tokachi-Oki 地震的地面位移时序；Bock Y. 等（2004）则将 Denali 地震远场的高频 GNSS 记录与强震记录进行了比较，并识别了面波震相。在国内，殷海涛等则将汶川地震中郫县 1-Hz GNSS 与强震记录积分至位移进行了比较（图 2-13）；方荣新等则通过振动台实验将实时 PPP 的 GNSS 与 IMU 惯导设备在位移分量上进行了比较。

（2）震相识别

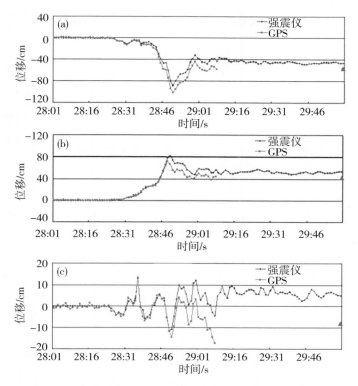

图 2-13　汶川地震中郫县 1-Hz GNSS 与强震记录对比(殷海涛,2010)

　　针对上述问题,高频 GNSS 能够记录到的震相内容及其识别方法显然是最为关键的问题之一,其答案直接关系到初至震相拾取、地震定位、确定震相的波形反演等后续研究的开展。目前,国内外已有部分学者就此展开了研究:Bilich A. 等(2008)研究了 Denali 地震的 1-Hz GNSS 形变波,推测记录到了地震面波;Davis J. 等(2009)研究了由 1-Hz GNSS 形变波记录的苏门答腊地震面波的频散特征;Shi 等(2010)研究了汶川地震震时由 1-Hz GNSS 记录得到的形变波形,认为捕捉到了由地震产生的 Love 波与 Rayleigh 波(图 2-14);刘刚等以振动台实验复现了 1999 年 Izmit 地震,并通过 50Hz GNSS 记录到了地震近场的 P 波与 S 波震相,通过比较 2011 年 Tokochi-Oki 地震远场的 1Hz GNSS 和地震记录,识别了 P、S、Love、Rayleigh 震相。

　　(3)初动提取

　　由于高频 GNSS 的观测精度较低,高频 GNSS 的初动提取成为了高频 GNSS 确定震中的难点之一,目前取得的成果相对较少:张小红等(2012)尝试使用 S 变换对日本地震 1-Hz GNSS 时序的 P 波的到时进行提取(图 2-15);王俊等尝试使用 3σ 的方法确定初至震相的到时;Colombelli S. 等(2013)则提出使用长短时相结合的方式提取初至震相的到时。

　　2. 基于高频 GNSS 的地震(海啸)预警

　　高频 GNSS 优势之一是能够实时提供近场强地面运动位移绝对值,其包含了长周期的

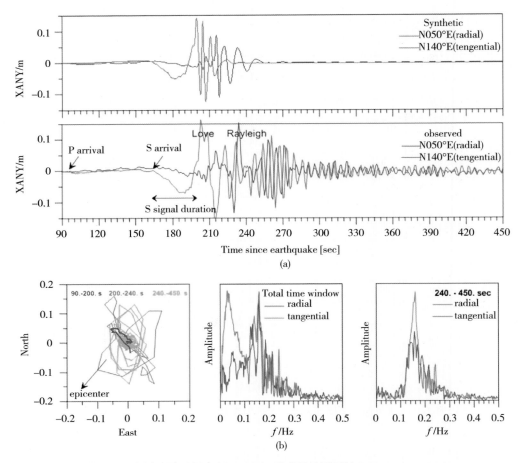

图 2-14　汶川地震远场高频 GNSS 记录到的地震面波（Shi et al.，2010）

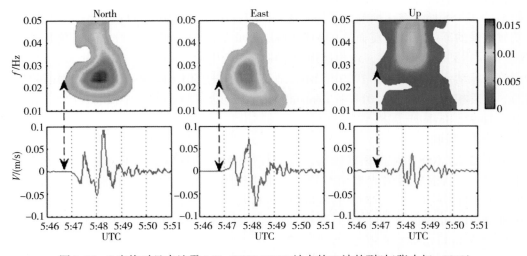

图 2-15　S 变换对日本地震 1-Hz GNSS MIZU 站点的 P 波的到时（张小红，2012）

地震信号和零频的绝对位移值，使得其在矩震级约束方面具有巨大的潜力，成为了 GNSS 地震学的另一个焦点——震级预警。

国内外相关的学者利用高频 GNSS 进行大震震级的确定展开了许多有益的尝试，内华达大学的 Blewitt 课题组（Blewitt et al.，2006，2009）利用全球 IGS 站采样率为 15s 的数据，解算了 2004 年印尼苏门答腊地震所激发的长周期面波，从中提取出零频的同震永久位移，利用已有的断层几何模型，反演得到的矩震级为 8.9~9.1（图 2-16，图 2-17）。

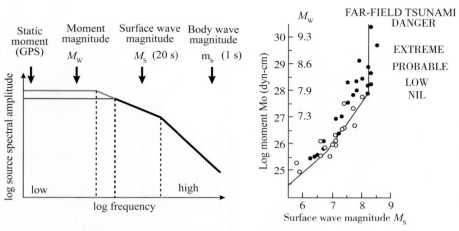

（a）不同的震级标度和震源谱的拐角频率　（b）相同的面波震级的地震可释放不同的地震矩

图 2-16　（Blewitt et al.，2009）

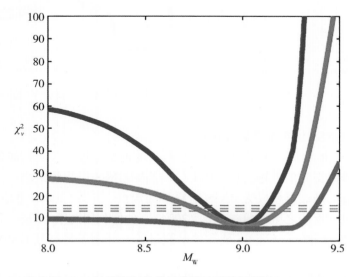

图 2-17　由高频 GNSS 计算得到的苏门答腊地震的矩震级（Blewitt et al.，2006）

同时，Scripps 海洋研究所的 Crowell 课题组，于 2009 年对高频 GNSS 用于地震预警的研究进行了综述，提出了包含震中测定、震级估算、震源破裂模型反演等方面的具体方法，并以 2003 年日本 Tokachi-Oki M_W8.3 地震为例进行上述方面的相应计算(图 2-18，图 2-19)。此后，Crowell 等再次提出了基于高频 GNSS 提取的形变波快速确定震级的经验公式法(Crowell et al.，2012，2013)。此外，加州大学 Allen 课题组将高频 GNSS 形变波与同址观测的强震台位移波形进行了比较，将基于 Okada 的位错模型反演计算矩震级的大地测量方法与地震学方法进行了比较，表明前者在时间上慢于后者，但在震级估算的准确度上优于后者(Allen & Ziv，2011)。Colombelli 等(2013)对前者的研究方法进行了深化，提出了改进的永久形变提取方法，快速计算了矩震级和滑动分布，并在此基础上计算了区域的强地面运动场。

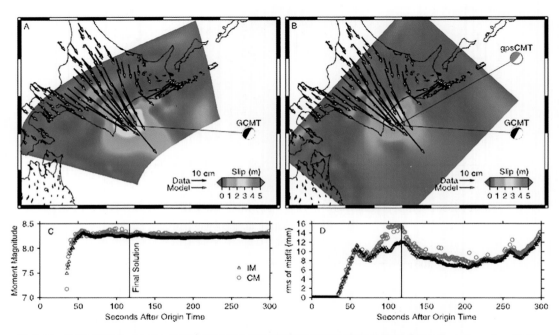

图 2-18　2003 年 Tokachi-Oki 地震高频 GNSS 实时约束得到的矩张量及滑动分布(Crowell et al.，2012)

3. 利用高频 GNSS 约束地震破裂过程

由于高频 GNSS 能够提供不限幅和绝对坐标下的近场位移，获取目前传统大地测量学和地震学手段尚难以得到的近场信息，因此，将高频 GNSS 作为约束之一，单独或者联合其他手段反演地震的破裂过程成为 GNSS 地震学的焦点。Ji 等(2004)是最早将高频 GNSS 引入到震源物理过程反演之中的(Ji et al.，2004)，他们利用高频 GNSS、强震记录、地震波记录联合约束 2003 年 San Simeon 地震的破裂过程，开创了将高频 GNSS 近场记录引入约束震源物理过程研究的先河(图 2-20)。

东京大学地震研究所的 Miyazaki S. 课题组早在 2004 年也使用日本大陆 GEONET 高频 GNSS 台网记录得到的 2003 年 M_W8.3Tokachi-Oki 地震的形变反演了其破裂过程(Miyazaki S.，2004)。Yokota Y. 等(2009)深入研究了 1-Hz GNSS 对中型地震震源物理过程的分辨能力，将单独 1-Hz 的反演结果与大地测量和强震数据的联合反演结果进行了比较。值得注

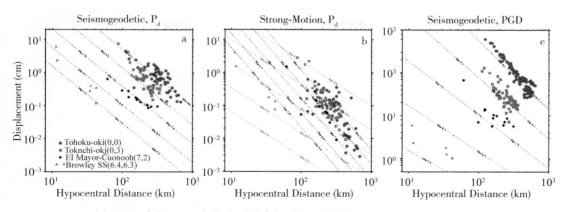

图 2-19　高频 GNSS 振幅实时约束得到的经验震级(Crowell et al. , 2013)

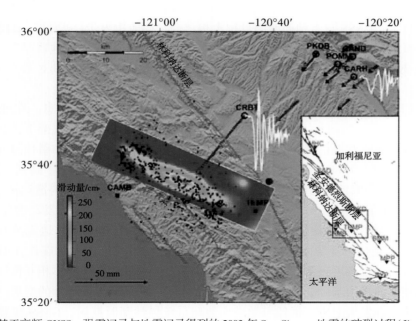

图 2-20　基于高频 GNSS、强震记录与地震记录得到的 2003 年 San Simeon 地震的破裂过程(Ji et al. , 2004)

意的是，发生于印度—欧亚板块碰撞的边界带的 2015 年尼泊尔 Gorkha M_W7.8 地震，加州理工学院在发震断层上方布设了一定数据的高频 GNSS 连续监测网络，我国"陆态网络"部分连续高频站点也位于地震造成的强震动区域内，高频 GNSS 真正意义上第一次全面覆盖了内陆 8 级地震的极震区域，收集了丰富的震时时变位移数据。Galetzka 等(2015)联合近场大地测量数据反演得到了此次地震的时空分布模型，并以断层上方的高频 GNSS 为约束得到了关于此次地震的动力学参数，我国学者则利用静态 GNSS、藏南部分"陆态网络" 1-Hz GNSS 及全球地震台网，联合反演了此次地震震源破裂过程。

2.8　GNSS 正在推进地震科学和地震预测的多种技术与科学创新

基于人造卫星轨道测地和国际地球参考基准(ITRF)，GNSS 能准确地测定任意点的绝对位置及其变化，从而能研究任意诸点(诸子系统)变化的关系以及它们所构成的动力系统的整体演化过程。GNSS 自然而然地成为地球科学进入地球系统科学新时期后，最受关注的也最具可操作性的新技术。通过精确测定地球多圈层、岩石圈中各部分变化的相互作用及其整体演化动力学过程，从而将对环境变化、地震灾害等的研究、预测提升到一个全新的高度已成为可能。

在广阔领域中，GNSS 通过与多种技术的组合创新，不断提升对地球、大陆岩石圈及地震灾害的监测与探测能力。例如，以 GNSS 为主测定垂直形变的新途径：GNSS 垂直形变、与重力测量结合的 GNSS/重力精密水准，推进高效的无传递误差的大尺度的垂直形变监测；GNSS 与 InSAR 结合，实现时间连续和空间连续的互补，产生号称"影像大地测量"的四维图像技术；GNSS 与多种地面测量技术相结合，构成边界带(断裂带)多跨距多深度的监测探测系统；GNSS 高频成分时序与地震学结合，发展为"GNSS 地震学"，其他还有如"GNSS 电离层学"、"GNSS 气象学"。此外，"GNSS 体潮汐因子与勒夫数"等技术可探测相关圈层介质物性的变化。

GNSS 及其相关的技术革命和革新，提供了前人未曾获得的新信息。在地球系统科学、地球动力系统、大陆动力学、地震科学及大陆现今变形动力系统框架下，在地震预测的实践中集成理解这些新信息，必然会催生新科学思想、新科学模式和新预测方法。近些年来似已初露锋芒，例如，促进了"零频地震学"(地震大地测量学)与"高频变形学"(地震学)的结合，现今地壳运动(地震大地测量学)与新构造运动、现代构造运动(地震地质学)的结合；深化了对中国大陆板内活动地块及其边界带与大地震孕发动力学关系的认知；GNSS 与重力结合探索浅部与深部、阻抗力与体积力耦合作用下的地震孕育过程；大陆运动(变形)应是一个复杂而又具内蕴规律的自组织动力系统，大地震是其演化过程中发生的暂态行为，应具可预测性及预测的不完全确定性；以多个变形体相互作用及其在多尺度空间内整体演化为基础的，介于现象学与动力学之间的具可操作性的变形图像动力学预测地震方法正在发展之中。地球科学进入地球系统科学新时期后，GNSS 在我国获得日益广泛的应用，它与多种技术结合推进科学创新正方兴未艾(周硕愚，2015)。本章难以逐一表述；在本书的其他各章中还会有从不同视角对不同问题的探索。正如一些科学家所预言的："激动人心的研究，才刚刚开始。"

(本章由王伟、乔学军撰写，刘刚参与)

本章参考文献

1. 蔡宏翔，宋成骅. 青藏高原 1993 年和 1995 年地壳运动与形变的 GNSS 监测结果[J]. 中国科学：D 辑，1997，27(3)：233-238.

2. 陈俊勇，庞尚益，张骥，等．论珠穆朗玛峰地区地壳运动［J］．中国科学：D辑，2001，31（4）：265-271.

3. 邓起东，龙惠川．鄂尔多斯周缘断陷盆地带的构造活动特征及其形成机制［G］//国家地震局地质研究所．现代地壳运动研究（1）：58-78．北京：地震出版社，1985.

4. 邓起东，张培震，冉勇康，等．中国活动构造基本特征［J］．中国科学：地球科学，2002，32（12）：1020-1030.

5. 丁国瑜，卢演俦．板内块体的现代运动［G］//国家地震局《中国岩石圈动力学地图集》编委会．中国岩石圈动力学地图集．北京：中国地图出版社，1989.

6. 丁国瑜，卢演俦．对我国现代板内运动状态的初步探讨［J］．科学通报，1986，31（18）：1412-1415.

7. 丁国瑜．活动亚板块、构造地块相对运动［G］//丁国瑜主编．中国岩石圈动力学概论．北京：地震出版社，1991.

8. 丁祥焕，陈玉仁，王耀东．泉州—汕头地震带晚更新世以来断裂活动性与地震的关系［J］．应用海洋学学报，1983，2（2）：73-83.

9. 方荣新，施闯，宋伟伟，等．实时GNSS地震仪系统实现及精度分析［J］．地球物理学报，2013，56（2）：450-458.

10. 国家地震局《鄂尔多斯周缘活动断裂系》课题组．鄂尔多斯周缘活动断裂系［M］．北京：地震出版社，1988.

11. 国家地震局阿尔金活动断裂带课题组．阿尔金活动断裂带［M］．北京：地震出版社，1992.

12. 洪汉净，汪一鹏，沈军，等．我国大陆地壳地块运动的平均图像及其动力学意义［J］．活动断裂研究理论与应用，1998，6：17-29.

13. 江在森，马宗晋，张希，等．GPS初步结果揭示的中国大陆水平应变场与构造变形［J］．地球物理学报，2003，46（3）：352-358.

14. 江在森，张希，崔笃信，等．青藏块体东北缘近期水平运动与变形［J］．地球物理学报，2001，44（5）：636-644.

15. 江在森，张希，祝意青，等．昆仑山口西 M_S8.1 地震前区域构造变形背景［J］．中国科学：D辑，2003，33（S）：163-172.

16. 赖锡安，黄立人，徐菊生．中国大陆现今地壳运动［M］．北京：地震出版社，2004.

17. 李强，游新兆，杨少敏，等．中国大陆构造变形高精度大密度GNSS监测——现今速度场［J］．中国科学：地球科学，2012，42（5）：629-632.

18. 李延兴，杨国华，李智，等．中国大陆活动地块的运动与应变状态［J］．中国科学：地球科学，2003，33（S1）：65-81.

19. 刘刚，聂兆生，方荣新，等．高频GNSS形变波的震相识别：模拟实验与实例分析［J］．地球物理学报，2014，57（9）：2813-2825.

20. 刘刚，王琪，乔学军，等．用连续GNSS与远震体波联合反演2015年尼泊尔中部 M_S8.1 地震破裂过程［J］．地球物理学报，2015，58（11）：4287-4297.

21. 刘经南，许才军，宋成骅，等．青藏高原中东部地壳运动的 GNSS 测量分析[J]．地球物理学报，1998，41(4)：518-524.

22. 刘经南，许才军．精密全球卫星定位系统多期复测研究青藏高原现今地壳运动与应变[J]．科学通报，2000，45(24)：2658-2663.

23. 马杏垣主编．中国岩石圈动力学地图集[M]．北京：中国地图出版社，1989.

24. 牛之俊，马宗晋，陈鑫连，等．中国地壳运动观测网络[J]．大地测量与地球动力学，2002，22(3)：88-93.

25. 牛之俊，王敏，孙汉荣，等．中国大陆现今地壳运动速度场的最新观测结果[J]．科学通报，2005，50(8)：839-840.

26. 牛之俊，王敏，孙汉荣，等．中国大陆现今地壳运动速度场的最新观测结果[J]．科学通报，2006，50(8)，840-841.

27. 潘裕生．青藏高原第五缝合带的发现与论证[J]．地球物理学，1994，37(02)：184-192.

28. 乔学军，李澍荪，王琪，等．利用 InSAR 技术获取三峡地区的数字高程模型[J]．大地测量与地球动力学，2003，23(2)：122-127.

29. 乔学军，王琪，杜瑞林，等．昆仑山口西 M_S8.1 地震的地壳变形特征[J]．大地测量与地球动力学，2002，22(4)：6-11.

30. 乔学军，王琪，杜瑞林，等．昆仑山口西 M_S8.1 地震的地壳变形特征[J]．大地测量与地球动力学，2002，22(4)：6-11.

31. 任金卫，Holt W E，申屠炳明，等．中亚及东南亚变形运动学及其动力学问题[G]//活动断裂研究．北京：地震出版社，1999(7)：109-146.

32. 申重阳，吴云，王琪，等．云南地区主要断层运动模型的 GNSS 数据反演[J]．大地测量与地球动力学，2002，22(3)：46-51.

33. 万永革，王敏，沈正康，等．利用 GNSS 和水准测量资料反演 2001 年昆仑山口西 8.1 级地震的同震滑动分布[J]．地震地质，2004，26(3)：393-404.

34. 王俊．GNSS 实时相对定位及其在地震预警中的应用[D]．武汉：中国地震局地震研究所，2013.

35. 王敏，沈正康，牛之俊，等．现今中国大陆地壳运动与活动块体模型[J]．中国科学：D 辑，2003，33(B04)：21-32.

36. 王敏，沈正康，牛之俊，等．现今中国大陆地壳运动与活动地块模型[J]．中国科学(D 辑)，2003，33(S1)：21-33.

37. 王敏，张培震，沈正康，等．全球定位系统(GNSS)测定的印尼苏门答腊巨震的远场同震地表位移[J]．科学通报，2006，51(3)：365-368.

38. 王琪，丁国瑜，乔学军，等．天山现今地壳快速缩短与南北地块的相对运动[J]．科学通报，2000，14：15433-1547.

39. 王琪，张培震，牛之俊，等．中国大陆现今地壳运动和构造变形[J]．中国科学：D 辑，2001，31(7)：529-536.

40. 王阎昭，王恩宁，沈正康，等．基于 GNSS 资料约束反演川滇地区主要断裂现今活动速率[J].中国科学：D辑，2008，38(5)：582-597.

41. 徐锡伟，陈文彬，马文涛，等.2001年11月14日昆仑山库赛湖地震(M_S8.1)地表破裂的基本特征[J].地震地质，2002，24(1)：1-13.

42. 徐锡伟，王峰，郑荣章，等.阿尔金断裂带晚第四纪左旋走滑速率及其构造运动转换模式讨论[J].中国科学：D辑，2003，33(10)：967-974.

43. 徐锡伟，闻学泽，郑荣章，等.川滇地区活动块体最新构造变动样式及其动力来源[J].中国科学：D辑，2003，33(B04)：151-162.

44. 许忠淮.东亚地区现今构造应力图的编制[J].地震学报，2001，23(5)：492-501.

45. 杨少敏，李杰，王琪.GPS研究天山现今变形与断层活动[J].中国科学：D辑，2008，38(7)：872-880.

46. 杨少敏，游新兆，杜瑞林，等.用双三次样条函数和GPS资料反演现今中国大陆构造形变场[J].大地测量与地球动力学，2002，22(1)：68-75.

47. 殷海涛，张培震，甘卫军，等.高频GNSS测定的汶川M_S8.0级地震震时近场地表变形过程[J].科学通报，2010，55.

48. 游新兆，杜瑞林，王琪，等.中国大陆地壳现今运动的GPS测量结果与初步分析[J].大地测量与地球动力学，2001，21(3)：1-8.

49. 游新兆，王启梁.青藏高原1993年GPS观测成果的精度分析[J].地壳形变与地震，1994，14(3)：27-33.

50. 张国民，马宏生，王辉，等.中国大陆活动地块边界带与强震活动[J].地球物理学报，2005，48(3)：602-610.

51. 张培震，邓起东，张竹琪，等.中国大陆的活动断裂，地震灾害及其动力过程[J].中国科学：地球科学，2013，43(10)：1607-1620.

52. 张培震，邓起东，张国民，等.中国大陆的强震活动与活动地块[J].中国科学：D辑，2003，33(B04)：12-20.

53. 张培震，冯先岳.天山的晚新生代构造变形及其地球动力学问题[J].中国地震，1996，12(2)：127-140.

54. 张培震，王琪，马宗晋.青藏高原现今构造变形特征与GPS速度场[J].地学前缘，2002，9(2)：442-450.

55. 张培震.中国大陆岩石圈最新构造变动与地震灾害[J].第四纪研究，1999，19(5)：404-413.

56. 张强，朱文耀.中国地壳各构造块体运动模型的初建[J].科学通报，2000，45(9)：967-974.

57. 张为民，王勇.用FG5绝对重力仪检测青藏高原拉萨点的隆升[J].科学通报，2000，45(20)：2213-2216.

58. 张文佑.断块构造导论[M].北京：石油工业出版社，1984.

59. 张小红，郭斐，郭博峰，等.利用高频GNSS进行地表同震位移监测及震相识别[J].地球物理学报，2012，55(6)：1912-1918.

60. 郑文俊，张培震，袁道阳，等 . GNSS 观测及断裂晚第四纪滑动速率所反映的青藏高原北部变形[J]. 地球物理学报，2009，52(10)：2491-2508.

61. 周硕愚，吴云，施顺英，等 . GNSS 对地震预报的推进和问题研究[J]. 大地测量与地球动力学，2006，26(3)：111-117.

62. 周硕愚，吴云 . 由震源到动力学系统——地震模式百年演化[J]. 大地测量与地球动力学，2015，35(6)：911-930.

63. 周硕愚 . 吴云，施顺英，等 . 现今地壳运动动力学基本状态与地震可预报性研究[J]. 大地测量与地球动力学，2007，27(4)：92-99.

64. 朱文耀，黄立人 . 利用 GPS 技术监测青藏高原地壳运动的初步结果[J]. 中国科学：D 辑，1997，27(5)：385-389.

65. Abdrakhmatov K Y, Aldazhanov S A, Hager B H, et al. Relatively recent construction of the Tien Shan inferred from GPS measurements of present-day crustal deformation rates[J]. Nature, 1996, 384(6608): 450-453.

66. Aki K, G P Richards. Quantitative Seismology[M]. 2nd ed., University Science Book, Sausalito, Calif, 2002.

67. Aki K. Generation and propagation of G waves from the Niigata earthquake of June 16, 1964: Part2. Estmation of earthquake moment, from G wave spectrum, Bull [J]. Earthquake. Res. Inst. Tokyo Univ., 1966(44): 73-88.

68. Allen C R, Gillespie A R, Yuan H, et al. Red River and associated faults, Yunnan Province, China: Quaternary geology, slip rates, and seismic hazard[J]. Geological Society of America Bulletin, 1984, 95(6): 686-700.

69. Allen M B, Vincent S J, Wheeler P J. Late Cenozoic tectonics of the Kepingtage thrust zone: Interactions of the Tien Shan and Tarim Basin, northwest China[J]. Tectonics, 1999, 18(4): 639-654.

70. Allen R M, and A Ziv. Application of real-time GNSS to earthquake early warning[M]. Geophys. Res. Lett. 2011.

71. Allen R V. Automatic earthquake recognition and timing from single traces [J]. Bull. Seismol. Soci. Am., 1978, 68(5): 1521-1532.

72. Armijo R, Tapponnier P, Han T. Late Cenozoic right-lateral strike-slip faulting in southern Tibet[J]. Journal of Geophysical Research: Solid Earth, 1989, 94(B3): 2787-2838.

73. Armijo R, Tapponnier P, Mercier J L, et al. Quaternary extension in southern Tibet: field observations and tectonic implications[J]. Journal of Geophysical Research: Solid Earth, 1986, 91(B14): 13803-13872.

74. Avouac J P, Tapponnier P, Bai M, et al. Active thrusting and folding along the northern Tien Shan and Late Cenozoic rotation of the Tarim relative to Dzungaria and Kazakhstan [J]. Journal of Geophysical Research Solid Earth, 1993, 98(B4): 6755-6804.

75. Banerjee P, and Burgmann R. Convergence across the northwest Himalaya from GNSS measurements[M]. Geophys. Res. Lett., 2002.

76. Bendick R, Bilham R, Freymueller JT, et al. Geodetic evidence for a low slip rate in the Altyn Tagh fault system[J]. Nature, 2000, 402: 69-72.

77. Bilham R, Larson K, Freymueller J. GPS measurements of present-day convergence across the Nepal Himalaya[J]. Nature, 1997, 386(6620): 61.

78. Bilich A, Cassidy J F, Larson K M. GPS Seismology: Application to the 2002 M_W7.9 Denali Fault Earthquake[J]. Bull. seism. soc. am, 2008, 98(2): 593-606.

79. Bird P. An updated digital model of plate boundaries[J]. Geochemistry, Geophysics, Geosystems, 2003, 4(3).

80. Blewitt G, C Kreemer, W C Hammond, et al. Rapid determination of earthquake magnitude using GNSS for tsunami warning systems[J]. Geophys Res. Lett. , 2006, 33.

81. Blewitt G, W C Hammond, C Kreemer, et al. GNSS for real-time earthquake source determination and tsunami warning systems[J]. J. Geod. , 2009, 83: 33-343.

82. Bock Y, Prawirodirdjo L, Melbourne T I. Detection of arbitrarily large dynamic ground motions with a dense high-rate GPS network[J]. Geophys. Res. Lett. , 2004, 31(6): 6604.

83. Boore, D M, J J Bommer. Processing of strong-motion accelerograms: needs, options and consequences[J]. Soil Dyn Earthq. Eng. , 2005(25): 93-115.

84. Brown E T, Bendick R, Bourles D L, et al. Slip rates of the Karakorum fault, Ladakh, India, determined using cosmic ray exposure dating of debris flows and moraines[J]. Journal of Geophysical Research: Solid Earth, 2002, 107(B9).

85. Brown H M, Allen R M, Grasso V F. testing elarms in Japan [J]. Seismological Research Letters, 2009, 80(5): 727-739.

86. Burchfiel B C, Brown E T, Deng Qidong, et al. Crustal shortening on the margins of the Tien Shan, Xinjiang, China[J]. International Geology Review, 1999, 41(8): 665-700.

87. Burchfiel B C, Zhiliang C, Yupinc L, et al. Tectonics of the Longmen Shan and adjacent regions, central China[J]. International Geology Review, 1995, 37(8): 661-735.

88. Burchfiel B C, Zhang P, Wang Y, et al. Geology of the Haiyuan fault zone, Ningxia-Hui Autonomous Region, China, and its relation to the evolution of the northeastern margin of the Tibetan Plateau[J]. Tectonics, 1991, 10(6): 1091-1110.

89. Cai-jun X, Jing-nan L, Chen-hua S. GNSS measurement of present-day uplift in the southern Tibet[J]. Earth Planet Space, 2000(52): 735-739.

90. Carroll A R, Graham S A, Hendrix M S, et al. Late Paleozoic tectonic amalgamation of northwestern China: sedimentary record of the northern Tarim, northwestern Turpan, and southern Junggar basins[J]. Geological Society of America Bulletin, 1995, 107(5): 571-594.

91. Chen Z, Burchfiel B C, Liu Y, et al. Global Positioning System measurements from eastern Tibet and their implications for India/Eurasia intercontinental deformation [J]. J. Geophys. Res. , 2000(105): 16215-16227.

92. Chevalier M L, Ryerson F J, Tapponnier P, et al. Slip-rate measurements on the Karakorum fault may imply secular variations in fault motion[J]. Science, 2005, 307(5708):

411-414.

93. Chevalier M L, Li H, Pan J, et al. Fast slip-rate along the northern end of the Karakorum fault system, western Tibet[J]. Geophysical Research Letters, 2011, 38(22).

94. Chevalier M L, Tapponnier P, Van der Woerd J, et al. Spatially constant slip rate along the southern segment of the Karakorum fault since 200ka [J]. Tectonophysics, 2012 (530): 152-179.

95. Colombelli S, R M Allen, A Zollo. Application of real-time GNSS to earthquake early warning in subduction and strike-slip environments[J]. J Geophys. Res.: Solid Earth, 2013 (118): 3448-3461.

96. Crowell B W, D Melgar, Y Bock, et al. Earthquake magnitude scaling using seismogeodetic data[J]. Geophys. Res. Lett., 2013(40): 6089-6094.

97. Crowell B W, Y Bock, D Melgar. Real-time inversion of GPS data for finite fault modeling and rapid hazard assessment[J]. Geophys. Res. Lett., 2012, 39(9): 9305.

98. Crowell B W, Y Bock, M B Squibb. Demonstration of Earthquake Early Warning Using Total Displacement Waveforms from Real-time GNSS Networks[J]. Seismol. Res. Lett., 2009, 80(5), 772-782.

99. Davis J P, Jr R S. Love wave dispersion in central North America determined using absolute displacement seismograms from high-rate GPS[J]. Journal of Geophysical Research, 2009, 14(114): 292-310.

100. DeMets C, Gordon R G, Argus D F. Geologically current plate motions [J]. Geophysical Journal International, 2010, 181(1): 1-80.

101. Dixon T H. An introduction to the Global Positioning System and some geological applications[J]. Reviews of Geophysics, 1991, 29(2): 249-276.

102. Emore G L, Haase J S, Choi K, et al. Recovering Seismic Displacements through Combined Use of 1-Hz gps and Strong-Motion Accelerometers[J]. Bulletin of the Seismological Society of America, 2007, 97(2): 357-378.

103. England P, Molnar P. Right-lateral shear and rotation as the explanation for strike-slip faulting in eartern Tiber[J]. Nature, 1990, 344, 6262, 140-142.

104. England P, Molnar P. The field of crustal velocity in Asia calculated from Quaternary rates of slip on faults[J]. Geophys. J. Int., 1997a(130): 551-582.

105. England P, Molnar P. Active deformation of Asia: from kinematics to dynamics[J]. Science, 1997b(278): 647-650.

106. England P, Houseman G. Finite strain calculations of continental deformation: 2. Comparison with the India-Asia collision zone[J]. Journal of Geophysical Research: Solid Earth, 1986, 91(B3): 3664-3676.

107. Fang R, Shi C, Song W, et al. Determination of earthquake magnitude using GPS displacement waveforms from real-time precise point positioning [J]. Geophysical Journal International, 2014, 196(1): 461-472.

108. Galetzka J, Melgar D, Genrich J F, et al. Slip pulse and resonance of the Kathmandu basin during the 2015 Gorkha earthquake, Nepal[J]. Science, 2015, 349(6252): 1091-1095.

109. Gan W, Zhang P, Shen Z K, et al. Present-day crustal motion within the Tibetan Plateau inferred from GPS measurements[J]. Journal of Geophysical Research: Solid Earth, 2007, 112(B8).

110. Geng T, Xie X, Fang R, et al. Real-time capture of seismic waves using high-rate multi-GNSS observations: Application to the 2015 Mw 7.8 Nepal earthquake[J]. Geophysical Research Letters, 43(1): 161-167.

111. Haines A J, and Holt W E. A procedure for obtaining the complete horizontal motions within zones of distributed deformation from the inversion of strain rate data[J]. J. Geophys. Res., 1993, 98, 12: 057-12, 082.

112. Heki K. Horizontal and vertical crustal movements from three-dimensional very long baseline interferometry kinematic reference frame: Implication for the reversal timescale revision [J]. Journal of Geophysical Research: Solid Earth, 1996, 101(B2): 3187-3198.

113. Holt W E, Chamot-Rooke N, Pichon X L, et al. Velocity field in Asia inferred from Quaternary fault slip rates and Global Positioning System observations[J]. Journal of Geophysical Research Atmospheres, 2000, 105(3): 19185-19209.

114. Holt W E, Haines A J. Reply to"Comment on 'Velocity fields in deforming Asia from the inversion of earthquake-released strains'"[J]. Tectonics, 1993, 12(6): 1-20.

115. Holt W E, Li M, Haines A J. Earthquake strain rates and instantaneous relative motions within central and eastern Asia[J]. Geophysical Journal International, 1995, 122(2): 569-593.

116. Ji C, Larson K M, Tan Y, et al. Slip history of the 2003 San Simeon earthquake constrained by combining 1-Hz GPS, strong motion, and teleseismic data[J]. 2004, 31(17): 169-188.

117. Jiang Z, Wang M, Wang Y, et al. GPS constrained coseismic source and slip distribution of the 2013 M_W6.6 Lushan, China, earthquake and its tectonic implications[J]. Geophysical Research Letters, 2014, 41(2): 407-413.

118. Jouanne F, Mugnier J L, Gamond J F, et al. Current shortening across the Himalayas of Nepal[J]. Geophysical Journal International, 2004, 157(1): 1-14.

119. Jouanne F, Mugnier J L, Pandey M R, et al. Oblique convergence in the Himalayas of western Nepal deduced from preliminary results of GPS measurements[J]. Geophysical Research Letters, 1999, 26(13): 1933-1936.

120. Kanamori H, and Brodsky E. The physics of earthquake[J]. Rep. Prog. Phys., 2004, 67, 1429-1496.

121. Kanamori H. The energy release in great earthquake[J]. J. Geophys. Res., 1977 (82): 2981-2987.

122. King R W, Shen F, Burchfiel B C, et al. Geodetic measurement of crustal motion in southwest China[J]. Geology, 1997, 25(2): 179-182.

123. Larson K M, Bodin P, Gomberg J. Using 1-Hz GPS data to measure deformations caused by the Denali fault earthquake[J]. Science, 2003, 300(5624): 1421.

124. Larson K M, Bürgmann R, Bilham R, et al. Kinematics of the India-Eurasia collision zone from GPS measurements[J]. Journal of Geophysical Research: Solid Earth, 1999, 104(B1): 1077-1093.

125. Larson, K M, and Miyazaki S. Resolving static offsets from high-rate GNSS data: the 2003 Tokachi-oki earthquake[J]. Earth Planet Space, 2008(60): 801-808.

126. Lasserre C, Peltzer G, Crampé F, et al. Coseismic deformation of the 2001 $M_W = 7.8$ Kokoxili earthquake in Tibet, measured by synthetic aperture radar interferometry[J]. Journal of Geophysical Research Solid Earth, 2005, 110(B12): 1-18.

127. Lewis M A, Ben-Zion Y. Examination of scaling between earthquake magnitude and proposed early signals in P waveforms from very near source stations in a South African gold mine [J]. Journal of Geophysical Research Atmospheres, 2008, 113(B9): 4642-4659.

128. Li X, Ge M, Zhang X, et al. Real-time high-rate co-seismic displacement from ambiguity-fixed precise point positioning: Application to earthquake early warning [J]. Geophysical Research Letters, 2013, 40(2): 295-300.

129. Lin A, Fu B, Guo J, et al. Co-seismic strike-slip and rupture length produced by the 2001 M_S 8.1 Central Kunlun earthquake[J]. Science, 2002, 296(5575): 2015-2017.

130. Liu C, Zheng Y, Wang R, et al. Rupture process of the 2015 M_W7.9 Gorkha earthquake and its M_W7.3 aftershock and their implications on the seismic risk [J]. Tectonophysicsm, http://dx.doi.org/10.1016j.texto.016.05.034, 2016.

131. Loveless J P, Meade B J. Partitioning of localized and diffuse deformation in the Tibetan Plateau from joint inversions of geologic and geodetic observations[J]. Earth Planet. Sci. Lett., 2011, 303(1), 11-24.

132. Ma X, Wu D. Cenozoic extensional tectonics in China[J]. Tectonophysics, 1987, 133(3): 243-255.

133. Meade B J. Present-day kinematics at the India-Asia collision zone[J]. Geology, 2007, 35(1), 81-84.

134. Melgar D, and Bock Y. Near-field tsunami models with rapid earthquake source inversions from land- and ocean-based observations: the potential for forecast and warning[J]. J. Geophys. Res.: Solid Earth, 2013, 118, 5939-5955.

135. Melgar D, Bock Y, and Crowell BW. Real-time centroid moment tensor determination for large earthquake from local and regional displacement records[J]. Geophys. J. Int., 2012, 188, 703-718.

136. Mériaux A S, Ryerson F J, Tapponnier P, et al. Rapid slip along the central Altyn Tagh Fault: morphochronologic evidence from Cherchen He and Sulamu Tagh[J]. Journal of

Geophysical Research: Solid Earth, 2004, 109(B6).

137. Meyer B, Tapponnier P, Bourjot L, et al. Crustal thickening in Gansu-Qinghai, lithospheric mantle subduction, and oblique, strike-slip controlled growth of the Tibet plateau[J]. Geophysical Journal International, 1998, 135(1): 1-47.

138. Miyazaki S, Larson K M, Choi K, et al. Modeling the rupture process of the 2003 September 25 Tokachi-Oki (Hokkaido) earthquake using 1-Hz GPS data [J]. Geophysical Research Letters, 2004, 31(21).

139. Molnar P, and Gipson J. A bound on the rheology of continental lithosphere using very long baseline interferometry: The velocity of south China with respect to Eurasia[J]. J. Geophys. Res., 1996, 101, 545-553.

140. Molnar P, Burchfiel B C, K'uangyi L, et al. Geomorphic evidence for active faulting in the Altyn Tagh and northern Tibet and qualitative estimates of its contribution to the convergence of India and Eurasia[J]. Geology, 1987, 15(3): 249-253.

141. Molnar P, Lyon-Caent H. Fault plane solutions of earthquakes and active tectonics of the Tibetan Plateau and its margins [J]. Geophysical Journal International, 1989, 99 (1): 123-153.

142. Molnar P, Qidong D. Faulting associated with large earthquakes and the average rate of deformation in central and eastern Asia[J]. Journal of Geophysical Research: Solid Earth, 1984, 89(B7): 6203-6227.

143. Molnar P. Continental tectonics in the aftermath of plate tectonics[J]. Nature, 1988, 335, 131-137.

144. Morgan W J. Rises, trenches, great faults, and crustal blocks [J]. Journal of Geophysical Research, 1968, 73(6): 1959-1982.

145. Nikolaidis R M, Bock Y, Jonge P J, et al. Seismic wave observations with the Global Positioning System [J]. Journal of Geophysical Research Atmospheres, 2001, 106 (B10): 21897-21916.

146. Ohta Y, Kobayashi T, Tsushima H, et al. Quasi real-time fault model estimation for near-field tsunami forecasting based on RTK-GPS analysis: Application to the 2011 Tohoku-Oki earthquake (M_W 9.0) [J]. Journal of Geophysical Research Atmospheres, 2012, 117 (B2): 2311.

147. Okada Y. Internal deformation due to shear and tensile faults in a half-space[J]. Bull. Seismol. Soc. Am, 1992, 82 (2): 1018-1040.

148. Olson E L, Allen R M. The deterministic nature of earthquake rupture[J]. Nature, 2005, 438(7065): 212-215.

149. Peltzer G, Saucier F. Present-day kinematics of Asia derived from geologic fault rates [J]. Journal of Geophysical Research: Solid Earth, 1996, 101(B12): 27943-27956.

150. Peltzer G, Tapponnier P, Armijo R. Magnitude of late Quaternary left-lateral displacements along the north edge of Tibet[J]. Science, 1989, 246(4935): 1285.

151. Peltzer G, Tapponnier P, Armijo R. Magnitude of late Quaternary left-lateral displacements along the north edge of Tibet[J]. Science, 1989, 246(4935): 1285.

152. Qiao X, Yang S, Du R, et al. Coseismic Slip from the 6 October 2008, M_W6.3 Damxung Earthquake, Tibetan Plateau, Constrained by InSAR Observations [J]. Pure and Applied Geophysics, 2011, 168(10): 1749-1758.

153. Reigber A, Moreira A. First demonstration of airborne SAR tomography using multibaseline L-band data[J]. IEEE Transactions on Geoscience and Remote Sensing, 2000, 38 (5): 2142-2152.

154. Reigber C, Michel G W, Galas R, et al. New space geodetic constraints on the distribution of deformation in Central Asia[J]. Earth & Planetary Science Letters, 2001, 191(1-2): 157-165.

155. Richter C F. An instrumental earthquake magnitude scale[J]. Bull. Seismol. Soc. Am, 1935, 25: 1-32.

156. Rydelek P, Horiuchi S. Is earthquake rupture deterministic? [J]. Nature, 2006, 442, E5-E6.

157. Segall P, Davis J L. GNSS applications for geodynamics and earthquake studies[J]. Annual Review of Earth and Planetary Sciences, 1997, 25(1): 301-336.

158. Shen Z K, Wang M, Li Y, et al. Crustal deformation along the Altyn Tagh fault system, western China, from GPS[J]. Journal of Geophysical Research Atmospheres, 2001, 106 (B12): 30607-30621.

159. Shen Z, Zhao C, Yin A, et al. Contemporary crustal deformation in east Asia constrained by Global Positioning System measurements[J]. Journal of Geophysical Research Atmospheres, 2000, 105(B3): 5721-5734.

160. Shi C, Lou Y, Zhang H, et al. Seismic deformation of the M_W8.0 Wenchuan earthquake from high-rate GPS observations[J]. Advances in Space Research, 2010, 46(2): 228-235.

161. Stark P B, Parker R L. Bounded-Variable Least-Squares: an Algorithm and Applications[J]. Computational Statistics, 1995, 10(2): 129-141.

162. Stein S, Okal E A. Seismology: , Speed and size of the Sumatra earthquake [J]. Nature, 2005, 434(7033): 581-582.

163. Storn R, and Price K. Differential evolution-a simple and efficient adaptive scheme for global optimization over continuous spaces [J]. Berkeley: ICSI. http: //www1. icsi. berkeley. edu/ ~ storn/ TR-95-012. pdf? origin=publication_detail, 1995.

164. Storn R, and Price K. Differential evolution-a simple and efficient heuristic for Global Optimization over continuous spaces [J]. Journal of Global Optimization. 1997, 11 (4): 341-359.

165. Tapponnier P, Molnar P. Active faulting and tectonics in China [J]. Journal of Geophysical Research, 1997, 82(20): 2905-2930.

166. Tapponnier P, Peltzer G, Le Dain A Y, et al. Propagating extrusion tectonics in Asia: New insights from simple experiments with plasticine[J]. Geology, 1982, 10(12): 611-616.

167. Tapponnier P. Magnitude and consequences of Ceno-zoic strike-slip extrusion eastern Asia[A]//Tectonics of Eastern Asia and Western Pacific Continental Margin. 1988 DELP Tokyo International Symposium: Sixth Japan U. S. S. R. Geotectorics Symposium: December 13-16, 1988: Toyko Institute of Technology: Tokyo, Japan[M]. [s. n], 1988.

168. Taylor M, Yin A. Active structures of the Himalayan-Tibetan orogen and their relationships to earthquake distribution, contemporary strain field, and Cenozoic volcanism[J]. Geosphere, 2009, 5(3): 199-214.

169. Thompson S C, Weldon R J, Rubin C M, et al. Late quaternary slip rates across the central Tien Shan, Kyrgyzstan, central Asia[J]. Journal of Geophysical Research Solid Earth, 2002, 107(9): ETG 7-1-ETG 7-32.

170. Wallace K, Yin G, Bilham R. Inescapable slow slip on the Altyn Tagh fault[J]. Geophysical Research Letters, 2004, 31(9): 399-420.

171. Wang H, Liu M, Cao J, et al. Slip rates and seismic moment deficits on major active faults in mainland China[J]. Journal of Geophysical Research Atmospheres, 2011, 116(B2): 1161-1172.

172. Wang M, Li Q, Wang F. et al. Far-field coseismic displacements associated with the 2011 Tohoku-oki earthquake in Japan observed by Global Positioning System[J]. Chin. Sci. Bull. , 2011, 56(23), 2419-2424.

173. Wang Q, Qiao X, Lan Q, et al. Rupture of deep faults in the 2008 Wenchuan earthquake and uplift of the Longmen Shan[J]. Nature Geoscience, 2011, 4(9): 634-640.

174. Wang Q, Zhang P Z, Freymueller J T, et al. Present-day crustal deformation in China constrained by global positioning system measurements[J]. Science, 2001, 294(5542): 574.

175. Wells D L, Coppersmith K J. New empirical relationships among magnitude, rupture length, rupture width, rupture area, and surface displacement[J]. Bulletin of the Seismological Society of America, 1994, 84(4): 974-1002.

176. Wittlinger G, Tapponnier P, Poupinet G, et al. Tomographic evidence for localized lithospheric shear along the Altyn Tagh fault[J]. Science, 1998, 282(5386): 74-76.

177. Wright T J, Houlié N, Hildyard M, et al. Real-time, reliable magnitudes for large earthquakes from 1 Hz GPS precise point positioning: The 2011 Tohoku-Oki (Japan) earthquake[J]. Geophysical Research Letters, 2012, 39(12): 12302.

178. Xu C, Liu J, Song C, et al. GPS measurements of present-day uplift in the Southern Tibet[J]. Earth, planets and space, 2000, 52(10): 735-739.

179. Yang S, Wang Q, You X. Numerical analysis of contemporary horizontal tectonic deformation fields in China from GNSS data[J]. Acta Seismologica Sinica, 2005, 18(2): 136-146.

180. Yin A, Nie S, Craig P, et al. Late Cenozoic tectonic evolution of the southern Chinese Tian Shan[J]. Tectonics, 1998, 17(1): 1-27.

181. Yokota Y, Koketsu K, Hikima K, et al. Ability of 1-Hz GPS data to infer the source process of a medium-sized earthquake: The case of the 2008 Iwate-Miyagi Nairiku, Japan, earthquake[J]. Geophysical research letters, 2009, 36(12).

182. Yue H, and Lay T. Inversion of high-rate (1sps) GNSS data for rupture process of the 11 March 2011 Tohoku earthquake (M_W9.1)[J]. Geophys. Res. Lett., 2011, 38: L00G09.

183. Zhang P Z, Shen Z, Wang M, et al. Continuous deformation of the Tibetan Plateau from global positioning system data[J]. Geology, 2004, 32(9): 809-812.

184. Zhang P, Burchfiel B C, Molnar P, et al. Amount and style of Late Cenozoic Deformation in the Liupan Shan Area, Ningxia Autonomous Region, China[J]. Tectonics, 1991, 10(6): 1111-1129.

185. Zhang Z, Mccaffrey R, Zhang P. Relative motion across the eastern Tibetan plateau: Contributions from faulting, internal strain and rotation rates[J]. Tectonophysics, 2013, 584 (1): 240-256.

186. Zhao B, Wang W, Yang S, et al. Far field deformation analysis after the Mw9.0 Tohoku earthquake constrained by cGPS data [J]. Journal of Seismology, 2012, 16 (2): 305-313.

187. Zheng Y, Li J, Xie Z, et al. 5Hz GPS seismology of the El Mayor-Cucapah earthquake: estimating the earthquake focal mechanism[J]. Geophysical Journal International, 2012, 190(3): 1723-1732.

188. Zoback M L. First- and second-order pattern of stress in the lithosphere : the world stress project[J]. J. Geophys. Res., 1992, 97: 11703-11728.

第3章　中国重力场时间变化监测与地震研究

3.1　概述

地球重力场是地球最为基本的物理场之一，是地球内部、地表及外部空间物质分布与地球本身旋转运动信息的综合反映。通过剔除地球外部空间物质分布（如大气、天体等）及地球本身旋转运动效应，地球重力场可检测地球内部物质的空间分布、运动或变化。地球表面测定的重力主要和地球内部的质量分布有关，与测点相对地球质心的距离有关。由于地球内部质量分布不均匀、不恒定，加上地球在天体之间的运动和自身变形等因素，重力场将随着空间、时间发生变化。因此，重力场包含着测量位置、地球内部物质分布，以及固体地球随时间变化（重复或连续测定）等信息，可用于大地测量学、地球物理学和地球动力学领域。

地球重力场结构是地球内部密度分布的直接映象，重力场资料是研究岩石圈及其深部构造和动力学的一种"样本"，是固体地球动力过程地质历史的再现。测定和研究精细地球重力场及其时间变化对研究地球的动力学及地球内部物理学具有重要意义，特别是对岩石圈动力学机制、地幔对流与岩石圈漂移、岩石圈异常质量分布、冰后反弹质量调整及其对固体地球的影响、冰盖与冰河的质量平衡、大陆冰雪的变化、板块相互作用机制、板块内部构造、地震引起的质量迁移、海底岩石圈及海洋动力学、海平面变化的物理机制、地球自转等方面的研究提供重要的依据。

由于地球系统复杂的动力学过程，如大气和水层的负荷及其角动量的变化和交换、全球水循环和海平面变化、地表冰质量的平衡及冰后地球的均衡调整、地震（震后和同震）形变和重力变化、地球的潮汐运动和自由振荡、地球的自转变化、地质构造活动等，都伴随着大量的物质交换、质量迁移和固体地球的形变，从而导致地球表面重力场随时间的变化。

地球重力场时间变化的观测是地震监测研究的重要手段之一。我国地面重力观测主要分为流动重力观测和连续重力观测两类，流动重力观测精度可达微伽级或10微伽级（优于$30\mu Gal$）（1微伽$=1\mu Gal=1\times10^{-8}m/s^2$），连续重力观测精度可达$0.1\sim1$微伽级。自20世纪60年代邢台地震之后，经过数十年的建设与完善，尤其是20世纪90年代之后，我国重力台网建设速度加快，逐步形成目前由84个连续重力台（秒或分钟采样）、105个绝对重力点、约4000个相对重力点的中国地震重力监测网。全网分为重点监视区和一般监视区两大部分。重点监视区包括南北地震带、大华北地区和新疆等省区，平均测点间距$20\sim50km$，每年观测两期。一般监视区包括西部、东北和华南部分地区，测点平均间距

50~100km，东北地区每年观测一期，西部和华南每两年观测一期。该网能有效获取我国大陆重力场变化动态信息，满足我国地震短、中、长期预测需求，为地震科研提供基础观测数据，并可用于我国重力基准维持。

另外，随着国际卫星重力的发展，特别是 GRACE 和 GOCE 卫星重力成果的共享与产出，为地震监测研究提供了全新的机遇。

本章主要介绍流动重力观测、台站连续重力观测和国际卫星重力跟踪研究的情况，并分析研究其获取的重力场时变特征，通过典型震例分析重力场动态变化与地震孕育、发生的关系。

3.2　中国流动重力监测与重力场动态变化

地球重力场的时间变化是地壳和地球内部各种变动的综合响应，通过对重力网的重复测量，获取重力场动态变化是地震预测研究的重要途径之一。国际上一般都从研究现代地壳运动的规律出发开展重力场长期动态变化的研究，大量资料表明，这种变化是很微小的，量级在几个至几百个微伽左右。然而，在某些地壳构造比较特殊的地区，为了某一特定目的(如地震预测研究等)而开展的重力重复测量，往往可以发现幅度较大、周期较短的重力变化。这种变化具有明显的区域性。在地震活动活跃地带进行重复重力测量，以研究地震的可能前兆，观测到较短周期的重力变化，如我国唐山地震前后就观测到区域重力场变化幅度可能达到 100 多微伽(李瑞浩等，1997)。

3.2.1　流动重力观测技术与方法

重力观测技术是随着人们对重力场认识的需要和科学技术水平的进步而不断发展的。在 16 世纪末期以前，人们对重力一无所知，古希腊哲学家亚里士多德"物体下落的快慢与物体的重量成比例"的错误思想统治了人们 2000 多年。意大利物理学家伽利略(G. Galileo)在 1590 年通过从比萨斜塔上投掷铅球的实验，使人们初步认识到重力的存在，并在后期的实验中给出了重力加速度的初步结果(9.8m/s^2)。17 世纪和 18 世纪是科学变革的兴盛时期，重力观测的理论基础伴随着引力理论、刚体力学的发展而建立起来。1673 年，荷兰物理学家惠更斯(C. Huygens)给出了摆的周期和摆长、重力加速度的方程，提出利用测量摆的周期和长度的方法计算重力加速度，并研制出世界上第一台钟摆。此后的 200 多年间，重力观测的唯一手段就是摆。1811 年，德国天文学家鲍年倍格(J. Bohnenberger)阐明了可倒摆原理，并由英国人卡特(H. Kater)在 1818 年研制成第一台可供野外观测的可倒摆仪器，测量误差约为 $350 \times 10^{-8}\text{ m/s}^2$。1828 年前后贝赛尔(F. W. Bessil)根据可倒摆的原理研制出线摆，并用其进行了绝对重力观测，观测误差降低到 $100 \times 10^{-8}\text{m/s}^2$。1887 年，匈牙利测量学家斯特尔尼另辟蹊径，提出利用测量摆的周期性变化进行相对重力测量的方法，大大提高了重力观测的精度。19 世纪末至 20 世纪初，这种方法在相对重力测量中得到了广泛的应用。1923 年，荷兰科学家维宁·曼尼兹(Vening Meinesz)成功地使用摆仪在潜水艇上进行了海洋重力观测。1932 年，美国人拉科斯特(Lucien LaCoste)提出了"零长弹簧"的概念，这一理论在重力仪的发展史上具有重要意义，它对提高重力仪的灵敏度、使仪器结构小型化，进而在节省能源、操作方便、结果准确可靠等方面都具有重要的意义。1958 年，美国空军使用拉科斯特零长弹簧重力仪在世界上最早进行了航空重力观测，观测精度达到 $100 \times 10^{-8} \mathrm{m/s^2}$。20 世纪 60 年代，随着激光、计算机、GPS、电子及陀螺平台等技术的发展，高精度的连续重力、绝对重力、海洋重力及航空重力观测技术的出现为各行各业的实际应用及科学研究提供了丰富的观测数据。

国际上重力观测始于全球重力参考系统的建立和维护。从 1909 年到 1971 年一直使用波茨坦重力系统，该系统由波茨坦大地测量研究所采用数台可逆摆在大约进行了 1900 次绝对重力测量的基础上建立起来的。在 1950 年至 1970 年间，以国际合作的形式建立了新的全球重力网，这个网被国际大地测量与地球物理联合会采用，并作为国际重力标准网 1971（I. G. S. N. 71），可为全球重力测量提供统一的重力参考框架，并为重力异常的计算提供足够的精度。我国用于地震监测与研究的流动（动态）重力测量开始于邢台地震后的20 世纪 60 年代。测网主要围绕中国大陆主要构造带或地震危险地区陆续建设，这些网与陆续建设的用于仪器标定的长基线、短基线和垂直重力基线场，构成了我国地震重力监测的区域网观测系统。由于几十个区域网彼此独立，而每个区域网的覆盖范围有限，加之缺乏绝对重力观测，导致大范围重力变化的反映能力较差，极大地制约了重力测量资料在强震时显示出的大范围重力变化监测能力的发挥。随着 20 世纪 90 年代末期开始的中国地壳运动观测网络，和 20 世纪初的中国数字地震观测网络项目，以及中国大陆构造环境监测网络项目的陆续实施，开始了覆盖全国的动态重力监测试验与研究。

我国目前的流动重力观测即是定期实施绝对控制下的相对重力联测，要对流动重力观测获取的重力场动态变化有较好理解，必须了解相关的观测仪器、观测网、测量方式及其数据处理流程与技术。

1. 流动重力测量技术体系

传统的重力测量是研究重力场的空间变化，随着高精度重力测量技术的发展和地震预测的需要，现在要研究其时间变化，特别是要研究其中的非潮汐成分，因此，我们要建立一个有利于分离和显示非潮汐成分的观测体系。重力场非潮汐变化是极其复杂的，它包含着多种波长和振幅成分，其中有的是带全球性质的（如极移引起的重力场非潮汐变化），也有的带有明显的区域性质（如极地冰融、陆地水储量变化引起的重力非潮汐变化，地震形成过程伴生的重力变化等）。对地震预测研究和现代地壳运动研究，如何从总的非潮汐成分中分离出与这些研究课题有关的重力变化是目前地震大地测量界关注的问题之一（李瑞浩等，1988）。

为了分离大面积的背景值和区域性的异常，就要考虑建立大面积（如全国性的）低密度的统一网和小区域（如活动断层附近的）高密度的局部网相结合的测量体系。一般来讲，大面积的统一网，其点位应选在具有典型意义的不同构造体系的地块上，比如我国东部相对稳定区和西部活动区（特别是青藏高原）都应有适当的布点比例；而小区域的加密网，必须以活动断层为主，可以把测点距离缩小到几公里，这样有利于减少工作量和提高观测精度。概括起来讲，全国网提供宏观的长波异常，局部网则提供微观的短波异常。因此前者的观测周期可以长些，而后者的观测周期则大大缩短。为了捕捉不同波长不同振幅的重力非潮汐时变信息，需要建立高精度的重力测量技术体系，它主要包括四方面的内容：①要求观测精度达到微伽级；②顾及各种极微小的可能干扰因素；③进行短周期的重复测量；④相对测量与绝对测量相结合。本节围绕用于流动重力观测的高精度重力观测仪器，我国相对重力测量与绝对重力测量的发展历史及规模，以及仪器检定与重力基准体系等方面系统介绍我国地面地震流动重力测量技术体系。

（1）高精度重力观测仪器技术

根据观测对象的不同，重力仪分为绝对重力仪（Absolute Gravimeter）和相对重力仪（Relative Gravimeter）。绝对重力仪是用来直接测量重力加速度值的精密测量仪器，是国际上从 20 世纪 70 年代开始研究的一种集光、电、计算机及真空技术于一体的精密重力测量仪器。相对重力仪是一种通过测量弹簧摆或金属球微小的垂直位置变化，获得重力变化值的重力仪。弹簧重力仪虽然具有精度较高（10×10^{-8} m/s^2）、小型化、可操作性较好等特点，但限于弹性系统固有的漂移等特点，其观测精度很难再提高，已逐渐不能满足目前日益提高的动态大地测量精度需求；而且，弹簧重力仪只能进行相对重力测量，不能直接观测重力加速值，而必须要有一个精确的参考基准。

1）绝对重力仪

20 世纪 60 年代末至 70 年代初，美国天体物理研究所 Faller 和 Hammond 与美国国家标准局合作，在 Wesleyan 大学研制成功第一台自由落体绝对重力仪。这台仪器的主要部件是激光干涉仪，用于跟踪自由下落的三棱反射镜的运动。整套仪器操作很不方便，总重量约 800kg，单次落体实验的误差大于 100×10^{-8} m/s^2。由于残余系统误差（测量误差、对垂线的偏差、大气拖曳、静电力和磁力误差）存在，由 20~30 组（约 50 次/组）观测的重力值的精度为 50×10^{-8} m/s^2。单台仪器架设拆卸和观测时间约需 1~2 个星期。20 世纪 70 年代，Hammond 和 Faller 的重力仪研制工作在空军地球物理实验室继续进行，其间主要的改进工作包括：采用了落体室内套落体室技术，以减小大气影响至 1/100~1/200；仪器体积和重量大大减小，并在自动化方面取得了进展。

20 世纪 80 年代，由美国科罗拉多大学和美国国家标准局联合天体物理研究所的 Faller 和 Zamberge 对自由下落式重力仪做了重大改进，成功研制 JILA 型可移动式绝对重力仪。该仪器主要为地球动力学研究提供快速经济和高精度的重力测量结果。JILA 型绝对重力仪的最主要部件是迈克尔干涉仪、棱镜片落体以及基准棱镜。稳频激光光源给出稳定的长度标准。为了减少残余大气影响，使用了"双源同步下落室技术"，并采用具有 30~60 秒长周期超长弹簧系统来减小微震干扰以提高观测精度。JILA 型绝对重力仪的设计精度达到 $(5 \sim 10) \times 10^{-8}$ m/s^2。

之后，美国标准与科技研究所和 AXIS 仪器公司在对 JILA 型绝对重力仪改进的基础上，研制出新一代商业化可移动式 FG5 绝对重力仪，精度可达到 $(1 \sim 2) \times 10^{-8}$ m/s^2。该仪器及附属设备总重量约为 320kg，体积仅为 1.5m^3，架设时间只需要 1~2h。目前，FG5 绝对重力仪的最新改进型为 FG5-X 绝对重力仪，相比早期的 FG5 绝对重力仪，新仪器主要在落体仓和驱动系统方面做了改进，同时减小了仪器控制单元的体积。近年来，针对不同的应用，美国 Micro-g & LaCoste 公司还开发了简化版的 FG5-L 绝对重力仪以及能用于野外流动观测的小型化 A-10 绝对重力仪。FG5 绝对重力仪和 A10 绝对重力仪是目前应用最为广泛的绝对重力仪。

2) 相对重力仪

1913 年，德国科学家 Madsen 建立了以弹簧的弹力来平衡重力的理论，并制造了首台弹簧重力仪，开创了弹簧重力仪的先河。这种单纯垂直弹簧的重力仪，敏感度太小，限制了测量精度的提高。

1932 年，美国 Lucien LaCoste 提出了"零长弹簧"的概念，并申请了发明专利。零长弹簧是一种具有特殊工艺的金属弹簧。通过非常复杂和特殊的制作工艺，使得这种弹簧具有一定的预应力并且刚好等于弹簧刚度与原始长度乘积，这种特性使零长弹簧具有无限长自振周期，从而使弹簧对重力变化的灵敏度在理论上达到无穷大。这一理论在重力仪的发展史上具有重要意义，它对提高重力仪的灵敏度、使仪器结构小型化，进而在节省能源、操作方便、结果准确可靠等方面都具有重要的意义。此后，随着弹簧重力仪研发的深入，弹簧重力仪成为了相对重力仪的主流仪器，时至今日仍是如此。

根据弹簧重力仪使用的传感器类型，弹簧重力仪可分为金属弹簧重力仪和石英弹簧重力仪两类。金属弹簧重力仪主要是 LaCoste & Romberg（LCR）系列重力仪，石英弹簧重力仪则种类繁多。

1937—1938 年，LaCoste 和 Romberg 根据零长弹簧的思想共同完成了最初的两台零长弹簧重力仪的制造。经过多年的改进，1956 年第一台 LaCoste G 型重力仪问世，其测程达到 $7000 \times 10^{-5} \mathrm{m/s^2}$，精度约为 $10 \times 10^{-8} \mathrm{m/s^2}$。这台重力仪标志着 LCR 弹簧重力仪的完善和基本定型，此后的发展主要体现在改善读数精度、扩大应用领域、推进商品化等方面。例如，在 G 型仪器的基础上，通过提高杠杆系统的缩减比例、减小仪器量程从而提高观测精度，开发了 LCR-D 型重力仪，精度达到 $5 \times 10^{-8} \mathrm{m/s^2}$。为了提高读数精度，G 型和 D 型重力仪都增添了线性静电反馈调零功能和电子读数装置。近年来，为了满足高精度连续重力固体潮观测的需要，在 G 型仪器的基础上陆续开发了 LCR-ET 及 gPhone 重力仪，gPhone 重力仪通过双层恒温及密封技术保证了传感器不受环境因素变化的影响，同时采用了 24 位的数据采集、GPS 及铷钟等技术，使得 gPhone 重力仪成为目前精度最高的弹簧连续观测重力仪，被广泛用于火山、气候、地震及地球动力学研究。

石英弹簧重力仪是另一种类型的零长弹簧重力仪，其弹性系统的核心部分采用石英材料制作，与金属弹簧重力仪相比，仪器漂移线性程度好，但漂移量较大。1947 年，美国的 S. P. Worden 首次研制成功 Worden 型石英弹簧重力仪，并在勘探工作中得到广泛的应用。之后，加拿大 Scintrex 公司参照 Worden 型重力仪开发了 CG-X 系列重力仪，包括 CG-2、CG-3、CG-5。CG-3 是 Scintrex 公司在 1987 年推出的第一款自动重力仪，结合了当时最先进的电子技术、微型计算机技术，其最大测量范围达到 $7000 \times 10^{-5} \mathrm{m/s^2}$，读数分辨率达到 $10 \times 10^{-8} \mathrm{m/s^2}$。CG-5 是 CG-X 系列重力仪的最新型号，相比早期型号，自动化程度更高、可操作型更好。此外，世界上其他国家和地区也进行了石英弹簧重力仪的研发工作，如苏联于 1951 年研制与生产 rKA 型石英弹簧重力仪，并在苏联、中国等得到了广泛的应用和仿制。据统计，全世界石英弹簧重力仪有数十种之多。

（2）绝对重力观测

绝对重力观测即为利用绝对重力仪进行控制测量或建立测量绝对基准值。国际上先后建立并采用 1909 年的波茨坦重力基准和 1971 年的国际标准重力基准(许厚泽等,1994)。

1933 年,中法合作利用 Holweek-Lejay 倒摆型相对重力仪,以上海天文台为原点,在交通方便的地点进行了测量,共 208 个点(许厚泽等,1994)。

1948 年,中美合作利用 Worden 重力仪在中国进行了若干重力测量(许厚泽,1994)。

1957 年,我国建成了第一个国家重力基本网,简称"57 网",属于波茨坦系统(管泽霖等,1982),由 22 个基本点和 80 个一等点构成,基本点点值平均精度为 150.0μGal,一等点点值平均精度为 250.0μGal。57 网精度偏低,且含大约 13.5mGal(1mGal = 1×10⁻⁵ m/s²)的系统偏差(许厚泽等,1994)。

为了满足国防、科研和国民经济的需求,1983—1985 年,由国家测绘局等单位重新建立了中国重力基本网,简称"85 网",该网由 6 个绝对重力基准点、51 个基本点构成,采用 LCR-G 型相对重力仪进行联测,绝对重力基准点重力值采用意大利 IMGC 绝对重力仪进行测定,其中昆明重力值是利用我国计量院 NIM2 绝对重力仪进行测定的,并作为起算基准,与巴黎 A3 点进行国际联测,点值平均精度为 25.0μGal(陈俊勇,1985;江志恒等,1988)。

2002 年,在 85 网的基础上,我国建成了又一个国家重力基本网,简称"2000 网",该网由 21 个基准点、126 个基本点和 112 个引点组成,采用 LCR-G 型相对重力仪进行联测,绝对重力观测首次独立自主使用精度最高的 FG5 绝对重力仪,平差时采用弱基准原则,即不固定任何重力点的测量数据,所有绝对重力和相对重力观测值均赋以适当的权(23∶1),作为观测量参与平差得到相应的改正数,因此基准点的重力值经平差后也会有微小的改正,基本点点值平均精度为 6.6μGal,基准点的点值平均精度为 2.3μGal(陈俊勇等,2007)。

20 世纪 90 年代初基于自由落体运动原理的绝对重力仪研制成功以来,世界上许多国家利用绝对重力仪建立了高精度绝对重力基准(张为民等,2002;Pacino et al.,2009)。我国在北京、南宁、武汉、滇西试验场和昆明、江西九江短基线场、三峡库区、南极等地区陆续建立了高精度绝对重力基准,点值精度为 1.0~8.0μGal(丘其宪等,1994a,1994b;王勇等,1998;贾民育等,1999;王林松等,2011;鄂栋臣等,2007,2011)。

1990 年,丘其宪等(1994a)通过中芬国际合作,利用芬兰大地测量研究所的 JILAg-5 绝对重力仪在中国的 8 个测点上进行了绝对重力观测,对完善国家重力基本网起到了重要作用,推动了国际绝对重力基本网的建立,其中北京和南宁 2 个测点为国际绝对重力基本网点,1986—1990 年北京测点先后也使用了 JILAg-3、NIM-2 和 NIM-3 进行了绝对重力观测,结果表明不同仪器所得结果之间符合得很好,差值小于 1.0μGal(丘其宪,1994b)。1990 年、1992 年和 1995 年,中国地震局地震研究所与德国汉诺威大地测量研究所利用 JILAg-5 在滇西试验场和昆明进行了 3 次绝对重力观测,发现北京、昆明 2 个测点的重力变化是由于地下水位变化引起的,下关和保山是地震活动引起的(贾民育等,1999)。1996 年,王勇等(1998)利用 FG5-112 绝对重力仪在我国中西部地区的湖北、云南、四川和广西开展了 17 个测点绝对重力观测,观测精度均优于 3.0μGal;1996—2003 年,张为民等(2005)利用 FG5-112 绝对重力仪对分布在中国的 55 个测点进行了绝对重力测定,观测精度均优于 5.0μGal,与 20 世纪 80 年代相比其精度提高了近一个数量级,且对其中

80%的测点进行了重复观测，不仅改善了当时重力网的精度和覆盖率，还为研究重力场时间变化提供了重要的基础资料；2005 年，鄂栋臣等（2007）利用 FG5-214 在南极长城站进行了绝对重力观测和相对重力联测，精度优于 3.0μGal，为卫星重力测量提供了地面校准及建立南极地区的高精度、高分辨率大地水准面模型提供了基础数据；2008—2009 年，鄂栋臣等（2011）利用 A10-016 绝对重力仪和 LCR-G 相对重力仪在南极中山站及附近的拉斯曼丘陵地区进行了 3 个点的绝对重力观测和 10 个点的相对联测，其中绝对重力精度优于 7.5μGal；2011 年，王林松等（2011）利用 A10-022 绝对重力仪对江西九江短基线场的 7 个测点进行了绝对重力观测，点值精度均优于 6.0μGal，并与 2000 网结果进行了比较，结果表明绝对重力段差与相对重力段差的互差全部小于 10.0μGal，除 03 与 08 段差的互差较大为 9.2μGal 外，其他各段差结果互差均小于 5.0μGal。

自 1998 年，随着国家重大科学工程项目"网络工程"的开展，每 2~3 年对覆盖中国大陆范围内的 25 个基准站进行一期绝对重力观测（许厚泽，2003），至 2010 年，"陆态网络"增加了另外 75 个基准站，共构成 100 个基准点，具体分布如图 3-1 所示。该绝对重力观测网是我国目前精度最高、覆盖范围最广的重力基准网，点值精度优于 5.0μGal。

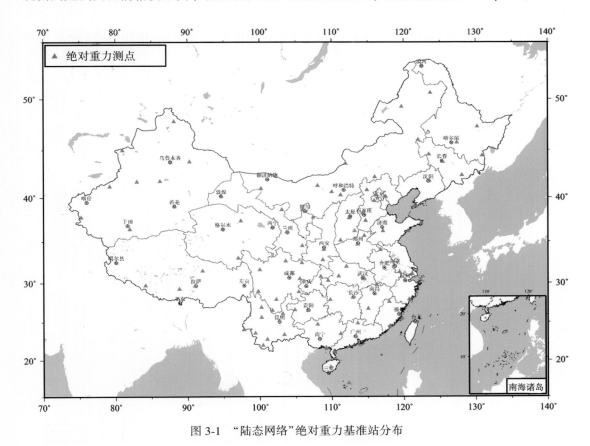

图 3-1 "陆态网络"绝对重力基准站分布

由此可见，随着重力观测技术的进步，特别是绝对重力仪观测精度的提高，我国的重力基准精度提高了 30 多倍。利用绝对重力仪可建立精度优于 5.0μGal 水平的绝对重力基准，且在稳定的基准站上精度可达 1~2μGal。

（3）相对重力测量

覆盖我国大陆的流动重力网（图 3-2）主要包括地壳运动网的重力网（简称地壳重力网），数字地震网的重力网（简称数字重力网），及中国大陆构造环境监测网络（简称陆态重力网）。地壳重力网由中国地震局联合总参测绘局、中国科学院和国家测绘局于 1998 年开始共同建设与运行。该网由 25 个点的绝对重力控制测量、400 个点的相对重力联测组成。绝对重力点使用地壳运动网基准站绝对重力观测点，相对重力点包括 25 个地壳运动网基准站绝对重力观测点、56 个基本站相对重力测量点和若干区域站 GPS 观测墩及其他国家重力网点、区域重力网点、国家水准点和成网需要的联测点，空间分辨率约为 150km。目前于 1998 年、2000 年、2002 年、2005 年、2008 年共完成 5 期流动重力观测，平均点值精度分别为 $11.3×10^{-8} m/s^2$，$12.8×10^{-8} m/s^2$，$12.3×10^{-8} m/s^2$，$15.0×10^{-8} m/s^2$，$12.6×10^{-8} m/s^2$（李辉等，2009）。数字重力网由中国地震局在 2004 年开始独立建设与运行。该网在保持地壳重力网基本网形的基础上，增加部分测线改造而成。该网实际测量 11 个绝对点，与地壳重力网共同构成 30 个绝对控制测量点；相对重力联测以 407 个基本点为主，同时为与地震区域网、重力台站和其他测网连接，进行了 146 个点的联测，空间

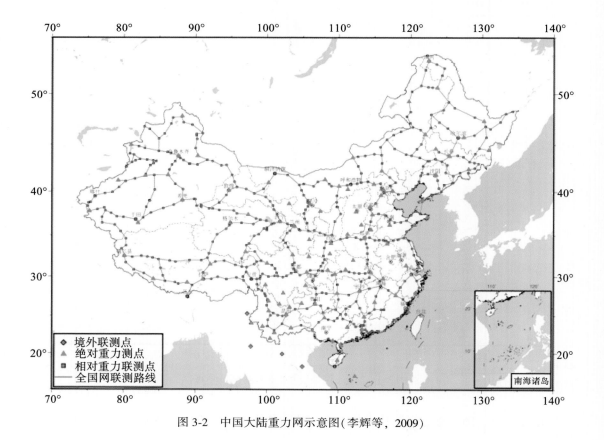

图 3-2　中国大陆重力网示意图（李辉等，2009）

分辨率约为 150km。该网于 2007 年完成了第 1 期的测量,平均点值精度为 $16.3 \times 10^{-8} m/s^2$ (李辉等,2009)。陆态重力网 2007 年开始建设与运行,以 260 个 GNSS 基准站为基础,结合"网络工程"与"陆态网络"GNSS 区域站 181 个,另利用数字地震重力网点、综合地球物理观测网点和地震重力区域网点共计 277 个,设计了约 600 个相对重力联测点,100 个绝对重力基准点,空间分辨率约为 100km。该网于 2010 年完成第 1 期测量,平均点值精度为 $13.5 \times 10^{-8} m/s^2$。

在全国网流动重力观测中,绝对重力测量均采用美国 Micro-g 公司生产的 FG5 绝对重力仪,测量均按每点次不少于 24 组,每组 100 次下落,给出绝对点仪器高度绝对重力值,同时进行垂直梯度测量归算,给出地面点绝对重力观测值;地壳重力网相对重力联测均采用美国 Lacoste & Romberg 公司生产的 LCR-G 型重力仪,数字重力网和陆态重力网除使用 LCR-G 型重力仪外,在部分测区还使用了加拿大 Scintrex 公司生产的 CG-5 相对重力仪。每小组同时使用 3 台仪器进行往返观测,获取网中所有点的相对重力联测值(邢乐林等,2008)。

我国的地震区域常规重力测量及地震重点监测区域重力测量工作,经过近四十余年的不断调整,优化和改造形成了由近 3000 个点组成的 30 多个定期复测重力监测网。现有的重力测网和测线主要围绕中国大陆主要构造带或地震危险地区建设,分布在我国的大华北、南北地震带、郯庐断裂带、东南沿海及新疆等地震多发区或重点监测区(图 3-3)。区域流动重力网由各省局或局直属单位分别实施监测,复测周期 2009 年前一般为每年 1~4 期,2009 年开始逐步统一为每年 2 期,并开始逐步强化拼接。2009 年已对大华北地区整体强化改造,统一联网并实施绝对重力控制(绝对测点 10 个);2010 年亦对青藏高原东缘(南北地震带)重力测网进行了统一联网施测(绝对重力控制 10 个)。

目前的区域网绝对重力测量控制偏少,主要以相对重力联测为主。相对重力联测主要采用美国 Lacoste & Romberg 公司生产的 LCR-G 型重力仪或加拿大 Scintrex 公司生产的 CG-5 型重力仪,每小组同时使用 2 台仪器进行往返观测,给出网中所有点的相对重力联测值。

施测方案可根据布点图形和交通条件等情况,采用"三折线"连续推进的方式,并至少保证有两个测回的成果以资校核。野外工作尽量选在气象条件比较稳定的时间段进行。施测应严格按照有关规范执行。

(4)检定与基准体系

我国重力网基准(与国际基准接轨)的建设工作开始于 20 世纪 50 年代,最初由国家测绘局建立了国家重力基本网,即 57 网。由于观测精度低,极少用于地球重力场动态变化的研究。

20 世纪 80 年代初期,由国家测绘局、中国地震局、总参谋部测绘局、地质矿产部、国家计量局和中国科学院用国产的绝对重力仪和部分国际合作的绝对重力成果,采用为数不多的 LCR 相对重力仪共同建立了新的国家重力网,即 85 网。尽管该网由于当时的条件限制,绝对重力观测较少,测点分布不均匀,网形结构也不尽合理,但仍取得了较高精度的观测结果,可应用于地球重力场变化的研究,其点值精度平均值不超过 $20 \times 10^{-8} m/s^2$。

20 世纪 90 年代末,随着国家经济建设的发展和空间技术的广泛应用,对国家重力网提出了更高的要求,加之 85 网点位破坏严重,已不能满足测绘、地质、地震、石油和国

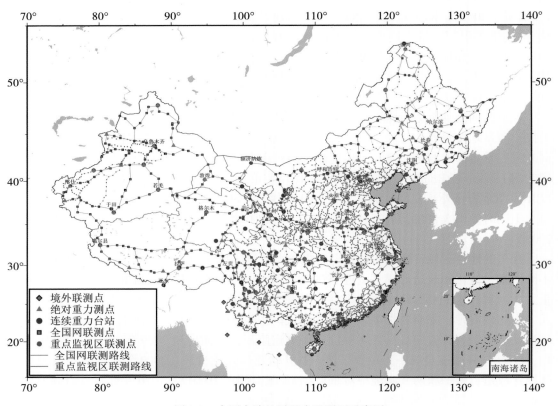

图 3-3　中国大陆地震重力监测网示意图

防等领域的现代化要求，于是国家测绘局与中国地震局、总参测绘局合作建立了全新的国家重力基本网，即 2000 网，其点值精度平均值在 $15×10^{-8}m/s^2$ 以内。

由于观测技术和观测仪器的多样性，必须建设与国际基准一致的高精度基准系统，以检测各种仪器的一致性和差异性，比对或标定各种仪器的参数，并通过相应的基准传递装置，以实现整个重力台网的基准统一，确保全网的观测精度符合设计指标。

重力仪的标定基线主要分为短基线场和长基线场，短基线场由庐山和灵山两个基线场构成，长基线场充分利用"网络工程"和"陆态网络"项目实施的绝对重力测量基础数据，在中国大陆东、西部各选定长基线一条(图 3-4)，其中东部漠河—武汉—琼中基线最大重力段差约 2700mGal(图 3-5)，为相对重力仪的精密标定提供了观测场地和数据基础条件，对于相对重力仪格值的精密标定及漂移性能测试具有重要意义。

相对重力仪的一次项系数的标定在长基线上往返观测，至少取得 3 个合格的单程测量结果，标定结果的相对精度不低于 $1.5×10^{-5}$，一般间隔 3 年标定一次；在短基线上往返观测，至少取得 8 个以上合格的单程测量结果，标定结果的相对精度不低于 $5×10^{-5}$。

(5)绝对重力比测与绝对基准

绝对重力比测是了解不同绝对重力仪差异、建立基准网的必要基础性工作。我国于

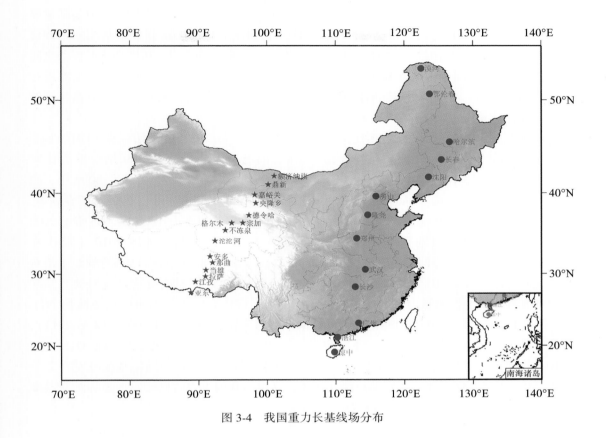

图 3-4 我国重力长基线场分布

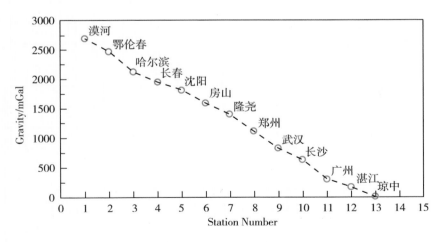

图 3-5 东部长基线重力值分布

1995 年、2002 年、2006 年等分别引进美国 Micro-g & La-Coste 公司生产的 FG5 型多套绝对重力仪（FG5-112、FG5-216、FG5-232），该型仪器是目前国际上最早商品化的、高精度、高精确性的测量垂直重力加速度 g 的便携式重力仪器，在我国重力场观测中起到重要作用（刘冬至等，2007；李辉等，2009），并成为我国建立重力场观测网络基准的关键仪器之一。为了建立高精度重力场观测基准，并检验绝对重力仪的观测精度和不同仪器之间的系统偏差或测量不确定度（Measurement Uncertainty），往往需要多台绝对重力仪器进行同址、同时比测。由于重力场随时间变化，并易受周边环境变化的影响，要得到高精度的重力基准并非易事。

　　国际上对绝对重力观测及其比对工作十分重视。从 1981 年开始，在 CCM-WGG、SGCAG 等协助下，国际计量局（BIPM）先后在法国巴黎组织了 8 次国际绝对重力比对（ICAG）（1981 年、1985 年、1989 年、1994 年、1997 年、2001 年、2005 年、2009 年，约4 年一次）（Diethard Ruess and Christian Ullrich，2011；Vitushkin，et al.，2002；李春剑等，2009；吴书清等，2009）。卢森堡国际绝对重力比对/欧洲绝对重力比对（ECAG）始于 2003年，亦每 4 年一次，目前已举办 3 次（2003，2007，2011）。北美地区 2010 年首次在Colorado 的桌山地球物理观测站（Table Mountain Geophysical Observatory-TMGO）组织了绝对重力比对（NACAG-2010）（Schmerge et al.，2012）。为了促进我国地震重力台网动态基准建设的发展，并与国际重力基准连接，中国地震局地震研究所申重阳研究员带队携 FG5-232 参加了 2007 年、2011 年卢森堡国际/欧洲绝对重力比对（即 ECAG2007、ECAG2011），比测结果如图 3-6、图 3-7 所示（邢乐林等，2010；玄松柏等，2012；Francis O. et al.，2010；2013），从比测结果可以看出，FG5-232 性能较好，与卢森堡国际基准偏差在 2 个微伽以内。FG5-232 在国内绝对测点均实测过，这说明我国重力台网测定的重力绝对基准是可靠的，并可与国际重力基准接轨或统一。

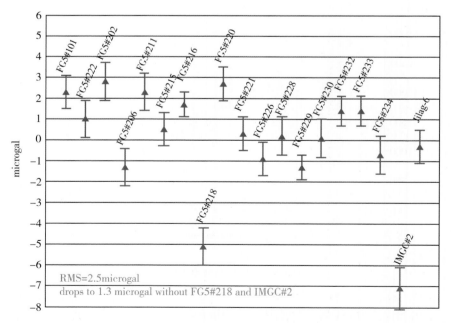

图 3-6　卢森堡 2007 年比测各仪器结果（Olivier et al.，2010；邢乐林等，2010）

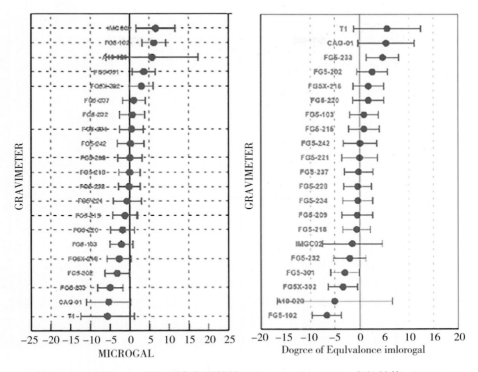

图 3-7　卢森堡 2011 年比测各仪器结果（Olivier et al.，2013；玄松柏等，2012）

　　玄松柏等（2008）为标定 FG5 绝对重力仪及检测其性能，于 2008 年 1 月在中国地震局地震研究所的 3053 测点进行了绝对重力测量比对。研究表明，绝对重力仪 FG5-214 与 FG5-232 具有较好的一致性，二者几乎不存在系统误差，两台仪器都具有较强的抗干扰能力，重复性很好，内符合测量精度达 $(2\sim3)\times10^{-8}\mathrm{m/s^2}$。

　　绝对重力仪的标定，需在测量前后由计量或有条件的单位进行激光管和时钟频率的标定，其稳定性均应优于 1.0×10^{-10}。有条件的话，应参加国际或国内比对观测。

　　2013 年 6 月，"陆态网络"第 2 期任务实施之前，参与项目的绝对重力仪根据项目要求，需参加测前绝对重力仪比对观测，以确定各台仪器之间是否存在明显的系统偏差。这次绝对重力仪比对观测，共选择 4 个绝对重力基准站。分别为中国地震局地震研究所的重力实验室基准站（IOS）、武汉九峰引力与固体潮野外观测站（JF_syn）、中国科学院测量与地球物理研究所大地测量野外科学观测研究站的 JF_018 和 JF_020 基准站。参与比对观测的绝对重力仪包括中国地震局地震研究所的 FG5-232 绝对重力仪、总参测绘导航局的 FG5-240 绝对重力仪、国家测绘地理信息局的 FG5-214 和 A10-028 绝对重力仪、中国科学测量与地球物理研究所的 FG5-112 和 FG5x-246 绝对重力仪。此外，本次绝对重力仪比对观测特别邀请中国地质大学（武汉）的 A10-022 绝对重力仪参与，比对观测结果如图 3-8 所示。结果表明，各台仪器的平均偏差基本一致，为 $-2.0\sim1.2\mu\mathrm{Gal}$，考虑到绝对重力仪的精度约为 $\pm2.0\mu\mathrm{Gal}$，可以认为各台绝对重力仪之间几乎不存在明显的系统偏差，具有较好的一致性（李建国等，2014）。

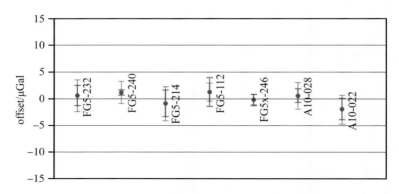

图 3-8 "陆态网络"绝对重力比对观测结果

2. 流动重力测量资料的处理技术

流动重力测量包括绝对重力测量和相对重力测量。绝对重力测量数据经处理后给出测点绝对重力值，可以直接用于重力变化研究，并作为相对重力测量的控制基准使用。相对重力测量测定两点间重力差值形成重力段差，由重力段差组成附合测线（剖面）或网，经整体平差处理给出每测点重力值，获取空间重力变化。基准控制下的多期结果可以用于重力时空变化研究。

（1）绝对重力测量数据解算

为建立地面绝对重力基准，对绝对重力原始观测数据进行处理，计算每次下落过程测定的有效高度处的重力值，并对其进行重力固体潮（ETGTAB 模型）、海潮负荷（CSR 模型）、大气压力（导纳因子 0.3μGal/hPa）、极移和重力垂直梯度等改正，从而获得每组的重力值及精度，以及组重力均值及精度，具体计算流程如图 3-9 所示。

这里以 FG5-232 绝对重力仪的一次观测处理情况为例进行说明。2012 年 4 月 9 日在武汉引力与固体潮野外观测站共进行了连续 25 组观测，每小时观测 1 组，每组 100 次下落，单次下落时间间隔为 10s，每次下落共获得 700 个时间、距离对（t_i，z_i，$i=1 \sim 700$），其中第 1 组第 1 次下落的时间、距离对如图 3-10 所示，使用时间、距离对（t_i，z_i，$i=20 \sim 619$）利用最小二乘拟合计算该次下落测定的有效高度处的重力值，并对其进行重力固体潮、海潮负荷、大气压力、极移和重力垂直梯度等改正后，重力值及其精度如图 3-11 所示，第 1 组的重力值及其精度如图 3-12 所示，25 组重力均值及其精度如图 3-13 所示。

（2）相对重力测量数据解算

在相对重力联测数据处理中，时变重力场潮汐信号（如固体潮、海潮、极潮）以及气压、温度等环境因素引起的区域重力非潮汐效应，应采用适当的数学物理模型加以改正。其中，固体潮可达 300μGal 量级，而目前重力测量精度为微伽级，两者相差两个数量级，所以固体潮改正必须加以考虑。海潮负荷在沿海地区量级可达十几个微伽的量级，在靠近沿海的重力观测中应予以考虑（周江存等，2004，2009）。局部气压负荷对相对重力观测的影响较大，可达几十个微伽的量级，在微伽量级的相对重力测量中应加以改正（孙和平

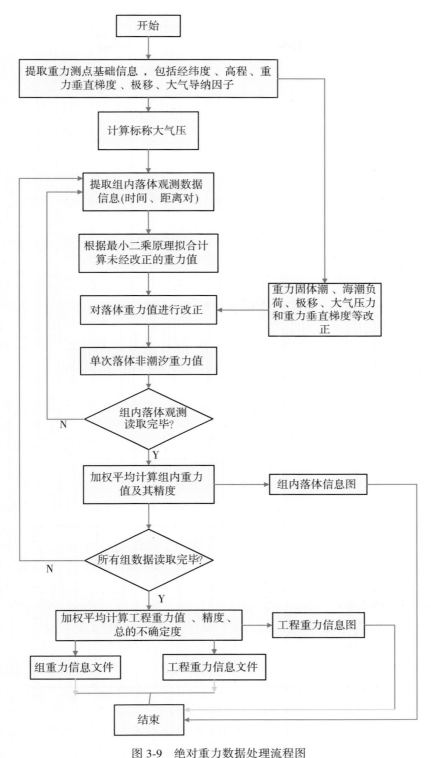

图 3-9 绝对重力数据处理流程图

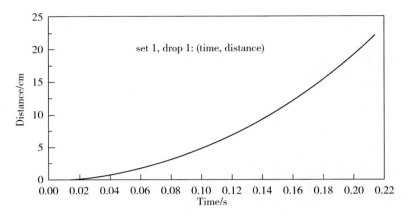

图 3-10　第 1 组第 1 次下落时间、距离对

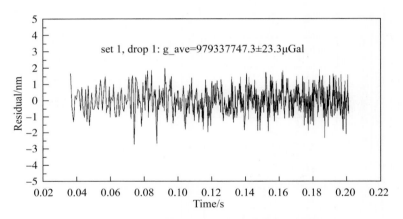

图 3-11　第 1 组第 1 次下落重力值及其精度

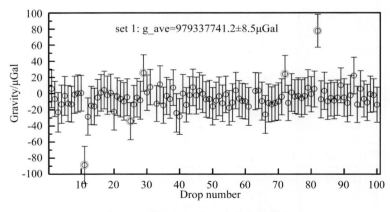

图 3-12　第 1 组组内重力值及其精度

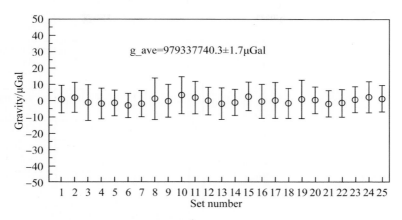

图 3-13　25 组重力均值及其精度

等，2006）。相对重力测量的仪器种类很多，目前我国地震系统主要使用 LCR-G 型重力仪和 CG-5 型相对重力仪。由于 LCR-G 型重力仪受仪器结构本身和测区观测环境的外部条件影响，观测数据中包含了影响测区重力场变化研究的系统误差和偶然误差，因此对观测数据应进行仪器漂移及格值系数改正（刘绍府等，1990；孙少安等，2002；李真等，2012）。具体计算流程如图 3-14 所示。

目前的重力网平差方法主要有经典平差、自由网平差和拟稳平差 3 种平差方法。经典平差采用的是固定基准，它是假定网中有已知重力值的起算基准；自由网平差采用的是重心基准，它是假定网中所有点的重力值都是变化的，而且这种变化是等概率发生的。如果网形不变，则起算基准相同，否则，起算基准不同；拟稳平差采用的是拟稳基准，它是将网中的测点分为拟稳区和非拟稳区两个部分，拟稳区内的点相对于非拟稳区的点而言是稳定的（李瑞浩，1988）。

由平差理论的发展可知，自由网平差是拟稳平差的特例，而经典平差又是自由网平差的一种特殊情形，3 种平差方法均遵循两个准则：一是最小二乘原则，二是最小范数条件。最小二乘原则主要解决测量误差的合理分配问题，获取一个最佳的相对网形，与测网采用什么起算基准无关。也就是说，无论采取哪一种平差方法，都不会影响平差改正数值，网形的相对关系也不会改变。但是，这个最佳的相对位置固定的网形在没有确定其空间起算基准之前是上下浮动的，于是有了第二个准则——最小范数条件。它的作用是作网外配置，也就是选择平差起算基准，有了这个起算基准才能固定网形的空间绝对位置，因此，它是基准最根本的空间属性，也是平差的几何意义所在。

换句话说，自由网平差、经典平差和拟稳平差的共同点是它们都遵循最小二乘原则，其差异则是各自选择了不同的空间起算基准。前者解决的是合理消除网中各种几何条件的不符值问题，也就是合理分配重力网测量中的误差问题，解决了这个问题就获得了一个最佳的相对网形。但是，这个最佳的相对位置固定的网形在没有确定其空间起算基准之前是上下浮动的，所以，只有解决了空间起算基准的问题，才能固定网形的空间绝对位置，这

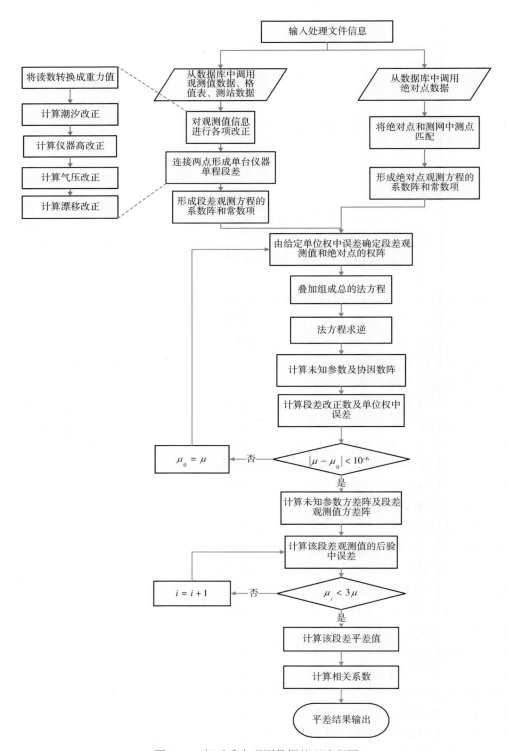

图 3-14 相对重力观测数据处理流程图

也是平差的几何意义所在。

不同的平差方法配置了不同的空间基准，而采用不同的空间基准求出的测点重力值会存在较大差异。因此，现有的 3 种平差方法与区域重力网实际情况的相容性分析非常必要，平差理论虽然严谨正确，应用效果却不能切合实际，相应的分析结果就得不到客观实际的检验和证明。

按照地震行业规范的要求，区域重力网的布设需要跨越主要构造单元和活动断裂带，试图通过监测构造活动区的重力场变化来研究深部构造和动力学过程。基于此，区域重力网平差计算的方法通常选择经典平差。因为在区域重力网中，满足经典平差的最小范数条件相对容易，而满足自由网平差和拟稳平差的最小范数条件要困难一些。经典平差只要求在区域重力网中找到一个相对稳定的点，然后假定这个点的重力值已知，通过网的平差再由此点的已知重力值推出网中其他各点的重力值。在实际的区域重力网中，如果某个点具有与该网同步观测的绝对重力测量结果作为起算基准，那么采用经典平差是比较理想的，由此进行重力场变化分析也最为可靠。否则，找一个相对稳定的点(至少该点的地形地貌相对稳定)也比较容易，再采取一些相关分析的方法对该点的重力变化进行修正，削弱它对网形浮动的影响，获取相对真实的区域重力场变化信息，也是可行的。现有区域重力网要满足自由网平差和拟稳平差的最小范数条件，难度就要大得多。我们知道，自由网平差和拟稳平差有着相似的几何意义，它们都采用重心基准来推求网中其他点的值，其主要区别在于自由网平差的重心基准由全部测点决定，而拟稳平差的重心基准则仅由拟稳区内的点来决定。所谓重心基准，指的是决定重心基准的各点重力值的改正数之和等于零，这也是两种平差方法要求满足的最小范数条件。除此之外，还必须满足一个先决条件，那就是要求这些点的变化等概率发生。二者比较而言，自由网平差比拟稳平差的条件更苛刻一些。在区域重力网中，具有相对稳定点群的情况似乎要多一些，但需要进行网中的稳定点分析，同时结合地壳形变、地下水、地质构造、断裂活动等予以确认。

综合比较不难发现，在现实条件下，3 种平差方法仍以经典平差最为简单实用，但平差结果带有强制性，如果配有同步观测的绝对重力测量，则强制到绝对重力基准上，否则，这种强制就会引入起算基准的扰动效应。自由网平差的条件过于苛刻，可能更适合于局部重力网和微型重力网，因为较小规模的重力网测点发生等概率变化的可能性较大，容易满足自由网平差的必要条件。拟稳平差的要求与实际情况比较符合，在加强稳定点分析和研究的基础上，其应用效果可能更好一些。尤其是在研究场的变化方面，拟稳平差独具优势。总体而言，要根据区域重力网的实际情况，选用合适的平差方法，才能获取接近真实的重力场变化信息(李辉等，1991；项爱民，2007；孙少安等，2012)。

3.2.2 重力场动态变化计算

重力场动态变化是指每次测量相对统一基准计算的变化。因此重力变化的计算包括空间基准和时间基准的确定，点位变动等相关影响的归算以及重力变化的连续化。研究区域重力场的变化，都是以某个测网的多期观测成果为基础，通过比较分析各期观测成果之间的差分值来了解区域重力场的变化规律，而比较分析重力场的变化必须建立一个具有时空意义的参考系统，也就是时空基准。由于变化始终是相对时空基准而得到的，那么，选取不同的时空基准就会产生不同的变化结果。因此，在研究分析区域重力场变化时，选择一个什么样的时空基准至关重要，它将直接影响分析结果的准确性（李辉，2009；孙少安等，2012）。

目前，在从事区域重力场变化的分析研究者中，能优先考虑建立一个相对合理的区域重力场时空基准的情况尚不多见，对区域重力场变化的时空基准进行研究者更是寥寥。一般情况下，在研究区域重力场变化时采用的做法是：先假定某区域重力网中某个重力点的值已知，然后对该网各期观测资料进行经典平差，再随意指定某一期观测资料的平差结果作为计算重力场变化的时空基准，最后将其他各期平差结果与该基准的差分值当作区域重力场的相对变化进行分析研究。多年的工作实践证明这种做法的效果较差，以至于在我们的实际工作中经常会出现"有震无异常"或者"无震有异常"的现象。这种现象说明我们对区域重力场变化的研究分析结果与研究区的实际情况存在差异或者背离。尽管偶尔也有基本对应的现象出现，但那是小概率事件或者异常变化的信息已经非常突出所致。因此，为了获取尽可能真实、准确的区域重力场变化信息，极有必要对区域重力场变化的时空基准进行分析和研究，了解它的基本属性、适用性需求以及各种时空基准的优势和缺陷，根据区域重力网的实际情况选建相对合理的时空基准，获取接近真实的区域重力场变化信息。

1. 重力场变化计算的时空基准

重力场变化计算的空间基准是指在空间域给定监测区一个重力场空间分布，即重力背景场，以用作各期测量结果的比较基准。原则上空间基准不包含构造活动引起的重力变化，即不包含时间因素。空间基准的确定方式有如下几种：一是任意指定一期（如第一期）的测量结果作为基准，二是以前一期作为后一期的计算基准，三是利用所有各期结果的平均值作为计算基准（李辉等，2000；孙少安等，2012）。重复重力测量的目的是获取监测区域构造活动信息。而上面几种空间基准的确定方式并未完全顾及非构造活动影响的排除问题。虽然第三种方式具有一定的这方面的能力，但构造活动的影响仍不可能得到有效的消除。

为获得不包含构造活动影响的重力场空间变化基准值，一般数据处理原则是：根据测区及其周围地震活动性选取地震活动平静期的各期观测资料，并对此进行整体平差和各仪器单台单期平差计算，然后采用相关检验的方法，选出具有较高精度，且变化稳定的各期单台仪器观测资料，进行最后整体平差，获得监测区域重力空间变化背景值（李辉等，1991；贾民育等，2000）。

重力场时间变化计算基准，是指在时间域给定各期计算起点的重力值，为有效地获得真实重力变化的绝对量级和发展态势，地震的震级预测和发震地点的判定提供准确的依据。

重力场变化计算的时间基准确定有三种方式：一是绝对基准，二是自由网基准，三是拟稳网基准。比较三种时间基准方式各有不足：绝对基准需要绝对测量；自由网基准是一种重心基准，如整网的重力场增大或减小，重心基准的运用则会带来系统误差；拟稳基准需要确定拟稳点，拟稳点的选取一般比较困难。在无绝对测量时，拟稳基准或自由网基准是重力时间变化计算的必然选择，并在多年的实际应用中取得了一定成效。

2. 点位移动引起的重力变化的归算

在所用资料的时间段内，许多点的点位多次被破坏，重建后的点位发生移动，有的重力值相差较大。但因新、老点相差不远，而且往往使用同一经纬度。这就给重力场动态图像的生成带来了极大的困难。因此在实现重力场动态图像以前必须考虑不同时间测量结果之间存在的系统差异的归算问题。具体方法是对改点前后的重力变化结果取平均求得改点前后的差异，使用系统归算的方法将改点前后的结果连接起来。

3. 各期观测资料的平差和重力变化计算

首先，为保证整个网平差结果精度的均匀性，对缺乏或较少绝对观测的情况，在平差计算时先假设网中心的点不动，并以此为基准对各期观测值进行平差计算。然后，利用绝对重力变化值作为参考基准，将每一期的观测结果修正到绝对重力变化基准上。

其次，考虑空间基准所对应的时间点应为此期间的时间中点，将空间基准与时间基准相统一。即强制有绝对重力测量点的空间基准的平差值等于该点绝对观测值在该时刻的时间拟合重力值，并以此差异对空间基准的所有其他点进行系统改正，获得改正后的空间基准，以备重力时间变化计算时使用。

最后，利用每一期修正到绝对重力变化基准上的平差结果减去重力变化计算的空间基准，从而获得每一期的重力变化。

4. 离散重力变化的连续化

流动重力网是一种空间分布不规则的离散网，观测所得的重力观测数据也是空间离散分布的。而重力场在时间和空间上均是一个连续变化的场。为了合理地恢复重力场变化的原貌，一般通过选择适当的数学或物理方法，以适当的网格化间距进行网格化插值获得连续变化的重力场等值线图，从而直观地给出重力变化趋势。选择有效的连续化方法处理有限的观测点资料，有效地恢复重力变化的原貌，是从复杂多变的重力异常现象中寻找构造活动和地震前兆信息的必要途径(陈颙等，2005)。

为获取重力等值线，一般选择网的平均距离作为网格化间距，或根据经验来选择网格间距，常规的数学网格化方法都缺少科学的依据。因此，有必要寻找一种方法来确定最佳网格化间距。若观测数据源于均匀分布重力网，那么网格化最佳间距应满足香农采样定理。而重力网是一种统计自相似的分形网，重力网的维数是小于其嵌入维数减2的非整数维，最佳的网格化间距不再满足香农采样定理，而是满足使标度区为常数的最小距离。通过对重力网分形维数的研究，可以获取离散重力点数据插值结果满足最小失真的最佳网格化间距，使所得等值线图最大程度上反映真实的重力场(徐如刚等，2007)。

离散数据的连续化方法很多，除许多制图软件中如 Winsuf 软件所列的各种方法外，其他的如拟合推估和各双三次样条函数模拟方法等。本部分主要简单描述基于块体构造的双三次样条函数模拟方法。

由于监测条件的限制，重力监测网点的密度分布不均匀，如何利用有限的观测点有效地恢复重力变化的原貌，是从复杂多变的重力异常现象中寻找构造活动和地震前兆信息途径。引进贝塞尔双三次样条函数模拟计算方法，基于地质构造块体的划分，对平差计算后的重力变化进行双三次样条函数模拟，使生成的图像不仅具有数学意义，也因其考虑了地质构造块体条件而具有了物理意义，从而使图像展示的重力变化更趋真实，以便更好地分析地震与重力场变化之间的内在联系。

将地球表面看成球面，引进转换函数 $W(\hat{x})$。重力变化 $g(\hat{x})$ 可以通过一个连续的转

换函数 $W(\hat{x})$ 来表示。

$$g(\hat{x}) = rW(\hat{x}) \cdot \hat{x} \tag{3-1}$$

式中，r 为地球半径；$\hat{x}$ 为地表某点的径向单位矢量，可表达为经纬度的函数：

$$\hat{x} = (\cos\theta\cos\varphi, \ \cos\theta\sin\varphi\sin\theta) \tag{3-2}$$

$W(\hat{x})$ 为曲线格网节点上经度和纬度的双三次样条函数。而节点间的 $W(\hat{x})$ 值及其偏导数值可利用曲线格网节点上双三次样条函数内插确定。

转换函数 $W(\hat{x})$ 的自变量 $\hat{x}$ 是经、纬度（ϕ，θ）的函数，引进广义坐标（ξ，η）（广义坐标（ξ，η）也可用地理坐标（ϕ，θ）表达），利用广义坐标（ξ，η）而不是地理坐标（ϕ，θ）作为转换函数 $W(\hat{x})$ 的三次样条函数展开。展开式为：

$$
\begin{aligned}
W(\xi, \ \eta) = \ & \sum_{p=0}^{1} \sum_{q=0}^{1} \left\{ W(\xi_{i+p}, \ \eta_{j+q}) h_p\!\left(\frac{\xi - \xi_i}{\Delta\xi}\right) h_q\!\left(\frac{\eta - \eta_j}{\Delta\eta}\right) \right. \\
& + \frac{\partial W}{\partial\xi}(\xi_{i+p}, \ \eta_{j+q}) \Delta\xi k_p\!\left(\frac{\xi - \xi_i}{\Delta\xi}\right) h_q\!\left(\frac{\eta - \eta_j}{\Delta\eta}\right) \\
& + \frac{\partial W}{\partial\eta}(\xi_{i+p}, \ \eta_{j+q}) h_p\!\left(\frac{\xi - \xi_i}{\Delta\xi}\right) \Delta\eta h_q\!\left(\frac{\eta - \eta_j}{\Delta\eta}\right) \\
& \left. + \frac{\partial^2 W}{\partial\xi\partial\eta}(\xi_{i+p}, \ \eta_{j+q}) \Delta\xi k_p\!\left(\frac{\xi - \xi_i}{\Delta\xi}\right) \Delta\eta h_q\!\left(\frac{\eta - \eta_j}{\Delta\eta}\right) \right\}
\end{aligned}
\tag{3-3}
$$

其中：$h_0(z) = 1 - 3z^2 + 2z^3$；$h_1(z) = 3z^2 - 2z^3$；$k_0(z) = z - 2z^2 + z^3$；

$k_1(z) = -z^2 + z^3$；　　　$\Delta\xi = \xi_{i+1} - \xi_i$；　　　$\Delta\eta = \eta_{i+1} - \eta_i$

在解算 $W(\hat{x})$ 过程中，重力场变化 $g(\hat{x})$ 模型在最小二乘意义下最佳逼近各重力测站重力变化量，最小二乘目标函数如下：

$$\sum_{i=1}^{M} (g_i^{fit} - g_i^{obs}) \tag{3-4}$$

式中，g^{obs} 为测站重力变化量；g^{fit} 是模拟的连续重力变化场；M 为测站观测值个数。

3.2.3　中国大陆重力场变化特征

1. 中国大陆

通过对 1998—2007 年期间中国大陆地壳运动网络、中国数字地震观测网络重力网流动观测结果的分析，发现各期结果的点值精度均在（11~16）×10^{-8}m/s² 以内，任意两期结果获得的重力变化精度在 20×10^{-8}m/s² 左右，50×10^{-8}m/s² 以上的重力变化可用于地震孕育与发生过程的重力变化的研究。分析表明，中国大陆动态重力场变化图像基本反映了中国大陆近期地壳物质运动和主要强震活动的基本轮廓。

重力场动态变化图像分两种，一种为差分动态变化图像，表示两期之间的相对重力变化，其可突出观测区域不同时期重力场动态演化的差异信息；另一种为累积动态变化，表示相对某一期或某一基准的重力变化，其可突出观测区域不同时期重力场动态演化的相对状态或累积信息。重力场差分动态变化如图 3-15 所示。

（1）1998 年以来中国大陆重力场差分动态变化特征（李辉等，2009）

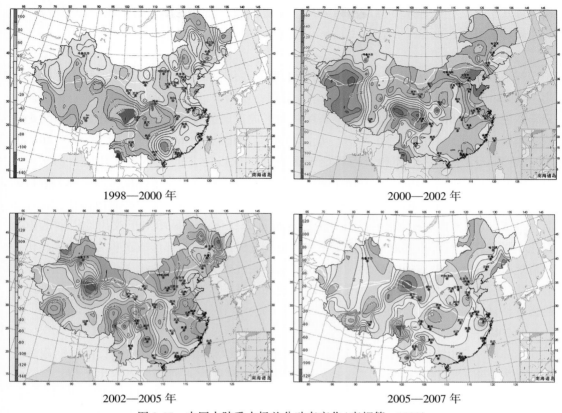

图 3-15 中国大陆重力场差分动态变化(李辉等,2009)

1) 1998—2000 年

中国大陆重力场变化南北分异明显,北部(从新疆北部—青海北部、内蒙古—东北三省)呈现正负交替变化图像;而中国大陆南部除拉萨地区、川滇交接地区呈现局部低值正重力变化,以及东南沿海呈现较大范围正变化外,基本上呈现大片负变化区,尤其突出的是龙门山断裂带两侧呈现较大的东西分异明显的负重力变化区(西侧负异常达-100×10^{-8} m/s^2以上,东侧略小)。可能反映出了集集地震的同震变化,和昆仑地震前的重力变化积累。重力位和大地水准面呈东西分布。反映了印度洋板块和太平洋板块对中国大陆的综合作用,以及昆仑地震前的重力变化积累过程。

2) 2000—2002 年

与 1998—2000 年相比,显著重力变化明显反向。中国大陆西缘(新疆、西藏拉萨以西)地区、西南及邻区(西藏拉萨以东、青海南部、四川、云南、贵州、重庆、湘鄂西部、广西南部等)呈现大片正重力变化区,最大重力变化(新疆南部、西藏西部;成都及以西地区)达$+100\times10^{-8}$ m/s^2以上,显示出了昆仑地震的同震重力效应和对周围地区的作用;长春以东有一局部正重力变化区,其他地区则呈现大片负重力变化区,最大负重力变化

115

(渤海邻近地区)达 $-100 \times 10^{-8} \mathrm{m/s^2}$ 以上，显示出了汪清地震的震后调整作用。重力位与前期结果几乎反向，大地水准面的东西分片特征被打破，充分显示了昆仑地震的同震效应，以及其对东部地区所给予的作用力。

3) 2002—2005 年

与 2000—2002 年相比，中国大陆西缘正重力变化收缩，并向东运动，最大正重力变化($+100 \times 10^{-8} \mathrm{m/s^2}$ 以上)位于 90°E、37°N 附近；西南及邻区原正重力变化中心区经四周分异扩展后，在川滇菱形块体北部、东西两侧形成贯通的负变化区(又可分为近南北走向的西小区和近北北西走向的东小区，最大负重力变化约为 $-60 \times 10^{-8} \mathrm{m/s^2}$ 和 $-80 \times 10^{-8} \mathrm{m/s^2}$)；川滇菱形块体中南部和云南其他地区一起形成近南北向正重力变化区；西宁—兰州—西安—广州一线形成正重力变化条带，并与西部正重力变化区连接，形成极为醒目的贯穿中国大陆核心部位的正重力变化区带，原华北地区负重力变化中心向西移动，在呼和浩特—太原(石家庄)—合肥—福州一带形成负重力变化区，显示出了汶川地震前的重力变化积累过程；长春东部原局部正变化变为负变化，而在其北部形成正重力变化区，仍是汪清地震的震后调整作用的显示。重力位显示出南北对称布局，给出了中俄交接地区地震的变化效应，大地水准面则在中国大陆出现更加混乱的局面，显示出了中国大陆中部地区的强烈活动特征。

4) 2005—2007 年

与 2002—2005 年相比，中国大陆西缘正重力变化区又向西回复压缩，同时向南北扩展，最大正重力变化约 $+80 \times 10^{-8} \mathrm{m/s^2}$ ；90°E 附近出现近南北向负重力变化条带，其南端转折向西发展，形成局部负异常区；再往东，拉萨东—西宁北—银川—太原一带，形成较大正重力变化区，南区呈北北东走向，北区呈近东西走向，两区过渡部位呈较大正重力变化(最大约 $+100 \times 10^{-8} \mathrm{m/s^2}$)；我国东部的东北西部—北京—济南西—武汉西—成都东一带出现较大低值负重力变化带(一般小于 $-40 \times 10^{-8} \mathrm{m/s^2}$)；我国东缘地区，从北往南(东北东部—济南东—华南大部)出现低值正重力变化条带(一般小于 $+60 \times 10^{-8} \mathrm{m/s^2}$)。另外，我国东缘正重力变化条带和我国中部正重力变化区在成都—兰州一线贯通并连接，东西负重力变化仍然维持但稍减弱。总体来看，从东往西，正负重力变化区交替出现，形成 3 个正重力变化区带和 2 个负重力变化区带，显示出了汶川地震核心区的重力变化积累与周围更大区域的作用积累。重力位变化和大地水准面均呈现出良好的南北对称格局，且重力位在汶川震区形成一平坦地区，而大地水准面则在中国大陆中部广大区域形成不变区域，对应着中部的平静。而这种平静本身也许就是强地震震中区处于严重闭锁的反映。

重力场累积动态变化如图 3-16 所示。

(2)相对 1998 年，中国大陆重力场累积动态变化特征(李辉等，2009)

1) 1998—2000 年

如前文所述，此处不再赘述。

2) 1998—2002 年

与 1998—2000 年相比，中国大陆西缘正重力变化区继续增大并向南和向东发展，形

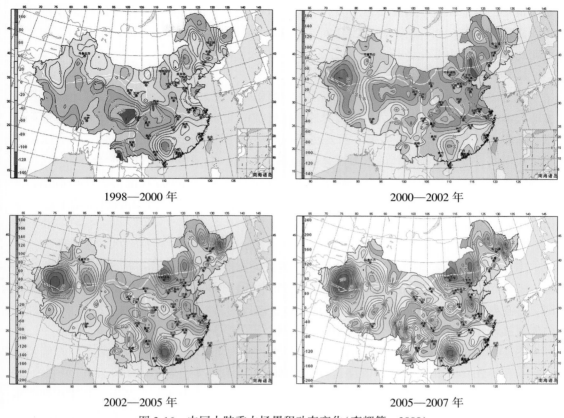

1998—2000 年　　　　　　　　　　2000—2002 年

2002—2005 年　　　　　　　　　　2005—2007 年

图 3-16　中国大陆重力场累积动态变化(李辉等, 2009)

成包括新疆大部、西藏西部地区的较大正重力变化区, 最大正重力变化达 $+120\times10^{-8}\mathrm{m/s^2}$ 以上; 同时, 该正重力变化区经过拉萨南部与近缅甸弧地区的低值正重力变化区(呈马鞍形或"凹"字形, 最大正重力变化约 $+40\times10^{-8}\mathrm{m/s^2}$)连接; 东南沿海及长春—哈尔滨一线东部仍然维持正重力变化(最大正重力变化约 $+80\times10^{-8}\mathrm{m/s^2}$); 其他地区则一般呈现大片负重力变化(从拉萨北—西宁及整个东部地区), 主要包括 3 个负重力变化小区, 其中最大负重力变化区为渤海周缘至内蒙古地区(最大负重力变化超 $-100\times10^{-8}\mathrm{m/s^2}$), 另外两个较大负重力变化小区分别为柴达木盆地—祁连山地区和四川盆地—江汉盆地地区。其结果显示出了昆仑地震的同震效应及其对周围地区的作用结果。

　　3)1998—2005 年

　　与 1998—2002 年相比, 新疆和西藏地区的正重力变化区域向东扩展, 局部正重力异常变化收缩、分化成 2 个局部重力异常变化小区(西小区较大, 最大正重力变化超 $+120\times10^{-8}\mathrm{m/s^2}$), 邻近缅甸弧西侧地区正重力变化向西移动与西部正重力变化区基本连接成一片(除拉萨北有一小局部负变化区); 缅甸弧东侧正重力变化与西侧分异, 但发育形成完整、稳定的川滇正重力变化区(最大正重力变化超 $+60\times10^{-8}\mathrm{m/s^2}$); 东南沿海和东北哈尔滨东正重力变化区继续维持, 但向变化中心收缩, 西安北部出现北西西向局部低值正重力变化条带；其他地区一般呈负重力变化，其中北京—内蒙古负重力变化小区继续维持并向北和西南扩展，杭州—济南南部出现新的北北西向负重力变化条带，龙门山断裂带两侧亦出现北西向负重力变化条带。

4）1998—2007 年

此阶段与 1998—2005 年基本情况相似，中国西部重力变化在新疆、西藏地区以及川滇地区继续维持并加强；此外，川藏交接地区形成南北向正重力变化条带并向北延伸至青海，向东转折后，在西宁—兰州—西安北部一线形成北西向正重力变化条带；东北正重力变化区向南发展，东南沿海正重力变化区向东北发展；中国西部负重力变化区向东收缩，但缅甸弧附近南北向负重力变化条带，经巴颜喀拉山东缘、河西走廊南部、四川盆地、江汉盆地至华北平原、内蒙古，形成相互贯穿的负重力变化区，其尤在四川盆地继续发展（最大负重力变化达 $-100\times10^{-8}\mathrm{m/s^2}$ 以上）。

2. 南北地震带

南北地震带区域重力测网包括北段的宁夏测网（宁夏局）、兰州—天水—武都（甘肃南部）测网（甘肃局）、河西走廊测网（二测）、关中测网（陕西局）；中段的四川网（成都测网、甘孜测网和西昌测网改造而成，四川局）；南段的云南网（滇西测网扩改而成）以及经整体拼接改造的青藏东缘综合地球物理观测网。

图 3-17（a）所示为综合地球物理观测网重力网点分布，其主要监测青藏高原东缘地震活动情况，2010 年改造完成并在下半年开始监测，每年 1 期。图 3-17（b）2010.9—2011.9 重力变化图像显示出南北分异特征。北部主要为负变化，且为西宁—汶川—巧家正变化条带所分隔；汶川震区处于重力变化四象限中心，可能反映震区震后变化的黏弹性效应；玉树震后沿川滇菱形块体东边界出现成规模的负变化条带。南部主要为正变化，且为沿川滇菱形块体东边界的负变化所分隔；丽江—西昌之间的正异常超过 100μGal，形成川滇交界东部较大的重力变化梯级带。2011—2012 年重力变化东西分异，西部主要为负变化，正负变化梯级带沿兰州—天水—成都—西昌分布；东部主要为低值正变化，其中银川以东，延安以北出现负变化区域。2012—2013 年重力变化为西南角和东南部为正变化，其他大部为负变化，盈江 5.8、盐源 5.7 和彝良 5.7 级地震均发生在重力正负变化梯度带上（申重阳等，2011；祝意青等，2013；郝洪涛等，2015）。

3. 大华北地区

大华北地区主要包括首都圈、内蒙古、辽宁、山西、河北、河南、山东、湖北、安徽、江苏等地区。从动力学背景来说，华北地区中生代晚期至第四纪经历了地壳与岩石圈减薄的变形过程（与青藏高原区相反），上地壳最突出的现今动力学表现为新生代盆地的发育，盆地活动既表现了地壳构造伸展运动，同时表现了整体经受北东东—南西西方向挤压的水平构造力的作用，而太行山以西盆地的发育又受到中国西部构造动力运动的影响。大华北区第三纪早期经历强烈的地壳伸展过程，形成大量地堑与半地堑盆地，并伴有基性岩浆喷溢。第三纪晚期至第四纪又有山西地堑系形成，但伸展作用总体减弱，华北平原大拗陷整体沉降，而北东东—南西西方向水平挤压应力场有所增强。该区也是中国东部强震

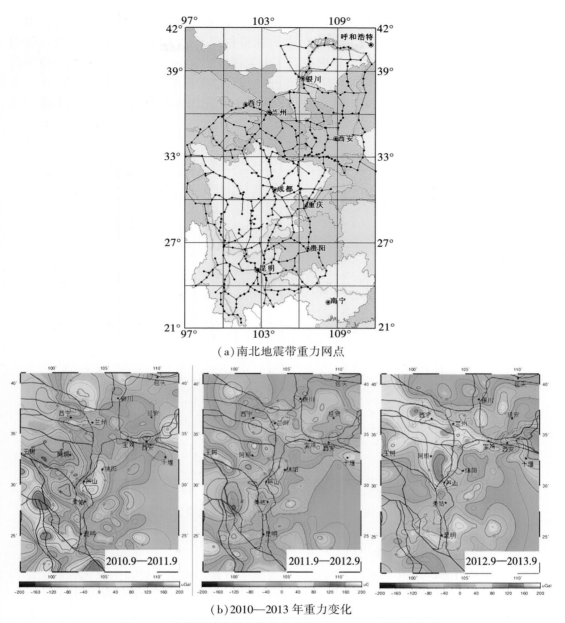

（a）南北地震带重力网点

（b）2010—2013 年重力变化

图 3-17 南北地震带重力网点分布及 2010—2013 年重力变化

活动的主要场所。

2009 年以前每年观测 2~4 期，但各单位测网分散、独立进行观测。2009 年 3 月，中国地震局监测预报司组织制定了华北地区强震强化监视跟踪重力监测方案：对我国华北地区现有区域流动重力监测网进行优化改造，建成具有 900 多个流动重力点、10 个绝对重力点的重力监测网（图 3-18），进行每年 2 期的绝对和相对重力测量。2009 年上半年完成重力网的整体优化改造，将以往独立小区域网连成整体，首次实现了绝对控制下的区域相对重力联测。承担该网测量单位的有：地球所、搜救中心、物探中心、河北局、辽宁局、山东局、江苏局、安徽局、湖北局。绝对重力测量仪器采用 FG5-232，相对重力仪采用 LCR-G 型、CG5 型。到目前为止，该网进行了 6 期测量：2009 年上半年由于部分点位新建，只实现已有网点联测；从 2009 年下半年开始，真正实现全网覆盖测量。2012 年上半年对测网进行了部分改造(郝洪涛等，2012)。大华北强化跟踪重力网 2009 年以来重力场动态变化分别如图 3-19、图 3-20 所示。

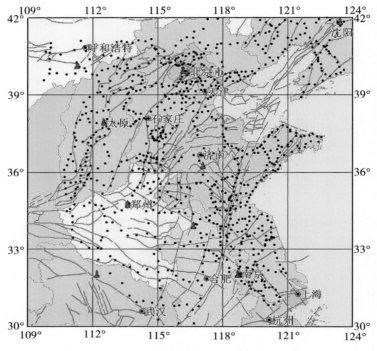

图 3-18　大华北强化跟踪重力网点及构造分布

　　从重力场累积动态变化来看(图 3-19)：

　　2009 年 9 月—2010 年 3 月：测网以郑州和南京为界，北部主要为负变化，西南部以及东北角为正变化。最大正异常出现在合肥西部大别山地区，量值超过 50μGal。

　　2009 年 9 月—2010 年 9 月：太原—石家庄—呼和浩特之间呈重力下降变化；武汉南部以及河南西部为正变化，中、东部为低值负变化；辽东半岛正变化增强，可能与日本 9.0 级地震孕育有关。

　　2009 年 9 月—2011 年 3 月：呼和浩特与石家庄之间负变化进一步增强，并向西南和东北方向扩展，并延伸至郑州以西，呼和浩特南部出现正负变化梯级带。东北角正变化消失，环渤海湾出现低值正变化，武汉和南京以南出现明显正异常，量值超过 50μGal。

　　2009 年 9 月—2011 年 9 月：呼和浩特西北部正变化增强，石家庄东南部出现正变化，形成石家庄以南的重力变化梯度带；环渤海湾正变化消失，东部维持负变化；鄂西转为负变化，大别山地区出现明显正异常。

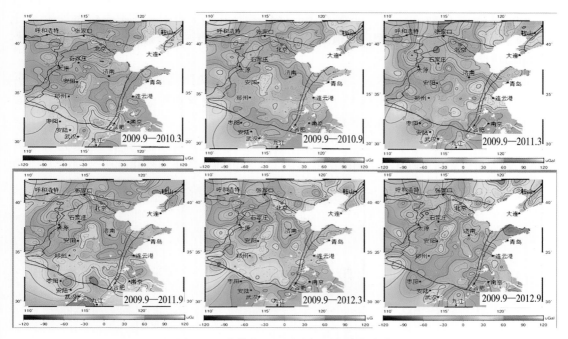

图 3-19 大华北地区重力场累积动态变化

2009 年 9 月—2012 年 3 月：呼和浩特附近正变化有所减弱；北京—沈阳之间呈负变化，天津以西有低值正变化，形成天津—北京一线的正负重力梯级带；石家庄东南正变化依然维持，石家庄西北秦岭地区负变化增强，形成南部正负变化梯级带；武汉以东正变化有所减弱，并向南移动；南京南部正变化减弱；受日本地震同震效益影响，东北部转为负变化。

2009 年 9 月—2012 年 9 月：天津—北京正负梯度带依然存在，可能与 5 月发生的唐山 4.8 级地震有关；石家庄东南部正变化增强，正负变化梯级带依然明显；大别山地区正异常依然；其他大部为负变化。

总的看来，测网东北角在日本地震前重力异常持续增加，震后持续减小；测网区西北角重力异常梯级带显著增强，显示沿块体边界构造活动剧烈；郯庐带南段大别山地区近期出现明显异常。

从重力场差分变化来看（图 3-20）：

2009 年 3 月—2009 年 9 月：大致以近南北向太行山为界，东部重力场整体抬升、西部（汾渭带）整体下降，并在正负交汇处形成北北东向正负低值梯级变化带，但异常变化不显著。由于上下半年观测点位差距较大，图 3-20 尚不能反映此阶段测网情况。

2009 年 9 月—2010 年 3 月：区域重力场变化以上升变化为主，秦岭—大别山—长江下游一带存在大片正变化（优势走向北北西—北西—合肥西，最大约 50μGal），并与豫鲁冀交汇部位形成的北北东向变化带连接，辽河以西存在较大局部负重力变化，其他地区一般表现低值变化。

2010 年 3 月—2010 年 9 月：目前结果显示，从北往南，重力场变化分别处于下降（内蒙古中部—石家庄西北，最大下降约 60μGal）—上升（石家庄—济南—郑州，最大月 40μGal）—下降（郑州南—合肥，幅值一般小于 30μGal）—上升（合肥南，局部地区，最大约 40μGal）交替状态。

2010 年 9 月—2011 年 3 月：呼和浩特以西，北京—沈阳之间正重力变化较为明显；河北、山西大部，河南西部出现大片负变化，辽东半岛负异常明显，可能与日本地震有关；其他地区表现为低值正负交替现象。

2011 年 3 月—2011 年 9 月：图像显示受日本大地震同震效应影响网区东北角呈现负变化，最大量值超过−50μGal；测网南部形成了大别山地区的正负变化梯级带。

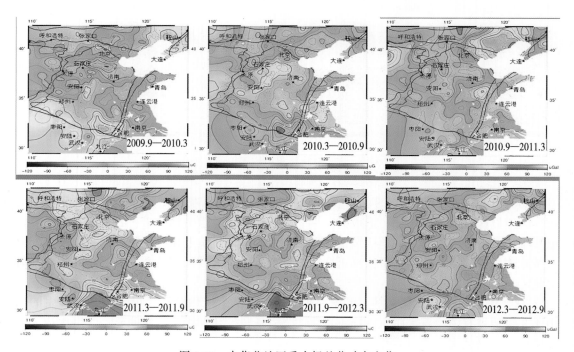

图 3-20　大华北地区重力场差分动态变化

2011 年 9 月—2012 年 3 月：网区东北角受日本大地震震后恢复影响呈现正变化，最大量级超过 30μGal；大别山地区正异常消失，鄂豫皖交界地区出现明显负变化；太原—石家庄之间正负反向变化，梯级带依然存在。

2012 年 3 月—2012 年 9 月：网区东北角转为负变化；太原—石家庄之间再次正负反向变化，重力梯度带依然明显；大别山地区出现低值正变化，郑州以南负变化超过 40μGal，形成鄂豫交界地区正负变化梯级带。

4. 长江三峡库首区

举世瞩目的长江三峡水库是世纪之交的特大水利枢纽工程，是地表荷载变化作用和水库地震研究的理想场所。长江三峡库首区位于近南北走向的中国东部重力梯级带中南段的低值异常带上，显示库首区地壳内部具备一定的物质密度变异和非均匀介质环境。地表重力场及其时间变化是地壳内部物质密度变化及相关动力学变化过程的综合反映，其中包括地表荷载（如水）作用下的地壳动力学响应。重力场对水库蓄水位和荷载变化十分敏感，并对地下水渗透造成的地壳表层介质密度变化和地壳变形有一定响应。现有研究表明，水库诱发地震与库水位变化和地下水渗流密切相关，因此，地表重力场及其时间变化可为水库诱发地震预测研究提供重要物理依据。在天然地震机理与预测研究中，重力手段是最有希望的方法之一。但利用重力方法进行水库诱发地震预测的研究却寥寥无几。水库诱发地震是水库蓄水及蓄水量变化造成地壳介质受力状态变化和介质物理化学性质变化叠加在区域应力应变场之上而造成的特殊类型地震，与天然地震相比，本质上有一定的共性。随着蓄水水位逐步提高，库区及其周围地区的重力场必将发生变化。这种变化主要包括 3 个方面：一是巨大的水体荷载、大坝工程荷载的直接重力变化效应；二是蓄水过程导致地下水位变化与地下水渗透引起的重力变化效应；三是水体荷载和地下水变化导致的地形变引起的重力变化效应。这些效应既有时间上的先后顺序，又有相互作用的关系，都势必影响水库区域地壳变动和诱发地震过程。因此，利用现有监测系统和加密观测，通过深入、跟踪水库诱发地震的重力学环境条件、蓄水前后重力场变化过程，寻求区域地壳介质物质变迁、应力应变变化、荷载作用与渗流过程信息，无疑对诱发地震的预测与减灾具有重要意义。

三峡地区的地震重力监测网始建于 1982 年，当时的主要目的是试图通过监测区域重力场随时间的变化，尤其是仙女山潜在地震危险区的重力变化，研究构造活动的规律及其与地震的关系，为葛洲坝工程的安全运行提供保障。最初建立的地震重力监测网覆盖面积不大，主要由长江南北两侧的几条支线组成，共设观测点约 30 个。其中，大多数采用沿线的一等水准点作为观测点位，南北测线分别在宜昌和香溪靠轮渡连接成环；另有一条支线从宜昌沿北岸伸至太平溪，由于工程干扰较大、测点损毁严重，该测线在三峡工程建设初期被放弃。

为了适应三峡工程诱发地震监测的需要，1998 年对原三峡地震重力监测网进行了一次较大规模的改造。如图 3-21 所示，首先是将原测网向西扩展至巴东一带，实现了对兴山—巴东潜在地震危险区的监控；其次是把原测网中观测条件较差、损坏较严重的测点进行了修缮和重新选埋；再次，引入了两个国家高等级重力网的测点和一部分与测区 GPS 观测点重合的重力点，组成测网的各条测线与库首区的垂直形变网线路重合（邢灿飞等，2002）。部分点位直接并入垂直形变网，这将有利于监测资料的综合研究。改造后的测网由 3 个环 4 条支线构成。下面主要介绍三峡水库 2003 年首次蓄水前后的重力场动态变化。

2003 年是三峡工程实现蓄水、通航、发电等二期目标的一年，也是研究库水荷载作用与地壳动力学过程的最佳时期。经模拟计算，三峡水库蓄水至 135 m 以后，库水荷载增加引起的重力变化将达到 $200 \times 10^{-8} \mathrm{m/s^2}$ 左右（Wang et al.，2002；杜瑞林等，2004b），尤其是坝前的库盆地区更为显著。但是，这种效应随距离衰减很快，大约在离开库盆中心

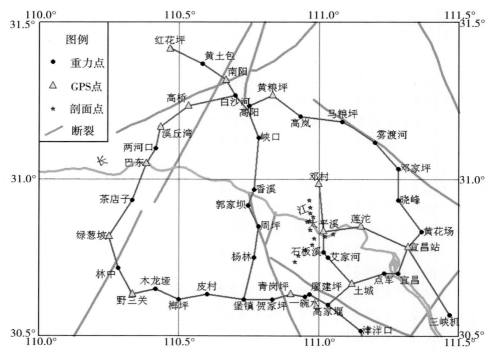

图 3-21　湖北三峡地区重力网点及构造分布(孙少安等，2004)

10 km 左右消失。为了监测这种效应，蓄水前以坝前库盆区为中心建立了两条短剖面测线：一条测线横跨库盆，测线全长约 20 km，设点 10 个，靠近库盆部分点距较小，然后逐渐加大；另一条测线以大坝为中心沿库盆南岸布设，测线长约 10 km，设点 5 个，其中有 3 个点与跨库盆测线点重合。短剖面测线的部分点位选用了库盆沉降、库盆谷宽以及三峡井网(车用太等，2002)的测点。

　　图 3-22 所示为三峡工程首次蓄水前后坝区附近的局部重力场变化，主要由与蓄水过程同步进行的短剖面观测资料得到。该图展示的重力变化均以首次观测的资料为参考基准，图中实线区为重力增加的区域，虚线区为重力下降的区域。

　　由图 3-22 可见，蓄水过程中，即 2003 年 6 月 11 日以前，重力增加的区域集中在库区附近，向南北两侧扩展不大，这表明库水荷载的直接重力效应比较明显，最大重力变化约 $200×10^{-8}m/s^2$，地下水渗透和地形变化引起的间接重力效应存在，但相对要弱一些；而 2003 年 6 月 10 日蓄水到位以后，重力增加的区域明显向两侧延伸，显示出间接重力效应的加强，其影响范围离库岸 5 km 左右。对坝区新增库水荷载产生的重力效应的精密数值模拟结果与图 3-22 所示的总体形态基本一致。尽管在影响量级和范围上有些差异，但它仍能从理论上证明实际观测结果的真实性和库水荷载对蓄水后坝区重力场变化的重大贡献(杨光亮等，2005)。同时，也证明了剖面测线布设方法和路线选择的合理性。

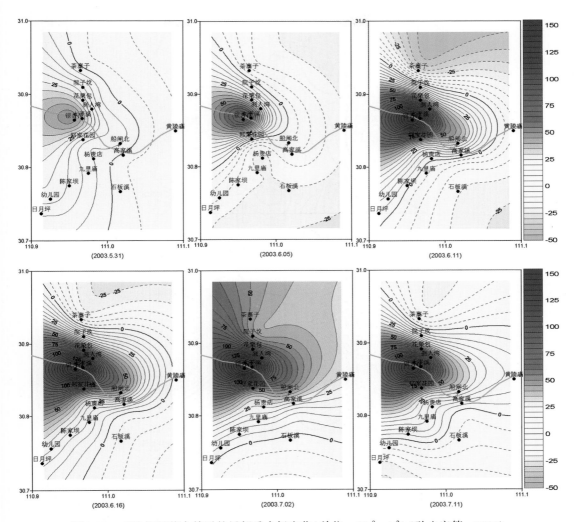

图 3-22　三峡坝区蓄水前后的局部重力场变化(单位：10^{-8}m/s^2)(孙少安等，2004)

　　图 3-23 较详细地展现了三峡工程首次蓄水前后库首区重力场相对变化的空间形态。其中，图 3-23(a)所示是 2003 年 4 月相对于 2002 年 10 月的重力变化，基本代表蓄水前的库首区重力场变化特征；图 3-23(b)是 2003 年 7 月初相对于 4 月底的重力变化，可以认为该图主要揭示了库水荷载增加产生的重力效应，而最大重力变化区域则集中在香溪附近，与用 GPS 观测资料解算的最大垂直形变区相吻合；图 3-23(c)则反映的是蓄水至 135 m 以后的重力场变化特征，由于它是 2003 年 10 月相对于 7 月的重力变化，因此认为该图展示的重力变化形态基本上不含库水荷载的效应，但蓄水事件作为该图的背景是不容忽视的。对比图 3-23(a)与图 3-23(c)就能发现，两图在形态上有较大的差异，尤其是正异常区的位置，由蓄水前的网区中南一带转移到了蓄水后的网区北部地区。

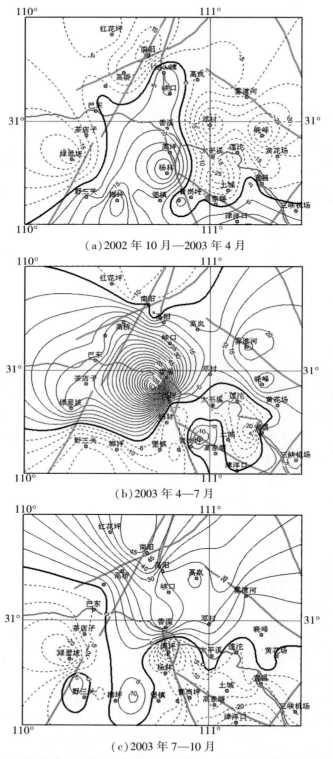

（a）2002 年 10 月—2003 年 4 月

（b）2003 年 4—7 月

（c）2003 年 7—10 月

图 3-23　三峡库首区重力场的相对变化（单位：10^{-8}m/s^2）（孙少安等，2004）

　　刘少明等对 2010 年以来三峡流动重力观测资料进行了拟稳平差，可获得 6 幅 2013 年 12 月 16 日巴东 *M*5.1 级地震前重力变化图(2014)，如图 3-24 所示，对重力变化演化特征与巴东地震的关系进行了分析。结果表明：巴东地震前三峡库首区重力场经历了一个反复升降的变化过程，但巴东地震震中区大多处于正负重力变化转换的梯度带上，而且地震前一年的重力场变化一直处于上升状态，由此认为，震中区震前存在持续挤压的构造活动背景。

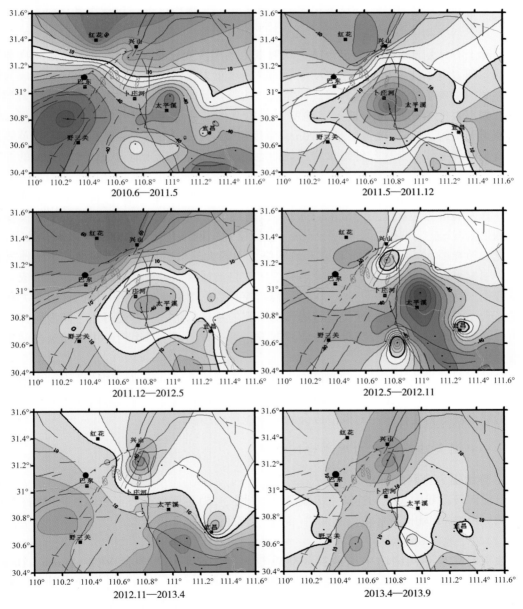

图 3-24　2013 年巴东 *M*5.1 级地震前三峡库首区重力场变化(黑点为巴东地震震中)(刘少明等，2014)

3.3　中国连续重力监测与潮汐时间变化

连续重力监测是通过固定或定点台站上的连续观测，获得表示定点台站的重力时间变化，其包含潮汐和非潮汐成分，但一般以潮汐观测为主。固体潮是一种由日、月和其他天体对地球的引力作用所导致的地球的周期性形变现象，伴随着这种周期性变形，地球表面的重力、倾斜、应变和经纬度等大地测量观测量将出现相应的周期性微小潮汐变化，并可被相关测量仪器测量到。地球的潮汐变形与其介质的物理特性密切相关，是了解地球内部结构、地震活动的重要依据。

国际上有计划地开展在固定台站上观测重力场潮汐变化是从 1957 年国际地球物理年开始的。随着电子技术和低噪声自动记录的高精度重力仪的问世，使得重力仪逐步成为观测固体潮的主要手段，并与倾斜仪、伸缩仪和地震仪等同时使用形成综合的地球动力学实验室。如卢森堡 Walferdange 地下实验室，利用石膏矿巷道建成的很理想的山洞型台站，仪器室离洞口约 700m，覆盖层厚约 70m，温度年变化小于 0.1℃，装有重力仪、石英倾斜仪、石英杆伸缩仪、金属丝伸缩仪和长周期地震仪，形成了观测地球弹性潮汐变形的综合基地。

我国台站连续重力观测始于 1968 年，以连续监测潮汐变化为主、兼顾非潮汐变化为目标，其发展可分为实验测量阶段（1998 年以前或 1995 年以前，模拟测量），小规模精密模拟测量阶段（至"十一五"，数字化改造），数字化、网络化阶段（2009 年以来，数字化、网络化、超导引入）。通过数字地震观测网络、中国大陆构造环境监测网络、中国地震背景场等国家重大科学工程项目，以及各省、市、自治区自筹经费建设，已经初步形成了一个集数据自动汇集、数据库管理、仪器远程监控和数据图形化处理为一体的连续重力观测台网。台站观测的重力时间变化是地震预测研究的基础信息，一方面可用于潮汐研究，为重力台网提供精准的潮汐校正参数或潮汐基准，另一方面可为重力台网中流动观测网非潮汐变化提供约束模型。

台站仪器记录的连续重力观测值中，由日月等近地天体引起地球固体潮汐导致的重力变化量是仪器观测值的主要部分，而其他构造因素、地壳运动、大气负荷和陆地水等因素导致的非潮汐重力变化量相对潮汐成分的信号能量较小。

3.3.1　中国大陆连续重力观测台网概况

1. 连续重力台网分布

目前，覆盖我国大陆的连续重力观测台网（图 3-25）主要包括数字地震观测网络（简称十五网）和中国大陆构造环境监测网络（简称"陆态网络"）。

（1）数字地震观测网络

数字地震观测网络由中国地震局建设与运行，观测仪器包括 PET/gPhone、DZW、GS15 和 TRG-1 等多种类型，共 45 台（套）重力仪分布在全国 14 个省、3 个直辖市、5 个自治区内。台网站点平均间隔 500km，测项全部为数字化的重力固体潮观测。

（2）中国大陆构造环境监测网络

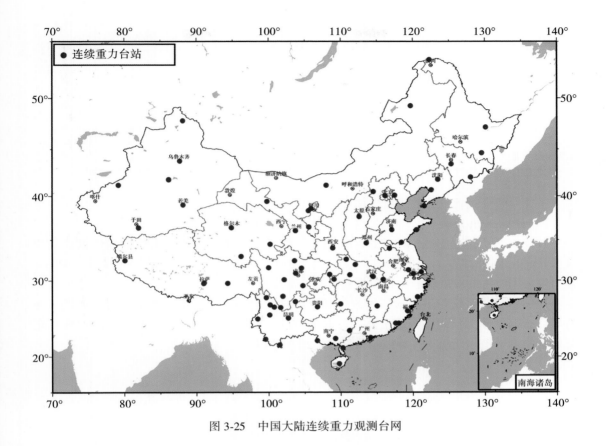

图 3-25　中国大陆连续重力观测台网

　　中国大陆构造环境监测网络是由中国地震局、中国科学院、总参谋部等多部委共同建设与运行。主要运行仪器为 PET/gPhone 弹簧型重力仪。分布在全国各省(除台湾外)、市、自治区,形成了平均分辨率为 500km/台的中国大陆连续重力观测台网,包括 30 台(套)重力仪。

2. 连续重力观测仪器

　　中国大陆连续重力观测台网的观测仪器包括 GWR 超导、PET/gPhone、DZW、GS15 和 TRG-1 等多种类型的仪器,即为国内外最为先进的主流仪器,集成了国际先进相关技术。各仪器数量统计见表 3-1。

表 3-1　　　　　　　　　　中国大陆连续重力观测台网仪器统计表

仪器名称	生产厂家	传感器类型	采样率	观测精度 (μGal)	数量(台)
PET 重力仪	美国 Micro-g & LaCoste	金属零长弹簧	秒	5	18
gPhone 重力仪	美国 Micro-g & LaCoste	金属零长弹簧	秒	5	36

续表

仪器名称	生产厂家	传感器类型	采样率	观测精度 (μGal)	数量(台)
DZW 重力仪	武汉地震仪器研究院	金属垂直弹簧	分	5	8
GS15	德国 Askania	金属助动弹簧	分	5	8
TRG-1	加拿大	金属零长弹簧	秒	5	2
GWR 超导重力仪	美国 GWR	超导	秒	1	3

下面简要介绍各仪器的主要性能:

(1)gPhone 重力仪

gPhone 重力仪是 Micro-g LaCoste 公司生产的最新陆用重力仪,由以前的便携式潮汐仪(Portable Earth Tide Gravity Meter, PET)经过相关升级后得到的产品。升级后,gPhone 重力仪采用改进的双层恒温系统,拥有更高的温度稳定性。

gPhone 硬件系统与早期地球潮汐仪相比,尺寸大小更为紧凑、重量更轻。如图 3-26 所示,gPhone 重力仪硬件系统主要由三部分组成:数据采集系统仪器箱、包含 UPS 和定时模块的电子箱以及用来运行控制软件的笔记本电脑。

图 3-26　gPhone 重力仪

仪器箱装有传感器和数据采集系统;电子箱由 GPS 和铷钟定时模块、UPS、供电电源和输出接头组成;笔记本电脑用于获取重力和 GPS 数据,并运行 gMonitor 控制软件。这三部分由若干电缆连接。

(2)超导重力仪

Prothero 和 Goodkind(1968)在美国研制出了超导重力仪。这种仪器应用几乎理想稳定性的超导持续电流作为仪器的稳定装置。它包括悬浮在磁场力的直径为 2.5cm 的超导球。磁场是由在液氦温度下的一对超导线圈的持续电流产生的。超导球为壁厚 1mm 的铝壳球,外面镀铅(镀层厚约 0.025mm)。

如图 3-27 所示,超导重力仪被镀在铜罐上的铅超导屏蔽所包围。整个系统,包括超导球、电容器极板、超导磁线圈以及超导磁屏蔽等都悬浮在真空中,并且温度稳定到几十微开。

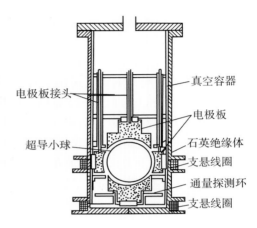

（a）超导重力仪观测系统　　　　（b）内部结构示意图

图 3-27　超导重力仪

（3）国产 DZW 重力仪

国产 DZW 重力仪采用高精度的电子测微系统,采用结构上最简单的弹性系统——垂直悬挂系统。DZW 重力仪采用的弹性材料为恒弹性合金钢 3J53,由冶金工业部钢铁研究总院精心研制,具有较小的弹性温度系数和较小的蠕变。DZW 重力仪实物图如图 3-28 所示。

图 3-28　国产 DZW 重力仪

在 DZW 型重力仪中，电容测微器的精度为 0.0001μm，该电容测微器中采用了感应变压器和锁相放大器，使位移测量的精度大大提高。感应变压器两次级绕组的电压做到严格相等。另外，由于电容测微器传感器的输出信号很小，信噪比低，在电路中采用锁相放大器，可以有效地滤除噪音和干扰对测量精度的影响。

DZW 型重力仪采用高精度控温，控温精度优于 0.0001℃，因而无须温度补偿。由于没有温度补偿，因此仪器工作温度的选择较为自由，只需工作温度高于环境温度即可。

（4）GS15 型重力仪

GS 型重力仪有 GS9、GS11、GS12 型和新老 GS15 型。其中，GS11 和 GS12 的弹性、读数及光电系统相同，主要区别在于 GS11 仅有一个标定常数的小球，而 GS12 有 18 个。老 GS15 弹性系统和 GS11、GS12 相同，但换能装置不同，GS15 信号检测系统中的换能装置由光电池改为电容位移（电容电桥），并去掉了水平阻尼盒。新 GS15 型用热敏电桥代替了原来继电器和接触温度计组成内恒温控制系统。此外，还增加了可检测仪器常数的电磁标定装置。GS15 型重力仪的记录方式有两种：①检流计的照相记录；②直流放大器和笔头可见记录。图 3-29 为 GS15 型重力仪。

图 3-29　GS15 型重力仪

3. 重力台站场地

（1）观测场地类型

重力台站按观测场地覆盖物一般分三种类型：①洞体型，进深不小于 20m、岩土覆盖厚度不小于 20m 的山洞；②地下室型，顶部岩土覆盖厚度不小于 3m；③地表型，顶部无岩土覆盖。洞体型场地宜选择在下列地段：①有植被或黏土覆盖的山体，顶部地形平缓、对称；②洞口宜位于下陡上缓的山坡下部；③高于最高洪水水位和地下水最高水位面。洞体型场地不宜选择在下列地段：风口、山洪汇流处；移动沙丘、滑坡体、塌陷体等附近。地下室型和地表型场地宜选择在地形平缓、对称，高于最高地下水水位面的地段。地下室型和地表型场地不宜选择在风口或山脊处。

重力台站按观测场地地基岩土一般分两种类型：基岩场地和黏性土场地。基岩场地可分为结晶岩类（如花岗岩等）、细粒沉积岩类（如灰岩等），基岩场地宜具备条件：①岩层倾角不大于40°；②岩体完整；③岩性均匀致密；④不宜建在孔隙度大、吸水率高、松散破碎的砂岩、砾岩、砂页岩以及沙质岩等岩体上。黏性土场地应无明显垂向位移与破裂、黏土密实，宜不含有淤泥质土层、膨胀土或湿陷性土。

（2）观测场地环境要求

观测场地应避开各种干扰源和雷击区，距干扰源的最小距离应符合表3-2的规定。

表3-2 干扰源距重力台站的最小距离（以重力仪仪器墩中心为起算点）（李辉等，2003）

干扰源	干扰或影响因素类型	最小距离/km	备注
振动	飞机场、铁路编组站	5.00	仪器墩建于黏性土层时
	铁路、冲压、粉碎作业场地	1.00	
	主干公路、搅拌机、重型车辆	1.30	
载荷	大水库、大湖泊、大河流、深层抽水注水区	3.00	
	大型建筑、仓库、工厂等载荷变化区	0.30	
爆破	采石、采矿等人工爆破	3.00	
海浪	海潮、海啸	10.00	距海岸的距离

（3）仪器墩

仪器墩规格：仪器墩长1.0~1.8m，宽1.0m；仪器墩宜高出仪器室地面0.3m；仪器墩墩面的平整度优于3mm。仪器墩设计建造应根据有关标准和规范进行。

（4）观测室

观测室由仪器室、记录室和辅助设施组成。

①仪器室：

仪器室的内部环境，应符合下列规定：a.仪器室温度应在5~40℃之间设定；b.日温差应小于0.1℃，年温差应小于1℃；c.相对湿度不应大于90%。

建筑结构，应符合下列规定：

a.洞体型仪器室宜建造为高2.6m、宽2.8m，上部为半圆形、下部为平整地面的拱形洞室，如图3-30所示。

b.地下室型仪器室应为四周均有走廊式间隔的房中房，四壁的墙壁厚度不应小于0.24m，其内部四壁和顶部应充填隔热防火材料，不应设置窗户，并应在仪器室和走廊式通道间设置3道以上船舱式密封门；仪器室四周（走廊式通道）地面下应设排水暗沟，如图3-31所示。

c.地表型仪器室，除无覆盖层外，结构要求应与地下室型仪器室相同，如图3-32所示。

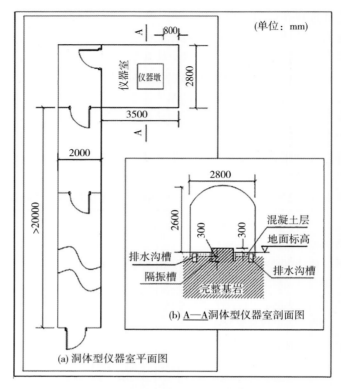

图 3-30　洞体型仪器室布局(李辉等，2003)

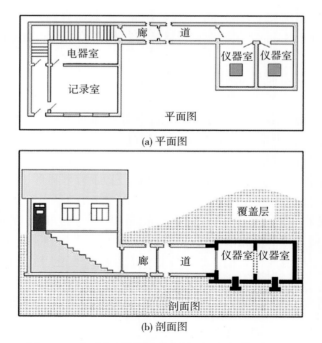

图 3-31　地下室型仪器室观测布局(李辉等，2003)

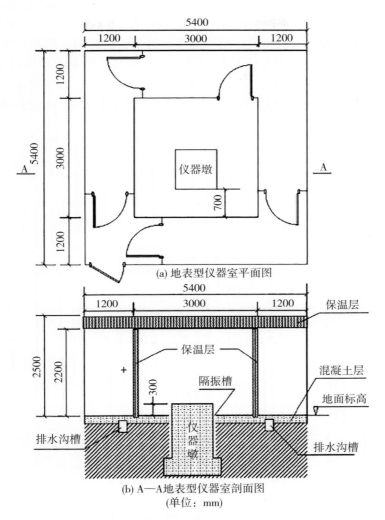

(a) 地表型仪器室平面图

(b) A—A地表型仪器室剖面图
(单位：mm)

图 3-32　地表型仪器室布局(李辉等，2003)

d. 仪器室宽度应大于 2.8 m、使用面积不应小于 9m²，不宜大于 15 m²。

②记录室：

记录室按下列要求建设：a. 记录室使用面积不宜小于 20m²；b. 室温应保持在 10~30℃，相对湿度应小于 80%；c. 避免直接对外开门；d. 屋面、地面和墙体应做防潮和防水处理；e. 记录和标定等电子设备不得受阳光直射；f. 室内应有防尘措施。

③辅助设施：

辅助设施包括供电、接地与防雷。应满足下列要求：a. 具备 220±20V 电源，并配置 UPS 电源、蓄电池；b. 市电、信号线分开走线，并分设线盒；c. 加温电源距重力仪器主体的距离小于 10m；d. 重力观测系统所使用的市电电源应设避雷装置；e. 交流电接地与设备外壳接地分开，并不得和避雷地线相连，且间距大于 5 m，接地电阻不大于 4Ω；

f. 地线电极材料选用 L50 mm×50 mm 角钢(镀锌),连接材料用 40 mm×3 mm 镀锌扁钢与电极焊接后引入仪器室或记录室。在仪器室附近选择潮湿处,按上图尺寸呈"目"字形挖 500mm 深沟,将角钢一端切割成尖状,用铁锤打入地下,然后用扁钢进行焊接,完成后盖土用水浇灌。用焊接的方法将地线与相关仪器进行连接。交流电接地可参见图 3-33。

g. 低于 36 V 直流电源的设备接地,除遵照设备说明书的规定外,应在设备与交流电源间采用隔离变压器,将设备的工作电源闭合电路与输入端供电电源闭合电路分离。

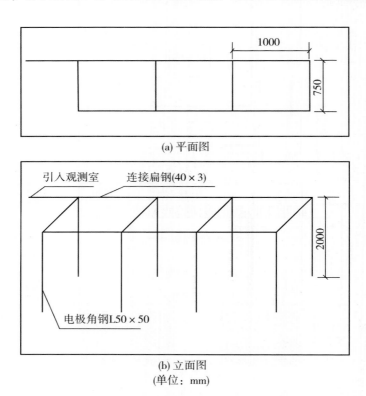

(a) 平面图

(b) 立面图
(单位:mm)

图 3-33 交流电接地(李辉等,2003)

(5)设备配置

测量设备及其技术指标参见表 3-3(李辉等,2003)。

表 3-3　　　　　　　　　　　　　　　　主观测设备

设备名称	数量	主要技术指标	功能与用途
重力仪	1 台	分辨率 $0.1×10^{-8}$ m/s^2,月漂移率 $<500.0×10^{-8}$ m/s^2	定点连续重力观测
数字化采集系统	1 套	数据采样率优于 1 次/分采集分辨率优于 16 位	观测数据数字化采集
记录仪	1 台	记录幅宽不小于 250.0mm	观测数据模拟记录

校准设备及其技术指标参见表3-4(李辉等，2003)。

表3-4   校准设备

设备名称	数量	主要技术指标	功能与用途
独立或非独立记录系统格值标定装置	1套	分辨率0.1mV，标定相对中误差≤1×10⁻⁴	放大滤波及记录系统标定
独立或非独立调摆装置	1套	一次可调幅度不小于150.0×10⁻⁸m/s²	调仪器测程

辅助设备及其技术指标参见表3-5(李辉等，2003)。

表3-5   辅助设备

设备名称	数量	主要技术指标	功能与用途
恒温控制系统	1套	恒温控制精度0.01℃	仪器室恒温控制
数字化温度仪	1套	0~40℃，分辨率0.1℃	测环境温度
数字化湿度仪	1套	0~40℃，分辨率0.1℃	测环境湿度
数字化气压仪	1套	分辨率0.1hPa	测环境气压
数字电压表	1台	5位	仪器格值标定
数字钟	1台	带时号输出	时间服务
数字万用表	1台	四位半	仪器日常维护
空调机	1台	输出功率1000~3000W(视记录室面积)	记录室控温

电源供给设备及其技术指标参见表3-6(李辉等，2003)。

表3-6   电源供给设备

设备名称	数量	主要技术指标	功能与用途
交流发电机	1台	220±20V	后备电源
电源避雷箱	1套	单向电源	室内仪器避雷
隔离变压器	2台	500W	仪器室、记录室稳压与防雷
直流稳压器	2台	6V/5A	仪器恒温系统
蓄电池	9块	12V/120AH(6块) 12V/65AH(3块)	稳压器及UPS配套

设备名称	数量	主要技术指标	功能与用途
直流稳压器	2 台	24V/1A	仪器工作系统
UPS 电源	2 台	1kW（配外接蓄电池）	备用电源
充电器	1 台	（0~36）V/20A	蓄电池充电

4. 连续重力观测仪器标定

对台站的仪器标定方法宜通过绝对重力仪标定超导重力仪，然后通过超导重力仪对其他类型的相对重力仪进行标定，建立基准传递的方法，从而实现对全台网仪器的标定。

（1）绝对重力仪标定超导重力仪

对数据进行预处理后，SG 的格值因子可以通过最小二乘方法确定。带有零漂改正的最小二乘表达为：

$$g_i = SV_i + a_0 + a_1 t_1 + a_2 t_i^2 \tag{3-5}$$

式中，g_i、V_i、t_i、S 分别为第 i 次观测 AG 落体重力值、SG 输出电压、观测历元和 SG 格值，a_0、a_1 和 a_2 为零漂多项式的拟合系数。由于 1 期同址观测以及极低的零漂率，故此种情况下可以忽略零漂项的影响。

（2）超导重力仪标定 g 型相对重力仪

将两台仪器同期同址测得的潮汐因子做比值，即为其中一台仪器的标定因子。例如，在九峰台，将超导重力仪与 gPhone 重力仪进行同期同址观测，经调和分析计算得到超导重力仪所测数据的 M2 潮汐因子为 δ_1，gPhone 重力仪所测数据的 M2 潮汐因子为 δ_2，则 gPhone 重力仪的标定因子为：

$$\chi = \frac{\delta_1}{\delta_2} \tag{3-6}$$

3.3.2　连续重力观测数据处理

1. 观测数据预处理

数据预处理的主要目的是压制噪声、突出信号，提高信噪比。随着重力固体潮观测精度的提高，原始观测数据中各种干扰对分析结果的影响越来越明显，如地震、尖峰和零漂等。为了有效消除这些干扰的影响、提高数据分析精度，必须对数据进行预处理。国际专门用于固体潮分析的软件方法主要有 Nakai、Preterna 和 Tsoft。

（1）数据降采样

采用基于汉宁窗的 FIR 数字低通滤波器可对相对重力仪秒采样观测数据进行滤波，去除观测数据中的高频信号，按 60 秒间隔采样得到分钟值固体潮观测数据。

（2）Nakai 预处理方法

Nakai 方法是最早用于潮汐数据预处理的方法，是由日本的 Nakai 提出的。它不仅仅是一种预处理方法，也是一种分析方法，其数据原理如下：

设某一时刻 t 的潮汐观测值 Y_t 表示为：

$$Y_t = T_t + D_t \tag{3-7}$$

式中，T_t 为潮汐部分，D_t 为漂移部分。

Nakai 采用多项式及潮汐理论值对 T_t 进行拟合，对 D_t 则用时间的仅取到 2 次的多项式来拟合，并考虑了相位偏移的影响。则 Y_t 可进一步表示为：

$$Y_t = \alpha \cdot R(t) + \beta \frac{\mathrm{d}R(t)}{\mathrm{d}t} + K_0 + K_1 t + K_2 t^2 \tag{3-8}$$

式中，$R(t)$ 为理论潮汐；α 为比例因子，它与潮汐因子和仪器格值有关；$\beta = -\alpha \cdot \Delta t$（$\Delta t$ 为相位偏移的平均值）；K_0，K_1，K_2 分别为关于时间 t 的多项式 0 次项、1 次项和 2 次项，分别表示了漂移中的常数项、线性项和二次非线性项。α 和 Δt 的结果反映了潮汐因子或仪器格值及相位偏移的情况。

Nakai 检验的优点是方法简单且计算速度快，特别适用于台站观测数据质量以及仪器灵敏度的检验。

（3）重力潮汐残差时间序列计算

由于预处理数据分析往往是在残差水平上进行的，因此需要计算重力潮汐残差值。重力潮汐残差为：

$$\varepsilon(t) = \mathrm{Obs}(t) - G(t) \tag{3-9}$$

式中，t 是时间；$\mathrm{Obs}(t)$ 是重力观测潮汐值；$G(t)$ 是固体潮理论值。

去除理论潮汐值的方法一般有三种：①合成潮汐法，利用理论公式计算观测地的理论潮汐值，再从观测数据中减去此值，得到剩余重力值；②数字滤波法，具体做法相当于对观测数据进行高通或者带通滤波，得到剩余重力值；③多项式拟合法，利用高次多项式，对观测数据进行拟合，再减去拟合数据，得到剩余重力值。

我们常用的方法即为合成潮汐法。固体潮理论值的计算公式可采用 1983 年由国际固体潮委员会标准地球潮汐小组提出的模型公式精确计算，见式（3-10）：

$$\begin{cases}
\delta_t = \delta_{\mathrm{th}} \times G(t) - \delta f_c \\
G(t) = -165.17 F(\varphi) \left(\dfrac{C}{R}\right)^3 \left(\cos^2 Z - \dfrac{1}{3}\right) \\
\qquad\quad -1.37 F^2(\varphi) \left(\dfrac{C}{R}\right)^4 \cos Z (5\cos^2 Z - 3) \\
\qquad\quad -76.08 F(\varphi) \left(\dfrac{C_s}{R_s}\right)^3 \left(\cos^2 Z_s - \dfrac{1}{3}\right) \\
F(\varphi) = 0.998327 + 0.00167\cos 2\varphi \\
\delta f_c = -4.83 + 15.73\sin^2 \phi - 1.59\sin^4 \phi
\end{cases} \tag{3-10}$$

式中，δ_t 为固体潮改正值，单位为 $10^{-8}\mathrm{m/s^2}$；δ_{th} 为重力潮汐因子，采用区域实测平均值或理论值 1.16；$G(t)$ 为固体潮汐理论值，单位为 $10^{-8}\mathrm{m/s^2}$；R 为地心与月心之间的距离，R_s 为地心与日心之间的距离；Z 为月亮相对测点的天顶距；φ 为地理纬度；δf_c 为永久性潮汐对重力的直接影响；ϕ 为测点地心纬度，用 $\phi = \varphi - 0.193296\sin 2\varphi$ 计算。

（4）数据去漂移

采用多项式模型对预处理后的数据中的漂移进行拟合，并进行漂移改正。设 p 为拟合多项式的次数，则

$$\text{drift} = b_0 + b_1 t + b_2 t^2 + b_3 t^3 + \cdots + b_p t^p \tag{3-11}$$

式中，b_0，b_1，$\cdots$，b_p 为拟合系数。

（5）Preterna 软件包预处理

德国 Wenzel 教授于 1994 年颁布的 Preterna 软件包是由专用于固体潮汐观测数据预处理的软件包。该软件包具有观测数据的计算机绘图、数据标定、合成潮计算、干扰修正及数据滤波等多项功能，是一个相当完备的预处理软件。采用移去恢复法对潮汐观测数据进行预处理，先去掉根据理论潮汐参数或由观测资料粗略估算的潮汐参数计算的合成潮汐，得到观测残差；然后在观测残差上进行各种预处理；最后将预处理后的观测残差加上前面去掉的合成潮汐得到修正后的观测数据。该软件包处理速度快，但需要具备一定的经验才能比较合理地选择滤波器的门限，同时此方法对于特殊地球物理现象引起的重力变化是无法辨别的，影响了后续的资料分析结果。

（6）Tsoft 软件预处理

该软件是由比利时皇家天文台 Vauterin 在 Preterna 软件的基础上研制的潮汐观测数据预处理软件，也是国际地球动力学计划 GGP 项目超导重力仪重力潮汐观测资料交换的标准预处理软件。包括了 Preterna 软件包的所有功能，并加入了许多数据分析的工具。采用 Windows 常规的窗口界面，鼠标操作，可以直接在计算机屏幕上进行手工修正，并且可以随时保存或恢复任何一个修正后的干扰。

2. 重力固体潮调和分析

重力固体潮调和分析的目的是为了确定潮汐参数。国内外常用的调和分析方法主要有 Venedikov 调和分析（VAV）、Eterna 调和分析、Baytap-G&L 调和分析法等。之所以这三种软件得到广泛应用，是因为目前只有这三个软件具有完整的软件说明书，而且在服务器和个人计算机上都可以方便地使用。尽管如此，这三种软件并不是基于 Windows 窗口式的软件，是命令行式的 DOS 软件。

Venedikov 调和分析方法是由 Venedikov 于 1966 年创立。它曾是国际地潮中心 ICET 用来进行重力潮汐调和分析的标准方法。计算机软件由 Venedikov 及其合作者编写并不断完善于 2000 年左右升级成 VAV，采用长度为 48 阶带通奇偶滤波器，分别滤出周日波、半日波和 1/3 日波的潮汐分量。首先假设固体潮的小时读数可以构成一个 n 维的列向量：

$$\boldsymbol{L} = \begin{pmatrix} l_{-n} \\ \vdots \\ l_n \end{pmatrix} \tag{3-12}$$

各潮波的振幅和初相以及零漂函数的系数等可以构成一个 m 维向量：

$$\boldsymbol{X} = \begin{pmatrix} x_1 \\ \vdots \\ x_m \end{pmatrix} \tag{3-13}$$

L 的误差 n 维向量：

$$e = \begin{pmatrix} e_{-m} \\ \vdots \\ e_m \end{pmatrix} \qquad (3\text{-}14)$$

用 A 表示未知数 x_1，x_2，$\cdots$，x_m 的系数矩阵（m 行 n 列），则得

$$L = AX + e = x_1 A_1 + x_2 A_2 + \cdots + x_m A_m + e \qquad (3\text{-}15)$$

使用滤波器 F 将其中一个分量放大，如 A_1，而消除其余分量。设滤波器为：

$$F = \begin{pmatrix} f_{-n} \\ \vdots \\ f_n \end{pmatrix} \qquad (3\text{-}16)$$

略去 e 的情况下，F 满足条件：

$$\begin{aligned} F^* A_1 &= 1 \\ F^* A_i &= 0 (i = 2，3，\cdots，m) \end{aligned} \qquad (3\text{-}17)$$

式中，$F^* = (f_{-n}，\cdots，f_n)$ 是 F 的转置矩阵。

潮汐记录 $H_i \cos(\omega_i t + \phi_i)$ 表示的波可以写成：

$$H_j \cos(\omega_j t + \phi_j) = H_j \cos\omega_j t \cos\phi_j - H_j \sin\omega_j t \sin\phi_j \qquad (3\text{-}18)$$

式中，$\cos\omega_j t$ 和 $\sin\omega_j t$ 对于给定的时刻来说都是已知量，维尼迪柯夫把不同时刻的这些未知数分别用列向量 C 和 S 来表示：

$$C = \begin{pmatrix} \cos\omega_j(-n) \\ \vdots \\ \cos\omega_j(n) \end{pmatrix}$$

$$S = \begin{pmatrix} \sin\omega_j(-n) \\ \vdots \\ \sin\omega_j(n) \end{pmatrix} \qquad (3\text{-}19)$$

若令 $A_j = H_j\cos\phi_j$，$B_j = -H\sin\phi_j$，并设仪器零漂为 K 阶多项式 $\sum_k D_k P_k$，其中 D_k 为系数，P_k 为：

$$P_k = \begin{pmatrix} P_k(-n) \\ \vdots \\ P_k(n) \end{pmatrix} \qquad (3\text{-}20)$$

则 t 时刻读数为：

$$L = \sum_j (A_j C_j + B_j S_j) + \sum_K D_k P_k \qquad (3\text{-}21)$$

采用卡特赖特等的潮汐位完全展式，则 $T_i + t$ 时刻处的读数可以写成：

$$l(t，i) = \sum_{j=1}^{363} H_j \cos[\omega_j t_i + \phi_j(T_i)] + \sum_{k=1}^{2} D_k P_k(t) + \kappa \qquad (3\text{-}22)$$

式中，κ 为任意常数，如记录出格时调仪器所形成的等数等。T_i 为第 i 个 48 小时段的

中央时刻，t_i 为以 T_i 为原点的小时数。

设所分析的序列中有 n 个 48 小时段，则 6 个滤波器均需要使用 n 次。$l(t, i)$ 为同一段中 $T_i + t$ 时刻的读数，对这些读数进行滤波，我们就可以得到 $6n$ 个数值：

$$M_i^{(r)} = \sum_{t=-23.5}^{+23.5} C_s^{(r)} l(t, i)，i = 1，2\cdots，n$$

$$N_i^{(r)} = \sum_{t=-23.5}^{+23.5} S_t^{(r)} l(t, i)，r = 1，2，3 \tag{3-23}$$

因为滤波时未重复使用资料，$M_i^{(r)}$，$N_i^{(r)}$ 之间的相关系数为零，故此 $6n$ 个数值可视为互相独立的观测值。

将式（3-22）代入式（3-23），因为滤波器 C 和 S 都自动消除了二次多项式，这时可得

$$
\begin{aligned}
M_i^{(r)} &= \sum_{t=-23.5}^{23.5} C_t^{(r)} \sum_{j=1}^{363} H_j \cos[\omega_j t + \phi_j(T_i)] \\
&= \sum_{t=-23.5}^{23.5} C_t^{(r)} \sum_{i=1}^{363} [H_j \cos\omega_j t \cos\phi_j(T_i) - H_j \sin\omega_j t \sin\phi_j(T_i)] \\
&= \sum_{j=1}^{363} H_j \cos\phi_j(T_i) \sum_{t=-23.5}^{23.5} C_t^{(r)} \cos\omega_j t - \sum_{j=1}^{363} H_j \sin\phi_j(T_i) \sum_{t=-23.5}^{23.5} C_t^{(r)} \sin\omega_j t
\end{aligned}
\tag{3-24}
$$

因为 $C_{-t}^{(r)} = C_t^{(r)}$，$\sin\omega_j(-t) = -\sin\omega_j(t)$，故

$$\sum_{t=-23.5}^{23.5} C_t^{(r)} \sin\omega_i t = 0$$

因而得

$$M_i^{(r)} = \sum_{j=1}^{363} \overline{C}_j^{(r)} H_j \cos\phi_j(T_j) \tag{3-25}$$

式中，

$$\overline{C}_j^{(r)} = \sum_{t=-23.5}^{23.5} C_t^{(r)} \cos\omega_j t$$

同理，因有

$$\sum_{t=-23.5}^{23.5} S_t^{(r)} \cos\omega_j t = 0，$$

故得

$$N_i^{(r)} = \sum_{j=1}^{363} -\overline{S}_i^{(r)} H_j \sin\phi_j(T_i) \tag{3-26}$$

其中

$$\overline{S}_i^{(r)} = \sum_{t=-23.5}^{23.5} S_i^{(r)} \sin\phi_i(T_i)$$

式（3-25）和式（3-26）中 $M_i^{(r)}$，$N_i^{(r)}$，$\overline{C}_i^{(r)}$，$\overline{S}_i^{(r)}$ 都是已知值，只有 H_i 和 $\phi_i(T_i)$ 是未知数。而 $\phi_i(T_i)$ 可以由下式进行计算：

$$\phi_j(T_i) = \phi_j(T_0) + \omega_i(T_i - T_0) = \phi_j(T_0) + 48(i-1)\omega_j \tag{3-27}$$

式中，$\phi_j(T_0)$ 为某固定时刻 T_0 的相位，i 为第 i 个 48 小时段；

$\overline{C}_i^{(r)}$ 和 $\overline{S}_i^{(r)}$ 是滤波器 C 和 S 对不同波的选择因子或者振幅因子。

维尼迪柯夫使用潮汐因子 δ 和相位滞后通过下列关系：

$$\begin{cases} \xi = \delta\cos\Delta\varphi \\ \eta = \delta\sin\Delta\varphi \end{cases} \tag{3-28}$$

构成未知数，可得振幅和相位的理论值和观测值之间的关系：

$$\begin{cases} H_j = h_j\delta_j \\ \phi = \varphi_j + \Delta\varphi_j \end{cases} \tag{3-29}$$

将式（3-28）和式（3-29）代入式（3-25）和式（3-26），可以得到

$$\begin{cases} M_i = \sum_{j=1}^{363} \overline{C}_j h_j [\xi_j\cos\varphi_j(T_i) + \eta_j\sin\varphi_j(T_i)] \\ N_i = \sum_{j=1}^{363} \overline{S}_j h_j [-\xi_j\sin\varphi_j(T_i) + \eta_j\cos\varphi_j(T_i)] \end{cases} \tag{3-30}$$

分离主要波群，求得 δ 和 $\Delta\varphi$ 之后反求观测振幅 H 和观测相位 ϕ。

1995 年，德国的地球物理学家 Wenzel 在 Schuller 的 HYCON 方法的基础上提出了 Eterna 方法，并且给出了专用于固体潮汐调和分析的 Eterna 软件包（Wenzel，1996）。Eterna 方法利用最小二乘技术来估计潮汐参数、气象和水文回归系数、潮汐回归系数，并用来确定漂移的切比雪夫（Tschebyscheff）多项式的系数。可以分析的数据长度几乎是无限长的，并且允许存在间断数据。可以分析重力、倾斜、垂直位移、水平位移、垂直应变、水平应变、面应变、切应变、体应变、海潮观测数据，并同时最多可获得 8 个气象或水文时间序列的回归系数。可以用 7 个潮汐分波表中的任何一个来计算理论潮汐。对于数据格式和参数设置的要求是比较严格的。在不分析长周期潮波的情况下，可以用高通滤波来估计漂移，否则用切比雪夫多项式来拟合漂移，多项式的次数是可选的。另外，可分析任何采样率的观测数据。Eterna 软件包是目前国际地潮中心观测数据处理所用的标准调和分析软件。

Eterna 方法考虑了大气压力、地下水、温度、湿度和极潮等环境因素对固体潮观测的影响，并在分析中将这些影响分离出来，得到这些环境因素与重力固体潮观测残差间的回归系数（Wenzel，1996）。以台站气压和极潮对观测数据的影响为例，在 Eterna 方法中，t 时刻的观测值 $y(t)$ 可表示为：

$$y(t) = \sum_{m=1}^{M_n} \delta_m \sum_{n=\alpha m}^{\beta m} A_{nm}\cos(\omega_{nm}t + \varphi_{nm} + \Delta\varphi_m) + \mathrm{Dr}(t)$$
$$+ \sum_{k=0}^{K} a_k P(t-k) + b\,\mathrm{Pole}(t) + \varepsilon(t) \tag{3-31}$$

式中，M 为波群数，A_{nm}、ω_{nm}、φ_{nm} 为第 m 波群中第 n 个潮波分量的理论振幅、角频率和初始相位，δ_m 和 $\Delta\varphi_m$ 分别为第 m 波群待估算的振幅因子和相位滞后，$\mathrm{Dr}(t)$ 为仪器的零点漂移，$P(t)$ 和 $\mathrm{Pole}(t)$ 分别为气压和极潮观测值，a_k 和 b 分别为气压和极潮的回归系

数，$\varepsilon(t)$ 为观测误差。

对于观测数据中仪器的零点漂移项 $\mathrm{Dr}(t)$，可采用两种方法进行处理：一种方法是利用多项式（如采用切比雪夫或高斯多项式等）进行模拟；另一种方法是对观测数据进行高通滤波，此时要考虑到不同频率的潮波对滤波器的响应也不同。取观测值的个数大于未知数个数，利用最小二乘原理，使 $\sum \left[\, \varepsilon(t)\, \right]^2 = \mathrm{Min}$ 可估计出 δ_m 和 $\Delta\varphi_m$。

Baytap-G&L 调和分析法是 1985 年日本的 Ishiguro 和 Tamura 基于贝叶斯信息原理研制的 Baytap-G 潮汐分析软件。采用迭代法估计潮汐参数、漂移及气象和水文时间序列的回归系数，并且采用贝叶斯信息原理来判断最优的参数估计。另外，与其他方法相比，此方法确定的漂移项是光滑的。原理方法类似，不再累述。

Venedikov 调和分析（VAV）、Eterna 调和分析和 Baytap-G&L 调和分析法这三种方法都能得到高精度的潮汐参数，没有一个软件明显优于其他软件。Baytap-G&L 将长周期波的分析和周日以上的分析分开来，这对于具有极低漂移的超导重力仪观测资料的分析可能很有意义，但是将同一数据序列分成频率不同的两部分也会出现问题，如能量泄露及相关性问题等。潮汐参数估计中采用的贝叶斯准则应该优于 VAV 和 Eterna 中仅用最小二乘的估算方法。漂移的确定用随机行走模式也要比用滤波和多项式拟合的方法更为合理。不足之处是 Baytap-G&L 只用了 CET 和 Tamura 的引潮位展开表，这一点和 VAV 是一样的，如此在计算理论潮汐时，精度比 Eterna 差，因为 Eterna 采用了 Hartmann 的引潮位展开表，使理论潮汐的计算精度达到了 10^{-11} 的量级，对于振幅较小的潮波分析会有影响。

3. EMD 与 HHT 分析

杨光亮等（2011）采用基于 EMD 自动提取算法及地震触发判断算法实现对台站连续重力数据的潮汐尖峰台阶仪器漂移和趋势性变化的消除，达到连续重力非潮汐信息的自动分离提取，如图 3-34、图 3-35 所示。研究实例表明，该算法可实现对重力台站资料的自动处理，适于对大量台站连续重力观测资料进行批量化处理，快捷地提取非潮汐变化信息。

徐伟民等（2012）处理连续台站重力数据后发现，重力非潮汐量结果变化量较小，绝大多数台站的变化幅值小于 $10\mu\mathrm{Gal}$。重力非潮汐量在月尺度上同 GRACE 卫星重力结果趋于一致。陆地水含量是重力场变化的主要因素之一，重力场变化相对于陆地水含量有 1~2 个月的时间延迟。

4. CMONOC 软件简介

针对中国大陆连续重力观测台网数据预处理以及台站运行质量跟踪分析，中国地震局地震研究所联合武汉大学、中国科学院地球与物理研究所开发的 CMONOC 软件，是在 Vauterin（1998）发展的重力固体潮观测资料预处理软件"Tsoft"的基础之上进行开发研制的。此软件可以实现连续重力观测数据下载、数据可视化、数据预处理、各连续重力观测台站日常工作情况评价、调和分析、图形产品产出等功能。

连续重力数据共包括 5 级数据：其中 0 级数据为原始数据和仪器日志；1 级数据为降采样数据和预处理数据、观测日志、工作日志；2 级数据为均值数据、潮汐参数、异常数据；3 级数据为观测精度指标，图形产品；4 级数据为观测报告、运行年报、异常数据跟踪分析报告、地震事件简报等。COMNOC 软件可以产出 1 级、2 级、3 级数据，同时可为 4 级数据提供必要的编写素材。

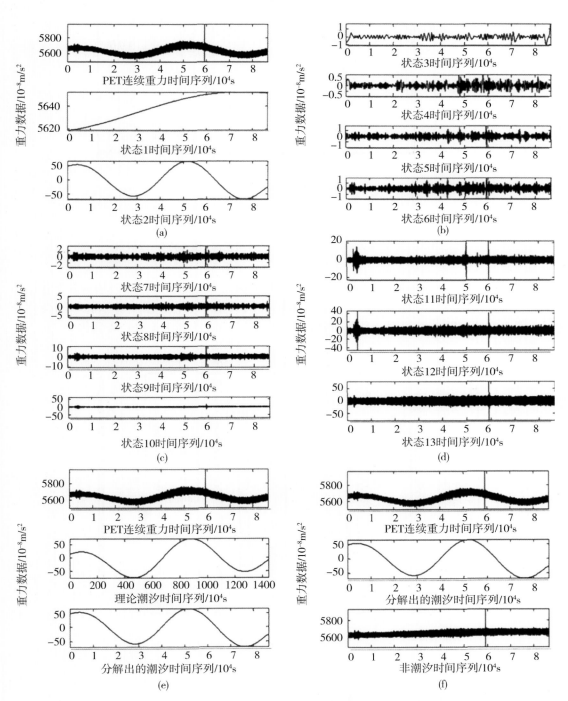

图 3-34　连续重力数据的 HHT 提取(杨光亮等，2011)

145

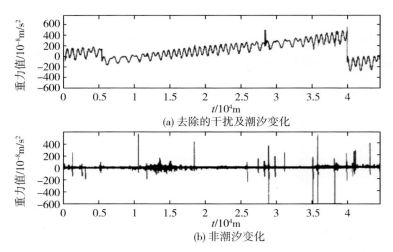

(a) 去除的干扰及潮汐变化

(b) 非潮汐变化

图 3-35　连续重力潮汐与非潮汐信息自动提取(杨光亮等,2011)

　　通过对中国大陆连续重力观测台网数据进行分析,可以获得反映重力场动态变化的图像,包括:潮汐参数空间分布图、潮汐参数随时间变化序列、非潮汐参数随时间变化序列。图 3-36 为 M2 波潮汐因子月空间分布,图 3-37 为 M2 波潮汐参数趋势变化。

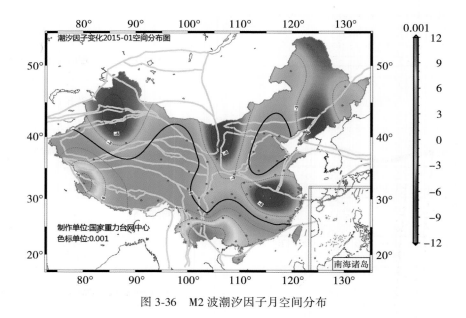

图 3-36　M2 波潮汐因子月空间分布

3.3.3　超导重力观测与潮汐基准

　　超导重力观测辅以绝对重力观测是建立潮汐基准的最佳途径。通过绝对重力仪对超导

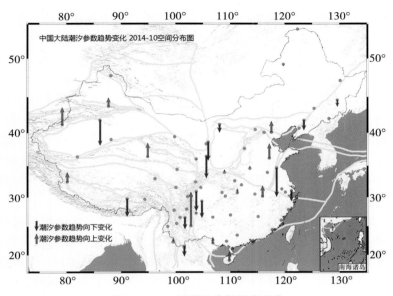

图 3-37　M2 波潮汐参数趋势变化

重力仪的精密标定，对超导重力仪长时间观测数据进行分析处理，并消除环境因素影响，计算得到引力站精密潮汐参数，可建立地震重力潮汐观测基准。

研究者们利用武汉站引进的 GWR 超导重力仪观测数据，开展了潮汐参数稳定性与可靠性的研究工作。SGC053 和 gPhone 重力仪的比测研究表明，超导重力仪观测获得的潮汐参数精度较弹簧重力仪的观测精度要高一个数量级（SGC053 得到的 M2 波潮汐因子中误差优于 0.00004，而 gPhone 重力仪的约为 0.001~0.0002），可以作为由弹簧重力仪构成的连续重力观测台网的潮汐基准；利用比测标定后的格值系数进行非潮汐分析，发现校准后残差时间序列中的残余固体潮信息是校准前的 1/2，这表明这种比测校准方法可以提高弹簧重力仪提取非潮汐信号的信噪比；比测标定方法还能够将武汉九峰台 SGC053 得到的潮汐基准传递到连续重力观测台网各重力仪，这为连续重力观测站组网提供了基础。

为了验证台站型相对重力仪在不同地域的变化特征，利用一台 gPhone 弹簧重力仪和两台 CG-5 重力仪在引力站、拉萨和丽江与超导重力仪进行了同址对比观测，研究结果表明弹簧型重力仪的格值随地理位置的变化会发生超过 0.1% 的变化，这就要求对全国各站架设的相对重力仪定期进行格值标定。因此，通过小型无漂移、高精度相对重力仪实现引力站重力潮汐观测基准向全国各台站的精密传递是未来工作的重点，通过此项工作将统一重力观测台网的观测基准，可有效提升重力台网的观测效能，为地震监测预报和科学研究服务。

陈晓东等（2003）利用我国武汉国际重力潮汐基准站 GWR-C032 超导重力仪与 LCR-ET 20 重力仪的同址观测资料，采用多线性回归方法进行了 ET20 重力仪格值的精密测定。为了说明获得格值的有效性，用获得的格值对 ET20 重力仪观测数据进行标定，然后进行调和分析，将分析结果与同期 C032 超导重力仪观测资料分析结果相比较。数值结果表明：

利用 ET20 重力仪可获得与超导重力仪相近的潮汐参数；经海潮改正后由 LCR-ET20 重力仪获得的振幅因子与理论值之差，与由 GWR-C032 超导重力仪获得的振幅因子与理论值之差十分接近，说明获得的标定因子是可靠的。

刘子维等（2011）用 SG-C053 超导重力仪长时间观测数据潮汐分析结果中的 M2 潮波振幅因子，对同址观测的 28 台 gPhone 重力仪标定因子进行了精密测定，结果表明，28 台仪器标定因子的变化范围为 0.9999～1.0196，反映出仪器的标定因子在出厂前已经过测定，但在新的观测位置产生了微小的变化。对经过改正后的观测数据重新进行分析，得到的 M2 潮波振幅因子精度均优于 0.8‰，去除漂移后的残差时间序列中重力非潮汐变化为 $(4～10)×10^{-8}m/s^2$，周日波振幅小于 $0.1×10^{-8}m/s^2$，半日波振幅小于 $0.3×10^{-8}m/s^2$，较之测定前有明显的改善。因此，利用精确的 M2 潮波振幅因子测定仪器的标定因子，能够保证所有 gPhone 弹簧重力仪在统一的潮汐基准下观测。

陈晓东等（2013）讨论用绝对重力仪观测数据测定超导重力仪格值精度问题，分析影响该精度的各种可能因素，分析说明，选择大潮期间进行格值标定对提高标定精度有利，标定计算前必须去掉仪器的线性漂移，同时还必须检验并改正数据间的时间偏移，以武汉台用 FG5-112 绝对重力仪对 GWR-C032 超导重力仪的实测标定结果表明，达到 0.1% 的相对标定精度是比较困难的，需要非常长的绝对重力观测时间；而达到 0.2% 的相对标定精度，仅需要 5 天的绝对重力观测数据，且可满足大多数超导重力仪观测精度的需求。

3.3.4　潮汐变化

1. 潮汐空间分布

重力潮汐参数反映了地球对月亮、太阳及其他近地天体引潮力的响应，它取决于地球内部物质的空间分布和黏弹性特征。高精度重力潮汐参数的确定不仅可以为重力仪器的标定提供潮汐基准，也可为重力测量提供潮汐改正参数，同时精密重力潮汐参数空间分布也可为地球内部精细结构特征提供重要约束，对研究地球内部构造环境具有重要科学意义。20 世纪 80 年代，中国地震局、中国科学院与比利时皇家天文台合作，利用 10 余台相对重力仪测定了第一代中国大陆潮汐参数空间分布图，但潮汐参数精度不足 0.5%。近年来，随着潮汐观测精度优于 0.1% 的连续重力观测仪的应用和地球物理场信息的丰富、地球模型的不断完善以及数学分析方法的不断创新和中国大陆连续重力观测台网的建设，为研究中国大陆潮汐参数分布特征提供了有利的条件。

早在 20 世纪 70 年代末，国家地震局、中国科学院与比利时皇家天文台和国际地球潮汐中心合作，在国内首先建立了北京、武汉、广州、上海、兰州、乌鲁木齐、沈阳、青岛等重力潮汐观测剖面；20 世纪 80 年代先后用 LCRG 和 ET 型仪器共计 10 余台相对重力观测仪（潮汐因子观测精度约为 0.5%），完成了我国沿海南北向及沿 30°纬线左右重力潮汐剖面探测，首次获得了中国区域的重力潮汐参数分布（李瑞浩等，1984；Melchior et al.，1985）。在进行连续重力观测数据改正时，利用实测连续重力观测数据建立的潮汐模型，可以有效地检测出潮汐长周期波（毛慧琴等，1989）、水负荷引起的季节性重力变化、同震重力变化、地壳形变引起的重力变化，水位、降雨等环境因素引起的微伽级重力变化。在进行高精度绝对重力测量中（何志堂等，2011），潮汐改正的误差不容忽视，理论计算和实际观测总会有一定的差距,理论计算是不能完全替代实际观测的。因此,实际观测和理论观测的偏差需要利用更加精密的潮汐参数进行讨论。

毛慧琴等(1989)为了检验体潮与海潮的理论模型,分析了中国东西重力潮汐剖面(1981年9月—1985年1月)。同时,为研究 LaCust ET-20 和 ET-21 重力仪的格值系统,建立了一条由17台 LaCust G型和2台 LaCust D型重力仪观测的重力垂直基线。在基线上标定的结果表明,ET-21 重力仪的格值大了1%。由标定得到的格值计算剖面上各测站的潮汐因子,经海潮改正后,接近 wahr 模型值,振幅因子的残差:O1 波小于 0.3μGal,M2波小于 0.4μGal。但是,上海和拉萨的观测经海潮改正后,相位滞后有很大的改善,振幅因子却更偏离于模型值,其潮汐异常主要是近海的海潮模型不完善,以及在海潮计算中,所采用的地球模型未考虑地壳与上地幔的横向不均匀性所引起。

周江存等(2004)利用最新的全球海潮模型和离散数值积分技术计算了海潮负荷对部分地展网络台站重力固体潮观测的影响。如图 3-38 所示,数值结果说明,用近海潮汐资料修正全球模型对负荷计算影响较大(尤其是相位)。8个台站重力潮汐观测经海潮负荷改正后更接近于理论模型。周江存等(2004)给出了不同全球海潮模型间的差别,并说明了顾及近海潮汐效应的重要性。沿海台站(如深圳台)的负荷改正依赖于模型选择,近海潮汐在影响负荷振幅的同时对相位也有较大的影响。周江存等(2009)利用理论和实验重力固体潮模型,充分考虑全球海潮和中国近海潮汐的负荷效应,建立了中国大陆的精密重力潮汐改正模型。结果表明,采用不同的固体潮模型会对重力潮汐结果产生相对变化幅度小于 0.06% 的差异;在沿海地区海潮负荷的影响约为整个潮汐的4%,而中部地区约为1%,其中中国近海潮汐模型的影响约占整个海潮负荷的10%,内插或外推潮波的负荷约占海潮负荷的3%。通过比较实测的重力数据表明,给出的重力潮汐改正模型的精度远远优于 $0.5×10^{-8} m/s^2$,说明了构建的模型的实用性,可为中国大陆高精度重力测量提供有效参考和精密的改正模型。

在地球物理和地球动力学领域方面,利用精密测定的潮汐参数,分析其空间分布特征不仅可以研究惯性空间的自由核章动(FCN)(徐建桥等,2009;孙和平等,2004),还可以研究区域性重力潮汐参数变化特征和地壳横向不均匀等地球物理现象(许厚泽等,1998)。

20世纪70年代末和80年代初,中外科学家协作建立的重力潮汐剖面,不仅为建立流动重力观测仪长短基线标定提供了必要的潮汐基准,还发现上海和拉萨的理论和实际的差异可能和海潮模型的不完善以及地球模型未考虑地壳与上地幔的横向不均匀性等因素有关。在研究地球自转、微椭侧向非均匀黏弹性潮汐模拟理论时,不仅国内外科学家存在不完全一致的结果,而且和实际观测结果也存在差异。

图 3-39 为根据中国大陆连续重力台站 2008—2011 年观测记录计算得到的 M2 波潮汐因子(精度优于 0.1%)的相对变化(1.145~1.181)空间分布图,图片显示:M2 波潮汐因子东北—内蒙古地区较小,沿海地区较大(华中、华南南部突出),我国西部青藏高原东北缘也较大;在中国的东北部以二级块体边界的郯庐断裂北段延伸至燕山构造带一线、止于鄂尔多斯西缘为潮汐因子负异常区域和正异常区域的分水岭。

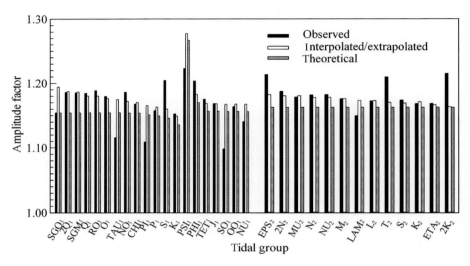

图 3-38　内插潮波的振幅因子的比较(周江存等，2009)

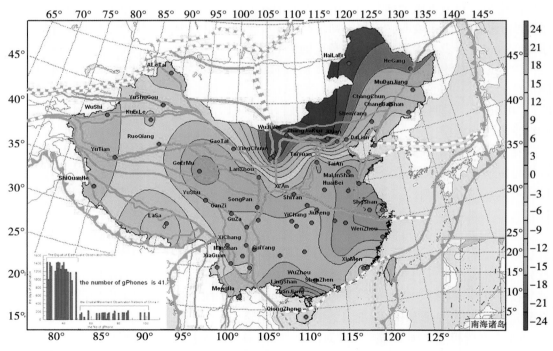

图 3-39　中国大陆 M2 波潮汐因子空间分布图

(IUGG Melbourne Australia 2011, Lihui et al.)

2. 潮汐时间变化

一般可采用 VAV 调和分析方法，以月为单位对连续重力观测台站的重力观测数据进行调和分析，可得到一系列潮波的潮汐因子随时间变化曲线。图 3-40 给出了新疆乌什台和甘肃高台台 2013 年 1 月—2015 年 4 月的 M2 波潮汐因子随时间变化的曲线。

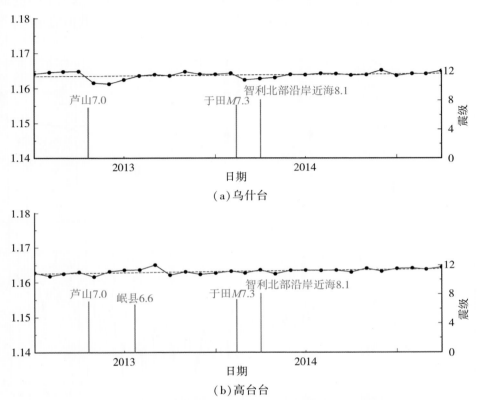

（a）乌什台

（b）高台台

图 3-40　乌什台和高台台 M2 波潮汐因子随时间变化曲线

3.3.5　非潮汐时间变化

1. 残差时间序列与环境变化

（1）气压变化影响

韦进等（2011）利用中国地震局武汉九峰地震台 SGC053 超导重力仪超过 13000 小时的重力固体潮和气压观测数据进行相关分析和积谱分析。结果表明：重力残差信号主要是由气压变化引起的，相关分析的气压导纳值为 $-3.116 \text{nms}^{-2}/\text{mbar}$。气压导纳值和频率之间具有依赖性，气压导纳绝对值频率依赖方程为 $y = 7.036x + 2.524$，利用固定气压导纳值和导纳值频率依赖的方程进行气压改正结果几乎一致，相差不超过 $\pm(1\sim2) \text{nm/s}^2$。

（2）GNSS 垂直变形影响

连续重力观测和 GPS 的技术结合能够监测到物质迁移和地壳垂直形变之间的量化关系。和相对重力测量以及绝对重力测量技术相比，其避免了时间分辨率和观测精度低，无法精细描述观测周期内的物质迁移过程问题。韦进等（2012）利用武汉九峰地震台超导重力仪 SGC053 超过 13000h 连续重力观测数据、同址观测的绝对重力仪观测结果、气压数据、周边 GPS 观测结果、GRACE 卫星的时变重力场、全球水储量模型等资料，采用同址观测技术、调和分析法、相关分析方法在扣除九峰地震台潮汐、气压、极移和仪器漂移的基础上，利用重力残差时间序列和 GPS 垂直位移研究物质迁移和地壳垂直形变之间的量化关系，如图 3-41、图 3-42 所示。结果表明：在改正连续重力观测数据的潮汐、气压、

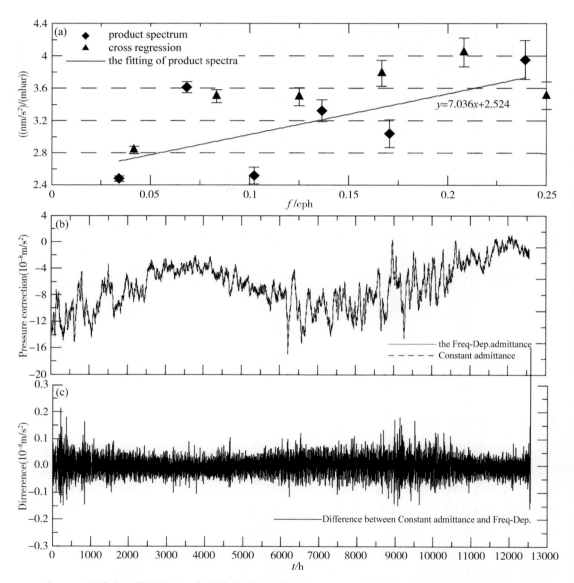

注：（a）黑线为积谱分析法 7 条谱线的线性拟合直线；（b）频率依靠的气压改正值和固定气压导纳值的改正；（c）两种气压改正后结果的差。

图 3-41　积谱法和潮汐分析法气压导纳值和频率的依赖关系和气压改正比较（韦进等，2011a）

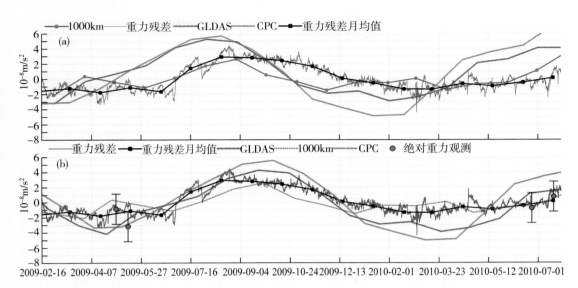

图 3-42 GRACE、CPC 和 GLDAS 时间滞后校准前后和 SGC053、FG5-232 观测比较（韦进等，2012a）

极移的影响后，不仅准确观测到 2009 年的夏秋两季由于水负荷引起的约 $(6\sim8)\times10^{-8}\mathrm{m/s^2}$ 短期的重力变化，而且在扣除 $2.18\times10^{-8}\mathrm{ms^{-2}/a}$ 仪器漂移和水负荷的影响后，验证了本地区长短趋势垂直形变和重力变化之间具有一致的负相关性规律。同时，长趋势表明该地区地壳处于下沉，重力处于增大过程，增加速率约为 $1.79\times10^{-8}\mathrm{ms^{-2}/a}$。武汉地区重力梯度关系约为 $-354\times10^{-8}\mathrm{ms^{-2}/m}$。

（3）噪声分析

韦进等（2011）利用极大似然估计和 3 种互不相关的噪声（白噪声，闪烁噪声，游走噪声）模型及其组合，对 SG-053 超导重力仪产出的重力固体潮整时值残差时间序列进行分析，得出残差时间序列中明显存在彩色噪声（闪烁噪声游走噪声）白噪声 $1.40\times10^{-8}\mathrm{m/s^2}$，闪烁噪声 $1.85\times10^{-8}\mathrm{m/s^2}$，游走噪声为 $2.40\times10^{-8}\mathrm{m/s^2}$ 该方法估计的白噪声水平与潮汐分析方法得出的结果一致，如图 3-43 所示。

韦进等（2012）利用姑咱地震台超过 3 年半的连续重力观测资料、降雨数据、地下水位资料和全球陆地水模型观测资料，采用多项式拟合和相关分析研究弹簧重力仪非线性漂移特征与外界因素干扰的关系，如图 3-44 所示。结果表明：姑咱地震台 DZW 型重力仪长期连续重力观测的漂移具有明显的线性特征（约 $1200\times10^{-8}\mathrm{ms^{-2}/a}$），并且在人员进洞调整仪器时还会产生非线性漂移。在考虑固体潮气压潮和极潮的影响后，利用多项式分段进行非线性漂移改正，重力残差变化量级为 $\pm(10\sim15)\times10^{-8}\mathrm{m/s^2}$，而且 3 年间 4 次雨季都同步有明显的重力正异常变化相对应。研究不仅揭示了弹簧重力仪的非线性漂移与外界影响因素的关系，同时也为改正漂移与排除水负荷对重力的干扰提供了新的分析和处理方法。

2. 震前扰动

尹亮等（2011）研究了高台地震台和兰州地震台在 2008 年 5 月 12 日汶川 8.0 级、2009

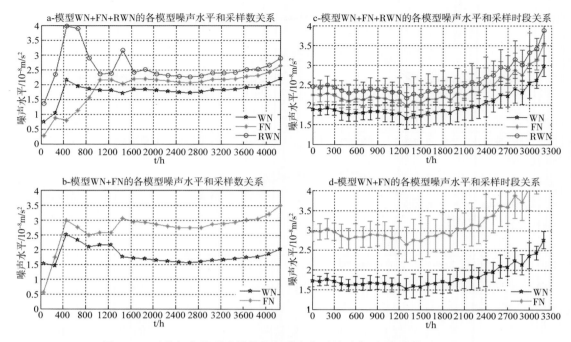

图 3-43 两种组合模型采样数和各噪声水平关系序列(韦进等,2011b)

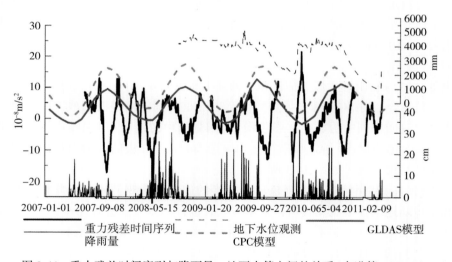

图 3-44 重力残差时间序列与降雨量、地下水等之间的关系(韦进等,2012b)

年 8 月 28 日青海海西 6.4 级、2009 年 9 月 30 日萨摩亚群岛 8.0 级地震前重力记录资料脉动幅度及频谱变化,总结了重力地脉动在时间域和频率域上的临震前兆异常特征,发现有与宽带地震仪低频波异常对应的异常信息,即震前时域脉动曲线出现纺锤形或喇叭口形态,0.1~0.14Hz 的频幅最大值在震前几天加速增大直到发震。跟踪地脉动异常变化可以为地震短临预报提供有用信息。王武星（2007）分析了 2001 年昆仑山口西 M_S8.1 地震和 2004 年印尼 M_S8.9 地震前后部分重力观测的变化，对这些采样间隔在 1 分钟以下的重力数据进行了高通滤波和频谱分析。结果表明，在昆仑山口西 M_S8.1 地震前，乌鲁木齐和库尔勒观测台在两个时段分别同步出现了异常变化。一次是在 2001 年 11 月 3 日至 5 日，另一次在 2001 年 11 月 11 日至 13 日；这两次异常都表现为颤动信号的出现，而且后一次的强度要大于前一次；颤动信号的周期主要集中在几十分钟。印尼 M_S8.9 地震前，这两个台也记录到类似的异常信息，但颤动的幅度很小；同时武汉观测台的超导重力仪也记录到了颤动信号，该信号一直持续到地震的发生。这些信息对于识别、认识慢地震，进而探索与强地震发生之间的关系具有重要意义。

申文斌等（2010）分析了 28 个 6.9 级以上的大地震，其中大于 M_W7.0 的地震 20 个，M_W6.9 地震 8 个；探测出震前重力异常信号的有 14 个，其中大于 M_W7.0 的地震有 11 个，M_W6.9 地震 3 个。所有这些异常信号均在大震的几天前发生；其中的 8 个，震前异常信号与主震之间大约有 1 天的间隔；有 1 个震例前的异常信号明显受到台风事件的干扰。同时发现，能否检测到大地震前的异常信号与地震震中的方位和震中距有较强的关联性；欧亚板块发生的所有大于 M_W6.9 的地震，在新竹 SG 记录中均出现了震前异常信号；在距离 SG 台站 4000km 的范围内发生的大地震，震前基本上也都有异常信号出现。

韦进等（2009）在汶川 8.0 级地震发生前 48 小时，距震中约 37km 的成都地震台 GS15 型重力仪记录到了附有高频扰动的潮汐观测数据。对该仪器不同时段观测数据的比较表明：这高频扰动主要来自外界因素的影响。对 2008 年 32 个热带气旋，以及 5.0~7.0 级地震的统计分析表明：与热带气旋对应出现的高频扰动比例高于地震震前出现的扰动，而且低等级的相似距离的热带气旋也能够产生类似扰动现象。由此判定，汶川地震前 48 小时成都地震台出现的重力高频扰动主要来自热带气旋的影响。韦进等（2011）针对日本 M_S9.0 地震后，检测了 17 台（套）gPhone 重力仪和成都 GS15 连续重力观测仪震前 3 天的观测数据。经研究发现：乌什、郑州台的 gPhone 重力仪和成都台的 GS15 重力仪分钟采样在震前 3 天出现了不明原因的高频异常现象，如图 3-45，图 3-46，图 3-47 所示。

初步分析表明，成都、乌什在 3 月 9 日的日本 M_S7.3 地震前的 16 小时产生了纺锤状的隆起现象；郑州台在日本 M_S7.3 和 M_S9.0 地震震前出现了明显的柱状异常现象。其异常虽然可以排除热带气旋、人为干扰等因素的影响，但与日本地震的关系以及震前更长时间尺度的异常还有待进一步分析。

3.3.6 潮汐变化与地震预测研究

利用潮汐参数进行地震预测预报工作由来已久（Said Bouasla，2009；Kai W.，1988；Sachiko 等，2004），日本 Tohoku 大学的 Sachiko Tanaka（2004）研究潮汐与实际地震活动的相关性时发现，不同区域的浅源地震与潮汐应力及区域断裂构造带的应力水平相关：当断层的主压应力轴与震源机制解的 P 轴接近，潮汐应力对区域构造活动的应力积累有贡献，并极有可能触发地震事件。美国地质调查局的 Ross S. Stein（2004 年 8 月，*Science*）认为 "Tanaka 的研究是否是一个重大的发现，很大程度上将依赖于以相同方法在世界其他地区

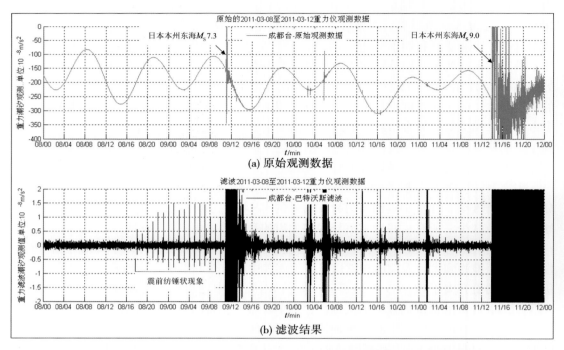

(a) 原始观测数据

(b) 滤波结果

图 3-45　2011 年 3 月 8 日—12 日郫县台 GS15 重力仪原始观测数据及其滤波结果(韦进等，2011c)

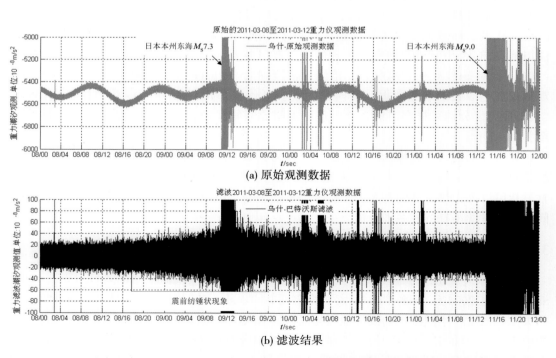

(a) 原始观测数据

(b) 滤波结果

图 3-46　2011 年 3 月 8 日—12 日乌什台 gPhone 重力仪原始观测数据及其滤波结果 (韦进等，2011c)

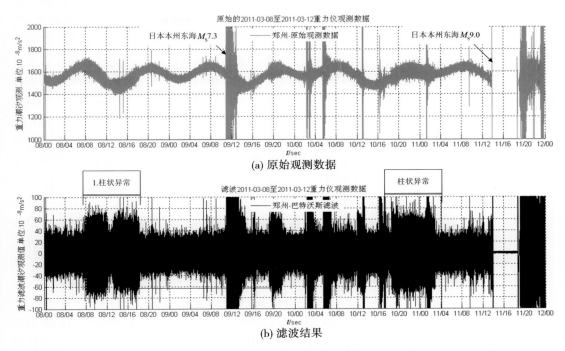

图 3-47 2011 年 3 月 8 日—12 日郑州台 gPhone 重力仪原始观测数据及其滤波结果(韦进等，2011c)

的研究结果。同时，这一成果如果能够运用到地震预测中(指日本 13 个与潮汐相关性最大的区域)，那么我们利用潮汐来监视地震活动性的梦想将会成真"。2004 年 11 月加州理工大学地球与空间科学学院的 Elizabeth S. Cochran 博士及其导师 John E. Vidale、日本 Sachiko Tanaka 发表在 *Science* 的另一篇文章《潮汐能够诱发地壳浅部断层地震》，将 Tanaka 的结果运用到全球范围内的构造地震事件研究，同时结合 John E. Vidale 在破裂方面的研究成果，发现地球浅部地震事件与潮汐相关，而且相关性与假设地壳内部的摩擦系数有关。当取地壳摩擦系数 $\mu=0.4$ 时二者有很好的相关性，而当取地壳内部摩擦系数 $\mu=0.2$ 或 $\mu=0.6$ 时二者相关性相对较小。这些研究引起了地球物理学家的极大关注和热烈讨论。

我国在潮汐与地震的关系研究方面做了大量工作。尹祥楚教授提出了与潮汐相关的加卸载响应比理论，成功地预测了数次地震事件。加卸载响应比主要是以理论潮汐为背景，计算出一定的时间范围内在高潮期和低潮期所发生的地震事件释放能量的比值。吴翼麟等(1996)研究认为，我国对固体潮观测台网的观测环境、观测精度已达到国际水平，可应用于地震预报：潮汐因子对地震的敏感性对一次 7 级地震在空间上最远可达 400km，在震级上可达 5 级，在时间上为半年尺度。根据全国 30 个台三年观测资料统计，倾斜潮汐因子异常后 1~6 个月内于台站 100km 范围内发生 5 级地震、200km 范围内发生 6 级地震、400km 范围内发生 7 级地震的平均概率为 0.39。何翔等(1996)研究认为，潮汐因子异常既有地震"源"的信息，也有地震"场"的信息，7 级地震的孕育可影响到 400 多千米倾斜振幅明显变化。黎凯武研究员(1998)通过一些震例的研究指出了日月引力对地震的触发作用。沈旭章等研究了兰州形变台 FSQ 水管倾斜仪 1987 年以来的观测资料，发现该台水管倾斜仪对邻区的中强地震有很好的中、短期响应。陈建国等计算了华北地区的 46 次 M_L 大于 5 级地震震中位置发生时刻的固体潮相位，发现华北地区的中强地震多数发生在固体潮的 $\pi/2$ 或 $3\pi/2$ 相位时段，所占比例接近 70%，充分显示该区在固体潮波上存在着两个发震概率较大的特殊相位。这种在应变固体潮最大或最小时段发震的现象，说明尽管固体潮不一定是造成地震的内因，但地震的发生明显受到日月引力作用，尤其以华北北部燕山褶断带的地震最为突出。台湾地区的"中央大学"和台北的地区科学研究所的林教授等，以月球的活动周期为背景研究了台湾地区不同震级范围内地震活动性，他们发现，一些小的($2.5<M_L<5.0$)震群型地震，与月球活动 14 天的活动周期和月球在天体的位置相关，而 $M_L>5.0$ 的地震研究没有发现任何相关性。这为重力潮汐变化研究提供了借鉴和依据。

总结 1976 年唐山 7.8 级地震的发震机制时，提出了潮汐应力是诱发唐山地震的一个因素(Sir et al.，2004)，并认为 1966 年的邢台地震，1967 年的河间地震都与潮汐应力激发相关(Wei et al.，1985)。基于此认识，国家地震局在 1984 年研究了利用重力潮汐因子变化研究地震预报的可能和条件(吴雪芳等，1984)。在利用潮汐参数进行云南澜沧、耿马等地震预测预报实践过程中，分析、总结和讨论了固体潮预报地震的理论基础和方法(吴雪芳，1991)。阐明了重力方法在地震预测预报中的作用(吴雪芳，1996)。在进入 21 世纪时，随着仪器观测精度的提高和观测环境监测水平的不断强化，微弱信号的提取分析方法也开始崭露头角。2008 年，云南地震局基于 HHT 方法提取了昆明、下关重力固体潮的地震前兆信息(周挚等，2008)，为进一步深化固体潮预报地震的理论提供了一系列新的分析方法，并为每年的中国地震局年度会商和重大地震事件提供研究结果和报告，一直在中国地震局的地震预测中发挥作用。然而在利用固体潮或潮汐参数进行地震预测预报时，虽然提出了一些预测指标和部分理论，但也仅仅停留在经验预报的层面上。

3.3.7　地球内部动力学研究

地球自由振荡的振幅和地震的震源机制有密切的关系，江颖等(2014)利用长周期自由振荡的观测可对地震的震源机制解进行分析和约束，如图 3-48 所示。芦山地震虽然是中等强度的地震，但也激发了可观测的自由振荡信号。根据芦山地震的 4 种不同震源机制解计算了芦山地震的自由振荡，然后与超导重力仪和宽频带地震仪观测的结果进行比对分析，结果表明可利用 2.3~5 mHz 的球形简正模分析和约束芦山地震的震源机制解。研究发现地震的标量地震矩 M_0 对自由振荡振幅的影响较大，而断层走向、倾角、滑动方向角和震源深度对自由振荡的振幅影响较小。分析了不同震源机制解理论计算的地球自由振荡参数，发现由 GCMT 反演的地震矩与实际观测符合较好，其相应的震级能较好反映芦山地震释放的总能量，而利用远场体波反演的地震矩偏小，联合远场和近场观测数据反演可显著改善体波的震源机制解。

江颖等(2014)基于旋转微椭地球模型，采用简正模理论计算了地球内核平动振荡三重谱线的本征周期。为了研究影响 Slichter 模三重谱线本征周期与地球内部结构的依赖关系，理论上系统计算了地球内部介质(包括密度、地震波速等)分布异常对 Slichter 模三重谱线本征周期的影响。基于全球动力学计划(GGP)的 9 台超导重力仪(SG)观测数据，在

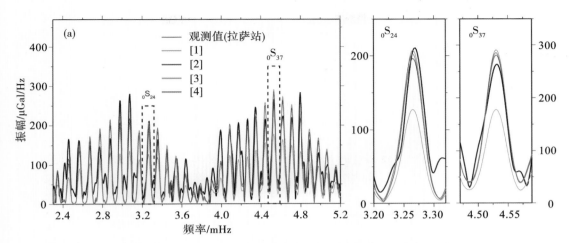

注：1、2 和 3 分别基于 USGS 提供 3 个不同的震源机制解模拟结果：USGSBody、USGSCMT、USGSWphase，4 基于 Global-CMT Project 的震源机制解模拟结果。

图 3-48　观测数据与基于震源机制解算的模拟值的比较（江颖等，2014）

亚潮汐频段（0.162~0.285cph）探测符合内核平动振荡三重谱线特征的高信噪比信号并利用探测结果有效地约束地球内外核密度差，如图 3-49、图 3-50 所示。

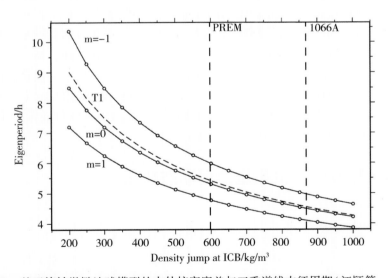

图 3-49　基于旋转微椭地球模型的内外核密度差与三重谱线本征周期（江颖等，2016）

　　数值结果表明，三重谱线本征周期对内外核边界的密度跳跃非常敏感，随着密度差的增加，以类似于双曲线的特征减小；无论是采用保持地球质量不变的方法还是采用浮力频率为常数的方法，不同方法计算得到的三重谱线本征周期结果相差较小，且随着内外核密度差的增大，差距逐渐减小；当内外核密度差从 597 kg/m³ 减小到 200 kg/m³ 时，三重谱

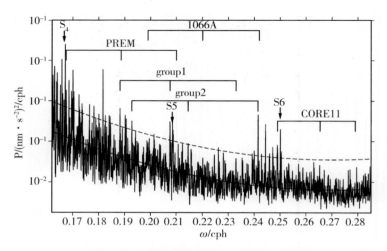

图 3-50　重力残差亚潮汐频段的积谱密度估计(江颖等，2016)

线的本征周期分别增加了 72.955%、59.829% 和 50.852%；当内外核密度差从 597 kg/m³ 增加到 1000 kg/m³ 时，三重谱线的本征周期分别减小了 22.684%、20.764% 和 19.140%。内、外核 P 波波速分布异常对 Slichter 模周期的影响基本相当，内核 S 波波速分布异常比 P 波波速分布异常对 Slichter 模周期的影响小 1 个量级，地核中地震波速异常对 Slichter 模周期的影响很小，目前有关 Slichter 模周期理论计算的差异主要来自于所采用的地球模型中内核边界的密度差的差异。在亚潮汐频段探测到两组信噪比较高且满足谱峰分裂特征的三重谱线的信号(No. 1：0.18826 cph，0.20751 cph，0.23301 cph，No. 2：0.19281 cph，0.21456 cph，0.24151 cph)，这些都有极大的可能是来自于内核平动振荡。而得到的信噪比较高的三重谱线所对应的内外核密度差恰好介于 PREM 模型(597 kg/m³)和 1066A(868 kg/m³)地球模型之间。我们可以推断实际的地球模型其内外核密度差应该介于 PREM 模型和 1066A 地球模型之间，且更接近于 1066A 模型。

3.4　中国大陆及邻区卫星重力场动态变化

3.4.1　卫星重力观测技术

卫星重力观测技术是利用卫星运动状态向量观测恢复重力场的相关技术。其发展大致可以分为三个阶段，第一代技术是 20 世纪 60 年代前使用的技术，主要是光学技术，利用恒星为背景对卫星的光学摄影，确定卫星的方向，利用地面站进行方向交会来确定卫星的位置，也称为卫星三角测量；第二代技术是多种技术在地面跟踪卫星以及卫星对地观测，前者包括卫星激光测距(satellite laser ranging，SLR)、多普勒定位(Doppler)、DORIS、PRARE，其中 SLR 精度最高、发展最快，其原理统属于距离交会法；后者主要指卫星测高(Satellite Altimetry，SAT)。第三代是基于卫星跟踪卫星技术(Satellite-to-Satellite

Tracking，SST)和卫星重力梯度技术(Satellite Gravity Gradiometry，SGG)的新一代卫星重力测量任务，而 2000 年 7 月 CHAMP(Challenging Minisatellite Payload)、2002 年 3 月 GRACE(Gravity Recovery and Climate Experiment)和 2009 年 3 月 GOCE(Gravity Field and Steady-State Ocean Circulation)新一代重力探测卫星的陆续发射，实现了全新的重力探测模式，是目前恢复中长波重力场最有效的技术手段。卫星重力计划相关参数详见表 3-7。

1. CHAMP 卫星

CHAMP 卫星由德国空间局(DLR)和德国地学中心 GFZ 负责完成实施，科学目标是：测定中长波地球重力场的静态部分和时间变化，测定全球磁场及其时间变化，探测大气与电离层环境。开辟了持续 5 年时间不断地在低轨平台上获取重要的地球位场相关信息的先河。CHAMP 的轨道高度为 418～470km，偏心率 $e=0.004$，倾角 $i=87.275°$。飞行期内 CHAMP 高低卫星跟踪卫星等观测系统将以前所未有的精度观测地球系统相关数据。主要用于测定地球重力场的中长波位系数及其时间变化、GPS 海洋和冰面散射测量(也称为 GPS 测高)试验、全球磁场电场分布与变化、GPS 掩星全球大气与电离层环境探测等。

2. GRACE 卫星

GRACE 卫星已于 2002 年 3 月升空，其科学目标是：以前所未有的精度测定中长波地球重力场的静态部分，可望 5000km 波长的大地水准面精度为 0.01mm，500～5000km 波长的大地水准面精度为 0.01～0.1mm；以 2～4 星期时间段观测数据测定地球重力场的变化，可望大地水准面年变化的测定精度为 0.01 到 0.001mm/年；探测大气、电离层环境，给出一个较好的全球大气模型和研究全球气候变化。

GRACE 是 CHAMP 的延续和扩展。它由两个相同不带磁力计的 CHAMP 卫星组成，沿轨方向两个低轨卫星的距离变化率由 K 波段微波测量装置以微米级精度实时测得，并利用星载 GPS 基线测量检核，与 GPS 连接的高低测量精度与 CHAMP 一致。为保证 K 波段微波相对距离测量，两个 GRACE 卫星的 x 轴在一条直线上，相差 180°，且两颗卫星分别以相反的方向与轨道切面相差 1°左右(根据两个卫星间距有所变化)，因此 GRACE 卫星对轨道控制要求相当高。按这些测量精度指标，500km 波长以上的中长波大地水准面的测定精度有可能达到 0.1mm。

表 3-7　　　　　　　　　　卫星重力探测计划相关参数

	CHAMP	GRACE	GOCE	GRACE-Follow On
机构	德国	美德	欧空局	美德
技术模式	SST-hl/ll	SST-hl/ll	SGG+SST-hl	SST-hl/ll
发射时间	2000-07-15	2002-03-17	2009-03-17	2017-08-05
结束时间	2010-09-19	?	2013-11-11	2022?
设计寿命	5 年	5 年	2 年	5 年
实际寿命	10 年	12 年以上	4 年以上	5 年以上
轨道高度	450～300km	500km	~250km	~490km

续表

	CHAMP	GRACE	GOCE	GRACE-Follow On
轨道倾角	87.277°	89°	96.5°	89°
偏心率	0.004001	<0.004	<0.004	<0.025
星间距离		220km		220km
空间分辨率	200km	166km	100km	166km

3. GOCE 卫星

GOCE 卫星于 2009 年 3 月升空,是第一个探测地核结构的卫星。它是高分辨率重力场探测卫星,将重力场的空间分辨率提高到 100km 以上。其科学目标是:建立全球和区域高精度重力场模型和大地水准面,用于 GPS 大地高到正高换算以及全球高程系统的统一研究,地球动力学和重力场的时间变化、海洋环流和海面变化、大气研究等。GOCE 的主要技术特点是装载有卫星重力梯度仪,同时采取 SST-hl 技术,利用 GPS 技术精密测定 GOCE 卫星轨道。基本原理是利用 1 个卫星内 1 个或多个固定基线(大约 70cm)上的差分加速度计来测定 3 个互相垂直方向的重力张量的几个分量,即测出加速度计检验质量之间的空中三向重力加速度差值。测量到的信号反映了重力加速度分量的梯度,即重力位的二阶导数。简言之,GOCE 的主要目的是提供最新的具有高空间解析度和高精度的全球重力场和大地水准面模型。

上述 CHAMP、GRACE 和 GOCE 工作在不同波谱内,它们有不同的科学应用。所以,就应用而言它们是完全互补的。CHAMP 可以看成是一次概念证明,因为它是第一次非间断三维高低跟踪技术结合三维重力加速度测量。GRACE 是第一个 SST-ll 卫星,它将使中长空间尺度的球谐系数精度提高约 3 个量级,可以测量重力场的时间变化,例如,地下水和土壤含水层底部压力变化、季节和周年变化、南极和格陵兰岛冰盖层质量的变化,或者大气压变化引起的重力场变化。而 GOCE 主要目的在于静态重力场的确定。

卫星重力测量为地球科学研究领域提供了前所未有的高精度、高分辨率的地球重力场模型及其时变信息,对大地测量学、冰川学、固体地球物理学及海洋学等领域带来了革命性的变化。卫星重力研究的科学成就是大地测量学继 GPS 之后的又一次具有革命性的突破(许厚泽,2001),不仅带动大地测量学自身的发展,还对地震研究产生积极的影响。卫星重力则具有空间广域性、时间准实时性,可为地震研究提供获取重力变化信息的新途径,为跨越式提高地震重力监测能力提供有力支持,鉴于此,我国也正在加大力度推进重力卫星的相关工作。

3.4.2　卫星重力动态变化

重力卫星提供的重力场及其时空变化作为地球动力学的重要组成部分,对地球物理学家研究地震孕育过程,了解深部地壳环境的变异,具有十分重要的意义,并为现代大地测量、地球物理、地球动力学、水文学和海洋学等相关地学学科的发展提供了更加精细的地球重力场支持,除地震研究应用外,还在诸多领域得到大量应用(Cazenave,2010;许厚泽等，2012）。例如：大尺度陆地水质量变化（胡小工等，2006；周旭华等，2006；钟敏等，2009；Anne et al.，2010）；地球内部质量分布和迁移（Han et al.，2006；孙文科等，2011；Sun et al.，2011；Ivins et al.，2011，段虎荣等，2010）、冰质量平衡（Velicogna et al.，2006；Chen et al.，2006；Ren et al.，2011；Yi et al.，2014）；区域地下水储量变化及其与人类活动关系（Tiwari et al.，2009，Rodell et al.，2009；Jin v，2013；Chen et al.，2014）。

1. 中国大陆及邻区卫星重力场动态变化（长期变化 2003—2014）

由于重力卫星自身物理特征的限制（系统误差、模型误差、相关误差及其他误差），得到的重力变化存在严重的混频现象，且随阶数的增大而增大，表现为高噪声的南北向异常条带，通过滤波方法降低高阶球谐系数的贡献，可以有效减少异常条带影响，此外，GRACE 位系数高阶项奇偶项存在显著的相关性，去相关处理也成为有效提高结果的信噪比。

利用 GRACE 重力卫星月重力场模型，结合高斯滤波，得出重力动态变化：

$$d_{\Delta g} = \frac{GM}{R^2} \sum_{l=2}^{l_{max}} (l-1) \left(\frac{R}{r}\right)^l \sum_{m=0}^{l} W_l \overline{P}_{lm}(\cos\theta) \left[\Delta\overline{C}_{lm}\cos(m\lambda) + \Delta\overline{S}_{lm}\sin(m\lambda) \right] \quad (3-32)$$

式中，$\Delta\overline{C}_{lm}$、$\Delta\overline{S}_{lm}$ 为月重力场与背景重力场模型的球谐系数之差，W_l 为高斯平均函数。GM 为地球引力常数；l，m 分别对应为地球重力场模型位系数的阶次；R 为地球参考模型的长半轴，$\overline{P}_{nm}(\cos\theta)$ 为完全规格化的缔合勒让德多项式，l_{max} 是位系数的最大阶数；r 是观测点相对地球质心的距离，λ、θ 分别对应于观测点的经度和余纬。

利用获取的不同区域、不同时间尺度卫星重力变化空间及时间序列分布，可为中短期地震预报、年度地震趋势判定和跟踪分析提供必要的信息，为卫星重力的地震应用积累宝贵经验（邹正波等，2013a）。

由中国及邻区年重力变化分布（图 3-51）给出了 2003—2008 年中国及周边地区重力场的变化情况（邹正波等，2010），综合反映了中国大陆及周缘近几年重力场变化的迁移特点，结合 2003—2008 年中国及邻区 7.5 级以上地震震中分布（图 3-52）总结出以下结论：

①印度南部、东南亚、新疆和西藏西部以及蒙古高原一带是重力场变化比较明显的地区，同时在这些地区分别发生了几次大地震，表明大地震孕育发生过程中对局部重力场产生了比较明显的影响，也进一步反映了卫星重力具有探测陆地强地震重力变化的能力。

②2005 年 10 月 8 日巴勒斯坦 M_S7.8 级大地震前，2004 年和 2005 年震区周围大范围呈明显的正变化，震后 2006—2008 年逐渐转变为明显的负变化区。2004 年 12 月 26 日印尼 M_S8.7 级大地震和 2006 年 11 月 15 日的日本东北部 M_S8.0 级大地震前后也均出现类似的局部重力场变化，2008 年 5 月 12 日汶川 M_S8.0 级大地震前也出现大范围的正变化，震后重力场变化有待进一步观察，这些震例结果意味着大地震前后几年尺度内局部重力场存在着从大范围正变化向负变化过渡的趋势。

③局部重力场和大范围重力场的正负变化是不断迁移的，这种变化可能与各板块之间复杂的相互作用和缓慢运动有关，从 2003 年到 2007 年印度洋板块的重力异常相对于背景场呈现出由负到正的变化趋势，即该地区的重力在逐年增加，且变化范围逐渐扩大。2007

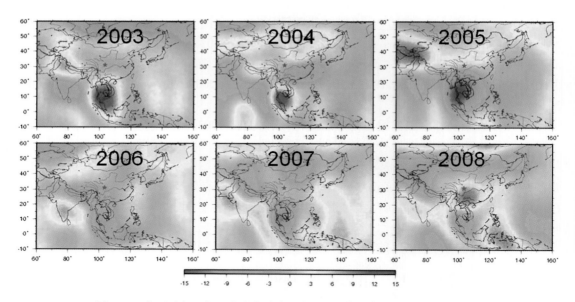

图 3-51 中国及邻区年重力变化分布(单位：$10^{-8}\mathrm{m/s^2}$)(邹正波等，2008)

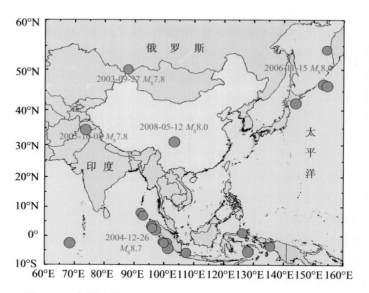

图 3-52 中国及邻区 2003—2008 年 7.5 级以上地震震中分布

年印度板块中南部、太平洋板块呈大片正变化条带，说明印度板块和太平洋板块对中国大陆作用明显加强，同时也反映了印度板块与欧亚大陆碰撞及其向北的推挤加剧(陈志明，2008)，这可能是汶川 8.0 级地震的主要构造动力背景。

　　利用卫星重力进行地震监测预测研究是一门新兴学科，其空间对地观测技术也是目前地震科学发展的重点之一，其科学成就不仅带动大地测量学自身的发展，对地震监测预测也必将产生一定影响。几次大地震的重力卫星研究结果表明,大地震前后震源区附近局部重力场存在着比较明显的重力变化,汶川地震的结果进一步证实了这一结论,同时也表明了卫星重力确实具有探测大地震重力变化的能力,作为一种新的观测手段,其对地震监测预测研究意义重大,但由于现有卫星精度所限,探测地震震级过高,我国及国际未来卫星的发展将进一步提高其地震监测及服务能力。

2. 卫星重力与水变化

由于 GRACE 卫星的动态变化主要集中在与气候相关的陆地水循环、冰川及冰盖、海平面上升、海洋盆地内及盆地之间的水质量再分布、构造过程等信息上,基本提取的为质量变化、密度变化、等效水等,相对而言,卫星重力提取中国及邻区重力变化的研究不多。

研究表明:卫星重力与水文模型获取的陆地水储量在区域性特征上相关性高(图 3-53),吻合度好(胡小工等,2006;周江存等,2009;Christopher et al.,2013),但在相对高空间分辨率情况下,在许多区域仍存在明显差异。因此,在研究及解释中国及邻区时需要考虑该因素的影响。

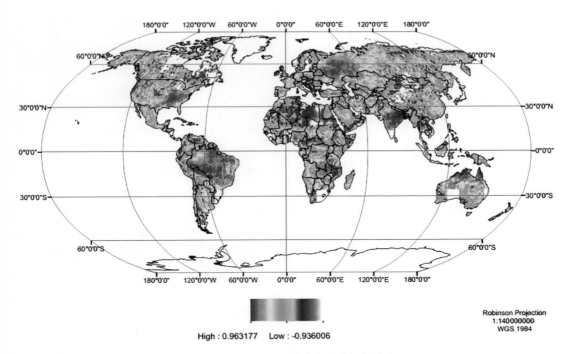

图 3-53 GRACE 与 GLDAS 2003.7—2003.12 的等效水柱高的相关度(Christopher et al.,2013)

根据全球陆面数据同化系统 GLDAS 提供的资料获取月陆地水质量(考虑土壤水湿度及等效雪水高影响),利用式(3-33)建立质量变化与重力位系数之间的关系,构建法方程,解算出水质量对应的重力场模型变化(邹正波等,2013b):

$$\Delta\sigma(\theta,\lambda)=\frac{a\rho_{ave}}{3}\sum_{l,m}\frac{2l+1}{1+k_l}\overline{P}_{lm}(\cos(\theta))\times[\Delta\overline{C}_{lm}\cos(m\lambda)+\Delta\overline{S}_{lm}\sin(m\lambda)]$$

(3-33)

其中，$\Delta\sigma$ 是质量变化；$\Delta\overline{C}_{lm}$、$\Delta\overline{S}_{lm}$ 是质量变化引起的球谐系数变化；ρ_{ave} 为地球平均质量（5517kg/m³）；k_l 为勒夫数。利用 GLDAS 数据可解算并获取陆地水质量变化信息计算相应的球谐系数，采用与 GRACE 月重力变化提取相同的方法（去相关 P3M8+高斯滤波300km）计算出陆地水质量变化引起的重力变化，继而可研究陆地水质量变化对重力场的影响，并将其从 GRACE 结果中加以扣除，这将促进构造运动引起的重力变化研究的发展。

由于 GLDAS 在大陆地区的基本特征与重力卫星结果比较吻合（图 3-54（b）），且空间形态在精细部分略有差别，扣除后（图 3-54（c））日本地震断层上盘负变化，印度板块与欧亚板块的负异常显著，凸显了构造运动的影响。因此，为保证更好地提取与构造相关的中国及邻区重力变化信号，必须先扣除陆地水质量变化的影响。

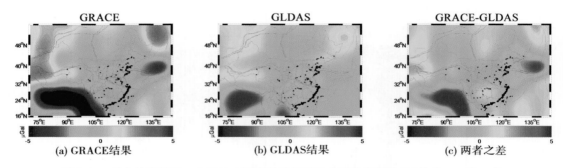

图 3-54　日本地震震后一个月的中国大陆及邻区重力变化空间分布（单位：10^{-8}m/s²）

3. 卫星重力变化与地震

对于 GRACE 探测重力变化能力，孙文科（2008）指出其能探测到 $M9.0$ 级以上剪切型地震和 $M7.5$ 级以上张裂型地震。Viron（2008）认为在当前分辨率和精度下，GRACE 卫星探测 9.0 级以上地震的概率达 98%。两者均指明 GRACE 能够探测到巨大地震产生的局部重力变化。

针对巨大地震前后震源区附近局部重力场的变化的研究也随着时变重力场的获得手段改进而得到快速发展，现已发现在几次巨大地震后 GRACE 观测到了明显的同震重力变化。

（1）2004 年 12 月 26 日印尼苏门答腊—安达曼 $M_W9.1$ 特大地震的研究

2004 年 12 月 26 日 00 点 58 分（UTC 时间），在印度尼西亚苏门答腊岛西北部的印度洋海底发生了 $M_W9.1$ 苏门答腊—安达曼特大地震。这次地震发生在俯冲到大陆岩石圈和岛弧下的海洋岩石圈消减带上，即印度板块和澳大利亚板块汇聚边界上巽他逆冲断层北部。

Han（2006）利用 GRACE 距离和距离变率的观测数据首次计算了 2004 年 12 月 26 日发

生在苏门答腊—安达曼 $M_W9.1$ 地震引起的达到 $30\times10^{-8}m/s^2$ 的同震重力变化以及 2004 年相对 2003 年的 $10\times10^{-8}m/s^2$ 的震前重力变化，如图 3-55 所示。

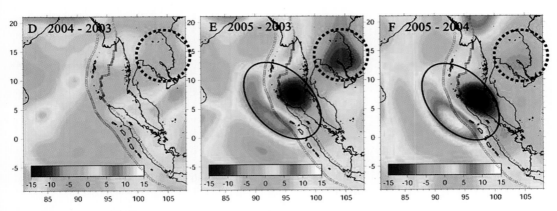

图 3-55　GRACE 观测到的苏门答腊—安达曼 $M_W9.1$ 大地震的重力变化（单位：$10^{-8}m/s^2$）（Han et al.，2006）

继 Han 等的工作之后，Chen 等（2007）利用 2003 年至 2006 年约 43 个月的 GRACE 卫星重力观测数据，计算了苏门答腊地震同震及震后的等效水变化。

de Linage 等（2009）利用不同机构公布的 GRACE 月重力场模型得到大震同震重力变化趋势，认为结果大致相同，且变化的幅值和空间分布范围主要取决于滤波器性能。

（2）2008 年 5 月 12 日 $M_S8.0$ 汶川地震

2008 年 5 月 12 日汶川 $M_S8.0$ 地震发生在青藏高原东缘龙门山推覆构造带上，兼有逆冲和右旋走滑分量的一次板内地震事件。多个学者（段虎荣等，2009，邹正波等，2010；王武星等，2010；邹正波等，2013b）均利用 GRACE 进行了相关的分析和研究。

段虎荣等（2009）利用 2006—2008 年每年的 5、6、7 月的 GRACE 重力异常变化，将 2008 年与 2006 年和 2007 年相同时间尺度的结果进行比较，发现了 $2\times10^{-8}m/s^2$ 的重力变化，认为其与地震应力及能量释放有关，并用地壳膨胀模型理论解释了重力负变化出现的原因。

王武星等（2010）利用 GRACE 资料提取了中国大陆及邻区的重力时变场和地表密度变化分布，获取了具有代表性的点位的重力变化时间序列，同时获得了 WUSH、LHAS、KUNM、LUZH 站相对于区域参考框架的 GPS 位移时间序列。通过区域构造运动的特点和 GPS 位移综合分析，对 GRACE 观测的时变重力场特征及汶川地震的动力机制进行了初步解释和讨论。

邹正波等（2008，2010）通过 GRACE 获取每个月的重力异常，据此得到 2007 年 10 月—2008 年 12 月重力变化，且剔除了 2003 年至 2007 年年变化因素的影响，获得汶川地震前后重力变化（图 3-56），反映出汶川 8.0 级地震前后卫星重力场变化，说明汶川地震对南部重力场变化影响显著。

此外，还研究了利用 GLDAS 水文模型扣除前后的汶川地震相关重力变化，采用 2008 年 6 月—2010 年 8 月与 2006 年 2 月—2008 年 4 月的 GRACE 重力差分，提取汶川地震前后两年重力变化，如图 3-57 所示，图中黑色线条为海岸线，菱形点为汶川地震震中（邹正波等，2013b）。

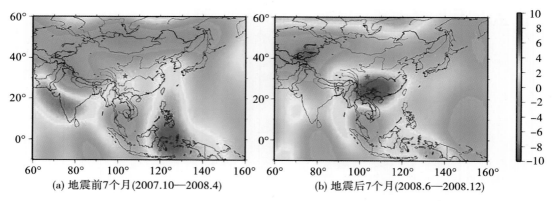

(a) 地震前 7 个月（2007.10—2008.4）　　(b) 地震后 7 个月（2008.6—2008.12）

图 3-56　汶川 8.0 级地震前后重力场变化图（单位：10^{-8} m/s^2）（邹正波等，2008）

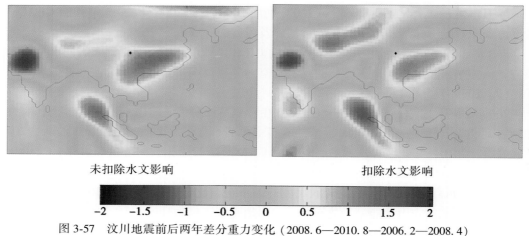

未扣除水文影响　　　　　　　　　扣除水文影响

图 3-57　汶川地震前后两年差分重力变化（2008.6—2010.8—2006.2—2008.4）

（单位：10^{-8} m/s^2）（邹正波等，2013b）

为研究 GRACE 重力变化与汶川地震存在的联系，利用汪荣江编制的同震位错软件计算区域点位垂直位移变化（指向地心方向为正）及重力变化（谈洪波等，2009），比较图 3-57 与图 3-58 可以看出：①水文信号扣除前重力变化特征为中国大陆区域由东南及西北向正变化。扣除水文变化后，中国大陆范围分布呈现出近四象限分布特征，其对称方向与汶川地震断层方向基本一致，与地震模型模拟的同震重力变化模式基本接近。表明水文资料的处理可有效改善卫星观测结果的形态，为获取与地震相关的重力变化提供必要的前提条件。②地面重力变化不仅与物质流动及密度变化有关，还受到垂直变化（图 3-58）的影响，若地表下陷，其重力增加，地表上升，重力减少。而 GRACE 观测到空间固定点的重力信息，不考虑地表垂直形变沉降的影响，因此卫星重力（图 3-57）出现了与地面

(图 3-58)正负相反的结果。③由卫星重力观测到在中国大陆地区形成了一个与模拟的四象限分布特征同震重力变化比较相似的重力变化区；但相对地面结果，卫星重力明显范围更大，量级更小($2×10^{-8}\text{m/s}^2$)。这也从侧面反映出汶川地震对中国大陆区域的影响。

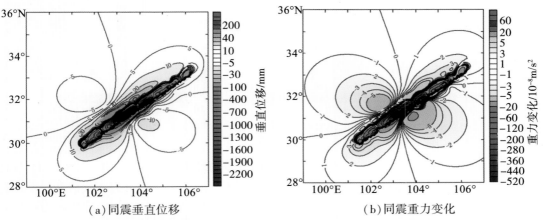

(a)同震垂直位移　　　　　　　　　(b)同震重力变化

图 3-58　汶川地震断层模型解算的同震垂直位移及同震重力变化(谈洪波，2009)

(3)2011 年 3 月 11 日 $M_\text{W}9.0$ 日本宫城大地震

日本列岛地处太平洋西北，是太平洋板块、北美板块、菲律宾板块及欧亚板块相互作用的区域。宫城 311 大地震发生在日本群岛东侧的海沟上，在这里，太平洋板块以80mm/a 的速度相对于欧亚板块向西运动插入板块的下部。

Wang 等(2012)采用 GRACE 月重力场模型数据，计算了同震和震后重力变化，结合位错模型，计算了同震滑动及震后余滑对应的地震矩，并在此基础上与 GPS 观测处理结果的一致性进行了比较。证实 GRACE 能独立检测相当于 $M_\text{W}9.07\pm0.65$ 震级引起的地面重力变化。

Matsuo 和 Heki(2011)采用 GRACE 月重力场模型，计算出 GRACE 观测到的日本大地震同震重力变化为 7μGal。另外，根据地震区域布置的陆地、近海及海底 GPS 观测数据计算得到断层参数，基于孙文科(2012)位错理论模型，计算得到日本大地震的同震重力变化理论值。通过比较同震重力变化计算值与理论值，其良好的一致性证明了 GRACE 卫星探测 $M_\text{W}9.0$ 大地震的能力。

邹正波等(2012)利用重力卫星探测到了大震前局部重力场的变化和变迁及其对周边区域的影响。差分重力变化更能体现局部重力效应，如图 3-59 所示，经分析发现，①2006 年到 2008 年，总体变化比较平缓，仅在俄罗斯东部出现重力减小现象；②2009 年相对于 2008 年，该区重力明显增加。2010 年较 2009 年同样出现重力增加，正重力变化区向南迁移，同时千岛群岛一带出现重力减小现象，在发震断层两侧形成比较明显的正负异常区；③2010 年较 2008 年，在俄罗斯与中国黑龙江省一带出现了较大的重力变化梯度带。日本及其邻区在震前 5 年存在着非常显著的重力变化，特别是日本海以西部分，其变化幅度可达 $20×10^{-8}\text{m/s}^2$，且长期来看，日本海以西存在着长期的重力累计增加。而太平

169

洋板块相对于北美板块以 83mm/a 速度向西挤压，重力长期观测结果显示了板块运动的影响。

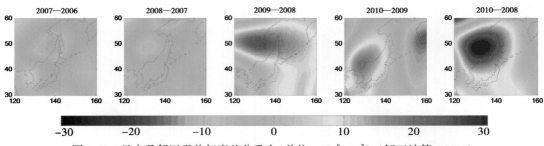

图 3-59 日本及邻区震前年度差分重力（单位：$10^{-8} m/s^2$）（邹正波等，2012）

邹正波等（2013a）利用 GRACE 卫星 RL05 时变重力场模型，计算 2011 年 3 月 11 日日本 $M_W9.0$ 级大地震震源区及周边地区前后 1 个月、6 个月和 1 年的重力变化情况，发现在震前数年已出现的正负交替现象在震前 1 年内变得愈明显。计算了基于地震位错理论的同震重力变化并向上延拓至卫星高度，结果表明重力卫星可以清晰地探测到该震的同震重力变化。分析震源区周边 4 个特征点时间序列变化，结合 GMT 最佳双力偶震源机制，发现两者揭示的震源区周边物质动力变化状态具有一致性，为巨大地震前后动力学过程研究提供了又一大尺度证据。

利用孙文科等的基于位错模型计算空间固定点同震重力变化程序计算得到日本大地震震源区及周边区域同震重力变化分布（图 3-60(a)），通过对地震位错理论模拟的同震重力变化进行了与卫星轨道高度相当的(450km)向上延拓（图 3-60(b)），结果表明在卫星轨道高度处可探测到日本大地震激发的同震重力变化，在断层面东南侧出现的正异常变化峰值可达 $3×10^{-8} m/s^2$，西北侧（日本诸岛及其周边）大范围区域出现负异常区，峰值高达$-6×10^{-8} m/s^2$。

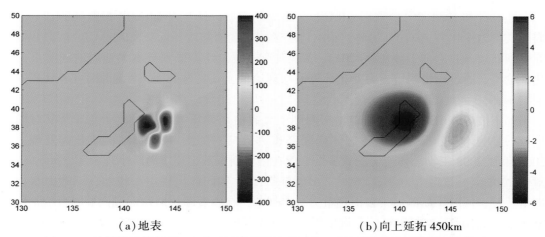

（a）地表　　　　　　　　　　　　　（b）向上延拓 450km

图 3-60 位错模型模拟的日本大地震空间固定点同震重力变化：地表与向上延拓 450km
（单位：$10^{-8} m/s^2$）（邹正波等，2013a）

地震后在震源区西部(日本列岛地区)出现明显的负变化,该区地震前后 1 个月(2011 年 2 月至 4 月)的重力变化差达 $(2\sim3)\times10^{-8}\mathrm{m/s^2}$,前后 6 个月的变化差达 $6\times10^{-8}\mathrm{m/s^2}$,前后 1 年的变化差达 $10\times10^{-8}\mathrm{m/s^2}$,震后震源东南部出现负变化,而东北部和西南部呈现正变化,整个区域重力变化沿地震断层线与其垂向方向呈明显的正负四象限分布,且震后效应越来越显著。研究表明:GRACE 观测有效地提取到震前、震时、震后不同阶段的卫星重力变化的动态过程,为地震研究提供了有利条件。

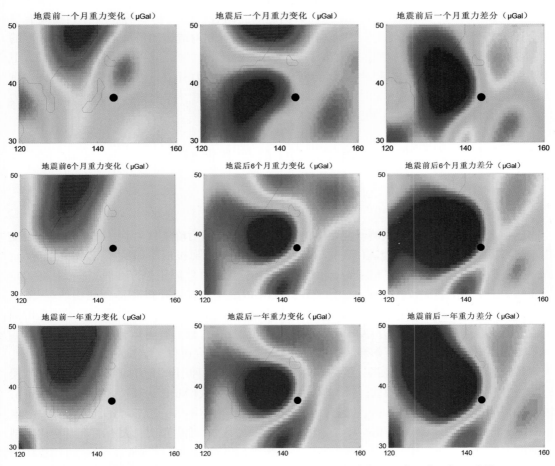

图 3-61 震前后震区附近重力变化(1 个月、6 个月、12 个月)(单位:$10^{-8}\mathrm{m/s^2}$)(邹正波等,2013a)

3.4.3 小结

卫星重力可获取较高时空分辨率的连续、定期的地球重力场动态信息,为海洋学、水文学、冰川学、地球物理学等相关领域研究作出了前所未有的贡献。目前的地面重力观测由于交通和观测环境的原因,往往难以实施观测,如我国西部地震虽比东部多,但监测能力远不如东部。利用卫星重力将可以弥补西部边远和山区的重力稀疏和空缺,对我国地震研究提供更多大时空尺度的监测信息。卫星具有全球均匀覆盖、准实时性特征,可追踪众多地球物理时间造成的大范围的重力变化及空间迁移过程,能有效弥补地面观测的不足。

巨大地震的孕震、发震和震后调整将伴随着震源区周边局部重力场的变化,空间的重力卫星是否能感应到或者分辨出这种变化呢?震前、震时和震后又是如何变化?目前还没有确切的定论,但重力卫星在巨大地震震时的同震变化是非常明显的,这在 2004 年苏门答腊-安达曼大地震、2008 年的智利大地震和 2011 年的日本大地震中被国内外多个地震学者所证实。GRACE 观测有效地提取到地震相关重力变化的动态过程,为地震孕震机理、地震参数(震源参数,同震位错)、震后余滑(黏滞性结构)等研究提供了科学观测保障。

目前,卫星重力、GPS、InSAR 地面数据之间的结合已经有初步的进展,然而离有机融合还有相当长的一段路要走。综合利用多种数据,研究构造运动,反演地下物质密度的迁移变化,将是个有巨大应用前景的值得深入开展研究的问题。此外,受限于当前重力卫星观测精度及观测寿命,探测地震及地球环境动态变化能力有限。因此,发展我国自主重力卫星,获取更高精度、更长时间的重力场静态及时变信息,将对人类深入研究地球动力学包括地震科学研究创造新的契机。

3.5 重力场动态变化与强震活动(典型震例分析)

3.5.1 概述

国际上,重力时间变化观测研究始于 1920 年代,地震前后确实观测到一些可信的重力变化。例如:1964 年日本新潟地震(Fujii, 1966);1964 年美国阿拉伯斯加地震(Barnes, 1966);1965—1967 年日本松代震群(Kisslinger, 1975);1968 年新西兰因南格华地震(Hunt, 1970);1971 年美国费尔南多地震(Oliver et al. 1975);我国 1975 年海城地震和 1976 年唐山地震(陈运泰等, 1980;李瑞浩等 1997);1996 年云南丽江 7.0 级地震(吴国华等, 1997)等。比较典型的例子为唐山地震,李瑞浩等(1997)发现唐山地震前后重力变化过程具有明显上升—下降—发震—恢复特征,并从机理上进行了解释。这些研究为地震重力研究提供了宝贵的震例经验。同时,为解释地震前后重力场变化原因,国内外许多学者提出了各种引起重力场变化的孕震发生模式,例如:形变和质量迁移模式(陈运泰等, 1980)、扩容模式(Nur, 1974)、位错模式(Okubo, 1992)、耦合运动模式(申重阳等, 2003;申重阳, 2005;申重阳等, 2007)与闭锁剪力模式(申重阳等, 2011),震质中模式(Kuo et al., 1993),等等,这对理解和认识大震的重力变化机制和地震重力预测十分有益。国内一些学者对一些强震(如汶川 8.0、姚安 6.0 等)进行过成功的试验性中期预测(祝意青等, 2009;申重阳等, 2011),为重力场动态变化应用于地震预报实践提供了借鉴和经验。

3.5.2 1975 年海城 7.3 级地震

卢造勋等(1978)对 1975 年 2 月 4 日辽宁海城 7.3 级强烈地震前后重力重复测量结果进行了研究,发现在极震区及其附近地区重力场发生了显著的有规律性的变化。1972 年 6 月建立北镇-庄河重力复测剖面(震中以西,北西—南东走向,长约 250km)开始重力观测,同年 11 月及 1973 年 5 月进行了两次复测,发现辽东半岛地区重力场减小,最大达 $-352\mu\text{Gal}$。1975 年 3 月震后进行了第一次复测,重力场却已基本回升到 1972 年 6 月建点时的水平。7月份再次复测，其结果表明重力场继续升高，最大达+382μGal。其后直至1976年12月多次进行复测，重力场基本保持在1975年7月的水平。因此，震中区震前重力场下降、震后上升的特征相当明显。海城地震前后重力测量所采用的仪器是国产 ZS2-67 型 035、049、122 号及加拿大 CG-2 型 271、315 号石英弹簧重力仪。陈运泰等（1980）对此进行了进一步研究，认为重力的变化与地震的发生似有密切的关系；根据重复大地水准测量资料估计的地面高程变化所能引起的重力变化远比所观测到的变化小，据此推测该地震可能与地壳和上地幔内的质量迁移有关。

3.5.3　1976年唐山7.8级地震

陈运泰等（1980）对1976年7月28日唐山7.8级地震进行了研究。唐山7.8级地震前后，在震中以北不远的一条长约270km的东西向剖面(北京—蓟县—乐亭)上各进行过3次重力测量(1976年7月3日、29日、8月)：以1976年3月24日测量结果为基值，唐山地震前的7月3日，剖面东段的重力增大，最大达165μGal；地震刚发生后的7月29日，整个剖面的重力略有减小；同年8月，重力继续减小。水准测量资料表明，唐山东部的乐亭一带在1970—1975年以5.0mm/a的速率抬升。若以此平均上升速率代表该地区1976年的上升速率，则唐山地震前的重力变化的符号和数值都无法用地面高程的变化加以解释。据此推测该地震可能与地壳和上地幔内的质量迁移有关。

李瑞浩等（1997）通过系统处理分析地震前后34期的重力测量数据，以北京为起算点，给出了天津、唐山和山海关测点随时间变化的曲线（图3-62），其真实反映了这次强烈地震前后重力变化的全过程。通过地面沉降、采矿和地下水位变化、形变测量对重力观测的影响、观测资料可靠程度分析，认为：① 1971—1975年期间，震区附近区域重力场具有显著的上升趋势，它与莫霍界面的上隆有关；② 1975—1976年期间，根据形变、地震波的震源机制解正演的唐山点的重力变化表明，这期间的重力变化主要由震前的蠕滑、膨胀和同震位错引起。重力观测表明，蠕滑和膨胀是发生在震前的；③ 1976年8月以后

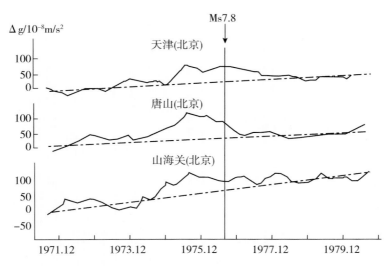

图3-62　唐山地震前后重力变化(单位：10^{-8}m/s^2)（李瑞浩等，1997）

的重力变化呈恢复趋势，地壳的均衡下沉和引张恢复是这一期间重力变化的主要原因。

不难看出，从"差分"意义上来说，如李瑞浩等（1997）所描述的唐山地震前后重力变化具有明显的阶段特征，即1971—1975年的缓慢上升阶段、1975—1976年7月震前的反向快速下降阶段和震后的平缓恢复过程；但从"累积"意义上来说，唐山地震前后重力变化具有"上升—加速上升（震前约2~3年）—减速上升（震前约1年）—发震—恢复"的基本特征，愈靠近震中愈明显（申重阳等，2010）。

3.5.4　1996年丽江7.0级地震

吴国华等（1997）对1996年2月3日云南省丽江7.0级地震进行了重力观测总结研究。此次地震前后滇西实验场重力网共进行27期流动重力观测，其重力变化的总体特征为：①震中附近地区的丽江—剑川—洱源一带震前为下降变化，下降变化的幅值平均约30μGal，震后重力变化继续下降；②距震中稍远一点的渡口附近地区震前为持续上升变化，累计上升变化的最大幅值达123μGal，震后重力变化下降，但下降变化的幅值不大，且永仁—南华一带的重力变化还在继续上升；③距震中较远的保山附近地区震前为持续上升背景上的下降变化，下降变化的最大幅值为68μGal，震后还在继续下降，但昌宁-云县一带出现了局部上升变化。

3.5.5　2008年于田7.3级地震

申重阳等（2010）基于1998年以来中国大陆流动重力网观测数据成果（复测周期2~3年），如图3-63所示，分析总结了2008年3月新疆于田7.3级地震区域震前重力场动态

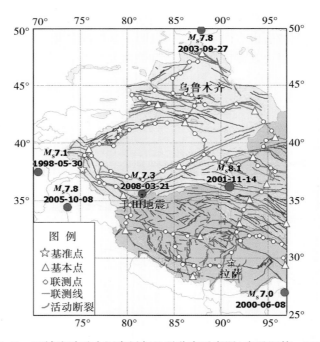

图 3-63　区域流动重力网布局与地震分布示意图（申重阳等，2010）

变化的演化特征。如图 3-64 所示，结果表明：区域重力场动态演化图像反映了该地震孕育的中长期(2~10 年)基本信息；该地震孕育的显著重力标志为持续多年的正重力变化(上升)和较大规模的重力变化梯级带，前者有利于地震能量的不断积累，后者有利于地震破裂的发生；该地震孕育过程中相关重力场变化呈增大—加速增大—减速增大的过程，与 1976 年唐山 7.8 级地震具类似特征；与该地震有关的多年(8 年)最大累积重力变化可达 200μGal。

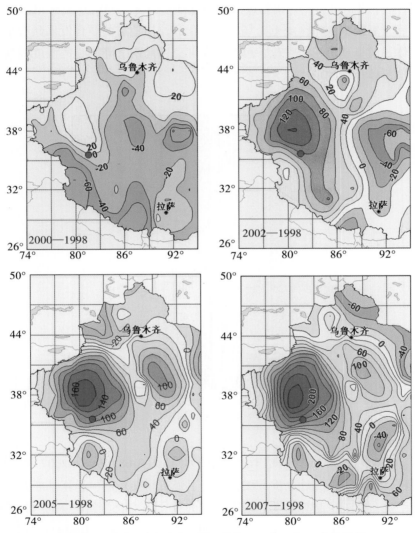

图 3-64　震前重力场累积动态变化图像(单位：10^{-8}m/s^2) (申重阳等，2010)

3.5.6　2008 年汶川 8.0 级地震

申重阳等(2009)基于中国大陆 1998—2007 年(复测周期 2~3 年)流动重力观测数据，

结合 GPS、水准观测成果和区域地质构造动力环境，分析研究了 2008 年 5 月 8 日汶川 8.0 级地震区域重力场动态变化演化特征和孕震机理。如图 3-65，图 3-66，图 3-67 所示，结果表明：区域重力场动态演化大体反映了青藏高原物质东流的动态效应和汶川地震孕育的中长期(2~10 年)信息；汶川地震孕育的显著重力标志为震中西南持续多年的正重力变化(上升)和出现较大规模的重力变化梯级带，前者有利于地震能量的不断积累，后者有利于地震剪切破裂的发生；与地震孕育相关重力场变化总体呈增大—加速增大—减速增大—发震的过程；8 年累积重力变化幅差最大约 200×10^{-8} m/s；2001 年昆仑山口 8.1 级地震孕育发生和震后恢复调整，对区域重力场动态变化和汶川地震的孕育发展具有重要影响；松潘—甘孜块体一般呈现负重力变化，可反映深部壳幔局部上隆、壳内温度较高而膨胀，有利于逆冲或推覆体运动的形成和大震的发生。

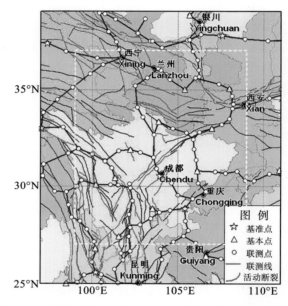

图 3-65　区域流动重力网布局示意图(申重阳等，2009)

孙少安等(2009)精细处理了龙门山区域重力网(图 3-68)1996—2007 年(汶川地震前)全部观测资料，采用相关统计分析方法，研究了经典间接平差中起算基准的稳定性以及对平差结果的干扰，修正了起算基准扰动影响后的重力场变化，给出了以 1996 年首期观测资料为时空基准的网区重力场变化。结果表明(图 3-69)：龙门山断裂对网区重力场的变化起着极强的控制作用，断裂西北多以正异常为主，幅度较大；东南则以负异常居多，幅度相对较小。2002 年以前，网区西北部一直存在较大的重力场上升变化，最大变化幅度达到 100×10^{-8} m/s^2 以上，网区的异常形态基本维持西北正东南负的格局。其间，虽然发生了绵竹(1999 09 14)和安县(1999-11 30)两次 5.0 级地震，但异常形态依旧，并一直持

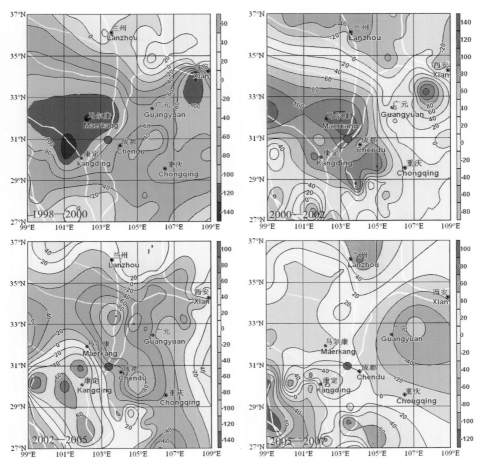

图 3-66 汶川 8.0 级地震前重力场差分动态变化(单位：$10^{-8} \mathrm{m/s^2}$)(申重阳等，2009)

续到 2001 年 5 月。2002 年 4 月，网区重力场出现了转折变化，不仅网区西北的正异常消失殆尽，而且围绕着都江堰和北川两个局部正异常开始了另一种形态的重力场变化过程，经过约 4 年的时间，网区重力场再次演变成正负异常沿龙门山断裂对峙、异常形态类似于 2001 年 5 月的变化格局(2006-03)，只是正异常的幅度较小，仅有 $40 \times 10^{-8} \mathrm{m/s^2}$ 左右，而负异常的幅度差异不大；2007 年 6 月，异常形态不变，正负异常幅度有所增加。分析认为：成都区域重力网虽然监控面积不大，但由于地理位置特殊，使得在该网观测的流动重力资料能反映巴颜喀拉次级地块向东运动过程中在龙门山断裂受阻而产生的重力变化，可视该网为青藏地块运动东缘窗口之一。因此认为，2002 年以前的重力场变化，反映了昆仑山口西 8.1 级地震前块体运动的重力场响应，之后则是汶川 8.0 级地震孕育过程的重力场响应。

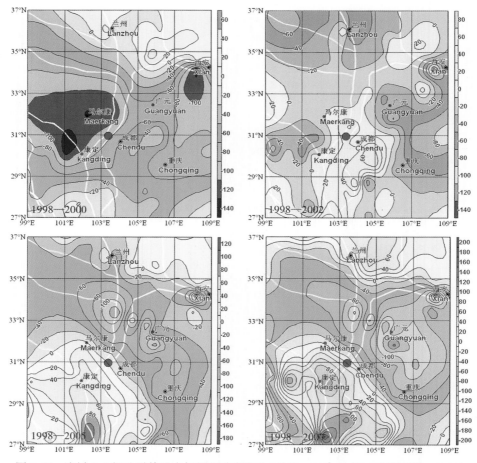

图 3-67 汶川 8.0 级地震前重力场累积动态变化(单位:10^{-8}m/s^2)(申重阳等,2009)

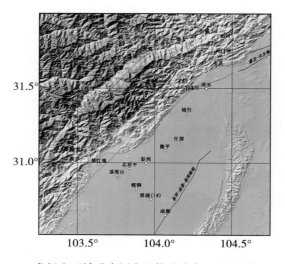

图 3-68 龙门山区域重力网点及构造分布(孙少安等,2009)

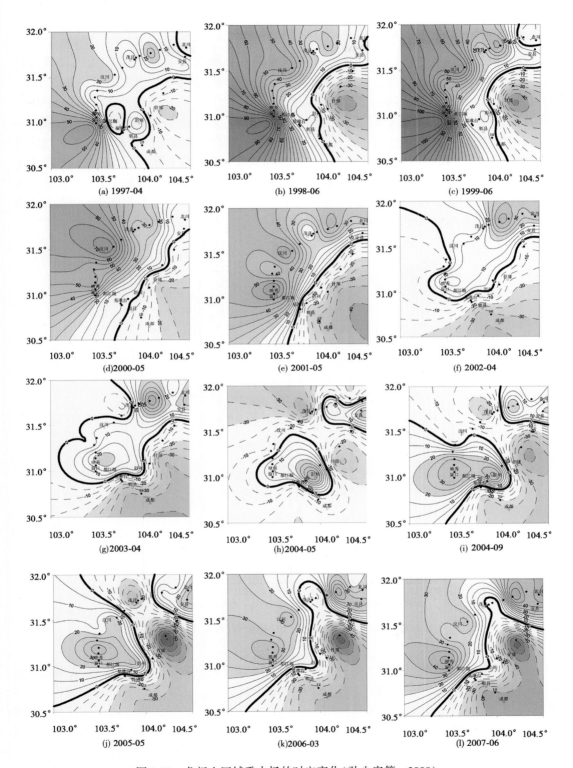

图 3-69 龙门山区域重力场的时空变化(孙少安等，2009)

3.5.7　2009 年姚安 6.0 级地震

申重阳等（2011）利用 2009 年 7 月 9 日姚安 6.0 级地震前滇西实验场流动重力网 2005—2009 年 9 期复测数据，给出了区域重力场差分和累积动态变化图像，如图 3-70、图 3-71 所示。分析研究表明：①重力场动态演化图像大体反映出震前地壳物质运动状态，累积动态变化更能反映区域构造运动与断裂构造作用，差分动态变化有利于突出短期局部效应；②姚安地震显著重力"前兆"标志为，震前约 2 年穿过震中的近南北向正负过渡重力梯级带和约半年的以震中区为中心重力场变化呈现局部相对上升与下降的对称四象限分布；③震中西部震前约 3 年持续的正重力变化应有利于震源能量的积累；④震中区正负变化四象限分布图像与地震发生的震源机制具有一致性，显示出剪应力的存在，可能反映出"切变"或"闭锁剪力"孕震机制。

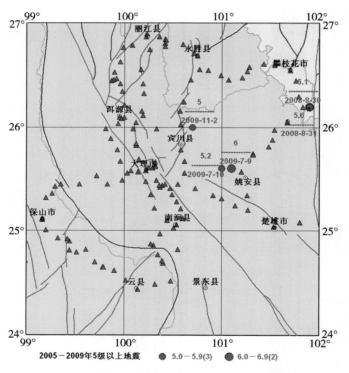

图 3-70　滇西地区重力网点及构造分布（申重阳等，2011）

众所周知，构造型地震源于地壳深处，当介质应力应变能量积累到一定程度而造成剪切破裂，这样孕震源区在外围动力作用下应先存一定大小、优势方向明显的剪应力（简称优势剪应力，如图 3-72 所示）及其作用下形成的一定大小、相同优势方向的剪应变（简称优势剪应变）。由于该优势剪应力未超越岩体破裂阈值，使震前（临震）孕震源区处于"闭锁"或相对平衡稳定状态。这种先存的孕震区优势剪切力除有可能产生直接"优势剪应变"外，也可能产生某些间接"放大"效应：震源区岩体包裹的软弱物质（如流体、气体）沿剪

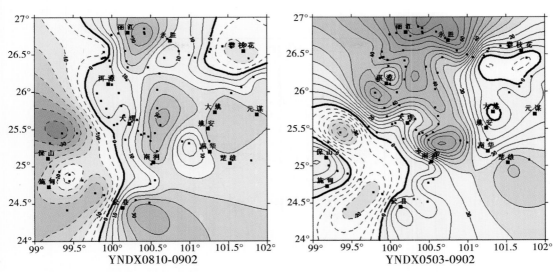

图 3-71 姚安 6.0 级地震前典型重力场动态变化(单位：$10^{-8}\,\mathrm{m/s^{-2}}$)(申重阳等，2011)

应力作用方向迁移、岩体本身沿剪力作用方向产生微小蠕变；同时，震源及其周围物质对优势剪切力的反作用("反剪切力"-"卸力"-"阻力")，使优势剪切力分布随远离孕震源核心而较快衰减(有限震源体)，孕震区边界应处于"优势剪切力"与"反剪切力"相对平衡的状态。

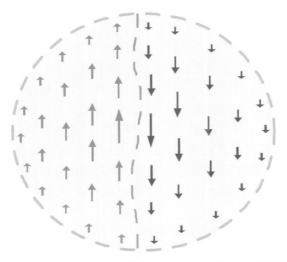

图 3-72 "闭锁"孕震源体"优势剪应力"示意分布图(申重阳等，2011)

3.5.8 2013 年芦山 7.0 级地震

祝意青等(2013)利用川西地区(图 3-73)2010—2012 年期间的流动重力观测资料，分析了区域重力场变化及其与 2013 年 4 月 20 日四川芦山 7.0 级地震发生的关系。

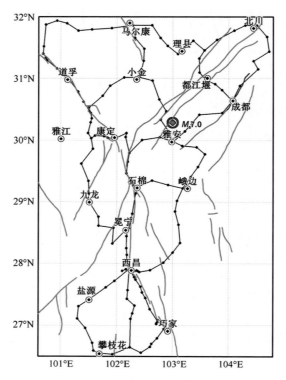

图 3-73　川西地区重力测量路线及活动断裂略图(祝意青等，2013)

如图 3-74 所示，结果表明：①区域重力场异常变化与北东向龙门山断裂带南段和北北西向马尔康断裂带在空间上关系密切，反映沿该两断裂带(段)在 2010—2012 年期间发生了引起地表重力变化效应的构造活动或变形。②芦山 7.0 级地震前，测区内出现了较大空间范围的区域性重力异常，而震源区附近产生了局部重力异常，沿龙门山断裂带南段形成了重力变化高梯度带，其中，宝兴、天全、康定、泸定、石棉一带重力差异变化达 100 $\times 10^{-8} m/s^2$ 以上；这些可能反映芦山地震前区域及震源区附近均产生与该地震孕育、发生有关的构造运动或应力增强作用。③重力场差分动态演化图像和重力场累积变化动态图像均反映芦山 7.0 级地震孕育过程的最后 2~3 年出现较显著的流动重力异常变化，可视为该地震的中期前兆信息。

郝洪涛等(2015)利用芦山地震科学考察流动重力观测成果及科考区域内其他流动重力观测资料，系统分析和总结了芦山地震前后重力场变化特征。结果表明(图 3-75)：地震前，重力场变化显著异常特征主要表现为龙门山断裂带两侧正、负高值异常以及与龙门山、鲜水河、大凉山断裂平行或垂直的较大规模重力变化梯度带，与汶川地震前重力变化特征一致；地震后，重力场变化沿龙门山发生反向调整；中下地壳物质的生热、膨胀可能是松潘—甘孜块体震前重力变化的场源，并可能成为芦山地震及汶川地震的重要触发因素。

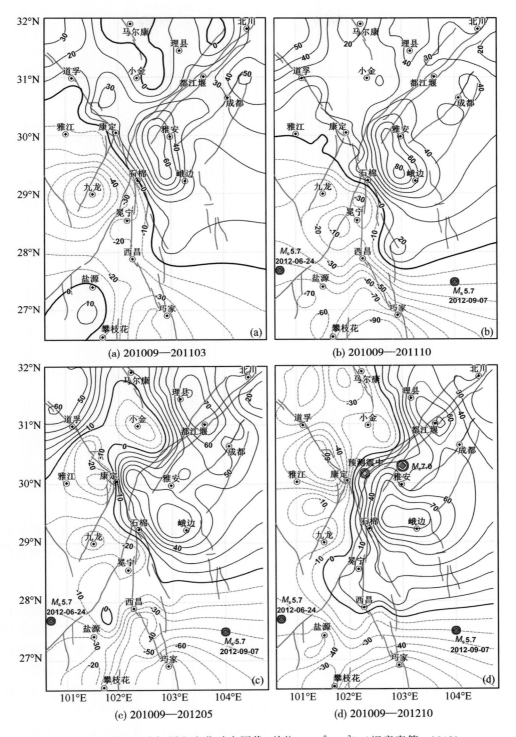

(a) 201009—201103

(b) 201009—201110

(c) 201009—201205

(d) 201009—201210

图 3-74 川西重力场累积变化动态图像(单位:$10^{-8}\mathrm{m/s^2}$)(祝意青等,2013)

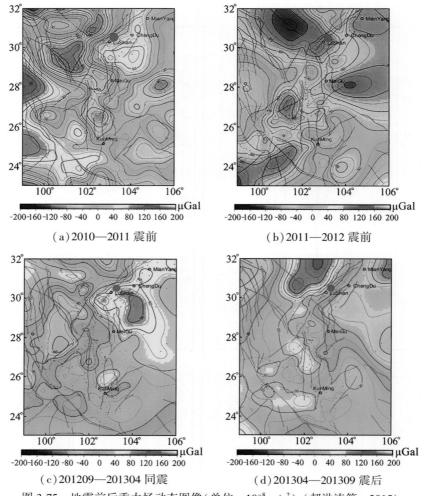

（a）2010—2011 震前　　　　　　　　　（b）2011—2012 震前

（c）201209—201304 同震　　　　　　　（d）201304—201309 震后

图 3-75　地震前后重力场动态图像（单位：$10^{-8}\,\mathrm{m/s^2}$）（郝洪涛等，2015）

　　图 3-76 为芦山地震前区域连续重力观测站 M2 波潮汐因子 2008—2013 年 3 月趋势变化分布图，大体显示上升与下降趋势的四象限分布图像，芦山地震处于四象限中心部位。

3.5.9　前兆机理与预测讨论

　　从前述震例分析可知，较大地震前震源区一般呈现相关的重力变化低值梯级带或四象限分布低值中心，而非重力变化（正的或负的）最大值区域，这种变化特征可用震前闭锁剪力模式（申重阳等，2011）来解释。众所周知，构造型地震源于地壳深处，当介质应应变能量积累到一定程度会造成剪切破裂，这样孕震源区在外围动力作用下应先留存一定大小、优势方向明显的剪应力（简称优势剪应力）及其作用下形成的一定大小、相同优势方向的剪应变（简称优势剪应变）。由于该优势剪应力未超越岩体破裂阈值，使震前（临震）孕震源区处于"闭锁"或相对平衡稳定状态。这种先存的孕震区优势剪切力除有可能产生直接"优势剪应变"外，也可能产生某些间接"放大"效应：震源区岩体包裹的软弱物质

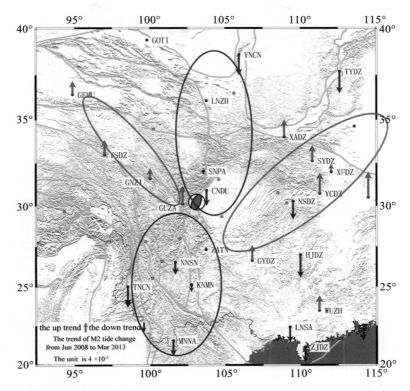

图 3-76 芦山地震前 M2 潮汐因子趋势分布(根据 2013 年 3 月昆明西南片强震
跟踪会议材料由韦进 2016 年重新绘制)

(如流体、气体)沿剪切力作用方向迁移、岩体本身沿剪切力作用方向产生微小蠕变;同时，震源及其周围物质对优势剪切力的反作用("反剪切力"、"卸力"或"阻力")，使优势剪切力分布随远离孕震源核心而逐步衰减(有限震源体)，孕震区边界应处于"优势剪切力"与"反剪切力"相对平衡状态。随着孕震源能量的逐步积累和发展，孕震边界或"闭锁区"范围逐步扩大，优势剪切力形成的动力效应在地表逐步显现，这为地表观测捕获有关前兆信息提供了可能。

从构造地震本身发生能量积累和剪切破裂特征来说，地震孕育发生应满足两个基本条件(申重阳等，2010):一是能量积累条件，如地壳内部物质不断集聚变形运动，对大地震来说，这种集聚变形运动应是大范围的，地表重力变化上升或正重力变化应是有利于能量积累的可能标志之一;二是剪切破裂条件，在震源区周边应力持续失衡的作用下，震源区相对薄弱部位或剪切作用明显地带(一般靠近已存断裂带)首先破裂，在重力变化相对上升和相对下降的过渡部位，如重力梯级低值变化带或重力变化四象限中心部位，往往为物质膨胀(密度减少)和收缩(密度增加)的过渡部位，易于产生剪应力而发震。

基于这种观点，利用重力变化进行大震的(空间)判定采取如下两个步骤方法(有待检验完善):

　　①能量积累条件判定(大范围判定)：应呈现特征重力变化，即持续多年的较大规模和范围的正或上升重力变化。此时，可选区域内的最大累积重力变化为特征重力变化量，其可为孕震源提供能量来源。

　　②破裂地域判定(缩小范围判定)：除应具备构造运动条件(如大型断裂带)外，还应具备一定的物质运动变异条件，如呈现较大规模的正、负、或正负交接过渡的重力变化梯级带(尤其转折部位)，其有利于地震破裂发生。

3.6　问题与展望

　　地球重力场属基本的地球物理场之一，具有严格的物理意义，对地下介质密度与变形的反映能力具有独特优势，对地震物理预测至关重要。重力场信号具有一定的深部构造运动反映能力和地表信号的抗干扰能力，可以捕获某些地震孕育发生的相关信号。目前的重力场动态变化监测主要基于地面观测，其明显受到地表环境变化的干扰，如大气水和地表水(含降雨、水库蓄水等)，如何建立并融合包括卫星、航空和地表(含地下)的不同空间层次的一体化立体监测网络是未来长期发展方向，这对有效剔除或降低地表环境效应、突出与地震运动相关信息是十分有利的。

　　立体监测网应考虑多源数据观测的结合，即重力、形变(GNSS/水准/InSAR)和地下水观测结合，这种结合有利于地壳内部活动或运动信息的提取和观测资料的分析和解释，这是数十年来我国长期地震监测得到的重要启示。当然，这种结合不可能在每个测点办到，但关键的测点必须办到。就重力网点来说，它必须建立在具有不同构造活动特征的地质体上。除了重点监测区要加密布点以外，还须考虑整个面上的布点。这样才能取得具有对比价值的完整的背景场。目前，我国初步建设成绝对重力观测与相对重力测量的连续/动态观测网体系，不仅对中国，而且对国际地震预报和地球动力学的研究都是一大贡献。

　　重力观测技术对开展中国大陆地球重力场的变化与地震预测研究十分关键。目前绝对重力仪偏少，相对重力仪因受弹簧漂移的制约，使流动重力观测和连续重力观测的数据利用大打折扣。因此，从长远发展来说，应发展高精度绝对测定技术代替流动相对测定技术；发展无漂移或低漂移(超导)式台站连续观测技术代替弹簧式台站连续观测技术；发展空间(尤其低空，卫星+航空、海洋)重力观测技术弥补陆地观测技术的不足，发展地下/井下重力观测技术，形成立体重力场观测网络；发展重力观测的环境配套观测技术(温度、气压、地下水、地表水、降雨、地形/变形等，牵涉多观测学科协同，需顶层设计)，分离或消除地表环境不同因素的重力效应，以发挥重力场技术对深部变动信息的探测能力。

　　重力场非潮汐变化是地球自身的运动和变形所引起的，这种变化远比潮汐变化的机制复杂，目前它还没有像潮汐变化那样有比较完整的理论模型作为参考系，没有理论参考的变量是比较难于研究的，它只能靠自身的相对变化进行比较，而得出一些相对结论。这是研究重力场非潮汐变化的困难之一。非潮汐变化包含的因素十分广泛，凡是能导致地球质量分布变化和地球形变的因素都将引起重力场非潮汐变化，诸如核幔边界变形、地幔对流、板块运动、极移、地壳构造活动、地震的形成、地下流体运动乃至冰雪消融、沉积物迁移和大型工程修建等都将引起全球性或区域性非潮汐重力变化。如此众多的因素中，很多因素本身的变化规律至今尚不清楚，更不用说它们之间的相互联系了。由于上述两个原因致使重力场非潮汐变化的研究显得格外困难。因此，重力场非潮汐变化机制的精细解剖将是未来研究的重点。

地面流动重力测量易于空间加密，但复测周期较长；地面台站测量易于时间加密、但空间间隔一般较大，两者可相互验证、相互补充。目前，流动重力测量应用于地震中期预测尝试方面取得了一些重要成效，台站重力测量因资料时间较短而在地震预测上成效有限，随着资料的积累和数据分析处理的加强，台站重力测量将能在中期-短期地震预测上发挥重要作用。

（本章由李辉主持，申重阳统编。李辉、康开轩、邢乐林、邹正波、江颖、张晓彤、吴桂桔、申重阳参与编写。）

本章参考文献

1. 陈俊勇，杨元喜，王敏，等. 2000 国家大地控制网的构建和它的技术进步[J]. 测绘学报，2007，36(1)：1-8.

2. 陈俊勇. 我国重力测量技术进步的新阶段[J]. 测绘通报，1985(5)：1-2.

3. 陈晓东，孙和平，刘明，等. 用 GWR-C032 超导重力仪观测资料实施对 LCR-ET20 重力仪格值的精密测定[J]. 测绘学报，2003，32(3)：219-223.

4. 陈晓东，孙和平，张为民，等. 用绝对重力仪测定超导重力仪格值的精度分析[J]. 大地测量与地球动力学，2013，33(5)：145-149.

5. 陈运泰，顾浩鼎，卢造勋. 1975 年海城地震与 1976 年唐山地震前后的重力变化[J]. 地震学报，1980，2(1)：21-31.

6. 陈志明. 汶川地震成因及其大陆地震动力源探讨[J]. 江苏地质，2008，32(2)：81-85.

7. 陈颙，陈凌. 分形几何学[M]. 北京：地震出版社，2005.

8. 段虎荣，张永志，刘峰，等. 利用重力卫星数据研究汶川地震前后重力场的变化[J]. 地震研究，2009，32(3)：295-298.

9. 段虎荣，张永志，刘锋，等. 利用卫星重力数据研究中国及邻域地壳厚度[J]. 地球物理学进展，2010，25(2)：494-499.

10. 鄂栋臣，何志堂，王泽民，等. 中国南极长城站绝对重力基准的建立[J]. 武汉大学学报(信息科学版)，2007，32(8)：688-691.

11. 鄂栋臣，赵珞成，王泽民，等. 南极拉斯曼丘陵重力基准的建立[J]. 武汉大学学报(信息科学版)，2011，36(2)：466-469.

12. 管泽霖，宁津生. 地球形状及其外部引力场(上册)[M]. 北京：测绘出版社，1982.

13. 郭俊义. 地球物理学基础[M]. 北京：测绘出版社，2001.

14. 郭春喜，李斐，王斌. 应用抗差估计理论分析·国家重力基本网[J]. 武汉大学学报(信息科学版)，2000，30(3)：242-245.

15. 郝洪涛，李辉，孙少安. 华北地区流动重力观测资料的初步清理[J]. 大地测量与地球动力学，2012，32(6)：54-58.

16. 郝洪涛，李辉，胡敏章，等. 芦山地震科学考察观测到的重力变化[J]. 大地测量与地球动力学，2015，35(2)：331-335.

17. 胡小工，陈剑利，周永宏，等. 利用 GRACE 空间重力测量监测长江流域水储量的季节性变化[J]. 中国科学 D 辑 地球科学，2006，36 (3)：225-232.

18. 贾民育，邢灿飞，孙少安. 滇西重力变化的二维图像及其与 5 级(M_S)以上地震的关系[J]. 地壳形变与地震，1995，15(3)：9-19.

19. 贾民育，詹洁晖. 中国地震重力监测体系的结构与能力[J]. 地震学报，2000，22(4)：360-367.

20. 江颖，胡小刚，刘成利，等. 利用地球自由振荡观测约束芦山地震的震源机制解[J]. 中国科学：地球科学，2014，44(12)：2689-2696.

21. 江颖，徐建桥，孙和平，等. 利用地球自由振荡观测约束芦山地震的震源机制解[J]. 地球物理学报，2016.

22. 江志恒，左传惠，丘其宪，等. 中国国家重力基本网 1985 系统[J]. 中国科学 B 辑，1988，18(2)：216-224.

23. 江志恒. 论国家重力基准[J]. 科学通报，1988，33(15)：1171.

24. 姜磊，李德庆，徐志萍，等. 芦山 M_S7.0 地震震前 GRACE 卫星时变重力场特征研究[J]. 地震学报，2014，36(1)：84-94.

25. 李春剑，吉望西，刘达伦. 基于 DDS 椭圆型低通滤波器的设计[J]. 研究与开发，2009，28(1)：36-38.

26. 李国营，彭龙辉，徐厚泽. 自转微椭、非均匀地球的潮汐变形[J]. 地球物理学报，1996，39(5)：672-678.

27. 李辉，刘冬至，刘绍府. 地震重力监测网统一平差模型的建立[J]. 地壳形变与地震，1991，11(增刊)：68-74.

28. 李辉，付广裕，孙少安，等. 滇西地区重力场动态变化计算[J]. 地壳形变与地震，2000，20(1)：60-66.

29. 李辉，申重阳，孙少安，等. 中国大陆近期重力场动态变化图像[J]. 大地测量与地球动力学，2009，29(3)：1-10.

30. 李辉，徐如刚，申重阳，等. 大华北地震动态重力监测网分形特征研究[J]. 大地测量与地球动力学，2010，29(5)：15-18.

31. 李辉，王晓权，张建新，等. 地震台站建设规范·重力台站(DB/T 7—2003)[S]，2003.

32. 李瑞浩，陈冬生，傅兆珠，等. 中国固体潮向量空间分布特征的研究[J]. 地震学报，1984，6(2)：223-239.

33. 李瑞浩，黄建梁，李辉，等. 唐山地震前后区域重力场变化机制[J]. 地震学报，

1997，19（4）：399-407.

34. 李瑞浩，等．重力学引论［M］．北京：地震出版社，1988.

35. 李建国，李辉，张松堂，等．中国绝对重力仪第二次比对测量［J］．大地测量与地球动力学，2014，34（4）：64-66.

36. 李真，陈石，秦建增，等．多网重力数据联合平差和系统误差改正［J］．地震，2012，32（2）：95-104.

37. 刘冬至，李辉，邢乐林，等．中国地震重力网绝对重力观测结果分析［J］．大地测量与地球动力学，2007，27（5）：88-93.

38. 刘冬至，邢乐林，徐如刚，等．FG5/232绝对重力仪的试验观测结果［J］．大地测量与地球动力学，2007，27（2）：114-118.

39. 刘少明，孙少安，郝洪涛，申重阳．湖北巴东 M_S5.1 地震前的重力场变化［J］．大地测量与地球动力学，2014，34（3）：31-34.

40. 刘绍府，李辉，刘冬至．拉科斯特重力仪测量平差中的相关问题［J］．地壳形变与地震，1990（10）：67-73.

41. 刘子维，李辉，韦进，等．利用M2潮波振幅因子精密测定gPhone弹簧重力仪的标定因子［J］．大地测量与地球动力学，2011，31（5）：146-150.

42. 卢造勋，方昌流，石作亭，等．重力变化与海城地震［J］．地球物理学报，1978，21（1）：1-8.

43. 毛慧琴，许厚泽，宋兴黎，等．中国东西重力潮汐剖面［J］．地球物理学报，1989，32（1）：62-69.

44. 丘其宪，Markinen J，Virtanen H，等．1990年中、芬两国在中国境内的绝对重力测量［J］．地球物理学报，1994，37（Supp. II）：230-237.

45. 丘其宪．北京和南宁国际绝对重力基本点上首批绝对重力测量结果［J］．测绘学报，1994，23（2）：150-154.

46. 申文斌，王迪晋，黄金维．大地震前重力异常信号探测及分析［C］//中国地球物理2010——中国地球物理学会第二十六届年会、中国地震学会第十三次学术大会论文集．合肥：中国科学技术大学出版社，2010.

47. 申重阳，李辉，孙少安，杨光亮，等．2008年于田 M_S7.3 地震前重力场动态变化特征分析［J］．大地测量与地球动力学，2010，30（4）：1-7.

48. 申重阳，李辉，付广裕．丽江7.0级地震重力前兆模式研究［J］．地震学报，2003，25（2）：163-171.

49. 申重阳，李辉，孙少安，等．重力场动态变化与汶川 M_S8.0 地震孕育过程［J］．地球物理学报，2009，52（10）：2547-2557.

50. 申重阳，李辉．研究现今地壳运动和强震机理的一种方法［J］．地球物理学进展，2007，22（1）：49-56.

51. 申重阳，谈洪波，郝洪涛，等．2009年姚安 M_S6.0 地震重力场前兆变化机理［J］．大地测量与地球动力学，2011，31（2）：17-22.

52. 孙和平，徐建桥，B Ducarme．基于国际超导重力仪观测资料检测地球固态内核的平动振荡[J]. 科学通报, 2004, 49(8): 803-813.

53. 孙和平, 许厚泽. 国际地球动力学合作项目的实施与展望[J]. 地球科学进展, 1997, 12(2): 152-157.

54. 孙和平, 张为民, 王勇, 等. 中国-日本绝对重力仪测量比对结果[J]. 测绘科学, 2006, 31(6): 33-34.

55. 孙和平, 徐建桥, 黎琼. 地球重力场的精细频谱结构及其应用[J]. 地球物理学进展, 2006, 21(2): 345-352.

56. 孙少安, 项爱民, 李辉. 滇西和北京区域重力场演化及其与地震关系的探讨[J]. 地震, 1999, 19(1): 97-106.

57. 孙少安, 项爱民, 吴维日. LCR-G 型重力仪仪器参数的时变特征[J]. 大地测量与地球动力学, 2002, 22(2): 101-105.

58. 孙少安, 项爱民, 刘冬至, 等. 三峡工程蓄水前后的精密重力测量[J]. 大地测量与地球动力学, 2004, 24(2): 30-33.

59. 孙少安, 项爱民, 周新. 龙门山区域重力网起算基准的扰动分析[J]. 大地测量与地球动力学, 2009, 29(6): 8-12.

60. 孙少安, 康开轩, 黄邦武. 关于区域重力场变化基准的思考[J]. 大地测量与地球动力学, 2012, 32(1): 17-20.

61. 孙文科, 长谷川崇, 张新林, 等. 高斯滤波在处理 GRACE 数据中的模拟研究: 西藏拉萨的重力变化率[J]. 中国科学: 地球科学, 2011, 41(9): 1327-1333.

62. 孙文科. 地震火山活动产生重力变化的理论与观测研究的进展及现状[J]. 大地测量与地球动力学, 2008, 28(4): 44-53.

63. 谈洪波, 申重阳, 李辉, 等. 汶川大地震震后重力变化和形变的黏弹分层模拟[J]. 地震学报, 2009, 31(5): 491-505.

64. 吴庆鹏. 重力学与固体潮[M]. 北京: 地震出版社, 1997.

65. 王林松, 陈超, 杜劲松, 等. A10-022 绝对重力仪在庐山短基线的测量实验与分析[J]. 测绘学报, 2012, 41(3): 347-352.

66. 王武星, 马丽, 黄建平. 强地震前后重力观测中异常变化现象的研究[J]. 地震, 2007, 27(2): 53-63.

67. 王武星, 石耀霖, 顾国华, 等. GRACE 卫星观测到的与汶川 M_S8.0 地震有关的重力变化[J]. 地球物理学报, 2010, 53(8): 1767-1777.

68. 王晓兵, 张为民, 钟敏. 净月潭水库蓄水对长春基准站绝对重力变化的影响[J]. 大地测量与地球动力学, 2009, 29(5): 72-75.

69. 王勇, 张为民, 王虎彪, 等. 绝对重力观测的潮汐改正[J]. 大地测量与地球动力学, 2003, 23(2): 65-68.

70. 王勇, 张为民, 詹金刚, 等. 重复绝对重力测量观测到的滇西地区和拉萨点的重力变化及其意义[J]. 地球物理学报, 2004, 47(1): 95-100.

71. 王勇, 张为民. FG5 绝对重力仪[J]. 地壳形变与地震, 1996, 16(2): 94-97.

72. 王勇, 张为民. 高精度绝对重力测量在地壳垂直运动研究中的作用和应用前景

［J］. 地壳形变与地震，1997，17（3）：98-102.

73. 韦进，郝洪涛，康开轩，等. 汶川地震前成都台重力的高频扰动［J］. 大地测量与地球动力学，2009，29（S1）：15-19.

74. 韦进，李辉，刘子维，等. 武汉九峰地震台超导重力仪观测分析研究［J］. 地球物理学报，2012a，55（6）：1894-1902.

75. 韦进，李辉，刘子维，等. 超导重力观测噪声水平的极大似然估计［J］. 大地测量与地球动力学，2011a，31（3）：69-74.

76. 韦进，李辉，刘子维，等. 利用积谱研究气压对SGC053超导重力仪的影响［J］. 大地测量与地球动力学，2011b，31（4）：47-51.

77. 韦进，刘高川，李辉，等. 弹簧式连续重力观测非线性漂移影响因素分析［J］. 大地测量与地球动力学，2012b，32（5）：137-142.

78. 韦进，刘子维，郝洪涛，等. 日本M_S9.0地震前的连续重力观测异常［J］. 大地测量与地球动力学，2011c，31（2）.

79. 吴国华，罗增雄，赖群. 丽江7.0级地震前后滇西实验场的重力异常变化特征［J］. 地震研究，1997，20（1）：101-107.

80. 吴庆鹏. 重力学与固体潮［M］. 北京：地震出版社，1997.

81. 吴书清，刘达伦，徐进义，等. 凸轮式绝对重力仪的研制进展［G］//中国地球物理学会. 中国地球物理. 合肥：中国科学技术大学出版社，2009：508-509.

82. 吴雪芳，唐伯雄，吴兵. 利用零漂观测值和潮汐因子变化研究地震预报的可能性和条件［J］. 地壳形变与地震，1984，4（4）：350-356.

83. 吴雪芳. 固体潮预报地震的理论基础与方法［J］. 地震，1991，（1）：8-14.

84. 吴雪芳. 重力方法在地震预报中的作用［J］. 地震，1996（1）：90-95.

85. 项爱民，孙少安，李辉. 流动重力运行状态及质量评价［J］. 大地测量与地球动力学，2007，27（6）：109-114.

86. 肖凡，张松堂，张宏伟，等. 观测组数及组内落体数对测定绝对重力值的影响［J］. 大地测量与地球动力学，2012，32（3）：135-138.

87. 肖凡，张松堂，李建国，等. FG5绝对重力仪比对观测数据分析［J］. 海洋测绘，2011，31（5）：55-57.

88. 肖凡，张为民，张松堂，等. 蓟县基准站绝对重力长期变化分析［J］. 大地测量与地球动力学，2013，33（4）：44-47.

89. 邢乐林，李辉，何志堂，等. 成都基准台绝对重力复测结果分析［J］. 大地测量与地球动力学，2008，28（6）：38-42.

90. 邢乐林，李辉，刘子维，等. 利用绝对重力测量精密测定超导重力仪的格值因子［J］. 大地测量与地球动力学，2010，30（1）：48-50.

91. 邢乐林，李辉，申重阳，等. 欧洲绝对重力仪比对观测（ECGS'2007）［J］. 地球物理学进展，2009，24（6）：2054-2057.

92. 邢乐林，李辉，周新，等. GRACE卫星重力观测在强震监测中的应用及分析［J］. 大地测量与地球动力学，2010，30（4），51-54.

93. 邢乐林，李建成，李辉，等．国内绝对重力观测比对[J]．测绘通报，2008，11：1-3.

94. 邢乐林，刘冬至，李辉，等．FG5绝对重力仪及测点3053的绝对重力测量[J]．测绘信息与工程，2010，32（2）：27-28.

95. 邢乐林，刘冬至，李建成，等．FG5绝对重力仪观测比对[J]．测绘信息与工程，2008，33（1）：25-26.

96. 邢乐林，申重阳，李辉．欧洲Walferdange绝对重力仪比对观测[J]．大地测量与地球动力学，2009，29（3）：77-79.

97. 邢乐林，孙文科，李辉，等．用拉萨点大地测量资料检测青藏高原地壳的增厚[J]．测绘学报，2011，40（1）：41-44.

98. 徐建桥，许厚泽，孙和平，等．利用超导重力仪观测资料检测地球近周日共振[J]．地球物理学报，1999，42（5）：599-608.

99. 徐建桥，周江存，罗少聪，等．武汉台重力变化长期特征研究[J]．科学通报，2008，53（5）：583-588.

100. 许厚泽，陆洋，钟敏，等．卫星重力测量及其在地球物理环境变化监测中的应用[J]．中国科学：地球科学，2012（6）：843-849.

101. 许厚泽，孙和平．我国重力固体潮实验研究进展[J]．地球科学进展，1998，13（5）：415-421.

102. 许厚泽，王谦身，陈溢惠．中国重力测量与研究的进展[J]．地球物理学报，1994，37（Supp. I）：339-343.

103. 许厚泽．卫星重力研究：21世纪大地测量研究的新热点[J]．测绘科学，2001，26（3），1-3.

104. 许厚泽．重力观测在中国地壳运动观测网络中的作用[J]．大地测量与地球动力学，2003，23（3）：1-3.

105. 许厚泽，等．固体地球潮汐[M]．武汉：湖北科学技术出版社，2010.

106. 玄松柏，申重阳，谈洪波，等．ECAG-2011期间FG5/232绝对重力仪观测及结果分析[J]．大地测量与地球动力学，2012，32（4）：25-28.

107. 玄松柏，邢乐林，何志堂等．国内绝对重力实验观测比对[J]．大地测量与地球动力学，2008，28（4）：72-74.

108. 徐如刚，孙少安，刘冬至，等．郯庐断裂带上重力网分形特征研究[J]．大地测量与地球动力学，2007，27（3）：64-67.

109. 杨光亮，周莉娟，申重阳，等．连续重力信号的非潮汐信息自动提取[J]．大地测量与地球动力学，2011，31（3）.

110. 杨元喜，郭春喜，刘念，等．绝对重力与相对重力混合平差的基准及质量控制[J]．测绘工程，2001，10（2）：11-14.

111. 杨重谊．精密重力网的定权及系统效应[J]．武汉测绘科技大学学报，1990，15（4）：26-34.

112. 尹亮，杨立明，雷登学，等．大震前重力地脉动异常分析[J]．地震研究，2011

（4）：442-446.

113. 岳建利，何志堂，祝意青，等．利用绝对重力测量对大地原点地下水沉降的研究[J]．测绘科学，2010，35（2）：18-20.

114. 詹金刚，王勇．卫星重力捕捉龙滩水库储水量变化[J]．地球物理学报，2011，54（5）：1187-1192.

115. 张为民，王勇，许厚泽，等．用 FG5 绝对重力仪检测青藏高原拉萨点的隆升[J]．科学通报，2000，25（20）：2213-2216.

116. 张为民，王勇，詹金刚．中国地壳运动观测网络基准站绝对重力的测定[J]．地壳形变与地震，2001，21（4）：114-116.

117. 张为民，王勇．洱海水位变化对下关基准点绝对重力观测的影响[J]．大地测量与地球动力学，2005，25（4）：114-116.

118. 张为民，王勇．九峰动力大地测量中心实验站绝对重力测量[J]．大地测量与地球动力学，2007，27（4）：44-46.

119. 张为民，张赤军．关于绝对重力仪的发展和我们的思考[J]．地球物理学进展，2002，17（1）：180-184.

120. 中国地震局监测预报司．强地震中期预测新技术物理基础及其应用研究[M]．北京：地震出版社，2008.

121. 钟敏，段建宾，许厚泽，等．利用卫星重力观测研究近 5 年中国陆地水量中长空间尺度的变化趋势[J]．科学通报，2009（54）：1290-1294.

122. 周江存，李辉，孙和平，等．地震网络重力固体潮台站观测的海潮负荷影响[C]//重力学与固体潮学术研讨会暨祝贺许厚泽院士 70 寿辰研讨会，2004.

123. 周江存，孙和平，徐建桥．用地表和空间重力测量验证全球水储量变化模型[J]．科学通报，2009，54（9）：1282-1289.

124. 周江存，徐建桥，孙和平．中国大陆精密重力潮汐改正模型[J]//中国测绘学会第九次全国会员代表大会暨学会成立 50 周年纪念大会论文集，2009：80-90.

125. 周新，孙文科，付广裕．卫星重力 GRACE 监测出 2010 年智利 M_W8.8 地震的同震重力变化[J]．地球物理学报，2011，54（7）：1745-1749.

126. 周旭华，许厚泽，吴斌，等．用 GRACE 卫星跟踪数据反演地球重力场[J]．地球物理学，2006，49（3）：718-723.

127. 祝意青，梁伟锋，徐云马．重力资料对 2008 年汶川 M_S8.0 地震的中期预测[J]．国际地震动态，2008（7）：36-39.

128. 祝意青，闻学泽，孙和平，等．2013 年四川芦山 M_S7.0 地震前的重力变化[J]．地球物理学报，2013，56（6）：1887-1894.

129. 邹正波，邢乐林，周新，等．中国大陆及邻区 GRACE 卫星重力变化研究[J]．大地测量与地球动力学，2008，28（1）：23-27.

130. 邹正波，罗志才，李辉，等．GRACE 探测强地震重力变化[J]．大地测量与地球动力学，2010，30（2）：6-9.

131. 邹正波，罗志才，吴海波，等．日本 M_W9.0 级地震前 GRACE 卫星重力变化

[J]. 测绘学报，2012，41（2）：171-176.

132. 邹正波，李辉，吴云龙，等. 日本 M_w 9.0 地震大尺度重力变化结果分析[J]. 大地测量与地球动力学，2013a，33（5）：1-6.

133. 邹正波，李辉，康开轩，等. 汶川地震与卫星重力变化[J]. 大地测量与地球动力学，2013b，33（supp I）：5-7.

134. Wolfgang Torge. 重力测量学[M]. 徐菊生，刘序俨，等，译. 北京：地震出版社，1993.（Wolfgang Torge. Gravimetry. Walter de Gruyter，1989）.

135. Melchior P，方俊，Ducarme B，许厚泽，Van Ruymbeke M，李瑞浩，Poitevin C，陈冬生. 中国固体潮观测研究[J]. 地球物理学报，1985，28（2）：142-154.

136. Barnes D F. Gravity changes during the Alaska earthquake[J]. J Geophys. Res.，1996，71（2）：451-456.

137. Cazenave A，Chen J. Time-variable gravity from space and present-day mass redistribution in the Earth system[J]. Earth and Planetary Science Letters，2010，298（3-4）：263-74.

138. Chao B F，Wu Y H，Zhang Z Z，et al. Gravity variation in Siberia：GRACE observation and possible causes[J]. Terr Atmos Ocean Sci.，2011，22：149-155.

139. Chen Y T，Gu H D，Lu Z X. Variations of gravity before and after the Haicheng earthquake，1975 and the Tangshan earthquake，1976[J]. Acta Seismologica Sinica，1980，18（4）：330-338.

140. Chen J L，Wilson C R，Tapley B D. Satellite gravity measurements confirm accelerated melting of greenland ice sheet[J]. Science，2006，313（5795）：1958-1960.

141. Chen J L，Wilson C R，Tapley B D. GRACE detects coseismic and postseismic deformation from the Sumatra-Andaman earthquake[J]. Geophysical Research Letters，2007，34（13）：1-5.

142. Chen J，Li J，Zhang Z，et al. Long-term groundwater variations in Northwest India from satellite gravity measurements[J]. Global and Planetary Change，2014，116：130-138.

143. Cochran E S，Vidale J E，Tanaka S. Earth tides can trigger shallow thrust fault earthquakes[J]. Science，2004，306（5699）：1164-1166.

144. de Linage C，Rivera L，Hinderer J，et al. Separation of coseismic and postseismic gravity changes for the 2004 Sumatra-Andaman earthquake from 4.6 yr of GRACE observations and modelling of the coseismic change by normal-modes summation[J]. Geophysical Journal International，2009，176（3）：695-714.

145. de Viron O，Panet I，Mikhailov V，et al. Retrieving earthquake signature in grace gravity solutions[J]. Geophysical Journal International，2008，174（1）：14-20.

146. Einarsson I，Hoecher A，Wang R，et al. Gravity changes due to the Sumatra-Andaman and Nias earthquakes as detected by the GRACE satellites：A Reexamination[J]. Geophysical Journal International，2010，183（2）：733-747.

147. Francis O，Baumann H，Volarik T，et al. The European comparison of absolute

Gravimeters 2011（ECAG-2011）in Walferdange, Luxembourg: results and recommendations [J]. Metrologia, 2013, 50(3): 257.

148. Francis O, van Dam T, Germak A, et al. Results of the European comparison of absolute gravimeters in Walferdange（Luxembourg）of November 2007 [J]. International Association of Geodesy Symposia, 2010, 135: 31-35.

149. Fujii Y. Gravity changes in the shock area of the Niigata earthquake, 16 June 1964 [J]. Zisin, 1966, 19(3): 200-216.

150. Furuya M, Okubo S, Sun W, et al. Spatiotemporal gravity changes at Miyakejima Volcano, Japan: Caldera collapse, explosive eruptions and magama movement [J]. J. Geophys. Res. , 2003, 108(B4), 2219.

151. Han S C, Sauber J, Luthcke S. Regional gravity decrease after the 2010 Maule （Chile）earthquake indicates large-scale mass redistribution[J]. Geophysical Research Letters, 2010, 37(23): 1-5.

152. Han S C, Shum S K, Bevis M. Crustal dilatation observed by GRACE after the 2004 Sumatra-Andaman earthquake[J]. Science, 2006, 313(5787): 658-662.

153. Hsu H T, Wang Y, Zhang W M. Test result of FG5/112 absolute gravimeter at Wuhan station[J]. International Association of Geodesy Symposia, 1997, 117: 15-19.

154. Hunt T M. Gravity changes associated with the 1968 Inangahua earthquake [J]. N. Z. J. Geol. Geophys. 1970, 13(4): 1050-1051.

155. Hwang C, Cheng T-C, Cheng C-C, et al. Land subsidence using absolute and relative gravimetry: a case study in centural Taiwan[J]. Survey Review, 2010, 42(315): 27-39.

156. Ivins E R, Watkins M M, Yuan D N, et al. On-land ice loss and glacial isostatic adjustment at the Drake Passage: 2003-2009[J]. J Geophys Res, 2011, 116: 2403.

157. Jianli C, Jin L, Zizhan Z, Shengnan N. Long-term groundwater variations in Northwest India from satellite gravity measurements[J]. Global and Planetary Change, 2014, 116: 130-8.

158. Jin S, Feng G. Large-scale variations of global groundwater from satellite gravimetry and hydrological models, 2002-2012[J]. Global and Planetary Change, 2013, 106: 20-30.

159. Kai W. Evidence of earthquakes triggered by the tidal force of the Sun and the Moon [J]. Acta. Earthquake Sin. 1988, 11: 327-332.

160. Kisslinger C. Process during the Matsushiro, Japan earthquake swarm as revealed by evelling, gravity and spring-flow observations[J]. Geology, 1975, 3(2): 57-62.

161. Kuo J T, Sun Y F. Modeling gravity variations caused by dilatancies [J]. Tectonophysics, 1993, 227(1-4): 127-143.

162. Li R H. Local gravity variations before and after the Tangshan earthquake（$M=7.8$）and dilatation process[J]. Tectonophysics, 1983, 97: 159-169.

163. Li Jin, Shen Wenbin. Investigation of the Co-seismic gravity field variations caused by the 2004 Sumatra-Andaman earthquake using monthly GRACE Data [J]. Journal of Earth

Science, 2011, 22(2): 280-291.

164. Li R H, Fu Z Z. Local gravity variations before and after the Tangshan earthquake (M = 7.8) and the dilatation process[J]. Tectonophysics, 1983, 97(1-4): 159-169.

165. Matsuo K, Heki K. Co-seismic gravity changes of the 2011 Tohoku-Oki earthquake from satellite gravimetry[J]. Geophys. Res. Lett. , 2011, 38, L00G12.

166. Niebauer T M. The effective measurement height of free-fall absolute gravimeters[J]. Metrologia, 1989, 26: 115-118.

167. Niebauer T M, Sasagava G S, Faller J E, et al. A new generation of absolute gravimeters[J]. Metrologia, 1995, 32(3): 159-180.

168. Nur A. The Matsushiro earthquake swarm: a confirmation of the dilatancy-fluid flow model[J]. Geology, 1974, 2: 217-221.

169. Okubo S. Gravity and potential changes due to shear and tensile faults in a half-space [J]. J. Geophys. Res. 1992, 97: 7137-7144.

170. Oliver H W, Robbins S L, Grannell R B, et al. Surface and subsurface movements determined by remeasuring gravity [J]. In: Oakeshott G. B. et al. (eds), San Fernando California Earthquake of 9 February 1971, Sacramento, Calif. , 1975, 16: 195-211.

171. Olivier F, Baumann H, Volarik T, et al. The European comparison of absolute gravimeters 2011 (ECAG-2011) in Walferdange, Luxembourg: results and recommendations [J]. Metrologia, 2013, 50: 257-268.

172. Olivier F, van Dam T, Germark A, et al. Results of the European comparison of absolute gravimeters in Walferdange (Luxembourg) of November 2007[J]. In: Stelios PM (ed) Gravity, Geoid and Earth observation, v135. Springer, Berlin, 2010: 31-35.

173. Rajner M, Olszak T, Rogowski J, et al. The influence of continental water storage on gravity rates estimates: case study using absolute gravity measurements from area of lower silesia, Poland[J]. Acta Geodyn Geomater, 2012, 9(4), 449-455.

174. Ren D D, Fu R, Leslie L M, et al. Greenland ice sheet response to transient climate change simulated by a new ice sheet dynamics model[J]. J. Climate, 2011, 24, 3469-3483.

175. Rodell M, Velicogna I, Famiglietti J S. Satellite-based estimates of groundwater depletion in India[J]. Nature, 2009, 460(7258): 999-1002.

176. Ruess D, Ullrich C. 20 years of International Comparison of Absolute Gravimeters (ICAG) at the Bureau International des Poids et Mesures (BIPM) in Paris with participation of the BEV[J]. Austrian Contributions to the XXV General Assembly of the IUGG. VGI, 2011: 154-161.

177. Sachiko T, Ohtake M, Sato H. Tidal triggering of earthquakes in Japan related to the regional tectonic stress[J]. Earth Planets Space, 2004, 56: 511-515.

178. Said Bouasla. The 1976 China, Tangshan earthquake (M_W = 7.8) mechanism in Retrospect[J]. Journal of Applied Sciences, 2009, 9(15): 2714-2724.

179. Schmerge D, Francis O, Henton J, et al. Results of the first North American

comparison of absolute gravimeters, NACAG-2010[J]. Journal of Geodesy, 2012, 86(8): 591-596.

180. Shen Chong-yang, Li Hui, Fu Guang-yu. Study on a gravity precursor mode of the Ms7. 0 Lijiang earthquake[J]. ACTA Seismological Sinica, 2003, 16(2): 175-184.

Sir J, Turcaud P. Strong earth tides can trigger earthquakes, UCLA[J]. Scientists report. Sci. Geol. , 2004, 1: 1-4.

181. Stein R S. Tidal triggering caught in the act[J]. Science(Washington), 2004, 305 (5688): 1248-1249.

182. Sun W K, Wang Q, Li H, et al. A reinvestigation of crustal thickness in the Tibetan Plateau using absolute gravity, GPS and GRACE data[J]. Terr Atmos Ocean Sci, 2011, 22: 109-119.

183. Sun W. Coseismic deformations detectable by satellite gravity missions: A case study of Alaska (1964, 2002) and Hokkaido (2003) earthquakes in the spectral domain[J]. Journal of Geophysical Research, 2004, 109(B4).

184. Tiwari VM, Wahr J, Swenson S. Dwindling groundwater resources in northern India, from satellite gravity observations[J]. Geophysical Research Letters, 2009, 36(18): 184-201.

185. Velicogna I, Wahr J. Acceleration of Greenland ice mass loss in spring 2004[J]. Nature, 2006, 443: 329-331.

186. Vitushkin L, Becker M, Jiang Z, et al. Results of the sixth international comparison of absolute gravimeters, ICAG-2001[J]. Metrologia, 2002, 39(5): 407.

187. Wang L, Shum C K, Simons C K, et al. Coseismic and postseismic deformation of the 2011 Tohoku-Oki earthquake constrained by GRACE gravimetry [J]. Geophys. Res. Lett. 2012, 39, 7301.

188. Wei jin, Zhao Bin, et al. Detection of a half-microgal coseismic gravity change after the M_S7. 0 Lushan earthquake[J]. Geodesy and Geodynamics(大地测量学与地球动力学. 英文版), 2013, 4(3): 7-11.

189. Wei M H, Wei Z, Li M. Gravity changes before and after the Tangshan earthquakes of July 28, 1976 and possible interpretation[J]. Geophys. Res. Lett. , 1985, 90: 5421-5428.

190. Wu Guohua, Luo Zengxiong, Lai Qun. The variation characteristics of gravity anomaly in the earthquake prediction test site in western Yunnan before and after the M7. 0 Lijiang earthquake[J]. Journal of Seismological Research, 1997, 20(1): 101-107.

191. Yi Shuang, Wenke Sun. Evaluation of glacier changes in high mountain Asia based on 10-year GRACE-RL05 models[J]. Journal of Geophysical Research Solid Earth. 2014, 119 (3): 2504-2517.

192. Yoshida S, Seta G, Okubo S, et al. Absolute gravity change associated with the March 1997 earthquake swarm in the Izu Peninsula, Japan[J]. Earth Planets Space, 1997, 51: 3-12.

193. Zhou X, Sun W, Zhao B, et al. Geodetic observations detecting coseismic

displacements and gravity changes caused by the $M_W = 9.0$ Tohoku-Oki earthquake［J］. Geophys. Res. 2012，117，5408.

194. Zou Zhengbo，Li Hui，Kang Kaixuan，et al. Characteristics of satellite gravity variations in the North-South seismic belt before the 2013 Lushan earthquake［J］. Geodesy and Geodynamics，2013，4(3)：1-6.

第4章　地球重力场变化与地球内部运动

4.1　概述

重力测量，一方面与几何大地测量结合可研究地球形状，这属于物理大地测量（又称理论大地测量）的重要内容；另一方面可用于研究重力场的时空分布规律和测量方法，这又属于地球物理学重要分支——地球重力学的范畴；同时，利用重力测量成果（地球重力场），提取地下岩体密度差异引起的重力异常或变化，确定地下岩体物质的密度分布或异常岩体的空间位置、大小与形状，这属于应用重力学或重力探测的范畴。作为第3章的补充和发展，本章主要基于重力场变化或异常，结合大地测量、地球物理学与地质学，从理论与应用上进行一些分析与探索，为地震预报和地球动力学研究提供基础。

重力测量与现代大地形变测量（GPS/GNSS、水准、InSAR 等）技术的迅速发展和应用，为地球重力场变化、地球内部运动学及其动力学的定量化研究提供了空前优势，从而有可能把不均匀时变地球作为一个整体系统，除对地球内部构造活动、物质迁移过程进行动态检测或探测外，并可对蓄含其中的地震孕育形成过程（长、中、短、临；同震、震后或震间）由场至源实施全景、动态的跟踪分析，为基于大陆动力学上的大陆强震机理研究提供新的驱动力（申重阳等，2001）。如何利用地表及不同空间层次的地球重力场时间变化，并融合地表及浅层变形时空运动信息，来推测地球内部乃至震区物质变化和变形状况成为地震重力研究乃至地震大地测量学的优先课题之一。

地震源于地下深处，无法直接观测，如何利用地表或空间观测手段探测或检测与孕震有关信号（可称之为地震"前兆"）成为地震预测突破的关键。为了追寻或提取位于地壳内部深处的地震前兆信息，探索大陆强震机理和预报地震，地震学家们根据已有资料和经验，尝试了许多物理数学-力学分析方法，提出了许多地震孕育模式（梅世蓉等，1993），如早期的弹性回跳模型，后来发展的岩石膨胀-流体扩散（DD）模式（Scholz et al.，1973）、膨胀-断层蠕动（DC）模式（牛志仁，1978）、组合模式（郭增建等，1973）、包体模式（Brady，1974；1975；1976）、板块模式、地震场模式等，这些都离不开震源区及其周围介质应力-应变的直接或间接变化。但其对地震大地测量手段获取的地表形变与重力场变化的解释无直接指导意义，如何从地壳运动过程本身提取地震相关信息，解析其地震动力过程意义，则是地震重力研究和地震大地测量学的基本任务之一。

地震重力研究的重点应基于物理大地测量学、现代空间大地测量学、现代地震学和地球动力学的交叉与融合，注重从地壳运动角度提出或分析研究地震机理的物理方法，即利用多种现代大地测量观测信息，侧重解算能适应观测研究现状的、能综合反映地壳内部构造活动、物质运移变化过程以及孕震过程的直接或间接物理信息。并结合孕震模式理论，以分析大陆强震的变形与物质密度变化机理，从不同时空层次上研究地震机理，推动地震预测和地震危险性评估向物理、科学纵深发展。

由于地震重力手段一般基于空间对地观测或地表接触测量，其观测信号或多或少地受地表及其外部空间环境诸多因素（如气压、温度、水汽等）的影响，减弱或剔除这些影响亦是十分重要的环节。本章假设所有观测量均剔除了地表或外部环境引起的影响效应。

4.2　重力位场时变与地球内部动力运动

重力位场时变与地表及内部变形均可由地震大地测量观测手段获取，理论上两者紧密相关，与地球动力运动存在一定的物理联系。

4.2.1　基本观测量与边值条件

利用地表或空间重力测量可获取地表或外部空间测点的重力相对变化或扰动 $\Delta g(X)$，例如，通过绝对重力观测可获得测点绝对重力值，进行重复观测可得到绝对重力变化/扰动。利用地表形变测量（如水准）或空间对地测量（GPS/GNSS、InSAR 等）可获得地面测点的位移（水平向、垂直向或旋转量）相对量 $X = X(t)$。地球重力位场到处存在，任意一点的重力位及其时变一般（当地球外部无质量分布时）满足 Laplace 方程（地球外部）或 Poisson 方程（地球内部），而观测量 $\Delta g(X)$ 和 $X = X(t)$ 则一起组合，构成了这些方程的边值条件，这是解算地球重力场时空结构的基本理论构架。

4.2.2　基本原理（动力学关系）

重力位场主要由引力位场和潮汐位场构成，其与介质本身受到的应力和本身的动力学状态密切相关。由 Newton-Euler 运动知，在某一（固定的或变形的）物体上，质点的运动在惯性系或准惯性系中表示或近似表示为（Grafarend，1984）：

$$\rho \ddot{X} = \rho \operatorname{grad} V_g + \rho \operatorname{grad} V_t + S(X) \tag{4-1}$$

式中，ρ 为质点的质量密度，$X = X(t)$ 为质点在（准）惯性系中的位置矢量，$\ddot{X}$ 为位置 X 对时间的二阶导数，V_g 为物体本身的引力位，V_t 为其他外部质量对质点的潮汐位，$S(X)$ 为质点上的应力。设地球内部形变或位移场为 $u(X)$，亦可由上类推，地球内部密度和地球内部运动的关系为（申重阳等，2001）：

$$\rho \ddot{u} = \rho \operatorname{grad} V_g + \rho \operatorname{grad} V_t + S(X) \tag{4-2}$$

该式说明了地球内部运动（加速度 $\ddot{u}(X)$）与地球内部密度、地球本体引力位扰动（$V_g(X)$）、潮汐位扰动（$V_t(X)$）及地球内部应力扰动（$S(X)$）之间的数学物理关系。除地球本体内部作用外，地球内部应力扰动的地球外部力源包括基于参考系旋转的离心力效应、Coriolis 力效应和 Euler 力效应等。为了研究地球内部变形与运动，应尽可能对地球外部效应预先剔除或尽量差分减弱，这样可由地面或空间重力、潮汐及变形观测研究地球内部未知的应力、密度扰动与相应变形。式(4-2)中，$V_g(X)$ 可用式(4-3)表示(忽略离心力位)：

$$\left.\begin{array}{l} V_g(X) = f\iiint\limits_{\Omega(t)} \dfrac{\Delta\rho(X')}{|X'-X|}\mathrm{d}\Omega(t) \\[2mm] \lim\limits_{|X'|\mapsto\infty} V_g(X) = 0 \\[2mm] \Delta g(X) = \mathrm{grad}\,V_g(X) \end{array}\right\} \qquad (4\text{-}3)$$

式中，$\Delta g(X)$ 为相应 $V_g(X)$ 的重力扰动。由式(4-2)和式(4-3)可知，地球的内部运动与地球引力和地球潮汐位场或密度扰动密切相关。

4.2.3　动态观测方程(位场关系)

基于变形地球模型，设地表任意点 P 在 t 时刻的重力位为 $W(p,t)$，因地球重力场及形变场的时间变化 P 点在 Δt 时间内垂直移至 P' 点，同时 t 时刻通过 P 点的等位面或水准面移至 Q 点处(为 P 点的垂直投影)，如图 4-1 所示。此时，水准表面的垂直位移 δ_N，由弹性形变 e、非弹性形变 b 及地球表面(P' 点)至水准面(Q 点)的距离 m 组成：

$$\delta_N = \delta_r + m, \quad \delta_r = e + b, \quad m = -\delta_H$$

式中，δ_H 为正高变化，m 或称水准面的相对位移，则 Δt 时间内引起的外部重力位扰动 δW_t 满足(申重阳等，1996)：

$$\frac{\partial}{\partial n}\delta W_t + \frac{2}{R}\delta W_t = -\left[\delta g_t + \frac{2\gamma}{R}\cdot\delta H_t\right] \equiv -q_t \qquad (4\text{-}4)$$

式中，R 为平均地球半径，γ 为平均重力。δg_t 为发生垂直位移的地球表面重力时变，可由重复重力测量确定；δH_t 为地面点高程的时变，可由与现时通用的平均海水面相联的大地测量得到。式(4-4)可称为地面动态大地测量观测方程(申重阳等，1996)，可作为动态水准面的边界条件来解，这是开展地球动力运动研究的基础或约束条件之一。

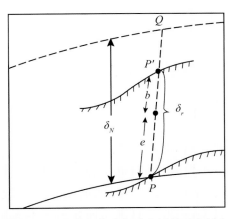

图 4-1　地球表面位移与重力场的时变效应

4.3　外部重力位场与 Bjerhammar 球面的单层密度时变

依据地表重力与形变观测数据确定地球外部重力位场一直是大地测量的基本问题。一方面，由于地球表面的起伏与不规则（大地水准面亦如此），这给地表观测（形变或位移、重力）时变量（小量级）之间的比较带来一定的困难或困惑，如能将这些物理量归算到某一规则面（如 Bjerhanmmar 球面），则可能更有效地去比较、分析研究这些量的差异和物理内涵；另一方面，对于无任何质量的地球外部空间，重力场及其变化满足 Laplace 方程，即其具有解析延拓的特性，这为地表及外部空间的重力场的精确解算和验证提供了理论依据。

迄今为止，物理大地测量学经历了三个发展阶段，分别以 Stokes 理论、Moldensky 理论和 Bjerhammar 理论为标志。值得特别提出的是，具有权威性的 Bjerhammar 理论（Bjerhammar，1963）给大地边值问题以新的扩展。地球外部重力场的虚拟单层密度表示理论的提出和数值计算的实现（许厚泽等，1984；操华胜等，1985）及其在时空域的扩展（夏哲仁等，1990），申重阳等（1996；1999；2000）提出了一套基于 Bjerhammar 理论和虚拟单层密度表示理论的时空域实用化解算方法，使综合利用重复大地测量数据分析地壳密度时变信息并提取相关孕震异常成为可能。因此，这里主要介绍基于 Bjerhammar 理论及其扩展理论的进展，为外部重力场时变与地震前兆的提取提供理论方法基础。

4.3.1　基于 Bjerhammar 球面的重力位场与单层密度时变的一般公式

基于单层位理论和动态大地测量基本方程，选取 Bjerhammar 虚拟球作球近似，同时将地面观测数据 δg_t（重复重力）和 δH_t（重复水准）等解析延拓至 Bjerhammar 球面上，可得到求解地球重力位场和地壳内部密度时间变化的一组公式（许厚泽等，1984，申重阳等，1996）：

$$\left.\begin{aligned}
\frac{1}{4\pi R^2}\iint_S q_t^* \frac{R\left[r^2 - R^2\right]}{l^3}\mathrm{d}s^* &= \frac{r}{R}q_t \equiv \frac{r}{R}\left[\delta g_t - \frac{2}{R_0}\delta W_t\right] \\
\delta W_t &= \frac{1}{4\pi R}\iint_S q_t^* S(\psi)\,\mathrm{d}s^* \\
\delta \sigma_t^* &= \frac{1}{2\pi f}\left[q_t^* + \frac{3}{2R}\delta W_t^*\right] \\
\delta W_t &= f\iint_S \frac{\delta \sigma_t^*}{l}\mathrm{d}s^*
\end{aligned}\right\} \tag{4-5}$$

以上公式中 R_0 为地心至地表面观测点距离，R 为 Bjerhammar 球半径，"$*$"表示 Bjerhammar 球面 S 上的值，$\delta \sigma_t^*$ 表示 Bjerhammar 球面的单层密度时变（其含义是将地球内部所有质量变化都压缩在球层面 S，可整体反映地壳密度时变信息），δW_t 为 Bjerhammar 球面外任一点上的扰动位时变，l 为球面流动面元 $\mathrm{d}s^*$ 与地面观测点或待算点距离，$S(\psi)$ 为 Stokes 函数，ψ 为面元 $\mathrm{d}s^*$ 矢径与地表点矢径的张角，模型参数示意图如图 4-2

所示。

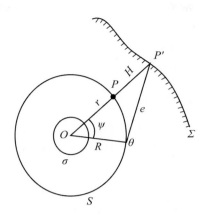

图 4-2　模型参数示意图

从式(4-5)可看出，解算 q_t^* 是问题的关键，由于其具有向下解析延拓性质，往往难以稳定求解。利用泊松核的再生性(许厚泽等，1984)，并设 $ds^* = R^2 d\sigma^* = R^2 \sin\psi \, d\psi \, d\theta$，$r = R + H$，$t = \dfrac{R}{r_P}$ 和 $D = \dfrac{l}{r_P} = \sqrt{1 - 2t\cos\psi + t^2}$，式(4-5)可变成(申重阳等，1996)：

$$tq_{tP}^* = q_{tP'} + \frac{t(1 - t^2)}{4\pi} \iint_\sigma \frac{[q_{tP}^* - tq_{tQ}^*]}{D^3} d\sigma_{(Q)}^* \tag{4-6}$$

这样，式(4-6)可用迭代算法求解(Heiskanen et al.，1979；许厚泽等，1984)。我们提出的积分域分划法在确保具有最小模和最小平方性质的情况向使 Bjerhammar 理论更加简单、稳定、收敛性好而易于实现，且在归算时所用观测资料范围小，并较好地考虑了地形效应(申重阳等，1996)。

4.3.2　Bjerhammar 球面位场与单层密度时变的实用迭代算法

申重阳等(1999)从利用重复大地测量数据联合确定 Bjerhammar 球面单层密度时变基本理论出发，推导了不同 Bjerhammar 球面上 q_t^* 和 δW_t^* 之间的一般解式；分析研究了 q_t^* 的迭代求解过程和收敛特性，得出其收敛稳定性很大程度上取决于 R 值的结论，同时给出了界限 R 的关系式；提出了解求 q_t^* 的分布迭代算法，该算法从理论上解决了以前算法存在的收敛稳定问题(R 较小时)。

为了更好进行 Bjerhammar 球面位场和单层密度时变的解算，与式(4-6)类似，利用泊松核的再生性，将式(4-6)写成另一形式(申重阳，1999)：

$$q_{t(P)}^* = \frac{q_t}{t^2} + \frac{1 - t^2}{4\pi} \iint_\sigma \frac{q_{t(P)}^* - q_{t(Q)}^*}{D^3} d\sigma_{(Q)}^* \tag{4-7}$$

不失一般性，设不同 Bjerhammar 球面半径分别为 R_1、R_2，且 $R_2 < R_1$，利用著名的泊松积分，同时利用希尔伯特空间核的再生关系，且令 $u = \dfrac{R_2}{R_1}$，$E = \dfrac{l}{R_1}$，可得：

$$q_{2t(P)}^{*} = \frac{q_{1t}^{*}}{u^2} + \frac{1-u^2}{4\pi} \iint\limits_{\sigma_2} \frac{q_{2t(P)}^{*} - q_{2t(Q)}^{*}}{E^2} \mathrm{d}\sigma_{2(Q)}^{*} \qquad (4\text{-}8)$$

与式(4-7)比较,利用式(4-8)进行迭代解算更为稳定(因其不需考虑地形起伏效应)。

经过对式(4-7)和式(4-8)的迭代解算过程进行理论分析,可以证明当满足如下条件时存在迭代收敛精确解(申重阳,1999):

$$\cos\psi_0 > \frac{t}{2}(3-t^2) > 0, \quad \cos\psi_0 > \frac{u}{2}(3-u^2) > 0 \qquad (4\text{-}9)$$

式中,ψ_0 为数据资料范围。这样可以采用分步迭代法(申重阳,1999)来解算 Bjerhammar 球面上的 q_t^{*}:首先选取靠近观测地表的 Bjerhammar 球 R_1,利用式(4-7)迭代解算出 q_{t1}^{*};然后将 q_{t1}^{*} 当作观测值,利用式(4-8)迭代解算出 q_t^{*}。

申重阳等(2000)研究了局域 Bjerhammar 球面单层密度时变问题的平面解算理论,给出了不同投影下 Bjerhammar 球面单层密度时变及相关重力位场的严格解式;导出了局域 Bjerhammar 问题解算理论的使用条件,即满足一定精度要求的门限 R 和 ψ_0 的严格解析关系式;给出了不同 Bjerhammar 平面上的 q_t^{*} 之间的关系式,并根据一般迭代解算 q_t^{*} 的收敛特性,提出了空间域的分步迭代算法和空间域、波数域(二步)混合算法,从理论上解决了解算局域单层密度时变的稳定问题(当 R 较小或 H 较大时)。然后,以此为基础,研究了位错引起的单层密度变化,并给出了不同点位错、断层位错类型引起的单层密度变化的解析表达式和断层位错在不同深度或不同 Bjerhammar 球上引起的单层密度变化图像,展示了重力变化与单层密度变化之间的关联性。

4.3.3　应用实例

申重阳等(2001)利用上述 Bjerhammar 球面单层密度变化解算理论,研究了丽江地震前地壳密度变化信息。这里主要利用滇西地震实验场高精度重复重力网(贾民育等,1995)和相应水准复测网资料,考虑其资料在时间上的同步性、空间上的一致性、观测精度和不同期资料衔接等匹配问题,选用了 1985 年到 1992 年的资料,如图 4-3 所示。利用分步迭代算法计算了区域背景单层密度变化(图 4-4)和 1985—1992 年单层密度时变(图 4-5)。通过分析研究,可得出以下结论:

①地壳密度时变的研究对地震前兆信息和强震机理的分析具有理论和实践意义。在目前阶段,针对多种重复大地测量资料,选择单层密度(具有面密度量纲)时变作为真实反映地壳运动物质运移信息的一种综合物理量是适宜的。其主要优点是对给定的 Bjerhammar 球计算值唯一,不存在三维实际反演的多解问题;基准面为 Bjerhammar 球面,为规则面,便于密度值的统一比较;不同球面结果之间存在解析延拓意义。

②申重阳等(2001)发展提出的空间域分步迭代算法是以往算法的推广,可保证迭代收敛稳定,计算速度快。

③丽江地震(1996,$M_{\mathrm{L}}=7.0$)前孕震区南部背景单层密度变化特征:震区南部背景地壳密度变化(单位:$10^6 \mathrm{kg/m^{-2}}$)在研究区北部的鹤庆至洱源一带存在一近南北向的密度变化梯级带,至下关北急转向东;在梯级带的西部,显示正的密度异常变化区,反映该区物质密度相对增加;在梯级带东部,显示负的密度变化异常区,反映该区物质密度相对减

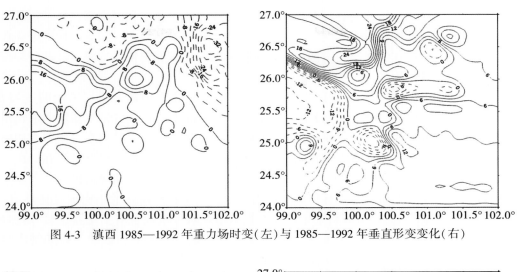

图 4-3 滇西 1985—1992 年重力场时变(左)与 1985—1992 年垂直形变变化(右)

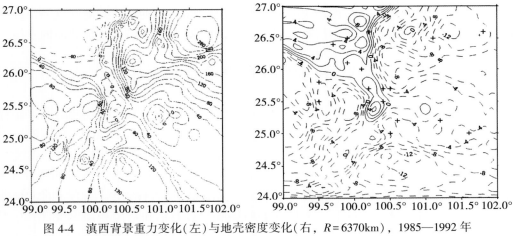

图 4-4 滇西背景重力变化(左)与地壳密度变化(右, $R=6370$km), 1985—1992 年

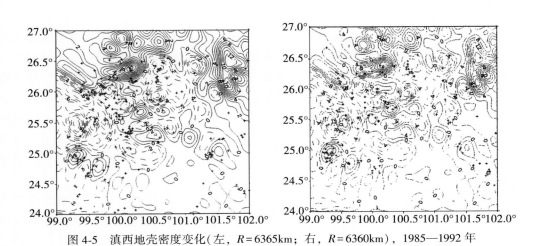

图 4-5 滇西地壳密度变化(左, $R=6365$km; 右, $R=6360$km), 1985—1992 年

小，在渡口、永胜、宾川北附近存在局部负密度变化异常。在研究区南部，显示负的密度变化异常区，反映该区物质密度变化总体相对减小，在漾濞、昌宁、云县等地附近存在局部负密度变化异常。在红河断裂带两边，显示差异的密度变化图像，反映了红河断裂带的活动性和深部控制作用。

④丽江地震（1996，$M_L = 7.0$）前孕震区南部 1985—1992 年地壳单层密度时变特征：震区南部地壳密度时变（1985—1992 年）（单位：$10^2 \, \text{kg/m}^2$）显示研究区中部永平至宾川一带为北东向负密度变化异常带，研究区北部的云龙至洱源至永胜一带存在走向近东西转向北东走向的正负密度变化梯级带，在永胜及其以北存在近南北走向的梯级带，在鹤庆、渡口等地存在局部正密度变化异常，在永平和宾川附近存在两个局部负异常区。

值得注意的是，在研究区北部洱源至剑川或鹤庆一带存在特殊的正密度变化环境（较稳定的密度时变集中），向下解析延拓图像均显示串珠状短波数密度变化异常带。背景性长期密度变化与继承性短期密度变化（1985—1992 年）的明显差异，反映了短期密度变化影响因素的复杂性和对环境因素变化的敏感性。

⑤目前地震大地测量诸多手段均独立观测，且复测周期和时间、观测网点间距或密度难以统一，这限制了该理论的应用潜力，同时也限制了地震大地测量整体效能的发挥。

4.4　地球（地壳）变形与密度变化的耦合运动理论

地震的孕育发生是一种极其复杂的地球物理过程，震源区与周围介质随时都可能有能量或物质交换。从地壳运动整体角度来看，地震孕育发生过程总是与地壳内部变形、应力应变、物质迁移（密度变化）耦合在一起（申重阳，2005），即位于地壳内部的孕震区在其发育形成过程中与周围介质作用，造成其变形、应力应变（包括相关弹性、非弹性参数）的变化和介质物质参数（如密度）的改变，在地表附近表现出各种物理、化学现象（前兆）。现有岩石破裂机制实验结果证实，地震前的微破裂使岩石的相对体积急剧变化（力武常次，1978）（即密度变化）；现有孕震过程模式大多与物质密度变化有关；板块或块体运动、岩浆流动、地壳裂陷错动、地下流体运移、岩石的膨胀、裂隙的扩展、温度的变化、应力应变的变化或差异等，均会引起密度/变形的相应变化。因此，不仅要研究地震孕育发生过程中的变形、应力应变积累、释放、调整，还要注重研究其物质密度变化的机理作用。过去对强震机理的研究主要侧重其对孕震区应力-应变（能量积累）信息研究，对孕震区密度变异信息研究不多，仅较多地注重地表重力变化（其只反映了介质密度变化的一个侧面，因为物质密度或测点坐标变化均可引起重力变化）。地球内部变形与密度变化到底是一种什么关系？这个问题一直困扰着科学工作者，这里将从两者的耦合关系入手，探讨两者之间的联系，为解开地球内部变形与密度变化问题提供一种可靠的理论基础，并期望今后得到发展并对地震预报研究起到重要的指导作用。

地球内部最基本的物理运动为地球内部介质的变形运动（位移、速度、加速度变化等）和介质本身的物质运动（密度变化），其地表约束量可利用大地测量手段从地表附近直接或间接测定，最新研究表明两者具有耦合运动特征（申重阳，2005；申重阳等，2007），这可能为地球内部运动研究提供了新的途径和方法。为此，这里主要介绍申重阳（2005）、申重阳等(2007)所提出的地球(地壳)形变与密度变化的耦合运动理论。

该理论是在 Walsh(1975)、Reily 和 Hunt(1976)、陈运泰等(1980)研究的基础上发展提出的。Walsh(1975)首先从理论上研究了形变引起的局部重力变化；随后，Reily 和 Hunt(1976)指出其错误，重新理论推导给出了正确结果，但其仍只适合形变区表面固定情形；陈运泰等(1980)再次从理论上讨论了形变引起的空间固定点和地表固定点的重力位或重力变化，使之适合形变区自由地表情形，并以圆柱体简化模型理论上讨论了形变和质量迁移引起的重力效应，认为 1975 年海城 7.3 级地震和 1976 年唐山 7.8 级地震前后的重力变化可能与地壳和上地幔内的质量迁移有关，因其远大于重复大地水准测量资料估计的地面高程变化所能引起的重力变化。这些研究均从准静态变形角度进行的。申重阳(2005)将陈运泰等(1980)研究结果推广到一般时空域，其独到之处在于：可依据耦合模式分离变形与密度变化的转换关系，有利于形变与重力数据的统一反演解算；给出的地表观测点重力变化不以静态高程变化做校正，而是根据地表重力变化和形变变化测定的时空结构去精确确定。

4.4.1 形变和质量迁移引起的重力变化

陈运泰等(1980)分析研究了形变和质量迁移引起的重力变化，李瑞浩(1988)得到同样结果。下面简述陈运泰等(1980)研究结果。

设为分析形变引起的重力变化。假定形变区和整个地球相比很小，可以用半无限介质 $z \geqslant 0$ 近似地代表地球，z 轴向下为正(图 4-6)。$P(r_0)$ 为观测点，$r_0 = r_0(x_0, y_0, z_0)$；$Q(r)$ 为形变区任一点，$r = r(x, y, z)$。R 表示 Q 点指向 P 点的向量，即 $R = r_0 - r$。$Q(r)$ 点的密度为 $\rho(r)$，位移为 $u(r)$。

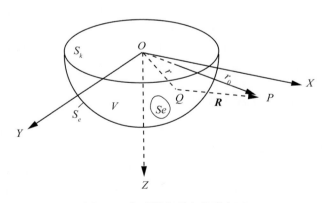

图 4-6 半无限介质中的形变区

这样，形变引起的空间固定点的重力位变化 δU 为(G 为万有引力常数)：

$$\delta U = G \iiint\limits_{V} \frac{\nabla \cdot (\rho u)}{R} \mathrm{d}V - G \oiint\limits_{S} \frac{\rho u \cdot n}{R} \mathrm{d}S \qquad (4\text{-}10)$$

这个结果和 Walsh(1975)讨论的同一问题所得到的结果不同。正如 Reilly 和 Hunt(1976)所指出的，Walsh(1975)的结果是错的，Reilly 和 Hunt(1976)给出了正确的结果。

不过他们给出的是形变区的表面保持固定时因形变引起的重力位变化。形变区的表面保持固定也就是 $u|_{S=0}$，所以，Reilly 和 Hunt(1976)的结果相当于式(4-10)右边的第二项等于零的特殊情形。

1. 形变引起空间固定点的重力变化

与式(4-10)相应的重力变化为：

$$\delta g = G \iiint_V \frac{(z_0 - z) \, \nabla \cdot (\rho \boldsymbol{u})}{R^3} \mathrm{d}V - G \oiint_S \frac{(z_0 - z)\rho \boldsymbol{u} \cdot n}{R^3} \mathrm{d}S \qquad (4\text{-}11)$$

或

$$\delta g = - G \iiint_V \frac{z \, \nabla \cdot (\rho \boldsymbol{u})}{R^3} \mathrm{d}V + G \oiint_{S_C} \frac{z\rho \boldsymbol{u} \cdot n}{R^3} \mathrm{d}S - 2\pi G \rho h \qquad (4\text{-}12)$$

测点位于变形前地面，S_C 为变形区洞穴内界面，ρ 为测点密度，h 为测点上升的高度。

2. 形变和质量迁移引起的地表固定点的重力变化

$$\delta g = - G \iiint_V \frac{z \, \nabla \cdot (\rho \boldsymbol{u})}{R^3} \mathrm{d}V - 2\pi G \left(\frac{4}{3}\rho_E - \rho \right) h + G \oiint_{S_C} \frac{z n \cdot (\rho \boldsymbol{u} + \rho_F \boldsymbol{u}_F)}{R^3} \mathrm{d}s \qquad (4\text{-}13)$$

其中，$\rho_F u_F \cdot n \mathrm{d}s$ 是经 $\mathrm{d}s$ 流入 S_C 内的质量流，ρ_F 是迁移物质的密度，u_F 是其位移。自由空气系数 $\frac{8\pi}{3} G\rho_E = 0.3086\mu\mathrm{gal/mm}$；地球平均密度 $\rho_E = 5.517\mathrm{g/cm^3}$；$\rho = 2.67\mathrm{g/cm^3}$。式(4-13)第一项表示在形变区内的介质因形变引起密度变化的重力效应；第二项是因形变产生的高程变化所引起的重力效应，即布格效应 δg_B，当 $\rho = 2.67\mathrm{g/cm^3}$ 时，布格梯度：$2\pi G \left(\frac{4}{3}\rho_E - \rho \right) = 0.1964\mu\mathrm{gal/mm}$；第三项表示通过洞穴表面的质量流(即孔隙张合或岩浆囊胀缩)和从洞穴表面流过的流体(如水或岩浆)的质量流对重力变化的影响。

式(4-10)~式(4-13)是 Walsh(1975)、Reily 和 Hunt(1976)结果的发展与完善，但只适合于局部或区域的准静态变形情形。在他们的推导过程中应用了 $\delta\rho = - \nabla \cdot (\rho u) = -\rho \nabla \cdot u - u \cdot \nabla\rho$。下面将其推广到时变固体地球情形。

4.4.2　地球(地壳)变形与密度变化耦合运动的基本方程

申重阳等(2005，2007)对陈运泰等(1980)的理论进行了进一步扩充，同时提出了地球(地壳)变形与密度变化耦合运动概念。

考虑一般地球连续介质运动，取相对地球的右旋惯性坐标系 (x, y, z) (原点可取平均地心)，其任意点坐标可表示为 $r = x_i + y_j + z_k$。对任意时刻 t，设地球本体物质元及其表面集合分别为 $\Omega(t)$、$S(t)$ (包括内部洞穴等内表面)。$S(t)$ 上任意一点 P_0 可表示为 (r_s, t)。设外部空间固定观测点 P 的位置坐标为 r_0；地球内部任意一点 $Q(r, t) \in \Omega(t)$ 的密度和位移分别为 $\rho(r, t)$ 和 $u(r, t)$，此时其变形速度可用位移对时间的一阶导数表示 $\dot{u}(r, t)$。另设 R 表示 Q 点指向 P 点的向量，即 $R = r_0 - r$。

地球内部物质在变动过程中，应遵循质量守恒定律。对地球内部任意体元 $\mathrm{d}V(r)$ (Q 为中心)，其在 $\mathrm{d}t$ 时间内的密度变化为 $\frac{\partial \rho}{\partial t}\mathrm{d}t \equiv \dot{\rho}\mathrm{d}t$，因内部变形运动引起的质量净增为

$-\nabla \cdot (\rho \dot{u} dt) dV(r)$，则有

$$\dot{\rho} = -\nabla \cdot (\rho \dot{u}) = -\rho \nabla \cdot \dot{u} - \dot{u} \cdot \nabla \rho \tag{4-14}$$

式中，∇ 为哈密顿算子：$\nabla = \dfrac{\partial}{\partial x} i + \dfrac{\partial}{\partial y} j + \dfrac{\partial}{\partial z} k$。式(4-14)又可写成

$$\dot{\rho} + \rho \nabla \cdot \dot{u} + \dot{u} \cdot \nabla \rho = 0 \quad 或 \quad \dot{\rho} + \nabla \cdot (\rho \dot{u}) = 0 \tag{4-15}$$

式(4-15)为不涉及任何作用力的地球内部变动连续性方程，反映了地球内部物质密度及其时间变化与变形位移场的时间关系。只要已知地球内部变形，就可推知其密度变化，反之亦然。

由式(4-15)描述的这种地壳运动可称之为地壳变形与密度变化耦合运动，或可称之为地球(地壳)内部变形与密度变化耦合运动的基本方程，从下述推导可知其在地表直接表现为地表变形和重力场的时空变化。从实际地壳运动来说，地壳及其内部一定地质构造体，如板块、活动块体、活动断层、褶皱等，如同地球一样，不是封闭系统，不论是其内部还是其与周围其他地质体随时存在相互作用，进行能量交换和物质交换，前者表现为应力应变的改变，引起地质体内部及边缘各种变形，后者表现在地质体内部和边缘的密度变化，两者是地壳运动过程(包括地震孕育过程)中不可分割的两个方面，其互为耦连，互为反映。即在地壳外部动力和物质交换的不断作用下，地壳内部产生变形，促使地壳内部物质发生调整和改变(密度变化)，同时地壳内部密度的变化又促使地壳内部形变的调整和改变，两者相互耦合，相互作用，使地壳处于不断变化的过程中，形成构造运动。实际上这一思想可推广到整个地球。

4.4.3　地球变形与密度变化耦合运动及重力位场变化

"地球变形与密度变化的耦合运动"是地球运动的基本形式，重力变化综合反映了"地球变形与密度变化的耦合运动"。过去的研究侧重形变角度，而非用"耦合运动"来分析重力变化问题。变形引起的重力变化实际上是地壳形变与密度变化耦合运动的结果(申重阳，2005；申重阳等，2007)。

1. 变形运动引起的空间某一固定点的重力位场时间变化

这里的变形运动是指地球内部介质的位移运动(包括地球内部形变)。不考虑离心力效应，任意时刻 t 地球内部介质对外部空间 P 点的重力或引力位为：

$$U(r_0, t) = G \iiint\limits_{\Omega(t)} \frac{\rho(r, t)}{R} d\tau(r) \tag{4-16}$$

式中，$d\tau(r)$ 是以 Q 为中心的质量体积元，G 为万有引力常数，R 为 P 点与 Q 点的距离。当地球内部发生变形和质量迁移时，地球内部密度变化通过内部变形来表征。将地球介质看成是离散质点元 $dm = \rho dV$ 的集合，形变后其相对位置发生变化。此时，dt 时间内 P 点的引力位增量由 P 与 Q 之间距离 R 变化引起：

$$\dot{U}(r_0, t) = G \iiint\limits_{\Omega(t)} \frac{\nabla_Q \cdot \rho(r, t) \dot{u}(r, t)}{R} d\tau(r) - G \oiint\limits_{S(t)} \frac{\rho(r, t) \dot{u}(r, t) \cdot n}{R} ds(r) \tag{4-17}$$

其中，n 为面元 $ds(r)$ 的外法向单位向量，式(4-17)为地球内部变形运动(包括质量迁移)引起的地球外空间固定点的重力位时间变化速度。由重力位场关系和式(4-17)，可得到相

应重力时间变化速度：

$$\dot{g}(r_0,\ t) = G \iiint\limits_{\Omega(t)} \frac{R\, \nabla_Q \cdot \rho(r,\ t)\dot{u}(r,\ t)}{R^3} \mathrm{d}\tau(r)\ -\ G \oiint\limits_{S(t)} \frac{R\rho(r,\ t)\dot{u}(r,\ t)\cdot \boldsymbol{n}}{R^3} \mathrm{d}s(r)$$

(4-18)

式(4-17)和式(4-18)适用于一般变形地球，其与陈运泰等(1980)公式相类似。

2. 变形运动引起的地表观测点重力场时间变化

地表观测点随地表变形运动。Δt 时间内，若地表观测点 P_0 从 r_s 运动到 $r_s + u_s$（下角标 s 表示地表），则地表观测点 P_0 的重力变化 δg（可地表测量）经一阶近似可导出为：

$$\delta g = G \iiint\limits_{\Omega(t)} \frac{R\, \nabla_Q \cdot \rho(r,\ t)\dot{u}(r,\ t)\Delta t}{R^3} \mathrm{d}\tau(r)\ -\ G \oiint\limits_{S(t)} \frac{R\rho(r,\ t)\dot{u}(r,\ t)\Delta t \cdot \boldsymbol{n}}{R^3} \mathrm{d}s(r)$$
$$+\ [\,\nabla \dot{g}(r_s,\ t)\Delta t + \nabla g(r_s,\ t)\,]\cdot \boldsymbol{u}_s$$

(4-19)

考虑到地表固定观测点 P_0 观测到的重力时间变化可写成 $\dot{g}(P_0,\ t) = \lim\limits_{\Delta t \to 0} \dfrac{\delta g}{\Delta t}$，同时观测点的加速运动将叠加到观测数据中。这时有，

$$\dot{g}(P_0,\ t) = G \iiint\limits_{\Omega(t)} \frac{R\, \nabla_Q \cdot \rho(r,\ t)\dot{u}(r,\ t)}{R^3} \mathrm{d}\tau(r)\ -\ G \oiint\limits_{S(t)} \frac{R\rho(r,\ t)\dot{u}(r,\ t)\cdot \boldsymbol{n}}{R^3} \mathrm{d}s(r)$$
$$+\ \nabla \dot{g}(r_s,\ t)\cdot \boldsymbol{u}_s + \nabla g(r_s,\ t)\cdot \dot{\boldsymbol{u}}_s + \ddot{\boldsymbol{u}}_s$$

(4-20)

式中，$\dot{\boldsymbol{u}}_s$ 和 $\ddot{\boldsymbol{u}}_s$ 分别为 u_s 对时间的一阶和三阶导数。式(4-20)第一项为因介质变形运动造成的密度变化效应；第二项为地表整体变形运动效应；第三、第四和第五项相当于因观测点运动造成的重力效应，其与观测点的位移、速度、加速度、重力梯度及重力变化速度的梯度有关。

从上可知，联立式(4-15)式(4-18)即可由外部重力场和地面变形推知地球内部变形或密度的时变；联立式(4-15)和式(4-20)即可由地面重力场和地面变形推知地球内部变形或密度的时变；亦可联立式(4-15)、式(4-18)和式(4-20)，即可由地面、地球外部重力场和地面变形推知地球内部变形或密度的时变。这为地表及其外部重力场观测、地面形变观测的联合解算地球内部物质变化与运动提供了理论框架或依据，其特点在于这里借助了地球内部物质运动的连续性方程或质量守恒准则，无需考虑地球内部复杂的力学或动力学关系。但是，由于地球内部结构及其变化规律的复杂性，一直难以进行这种有效解算，但仍可通过地球模型构造简化寻求某些有效科学突破点，这是今后着重追寻的方向。

4.5　地球内部密度结构及物质长期运移变化重力学探测

地球内部物质长期运移变化可由地壳内部密度结构特征来表征。地球内部结构是进行地球内部物理和动力过程研究的基础，亦是地球重力场和形变场随时间变化研究参考的模型框架。（静态）地球重力场是地球内部物质长期运移变化的综合反映，可从地表和空间（航空、卫星）观测精确获取，通过正常场、测点高度、地表地形等改正得到自由空气异常、布格重力异常、均衡异常等，在此基础上采用合适的模型和反演方法，探测地下密度

结构(包括密度界面、高密度体、低密度体等)。

地壳内部密度结构的重力学探测又称为"重力勘探",但后者侧重于地表浅层岩体与矿产资源的探查。其依据是引起重力场变化的因素包括从地表附近直至地球深处的物质密度分布的不均匀。因为野外测量中使用的重力仪轻便,观测简单,采集数据方便,所以重力勘探相对来说具有经济、勘探深度大以及快速获得面积上信息的优点。重力学探测依据的是物质之间的密度差异,所以重力观测值中包含了其他地球物理观测值不能比拟的丰富信息。随着数据处理及解释水平的提高,"重力勘探"法得到了更多的重视和承认(Gochicoco,2002;William,1996;1998)。重力异常是地下各物性界面起伏与岩性不均匀变化的综合反映,用重力异常反演密度界面是位场处理解释中的一大问题(刘光鼎,2005;《重力勘探资料解释手册》编写组,1983;《重磁资料数据处理问题》编写组,1997;Kaufman,1992;Telford et al.,1990),密度分布界面与区域构造有密切的关系,因此计算密度分界面的起伏或深度的变化在区域构造研究以及物探中具有重要的意义。

同其他的地球物理反问题求解一样,重力反问题解存在非唯一性问题,更多的先验信息及其他地球物理方法的应用是提高重力反演结果质量的方法。联合反演具有充分利用不同类型数据信息减小反演多解性的优点,符合目前进行多学科交叉,相互渗透的方向要求。以往的研究证明,重震、重磁等联合反演可以取得比单一方法更好的效果。地球内部物质长期运移变化的重力学探测,主要根据观测得到的布格重力异常,通过合适的反演方法和模型参数约束,获取壳幔密度结构(含主要界面、局部密度体)定量模型或解析图像。

4.5.1　深部密度结构的重力反演方法

1. 单层密度界面

重力密度界面反演一般都是针对单层密度界面发展起来的,具体的反演方法很多,如迭代法、统计分析法、频谱展开法、广义矩阵法、多项式法以及正则化方法等,下面给予简要介绍。

(1)迭代法与 Parker-Oldenburg 算法

迭代法是近几十年来国内外较流行的一种方法,可分为空间域迭代法和波数域迭代法。迭代法一般分为三个步骤:①给出一个初始模型;②计算模型的重力效应;③根据计算异常与观测异常间的差异用某些方法来修改模型。步骤②和③反复进行,直到计算异常与观测异常得到适当的拟合为止。

M. H. P. Bott(1960)提出了一种根据重力异常直接计算已知密度差的二维沉积盆地的形状的快速数字计算方法。方法的原理是利用逐次逼近消去剩余值。这一迭代计算的思想为迭代计算反演打下了基础。L. Cordell 和 R. G. Henderson(1968)提出了一种根据重磁异常数据用迭代法求三度地质体(界面起伏)的方法。该方法是按照 Bott 方法的思想进行迭代不同的计算点分别应用直立长方体及直立线元为模型以加快计算速度,并对面深度的选择等进行了深入的研究。

目前在利用位场资料反演物性界面的研究、应用工作中,最常用的方法是 Parker-Oldenburg 反演方法(简称 PO 算法)。1973 年,Parker 采用连续模型,在位场界面正演计算中引入快速傅里叶变换(Parker,1973):

$$F[\Delta g(r_0)] = -2\pi G \sum_{n=1}^{\infty} e^{-KH} F[\rho(r)h^n(\vec{r})] \frac{(-K)^{n-1}}{n!} \tag{4-21}$$

式中，F 为傅氏变换算子，r_0 为场点矢径，K 为波数矢量，r 为源点矢径在 x-y 平面上的投影。其后 Oldenburg(1974)将上式改写成迭代形式：

$$F[h(r)] = -\frac{F[\Delta g]}{2\pi G\rho} e^{kz_0} - \sum_{n=2}^{\infty} \frac{k^{n-1}}{n!} F[h^n(r)] \tag{4-22}$$

由于引进了快速傅里叶变换，该方法兼有波数域里计算速度快，空间域计算准确的优点，在给定密度差和所求界面的深度平均值后，就可以自动反演出界面起伏深度。对于频率域的 Parker-Oldenburg 方法，界面起伏 $h(x, y)$ 是以水平面为基准面度量的，界面起伏太大往往在迭代过程中不易收敛。在常密度或密度横向二维变化情况下，可以通过改变基准面的位置来减小 $h(x, y)$ 的绝对值，使迭代易于收敛。当将 Parker-Oldenburg 方法推广到三维情况时，可以合理选取基准面位置、减少界面起伏来保证迭代的收敛性，并且在迭代过程中可以加入约束条件和先验信息，若密度随深度的变化关系复杂，不能单用某一种密度模式来近似，还可以从深度上划分为几段，每一段对应一层，再分别用某一种密度模式来近似。我国一些学者（冯锐等，1985；1986；王石任等，1992；朱思林等，1994；汪键等，2014）开展过相关方法与应用研究。

（2）统计分析法

A. Spector 和 F. S. Grant(1970)研究了应用功率谱分析解释航磁图的理论。他们提出把一组深度、密度、厚度和磁化强度变化的块体作为统计模型的方法，分析了块体的水平长度、厚度和深度范围对功率谱形状的影响。根据他们所研究的频谱公式，得到了一个根据磁异常频谱确定组合体平均深度的方法。D. C. Mishra 和 L. B. Pedersen(1982)研究了用来模拟基底、大型不连续构造，如莫霍面、居里地热点等的地下界面起伏的波数域位场特征。根据这些特征就可以估计物性界面的平均埋藏深度以及场源的宽度等。

线性回归法是计算密度分界面深度的近似方法。如果界面起伏平缓，可以认为重力变化与界面的起伏近似呈线性关系，即

$$h = a + b \cdot \Delta g \tag{4-23}$$

式中，h 为界面深度；Δg 为界面起伏引起的重力异常；a、b 是两个系数，它们与重力异常起算点处的界面深度和界面上下物质层的密度差有关。该方法十分简便，二度和三度界面皆可使用；而且在界面起伏很平缓、起伏的幅度较其深度小得多的情形下，误差较小。另外，按上述求得的界面起伏将比实际情况要平缓，越接近隆起的顶部呈凹陷的中心，求得的界面深度的误差也越大。该方法是计算密度分界面深度的一种近似方法。

（3）频谱展开法

R. E. Chavez 和 G. D. Garland(1985)提出了用 Parker 的频谱展开式实现重力线性反演，以求单一二度界面起伏。基本思想如下：假定重力异常是由处于一特定深度的水平薄板所引起，在薄板内，面密度是变化的。把薄板分为许多条，每条的密度是均匀的。用 Parker 的频谱展开式估计面密度值，再把密度值变换为一组厚度变化的棱柱，以表示界面起伏。

（4）广义矩阵法

P. Baldi 和 M. Uncuerdoli(1978)提出了在二度场源密度差为常量的重力剖面反演中，

用一适当次数的多项式作为界面起伏的初值。方法的精度取决于计算正问题的积分范围、平均深度和对密度差的精确了解。P. Baldi(1981)进一步研究把多项式法用于由有限长度("二度半"构造)的密度界面引起的重力异常的反演。

(5) 等效源法

等效源法是先用一系列棱柱体或长方体构造一个密度界面模型,然后计算每个棱柱体或长方体产生的异常,求和得到相应界面产生的重力异常;比较模型产生的异常和实际测量重力异常的差异,修正反演模型,直到符合要求为止(Negi et al., 1969;Cordell et al., 1968;王贝贝等,2008;林振民等,1985;张岭等,2006;Li Y. G. et al., 2010)。该方法仍属迭代法,但它不需要预先做区域异常和局部异常的划分,而直接用布格异常进行解释。尽管算法中假定了一个基准面,但其深度是任意的,解的结果不依赖于它,界面的解与基准面的深度无关,并且不受地质体横向有界这一条件限制。黄松等(2010)据此采用约束界面方法研究了南黄海残留盆地的宏观分布特征;秦静欣等(2011)也在该方法的基础上,采用三维带控制点界面反演方法,得到了南海及邻区莫霍面深度和地壳厚度。但该方法反演的界面具有不连续性并且计算速度慢,属于离散型模型,它可以方便地应用于对孤立地质体的计算,但不适宜做大区域的场位反演。

(6) 正则化法

А. Н. Тихонов 和 В. Б. Гласко(1975)提出了一种在已知平均深度 H、已知构造区间 (a, b) 和已知有效密度条件下,确定密度界面各点深度的正则化算法,该方法分为线性解法和非线性解法。

(7) 压缩质面法

刘元龙等提出了计算二度或三度密度界面的压缩质面法(刘元龙等,1977;1987)。其基本原理是用压缩质面去近似二度或三度地质体。先对实测异常,用矩阵法反演压缩质面各单元的面密度,然后由面密度与体密度之间的关系求得各二维地质体单元的厚度,进而得到各单元的厚度,再由计算出的理论异常与实测异常的差值不断修改得到整个地质体厚度。

图 4-7 表示一个起伏较小而埋深较大的二度界面,剩余密度为 $\sigma = \sigma_1 - \sigma_2$。将该界面从最小深度 h 和最大深度 H 处向中间挤压,使之在界面的平均深度 $D = (H+h)/2$ 上压缩成沿 X 轴方向面密度不均匀的物质面。然后,将这个物质面以一定的宽度分成许多水平物质带,每一个物质带的面密度为 $u_j = \sigma \cdot \Delta h_j$,$\Delta h_j$ 为第 j 带界面实际深度 h_j 与平均深度 D 的差值。压缩质面法较之前的线性回归法精度有了很大的提高。通过不断的正演校验和反复调整结果,使得计算的异常值与实际测量值之间残差小到满足要求,从而得到较准确的密度分界面,压缩质面法实际上是一种迭代法,迭代法是提高反演精度的重要手段。

2. 多层密度界面

多层密度界面的反演是建立在单一密度界面反演基础上的。虽然单一密度界面反演的方法比较成熟,但是由于重力场的叠加效应,使得多层密度界面的反演很难实施。目前,国内外多层密度界面的方法大致可分为以下几种:应用改进的遗传算法反演多层密度界面,这种方法主要是根据重力反演的特点对遗传算法进行改正,使遗传算法基因交换过程中位置的确定同重力异常的拟合情况相结合,给出适合重力反演的遗传算法,然后利用改

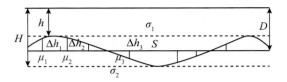

图 4-7　压缩质面法质面的分割

进后的遗传算法直接反演多层密度界面；用脊回归法反演重力异常的多层密度界面，这种方法将研究区域划分成具有固定宽度的矩形网格，以网格密度和厚度作为模型参数，在此基础上形成重力异常的反演目标函数，计算出模型参数的偏导数矩阵，然后采用脊回归法对其进行反演而同时得到密度以及界面；用"剥层"方法反演重力异常的多层密度界面，这种方法将重力异常看做由多层密度界面引起的重力异常叠加而成，通过逐次将待反演界面重力异常从总异常中分离出，实现各个密度界面的反演。

王笋等（2013）以二维密度界面反演为例，提出一种空间域直接反演多层密度界面的方法：以地表重力异常为地表观测输入，由地震等资料构造分层界面模型与参数控制，运用光滑约束压缩解空间，使用对初始模型要求不高的遗传算法搜索全局最优解。通过理论模型和实际模型的反演说明了该方法的有效性。

汪键等（2014）利用最新获得的三峡坝区完全布格重力异常图和以往三峡地区 1∶50 万完全布格重力异常图进行拼接，结合人工地震测深、层析成像结果等数据，利用 Parker-Oldenburg 位场迭代方法对壳幔主要界面进行反演研究：巴东—秭归莫霍面深度为 42 km 左右，江汉平原及周边中地壳底界面深度为 21～25 km；深部界面总形态与地表地质构造呈立交桥式结构；三峡大坝处于研究区中地壳最薄处，仅为 9 km，这可能与黄陵隆起中部存在浅层低密度体有关；三峡地区地震大多发生在本区上地壳内，与壳幔深部界面的起伏变化密切相关，如秭归 5.1 级地震发生在莫霍面、中地壳界面隆陷梯变最大部位，说明深部作用对区域构造地震活动具有重要影响。

3. 密度界面与局部异常体的混合反演

这里主要介绍选择法，其主要基于 Talwani 等（1959）和 Cady（1980）算法，便于人机交互模拟与反演。该方法的优点是可在综合多种地质与地球物理等诸多先验成果的基础上，对密度界面和局部密度体进行混合模拟与反演。其反演的基本思路是：首先根据区域有关地质岩层构造背景、地球物理测深成果，构置剖面二维/区域三维密度（包括界面、密度体）初始模型和参数约束范围，然后利用 Talwani 等（1959）和 Cady（1980）算法对研究剖面或研究区模型进行正演，得到理论重力异常，再与实测重力异常进行比较两者差异，根据约束条件对填充密度参数逐步进行调整、修正和拟合，使理论重力异常与实测重力异常差异尽可能小，最后得到最佳二维/三维密度模型和参数。重力正演计算采用塔尔瓦尼（Talwani, et al., 1959）提出的计算不规则形体重力异常的水平面元法：

$$\Delta g = G\sigma \iiint \frac{\xi r \mathrm{d}\alpha \mathrm{d}r \mathrm{d}S}{(r^2 + \xi^2)^{3/2}} = G\sigma \int S(\xi)\,\mathrm{d}\xi$$

$$S(\xi) = \iint \frac{\xi r \mathrm{d}\alpha \mathrm{d}r}{(r^2 + \xi^2)^{3/2}}$$

$$S(\xi_j) = \sum_{i=1}^{n} \left[(\alpha_{i+1} - \alpha_i) + sin^{-1} \frac{\xi_j cos\theta_{i+1}}{(P_i^2 + \xi_j^2)^{1/2}} - sin^{-1} \frac{\xi_j cos\theta_i}{(P_i^2 + \xi_j^2)^{1/2}} \right] \quad (4\text{-}24)$$

$$\Delta g = G\sigma \int_{\xi_i'}^{\xi_m'} S(\xi_j) \mathrm{d}\xi$$

式中，ξ 表示面元深度，通过对面元 $S(\xi_j)$ 积分，计算其对应的重力响应 Δg。

4.5.2 中国大陆及邻区重力异常场的基本特征

地球重力场主要反映地壳乃至地幔中物质构造和物质分布的特征，可为大地构造单元的划分、地壳和地幔结构、地壳运动和地震活动机理等研究提供重要依据。

1. 自由空气异常与地形

图 4-8 是由数值高程模型 ASTER GDEM 2009 绘制的中国大陆及邻区地形图（30″×30″），总体趋势由西向东倾斜，形成三大阶梯的地势特征。第一阶梯为青藏高原，平均海拔 4500m，由横贯东西的诸多山脉和山脉间的盆地组成；第二阶梯位于大兴安岭、太行山、巫山和雪峰山一线以西，半环绕在青藏高原的北面、东面和东南面，由一系列高山、海拔在 1000~2000m 的巨大高原和盆地组成；第三阶梯是我国陆地最低部位，既包括东北平原、华北平原和长江中下游平原等地势平坦低洼地区，也涵盖长白山、武夷山和南岭等海拔较低的山区，属低山丘陵地形。

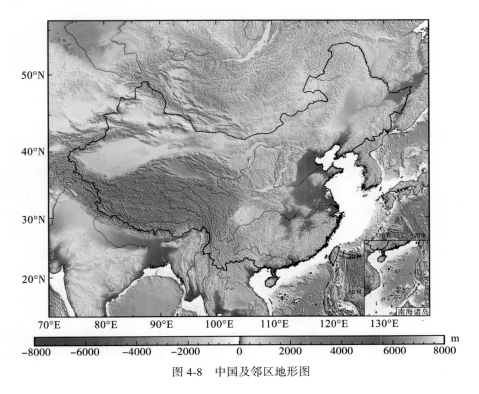

图 4-8 中国及邻区地形图

图 4-9 是由全球重力场模型 EGM2008 计算获得的中国及邻区自由空气异常图(30″×30″),与图 4-8 显示的地形相比具有明显的类似特征。东部异常以北北东-南北向为主,幅度和梯度均较小,西部异常以北西西—东西走向为主,幅度和梯度较大。西部盆地负异常较明显,包括龙门山以东的四川盆地、天山和昆仑山、阿尔金山之间塔里木盆地、昆仑山和祁连山之间的柴达木盆地,以及天山和阿尔泰山之间的准噶尔盆。与盆地的负异常截然不同的是山脉基本以正异常为主。

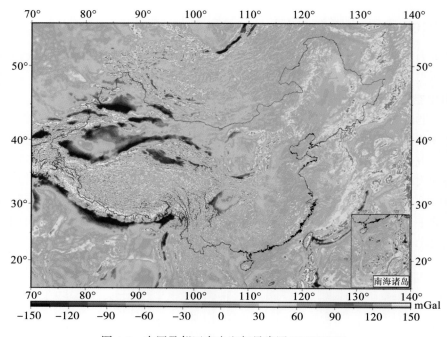

图 4-9　中国及邻区自由空气异常图(EGM2008)

2. 布格重力异常

图 4-10 是由全球重力场模型 EGM2008 计算获得的中国区域布格重力异常(30″×30″),总体趋势是东高西低,海域为正,到西部的青藏高原地区重力异常值下降到−600mGal。中国大陆及周边存在最明显的两条异常变化梯度带,第一条是环青藏高原重力异常梯度带,第二条是从大兴安岭、太行山,越过秦岭一直向武陵山延伸的纵贯中国南北的东部重力异常梯度带。东经 104°以西的中国西部地区,可划分为两个异常区,以昆仑山—阿尔金山—祁连山重力梯级带为界,南部为青藏高原布格重力异常区,北部为准噶尔—天山—塔里木布格重力异常区,随盆地—山脉的起伏与海拔高程成镜像关系。

4.5.3　中国大陆及邻区地壳厚度分布特征

中国大陆莫霍面深度研究,从 20 世纪 80 年代即已开始,当时主要通过重力或地震面波的数据开展(殷秀华等,1980;冯锐等,1981)。20 世纪 90 年代中期,曾融生(1995)和李松林等(Li S. et al.,1998;2006)学者相继利用深地震测深剖面资料开展对中国陆区莫

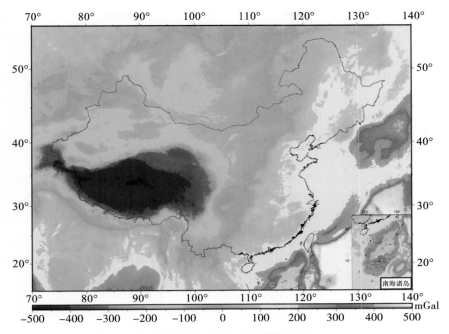

图 4-10 中国及邻区布格重力异常图(EGM2008)

霍面研究。

　　曾融生(1995)对中国大陆当时已开展的数万公里的深地震测深剖面进行了研究并绘制了中国大陆莫霍面深度图,结果显示,中国大陆可分为 8 个地壳块体,块体内部莫霍面深度的变化不大,而不同块体之间,莫霍面深度变化很大。其中,西藏外围地区及攀西块体地壳的增厚,可能是受到大陆碰撞的影响。秦岭及龙门山均没有"山根",是由于后期重新改造的结果。华北克拉通和扬子地台的西部一般随年龄的增大而增厚,但中朝地台和扬子地台的西部的莫霍面深度减少,可能源于地幔顶部物质向地壳侵入的结果。

　　朱介寿等(Zhu J.,1996)搜集了中国大陆地区的人工地震测深剖面,并按 50km 取一个点,同时参考天然地震面波和体波反演结果及结合重力异常,编制了 1:1200 万中国大陆莫霍面深度分布图,发现中国大陆莫霍面从东部的 28~30km 加深到西部青藏高原下的 72~74km,总体可以分为东部、中部和西部三个莫霍面带。

　　Li S. 等(1998)对中国当时已经开展的 3600 余公里的深地震测深剖面进行了收集研究,结果表明南北地震带东西两侧的中国大陆莫霍面深度不一样,以东地区相对较浅,介于 30~45km;以西地区相对较深,在 45~70km,只有西藏最南部的下地壳 P 波速度介于 7.0~7.4km/s,可能缘于俯冲的印度板块的下地壳。2006 年,Li(2006)又进一步收集了自 1958 年以来到 2004 年的 90 条深地震测深剖面,补充了上述研究成果,发现塔里木盆地和鄂尔多斯盆地下地壳存在 7.1~7.4km/s 高速体,而造山带地壳内一般存在低速体。

　　滕吉文等(2002)在此基础上,利用中国及周边地区所进行的人工地震探测剖面的汇总融合,提出了以中国大陆及海域为核心的东亚大陆及海域莫霍面的二维结构分布特征,依据莫霍面的埋深和起伏变化特征提出，东亚地区可以划分为 18 条大小不一的梯度带，18 个地壳块体，整个莫霍面变异明显剧烈，表明东亚地区的地壳厚度不论在纵向与横向的分布都是不均一的，而且是各向异性的，认为整个莫霍面的形态受制于板块碰撞、挤压和深部物质分异、调整与热物质交换等。

从先前的研究成果和已编制的图件中可以看到，中国大陆地区大致以东经 105°～110° 为界分东西两大区域，该西界的莫霍面深度介于 45～74km，莫霍面等值线呈东西向展布，以东则小于 45km，呈北东向展布。

随着国际地壳数字结构模型 CRUST5.1（Mooney et al.，1998）、CRUST2.0、CRUST1.0（Laske et al.，2013）的相继出现，区域地壳结构细化模型研究成为当前热点。图 4-11 是根据全球地壳模型 CRUST1.0 绘制的中国大陆及邻区莫霍面埋深图，其总体趋势为：大陆地区东部薄，海区更薄。从西向内陆地壳逐渐增厚，在青藏高原地区最厚，可达近 80km。大兴安岭地带、青藏高原北部与塔里木盆地、青藏高原东部与四川盆地等一些构造转换的地域，地壳厚度变化强烈，东北平原、华中地区、内蒙古等地区地壳厚度变化幅度相对较小，变化较平缓。特别值得指出的是，青藏高原的南缘与印度板块交界的地方，在较小的区域内地壳厚度发生了突变，变化量达到 15 km 左右。

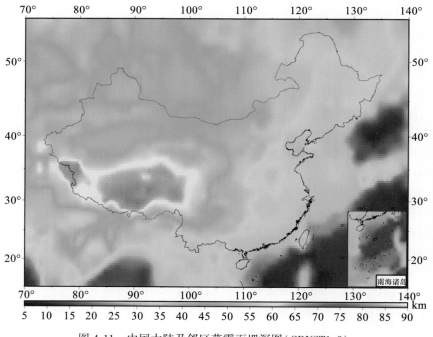

图 4-11　中国大陆及邻区莫霍面埋深图（CRUST1.0）

根据地形特点及构造分区。中国大陆及邻区地壳厚度可大致分为 3 个地区：西北部地区、青藏高原及邻区、东部地区：

（1）西北部地区

　　该区包括哈萨克地块、乌兹别克地块、塔里木地块、兴蒙地块以及华北地块西部等二级构造单元，该区地壳厚度在 36~55km 之间变化，总体呈中间厚四周薄的特点：中西部天山地区地壳厚度为 50~55km；西部及中东部地壳厚度平均 40km，相对比较稳定。

　　（2）青藏高原及邻区

　　该区包括青藏地块、印度板块北部、扬子地块西部以及印支地块北部，该区受喀喇昆仑-喜马拉雅两条地壳厚度陡变带控制。近 300×10^4km^2 的青藏高原，地壳厚度在 65km 以上；青藏高原边缘地壳厚度非常陡峭地变薄：西部地壳厚度在 45~50km，北部地壳厚度在 50~60km 之间变化，东部地壳厚度在 45~55km；东北部的柴达木盆地地势相对较低，地壳厚度在 51~54km 范围内平缓地变化；南部印度板块北部及印支地块地壳厚度在 30~40km。

　　（3）东部地区

　　该区地壳厚度由西向东逐渐变薄。在中西部存在地壳厚度递变带，地壳厚度在 40~45km；中东部包括朝鲜半岛、中国东北、华北、华中、华东、华南地区以及中国台湾和海南岛，地壳厚度变化平缓，绝大部分地区为 30~35km；东南部南中国海和菲律宾地壳厚度在 20km 以下。

　　中国及邻区地壳厚度分布的特点为从东到西逐渐增厚，可分为：①地壳厚度缓变地区，例如蒙古高原、华北、华中、华南、青藏高原内部；②地壳厚度递变带，例如沿大兴安岭—太行山—秦岭—大巴山—云贵高原一带，地壳厚度在 35~45km，由东向西逐渐增厚；③地壳厚度陡变带：在青藏高原边缘，地壳厚度突然加厚，除青藏高原外，其他地壳厚度缓变地区速度结构较简单，壳幔边界明显；青藏高原及其南缘，中国台湾—菲律宾一带，下方速度结构复杂，反映了板块边界处构造活动、物质交换活跃，表明这些地区还未达到均衡。

4.5.4　重力探测应用

　　随着 2008 年国土资源部"中国深部探测技术与实验研究"（SinoProbe）、2010 年中国地震局重大行业专项"中国地震科学台阵探测"的相继启动，深部构造研究成为中国地球科学新"亮点"，作为地球深部探测的手段之一的"重力探测"也焕发新的活力。2010 年来，我们组织实施了玉树科学考察类乌齐—玉树—玛多剖面，南北地震带南段维西—贵阳剖面、临沧—巧家剖面、普洱昆明剖面和镇康—罗平剖面，芦山地震科学考察金川—芦山—犍为剖面和雅江—洪雅剖面，目前正在实施南北地震带北段的 4 条剖面：玛沁—鄂托克旗剖面、马尔康—吴起剖面、乌兰—延川剖面和玛多—阿拉善右旗剖面。另外，我们对三峡库首区布格重力异常和地壳密度结构进行了研究。

1. 类乌齐—玉树—玛多剖面重力异常与地壳结构

　　为获得巴颜喀拉地块深浅构造孕震环境的特点及孕震动力、形成机理，中国地震局科技发展司组织了在青海玉树地区地震、地质、重力、电磁等多学科综合剖面科学考察。其中，重力剖面探测设置了类乌齐—玉树—玛多—花石峡观测剖面（图 4-12），该重力剖面基本以玉树为中心，跨越巴颜喀拉块体该剖面基本沿 214 国道自南向北横跨玉树地区主要断层构造，通过对该剖面的流动重力及绝对控制点的观测可以获取该区高精度重力观测数据，构建沿剖面的反映主要构造单元差异的地壳二维密度细化结构。

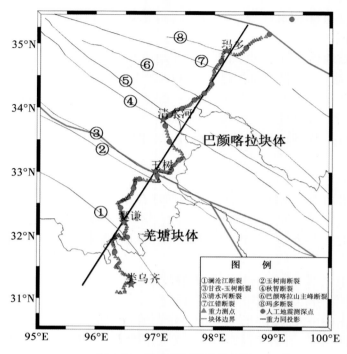

图 4-12　重力剖面测点分布图

　　从图 4-13 的计算结果可看出，布格异常变化范围为 $(-467\sim521)\times10^{-8}\,\mathrm{m/s^2}$。布格重力场的基本特征为东北高西南低，西南段类乌齐—囊谦—玉树段重力变化梯度较大，东北段重力变化相对较为平缓。从该图中的布格重力异常分布可初步分辨出大型地质构造带的位置，如在剖面南段的囊谦附近，存在一个大型的重力梯级过渡带，地质研究表明此处存在 4 个断裂构造，分别是澜沧江断裂带、扎那曲—着晓断裂带、杂多—上拉秀断裂带和宁嘎寺—德钦断裂。在玉树附近也存在一个布格重力的陡变带，此处正好为甘孜—玉树—风火山与杂多—上拉秀带的交汇处。

　　以人工地震测深结果给出的密度分界面上、下密度差（0.25 g/cm³ 和 0.38 g/cm³）作为密度界面反演的初始模型，以去除浅部干扰及中下地壳密度异常体影响的四阶小波逼近为计算数据，采用压缩质面法反演莫霍界面和上地壳底面两个密度界面起伏分布，结果如图 4-14 所示。莫霍界面起伏分布特征表明青藏高原东北地区地壳厚度横向不均匀，玉树西南莫霍界面深度大于玉树东北，西南的类乌齐—玉树段 68～72 km，东北的玉树—清水河段逐渐从 72 km 逐渐抬升至 63 km，清水河—玛多段 61～63 km，整个剖面莫霍界面深度最大位于玉树附近，呈现出与山地、低地相对应的构造格局。上地壳底面起伏较小，在23～28 km，埋深呈现出由西南向东北逐渐增大的总体趋势。下地壳的厚度差异较大，最大为 46 km，出现在玉树西南，最小为 33 km，出现在玉树东北。

　　重力异常归一化总梯度具有在下半空间的分布或延拓稳定的优点，根据场源的特征，

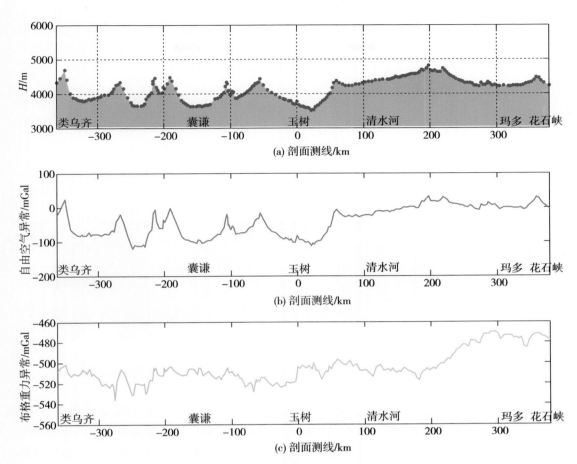

图 4-13 类乌齐—玉树—玛多剖面测点高程、自由空气异常与布格重力异常

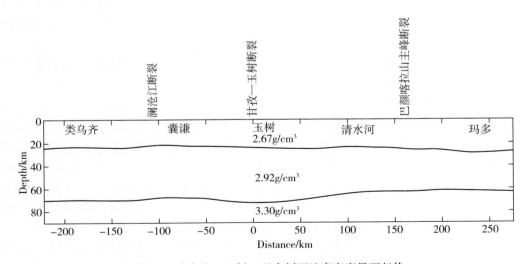

图 4-14 类乌齐—玉树—玛多剖面地壳密度界面起伏

探测场源体的特征点，以估计场源位置，将布格重力异常按照傅里叶级数展开（谐波数 $N=30$），根据别列兹金重力归一化总体度计算公式，计算类乌齐—玉树—玛多剖面的重力异常归一化总梯度，如图 4-15 所示。从图可以看出重力归一化总梯度特征与主要断裂分布具有较好的对应关系，具体表现为：

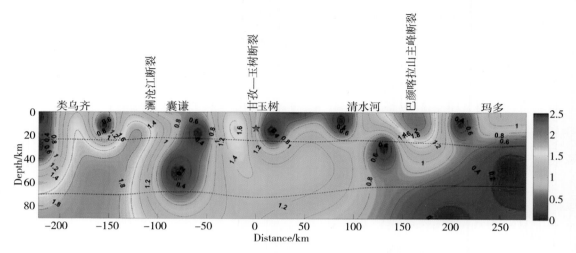

图 4-15　类乌齐—玉树—玛多剖面重力异常归一化总梯度（红色五角星表示主震位置）

①玉树附近具有较为明显的"两低夹一高"特征。甘孜—玉树断裂带是青藏高原中、下地壳物质东向流动的北边界，使得两侧物质成分产生差异，从而形成重力归一化总梯度的梯级带，玉树地震即发生在此边界上，可能意味着玉树地震的孕育和发生是软和热的物质的结果。

②玉树西南的 $100 \sim 150$ km 的澜沧江断裂附近地区呈现较大尺度高低幅值梯级带。澜沧江断裂为古特提斯缝合带，两侧岩性差异明显，使得东北侧的囊谦一带下地壳为低幅值区，西南地区表现为高幅值。

③巴颜喀拉山主峰断裂附近上地壳为高幅值区，中、下地壳为低幅值，而玉树东北至清水河一带上地壳为尺度较小的低幅值区。

2. 三峡地区壳幔深部界面重力反演研究

长江三峡地区是我国特大水利枢纽工程三峡大坝所在区域，该区的地壳结构和地壳稳定性研究一直为人们所关注（袁登维，1996；孙少安等，2002，2006；申重阳等，2004）。王石任等（1992）利用 1 : 50 万布格重力异常数据和人工测深资料对三峡地区的地壳分层结构进行了反演研究。在王石任等（1992）研究基础上，补充了 1 : 20 万布格重力资料和新的地震深部探测结果，利用 Parker-Oldenburg 迭代算法，进行了更深入精细研究，并探索出深部壳幔结构与区域地震活动的关系。

三峡地区重力反演研究的资料主要由两部分组成：重力观测资料和约束资料。重力观测资料包含三峡地区（29°20′—32°20′N，109°30′—112°30′E）1 : 50 万布格重力异常图（朱思林等，1990）和三峡坝区（30°40′—31°20′ N，110°—112°）1 : 20 万布格重力异常图两部分，如图 4-16 所示；约束资料主要包括以往对三峡地区进行的部分人工地震测深和层析成像结果（Zou et al.，2011）。

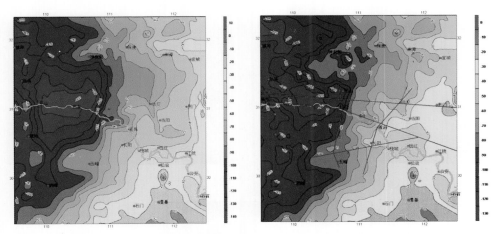

　　（a）三峡地区 1∶50 万布格重力异常图　　　　（b）拼接后三峡地区布格重力异常图

① 奉节—观音垱测深剖面；② 渔阳关—古夫测深剖面；③ 麦仓口—五峰测深剖面；④ 南潭河—袁码头测深剖面；⑤ 层析成像剖面

图 4-16　三峡地区完全布格重力异常图及人工地震测深剖面位置图

　　该地区的地壳密度结构反演结果（图 4-17）与王石任等（1992）所得结果相比总体形态特征一致，但在三峡坝区及其周边区域存在一些差异，主要表现为：B1 面幔坡带以西巴东—秭归 B1 面埋深有所增加，由 39km 左右增至 42km 左右；B2 面（1994）人工地震测深结果 21~29km 更为接近，其差异主要存在于江汉平原及周边地区，普遍比王石任等（1992）的结果浅 2km 左右；B3 面起伏在三峡坝区更为精细、复杂，大坝周边几个相对隆起区域显示更为明显。

　　三峡大坝所在地三斗坪地区 B1 面，深度为 37km，处于一条北北东走向的深度变异带上；B2 和 B3 面埋深均比周围区域深一些，处在凹陷区内，且此处是三峡地区中地壳厚度最薄处，仅为 9km，周边区域中地壳厚度为 12km。而三斗坪地区上地壳厚度为 13km，却比周边地区普遍深约 2km，此结果可能与黄陵背斜中部存在较大低密度区域有关。此处恰好是三峡大坝所在地，低密度区域的存在加上其周围包裹岩体致使该区上地壳厚度增加，相应地积压了中地壳空间，致使中地壳厚度较小。对比壳幔深部界面总体形态与地表地质构造走向，发现两者之间呈立交桥式结构，特别是鄂西北地区北北东向异常地幔隆起带与近东西向秦岭印支造山带呈高角度相交，且两者间的夹角由北往南逐渐减小。

　　三峡地区的地震活动与地壳深部构造有着密切的联系，主要分布在黄陵隆起周缘一组北北西向断裂（远安地堑断裂带、仙女山断裂等）和北北东向断裂（新华断裂、牛口断裂）。地震多发生在本区上地壳内，且多为 M_S2.0~4.0 中小地震。一些较大地震发生在由界面隆起向界面凹陷过渡的斜坡处，主要活动断裂同时也分布于此，深部作用对区域构造地震活动具有重要影响。

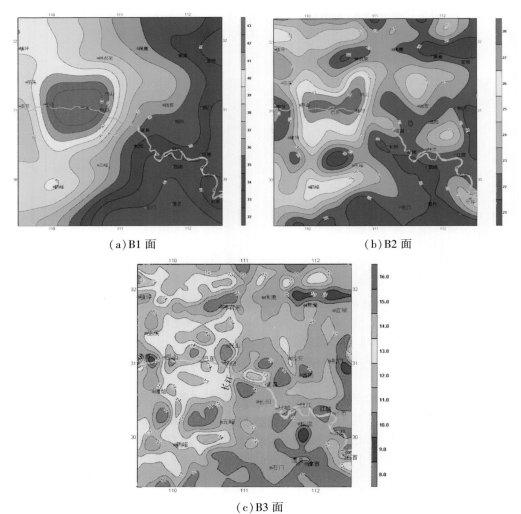

（a）B1 面　　　　　　　　　　　（b）B2 面

（c）B3 面

图 4-17　B1 面，B2 面和 B3 面深度分布（单位：km）

3. 芦山 7.0 级地震震区的重力探测研究

　　根据中国地震局的统一部署，在中国地震局地球物理研究所吴忠良研究员的带领下组建了四川省芦山"4·20"7.0 级强烈地震科学考察队，其中湖北省地震局和中国地震局地球物理研究所承担了重力剖面探测任务。按照任务设计要求，两承担单位分别在 2013 年 5 月至 6 月完成测量路线踏勘和野外观测工作，其中湖北省地震局完成金川—芦山—犍为剖面测点 127 个（含 GPS 点位观测），测量剖面长度 306km；中国地震局地球物理研究所完成雅江—雅安测点 90 个（含 GPS），测量剖面长度 204km，共完成有效测点总数为 206 个（图 4-18），测量总长度（沿剖面总体走向）510km，分别超设计 46 测点、长度 80km，如图 4-18 所示。

　　这里主要介绍金川—芦山—犍为剖面结果。金川—芦山—犍为剖面重力异常结果如图 4-19、图 4-20 所示。

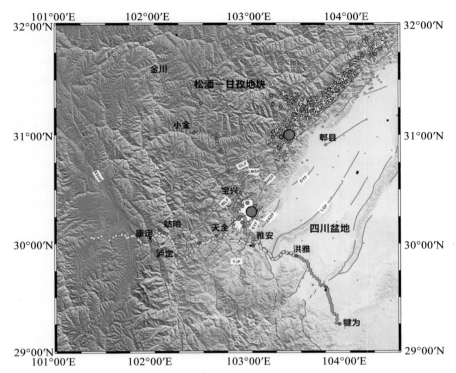

断裂：GLF—耿达—陇东断裂，WLF—五龙断裂，SHDF—双石—大川断裂，SYF—始阳断裂，XKDF：新开店断裂，YJF—荥经断裂，DYF—大邑断裂，XSHF—鲜水河断裂，LQF—龙泉断裂；LMSF—龙门山构造带。

图 4-18　重力剖面探测测点位置分布图

（图中芦山地震及余震定位由房立华提供；断裂引自陈立春等，2014）

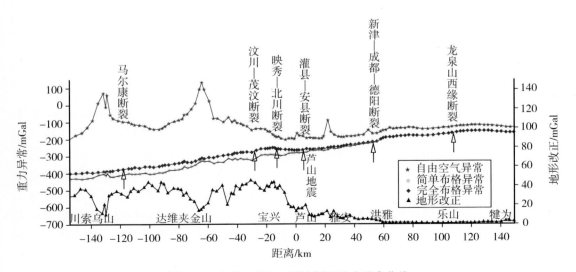

图 4-19　金川—芦山—犍为剖面重力异常曲线

　　该剖面起自西北部的金川，依次经过马尔康断裂末端，龙门山断裂带的汶川—茂汶断裂、灌县—安县断裂、新津—成都—德阳断裂，龙泉山西缘断裂直至东南部的犍为，总体上呈北西—南东向。从计算得到的布格异常可见，在西北部山区地形起伏较大，简单布格重力异常与完全布格重力异常存在偏差；东南部以平原为主，地形平坦，简单布格异常与完全布格重力异常几乎重合。总体而言，完全布格重力异常呈较为平缓的渐进式上升，变化范围为 −403 ～ −151mGal，其中在剖面完全穿越的龙门山断裂带、新津—成都—德阳断裂附近均有较大变化，其之间存在明显的剩余布格异常"凹陷"，龙门山断裂带东侧异常幅差达 40mGal、西侧约 10mGal，新津—成都—德阳断裂东侧异常幅差达 15mGal、西侧不太明显；在龙泉山西缘断裂附近布格重力异常变化则不明显，似与其规模较小的隐伏断裂特征一致；马尔康断裂只是末端与剖面相连，在布格异常图上几无明显特征。

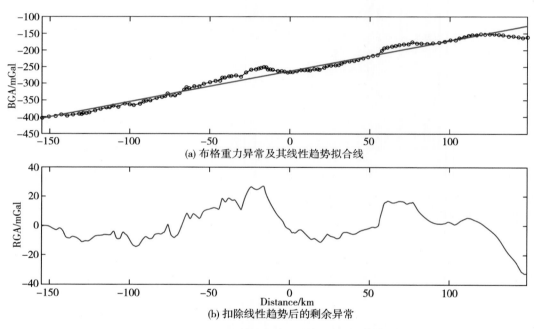

图 4-20 　 金川—芦山—犍为剖面布格异常与剩余异常曲线图

　　图 4-21 为利用郭良辉博士等（2011）提供的重力多参量数据三维相关成像软件（GravCI3D），计算得到了基于异常分离的剖面相关成像结果。相关成像方法是将地下空间剖分成三维规则网格，计算每一网格节点单位物性差所产生的异常与实测异常在一定窗口范围内的归一化互相关系数（或称场源发生的概率），即可根据网格节点上场源出现的概率勾画出以界于 −1 到 +1 之间的等效物性参数表示的场源分布。该成像方法不需要建立初始模型，无需引入任何约束和常规正反演迭代拟合过程，计算快速稳定。剩余密度相关成像结果清晰地展示了该剖面地下介质的分段特征和深浅构造差异。松潘—甘孜块体、华南块体的川西前陆盆地和龙门山断裂带过渡区呈现相异的地壳物质分布特性。松潘—甘孜块体物质偏于亏损（负值），越往下亏损越严重；密度扰动主要发生在上地壳（10km 以

内），在马尔康断裂处存在密度扰动，但影响范围有限；中、下地壳相关系数变化不大，整体连续性较完整。龙门山断裂带大部分处于零值附近，中央断裂与后山断裂附近主要呈正值，在前山断裂（灌县—安县断裂）附近出现形状不规则、范围较大的局部物质亏损（负值）区，芦山地震震源区正处于该局部物质亏损区的边缘。新津—成都—德阳断裂至龙泉山断裂以东，相关系数在各地壳深度逐步增大、完整性较好，乐山—犍为中下地壳显示大片盈余（正值）隆起区。因此，从剩余密度相关成像可知，剖面地壳的密度扰动具有亏损、盈亏交替及盈余的横向分段（块）特征。

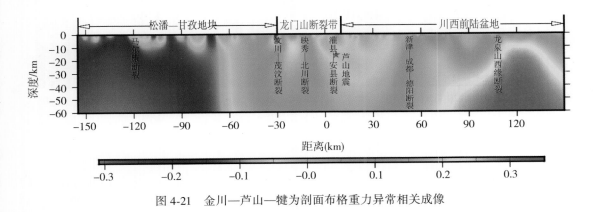

图 4-21　金川—芦山—犍为剖面布格重力异常相关成像

　　图 4-22 为金川—芦山—犍为剖面的地壳密度分层结构。由此可知，剖面地壳密度分层模型总体分为四层。上、中地壳密度呈现分段性，四川盆地密度略大于松潘—甘孜块体，过渡区域所在的龙门山断裂带处密度略降低。

　　C1 为上地壳上部低密度覆盖层的底界面，深度变化范围为 0 ~ 7km，密度为 2.40 ~ 2.43g/cm³，在龙门山断裂带以西较薄，往东逐渐增厚，最厚处为龙门山断裂带与四川盆地的过渡地带，最深达 7km。C2 为上地壳底界面，深度变化范围为 6 ~ 20km，龙门山断裂带以西上地壳底部存在一厚约 2km 的低密度（2.62g/cm³）薄层，其从金川附近 20km 深往东南逐步抬升，推测为推覆构造体下部滑脱层。龙门山断裂带上地壳底面上隆至 8km 左右，往东缓慢下降，到犍为约 10km。四川盆地上地壳下部密度为 2.66 ~ 2.70g/cm³。C3 为中地壳底界面，深度范围为 24 ~ 36km，从西北往东南至新津—成都—德阳断裂，逐步上升，其以东则平缓变化，C3 总体起伏相对 C2、C4 界面较平缓。中地壳密度为 2.83 ~ 2.85g/cm³。C4 为下地壳与上地幔的分界面即莫霍面，深度范围为 42.5 ~ 57km，莫霍面在龙门山断裂带附近下凹，往东远离龙门山断裂带则急剧抬升，龙门山断裂带两侧差异变化约 14.5km。下地壳密度为 2.92 ~ 2.93g/cm³，莫霍面以下密度为 3.35g/cm³。总体而言，松潘—甘孜地块上地壳底界抬升剧烈、中地壳底界缓慢抬升、下地壳底界中间高两侧低，呈弧形隆起；过渡带的上地壳底界以山前断裂为中心局部隆起、中地壳底界逐步抬升、下地壳急剧抬升；四川盆地各地壳界面相对平缓。由此可见，在青藏地块东向挤压作用下，龙门山推覆体的前端应力较为集中，同时存在中下地壳的向上隆升作用，使之成为构造变形和地震断裂易发部位。

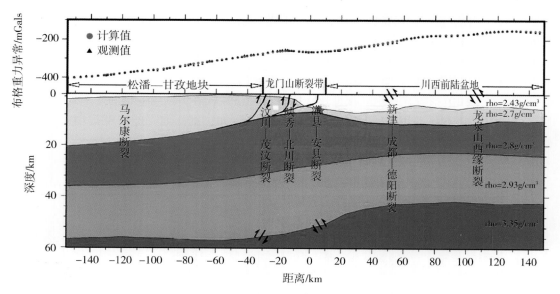

图 4-22　金川—芦山—犍为重力剖面密度分层结构

　　为了研究探测剖面的深浅构造特征，这里主要采用重力异常归一化总梯度方法来分析。重力归一化总梯度是由苏联学者 B. M. 别列兹金于 20 世纪 60 年代中期提出的，是一种利用重力场中的特征点(如极大点或极小点)或者解析函数的奇点，探测重力异常的场源体并估计其位置的方法。归一化总梯度法并非直接由重力异常计算场源体的位置及参数，而是把它变换为另外一种位场要素，即重力归一化总梯度，再根据归一化总梯度场的特征，探测场源体的特征点，起到了反演的作用。它没有繁琐而复杂的计算过程，而且不考虑场源在何处存在，而是直接计算重力归一化总梯度场值在下半空间的分布，即其在下半空间的延拓值，在解析函数的奇点，即场源体处，重力归一化总梯度是收敛的，而且正好反映了奇点的位置。

　　图 4-23 为金川—芦山—犍为剖面的重力异常归一化总梯度。由图可见，重力剖面归一化总梯度图可清晰分辨马尔康断裂(F1)、龙门山断裂带(F2，F3，F4)、新津—成都—德阳断裂(F5)和龙泉山西缘断裂(F6)，并可见其产状及深部构造发育情况；从左边的川西高原到龙门山断裂带及右边的前陆盆地，其浅部构造复杂，存在多处梯度异常区；在龙

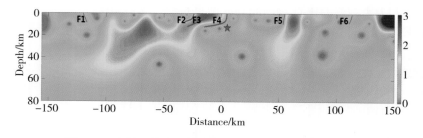

图 4-23　金川—芦山—犍为剖面重力异常归一化总梯度

门山断裂带左侧，出现由下地壳逐步延伸至地表的红色密度异常区，推测为与龙门山断裂带有关的深部变形带(密度变化大)，该变形带在夹金山局部向上突起，可能反映出青藏高原物质东向挤压运动，在该红色区域的左侧出现的低梯度异常，推测为川西高原的推覆构造体(与剩余密度成像类似)。

4.6 地球内部介质物性时间变化探测/反演

重力学方法是了解地壳和上地幔结构的重要方法之一，如重力均衡假说(Pratt.，1855；Airy.，1855)为认识地壳横向不均匀性作出了重要贡献，Vening Meinesz(1929)用上地幔结构的不均匀性解释 Sunda 海沟的巨幅负重力异常，推进了板块理论的发展。20 世纪 60 年代起，重力方法被不断地引入到重力资料的解释和探测地球动力学背景及深部过程中(Camacho et al.，2000；Tiberi et al.，2003；Montesions et al.，2005，2011；滕吉文等，2006；Welford & Hall，2007；楼海等，2008；Li et al.，2011；姜文亮等，2012；Basuyau et al.，2013；王新胜等，2013)。基于重力资料探测地球内部物质运移变化的重力反演方法，即通过确定划分的地下空间单元及其所对应的密度变化拟合地表观测的重力场变化，为了克服其多解性，重力反演方法和技术不断发展。反演方法方面，如紧凑的重力反演(Last & Kubik，1983；Barbosa & Silva，1994)，考虑相关合理约束的重力反演(Li & Oldenburg，1998；Boulanger & Chouteau，2001；刘天佑等，2007)，岩体生长法(Camacho et al.，2000，2002，2011a)，重力反演的遗传算法(Montesions et al.，2005，2011)等；反演技术方面，主要是多种数据资料的联合反演，如利用密度与波速关系的重-震联合反演(Tiberi et al.，2003；Li et al.，2011；姜文亮等，2012；Basuyau et al.，2013)，以及大地测量与重力资料的联合反演(申重阳等，2003b；Battaglia et al.，2003；Camacho et al.，2011b)等。前述重力学探测方法也可应用到地球内部介质物性时间变化的探测，这里主要介绍岩体生长法、遗传算法和紧凑法。

4.6.1 基于岩体生长(Growing Bodies)的三维重力反演方法

用于重力反演的块体生长法是 Camacho 等(2000)受到 René(1986)的"敞开-拒绝-填充"思想启发后提出的，经过不断地完善，形成了一套完整的理论方法，并发布了相应的应用软件(Camacho et al.，2002，2011)，在探测地壳密度异常体形态方面具有很好的效果。

考虑 n 个不规则分布的重力台站的观测数据，对于第 i 个重力台站 $P_i(x_i, y_i, z_i)$，其观测异常重力值为 $\Delta g_i(i=1, \cdots, n)$，如图 4-24 所示，重力数据的不确定性采用数据的协方差 (n, n) 矩阵 $\boldsymbol{Q}_D$ 来表示，其元素 $q_{ij}=0(i \neq j)$，$q_{ii}=e_i^2$，$e_i(i=1, \cdots, n)$ 为重力值的标准偏差。

在地下空间已进行划分，并在确定了先验的正、负密度异常$(\pm \Delta \rho)$的基础上，模型生长的过程中考虑尺度因子 f，使得计算值与观测值逐渐拟合，尺度因子 f 在迭代过程中遵循如下准则：

$$f_i \geqslant 1$$
$$f_i \geqslant f_{i+1} \geqslant 1$$

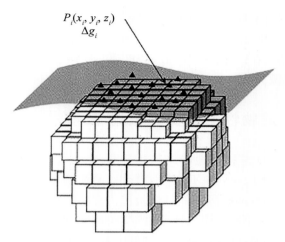

图 4-24　重力测点 P_i 和地下块体的网格划分

对于观测值 Δg_i、已生长块体及其相应的密度变化值 $\Delta \rho_j$ 计算的重力异常/变化，得到

$$v_i^{(k)} = \Delta g_i - (g_i^{(k-1)} + A_{i,j}\Delta \rho_j)f_k - \left[p_0^{(k)} + p_x^{(k)}(x_i - x_{\mathrm{M}}) + p_y^{(k)}(y_i - y_{\mathrm{M}}) \right] \quad (4\text{-}25)$$

顾及模型残差和总质量的最小化条件，目标函数表示为：

$$F(\boldsymbol{m}_k) = \boldsymbol{v}_k^{\mathrm{T}} \boldsymbol{Q}_{\mathrm{D}}^{-1} \boldsymbol{v}_k^{\mathrm{T}} + \lambda f_k^2 \boldsymbol{m}_k^{\mathrm{T}} \boldsymbol{Q}_{\mathrm{M}}^{-1} \boldsymbol{m}_k \quad (4\text{-}26)$$

这是一个非线性方程组，可以通过非线性反演方法(如遗传算法、模拟退火分等)求解，亦可采用最小二乘方法求解，以实现模型扩展过程。

Camach 等(2000)给出了尺度因子 f 和区域趋势系数($p_0 \cdot p_x$, p_y)的表达式如下：

$$\left.\begin{aligned}
f &= \frac{s_{rg} - p_0 s_{ru} - p_x s_{rx} - p_y s_{ry}}{s_{rr} + \lambda s_{mm}} \\
p_0 &= \frac{F_{ug} - p_x F_{ux} - p_y F_{uy}}{F_{uu}} \\
p_x &= \frac{G_{xg} - p_y G_{xy}}{G_{xx}} \\
p_y &= \frac{G_{xx}G_{yg} - G_{xy}G_{xg}}{G_{yy}G_{xx} - G_{xy}G_{xy}}
\end{aligned}\right\} \quad (4\text{-}27)$$

其中，x，y，r，g，u 分别为：

$$(x)_i = x_i - x_{\mathrm{M}}, \ (y)_i = y_i - y_{\mathrm{M}}, \ (u)_i = 1, \ (r)_i = g_i^c + A_{i,j}\Delta \rho_j, \ (g)_i = g_i \quad (4\text{-}28)$$

其他相关参数的计算方法如下：

$$\begin{cases}
s_{ab} = \boldsymbol{a}^{\mathrm{T}} \boldsymbol{Q}_{\mathrm{D}}^{-1} b \\
F_{ab} = s_{ab}(s_{rr} + \lambda s_{mm}) - s_{ar}s_{br} \\
G_{ab} = F_{uu}F_{ab} - F_{ua}F_{ub}
\end{cases} \quad (4\text{-}29)$$

4.6.2　遗传算法(Genetic Algorithm)

Montesions 等(2005)将遗传算法用于密度结构及其变化的重力反演，其目标函数为：

$$F(m_k) = (A\,m_k - g_{obs} - G_k u)^{\mathrm{T}} E_{SS}^{-1}(A\,m_k - g_{obs} - G_k u) + \beta\,m_k^{\mathrm{T}} C_M m_k \tag{4-30}$$

式中，A 为系数矩阵，m_k 为所求密度异常/变化矩阵，g_{obs} 为观测值，u 为单位矩阵，b 为正则化参数，C_M 为对角矩阵，为 A_{SSA}^{TE} 的对角单元的逆矩阵，即

$$C_M = \mathrm{diag}(A^{\mathrm{T}} E_{SS} A)$$

G_k 的表达式为：

$$G_k = \frac{\sum\limits_{i=1}^{n}(g_i^{obs} - g_i^k)\,e_{ii}}{\sum\limits_{i=1}^{n} e_{ii}} \tag{4-31}$$

其中，$e_{ii}(i=1,\ 2,\ \cdots,\ n)$ 为观测重力异常的，g_i^k 为计算值。

应用异常算法首先要确定初始种群，若没有先验模型，则初始种群 $P(0)$ 为 0 矩阵，即

$$P(0) = \{m_1^0,\ m_2^0,\ \cdots,\ m_n^0\}$$
$$m_k^0 = \{0,\ 0,\ \cdots,\ 0\}^{\mathrm{T}} \tag{4-32}$$
$$k = 1,\ 2,\ \cdots,\ n$$

从初始种群出发，经过选择—变异—交叉的循环迭代过程为了选择一个染色体作为下一代种群，设置一个随机数 $r \in [0,\ 1]$，如果其中 q_k 利用式(4-37)按照下面表达式计算：

$$F_T = \sum\nolimits_{k=1}^{n} F(m_k) q_k = \sum\nolimits_{i-1}^{k} \frac{F_T - F(m_i)}{\sum\nolimits_{j=1}^{p}[F_T - F(m_j)]} \tag{4-33}$$

关于变异，设置随机数 $s \in [0,\ 1]$，当 ρ_j^a 变异，其中 e_j^a 的表达式为：

$$e_j^a = \sum_{i=1}^{j} \frac{e_i}{\sum\limits_{k=1}^{m} e_k} \tag{4-34}$$

关于交叉，设置交叉概率 p_c 和随机数 $r \in [0,\ 1]$，对于第 i 个染色体，若 $r_i < p_e$，则 m_i 与 m_k 进行交叉，即

$$\begin{cases} m_i = [(\rho)]_1^i,\ \rho_2^i,\ \cdots,\ \rho_l^i,\ \cdots,\ \rho_m^i)^{\mathrm{T}} \\ m_k = [(\rho)]_1^k,\ \rho_2^k,\ \cdots,\ \rho_l^k,\ \cdots,\ \rho_m^k)^{\mathrm{T}} \end{cases} \tag{4-35}$$

其中，l 为 $[1,\ m]$，交叉之后，染色体变为：

$$\begin{cases} m_i = (\rho_1^i,\ \rho_2^i,\ \cdots,\ \rho_l^k,\ \cdots,\ \rho_m^k)^{\mathrm{T}} \\ m_k = (\rho_1^k,\ \rho_2^k,\ \cdots,\ \rho_l^i,\ \cdots,\ \rho_m^i)^{\mathrm{T}} \end{cases} \tag{4-36}$$

获得新的染色体和保持不变的染色体再次作为选择/变异/交叉的算子，进行循环计算，直到得到使模型的误差方程达到最小。

4.6.3 紧凑的重力反演(Compact Gravity Inversion)

定义观测值与计算值方差最小的目标函数，并考虑深度加权和模型平缓度，其表达式为：

$$\Phi(P) = P^{\mathrm{T}} W_m^{\mathrm{T}} W_m P + \mu^{-1}(G_{obs} - AP)^{\mathrm{T}}(G_{obs} - AP) \tag{4-37}$$

其中，$W_m = QR_m$，R_m 为模型平缓度矩阵，即 3 个方向上相邻棱柱体密度变化之差组成的矩阵，μ 为拉格朗日算子($\mu>0$)，用以控制迭代过程中计算值与观测值的拟合程度，

Q 为深度加权矩阵，由下式给出：

$$Q_{ii}(z) = \frac{1}{(z + z_0)^{\beta/2}} \tag{4-38}$$

通过调整式中 z_0 的值，可近似表达核函数 A 的衰减效应，一般情况下 $1.5 < b < 2$（Li et al.，1998；Boulanger & Chouteau，2001）。目标函数式（4-37）的最小化问题 $\boldsymbol{\Phi}(\boldsymbol{P}) = \min$，令 $\partial\boldsymbol{\Phi}(\boldsymbol{P})/\partial\boldsymbol{P}^{\mathrm{T}} = 0$，则：

$$\boldsymbol{P} = (\boldsymbol{A}^{\mathrm{T}}\boldsymbol{A} + \boldsymbol{\mu}^{-1}\boldsymbol{W}_m^{\mathrm{T}}\boldsymbol{W}_m)^{-1} \cdot \boldsymbol{A}^{\mathrm{T}}\boldsymbol{G}_{obs} \tag{4-39}$$

通过解线性方程组式（4-39）得到密度变化修正量 $\boldsymbol{P}$，对初始模型修改后进行迭代，直到满足收敛条件为止。

4.6.4　应用实例

1. 山西断陷盆地带及其邻区密度变化反演

山西断陷盆地带及其邻区 1999—2008 年重力场累积变化如图 4-25（a）所示，区域以负重力变化为主，太原盆地西侧的吕梁山区存在小幅度的正重力变化，与华北地区东南向运动趋势吻合，体现了整个区域受拉张作用控制的基本特征；临汾盆地两侧出现负峰值，反映了太原盆地和临汾盆地及其两盆地之间的部位受 NWW-SEE 向压应力场、NNE-SSW 向张应力场控制（王秀文等，2010）的结果。

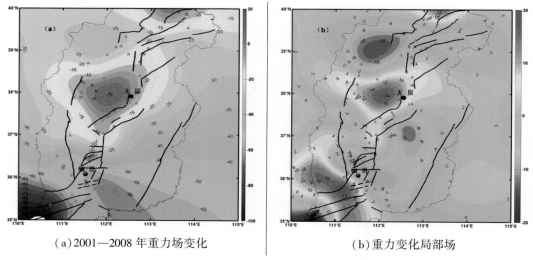

（a）2001—2008 年重力场变化　　　　　　　（b）重力变化局部场

图 4-25　山西断陷盆地带及其邻区重力场累积变化（单位：$10^{-8}\,\mathrm{m/s^2}$）

将去除三阶小波逼近的剩余场作为重力变化局部场，如图 4-25（b）所示（玄松柏等，2013），最显著特征是太原盆地以西的吕梁山隆起地区的正重力变化区，以及南部临汾盆地两侧的负重力变化区，临汾盆地中部存在近乎垂直于临汾盆地走向的正重力变化带，北部存在小幅度负重力变化，在临汾附近形成正负重力变化梯级带，远震接收函数结果亦显示该地带处于构造应力场转换地区（唐有彩等，2010）。以上特征表明山西断陷盆地带及其邻区的断陷盆地与隆起因受力模式不同而使得重力变化响应存在差异。

将重力变化局部场在地壳深度至 40km 范围内成像(玄松柏等, 2013),首先构建地壳内垂直方向为 10km 一层共 4 层、水平方向块体中心点投影到地面上与计算点间距相同,并向四周各外延 3 个块体(外延约 60km)的反演模型,即将研究区域地壳内划分成 33×33×4 共 4356 个棱柱体。密度变化的取值范围在 ±100kg/m³ 内,以作为迭代反演过程中的绝对约束。采用紧凑的重力反演方法经过 30 次迭代反演,获得地壳物质密度变化如图 4-26 所示(均方差为 0.02×10⁻⁸m/s²)。

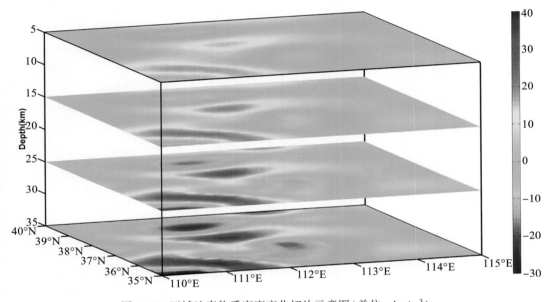

图 4-26　区域地壳物质密度变化切片示意图(单位:kg/m³)

图 4-26 揭示了山西带及其邻区 1999—2008 年以来的地壳物质密度变化的基本特征,区域内各构造单元的密度变化及其体现的地壳运动机制具有较为明显的差异。临汾盆地中部的正密度变化反映了盆地南北两侧向中间汇聚的状态。临汾盆地和太原盆地与太行山之间的负密度变化揭示了地壳物质具有膨胀或迁出的特征,主要说明该地区主要受 NNE-SSW 向拉张作用的控制。吕梁山区的正密度变化区表现为地壳物质不断积累,反映了该地区 NWW-SEE 向压应力场作用占主导。

2. 丽江 7.0 级地震前滇西地壳物质密度变化

本研究利用丽江 7.0 级地震前滇西地区 1994 年 2~11 月(图 4-27 左上)和 1995 年 5~11 月重力场变化(图 4-28 左上)数据维地表约束,将密度变化分档定为 ±100kg/m³,±50kg/m³,±20kg/m³ 等 6 种;将研究区域地下空间进行规格棱柱体单元划分(深度取 50km),单元大小为 50km×50km×10km 共 7500 个棱柱体。使用基于块体生长的异常算法进行反演,每次用遗传算法搜索块体时,种群大小选择 20,选择概率 0.6,交叉概率 0.3,变异概率 0.2,获得的结果如图 4-27 和图 4-28 所示(玄松柏等, 2010)。震源区南部的澜沧江断裂与红河断裂之间 35km 等和 45km 层密度变化经历了从 1994 年的增大到 1995 年的减小即挤压到膨胀的过程,与唐山地震前的扩容机制(李瑞浩等, 1997)基本一致。

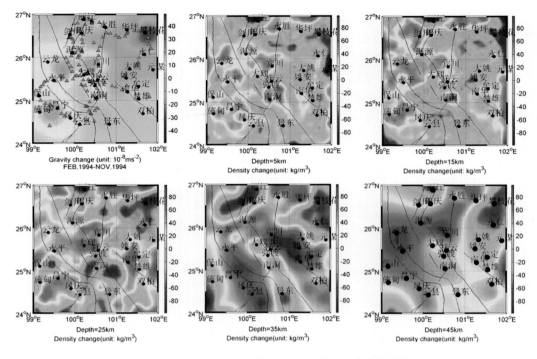

图 4-27　1994 年 2~11 月重力场变化与地壳密度变化

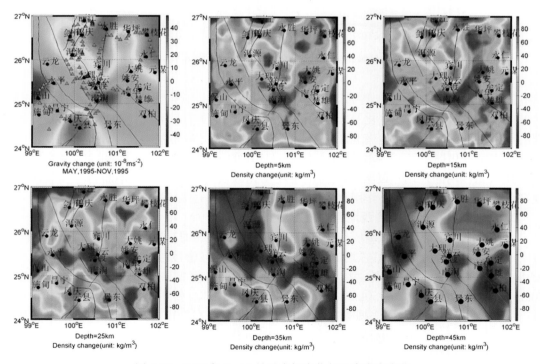

图 4-28　1995 年 5~11 月重力场变化与地壳密度变化

4.7 构造活动与地震破裂的检测/探测

1901 年 Reid 提出弹性回跳理论后，地震断层成因说逐步成为地震观测研究的基本理论核心。1958 年，Steketee 把位错理论引入地震学，利用格林函数求解弹性、各向同性半无限介质位错引起的位移场，使得地表同震变形与震源之间建立了理论关系。其后得到不断发展（Chinnery，1961；Maruyama，1964；Press，1965；Iwasaki & Sato，1979；Matsu'ura & Tanimoto，1980），特别是 Okada(1985) 给出了均匀、各向同性、半无限弹性介质空间中，任意矩形位错在地表产生的地表位移场的通用解析表达式，Okada(1992) 给出了半无限介质空间剪切和张性断层引起的内部变形完全解析表达式，使弹性断层位错理论得以完善。Okubo(1991) 按 Press 的方法和 Galerkin 矢量推导了点源位错引起的重力位势变化的严格解析表达式；黄建梁等(1995) 采用不同方法研究了点源位错模型下的重力位势与重力变化，论证了 Okubo(1991) 公式的正确性；Okubo(1992) 又推导得到相应断层位错引起的重力位场变化的解析表达式（Okubo，1992）；Sun 和 Okubo(1993) 将其推广到球状地球模型，使得观测的同震重力变化与震源之间又建立了理论关系。孙文科(2012) 系统地展示了球形地球模型位错理论的成果，使位错理论趋于完善。

随着弹性位错理论的完善和发展（Okada，1985，1992；Sun & Okubo，1993；Fu & Sun，2002；孙文科，2012），以及流变分层介质中断层位错效应数值计算标准软件包 PSGRN/PSCMP(Wang，2006) 问世，地震位错理论的应用得到极大发展，利用重力仪和形变仪观测的相关构造运动或同震变化为断裂构造活动、大震破裂和震后效应研究提供了重要的途径和参考。

4.7.1 弹性位错效应的理论模拟

1. 一般理论表示（正演原理）

为了认识地震或断层位错引起的形变与重力变化特征，不妨采用简单的矩形弹性位错理论来进行理论模拟分析。

（1）单断层情形

设任一均匀矩形断层，如图 4-29 所示，长宽分别为 L 和 W，断层倾角为 δ；其走滑、倾滑和张性错动分量（上盘相对下盘）分别为 U_1、U_2、U_3；断层底部深度为 d。在自由地表某点 $(x_1, x_2, 0)$ 处引起的重力变化 Δg 和地表变形矢量 Δu 可分别表示为（Okubo，1992）：

$$\Delta g(x_1, x_2) = \{\rho G [U_1 S_g(\xi, \eta) + U_2 D_g(\xi, \eta) + U_3 T_g(\xi, \eta)] + \Delta \rho G U_3 C_g(\xi, \eta)\} \parallel - \beta \Delta h(x_1, x_2) \tag{4-40}$$

$$\Delta u(x_1, x_2) = \frac{1}{2\pi} [U_1 S(\xi, \eta) + U_2 D(\xi, \eta) + U_3 T(\xi, \eta)] \parallel \tag{4-41}$$

式中，G 为万有引力常数；ρ、$\Delta \rho$ 分别为介质密度、张裂纹内密度与介质密度之差；$S_g(\xi, \eta)$、$D_g(\xi, \eta)$、$T_g(\xi, \eta)$、$C_g(\xi, \eta)$ 和 $S(\xi, \eta)$、$D(\xi, \eta)$、$T(\xi, \eta)$ 为系数（Okada，1985；Okubo，1991）；自由空气重力梯度 $\beta = 0.309 \times 10^{-5} \text{m/s}^2$，$\Delta h$ 为地表高程变化（Okada，1985）。式(4-41) 中 Chinnery 记号 "$\parallel$" 表示置换。

$$f(\xi, \delta) \parallel = f(x, p) - f(x, p - W) - f(x - L, p) + f(x - L, p - W) \tag{4-42}$$

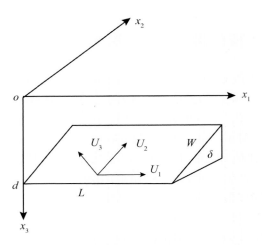

图 4-29　矩形断层位错模型示意图

其中，$p = y\cos\delta + d\sin\delta$。

（2）多断层错动情形

设一地表工作坐标系 $O\text{-}XYZ$（X 轴指向正东，Y 轴指向正北，Z 轴垂直向下），$S(s_x, s_y, 0)$ 为断层顶部地表迹线（或投影线）中点，如图 4-30 所示。设断层方位角为 α，则由 N 个断层位错引起的地表任意一点 $(x, y, 0)$ 的重力变化可表示为多个单断层模型的叠加。

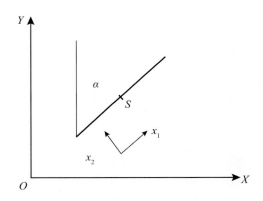

图 4-30　断层运动地表坐标系统示意图

$$\Delta G = \sum_{i=1}^{N} \Delta g_i(x, y, 0; U_1, U_2, U_3, L, W, d, \delta, \alpha, s_x, s_y) \tag{4-43}$$

$$u = \sum_{i=1}^{N} \Delta u_i(x, y, 0; U_1, U_2, U_3, L, W, \mathrm{d}t, \delta, \alpha, s_x, s_y) \tag{4-44}$$

从式（4-43）、式（4-44）可看出，断层错动引起的重力变化和形变效应与断层规模（长、宽）、位置（埋深、方位、中点投影坐标）、产状（倾向、倾角、走向）和错动性质（错动量大小、错动方式）有关；多断层组合错动引起的地表重力变化和形变是各个断层引起的地表重力变化的叠加：同性（同为负变化或同为正变化）时叠加在一起，使重力变化值增大；异性时相互抵消，重力变化值减小。

2. 断层错动引起的形变变化

（1）单一断层

不失一般性，取单一断层参数为：长 $L=10\mathrm{km}$，宽 $W=10\mathrm{km}$，断层顶部到地表垂直距离为 $1\mathrm{km}$，断层错动量 $U_1=5\mathrm{m}$，$U_2=0\mathrm{m}$，$U_3=0\mathrm{m}$，断层方位角 $\alpha=90°$，$s_x=0$，$s_y=0$，介质密度为 $2.67\mathrm{g/cm^3}$，介质泊松比为 0.25。地表形变如图 4-31 所示（图中虚线表示断层在地表的投影，黑箭头表示断层上盘的运动方向，浅色箭头表示断层下盘的运动方向，黑点表示断层垂直于地表向上运动，X 表示断层垂直于地表向下运动，以下各图同）。

图 4-31 和图 4-32 分别为单一走滑、倾滑和张裂断层位错引起的地表水平位移变化和高程变化，图 4-32 中取 $\delta=90°$。

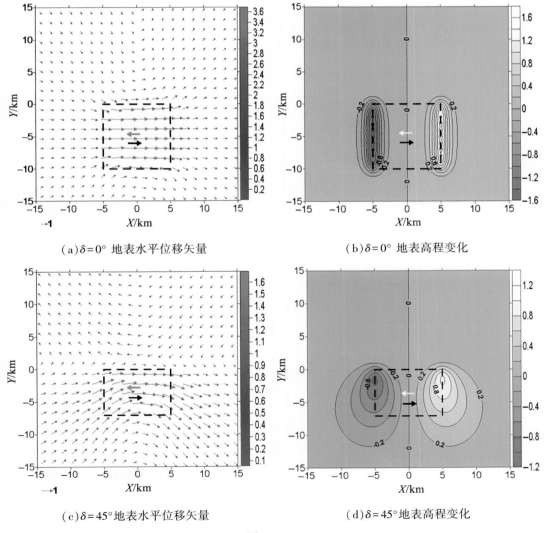

（a）$\delta=0°$ 地表水平位移矢量 （b）$\delta=0°$ 地表高程变化

（c）$\delta=45°$ 地表水平位移矢量 （d）$\delta=45°$ 地表高程变化

图 4-31（A）

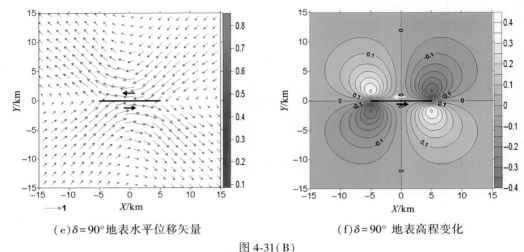

(e)δ=90°地表水平位移矢量　　　　　　　　(f)δ=90° 地表高程变化

图 4-31（B）

图 4-31　走滑断层位错引起的地表水平位移变化和高程变化图（单位：m）

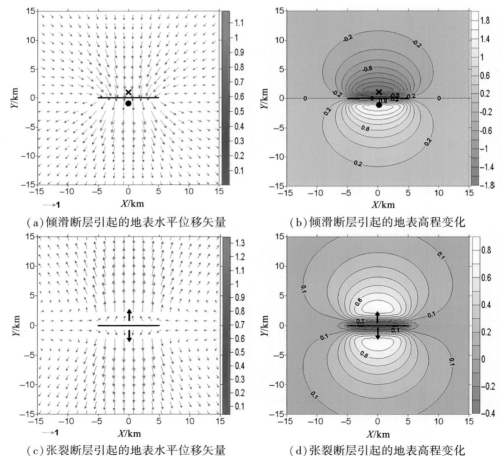

（a）倾滑断层引起的地表水平位移矢量　　　（b）倾滑断层引起的地表高程变化

（c）张裂断层引起的地表水平位移矢量　　　（d）张裂断层引起的地表高程变化

图 4-32　倾滑和张裂断层引起的地表水平位移变化和高程变化图（形变单位：m）

（2）两个断层组合

为不失一般性，取两个连接组合断层，其错动量均取 $U_1 = 0\text{m}$，$U_2 = 5\text{m}$，$U_3 = 0\text{m}$，长 $L = 10\text{km}$，宽 $W = 10\text{km}$，上伏断层顶部到地表垂直距离为 1km（$\alpha = 90°$，$s_x = 0$，$s_y = 0$），上伏断层底部与下伏断层顶部相重合，介质密度为 2.67g/cm^3，介质泊松比为 0.25，上伏断层倾角为 $\delta_1 = 90°$，下伏断层倾角 δ_2 从 $0°$ 到 $90°$ 变化。此时，位错运动引起的地表形变如图 4-33 所示（虚线框表示深部断层在地表的投影面，实线框表示浅部断层在地表的投影面）。

取两断层（分别用 1、2 表示），$s_{x1} = 0\text{m}$，$s_{y1} = 5000\text{m}$；$s_{x2} = 0\text{m}$，$s_{y2} = -5000\text{m}$，断层倾角均为 $\delta = 90°$，各断层错动量均为 5m（张裂断层缝隙内填充密度为 0），其他断层参数与图 4-31 相同。其相应的地表形变如图 4-34 所示。

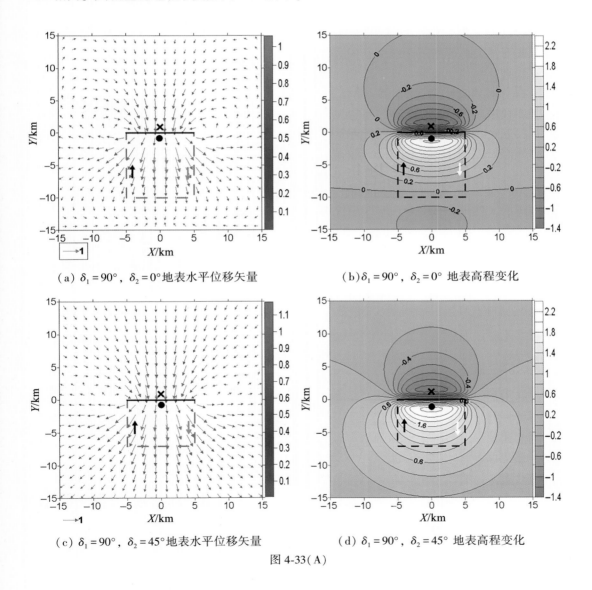

（a）$\delta_1 = 90°$，$\delta_2 = 0°$ 地表水平位移矢量　　　（b）$\delta_1 = 90°$，$\delta_2 = 0°$ 地表高程变化

（c）$\delta_1 = 90°$，$\delta_2 = 45°$ 地表水平位移矢量　　　（d）$\delta_1 = 90°$，$\delta_2 = 45°$ 地表高程变化

图 4-33（A）

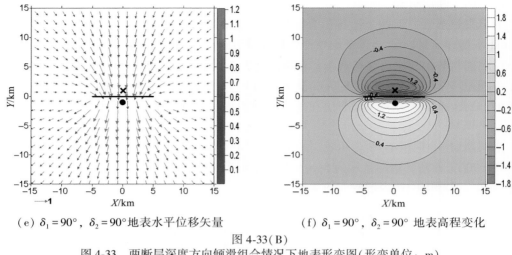

（e）$\delta_1 = 90°$，$\delta_2 = 90°$ 地表水平位移矢量　　　（f）$\delta_1 = 90°$，$\delta_2 = 90°$ 地表高程变化

图 4-33（B）

图 4-33　两断层深度方向倾滑组合情况下地表形变图（形变单位：m）

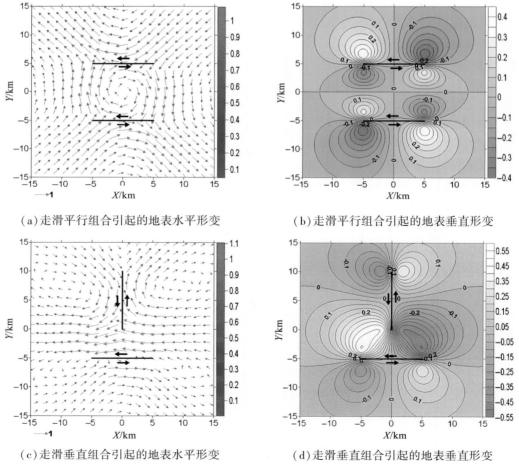

（a）走滑平行组合引起的地表水平形变　　　（b）走滑平行组合引起的地表垂直形变

（c）走滑垂直组合引起的地表水平形变　　　（d）走滑垂直组合引起的地表垂直形变

图 4-34（A）

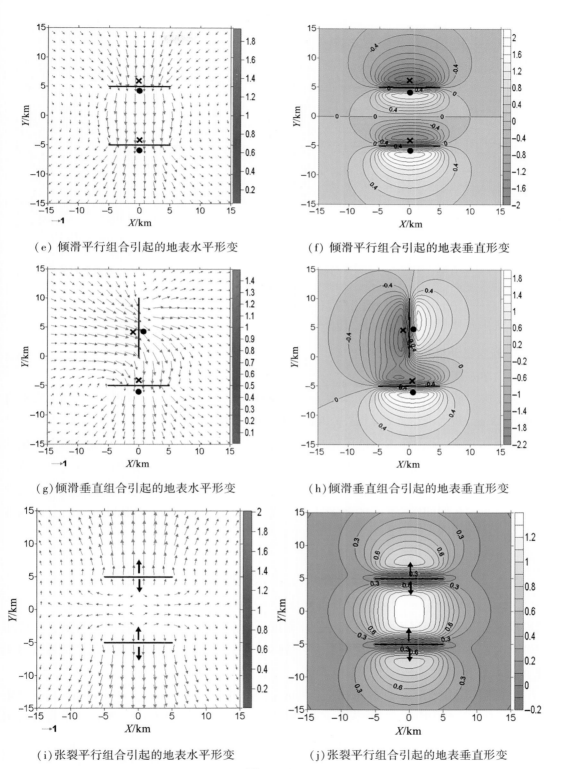

（e）倾滑平行组合引起的地表水平形变　　　　（f）倾滑平行组合引起的地表垂直形变

（g）倾滑垂直组合引起的地表水平形变　　　　（h）倾滑垂直组合引起的地表垂直形变

（i）张裂平行组合引起的地表水平形变　　　　（j）张裂平行组合引起的地表垂直形变

图 4-34（B）

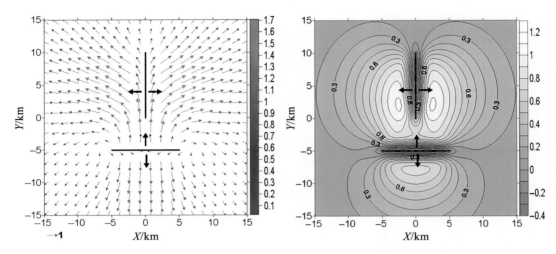

（k）张裂垂直组合引起的地表水平形变　　　　　（l）张裂垂直组合引起的地表垂直形变

图 4-34（C）

（两断层平行时，$\alpha_1 = \alpha_2 = 90°$；垂直时：$\alpha_1 = 0°$，$\alpha_2 = 90°$）

图 4-34　同一深度两断层组合运动引起的地表形变图（形变单位：m）

3. 断层错动引起的重力变化

（1）单一断层

为不失一般性，取单一断层参数为：长 $L = 10\text{km}$，宽 $W = 10\text{km}$，断层顶部到地表垂直距离为 1km，断层错动量 $U_1 = 0\text{m}$，$U_2 = 5\text{m}$，$U_3 = 0\text{m}$，断层方位角 $\alpha = 90°$，$s_x = 0$，$s_y = 0$，介质密度为 2.67g/cm^3，介质泊松比为 0.25。断层倾角从 0° 到 90° 变化时，地表重力变化如图 4-35 所示（图中虚线表示断层在地表的投影，黑箭头表示断层上盘的运动方向，白箭头表示断层下盘的运动方向，黑点表示断层垂直于地表向上运动，X 表示断层垂直于地表向下运动，以下各图同）。图 4-35 和图 4-36 分别为倾滑、走滑和张裂断层位错引起的地表重力及高程变化。

（2）两个断层组合

为不失一般性，取两个连接组合断层，其错动量均取 $U_1 = 5\text{m}$，$U_2 = 0\text{m}$，$U_3 = 0\text{m}$，长 $L = 10\text{km}$，宽 $W = 10\text{km}$，上伏断层顶部到地表垂直距离为 1km（$\alpha = 90°$ $s_x = 0$，$s_y = 0$），上伏断层底部与下伏断层顶部相重合，介质密度为 2.67g/cm^3，介质泊松比为 0.25，上伏断层倾角为 $\delta_1 = 90°$，下伏断层倾角 δ_2 从 0° 到 90° 变化。此时，位错运动引起的地表重力变化如图 4-37 所示。

取两断层（分别用 1、2 表示），$s_{x1} = 0\text{m}$，$s_{y1} = 5000\text{m}$；$s_{x2} = 0\text{m}$，$s_{y2} = -5000\text{m}$，断层倾角均为 $\delta = 90°$，各断层错动量均为 5m（张裂断层缝隙内填充密度为 0），其他断层参数与图 4-31 相同。其相应地表重力变化如图 4-38 所示。

242

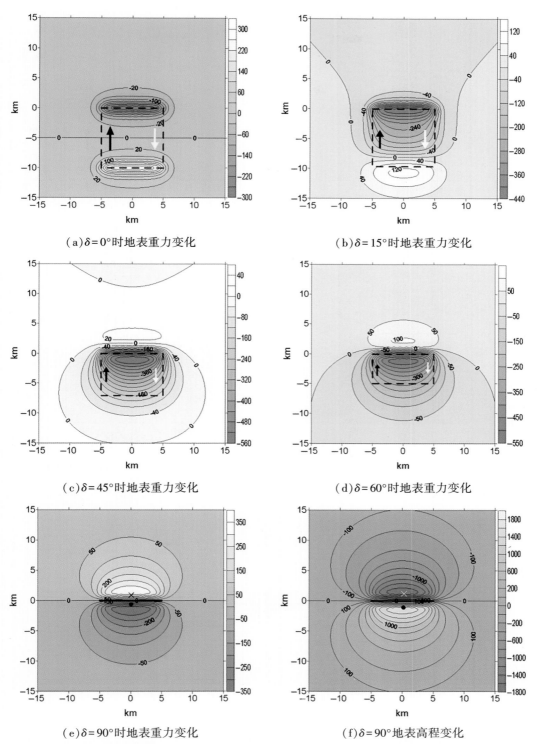

(a)δ=0°时地表重力变化

(b)δ=15°时地表重力变化

(c)δ=45°时地表重力变化

(d)δ=60°时地表重力变化

(e)δ=90°时地表重力变化

(f)δ=90°地表高程变化

图4-35 不同倾角情况下倾滑断层位错引起的地表重力变化（重力单位：$10^{-8}\mathrm{m/s^2}$，高程单位：mm）

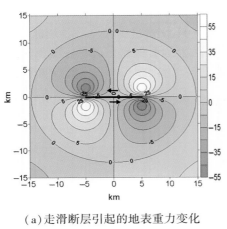

（a）走滑断层引起的地表重力变化

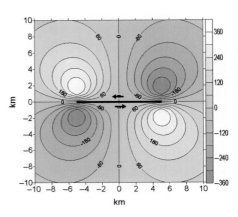

（b）走滑断层引起的地表高程变化

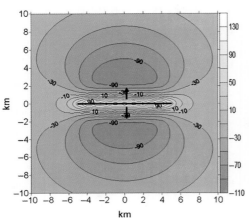

裂缝中填充介质密度为 2.67g/cm³

（c）张断层引起的地表重力变化

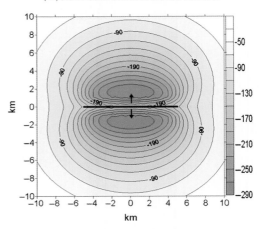

裂缝中不填充任何物质(填充密度为 0)

（d）张断层引起的地表重力变化

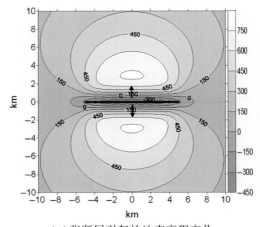

（e）张断层引起的地表高程变化

（重力单位：10^{-8}m/s²，高程单位：mm，$\delta = 90°$）

图 4-36　走滑和张裂断层位错引起的地表重力及高程变化

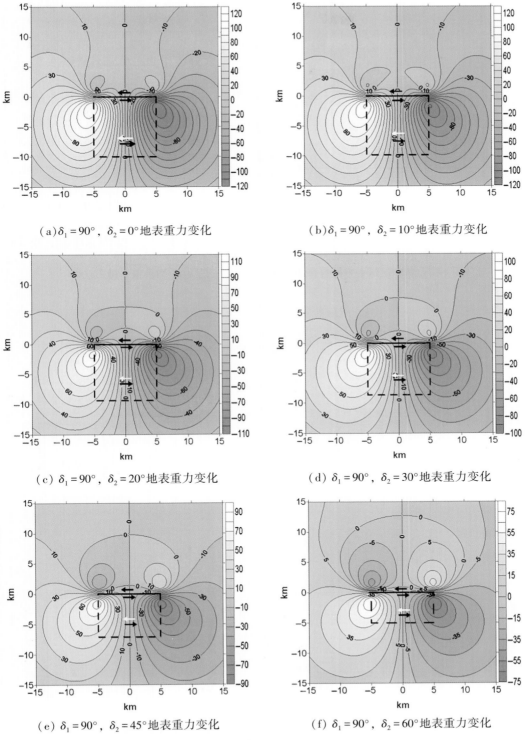

（a）$\delta_1 = 90°$，$\delta_2 = 0°$地表重力变化

（b）$\delta_1 = 90°$，$\delta_2 = 10°$地表重力变化

（c）$\delta_1 = 90°$，$\delta_2 = 20°$地表重力变化

（d）$\delta_1 = 90°$，$\delta_2 = 30°$地表重力变化

（e）$\delta_1 = 90°$，$\delta_2 = 45°$地表重力变化

（f）$\delta_1 = 90°$，$\delta_2 = 60°$地表重力变化

图 4-37（A）

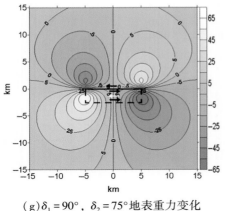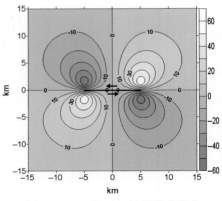

（g）$\delta_1 = 90°$，$\delta_2 = 75°$地表重力变化　　　（h）$\delta_1 = 90°$，$\delta_2 = 90°$地表重力变化

图 4-37（B）

上伏断层倾角 $\delta_1 = 90°$，下伏断层倾角 δ_2 从 0° 到 90°，上伏断层底部与下伏断层顶部重合（虚线框表示深部断层在地表的投影面，实线框表示浅部断层在地表的投影面）。

图 4-37　两断层深度方向组合情况下地表重力变化图（重力单位：$10^{-8} m/s^2$）

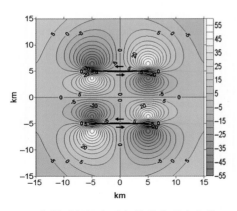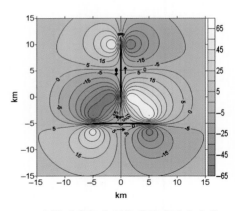

（a）走滑平行组合引起的地表重力变化　　　（b）走滑垂直组合引起的地表重力变化

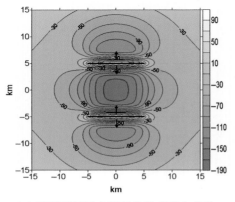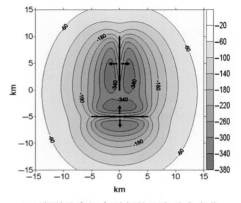

（c）张裂平行组合引起的地表重力变化　　　（d）张裂垂直组合引起的地表重力变化

图 4-38（A）

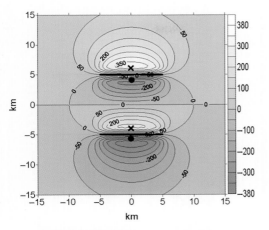

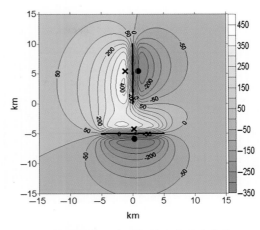

（e）倾滑平行组合引起的地表重力变化　　　　　（f）倾滑垂直组合引起的地表重力变化

图 4-38（B）

图 4-38（A）中图（c）和图（d）中填充密度为 0。平行时：$\alpha_1 = \alpha_2 = 90°$；垂直时：$\alpha_1 = 0°$，$\alpha_2 = 90°$

图 4-38　同一深度两断层组合运动引起的地表重力变化图（重力单位：$10^{-8}\mathrm{m/s^2}$）

4.7.2　汶川地震破裂效应的模拟

2008 年 5 月 12 日四川汶川发生 $M_S 8.0$ 级地震，其位于中国大陆最为活跃的南北地震带的次级地震带——龙门山地震带上，产生了 1976 年唐山地震以来我国最大的地震灾害，举世瞩目。利用汶川地震震源破裂机制研究成果来检核或解释位错理论与实际观测成果，则是难得机会。

1. 同震弹性效应模拟与检核

基于平面弹性位错理论和 USGS 两种地震波反演结果，地球物理所许力生等模拟计算了汶川地震（$M_S 8.0$）产生的地表同震重力变化和地表同震水平与垂直位移（申重阳等，2008，如图 4-39 所示）。

模拟结果表明（图 4-40），同震重力和形变变化均显示出发震断层倾滑兼右旋走滑综合特征；重力效应和高程效应随离破裂面衰减较快，水平形变则衰减较慢，近场受倾滑影响较大；同震重力变化明显以发震断层为界呈正和负对称四象限分布图像，受地表垂直形变影响明显；远场重力变化一般 10μGal 以下，近场重力变化剧烈，可达数百微伽。

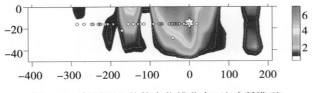

图 4-39　断层面上的静态位错分布（地球所模型）

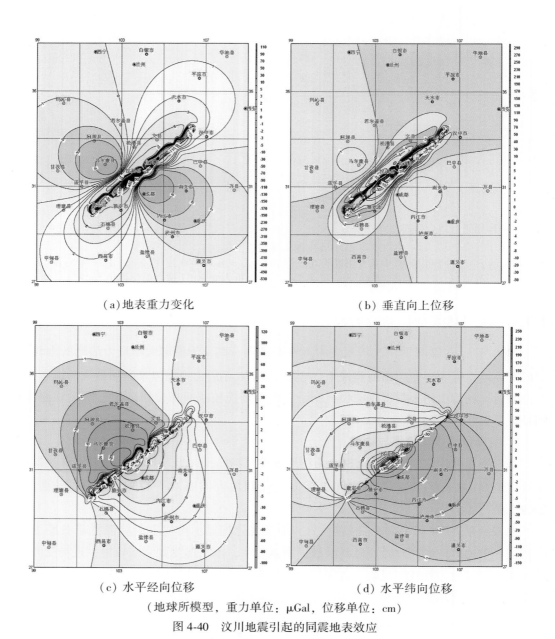

（a）地表重力变化　　　　　　　（b）垂直向上位移

（c）水平经向位移　　　　　　　（d）水平纬向位移

（地球所模型，重力单位：μGal，位移单位：cm）

图 4-40　汶川地震引起的同震地表效应

　　成都郫县台实际测量结果（表 4-1）与球所模型模拟结果的重力变化基本一致，但与 USGS 结果差异明显。整体来说，模拟结果与实测成果之间基本一致，但细节存在一定的差异，这为重力与形变测量结果作为破裂过程反演的新约束提供证据，远场地震波结果尚不足以描述地震破裂过程的细节。

表 4-1		成都郫县台模拟结果与实测同震结果的比较		
	重力/µGal	经向位移/cm	纬向位移/cm	垂直位移/cm
地球所模型	2.4	49.4	34.3	2.9
USGS 模型	23.0	−21.2	2.4	−9.1
绝对重力观测	0.0±2.5	—	—	—
GPS 观测	—	−56.4±0.14	42.6±0.13	0.53±0.25

2. 震后黏弹效应模拟

目前公认的震后形变机制主要有 4 类：余滑、断裂带坍塌、孔隙弹性回弹和黏弹性松弛。黏弹性松弛起因于黏弹性层无法承受同震破裂造成的瞬态加载并随时间释放应力，继而对浅部的上地壳进行加载，最终造成长期的大范围内地表可观测形变。这里对汶川大震震后黏弹性松弛效应进行简单模拟。

基于有限矩形位错理论及陈运泰等、Ji Chen 等通过地震波反演的断层模型，结合研究区地壳-上地幔平均波速分层结构，利用 PSGRN/PSCMP 软件模拟计算了黏弹分层半空间中汶川地震($M_S8.0$)产生的同震及其震后地表形变和重力变化，同时给出了震后形变和重力变化的年变化率。模拟结果表明，如图 4-41 所示，同震形变和重力变化显示出发震断层倾滑逆冲兼具右旋走滑综合特征；其变化主要发生于断层在地表的投影区附近，震后地表重力变化和形变量均不断增大，影响的范围也不断扩张；震后 50 年间近场年均形变量可达 10mm，年均重力变化量可达 $2×10^{-8}$m/s^2，而远场年均形变量一般低于 2mm，年均重力变化量一般低于 $0.4×10^{-8}$m/s^2；形变和重力变化在震后 200 年内变化较为显著，变化率逐渐减小，水平位移在 400 年后基本稳定不变，垂直位移、重力变化和大地水准面变化在 800 年后基本稳定不变。

3. 介质模型参数对同震效应模拟的影响

位错理论的发展是由点位错向矩形位错，由均匀介质向垂向一维分层介质、横向不均匀和三维发展，由半无限空间模型向球形模型发展，由弹性向黏弹性发展，由无自重地球模型向自重地球模型发展。其模型是越来越复杂，也越来越接近真实地球，但实际应用时更多地采用均匀弹性位错理论。为此，多位专家曾先后对影响地表同震效应的因素进行研究：Pollitz(1996)应用自由震荡简正模方法对层状地球模型同震位移与应变进行研究，认为对于地壳内发生的地震，在震源距 100km 以内其地球曲率影响一般小于 2%，而层状构造的影响可达 20%；Sun 和 Okubo(2002)比较了半无限空间介质和球形地球模型位错理论的位移变化结果，得出地球曲率和层状构造对位错理论的位移变化影响的大小与震源深度、震源类型和计算点位置有关，都不可忽视，层状的影响大一些，可达 25%；Fu 和 Sun(2008)比较了二维和三维地球模型的位错理论计算结果，认为三维构造的影响约为 1.6%；邓明莉等(2008)通过对昆仑山 $M_S8.1$ 地震模拟研究认为分层对垂直位、水平位移的影响分别约为 2.75% 和 6.5%。这些研究结果表明，在位错理论计算的各种影响因素中层状构造影响较大，但不同研究给出的结论存在出入，也未曾对影响的分布给出具体描述，而且没有涉及地壳厚度影响。谈洪波等(2009)曾模拟了弹性-黏弹分层半空间中汶川

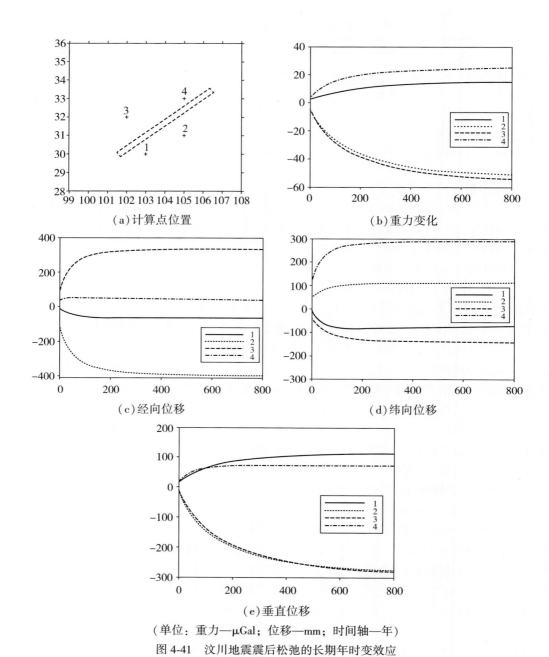

（a）计算点位置

（b）重力变化

（c）经向位移

（d）纬向位移

（e）垂直位移

（单位：重力—μGal；位移—mm；时间轴—年）

图 4-41 汶川地震震后松弛的长期年时变效应

地震引起的地表形变和重力变化，并与实测值进行比较，差异较大，究其原因可能与地壳介质参数选取有关。汶川地震所在的龙门山断裂带位于松潘—甘孜造山带与扬子陆块的结合部位，两侧地壳结构复杂且差异较大，西北部青藏高原地壳密度相对较小，中地壳存在 $8\sim22km$ 的低速层，地壳厚度可达 70km；而东南部四川盆地地壳密度相对较大，地壳厚度只有 40km 左右。

　　基于有限矩形位错理论及 USGS 地震波反演的断层模型，结合研究区地壳-上地幔平均波速分层结构，并在此基础上构建了均匀地壳模型，利用 PSGRN/PSCMP 软件模拟计算了地壳分层和地壳厚度对汶川地震同震形变和重力变化的影响，模拟结果表明（谈洪波等，2010）：地壳分层和地壳厚度对同震效应的影响与断层产状和计算点与断层相对位置有关；均匀地壳模型和分层地壳模拟结果差异分布与同震效应分布类似（图4-42）；其差异百分比分布明显受同震效应零线制约，远离零线为正，对于地壳分层，其影响在10%~20%之间，而负影响以及正影响超过30%的则集中出现在零线附近；地壳分层对地表经向位移、纬向位移、垂直位移和重力变化的平均影响分别为18.4%、18.0%、15.8%和16.2%；地壳厚度为40km时，其对汶川同震经向位移、纬向位移、垂直位移和重力变化的平均影响分别为4.6%、5.3%、3.8%和3.8%；壳厚度为70km时，其平均影响分别为3.5%、4.6%、3.0%和2.5%，如图4-43所示。

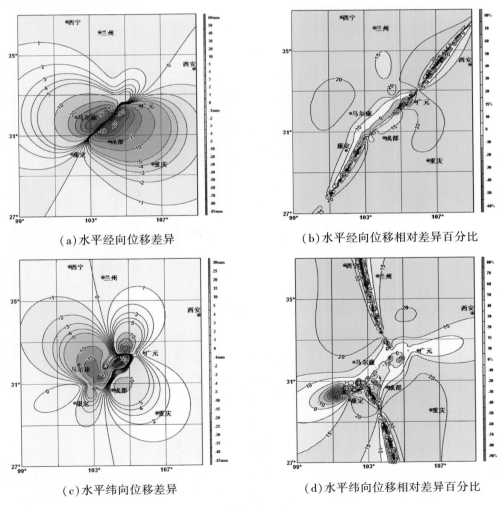

(a) 水平经向位移差异　　　　　　　　(b) 水平经向位移相对差异百分比

(c) 水平纬向位移差异　　　　　　　　(d) 水平纬向位移相对差异百分比

图 4-42（A）

251

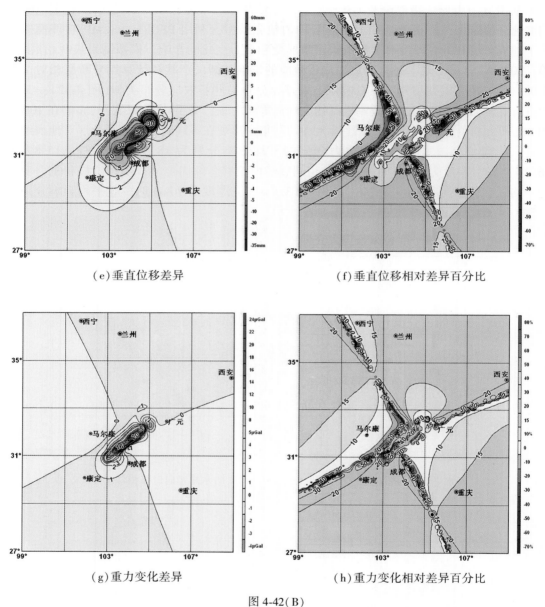

（e）垂直位移差异　　　　　　　　　　（f）垂直位移相对差异百分比

（g）重力变化差异　　　　　　　　　　（h）重力变化相对差异百分比

图 4-42（B）

（重力单位：$10^{-8}\,\mathrm{m/s^2}$；形变单位：mm）

图 4-42　分层地壳模型与均匀地壳模型同震效应差异及差异相对百分比

4.7.3　丽江 $M_S 7.0$ 地震前区域主要断裂似运动时间分布

　　1996 年 2 月 3 日云南丽江发生 7.0 级地震，震中南部的滇西北地区的自 1984 年以来建有高精度重力网（简称"滇西网"，范围为东经 99°～102°、北纬 24°～27°，参见图4-44），每年进行 2～3 期重复观测，1990 年至 1997 年共进行了 16 期观测。根据这些资料，采用稳健或抗差—贝叶斯最小二乘算法和多断层位错模型，初步反演获得了研究区主要活动断裂滑动的时间变化分布(申重阳等，2003a)，如图 4-45 至图 4-49 所示。结果表明，1990—1997 年断层运动的时间变化，较好地反映了 1996 年丽江 M_S7.0 级地震孕育过程，其主要前兆模式图像具有主震余震型特征，如图 4-50 所示，遵循地壳内部密度和地壳形变耦合运动模式(简称 DD 耦合运动模式)。这些结果有待进一步研究和解释。

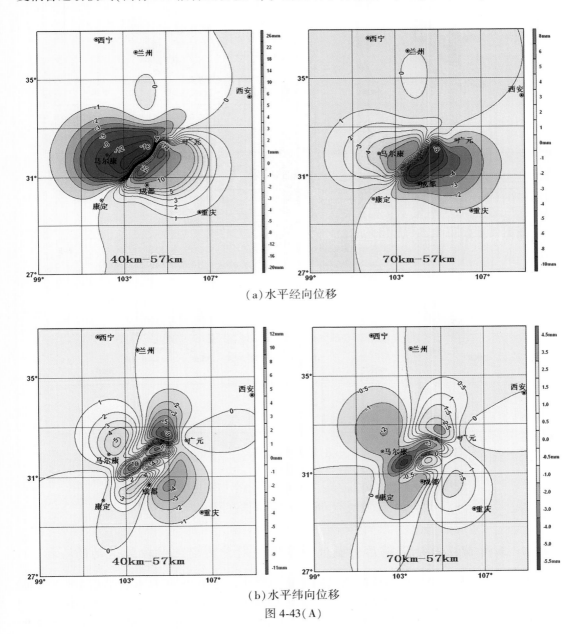

(a)水平经向位移

(b)水平纬向位移

图 4-43(A)

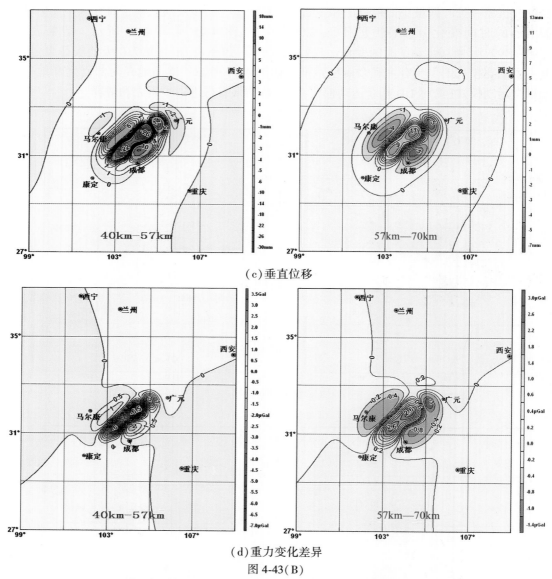

(c)垂直位移

(d)重力变化差异

图 4-43(B)

（重力单位：10^{-8} m/s^2；形变单位：mm；百分比单位：%）

图 4-43　地壳厚度为 40km 和 70km 与地壳厚度为 57km 时同震效应的差异

4.7.4　玉树 M_S7.0 地震前后青藏高原东缘绝对重力变化对破裂运动的检核

世界上首次利用绝对重力仪检测出同震重力变化，是 1998 年日本岩手县 M6.1 级地震，清楚记录了同震重力变化的时间序列，分析结果显示同震重力变化约-6×10^{-8} m/s^2，相对重力测量结果和 GPS 观测位移亦印证了其可靠性，采用平面位错理论可解释清楚（Tanaka et al.，2001）。其后，利用三台超导重力仪记录到 2003 年日本十胜冲 M8.0 地震引起同震重力变化约 1×10^{-8} m/s^2，与重力位错理论相吻合（Imanishi 等，2004）。2004

254

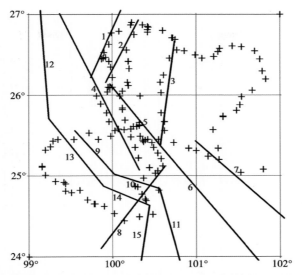

1—剑川断裂，2—洱源—鹤庆断裂，3—程海断裂，4—维西—乔后断裂，5—红河断裂北段，6—红河断裂中段，7—曲江断裂西段，8—南汀河断裂北段，9~11—无量山断裂，12~15—澜沧江断裂

图 4-44　断层分段模型与重力网点分布

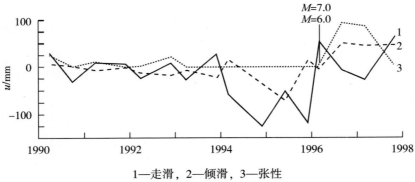

1—走滑，2—倾滑，3—张性

图 4-45　剑川断裂运动的时间滑动分布

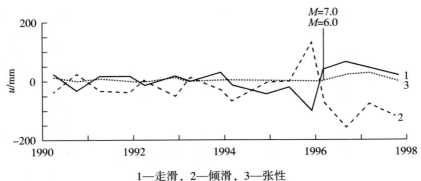

1—走滑，2—倾滑，3—张性

图 4-46　洱源—鹤庆断裂运动的时间滑动分布

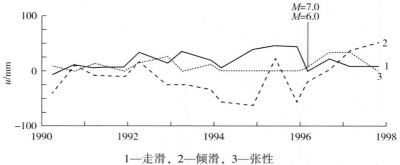

1—走滑，2—倾滑，3—张性

图 4-47　程海断裂运动的时间滑动分布

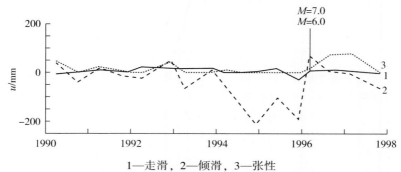

1—走滑，2—倾滑，3—张性

图 4-48　维西—乔后断裂运动的时间滑动分布

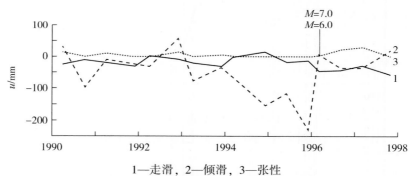

1—走滑，2—倾滑，3—张性

图 4-49　红河断裂北段运动的时间滑动分布

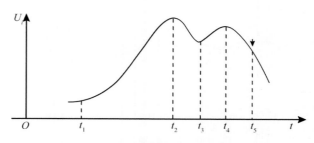

图 4-50　丽江 M_S 7.0 级地震主要前兆模式(主震余震型)

年，王勇等通过分析比较 1996 年丽江 7.0 级地震前后(1990—1996)FG5-212 型和 JILAG 型绝对重力仪的多期观测数据发现 1995—1996 年的丽江和洱源绝对重力观测结果分别有 $-14.8\times10^{-8}\text{m/s}^2$ 和 $-10.9\times10^{-8}\text{m/s}^2$ 的重力变化，与重力位错理论模拟结果基本一致。下面重点介绍玉树地震前后绝对重力对同震破裂运动效应的检核情况。

2010 年 4 月 14 日青海省玉树 $M_S7.1$ 地震前后玉树、姑咱、西昌和西宁 4 个绝对重力点有多期次观测资料(参见图 4-51 和表 4-2)，即 2007 年以来 3~4 期，绝对观测精度均优于 $3.0\times10^{-8}\text{m/s}^2$)。结合同震位错模拟、区域地质构造运动、地震活动机制、形变测量成果等，可得到如下主要结论或认识(申重阳等，2012)：

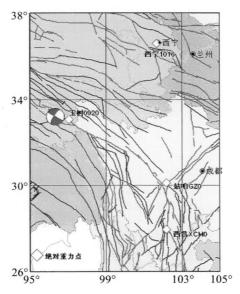

图 4-51　绝对重力测点与区域断裂展布示意图

①玉树绝对点距地震地表破裂带最近距离不到 2km，在该站观测的地震前后(2010 年 5 月 26 日相对 2008 年 5 月 29 日)绝对重力变化达 $27.2\times10^{-8}\text{m/s}^2$($H=1.0\text{m}$)与模拟(图 4-52)的同震破裂效应$(24\sim26)\times10^{-8}\text{m/s}^2$基本相当。2007 年 5 月至 2008 年 5 月(玉树地震前)绝对重力变化为$-0.8\times10^{-8}\text{m/s}^2$($H=1.0\text{m}$)，几乎无变化，可能说明发震前震源的闭锁稳定状态，间接说明了地震前后绝对重力变化主要为同震效应，也印证了重力位错理论与同震模拟效应的有效性。

②地震前后姑咱(20081014—20100609)、西昌(20081019—20100606)绝对重力变化明显呈上升变化，即分别上升 16.9m/s^2 和 $6.1\times10^{-8}\text{m/s}^2$。从同震破裂模拟来看，同震效应因距离远难以显现，但从地震左旋破裂运动对青藏东缘的羌塘块体本身物质构造运动的作用来看，其可能反映出玉树地震左旋破裂运动对羌塘块体东流运动和川滇菱形块体的南东-南南东运动具有明显的激励作用，川滇菱形块体北段尤为强烈，南段可能因南南东向运动遇到中部贡嘎山隆起的阻挡吸收而有所减弱。西宁站离震中 600km，加上构造环境比较稳定，地震前后绝对重力变化在观测精度范围以内也就不足为怪。

表 4-2 各绝对点绝对重力变化

站点名称	测量时间（期次）	邻期时间间隔(年)	绝对重力仪	中误差/$10^{-8}\mathrm{m/s^2}$	重力变化/$10^{-8}\mathrm{m/s^2}$		垂直梯度/$10^{-6}\mathrm{s^{-2}}$
					$H=1.0\mathrm{m}$	$H=0.0\mathrm{m}$	
玉树	2007.05.01	—	FG5-232	1.02	—	—	−1.63
	2008.05.29	1.0767	FG5-214	0.62	−0.8	11.1	−1.75
	2010.05.26	1.9918	FG5-214	1.01	27.2	11.9	−1.66
西宁	2007.08.13	—	FG5-214	0.63	—	—	−3.52
	2008.06.02	0.8027	FG5-214	0.54	2.5	−0.6	−3.49
	2010.05.30	0.9918	FG5-214	0.61	−1.6	2.2	−3.52
姑咱	2008.05.31	—	FG5-232	1.04	—	—	−1.23
	2008.10.14	2.3753	FG5-232	0.65	−3.2	−3.2	−1.23
	2010.06.09	1.9315	FG5-214	1.81	12.9	16.4	−1.60
西昌	2008.05.26	—	FG5-232	1.26	—	—	−1.96
	2008.10.19	0.3973	FG5-232	0.96	−8.0	−7.8	−1.96
	2010.06.06	1.6301	FG5-214	0.97	6.1	1.8	−1.92
	2010.10.22	0.3781	FG5-232	1.17	−12.6( )	−15.4( )	−1.90

注：重力变化为相邻测量期次的差值，H 为测量位置相对观测敦面的高度。

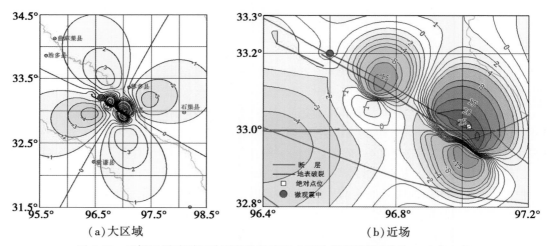

（a）大区域　　　　　　　　（b）近场

图 4-52　玉树地震破裂运动引起的地表重力变化模拟结果（单位：$10^{-8}\mathrm{m/s^2}$）

4.7.5　古断层活动的定量化

理论和观测实践表明，断层位错会引起断层周围的局部重力场变化（高锡铭等，1989；Okubo，1992；黄建梁，申重阳，1995）。利用同震重力变化可以反演同震位错模型

（Huang et al.，1994）。同时，类似于地质地貌变形，长期的断层运动引起的重力变化能以局部重力异常的形式积累起来。换句话说，局部重力异常包含了断层过去活动的信息，红河断裂和日本北伊豆断裂的局部重力场分析都证实了这一点（Okubo，1992；黄建梁，申重阳，1995）。

利用重力异常研究断层的地质活动模式，可归结为一个断层位错反演问题。断层位错模型的反演在过去30多年已被广泛地应用于断层动力学问题的研究，地震波和形变已被成功地用于断层破裂模式的研究，位错模式的研究也从最初的均匀模型发展到近年来的滑动分布模型（陈运泰等，1979，1994；Du et al.，1992）。同大多数重力反演问题一样，利用局部重力场反演断层地质位错模型，首先要解决的问题就是如何利用重力异常场中与断层运动相关的部分。因为重力异常是各种异常源效应的叠加。常规的方法是根据异常源的频谱特征采用滤波技术提取所感兴趣的信号，但这只能部分地解决问题，因为对于那些与所感兴趣信号有相同或相近频谱特征的干扰场，滤波方法将无能为力。干扰源异常改正虽能解决问题，但由于很难确定所有的干扰源，故这种改正极不实际。为此，黄建梁等（1998）研究了利用局部重力布格异常反演断层古地质位错的方法。为了消除局部重力布格异常中与断层运动无关成分对反演结果的影响，提出了稳健非线性反演方法，并构造了相应的稳健算法。模拟算例表明，阻尼最小二乘和贝叶斯最小二乘由于受含粗差数据的吸引而偏离其真实解，数据受粗差污染的程度越重，偏离越严重。相对地，采用稳健—阻尼和稳健—贝叶斯反演的结果，即使50%的数据受粗差污染，仍能与不受粗差污染数据的反演结果保持一致。这说明稳健反演方法是有效的。滇西洱海周围断裂的古地质位错模型反演结果表明，见表4-3，苍东北和洱海断裂是以正倾滑为主的断层，错动量约5km，苍东南断裂的倾滑相对较小，错动量约2km。反演结果的理论值与局部重力场的拟合程度是令人满意的，如图4-53所示。

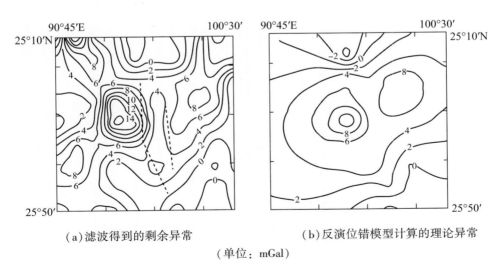

(a)滤波得到的剩余异常   (b)反演位错模型计算的理论异常

（单位：mGal）

图4-53　洱海周围的局部重力异常

表 4-3   滇西洱海周围断裂的古地质位错模型反演结果

断裂	U1/km	U2/km	L/km	W/km	Dt/km	δ(°)	α(°)
苍东南	−0.8±0.3	−1.8±1.1	30.4±6.5	31.6±4.9	0.0±0.1	81.1±4.5	−24.2±2.4
苍东北	0.2±0.3	−5.2±1.8	26.7±4.7	34.1±4.8	0.0±0.1	82.5±2.6	−4.4±2.4
洱 海	1.4±0.3	−4.9±2.0	30.5±4.9	31.3±5.0	0.0±0.1	89.1±1.6	176.3±2.0

4.7.6　大震破裂模式研究

国内外大多利用地震学方法和大地形变方法研究大震破裂分布、断裂运动模型和震后效应研究。例如：利用全球地震台网记录的地震波数据和震源机制解研究汶川大震破裂过程（张勇等，2008；王为民等，2008）；利用 GPS、InSAR 等反演汶川大震发震断层滑动分布（万永革等，2008；单新建等，2009）和震后效应（谭凯等，2007），利用重力变化数据开展大震破裂模式的则不多。下面给出汶川 $M_S8.0$ 地震同震滑动分布的形变与重力的反演研究的初步成果（Tan et al.，2015）。

1. 同震数据源

同震数据分布如图 4-54 所示，其中 160 个点的 GNSS 水平数据源自张培震（2008）和 ZhengKang Shen（2009），24 个点的重力数据为成都流动重力网的复测结果（去除少量被破坏的点）。

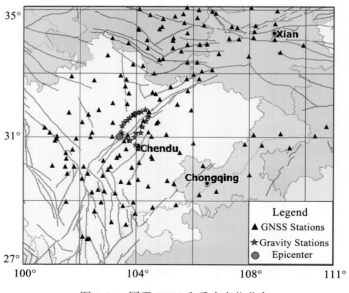

图 4-54　同震 GNSS 和重力点位分布

2. 初始模型

鉴于地壳分层对地表同震效应影响更大(谈洪波,2010),这里综合考虑不同研究成果基础上(杨海燕等,2009;李勇等,2009;吴建平,2006),选取表 4-4 的研究区域地壳-上地幔平均波速分层结构模型(1、2、3、4 分别对应于上地壳、中地壳、下地壳和上地幔),并考虑了下地壳和上地幔介质的黏滞性。参考汶川主震震源机制解(张勇,2008)、地表破裂分布(徐锡伟等,2008,2009;李海滨,2008;傅碧宏,2008)、余震精定位及分析结果(陈九辉,2009;吴建平等,2009)等,简化构建了一走向长 330km,倾向宽 60km 的初始断层模型,利用地表观测的重力和 GPS 数据,将断层倾角和错动量作为未知数一起进行反演,确定断层倾向上各层倾角如图 4-55 所示。然后,将主断层走向上分为 66 段(66×5km=330km),次断层走向分为 18 段(18×5km=90km),共计 468 个子断层,如图 4-56 所示,形成本书中反演所需初始精细断层模型。

表 4-4　　　　　　　　　　　地壳—上地幔平均波速分层结构模型

n	h/km	V_p /km/s	V_s /km/s	ρ /kg/m³	η /Pa·s	α
1	0.0~20.0	5.9800	3.4500	2679.0	∞	1.000
2	20.0~36.0	6.5500	3.7800	2835.0	∞	1.000
3	36.0~54.0	6.8300	3.8400	2977.0	4.0E+19	0.000
4	54.0~∞	7.7500	4.3500	3175.0	1.0E+19	0.000

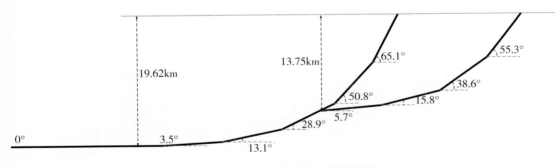

图 4-55　倾角优化后的断层侧视图

3. 正演与反演

正演软件 PSGRN/PSCMP 是 Rongjiang Wang(2006)开发的一套同震及震后效应解算程序,其在 Okada(1985)和 Okubo(1992)经典位错理论基础上考虑了地球介质的弹性-黏弹分层和自重影响,从而使介质模型更接近于实际。反演算法是基于遗传算法,其基本思想是模仿生物界的遗传过程,具有对复杂的非线性问题经过有效搜索和动态演化而达到优化的特点。反演目标函数为:

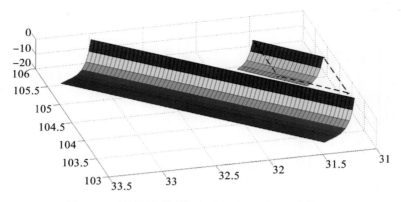

图 4-56　断层模型分块示意图（次断层向东平移 1°）

$$F(\boldsymbol{m}_k) = (\boldsymbol{g}^{obs} - \boldsymbol{g})^{\mathrm{T}} \boldsymbol{E}_{gg}^{-1} (\boldsymbol{g}^{obs} - \boldsymbol{g}) + \alpha \left[(\boldsymbol{u}_x^{obs} - \boldsymbol{u}_x)^{\mathrm{T}} \boldsymbol{E}_{xx}^{-1} (\boldsymbol{u}_x^{obs} - \boldsymbol{u}_x) \right.$$
$$\left. + (\boldsymbol{u}_y^{obs} - \boldsymbol{u}_y)^{\mathrm{T}} \boldsymbol{E}_{yy}^{-1} (\boldsymbol{u}_y^{obs} - \boldsymbol{u}_y) \right] + \beta^2 \boldsymbol{m}_k^{\mathrm{T}} \boldsymbol{C}_m \boldsymbol{m}_k \qquad (4\text{-}45)$$

主要考虑了残差最小和模型最小，其中 $\boldsymbol{g}^{obs}$、$\boldsymbol{u}_x^{obs}$ 和 $\boldsymbol{u}_y^{obs}$ 为观测数据组成的矩阵，$\boldsymbol{g}$、$\boldsymbol{u}_x$ 和 $\boldsymbol{u}_y$ 为正演计算数据组成的矩阵，$\boldsymbol{E}_{ss}$、$\boldsymbol{E}_{xx}$ 和 $\boldsymbol{E}_{yy}$ 为观测数据误差矩阵，$\boldsymbol{m}_k$ 为待求参数矩阵，$\boldsymbol{C}_m$ 为待求参数权阵，β 为正则化参数。利用汶川地震地表同震观测重力和 GPS 数据，基于以上介质模型、断层模型，采用遗传算法对各子断层 $U1$、$U2$ 方向的滑动量进行反演。

4. 最终反演结果与分析

利用上述数据、初始模型与反演方法，最终反演结果如图 4-57 所示。

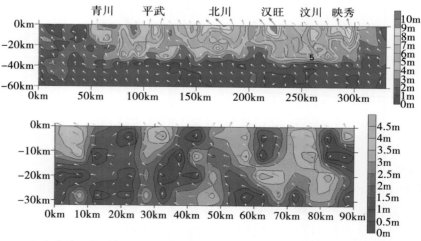

（上为映秀—北川断裂，下为灌县—江油断裂，红色五角星为震中位置）

图 4-57　汶川同震破裂滑动量分布

262

　　由图 4-58 可见，GPS 远场观测值较小，与反演值吻合较好；近场观测值较大，与观测值在量值上吻合较好，但在方向上有一定偏差。重力观测网分布于断层附近，受断层简化模型与实际断层差异影响较大，存在少数点观测值与反演值方向相反，但几个变化量大的点均吻合较好。

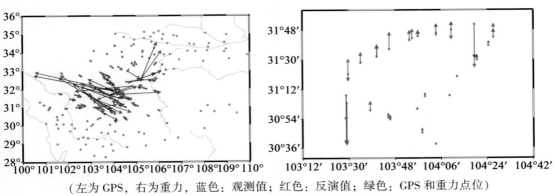

（左为 GPS，右为重力，蓝色：观测值；红色：反演值；绿色：GPS 和重力点位）

图 4-58　GPS 和重力观测值与反演值比较

　　从反演所得映秀—北川断裂滑动分布与地表破裂分布来看（图 4-59），其破裂主要发生于映秀、汶川、汉旺、北川和平武附近，与震后地质调查给出的地表破裂分布吻合较好，说明同震破裂反演基本上反映了此次地震的主要特征。

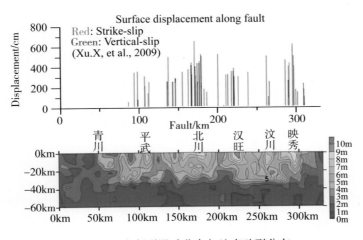

图 4-59　主断裂滑动分布与地表破裂分布

　　从张勇等（2008）利用地震波反演给出的地震矩释放量沿断层分布来看，约 70% 的地震矩从震中到断层走向 150km 范围内释放掉，相当于映秀至北川的距离，这与反演所得到的断层滑动分布集中区域一致，但其静态滑动分布为一双侧破裂形式，与本书中反演结

果差别较大，这可能与所使用数据来源不同造成，远场地震波反演能快速获取震源参数和
基本的破裂信息。与张国宏等(2010)给出的结果相比在断层滑动量级上一致(最大滑动量
均达 10m 左右)，滑动分布形态上接近，但上述结果与地表破裂分布结果吻合更好。同
Zhenkang Shen 等(2009)反演的结果相比，两者滑动分布形态接近，滑动集中于北川和映
秀附近；但本书最大滑动量达到 10m，大于其给出的 7m 水平，这可能与本书在断层结构
上考虑了滑脱层和双铲型构造以及使用近断层重力数据有关。

4.7.7　红河断裂带北段现今活动的重力效应

孙少安等(2009)对 1985—2006 年跨红河断裂带北段的重力测段段差资料(图 4-60)进
行了处理，获得了甸南、三营、邓川、凤仪、定西岭、弥渡等地跨断裂的段差时序变化
(图 4-61)，结果表明：

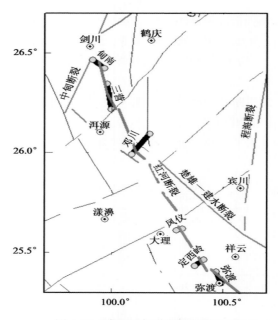

图 4-60　跨红河断裂带重力测段

①红河断裂活动不仅具有强弱交替的周期性，而且每个周期的加强和减弱过程呈现不
同的挤压力度和持续时间；

②断裂活动还存在着明显的分段性：剑川—下关段活动规律基本一致；定西岭为分段
的标志地；弥渡则具有与剑川—下关段呈镜像关系的变化规律；

③断裂活动产生的重力变化主要来自地下物质密度变化的贡献，地表变形有影响，但
量级有限。

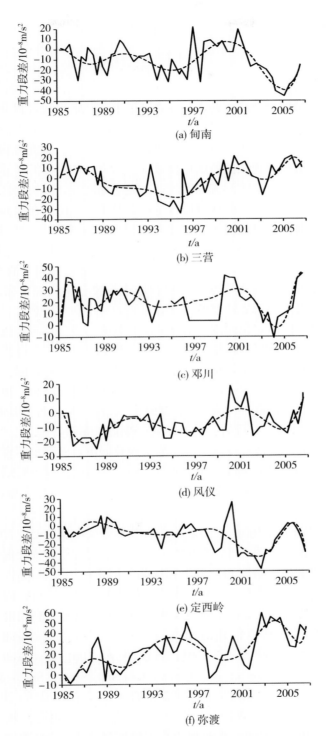

图 4-61 跨红河断裂带各重力测段的重力段差时变曲线

4.8 海底地形研究

4.8.1 概述

地形数据是进行地球科学研究的基础。在陆地上，地形形成过程受到构造、侵蚀和沉积等作用控制，天气和气候受到大平原和高峰山谷等的影响，因此地形信息是进行气候、地质科学、环境变化及防灾减灾等研究的必要基础。在海洋上，进行物理海洋学、海洋地质学、生物学等研究必须有详细的海底地形数据。从大尺度的深海平原到小尺度的海底山地、洋中脊等地貌形态都会影响洋流和潮汐；在海洋深度变化较快的区域，营养丰富的深层海水能够上涌至表层，因此这些区域通常生物资源丰富。由于在深海区域侵蚀和沉积作用速度很低，详细的海深信息还揭示了地幔对流模式、板块边界、海洋岩石圈冷却下沉、海底高原和海底火山分布等构造信息。高精度高分辨率的全球海底地形模型还是海潮模型、大洋环流等科学研究的基础。地震/海啸灾害评估、通信光缆和油气管线等设施建设、资源勘探、生物栖息地研究管理等众多应用领域也需要一个详细可靠的海底地形图。因此，构建高精度、高分辨率海底地形模型具有重要的科学和实用意义。

传统海深测量基于回声定位原理，依靠船舶装载测深设备在海上进行测量，最初只能采集点、线形数据，自 20 世纪 80 年代以来，测深技术取得了长足进步，目前，多波束测深系统能够以很高的精度测定条带状海底地形，但是，由于船速有限，并且需要测绘的海洋面积巨大，使用现有船测技术手段，完成全球深海海底地形测绘，预计需要一两百年的时间和几十亿美元资金（Sandwell & Smith，2001），浅海区域地形测绘甚至要花费更长时间（Smith & Sandwell，2004）。目前，由于商业、政治、军事等原因，大量船测水深数据还处于保密状态，想要准确估计全球海洋船测水深数据覆盖面积是不容易的，就已经公开的数据来看（例如：National Geophysical Data Center，NGDC），船测水深数据覆盖很不均匀（图 4-62），主要集中在北半球，而且很大一部分数据是在卫星导航技术出现之前观测的，存在较大误差。

基于现有船测水深数据构建的全球海底地形模型（如 DBDB5、ETOPO5、GEBCO），由于是根据等值线图数字化而获得，存在很大的人为绘制误差和统计偏差（Smith，1993）。因此，虽然目前多波束测深精度和分辨率都很高，但是由于其低效率和高费用，在短期内，采用船测技术建立全球高精度、高分辨率海底地形模型是不可行的。

目前，人们对海底地形的详细了解主要来自卫星测高资料。利用卫星测高资料观测的平均海面高数据，学者们得以构建海面自由空气重力异常（Sandwell & Smith，1992b；Hwang & Parsons，1996；李建成等，2001；黄谟涛等，2001；Sandwell & Smith，2009），进而反演海底地形模型（Dixon et al.，1983a；Calmant，1994；Smith & Sandwell，1997；Hwang，1999；罗佳，2000；黄谟涛等，2002），图 4-63 是胡敏章等（2014）联合船测水深和卫星测高资料构建的 $1' \times 1'$ 全球海底地形模型。与船测水深相比，采用卫星测高技术获取海底地形具有速度快、费用低、数据能以均匀精度覆盖几乎全球海洋区域等优势，据估算采用卫星测高方法实施一次全球海底地形测绘任务将耗时 5 年，其费用将低于 1 亿美元

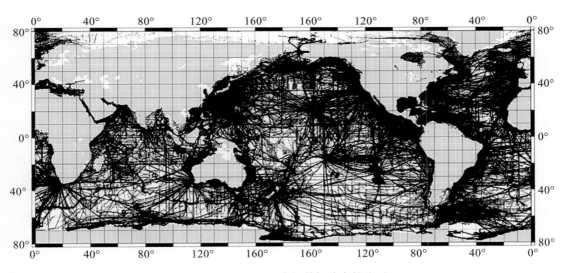

图 4-62 全球船测水深数据分布轨迹图

（Sandwell，et al，2002）。

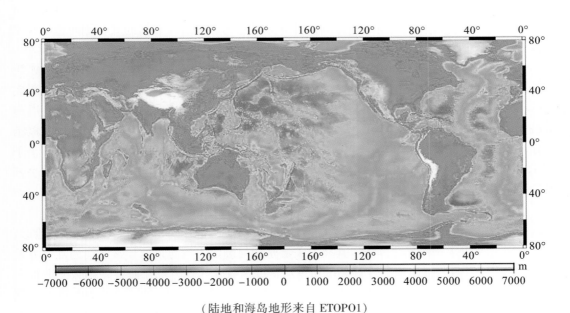

（陆地和海岛地形来自 ETOPO1）

图 4-63 联合船测水深数据和卫星测高资料构建的 1′×1′ 全球海底地形模型

4.8.2 利用卫星测高资料研究海底地形的历史与现状

1969 年，Kaula 提出卫星测高概念和研究计划。随后，自 20 世纪 70 年代起，为进行测高技术试验、获取海洋重力场信息和进行全球海平面变化等观测研究，美国海军、美国宇航局(NASA)和欧洲空间局(ESA)陆续发射了多代测高卫星。其中，美国海军于 1985 年 3 月发射的 Geosat 卫星对海洋重力场和海底地形的研究具有里程碑意义。Geosat 卫星执行了为期 18 个月的大地测量任务(GM)，共获得了约 2.7 亿个观测数据，地面轨迹格网平均间距约为 4km，但其数据最初处于保密状态。欧洲空间局(ESA)于 1991 年 7 月发射了欧洲遥感卫星 1 号(ERS-1)，其 4 年的精密测图任务，获得了赤道处轨迹空间间距为约 8km，纬度±81.5°之间的海面地形，其数据对科学界公开，且促使美国海军解密了 Geosat 的观测数据。利用上述资料，科学界首次获得了高空间分辨率的海洋重力异常数据(优于陆地相应平均格网重力异常精度)，广泛应用于海洋大地构造、大洋环流、海潮模型和海底矿产资源勘探等领域，取得了前所未有的系列重要成果。根据测高重力异常数据，Smith 和 Sandwell(1997)构建并公布了第一个全球详细海底地形模型。

利用卫星测高资料研究海底地形始于 20 世纪 80 年代。最初的研究集中于海山探测，一般沿卫星测高轨迹进行，多采用 Seasat 测量平均海面高数据(Lambeck，1981；Ribe，1982；Craig & Sandwell，1988)。Dixon 和 Parke(1983b)采用由 Seasat 测高仪 70 天的观测数据获取的平均海面高数据，通过高通滤波处理，获得了与海底地形相关性较强的残余大地水准面，第一次证实了利用卫星测高数据，反演海底地形的可行性，可弥补南部大洋船测水深数据缺乏的问题。

20 世纪 90 年代，利用卫星测高资料反演海底地形的研究迎来高峰，对海底地形反演中涉及的高次项、岩石圈挠曲强度影响、计算方法、与船测水深数据的联合等问题均开展了较为广泛的研究(Baudry & Calmant，1991；Vogt & Jung，1991)。

Smith 和 Sandwell(1994)联合船测水深以及根据 Seasat、Geosat/GM 和 ERS1/ERM 数据计算的格网化重力异常(Sandwell & Smith，1992b)，反演计算了南部大洋的格网化海底地形。反演方法基于海底地形与重力异常在 15～160km 波段内的线性相关性，采用逆 Nettleton 方法确定海底起伏与重力异常的比例关系，将重力异常转化为海深，再加上以稀疏分布的船测水深数据为基础构建的长波(>160km)海底地形，得到最终计算结果，小于 15km 波长的海底地形被直接忽略。国内海底地形的反演研究主要是基于上述 S&S 方法开展的(方剑，张赤军，2003；李大炜等，2009)。

Tscherning 等(1994)采用最小二乘配置法反演了地中海局部海域的海底地形，此后 Arabelos(1997)和 Hwang(1999)分别利用类似方法反演了地中海和南中国海的海底地形。最小二乘配置法是一种统计算法，其技术关键是如何确定海深与重力异常之间的互协方差函数。Hwang(1999)提出通过计算频域功率谱密度函数来代替空域互协方差函数，取得了较好的反演效果。黄谟涛等(2002)提出一种改进的统计算法，根据物理大地测量中，利用地形来提高重力异常推估精度的原理，提出基于重力异常推估海深的计算模型，并在南中国海域进行了数值计算试验，取得了较好的计算效果。

Ramillien 和 Wright(2000)采用空域最小二乘方法反演了新西兰周边海域的海底地形，Calmant 等(2002)又用该方法构建了一个全球海底地形模型。

胡敏章等(2014)通过实际算例比较分析了 S&S 方法、最小二乘配置法和空域最小二乘法反演海底地形的优缺点。研究表明，S&S 方法由于其数据处理主要在频域内完成，速度较快，反演精度较高，是三者之中的较优方法；最小二乘配置法需要先验地形模型作参考,最终反演精度会受先验模型精度影响;空域最小二乘法优点是能够同时联合测高、船测水深、船测重力等多种数据进行计算,并且在得到海底地形模型的同时能够得到其误差估计,最大缺点是计算速度慢。

上述海底地形反演主要是基于测高重力异常进行的,通常需要顾及地壳均衡机制涉及的复杂地质条件,而利用重力异常垂直梯度则有可能大大减弱这些影响。Wessel 和 Lyons(1997)通过对高斯型海山模型的研究指出,重力异常垂直梯度具有放大短波信号、抑制长波信号的作用,岩石圈有效弹性厚度和莫霍面以下的密度差参数对海洋重力异常垂直梯度的影响,远小于对重力异常的影响,并据此研究了太平洋海山分布状况。Wang(2000)提出根据重力异常垂直梯度反演海底地形的方法,推导了直角坐标系下相应的数学计算模型,阐明了该反演方法的理论基础,以及与经典反演方法相比的优势所在。此后,吴云孙等(2009)根据这一原理,采用 FFT 方法反演计算了南中国海海底地形,但是由于重力异常垂直梯度数据中高频噪声以及 FFT 方法不能同时联合船测水深数据进行计算的弱点,反演结果不是很理想。胡敏章等(2014)实现了联合垂直重力梯度异常和船测水深数据构建高精度海底地形模型的方法,并进一步指出,联合测高重力异常、垂直梯度和船测水深三种数据可以构建精度更高的海底地形模型(Hu et al.,2014;胡敏章等,2015)。

4.8.3 常见海底地形模型

1. ETOPO1 模型

ETOPO1 全球地形模型是美国国家地球物理数据中心(NGDC)于 2008 年 8 月公布的,其分辨率为 1′×1′,海洋上数据绝大部分来自斯克里普斯海洋研究所(SIO)的海底地形模型(Smith & Sandwell,1997),陆地上数据则主要来自 GTOPO30,详细数据来源、数据处理方法等信息参见 ETOPO1 的技术手册(Amante & Eakins,2009)。该数据模型可从互联网获得,网址:http://www.ngdc.noaa.gov/mgg/global/etopo1sources.html。

2. GEBCO 模型

GEBCO(General Bathymetric Chart of the Oceans)模型是在政府间海洋学委员会(IOC)和国际航道组织(IHO)的主持下,采用全球可公开获得的多波束测深等声学海洋测深数据,主要由全球 500m 等高距的数字化等深线数据,以及船测水深数据,采用格网化方法获得的,具体数据源及其处理方法见相关技术文件(Goodwille et al.,2008)。

GEBCO 最初仅发布全球纸质海底地形图,在 1994 年的 GEBCO 年会上,专家们建议构建全球数字海底地形模型,同年发布了 500m 等高距的标准数字化等深线数据。此后,随着计算机技术和相关研究领域的发展,数字化等深线数据应用上的局限性逐步显现,三维格网海深模型的构建成为发展趋势。此后,GEBCO 发布了一系列的三维格网海底地形模型,其分辨率由 5′提高至 1′,并在地形模型中包含了全球陆地地形数据。由于 GEBCO 海底地形数据主要是由 500m 等高距的数字化等深线数据格网化建立的,在部分地区加入了船测水深数据和 100m、200m 等深线数据,因而存在一定的统计偏差(Smith,1993),海底地形在平面上呈阶梯状而非连续平滑分布。

2014 年最新公布的 GEBCO 模型格网分辨率为 30″×30″,海洋区域逐步采用了卫星测高数据反演获得的海底地形,详细技术信息和数据可从互联网获得:http://www.

gebco. net/data_and_products/gridded_bathymetry_data/。

3. 丹麦技术大学 DTU10 模型

DTU10 模型是丹麦技术大学(DTU)于 2010 年发布的全球地形模型,其海底地形数据是基于测高重力异常和 GEBCO 模型构建的。根据 Smith 和 Sandwell(1994,1997)采用的反演原理,利用测高重力异常反演计算了 20~120km 波段内的海底地形,其他波段的海深、陆地地形及水深浅于 100m 海域的地形数据均来自 GEBCO 模型。DTU10 全球地形模型的数据、相关文档及数据读取软件可以从 DTU 的相关网站获得(http://www. space. dtu. dk/English/Research/)。

4. SIO 海深模型系列

斯克里普斯海洋研究所(SIO)自 20 世纪 90 年代起,陆续发布了一系列利用测高重力异常和船测水深数据构建的全球海底地形模型。2014 年 11 月 29 日发布了全球地形模型最新版本 V17.1,其采用的重力异常数据是联合多代卫星测高资料构建的,精度可达 1mGal。同时发布的还有最新版本的 30″和 15″分辨率的地形数据,均可从互联网免费下载:http://topex. ucsd. edu/www_html/ mar_topo. html。

4.9　小结

地球重力场及其时间变化是我们关注或观测研究的重点。传统上,为了确定地球形状和了解地球内部结构,主要考虑重力场的空间变化,认为地球是"不变形"、"刚性"或"静态"地球,通过重力深部探测可获知地下密度结构(如地壳分层、高密度体、低密度体等),这对了解地球的基本构架十分重要,也是地震孕育发生的基本背景。由于地球具有滞弹性,加上地表荷载的变化(岩土剥蚀、温-压季节交替、水-汽迁移循环等)使地球不再是"刚性"或"静态",常常表现出变形特征,这时地球重力场将随时间变化。因此,现代重力学更关注重力场的时空分布特征,重力场不再是静力学问题,而是一个复杂的动力学问题,动力学阶段的重力学是个四维问题。静态重力场理论较为成熟,但动态重力场理论尽管以静态重力场理论为基础,但由于其牵涉很多外部动力学影响因素和地球内部动力变化与物质变形与迁移运动等诸多理论问题而需要进一步研究发展。重力时间变化监测研究是地球动力学的重要方面,也是地震预测研究的重要途径或手段。

四维重力场是一个非稳态场,其数学物理表达十分复杂,一般很难用传统的 Laplace 方程或泊松方程来表达,寻求这样一个能同时描述重力场时空变化的数学模型是很有意义也是很困难的。采用传统方法表征重力场时间变化的前提是观测研究系统满足质量守恒定律,此时重力位可"调和",则须仔细扣除地球外部动力效应的影响。因此,重力场时间变化研究尚需开展一系列的数学物理理论的表达研究,这是一个十分艰巨的任务。本章讨论了地球内部密度与变形之间的耦合模式的理论关系,实际应用目前还是比较困难,尚需进行模型简化并研究利用,该理论的提出为重力场时间变化解释研究提供了一扇"窗口"或一缕曙光。

现代概念中的重力场时空变化已经突破了它原来的领地,涉及大地测量、地球物理学、地球动力学、天文学和空间科学等诸多领域。本章主要介绍了我们目前已开展的理论与应用研究工作，尽管在重力结构探测、物质密度变化、构造活动检核和震源效应等方面取得了一些进展，但仍然十分肤浅，需要其他学科手段资料成果与理论知识的协作研究与检核比较。

我们目前研究主要针对陆地，缺乏海域观测研究，由于海域是地球内部运动和地震孕育的主要动力之源，因此，本章介绍了海底地形研究一些情况，供有关研究参考。

（本章由申重阳主笔，玄松柏、谈洪波、吴桂桔、杨光亮、胡敏章等参与部分章节编写。）

本章参考文献

1. 操华胜，朱灼文，王晓岚．地球重力场的虚拟单层密度表示理论的数字实现[J]．测绘学报，1985，14(4)：262-273.

2. 曾融生，孙为国，毛桐恩，等．中国大陆莫霍面深度图[J]．地震学报，1995，17(3)：322-327.

3. 陈九辉，刘启元，李顺成，等．汶川 M_S8.0 地震余震序列重新定位及其地震构造研究[J]．地球物理学报，2009，52(2)：390-397.

4. 陈立春，冉勇康，王虎，等．芦山地震与龙门山断裂带南段活动性[J]．科学通报，2013，58(20)：1925-1932.

5. 陈运泰，林邦惠，王新华，等．用大地测量资料反演的唐山地震的位错模式[J]．地球物理学报，1979，22(3)：201-216.

6. 陈运泰，赵明，李旭，等．青海共和地震震源过程的复杂性[C]//陈运泰，阚荣举，滕吉文，等．中国固体地球物理进展庆贺曾融生教授诞辰七十周年．北京：海洋出版社，1994：287-304.

7. 陈运泰，顾浩鼎，卢造勋．1975 年海城地震与 1976 年唐山地震前后的重力变化[J]．地震学报，1980，2(1)：21-31.

8. 邓明莉，孙和平，徐建桥．GPS 数据约束的昆仑 M_S8.1 地震断层的分段模型[J]．大地测量与地球动力学，2008，28(4)：31-37.

9. 董树文，李廷栋．SinoProbe-中国深部探测实验[J]．地质学报，2009，83(7)：895-909.

10. 方剑，张赤军．中国海及邻近海域 2′×2′海底地形[J]．武汉大学学报·信息科学版，2003，28(Z3)：38-40.

11. 方俊．重力测量与地球形状学-地球形状与地球重力场（下册）[M]．北京：科学出版社，1975.

12. 方俊院士文集[M]．北京：科学出版社，2004.

13. 冯锐，严惠芬，张若水．三维位场的快速反演方法及程序设计[J]．地质学报，1986，4(3)：390-403.

14. 冯锐．中国地壳厚度及上地幔密度分布[J]．地震学报，1985，7(2)：143-156.

15. 傅碧宏，时丕龙，张之武 . 四川汶川 M_S8.0 大地震地表破裂带的遥感影像解析[J]. 地质学报，2008，82(12)：1679-1687.

16. 高锡铭，王威中，钟晓雄 . 表面垂直位移和重力变化所引起的大地水准面形变[J]. 地球物理学报，1989，32(5)：686-694.

17. 郭良辉，孟小红，石磊，等 . 重力和重力梯度数据三维相关成像[J]. 地球物理学报，2009，52(4)：1098-1106.

18. 国家重大科学工程"中国地壳运动观测网络"项目组 . GPS 测定的 2008 年汶川 M_S8.0 级地震的同震位移场[J]. 中国科学 D 辑：地球科学，2008，38(10)：1195-1206.

19. 胡敏章，李建成，金涛勇，等 . 联合多源数据确定中国海及周边海底地形模型[J]. 武汉大学学报·信息科学版，2015，40(9)：1266-1273.

20. 胡敏章，李建成，邢乐林 . 由垂直重力梯度异常反演全球海底地形模型[J]. 测绘学报，2014，43(6)：558-565，574.

21. 黄建梁，申重阳 . 局部重力异常和古断层位错滑动[C]. 中国地球物理学会学术年会，1995.

22. 黄建梁，申重阳，李 辉 . 断层地质位错模型的局部重力异常稳健反演分析[J]. 地震学报，1998，20(1)：86-95.

23. 黄谟涛，翟国君，欧阳永忠，等 . 利用卫星测高资料反演海底地形研究[J]. 武汉大学学报·信息科学版，2002，27(2)：133-137.

24. 黄谟涛，翟国君，等 . 利用卫星测高数据反演海洋重力异常研究[J]. 测绘学报，2001，30(2)：179-184.

25. 黄松，郝天珧，徐亚，等 . 南黄海残留盆地宏观分布特征研究[J]. 地球物理学报，2010，53(6)：1344-1353.

26. 姜文亮，张景发 . 首都圈地区精细地壳结构——基于重力场的反演[J]. 地球物理学报，2012，55(5)：1646-1661.

27. 李大炜，李建成，丰海，等 . 利用卫星测高数据反演中国海及邻近海域海底地形[J]. 大地测量与地球动力学，2009，29(4)：70-73.

28. 李辉，申重阳，孙少安，等 . 中国大陆近期重力场动态图像[J]. 大地测量与地球动力学，2009，29(3)：1-10.

29. 李建成，宁津生，陈俊勇，等 . 联合 TOPEX/Poseidon，ERS2 和 Geosat 卫星测高资料确定中国近海重力异常[J]. 测绘学报，2001，30(3)：197-202.

30. 李瑞浩 . 重力学引论[M]. 北京：地震出版社，1988.

31. 李瑞浩，黄建梁，李辉，等 . 唐山地震前后区域重力场变化机制[J]. 地震学报，1997，19(4)：399-407.

32. 李勇，黄润秋，周荣军，等 . 龙门山地震带的地质背景与汶川地震的地表破裂[J]. 工程地质学报，2009，17(1)：3-16.

33. 林振民，阳明 . 具有已知深度点的条件下解二度单一密度界面反问题的方法[J]. 地球物理学报，1985，28(3)：311-321.

34. 刘光鼎，曾华霖 . 重力场与重力勘探[M]. 北京：地质出版社，2005.

35. 刘天佑，等．位场勘探数据处理新方法［M］．北京：科学出版社，2007．

36. 刘元龙，王谦身．用压缩质面法反演重力资料以估算地壳构造［J］．地球物理学报，1997，20（1）：59-69．

37. 刘元龙，郑建昌，武传珍．利用重力资料反演三维密度界面的质面系数法［J］．地球物理学报，1987，30（2）：187-196．

38. 楼海，王椿镛，吕智勇，等．2008年汶川 M_S8.0级地震的深部构造环境——远震P波接收函数和布格重力异常的联合解释［J］．中国科学（D辑），2008，38（10）：1207-1220．

39. 罗佳．由测高数据和海洋重力资料联合反演海底地形［D］．武汉：武汉测绘科技大学，2000．

40. 梅世蓉，冯德益，等．中国地震预报概论［M］．北京：地震出版社，1993：380-390．

41. 秦静欣，郝天珧，徐亚，等．南海及邻区莫霍面深度分布特征及其与各构造单元的关系［J］．地球物理学报，2011，54（12）：3171-3183．

42. 申重阳，朱思林，蒋福珍，等．重力和形变资料联合反演地壳密度时间变化的一种方法［J］．地壳形变与地震，1996，16（3）：14-21．

43. 申重阳，甘家思，朱思林，等．点位错引起的单层密度变化［J］．地壳形变与地震，1997，17（1）：1-9．

44. 申重阳，朱思林．利用地壳内部密度时变提析地震前兆信息的物理方法研究［J］．中国地震学会1998学术讨论会会刊，1998．

45. 申重阳．Bjerhammar球面单层密度时间变化的实用解算理论［J］．地壳形变与地震，1999，19（2）：9-16．

46. 申重阳，黄金水，甘家思．滇西实验场区地壳密度时变特征与强震机理研究［J］．测绘学报，2000a，29（增）：64-69．

47. 申重阳，甘家思，朱思林，等．局域Bjerhammar问题解算理论和断层位错引起的单层密度变化［J］．地壳形变与地震，2000b，20（3）：17-26．

48. 申重阳，吴云，甘家思．从地壳运动角度分析大陆强震机理的一种物理方法［J］．中国地震，2001，17（1），70-81．

49. 申重阳，李辉，付广裕．丽江7.0级地震重力前兆模式研究［J］．地震学报，2003a，25（2）：163-171．

50. 申重阳，吴云，秦小军，等．华北地区地壳密度变化特征的初步研究［J］．大地测量与地球动力学，2003b，23（1）：29-34．

51. 申重阳．地壳形变与密度变化耦合运动探析［J］．大地测量与地球动力学，2005，25（3）：7-12．

52. 申重阳，李辉．研究现今地壳运动和强震机理的一种方法［J］．地球物理学进展，2007，22（1）：49-56．

53. 申重阳，李辉，谈洪波．汶川8.0级地震同震重力与形变效应模拟［J］．大地测量与地球动力学，2008，28（5）：6-12．

54. 申重阳，邢乐林，谈洪波，等. 2010 玉树 M_S7.1 地震前后青藏高原东缘绝对重力变化[J]. 地球物理学进展，2012，27(6)：2348-2357.

55. 孙少安，申重阳，项爱民. 红河断裂带北段现今活动的重力效应[J]. 大地测量与地球动力学，2009，29(3)：1-5.

56. 孙文科. 地震位错理论[M]. 北京：科学出版社，2012.

57. 谈洪波，等. 等断层位错引起的地表形变特征[J]. 大地测量与地球动力学，2009，29(3)：42-49.

58. 谈洪波，申重阳，李辉，等. 汶川大地震震后重力变化和形变的黏弹分层模拟[J]. 地震学报，2009，31(5)：491-505.

59. 谈洪波，申重阳，李辉. 断层位错引起的地表重力变化特征研究[J]. 大地测量与地球动力学，2008，28(4)：54-62.

60. 谈洪波，申重阳，玄松柏. 地壳分层和地壳厚度对汶川地震同震效应的影响[J]. 大地测量与地球动力学，2010，30(4)：29-35.

61. 唐有彩，冯永革，陈永顺，等. 山西断陷带地壳结构的接收函数研究[J]. 地球物理学报，2010，53(9)：2102-2109.

62. 滕吉文，曾融生. 东亚大陆及周边海域 Moho 界面深度分布和基本构造格局[J]. 中国科学：D 辑，2002，32(2)：89-100.

63. 滕吉文. 当今中国岩石圈物理学研究中的几个重要问题与思考[J]. 地球物理学进展，2006，21(4)：1033-1042.

64. 汪健，申重阳，李辉，等. 三峡地区壳幔深部界面重力反演[J]. 地震学报，2014，36(1)：70-83.

65. 王贝贝，郝天珧. 具有已知深度点的二维单一密度界面的反演[J]. 地球物理学进展，2008，23(3)：834-838.

66. 王石任，等. 长江三峡地区三维重力反演研究[J]. 地球物理学报，1992，35(1)：69-76.

67. 王笋，申重阳. 一种直接反演多层密度界面的方法[J]. 大地测量与地球动力学，2013，33(1)：17-20.

68. 王新胜，方剑，许厚泽. 青藏高原东北缘岩石圈三维密度结构[J]. 地球物理学报，2013，56(11)：3770-3778.

69. 王秀文，宋美琴，杨国华，等. 山西地区应力场变化与地震的关系[J]. 地球物理学报，2010，53(5)：1127-1133.

70. 王勇，张为民，詹金刚，等. 重复绝对重力测量观测的滇西地区和拉萨点的重力变化及其意义[J]. 地球物理学报，2004，47(1)：95-100.

71. 吴建平，黄媛，张天中，等. 汶川 M_S8.0 级地震余震分布及周边区域 P 波三维速度结构研究[J]. 地球物理学报，2009，52(2)：320-328.

72. 吴建平，明跃红，王春庸. 川滇地区速度结构的区域地震波形反演研究[J]. 地球物理学报，2006，49(5)：1369-1376.

73. 吴云孙，晁定波，李建成，王正涛. 利用测高重力梯度异常反演中国南海海底地形[J].武汉大学学报·信息科学版,2009,34(12):1423-1425.

74.夏哲仁.动态大地测量边值问题——重力和高程的时间变化的确定[D].北京:中国科学院测量与地球物理研究所,1990.

75.夏哲仁,蒋福珍.外部重力场及地球内部密度时间变化的联合确定[J].测绘学报,1990,19(3),200-207.

76.徐锡伟,闻学泽,叶建青,等.汶川 M_S8.0 地震地表破裂带及其发震构造[J].地震地质,2008,30(3):597-629.

77.许厚泽,朱炳文.地球外部重力场的虚拟单层密度表示[J].中国科学(B辑),1984(6),575-580.

78.玄松柏,申重阳,李辉.丽江7.0级地震前后地壳密度动态变化三维反演[J].大地测量与地球动力学,2010,30(1):14-20.

79.玄松柏,谈洪波,冯建林,等.山西断陷盆地带及其邻区1999—2008年地壳物质密度变化[J].大地测量与地球动力学,2013,33(5):7-10.

80.玄松柏,申重阳,谈洪波.芦山—康定地区布格重力异常及其归一化梯度图像的构造物理涵义[J].地球物理学报,2015,58(11):4007-4017.

81.杨光亮,申重阳,吴桂桔,等.金川—芦山—犍为剖面重力异常和地壳密度结构特征[J].地球物理学报,2015,58(7):2424-2435.

82.杨海燕,胡家富,赵宏,等.川西地区壳幔结构与汶川 M_S8.0级地震的孕震背景[J].地球物理学报,2009,52(2):356-364.

83.殷秀华,史志宏,刘占坡,等.中国大陆区域重力场的基本特征[J].地震地质,1980,2(4):69-75.

84.张国宏,屈春燕,汪驰升,等.基于GPS和InSAR反演汶川 M_W7.9地震断层滑动分布[J].大地测量与地球动力学,2010,30(4):19-24.

85.张岭,郝天琳.基于Delaunay剖分的二维非规则重力建模及重力计算[J].地球物理学报,2006,49(3):877-884.

86.张勇,冯万鹏,许力生,等.2008年汶川大地震的时空破裂过程[J].中国科学(D辑:地球科学),2008,38(10):1186-1194.

87.《重力勘探资料解释手册》编写组.重力勘探资料解释手册[M].北京:地质出版社,1983.

88.孙文珂,乔计花,许德树,等.重力勘查资料解释手册[M].北京:地质出版社,1900.

89.朱思林.长江三峡及其周缘地区重力异常的特征与研究[J].地壳形变与地震,1990,10(2):49-60.

90.朱思林.福建中部和东南沿海深部界面特征研究[J].地壳形变与地震,1999,19(3):18-25.

91.邹志辉,周华伟,廖武林.Crustal and upper-mantle seismic reflectors beneath the three gorges reservoir region[J].Journal of Earth Science,2011,22(2):205-213.

92.Torge W.重力测量学[M].徐菊生,刘序俨,等,译.北京:地震出版社,1993.

93. Amante C, Eakins B W. ETOPO1 1 arc-minnute global relief model: procedures, data sources and analysis[J]. NOAA Technical Memorandum NESDIS NGDC-24, 2009.

94. Arabelos D. On the possibility to estimate ocean bottom topography from marine gravity and satellite altimeter data using collocation[J]. Forsberg R, Feissel M, Dietrichr eds. Geodesy on the Move, IAG Symposia. Berlin: Springer, 1997, 119: 105-112.

95. Barbosa V C F, Silva J B C. Generalized compact gravity inversion[J]. Geophysics, 1994, 59(1): 57-68.

96. Barnes D F. Gravity changes during the Alaska earthquake[J]. Geophy. Res., 1966 (71): 451-456.

97. Basuyau C, Diament M, Tiberi C, et al. Joint inversion of teleseismic and GOCE gravity data: application to the Himalayas[J]. Geophys. J. Int., 2013(193): 149-160.

98. Battaglia M, Segall P, Roberts C. The mechanics of unrest at Long Valley caldera, California. Constraining the nature of the source using geodetic and micro-gravity data [J]. J. Volcanol. Geotherm. Res., 2003, (127): 219-245.

99. Baudry N, Calmant S.. 3D modeling of seamount topography from satellite altimetry [J]. Geophys. Res. Lett., 1991, 18: 1143-1146.

100. Bjerhammar A. A new theory of gravimetric geodesy [J]. Studia Geophsica Et Geodatetica, 1965, 9(2): 112-113.

101. Cady J W. Calculation of gravity and magnetic anomalies of finite length right polygonal prisms[J]. Geophysics, 1980, 45: 1507-1512.

102. Calmant S. Seamount topography by least-squares inversion of altimetric geoid heights and shipborne profiles of bathymetry and/or gravity anomalies[J]. Geophys. J. Int., 1994, 119: 428-452.

103. Calmant S, Muriel Berge-Nguyen, and Cazenave A. Global seafloor topography from a least-square inversion of altimetry-based high-resolution mean sea surface and shipboard soundings [J]. Geophys. J. Int., 2002, 151: 795-808.

104. Camacho A G, Montesinos F G, Vieira R. A three-dimensional gravity inversion applied to Sao Miguel Island (Azores)[J]. Geophys. Res., 1997, 102: 7705-7715.

105. Camacho A G, Montesinos F G, Vieira R. Gravity inversion by means of growing bodies[J]. Geophysics, 2000, 65(1): 95-101.

106. Camacho A G, Montesinos F G, Vieira R. A 3-D gravity inversion tool based on exploration of model possibilities[J]. Computer & Geosciences, 2002, 28(2): 191-204.

107. Camacho A G, Fernández J, Gottsmann J. The 3-D gravity inversion package GROWTH2.0 and its application to Tenerife Island, Spain [J]. Computer & Geosciences, 2010, 37(4): 621-633.

108. Camacho A G, González P J, Fernández J, et al. Simultaneous inversion of surface deformation and gravity changes by means of extended bodies with a free geometry [J]. Geophys. Res., 2011: 116(B10401).

109. Chen Ji, UCSB, Gavin Hayes. NEIC, Preliminary Result of the May 12, 2008 M_W7.9 Eastern Sichuan, China Earthquake, http：//earthquake. usgs. gov/eqcenter / eqinthenews/ us2008ryan/. 200805, 2008.

110. Cordell L. Iterative three-dimensional solution of gravity anomaly data using a digital computer[J]. Geophysics, 1968, 33(4)：596-601.

111. Craig C H, and Sanwell D T. Global distribution of seamounts from SEASAT profiles [J]. Geophys. Res. 1988, 93：10408-10420.

112. Dixon T H, Naraghi M, McNutt M K, et al. Bathymetric predictions from SEASAT altimeter data[J]. Geophys. Res. 1983a, 88：1563-1571.

113. Dixon T H and Parke M E. Bathymetry estimates in the Southern oceans from SEASAT altimetry[J]. Nature, 1983b, 304：406-411.

114. Du Y, Aydin A, Segall P. Comparison of various inversion techniques as applied to the determination of a geophysical deformation model for the 1983 Borah Peak earthquake[J]. Bull Seism Soc Amer, 1992, 75：1135-1154.

115. Fu G and Sun W. Surface coseismic gravity changes caused by dislocations in a 3-D heterogeneous earth[J]. Geophysical Journal Inernational, 2007, 172(2)：479-503.

116. Gochicoco L M. Potential fields：Gaining more respect and recognition [J]. Geophysics, 2002, 65(4)：1128-1141.

117. Grafarend E. Six Lectures on geodesy and global geodynamics, In：H. Moritz and H. Suenkel(Hrsg.), Geodesy and Global Geodynamics, Mitt. Der Geod. Der TU Graz, Folge 41, 531-685, 1984.

118. Heiskanen W H, Moritz H. Physical Geodesy, reprint by institute of Physical Geodesy [M]. Technical University, Graz. Austria, 1979.

119. Huang J L, Li H, Li R H. Fault creep and gravity changes before and after Tangshan earthquake in 1976[J]. Proceedings of the Eighth International Symposium on Recent Crustal Movements (CRCMc93). Kyoto, Japan, 1994：279-284.

120. Hunt T M. Gravity changes associated with the 1968 Inangahua earthquake[J]. New Zealand Journal of Geology & Geophysics, 1970, 13(4)：1050-1051.

121. Hwang C, Parsonns B. An optimal procedure for deriving marine gravity from multi-satellite altimetry[J]. Geophys. J. Int. 1996, 125：705-718.

122. Hwang C. A bathymetric model for the South China Sea from satellite altimetry and depth data[J]. Marine Geodesy. 1999, 22：37-51.

123. Imanishi Y, Sato T, Higashi T, et al. A network of superconducting gravimeters detects submicrogal coseismic gravity changes[J]. Science, 2004, 306：476-478.

124. Jachens R C, Roberts C W. Temporal and areal gravity investigations at Long Valley caledra, California[J]. J. Geophy. Res. , 1985, 90(B13)：11210-11218.

125. Kaufman A A. Geophysical field theory and method, part A：gravitational, electric and magnetic fields[M]. New York：Academic Press, 1992.

126. Lambeck K. Lithospheric response to volcanic loading in Southern Cook Islands[J]. Earth Pl. Sc. Lett. 1981, 55: 482-496.

127. Laske G, Masters G, Ma Z T, et al. Update on CRUST1.0-A 1-degree Global Model of Earth's Crust, Geophys. Res. Abstracts, Abstract EGU2013-2658, Vienna, Austria, 2013.

128. Last B J, Kubik K. Compact gravity inversion[J]. Geophysics, 1983, 48(6): 713-721.

129. Li S, Mooney W D. Crustal structure of china from deep seismic sounding profiles[J]. Tectonophysics, 1998, 288(1-4): 105-113.

130. Li S, Mooney W D, Fan J. Crustal structure of mainland China from deep seismic sounding data[J]. Tectonophysics, 2006, 420(1-2): 239-252.

131. Li Y G, Oldenburg D W. 3-D inversion of magnetic data[J]. Geophysics, 1996, 61: 394-408.

132. Li Y G, Oldenburg D W. 3-D inversion of gravity data[J]. Geophysics, 1998, 63: 109-119.

133. Li Y G, Oldenburg D W. Rapid construction of equivalent sources using wavelets[J]. Geophysics, 2010, 75(3): L51-L59.

134. Li Y Y, Yang Y. Gravity data inversion for the lithospheric density structure beneath North China Craton from EGM2008 model[J]. Phys. Earth Planet. Inter., 2011, 189: 9-26.

135. Min zhang Hu, Jian cheng Li, Hui Li, et al. Predicting global seafloor topography using multi-source data[J]. Marine Geodesy, 2015, 38(2): 176-189.

136. Montesinos F G, Arnoso J, Vieira R, et al. Subsurface geometry and structural evolution of La Gomera island based on gravity data[J]. J. Volcanol. Geotherm. Res., 2011, 199: 105-117.

137. Montesions F G, Arnoso J, Vieira R. Using a genetic algorithm for 3-D inversion of gravity data in Fuerteventura Canary Islands[J]. Int. J. Earth Sci. 2005, 94(2): 301-316.

138. Mooney W D, Laske G, Masters G. CRUST 5.1: A global crustal model at $5°×5°$[J]. J. Geophys. Res., 1998, 103(B1): 727-747.

139. Negi J G, Grade S C. Symmetric matrix method for gravity interpretation[J]. Journal of Geophysical Research, 1969, 74(15): 3804-3807.

140. Okada Y. Surface deformation due to shear and tensile faults in half-space[J]. Bull. Seism. Soc. Am, 1985, 75: 1135-1154.

141. Okubo S. Potential and gravity changes raised by point dislocations[J]. Geophys J In, 1991, 105: 573-586.

142. Okubo S. Gravity and potential changes duo to shear and tensile faults in a half-space[J]. JGR, 1992, 97(B5): 7134-7144.

143. Oldenburg D W. The inversion and interpretation of gravity anomalies[J]. Geophysics, 1974, 39: 526-536.

144. Perker R L. Best bounds on density and depth from gravity data[J]. Geophysics,

1974, 39(5): 644-649.

145. Perker R L. The rapid calculation of potential anomalies[J]. Geophysical Journal of the Royal Astronomical Society, 1973, 31(4): 447-455.

146. Pollitz F F. Coseismic deformation from earthquake faulting in a layered spherical Earth [J]. Geophys. J. Int. 1996, 125: 1-4.

147. Ramillien G, Wright C. Prediction seafloor topography of the New Zealand region: a nonlinear least square inversion of satellite altimetry data[J]. J. Geophys. Res. 2000, 105(B7): 16577-16590.

148. Reilly W I, Hunt T M. Comment on "analysis of local changes in gravity due to deformation" by J. B. Walsh[J]. Pure Appl. Geophys. , 1976, 114: 1131-1133.

149. René R. Gravity inversion using open, reject, and "shape-of-anomaly" fill criteria [J]. Geophysics, 1986, 51(4): 988-994.

150. Ribe N M. On the interpretation of frequency response functions for oceanic gravity and bathymetry[J]. Geophys. J. R. Astr. Soc. 1982, 70: 273-294.

151. Sandwell D T. Antarctic marine gravity field from high-density satellite altimetry[J]. Geophys. J. Int. 1992a, 109: 437-448.

152. Sandwell D T, Smith W H F. Global marine gravity from ERS-1, Geosat, and Seasat reveals new tectonic fabric[R]. EOS Trans. AGU, 73(43), Fall Meeting Suppl. 133, 1992b.

153. Sandwell D T, Smith W H F. Bahtymetric estimation [J]//Satellite Altimetry and Earth Science. Fu L L, Cazenave A, et al. Academic Press, San Diego, CA, 2001, 441-457.

154. Sandwell D T, Gille S T, Smith W H F, et al. Bathymetry from space: Oceanography, Geophysics and Climate [J]. Geoscienc Professional Services, Bethesda, Maryland, June, 2002, 24.

155. Sandwell D T, Smith W H F. Global marine gravity from retracked Geosat and ERS-1 altimetry: Ridge segmentation versus spreading rate[J]. J. Geophys. Res. 2009, 114: 1411.

156. Shen Chongyang, Wu Yun, Gan Jiasi. A physical method of analyzing the mechanism of continental strong shocks from crustal movement[J]. Earthquake Research in China, 2001, 15(3): 282-297.

157. Smith W H F. On the accuracy of digital bathymetric data[J]. J. Geophys. Res. 1993, 98(86): 9591-9603.

158. Smith W H F, Sandwell D T. Bathymetric prediction from dense satellite altimetry and sparse shipboard bathymetry[J]. J. Geophys. Res. 1994, 99: 21803-21824.

159. Smith W H F, Sandwell D T. Global sea floor topography from satellite and ship depth soundings[J]. science. 1997, 277: 1956-1962.

160. Smith W H F, Sandwell D T. Conventional bathymetry, bathymetry from space, and geodetic altimetry[J]. Oceanography. 2004, 17 (1).

161. Sun W and Okubo S. Effects of the earth's spherical curvature and radial heterogeneity in dislocation studies—for a point dislocation[J]. Geophys. R. L. 2002, 29(12): 461-464.

162. Talwani M, Lamar Worzel J & Landisman M. Rapid gravity computations for two-dimensional bodies with application to the Mendocino Submarine Fracture Zone［J］. J. Geophys. Res., 1959, 64(1): 49-59.

163. Tan Hongboa, Wu Guiju, Xuan Songbaia, et al. Wenchuan M_S 8.0 earthquake coseismic slip distribution inversion［J］. Geodesy and Geodynamics, 2015, 16(3): 173-179.

164. Tanaka Y, Okubo S, Machida M, et al. First detection of absolute gravity change caused by earthquake［J］. Geophys. Res. Lett., 2001, 28(15): 2979-2981.

165. Telford W M, Geldart L P, Sheriff R E. Applied Geophysics［M］. Cambridge UK: Cambridge University Press, 1990.

166. Tiber C, Diament M, Déverchère J, et al. Deep structure of the Baikal rift zone revealed by joint inversion of gravity and seismology［J］. J. Geophys. Res., 2003, 108, B3.

167. Tscherning C C, Knudsen P, and Forsberg R. First Experiments with Improvement of Depth Information Using Gravity Anomalies in the Mediterranean Sea［M］//GEOMED report no. 4. 1994: 133-148..

168. Vogt E R, and Jung W Y. Satellite radar altimetry aids seafloor mapping［J］. EOS Trans., Am. Geophys. Union 2013, 72(43): 468-469.

169. Walsh J B. An analysis of local changes in gravity due to deformation［J］. Pure Appl. Geophys., 1975, 113: 97-106.

170. Walsh J B, and Rice J R. Local changes in gravity resulting from deformation［J］. J. Geophy. Res., 1979, 84: 165-170.

171. Wang R, Francisco Lorenzo-martin and Frank Roth. PSGRN/PSCMP-a new code for caluclation co-and post-seismic deformation, geoid and gravity changes based on the viscoelastic-gravitational dislocation theory［J］. Computers and Geosciences, 2006, 32: 527-541.

172. Wang YM. Predicting bathymetry from the earth's gravity gradient anomalies［J］. Marine Geodesy, 2000, 23(4): 251-258.

173. Welford J K, and Hall J. Crustal structure of the Newfoundland rifted continental margin from constrained 3-D gravity inversion［J］. Geophys. J. Int., 2007, 171: 890-908.

174. Wessel P, Lyons S. Distribution of large pacific seamounts from Geosat/ERS-1: Implication for the history of intraplate volcanism［J］. J. Geophys. Res. 1997, 102 (B10): 22459-22475.

175. William R G. Aerogravity Surveying Systems-A Highly Effective Exploration Tool［M］. India, Hyderabad, 1996.

176. William R G. An historical review of airborne gravity［J］. The leading Edge, 1998, 17(1): 113-116.

177. Xu X, Wen X, Yu G, et al. Co-seismic reverse-and oblique-slip surface faulting generated by the 2008 M_W7.9 Wenchuan earthquake, China［J］. Geology, 2008, 37 (6): 515-518.

178. Shen Zhen-Kang, Sun Jiangbao, Zhang Peizhen, et al. Slip maxima at fault junctions

and rupturing of barriers during the 2008 Wenchuan earthquake[J]. Nature Geoscience, 2009, 2(10): 718-724.

179. Zhu J. Altas of Geophysics in China[M]. Yuan Xuecheng (ed.). Beijing: Geological Publish House, 1996.

第 5 章　中国大陆地壳垂直运动观测与地震

地震的孕育和发生过程，本质上是地壳差异运动引起的应变能的长期积累和突然释放过程。这种地壳差异运动既包括地壳水平差异运动，也包括地壳垂直差异运动。受印度板块和太平洋板块的联合挤压作用影响，我国大陆既发育号称"世界第三极"的青藏高原，也发育河西走廊、汾渭盆地等一系列大型的压陷盆地和断陷盆地。因此，监测研究中国大陆的现今地壳垂直运动，对挤压逆冲型和伸展正断型断裂的地震监测预报工作具有十分重要的意义。2008 年汶川 8.0 级地震的经验教训，充分证明了地壳垂直形变观测资料在强震长期危险性分析中不可或缺的作用。

长期以来，重复精密水准观测一直是地壳垂直运动监测研究的主要技术方法。近年来，随着 GPS（GNSS）垂直分量观测精度和数据处理技术的提高，GPS 在毫米级地壳垂直运动监测中的作用也正在不断得到发挥和应用。此外，InSAR 技术在大范围、毫米级地壳垂直运动监测中的应用也逐渐变得可行。本章主要介绍精密水准、GPS 观测在区域地壳垂直运动监测和地震分析预报中的应用。

5.1　中国大陆地壳垂直运动精密水准观测

5.1.1　中国大陆精密水准网观测概况

长期以来，中国大陆地壳垂直运动监测主要依赖国家一、二等精密水准网复测资料以及国家地震水准监测网复测资料。其中，国家一、二等水准网测量的首要目的是建立和维护国家高程基准，但其重复点位的复测资料，对中国大陆地壳垂直运动监测同样具有重要的应用价值。

1. 国家精密水准网观测

从 1949 年中华人民共和国成立至 2015 年，由国家测绘局牵头负责，共计进行了三期全国范围的精密水准网建设和测量工作。

第一期水准网建设测量（1951—1969 年）：共计建设和施测水准路线 354 条，形成 102 个闭合环，各类水准点 22230 个，总长度 101970.7km（含二等及极少量三等水准路线），每公里全中误差为 ±1.76 mm（董鸿闻等，2002）。由于新中国成立初期困难条件，第一期全国水准网在西部地区的控制能力比较弱。

第二期水准网建设测量（1977—1999 年）：该期水准网由一等水准骨干网和二等水准连接网组成（图 5-1），其中，布设一等水准路线 354 条，水准标石 20190 座，构成 100 个水准环，路线总长度 93360km；二等水准路线 1139 条，水准标石 33238 座，路线总长度

136368km。国家第二期水准网中的一等水准网分别于1977—1981年和1991—1999年进行了两期观测，其中，1977—1981年为全一等水准路线测量，每公里全中误差为±1.03mm（张全德等，2012），1991—1999年的一等复测，共计复测248条水准路线，形成77个闭合环，路线总长度85452.9km，每公里全中误差为±1.06 mm（张全德等，2012）。国家第二期水准网中的二等水准网联测主要在1982—1988年间完成。

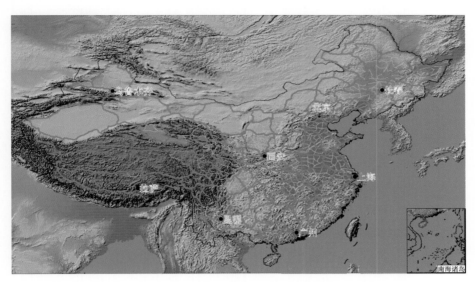

（图中红线为一等水准路线，绿线为二等水准路线）

图 5-1　第二期全国精密水准高程控制网分布图

第三期水准网建设测量（2012—2015年）：第三期水准网建设测量是国家现代测绘基准体系建设的重要组成部分，该期水准网建设主要以一等水准网为主，共由388条水准路线、27400座水准点组成，路线总长 12.2×10⁴km（图5-2），其中新建7865点，直接利用19535点。该网将与卫星大地网结合，实现全国大范围的高程变化监测。

2. 地震水准测量

我国以地震监测为目的的水准观测工作主要开始于1966年邢台地震之后，其基本技术思路是通过对中国大陆重点地震危险区的定期（数年不等）精密水准复测、监测获取区域地壳垂直形变动态变化图像，为强震中长期危险性预测提供依据。

20世纪七八十年代是我国地震水准观测的高峰时期，由中国地震局第一监测中心、第二监测中心、四川省地震局、云南省地震局、福建省地震局等单位联合承担的区域精密水准观测年工作量曾达上万千米，后来由于野外观测成本的大幅提高，区域地震水准观测队伍逐渐萎缩到第一监测中心和第二监测中心两个专业单位，常规水准监测任务量也逐渐由高峰时期的上万千米萎缩到2008年汶川地震前3000余千米，监测区域也逐渐收缩到南北地震带和大华北等重点区域（图5-3）。

2008年汶川8.0级地震之后，中国地震局启动了"中国综合地球物理场观测"地震行业科研重点专项项目，其主要任务目标之一就是通过区域国家精密水准网、地震水准网的多年多期精密水准复测资料，并结合 GPS 垂直位移观测资料，计算获取中国大陆空间高分辨率的长期地壳垂直运动速度场图像，为强震长期危险地点判定、大陆动力变形科学研究以及国家高程基准维护等工作提供重要基础依据。

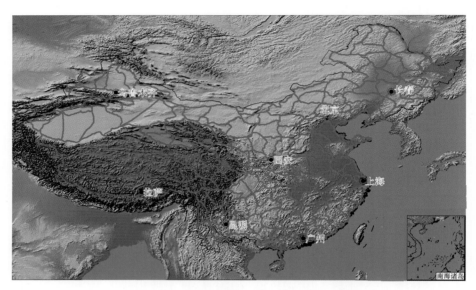

图 5-2　第三期全国精密水准高程控制网分布图

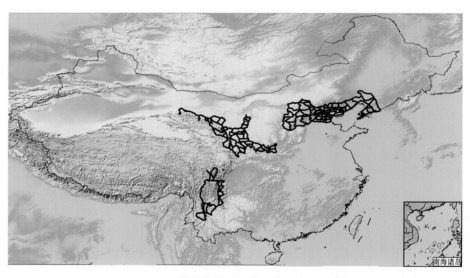

图 5-3　近期常规地震水准观测网络分布图

　　图 5-4 为"中国综合地球物理场观测"三个连续重点项目 2010—2017 年的水准路线复测网图，其主要目标是研究揭示青藏高原横向扩展对鄂尔多斯地块和大华北地区现今垂直运动的影响范围。

5.1.2　基于水准观测资料的地壳垂直运动计算模型

如前所述，中国大陆多系统的精密水准观测工作历经 50 多年风雨岁月，积累了大量珍贵的水准高差和高程观测成果。如何根据不同测线、不同时间段的多年多期重复精密水准观测资料，计算中国大陆及重点区域的现今地壳垂直运动变形，是一项十分重要的研究课题。根据服务对象不同，其所需的地壳垂直运动产品也各不相同。例如，从地震长期危险性预测和地球动力学研究角度而言，用户更关注的是一个区域长期背景性的地壳垂直运动速度场图像及其形变梯度带特征，而从地震危险性趋势预测角度而言，用户可能更关注的是区域地壳垂直运动速度场的动态变化特征，前者涉及如何构建区域长期地壳垂直运动速度场模型，后者则涉及如何构建区域分段地壳垂直运动速度场模型。本节将重点概述区域长期速度场模型和分段速度场模型的构建原理方法。

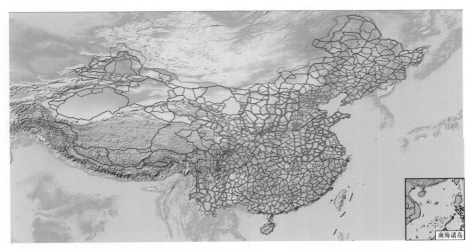

图中红色线路为地球物理场项目水准复测路线，紫红色为常规地震监测水准路线，其他为国家等级水准路线。

图 5-4　中国综合地球物理场观测项目复测水准路线分布图

1. 区域长期线性速率垂直运动模型

地壳垂直运动尽管表现出一定的年际波动性和十年尺度波动性，但从地质演化的角度而言，其长期平均速度场应是比较稳定的，且其观测时间跨度越长，越接近地质时间尺度上的垂直运动速度结果。中国大陆精密水准观测前后时间跨度长达 40 多年，甚至 50 多年，因此，在区域长期垂直形变速度场计算研究时，主要采用长期线性速率稳定性假设，即区域长期线性速率垂直运动场模型，该模型比较符合地质实际，也可以有效解决区域地震水准网观测周期及观测路线复杂多变的问题。

区域长期线性速率垂直运动模型的基本原理如下：

在线性速率模型下，一个水准点的运动速率在某个时间段里可认为是恒定的（赖锡安等，2004），记为 V_i，且在某个选定的参考时刻 t_0，该点的高程为 H_i^0，那么在任何一个

时刻 t，i 点的高程为：

$$H_i^t = H_i^0 + V_i(t - t_0) \tag{5-1}$$

对于在时刻 t 观测的两点 i、j 之间的高差为：

$$
\begin{aligned}
h_{ij}^t &= H_j^t - H_i^t = H_j^0 + V_j(t - t_0) - H_i^0 - V_i(t - t_0) \\
&= (H_j^0 - H_i^0) + (V_j - V_i)(t - t_0)
\end{aligned}
\tag{5-2}
$$

式中，H_j^0、H_i^0、V_j、V_i 分别为水准点 j 和 i 的高程参数和速率参数。上式写成观测方程矩阵的形式为：

$$V = AX - L \tag{5-3}$$

观测值的权矩阵记为 P。式中，V 为观测方程的残差向量，L 为所有观测高差 H_{ij}^t 构成的观测值列向量，A 为未知参数的设计矩阵，X 为全部待求未知参数构成的列向量。未知参数包括两部分：一部分是全部水准点在时刻 t_0 的高程参数向量，另一部分是各水准点的运动速率。

2. 区域分段线性速率垂直运动模型

区域地壳垂直运动在长期速率基本稳定的背景下，还存在年际变化和十年尺度波动等非线性变化，因此，在区域地壳应力应变场时空变化和地震趋势分析研究工作中，比较重视区域地壳垂直形变场的非线性瞬态变化特征。实际工作中，对于复测周期为数年的区域精密水准观测资料，经常采用分段线性速率假设的垂直运动模型（江在森等，1994）。该方法假定在两相邻观测期之间高程变化是线性的，但不同时间段内的速率可以不同。水准网中各水准点的高程可看成是时间 t 的函数 $H(t)$，则 $H(t) = H_0 + \lambda t$，其中 H_0 为参考时刻 T_0 时的高程，$\lambda = \mathrm{d}H/\mathrm{d}t$。如果有 m 期观测，可以划分出 $m-1$ 个时段，从而有 $m-1$ 个速率（图 5-5）。

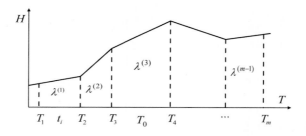

图 5-5　分段速率整体平差方法示意图

设水准点在 T_1 至 T_2 时间段的速率为 $\lambda^{(1)}$，T_2 至 T_3 时间段的速率为 $\lambda^{(2)}$，$\cdots$，T_{m-1} 至 T_m 时间段的速率为 $\lambda^{(m-1)}$，中心时刻 T_0 时的高程近似值 H_0 及其改正数 δH。则两水准点 j、k 在任一时刻 t 的高差观测值 h_{jk} 可列出如下观测方程：

$$h_{jk} = H_k^0 + \delta H_k + \sum \lambda_k^i \Delta t^i - H_j^0 - \delta H_j - \sum \lambda_j^i \Delta t^i \tag{5-4}$$

式中，λ_k^i、λ_j^i 分别为 k、j 水准点在每一个时段的速率，Δt^i 为 T_i 时刻至 T_0 时刻的时间长度。

这种分段线性速率模型对于分析区域垂直形变速率场的动态变化是非常有用的，但对于大范围的水准监测网，水准点的高差观测期数和观测时间相差很大时，则分段时刻的选取就会比较困难。

3. 基准选取

水准测量是一种相对测量，仅根据观测高差，并不能估计出各水准点的高程和运动速率，因此必须选定一个高程基准和速率基准。实际工作中，通常采用经典平差和拟稳平差两种技术方案。经典平差通常选定某一个点的高程和运动速率为零，作为高程基准和速率基准，这样计算得到的区域垂直形变速率均是相对所选定起算点的速率。拟稳平差通常选定一组拟稳点，并假定这组拟稳点的垂直运动速率平均值为零，即研究区内的升降运动是均衡的(《中国岩石圈动力学地图集》编委会，1989)。

根据上述经典平差和拟稳平差模型，可以建立区域长期线性垂直运动模型的约束方程

$$GX = 0 \tag{5-5}$$

将式(5-5)和式(5-3)联立，在最小二乘条件下，可估计出未知参数及其方差协方差矩阵：

$$X = (A^{\mathrm{T}}PA + G^{\mathrm{T}}G)^{-1}A^{\mathrm{T}}PL$$
$$\Sigma_X = (A^{\mathrm{T}}PA + G^{\mathrm{T}}G)^{-1}\sigma_0^2 \tag{5-6}$$

式中，σ_0^2 为单位权方差，即

$$\sigma_0^2 = \frac{V^{\mathrm{T}}PV}{m - 2(n-1)} \tag{5-7}$$

式中，m 为观测高差的个数，n 为水准点的个数。

上述范数约束方法，对分段线性速率模型同样适用。

5.1.3 中国大陆水准观测垂直运动速度场

利用区域多年、多期精密水准重复观测资料，计算获取中国大陆及重点区域的地壳垂直运动速度场图像，前人已进行了大量的研究。总结来看，主要集中在以下三个方面：一是利用国家测绘局全国一等水准网复测资料，计算获取中国大陆现今垂直形变速度场图像，二是利用区域地震水准网重复观测资料，计算获取重点地震危险区动态变化的垂直形变速率场图像，三是综合利用区域国家一、二等水准以及地震水准多年多期观测资料，计算获取地震重点危险区长期垂直形变速度场图像。本节重点介绍全国垂直形变速度图和区域长期垂直形变图计算研究方面的主要进展。

1. 全国垂直形变速度场

国家测绘局、中国地震局等单位50多年来积累的大量精密水准观测资料，为中国大陆现今垂直运动速度场的计算获取奠定了非常重要的基础。《中国岩石圈动力学图集》编委会(1989)早在20世纪80年代，就利用国家水准网1951年至1982年的两期精密水准网复测资料，编辑出版了中国大陆首张地壳垂直形变速率场图像。之后，中国地震局第一监测中心等单位利用1951—1990年的国家水准网观测资料，处理获得了更长时间尺度的地壳垂直形变速率场图像(图5-6)。随着2012—2015年国家第三期水准网观测实施的完成，目前中国地震局第一监测中心、第二监测中心、国家测绘局等单位，正依托科技部重点专项开展新版本的全国垂直形变速率场编图工作。

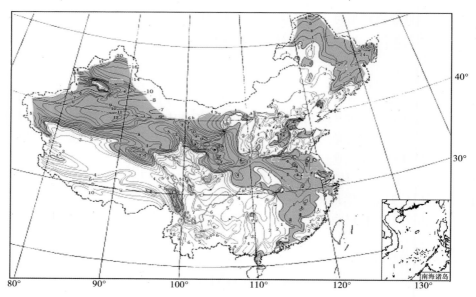

资料时间范围：1951 年至 20 世纪 90 年代；速率参考基准：全国平均升降速率为零均衡基准

图 5-6　中国大陆垂直形变速率场图(第一监测中心资料)

2. 区域长期垂直形变速度场

全国垂直形变速度场图虽可以较好地反映中国大陆现今的整体垂直运动状态，但由于该图主要是利用全国一等水准网复测资料计算获得的，其空间分辨率对区域断层活动速率约束和强震危险地点判定等研究来说都还十分稀疏。对此，2010 年开始执行的"中国综合地球物理场观测"地震行业科研重点专项，就是想通过分区域实施的国家一、二等水准网、地震水准网的时空重点加密观测，结合区域已有多年多期精密水准观测资料，计算获取中国大陆重点危险区空间高分辨率的长期垂直运动速度场图像，并最终形成中国大陆统一基准的空间高分辨率的长期垂直运动速度场图像。目前已实施的"中国综合地球物理场观测——青藏高原东缘地区"(2010—2011 年)、"中国综合地球物理场观测——鄂尔多斯地块周缘地区"(2012—2014 年)和"中国综合地球物理场观测——大华北地区"(2015—2017 年)三期项目，共计复测国家一、二等水准路线和地震水准路线 3.4×10⁴km。本节以鄂尔多斯地块周缘地区项目为例，概要介绍区域长期垂直形变速度场计算获取的主要步骤：

第一步，整理、筛选区域多年多期国家一、二等水准观测资料和地震水准观测资料，并舍去部分可信度较差的资料。图 5-7 为鄂尔多斯地块周缘地区 1970—2014 年期间的水准观测利用图，该水准网由 91 条水准路线共计 3 353 个水准点组成，其中一等水准测段高差占总观测数据的 95.3%，二等测段高差占 4.7%，水准路线总长度 1.8×10⁴km，其中大部分测段均有三期以上的观测资料。1970 年以前的水准观测资料，因整体成网性较差、观测精度较低(部分利用木制水准标尺)而没有采用。

第二步，利用线性速率模型和整体网平差技术，计算获取相对某一参考基准的区域长期垂直形变速度场图像。图 5-8 为鄂尔多斯地块周缘地区相对绥德参考基准的长期垂直形变速度矢量场图像，可以看出，相对于绥德参考基准，鄂尔多斯地块内部垂直差异运动较弱，汾渭盆地表现为整体下降运动特征，大同盆地周围表现为较大范围的异常上升。

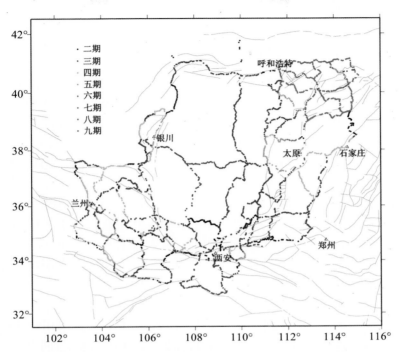

图中不同颜色的水准路线代表不同的观测期数，至少为两期观测

图 5-7　鄂尔多斯地块周缘地区水准路线资料利用图（1970—2014 年）

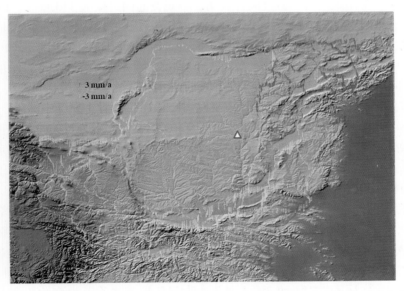

图中三角形点为绥德基准点，黄色矢量代表相对下降，红色矢量代表相对上升

图 5-8　基于水准观测资料的区域长期垂直形变速度矢量场（相对绥德基准点）

5.2　中国大陆地壳垂直运动 GPS 观测

5.2.1　GPS 垂直位移监测研究概况

精密水准观测虽具有精度高的优点，但其存在作业效率低、劳动成本高、传递误差大等方面的缺陷。近年来，随着全球 ITRF 参考框架稳定性的提高、天线相位中心模型的改进、地球负荷改正模型的发展以及观测资料时间跨度的积累，GPS 观测在地壳垂直形变监测中得到越来越多的应用(Aoki et al.，2003；Beavan et al.，2010；Ching et al.，2011；Hamdy et al.，2007；Hollenstein et al.，2008；Liang et al.，2013；王敏，2009；王伟等，2012)。

由于地球的固体潮垂直 Love 数是水平 Love 数的 3 倍以上，在海洋、大气、积雪、土壤水等季节性质量荷载作用下，GPS 站点垂直位移往往表现出比水平位移更大的季节波动性，其垂直波动幅度一般可达 2~3cm，因此，在利用 GPS 观测资料计算获取地壳垂直运动速度时，除考虑 GPS 天线高量取误差、天线垂直相位偏差等影响因素外，还应尽量消除季节性波动因素的影响。目前主要有以下几种技术处理方法：

1. 线性拟合方法

线性拟合方法，即通过较长时间跨度的 GPS 观测资料，直接利用线性拟合方法计算获取地壳垂直运动速度。Blewitt 等(2002)研究表明，若 GPS 观测时间少于 2.5 年，测站速率受季节性信号影响很大。当观测时间大于 4.5 年，线性拟合速率结果才不受影响，可用于各种构造解释。秦姗兰等(2016)利用山西断裂带山阴、介休、临汾三个综合剖面的流动 GPS、水准对比观测资料研究同样表明，当观测时间跨度大于 3 年时，GPS 垂直位移计算结果与水准垂直位移计算结果之间有较好的一致性，时间跨度小于两年时，两者之间的垂直位移结果有较大的差异性。因此，根据站点的多年多期连续或流动 GPS 观测资料，可以直接利用线性拟合方法计算站点的垂直运动速度场。为消除季节性波动的影响，GPS 垂直位移时间序列的起止时间应尽可能一致。

2. 谐波拟合方法

谐波拟合方法，即利用谐波拟合等方法消除非线性的季节性波动变化。从图 5-9 可以看出，GPS 测站垂直位移时间序列呈现出较明显的周年和半年周期性变化，因此，可利用纯数学的谐波拟合方法，消除周年和半年周期的谐波影响(Mao et al.，1999；朱文耀等，2003)。

3. 负荷模型计算方法

负荷模型计算方法，即根据卫星测高等数据获得的海潮模型、大气负荷模型、积雪和土壤水模型，利用负荷格林函数(Farrell，1972)计算扣除相应的负荷垂直位移。

4. GRACE 重力卫星方法

GRACE 重力卫星方法的基本原理是首先利用 GRACE 卫星观测资料，计算获得地球重力场的球谐系数及其随时间的变化(主要由大气和地表水季节性变化引起)，然后利用负荷 Love 数理论(Kusche & Schrama，2005；van Dam et al.，2007)，计算扣除相应的理论地表垂直位移变化。图 5-10 为 Fu 和 Freymuller(2012)给出的尼泊尔 GPS 观测垂直位移时

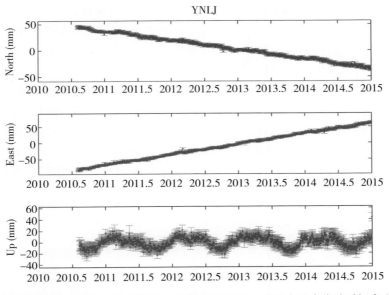

上图为北分量时间序列，中图为东分量时间序列，下图为垂直位移时间序列

图 5-9 云南丽江 GPS 站点位移时间序列图

间序列(去线性项)和 GRACE 卫星计算垂直位移时间序列(去线性项)的对比图，可以利用 GRACE 卫星重力位球谐系数变化计算得到的垂直位移变化，在振幅和相位两方面均可以较好地拟合所观测到的 GPS 垂直位移季节性变化。

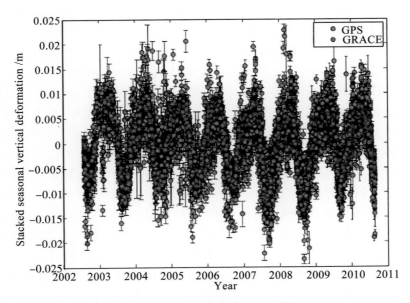

图 5-10 GPS-GRACE 去线性项垂直位移时间序列对比图(Fu & Freymuller，2012)

与传统的水准观测垂直位移相比，GPS 观测垂直位移有以下两大特点：一是 GPS 垂直位移没有水准垂直位移远程传递误差的影响，其各点的精度比较均匀；二是通过 GPS 观测资料可以建立全球统一参考基准的垂直位移速度场（如 ITRF 参考框架），而传统水准观测由于不能进行远距离的跨海测量，只能建立区域参考基准下的垂直位移速度场，无法进行全球大区域的地壳垂直运动研究。

为从全球统一参考基准下研究中国大陆的地壳垂直运动问题，近年来，"中国综合地球物理场观测"地震行业科研专项，综合利用区域 GPS、水准观测资料，并以 GPS 站点垂直位移速度为外部约束，统一建立了青藏高原东缘地区、鄂尔多斯地块周缘地区在全球 ITRF 参考框架下的地壳垂直运动速度场（Hao et al.，2014，2016），初步揭示了青藏高原向秦岭和鄂尔多斯地块内部的横向隆升扩展特征。本章重点介绍中国大陆重点地区的 GPS、水准融合垂直运动速度场结果。

5.2.2　中国大陆 GPS 垂直位移速度场

利用中国地壳运动观测"网络工程"等项目的 GPS 观测资料进行地壳垂直运动研究，前期主要集中在基准站和基本站观测资料方面（刘经南等，2002；顾国华，2005；王敏，2009），近年来，随着观测资料时间跨度的积累，区域流动 GPS 资料在地壳运动垂直运动监测研究中也得到越来越多的应用（Liang et al.，2013；王敏，2009；王伟等，2012）。本节主要介绍王敏（2009）和王伟等（2012）的代表性研究成果。

在基准站 GPS 垂直位移研究方面，王敏（2009）利用 1998—2008 年地壳运动"网络工程"GPS 基准站和基本站观测资料，通过海洋潮汐、海洋非潮汐、大气、积雪和土壤水等地表变化负荷的模型改正，计算获得了中国大陆及周边地区 83 个 GPS 站点的垂直运动速度场图像（见图 5-11，相对 IGS05 或 ITRF2005 框架），其中标示的误差棒为 50% 的置信水平。从中可以看出，在 50% 的置信水平下，一些大的稳定板块上点的垂直运动是不显著的，其中包括位于西伯利亚的 IRKT、蒙古的 ULAB、乌兹别克斯坦的 KIT3 及印度的 IISC 和 HYDE 站点，这与人们对大的稳定板块以水平运动为主的普遍性认识是一致的，同时也从另一个角度说明上述结果中不存在由参考框架导致的系统偏差。

从图 5-11 可以看出，受印度—澳大利亚板块、太平洋板块、菲律宾海板块的联合挤压作用，中国大陆整体表现为差异性的上升运动，其中，华南地块、东北地块整体比较稳定，垂直运动速度很小，青藏高原及天山地区表现为 2~6mm/a 的差异性抬升运动，鄂尔多斯地块及其周边地区表现为 2~5mm/a 的抬升，与四川盆地的垂直运动稳定状态形成鲜明对比，华北北部地区表现为 2~3mm/a 的上升运动，可能与青藏高原深部物质经鄂尔多斯地块的北东向扩展有关。

在区域流动 GPS 垂直位移研究方面，王伟等（2012）基于地壳运动"网络工程"1999—2011 年的六期流动 GPS 观测数据和陆态"网络工程"2009—2011 年的两期流动 GPS 观测数据，利用 BERNESE 软件计算获得了中国大陆现今垂直位移速度场图像（图 5-12），与王敏（2009）获得的 GPS 垂直运动速度场结果基本一致（图 5-11），所不同的是图 5-12 中东北地区表现出较大的抬升运动。华北平原地区的强烈下沉主要与地下水强烈开采引起的地面沉降有关。

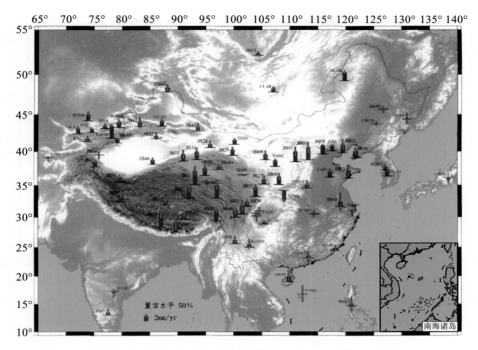

图 5-11 中国大陆现今地壳垂直运动速度图(相对 IGS05 框架)(王敏，2009)

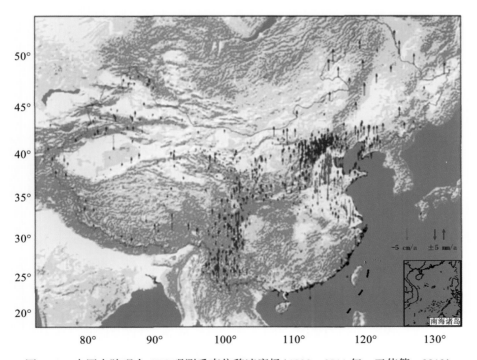

图 5-12 中国大陆现今 GPS 观测垂直位移速度场(1999—2011 年，王伟等，2012)

5.2.3　基于 GPS-水准联合观测资料的区域垂直位移速度场

　　由 GPS 观测资料计算得到的垂直位移速度矢量是沿大地高方向垂直几何椭球面的,而由水准观测资料计算得到的垂直位移速度矢量则是沿正高方向垂直物理大地水准面的,两者之间存在一个垂线偏差角,但是由于该垂线偏差角最大也只有几弧度分的量级,从垂直位移速率误差角度而言,可以忽略不计,因此,可以综合利用 GPS、水准观测资料,联合计算一个区域的地壳垂直运动速度场,这样既可以解决 GPS 点位较稀疏的问题,也可以将水准观测垂直位移速度统一归算到全球统一参考基准之上,如 ITRF2000 参考框架等。

　　利用 GPS、水准观测资料联合计算获取相对 ITRF 参考框架的地壳垂直运动速度场,最好有 GPS、水准共点观测资料,这样可以利用 GPS 控制点的垂直运动速度先验信息,对整个水准网的垂直运动速度场进行某种类型约束处理。如果没有共点的 GPS、水准观测资料,则近似认为与水准点距离最近的 GPS 测站垂直运动速率作为该水准点的速率先验值。

　　以图 5-13 所示的鄂尔多斯地块周缘地区水准观测垂直位移速度场为例,在没有利用 GPS 观测垂直位移速率先验约束之前,我们一般选用区域某一水准点为零参考基准(如图 5-8 中的绥德基准点),或者选用区域均衡基准(所有水准点垂直位移速度之和为零)计算垂直运动速度场,两种不同基准下的区域地壳相对垂直差异运动特征虽然相同,但是我们无法得知其在全球 ITRF 参考基准下的垂直运动特征。

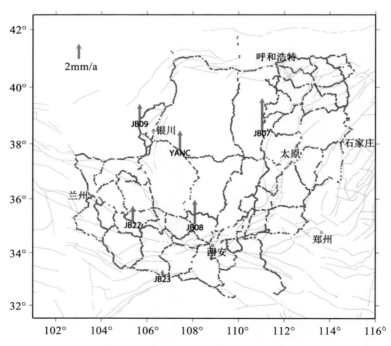

图中 GPS 垂直运动速率利用王敏(2009)和 Liang 等(2013)的计算研究结果

图 5-13　鄂尔多斯周缘地区 GPS 垂直运动速率控制点及水准点分布图

为在全球统一参考基准之下研究分析鄂尔多斯地块周缘的地壳垂直运动速度场图像，Hao 等(2016)利用图 5-13 所示的 6 个 GPS 控制点的垂直位移速度先验信息，利用整体网平差技术计算获得了鄂尔多斯地块周缘地区水准网点在 ITRF2008 参考框架下的长期垂直运动速度场(图 5-14)，可以看出，相对 ITRF 参考框架，鄂尔多斯地块表现为 2～3mm/a 的整体抬升，渭河盆地及山西断陷带的运城盆地、临汾盆地和太原盆地等，表现为 3～5mm/a 的相对下沉，六盘山地区表现为 4～5mm/a 的抬升，大同盆地及其邻区表现为较大范围的高速隆升特征，年最大上升速率达 6～7mm/a，推测可能与区域地幔热注活动有关。毫无疑问，从大陆变形动力学角度而言，上述 ITRF 参考基准下的区域地壳垂直运动图像(图 5-14)，要比图 5-8 中相对鄂尔多斯地块内部绥德基准点的区域垂直运动图像更加科学合理。

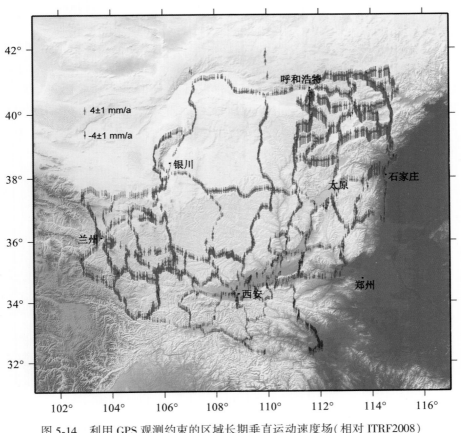

图 5-14　利用 GPS 观测约束的区域长期垂直运动速度场(相对 ITRF2008)

5.3　垂直形变观测资料在地震研究中的应用

地壳垂直形变观测资料作为三维地壳运动的重要分量，在地震科学研究中发挥了十分重要的作用。限于篇幅原因，本节重点介绍地壳垂直形变观测资料在弹性回跳理论、地震长期预报和地震中短期预报方面的典型应用。

5.3.1　在弹性回跳理论检验中的应用

地震的弹性回跳模式是 Reid(1911)根据 1906 年旧金山大地震前后圣安德烈斯断裂带上的大地三角网观测资料得出的，主要用于解释水平走滑断裂的震间水平应变积累和同震弹性回跳释放现象。20 世纪 90 年代以来，随着 GPS 大地形变测量技术的广泛应用，越来越多震例的震间与同震水平形变观测资料证实了弹性回跳模式的正确性，例如，1999 年台湾集集地震等。但是倾滑型(逆冲或正断)地震的震间与同震垂直形变是否也符合典型的弹性回跳模式，仍缺乏可靠的垂直形变观测资料证据。

2008 年 5 月 12 日发生在龙门山断裂带的汶川 8.0 级大震，为检验倾滑型地震的垂直形变弹性回跳模式提供了重要的震例支持。该地震发生之前，国家测绘局、中国地震局等相关单位在 1970 年代至 1990 年代期间，先后跨龙门山断裂带进行了数期精密水准测量工作，获得了比较可靠的震间垂直形变速率结果。2008 年汶川地震发生之后，中国地震局利用地震科学考察等项目，对震前已有的水准路线进行了精密水准复测。图 5-15 为绵竹—北川—茂县水准测线的震间与同震垂直形变剖面图，其中，底部子图为水准路线的高程剖面，中间子图为震间垂直形变速率剖面，上部子图为同震垂直形变剖面，竖线段为实测同震垂直位移，实线为理论模型位移。

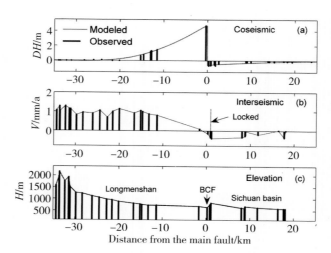

图中剖面左端点为龙门山构造带的茂县，右端点为四川盆地的绵竹，中间 BCF 为北川断裂

图 5-15　汶川 8.0 级地震弹性回跳垂直形面剖面

可以看出，20 世纪 70—90 年代，龙门山构造带相对四川盆地表现为 1.5mm/a 的相对上升运动，龙门山中央主断裂带两侧表现为明显的闭锁特征。汶川地震发生后，震间长期闭锁的龙门山断裂带两侧发生大幅度的同震弹性回跳位移，北川县城一带的同震弹性回跳

位移可达 5.3m。上述震间、同震垂直形变有力地支持了逆冲型断裂的弹性回跳地震模式。此外，根据北川县城一带震间 1.5mm/a 的位移亏损率和 5.3m 的同震弹性回跳位移，可以大致估算出汶川 8.0 级地震的复发周期大约为 3500 年，与地质探槽资料计算得到的复发周期基本一致。

5.3.2　在地震长期预测中的应用

目前，地壳垂直形变观测资料在地震长期预测方面的应用主要集中在两个方面，一是利用跨断裂的长期垂直形变速度资料，计算获取断裂带长期滑动速率、闭锁深度和耦合系数等参数，判定断裂现今所处的闭锁耦合状态，判定可能的强震长期危险地点。二是利用垂直形变获得断层滑动速率、耦合系数，根据断裂段上次强震的离逝时间，判定亏损位移积累情况及可能的同震位移。例如，根据图 5-15 所示的汶川地震震间、同震垂直形变剖面，可以确定在北川一带龙门山中央断裂两侧的差异运动速度为 1.5mm/a 左右，该速率基本上代表了龙门山中央断裂北川段的长期平均滑动速率。另外，从图 5-15 还可以看出，龙门山中央断裂北川段震间处于比较强的闭锁耦合状态，其主要的垂直形变梯度带宽度可达 30~40km，反映断层闭锁深度很大。

5.3.3　在地震中短期预测中的应用

从物理力学概念上来讲，地震的中短期孕育阶段是指断裂带应变应力积累后期的应力-应变非线性变化阶段，其中会伴随断裂形变带内大量剪切裂纹或张性裂纹的产生，并产生震源体的体积增大或膨胀扩容（Nur，1972；Scholz，1973）。如果在震源体上方或附近有多次重复性的精密水准观测等垂直形变资料，有可能监测捕捉到裂纹膨胀过程中引起的垂直隆升现象。

1964 年日本新潟 7.5 级地震前几年在震区附近水准点上观测到的数厘米的异常隆起（图 5-16），曾被认为是膨胀-扩容模式的有力证据。

但是，茂木清夫经过仔细复查后得到的结论却是，新潟地震前几年的前兆性隆起可能不是真实的，有可能是由水准测量误差引起。他还指出，由地震波和地壳形变算出的由于发震产生的应力降较低，说明地壳应力远低于完整岩石内发生膨胀所需的应力水平。因此，强震前不大可能在大区域发生明显的均匀膨胀。一些学者根据实验室中产生膨胀的起始差应力条件通常达数百兆帕斯卡量级，估计地壳内存在如此高的差应力是很困难的，即使存在，也只能在非常小的范围内，从而使膨胀难以达到一定的规模和程度，难以在地面上造成可观测到的效应。

由于实际震例资料很少，目前还无法确认是否真的存在地表可辨识的膨胀隆起前兆。随着新技术的发展，目前大面积的、时间间隔较短的精密水准复测已成为过去式，希望发展之中的时空高分辨率的 InSAR 形变技术，能给出更多的膨胀扩容前兆震例。

除了膨胀扩容模式之外，断层宏观破裂之前，还可能存在一定量的断层预滑位移，如果有时空分辨率较高的垂直形变观测资料，有可能监测到地震中短期阶段的垂直预滑位移。

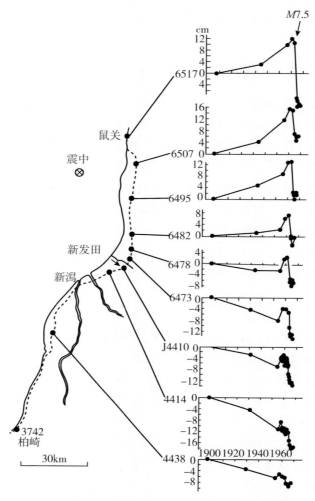

图 5-16 1964 年日本新潟 7.5 级震前异常隆起现象

（本章执笔：王庆良）

本章参考文献

1. 董鸿闻，顾旦生，李国智，等．中国大陆现今地壳垂直运动研究［J］．测绘学报，2002，31（2）：100-103.

2. 顾国华．GPS 观测得到的中国大陆地壳垂直运动［J］．地震，2005，25（3）：1-8.

3. 江在森，巩守文．水准监测网的分段速率整体平差［J］．武汉大学学报（信息科学版），1994，19（2）：157-162.

4. 赖锡安，黄立人，徐菊生．中国大陆现今地壳运动［M］．北京：地震出版社，2004．

5. 刘经南，姚宜斌，施闯，等．中国大陆现今垂直形变特征的初步探讨［J］．大地测量与地球动力学，2002，22(3)：1-5．

6. 秦姗兰，王文萍，季灵运，等．利用 GPS 技术研究山西跨断裂剖面垂直形变［J］．地震研究，2016，39(3)：421-426．

7. 王敏．GPS 观测结果的精化分析与中国大陆现今地壳形变场研究［J］．中国地震局地质研究所，2009．

8. 王伟，杨少敏，赵斌，等．中国大陆现今地壳运动速度场［J］．大地测量与地球动力学，2010，32(6)：29-32．

9. 张全德，张鹏，陈现军，等．国家第三期一等水准网施测方案研究［J］．测绘工程，2012，21(6)：1-3．

10.《中国岩石圈动力学地图集》编委会．中国岩石圈动力学地图集［M］．北京：中国地图出版社，1989．

11. 朱文耀，符养，李彦．GPS 高程导出的全球高程振荡运动及季节变化［J］．中国科学：地球科学，2003，33(5)：470-481．

12. Aoki Y., Scholz C H. Vertical deformation of the Japanese islands, 1996-1999［J］. Journal of Geophysical Research Solid Earth, 2003, 108(B5)：10-12.

13. Beavan J, Denys P, Denham M, et al. Distribution of present-day vertical deformation across the Southern Alps, New Zealand, from 10 years of GPS data［J］. Geophysical Research Letters, 2010, 37(L16305)：1-5.

14. Blewitt G, Lavallée D. Effect of annual signals on geodetic velocity［J］. Geophys Res. Journal of Geophysical Research Solid Earth, 2002, 107(B7)：9-11.

15. Farrell W E. Deformation of the Earth by surface loads［J］. Reviews of Geophysics & Space Physics, 1972, 10(3)：761-797.

16. Fu Y, Freymueller J T. Seasonal and long-term vertical deformation in the Nepal Himalaya constrained by GPS and GRACE measurements［J］. Journal of Geophysical Research Atmospheres, 2012, 117(B3)：3407.

17. Hamdy A M, Park P H, Jo B G. Vertical velocity from the Korean GPS Network (2000-2003) and its role in the South Korean neo-tectonics［J］. Earth, Planets and Space, 2007, 59(5)：337-341.

18. Hao M, Wang Q, Cui D, et al. Present-Day crustal vertical motion around the Ordos Block constrained by precise leveling and GPS data［J］. Surveys in Geophysics, 2016：1-14.

19. Hao M, Wang Q, Shen Z, et al. Present day crustal vertical movement inferred from precise leveling data in eastern margin of Tibetan Plateau［J］. Tectonophysics, 2014, 632：281-292.

20. Hollenstein C, Muller M D, Geiger A, et al. GPS-Derived coseismic displacements associated with the 2001 skyros and 2003 Lefkada earthquakes in Greece［J］. Bulletin of the

Seismological Society of America, 2008, 98(98): 149-161.

21. Kusche J, Schrama E J O. Surface mass redistribution inversion from global GPS deformation and Gravity Recovery and Climate Experiment (GRACE) gravity data[J]. Journal of Geophysical Research: Solid Earth, 2005, 110(B9): 117-134.

22. Liang S, Gan W, Shen C, et al. Three-dimensional velocity field of present-day crustal motion of the Tibetan Plateau derived from GPS measurements[J]. Journal of Geophysical Research Solid Earth, 2013, 118(10): 5722-5732.

23. Mao A, Harrison C G A, Dixon T H. Noise in GPS coordinate time series[J]. Journal of Geophysical Research Atmospheres, 1999, 104(B2): 2797-2816.

24. Nur A. Dilatancy, pore fluids, and premonitory variations of ts/tp travel times[J]. Bulletin of the Seismological Society of America, 1972, 62(5): 1-20.

25. Reid H F. The earthquake of southeastern Maine, March 21, 1904[J]. Bulletin of the Seismological Society of America, 1911, 1: 44-47.

26. Scholz C H, Sykes L R, Aggarwal Y P. Earthquake prediction: a physical basis[J]. Science, 1973, 181(4102): 803-810.

27. Van Dam T, Wahr J, Lavallée D. A comparison of annual vertical crustal displacements from GPS and Gravity Recovery and Climate Experiment (GRACE) over Europe[J]. Journal of Geophysical Research, 2007, 112(112): 1642-1642.

第6章 断裂系(带)现今地壳运动过程与地震

在地壳运动过程中，地壳应力场发生变化，地应力强度达到或超过破裂的强度，地震就会发生，震后在地壳上会留下破裂的痕迹。显然，发生过地震的地方容易因变形积累应变能而破裂强度又相对较低，在地壳应力上升的过程中容易发生破裂，从而发生地震，这也是活动断裂带上中小地震相对密集的重要原因之一。长期构造活动使局部地壳处于相对挤压条件下，断层呈现长期闭锁可使断层过渡到"愈合"状态，地壳应力场再一次增强到一定程度时，会再一次破裂而发生地震。新的破裂可能与老破裂重合，但多数情况下不完全重合。经过很长地质时代的演化，类似多次地震在同一区域发生，往往具有相同或类似的构造走向，总体上呈带状分布，就形成了我们现在所说的活动构造带(地震带)。地震时空分布的研究表明，多数强烈地震都发生在这样的构造带上或其延伸扩展的部位上。这里所说的活动构造带上往往分布着一系列的新老断层，因此研究断裂系(带)现今地壳运动过程对断层活动、地震孕育和发生机理的认识至关重要，进而有利于开展地震预测预报的探索与研究。这就是本章要讨论的主要内容。

6.1 中国大陆断裂系(带)的空间分布特征

中国大陆断裂系(带)的空间分布具有分区特征，以云南、四川、宁夏一线为代表的南北地震带(亦称南北构造带、南北带)将中国大陆分为东部和西部两个区域：西部以东西向和近东西向断裂为主，其他方向的断裂少得多；而东部以北北东向至北东向断裂为主，有少量近东西向和北西向断裂发育。

6.1.1 地震地质给出的研究结果

中国大陆断裂系(带)的空间分布有众多专家做过深入研究，所得结果总体上是一致的(陆远忠，2002；马杏垣，1991；丁国瑜，1982；邓起东等，2002)。其中，地震地质研究给出的"中国活动断裂分布图"中给出了很好的展示(陆远忠，2002)，如图 6-1 所示。

从图 6-1 看出，中国大陆西部的新疆、西藏自治区内众多较为显著的断裂总体走向为近东西向。其中塔里木盆地北缘的断裂走向总体上具有北凸弧形特征，而南缘具有南凸弧形特征；青藏高原上的断裂整体上形成了北北东向微凸的弧形分布特征。靠近南北带，断层走向大多逐渐过渡为北西走向(如祁连带和羌塘块体东部等)和近南北走向(如红河断裂带等)。整个西部很少发育南北走向的断裂。东部的东北、华北、华中的广大区域多发育北北东向至北东向断裂，有少量北西向共轭断裂发育，很少近东西向断裂发育(图上只有内蒙古自治区东部发育一条近东西向断裂)；位于华南的广西、广东、福建等区域，多数

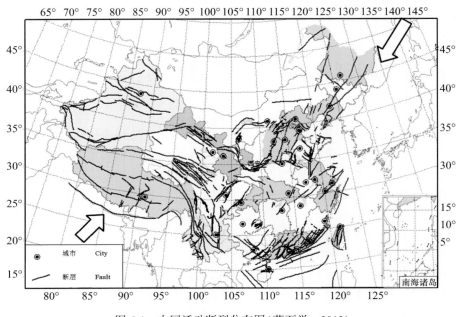

图 6-1　中国活动断裂分布图(薄万举,2013)

断裂为北东至北东东走向,伴有相对较少的北西向断裂发育。由此看出,中国大陆断裂系(带)的分布具有明显的分区特征,不同区域断裂的大小、深浅、多少、走向均有一定的整体性差异,同时不同区域孕育发生地震的大小、空间密度、复发周期及其震源特性(深浅、走滑或逆冲等)也存在整体性差异,观测、研究这些差异、相互关系及其主要成因对地球动力学和地震机理研究有十分重要的意义。

6.1.2　现代大地测量用于我国断裂系活动性质的研究与描述

宏观上看,中国大陆以南北带为界,西部和东部的构造变形活动有明显差异。西部多发育北西向和近东西向断裂,多数以逆走滑活动为主;东部多发育北北东向或北东向断裂,多数以右旋走滑活动为主(图 6-1)。7 级以上强烈地震多发生在这些显著的断裂带上或其附近。研究强震预测,需要首先研究其孕育发生的机理,这就要研究活动断裂系(带)形成与运动的规律,分析寻找强震孕育发生的动力学成因及要素,继而追踪动力学要素的变化,通过对板块运动格局、断裂带切割后各块体间的构造关系和地震活动显示的动态信息进行机理上的综合分析,期望能对下一次强震孕育发生的可能性和危险性给出进一步的判定。

进入 21 世纪以来,全球明显进入了强震高发期。中国大陆也已相继发生了昆仑山 $M_S8.1$、汶川 $M_S8.0$、玉树 $M_S7.1$ 等数次强烈地震。从历史地震空间活动迁移规律上分析,华北可能成为下一阶段关注的重点。2011 年 3 月 11 日,又发生了日本 $M_S9.0$ 特大地震,进一步加强了人们对华北的关注。因此,研究华北及中国大陆断裂系(带)的空间分布特征、活动特性及其成因和机理有重要的现实意义。

地震预测是世界难题，进展缓慢，但在全球强震多发的严峻形势下，充分利用大量卫星对地的观测资料，研究地壳运动、断层形变及其与强地震孕育发生的内在联系，进而探讨中国大陆断层系（带）形成和演化的机理，对强震发生地点的预测及中长期地震预报是十分重要的基础性工作。

1. GPS 得到的全球板块运动及其启示

地质学和地球动力学中对中国大陆地壳运动的研究有很多成果（陆远忠，2002；马杏垣，1991；丁国瑜，1982；邓起东等，2002），近年来有了多期、高精度、大范围的 GPS（也称 GNSS，下同）定量观测结果，对中国大陆地壳运动与变形的研究更加深入（常晓涛等，1999；国家重大科学工程"中国地壳运动观测网络"项目组，2008；江在森等，2003；朱文耀等，2002；黄立人等，2003；刘峡等，2010；张强等，2000；金双银等，2002a；金双银等，2002b；金双银等，2002c；程宗颐等，2001；应绍奋等，1999；朱文耀等，1999；李延兴等，2004；李延兴等，2000）。这一系列的研究对中国大陆构造活动及断裂系（带）分布的特征已经能给出较为详细的描述。但要分析其形成的原因，理应从更大的范围来考虑问题。中国大陆最显著的变形区域为青藏高原，号称世界第三极。

从 GPS 得到的全球板块运动图像来看（Donald F et al.，1995），如图 6-2 所示，主要是印度板块向欧亚大陆挤压的结果，其次受到北美板块向西南方向的推挤作用；该作用虽然不像印度板块那么强烈和直接，甚至空间上要远一点，但应该注意，地球是球体，图 6-2 的投影方式在视觉上显得北美板块距中国大陆很远，实际上没有那么远，因为图上纬线方向同样长度代表的实际距离随纬度的增高而快速缩短，并且不是地球上两点最近的大地线，越是高纬度视觉误差越大，即在高纬度，图上看上去可能很远，实际上没有那么远，有时甚至很近。因此，北美板块对中国大陆作用力的方向应该是类似图中标注的弧形线方向。这样，中国大陆在太平洋板块与欧亚板块存在相向挤压运动的同时，还叠加了一个右旋扭矩的作用，即印度板块从西南向东北挤压中国大陆，北美板块从东北向西南方向挤压中国大陆，形成一个强剪切作用的力偶（图 6-1、图 6-2），这可能是中国大陆中东部众多南北向和北东向构造活动断裂形成的主要动力因素之一。如南北构造带、山西断陷带、郯庐断裂带、华北平原地震带，等等；造成中国大陆中东部南北向或北东向右旋走滑的断层数量多、规模大，历史上发生的 7 级以上地震破裂的走向绝大多数是南北向或北东向，并且绝大多数带有右旋走滑的活动性质，如唐山地震、邢台地震、渤海地震、海城地震、汶川地震以及山西带上的一些历史地震，等等。而中国大陆西部，受北美板块的影响较弱，上述特征没有东部那么明显，北西向和近东西向的构造及活动断层比中东部多得多，主要体现了印度板块的挤压作用，因此多显压性逆走滑活动性质。

2. 太平洋板块与菲律宾板块的运动及作用

图 6-2 中显示，太平洋板块向西推挤中国大陆的作用很强烈，但作用边界相对较长，同时诸多证据显示，太平洋板块下插到中国大陆之下，深部一直影响到华北地区（Jinli Huang et al.，2006）。在图 6-3 中，每幅彩图表示相应纬度线上的层析成像剖面，右下角红色弧线表示相对纬度线的位置。正因为太平洋板块下插到中国大陆深部，中国大陆东部构

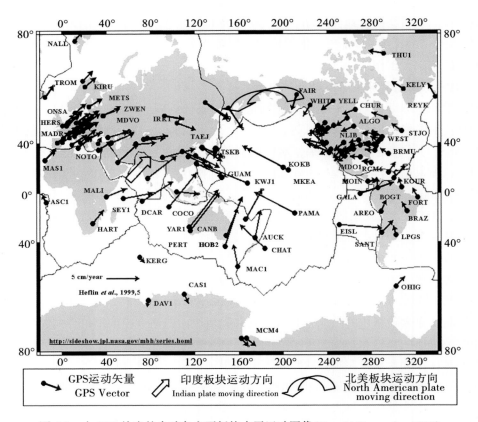

图 6-2　由 GPS 给出的全球各主要板块水平运动图像(Donald F，et al.，1995)

造变形不像印度板块对青藏高原挤压的构造变形那么强烈，地表断裂反而多带有张性活动。同时在北美板块和印度板块时强时弱的长期顺扭作用下，使华北发育一系列张性顺扭深大断裂。从而在我国东部，尤其是华北地区容易孕育发生顺扭走滑型活动为主的地震；西部因印度板块强烈挤压容易发生压扭或逆冲活动为主的地震；而中间的南北带区域二者兼而有之，从而形成如图 6-1 所示的断裂系(带)的分布格局。

　　GPS 监测结果显示，菲律宾板块向中国大陆方向的运动也十分强烈，但中国大陆众多断层活动特征、断层走向和强地震的发生与菲律宾板块的关系似乎没有那么密切。经分析研究认为可能有两个主要原因，一是不像印度板块与北美板块那样，存在一个具有明显剪切作用的力偶，因为西北方向的欧亚大陆相对整体性较好，如果存在向东南方向的作用力，也是以整体性作用为主，这是显而易见的；另一个主要原因是菲律宾板块向西北方向的运动在台湾附近受到了强烈的阻挡，造成台湾附近成为中国地震最多的区域之一，致使大部分能量在此得到释放。之所以这样，也是因为华东、华南至台湾区域地壳相对整体性较好所致，我国除台湾及福建以外的东南地区地震偏少、强度偏低的实际情况支持这一推断。

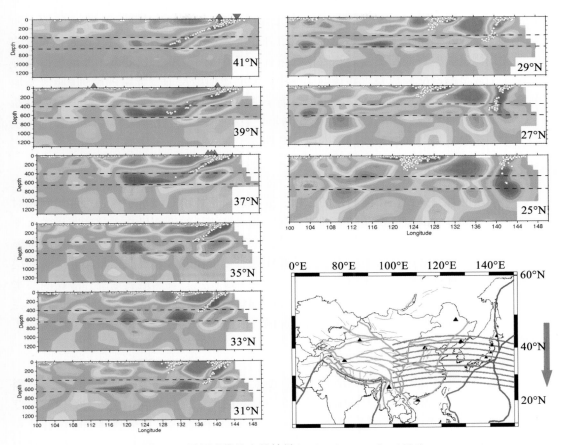

图 6-3　层析成像给出的结果(Jinli Huang et al., 2006)

6.2　断层形变观测

　　1966 年邢台地震后，在周恩来总理的亲自关怀和倡导下，以地震监测预报为主要目标，由国家测绘局所属各测绘单位抽调技术力量组建了地震测量队，先后隶属于国家测绘局、中共中央地震办公室、国家地震局、中国地震局等部门。地震测量队在中国测绘系统和水利系统原有水准测量的基础上开展地震形变监测，希望发现与地震有关的地表变形信息，进而用于地震预报探索、研究与实践。为了在有限能力下更快速有效地测量地壳形变信息，首选跨断层的测线。这就是断层形变观测，为后来我国断层形变手段的扩大与发展打下了十分重要的基础。

　　后来断层形变观测发展到跨断层短水准、跨断层短基线、跨断层短边测距、跨断层流动重力、跨断裂带综合观测剖面、跨断层水管仪、跨断层蠕变仪等多种观测手段。除中国地震局所属的第一监测中心、第二监测中心(原名分别为第一测量大队和第二测量大队)、

应急搜救中心 (原名称为综合流动测量队) 和地壳应力研究所 (原名称为地震地质综合大队) 外，很多省市、自治区都先后成立了自己的测量队，如河北、山西、山东、新疆、四川、云南、福建、辽宁等。这些形变观测队伍开展了大量的断层形变观测，积累了大量的断层形变观测资料，在断层形变观测数据处理、地壳形变信息提取和地震预测预报研究等方面发表了大量的论文和成果，并获得了一些典型的震前断层形变异常的震例 (如海城地震前金县台跨断层水准形变异常、唐山地震前宁河跨断层水准异常、丽江地震前永胜跨断层水准异常等)，锻炼成长了一批断层形变测量、数据处理、形变分析和地震预测研究领域的专家，为我国持续开展跨断层形变观测与地震预测工作打下了坚实的基础。

6.2.1 跨断层水准观测

跨断层水准观测是根据水准测量的原理，分别在断层两盘布设水准点进行两点间相对高程之差——高差的测定。跨断层水准测量与常规水准测量的区别仅在于前者布设的水准测线须跨越活动断层，故称为跨断层水准测量，主要用于监视断层的活动性。跨断层水准测量通常不必构成水准网或水准环线，有关操作和监测仪器与常规水准测量相同。跨断层水准测量观测物理意义明确、观测信息直观、技术手段成熟。我国地震系统开展跨断层水准测量已有 40 多年历史，积累了一批连续可靠、高精度、具有实用价值的监测资料，在地震综合预测研究、断层活动性监视、地质探测，以及地球运动学、动力学研究中发挥了应有作用。

1. 水准测量

水准测量作为垂直形变监测方法是地壳形变监测的重要组成部分，也是地震前兆监测的重要手段之一。水准测量作为精确测定地面点高程的最常用的方法，一般需沿道路布设水准网。20 世纪 70 年代国家测绘局会同总参测绘局、中国地震局和水利部联合设计建立起覆盖全国的精密水准一、二等水准网，1991 年完成全部布设、监测与数据处理，其中一等水准路线 289 条 93360km，二等水准路线 1139 条 136368km (国家测绘局大地测量数据处理中心网站)，全国精密水准监测网作为我国精密高程控制系统在国家基础设施建设及地震预测研究等领域发挥了积极作用。为了更好地满足地震预报的需要，在华北、南北带等重点地震监视区建立了区域水准监测网，均按一等水准网的精度布设与施测，但网的空间密度远高于国家一等水准网的密度，复测周期也要短得多，为我国重点监视区的震情监测与研究积累了大量的地震水准复测资料，这些资料实现了与其他测绘部门的共享，为地方测绘需求、地面沉降监测与研究提供了重要的补充。

图 6-4 为水准测量基本原理示意图，水准测量是利用水准仪提供的水平视线，通过分别读取竖立在地面两点 (P_1、P_2) 的水准标尺 (A、B) 上水平视线读数 a (A 尺，位于水准路线前进方向的后面，称为后尺)、b (B 尺，位于水准路线前进方向的前面，称为前尺)，测定两点间的高差 h_{AB}，则 P_1、P_2 两点间高差为 $h_{AB}=a-b$，每测站高差均为后尺读数减去前尺读数，从而由已知点的高程推算各未知点的高程。若已知 A 点的高程 H_A，则 B 点的高程由 $H_B=H_A+h_{AB}$ 求得。

水准测量成果质量由精度指标控制；往返测不符值计算的每千米测量中误差小于 ±0.5mm，全国水准网平差后按改正数计算的每千米水准测量中误差一等不超过 ±1.1mm，

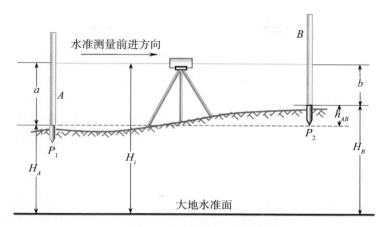

图 6-4　水准测量基本原理示意图

二等不超过±1.88mm，要保证水准测量获得精密的结果，除需采用现代精密的水准仪和精密水准标尺外，还需制定并遵守严格的技术标准，最大限度消除或减弱各类误差影响，有关内容详见相应技术标准。实际上，地震形变测量所执行的行业规范标准要高于国家测绘标准，新的地震水准测量行业标准正在研制之中。

2. 跨断层水准测量

20 世纪 60 年代初期，由著名地质学家李四光先生亲自指导，在我国开创了跨断层测量技术，并先后于新丰江、华北、西南、西北等地展开。多年的实践经验，人们逐渐认识到了跨断层测量的优越性及其在活断层跟踪监视与地壳形变监测中不可替代的作用。跨断层测量于 20 世纪 70、80 年代在全国迅速开展，全国先后有 27 个单位在各主要构造带上建立了跨断层测量场地。20 世纪 80 年代中后期，全国已发展到具有水准测量、基线测量、短程测距、短边三角测量及连续自动记录的断层形变测量等多种手段，监视着全国各主要地震带和地震活跃区，积累了丰富的观测资料。随着 GPS 技术的发展，短边测距逐渐被 GPS 所取代，将 GPS 手段用于断层形变监测也逐渐显示出巨大的优势。在各种断层形变测量资料的分析处理、观测技术的改善与改进、仪器研制及地震综合预测诸方面都已经做了大量工作，取得了良好的效果。20 世纪 90 年代期间，我国跨断层测量全面进入了规范化、标准化发展运行的轨道，组成了由国家地震局、局直属单位（学科协调管理部门）及各省局专业测量队（监测中心、工程院、勘测院、监测队等）的全国统一的三级管理网络。从全国场地布局的整体规划及测量手段的选定、观测场地的选建等基础工作，到全国统一的《跨断层测量规范》颁布实施、数据采集、质量评定标准、标准化数据处理、数据共享与存储和跨断层学科地震预测研究等方面，形成了一套规范化、科学化、可操作的跨断层测量管理运行体系。其中，跨断层水准测量为该体系的主体，也是全国范围内跨断层监测普及面最广的监测手段。

跨断层水准测量在技术上与国家一、二等水准测量要求基本一致，使用的仪器装备及基本操作类似。但由于跨断层水准测量的监测目标有所侧重，对观测精度要求较高，相关技术标准略有差异，因此研制了《跨断层测量规范》作为地震行业标准，经过多年实践经验总结，跨断层水准测量也在不断改进，对于较宽的断裂带，已经建立起一系列测线长度约为 50km 的观测剖面，并且尽量在线路设计上满足 GPS、水准、重力共点和同步观测的要求。与其有关的新的地震水准测量行业规范正在研制之中。根据地震行业的需求，跨断层水准测量测线布设应首先满足震情监视工作的需要，以监测场地为单位，根据断层的展布和特点，因地制宜布设独立的监测场地。跨断层场地一般应布设在地震重点监视防御区第四纪以来活动断层上，特别是更新世中、晚期和全新世期间曾有明显活动史的断层上，目的是跟踪监视所跨断层的活动特性及其与地震活动的关系，为地震综合预测研究提供基础资料。

通常一个跨断层水准监测场地至少应布设两条测线，图 6-5 为部分典型的跨断层场地布设示意图，每条测线长度视断层规模、破碎带宽度、场地地形与交通条件等而定，一般在几百米到 2km 不等，为防止测点被破坏与丢失，通常一条测线在断层每侧应保持 2 个以上水准标石。

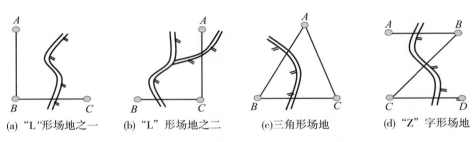

(a) "L"形场地之一 (b) "L"形场地之二 (c)三角形场地 (d) "Z"字形场地

A、B、C、D 为水准测点，图中双线为断层位置

图 6-5 跨断层水准测量场地布设示意图

跨断层水准测量具有测线短、目的明确、针对性强、复测周期短、测量精度高、组织实施方便等特点，尤其适用于地震危险区跟踪监视及地震应急观测，是一种方便灵活实用的地震前兆监测方法之一。

跨断层水准测量的复测周期应视断层活动性及地震预测研究需求而定，一般每年观测 6~12 期，震情紧张时可每天观测一次或不定期观测。跨断层水准端点应尽量建立在断层两侧完整基岩上，同时应按规范要求跨越破碎带，并避开地下水、洪积扇、古河道、滑坡体与沟坎、矿区与采石场，及非构造运动引起的地壳局部沉陷或隆起变形区等干扰源。

跨断层水准测量的测线应保持一定长度，应确保测线跨越断层的主破裂面，做到地质构造状况微观可见，准确可靠。在覆盖层较厚或隐伏断层上布设场地时，应采用相关科学方法查明隐伏断层的确切位置。

由于跨断层水准测量获取的是断层两盘高差的变化，即监视的为断层的垂直向活动，因此有利于正断层、逆冲断层的监视，而不利于走滑断层的监视。为了全面监视断层的活动性，通常在同一断层上同时布设跨断层水准与跨断层基线两种手段，从而实现对活动断层的三维变形监测。目前，地震系统在测的大部分跨断层基线场地同时布设有水准测量，但有很多场地只有水准，没有基线。

3. 跨断层水准测量现状及发展前景

我国跨断层监测总体布局基本合理，监测场地依据全国主要地震带与活动断裂展布特征而布设，主要分布于南北地震带、祁连带、天山地震带、华北地区（含首都圈地区）、郯庐地震带及东南沿海地区。其中，水准、基线综合监测场地主要分布于首都圈地区、南北地震带的小江断裂、红河断裂、鲜水河断裂等断裂带上，其他区域均以跨断层水准测量作为主要观测手段。

目前，跨断层水准测量使用的仪器主要为 Ni002 系列光学水准仪，由于此类高精度光学水准仪已停产，2006 年以来，以 DiNi 系列为代表的电子水准仪逐步在水准测量中得到应用，根据目前使用情况来看，电子水准仪也能达到跨断层测量技术规范要求的精度标准，实践表明，电子水准仪可用于跨断层水准场地测量，并且操作更加便捷。

跨断层水准测量是一种观测物理意义明确、测量精度高、机动性强、便于组织实施、相对投资小、设备及场地维护方便、产品稳定可靠的传统的地震前兆监测方法之一，尽管其在地壳形变监测中仅是众多手段之一，但因其在断层活动性跟踪监视、地震应急监测、地震前兆异常获取及震后强余震监视预测等方面具有独特的技术优势和时效优势，目前尚无其他技术手段可以取代，几十年观测资料的积累十分宝贵，已有若干次强震前震中附近出现了大幅度跨断层形变异常变化，尽管是否是真实的前兆性异常尚不能完全证明，但对边监测、边探索、边预测、边研究的地震科学来说，是十分重要的基础性资料，具有重要的探索和研究价值。不可中断，应继续加强、巩固与发展。

6.2.2 跨断层基线测量

基线测量也称为基线丈量，是一种长度（距离）测量方法，有着 130 多年的悠久历史。将传统基线丈量用于地震前兆监测已有 45 多年的历程，目前在地震系统仍有 30 多处跨断层基线测量场地在重复观测，主要分布在首都圈及川、滇地区。这些场地于 20 世纪 60 年代开始陆续建设，后经不断优化、完善与改造，多数场地已积累了 40 余年数百期观测资料。其观测周期为每年 6~12 期不等。40 多年来，跨断层基线测量成果在断层活动性跟踪监视与地震综合预测研究中发挥了积极作用。

1. 基线丈量与跨断层基线测量

传统的地面精密控制测量多采用三角测量，但无论是三角网、三角锁或其他几何图形控制网，通常采用角度观测，再通过起算点坐标与精密起算边推算各控制点的精确坐标，而精密起算边的边长通常由基线丈量获得。基线丈量结果作为高精度长度标准，在一、二等基线丈量中精度可达到 1∶70 万到 1∶100 万，基线长度通常可达数百米至数千米。

目前，基线丈量采用悬空丈量法，是 1880 年瑞典大地测量学家耶德林（E. Jaderin）教授发明的，使用的测量基准为基线尺，尤其是 1897 年铟瓦（INVAR）合金和超铟瓦合金材料基线尺的问世，使得基线丈量的精度与测量结果的可靠性得到保证。铟瓦基线尺的膨胀系数 $\alpha \approx 0.5 \times 10^{-6}/℃$，较好地解决了基线丈量结果的长期稳定性和短期突变性干扰的影响，此铟瓦基线尺一直沿用至今。该基线尺为丝线状，常称为铟瓦线尺，标准直径为

1.65mm，基线尺标准长度为24m，另有4m和8m的补尺用于丈量不足整跨(24m)距之用。也有48m的基线尺，但丈量精度相对较低，可用于低精度基线丈量。还有50m的带状基线尺，丈量精度更差。

图6-6为传统基线丈量野外现场作业示意图，具体操作方法详见相应技术标准或规范(国家地震局，1991)。

图例：A—钢瓦基线尺，B—分划尺，C—引张索，D—拉力架，E—重锤，F—轴杆头，G—轴杆架，H—滑轮

图6-6 基线丈量野外现场作业示意图

传统基线丈量由于具有较高的测量精度和连续稳定性，对于需要长期跟踪监视地面观测点微动态变形具有特定的技术优势。因此，1966年邢台地震后，地震系统将基线丈量方法引入到断层活动性跟踪监视中，在地震重点监视防御区相继布设了跨越断层的基线测量场地，进行定期重复观测，形成了具有特色的地震行业跨断层基线测量方法，并制定、修订了跨断层基线测量技术规范。

针对地震预测研究对监视断层活动性的需要，并结合跨断层基线测量的工作特点，跨断层基线测量不使用轴杆架，而是建立了与地面稳固连接的混凝土观测墩，轴杆头通常也固定到观测墩上，且引导钢瓦线尺的滑轮及拉力架也建造成永久性固定装置，这不仅便于测量工作的实施，也有利于提高系统整体稳固性，提高了工作效率，保证了基线测量成果的精度。

图6-7为跨断层基线测量典型场地布设示意图。每个场地通常由两条(或两条以上)基线组成，每条基线的长度通常为一跨以上，对于断层规模较大或破碎带较宽的断层，往往应布设多跨基线，以保证基线两端能够跨越断层，并避开破碎带。

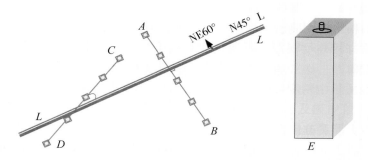

LL—断层线 AB—直交基线 CD—斜交基线 E—跨断层基线观测墩

图6-7 跨断层基线测量典型场地布设示意图

跨断层基线测量的测线布设通常要求跨第四纪以来的活动断层,并尽可能跨越断层的主断面。根据场地条件,通常将一条基线独立布设成与断层走向垂直,称为直交基线(有时也称垂直基线),直交基线与所监视断层夹角 α 在 $90° \pm 10°$ 范围内;另一条布设成与断层走向交角 α 为 $30°$ 左右的斜交基线,如图 6-7 所示。图中 $L—L$ 线为断层,AB 为直交基线,CD 为斜交基线,E 为基线观测墩。

2. 跨断层基线测量用于断层活动参数的解算

跨断层基线测量是一种简单易行的断层活动性监测方法。跨断层基线场地布设简便,易于观测,在重复观测中测量标志(轴杆头)间的高差不必每次测定,交通便利时,一个作业组一天可观测多条基线乃至多个场地。跨断层基线既可在固定地震台站布设,也可布设成流动观测场地,尤其是在同一活动断层的不同部位分别布设直交、斜交基线,可实现对整个断层分段活动性的跟踪监视;在同一场地布设多条不同方向的跨断层基线,可在特定模型下利用最小二乘法同时解算断层活动参数及场地应变参数。

对长度为 S 的跨断层基线进行重复观测,可得到两期测量期间基线长度的变化 ΔS,若同时进行了断层两盘高差测定,也可获得基线两端点的高差变化 Δh。对于直交基线,由于断层的上、下盘短时间内微小错动量(发生地震错动除外)在数值上与基线长度 S 相差甚大(通常在 4 个数量级以上),由此引起的基线与断层交角的变化 $\Delta \alpha$ 极其微弱,计算时可以忽略不计,因此断层少量水平扭错对直交基线的长度变化几乎没有影响,此时直交基线观测值的变化可敏感地反映断层的张压活动性。在假定断层的下盘相对静止时,当复测后观测基线增长($\Delta S > 0$),一般情况下表示上盘下降,断层处于张性活动状态;反之,观测基线缩短($\Delta S < 0$),表示上盘上升,断层处于压性活动状态。

对于斜交基线,基线与断层的夹角为锐角,ΔS 反映断层的张压活动性不及直交断层敏感,α 角越小敏感性越差,但对断层的水平错动反应越来越敏感,为监视活动断层的水平错动变化原则上 α 应尽可能小,但为保证基线能真正跨越断层,通常 α 角控制在 $30°$ 左右即可。

对于斜交基线,已知基线与断层夹角 α、断层倾角 β,测得两期观测期间基线长度变化 ΔS 和断层两盘高差变化 Δh,则此期间断层的扭动量 d 可由式(6-1)确定(薄万举,2010):

$$d = \left(\Delta S + \Delta h \frac{\sin\alpha}{\tan\beta} \right) \frac{1}{\cos\alpha} \tag{6-1}$$

通常约定断层左旋(即反扭)时水平扭动量为正,右旋(即正扭)时水平扭动量为负。并假定断层的下盘相对静止,基线增长 ΔS 为正值,基线缩短 ΔS 为负值;上盘上升时 Δh 取正值,上盘下降时 Δh 取负值。按上述符号约定,为保证一般情况下计算的正确性,需对 α 角做如下定义:即将断层线顺时针转动,第一次与基线重合或平行时所转过的角度为 α。

由式(6-1)可看出,对于斜交基线,扭动量 d 与基线长度变化 ΔS、断层两盘高差变化 Δh 及 α、β 角均有关;对于直立断层,$\beta = 90°$,$\tan 90°$ 为无穷大,Δh 不引起扭动变化。当基线布设方向与断层平行时,$\alpha = 0$,即基线未跨越断层,式(6-1)失去意义。这也说明虽然从数学模型上 α 越小越对断层扭动敏感,但端点不能离断层过近,否则会有不规则的畸变影响解算结果的可靠性和真实性。式(6-1)还说明，α 接近 90°会造成解算的 d 值误差过大，此时可用两条基线列联立方程求解的方法解决(薄万举等，1998)；应该注意，薄万举在文献中给出的计算公式符号与式(6-1)有差异，主要是因 α 的定义不同所致(一个是顺时针转动断层线，一个是顺时针转动基线，成 180°补角关系)。此外，两条基线联立求解断层两盘的扭错量与张压量可不需要知道断层倾角 β 和垂向变化量 Δh。将二者统一起来可得到计算公式如下：

$$
\left.
\begin{aligned}
d &= \frac{\Delta S_1 \sin\alpha_2 - \Delta S_2 \sin\alpha_1}{\cos\alpha_1 \sin\alpha_2 - \sin\alpha_1 \cos\alpha_2} \\
b &= \frac{\Delta S_1 - d\cos\alpha_1}{\sin\alpha_1} \\
c &= \frac{1}{2}(\Delta h_1 + \Delta h_2)
\end{aligned}
\right\}
\tag{6-2}
$$

式中，b 代表断层两盘水平张压活动量，正值表示张性活动；Δh 表示由短水准测量得到的高差变化量，则 c 代表对断层两盘垂向变化的估值；下标表示基线序号，其余符号含义和定义与式(6-1)相同。

在活动断层上分别布设直交基线和斜交基线，进行定期或不定期重复测量，可监视断层的张、压活动性及水平扭动的大小与方向。目前，地震系统跨断层基线场地多按上述原则布设，并在基线测量时同步进行精密水准观测，用于监视断层的活动状态及其演变特征，为地震中短期综合预测及断层活动性研究提供基础性信息。

3. 跨断层基线测距

跨断层基线测量自 20 世纪 60 年代开始用于地震前兆监测以来，在多次地震综合预测中显露出其应有的作用和价值，被认为是一种较可靠的地震前兆监测方法之一。然而，由于跨断层基线测量使用的铟瓦线尺为进口设备，而国外已在多年前停产，目前使用的为 20 世纪 60—90 年代所购置，传统基线测量已面临逐步被淘汰的边缘。

近年来，随着高分辨率高稳定性精密测距仪(或全站仪，下同)的问世，使得可满足基线测量精度需求的短距离测量成为可能。2002 年以来，中国地震系统开展了利用精密测距替代基线测量的研究，经反复技术论证与设计，以及大量野外试验，2003 年使得精密测距用于基线测量获得成功，实现了传统基线测量技术更新与数字化采集，与原有基线测量成果可实现"无缝"衔接，在较短距离上可获得传统基线测量的精度，且组织实施较传统基线测量更为便捷，场地建设与运行投资更小，跨越断层的长度可以更长(最大可达 3km)，且可实现一次性观测，无需用 24m 铟瓦线尺一段一段地递进测量。由 2004 年开始，在首都圈地区 11 个基线场地改用精密测距仪测量基线长度，现已积累了 8 年以上监测资料，其成果一直用于首都圈地震预测研究。此外，GPS 连续观测和流动观测点位越来越密集，精度越来越高，数据处理方法和软件不断改进，有可能在不远的将来成为跨断层基线测量更为有效的补充手段。

4. 跨断层基线测量应用前景

跨断层基线测量作为流动观测手段用于地震监测具有如下技术优势：①场地布设简单，一般无需征地，建设投资小，尤其是采用跨断层基线测距技术，对场地环境条件要求更加宽松。根据震情工作需要，可用于监测地震危险区不同的活动断裂带，也可用于同一断裂带上各活动断层的监视，还可监视同一断层的不同区段活动情况。②监测工作组织实施方便灵活，可视震情动态变化灵活调整观测周期，如跟踪监视我国划定的年度地震重点危险区、宏观异常突发地区、小地震活动密集区，或严重缺震区、地震围空区等，都经常需要加密观测。同时也适用于震前断层活动异常及震后强余震跟踪的应急监测。③观测程序方便易行，资料处理简单。通常观测结束后在现场即可获得监视断层的活动信息。④跨断层基线测量观测量物理意义明确，监测方法直观可靠，测量成果精度高，资料长期稳定性有保证，是"短"、"平"、"快"地震流动监测技术之一。跨断层基线测量不仅在地震预测研究中越来越重要，而且在现今地质学、地壳动力学等研究中均有重要的应用价值和前景。

6.2.3 跨断层综合剖面测量

断层活动往往是断层两边块体活动的结果。多年研究发现，两块体间往往发育多条断层，整个断裂带宽度有时能达到几十公里，因此以往布设的长度多在 2km 以内跨断层短水准短基线场地在用于地壳活动性监测与研究中显现了不足。这些跨断层短水准短基线已经积累了几十年的观测资料，用于断层活动性研究已经发挥了十分重要的作用，不宜轻易中断。但为了在此基础上更好地了解断裂带两边块体间活动的差异和规律，从"十五"开始，在主要活动构造带上布设了若干长度约 50km 的跨断层剖面，在剖面上埋设大约 20 个水准点，其中 10 水准点上同时设计埋设 GPS 点，对剖面同步实施 GPS、水准和重力观测。

在山西带上就布有蔚县、山阴、介休和临汾 4 个剖面。以临汾剖面为例，图 6-8 分别给出了剖面点位分布、地形剖面、GPS 位移矢量、重力变化剖面和水准变化剖面等示意图。

跨断层测量短水准、短基线测点数量相对较多，历史资料积累时间长，便于统计断裂带各断层活动的群体性涨落规律及其与可能孕育发生地震之间的关系；而跨断层综合剖面测量多手段共点，同步观测，便于多手段不同物理量之间的综合研究，同时空间跨度大，便于了解断裂带两侧块体活动的整体性差异。二者有机结合、优势互补，有望在地壳动力学和强震预测研究中起到越来越重要的作用。目前，跨断层综合剖面资料积累时间短，亦缺少震例检验，其优势尚难以显示出来。

6.2.4 InSAR 在断层形变研究中的应用

20 世纪地球科学进步的一个突出标志是人类开始从太空可以观测地球，即卫星测地技术。InSAR 正是重要的卫星测地技术之一。本节简要介绍一下 InSAR 在断层形变研究中的应用。

1. InSAR 技术监视断层活动的原理

星载 SAR 均为侧视，InSAR 获取的是卫星至地面视线向（Line Of Sight，LOS）的距离变化，实际上是北（N）、东（E）、上（U）三分量的合成结果。也就是说，由 SAR 获取的地面任一点的形变信息均为 N、E、U 三个方向形变量的和矢量在视线方向上的投影，计算时取三个分量投影的和。由于 SAR 卫星的姿态不同，N、E、U 各分量对 LOS 形变量的贡

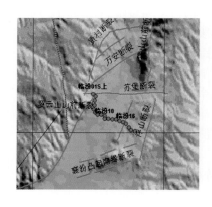

（a）临汾剖面位置（红点为各测点点位）

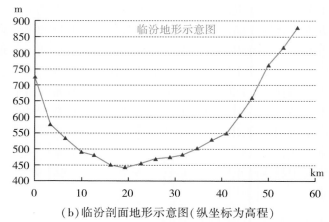

（b）临汾剖面地形示意图（纵坐标为高程）

（c）剖面 GPS 位移示意图

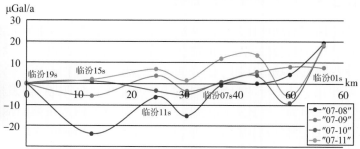

（d）剖面重力变化示意图

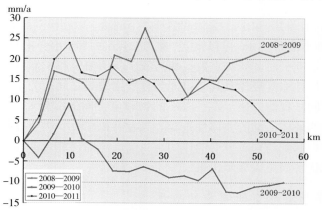

（e）跨断层水准给出的各期剖面点位高度相对变化示意图

图 6-8　临汾剖面点位分布、地形、GPS 位移矢量、重力变化和水准变化等示意图

献有所不同。

　　设定地面目标与 SAR 卫星距离变远时 LOS 形变 d_{LOS} 为正（相当于地面下降），反之变近时 LOS 向形变 d_{LOS} 为负（相当于地面抬升）。根据 SAR 成像几何关系，d_{LOS} 可用 N、E、U 三个分量 d_N、d_E、d_U 的函数来表示：

$$d_{LOS} = d_U \cos\theta - \sin\theta \left[d_N \cos\left(\alpha_h - \frac{3\pi}{2}\right) + d_E \sin\left(\alpha_h - \frac{3\pi}{2}\right) \right] \qquad (6\text{-}3)$$

　　式中，α_h 为卫星飞行方向与 N 向的夹角；$\alpha_h - 3\pi/2$ 为雷达脉冲方向的水平方位角（地面投影线方向为 ALD 箭头方向，见图 6-9；θ 为入射角，即雷达脉冲方向与地面法线的夹角。

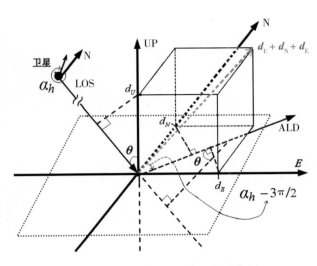

图 6-9　InSAR 三维成像几何示意图

　　基于太阳同步 SAR 卫星均为极轨卫星，近 NS 向飞行（偏离 N 向为 10°～20°）。不同 SAR 卫星设计的入射角有所不同，且同一卫星升、降轨的入射角也不同。以欧洲空间局的 ERS1/2 卫星为例，其升轨入射角 θ 为 21.3°，α_h 为 346.48°；降轨时 θ 为 23.7°，α_h 为 193.52°。升、降轨情况下形变分量对 LOS 贡献分别为：

升轨情况下：

$$\boldsymbol{d}_{LOS} = [d_U, \ d_N, \ d_E] \cdot [0.93169, \ -0.08494, \ -0.35318]^T$$

降轨情况下：

$$\boldsymbol{d}_{LOS} = [d_U, \ d_N, \ d_E] \cdot [0.91566, \ -0.09397, \ 0.39080]^T$$

　　由以上两式可以看出，无论是升轨或降轨，InSAR 对垂向形变最为敏感，升、降轨情况下均在 90% 以上；对 EW 向形变较为敏感；而几乎捕捉不到 NS 向形变信息，其原因很明显，即地面点位移方向如果与卫星飞行的轨迹方向近似平行时，其视线距离（LOS）近似不变。

　　因此，在利用 InSAR 技术监视断层活动时，形变结果分析中应当考虑以下几方面因素：①对于走滑断层，断层走向与 SAR 卫星飞行方向的夹角接近 90°，即断层走向接近 EW 走向时，InSAR 容易监测到其活动信息；而夹角接近 0°，即断层走向接近 NS 走向时，InSAR 对其活动信息基本无响应；其他角度时介于两者之间。②对于逆冲断层或正断层，无论其走向如何展布，理论上均可采用 InSAR 技术监测到其活动。图 6-10 给出了走滑、逆冲断层平行及垂直于卫星飞行方向时 InSAR 探测结果与地表位移的对应关系。

2. InSAR 技术用于断层活动性监测的应用

　　断层活动在地震孕育过程中表现形态是很复杂的。InSAR 得到的断层形变是水平和垂

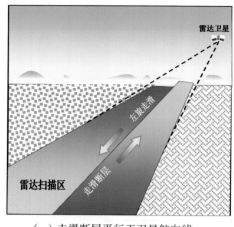

（a）走滑断层平行于卫星航向线

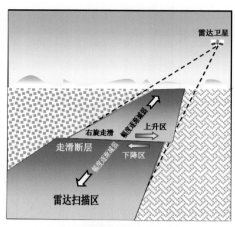

（b）走滑断层垂直于卫星航向线

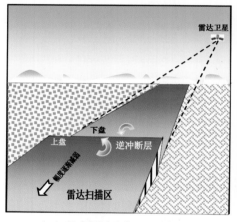

（c）逆冲断层垂直于卫星航向线

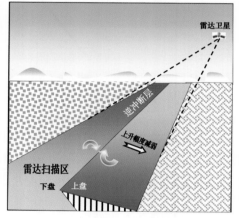

（d）逆冲断层平行于卫星航向线

图 6-10　InSAR 技术对走滑、逆冲断层活动的响应和表现

直向形变信息的叠加，理论上可以通过升、降轨 SAR 数据，或多传感器 SAR 卫星数据的综合使用，对 LOS 形变信息进行分离。但由于 SAR 卫星存档数据有限、获取时间段不一致等原因往往难以实现。在通常情况下，需要结合相关地质资料和其他地面监测成果，对 InSAR 结果进行综合分析。

　　在 InSAR 形变图上可以看出，升降带的边界与断层走向一致，随着远离断层其地表升降变化衰减较快。一般星载 SAR 影像覆盖范围在 $1\sim2\times10^4\mathrm{km}^2$，为实现对较大规模活动断裂的整体监测，需要采用多条带的拼接镶嵌技术。图 6-11、图 6-12 是两个应用结果的实例。

　　图 6-11 为青海玉树 2010 年 4 月 14 日 $M_S7.1$ 级地震前，由 2005 年 5 月 19 日至 2010 年 3 月 4 日间隔 58 个月（4.83 年）Envisat 卫星 7 景降轨 ASAR（Advanced Synthetic Aperture Radar）数据，采用短基线技术获得的震中区东部甘孜—玉树—风火山断裂玉树段平均速率

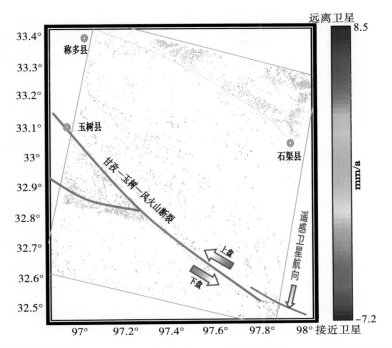

图 6-11 MT-InSAR 获得的甘孜—玉树—风火山断裂在玉树 7.1 级地震前视线向形变速率
（使用资料：2005-05-19 至 2010-03-04）

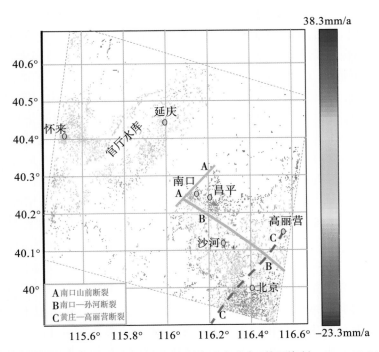

图 6-12 MT-InSAR 获得的北京西北部及延怀盆地地表形变速率（使用资料：2006-09-04 至 2008-10-13）

图。其中，蓝色表示远离卫星(地面点远离或下降)；红色表示接近卫星(地面点靠近或上升)。由图 6-11 可看出，震前甘孜—玉树—风火山断裂上盘(断层北侧)区呈现大范围沉降，即卫星探测到在 LOS 距离增长，平均位移速率达 8.5mm/a，而断层下盘(断层南侧)为相对上升，即卫星探测到在 LOS 距离缩短，平均位移速率为-7.2mm/a，升降分界带与断层走向一致，显示出震前甘孜—玉树—风火山断裂具有明显的左旋正走滑活动特征，该结果与甘孜—玉树—风火山断裂继承性构造活动相吻合。

图 6-12 为北京西北部及延怀盆地 2006 年 9 月 4 日至 2008 年 10 月 13 日间 EnviSAR 卫星 10 景 ASAR 影像 MT-InSAR 短基线处理技术得到的该区域地表视线向形变速率与主要断层分布图。其中，南口—孙河断层两侧存在明显的差异垂向运动，但受北京地区地表沉降影响，由图 6-12 进行断层活动性判定有待继续深入研究。

3. 问题与展望

我国幅员辽阔、自然条件复杂，采用常规水准测量方法要精确获取大范围乃至全国地壳垂直形变场动态信息，以及跟踪断层活动状态是十分困难的。而 InSAR 技术无需建立地面观测站点，无需人工观测，大大降低了工作成本，缩短了大范围(如全国乃至全球)数据采集的时间间隔，是利用空间高新技术获取地表垂直形变动态信息的新方法，有很好的应用前景。

目前，InSAR 技术用于地表微动态形变与活动断层监视仍受到一定限制，主要包括：①SAR 影像存档数据不足。由于 SAR 为主动式侧视，在轨传感器发射信号，然后接收由地面目标反射回来的信号；另外卫星的姿态、轨道需要精密控制，因此整个系统正常运行需要的功率较大，导致 SAR 卫星能量供需矛盾突出，难以对所有地区进行连续获取。通常情况下只是针对用户的预定或选择性地对关注区域进行扫描，因此星载 SAR 影像存档数据较少。②SAR 影像数据连续性尚无保障。目前 SAR 的设计寿命通常在 5 年左右，实际使用寿命一般不超过 10 年，资料的长期连续性仍存在困难。由于不同星载 SAR 使用的波段、轨道等不同，不同卫星得到的 SAR 影像尚难以实现组合使用。③SAR 影像数据获取问题。截至目前，我国仍无民用的星载 SAR，近期只能依赖国外的 SAR 数据。科研类 SAR 卫星影像价格较低廉，但商业卫星影像购置费用过高，同时预定数据还受国外优先级别的限制。④InSAR 技术直接获取的是视线向形变。该技术对地表垂直向形变较敏感，但其中含有水平形变信息的残留，同时难以单独提供地表三维动态形变场。

尽管如此，在保证 SAR 影像数据源的前提下，InSAR 技术仍是高精度、快速、低廉、大范围、动态获取地表垂直形变场的有效方法之一，也是活动断层跟踪监视的又一新方法。这对于监测震前的微量形变、震时的同震位错和震后的变形回弹等地壳形变过程，有着极其重要的意义，可为地学领域基础研究、地震预测等提供丰富可靠的定量化信息。

可以预计，随着我国航空航天技术的迅猛发展，不久的将来，具有我国自主研发的新型高性能、短周期重返的星载 SAR 必将诞生，届时有望实现对我国疆土的全时空跟踪扫描。通过建立地震专业化 InSAR 数据处理中心，依托不断完善的 InSAR 数据处理技术，全面实现高精度、大范围、准实时地表垂向微动态监测和活动断层跟踪监测的时代不会遥远，甚至全国每年获取一期高精度地壳垂直形变速率图不再是一种奢望，使人们从近百年的人工水准测量中彻底解脱出来。同时，将 GPS 与 InSAR 数据进行联合处理，可得到区域地表三维动态形变场，为我国地震综合预测研究提供地壳变形、板块运动等基础信息。InSAR 技术必将在包含地震预测在内的灾害预测中起到越来越重要的作用。

6.2.5 GNSS 在断层形变研究中的应用

GNSS(Global Navigation Satellite System)是全球导航卫星定位系统的简称，GPS 只是其中的成员之一。GNSS 用于地表水平定位的精度较高，而垂向定位的精度往往要差一些。因此常用于大面积水平形变场的研究(江在森等，2003；朱文耀等，2002；黄立人等，2003；刘峡等，2010；张强等，2000；金双银等，2002a；金双银等，2002b；金双银等，2002c；程宗颐等，2001；应绍奋等，1999；朱文耀等，1999；李延兴等，2004；李延兴等，2000)。近年来，众多连续 GNSS 垂向分量与精密水准的对比研究发现，尽管二者所确定点位垂向坐标的物理含义不同，误差来源迥异，存在较大的系统性差异，但经过一定的数据处理，其垂向坐标时变速率可以具有较好的互补性和一致性(杨博等，2011；韩月萍等，2012；高艳龙等，2012)。因此，GNSS 在断层垂直形变和水平形变监测与研究方面的应用越来越多(薄万举等，2009)。

1. GNSS 用于断层走滑型活动的监测与研究

我国实施完成了"中国地壳运动观测网络"和"中国大陆构造环境监测网络"两项国家级重大工程，其中建造区域 GNSS 观测站超过 2000 个，为重点满足地震观测的需要，在主要地震活动构造带布设的测点相对密集，已经获得多期观测资料，为研究断层活动提供了条件。已有地质构造活动研究表明，断层活动具有分段性质，因此可以用 GNSS 点观测到的位移对断层走滑活动进行分段的定性和定量研究。图 6-13 为横跨鲜水河断裂的 GPS 速度剖面，横坐标表示 GPS 点在剖面上投影的位置标记(到起点的距离，单位为 km)；中间竖线为鲜水河断裂；纵坐标表示 GPS 点在断层走向方向(即 NW40°方向)的位移速度分量；图 6-14 为横跨小江断裂 GPS 南北向运动速率的剖面，小江断裂走向为 NS 向。从图 6-13 和图 6-14 的比较可看出：①鲜水河断裂两边相对速率差与小江断裂相当，都为 10mm/a 左右。②鲜水河断裂的扭错分布在空间上有个突变的台阶，说明断裂带中存在较显著的主滑动面，说明这里易于滑动，暂时不易因闭锁而积累较大能量；而小江断裂带更像存在一个扭曲变形带，意味着是一个带上扭曲变形或多断裂走滑叠加而成。③两个断裂都是明显的左旋走滑活动，与该区域的构造运动趋势特征一致。显然追踪类似的断层形变过程对了解地壳应力活动过程和地震活动性研究有十分重要的意义和价值。通过 GNSS 矢量位移场通常也可判断断层的活动性质与大小，但当局部范围内断层两边 GNSS 点含有较大的平动分量时，不容易直观判读断层活动性质与大小，需要调整运动的参考基准。调整基准后还可以将位移场矢量分解成断层走向分量与断层垂向分量之和的形式，绘制相应的 GNSS 分矢量图，易于直观判定断层活动的性质和大小。

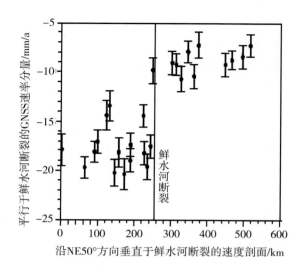

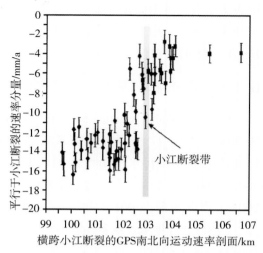

图 6-13　横跨鲜水河断裂的 GPS 速度剖面　　　　图 6-14　横跨小江断裂的GPS南北向运动速度剖面

2. GNSS 用于断层垂直活动的监测与研究

GNSS 因其垂向分量对电离层、大气含水量、卫星轨道垂向变化等带来的误差更加敏感，各种改正方法也难以彻底消除，造成点位垂向坐标误差比水平向坐标大，这些误差又随时间的变化具有一定的波动性，在一定程度上影响了 GNSS 在断层垂直活动监测与研究中的应用。但用于震时发震断层的垂直错动量的测定显示出了其特有的优越性，这一点在汶川地震震源区形变研究中得到了充分的体现(薄万举等，2009)。近来有研究表明，GNSS 垂向分量中存在共模误差(杨博等，2011)，当两个 GNSS 站比较近时，卫星轨道垂向摄动、大气含水量和电离层对点位垂向坐标的影响基本相同，因此可以断定，近距离点位间的垂向共模误差会更大，因此跨断层两边的 GNSS 点如果较近的话，两点纵向坐标之差中就去掉了共模误差。换句话说，尽管 GNSS 垂向定位误差较大，但用其测定地面近距离两点之间的高差精度要好得多。计算断层两边相对错动量，我们只知道两期高差的正确值就可以了，因此用 GNSS 测定断层垂直形变，研究断层形变机理及其与地震孕育发生之间的关系应该是可行的，值得继续探索。当两 GNSS 点较远时，卫星轨道的摄动影响会不一样，大气含水量和电离层都会存在较大差异，其共模误差成分减少，求两点高差时误差相应加大。但一般情况下，做形变研究很少考虑很远两个点之间的垂直形变。实际上，精密水准用于很远两点之间的垂直形变研究也有很大的局限性，一是时间问题，观测一期水准需要时间较长，测量期间的形变难以顾及；二是误差传播累计与路线长度的方根成正比，当线路较长时同样不可忽略，相反，已有研究显示水准网速率基准可以用连续 GNSS 观测成果确定，可有效减小水准观测误差累积对地壳垂直形变速率的影响(韩月萍等，2012)。

3. 块体活动与断层形变

用 GNSS 给出的全国水平形变场显示，位移场矢量的大小和方向有区域相对一致的分布特征，意味着被深大断层切割成的地块存在整体性活动与变形。而不同地块活动和变形的特征往往存在一定差异。这种差异越大，块体间的断层活动性越强，断层形变越显著，地震活动越频繁。地壳形变在块体内部分布的规律性要相对好一些，便于用数学模型描述，可建立一定的地壳运动与变形模型用位移场数据在最小二乘准则下求解其模型参数（李延兴等，2001a），从而可以借助于模型估算没有测点处的形变量。这样，断层两边按各自块体位移场变化规律建立的模型推算到断层边缘，可得到假定没有断层的情况下块体边界处的变形情况。因在两相邻块体运动与变形的过程中，断层处的相互作用对块体互有强约束作用，造成边界处拉张、挤压、闭锁、走滑等多种变形情况出现，因此块体边缘处的变形情况与块体整体建模外推得到边缘变形的情况往往是有很大差异的，而这种差异就是因存在边界强约束造成的，相比块体内部相对一致性变形来讲，边缘处偏离一致性的变形可以理解成因块体相互作用造成的畸变，偏离越大，畸变越强烈。所以了解这种差异，也就是了解畸变的程度，对研究断层活动性质、活动强度、可能孕育地震的危险性和强度判定均有十分重要的意义。

（1）直接观测到的断层两边的形变

按图6-5、图6-7所示的方法布设跨断层短水准、短基线；对于变形带较宽的断裂带，按图6-8所示的方法布设综合形变观测剖面；对人迹罕至的地方或重点区域（如震中区）按图6-10至图6-12所示采用PS-InSAR测量方法，均可获得断层两边运动与变形的真实差异。当断层两边GNSS观测点数量足够多且足够靠近断层时，利用图6-13、图6-14或与其类似的方法也可以容易地获得断层两边运动与变形的差异。差异大，且沿断层走向分布不均匀，就可为我们判断应变（应力）积累区段提供依据。

（2）模型推算得到断层两边运动的差异

描述块体运动与变形的模型有块体的刚性运动模型、块体的弹塑性应变模型、块体的刚性-弹塑性运动-应变模型和板块的整体旋转线性应变模型四种（李延兴等，2001a；李延兴等，2006）。第一个模型只考虑了块体的刚体性运动，第二个模型考虑块体的弹塑性应变，第三个既考虑刚性运动，也考虑弹塑性运动，第四个模型在上述基础上考虑了应变在空间上的线性变化。越复杂的模型待定参数越多，越需要块体上的GNSS点密集、均匀；此外我们希望模型能够拟合块体变形的规则部分，即需要知道块体整体变形规则，从而寻找什么地方的实际变形与应有的规则变形差别较大，差别较大的地方应该是因块体运动相互作用强烈、并引起畸变较大的地方，同时也可以看成是断层对块体运动与变形影响较大的地方，这样的地方就可能是应变能容易积累而孕育发生地震的地方。基于上述理由，建议选择第三种模型，即块体的刚性-弹塑性运动-应变模型比较合适，具体模型如下（李延兴等，2001a）：

$$\begin{bmatrix} V_e \\ V_n \end{bmatrix} = \begin{bmatrix} -r\sin\varphi\cos\lambda & -r\sin\varphi\sin\lambda & r\cos\varphi \\ r\sin\lambda & -r\cos\lambda & 0 \end{bmatrix} \begin{bmatrix} \omega_x \\ \omega_y \\ \omega_z \end{bmatrix} + \begin{bmatrix} \varepsilon_e & \varepsilon_{en} \\ \varepsilon_{ne} & \varepsilon_n \end{bmatrix} \begin{bmatrix} (\lambda - \lambda_0)r\cos\varphi \\ (\varphi - \varphi_0)r \end{bmatrix}$$

(6-4)

式中，V_e为地面点位移的东向分量，V_n为北向分量；r为地球半径；λ、φ表示地面点的经纬度；ω_x、ω_y、ω_z为块体的刚性运动的矢量，称为欧拉矢量；ε_e、ε_{en}、ε_{ne}、ε_n为块体水平应变参数；λ_0、φ_0为块体中心点经纬度。显然，将块体上若干GNSS点观测到的运

动分量 V_e 和 V_n 以及其经纬度 λ、φ 代入式(6-4)，利用最小二乘原理可解算出块体刚性转动的欧拉矢量和块体的水平应变参数，即建立起了该块体在 x、y、z 地心坐标系下的地表水平运动和应变模型。反过来将块体上的任一经纬度坐标 λ、φ 代入式(6-4)，即可得到任一点的水平运动矢量 $\boldsymbol{V}=(V_e \quad V_n)^{\mathrm{T}}$。若断层两边的块体上均有足够的 GNSS 观测点，用式(6-4)建立各自的运动模型，可将断层线上的经纬度代入各自的模型，得到断层带两边按各自模型推算的位移，即可显示该断层应该存在的扭错和张压活动状态的分布。早在 2004 年就有研究人员按上述思路和方法给出了龙门山断层两边活动的相对差异[1]。图 6-15 中已经去掉的整体平动分量。由图中可看出，龙门山断裂西南段应该受到强烈挤压，东北段呈相对张性兼右旋走滑活动。

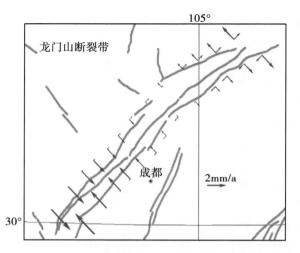

图 6-15　用块体模型给出的龙门山断层两盘相对活动的差异

从同期给出的 GNSS 水平运动场(图 6-16)看出[2](薄万举等，2006a)，汶川 8.0 级地震前龙门山断裂两边 GNSS 位移差异并不显著，跨断层短水准测量也未发现普遍的特殊异常(其中耿达水准后来出现大幅的异常变化，经落实认为是干扰，但仍有争议(薄万举等，2009；朱航等，2010))。因此，图 6-15 给出结果的正确性很容易引起怀疑。深入分析认为，恰恰是二者的差异可能提醒我们龙门山断裂存在发生地震的危险。这种危险早在 2004 年就有研究提出过[3]。因为图 6-15 是通过观测值建立的块体整体活动模型外推得到的断层处应有的变化，图 6-16 说明实际观测在断层处不存在类似明显的变化，以至于汶川地震给人们"恰恰是没有形变的地方发生地震"的印象。其实断层两边未发生应该有的相对变形恰恰是相邻块体锁定而相互存在强约束作用的结果，即块体整体变化所需的变形在断层处被严重阻碍了，但块体的整体运动存在，局部断层难以长期阻碍块体的整体运动，时间长了，断层处的变形缺失便会以地震破裂的形式加以补偿。汶川地震的破裂表

①②③　薄万举，等．"十五"课题研究报告："断层形变时空演化与强震活动关系研究"(100501-05-06)，中国地震局第一监测中心档案资料，2004。

6.3 断层形变在活动构造块体划分中的应用研究

明，龙门山断裂中南段以逆冲为主，中北段及继发的几次余震破裂均以右旋走滑运动为主（徐锡伟等，2010），定性地补偿了图 6-16 相对图 6-15 所显现的变形缺失。所以，图 6-16 和图 6-15 的差异为我们判定可能孕育发生地震提供了一种线索和依据。

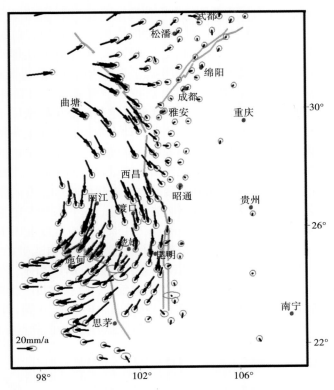

图 6-16　川滇地区地壳水平运动(中国大陆无旋转基准)

6.3　断层形变在活动构造块体划分中的应用研究

　　既然断层活动与块体活动相互作用有关，研究块体划分对研究断层活动就有重要意义。块体划分有很多研究(李延兴等，2001b；张晓亮等，2005；张培震等，2003；李延兴等，2003)，如地质构造活动方法、地震活动方法、大面积形变方法等。我国很多断层带上布设有跨断层短水准、短基线测量，积累了几十年的测量资料，这些资料在活动构造块体划分中也起到了一定的作用，本节以华北为例作具体研讨。

6.3.1　华北断层形变测点分布区带的划分

　　首先以华北为例，介绍一下断层形变在活动构造块体划分中的应用。华北地区布有120 多处跨断层形变测量台站或流动测点，多数测量台点布设有 2 条以上的短水准测线，有的多达七八条以上，有的测点还同时布设了跨断层短基线。各测点布设在主要构造带或地震带的断层上，测量断层两侧的相对运动，从而用于地震形变前兆研究(薄万举等，1997a；薄万举等，1997c；车兆宏，范燕，1999)。这些测点一般都有 10 年以上的资料积累，最早的由 20 世纪 60 年代末就开始有资料，分布在天津、北京、河北、辽宁、山东、江苏、安徽、山西、内蒙古、陕西、甘肃和宁夏等十二个省市的区域内。

对华北断层形变资料逐个台点逐条测线进行整理，加上必要的改正，排除明显的系统性误差，去掉不跨断层的测线及质量太差、时段太短的资料，经筛选处理了 112 个测点计 145 条测线的资料，总计约 1.78×10^5 多组垂直形变观测数据。对上述断层形变资料进行了系统地处理和研究，通过断层活动量级的空间分布给出了华北活动块体的初步划分结果。

断层形变测量与其他测量手段相比，具有点位多、覆盖面广和资料积累时段长的特点，用于华北活动块体的研究有重要的价值。此外，这些测点虽跨断层布设，但测线长度多为几百米，而断层构造带的宽度可达几十公里。动力学过程再加上各种干扰因素，用单个数百米长的测线对数十公里宽的断裂构造带进行准确定性和精确定量的描述是十分困难的，在同一测站不同测线的观测结果中就常常出现难以解释的矛盾。在断层破碎带上，地壳形变观测对干扰敏感，同样会对地壳应力活动也有敏感的响应，有的测点因干扰减弱了信号，但更多的测点会因对地应力变化敏感而放大信号。这些信号在定量和定性的响应上存在较大的差异，但因各区带上分布有多个测点，其综合响应程度会因不同区带地壳活动强弱的不同而显示出一定的差异。为此，根据断层形变测点和构造带的分布，划分出 10 个区带，以便进一步研究各区带之间地壳活动的差异性如图 6-17 所示。

这 10 个区带分别为：(Ⅰ)山西断陷带；(Ⅱ)渭河盆地；(Ⅲ)张家口—蓬莱构造带；(Ⅳ)首都圈；(Ⅴ)银川—六盘山构造带；(Ⅵ)郯庐带；(Ⅶ)阴山—燕山带；(Ⅷ)青山—晓天断裂带；(Ⅸ)茅山断裂带；(Ⅹ)鲁西断块区。图 6-18 给出了不同区域放大后的测点分布图。

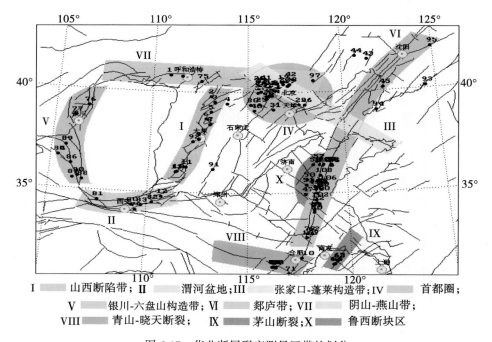

I ▨ 山西断陷带；II ▨ 渭河盆地；III ▨ 张家口-蓬莱构造带；IV ▨ 首都圈；
V ▨ 银川-六盘山构造带；VI ▨ 郯庐带；VII ▨ 阴山-燕山带；
VIII ▨ 青山-晓天断裂；IX ▨ 茅山断裂；X ▨ 鲁西断块区

图 6-17　华北断层形变测量区带的划分

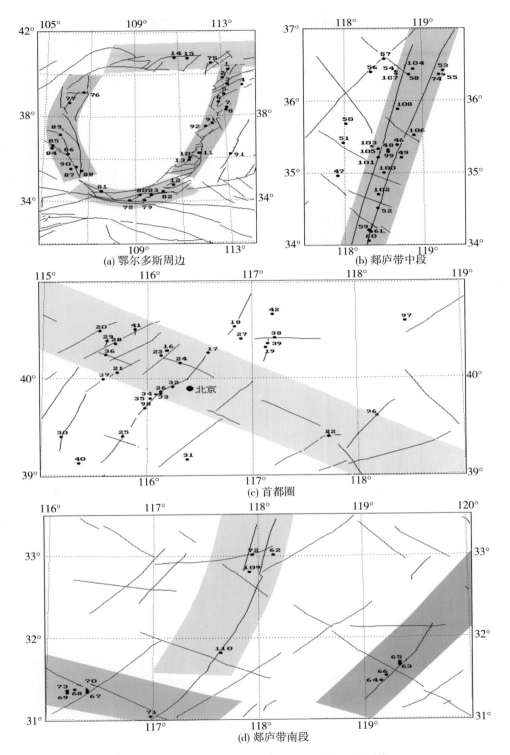

(a) 鄂尔多斯周边

(b) 郯庐带中段

(c) 首都圈

(d) 郯庐带南段

图 6-18　图 6-17 中点位分布密集区放大后的图像

6.3.2 数据处理方法及结果

首先将收集到的全部资料进行预览,查找突变点和观测间断点。对于观测间断点,通常采取线性内插的方法解决,使之变成等间隔数据;对于突变点,通过查阅原始资料,并向常年在野外测量一线工作的同志了解情况,查清突变原因,并做必要的改正,得到初步预处理的结果。这里断层形变资料处理与通常不同(薄万举等,1997c;车兆宏等,1999),通常是以寻找形变前兆为主要目的,因此,必须剔除震时形变、震后效应以及与降雨、干旱、地面沉降等干扰而伴生的大幅度断层形变,因这些异常形变大多与地震孕育没有直接的关系,难以作为地震前兆看待;而这里研究的首要目的是寻找活动块体的边界,活动边界又对各种干扰因素敏感,断层活动性越强,在一定扰动背景下产生的形变量就越明显。至于大幅度的震时形变和震后效应,更可作为块体边界正在活动的直接证据。因此,在统计断层活动速率时取用资料标准与用于地震预测研究不同。当然,对于完全因点位破坏、点位附近施工等局部的干扰因素仍然要进行合理的排除。

本节着重对 145 项资料反映的断层长趋势活动进行了统计,统计方案如下:

①利用线性回归的方法分别对每条测线计算长趋势运动速率。

②将测点(测线)按地理位置分成区带(据构造分布情况,各区带之间可包含有共同的测点),分别统计各区带的断层垂直活动速率绝对值的平均值,用于表示各区带断层活动的平均水平。

表 6-1 给出了各区带的统计结果。表 6-2 给出了与表 6-1 中测点编号一一对应的测点名,同时与图 6-17 和图 6-18 中的测点编号相一致。

6.3.3 活动块体边界的确定

由表 6-1 和图 6-17 不难看出,各区带的断层活动水平是很不一样的。表 6-1 中前四个区带活动水平较高,中间四个区带活动水平居中,最后两个区带活动水平很低,年平均速率在 0.1mm 以下。

表 6-1 　　　　　　　　　　华北各区带断层平均垂直运动速率的统计

序号	区带名称	测点数	测线数	平均速率 /mm/a	测 点 编 号
1	山西断陷带	15	19	1.453	1,2,3,4,5,6,7,8,9, 11,10, 12, 13, 92,112,
2	渭河盆地	7	7	0.757	12,78,79,80, 81, 82, 83
3	张家口—蓬莱构造带	16	17	0.715	16,17,20,21,22,23,24,26,28, 29,32,33,34,36,41,96
4	首都圈	30	33	0.402	含上面 16 个点,另加:18,19,25,27, 30,31,35,37,38,39,40, 42,97,98

序号	区带名称	测点数	测线数	平均速率/mm·a	测点编号
5	银川—六盘山构造带	9	12	0.366	76,77,84,85,86,87,88,89,90
6	郯庐断裂带	27	31	0.251	45,46,48,49,52,53,55,58,59,60,61,62,72,74,94,95,99,100,101,102,103,104,105,106,108,109,110
7	阴山—燕山构造带	21	23	0.250	14,15,16,17,18,19,20,21,23,24,27,28,29,36,37,38,39,41,42,75,97
8	青山—晓天断裂带	6	6	0.117	67,68,69,70,71,73,
9	茅山断裂	4	4	0.094	63,64,65,66
10	鲁西断块	5	5	0.047	47,50,51,56,57
	华北全区	112	145	0.438	

山西断陷带活动水平最高，年平均速率达 1.453mm，说明这个带现今活动明显，即使去掉个别速率高的测线，仍然是活动性最强的区带。渭河盆地和张家口—蓬莱构造带的断层平均活动速率均在 0.7mm/a 以上，现今活动很明显。从表 6-1 看出，以上 3 个区带的平均断层活动速率均超过了华北全区的断层活动平均速率，尽管这里只统计了断层垂直位移分量，但足以证明这三个区带现今是活动的，故定义为华北地区的活动地块边界。在其余的七个区带中，首都圈的断层平均活动率虽然比较高，但张家口—蓬莱构造带包含其中，且张家口—蓬莱构造带的平均活动速率比首都圈高得多，说明尽管首都圈平均断层活动速率较高，但该区内仍存在明显的相对更高的活动带，即张家口—蓬莱构造带。换句话说，在非常活跃的区域，块体边界带断层的平均活动速率仍然明显地高于其他地方，这就为我们用断层平均活动速率寻找和确定活动块体边界提供了重要的依据。

茅山断裂和鲁西断块的断层平均活动速率均在 0.1mm/a 以下，除非有其他手段提供新的证据，这两个区带不能定为现今活动块体的边界。其余的银川—六盘山构造带、郯庐断裂带、阴山—燕山构造带和青山—晓天断裂等四个区带的断层平均活动速率属中等水平，在 0.117~0.366mm/a 之间，属于现今活动性相对较弱的块体边界，其现今断层的垂直活动水平比前三个区带明显偏低，故将其划为该区域块体现今活动的次一级边界。这只是跨断层水准给出的研究结果，尚不排除在垂直活动较弱的边界上存在较强的水平断层活动，有必要结合 GNSS 等手段对其水平活动强度进行综合研究，可望得到更全面的研究结果。假如在某一相当长时间段中断裂带不存在明显的垂直活动，又能证明断裂带两边相对水平形变实测分布(类似图 6-16)与两边块体运动模型推测的(类似图 6-15)相一致，则在这一段时间内可将两个块体合并成一个块体来考虑。

表6-2 点位序号与测点名的对照

序号	测点名	序号	测点名	序号	测点名	序号	测点名	序号	测点名
1	大同	24	百善	47	甘霖	70	钱家店	93	丹东
2	小磨	25	涞水	48	石林子	71	槐柏	94	金县
3	应县	26	实验场	49	岭泉	72	女山	95	清原
4	下达枝	27	密云	50	刘官庄	73	马家岭	96	唐山
5	代县	28	狼山	51	五胜	74	安丘台	97	宽城
6	原平	29	土木	52	高峰头	75	凉城	98	牛口峪
7	茶房口	30	紫荆关	53	常家庄	76	红果子	99	崔家庄
8	眉音口	31	南孟	54	刘家庄	77	苏峪口	100	相公庄
9	太原	32	八宝山	55	岳家店	78	沣峪口	101	崖头
10	临汾	33	大灰厂	56	朱家坡	79	清河口	102	窑上
11	广胜寺	34	大灰厂台	57	中黄山	80	麻街	103	西冶
12	枫柏峪	35	上万	58	高崖	81	大塬	104	唐吾
13	峪里	36	施庄	59	城岗	82	蒲峪	105	石拉子
14	沟门	37	燕家台	60	晓店	83	涧峪	106	陵阳
15	五一水库	38	墙子路	61	马陵	84	干盐池	107	姜家把窝
16	德胜口	39	张家台	62	重岗	85	红岘子	108	花沟
17	桃山	40	易县	63	竹矿	86	寺口子	109	丰山李
18	北石城	41	张山营	64	芳山	87	六盘山	110	山王
19	镇罗营	42	古北口	65	薛埠	88	甘沟窑	111	小池
20	小水峪	43	车坊	66	曹山	89	小红沟	112	夏县
21	沿河城	44	北票	67	大堰	90	三关口2		
22	宁河	45	熊岳	68	仙姑坟	91	盐店沟		
23	南口	46	同家岭	69	洗儿塘	92	卦山		

根据上述研究,总结出用断层垂直形变手段判定华北区域块体现今活动边界的原则如下:

①构造条带上断层形变平均活动速率明显高于研究区全部断层形变平均速率者,可定义为研究区内块体现今活动的边界。

②构造条带断层活动速率与研究区平均速率相当,但明显高于相邻区域时,也可划为

活动边界。

③断层活动平均速率小于 0.1mm/a 时，不宜作为活动边界看待。

④断层平均活动速率大于 0.1mm/a 且达不到上述活动边界判定标准者，可列为研究区内次一级的活动边界。

以上是初步判定原则，当水平形变或其他手段给出新的证据时，应对按上面标准给出的活动边界进行适当的调整或修正。同时，要考虑这是一个具有一定统计意义的结果，当某一断裂上跨断层测点较少时，就不具有统计意义，其结果和结论不具备统计意义上的可靠性。

6.3.4 与地震活动分布的对比分析

地震活动性研究的结果表明，较强地震大多沿主要构造带分布。图 6-19 给出了华北地区公元前 700 年至 1994 年 5.0 级以上地震的分布，图 6-20 给出了该区 1995 年至 1999 年的所有地震活动的分布，从图 6-19 和图 6-20 来看，地震的强活动带依次为山西断陷带、张家口—蓬莱构造带、银川—六盘山构造带、渭河盆地、郯庐断裂带和阴山燕山构造带。这 6 个区带与跨断层水准测量手段给出的区带划分基本一致，其中存在的主要差异有如下几点：

①青山晓天断裂带在地震活动图像上无明显的显示，而断层平均活动速率有一定的显示，由图 6-21 给出的跨该断裂带短水准观测曲线看，该带上的断层活动一直很平稳，但从 1998 年前后出现了同步大幅度变化，说明该带现今有所活动，需进一步监测。

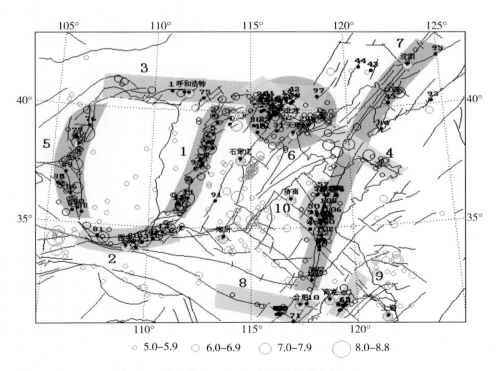

图 6-19 公元前 700—1994 年的地震分布图（$M_S \geqslant 5.0$）

②渭河盆地的地震活动近期较弱(图 6-19,图 6-20),说明该区带现今地震活动较弱,而断层平均速率显示该区带较高,故应引起高度重视,未来该区带内仍不能排除发生强震的可能性。

③阴山—燕山带地震活动并不强烈,但近期呈相对较高的地震活动水平,而其断层平均活动为中等水平,似乎有增强的趋势,应引起重视。

④唐山至邢台构成的河北平原地震带在图 6-19 和图 6-20 中有一定的显示,但据断层平均活动速率的统计结果,难以勾画出该区带作存在。若将该区带作为块体的活动边界,可暂时列为块体内更次一级断块间的活动边界,有新的证据随时补充修正。

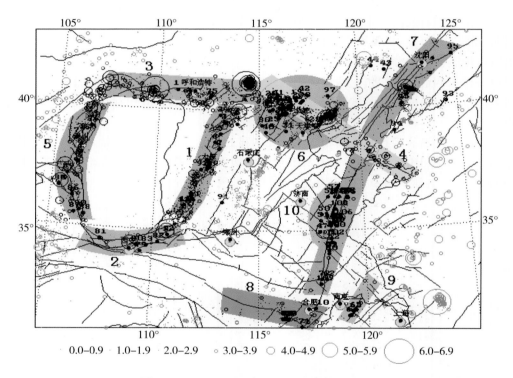

图 6-20 1995—1999 年地震的分布(*M*>0 级)

6.3.5 讨论及结论

本节研究认为,华北地区主要分为西部的鄂尔多斯块体、华北平原带块体及周边块体。现今主要块体的活动边界有 6 条,按活动强度的顺序依次为:①山西断陷带,②渭河盆地,③张家口—蓬莱构造带,④银川—六盘山构造带,⑤郯庐断裂带,⑥阴山—燕山构造带。这 6 个活动边界带基本上给出了华北现今活动块体的分布格局,其中华北平原带块体的南部边界不够清晰,从构造格局上应位于合肥至西安的条带附近,但缺少现今观测资料的支持。该带上形变测点很少,只在青山—晓天断裂上有几处,从其观测曲线上看,也只是 1998 年之后开始有较明显的变化。从地震活动的分布上看,大部分地震主要分布在上述 6 个区带上，在华北平原带的南部也未见到明显的条带分布，说明该块体的南边界活动性十分微弱，其分界线的位置在没有观测结果验证前，难以精确划定，可结合其他手段确定。

另外，地震活动显示华北平原地震带是一个活动性较强的条带，与其他条带相比，作为活动块体边界的形变证据尚不充分，这与该带上形变资料不完整有关。但地震活动本身已能证明它确实属于华北块体内部一个较为明显的活动边界，了解活动地块的细部结构，尚有待于综合多种资料进行深入的研究。

华北地区断层形变测量资料较为丰富，故以断层形变测量资料为主给出了华北块体现今活动边界的划分，对华北区域地壳动力学研究、大陆强震机理及地震大形势预测研究均有十分重要的意义。除华北地区外，南北带、祁连山地震带也分布有较多的跨断层形变监测场地，这些带都是中国大陆更高一级的块体边界，其地震活动特征和地质构造活动特征都很明显，在此不多赘述。其他地方，如东北、新疆、广西、广东等地区也有一定数量的跨断层测量场地布设，但其数量、规模、密度都要小得多，用断层形变划分块体边界不占任何优势。此外，块体的划分也不可能是一成不变的，如有证据证明断裂愈合，两边块体的运动与变形一致，至少在一个有限时段内可将两边合并成一个块体计算。相反，出现新的较为强烈而密集的地震活动条带，地表即使找不到断层或其他活动的证据，也不能排除深部断裂活动的可能或产生新的活动条带。

6.4　断层活动监测与数据处理在地震预测研究中的应用

断层活动监测已有多种观测方法，在 6.2 节已经作了一定篇幅的介绍。本节重点介绍数据处理方法及其在地震预测研究中的应用。地震预测是人类尚未攻克的世界性科学难题，因此这里介绍有关断层形变监测数据处理方法及其在地震预测研究中应用的成果也都是探索性的。这些研究和应用虽然有一定的进展，但距离难题的攻克还有很长的路要走。中国地震科技工作者勇于探索、百折不挠，已有很多相关研究论文发表，同时存在争议也是很难避免的，需要在今后的研究和探索中继续修正和完善。本节从中筛选部分介绍，为批判地继承，以供继续探索和研究参考。

6.4.1　断层形变异常信息的提取与地震活动性

据 6.2 节所述，断层形变测量资料有多种，各有所长。但开展最早、测点最多、持续时间最长的手段就是跨断层短水准、短基线测量，积累的资料最多。预测研究需要寻找规律，总结经验，因此资料的多少十分重要。早期期望通过单个跨断层测量资料发现异常变化，监测断裂带的活动，用来预测地震，首先是以单点时序观测曲线的形式检索异常变化（类似图 6-21 中的单个曲线，但过去多为手工点图）。后来发现用单点单测线的异常变化与地震的对应情况没有多点多测线的异常变化对应的更好一些，很多学者从不同的角度开展了多测点、多测线的形变信息提取和用于地震预测的研究，后来进一步发展到对群体性断层形变异常信息涨落与地震活动性的研究。

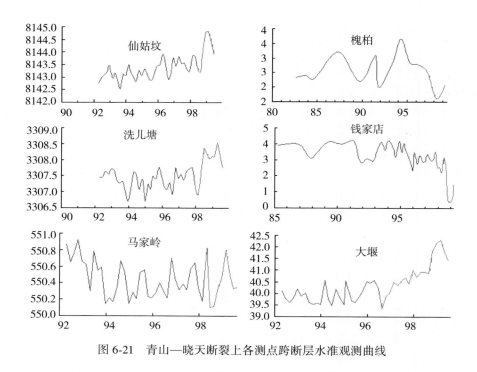

图 6-21 青山—晓天断裂上各测点跨断层水准观测曲线

1. 单测点一条跨断层短基线与一条跨断层短水准的信息提取

实际上，对单测点一条跨断层短基线与一条短水准情况，在 6.2.2 节内容中已经讲述。可借助于式(6-1)得到断层活动信息，即

$$d = \left(\Delta S + \Delta h \frac{\sin\alpha}{\tan\beta}\right)\frac{1}{\cos\alpha}$$

式(6-1)中，Δh 为上盘相对下盘上升量(下降为负)，由两期跨断层水准测量高差相减而得(也可由直交基线代替)；d 为断层反扭活动量(顺扭为负)，通过式(6-1)计算而得；ΔS 为跨断层短基线伸长量(缩短为负)，由两期跨断层短基线测量值相减而得；α 为基线与断层夹角，定义为断层线顺时针转动，第一次与基线重合或平行时所转过的角度；β 为断层倾角。由式(6-1)还看出，若 $\alpha = 90°$，d 值无解，说明只有一条直交基线不能解算断层扭错量，同时不难理解，用一条基线解算断层扭错量，α 越接近 90°，就越接近于无解，或者说解的误差越大；通常 α 选择在 30°附近较好(如 α 过小，容易受断层边缘效应的不规则变形影响)。另外，若 $\beta = 90°$，式(6-1)变为 $d = \Delta S/\cos\alpha$。

2. 单一时序观测序列异常信息提取方法

单一时序观测序列异常信息提取方法是断层形变异常信息提取的基础性工作。一般根据观测序列建立一个能反映其变化规律的模型，再根据模型给出估值，统计出模型值与观测值之间的偏差及其分布规律，当偏差明显不符合这一规律时即可识别为异常信息。常用的方法和模型有线性回归模型、三角函数多项式拟合模型、切比雪夫多项式模型、差分计算、距平计算、滑动均值法、卡尔曼滤波法，等等。这些是常用的数据处理方法，在一般的数值计算教科书中多有介绍。这里主要介绍一般教科书不常见且针对断层形变观测序列异常形变信息提取的方法，如畸形参数附带卓越周期拟合法、多点组信息法、斜率差信息法等。这些方法的通用性可能稍差一些，但对于探索地震断层形变前兆，开展地震预测预报研究，在现有研究工作的基础上进行更深入的探索有一定的参考价值。

（1）畸形参数附带卓越周期拟合法

在用断层形变资料提取地震前兆信息的研究工作中，发现因地质构造、地理气候环境及测点干扰背景不同，观测资料的变化千差万别，难以找出一种统一的、万能的而且有效的方法进行统一处理，有些特殊的情况，就必须用特定的方法处理才行。例如，在北方一年一度的冻土干扰，在有些测点显示十分明显，在异常信息提取时必须将该因素考虑进去。冻土干扰具有准年周期的特征，其影响往往造成观测值曲线出现畸形波，用一般的函数拟合难以取得理想的效果。因跨断层流动测点一般测量周期较长，在一个月以上，比台站形变观测的数据采样少得多，用一般函数拟合，阶数低时难以消除畸形信号，阶数高时容易出现病态方程，出现不唯一解，并且还常常拟合掉有用的异常信号。为了解决这一问题，提出适用于非平稳随机序列的畸形参数附带卓越周期拟合法（薄万举等，2001e；薄万举等，1996b）。

1）数学模型

畸形参数附带卓越周期拟合法的数学模型可表示为：

$$Y_{ij} + V_{ij} = P_j + qx_{ij} + \sum_{k=1}^{n} \left\{ a_k \sin\left(\frac{2\pi}{T_k} x_{ij}\right) + b_k \cos\left(\frac{2\pi}{T_k} x_{ij}\right) \right\} \tag{6-5}$$

$$i = 1, 2, \cdots, N/12; j = 1, 2, \cdots, 12$$

对每个观测值的资料来说，式（6-5）中 i 为年序号；j 为月序号；Y_{ij} 为观测值；V_{ij} 为改正数；P_j 为 j 月畸形待定参数；q 为线性趋势项系数；n 为卓越周期个数（据资料的具体情况而定）；a_k、b_k 为第 k 周期中正、余弦分量待定振幅；N 为总观测值个数；T_k 为第 k 个卓越周期长度；x_{ij} 为时间变量。

2）实际算例

以燕家台垂直基线为例，由式（6-5）得到的拟合曲线和拟合残差曲线如图 6-22 所示。由图 6-22 看出，拟合曲线显示了"畸形"特征。换句话说，每年含有一个畸形峰值的正常变化，这一变化的加强或消失都应视为异常，在以往的数据处理方法中，难以顾及到对正常畸形波的处理，为了确定带有畸形波的信息的正常变化范围，需要对相应的噪声水平进行评估。不同的季节有不同的噪声源，因而随机噪声水平也有所差异，故给出随机噪声估计时，应按畸形周期内对应时段分别统计（如年周期畸形波即为分别按对应月份统计）。

设资料长度为 W 年，以年周期畸形波为例，第 j 个月拟合中误差公式为：

$$m_j' = \sqrt{\frac{[V_{ij} \cdot V_{ij}]}{W}} \tag{6-6}$$

考虑到季节性差异时，m_j' 统计子样较少，为进一步平滑小子样造成对 m' 的估计误差，j 月的拟合中误差用相邻的 3 个月的滑动均值代替，即

$$m_j = \frac{1}{3}(m_{j-1}' + m_j' + m_{j+1}') \tag{6-7}$$

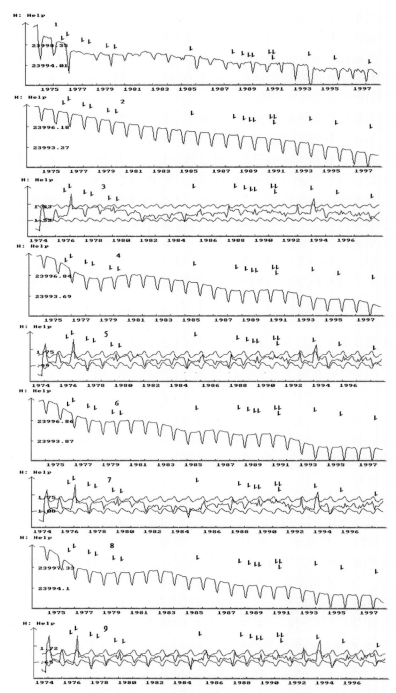

1—观测曲线；2、3—无卓越周期拟合曲线和残差曲线；4、5—选 6、7、8 年周期为卓越周期；6、7—选 2、3、4、6、7 年周期为卓越周期；8、9—选 2、3、4、5、6、7、8 年周期为卓越周期

图 6-22　燕家台垂直基线

取 $k \cdot m_j$ 为警戒值(一般 k 值在 $1\sim3$ 之间,按实际资料优化确定,此处取 $k=2.0$),在图 6-22 中残差曲线的警戒线即是按式(6-7)的计算结果绘制的。

由图 6-22 看出,冻土季节该资料的随机噪声最强,因此用常规方法很难消除这一畸形干扰波的影响。图 6-22 分别给出了 4 组曲线:第一组有 3 条,其中第一条曲线为观测值曲线,第二条和第三条曲线分别为不考虑卓越周期成分的畸形参数拟合曲线和残差曲线。在残差曲线图中看出,超限次数较少,且残差曲线存在周期性波动,说明在残差中有明显的周期性系统性的信号,将系统性误差当成随机误差按式(6-6)估计,显然高估了随机误差,超限次数自然减少,不利于有效识别异常,故应将其系统性信号给予适当排除;第二组有两条,分别为拟合曲线和残差曲线,即第四条和第五条曲线,在第二组在模型选项中考虑了 6、7、8 年周期等卓越周期成分,一并进行拟合;而第三组即第六条和第七条曲线的计算中考虑了 2、3、4、6、7 年等不同卓越周期成分的拟合;第四组即第八条和第九条曲线的计算中考虑了 2、3、4、5、6、7、8 年等不同卓越周期成分的拟合。是否较好地消除了卓越周期,就看残差曲线在警戒线内是否存在不符合随机波动特征的系统性、周期性的变化,如存在,就应设置适当的周期函数将其去掉。

从图 6-22 看出,最后一条残差曲线已不存在系统性和周期性的偏离,比较好地显示了残差随机波动的特征,残差警戒线的年周变规律也较好地反映了不同季节存在明显不同噪音背景的实际情况。

3)异常指标的统计

在图 6-22 中,曲线上的单箭头"↓"表示首都圈 5 级以上地震,按第九条曲线所示的畸形参数附带卓越周期拟合残差曲线进行统计,超出警戒线定义为异常,按经验统计,一年内出现的异常作为一组异常,一年内出现的地震为一组地震,统计异常与地震成组对应的规律,地震前有异常为对应、地震前无异常为漏报、有异常无地震为虚报,按上述标准,共有 10 组地震,11 组异常,其中扣除大震后效的两次异常(即 1977 年前后有两次大震后效引起的形变,不作为异常看待),还有 9 组异常,其中又有 2 组未对应地震,经统计可确认,对应 7 次,虚报 2 次,漏报 2 次,总时段 28 年,预报占时 9 年。这一客观对应统计效果与同类方法相比是可以接受的,故可将畸形参数附带卓越周期拟合法推荐为提取异常的方法之一。顺便指出,对于没有明显的畸形波资料,该方法同样适用,只是计算出来的畸形波分量不显著而已,同时兼顾到不同季节的不同噪声水平,对异常的合理判定有一定的帮助。

(2)多点组信息法

多点组信息法是在某一数据序列中,取某时刻 i 之前的 n 个数据组成一组,即 y_{i-n+1}, y_{i-n+2},…,y_{i-1},$y_i(i\geqslant3)$,构成一组局部曲线元素($i=n$,$n+1$,$n+2$,…,m,m 为等间隔时间序列总观测值个数),从曲线元演化特征上寻找异常信息。显然一组点的变化要比单个观测值的变化含有更丰富的信息,可抑制偶然因素单值突变带来的不利影响。通过控制曲线元的长度还可以对不同频谱的信息进行选择,同时避免了远端信息(本曲线元以外的信息)对本曲线元变化特征的影响。这就是多点组信息法的基本思路和出发点。为此,构造出一局部曲线元函数 $y=f(a, b, c, …, t)$,用最小二乘准则拟合的方法求出能表示曲线元特征的参数 a,b,c,…。其中,a,b,c 等在不同的曲线元函数里可表示焦距、曲率、斜率、截距或多项式拟合系数等不同的数学上的含义，同时也有可能找到其所表征的物理含义(如速度、加速度、梯度等)；t 一般表示时间变量。可见，多点组方法可以包含很多方法，可以充分发挥每个人的想象空间，发明一种新的具体的多点组信息法。这里以曾用于断层形变测量资料处理的四点组信息法为例作一具体介绍。

顾名思义，四点组只有 4 个相邻的观测值，其曲线元形态一般比较简单，所含信息也比较单一(随机波动信息除外)，代入曲线元函数模型只能得到 4 个观测方程，故最多只能解算 4 个待定参数，故曲线元函数取最简单的一次线性方程的形式：

$$y = ax + b \tag{6-8}$$

不难看出，两个参数，4 个观测值，有 2 个多于观测，可用 $[PVV] = \min$ 的原理求出：

$$\begin{pmatrix} a \\ b \end{pmatrix} = (\boldsymbol{A}^{\mathrm{T}}\boldsymbol{A})^{-1}\boldsymbol{A}^{\mathrm{T}}\boldsymbol{Y} \tag{6-9}$$

式中，
$$\boldsymbol{A} = \begin{bmatrix} t_i & 1 \\ t_{i-1} & 1 \\ t_{i-2} & 1 \\ t_{i-3} & 1 \end{bmatrix}, \quad \boldsymbol{Y} = \begin{bmatrix} y_i \\ y_{i-1} \\ y_{i-2} \\ y_{i-3} \end{bmatrix}$$

从长期跨断层观测曲线的分析中不难看出，曲线元截距 b 随着曲线的趋势变化而变化，且具有累积性，从中发现异常变化信息比较困难；但斜率 a 代表观测物理量在曲线元区间内的平均变化率，可定量(大小)和定性(增减)描述曲线元时段内断层形变的性质和强度(如正断、逆断、顺扭、反扭及其变化速率等)，因此可以用四点组曲线元函数中的斜率参数 a 的变化实时或准实时检索断层形变的异常信息。因此，这一多点组信息法也可称之为四点组斜率信息法(薄万举等，1995b)。

顺便指出，通过四点组斜率信息法得到断层形变的速度序列，再将速度序列重做一次四点组斜率，则可以得到断层形变的加速度序列，而加速度的变化更赋予了力学的含义，对研究地壳应力变化及强震孕育机理更有参考价值。

(3)斜率差信息法

斜率差信息法本质上可以看作多点组信息法的一个特例，是两个多点组(曲线元)中特定参数(斜率)之差构成的复合多点组函数信息法，在实用中多用于提取每日观测的跨断层形变资料中的异常信息(薄万举等，2001d)。

1)数学模型

数学模型为：

$$y + v = a + bt \tag{6-10}$$

式中，y 为观测值向量；v 为拟合残差向量；t 为时间向量；a、b 为待定未知数。

为求得 t_i 时刻的斜率差信息值，分别取时间 $\boldsymbol{t}_i$，$\boldsymbol{t}_{i-1}$，$\boldsymbol{t}_{i-2}$，$\cdots$，t_{i-L+1}，计 L 个观测值代入式(6-10)，有

$$\left. \begin{array}{l} \boldsymbol{y}_i \quad +\boldsymbol{v}_i \quad = a_L + b_L\boldsymbol{t}_i \\ \boldsymbol{y}_{i-1} +\boldsymbol{v}_{i-1} = a_L + b_L\boldsymbol{t}_{i-1} \\ \qquad \cdots\cdots \\ \boldsymbol{y}_{i-L+1} +\boldsymbol{v}_{i-L+1} = a_L + b_L\boldsymbol{t}_{i-L+1} \end{array} \right\} \tag{6-11}$$

令
$$y_L = \begin{bmatrix} \boldsymbol{y}_i \\ \boldsymbol{y}_{i-1} \\ \vdots \\ \boldsymbol{y}_{i-L+1} \end{bmatrix}, \quad A_L = \begin{bmatrix} 1 & \boldsymbol{t}_i \\ 1 & \boldsymbol{t}_{i-1} \\ \vdots & \vdots \\ 1 & \boldsymbol{t}_{i-L+1} \end{bmatrix}$$

在 $[\ vv\ ] = \min$ 的条件下组成法方程，有

$$A_L^{\mathrm{T}} Y_L = A_L^{\mathrm{T}} A_L \begin{bmatrix} a_L \\ b_L \end{bmatrix} \tag{6-12}$$

则
$$\begin{bmatrix} a_L \\ b_L \end{bmatrix} = (A_L^{\mathrm{T}} A_L)^{-1} A_L^{\mathrm{T}} Y_L$$

所以

$$\boldsymbol{b}_L = \begin{bmatrix} 0 & 1 \end{bmatrix} (A_L^{\mathrm{T}} A_L)^{-1} A_L^{\mathrm{T}} Y_L \tag{6-13}$$

b_L 为利用式(6-10)对 t_i 时刻以前 L 个观测值所构成的观测值曲线元进行线性回归得到的回归曲线斜率值。根据观测曲线的特点，取适当的 L 值(一般对日均值可取 30 左右)，可得到观测曲线在 t_i 时刻的背景斜率值 b_L，故称 b_L 为背景斜率值。采用同样的推理过程，将式(6-11)中 L 值换成较小的 M 值(对日均值一般可取 10 左右)，同理，可得

$$\boldsymbol{b}_M = \begin{bmatrix} 0 & 1 \end{bmatrix} (A_M^{\mathrm{T}} A_M)^{-1} A_M^{\mathrm{T}} Y_M \tag{6-14}$$

我们称 b_M 为当前斜率值，则定义

$$\varepsilon = b_M - b_L$$

为斜率差信息值，将式(6-13)和式(6-14)代入上式，有

$$\varepsilon = \begin{bmatrix} 0 & 1 \end{bmatrix} \begin{bmatrix} (A_M^{\mathrm{T}} A_M)^{-1} A_M^{\mathrm{T}} Y_M - (A_L^{\mathrm{T}} A_L)^{-1} A_L^{\mathrm{T}} Y_L \end{bmatrix} \tag{6-15}$$

实例计算证明，斜率差信息法能较有效地提取短临异常变化的信息，包括突变、转折、阶跃、趋势消失或减弱等各种类型的异常信号，都能较好地提取出来，且适用于其他前兆手段异常信息的提取，具有较好的普适性。

若资料噪声水平存在明显周期性差异，可在确定异常指标方面考虑到噪声背景的不同，用多年同季节的资料确定该季节的警戒线，即可变警戒线，其效果优于固定警戒线。

斜率差信息法具有如下特点：

①普适性强，其信息取自原观测值曲线形态的变化，可用于不同类型的观测资料。

②曲线异常变化持续一段时间后，模型自动改变其趋势背景值，具有自动捕获和跟踪斜率背景值的功能。

③如资料出现异常平静、趋势变化或年变消失，该方法可自动识别。

④信息的基准值为 0，即正常情况下，背景斜率值与当前斜率值之差的数学期望为 0，便于计算机对异常量进行自动判定。

⑤通过改变 L 和 M 的长度，可提取不同频域特征的异常信号。

2)实例计算

以唐山"2—3"水准 1979 年的日均值观测曲线为例，用式(6-10)至式(6-15)计算斜率差信息值序列，计算中取 $L = 20$ 天，$M = 8$ 天，并取

$$m = \sqrt{\frac{[\ \varepsilon \quad \varepsilon\ ]}{n - 20}} \tag{6-16}$$

计算标准差(可以证明, 在没有异常信号的前提下, 数学期望 $E(\varepsilon) = 0$, 式(6-16)中, $(n-20)$ 为多余观测值个数), 并取 $\pm 2.5m$ 为异常判定的警戒范围, 处理后的观测值曲线和斜率差信息曲线如图 6-23 所示。

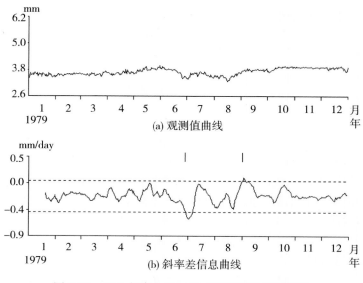

图 6-23 1979 年唐山"2—3"水准测值的处理结果

由图 6-23 可见, 在观测曲线上于 6 月底和 8 月中下旬出现了明显的变化, 均在斜率差信息曲线上得到了反映, 说明用该方法捕捉日观测值序列中的异常变化信息是有效的。经全面分析, 不难看出该方法有如下特点:

①通过改变 L 和 M 的长度, 可以捕捉不同频率的异常变化信息, 本例取 $L = 20$ 天, $M = 8$ 天, 适合捕捉 10 天以内具有明显异常变化的短临异常信息。

②可以在不进行排除干扰处理的情况下去掉背景信号对斜率差信息的影响。取 L 段斜率为背景值, 而斜率是随着计算单元 L 的变化而滑动改变的。不同时段即具有不同的背景值, 因而避免了远端资料的干扰。如对于有明显年变周期的资料, 用该方法可以自动去掉年变干扰, 从而获得较好的结果。

③因 ε 值的数学期望值为 0, 可利用方差估计的方法设定警戒值, 因此可以经优化筛选出报警参数, 实现计算机对异常检索的自动报警, 这对日常预报工作具有较高的使用价值。

④该方法和数学模型简单明了, 获取参量的物理意义和曲线的几何意义明确, 亦便于推广到其他各种前兆手段, 从日观测序列的数据中提取地震前兆信息。

3)异常指标的确定

有了数据处理方法, 如何确定异常指标仍是一个十分重要的问题, 这里沿用系统优化方法确定整个计算过程中动态参数 L、M 和警戒范围等参数(Bo Wanju, 1996; 薄万举, 1992a), 用历史的形变资料做多种动态参数方案的处理, 研究异常与地震的对应情况,选择其中信息效益相对最好的参数组合方案，方案确定后，即保持相对不变，用于地震预测。经初步筛选，对于唐山"2—3"水准，取 $L=20$ 天左右，取 $M=8$ 天左右，警戒范围为 $\pm 2.5m$。震例取经度 $115°30'\sim118°30'$，纬度 $38°40'\sim40°20'$ 的 5 级以上地震（含外围区 6 级以上地震，实际地震目录见表 6-3），异常免疫时段取 15 天（即 15 天内重复出现异常看做一次异常，不重复预报），异常有效时段为 3 个月左右，对应效果较好。显然，不同的台站甚至相同的台站不同的测线都会含有不同的噪音背景，其异常变化与地震活动的对应规律也不会完全相同，并且，随着资料样本的加大、震例的增加以及人们的知识和经验的积累，相信异常判定指标的优化确定过程也将不断地改进。

表 6-3   首都圈地区 5 级以上地震的统计

序号	发震日期	经度	纬度	震级
1	1966.03.22	115°03′	37°32′	7.2
2	1967.03.27	116°30′	38°30′	6.3
3	1969.07.18	119°24′	38°12′	7.4
4	1973.12.31	116°33′	38°28′	5.6
5	1975.02.04	122°42′	40°42′	7.3
6	1976.07.28	118°11′	39°38′	7.8
7	1976.11.15	117°50′	39°24′	7.1
8	1977.05.12	117°48′	39°23′	6.5
9	1977.11.27	118°01′	39°12′	5.8
10	1979.03.05	118°34′	39°49′	5.1
11	1979.09.02	118°23′	39°44′	5.1
12	1980.02.07	117°54′	39°31′	5.3
13	1981.08.13	113°25′	40°30′	5.8
14	1982.10.19	118°59′	39°53′	5.3
15	1983.04.03	114°47′	40°45′	5.1
16	1984.01.07	118°47′	39°34′	5.0
17	1985.04.22	118°46′	39°45′	5.0
18	1985.10.05	118°26′	39°50′	5.3
19	1988.08.03	118°39′	39°39′	5.1
20	1989.06.18	118°20′	39°40′	5.0
21	1989.10.18	113°50′	39°57′	5.7
22	1989.10.19	113°50′	39°58′	6.1
23	1989.12.25	118°48′	40°05′	5.2

续表

序号	发震日期	经度	纬度	震级
24	1990. 07. 21	115°50′	40°35′	5. 0
25	1991. 03. 26	113°50′	39°52′	6. 1
26	1991. 05. 29	118°18′	39°43′	5. 2
27	1991. 05. 30	118°18′	39°43′	5. 6
28	1993. 09. 11	111°34′	39°08′	5. 4
29	1995. 10. 06	118°50′	39°80′	5. 0
30	1998. 01. 10	114°30′	41°10′	6. 2

4)全时空扫描

目前固定台站的空间分布比较零散,台间距过大,实现全空间扫描已没有实际意义,作为一个应用实例这里给出 1978 至 1998 年唐山"2—3"水准资料的全时域扫描的斜率差信息处理结果。自从 1978 年该台有资料以来,每天上午观测一次,下午观测一次,每次都按规范操作规程进行了多余观测和校核,均符合有关限差的规定和精度要求,截至 1998 年 10 月(当时开始计算,为 1998 年年底震情会商做准备),得到 15330 个高差观测值中数,计算出日均值,再进行处理。在以往的资料分析处理过程中,大多先计算出旬均值和月均值再进行信息提取的计算和分析。

经过浏览观测曲线(图 6-24),对日均值曲线进行检视和纠错以后,令 $L = 20$ 天,$M = 8$ 天,利用式(6-10)至式(6-15)编程计算了斜率差信息的日滑动值,然后按式(6-15)计算标准差 m,以 $2.5\ m$ 为警戒区间,唐山"2—3"水准斜率差信息曲线显示的异常与首都圈地区 5 级以上地震的对应关系如图 6-25 所示。

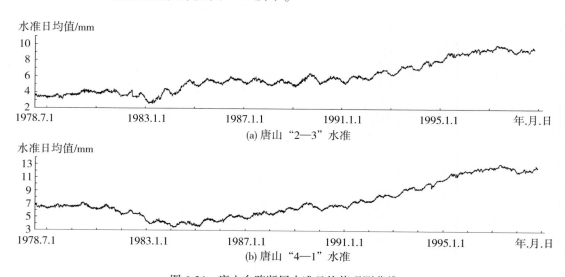

图 6-24　唐山台跨断层水准日均值观测曲线

图 6-25 中，"|"表示一次异常出现，15 天以内再出现异常视为同一次异常，异常出现后 3 个月内发生 5 级以上地震视为异常与地震对应。另外，将 1996 年后距台站很近的几次 3~4 级地震也标在了图上，以供参考，但在后面的检验统计中未参加计算。

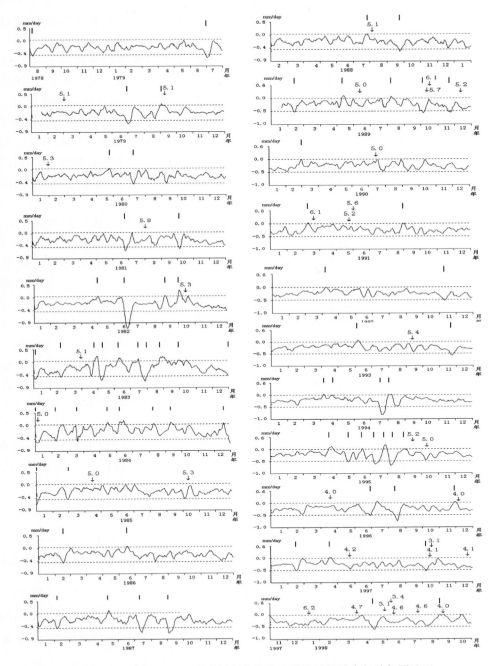

图 6-25　唐山"2—3"水准斜率差信息曲线显示的异常与首都圈地区
5 级以上地震的关系(1979—1982 年)

5）几种数据处理方法的比较与可信度检验

目前用于地震预测效能评价比较好的方法有 R 值评分检验法（许绍燮，1973；许绍燮，1989），对于原有的和新提出的几种前兆识别模型，在此亦用 R 值评分的方法给出评价。大地形变手段通常用于地震中长期异常背景和地点的判定较为有效，而用于中短期预测，其 R 值评分的效果究竟如何尚未见到系统的检验结果，尤其未见到多方法的全时空扫描的对比检验。

在以往的研究中，以形变观测日均值为基础的数据处理和异常信息提取方法有很多种，在提取短期信息方面，较常用的有"七五"攻关推出的广义回归、离散褶积、CAR 自回归和动态灰箱等，但这些方法是先将日均值处理成旬均值后再进行信息提取计算的。之所以出现这种情况，其原因是：① 上述方法都是利用多年资料整体建模的。由于当时计算机条件所限，难以同时兼顾多年资料一次建模来处理大量的日均值；② 缺乏与日均值处理相配套的多种干扰参量；③ 对大地形变方法可能存在短临前兆没有足够的认识；④ 当时首都圈 5 级以上地震震例较少，因此尽管这些方法也提示出异常点，但地震子样过小难以进行统计。

为了便于对比分析和以统一的标准进行效能评价，用上述 4 种方法分别对唐山 2—3 水准 1978—1998 年的全部资料进行了处理，结合首都圈 5 级以上地震的全时空扫描结果，分别给出了类似图 6-25 的信息异常与地震对应关系曲线（因篇幅所限，其余图件从略）。根据对唐山"2—3"水准以及易县、香山等台多年资料进行计算和多年使用这些方法积累的经验表明，所显示的异常点比图 6-25 少很多，而且与其后 1~3 个月内 5 级地震的对应并无规律，难以将这些异常点视为前兆。出现这种情况的主要原因之一是：上述 4 种方法是使用多年资料一次建模计算并确定正常背景的基准值，含各种周期噪音的综合影响，用于短期信息判断有较大的局限性，而斜率差信息法的"异常"提取去掉了远端资料的影响和长周期信号的影响，给出的信号频率较高，其异常与 3 个月内首都圈 5 级以上地震活动的对应较好。按各自异常与地震对应的情况，将 5 种方法进行全时域的统计，取 97.5% 的置信水平，给出 R 值评分及检验结果，见表 6-4。

从表 6-4 不难看出，5 种方法（或方案）均未通过置信水平为 97.5% 的 R 值评分检验，说明目前常用的及类似的形变前兆中短期信息提取方法的可信度比较低，尚有继续优化和改进的必要。

表 6-4　　　　　　　　　　　　　**R 值评分检验结果的统计**

方法名称	预测时段	异常判定标准	n_1^1	n_1^0	$t/$月	$T/$月	R	R_α	检验结果
广义回归	6 个月	2.5 m	6	16	58	243	0.034	0.166	很不显著
离散褶积	6 个月	2.5 m	9	13	72	243	0.113	0.202	很不显著
CAR 自回归	6 个月	2.5 m	11	11	85	243	0.150	0.218	不显著
动态灰箱	6 个月	2.5 m	7	15	73	243	0.018	0.180	很不显著
斜率差信息法	3 个月	2.5 m	15	7	128	243	0.155	0.231	不显著

续表

方法名称	预测时段	异常 判定标准	n_1^1	n_1^0	t/月	T/月	R	R_α	检验结果
斜率差信息法	2 个月	2.5 m	14	8	114	243	0.167	0.229	不显著
斜率差信息法	2 个月	2.7 m	12	10	62	243	0.290	0.224	显著
备　注	计算公式: $R = \dfrac{n_1^1}{n_1^1 + n_1^0} - \dfrac{t}{T}$　　　　置信水平: 97.5%								

6) 优化与改进

严格按 R 值评分法检验, 发现 4 种老方法和新方法均未通过显著性的检验。为了找出一个适用于准连续型大地形变日均值数据处理方法, 经仔细分析发现, 表 6-4 中显示 CAR 自回归和斜率差信息法的 R 值与 R_α 值接近一些, 为了通过各动态参数的优化筛选来提高其信息水平, 我们首先想到改变预测时段。若延长时段, 式中 t 值增加, 不可能提高其信息水平, 若缩短时段, 因 CAR 自回归是利用旬均值进行计算, 所反映的信号频率较低, 要明显地减少 n_1^1 值, 提高信息水平无望。而斜率差信息每天有一个值, 反映信号频段较高, 适当缩短预报时段, n_1^1 值不会明显减少, 但可明显减少 t 值。故将预报时段缩短到 2 个月, 计算检验结果仍不显著, 但已有所改进。通过图 6-25 又看出, 有若干异常刚好到达警戒线, 却并没有对应地震, 说明适当提高异常判定指标有可能减少虚报, 从而改善检验结果, 故将 2.5m 增加到 2.7m 作为异常报警值, 再次进行统计检验, 通过了 97.5% 置信水平的显著性检验。对比检验结果说明, 斜率差信息提取方法和参数筛选使大地形变日均值数据前兆信息提取方法的研究又向前推进了一步, 从定性的经验性判定异常步入了计算机定量统计识别异常的阶段, 这是由经验预报向统计预报和物理预报转变的一种尝试。

7) 讨论

大地形变资料日均值数据处理和中短期前兆信息提取始终是一个薄弱的环节, 以往做过类似的研究(薄万举等, 1993b), 但效果不甚理想。因日均值资料观测周期较短, 虽然已经积累了大量的资料, 但大地形变日均值中究竟是否含有地震前兆信息, 以往并未系统地研究, 多年惯用的数据处理方法是将其先处理成旬均值和月均值再进行计算, 这就带来了如下几个问题:

① 日均值计算成旬均值和月均值后, 日均值的波动即被视为随机的信息而平滑掉, 致使其中短期信号未能充分利用。

② 计算后平滑掉了随机误差, 也会平滑或大幅度减弱高频有用信息, 同时某些大的粗差也参与滑动计算, 从而影响旬均值和月均值, 造成虚假异常。

③ 以日均值为对象进行全时空扫描研究的工作量很大, 要从校核原始数据做起, 才能保证资料和研究成果的可靠性。对于 20 多年积累的大量日均值资料, 进行全时域校核、扫描和信息提取的处理, 在没有高档微机的条件下, 这在过去是不可能完成的, 即使现

在，工作量也是十分巨大的。

　　这里介绍了老方法的筛选与比较和新方法研制，并对唐山台部分资料进行了全面的校核、各种方法的计算、首都圈地震活动的全时空扫描和相应的 R 值评分等研究工作，并最终给出了一个相对理想的方案。

　　地震前兆信息的提取是十分复杂的过程，仅仅提出一个方法，或编制一个软件是远远解决不了问题的。要在信息提取过程中设置某些动态参数，如异常判定标准、异常有效时域、时空对应范围等，并要针对不同的台站不同的区域优化筛选出不同的动态参数，才能取得较好的效果，而这是要付出长期的努力和艰辛的劳动才能取得的。本节从理论上论证了并以实例展示了这一优化筛选过程，相信随着资料和震例的增加以及研究工作的深入，大地形变测量日均值前兆信息提取方法将不断完善，水平还会不断地提高。

3. 同一场地两条基线或多于两条基线和水准的信息提取

　　当同一场地有两条跨断层短基线时，只要与断层交角不一样，理论上可通过两期观测唯一求得断层的水平张压活动量 b 和扭错量 d。如图 6-26 所示，假定某一条基线 A 端点位于断层下盘，B 端点位于断层上盘，两期测量，假定 A 点相对不动，因断层活动导致 B 点运动到 B'' 点，忽略局部应变的影响，简单推导断层水平扭错量 d 和水平拉张量 b 如下：

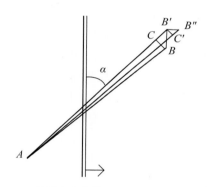

图 6-26　基线变化与断层活动参数之间的关系

　　将 BB'' 分解成 BB' 和 $B'B''$，即假定 B 点先沿着与断层平行的方向运动到 B' 点，然后再沿着与断层垂直的方向运动到 B'' 点，则 BB' 为断层水平扭错分量(定义反扭为正，记为 d)，$B'B''$ 为断层水平拉张分量(压缩为负，记为 b)，可以分步计算出基线长度的变化量 ΔS。设基线与断层的交角为 α(为不失一般情况，定义 α 为断层线顺时针旋转至基线的角度)，因基线变化量与基线总长度相比为高阶微小量，基线发生变化对 α 的影响可以忽略不计。所以有：

$$\Delta S = CB' + C'B'' = BB'\cos\alpha + B'B''\sin\alpha = d\cos\alpha + b\sin\alpha \qquad (6\text{-}17)$$

　　若有两条独立观测的跨断层基线，与断层的夹角分别为 α_1、α_2，基线长度变化分别为 ΔS_1、ΔS_2，分别代入式(6-17)，则有

$$\begin{aligned} \Delta S_1 &= d\cos\alpha_1 + b\sin\alpha_1 \\ \Delta S_2 &= d\cos\alpha_2 + b\sin\alpha_2 \end{aligned} \qquad (6\text{-}18)$$

对联立方程(6-18)求解，即可得到式(6-2)中 d、b 的解的表达式。若两条跨断层基线同时配有两条跨断层水准，可得到断层两盘垂直运动分量的两个观测值。因观测误差和断层垂向扭曲变形的存在，通常这两个垂直分量观测值不会完全相等，则取中数作为断层垂直运动分量，即为式(6-2)中的 c 参数。特别指出，若断层面为规则平面，断层倾角 β 为常数，通过 b 值即可计算断层垂直运动分量 c，因实际上断层面多为不规则的破裂面，所以通常断层垂直运动分量采用跨断层短水准测得的高差变化量，这样应该更合理一些。

对于两条以上的跨断层短基线，设有 N 条，分别代入式(6-17)，可得：

$$\Delta S_1 = d\cos\alpha_1 + b\sin\alpha_1$$
$$\Delta S_2 = d\cos\alpha_2 + b\sin\alpha_2$$
$$\cdots$$
$$\Delta S_i = d\cos\alpha_i + b\sin\alpha_i$$
$$\cdots$$
$$\Delta S_N = d\cos\alpha_N + b\sin\alpha_N$$
$$\cdots$$
$$i = 1,\ 2,\ \cdots,\ N$$

$$(6\text{-}19)$$

式(6-19)中为 N 个方程，2 个未知数，当 $N>2$ 时，可利用最小二乘法求得最佳估值，提高对 d、b 的估计精度和可靠性。若跨断层短水准有多条，一般取简单算术平均值作为断层垂直运动分量。应当指出，无论是基线还是水准，综合处理前应通过预处理剔除粗差或具有强干扰的资料。

如果同一场地超过 5 条跨断层短基线(图 6-27)，可以同时解算断层错动量与局部应变量参数。断层场地除存在水平扭动和两盘的拉张或压缩运动(与断层两盘垂直运动相关)外，实际上还存在应变的变化，而且当断层闭锁时，基线长度的变化主要由水平应变引起，多数情况下是二者并存的。由于断层水平错动有 2 个分量，二维水平应变张量(小区域内假定为均匀应变)包括 3 个分量，因此有 5 个不同方向的基线重复观测即可唯一确定这 5 个参量。

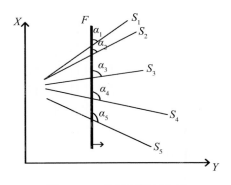

图 6-27 5 条跨断层短基线

如图 6-27 所示，S_1、S_2、S_3、S_4、S_5 为某场地跨断层 F 的 5 条短基线示意图，与断层的交角分别为 α_1、α_2、α_3、α_4、α_5，根据面应变张量与线应变的关系有（武汉测绘学院大地测量系地震测量教研组，1980）：

$$\varepsilon_i = \frac{\varepsilon_x + \varepsilon_y}{2} + \frac{\varepsilon_x - \varepsilon_y}{2} \times \cos2\alpha_i + \frac{1}{2}\gamma_{xy} \times \sin2\alpha_i \qquad (6\text{-}20)$$
$$i = 1, 2, 3, 4, 5$$

式中，ε_x、ε_y 分别表示 x、y 方向上的线应变；γ_{xy} 为 x、y 方向间的剪应变；ε_i 为第 i 条基线测得的线应变；考虑计算应变时需扣除断层刚性错动对 ΔS 的影响，用 S_i 表示第 i 条基线的长度，则结合式（6-18），有

$$\varepsilon_i = \frac{\Delta S_i - (d\cos\alpha_i + b\sin\alpha_i)}{S_i} \qquad (6\text{-}21)$$

将式（6-21）代入式（6-20），整理得：

$$\Delta S_i = \frac{1}{2}S_i(1 + \cos2\alpha_i)\varepsilon_x + \frac{1}{2}S_i(1 - \cos2\alpha_i)\varepsilon_y + \frac{1}{2}S_i\sin2\alpha_i \cdot \gamma_{xy} + \cos\alpha_i \cdot d - \sin\alpha_i \cdot b$$

写成矩阵形式为：

$$\begin{pmatrix} \Delta S_1 \\ \Delta S_2 \\ \vdots \\ \Delta S_n \end{pmatrix} = \begin{pmatrix} \frac{1}{2}S_1(1+\cos2\alpha_1) & \frac{1}{2}S_1(1-\cos2\alpha_1) & \frac{1}{2}S_1\sin2\alpha_1 & \cos\alpha_1 & -\sin\alpha_1 \\ \frac{1}{2}S_2(1+\cos2\alpha_2) & \frac{1}{2}S_2(1-\cos2\alpha_2) & \frac{1}{2}S_2\sin2\alpha_2 & \cos\alpha_2 & -\sin\alpha_2 \\ \vdots & \vdots & & \vdots & \\ \frac{1}{2}S_n(1+\cos2\alpha_n) & \frac{1}{2}S_n(1-\cos2\alpha_n) & \frac{1}{2}S_n\sin2\alpha_n & \cos\alpha_n & -\sin\alpha_n \end{pmatrix} \begin{pmatrix} \varepsilon_x \\ \varepsilon_y \\ \gamma_{xy} \\ d \\ b \end{pmatrix}$$

$$(6\text{-}22)$$

由式（6-10）看出，当 $n = 5$ 时（即 5 条基线），可得唯一解，当 $n > 5$ 时，可得最小二乘解。

4. 断层群体性形变异常信息的提取

对于单个测点出现的形变异常，往往首先考虑并寻找可能引起异常变化的原因，然后再判定其是否与地壳运动及地震活动有关。由于地壳构造的复杂性和未知性，常常难以判定是否存在干扰，即使判定有干扰，是否干扰和异常同时存在，更加难以判定。因此需要在某个区域内建立多个测点，同时监测这一区域断层的活动规律，从而捕获其群体性形变异常。这里所谓的群体性异常，就是指大震前常见的同步或准同步群体性异常。单个异常往往具有随机性，信息的可信性低，也可以说是信息水平低；而多个台点同步或准同步出现异常，作为异常的信息增加了。如唐山地震前和大同地震前首都圈地区断层形变异常明显增加。尽管很多异常变化能直观识别，但是在海量资料面前要求在地震前及时识别仍不是一件简单的事，借助于计算机识别就要研究其数字化的定量和定性指标。通常可由观测曲线直接判定和信息合成。

（1）由观测曲线直接判定

大地震孕育过程中，地壳应力场发生明显变化是必然的，而与其密切相关的断裂带必然会发生明显的变化。跨断层监测点均布设在主要的活动断裂带上，因此在大地震发生前

可能捕捉到显著的群体性形变异常。如1976年唐山7.8级大地震、1989年大同6.1级地震、1998年张北6.2级地震前都发现了群体性断层形变异常，以山西断裂带的断层形变观测为例，图6-28给出了大同地震前和张北地震前出现的群体性异常（万文妮，2012）。类似的群体性形变异常一旦出现，很容易被发现，但在存在明显干扰因素的情况下，如何判定其异常的价值十分复杂，但也非常重要，后面有关章节还将进一步地论述。

（2）信息合成

图6-28所示的大地震前出现的群体性异常很容易被发现，但是我们布设的断层形变测点毕竟有限，每一个地震的形变敏感带并不一样，很多情况下很难获得显著的群体性形变异常。当获得的群体性形变异常幅度不显著时，可能是显著形变带未落在观测范围之内，也可能是孕育地震的类型特殊、地质构造复杂或孕育的地震偏小，等等，这时靠直接检索观测曲线判定群体性异常难度大大增加，借助于信息合成的方法有利于进行判定和识别，特别是随着观测资料的不断增加，更加显示出了通过信息合成方法借助于计算机识别群体性异常的优势。当某一个点出现异常，但不很突出，常常难以判定其是否与地震孕育相关的异常，意味着一个测点显示的信息较弱，不足以单独给出判定结果；某个区域内同步或准同步出现多个异常，相互得到印证和支持（如图6-28所示的类似情况），我们就可据此认为出现了与地震孕育相关异常的可能性增大，即单一测点信息较弱，但多测点相互印证使信息得到了增强，产生了信息增益，这种增益程度在时间上的变化也称为群体信息的涨落（周硕愚等，1990），当测量资料积累越来越多，我们很难像图6-28那样及时人工获得群体性异常信息，并给出定量的判定。利用数学的方法，借助于计算机技术，在海量数据中及时搜索、计算出这种群体性异常信息涨落或者说是相互信息增益程度的某种定量化指标，就可以称为信息合成。根据信息合成结果再进一步分析判定是否出现了与地震相关的群体性形变异常，则为我们在海量资料中及时发现群体性异常的出现创造了更有利的条件。显然根据这一定义，具体的信息合成方法可以有多种，本节简要介绍两种比较典型的信息合成方法。

1）异常速率信息合成（周硕愚等，1990）

设某手段在某区域多个测点观测值变化速率的集合为V：

$$V = \left\{ V_{(i,j)} \,\middle|\, \begin{matrix} i=1,2,\cdots,n \\ j=1,2,\cdots,m \end{matrix} \right\} \tag{6-23}$$

式中，n是序列数，m是序列内时间单元数。按下式计算区域内t时刻的平均速率：

$$\overline{V}_t = \frac{1}{n}\sum_{i=1}^{n}|V_{(i,t)}| \tag{6-24}$$

$$t=1,2,\cdots,m$$

如放大异常，还可求区域内速率的连乘积：

$$\overline{\overline{V}}_t = c\prod_{i=1}^{n}|V_{(i,t)}| \tag{6-25}$$

$$t=1,2,\cdots,m$$

式中，c为任意常数。

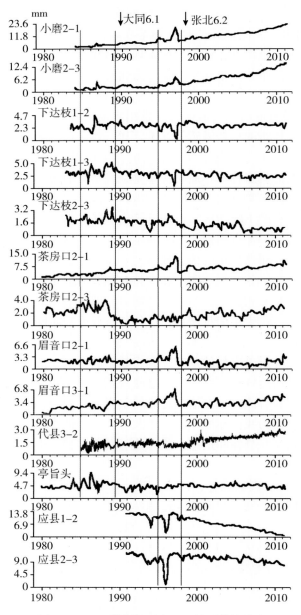

图 6-28　山西带断层形变显示的群体性异常

图 6-29（a）是围绕唐山震源区的多个跨断层形变台的观测结果。细线是月均值，具有明显的反映非构造因子效应的季节性波动，粗线是其低通滤波曲线，反映了断层的趋势性慢形变。在唐山 7.8 级地震前，各趋势性曲线似乎有前兆显示，但不明显。图 6-29（b）中各趋势曲线是据式(6-24)、式(6-25)合成得到的曲线，反映了围绕震源的活断层网络的群体异常效应，前兆显示非常清晰，说明这种信息合成方法产生了信息增益。

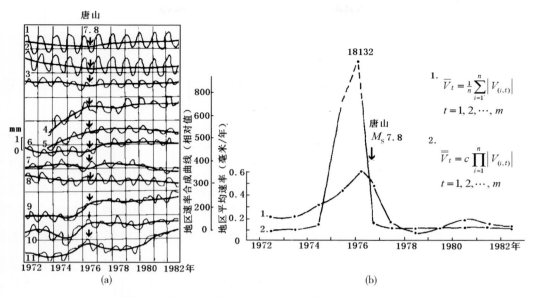

图 6-29 围绕唐山震源区的断层慢形变及速率信息合成曲线(周硕愚,1990)

2)信息流合成方法

①方法简述。

跨断层短水准、短基线资料因断层活动对地壳应力场活动的响应十分敏感,在大地震前容易捕捉到大幅度的异常变化,出于这一考虑,我国在 1968 年邢台地震后陆续在一些主要地震活动的断裂带上建立了一批跨断层流动短水准、短基线测量场地,进行定期或不定期的测量,有些测点已经积累了 40 多年的观测资料。在长期资料处理、分析与研究中发现,断层活动不仅对地震孕育、发生的时间敏感,对各种干扰因素的响应同样敏感。众多干扰因素造成的断层活动量级往往与一次中强地震前所具有的形变异常量相当。对同一个地区来说,大地震是稀有事件,是小概率事件,对我们守株待兔式的观测,检验机会太少。利用中强地震检验的机会较多,但其信息往往淹没在众多干扰信息之中,因此多年来众多跨断层形变资料分析人员对各种排干扰方法研究投入了很大的精力。笔者在这一背景下研究并提出了信息流合成方法,以首都圈跨断层资料分析与应用研究为例,取得了一定的效果,在 5 级左右中强地震前多次通过信息流合成方法发现异常,在中短期震情判定与研究中取得了较好的效果。信息流合成方法首先需要对单一资料进行处理,分别得到每一项资料的信息流,通过标准化和效益评定后再进行信息合成,通过实例应用还可以给出信息效益评价(薄万举等,1995a,1995b;薄万举等,1996a;薄万举,1997b;薄万举等,1997c)。

②单项信息流的提取及无量纲的标准化。

单项信息提取方法的通用数学模型可表示为:

$$\left.\begin{aligned}
&\hat{Y} = F(Y,\ T_1,\ T_2,\ \cdots,\ T_k) \\
&\delta = \hat{Y} - \tilde{Y} \\
&m_j = \sqrt{\dfrac{\displaystyle\sum_{j=1}^{P} (\hat{Y}_{ij} - \tilde{Y}_{ij})^2}{P-1}}\ (j=1,\ 2,\ \cdots,\ \tau) \\
&\Delta = 0.5\,\mathrm{SGN}(x)[\mathrm{SGN}(x)-1]\,|\delta|/\lambda + \mathrm{INT}\{0.5[\mathrm{SGN}(x)+2]\} \\
&x = \dfrac{|\delta|}{\lambda} - 1,\ \lambda = km,\ 2 \leqslant K \leqslant 3
\end{aligned}\right\} \quad (6\text{-}26)$$

式中，$\hat{Y}$ 表示按任一数据处理方法给出的数字信息流；F 表示与任一数据处理方法相应的函数关系，本节算例选择的是"八五"期间提出的四点组斜率信息法(薄万举等，1995b；薄万举等，1996a)；Y 表示观测值，$\tilde{Y}$ 为期望估值(有卓越周期时，取多个周期段同相位 $\hat{Y}$ 的均值，无卓越周期时，取全体 $\hat{Y}$ 的均值)；T_i 为第 i 项辅助观测量；m_j 是用卓越周期中相位为 j 的所有数据计算出的拟合中误差，无卓越周期成分时只计算一个总的 m 值；i 为周期序号；j 为相位序号；P 为整个拟合时段的整周期个数；τ 为卓越周期长度；Δ 为标准化信息值(薄万举等，1993a)；$\mathrm{SGN}(x)$ 为 x 的取符号函数，λ 为饱和信息量。

③四点组斜率信息法。

式(6-26)为通用表达式。为了便于直观理解单项信息流的提取，以四点组信息法为例介绍一下单项信息流的提取方法。

④数学模型。

四点组斜率法是多点组信息法中的一种(薄万举等，1996a)。多点组信息法是在某一数据序列中，取出 n 个相邻的数据 $y_{i-n+1},\ y_{i-n+2},\ y_{i-n+3},\ \cdots,\ y_{i-1},\ y_i (i=n,\ n+1,\ n+2,\ \cdots,\ m$；其中 m 为观测值总个数，i 为观测值时间序号)构成一个局部曲线元序列，构造出一局部函数 $y=f(a,\ b,\ c,\ \cdots,\ t)$，用拟合平差的方法求出能表示曲线元特征的参数 $a,\ b,\ c,\ \cdots$。其中，$a,\ b,\ c,\ \cdots$ 在不同的曲线元函数里可表示曲线元的焦距、曲率、斜率、截距等不同的几何意义。而四点组斜率法即取四个相邻的数据 $y_{i-3},\ y_{i-2},\ y_{i-1},\ y_i$ 为一组，局部函数 $y=f(a,\ b,\ c,\ \cdots,\ t)$ 取线性形式，构造成线性模型为：

$$y = at + b \qquad (6\text{-}27)$$

用 $[PVV]=\min$ 的原理求出：

$$\binom{a}{b} = (A^{\mathrm{T}}A)^{-1}A^{\mathrm{T}}Y \qquad (6\text{-}28)$$

式(6-28)中，
$$A = \begin{bmatrix} t_i & 1 \\ t_{i-1} & 1 \\ t_{i-2} & 1 \\ t_{i-3} & 1 \end{bmatrix},\quad Y = \begin{bmatrix} y_i \\ y_{i-1} \\ y_{i-2} \\ y_{i-3} \end{bmatrix}$$

通过单值滑动计算，由式(6-28)即可求出曲线元特征参数 a 的序列值。由式(6-27)看出，a 是曲线元函数中的斜率值，故这里称用参数 a 提取信息的方法为四点组斜率法。

⑤信息流的标准化。

由(6-27)、(6-28)两式求出的 a 的序列值含有观测曲线局部斜率变化的信息，称之为信息流。信息流异常的程度与自身的变化规律及波动水平有关，不同台站、不同观测物理量之间难以进行异常程度的比较。为此引入了信息流标准化方法。

设 $a(t)$ 为四点组斜率信息流，$\hat{a}(t)$ 为多年资料统计出的 $a(t)$ 的期望估值(可用周期性矩平或周期函数拟合等方法给出)。则称

$$\delta(t) = a(t) - \hat{a}(t) \tag{6-29}$$

为异常信息流函数。称

$$M_{(t_k, j)} = \sqrt{\frac{\sum_{i=1}^{n} \left[a(t_{i,j}) - \hat{a}(t_{i,j}) \right]^2}{n}} \tag{6-30}$$

为中误差函数。对年周期变化较明显者，式(6-30)中 k、i 均表示年序号，j 表示月序号，n 表示资料总年数；如无周期性变化，$M(t_{k,j})$ 可视为常数，按常规的拟合中误差公式统计。将 $\delta(t)$ 经标准化得到的信息流用 Δa 表示，则信息流标准化函数可表示为：

$$\Delta a = \frac{1}{2}\mathrm{SGN}(x)\left[\mathrm{SGN}(x) - 1\right]|\delta|/\lambda + \mathrm{INT}\{0.5\left[\mathrm{SGN}(x) + 2\right]\} \tag{6-31}$$

式(6-31)中，$x = |\delta|/\lambda - 1$；$\mathrm{SGN}(x)$ 为取符号函数；INT 为取整函数；λ 表示饱和信息量。可取 $\lambda = K \cdot m(t)$。K 值可根据信息流与地震的对应关系确定，使大多数有地震异常时的信息流函数值等于或接近于1，一般 K 值在 2~3 左右。可将 K 值先定得大一些，然后再通过优化逼近最佳 K 值。

从以上介绍不难看出，四点组斜率标准化信息流有如下特点：① 无量纲，其量值是对数字变化超出常规变化程度的一种度量；② 将原曲线中曲线形状的异常变化转换成局部斜率的变化，经标准化后，即将曲线形态的异常转化成了数值的异常；③ 标准化异常信息量的最小值为0，最大值为1，其值为1时称为饱和异常；④ 便于不同量纲的多种资料中同源异常信息的合成，有利于对地震前兆异常的综合分析。

显然，式(6-27)至式(6-31)是式(6-26)具体形式中的一种，很多信息提取方法经过适当的改进，均可用式(6-26)的形式进行表达。

⑥信息合成。

若同一区域或构造单元内有多项跨断层测量资料，理论上认为该区域内孕育地震的前兆信息可能在区域内不同测点上有不同程度的显示，这时进行信息合成，就有可能获得比单项资料更强的信息。经过单项资料的处理，每项资料均得到一个与式(6-31)中的 Δa(即式(6-26)中的 Δ)相对应的信息流，即可按下式进行信息合成：

$$\left.\begin{array}{l} G = \dfrac{N_{A \cap B}}{N_{A \cup B}} = \dfrac{N_c}{N_{A \cup B}} \\[4mm] I_{0,t} = \dfrac{\displaystyle\sum_{i=1}^{n}\left\{w_i \dfrac{\max\{I_{i,k}, \ k \in [t - T_0, \ t]\}}{V_i}\right\}}{2\displaystyle\sum_{i=1}^{n} w_i} \end{array}\right\} \tag{6-32}$$

式中，A 表示异常链事件的集合；B 表示地震链事件的集合，(所谓链，是指特定时空域内同一类事件的集合，对中短期预报来说，将同区域内半年或一年内出现一定强度以上的地震定义为一个地震链，本节算例为 5 级以上；相应的前兆异常事件集称为异常链)；C 表示二者对应事件(即先有异常链，接着出现地震链)的集合；N 表示其下标所代表集合中元素的个数；G 为信息效益指标，G 值越高，异常与地震的对应率越高；n 表示参加信息合成的资料的总份数；$I_{0,t}$ 表示 t 时刻 n 个标准化信息流的合成值；$I_{i,k}$ 表示参加合成的第 i 份资料 k 时刻的标准化信息值(即用第 i 份资料计算出的 Δ 值序列)；W_i 表示第 i 份资料的总体权重，经试验认为，取 $W_i = G_i$ 较好，当 $P_1 \cdot P_2$ 较大时(定义见式(6-33))，取 $W_i = G_i(1 - P_1 \cdot P_2)$ 较好；T_0 为异常链和地震链定义的最大时段长度(用优化筛选的办法给出，本节算例取 $T_0 = 1$ 年)；V_i 表示第 i 份资料标准化信息流的相对最佳阈值。顺便指出，单项资料信息流及合成后的信息流中有多个动态参数需要优化，如 λ、T_0、V_i、K，其最优化的标准就是能得到最大 G 值，将动态参数以适当步长进行重复计算，利用完全归纳法不难筛选出相对最佳动态参数值。以下几个参数也可用于判定信息流的效益：

$$\left.\begin{array}{c} P_1 = \dfrac{N_A}{(L/T_0)} \\[3mm] P_2 = \dfrac{N_B}{(L/T_0)} \\[3mm] P_3 = \dfrac{N_C}{(L/T_0)} \\[3mm] P_x = \dfrac{N_A - N_C)}{N_A} \times 100\% \\[3mm] P_L = \dfrac{(N_B - N_C)}{N_B} \times 100\% \end{array}\right\} \qquad (6\text{-}33)$$

式中，P_1 为异常链自然出现频率；P_2 为地震链自然出现频率；P_3 为二者对应频率；P_x 为虚报率(将异常链做为预报事件)；P_L 为漏报率，本节给出的 G、P_1、P_2、P_3、P_x、P_L 主要用于判定信息流经合成后其信息效益是否有所提高。

⑦实际算例及应用。

据预报及科研工作的需要，对首都圈自 20 世纪 60 年代以来的跨断层短水准、短基线资料进行了全面系统的处理，按式(6-27)~式(6-31)分别计算，对每个单项资料进行全时域处理，包括多点组信息法和标准化方法的处理，最后按式(6-32)和式(6-33)进行了信息合成计算，与该区域的全部 5 级以上地震进行了统计。在单项信息提取和标准化计算中，要确定每一项资料的正常时段，用正常时段的数据建立的规律有利于更好地检测未来异常的出现。各项资料正常数据时段的选取见表 6-5。全部参加信息合成资料的单项信息效益和统计后的信息与地震对应情况见表 6-6。

表 6-5   各项资料正常数据时段的选取

资 料 名	文件名 （标准化后）	正常时段 （年．月）	资 料 名	文件名 （标准化后）	正常时段 （年．月）
上万 斜交水准	SWXSB	1980. 10—1988. 2； 1988. 10—1994. 2； 1994. 10—1998. 9	上万 垂直基线	SWCJB	1980. 10—1984. 12； 1985. 10—1988. 2； 1988. 10—1990. 2； 1990. 10—1993. 10； 1994. 10—1998. 2
八宝山 斜交基线	BBSXJB	1985. 10—1989. 4	上万 垂直水准	SWCSB	1980. 10—1984. 2； 1985. 12—1988. 2； 1989. 1—1991. 12； 1995. 1—1997. 1
百善 4—3 水准	BS4D3B	1983. 10—1998. 10	上万斜交基线	SWXJB	1986. 6—1998. 9
百善 5—4 水准	BS5D4B	1983. 10—1998. 10	八宝山 垂直基线	BBSCJB	1983. 6—1990. 12； 1993. 1—1998. 10
施庄基线	SZJXB	1970. 1—1998. 9	施庄水准	SZSZB	1970. 1—1998. 9
大灰厂 斜交基线	DHCXJB	1977. 1—1986. 2	北石城 水准	BSCSB	1983. 10—1990. 12； 1992. 6—1998. 10
大灰厂 斜交水准	DHCXSB	1977. 1—1987. 12	德胜口 斜交基线	DSKXJB	1982. 6—1998. 10
土木 4—3 水准	TM4D3B	1985. 2—1998. 9	桃山水准	TSSZB	1982. 8—1998. 9
古北口水准	GBKSB	1983. 10—1998. 10	密云 3—4 水准	MY3D4B	1984. 6—1998. 9
京西 13—22 水准	JX13D22B	1993. 1—1998. 10	小水峪 垂直水准	XSYCSB	1973. 10—1998. 9
大灰厂 垂直基线	DHCCJB	1972. 1—1986. 12	小水峪 斜交基线	XSYXJB	1974. 2—1987. 6； 1988. 6—1998. 9
涞水 1—2 水准	LS1D2B	1984. 6—1998. 9	小水峪 斜交水准	XSYXSB	1973. 10—1998. 9
涞水 1—3 水准	LS1D3B	1984. 6—1998. 9	沿河城水准	YHCSB	1984. 6—1998. 9
涞水 2—3 水准	LS2D3B	1984. 6—1998. 9	燕家台 垂直基线	YJTCJB	1977. 10—1998. 10
涞水 3—4 水准	LS3D4XB	1984. 6—1998. 9	燕家台 垂直水准	YJTCSB	1975. 1—1998. 9
狼山 4—5 水准	LS4D5B	1983. 10—1988. 12； 1991. 1—1998. 6	燕家台 基线西南 1	YJTJWS1B	1983. 1—1998. 9

续表

资　料　名	文件名 (标准化后)	正常时段 (年. 月)	资　料　名	文件名 (标准化后)	正 常 时 段 (年. 月)
狼山 4—6 水准	LS4D6B	1983. 10—1988. 6; 1994. 6—1997. 12	燕家台 水准西南 1	YJTSWS1B	1983. 1—1998. 9
狼山 5—6 水准	LS5D6B	1983. 10—1992. 12; 1994. 10—1998. 9	燕家台 斜交基线	YJTXJB	1977. 2—1986. 2; 1987. 6—1998. 9
密云 1—2 水准	MY1D2B	1984. 5—1994. 3; 1996. 1—1998. 9	燕家台 斜交水准	YJTXSB	1977. 6—1998. 9
宁河 2—4 水准	NH2D4B	1982. 10—1998. 9	宁河 1—2 水准	NH1D2B	1977. 1—1998. 9
紫荆关 1—2 水准	ZJG1D2B	1980. 1—1997. 10	紫荆关 2—3 水准	ZJG2D3B	1980. 1—1987. 12; 1989. 1—1997. 6
小水峪 垂直基线	XSYCJB	1977. 1—1998. 6	张家台 垂直基线	ZJTCJB	1971. 10—1976. 10; 1977. 10—1985. 01; 1989. 06—1998. 09
南口 5—4 水准	NK5D4B	1982. 10—1998. 2	张家台 垂直水准	ZJTCSB	1971. 10—1976. 6; 1977. 6—1998. 9
张家台 斜交水准	ZJTXSB	1972. 1—1998. 9	张家台 斜交基线	ZJTXJB	1977. 1—1995. 6
南孟 1—3 水准	NM1D3B	1980. 1—1998. 9	南孟 1—4 水准	NM1D4B	1982. 10—1998. 9
张山营水准	ZSYSB	1970. 1—1998. 9	镇罗营水准	ZLYSB	1984. 6—1987. 6; 1988. 8—1998. 9
墙子路 斜交基线	QZLXJB	1971. 10—1998. 9	墙子路 垂直基线	QZLCJB	1971. 10—1998. 9
土木 1—5 水准	TM1D5B	1988. 10—1998. 9	张山营基线	ZSYJB	1970. 1—1974. 10; 1977. 1—1998. 9
八宝山 垂直水准	BBSCSB	1983. 1—1998. 9	京西 1—10 水准	JX1D10B	1993. 1—1998. 9
八宝山 斜交水准	BBSXSB	1984. 6—1998. 9	大灰厂 垂直水准	DHCCSB	1970. 1—1987. 6
德胜口 斜交水准	DSKXSB	1983. 1—1998. 9	墙子路 垂直水准	QZLCSB	1971. 10—1996. 12
墙子路 斜交水准	QZLXSB	1971. 10—1998. 9			

(注：表中正常时段多于一个时用分号分割，整数部分为年份的后两位数字，小数部分为月份。)

表 6-6 中，双引号内为各项资料的标准化信息流文件名（与表 6-5 中相对应，不分大小写）。其中每个文件名前有两个数据，第一个为相对最佳阈值，第二个为信息效益参数。经信息合成得到的合成信息流的文件名、最佳阈值及其效益参数放在最后，文件名为"hcxxquan"（见表 6-6 中的最后一个资料名）。合成后异常信息与地震对应情况的统计结果放在表 6-6 中的第二栏，第二栏中前面 9 个数字分别为：最佳对应的异常阈值、最佳方案序号、有异常后发震次数（L_1）、有地震之前无异常次数（L_2）、有异常后无地震次数（L_3）、地震的自然发生频率（P_1）、异常的自然发生频率（P_2）、二者对应频率（P_3）和信息效益参数 G。后面每四个数据为一组，表示一次事件的统计，第一个和第二个为异常的起止时间（最长定为 12 个月，继续异常将视为另一次新异常进行统计），若为 0 则表示此次地震无异常对应；第三个和第四个数据分别为发震时间和震级，震级为首都圈的 5 级以上或外围地区 6 级以上，时间定为异常结束后一年以内。若为 0 则表示该次异常事件无地震对应，依次类推，直至统计出全部异常和地震事件。

由表 6-5 内资料合成后的信息流曲线与地震的对应情况如图 6-30 所示。图 6-30 中，□表示异常起点，×表示终点；¤ 表示 5 级以上地震，半径大小与震级成正比（后同）。

由表 6-6 和图 6-30 看出，全部资料信息合成的效益参数为 0.351（表 6-6 上栏的最后一个数），自 1988 年以来总体形变资料的异常信息水平一直居高不下，与首都圈相应时段内震情追踪的实际情况相吻合，反映了这段时间相对高异常水平、低地震活动的实际情况。

从表 6-6 中筛选出效益参数大于 0.3 的资料，进行了信息合成，资料情况见表 6-7，合成信息流曲线见图 6-31，从表 6-6 看出，合成后信息效益参数为 0.394，有所提高，但从图 6-31 看出，异常与地震的对应情况无明显变化。

从表 6-6 中选出效益参数大于 0.48 的资料，见表 6-8，其中大灰厂斜交水准的效益参数为 0.433，也被列入，因其覆盖时段最长，放在第一个用来定位时轴长度，便于与前面比较和编程计算，况且大灰厂斜交水准的效益值并不很低，对合成结果影响不大。表 6-8 中共列入 9 份资料，因其效益参数较高，不妨称其为信息敏感资料（相对本信息合成方法而言），将这 9 份敏感资料进行信息合成，合成曲线见图 6-32。

由表 6-8 可看出，合成后的信息效益参数为 0.574，有较大幅度提高，说明这 9 份资料对本区震兆信息反映比较好。从图 6-32 看出，异常与地震的对应情况有较大的改善，张北地震前出现了异常，地震后的 1998 年未出现新的异常，故认为本区 1999 年内再次发生 6 级以上强震的可能性不大。这一研究结果在 1999 年震情判定中得到了应用，随后的情况也证明结论正确（见中国地震局第一监测中心科技档案中的 1998—1999 年的震情趋势研究报告）。

表 6-6　　　　　　　　　　　　　　**全部资料及其信息合成结果**

	合　成　结　果
参加合成资料	0.500，0.433，"dhcxsb"；　0.675，0.390，"bbscjb"；　0.625，0.491，"bbsxjb"； 0.600，0.274，"bs4d3b"；　0.500，0.377，"bs5d4b"；　0.600，0.280，"bscsb" 0.550，0.323，"dhcxjb"；　0.500，0.332，"dskxjb"；　0.775，0.159，"gbksb"； 0.525，0.356，"jx13d22b"　0.575，0.422，"dhccjb"；　0.500，0.313，"ls1d2b" 0.500，0.416，"ls1d3b"；　0.500，0.425，"ls2d3b"；　0.525，0.625，"ls3d4xb" 0.500，0.350，"ls4d5b"；　0.600，0.318，"ls4d6b"；　0.675，0.207，"ls5d6b" 0.525，0.364，"my1d2b"；　0.600，0.485，"my3d4b"；　0.500，0.356，"nh1d2b"； 0.500，0.451，"nh2d4b"；　0.500，0.398，"nk5d4b"；　0.625，0.331，"nm1d3b" 0.600，0.235，"nm1d4b"；　0.525，0.274，"qzlcjb"；　0.500，0.374，"qzlxjb"； 0.500，0.235，"qzlxsb"；　0.525，0.495，"swcjb"；　0.500，0.300，"yjtsws1b" 0.500，0.375，"swxjb"；　0.525，0.256，"swxsb"；　0.525，0.316，"szszb"； 0.550，0.366，"szjxb"；　0.500，0.229，"tsszb"；　0.500，0.228，"xsycjb"； 0.700，0.176，"xsycsb"；　0.500，0.426，"xsyxjb"；　0.500，0.173，"xsyxsb"； 0.600，0.370，"yhcsb"；　0.550，0.266，"yjtcjb"；　0.550，0.262，"yjtcsb" 0.625，0.206，"yjtjws1b"　0.500，0.467，"yjtxjb"；　0.500，0.334，"yjtxsb"； 0.500，0.275，"swcsb"；　0.500，0.544，"zjg1d2b"；　0.500，0.584，"zjg2d3b" 0.525，0.426，"zjtcjb"；　0.500，0.300，"zjtcsb"；　0.525，0.390，"zjtxjb"； 0.500，0.218，"zjtxsb"；　0.575，0.516，"zsyjb"；　0.500，0.205，"zsysb" 0.600，0.337，"bbscsb"；　0.575，0.423，"bbsxsb"；　0.500，0.306，"dskxsb"； 0.500，0.461，"jx1d10b"；　0.500，0.392，"dhccsb"；　0.725，0.225，"qzlcsb" 0.500，0.460，"tm1d5b"；　0.650，0.240，"zlysb"；　0.525，0.603，"tm4d3b"； 0.900，0.351，"hcxxquan"

合成后信息与地震对应情况的统计结果	0.900	16	17	0	9	0.550	0.841	0.550	0.351
	196810	196910		19690718	7.40	197101	197108	0	0.00
	197202	197302		19731231	5.60	197303	197403	19750204	7.30
	197404	197504		0	0.00	197505	197605	19760728	7.80
	197505	197605		19761115	7.10	197505	197605	19770512	6.50
	197606	197706		19771127	5.80	197707	197804	19790305	5.10
	197809	197908		19790902	5.10	197809	197908	19800207	5.30
	198005	198102		19810813	5.80	198108	198108	0	0.00
	198209	198309		19821019	5.30	198209	198309	19830403	5.10
	198209	198309		19840107	5.00	198310	198410	19850422	5.00
	198310	198410		19851005	5.30	198411	198511	0	0.00
	198512	198612		0	0.00	198701	198801	19880803	5.10
	198802	198902		19890618	5.00	198802	198902	19891018	5.70
	198802	198902		19891019	6.10	198802	198902	19891225	5.20
	198903	199003		19900721	5.00	198903	199003	19910326	6.10
	199004	199104		19910529	5.20	199004	199104	19910530	5.60
	199105	199205		0	0.00	199206	199306	19930911	5.40
	199307	199407		0	0.00	199408	199508	19951006	5.00
	199509	199609		0	0.00	199610	199710	19980110	6.20
	199711	199810		0	0.00				

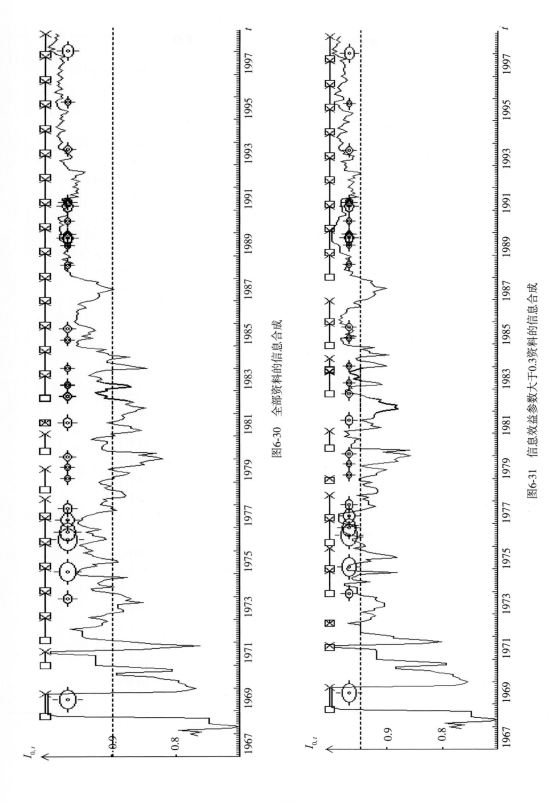

图6-30 全部资料的信息合成

图6-31 信息效益参数大于0.3资料的信息合成

表 6-7　　　　　　　　　　效益参数大于 **0.3** 的资料及其信息合成结果

	合　成　结　果
参 加 合 成 资 料	0.500, 0.433, "dhcxsb"；　0.675, 0.390, "bbscjb"；　0.625, 0.491, "bbsxjb"； 0.500, 0.377, "bs5d4b"；　0.550, 0.323, "dhcxjb"；　0.500, 0.332, "dskxjb" 0.525, 0.356, "jx13d22b"　0.575, 0.422, "dhccjb"；　0.500, 0.313, "ls1d2b"； 0.500, 0.416, "ls1d3b"；　0.500, 0.425, "ls2d3b"；　0.525, 0.625, "ls3d4xb" 0.500, 0.350, "ls4d5b"；　0.600, 0.318, "ls4d6b"；　0.525, 0.364, "my1d2b"； 0.600, 0.485, "my3d4b"；　0.500, 0.356, "nh1d2b"；　0.500, 0.451, "nh2d4b" 0.500, 0.398, "nk5d4b"；　0.625, 0.331, "nm1d3b"；　0.500, 0.374, "qzlxjb"； 0.525, 0.495, "swcjb"；　0.500, 0.375, "swxjb"；　0.525, 0.316, "szszb" 0.550, 0.366, "szjxb"；　0.500, 0.426, "xsyxjb"；　0.600, 0.370, "yhcsb"； 0.500, 0.300, "yjtsws1b"　0.500, 0.467, "yjtxjb"；　0.500, 0.334, "yjtxsb" 0.500, 0.544, "zjg1d2b"；　0.500, 0.584, "zjg2d3b"；　0.525, 0.426, "zjtcjb"； 0.500, 0.300, "zjtcsb"；　0.525, 0.390, "zjtxjb"；　0.575, 0.516, "zsyjb" 0.600, 0.337, "bbscsb"；　0.575, 0.423, "bbsxsb"；　0.500, 0.306, "dskxsb"； 0.500, 0.461, "jx1d10b"；　0.500, 0.392, "dhccsb"；　0.500, 0.460, "tm1d5b" 0.525, 0.603, "tm4d3b"；　0.950, 0.394, "hcxxyou"

	合成后信息与地震对应情况的统计结果

0.950	18	16	1	7	0.550	0.744	0.518	0.394
196810	196910	19690718 7.40			197107	197108		0 0.00
197208	197208	0 0.00			197312	197412		19731231 5.60
197312	197412	19750204 7.30			197501	197512		19760728 7.80
197501	197512	19761115 7.10			197603	197703		19770512 6.50
197603	197703	19771127 5.80			197704	197804		19790305 5.10
197812	197901	19790902 5.10			198005	198102		19810813 5.80
198210	198310	19821019 5.30			198210	198310		19830403 5.10
198210	198310	19840107 5.00			198311	198405		19850422 5.00
198412	198512	19851005 5.30			198601	198612		0 0.00
198801	198901	19880803 5.10			198801	198901		19890618 5.00
198801	198901	19891018 5.70			198801	198901		198910 19 6.10
198801	198901	19891225 5.20			198902	199002		19900721 5.00
199003	199103	19910326 6.10			199003	199103		19910529 5.20
199003	199103	19910530 5.60			199104	199204		0 0.00
199205	199305	19930911 5.40			199306	199406		0 0.00
199407	199507	19951006 5.00			199508	199608		0 0.00
199609	199709	19980110 6.20			199710	199810		0 0.00
0	0	19800207 5.30						

信息效益相对最好的资料

表6-8

参加合成资料	合成后信息与地震对应情况的统计结果
	1.000, 20, 16, 0, 3, 0.518, 0.615, 0.518, 0.574;
0.500, 0.433, "dhcxsb";	197107, 197207, 0, , 0.00; 197208, 197308, 19731231, 5.60; 197309, 197409, 19750204, 7.30; 196811, 196910, 19690718, 7.40;
0.625, 0.491, "bbsxjb";	197410, 197510, 19760728, 7.80; 197511, 197611, 19761115, 7.10; 197611, 197611, 19770512, 6.50;
0.525, 0.625, "ls3d4xb";	197511, 197611, 19771127, 5.80; 197612, 197706, 0 , 0.00; 197812, 197909, 19790305, 5.10;
0.600, 0.485, "my3d4b";	197812, 197909, 19790902, 5.10; 197812, 197909, 19800207, 5.30; 198011, 198111, 19810813, 5.80;
0.525, 0.495, "swcjb";	198011, 198111, 19821019, 5.30; 198112, 198209, 19830403, 5.10; 198302, 198401, 19840107, 5.00;
0.500, 0.544, "zjg1d2b";	198404, 198504, 19850422, 5.00; 198404, 198504, 19851005, 5.30; 198802, 198902, 19880803, 5.10;
0.500, 0.584, "zjg2d3b";	198802, 198902, 19890618, 5.00; 198802, 198902, 19891018, 5.70; 198902, 198902, 19891019, 6.10;
0.575, 0.516, "zsyjb";	198802, 198902, 19891225, 5.20; 198903, 198912, 19900721, 5.00; 199006, 199106, 19910326, 6.10;
0.525, 0.603, "tm4d3b";	199006, 199106, 19910529, 5.20; 199006, 199106, 19910530, 5.60; 199107, 199109, 0 , 0.00;
1.000, 0.574, "hcxx"	199307, 199404, 19930911, 5.40; 199409, 199509, 19951006, 5.00; 199704, 199801, 19980110, 6.20

合成结果

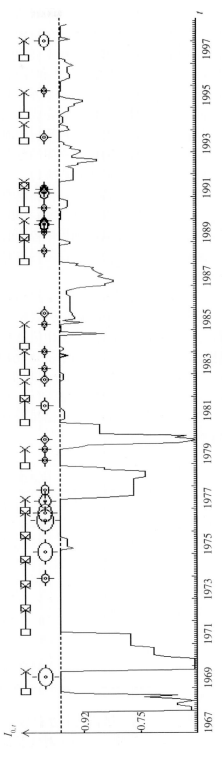

图6-32　相对效益最优资料的信息合成

359

⑧空间信息合成法。

时序信息合成法是将某一区域的各种资料按一定的方法提取信息,然后进行信息合成计算,得到反映多项信息的综合指标,使不同资料的信息起到互补的作用,并产生信息增益,从而用于对该区域未来地震危险性的判定,特别是为了用于年度震情趋势会商,其研究结果在预报实践中逐年完善和应用,取得了一定的效果(薄万举等,1997c;薄万举,1997a)。但时序信息合成只给出单一的合成数值结果,它代表整个地区,对预测发震地点显然有不足之处。空间信息合成法是指将一定区域内若干观测台点的资料分别以台站或测点为单位进行信息合成,计算出空间若干采样点的信息强度值,然后利用等值线图示的方式描绘异常合成信息值在空间的分布形态,类似用云图判定降雨的方法,试图确定对未来可能发生地震的危险地点或方位。一个台站的信息合成要比一个区域的信息合成简单得多,方法、模型、原理完全一样,绘空间等值线图也有很多成熟的方法和软件,在此不再赘述,应用实例见相关文献(薄万举等,2001a)。顺便指出,标准化信息流最后的含义是对曲线波动偏离其正常波动规律程度的一种动态描述,属无量纲变量,因此可用于不同物理量观测手段的信息合成,这一特点有利于获得多手段信息的增益,有助于实现单台多手段的信息合成。

⑨时序信息合成方法全时空扫描结果的统计及效能评定。

用式(6-26)(具体分解后为式(6-27)~式(6-31))对首都圈跨断层流动短水准、短基线资料进行了全时空扫描处理,用信息流合成方法,从 1969—1998 年,对该区域内 63 项资料进行了信息合成,并利用系统优化理论(薄万举,1991),给出了三种合成方案,同时统计了该区同时段内所有的 5 级以上地震,信息合成结果与地震的对应情况分别见表6-6~表6-8 和图6-30~图6-32。

现将三个方案的信息合成结果分别进行 R 值评分的检验(许绍燮,1973;1989),结果列于表6-9。

表6-9　　　　　　　　　　信息流合成方法的 R 值评分检验

方　　案	n_1^1	n_1^0	t	T	R	R_α	检 验 结 果
全部资料的信息合成	17	0	26	30	0.130	0.217	97.5%的置信水平下不能通过检验
信息效益参数大于 0.3 资料的信息合成	16	1	23	30	0.180	0.225	97.5%的置信水平下不能通过检验
相对效益最优资料的信息合成	16	0	19	30	0.370	0.225	97.5%的置信水平下通过检验
备　　注	\multicolumn{5}{c	}{计算公式: $R = \dfrac{n_1^1}{n_1^1 + n_1^0} - \dfrac{t}{T}$}		置信水平:97.5%

由表6-9看出,尽管三个方案基本上对大部分地震都能有所显示,但前面两个方案未通过 R 值评分的检验,而用相对效益最优资料的信息合成通过了 R 值评分的检验。这主

要是因为信息效益差的资料其噪音干扰水平高，增加了大量的虚假异常，使表 6-9 中的 t 值明显变大所致。而信息效益好的资料噪音干扰水平低，减少了虚假异常，从而使 t 值明显减少，故通过了 97.5% 置信水平的检验。因此，在利用群体多手段资料来提取地震前兆信息，并进行信息合成时，资料的优化筛选、干扰的识别与排除，仍然是十分重要的工作。况且，在形变资料中，还肯定包含大量的与中短期地震前兆关系并不密切，而与地壳中长周期运动密切相关的信息，在地震中短期预报研究工作中，鉴别和剔除这些中长周期地形变异常信息也是十分重要的。

6.4.2 断层形变异常的时空有序配套特征

断层形变异常的时空有序配套特征主要体现在断层形变异常的空间分布有序特征和时间演化进程上的有序特征。一次强震的孕育，地壳应力必定在较大的空间范围发生较显著的异常变化，因为地壳介质不是刚体，介于塑性体和弹性体之间，必将发生显著的变形，这种变形的强度与震中距、局部地壳介质的强度以及时间的演化进程有关。而断层作为地壳表层薄弱部位，通常会对这种形变异常产生放大作用。当断层形变监测点密度较大，分布相对均匀时，断层形变异常的时空分布应该具有一定的配套特征。但是由于地壳介质强度分布不均匀，断层分布不均匀，断层形变测量场地同样分布不均匀，所获得的断层形变异常远达不到能展示其时空有序配套特征的要求。但是如果以断层形变为主，结合大面积水准、GNSS、重力、地下水、地应力、地倾斜等多手段捕捉大震前各种异常的时空有序和配套特征，则有可能会得到质量和信度更高的大震前兆配套信息（吴翼麟等，1993）。

只凭断层形变一种手段捕捉异常的时空配套特征是比较困难的，通常在断层形变测点较为密集的区域，有可能观测到群体性准同步异常，如大同地震和张北地震前在山西断裂带就观测到了群体性断层形变异常（图 6-28）。根据各种类型地震孕震机理可推断出形变异常可能出现的时空有序配套特征，如逆冲型地震前压应变及相应挤压隆起变形的空间分布（薄万举等，2009），大面积垂直形变显示的高梯度带（张祖胜等，1990），走滑型地震前出现的垂直形变四象限分布（杨国华等，1995），弹性回跳模式显示的水平形变特征（Vere-Jones D，1970；Jian-Cang Zhuang et al.，1998），地倾斜显示的指向或背向震中的形变分布特征（薄万举等，2006b），三项应变理论（周友华等，2009）描述的孕震拉疏区、压实区和剪应变区可能存在的形变差异特征，等等，都为我们主动寻找形变异常的时空有序和配套特征提供了重要的理论依据。在应用研究成果中，几乎每一种特征都找到了实例的支持，但重复验证的几率很低，这主要受到两个要素的约束，一是强烈地震为小概率事件，地震预报研究及资料积累的时段相对强震复发周期来讲十分短暂，验证概率本身就低，而且地质构造和孕震机理十分复杂，每次地震都有它的特殊性，很多特殊性的要素在震前难以完全把握，这也正是地震预报的难点所在。随着震例的增加不断总结归纳，对这些特征不断探索，是通过地震前兆异常研究和预测地震的重要途径之一。

当断层形变测点在空间上分布相对较为均匀，覆盖面积较大时，通过断层形变异常出现时间的先后顺序及空间的先后顺序，可以发现某种时空迁移规律，这种有一定规律性时空迁移的断层活动应该与地壳应力场活动密切相关（薄万举等，2004；薄万举等，2005）。因此，研究断层活动时空有序配套特征对强震孕育发生机理和预测研究具有重要意义。

6.4.3　独立巨幅断层形变异常事件与强震对应关系的探讨

信息合成、群体性异常和异常的时空有序配套特征都是针对多项资料异常开展的应用研究。几十年形变监测、前兆分析与地震预测研究发现这样一个事实:大地震前有群体性异常较为普遍,但出现群体性异常之后未发生大震的情况也普遍存在。这就为我们预测地震带来了难题。但是相当一部分强震发生前在震中区附近发生了独立巨幅(断层)形变事件。因巨幅形变的幅度常常大得令人费解,故往往首先想到是某种干扰所致,也常找到真实存在的干扰因素,作为干扰处理。后来发生了地震,常被认为是某种巧合。这样的案例一多,引起我们的注意:强烈地震是小概率事件,巨幅形变异常也是小概率事件,怎么会有如此高比例的小概率巧合事件?既然理论上不应该有这么高比例的巧合事件,就有理由怀疑二者不是巧合,而是有某种尚未被我们认识到的内在联系。这种联系未被认知以前,并不影响我们用这一对应规律进行地震预测的尝试与研究。

1. 典型震例

(1) 1987 年乌什 6.4 级地震

1987 年 1 月 24 日新疆乌什 6.4 级地震发生前,乌什地震台倾斜仪、应变计等多种形变、应变手段出现了短临异常前兆,最典型的是乌什台钻孔应变计旬均值的变化,如图 6-33 所示。

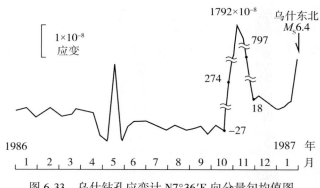

图 6-33　乌什钻孔应变计 N7°36′E 向分量旬均值图

由图 6-33 看出,1986 年 10 月出现了大幅度突跳变化,其幅度是前面最大变化量的 100 倍以上,2 个多月后,发生了 1987 年 1 月 24 日的乌什 6.4 级地震。杨志荣同志根据该台的异常给出了准确的中短期及短临预报意见(杨志荣,1987)。乌什台距离震中在 60km 以内。

(2) 1976 年唐山 7.8 级地震

1976 年 4—6 月宁河 1—2 水准发生突变,其变化量级为此前 3 年最大年变的 5 倍,如图 6-34 所示,7 月 28 日发生了唐山 M_S7.8 级地震,震中距约 50km。

(3) 1996 年丽江 7.0 级地震

1995 年 7 月云南永胜 2—3 水准发生突变,变化量级为其前 3 年最大年变化量的 6.5

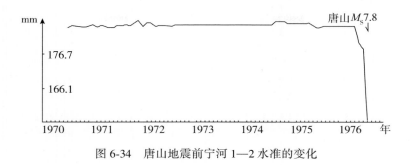

图 6-34　唐山地震前宁河 1—2 水准的变化

倍，如图 6-35 所示，1996 年 2 月 3 日发生了丽江 M_S7.0 级地震，震中距约 82km。

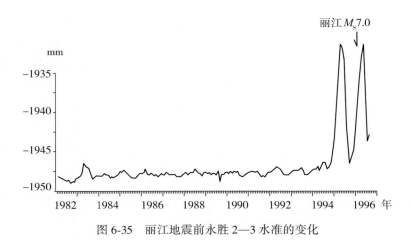

图 6-35　丽江地震前永胜 2—3 水准的变化

（4）1998 年 1 月张北 6.2 级地震

张家口台 EW 向倾斜仪 1995 年 8 月发生突变，变幅约为正常年变量的 7 倍，当时多数人认为是异常，后来又倾向认为与降雨有关。1996 年 7 月再次发生突变，变幅约为年变化量的 5 倍，但又逢降大雨，同时山西带出现多次断层形变的同步大幅度变化，当时多数人认为与降雨干扰有关。1997 年 9—11 月又发生了大幅度变化，变幅约为正常年变的 6 倍，未发现可疑的干扰源，有人认为与 9 月 30 日和 10 月 24 日的两次调仪器有关。但从图 6-36 的整个形变异常过程来看，虽然不能完全排除调仪器的影响，从 1995—1997 年 12 月也还是存在一个完整的中期、中短期和短临的异常形态过程。干扰作为扰动因子，能够触发较大幅度的形变事件时，本身就意味着地壳有一定的应力积累，才能通过扰动的触发而产生较大的形变事件。在干扰与信息并存时，区分异常就变得很困难，需要做多因素的综合分析。在距张家口台约 60km 的赤城台，EW 向倾斜仪在 1997 年也发生了大幅度的反向东倾，这可以印证张家口 EW 向倾斜仪 1997 年的变化主要反映了地壳形变信息，而不完全是调仪器所致。但因前两次类似幅度的异常变化后并未发生相应的地震，有一种观点认为这次异常变化可能是前两次变化的恢复，现在看来这种认识有一定的局限性。张家口台距张北震中约为 60km。

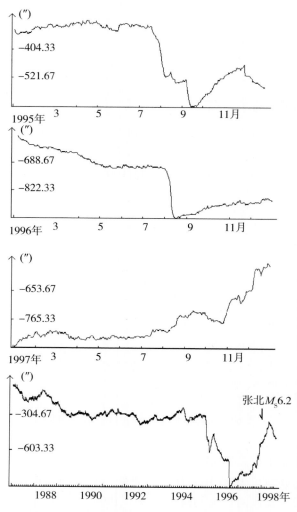

图 6-36　张家口 EW 向倾斜仪日均值变化曲线

(5)2008 年 5 月汶川 8.0 级地震

2008 年 5 月 12 日发生了震惊中外的汶川 8.0 级大地震。图 6-37 是位于震中区耿达跨龙门山后山断裂的短水准观测曲线，显示震前出现了张性巨幅形变。这个变化是否属于地震前兆性异常，始终争议比较大。其实每个案例初期争议均较大，随着时间的推移和各种旁证资料的增加，多数人的认识才能逐步达成一致，对认识复杂难题，这是不可避免的一个过程。因汶川地震发生不久，其中有争议的地方很多，后面有关章节还要进行较为详细的讨论。

由图 6-37 看出，汶川地震前的断层形变幅度超过了几十年的最大变幅，这是巨幅形变的一个共性特征。当然，出现巨幅形变而无强震发生的反例也有一些，如汶川地震前大

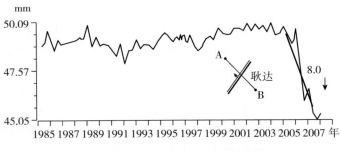

图 6-37　耿达 B—A 水准观测曲线

口子水准(因离震中太远,即使属于与汶川地震有关的远场效应,也难以在震前作为判断汶川是否会有地震发生的依据,因此这种情况作为反例看待)、2009 年前后山西临汾地震台跨断层水准出现的巨幅变化等(山西临汾水准异常尚有待于继续跟踪研究)。但令人难以置信的是,这样的典型反例并不多(目前发现的反例并没有超过半数),这为我们利用巨幅形变异常跟踪、监视、预测和研究强震的发生提供了强有力的支持,虽然很多内在的机理尚不清楚,有待进一步开展深入的研究,但一系列的观测事实应该引起我们足够的重视。

由以上 5 个典型震例不难总结出如下几个共同特点:

①震前出现大幅度变化,变幅为正常年变量的 5 倍以上。这种大幅度变化距地震发生的时间较近,如不考虑张家口 1995 年和 1996 年存在严重干扰背景的异常事件,乌什、宁河、张家口三处异常均发生在震前 3 个月之内,属于短临异常;永胜异常发生在震前 7 个月内,属于短期异常;耿达异常虽由 2006 年开始,但达到巨幅形变的标准是在 2007 年下半年(具体标准后面讨论),也应该属于短期异常。

②异常点距震中的距离均小于 90km。

③同样变幅的呼应资料较少,100km 外未见有同步呼应的异常存在(超远距离除外)。

2. 异常判定指标

(1)异常指标模型

前面给出了 5 个典型的实例,显示了其共同特征。由于子样过小,以这些共性指导实践尚需要进一步检验,但从小概率事件巧合的角度分析,基本上可以断定巨幅形变异常与强烈地震的对应不属于巧合,而是存在未知的内在联系,应该充分利用这一信息,开展强震监测、预测与研究。为此,将其共性抽象成数学模型,对首都圈的形变资料进行全时空扫描,看其是否具有普适性。希望通过全时空扫描,将其共性特征进行归纳、修改、补充和完善,从中找出更具有代表性的规律,可能对短临形变前兆信息的提取和预报实践更具有指导意义。

以上 5 个实例中最突出的共性就是距震中很近的测点短期内发生大幅度的变化,其幅度在正常年变幅度的 5 倍以上,为此构造 K 值计算模型如下:

$$K_t = \frac{\max\{\mathrm{ABS}(Y_i - Y_j), \ i \in [t-\Delta, \ t]; \ j \in [t-\Delta, \ t]\}}{\max\{\mathrm{ABS}(Y_i - Y_j), \ i \in [t-7\Delta, \ t-\Delta]; \ j \in [i \pm \Delta] \cap [t-7\Delta, \ t-\Delta]\}}$$

$$(6\text{-}34)$$

式中,Y 为断层形变观测值;t 为观测时间;Δ 取半年;max 为取极大运算;$\cap$ 为集合取交运算;K_t 的含义为 t 时刻前半年内 Y 值的最大变化量与 t 时刻前半年至前 3.5 年的时段内间隔小于等于半年的两 Y 值之差的最大值之比,称为强震指标 K。这里 Δ 是可调参数,针对不同地区可进行适当调整。

显然,K_t 值能较有效地显示观测值突发性变化的相对幅度。对噪声较大的资料,其平时变化幅度也大,因此,K_t 值标志着 Y 值的相对变化程度。

(2)扫描计算

为了研究短(临)前兆信息的普适性,以跨断层形变监测资料为主,作者于 1998 年还收集了首都圈各种形变、应变手段自 1980 年至 1998 年的 142 项观测资料,然后分别按式(6-34)进行了计算,共发现 8 项 K 值大于或等于 4 的异常事件,见表 6-9。

(3)统计分析

表 6-10 中经全时空扫描,共找出 8 项 $K \geq 4$ 的资料,现逐一分析如下:

表 6-10　　　　　　　　首都圈形变资料 $K \geq 4$ 事件的统计

(经度:112°~120°;纬度:36°~42°)

序号	资料名	文件名	纬度	经度	起止时间	时间,(K值);
1	南口 5—4 水准	NK5D4	40°15′	116°07′	1982. 12—1998. 03	88. 9,(4);94. 9,(4.3);96. 8,(4.3)
2	南孟 2—3 水准	NM2D3	39°10′	116°22′	1980. 01—1997. 03	97. 3,(4.0)
3	张家口 EW 倾斜仪	ZJQXEW	40°49′	114°54′	1993. 01. 01—1998. 02. 28	95. 8,(7);96. 7,(5);97. 11,(6)
4	易县 SN 连通管	YXLTSN	39°07′	115°22′	1994. 01. 01—1998. 03. 31	98. 2,(6.0)
5	永年 SN 连通管	YNLTSN	36°45′	114°25′	1993. 01. 01—1998. 02. 28	96. 10,(4.0)
6	永年 EW 连通管	YNLTEW	36°45′	114°25′	1993. 01. 01—1998. 02. 28	96. 12,(4.0)
7	眉音口 1—2 水准	MYK1D2	38°24′	112°59′	1989. 01—1996. 12	96. 7,(4.0)
8	小 磨 1—2 水准	XM1-2	39°50′	113°00′	1985. 01—1996. 12	96. 7,(4.0)
说明	1. 起止时间对月均值指起止年月,日均值指起止年月日; 2. 时间,K 值分别指异常 K 值出现的时间和相应时间计算出的 K 值,格式为:年 . 月,K;多组异常间用分号隔开。确定异常尚需具体情况具体分析。					

1)南口 5—4 水准

南口 5—4 水准自 1980 年以来共出现了 4 次 $K \geq 4$ 的形变事件,由于该测点异常变化具有较好的规律性,计算 K 值时,在正常背景中已将异常变化扣除。该测点异常变化有其特点，一是每次异常都与大的降雨有关，但不是每次大的降雨都产生相应的异常变化；二是自 1994 年以来，每隔两年出现 1 次；三是 4 次异常中，有 3 次出现后一年左右在华北已发生了 6 级以上地震(图 6-38)。降雨作为干扰背景显然是存在的，但将其全归结为干扰亦不妥当，因为从整个统计时段上看，形变异常与 $M_S6.0$ 级以上地震的发生都是小概率事件，假设二者无关，3 次形变异常与 3 次 6.0 级以上地震对应的巧合概率不到 0.02，这样的小概率事件既然已经发生了，就没有理由认为二者是偶然的巧合，说明该测点的形变异常虽然容易由降雨事件触发，但仍然具有一定的中短期前兆意义(关于干扰与异常的辩证关系后面还要进一步讨论)。

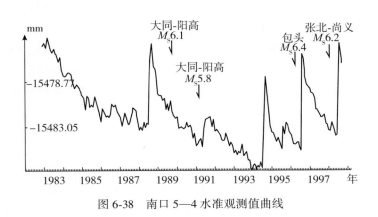

图 6-38 南口 5—4 水准观测值曲线

与前面提到的 5 个典型实例相比，南口 5—4 水准显示的前兆为背景性中短期前兆，且距震中远近不一，说明该测点所反映的是场的异常变化。地壳应力场的异常活动和能量积累可能改变了该测点所跨断裂的受力状态，并有一定的应变积累，在降雨这一因素的触发下释放了应变，显示出形变，其机制可能与场地的特殊地质构造有关。如果没有应力积累，即使降雨减少了断层面间的摩擦力，也不应当产生较大的断层滑动，事实上也有若干年雨季该断层未产生明显变化，也并不是每次大雨后都发生类似的变化，说明事先积累的应变才是内因，是起决定性作用的因素。

2）南孟 2—3 水准

该测点 1997 年 3 月出现 $K=4$ 的情况，无较强的地震与之对应。可能属于地壳应力场变化引起的局部不均匀形变。另外，该测点均为土层点，干扰亦较为明显，与典型实例相比，K 值偏低。该测点异常变化机理尚有待于进一步研究。

3）张家口 EW 向倾斜仪

该资料属于 5 个典型实例之一，其特点是 1995 年、1996 年和 1997 年连续三年出现了大的形变异常变化(图 6-36)，从时间分布上，只有 1997 年 11 月出现的异常可作为中短期异常，前两次出现得早，即使没有降雨干扰，最多只能认为是中期异常。在地震发生之前鉴别这两种不同异常是至关重要的。为此有必要分析其异同点，供进一步判定和研究时参考。

通过对实测资料进行调查分析得知，前两次异常均发生在雨季，有较强的干扰因素，而 1997 年 11 月无类似的干扰因素(前面已提及，调仪器的干扰通过与赤城资料的对比后认为不是主要因素)。另外，1996 年的异常与眉音口、小磨(表 6-10)的 K 值异常同步。即使不是降雨干扰，因该三个测点最远相距约 300km，它们共同反映的信息也只能是"场"的信息，而不可能是来自同一个"源"的形变信息，故只能将其作为中期背景性异常看待。1997 年 11 月出现的异常和其他三个典型震例比较相似，共同特点是 K≥5，震中距小于 90km，对应震级大于 M_S6 级，100km 以外无其他台站出现同量级的同步异常。

4)易县 SN 向连通管

全时空扫描发现 1998 年 2 月易县 SN 向连通管出现 K=6 的情况，无 6 级以上地震对应。将其作为短临异常，是一次虚报事件。经分析认为，该异常可能与以下因素有关：

①1998 年 1 月 10 日发生了张北地震，易县台有可能观测到远场的震后效应；

②近几年易县台实施了山洞改造工程，有可能对连通管观测带来较强的干扰；

③不排除孕育另一次 6 级以上地震的可能性，但后来无相应地震发生。据扫描结果，K≥5 未对应 6 级以上地震，目前只发现了这一例，这一现象值得重视和深入研究。

5)永年连通管

永年 SN 和 EW 向连通管分别在 1996 年 10 月和 12 月出现了 K=4.0 的情况，无地震对应。

6)眉音口 1—2 水准和小磨 1—2 水准

这两项资料于 1996 年 7 月同时发生了较大的变化，K=4.0。恰逢雨季且降雨量较大，与张家口 EW 向倾斜仪的变化同步，量级相近；在山西带还有另外一些测点发生同步变化，但量级偏低。这可能说明在较大范围内存在地壳应力场的异常变化，恰逢雨季，触发了群体异常形变事件。根据历年雨季的变化规律可知，这一群体异常含有干扰成分，但不能全归于干扰影响，它反映了一个"场"的异常背景，构成了孕育发生 6 级以上地震的必要条件，但不是充分条件。13 个月后在山西带北端发生了张北 6.2 级地震，是区域应力场与孕震区局部构造条件共同决定的。由于对地震构造的认识有限，人们对未来强震发生的时间和地点也只能做出很有限的预测。因此尽管在地震后进行了大量的反思和科学总结工作，但张北地震的孕震环境和机理仍在我们原有的认识水平之外，目前对张北这种类型的地震做出较为准确的短临预报是比较困难的。

以上只是对首都圈 1980 年至 1998 年的资料进行全时空扫描的结果。同时，我们对乌什应变计资料、永胜 2—3 水准、宁河 1—2 水准、耿达水准等典型资料的 K 值也进行了计算，计算结果列于表 6-11。

表 6-11　　　　　　　　　　　　　　**四次典型震例及 K 值的统计**

序号	异常资料名	异常时间 t	K_t	地震发生时间	地震	震中距
1	钻孔应变计 7N°36′向分量	1986 年 10 月	≈100	1987 年 1 月 24 日	乌什 M_S6.4	60km
2	宁河 1—2 水准	1976 年 6 月	≈5.0	1976 年 7 月 28 日	唐山 M_S7.8	50km

序号	异常资料名	异常时间 t	K_t	地震发生时间	地震	震中距
3	永胜 2—3 水准	1995 年 7 月	≈6.5	1996 年 2 月 3 日	丽江 $M_S7.0$	82km
4	耿达 B—A 水准	2007 年 10 月	≈5.0	2008 年 5 月 12 日	汶川 $M_S8.0$	<20km

表中 K 值是利用观测曲线图计算的近似值

由表 6-11 看出，四次 $M_S6.0$ 级以上地震前 7 个月内，均出现了 $K \geqslant 5$ 的异常，最大异常的震中距为 82km，且在 100km 以外无同样量级异常的台站相呼应（一般考虑同一构造带内的 100km 以内，再远的距离能反映同一震源信息的可能性不大）。从首都圈 1980 年至 1998 年全时空扫描的结果来看，142 项资料近 18 年出现 $K \geqslant 5$ 的异常只有 4 台次（表 6-10 中的张家口台 3 次，易县台 1 次），6.0 级以上地震 2 次（大同 1989；张北 1998），其出现的概率（频率）为 4/18 和 2/18，如二者为独立事件，其巧合概率约为 2.4%，而现在 4 次中有一次对应（占 25%）。如据前文的分析，严格限定异常的条件，即有了干扰背景和 100km 以外有同步呼应的异常不被认为是短临异常的话，则只有张家口 EW 向 1997 年 11 月出现的异常属于短临异常，其对应率为 100%，这可能意味着高 K 值事件与未来 7 个月内，100km 范围内所发生的 $M_S6.0$ 级以上地震的事件有着较为密切的关系，没有理由认为二者是互相独立的随机事件，因此，$K \geqslant 5$ 可以作为未来 7 个月内，100km 范围内可能发生 $M_S6.0$ 级以上地震的短临形变前兆异常指标，据此指标有可能对一部分 $M_S6.0$ 级以上强震做出较好的短期或临震预报，这不仅得到了首都圈 1980 年至 1998 年全时空扫描结果的支持，也得到了全国范围内 5 个典型震例的支持。当然，这个指标还不能作为预报的"充分条件"，在出现 $K \geqslant 5$ 时，还要分析台站资料的具体情况，结合其他方法和指标进行综合研究，不能一概而论。

以上研究是建立在少数几个震例的基础之上的，仍属小子样统计问题，对其可靠性不能期望过高。但在首都圈全时空扫描中，我们所用到的资料是 142 项×18 年×12 月，可以说是个大子样，基本上是全时空扫描，因此，其统计和分析是有一定根据的。但在统计的范围内，如将 $K \geqslant 5$ 的事件看做预报阈值，则有虚报（如 1998 年 2 月易县连通管异常），亦有漏报（如大同地震等）。从严限定条件，将有强干扰背景的不视为短临异常，100km 以外有同步同量级异常呼应者不视为短临异常，则可以减少虚报，但漏报仍然存在。从全国看，虽给出了 5 个典型实例，但也有不少漏报震例。因不同区域跨断层资料样本数差异较大，时空覆盖范围差异也很大，震例样本数差异更大，为此将不同区域分别进行全时空扫描（自有资料开始，本研究扫描的截止时间为 1998 年 12 月），然后将各区域资料子样数、异常子样数和地震子样数分别相加，得到全国范围内的全时空扫描结果，并给出 R 值评分结果（表 6-12）。

表 6-12　　　　　全国形变资料显示的地形变强震前兆异常指标 **K** 的统计

全时空扫描区域	时间段	资料项数	n_1^1	n_1^0	t 年	T 年	说　　明
首都圈	1970—1998	146	2	1	2	29	扫描区域的划分以形变测点空间分布形式划分，明显连成一整片者，即合算为一个区域。孤立台点单独算一个区域，时间段指区域内最长资料的时段。利用地形变强震前兆异常指标 K 值进行统计 n_1^1、n_1^0 参数时每项资料按实际占有时段统计时域，测点周围 100km 内作为统计的空间域(据 K 指标前兆标志定义统计)最后的 R 值评分为：
四川地区	1980—1998	49	0	0	0	19	
云南地区	1980—1998	58	1	3	4	19	
青藏块体北缘地区	1979—1998	150	0	2	1	20	
库尔勒	1984—1998	4	0	0	0	15	
乌　什	1984—1998	1	1	0	1	15	
乌鲁木齐	1984—1998	5	0	0	0	15	$$R = \frac{4}{9} - \frac{8}{197} = 0.403 > R_\alpha = 0.307$$
苏鲁皖	1972—1998	33	0	0	0	27	
内蒙古	1978—1998	2	0	0	0	21	证明 K 指标有预报意义。该表为 1998 年的统计结果，并收入当年会商报告
辽　宁	1982—1998	12	0	0	0	17	
合　计		460	4	5	8	197	

上述 R 值评分结果表明，在全国范围内，用强震指标 K 进行强震预测在统计的意义上是有效的。但在实际操作中还要面对一定的虚报率和漏报率的挑战，存在如何应对的社会决策问题。

6.5　断层形变的复杂性分析

断层形变观测已持续几十年，给人们总的印象是波动性大，稳定性差，似乎无其他形变观测手段精度高，所以更多的研究者将注意力投入到其他观测手段上。地震预报目前仍离不开经验和统计，多个强震震例研究结果显示，跨断层形变在强震发生前容易出现巨幅形变异常，对应情况较好，越来越引起人们的注意。尽管在中小地震中(中小地震检验的机会多)显示的前兆信息强度比其他形变手段弱得多，但我们最关心的还是强震预测问题，因此本节重点剖析一下断层形变多样性、复杂性、敏感性以及干扰与信息的辩证关系问题。

6.5.1　成分的多样性与复杂性

用大地测量手段观测到的断层形变不仅仅包含与地震有关的断层活动信息，其成分还具有更广泛的多样性和复杂性，如固体潮引起的变化、地下水增减引起的变化、地球自转变化引起的断层形变，等等(薄万举等，2006c)，这些因素有时可能与地震的孕育发生有关，更多情况下与地震的孕育发生没有关系。例如，下雨引起地表水的变化，断层活动就会受到一定的影响；同时，已有震例表明，大震前多出现水的异常，包括水位异常和水化异常，因此，类似水的变化到底与地震孕育是否有关，在地震发生前往往是很难准确判定的。

与地震孕育发生有关的断层形变同样很复杂。在地震孕育的早期，处于地壳应力场大范围活动的阶段，这时可能在多个特定的点或区域引起应力集中，在这些点或区域必然发生地壳形变，有断层的地方就会有显著的断层形变。但这些应力集中点或区域不一定都能孕育发生强烈地震，有一处发生强烈地震后就会发生大范围的地壳应力场调整，地壳应力集中点或区域也会发生新的转移或显著的变化，因此一次强震前早期的地壳形变往往是十分显著的，其变化幅度和影响范围都会比较大，所以大地形变测量手段用于强烈地震的中长期预报常给出比较好的研究成果和预测效果（薄万举等，2001e；张祖胜等，1990；薄万举等，2007）。但是这时的异常是大面积地壳运动引起的，通常反映的为场的异常，如作为地震前兆异常也称为"场兆"异常。显然这样的异常因其分布范围比较大，容易出现群体性异常，单凭场的异常难以判定具体可能发生强震的地点；地震孕育到一定的阶段，震源区由应力集中、闭锁到微破裂和预滑移阶段，震源区的相关断层有可能由闭锁的"平静异常"转向显著的活动，导致局部产生显著的大幅度的断层位移。显然这样的断层形变异常具有中短期前兆异常或临震前兆异常的性质，直接与震源的孕育演化过程密切相关，通常称为"源兆"异常。而源兆异常应该发生在震源体内或距震源体不太远或与发震构造密切相关的地方，这样源兆性异常可能出现的空间范围有限，加上断层空间分布不均匀，跨断层测点稀疏，大幅度中短期断层形变异常被捕捉到的几率很小，因此即使能发现巨幅形变异常也往往是孤立的，很容易被当做干扰排除。这样的异常一旦出现并被识别，其作为强震中短期预测的价值却比较大，虽然概率很小，但强烈地震本来就是小概率事件，坚守一生很可能没守到，那也必须守，因为一旦发生，灾害惨烈，教训深刻，切不可因几十年蹦蹦跳跳的断层形变没有对应强震就否定，就停测，导致几十年的连续观测付诸东流。很多所谓场地改造而停测的断层形变很可惜，几十年附近没有发生强震，如何能证明对未来可能发生的强震没有响应？而新建的断层测点其本底活动规律不知道，即使在较短时期内出现了大的变化也难以判断是否对应强震。因此，建议老的断层形变测点不宜轻易废掉。但可以增加，因其空间分布密度远未能满足要求。这是对历史经验的总结和反思，应该引起足够的重视。

地壳运动十分复杂，并且是非线性的，断层形变是地壳运动的一种表现形式，其成分更加复杂。在地震孕育发生之前，大面积地壳运动发生某种变化，可能促使孕育的地震提前发生，也可能使原本即将发生的强震推迟发生甚至在相当长的时间内不能发生，因而造成虚报。这也是断层形变规律难寻、地震预报水平难以提高的重要原因之一。

6.5.2 信息的敏感性

断层形变主要发生在断层的边缘部位，闭锁时断层两边块体相互作用十分强烈，未闭锁时类似于地块的自由边界，属于地壳中相对薄弱的部位。显然，这样的部位对干扰会十分敏感，平时蹦蹦跳跳，规律难寻，时间越长，资料越多，看到异常变化后无地震发生的情况越普遍，从而使人们感到失望和挫败，对断层形变手段逐渐失去信心。通过总结发现，若干强震前出现了巨幅形变异常，正在引起了越来越多研究人员的注意（薄万举等，

2001c)，进一步研究认为，强震前孕震区附近出现巨幅形变异常有一定的必然性。断层对干扰敏感，对地壳应力变化会更加敏感，对干扰信号有放大作用，对与孕震相关形变异常信息同样会有放大作用。中小地震形变信息经放大后一般情况下可能仍然淹没在干扰信息之中，难以准确辨识，但强烈地震发生前的形变信息会更加强烈，经放大后很有可能从众多的干扰信息中脱颖而出。这就为我们辨识强震孕育形变异常信息提供了一种可能。比如降大雨的干扰与强震孕育形变信息叠加在一起，对同一地点难以找到重复的案例，因为地震复发周期远大于形变观测资料已有的记录时长，但同一地点降大雨的重复记录很容易找到，对降大雨可能引起断层形变的量级和性质可给出一定的估计，进而估计是否存在与强震孕育相关的断层活动。地震孕育发生的中短期阶段，局部地壳处于临近破裂的状态，在断层处局部发生巨幅形变异常事件在情理之中，但考虑到断层形变观测密度和地壳形变非线性和不规则分布的特点和局限性，目前观测到大面积或群体性巨幅形变的可能性不大。我们正是可以利用断层形变这种对信息的敏感性，在平时显示的信息成分主要为干扰噪声的情况下，长期不懈地坚持观测，重点捕捉可能出现但很少见的巨幅形变异常事件，用来分析判定强烈地震可能孕育发生的时间和地点。强烈地震是小概率事件，巨幅形变异常也是小概率事件，在我们的观测记录中，二者相互对应的案例已经有好几个，其对应的频率远远大于二者巧合相遇的理论值，已能证明二者不是巧合，反过来就说明二者有关，为我们用断层形变开展强震预测研究进一步提供了案例上的支持和理论基础。

6.5.3　干扰与信息的辩证关系

多年来在地震预测研究中，遇到形变异常首先想到的是干扰(其他地震前兆观测手段基本类同)，于是需要专家到现场进行考察和落实异常。首先肯定这是必须要做的基本工作。绝大多数情况下或多或少都能找到一些干扰源。出现显著重大异常(比如巨幅形变异常)，如果下结论认为有强震孕育发生的可能，则需更加慎重，需要更多的专家做更细致的异常落实工作，结果也会发现更多的干扰源，于是多数情况下将异常归结于干扰，事实是多数情况下也没有强烈地震发生，判定结果的准确率自然很"高"。但强烈地震是概率极低的小概率事件，对同一地点或区域来说，少则几十年发生一次，多则数千年发生一次，一生中有限的几十年在全国范围内仅有几次强烈地震，多数被以排干扰的形式否定了异常，结果地震却发生了，针对强震的预报来说，人类几乎还在"交白卷"，因此必须反思我们过去出现异常、调查落实异常、发现干扰、排除异常的固有模式，落实异常发现干扰的同时，还必须充分论证这样的干扰是否足以引起相应的异常。仅以干扰可能引起异常的理由是不足以否定异常的，必须明确这一点，才有可能在强震预测的道路上继续探索和前进。

基于上述思考，笔者对形变异常与干扰的辩证关系进行了进一步的思考和研究(薄万举，1992b；薄万举，2010)，研究结果认为，对干扰必须辩证地分析，干扰在某种情况下是干扰，在特殊情况下也可能成为判断是否将会有强烈地震发生的有效"工具"和途径。

如果经过大量的统计，调查结果认为干扰足以引起观测到的异常变化，说明即使有形变异常信息，也将被干扰所淹没，异常的可信度就很低(有严密的方法和理论定量排除干扰的情况除外)；反之，若认为干扰不足以引起相应的变化，并且从量级上与统计可能出现的结果相差特别悬殊，所在区域又有强烈地震孕育发生的背景，就应该认为有强震发生的可能，必须主动地密切跟踪震情发展动态；处于二者之间的情况相对会多一些，需要结合多种手段进行综合判定。这时不排除会有中强地震发生，在实践中综合多手段进行中强地震预报相对成功率较大，在地震预测科学中有明显的进展和成效，但对强烈地震预测的效果还很不理想。量变到质变，说明强震前兆异常的规律与中强震有显著的区别，而强震震例子样很小（同一区域尤其如此），难以单独研究统计强烈地震前兆异常的规律。而和强烈地震造成的生命财产损失相比，中强地震预测成功的效益远不能满足社会的期望和需求。

将干扰作为预测强震的"工具"，从非线性动力学的角度可以得到支持和解释。孕震体孕育到即将发生的阶段（一般认为是中短期阶段），孕震体进入混沌状态，形成奇怪吸引子，进入临界阶段（Hao Bai-lin，1989；刘式达等，1989；李后强，1990；陈颙，1989），这时对外界微小扰动十分敏感，即所谓一根稻草压死一头骆驼。在这一阶段，从非线性动力学理论的角度讲，具体的地震发生时刻是不可预测的，但或早或晚都要发生，至于是早还是晚，就要看那根"稻草"什么时候起作用了。对于强震孕育来说，这根"稻草"可能就是我们所说的干扰，干扰早来，地震早来，干扰晚来，地震晚来，因此在强震前的异常落实中，绝大多数情况下都能发现明显的干扰，而且这一干扰引起异常的幅度往往超出常规，常常比统计应出现的结果大很多倍。这时干扰已不是干扰，而是工程师敲击仪器的锤子，通过敲击声可以判断仪器是否正常。我们也可以通过干扰引起形变异常是否超常规来判定局部地壳是否有问题，是否有可能孕育发生强烈地震，应该尝试地探索如何使用这把"锤子"。

6.6 断层形变时空分布特征与不同类型地震的关系

引起地壳运动的原因十分复杂，观测结果和理论研究都证明地壳运动具有一定的波动性（如潮汐和地球自转速度变化引起的地壳运动等）。从而地壳应力场也会发生波动性变化。因地壳的物性结构十分复杂，地壳应力场变化引起的地壳形变分布也一定十分复杂。断层是地壳中的介质不连续界面，因此断层活动及其形变的时空分布更加复杂。

不难理解，地壳越处于低应力状态，地应力增加或减小时，地壳的弹塑性形变越明显，这时断层形变对应力场波动非常敏感，因此，大范围断层群体性形变异常涨落出现，有可能是地震孕育前期的表现；随着地应力的增强，塑性形变部分被吸收掉，局部地壳运动逐步由线性阶段进入非线性阶段；这期间随着地壳介质的压实，会有不同尺度的局部小的破裂与滑移产生，在断层活动（形变）观测曲线中则会产生一系列的突跳变化，继而进入闭锁阶段。在闭锁阶段，断层活动（形变）水平会明显减弱。地应力继续增加，达到破裂的临界状态，受外界扰动的影响首先在某个相对薄弱的地方产生预破裂和预滑移，这些薄弱的地方多为断层发育的地方，当这些薄弱的地方恰好布设有跨断层形变测量手段时，就会观测到巨幅形变异常变化，地震发生，发震断层将产生大幅度的震时形变，也称同震形变。同震形变往往是对多年形变演化过程中应变累计的释放。然后是震后形变，逐渐恢复到地形变的常规状态，进入下一个漫长的地震孕育周期。以上是断层形变演化在一个地震孕育周期中的共性特征。

地震的类型有多种,本节讨论的主要为陆地上的构造地震。从震源机制解上可将陆地上的构造地震分为三类,即逆冲型地震、走滑型地震和混合型地震(逆冲兼走滑或走滑兼逆冲)。不同类型地震所对应的断层形变时空分布特征会有一定的差异。

对于逆冲型地震,震前将有很长时间与断层垂直方向上的压应变积累期(如汶川地震),在压应变积累的过程中,发震断层多处于闭锁状态,给人以断裂带十分稳定的假象(如汶川地震前的龙门山断裂)。这种情况下,断层形变多以压应变为主,闭锁后甚至观测不到明显的变化,对于接近直立的断层(断层倾角接近90°)尤其如此。但在与发震断裂共轭或相交的断裂上,有可能观测到断层的明显运动(如芦山地震前的鲜水河断裂)。对于发震断层,震中区往往呈完全闭锁状态,沿发震断层远离震中的地方,往往有明显的逆断活动,或通过转换断层、块体运动等形式起到化解压应变的作用,使得压应力的承载不断向震中区转移,震中区的断层呈相对逆断活动明显缺失,直至产生压性破裂,最后不得不以一个逆冲型地震的形式来补偿逆断活动的缺失。典型的弹性回跳理论描述原理与此类似,走滑型破裂引起弹性回跳,实际上是对闭锁处走滑量长期缺失的一种补偿。

对于走滑型地震,震前断层会出现不同程度的走滑运动。这种走滑运动一旦在某一个部位受阻,而其他部位仍继续存在走滑运动或具有运动的趋势,受阻部位就会逐步积累能量而孕育发生走滑型地震。这一类型的地震所在的断裂带或相距不远且近似平行的断裂带上很容易观测到群体性断层形变异常。而共轭断裂上容易观测到压性断层形变。

对于第三类属于混合的情况,断层形变的时空分布形式更加复杂多变,前两类的特征可以兼而有之,可能以逆冲活动特征为主,也可能以走滑活动特征为主。

以上是根据实际震例的观测结果在震后经过推理分析得到的认识。在震前,由于地壳形变的复杂性、孕震机理的不确定性以及断层和跨断层测量场地分布的不均匀性,我们得到的信息是很不完整的,因此在震前进行类似的推理分析,从而预测未来可能发生的地震还具有相当大的难度和不确定性,但应该不断探索和总结。

6.7　结语

①地壳破裂引起地震,地壳应力场增强,容易在相对薄弱的地方破裂,断层所在位置就是薄弱的地方。观测断层活动与断层形变是我们寻找未来震中位置的有效方法之一。

②应力场增强才能导致破裂发震,同时地壳不是刚体,应力增强必然产生变形,而在断层处进行变形观测,由于边缘效应的存在,有可能观测到放大的变形信息。

③断层形变对各种干扰敏感,对强震孕育的信息更加敏感,尽管显著异常变形事件往往与干扰因素相伴,但在强震前有可能观测到比正常随机噪声水平高得多的强震形变前兆,即巨幅形变异常,这一点值得我们特别注意。

④断层形变的张压性活动的研究在孕震机理研究中十分重要。但仅局限于水平应力的分析和变形用于断层活动性质研究还不够。如华北平原的主压应力场多为近东西向,而山西带上的多发育北北东向的张扭性断裂,似乎有些相互矛盾,这种情况下应该考虑存在深部物质活动的可能性。

⑤断层深部蠕滑与浅部变形耦合与断层形变密切相关，与此相应的地震断层形变动力学模型和数值模拟研究已取得一些初步进展（周硕愚等，2004；杜方等，2010），应该进一步扩展与深化此类研究。

⑥应该采用更多的手段共同开展断层形变用于强震预测的综合研究。

（本章主笔：薄万举；参加编写人员：刘天海、杜雪松、万文妮、杨怀宁等。）

本章参考文献

1. 薄万举. 系统工程学在大地形变测量预报地震中的应用[J]. 地震，11(3)：22-30，1991.

2. 薄万举. 利用台站地形变资料进行地震预报方法的研究[J]. 地壳形变与地震，12(3)：22-29，1992a.

3. 薄万举. 用线性动力学的观点分析形变异常与干扰初探[J]. 地壳形变与地震.12(4)：44-48，1992b.

4. 薄万举，等. 异常信息流的标准化方法及其应用[J]. 地壳形变与地震，13(增2)：9-15，1993a.

5. 薄万举，谢觉民，刘世荣. 短水准高频形变信息与小震活动关系研究[J]. 地壳形变与地震，13(增2)：72-79，1993b.

6. 薄万举，吴翼麟. 信息合成方法及其应用研究[J]. 地壳形变与地震，15(3)：84-88，1995a.

7. 薄万举，周硕愚，王彦. 四点组斜率信息标准化方法的进一步应用及其物理意义的探索[J]. 四川地震.1995(1)：24-30，1995b.

8. 薄万举，王彦，罗三明. 单项资料异常变化信息提取的一种新方法——多点组信息法[J]. 山西地震.1996(1)：39-42，1996a.

9. 薄万举，谢觉民，熊阜成. 畸形参数附带卓越周期拟合法在断层形变数据处理中的应用[J]. 西北地震学报，18(1)：56-60，1996b.

10. 薄万举，郭良迁，谢觉民. 苏鲁皖断层形变显示的区域地壳活动新特征[J]. 地震地质.19(2)：148-153，1997a.

11. 薄万举. 信息流合成方法在震情分析研究中的应用[J]. 西北地震学报.19(2)：41-47，1997b.

12. 薄万举，谢觉民，楼关寿. 非稳态断层形变及其信息合成[J]. 地震学报.19(2)：181-191，1997c.

13. 薄万举，谢觉民，郭良迁. 八宝山断裂带形变分析与探讨[J]. 地震，18(1)：63-68，1998.

14. 薄万举，郭良迁. 首都圈断层形变空间信息合成图像[J]. 地震，21(3)：98-103，2001a.

15. 薄万举，郭良迁，周伟. 据断层垂直形变确定华北活动块体边界[J]. 地壳形变与地震，21(1)：64-71，2001b.

16. 薄万举，华彩虹. 地形变强震指标探讨[J]. 地震，21(1)：25-32，2001c.

17. 薄万举，谢觉民，罗三明. 前兆信息提取的一种新方法——斜率差信息法[J]. 地震学报，23(2)：159-166，2001d.

18. 薄万举，杨国华，郭良迁，等. 地壳形变与地震预测研究[M]. 北京：地震出版社，2001e.

19. 薄万举，郭卫星，郭良迁，等. 形变台点异常事件与强震活动关系的研究[J]. 西北地震学报，26(2)：144-148，2004.

20. 薄万举，刘广余，陈兵等. 青藏块体东北缘地区断层形变研究[J]. 西北地震学报，27(3)：199-204，2005.

21. 薄万举，刘广余，郭良迁，等. 印度洋 8.7 级特大地震后川滇地区地震活动趋势判定[J]. 地震研究，29(1)：1-6，2006a.

22. 薄万举，章思亚，刘广余，等. 新疆乌什 6.2 级地震的中期预测[J]. 大地测量与地球动力学，26(1)：26-30，2006b.

23. 薄万举，王广余. 地球自转、断层形变与地震活动关系研究. 大地测量与地球动力学，26(2)：43-47，2006c.

24. 薄万举，章思亚，刘宗坚，等. 大地形变资料用于地震预测的回顾与思考. 地震，27(4)：68-76，2007.

25. 薄万举，杨国华，张风霜. 汶川 M_S8.0 地震孕育机理的形变证据与模型推演. 地震，29(1)：85-91，2009.

26. 薄万举. 形变异常与干扰关系的再认识，大地测量与地球动力学. 30(1)：5-8，26，2010.

27. 薄万举 主编. 流动形变监测系统(中册)[M]. 北京：地震出版社，2010.

28. 薄万举. GPS 展示的中国大陆主要相对变形特征及强震活动研究[J]. 地球物理学进展，2013，28(2)：599-606.

29. 常晓涛，胡建国，程英燕. 利用 IGS 全球站的 GPS 数据分析中国大陆东部的板内形变机制[J]. 测绘科技动态，1999(04)：28-32.

30. 车兆宏，范燕. 华北地区断层现今活动速率与特征[J]. 地震地质，1999，21(1)：69-76.

31. 陈颙. 1989. 分形与浑沌在地球科学中的应用[J]. 北京：学术期刊出版社，1989.

32. 程宗颐，朱文耀. 由 APRGP97-APRGP99 的 GPS 联测资料确定的亚太地区地壳形变[J]. 地震学报，23(3)：268-279，2001.

33. 邓起东，张培震，冉勇康，等. 中国活动构造基本特征[J]. 中国科学：D 辑，2002，32(12)：1020-1030.

34. 丁国瑜. 中国活断层图集[M]. 北京：地震出版社，1982.

35. 杜方，闻学泽，张培震. 鲜水河断裂带炉霍段的震后滑动与变形[J]. 地球物理学报，2010，53(10)：2355-2366.

36. 高艳龙，郑智江，韩月萍，等. GNSS 连续站在天津地面沉降监测中的应用[J].

大地测量与地球动力学，2012，32（5）：22-26.

37. 国家地震局. 跨断层测量规范［M］. 北京：地震出版社，1991.

38. 国家重大科学工程"中国地壳运动观测网络"项目组. GPS 测定的 2008 年汶川 Ms8.0 级地震的同震位移场. 中国科学（D 辑：地球科学），2008，38（10）：1195-1206.

39. 韩月萍，杨国华，陈阜超，等. 用 GNSS 连续资料确定水准网速率基准的探讨［J］. 国际地震动态，2012，（6）：185.

40. 何秀凤，何敏. InSAR 对地观测数据处理方法与综合测量［J］. 北京：科学出版社，2012.

41. 黄立人，符养，段五杏，等. 由 GPS 观测结果推断中国大陆活动构造边界［J］. 地球物理学报，2003，46（5）：609-615.

42. 江在森，马宗晋，张希，等. GPS 初步结果揭示的中国大陆水平应变场与构造变形［J］. 地球物理学报，2003，46（3）：352-358.

43. 金双银，朱文耀. 基于 ITRF2000 的全球板块运动模型［J］. 中国科学院上海天文台年刊，2002a，（23）：28-33.

44. 金双银，朱文耀. 全球地壳运动的背景场及其研究进展［J］. 地球科学进展，2002b，17（5）：782-786.

45. 金双银，朱文耀. 太平洋板块运动和形变及其边缘现今相对运动［J］. 大地测量与地球动力学，2002c，22（2）：57-60.

46. 刘式达，刘式适. 非线性动力学和复杂现象［M］. 北京：气象出版社，1989.

47. 刘峡，马谨，傅容珊，等. 华北地区现今地壳运动动力学初步研究［J］. 地球物理学报，2010，53（6）：1418-1427.

48. 李后强. 分形与分维［M］. 成都：四川教育出版社，1990.

49. 李延兴，黄城，朱文耀，等. 中国大陆水平运动特征与动力学分析［J］. 地震. 20（Sup.）：28-33.

50. 李延兴，黄城，胡新康. 板内块体的刚性弹塑性运动模型与中国大陆主要块体的应变状态［J］. 地震学报，2001，23（6）：565-572.

51. 李延兴，杨国华，杨世东，等. 根据现代地壳垂直运动划分中国大陆活动地块边界的尝试［J］. 地震学报，2001b，23（1）：11-16.

52. 李延兴，李智，张静华，等. 中国大陆及周边地区的水平应变场［J］. 地球物理学报，2004，47（2）：222-231.

53. 李延兴，杨国华，李智，等. 中国大陆活动地块的运动与应变状态［J］. 中国科学（D 辑），2003，33（增）：65-81.

54. 李延兴，张静华，何建坤，等. 菲律宾海板块的整体旋转线性应变模型与板内形变—应变场［J］. 地球物理学报，2006，49（5）：1339-1346.

55. 陆远忠. 基于 GIS 的地震分析预报软件系统［M］. 成都：成都地图出版社，2002.

56. 马杏垣. 中国岩石圈动力学概论［M］. 北京：地震出版社，1991.

57. 万文妮. 山西带断层形变特征研究［J］. 地震，2012，32（2）：145-153.

58. 武汉测绘学院大地测量系地震测量教研组. 大地形变测量学［M］. 北京：地震出

版社,1980.

59. 吴翼麟,周克昌. 孕震区形变前兆的配套和有序[J]. 地壳形变与地震,1993,13(Sup.2):3-8.

60. 许绍燮. 震兆分析一例[G]//《地震战线》编辑部编. 地震技术资料汇编. 北京:科技出版社,1973.

61. 许绍燮. 地震预报能力评分[G]//国家地震局科技监测司编. 地震预报方法实用化研究文集(地震学专业集)[M]. 北京:学术书刊出版社,1989:586-590.

62. 徐锡伟,陈桂华,于贵华,等. 5.12汶川地震地表破裂基本参数的再论证及其构造内涵分析[J]. 地球物理学报,53(10):2321-2336.

63. 杨博,张风霜,韩月萍,等. GPS连续站垂向位置时间序列共模误差的识别与估计[J]. 测绘科学,2011,36(2):42-44,96.

64. 杨国华,桂昆长. 板内强震蕴震过程中地形变图像及模式的研究[J]. 地震学报,1995,(17)2:156-163.

65. 杨志荣.1987年1月24日新疆乌什6.4级地震前兆异常及其预报[J]. 中国地震,1987,13(4):6-12.

66. 应绍奋,黄立人,郭良迁,等. 由GPS观测得到的中国大陆水平形变[J]. 地震地质,1999,21(4):459-464.

67. 张培震,邓起动,张国民,等. 中国大陆的强震活动与活动地块[J]. 中国科学(D辑),2003,33(增刊):12-20.

68. 张强,朱文耀. 根据空间大地测量结果建立的中国地壳构造块体的运动模型[J]. 紫金山天文台台刊.2000,19(2):142-148.

69. 张晓亮,江在森,陈兵,等. 现今区域活动块体划分方法研究[J]. 中国地震,2005,21(4):463-468.

70. 张祖胜,等. 利用大地形变测量资料估计我国大陆地区近几十年的地震趋势,中国地震大形势预测研究[M]. 北京:地震出版社,1990.

71. 国家一、二水准测量规范(GB/T 12897—2006)[S]. 北京:中国标准出版社,2006.

72. 周硕愚,吴云,董慧凤. 蕴震系统信息合成方法(ISSS). 中国地震,1990,6(4):35-42.

73. 周硕愚,吴维夫,旷达,等. 利用地面观测资料研究活动断裂带的运动学与动力学[G]//赖锡安,等,中国大陆现今地壳运动. 北京:地震出版社,2004.

74. 周友华,等. 地壳构造运动·地震·地震预报的新探索[M]. 北京:地震出版社,2009.

75. 朱航,苏琴,杨涛,等. 耿达短水准观测资料在汶川M_S8.0地震前后异常的辨别[J]. 地震学报,2010,32(6):649-658.

76. 朱文耀,程宗颐. 中国大陆地壳运动的背景场[J]. 科学通报,1999,44(14):1537-1540.

77. 朱文耀,王小亚,符养,等. 基于ITRF2000的全球板块运动模型和中国的地壳形变[J]. 地球物理学报, 2002, 45(Suppl.): 197-204.

78. Bo Wanju. Application of system engineering to earthquake prediction using geodetic deformation data[J]. Journal of Earthquake Prediction Research, 1996, 5(2): 246-256.

79. Donald F, Argus, Michael B. Heflin. Plate motion and crustal deformation estimated with geodetic data from the Global Positioning System[J]. Geophys Res Lett, 1995, 22(15): 1973-1976.

80. Hao Bai-lin. Elementary symbolic dynamics and chaos in dissipative systems [M]. World Scientific Publishing Co Pet Ltd. Printed in Singapore by Utopia Press, 1989.

81. Jian-Cang ZHUANG, Li MA. The stress release model and results from modeling features of some seismic regions in China[J]. Acta Seismologica Sinica, 1998, 11(1): 52-64.

82. Jinli Huang, Dapeng Zhao. High-resolution mantle tomography of China and surrounding regions[J]. J Geophys Res, 2006, 111 (B09305): 21.

83. Vere-Jones D. Stochastic models for earthquake occurrence (with discussion)[J]. J Roy stat Soc, 1970, B32: 1-62.

第7章　地壳形变的 InSAR 监测

7.1　概述

地震的发生与断层破裂的成核过程通常发生在地球内部，难以直接进行观测，同时，由于地震孕育过程的空间和时间尺度可跨越几个数量级，这都使我们深入而科学地研究这些现象变得更加复杂（Rundle et al.，2003）。地震学实际上是一门主要基于观测的学科，不仅依赖现今的资料，而且依赖历史资料。在过去的几十年中，由于新的观测技术的出现，如宽频带地震学、全球定位系统（GPS）和合成孔径雷达干涉测量（InSAR），我们对地震和断裂活动过程的理解有所提高。

新观测技术的发展与观测数据的积累往往可促进科学技术的飞速发展，例如，板块构造学作为过去一个世纪最具革命性的地球科学理论，只有依赖最新的、系统性的地球重力和磁场观测及全球地震精密定位和详细的海底测深观测，才会在 20 世纪 50、60 年代得到极大的发展和验证。

现今从事固体地球物理研究的科研人员，采用先进的观测技术，可获取丰富的高时空分辨率的观测数据，更好地约束地震与断层模型，从而提高我们对地震-地壳形变循回的基本物理过程和驱动机制的理解。因此，我们真正需要的是保持这些观测的系统性和长时间的连续性。基于卫星平台的各种设备可提供覆盖范围广泛，时间间隔长的观测，正是研究地球科学的最佳技术之一。过去的 20 年中，在地球物理领域最成功的空间对地观测技术便是合成孔径雷达（SAR）（表 7-1）。

表 7-1　　　　　　　　　　　　　　　　　　主要 SAR 卫星参数

卫星名称	机构	发射时间	结束工作时间	高度/km	入射角	波段/波长/cm	重访周期/天
ERS-1	ESA	1991.07.17	2000.03.10	782	20°~26°	C/5.66	35
ERS-2	ESA	1995.04.21	2011.09.05	782	20°~26°	C/5.66	35
Envisat	ESA	2002.01.03	2012.04.08	796	15°~45°	C/5.62	35/30
Sentine-1	ESA	2014.04.03		693	20°~45°	C/5.66	12
JERS-1	JAXA	1992.02.11	1998.10.12	568	32°~38°	L/23.5	44
ALOS	JAXA	2006.01.24	2011.05.12	692	7°~51°	L/23.6	45

续表

卫星名称	机构	发射时间	结束工作时间	高度/km	入射角	波段/波长/cm	重访周期/天
ALOS-2	JAXA	2014.05.24		628	7°~51°	L/23.6	14
TerraSAR-X	DLR	2007.06.15		514	20°~45°	X/3.11	11
TanDEM-X	DLR	2010.06.21		514	20°~45°	X/3.11	11
COSMO SkyMed(星座)	ASI	2007—2012		620	20°~50°	X/3.11	16

利用不同时相的 SAR 图像,可以获取高精度的地壳形变场,这是研究地震地壳形变循回的最重要参数之一,对于约束和模拟断层的构造应力积累与机理研究(如震间阶段)及应力释放(如同震及震后阶段)具有重要作用。

20 世纪 90 年代以来欧空局的两个地球观测卫星 ERS(图 7-1)与 Envisat 及日本 JAXA 的 ALOS 卫星,为这些应用提供大量的 SAR 数据,并取得令人瞩目的成绩,开启了地球科学研究的新技术,不仅产生了新的研究理论与测试技术,而且使产品的商业化运作更加规范化(Adam et al.,2009;Berardino et al.,2002;Ferretti et al.,2000)。

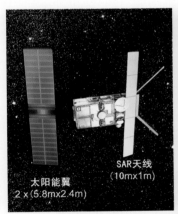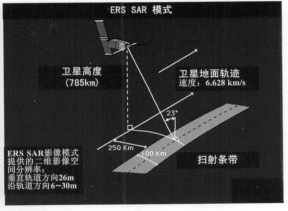

图 7-1　ESA 欧洲遥感卫星(ERS)

7.2　地壳变形的 InSAR 监测

合成孔径雷达(Synthetic Aperture Radar,SAR)是一种高分辨率相干成像雷达,属于主动式微波成像系统。其基本思想是利用现代数字信号处理技术和计算机技术,使用沿一方向不断移动的小天线获得具有较大尺寸天线的雷达才能获得的高分辨率雷达图像。如果把真实孔径天线划分为许多小单元,则每个单元接受回波信号的过程与合成孔径天线在不同位置上接受回波的过程十分相似。

　　一景 SAR 图像包含的信息包括回波信号在成像地区的振幅和相位数据，其中振幅表示反射率，而相位则代表与传感器到目标距离成比例的参数。合成孔径雷达干涉测量（SAR Interferometry，InSAR）是通过比较两幅 SAR 图像的相位来提取信息的技术，其利用同一目标的两个脉冲回波产生的两个相位信息的差异关系来估计目标的位置信息，同应用物理和光学中干涉测量的概念和方法类似。InSAR 广泛地应用于地震、火山、水文地质、冰川及沉降监测研究。InSAR 的目的是获取在相同几何位置下的两景及以上 SAR 图像的相位变化，因此需要获取相同轨道、不同的时刻（重复轨道）的图像。由于 SAR 是一种相干传感器，任何 SAR 图像的相位信息都与传感器到目标点的距离有关。干涉图像或者干涉处理过程则是通过计算两景雷达图像各个像素之间的相位差来实现。事实上，SAR 卫星传感器可以在同一地区，使用相同的卫星轨道开展多次重复观测，从而获取不同时间间隔的相位变化图像。重复干涉测量的时间基线是指两个 SAR 图像观测时刻的时间间隔，最短的时间基线对应于 SAR 卫星的轨道重复周期（或重访时间），目前的范围一般介于 11~46 天。如果建立了 SAR 卫星星座，则可进一步将实际的重访时间减少到几天。

　　如图 7-2 所示，A_1、A_2 代表两次成像时天线的位置；B 为两天线间的距离，即基线；θ 为 A_1 的入射角；α 为基线相对于水平方向的夹角；h 为 A_1 的高度；ρ 和 $\rho + \delta\rho$ 为两次成像时天线至目标点的距离。由图得 $Z(y) = h - \rho\cos\theta$，由三角形余弦定理可得

$$(\rho + \delta\rho)^2 = \rho^2 + B^2 - 2\rho B\cos(90 - \theta + \alpha)$$

　　若两次成像时至目标点的相位差为 φ_t，则 $\delta\rho = \dfrac{\lambda\varphi_t}{2\pi}$，联立前述三式即可得

$$Z(y) = h - \frac{\left(\dfrac{\lambda\varphi_t}{2\pi}\right)^2 - B^2}{2B\sin(\alpha - \theta) - \dfrac{\lambda\varphi_t}{\pi}}$$

由此即可获得目标点的高程，进而可以获取图像区域内的 DEM。

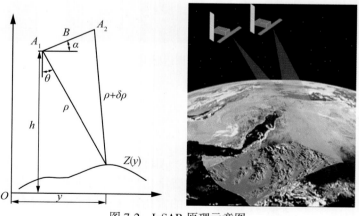

图 7-2　InSAR 原理示意图

　　如果已有地形数据，那么就可以将当前计算结果与以往地形数据做差分运算，便可得

到地表形变信息，这就是所谓合成孔径雷达差分干涉测量（Differential InSAR，DInSAR）。相对于精密水准、GPS 等仅能获取点目标形变信息的传统形变监测手段，DInSAR 方法获取地表形变具有覆盖范围广、观测成本低、高精度（厘米甚至毫米级）、高分辨率、全天时、全天候等优点，是形变监测领域最具潜力的新技术之一。常规 DInSAR 以两通法和三通法为代表。两通法只需利用形变前后成像的两幅 SAR 影像和一个高精度的 DEM 即可获取地表形变信息。三通法则需要三幅 SAR 影像以分别组成地形像对和形变像对，各自生成干涉图并做差分运算以获取地表形变信息。

三通法原理的几何示意图如图 7-3 所示，轨道方向向里，即该图表示距离向平面图，所有角度按逆时针方向定义。地面点 P 位于椭球面高度 h；P_0 为 P 在椭球面投影（即 $h = 0$），相应的侧视角为 θ_0；$\theta = \theta_0 + \delta\theta$。假设 1、2 这对影像地面无任何形变，无大气影响，

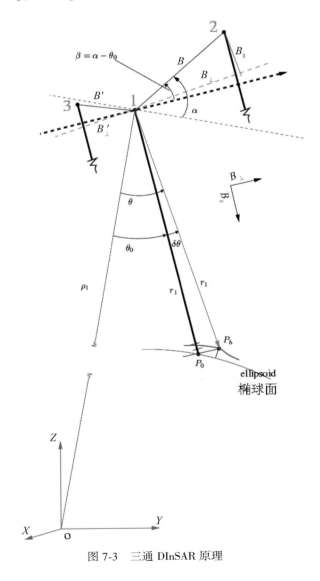

图 7-3 三通 DInSAR 原理

无任何误差，称为地形对（topo-pair）；而 1、3 之间假定存在地形变，称为形变对（defo-pair）。

对于地形对，基线的垂直与水平分量分别为：$B_{\perp 0} = B\cos(\theta_0 - \alpha)$；$B_{\parallel 0} = B\sin(\theta_0 - \alpha)$；干涉相位为 $\phi = -\dfrac{4\pi}{\lambda}B_{\parallel}$，改正到椭球面：

$$\phi = -\frac{4\pi}{\lambda}(B_{\parallel} - B_{\parallel 0}) \tag{7-1}$$

对于形变对，假设两幅 SAR 影像之间，地面发生形变，在雷达视线方向（距离）形变量为 Δr，可表达为：$\Delta r = -\dfrac{\lambda}{4\pi}\phi_{\Delta r}$，$\phi_{\Delta r}$ 为形变 Δr 引起的相位。形变对的干涉相位为：

$$\phi' = -\frac{4\pi}{\lambda}(r_1 - (r_3 + \Delta r)) = -\frac{4\pi}{\lambda}(B_{\parallel}' + \Delta r) \tag{7-2}$$

根据图 7-4 所示 DInSAR 几何，我们不难导出形变 Δr 引起的 $\phi_{\Delta r}$：

$$\phi_{\Delta r} = \phi' - \frac{B'_{\perp 0}}{B_{\perp 0}}\phi \tag{7-3}$$

这是利用三幅单视复图像（即三圈）数据提取地形变量的一个非常重要的公式，可以避免许多复杂的计算。通过两幅干涉图垂直基线之比，便能提取地形变干涉条纹，无需解算 θ 值。要注意前面的假设，地形对无任何形变。

如果研究区域已有足够高精度的 DEM，$\phi_{\Delta r}$ 可通过 DEM 数据、SAR 成像几何和轨道数据模拟合成，能直接从两幅单视复图像提取地形变信息。

干涉图中的相位观测值 ϕ_{int} 由 5 项组成，分别是地平项 ϕ_d、地形相位 ϕ_{topo}、位移相位 ϕ_{displ}（表示 SAR 传感器到地表距离的变化）、大气相位延迟 ϕ_{atm}（图 7-4）和相位计算误差位移相位 φ_{err}（Bürgmann et al., 2000b）。除最后一项外，其余各项均与特定的研究问题有关，但在本书中我们最感兴趣的参数是位移相位 ϕ_{displ}，因为它反映了 SAR 传感器到地表距离的变化量。由于位移产生的相位变化（通常也称为距离变化）经过去地平及地形效应后，一般以差分干涉图像表示，该过程也被称为差分干涉 InSAR（DInSAR）。尽管在大多地球物理应用中，我们使用了 DInSAR 处理技术，但通常在很多地球物理参考文献中都使用"InSAR"这个名词，表明干涉图像尚未做地形校正。

InSAR 数据处理中一项重要的工作是将原始缠绕（经 2π 取模后）的不连续信号转换为连续的相位值，该过程称作解缠（Unwrapping）（Bürgmann et al., 2000b），相位解缠是估算地表形变的关键步骤。如果干涉图像中噪音较大或信号不连续（失相干），将会导致形变结果的误差（解缠误差）增大，通常可结合其他观测技术如 GPS、水准及不同轨道或者 SAR 卫星的干涉图像进行校正。

随着技术成熟和进步，目前 DInSAR 已由信号处理阶段发展成为地球物理学家的常用技术和工具，并且得到了不断完善和发展。随着大量 SAR 图像的积累，科学家的研究重点逐渐集中到地壳形变的时序演化过程研究。目前，新的 SAR 数据处理技术已可提供地面点位形变的时间序列（Berardino et al., 2002；Crosetto et al., 2005；Ferretti et al., 2000；Hooper et al., 2004；Mora et al., 2003；Usai, 2003；Werner et al., 2003）。

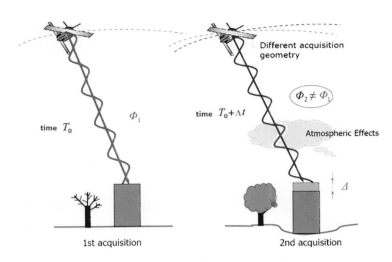

图 7-4　InSAR 观测中大气延迟示意图

几乎所有的多时相技术都使用了时间跨度很长的 SAR 数据，目的是为了消除或减少传统 InSAR 数据处理中的误差，主要包括相位噪声(Zebker & Villasenor，1992)及大气影响(Zebker et al.，1997)。新的处理算法不再是简单地生成干涉图像并将其层叠(stacking)，而是识别那些信噪比适合进行 InSAR 处理的区域或点位，在甄别并剔除大气扰动影响后，即可获取点位形变的时间序列。以地球物理研究的角度分析，多时相数据处理的主要优点就是可全面反映地壳变形的时间过程，从而更好地研究地震周期中各种运动的作用。

目前，多时相数据处理算法可分为永久散射体法(Persistent Scatterer InSAR，PSI)和小基线集法(Small Baseline Subset，SBAS)，下面将简要介绍。

7.2.1　永久反射体法(PSI)

永久散射体干涉测量的目的是通过多时相 SAR 数据，设别具有高相干性的散射点。最早的 PSI 算法称作永久散射体 InSAR 技术(PSInSAR)，是 20 世纪 90 年代后期由米兰理工大学提出的(Ferretti et al.，2000，2001)，此后，诸多研究机构和公司也相继研发了类似的算法，并用于处理 InSAR 数据。

单个永久散射体(PS 点)是 SAR 图像分辨单元中的一个雷达目标点，在一组 SAR 图像中，自始至终都具有稳定的振幅特性和相干信号相位。良好的 PS 目标点可以选自很多天然物体，如裸露的岩石、坚硬的无植被地表及单个巨石，也可选自人造物体，如建筑物、发射塔、输油管、金属物及墙体等。

最初的 PSI 算法中(Ferretti et al.，2000，2001)，所有的干涉图像都使用一个相同的主图像，该图像的选取必须最大限度地减少所有配对图像的时间和空间失相干。为了确保孤立散射点的相位信息，干涉图像不做滤波处理。那些具有连续性好、高振幅的散射点被确定为初始 PS 点，然后基于变形与时间线性相关的假设，并以低阶多项式近似表达(可能叠加了季节性的变化信息)，对干涉图像时序中各点进行解缠。每个历元的残余相位通常被认为源于对流层，可通过差值并从干涉图中消除。随后采用相同的方法对解缠后的初始 PS 点再次进行筛选。自该算法提出以来，已经进行了多次改进，主要区别在于相位解缠方法的不同，如在 StaMPS 软件中，各个干涉图像的相位解缠是基于空间分布，而不是基于时序函数（Hooper et al，2004）。

影响 PS 数据质量的重要因素包括：

①PS 点的空间密度（密度越低，对流层引起的相位估计误差越高）；

②雷达目标点的质量（信噪比水平）；

③成像时刻的环境条件（如大气扰动幅度和相对湿度等）；

④每个测点和参考点之间的距离（与差分 GPS 类似，所有的观测量表示流动观测与参考站或已知点之间的差值）。

作为一种测量指标，根据意大利科学家 Salvi 的经验及其他文献，利用重复周期 30 天，时间跨度 3 年的中纬度 SAR 卫星数据，当雷达目标点距参考点小于 10km 时，可以得到精度优于 1mm/a 的位移速率场。ERS 及 Envisat 卫星具有 35 天的重复周期，有可能达到以上观测精度。当然，卫星重复周期（即更高的观测频率）越低，获得 1mm/a 精度所需的时间跨度越短。

7.2.2　小基线集法（SBAS）

与永久散射体法不同，小基线集法为了过滤噪声和稳定的空间相位解缠，通过对相位值的空间（局部）平均的方法提高干涉图的信噪比水平。小基线集法使用多个主影像，而不是像永久散射体法那样选择单个主影像来生成干涉图，它设定一个固定的最大正基线阈值来约束几何失相关（Zebker & Villasenor，1992）。通过相干配准、滤波及解缠，最终获取符合最大基线标准的干涉图。将所有的解缠后干涉图，通过奇异值分解，进行相位数据整合，来估计在大部分干涉图中具有较好一致性像素的位移时间序列（Berardino et al.，2002；Crosetto et al.，2005；Usai，2003）。

尽管存在不同版本的算法，小基线集法通常在分布式散射体（如不能区分主导散射体的地方）而不是逐点目标上更高效，并且无论何时基线的时空分布保证有一组短基线干涉图和数据集里所有的影像一起来生成连接图（Sansosti et al.，2010）。

最近，有人提出了一些新的旨在结合永久散射体法和小基线集技术优势的算法（Ferretti et al.，2009；Hooper，2008；Prati et al.，2010）。这些新方法增加了测点的空间密度，并由时间跨度较长的数据生成的所有干涉图得到更好的信息组合。目前的研究焦点包括：对流层效应的估计和消除（Hobiger et al.，2010）仍然是任何 InSAR 分析的主要限制；轨道残余相位成分的估计和消除（如 Biggs et al.，2007）；以及新的卫星星座提供的高空间分辨率和短重复周期的 SAR 数据集的研发（Lanari et al.，2010）。

7.3　地震-地壳形变循回的 InSAR 观测

地震-地壳形变循回（Earthquake-Crustal Deformation Cycle）的概念源于对重复发生在断层的同一区域的特定地震的地壳形变观测，以及对断层深部韧性层稳定滑动和浅部脆性层变形的动力学耦合过程模拟(Scholz，2002)。地震复发时间尺度可能为几十年到上百年，甚至数千年。在每个特定地震循回期内，伴随地震的快速而可观的地壳形变发生之前，通常会有一个长时间的缓慢的逐渐累积的过程，之后会有一个更短的瞬时的快速变形，因此把地震-地壳形变循回分为三个阶段。首先，我们称断层不同子段上的应力积累阶段为震间形变阶段。该阶段的 InSAR 观测对地震危险性分析能作出重要贡献，因为断层上应力积累的速率与地震复发率直接相关。如果断层的应力积累足够导致断层的剪切力超过该断层的摩擦力，即发生地震，该阶段为地震-地壳形变循回的同震形变阶段。对同震形变阶段的研究能帮助我们更好地理解断层的产状与地震震源破裂过程等。而在地震之后，则进入震后形变阶段，在这个间隙，地震赋予的应力变化被释放，通常促使地表下的岩石运动，运动的速率比同震运动稍慢，却远远大于震间速率。对震后阶段的研究有助于理解本构规律以及地壳和上地幔的参数，是我们理解岩石圈如何响应应力的基础。InSAR 针对地震周期的三个阶段都有监测与研究，我们将依次讨论。

7.3.1 震间变形

通常，用 InSAR 测量震间变形具有很大的挑战性——变形速率很小，并且变形信号可能分布在几十公里范围内。旨在获取变形的干涉图对噪声和误差非常敏感，甚至经常失相关，而小的位移信号可能被对流层水汽的微分效应(变形干涉图的主要"噪声"源)所掩盖，另外，在植被茂密的地区，不可能仅靠增加干涉图的时间跨度(会增加干涉图时间去相关的可能性并且减少可用像素的数目)来增强变形信号，进而提高数据的信噪比。最后，震间变形量的幅度类似于卫星轨道定位误差造成的长波梯度，从而导致应变积累速率以及断层滑动速率的估算误差。

有多种方法可以用来提高 InSAR 甄别震间变形的能力及其精度。其中一种方法为干涉图层叠，即对多组干涉图像取平均，将降低随机噪声，假设干涉图像中的信号是系统性的，而大气噪声是随机的，将 N 个时序不相关的干涉影像进行层叠，则可将干涉图像的信噪比提高 $\sqrt{N}$ 倍，而将大气噪声降低 $1/\sqrt{N}$ 倍(Massonnet et al.，1995；Biggs et al.，2007)。由于该方法可有效降低大气延迟误差，对时间跨度没有限制，因此广泛地应用于震间形变监测。两种叠加方法已被证明有效，分别是最好的数据叠加("质量"法)或最多的数据叠加("数量"法)。关于"质量"法，Wright 等(2001)叠加四幅独立的低对流层水汽含量和最小剩余轨道梯度的干涉图来确定土耳其东部的安纳托利亚北部地区的大地测量滑动速率。关于"数量"法，Peltzer 等(2001)叠加了 25 幅加利福尼亚东部剪切破裂带的干涉图，用 GPS 数据作为额外约束来估计和消除长波长轨道误差。类似的方法过去已经应用在许多不同的板块活动断层系统中，比如西藏西部的断层(Wright et al.，2004a)，西藏中部地区(Taylor & Peltzer，2006)和圣安德烈斯断层南部(Fialko，2006)(图 7-5)。多时相方法已成功用于从大批有噪声的干涉图中提取震间变形信号(Cavalié et al.，2008；Hunstad et al.，2009)。Elliott 等(2008)利用 1993—2000 年间的 ERS 图像及层叠 InSAR，在消除与地形相关的影响后，获得了阿尔金断裂的滑动速率为 11 ± 5 mm/a，闭锁深度为 15km；Cavalie 等(2008)利用 1993—1998 年间的 ERS 数据及层叠 InSAR 获得了海原断裂的运动速率为 $4.2 \sim 8$ mm/a，闭锁深度为 $0 \sim 4.2$ km；Wang 等(2009)利用 1996—2008 年间的 ERS

数据及层叠 InSAR，获得了鲜水河断裂的运动速率为 9～12mm/a，断层的闭锁深度为 3～6km。

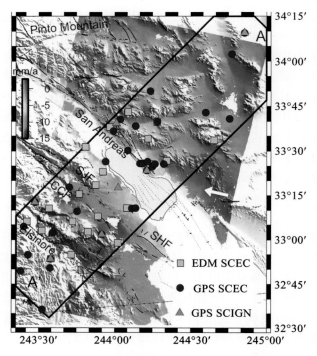

图 7-5　圣安德烈斯断层的高分辨率震间变形

对震间形变的模拟和解释工作，则从当初分析三角测量数据所用的简单的一维分析模型（Savage & Burford，1973），逐步发展到三维位错模型（Okada，1985），再到网格断层模型（Schmidt et al.，2005）。一些研究团队还尝试把这些模型作为先验信息，辅以干涉图解缠技术和轨道改正技术，来模拟多时相干涉速率图相。Biggs 等（2007）为了克服 InSAR 层叠法在断层模拟中约束较弱的缺点，基于阿拉斯加 Denali 断层的干涉图像，采用模拟与小基线集混合算法估算了该断层的滑动速率、区域变形速率和轨道改正（图 7-6）。

7.3.2　同震变形

InSAR 第一次应用于地震可以追溯到 1993 年，Massonnet 等（1993）用两景 ERS1 影像精确探测和测量了 1992 年兰德斯 M_W7.3 地震的同震位移场，他用 InSAR 方法检析出精细的地震位移，获得的地面至卫星方向上的变化量与野外断层滑动测量结果、GPS 位移观测结果以及弹性位错模型比较都非常一致。两景数据的观测时间分别为 1992 年 4 月 24 日和 8 月 7 日，由于时间基线短，两景影像轨道位置误差很小，且贫瘠的沙漠上植被很少，为两景影像的相干提供了最佳条件（图 7-7）。

在接下来的十多年中，由于 ESA 加强了全球观测，并增强了背景数据获取的能力，所以不断增加的 ERS 影像数据，为地球科学研究和环境监测等应用提供了强有力的基础

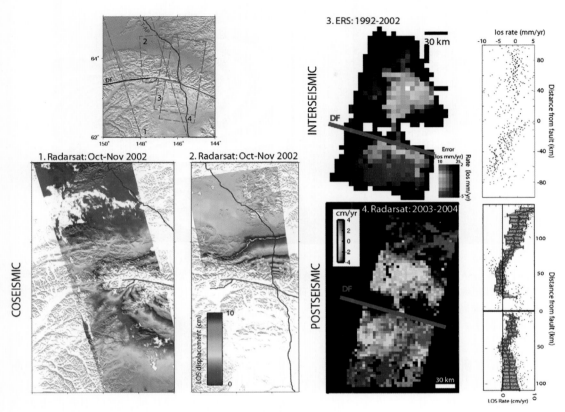

左上图上显示的位置包括：DF 在 2002 地震中破裂的部分(红色)；DF 未破裂部分(黑色)；横穿阿拉斯加的输油管(T-AP，蓝色)；SAR 影像覆盖区域(粉红虚线)。

右上图：根据 1992 年到 2002 年间的观测数据获取的 44 景降轨 ERS SAR 干涉图计算的震间变形速率图。彩色图像表明速率的不确定水平；这些速率与大多数干涉图中吻合的阿拉斯加输油管的接近程度是最低的。速率图与大地测量获得的滑动速率 11 ±5 mm/a 一致(Biggs et al.，2007)。

左下图：2002 年 9 月 3 日前后几星期获取的 Denali M 7.9 地震升轨 Radarsat 卫星数据的同震干涉图(Wright et al.，2004c)。

右下图：用 41 景 Radarsat 干涉图估计的 Denali 地震震后变形。注意到变形速率比震间变形速率快将近一个数量级(Biggs et al.，2009)。

图 7-6　InSAR 研究阿拉斯加 Denali 断层(DF)的地震周期要素

数据，如 1994 年北岭地震(Massonnet et al.，1996)，1995 年第纳尔地震(Wright et al.，1999)以及 1997 年翁布里亚-马尔凯地震(Lundgren & Stramondo，2002；Salvi et al.，2000；Stramondo et al.，1999)。而在同期，日本的 JERS 和 ALOS 卫星，由于采用了 L 波段进行观测，相比于 ESA 的 C 波段卫星，在一些植被覆盖较多或地形起伏较大地区则更易获得较好的干涉图像，因此也被广泛应用于同震形变观测。截至目前，InSAR 已经研究了超过 60 个地震，震级从 4.4 级到 8.5 级(参阅 Weston et al.，2011)。

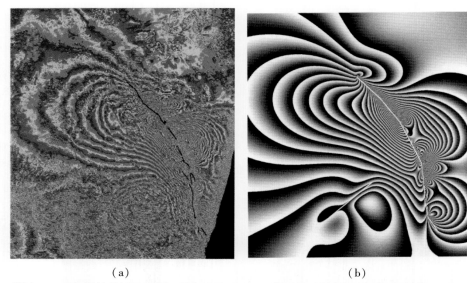

（a）　　　　　　　　　　　　　（b）

（a）利用 InSAR 获得的美国 Landers 地震 90km×110km 范围断层形变一条干涉条纹表示 28mm 的形变量，黑线为断层线。两幅数据分别取自 4 月 24 日于 8 月 7 日；（b）弹性半位错模型计算的合成干涉图，在断层两端出现局部应力集中。

图 7-7　1992 年 6 月 28 日兰德斯 M_W7.3 地震断层干涉条纹及弹性半空间位错模型

　　InSAR 在研究震源方面有很多优势，在相干性好的区域，InSAR 能精确测量地震中断层片段的几何分布，配合像素匹配技术（Pixel Offset Tracking）或者多孔径雷达干涉（MAI），可直接获取地表破裂几何长度等关键信息，如果有升降轨的观测数据，更可得到三维形变图像（Atzori et al.，2009；Wright et al.，2003，2004b）。在此基础上，通过简单弹性位错模型（Okada，1985），可获取变形图的特定特征与地震震源参数的关系，如变形图的不对称提供了主断层的倾滑和斜滑信息；变形图与断层垂直方向的尺度与断层底部的深度关系；表面位移的大小与断层滑动的大小关系等。通常采用非线性优化算法和弹性位错模型，来搜索与观测位移最吻合的一组地震震源参数（Lohman et al.，2002；Wright et al.，1999），由于 InSAR 观测较好地提供了近场形变信息，因此可提供比其他数据更好的断层几何约束（Funning et al.，2005a，2005b）。

　　一旦获取断层的初始几何分布，则可将断层被分割为更小的子断层（通常以三角形或四边形为主），然后通过各种优化算法，如通过有限差分拉普拉斯（Jónsson et al.，2002）增加平滑约束，或减少独立模型参数的数量等，反演计算各个子断层的滑移速率（Feigl et al.，2002；Funning et al.，2005a；Jónsson et al.，2002；Simons et al.，2002），并最终确定断层的破裂模式和震源机制解。

　　如果有 GPS、水准、倾斜及强震等观测资料参与联合反演，将使结果更加可靠。

7.3.3　震后变形

　　震后位移的 InSAR 测量始于 1994 年，Massonnet 等（1994）认为兰德斯走滑地震的大部分震后变形集中在主震后的 40 天时间里。持续的观测随后证明变形在地震后持续了数年时间（Fialko，2004）。近年来，很多地震的震后变形都使用了 InSAR 观测，包括 1997 年玛尼地震(Ryder et al.，2007)，1999 年美国的 Hector Mine 地震(Jacobs et al.，2002；Pollitz et al.，2001)，1999 年伊兹米特地震(Bürgmann et al.，2002；Ergintav et al.，2002；Hearn et al.，2002)和 2002 年美国的 Denali 地震(Biggs et al.，2009；Pollitz，2005)，结果均表明震后变形是岩石圈对地震施加应力的响应。目前震后形变的研究方向集中在：应力以何种机制在哪里如何进行释放？震后位移的模型主要有：黏性或黏弹性剪切带(如 Hearn et al.，2002)离散面上的震后余滑模型(Bürgmann et al.，2002)；下地壳/上地幔的弹性松弛模型(如 Pollitz et al.，2000)和多孔弹性回跳模型(Jonsson et al.，2003)。在某些情况下，可能存在多种机制，不同机制中的时间常量通常存在差异，如多孔弹性回跳与局部深剪切的相互耦合(Fialko，2004)；多孔弹性回跳、震后余滑和浅表体积收缩的共同作用等(Fielding et al.，2009)。

用 InSAR 研究俯冲带震后位移加深了对这些以交替暂态地震剪切和地震滑移为特征(Hyndman & Wang，1993)的转换区域震源机制的理解(Béjar-Pizarro et al.，2010)。在孕震区的上层和下层地区也观测到被认为是震后余滑的暂态地震滑移(图 7-8)，因此通常在发生剧烈同震滑移为特征的凹凸体的周围地区很明显(Baba et al.，2006；Chlieh et al.，2004；Hsu et al.，2006；Miyazaki et al.，2004；Pritchard et al.，2006)。正断层的震后变形时间序列也曾用多时相分析方法被估算过，如使用 26 和 47 幅 ERS 升降轨影像研究了 1999 年的雅典地震的震后形变(Atzori et al.，2008)，用主震后 8 个月所获取的 32 幅 X 波段 COSMO-SkyMed 影像研究了 2009 年的拉奎拉地震震后形变(Lanari et al.，2010)。

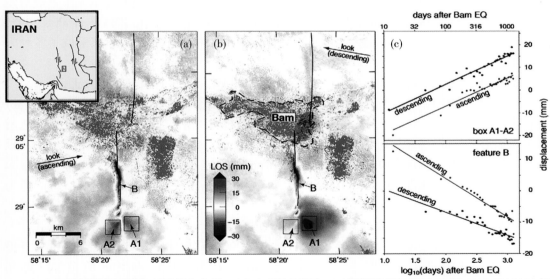

左上角插图研究区域位于伊朗东南部。(a)由升轨(编号 156)数据获得的震后 12 到 1097 天(2004 年 1 月—2006 年 12 月)的视线向总位移量；(b)同样时间段 120 个降轨数据得到的视线向总位移。黑色实线标明巴姆断层的位置。虚线标示巴姆市的位置；该区域的失相关源于棕榈植物和城市重建；(c)依赖两组震后观测结果而获取的变形特征的对数线性时间图。方框 A1 与 A2 显示巴姆断层南端的跨断层信息，根据破裂线两边的差分计算得到((a)和(b)中的方框 A1 和 A2)。降轨数据的差值始终比升轨数据的小，意味着存在较大的东-西向运动分量，这主要源于断层末端 2~3km 深处余滑的结果。通过差分破裂线和附近数据可得到图中的特征条带 B，显示破裂线中间下沉，这可能源于断层带的碰撞恢复。以上两种特征分析都表明，在对数线性空间中变形沿直线分布，意味着变形随时间的对数衰减。

图 7-8　2003 年伊朗巴姆地震震后变形的空间和时间模型

7.3.4　InSAR 在地震-地壳形变循回研究中的局限性及其改进方法

基于 InSAR 观测所进行的科学研究直到现在依然被某些相关的技术缺陷所限制。其中主要的限制源于近些年可用的卫星系统(ERS,ENVISAT,JERS,RADARSAT,ALOS,TerraSAR 等)的轨道重复周期较长(不同的任务最小间隔 11 到 46 天不等)。通常情况下,每颗卫星的重复周期是最小重复周期的倍数,由于卫星载荷的数据存储能力、电力供应的限制以及观测任务的冲突,大多数 SAR 卫星不可能每时每刻都进行观测,以便获取每个轨道上每个点的影像。对常规 InSAR 分析来说,较长的重复周期,意味着地表形变的时间采样率较低,从而影响后续的建模分析,例如,如果用重复周期较长的影像计算同震位移场的干涉图,则可能包含有影响震源参数估计的未知尺度的震后变形。

实际上,在 ERS 和 Envisat 卫星整个运行期间,只有极少数影像是在地震发生后,在几乎没有时间延迟的情况下获取的,1997 年翁布里亚-马尔什地震(几分钟时间延迟,Salvi et al.,2000)和 1999 年 Hector Mine 地震(4 天延迟,Sandwell et al.,2000)是其中仅有的两个例子。

InSAR 的另外局限是该技术对许多误差来源非常敏感,如大气效应、卫星轨道、地表状况及时间相关性的下降等(Massonnet et al.,1998),这些误差很易导致 InSAR 图像的解释错误,而且无法用 SAR 数据本身消除(无法像 GPS 数据处理那样,采用线性组合的算法进行误差消除),如 InSAR 对水汽含量变化非常敏感,其造成的误差甚至大于一般地震引起的形变量(Goldstein et al.,1995;Tarayre and Massonnet,1996;Zebker et al.,1997;Fujiwara et al.,1998)。为了最大限度地减少 InSAR 结果中的误差,科学家采取了各种方法,主要手段如下:

①利用地基 GPS 连续站解算的大气参数,对 InSAR 结果进行大气延迟改正。

在美国南加州地区,结合 SCIGN GPS 网络,利用基于地形的 GPS 扰动模型(GTTM)进行水汽延迟的 InSAR 改正,不但有效降低了长波段大气水汽的影响,而且还极大地削弱了与地形相关的短波段水汽的影响(Li et al.,2006a),实际的计算结果表明,经大气延迟改正后,串行(Tandem)ERS 数据对解缠后的相位残差由 1.0 cm 降低到 0.5 cm(Li et al.,2006a),由 Envisat 的 ASAR 获得的形变量与 GPS 比较,中误差可由 1.1cm 降为 0.6 cm。

②基于星载成像光谱(辐射)仪的大气水汽改正方法。

美国宇航局(NASA)于 1999 年 12 月 18 日和 2002 年 5 月 4 日分别发射的遥感卫星 Terra 和 Aqua 均搭载了中尺度分辨率成像光谱辐射仪(MODIS)。MODIS 的光谱段共 36 个,其中介于 $0.865\sim1.240\mu m$ 波段的有 5 个近红外光谱可用于水汽遥感观测,地面分辨率为 1km,扫描宽度为 2330km。欧洲空间局(ESA)于 2002 年 3 月 5 日发射的 Envisat 卫星上也搭载了类似的中分辨率成像光谱仪 MERIS,分辨率有 300 m 和 1200m 两种。在南加州 SCIGN 的实验表明,利用 MODIS 或 MERIS 进行 InSAR 干涉影像的水汽改正后,观测误差可降低 50%(Li et al.,2005,2006b)。虽然该方法具有空间分辨率高的特点,但 MODIS/MERIS 的观测会受到云层遮挡的严重影响。

③PSInSAR/SBAS。

时间去相关、空间去相关和大气效应是合成孔径雷达干涉测量技术（InSAR）在地表形变监测应用中的制约因素。为了消除以上误差，2000 年由 Ferretti 等提出了永久散射体干涉雷达测量技术（Permanent Scatterer InSAR，PSInSAR）的概念，PSInSAR 的研究对象为永久散射体，所谓永久性散射体，即 PS 点是指某些对雷达波在相当长的时间内具有稳定的反射特性，不受时间和气候的变化而改变的物体，具有强散射特性和稳定性两大特点。利用已有的大量的、长时间跨度的重复轨道 SAR 图像进行干涉处理，得到一系列的干涉图像，按照特定的准则选择相位稳定的一系列点作为 PS 点，建立联合方程，通过时空分析和迭代计算，最后求得 PS 点的形变速率。Linlin Ge 等（2003）利用永久散射体（PS）和人工角反射器（Corner Reflector）辅助 InSAR 技术，结合 GPS 资料对澳大利亚悉尼城开展了地面沉降观测研究，取得了较好的观测结果。虽然 PSInSAR/CRInSAR 技术可以获得毫米级的形变观测精度，但由于该技术要求大量的 SAR 数据（至少 25 景），只适合监测范围较小（5km×5km）、形变量较小且是匀速运动的区域（李德仁等，2004），国内已陆续在天津、上海及苏州等城市开展了 PSInSAR 监测地面沉降的研究（汤益先等，2006；范景辉等，2007；焉建国等，2009），与 PSInSAR 类似，SBAR 技术目前已广泛应用于地壳形变监测。

④层叠（Stacking）InSAR。

假设干涉图像中的信号是系统性的，而大气噪声是随机的，将 N 个时序不相关的干涉影像进行层叠，则可将干涉图像的信噪比提高 $\sqrt{N}$ 倍，而将大气噪声降低 $1/\sqrt{N}$ 倍（Massonnet et al.，1995；Biggs et al.，2007）。由于该方法可有效降低大气延迟误差，对时间跨度没有限制，因此广泛地应用于震间形变监测。Fialko 等（2006）利用 Stacking InSAR 技术获得了圣安德烈斯断层 1992—2000 年的高分辨率的震间变形图像；英国牛津大学的 Wright 等（2004a）利用层叠 InSAR 技术，对青藏高原北部跨越阿尔金断层和喀喇昆仑断层、长为 500km 的地震带进行了研究，结果表明喀喇昆仑断层的滑动速度非常缓慢，最大滑动速度仅为每年 7mm，而根据大陆逃逸假说，板块运动的构造力以每年 4.5cm 的速度将印度次大陆推向亚洲下方，青藏高原则承受了其中大部分冲击力。根据推算，如果被夹在阿尔金断层和喀喇昆仑断层中的青藏高原是坚硬的板块，那么向北的压力就会以 20～30mm/a 的速度将它向东挤入断层中，但 InSAR 的结果排除了喀喇昆仑断层快速滑动的可能，从而认为青藏高原正像胶泥般弯曲变形；Elliott 等（2008）利用 1993—2000 年间的 ERS 图像及层叠 InSAR，在消除与地形相关的影响后，获得了阿尔金断裂的滑动速率为 11±5mm/a，闭锁深度为 15km；Cavalie 等（2008）利用 1993—1998 年间的 ERS 及层叠 InSAR 获得了海原断裂的运动速率为 4.2～8mm/a，闭锁深度为 0～4.2km；Wang 等（2009）利用 1996—2008 年间的 ERS 数据及层叠 InSAR，获得了鲜水河断裂的运动速率为 9～12mm/a，断层的闭锁深度为 3～6km。目前国内学者则少有独立开展层叠 InSAR 的震间形变研究。

⑤GPS 与 InSAR 融合技术。

由于 GPS 与 InSAR 技术具有很好的互补性，将 InSAR 与 GPS 集成应用于地形变监测，一方面解决了 GPS 点位空间分布稀少的问题，另一方面，弥补了 InSAR 时间不连续的缺点，可以连续地对监测区进行大范围、高精度的观测，其结果以"面"和"场"的方式被用于大地测量和地球物理研究，既发挥了 GPS 精度高、几何与物理意义明确及 InSAR

采样密集的特点，又较好地克服了 GPS 点位分布稀少，InSAR 结果多值性的不足。所以，目前利用 GPS 和 InSAR 技术已成为地形变监测和地球物理研究的热点。Burgmann 等（2000）利用 GPS 和 InSAR 等技术对加州 Hayward 断层的活动进行监测，对地震发生的潜在危险性进行了评估，并用弹性模型模拟了该地区的运动和构造特征。Donnellan 等（2002）利用 GPS 和 InSAR 观测结果对加州北桥地震的震后形变进行研究；Price 等（2002）利用 GPS 和 InSAR 联合对 1999 年 Hector Mine 的地震和 1992 年的 Landers 地震进行了有限元分析和数值模拟计算。分析结果表明，Hector Mine 地震的发生与 Landers 地震有一定的相关性。Shen 等（2009）及 Wang 等（2011）利用 GPS 和 InSAR 对汶川地震的断层构造及发震机理进行了分析研究。

7.4　InSAR 展望

7.4.1　时间分辨率提高

随着 SAR 技术的不断进步，世界各国将越来越重视 SAR 卫星的发展，因此，未来将有更多的 SAR 卫星陆续发射，这些卫星的观测波段将更加丰富（L、S、C 及 X 波段等），而且会以星座的方式对地进行准连续观测（如德国的 TerraSAR，欧空局的 Sentinel-1A/1B 及意大利的 CosmoSkyMed），这样不但增加了观测数据量（对同一地区有不同波段和入射角的 SAR 图像），而且减少了卫星的重复周期，提高了 InSAR 的时间分辨率。

7.4.2　空间分辨率提高

受益于 SAR 传感器软硬件技术的发展，SAR 遥感卫星的空间分辨率将越来越高，因此由 InSAR 获取的产品与结果的分辨率也将大幅提高，如德国 TerrSAR 获得的全球 DEM 的空间分辨率将达到 12m，精度为 2m，而目前通用的 SRTM DEM 的空间分辨率仅为 30~90m，精度为 16m。

7.4.3　InSAR 精度提高

借助于精细的气象参数与空间物理模型，对于影响 InSAR 观测精度的大气延迟改正及电离层改正，将不断完善；DEM 精度的提高也有助于改进 InSAR 的精度；同时基于各种模型的时序分析算法也将大大提高 InSAR 的计算精度。

7.4.4　对现今大陆形变动力学、地震研究和地震预测的促进作用

研究表明，特定地震事件可能具循回（节律或韵律）性，在每个循回内必然伴随着应力应变的积累和释放过程，而地壳的运动和形变则是应力应变变化的一种直接表现形式，它也是目前我们可以直接测量的最有用的物理参数之一。因此，用 InSAR 获取地壳形变过程的高精度、高分辨率图像对研究现今大陆形变动力学，地震的形成过程、演化规律及预测具有重要的意义。

地壳形变在空间分布上是极不均匀的，大多形变都集中于相对较窄的构造活动区域，

这就要求我们精化空间采样。地壳形变在时间上也是不均匀的，这不仅仅只表现为震前震后的不均匀性。为有效地研究地震形变过程，这就需要有足够的空间与时间密度观测值。尽管 GPS 的出现给大地测量带来了革命性的变化，与传统的大地测量方法相比，现在我们可以很方便地应用 GPS 技术开展大地测量工作，但仍然无法完全满足各种形变监测的需求。而 InSAR 技术能够提供构造活动区域高分辨率的整体图像、高精度地形数据以及高分辨率的地形变图像。第一，InSAR 可以从高空认识在地面几乎无法全面认识的表面特征；第二，可以充分认识地表面形变的不均匀特性，特别是那些非常危险的地质构造特征、应变积累情况；从而为研究地壳上部脆性层变形与深部韧性层稳态蠕变的动力学耦合；震源与近、远源区动力学耦合，提供前所未有的整体的精确的空时定量信息。

对地震-地壳形变循回的演化阶段，有"三阶段说"和"四阶段说"（Scholz，2002）。前者分为：震间形变→同震形变→震后形变。后者分为：震间形变→震前形变→同震形变→震后形变，即认为在震间形变的末期，在地震行将发生的一个特定时空域中，可能会出现偏离稳定态具有某种失稳特征的震前形变。如上所述，作为一种革命性的新观测技术，InSAR 在地震-地壳形变循回三阶段的观测与研究上，已取得令人瞩目的成绩，这些新进展不仅能从基础上促进现今大陆形变动力学、地震科学、地震动力学研究；并可直接推进地震危险性评估的科技进步。鉴于"震前形变"的高度复杂性，与其他三个阶段相比较，其待探索性更强。但无论从固体力学、损伤力学、非线性动力学、复杂动力系统的理论推测"震前形变"阶段是可能存在的。尽管唐山 $M_S7.8$ 级地震、汶川 $M_S8.0$ 级地震都未能预报，但对地震大地测量学实测数据的研究表明：唐山大震前数年，在围绕未来震中（坚固体）的一定区域内出现过垂直形变场异常和断层网络整体活动强度增强（周硕愚等，1997）；汶川大震前数年，在围绕未来震中的龙门山断裂两侧的一定区域内出现过重力场异常（申重阳等，2009），即在此两次大震之前均出现过具有"震前形变"性质的"变形局部化过程"。既然基于离散的单点监测（精密水准、重力和断层形变）已能揭示"震前形变"，那么基于场整体监测的 InSAR 应更具优势。尽管目前还尚未有得到公认的 InSAR 震前形变的结果，但随着 InSAR 时间分辨率和精度的提高，揭示"震前形变"应是有希望的。

虽然地震事件是个复杂的非线性过程，对于地震的预报仍然存在许多瓶颈问题，与地震类似，天气预报也是个复杂的非线性过程，但气象学家已经可以成功地进行短期预测和重大灾害性天气的预报，这一方面来自于基础理论和模型的研究，另一方面来自于气象卫星所提供的海量信息。因此，利用 InSAR、GPS 及 LiDAR 技术联合构建地壳运动的"云图"并结合已取得的地球物理和地球动力学理论，必将促进地震研究的发展。

（本章执笔：乔学军）

本章参考文献

1. 单新建，马瑾，柳稼航，等．星载 DInSAR 技术及初步应用[J]．地震地质，2002a，23(3)：439-446.

2. 单新建，马瑾，王长林，等．利用差分干涉雷达测量技术(D-InSAR)提取同震形变场[J]．地震学报，2002b，24(4)：423-420.

3. 单新建，柳稼航，马超，等．2001 年昆仑山口西 8.1 级地震同震形变场特征的初步分析[J]．地震学报，2004，26(5)：474-480.

4. 乔学军，郭利民．新疆伽师强震群区的 InSAR 观测研究[J]．大地测量与地球动力学，2007，27(1)：7-13.

5. 乔学军，游新兆，王琪，等．2008 年 1 月 9 日西藏改则扎西错 M_S6.9 级地震的 InSAR 实测形变场[J]．自然科学进展，2009a，19(2)：173-179.

6. 乔学军，游新兆，杨少敏，等．当雄 M_S6.6 地震的 InSAR 观测及断层位错反演[J]．大地测量与地球动力学，2009b，29(6)：1-7.

7. 乔学军，王琪，杨少敏，等．2008 年新疆乌恰 M_W6.7 地震震源机制与形变特征的 InSAR 研究[J]．地球物理学报，2014，57(6)：1805-1813.

8. 屈春燕，宋小刚，张桂芳，等．汶川 M_S8.1 地震 InSAR 同震形变场特征分析[J]．地震地质，2008，30(4)：1076-1084.

9. 申重阳，李辉，孙少安，等．重力场动态变化与汶川 M_S8.0 地震孕育过程[J]．地球物理学报，2009，52(10)：2547-2557.

10. 沈强，乔学军，王琪，等．中国玉树 M_W6.9 地震 InSAR 地表形变特征分析[J]．大地测量与地球动力学，2010，30(3)：5-9.

11. 孙建宝，梁芳，徐锡伟，等．升降轨道 ASAR 雷达干涉揭示的巴姆地震(M_W6.5)3D 同震形变场[J]．遥感学报，2006，10(4)：489-496.

12. 王超，刘智，张红，等．张北—尚义地震同震形变场雷达差分干涉测量[J]．科学通报，2000，45(23)：2550-2554.

13. 周硕愚，施顺英，帅平．唐山地震前后地壳形变场的时空分布演化特征与机理研究[J]．地震学报，1997，19(6)：559-565.

14. Adam N, Parizzi A, Eineder M, et al. Practical persistent scatterer processing validation in the course of the Terrafirma project[J]. Journal of Applied Geophysics, 2009, 69: 59-65.

15. Atzori S, Hunstad I, Chini M, et al. Finite fault inversion of DInSAR coseismic displacement of the 2009 L'Aquila earthquake (Central Italy)[J]. Geophysical Research Letters, 2009, 36(15), L15305.

16. AtzoriS, Manunta M, Fornaro G, et al. Postseismic displacement of the 1999 Athens earthquake retrieved by the differential interferometry by synthetic aperture radar time series[J]. Journal of Geophysical Research, 2008, 113, B09309.

17. Baba T, Hirata K, Hori T, Sakaguchi H. Offshore geodetic data conducive to the estimation of the afterslip distribution following the 2003 Tokachi-oki earthquake[J]. Earth and Planetary Science Letters, 2006, 241(1-2): 281-292.

18. Beer T, Ismail-Zadeh A. Risk Science and Sustainability[M]. NATO Science Series II, 112. Kluwer Acad. Pub1-4020-1446-5, 2002.

19. Béjar-Pizarro M, Carrizo D, Socquet A, Armijo R. Asperities and barriers on the seismogenic zone in North Chile: State of the art after the 2007 M_W7.7 Tocopilla earthquake inferred by GPS and InSAR data [J]. Geophysical Journal International, 2010, 183 (1): 390-406.

20. Berardino P, Fornaro G, Lanari R, Sansosti E. A new algorithm for surface deformation monitoring based on small baseline differential SAR interferograms[J]. IEEE Transactions on Geoscience and Remote Sensing, 2002, 40(11): 2375-2383.

21. Biggs J, Bergman E, Emmerson B, et al. Fault identification for buried strike-slip earthquakes using InSAR: The 1994 and 2004 Al Hoceima, Morocco earthquakes [J]. Geophysical Journal International, 2006, 166(3): 1347-1362.

22. Biggs J, Wright T, Lu Z, et al. Multi-interferogram method for measuring interseismic deformation: Denali Fault, Alaska[J]. Geophysical Journal of the Royal Astronomical Society, 2010, 170(3): 1165-1179.

23. Biggs J, Bürgmann R, Freymueller J T, et al. The postseismic response to the 2002 M 7.9 Denali Fault earthquake: constraints from InSAR 2003-2005 [J]. Geophysical Journal International, 2009, 176(2): 353-367.

24. Bürgmann R, Prescott W H. Monitoring the spatially and temporally complex active deformation field in the southern Bay area Final technical report[R]. Collaborative research with University of California at Berkeley and U.S. Geological Survey, Menlo Park, CA, USA, 2000a.

25. Bürgmann R, Rosen P A, Fielding E J. Synthetic aperture radar interferometry to measure Earth's surface topography and its deformation [J]. Annual Review of Earth and Planetary Sciences, 2000b, 28: 169-209.

26. Bürgmann R, Ergintav S, Segall P, et al. Time-space variable afterslip on and deep below the Izmit earthquake rupture[J]. Bulletin of the Seismological Society of America, 2002, 92(1): 126-137.

27. Caltagirone F, Angino G, Impagnatiello F, et al. COSMO-SkyMed: An Advanced Dual System for Earth Observation[R]. Proc. of the Int. Geosci. and Remote Sensing Symp. (IGARSS07), Barcelona, 2007.

28. Cavalié O, Lasserre C, Doin M P, Peltzer G, Sun J, Xu X, et al. Measurement of interseismic strain across the Haiyuan fault (Gansu, China), by InSAR [J]. Earth and Planetary Science Letters, 2008, 275(3-4): 246-257.

29. Chlieh M, de Chabalier J B, Ruegg J C, et al. Crustal deformation and fault slip

during the seismic cycle in the North Chile subduction zone, from GPS and InSAR observations [J]. Geophysical Journal International, 2004, 158(2): 695-711.

30. Crosetto M, Crippa B, Biescas E. Early detection and in-depth analysis of deformation phenomena by radar interferometry[J]. Engineering Geology, 2005, 79(1-2): 81-91.

31. Dell'Acqua F, Bignami C, Chini M, et al. Earthquake rapid mapping by satellite remote sensing data: L'Aquila April 6th, 2009 event[J]. IEEE Journal of Selected Topics in Applied Earth Observations and Remote Sensing (JSTARS), 2011, 4(4): 935-943.

32. Deraw, D. Dinsar and coherence tracking applied to glaciology: the example of the Shirase Glacier[C]. ESA Fringe meeting 1999, Liège.

33. Ergintav S, Bürgmann R, McClusky S, et al. Postseismic deformation near the Izmit earthquake 17 August 1999, $M7.5$ rupture zone[J]. Bulletin of the Seismological Society of America, 2002, 92(1): 194-207.

34. ESA 2010. The GMES Sentinels. http://www.esa.int/SPECIALS/Operations/SEM98Z8L6VE_0.html.

35. Feigl K Sarti F, Vadon H, McClusky S, Ergintav S, Durand P, et al. Estimating slip distribution for the Izmit mainshock from coseismic GPS, ERS-1, RADARSAT, and SPOT measurements[J]. Bulletin of the Seismological Society of America, 2002, 92(1): 138-160.

36. Ferretti A, Prati C, Rocca F. Nonlinear subsidence rate estimation using permanent scatterers in differential SAR interferometry[J]. IEEE Transactions on Geoscience and Remote Sensing, 2000, 38(5): 2202-2212.

37. Ferretti A, Prati C, Rocca F. Permanent scatterers in SAR interferometry[J]. IEEE Transactions on Geoscience and Remote Sensing, 2001, 39(1): 8-20.

38. Ferretti A, Fumagalli A, Novali F, et al. The second generation PSInSAR approach: SqueeSAR[C]. presented at the FRINGE2009 ESA Conference, Frascati, Italy, 2009.

39. Fialko Y. 2004. Evidence of fluid-filled upper crust from observations of postseismic deformation due to the 1992 Mw7.3 Landers earthquake[J]. Journal of Geophysical Research, 109, B08401.

40. Fialko Y. Interseismic strain accumulation and the earthquake potential on the southern San Andreas fault system[J]. Nature, 2006, 441(7096): 968-971.

41. Fielding E J, Wright T, Muller J, et al. Aseismic deformation of a fold-and-thrust belt imaged by synthetic aperture radar interferometry near Shahdad, southeast Iran[J]. Geology, 2004, 32(32): 577-580.

42. Fielding E J, Talebian M, Rosen P A, et al. Surface ruptures and building damage of the 2003 Bam, Iran earthquake mapped by satellite synthetic aperture radar interferometric correlation[J]. Journal of Geophysical Research, 2005, 110, B03302.

43. Fielding E J, Lundgren P R, Bürgmann R, Funning G J. Shallow fault-zone dilatancy recovery after the 2003 Bam, Iran earthquake[J]. Nature, 2009, 458, 64-68.

44. Funning G J, Barke R M D, Lamb S H, et al. The 1998 Aiquile, Bolivia

earthquake: A seismically active fault revealed with InSAR[J]. Earth and Planetary Science Letters, 2005a, 232(1): 39-49.

45. Funning G J, Parsons B, Wright T J, et al. Surface displacements and source parameters of the 2003 Bam, Iran earthquake from Envisat Advanced Synthetic Aperture Radar imagery[J]. Journal of Geophysical Research, 2005b, 110(B9), B09406.

46. Funning G J, Bürgmann R, Ferretti A, et al. Creep on the Rodgers Creek Fault, northern San Francisco Bay area from a 10 year PS-InSAR dataset[J]. Geophysical Research Letters, 2007, 34(19): 255-268, L19306.

47. GellerR J, Jackson D D, Kagan Y Y, et al. Earthquakes cannot be predicted[J]. Science Online, 1996, 275 (5306): 1616.

48. Geller R J. Earthquake prediction: A critical review [J]. Geophysical Journal International, 1997, 131(3): 425-450.

49. Gray A L, Mattar K E, Vachon P W, et al. InSAR Results from The RADARSAT Antarctic Mapping Mission Data: Estimation of Glacier Motion using a simple Registration Procedure[C]. Proceedings of IGARSS'98, Seattle, 1998.

50. Hearn, E H, Bürgmann, R, Reilinger, R E. Dynamics of Izmit earthquake postseismic deformation and loading of the Düzce earthquake hypocenter [J]. Bulletin of the Seismological Society of America, 2002, 92(1): 172-193.

51. Hearn E. H, Johnson K, Thatcher W. Space geodetic data improve seismic hazard assessment in California[J]. Eos Transactions Agu, 2010, 91(38): 336-336.

52. Hobiger T, Kinoshita Y, Shimizu S, et al. On the importance of accurately ray-traced troposphere corrections for Interferometric SAR data[J]. Journal of Geodesy, 2010, 84(9): 537-546.

53. Hooper A, Zebker H, Segall P, Kampes B. A new method for measuring deformation on volcanoes and other natural terrains using InSAR persistent scatterers [J]. Geophysical Research Letters, 2004, 31, L23611.

54. Hooper A. A multi-temporal InSAR method incorporating both persistent scatterer and small baseline approaches[J]. Geophysical Research Letters, 2008, 35, L16302.

55. Hsu Y J, Simons M, Avouac J P, et al. Frictional afterslip following the 2005 Nias-Simeulue earthquake, Sumatra[J]. Science, 2006, 312, 1921-1926.

56. Hunstad I, Pepe A, Atzori S, et al.. Surface deformation in the Abruzzi region, central Italy, from multitemporal DInSAR analysis [J]. Geophysical Journal International, 2009, 178(3): 1193-1197.

57. Hyndman R D, Wang K. Thermal constraints on the zone of major thrust earthquake failure: the Cascadia subduction zone [J]. Journal of Geophysical Research, 1993, 98, 2039-2060.

58. Jackson J, Bouchon M, Fielding E, et al. Seismotectonic, rupture process, and earthquake-hazard aspects of the 2003 December 26 Bam, Iran, earthquake[J]. Geophysical

Journal International, 2006, 166(3): 1270-1292.

59. Jackson D D, Kagan Y Y, Mulargia F. Earthquakes cannot be predicted[J]. Science, 1997, 275: 1616.

60. Jacobs A, Sandwell D, Fialko Y, Sichoix L. The 1999 M_W7.1 Hector Mine, California, earthquake: near-field postseismic deformation from ERS interferometry[J]. Bulletin of the Seismological Society of America, 2002, 92(4): 1433-1442.

61. Jónssonr S, Segall P, Pederson R, Bjornsson G. Post-earthquake ground movements correlated to pore-pressure transients[J]. Nature, 2003, 424: 179-183.

62. Jónssonr S, Zebker H, Segall P, Amelung F. Fault slip distribution of the 1999 Mw7.2 Hector Mine Earthquake, California, estimated from satellite Radar and GPS measurements[J]. Bulletin of the Seismological Society of America, 2002, 92(4): 1377-1389.

63. King G C P, Stein R S, Lin J. Static stress changes and the triggering of earthquakes [J]. Bulletin of the Seismological Society of America, 1994, 84(3): 935-953.

64. Lanari R, Mora O, Manunta M, et al. A small-baseline approach for investigating deformations on full-resolution differential SAR interferograms [J]. IEEE Transactions on Geoscience and Remote Sensing, 2004, 42(7): 1377-1386.

65. Lanari R, Berardino P, Bonano M, et al. Surface displacements associated with the L'Aquila 2009 M_W 6.3 earthquake (central Italy): New evidence from SBAS-DInSAR time series analysis[J]. Geophysical Research Letters, 2010, 37: L20309.

66. Lettieri E, Masella C, Radaelli G. Disaster management: findings from a systematic review[J]. Disaster Prevention and Management, 2009, 18(2): 117-136.

67. Lohman R B, Simons M, Savage B. Location and mechanism of the Little Skull Mountain earthquake as constrained by radar interferometry and seismic waveform modeling[J]. Journal of Geophysical Research, 2002, 107(B6), 2118.

68. Lundgren P, & Stramondo S. Slip Distribution of the 1997 Umbria-Marche earthquake sequence through joint inversion of GPS and DInSAR data[J]. Journal of Geophysical Research, 2002, 107 (B11), 2316.

69. Lyons S, Sandwell D. Fault creep along the southern San Andreas from interferometric synthetic permanent scatterers, and stacking[J]. Journal of Geophysical Research, 2003, 108 (B1), 2047.

70. Massonnet D, Rossi M, Carmona C, et al. The displacement field of the Landers earthquake mapped by radar interferometry[J]. Nature, 1993, 364: 138-142.

71. Massonnet D, Feigl K, Rossi M, Adragna F. Radar interferometric mapping of deformation in the year after the Landers earthquake[J]. Nature, 1994, 369: 227-230.

72. Massonnet D, Feigl K L, Vadon H, Rossi M. 1996. Coseismic deformation field of the M6.7 Northridge, California, earthquake of January 17, 1994, recorded by two radar satellites using nterferometry[J]. Geophysical Research Letters, 1996, 23(9): 969-972.

73. Masterlark T. Finite element model predictions of static deformation from dislocation

sources in a subduction zone: sensivities to homogeneous, isotropic, poisson-solid, and half-space assumptions[J]. Journal of Geophysical Research, 2003, 108(B11): 2540.

74. Matsuoka M, Yamazaki F. Image processing of building damage detection due to disasters using SAR intensity images[J]. Proc. of 31st Conference of the Remote Sensing Society of Japan, 2001: 269-270.

75. Matsuoka M, Yamazaki F. Application of the Damage Detection Method Using SAR Intensity Images to Recent Earthquakes[C]. Proc. Int. Geoscience and Remote Sensing Symp, IGARSS 2002.

76. Matsuoka M, Yamazaki F. Building Damage Detection Using Satellite SAR Intensity Images for the 2003 Algeria and Iran Earthquake[C]. Proc. Int. Geoscience and Remote Sensing Symp, IGARSS 2004.

77. McCloskey J, Nalbant S. Near-real-time aftershock hazard maps [J]. Nature Geoscience, 2009, 2(3): 154-155.

78. Miyazaki S, Segall P, Fukuda J, Kato T. Space time distributions of afterslip following the 2003 Tokachi-oki earthquake: Implications for variations in fault zone frictional properties[J]. Translated World Seismology, 2004, 31(6): 337-357.

79. Mora O, Mallorquí J J, Broquetas A. Linear and nonlinear terrain deformation maps from a reduced set of interferometric SAR images[J]. IEEE on Transaction Geoscience and Remote Sensing, 2003, 41, 2243-2253.

80. Moro M, Saroli M, Salvi S, Stramondo S, Doumaz F. The relationship between seismic deformation and deep-seated gravitational movements during the 1997 Umbria-Marche (Central Italy) earthquakes[J]. Geomorphology, 2007, 89(3-4): 297-307.

81. Moro M, Chini M, Saroli M, et al. Analysis of large, seismically induced, gravitational deformations imaged by high-resolution COSMO-SkyMed synthetic aperture radar[J]. Geology, 2011, 39(6): 527-530.

82. Motagh M, Hoffmann J, Kampes B, et al. Strain accumulation across the Gazikoy-Saros segment of the North Anatolian Fault inferred from Persistent Scatterer Interferometry[J]. Earth and Planetary Science Letters, 2007, 255(3-4): 432-444.

83. Nof R N, Baer G, Eyal Y, Novali F. Current surface displacement along the Carmel Fault system in Israel from the InSAR stacking and PSInSAR[J]. Israel Journal of Earth-Sciences, 2008, 57(2): 71-86.

84. Okada Y. Surface deformation due to shear and tensile faults in a half-space [J]. Bulletin of the Seismological Society of America, 1985, 75(4): 1135-1154.

85. Parsons T, Dreger D S. Static-stress impact of the 1992 Landers earthquake sequence on nucleation and slip at the site of the 1999 M7.1 Hector Mine earthquake, southern California [J]. Geophysical Research Letters, 2000, 27(13): 1949-1952.

86. Peltzer G, Crampe F, Hensley S, Rosen P. Transient strain accumulation and fault interaction in the Eastern California Shear Zone[J]. Geology, 2001, 29(11): 975-978.

87. Petersen M, Cao T, Campbell K, Frankel A. Time-independent and time-dependent seismic hazard assessment for the state of California: uniform California earthquake rupture forecast model 1. 0[J]. Seismological Research Letters, 2007, 78(1): 99-109.

88. Pollitz F, Peltzer G, Bürgmann R. Mobility of continental mantle: evidence from postseismic geodetic observations following the 1992 Landers earthquake [J]. Journal of Geophysical Research, 105(B4): 8035-8054, 2000.

89. Pollitz F, Wicks C, Thatcher R. Mantle flow beneath a continental strike-slip fault: postseismic deformation after the 1999 Hector Mine earthquake [J]. Science, 2001, 293: 1814-1818.

90. Pollitz F. Transient rheology of the upper mantle beneath central Alaska inferred from the crustal velocity field following the 2002 Denali earthquake[J]. Journal of Geophysical Research, 2005, 110, B08407.

91. Prati, C, Ferretti, A, Perissin, D. Recent advances on surface ground deformation measurement by means of repeated space-borne SAR observations[J]. Journal of Geodynamics, 2010, 49(3-4): 161-170.

92. Pritchard M E, Ji C, Simons M. Distribution of slip from 11Mw >6 earthquakes in the northern Chile subduction zone[J]. Journal of Geophysical Research, 2006, 111.

93. Rundle J B, Turcotte D L, Shcherbakov R, et al. Statistical physics approach to understanding the multiscale dynamics of earthquake fault systems[J]. Reviews of Geophysics, 2003, 41(4): 5-1~5-30.

94. Ryder I, Parsons B, Wright T J, Funning G J. Postseismic motion following the 1997 Manyi (Tibet) earthquake: InSAR observations and modelling [J]. Geophysical Journal International, 2007, 169: 1009-1027.

95. Sakamoto M, Takasago Y, Uto K, et al. Automatic Detection of Damaged Area of Iran Earthquake by High-Resolution Satellite Imagery [C]. Proc. Geoscience and Remote Sensing Symp, IGARSS 2004.

96. Salvi S, Stramondo S, Funning G J, et al. The Sentinel-1 mission for the improvement of the scientific understanding and the operational monitoring of the seismic cycle[J]. Remote Sens Environ 120(10): 164-174, 2012.

97. Salvi S, Stramondo S, Cocco M, et al. Modeling coseismic displacements resulting from SAR Interferometry and GPS measurements during the 1997 Umbria-Marche seismic sequence[J]. Journal of Seismology, 2000, 4(4): 479-499.

98. Salvi S, Vignoli S, Serra M, Bosi V. Use of Cosmo-Skymed data for seismic risk management in the framework of the ASI-SIGRIS project [J]. Proc. Geoscience and Remote Sensing Symp, IGARSS, 2009: II921-924.

99. Salvi S, Vignoli S, Zoffoli S, Bosi V. Use of satellite SAR data for seismic risk management: results from the pre-operational ASI-SIGRIS project. Proc[J]. ESA Living Planet Symposium, European Space Agency Special Publication SP-686, 2010.

100. Sandwell D, Sichoix L, Agnew D, et al. Near real-time radar interferometry of the M_W 7. 1 Hector Mine Earthquake [J]. Geophysical Research Letters, 2000, 27 (19): 3101-3104.

101. Sansosti E, Casu F, Manzo M, Lanari R. Space-borne radar interferometry techniques for the generation of deformation time series: An advanced tool for Earth's surface displacement analysis[J]. Geophysical Research Letters, 2010, 37: L20305.

102. Sarti F, Briole P, Pirri M. Coseismic fault rupture detection and slip measurement by ASAR precise correlation using coherence maximization: application to a north-south Blind Fault in the Vicinity of Bam Iran[J]. IEEE Geoscience and Remote Sensing Letters, 2006, 3(2): 187-191.

103. Savage J C, Burford R O. Geodetic determination of relative plate motion in central California[J]. Journal of Geophysical Research, 1973, 78(5): 832-845.

104. Schmidt, D A, Bürgmann R, Nadeau R M, d'Alessio M. Distribution of aseismic slip rate on the Hayward fault inferred from seismic and geodetic data[J]. Journal of Geophysical Research, 2005, 110, B08406.

105. Scholz C H. 2002. The Mechanics of Earthquake and Faulting[M]. 2nd edition. Cambridge: Cambridge University Press.

106. Simons M, Fialko Y, Rivera L. Coseismic deformation from the 1999 M_W 7. 1 Hector Mine, California earthquake as inferred from InSAR and GPS observations[J]. Bulletin of the Seismological Society of America, 2002, 92(4): 1390-1402.

107. Snoeij P, Attema E, Duesmann B, et al. Sentinel-1 Coverage and Revisit Capabilities [C]. Proc. ESA Living Planet Symposium, European Space Agency Special Publication SP-686, 2010.

108. Steacy S, Gomberg J, Cocco M. Introduction to special section: stress dependent seismic hazard[J]. Journal of Geophysical Research, 2005, 110, B05S01.

109. Stein R S. The role of stress transfer in earthquake occurrence[J]. Nature, 2000, 402: 605-609.

110. Stramondo S, Bignami C, Chini M, et al.. The radar and optical remote sensing for damage detection: Results from different case studies [J]. International Journal of Remote Sensing, 2006, 27(20): 4433-4447.

111. Stramondo S, Tesauro M, Briole P, et al. The September 26, 1997 Colfiorito, Italy, earthquakes: Modeled coseismic surface displacement from SAR interferometry and GPS [J]. Geophysical Research Letters, 1999, 26(7): 883-886.

112. Taylor M H, Peltzer G. Current slip rates on conjugate strike slip faults in Central Tibet using Synthetic Aperture Radar Interferometry [J]. Journal of Geophysical Research, B12402, doi: 10. 1029/2005JB004014, 2006.

113. Usai S. A least squares database approach for SAR interferometric data [J]. IEEE Transactions on Geoscience and Remote Sensing, 2003, 41(4): 753-760.

114. Werner C, Wegmuller U, Strozzi T, et al. Interferometric point target analysis for deformation mapping[C]. Proceedings of IGARSS '03, 7: 4362-4364, 2003.

115. Werninghaus R. The TerraSAR-X Mission [C]. Proc. 6th European Conference on Synthetic Aperture Radar, Dresden, Germany, 2006.

116. Weston J, Ferreira A M, Funning G J. Global compilation of InSAR earthquake source models: 1. Comparison with seismic catalogs [J]. Journal of Geophysical Research, 2011, 116, B08408.

117. Wright T J, Parsons B E, Jackson J A, et al. Source parameters of the 1 October 1995 Dinar (Turkey) earthquake from SAR interferometry and seismic bodywave modelling[J]. Earth and Planetary Science Letters, 1999, 172(1-2): 23-37.

118. Wright T J, Parsons B, Fielding E. Measurement of interseismic strain accumulation across the North Anatolian Fault by satellite radar interferometry [J]. Geophysical Research Letters, 2001, 28(10): 2117-2120.

119. Wright T J, Lu Z, Wicks C. Source model for the Mw 6.7, 23 October 2002, Nenana Mountain Earthquake (Alaska) from InSAR[J]. Geophysical Research Letters, 2003, 30(18): 381-398.

120. Wright T J, Parsons B, England P C, Fielding E J. InSAR observations of low slip rates on the major faults of western Tibet[J]. Science, 2004a, 305, 236-239.

121. Wright T J, Parsons B E, Lu Z. Toward mapping surface deformation in three dimensions using InSAR[J]. Geophysical Research Letters, 2004b, 31, L01607.

122. Wright T J, Lu Z, Wicks C. Constraining the slip distribution and fault geometry of the $M_W7.9$, 2 November 2002, Denali Fault Earthquake with interferometric synthetic aperture radar and global positioning system data[J]. Bulletin of the Seismological Society of America, 2004c, 94(6B): S175-S189.

123. Xinjian S, Guohong Z. A characteristic analysis of the dynamic evolution of preseismic-coseismic-postseismic interferometric deformation fields associated with the M7.9 Earthquake of Mani, Tibet in 1997[J]. Acta Geologica Sinica (English Edition), 2007, 81(4): 587-592.

124. Yin Y P, Wang F W & Sun P. Landslide hazards triggered by the 2008 Wenchuan earthquake, Sichuan, China[J]. Landslides, 2009, 6(2): 139-152.

125. Yonezawa C, Takeuchi S. Decorrelation of SAR data by urban damages caused by the 1995 Hoyogoken-nanbu earthquake [J]. International Journal of Remote Sensing, 2001, 22(8): 1585-1600.

126. Zebker H, Rosen P, & Hensley S. Atmospheric effects in interferometric synthetic aperture radar surface deformation and topographic maps[J]. Journal of Geophysical Research, 1997, 102(B4): 7547-7563.

第8章　地形变连续观测与地震的研究

地形变连续观测与地震研究是地震大地测量学的重要组成部分。目前，地形变连续观测主要包括：地倾斜、地应变、重力和 GNSS 等连续观测，数据产出有：①每秒钟采集一个数据，称为"秒钟数据"；②每分钟采集一个数据，称为"分钟数据"；③每小时采集一个数据，称为"整时数据"。这种高密采样率、宽频带、高精度、持续不断产出的观测数据含有更加丰富的地动(地形变)信息，为从空间、时间和频率域的不同视角揭示地形变的空间态势和时间演化特征、为研究跟踪地震短期和临震过程提供了新的可能。

本章在简要概括数十年进展的基础上，介绍地形变观测系统的特性；在动力系统理念下，以一些大(强)震为例，通过现代动态数据处理，探索了地形变微动态过程中的常态与暂态、浅层与深部的耦合、震前形变短期与临界阶段的空-时-频域结构及其动力学等的问题；初步提出了灾害性地震预测-预警的科学技术途径和几种有一定实效或有较好发展前景的方法。

8.1　地形变观测系统的特性

地形变观测是通过地形变观测系统来实现的。一般地说，地形变观测系统由地形变观测仪器、观测装置和数据传输等子系统组成，其中，观测仪器包括传感系统、放大电路系统和数采系统。这里我们主要讨论仪器传感系统的特性。

8.1.1　地形变观测系统的一般特性

地形变观测仪器的传感系统(包括重力仪的传感系统)，可分为动力传感系统和非动力传感系统。非动力传感系统就简单，通过仪器基座机构与观测装置的刚性耦合，地动(形变)信号直接传到换能器转换成电信号输出，最高截止频率仅取决于数据采样率，如洞体应变仪和钻孔应变等应变类观测仪器、GNSS 接收机和水准仪等属于这一类；动力传感系统比较复杂，通过仪器基座机构传递进来的地动(形变)信号要经过动力响应(耦合)系统再传到换能器转换成电信号输出，输出信号与地动信号之间具有复杂的幅频特性关系，如摆式倾斜仪、重力仪和水管倾斜仪等属于这一类。其中，摆式倾斜仪采用摆式振子系统，有垂直摆系统和水平摆系统；重力仪的振子类型有弹簧质量块系统、超导磁悬浮质量块系统、静电悬浮质量块系统等；水管倾斜仪的振子是流体浮子系统。这些不同类型的传感器，不管采用什么传感系统，都是为了捕获地动(形变)信号，以便感知地动的状态。

本节讨论振子传感系统的一般特性。从一般意义上讲，这些振子系统都可近似为一个简单振子，其受迫振动问题一般遵循下列二阶常微分方程：

$$\ddot{u} + 2\beta\dot{u} + \omega_0^2 u = F\sin(\omega t + \varphi) \tag{8-1}$$

式中，$u = u(t)$ 是振子系统的特征点离开平衡位子的位移，$\beta > 0$ 为阻尼系数，ω_0 是系统的谐振频率（也称固有频率），F 是对系统施加的外力，ω 是这个外力的频率，φ 是其初相位。为讨论方便起见，且不失一般性，可认为 $\varphi = 0$，所以方程(8-1)简化为：

$$\ddot{u} + 2\beta\dot{u} + \omega_0^2 u = F\sin(\omega t) \tag{8-2}$$

对于不同的振子系统，ω_0 的表达式不同。

对于摆振子

$$\omega_0 = \sqrt{\frac{g}{l}}$$

式中，g 是重力加速度，l 是折合摆长。

对于弹簧振子

$$\omega_0 = \sqrt{\frac{k}{m}}$$

式中，k 是弹簧的刚度，m 是重块的质量。

对于流体振子

$$\omega_0 = \sqrt{\frac{2ga}{SD}}$$

式中，a 为连通管的截面积，S 为钵体的截面积，D 为钵体间的距离。

方程(8-2)的解为

$$u = Ee^{-\beta t}\sin(pt + \theta) + A\sin(\omega t) \tag{8-3}$$

式中，等号右边第一项是系统的固有振动，由于阻尼的作用，不断随时间衰减，当经历一段时间后——相当于仪器安装后需要稳定的时间，系统固有振动消失；第二项是受迫振动，即系统捕获的振动信号。当 t 足够长时，式(8-3)简化为下式：

$$\begin{cases} u = A\sin(\omega t) \\ A = \dfrac{F}{\sqrt{(\omega_0^2 - \omega^2)^2 + 4\beta^2\omega^2}} \end{cases} \tag{8-4}$$

式(8-4)称为位移解，相应的速度解和加速度解如下：

$$\dot{u} = \omega A\cos(\omega t) \tag{8-5}$$

$$\ddot{u} = -\omega^2 A\sin(\omega t) \tag{8-6}$$

根据式(8-4)可知，位移解、速度解、加速度解对输入信号的衰减程度是不一样的。

当 $\omega = \omega_0$，$A = \dfrac{F}{2\beta\omega_0}$，$\beta > 0$，一般情况下，振幅 A 为有限值；但当 $0 < \beta \ll 1$ 时，A 可以很大，系统可能受损。

当 $\omega_0 \ll \omega$ 时，相当于用一个低频系统去捕获高频信号，则 $A \Rightarrow \dfrac{F}{\omega\sqrt{\omega^2 + 4\beta^2}}$。如果系统阻尼很小，即 $\beta \ll \omega$ 时，$A \Rightarrow \dfrac{F}{\omega^2(1 + 2\beta^2/\omega^2)}$ 或 $A \Rightarrow \dfrac{F}{\omega^2}$。高频信号受到强烈抑制，但

是位移、速度和加速度 3 种传感模式对信号的抑制程度各有不同。

①位移传感模式，由式(8-4)可得

$$u \approx \frac{F}{\omega^2}\sin(\omega t) \tag{8-7}$$

这时振幅与输入信号频率的平方成反比，高频信号受到强烈抑制，可见对于位移传感模式而言，低频系统不利于捕获高频信号。

②速度传感模式，由式(8-5)可得

$$\dot{u} \approx \frac{F}{\omega}\cos(\omega t) \tag{8-8}$$

这时振幅与输入信号频率成反比，高频信号受到抑制，相位滞后 $\frac{\pi}{2}$，可见对于速度传感模式而言，低频系统也不利于捕获高频信号。

③加速度传感模式，由式(8-6)可得

$$\ddot{u} \approx - F\sin(\omega t) \tag{8-9}$$

这时振幅与输入信号振幅基本相等，但相位发生反转，可见低频率系统的加速度传感模式有利于捕获高频信号。

当 $\omega_0 \gg \omega$ 时，相当于用一个高频系统去捕获低频信号，$A \Rightarrow \dfrac{F}{\omega_0^2(1 + 2\beta^2\omega^2/\omega_0^2)}$ 或 $A \Rightarrow \dfrac{F}{\omega_0^2}$，输入信号振幅受一定的抑制，但受抑制程度基本保持固定。同样，对于位移、速度、加速度三种传感模式，抑制程度也各有不同(图 8-1)：

①位移传感模式，由式(8-4)可得

$$u = \frac{F}{\omega_0^2}\sin(\omega t) \tag{8-10}$$

这时振幅与固有频率的平方成反比，信号受抑制程度取决于系统固有频率，并基本保持固定。

②速度传感模式，由式(8-5)可得

$$\dot{u} = \frac{\omega F}{\omega_0^2}\cos(\omega t) \tag{8-11}$$

这时，如果 $\omega < 1$，信号受到抑制的程度大于位移传感模式，相位滞后 $\frac{\pi}{2}$。对于速度传感模式而言，高频系统也不利于捕获低频信号。

③加速度传感模式，由式(8-6)可得

$$\ddot{u} = - \frac{\omega^2 F}{\omega_0^2}\sin(\omega t) \tag{8-12}$$

这时，如果 $\omega < 1$，信号受到强烈抑制，相位发生反转。所以，对于加速度传感模式，高频系统不利于捕获低频信号。

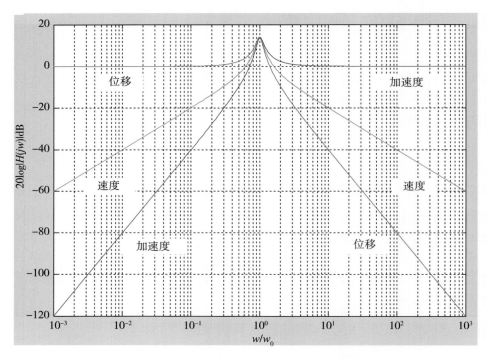

图 8-1　三种传感模式的幅-频曲线(欠阻尼情形)(李树德)

由以上讨论可知：

①低频系统采用加速度传感模式，有利于捕获高频信号；

②高频系统采用位移传感模式，有利于捕获低频信号；

③采用速度传感模式，有利于捕获系统固有频率附近的信号。

以上讨论仅仅针对传感器的动力传感部分，不涉及放大和数据采样电路。

如前所述，GNSS 接收机的天线、应变仪传感器的换能器都是与地基紧密的刚性连接，没有经过动力耦合，因此，探测的物理量与地动信号的频率和振幅应该是一致的，只要数据采样率足够高，是可以获取相应频率的地动信号，也即观测频带仅取决于数据采样率。

8.1.2　地形变观测量及其特性

根据固体力学，空间任一点的位移(在直角坐标系下，见图 8-2)如下：

$$\boldsymbol{u} = (u, \ v, \ w)$$

$$\begin{cases} u = u(x(t), \ y(t), \ z(t), \ t) \\ v = v(x(t), \ y(t), \ z(t), \ t) \\ w = w(x(t), \ y(t), \ z(t), \ t) \end{cases} \tag{8-13}$$

上式对时间求一次、二次导数得速度和加速度：

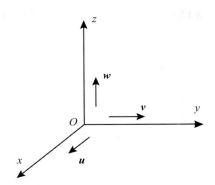

图 8-2 直角坐标系

$$\begin{cases} \dot{\boldsymbol{u}} = (\dot{u}, \ \dot{v}, \ \dot{w}) \\ \ddot{\boldsymbol{u}} = (\ddot{u}, \ \ddot{v}, \ \ddot{w}) \end{cases} \tag{8-14}$$

根据位移式(8-13)可获得位移梯度矩阵：

$$\begin{bmatrix} \dfrac{\partial u}{\partial x} & \dfrac{\partial v}{\partial x} & \dfrac{\partial w}{\partial x} \\[2mm] \dfrac{\partial u}{\partial y} & \dfrac{\partial v}{\partial y} & \dfrac{\partial w}{\partial y} \\[2mm] \dfrac{\partial u}{\partial z} & \dfrac{\partial v}{\partial z} & \dfrac{\partial w}{\partial z} \end{bmatrix} = \begin{bmatrix} \dfrac{\partial u}{\partial x} & \dfrac{1}{2}\left(\dfrac{\partial v}{\partial x} + \dfrac{\partial u}{\partial y}\right) & \dfrac{1}{2}\left(\dfrac{\partial w}{\partial x} + \dfrac{\partial u}{\partial z}\right) \\[2mm] \dfrac{1}{2}\left(\dfrac{\partial u}{\partial y} + \dfrac{\partial v}{\partial x}\right) & \dfrac{\partial v}{\partial y} & \dfrac{1}{2}\left(\dfrac{\partial w}{\partial y} + \dfrac{\partial v}{\partial z}\right) \\[2mm] \dfrac{1}{2}\left(\dfrac{\partial u}{\partial z} + \dfrac{\partial w}{\partial x}\right) & \dfrac{1}{2}\left(\dfrac{\partial v}{\partial z} + \dfrac{\partial w}{\partial y}\right) & \dfrac{\partial w}{\partial z} \end{bmatrix}$$

$$+ \begin{bmatrix} 0 & \dfrac{1}{2}\left(\dfrac{\partial v}{\partial x} - \dfrac{\partial u}{\partial y}\right) & -\dfrac{1}{2}\left(\dfrac{\partial w}{\partial x} - \dfrac{\partial u}{\partial z}\right) \\[2mm] -\dfrac{1}{2}\left(\dfrac{\partial u}{\partial y} - \dfrac{\partial v}{\partial x}\right) & 0 & \dfrac{1}{2}\left(\dfrac{\partial w}{\partial y} + \dfrac{\partial v}{\partial z}\right) \\[2mm] \dfrac{1}{2}\left(\dfrac{\partial u}{\partial z} - \dfrac{\partial w}{\partial x}\right) & -\dfrac{1}{2}\left(\dfrac{\partial v}{\partial z} - \dfrac{\partial w}{\partial y}\right) & 0 \end{bmatrix} \tag{8-15}$$

等号右边第一个矩阵为对称矩阵，也称为应变矩阵；第二个矩阵为反对称矩阵，也称为旋转矩阵。

GNSS 可直接测定 $\boldsymbol{u} = (u, \ v, \ w)$，但是垂直向的精度低于水平向；InSAR 主要可测定垂向分量 w。根据统计，GNSS 代表性精度为 $10^2 M_0 \sim 10^0 M_0$(水平位移)；InSAR 代表性精度为 $10^1 M_0 \sim 10^{-1} M_0$。式中，$M_0 = \pm 1.0$mm，为特征精度。

地震观测都采用速度型地震仪，即观测量为 $\dot{\boldsymbol{u}} = (\dot{u}, \ \dot{v}, \ \dot{w})$；而强震观测则采用加速度计，即观测量为 $\ddot{\boldsymbol{u}} = (\ddot{u}, \ \ddot{v}, \ \ddot{w})$。目前，测震仪传感器的代表性灵敏度为 $10^0 M_0 \sim 10^{-1} M_0$。式中，$M_0 = \pm 1.0$nm，为特征灵敏度。

对应于连续形变观测，水管倾斜仪和水平摆倾斜仪的观测量相当于是 $\dfrac{\partial w}{\partial x}$ 和 $\dfrac{\partial w}{\partial y}$；而垂直摆倾斜仪的观测量不仅有 $\dfrac{\partial w}{\partial x}$ 和 $\dfrac{\partial w}{\partial y}$，而且还包括 $\dfrac{\partial v}{\partial x}$ 和 $\dfrac{\partial u}{\partial y}$；体积应变仪的观测量为 $\dfrac{\partial u}{\partial x} +$

$\dfrac{\partial v}{\partial y}+\dfrac{\partial w}{\partial z}$；洞体应变的伸缩仪和钻孔应变的分量式应变仪的观测量为 $\dfrac{\partial u}{\partial x}$ 和 $\dfrac{\partial v}{\partial y}$，目前尚无 $\dfrac{\partial w}{\partial z}$ 的观测量；钻孔分量式应变仪一般设有 L_1、L_2、L_3、L_4 四个分项的观测量，其中在设计上确保 $L_1 \perp L_3$ 和 $L_2 \perp L_4$。假设垂直向的 $\dfrac{\partial w}{\partial z}$ 保持常数，观测实践表明：这一假设基本符合事实，那么根据第一应变不变量的定义，就有 $L_1 + L_3 = L_2 + L_4$，这就提供了任意时刻四个观测分量正确性自校核的方法，显示了钻孔分量式应变仪的独特优势。迄今为止，尚无旋转量的实用观测仪器，但正在研发的静电反馈垂直摆倾斜仪可以对 $\dfrac{1}{2}\left[\dfrac{\partial v}{\partial x}-\dfrac{\partial u}{\partial y}\right]$ 和 $-\dfrac{1}{2}\left[\dfrac{\partial u}{\partial y}-\dfrac{\partial v}{\partial x}\right]$ 进行实际观测，这将产生一个新的观测量。目前，形变仪传感器的代表性灵敏度为 $10^0 M_0 \sim 10^{-2} M_0$。式中，$M_0 = \pm 1.0$ nm，为特征灵敏度。

重力仪的观测量要复杂一些。根据申重阳（2005）研究，地壳运动与变形引起空间某一固定点 P_0 的重力时间变化速度 $\dot{g}(P_0,\ t)$ 有如下形式：

$$\dot{g}(P_0,\ t) = G\iiint\limits_{\Omega(t)}\frac{R\,\nabla_Q \cdot \rho(\boldsymbol{r},\ t)\dot{\boldsymbol{u}}(\boldsymbol{r},\ t)}{R^3}\mathrm{d}\tau(\boldsymbol{r}) - G\oiint\limits_{S(t)}\frac{R\rho(\boldsymbol{r},\ t)\dot{\boldsymbol{u}}(\boldsymbol{r},\ t)\cdot\boldsymbol{n}}{R^3}\mathrm{d}s(\boldsymbol{r})$$
$$+ \nabla\dot{g}(\boldsymbol{r}_s,\ t)\cdot\boldsymbol{u}_s + \nabla g(\boldsymbol{r}_s,\ t)\cdot\dot{\boldsymbol{u}}_s + \dddot{\boldsymbol{u}}_s \tag{8-16}$$

式中，$\dot{\boldsymbol{u}}$ 和 $\dddot{\boldsymbol{u}}$ 分别为地表位移 $\boldsymbol{u}$ 对时间的一阶和三阶导数，R 为 P_0 点到 Q 点的距离。式（8-16）中第一项为介质变形造成密度变化的效应，第二项为地表整体运动的效应，第三、四和五项是观测点运动的效应，与观测点的位移、速度、加加速度、重力梯度及重力变化速度的梯度有关。

在式（8-16）中，如果考虑的时间间隔不长，如在台站数据高采样间隔（如 1 秒间隔）内，第一项密度梯度时间变化效应和第二项地表整体运动效应就很小，可不予考虑，重新整理式（8-16），得

$$\dot{g}(P_0,\ t) \approx \frac{\mathrm{d}}{\mathrm{d}t}\left[\nabla g(\boldsymbol{r},\ t)\cdot\boldsymbol{u}\right] + \frac{\mathrm{d}\dddot{\boldsymbol{u}}}{\mathrm{d}t} \tag{8-17}$$

对时间求微分，有

$$\Delta\left[g(P_0,\ t)\right] = \Delta\left[\nabla g(\boldsymbol{r},\ t)\cdot\boldsymbol{u}\right] + \Delta\dddot{\boldsymbol{u}} \tag{8-18}$$

在采样间隔时段内，可以认为 $\nabla g(\boldsymbol{r},\ t)$ 基本保持不变，并且在台站观测中，实际观测的是铅垂方向的分量，即有近似关系如下：

$$\Delta g(P_0,\ t) \approx \frac{\partial\boldsymbol{g}}{\partial z}\Delta w + \Delta\ddot{w} \tag{8-19}$$

式中，$\dfrac{\partial\boldsymbol{g}}{\partial z}$ 为固定点 P_0 垂直方向的重力梯度，Δw 和 $\Delta\ddot{w}$ 分别表示采样间隔内垂直方向增量位移和增量加速度。

以上根据位移矢量及其时间一次、二次导数和梯度矩阵的定义，讨论了连续（台站）形变重力观测量的物理含义，下面讨论这些观测量特性。

1. 地倾斜观测量及其特性

根据定义，地倾斜量是一个位移的梯度量，是垂直方向位移在两个水平方向的梯度 $\dfrac{\partial u}{\partial x}$ 与 $\dfrac{\partial v}{\partial y}$ 和两个水平交叉位移梯度 $\dfrac{\partial v}{\partial x}$ 与 $\dfrac{\partial u}{\partial y}$，即

$$\eta_i = \frac{\partial u_i(t)}{\partial x_j}, \quad i = 1,\ 2,\ 3,\ j = 1,\ 2,\ i \neq j \tag{8-20}$$

根据式(8-3)，在上式中，$u_1(t) = u(t)$，$u_2(t) = v(t)$，$u_3(t) = w(t)$，$x_1 = x$，$x_2 = y$，$x_3 = z$，以下均按此对应规定。如果将式(8-20)的分子分母都除一个 dt，那么就等价于下式

$$\eta_i = \frac{\dot{u}_i(t)}{\dot{x}_j} = \frac{\dot{u}_i(t)}{v_{Sj}}, \quad i = 1,\ 2,\ 3,\ j = 1,\ 2,\ i \neq j \tag{8-21}$$

式中，v_{Sj} 表示横波的速度。从波动的角度看，地倾斜量等价于垂向的位移速度与横波速度的比值。由此可见，地倾斜量是体波横波、面波的反映。我们已知，面波是随深度指数衰减的，在地表面振幅最大，而随着往地下深入，振幅迅速衰减。关于这一点，进行深井地倾斜观测时应该顾及。

2. 地应变观测量及其特性

根据定义，地应变量也是一个位移的梯度量，是位移在本身方向的梯度，即

$$\varepsilon_{ij} = \frac{\partial u_i(t)}{\partial x_j}, \quad i = j = 1,\ 2 \tag{8-22}$$

同样地，分子分母都除一个 dt，那么就等价于下式

$$\varepsilon_{ij} = \frac{\dot{u}_i(t)}{\dot{x}_j} = \frac{\dot{u}_i(t)}{v_{Pj}}, \quad i = j = 1,\ 2 \tag{8-23}$$

式中，v_{Pj} 表示纵波的速度。从波动的角度看，地应变量等价于位移速度与纵波速度的比值。由此可见，地应变量是体波纵波和面波中纵波成分的反映。应变观测实践表明，一般无地震的情况下，体波纵波信号很弱且传播距离小，而面波信号较强且传播距离远。从这一层意义上讲，应变深井观测也考虑信噪比问题。

3. 重力观测量及其特性

将式(8-4)和式(8-6)代入式(8-19)，经整理得

$$\Delta \boldsymbol{g}(P_0,\ t) = \left(\frac{\partial \boldsymbol{g}}{\partial z} - \omega^2 \right) \omega A \cdot \Delta t \cdot \cos(\omega t) \tag{8-24}$$

式中，Δt 为采样间隔，A 为式(8-4)。

由以上讨论可知，连续(台站)重力的观测都受到输入信号频率的影响，不过这仅仅是针对弹簧振子系统而言的。

8.2 地形变观测台网的布局、观测环境和参量技术指标

台站连续形变观测包括洞体和钻孔地倾斜观测、洞体和钻孔地应变观测、短水准测量以及 GPS 连续观测。

8.2.1　地倾斜观测

地倾斜连续观测是在山洞、地下室和钻孔内进行，使用倾斜仪连续测定地面的倾斜变化状态。地倾斜的观测量与特性如 8.1.2 所述。地倾斜连续观测的目的，是连续监视地面的相对运动或变形的动态变化过程，也可称为地面波动过程。地倾斜观测为研究地震孕育发生过程提供了实测数据，是地震监测和预测预报的重要手段之一，同时也为研究现今地壳运动、地球固体潮及地球形状参数等提供科学数据。

当前地倾斜观测所使用的观测技术的最基本类型及其工作原理如下：

1. 水管式倾斜仪

水管式倾斜仪由两个盛满液体(一般为纯净水)的钵体和一根连通这两个钵体的管道组成，两个钵体中都设置了浮子，通过浮子反映水平面的变化来测定地面的倾斜及其变化，地面倾斜角观测量如下：

$$\eta = \frac{\Delta h}{L}\rho \tag{8-25}$$

式中，L 为仪器两端点之间即两钵体之间的距离，Δh 为两浮子之间的高差，$\rho = 0.206265 \times 10^6$，$\eta$ 的单位为角秒(″)。

我国地倾斜连续观测台网使用的水管式倾斜仪有两种，早期使用的是 FSQ 型水管倾斜仪，目前广泛使用的是 DSQ 型水管倾斜仪。这两种仪器的工作原理是一致的，只是记录方式和灵敏度有所不同。FSQ 型水管倾斜仪直接由自动平衡记录仪进行模拟记录，而 DSQ 型水管倾斜仪是模拟电压传输到数采仪中进行数据采集、打印、传输，DSQ 水管倾斜仪与 FSQ 倾斜仪相比具有灵敏度更高、性能更佳、适用性更强的特点。

2. 摆式倾斜仪

摆式倾斜仪是一个垂直悬挂于摆架上的摆，当安置摆的地面发生倾斜时，摆架整个倾斜，摆的平衡位置发生改变，即摆发生了偏转，摆的这个偏转角就是地面发生了倾斜的角度。摆式倾斜仪分为垂直摆倾斜仪、水平摆倾斜仪和钻孔倾斜仪。

(1)垂直摆倾斜仪

垂直摆倾斜仪由柔丝、摆杆和重块组成。垂直摆倾斜仪的工作原理比较简单，根据摆的铅垂原理，在静止条件下摆处于铅垂状态，当地面发生倾斜变化时，摆的平衡位置发生变化，即摆的重块和支架之间产生相对位移，于是摆的倾斜角为下式：

$$\phi = \frac{\Delta d}{l}\rho \tag{8-26}$$

式中，Δd 为重块和支架之间产生相对位移，l 为折合摆长，$\rho = 0.206265 \times 10^6$，$\phi$ 的单位为角秒(″)。在实际观测仪器中，通过电容式位移传感器的动片和定片之间的间距变被转换成电信号并加以放大，再经过数据采集系统将摆的微小位移记录并输出。目前台网装备的主要是宽频 VP 垂直摆倾斜仪和 VS 垂直摆倾斜仪。

(2)水平摆倾斜仪

水平摆是绕一轴线转动的垂直摆，其重块通过摆杆刚性连接在一横轴上，横轴可以在轴套内转动，横轴是水平安放并套在摆杆上，将摆杆直立起来并与铅垂线差极微小的角度的摆就称为水平摆，当地面发生倾斜时，摆杆绕旋转轴偏转，偏转的角即为地面倾斜角，表达式如下：

$$\Phi = \frac{\Delta D}{L}\rho \qquad (8-27)$$

式中，ΔD 为重块在水平方向的相对位移，L 为折合摆长，$\rho = 0.206265 \times 10^6$，$\Phi$ 的单位为角秒($''$)。在实际观测仪器中，是通过电涡流传感器将位移转换成电信号输出。目前台网只装备有 SSQ-II 水平摆倾斜仪。

（3）钻孔倾斜仪

钻孔地倾斜测量是在钻孔中安置倾斜仪进行地倾斜观测。由于仪器安置在地下较深处，因此可大大削弱温度、地面振动等干扰，但信号的强度也显著下降，所以钻孔的深度是否越深越好，这是一个需要研究的问题。钻孔倾斜仪的工作原理与垂直摆倾斜仪完全相同，也是通过电容式位移传感器输出信号。目前，台网装备有 CZB-I、CZB-II 和 RZB 垂直摆倾斜仪，其中 CZB-I 为模拟记录，其余为数字记录。

我国的地倾斜与固体潮观测起步于 1966 年邢台地震后，在借鉴国内外相近学科领域方法与技术的基础上，经过实验、完善、研制而逐步建立起连续观测技术。目前，地倾斜观测台网由国家级台、省（区域）级台和市县级台站组成，分布在全国各个省市区。地倾斜观测台站的设置特点是：沿大陆区域块体活动边界带布设，在南北地震带等大震频发区相对密集，在少震或弱震区少量布设；东部地区、沿海地区也相对密集，首都圈地区加密布设。地倾斜观测台站的分布是非均匀的，平均间距约 230km（图 8-3）。

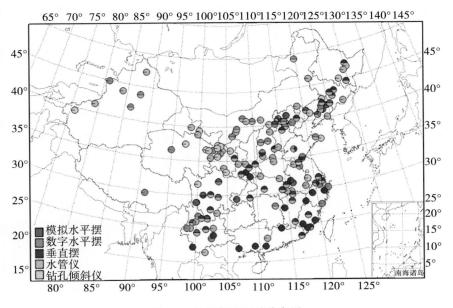

图 8-3 地倾斜观测站分布图

8.2.2　地应变观测

地应变连续观测也是在山洞和钻孔内进行，使用应变仪连续测定地壳浅层的变形状态。地应变的观测量与特性如 8.1.2 所述。地应变连续观测的目的，是连续监视地壳变形的动态变化过程，也可称为地壳波动过程。地应变观测为研究地震孕育发生过程提供了实测数据，是地震监测和预测预报的重要手段之一，同时也为研究现今地壳运动、地球固体潮及地球形状参数等提供了科学数据。

用于地应变观测仪器有两类：洞体应变仪和钻孔应变仪。

1. 洞体应变仪

20 世纪 70 年代初，我国研制了目视伸缩仪，这是第一代观测仪器。1983 年研制出第二代观测仪器——SSY-II 型石英伸缩仪，其灵敏度为 3×10^{-9}，能清晰记录地球固体潮汐波形。在"九五"期间，中国地震局成功研制了新型的洞体应变仪——SS-Y 型伸缩仪，该仪器保持高精度、高稳定性，用含铌特种因瓦材料做基线，并缩短了长度，解决了石英基线炸裂问题；采用新的标定装置取代水银胀盒标定器，根除了汞泄漏问题；采用数字记录和输出。

SSY-II 型石英伸缩仪和 SS-Y 型伸缩仪的工作原理，是通过测量两点间的基线长度的增量来确定应变状态，即

$$\varepsilon_l = \frac{L' - L}{L} = \frac{\Delta L}{L} \tag{8-28}$$

式中，L 为在观测装置内设定的两点间的原距离，称为基线长；L' 为变化后两点间的距离；ΔL 为基线的绝对变化量；ε_l 为 l 方向的线应变量，即单位长度的相对变化量。根据约定，$\varepsilon_l < 0$，为压缩；$\varepsilon_l > 0$，为拉伸。

洞体应变观测，顾名思义是在洞室内进行，建立洞室需要有山体，这使得在平原地区无法建立观测台站，所以洞体应变观测台网的布局受到局限。

2. 钻孔应变观测

地应变观测也可在钻孔中进行，通过安装专用的钻孔应变传感器进行测量，这类传感器称为钻孔应变仪。钻孔应变井下应变观测，有助于减少地表气象因素的干扰。

钻孔应变仪可分为体积式钻孔应变仪和分量式钻孔应变仪。

（1）体积式钻孔应变仪

体积式应变仪的工作原理较为简单：一个充满了硅油的长圆形的弹性筒设置于地壳钻孔内，当收到四周岩体的挤压或拉伸时，筒内液体压力发生改变，通过测量液压即可确定钻孔周围岩体的应变状态。体积式应变仪的观测量如下：

$$E = \frac{V' - V}{V} = \frac{\Delta V}{V} \tag{8-29}$$

式中，V 为原体积，V' 为变形后体积，ΔV 为体积增量。规定 $\Delta V < 0$ 表示受压缩，$\Delta V > 0$ 表示受拉张。

（2）分量式钻孔应变仪

　　分量式钻孔应变仪是一个长圆筒径向位移式传感器组合系统。一般而言，在圆筒内安装了 4 个分向（L_1，L_2，L_3，L_4）的径向位移测微传感器，如前所述，其中 $L_1 \perp L_3$，$L_2 \perp L_4$，这就提供了 $L_1 + L_3 = L_2 + L_4$ 自校核。根据安装在钻孔中应变仪 3 组元件输出的分量值，获得岩体最大与最小应变值以及最大主应变轴的方位角。

　　对于应变观测而言，为排除气象等因素对地壳应变状态的影响，在应变仪观测的同时，还需同步观测气压及井水水位变化等辅助测项。

　　我国在 20 世纪 80 年代中期就相继研制成功了 5 种具有国际水平的钻孔应变仪，其中有 4 种属于长圆筒形的分量式应变仪，有一种为体积式应变仪。长圆筒形的分量式钻孔应变仪，系一个长的薄壁圆筒，用 3 个或 4 个精密的位移传感器沿圆筒的不同直径方向布设，以感受筒内径的径向位移。当圆筒用膨胀水泥固结在岩孔内，岩石应力-应变状态的变化可引起筒径向位移。通过三个径向位移值即可推算出平面应变状态。根据分量式应变仪中传感单元的不同类型，分量钻孔应变仪又分为：压磁式、压阻（应变片）式、电容式、振弦（弦频）式等。

　　目前，地应变监测台网由国家台、省（区域）级台、市县级台站组成，分布在全国 30 个省市自治区（图 8-4）。监测站的设置特点是：根据大陆区域块体活动的边界带布设，在易震构造部位相对集中，少震或无震区少量布设。东部地区、沿海地区相对密集，首都圈和南北地震带加密布设。台站分布为非均匀性，平均间距 230km。

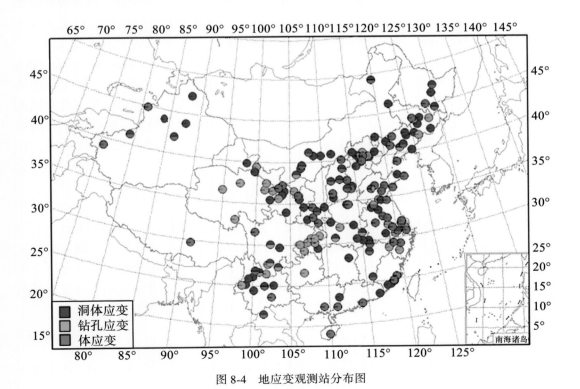

图 8-4　地应变观测站分布图

8.2.3 GPS 连续观测

GPS 连续观测，是在地震台站或附近基岩出露的地基上建造 GPS 观测墩，架设 GPS
接收天线进行连续自动记录，观测数据通过专用网络实时或每天定时传输到 GPS 数据处
理中心，可实时或准实时获取地壳块体和活动构造形变在时间域上连续的信息。本书不对
GPS 仪器、数据处理等做详细阐述，只对目前 GPS 连续测量现状做一简单介绍，有需进
一步了解的可参阅 GPS 的相关教程。

GPS 连续观测网（GPS 基准网）覆盖全国一、二级地质构造块体和主要活动地质构造
带（一般与强震频发区重合）。根据中国地壳运动和陆态观测网络的布局，提供一级地质
构造块体运动信息的 GPS 连续观测站点间距不大于 400km，提供二级地质构造块体运动
信息的 GPS 连续观测站采取均匀布局模式，观测站点间距不大于 200km，提供主要地质
构造块体边界、活动断层和特定区域地壳运动信息的 GPS 连续观测站点间距为
30~200km。

GPS 连续观测的技术指标为：点位坐标年变化率测定精度，水平向优于±2mm，垂直
向优于±3mm。

利用 IGS 站数据和精密星历解算处理 GPS 连续观测网数据，可以获取同一坐标系中
各站的坐标及其变化，获得连续观测站点的位移、速率的时间序列数据以及地壳运动位移
与速度序列图像图，可以为地震监测预报、地震应急救援和地震灾害预防，以及为地震和
地球科学的进步提供全方位数据支持及服务。同时，GPS 连续跟踪站网作为精密实时导
航定位服务和测绘基础设施，其作用和潜力正日益发挥。

我国 GPS 连续观测站也称 GPS 基准站（Fiducial Station of GPS Continuously Tracking
Observation），从 1996 年中国地壳运动观测"网络工程"开始建设，1999 年有 25 个基准站
投入运行，后续的中国陆态观测"网络工程"进一步加密基准站。截至 2012 年，这两项重
大科学工程共建立 260 个基准站，全部采用高性能 GPS 接收机，数据实时传输到中国地
震台网中心，同时分发相关学科和数据处理分中心进行数据处理和提供数据共享服务。目
前全国 GPS 站点的分布图如图 8-5 所示。

8.2.4 跨断层定点测量

跨断层定点测量也属于台站连续形变测量，它是应用大地测量方法在固定的台站上进
行跨断层形变测量。1966 年邢台地震之后建立的目前还在运行的只有短水准测量台，主
要分布在大华北，在四川、新疆各有两个台，共有约 25 个台，全国跨断层定点台站分布
如图 8-6 所示。这种短水准一般跨越断层布设测线，每天进行一次往返观测，取往返观测
值的均值作为观测值，主要目的是连续监测活动断层的运动。每天的观测值为：

$$h = \frac{1}{2}(h_{往} + h_{返}) \tag{8-30}$$

式中，$h_{往}$一般是上午由跨过断层的水准 A 点到 B 点的高差观测值，$h_{返}$是当天下午由 B
到 A 的高差观测值，进行往返测主要为了削弱大气折光误差。

跨断层台站短水准测量测线较短，用于测定断层两盘的垂直运动，提供主要活动断层

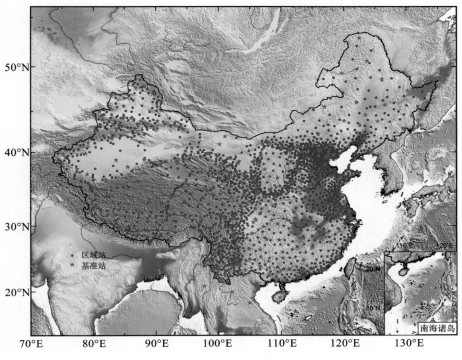

图 8-5　GPS 站点分布图

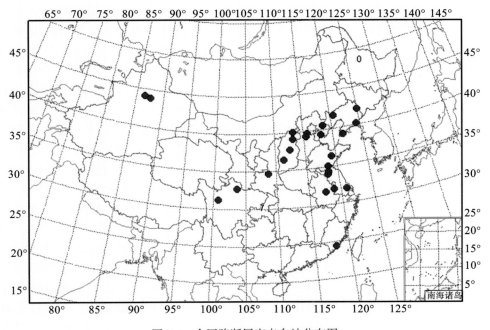

图 8-6　全国跨断层定点台站分布图

和特定地区活动断层垂直运动的变化信息；通常布设两条或两条以上测线，其中一条测线与断层垂直，另一条与断层斜交，测线长度为几百至几千米；测量精度要求较高：每千米高差偶然中误差 M_Δ 不大于 0.45mm，每千米高差全中误差 M_W 不大于 1.0mm；观测应按《国家一、二等水准测量规范》(GB/T 12897—91)中一等水准测量和地震水准测量规范的要求进行，观测所使用的仪器应满足《国家一、二等水准测量规范》(GB/T 12897—91)等技术规范的要求。

8.3　连续形变观测——地球固体潮与内部物性参量变化

地倾斜、地应变观测系统是一个多输入单输出的精密动态观测系统，观测值是随时间变化的。这就意味着在观测值序列中不仅包含有来自地球内部的地形变和地壳运动信息，还可能在不同程度上包含了来自地球外部的水圈、大气圈、人类活动和宇宙天体的信息。多圈层界面的观测环境和多种动力学的交叉作用决定了地倾斜、应变观测结果具有蕴含多种信息的综合性。

8.3.1　地球固体潮

固体地球潮汐是由于日、月和近地行星对地球的引力作用所导致的地球内部和表面的周期性形变，简称固体潮，是联系天文学、大地测量学和地球物理学的重要交叉点。伴随着地球的周期性变形，地球表面的重力、倾斜、应变和经纬度等大地测量观测量将出现相应的周期性微小起伏变化，分别称为重力固体潮、倾斜固体潮、应变固体潮和天文经纬度固体潮，分别可以被重力仪、地倾斜仪、地应变仪、高精度的天文和大地测量仪器观测到。

对地球潮汐问题(包括海洋潮汐和固体潮)的认识和研究从一开始就与天文学的观测和研究密不可分。地球是广袤宇宙中非常微小的一颗行星，现代天文学可精确预测到地球、月球及太阳系其他行星的运行轨道，给出精密的轨道参数，利用万有引力定律即可获得地球表面和内部任意一点所受到的天体引潮力(位)。由于地球、月球及其他行星的运行是周期性的，因此地球的潮汐运动也是周期性的，且主要集中在长周期、周日、半日和 1/3 日等几个频段。此外，固体潮的周期介于波周期和地壳运动周期之间，其观测与研究有利于深入了解地球对于各种频段信号的响应特征，为认识地球内部结构提供非常有效的约束。周期性的固体潮信号是地倾斜地应变观测的主要内容，观测到有 1/3 日波、半日波、日波，半月波等不同周期的潮波。主要的固体潮汐谐波参数见表 8-1、图 8-7。

海洋潮汐运动在很久以前就被人类所认识，固体潮汐现象的发现则可追溯到 19 世纪初期。当时，科学家发现沿海水井中的水位偶尔与海水同时升降，但大部分时间井水的涨落与海潮涨落恰好相反，这种现象显然是由于引潮力作用下地壳的体膨胀引起的，但在当时很难解释。人们真正认识到固体地球的潮汐形变还要归功于 19 世纪末期对海洋潮汐的观测。验潮站是相对于固定在地壳上的潮标进行观测的，观测结果表明，海潮潮高仅为海洋平衡潮潮高的 2/3，换言之，地壳也发生了潮汐形变，其幅度大约为平衡潮幅度的 1/3。大约在 1876 年，开尔文开始注意到固体地球本身的形变效应，他认为，不能再把地球看作是刚体，虽然幅度较小，但固体地球也会像海洋潮汐一样发生潮汐现象，这就是现代固体潮理论的起源。

不同类型的固体潮观测和研究从人们开始认识固体潮现象开始就是大地测量的重要任务。水平摆是最早用于观测倾斜固体潮的仪器，这种仪器是德国科学家在 19 世纪末期发现的，随后得到了广泛的应用，直到现在还是重要的固体潮观测仪器。但是由于水平摆稳定性较差，同时倾斜变化受局部因素的影响很大，不同地区观测结果之间存在很大的差异，对于像固体潮这样的全球问题的研究存在许多弊端，因此水平摆的观测结果，特别是早期的观测结果只能用于定性讨论，对固体潮理论研究的推动有限。推动固体潮研究飞速发展的是微伽级重力仪的发明及其在全球范围内的普遍使用。我国在固体潮观测与研究方面的工作起步于 20 世纪 50 年代末，中国科学院测量与地球物理研究所与苏联科学家在兰州开展了我国第一次重力固体潮观测。近 30 年来，我国在该领域的研究取得了长足的进步，在此期间，为了地震监测和防震减灾，中国地震局陆续在中国大陆建立了一个庞大的观测网络，开展重力、倾斜和应变等长期连续定点观测。在有些台站，同时拥有多种固体潮观测仪器，大部分的观测仪器都是国内地震局下属研究单位自主研制生产的，观测精度达到国际同类仪器的先进水平。

固体潮汐波各谐波的理论值，可以在假定地球是完全刚体的条件下由潮汐静力学理论计算。可以料到，理论值与实际观测值是不完全符合的，人们正是利用二者差异来研究真实地球的弹-滞性质。大量观测表明，实测值与理论值间存在着一定的比例关系，通常用 3 个勒夫（A. E. Love）数 h、k、l 或潮幅因子 δ（重力）、γ（倾斜）等系数表征，这为研究地球的弹性性质与地壳岩石的物理性质、探索地震前兆（含固体潮汐记录曲线畸变、固体潮对地震的触发作用等）提供了途径。

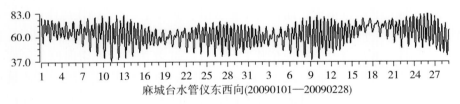

麻城台水管仪东西向(20090101—20090228)

图 8-7　固体潮观测曲线

表 8-1　　　　　　　　　　　　　　　　　　五种主要的固体潮汐谐波

波类型	符号	名称	M_2 波相对振幅	角频率（1/h）	周期
半日波	M_2	月亮的主半日波	1	28.98410°	12h25min
	S_2	太阳的主半日波	0.465	30.00000°	12h00min
	N_2	月亮的主椭圆半日波	0.194	28.43973°	12h40min
周日波	O_1	月亮的主周日波	0.4151	13.94304°	25h49min
	K_1	日月的周日主赤纬波	0.5845	15.04107°	23h56min

8.3.2　地球内部介质物性参量——勒夫数

由于引潮力的作用，一方面导致地球表面和内部发生周期性形变，另一方面又造成地球内部的物质重新分布，进而引起地球重力场的变化。1909 年，勒夫（Love）引入了一组无量纲的"勒夫数"描述地球的潮汐形变。实际上勒夫数是实际地球的潮汐形变量与刚体地球平衡潮的比值，是地球形变的"平均"效应，只有在"球对称"情形下才成立，利用地表的固体潮观测可以确定出勒夫数及其线性组合。

理论上，地球的潮汐形变是地球在引潮力作用下的受迫运动，是一个纯粹的地球物理学问题，满足最基本的牛顿运动定律，而地球引力位的扰动满足泊松方程，这二者就构成了地球潮汐的基本运动方程；结合地球介质的本构关系，利用地震学、天文学和大地测量学观测所获得地球的形状、内部界面的分布、内部介质的分层以及基本物理参数（包括密度、拉梅参数）的分布等，通过潮汐运动方程的求解，即可获得勒夫数的数值解。许多科学家采用不同的数值积分方法和地球内部不同构造模型开展了这方面的研究工作，获得了一些有意义的结果。总的来说，由于引潮力是已知的，地球的潮汐运动也是目前唯一可以精确预测的地球物理现象。与其他所有的受迫运动一样，地球的潮汐运动也可以分解成地球所有简正模"共振"运动之和，潮汐运动的主要频段是周日、半日和 1/3 日，其频率与地球自由振荡的频率相差甚远。由于地球从总体看由固体地幔、流体外核和固体内核组成，核幔边界存在微小的椭率，球固体地幔与流体外核的自转也存在差别，因此地球存在一个非常重要的自转简正模，其周期大约为 1 天，通常被称为"近周日自由摆动"，在惯性参考系中表现为"自由核章动"，这个简正模的存在将导致周日潮汐勒夫数出现非常显著共振放大现象。

一个完全弹性球对称和非自转的地球对于引潮位作用下的响应，即导致的位移和附加位变化，与其相应的平衡潮值成正比，因此可以用一组无量纲数来描述地球在日、月引潮位作用下的潮汐形变。$h_n(r)$ 定义为在引潮位 $W_n(r)$ 作用下，地球某点元的径向位移与假定地球处于平衡潮时相应点元的径向位移之比；$l_n(r)$ 定义为点元的切向位移与假定地区处于平衡潮时相应点元的切向位移之比；$k_n(r)$ 定义为由于潮汐形变导致地球质量重新分布所引起的附加引力位与引潮位 $W_n(r)$ 之比。$h_n(r)$ 和 $k_n(r)$ 是由勒夫引入的，而 $l_n(r)$ 是由志田（Shida）引入的，$h_n(r)$、$l_n(r)$ 和 $k_n(r)$ 统称为勒夫数。对于给定的地球模型，勒夫数仅与点元的向径有关。根据定义，在引潮位 $W_n(r)$ 作用下，地表面任一点上产生的径向及切向位移将为：

$$\begin{cases} u_r = \sum_{n=2}^{3} h_n \dfrac{W_n(R)}{g_0} \\[2mm] u_\varphi = \sum_{n=2}^{3} l_n \dfrac{\partial W_n(R)}{g_0 \partial \varphi} \\[2mm] u_\lambda = \sum_{n=2}^{3} l_n \dfrac{\partial W_n(R)}{g_0 \cos\varphi \partial \lambda} \end{cases} \tag{8-31}$$

而附加引力位为：

$$\phi_1 = \sum_{n=2}^{3} k_n W_n(R) \tag{8-32}$$

以上两式中，h_n、l_n 和 k_n 称为地表（$r = R$）的勒夫数。

8.3.3 地球内部介质物性参量——潮汐因子

在地面上，可以用仪器观测到各种固体地球的潮汐形变，实际观测的地球潮汐与刚体（弹性）地球的潮汐之比，称为潮汐因子。

1. 倾斜固体潮

倾斜固体潮是地面点的垂线相对于地壳的偏差，与平衡潮假设下不同，除去由于引潮位导致的垂线偏差外，还包括了由于潮汐形变引起的附加位和由于地壳的垂直形变对垂线变化的影响。对于南北、东西和倾斜方向的分量有如下关系：

$$\begin{cases} \xi_1 = \sum_{n=2}^{3} \frac{1}{g_0} \frac{\partial W_n(R)}{R\partial\varphi} \\[2mm] \eta_1 = \sum_{n=2}^{3} \frac{1}{g_0} \frac{\partial W_n(R)}{R\cos\varphi\partial\lambda} \\[2mm] \xi_2 = \sum_{n=2}^{3} \frac{k_n}{g_0} \frac{\partial W_n(R)}{R\partial\varphi} \\[2mm] \eta_2 = \sum_{n=2}^{3} \frac{k_n}{g_0} \frac{\partial W_n(R)}{R\cos\varphi\partial\lambda} \\[2mm] \xi_3 = \sum_{n=2}^{3} \frac{\partial u_m(R)}{R\partial\varphi} = \sum_{n=2}^{3} \frac{h_n}{g_0} \frac{\partial W_n(R)}{R\partial\varphi} \\[2mm] \eta_3 = \sum_{n=2}^{3} \frac{\partial u_m(R)}{R\cos\varphi\partial\lambda} = \sum_{n=2}^{3} \frac{h_n}{g_0} \frac{\partial W_n(R)}{R\cos\varphi\partial\lambda} \end{cases} \tag{8-33}$$

由于潮汐形变后，地壳的倾斜方向总是与瞬时垂线的偏差方向相同，因此地球的倾斜固体潮定义为

$$\begin{cases} \xi = \xi_1 + \xi_2 - \xi_3 = \sum_{n=2}^{3} (1 + k_n - h_n) \frac{1}{g_0} \frac{\partial W_n(R)}{R\partial\varphi} \\[2mm] \eta = \eta_1 + \eta_2 - \eta_3 = \sum_{n=2}^{3} (1 + k_n - h_n) \frac{1}{g_0} \frac{\partial W_n(R)}{R\cos\varphi\partial\lambda} \end{cases} \tag{8-34}$$

上式又可写为

$$\begin{cases} \xi = \sum_{n=2}^{3} \gamma_n \frac{1}{g_0} \frac{\partial W_n(R)}{R\partial\varphi} \\[2mm] \eta = \sum_{n=2}^{3} \gamma_n \frac{1}{g_0} \frac{\partial W_n(R)}{R\cos\varphi\partial\lambda} \end{cases} \tag{8-35}$$

式中，$\gamma_n = 1 + k_n - h_n$ 称为倾斜潮汐因子，它表示了实际地球和平衡潮假设下倾斜潮汐形变之比。

2. 应变固体潮

引潮力的作用同时将导致地球内部和表面周期性的潮汐应变，在球坐标系下，用 e_{rr}、$e_{\varphi\varphi}$、$e_{\lambda\lambda}$ 表示正应变，$e_{r\varphi}$、$e_{\varphi\lambda}$、$e_{\lambda r}$ 表示剪切应变，在 n 阶引潮位作用下，则位移和应变具有如下关系：

$$\begin{cases} e_{rr} = \sum_n \left(R\frac{\partial h_n}{\partial r} + nh_n \right) \frac{W_n}{Rg_0} \\[2mm] e_{\varphi\varphi} = \sum_n \left(\frac{l_n}{Rg_0}\frac{\partial^2 W_n}{\partial \varphi^2} + h_n\frac{W_n}{Rg_0} \right) \\[2mm] e_{\lambda\lambda} = \sum_n \left[\frac{l_n}{Rg\cos\varphi}\left(\frac{\partial W_n}{\cos\varphi\partial\lambda^2} - \sin\varphi\frac{\partial W_n}{\partial\varphi} \right) + h_n\frac{W_n}{Rg_0} \right] \\[2mm] e_{r\varphi} = \sum_n -\left(\frac{l_n}{Rg_0} + \frac{h_n}{Rg_0} + \frac{\partial l_n}{g_0\partial r} \right)\frac{\partial W_n}{\partial\varphi} \\[2mm] e_{r\varphi} = \sum_n \left(\frac{l_n}{Rg_0\cos\varphi} + \frac{h_n}{Rg_0\cos\varphi} + \frac{\partial l_n}{g_0\cos\varphi\partial r} \right)\frac{\partial W_n}{\partial\varphi} \\[2mm] e_{\varphi\lambda} = \sum_n \frac{-2l_n}{Rg_0\cos\varphi}\left(\frac{\partial^2 W_n}{\partial\varphi\partial\lambda} + \tan\varphi\frac{\partial W_n}{\partial\lambda} \right) \end{cases} \tag{8-36}$$

对于任意方向 $\boldsymbol{\alpha} = (\alpha_1, \alpha_2, \alpha_3)$，$\alpha_1$，$\alpha_2$ 和 α_3 为相对于三个坐标轴的方向余弦，潮汐应变为 $e_\alpha = e_{rr}\alpha_1^2 + e_{\varphi\varphi}\alpha_2^2 + e_{\lambda\lambda}\alpha_3^2 + e_{r\varphi}\alpha_1\alpha_2 + e_{r\lambda}\alpha_1\alpha_3 + e_{\varphi\lambda}\alpha_2\alpha_3$。由于球面函数 S_n 满足拉普拉斯方程：

$$\frac{1}{\cos\varphi}\frac{\partial}{\partial\varphi}\left(\cos\varphi\frac{\partial S_n}{\partial\varphi} \right) + \frac{1}{\cos^2\varphi}\frac{\partial^2 S_n}{\partial\lambda^2} + n(n+1)S_n = 0$$

可得水平面应变

$$\begin{aligned} e_{\varphi\varphi} + e_{\lambda\lambda} &= \sum_n \left[2h_n\frac{W_n}{ag_0} + \frac{l_n}{ag_0}\left(\frac{\partial^2 W_n}{\partial\varphi^2} - \tan\frac{\partial W_n}{\partial\varphi} + \frac{\partial^2 W_n}{\sin^2\varphi\partial\lambda^2} \right) \right] \\[2mm] &= \sum_n \left[2h_n - n(n+1)l_n \right]\frac{W_n}{ag_0} \end{aligned} \tag{8-37}$$

由于应变仪安放的深度远小于潮汐应变的波长，可以认为应变观测是在地球的自由表面进行的，满足自由表面应力边界条件，因此 $e_{r\varphi} = 0$，$e_{r\lambda} = 0$，且

$$e_{rr} = -\frac{\lambda}{\lambda + 2\mu}(e_{\varphi\varphi} + e_{\lambda\lambda}) \tag{8-38}$$

将式(8-37)代入式(8-38)可得

$$e_{rr} = -\frac{\lambda}{\lambda + 2\mu}\sum_n \left[2h_n - n(n+1)l_n \right]\frac{W_n}{ag_0} \tag{8-39}$$

采用在不同方向安装伸缩仪的方式，即可观测到不同方向的潮汐应变，并确定出勒夫数 h_n 和 l_n。

3. 重力固体潮

引潮位导致地面上重力的变化 δg 可表示为：

$$\delta g = -\sum_{n=2}^{3}\left(\frac{\partial W_n(r)}{\partial r} + \frac{\partial\phi_{1n}(r)}{\partial r} + u_m\frac{\partial g_0(r)}{\partial r} \right)\Bigg|_{r=R} \tag{8-40}$$

式中，第一项为引潮位在垂线方向上的分量 δg_1，根据引力位的性质，有

$$\delta g_1 = -\sum_{n=2}^{3} \left.\frac{\partial W_n(r)}{\partial r}\right|_{r=R} = -\sum_{n=2}^{3} \frac{nW_n(R)}{R} \qquad (8\text{-}41)$$

第二项为由于潮汐形变导致质量重新分布而产生的重力变化 δg_2，根据引力位的性质，在地球外部和地球表面，有如下引力位的关系

$$\phi_{1n}(r) = \sum_{n=2}^{3} \left(\frac{R}{r}\right)^{n+1} \phi_{1n}(R)$$

因此就有

$$\left.\frac{\partial \phi_{1n}(r)}{\partial r}\right|_{r=R} = -\sum_{n=2}^{3} \frac{n+1}{R}\phi_{1n}(R) = -\sum_{n=2}^{3} (n+1)k_n\frac{W_n(R)}{R}$$

即

$$\delta g_2 = = \sum_{n=2}^{3} k_n \frac{n+1}{R}W_n(R) \qquad (8\text{-}42)$$

第三项为地面点的垂直位移造成的重力变化 δg_3，这时可把地球的重力表示为 $g_0 = \dfrac{Gm_e}{r^2}$，

则有

$$\left.\frac{\partial g_0(r)}{\partial r}\right|_{r=R} = -\frac{2g_0}{R},$$

而 $u_m = h_n \dfrac{W_n(r)}{g_0}$，即

$$\partial g_3 = -2\sum_{n=2}^{3} h_n \frac{W_n(R)}{R} \qquad (8\text{-}43)$$

所以

$$\partial g = -\sum_{n=2}^{3} \left(1 + \frac{2}{n}h_n - \frac{n+1}{n}k_n\right)\frac{nW_n(R)}{R} = -\sum_{N=2}^{3} \delta_n \left.\frac{\partial W_n(r)}{\partial r}\right|_{r=R} \qquad (8\text{-}44)$$

$$\delta_n = 1 + \frac{2}{n}h_n - \frac{n+1}{n}k_n \qquad (8\text{-}45)$$

式中，δ_n 称为 n 阶重力潮汐因子，它表示了实际地球与刚体(弹性)地球的重力潮汐之比。

勒夫数反映了地球的潮汐形变特征，通过地球表面重力、倾斜和应变的定点连续形变观测，可以确定勒夫数及其组合，为了解地球内部的构造和物理参数提供第一手有价值的约束。固体潮研究需要地球表面重力、倾斜和应变等物理场在不同地点随时间变化的观测数据，这些物理场的变化都非常小，因此必须采用十分精密的仪器进行细心的观测才能得到可靠的数据。

8.4　连续形变观测呈现的地形变微动态过程的持续与暂态事件

地球表面形变过程有着多种时间尺度，地质学对长时间尺度的变化(亿年、百万年等)、地震学对极短时间尺度($10^{-2} \sim 10^{3}$ s)的变化都作了系统的研究，但对介于这两种尺

度之间变化的认识，却呈现出"准空白"状态。其原因是传统大地测量学缺乏对动态过程测量的能力，长期停滞于"静态"（空间分布）和"准静态"（某几个时间断面上的空间分布）阶段。随着数字化观测资料的连续产出、形变仪器观测频段的不断拓宽，对地质学与地震学时间尺度之间的空白可以逐步填补。目前，可以利用连续形变观测资料研究秒至数年的信息。

地球表面同时受到地球内部（如壳-幔、核-幔效应等）和外部（如大气圈、水圈等）的综合动力作用——控制、调制等，从而在地球表面产生出一系列包括多种频率成分的随时间的复杂变化。由于观测手段和环境的差异，由某种动力因子所导致的时间序列的波动幅度，甚至相位均会有不同，但其频率成分则可能是较为稳定的，即频率（周期）成分可能更具有明确的地球动力学意义。例如，定点连续形变台网无论是在伸缩仪（应变仪）还是倾斜仪的整点值时序中，有严格周期成分的固体潮汐（日波、半日波等）都会出现在整个观测资料中。固体潮信号主要与日、月的关系有关，日、月的关系不改变，它就不会变，会一直持续下去，它是一种持续信号，除此之外还能观测到明显的年周期。近几年在 GPS 时间序列中也检测到反复出现的年周期成分，这很可能与地球表面物质和能量迁移有关（海洋、大气、地下水等荷载变化以及日照等）。构造运动和与地震孕育过程有关的动力学事件，包括一些干扰因素，如气象因素、观测台站周围的环境变化、人为原因等都可能导致形变观测资料出现某种频段的暂态信号，它们对数据的影响表现为暂态过程。

近年来随着秒采样的台站重力仪和宽频带垂直摆倾斜仪开始入网观测，越来越多的高频形变数据不断产出，多种高频暂态事件被观测到。

8.4.1　年周期变化

大气圈和水圈中的物质迁徙和能量变化（如降水、气压、冰盖、海平面、地表水、地下水、光照、气温、地温等）往往具有周期性；最常见的是受地球绕太阳公转制约的年周期（季节变化）以及受地球自转制约的日周期（周日变化）。大气圈和水圈中的周期性变化通过多种途径（如地壳荷载、介质物性等）作用于地壳表层、台站介质环境和观测系统，往往会激励、调制出相应的周期性变化，并为观测仪器所记录。因此，地形变观测序列（现今地壳运动、变形、重力）往往都包含了以一年为周期的季节变化和以一天为周期的周日变化。观测环境良好的台站（地下洞体和钻孔）往往能削弱或屏蔽掉周日变化，但一般仍记录到年周期变化，如图 8-8 所示。除各种地面观测手段普遍存在年周期变化外，空间大地测量的 GPS 观测也同样存在年周期变化（尤其在垂直向）。除了年变化，连续形变观测台站还观测到不同周期的固体潮波（此项可作为仪器的评价指标），超宽频带地震计也能观测到明显的固体潮波。对岩石圈（或地壳）作用以及岩石圈（或地壳）对这些作用的响应，例如年周变（季节变）、日周变、固体潮汐、水库水荷载变化引起的形变等，这些就构成了基本频谱图，将它们理解为某种动力学过程或对动力学过程的响应较为合理。

8.4.2　暂态事件或非连续短期变化——降雨与气压干扰

地形变连续观测（倾斜仪、应变仪、重力仪、断层蠕变仪、连续 GPS 等）经常会记录到一些暂态事件或非连续短期变化，如阶跃、突跳、高频波动、短暂非线性变化等。

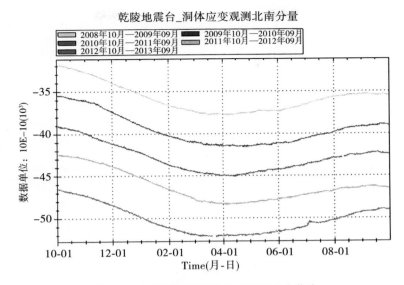

图 8-8　典型的洞体应变的年周期变化曲线

对这些事件的识别与处理必须全面考虑、仔细调查、实事求是地分析。停电事故、台站附近局部环境改变(抽水、注水、开挖、堆物、暴雨等)、人为干扰、操作失误均可能导致暂态事件或非连续短期变化。但构造运动与地震形变也可能导致暂态事件或非连续短期变化,例如地震发生时的同震形变可能导致阶跃;地震波传播到台站,在形变观测系统中所激励出的同震效应可能导致高频波动(俗称"喇叭口");而断层蠕变事件也可能导致短暂的非线性变化等。

当然最令人感兴趣的是,某些台站的某些手段曾记录到在某些大震、强震临震前夕的突跳、高频波动、短暂的非线性变化。曾被解释为可能是震源主破裂(同震位错)之前的"预滑动"或"预破裂"所激发出来的某种波辐射,传播到远方而为形变台站所接收。但是否的确如此,尚存在较大的不确定性和争论,有待深入研究。

有些台站观测基墩和观测仪器屏蔽较差,易受外界环境因子的影响,或所在地理位置特殊(如河、湖、水库边缘等),或由于其他某种原因,观测值序列与某一项或某几项环境因子(如气温、地温、降水、河湖水位、地下水位等)呈现出相关关系。若通过单相关函数或复相关函数的定量判别,证明在原始观测序列中的确包含有外界环境因子的影响时,就应将互相关函数项分离并予以扣除。这可通过一元回归或多元回归等途径实现。当这种影响是有记忆时(例如,观测值不仅与当天雨量,还与昨天雨量、前天雨量、大前天雨量有关时),还应通过褶积(卷积)函数来实现。

图 8-9 为营口洞体应变观测北南分量 2010 年的整时值观测曲线和同年降雨数据曲线,可以看出,该台站在 4~12 月有降雨,最大降雨出现在 7 月。对该时段的数据进行时频分析(即 S 变换),其时频图 8-10 上固体潮很清楚,分别是半日波和日波,降雨的影响则集中在相对低的频段。

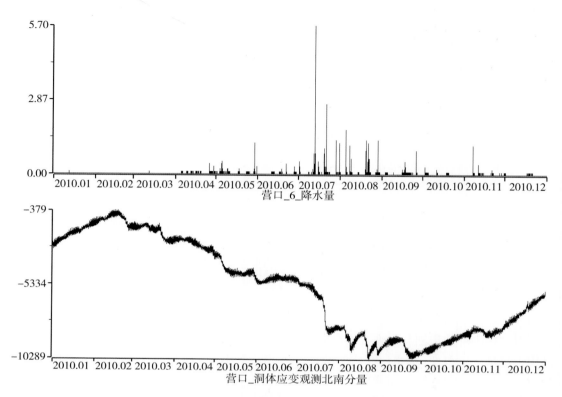

图 8-9　降雨观测值曲线与洞体应变观测值曲线

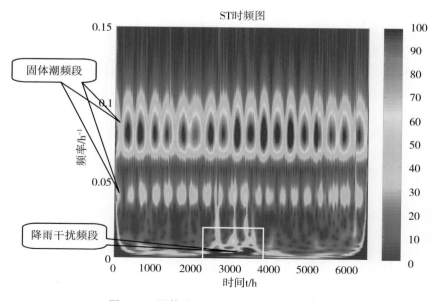

图 8-10　洞体应变观测值的 S 变换时频图

气压对应变观测数据的影响在分钟值记录表现较为明显，图 8-11 是分钟值记录曲线与同期气压曲线的比较，可以看出气压出现波动的时候，相应的观测数据也出现同步的波动和畸变。频谱分析结果显示气压对观测数据的影响频段主要集中在 7~33min（图 8-12）。

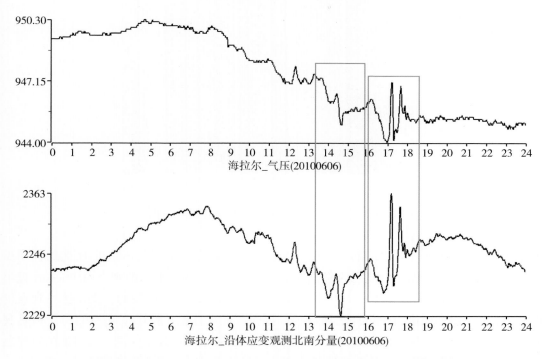

图 8-11　海拉尔 2010 年 6 月气压与洞体应变观测值（分钟采样率）曲线

8.4.3　台风引发的地脉动

台风产生的微震动很早就引起地震学家们的注意。在 19 世纪下半叶，许多研究者发现了微震动与扰动天气、特别是海上的扰动天气有紧密的关系。Gutenberg（1931，1932）和 Lee（1934）发现大量的微震动同步出现在欧洲或北美的广大区域，并且最大的扰动出现在比邻风暴中心的沿海区。Whipple 和 Lee（1935）发现相同强度的气旋并不一定产生相同的微震动。Ramirez（1940）用一个按三角形布设的地震计阵毫无疑问地确定 St. Louis，Missouri 的微震动来自远离大西洋海岸的低气压中心方向，他的方法后来成为成功跟踪 Carribean 飓风工程的基础（Gilmore，1946）。

在早期，提出了多种激发微震动机制的假说，但都不能完满地进行解释。有学者认为微震动是由于大气的"抽吸"作用，如同在强龙卷风中心的气压计所显示的那样，如果这一解释成立，那么在强热带风暴路径上的气压计可能要产生 0.2mm 汞柱的变化。但是 Ramirez（1940）发现 St. Louis 的微震动与安装在 St. Louis 或 Florissant 的气压的扰动毫无关系。可以毫无疑问地肯定，在中低纬度区中等强度的大气波动都会产生微震动。Scholte

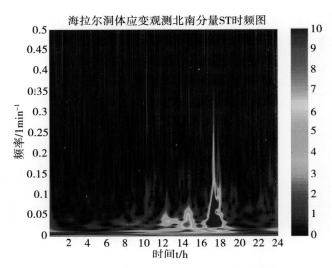

图 8-12　海拉尔洞体应变观测值 S 变换的时频图

认为微震动是由于大气对海面的压力引起的，但是，海洋波动不是 Scholte 所述的扰动压力的分布所引起的，而是由波列的前后坡度的压力差产生的。更早的观点由 Wichert 提出不久得到 Gutenberg 强烈支持，认为微震动是海浪冲击陡峭海岸激发的，支持这一观点论据是 Noway 外海的浪高与 Hamburg 微震动的振幅存在统计相关性（Tams，1933）。但是观测表明，与海上风暴相关的微震动在海浪到达海岸前数小时已经记录到。最可能的解释之一是，由于风引发的海浪在海底产生压力变化激发了微震动。但令人遗憾的是，应用过去著名的 Stokes 行波理论，获得的在海底的压力无论在什么深度，都似乎太小（Gutenberg，1931；Whipple and Lee，1935）。第一行波引起的压力是随深度指数衰减的，第二重力波的波长比微震动的波长要小得多，因此来自海底不同部分的作用会相互抵消。Benerji（1930）提出一个假说——水的运动是严格无旋的，但他的分析并未引起注意。Whipple 和 Lee（1935）认为水的可压缩性使得与普遍结果也并无二致。对周期的观测发现要明显大于对应的微震动的周期。对 Morocco 外海的巨浪周期的精细研究表明，海浪周期是微震动周期的两倍。Deacon（1947）用 Kew 地震计在 Cornwall 的 Perranporth 的海浪记录也得出相同的结论。Longuet-Higgins 和 Ursell（1948）指出，Miche（1944）对波动的理论分析发现，在驻波列下的海底压力不是常数——类似行波，而是一个特定振幅波动，这个特定振幅与波高的平方成比例，而与深度无关。这一压力波动正好是产生地面振动所需要的，不仅因为其不随深度衰减，而且在海底任何点都是同相的，这最有利于产生长周期地震波。更重要的是，这个压力变化的频率正好是所发现的振动频率的两倍。由于习惯上忽略高于一次的各项，这在过去没考虑到，驻波在一阶近似下是两个具有相同振幅相向传播的行波的合成波。Longuet-Higgins 和 Ursell（1948）给出了 Miche 结果否认直接证据和压力涨落存在的物理机理。这一证据的一般化，使作者得出结论：具有相同波长、相向传播的波群的相互干

428

涉作用引起广阔范围的平均压力的变化,但是等振幅不是必须的。Higgins 给出了海浪非线性干涉的一维简化模型,两个相向传播、频率相同的海波,在海面传播而发生干涉时,可形成驻波,其引起的海底压力 p 的变化为:

$$p = -\frac{1}{2}\rho a_1 a_2 \omega^2 \cos 2\omega t$$

式中,a_1,a_2 分别为两个相向传播的海浪的振幅,ρ 为海水密度,ω 为海浪的频率。

Michel 发现的驻波压力变化是更普遍发生的现象,其实质是整个波列势能的变化所致。在一个广阔海面平均压力涨落的一般条件是频谱应该包含具有相同波长相向传播的波群,那么压力的涨落频率是相应波的两倍,振幅正比于这些的振幅的乘积。由于共振,在一定深度海洋的位移可能会增大 5 个数量级。Bernard 认为,在气旋低气压的中心附近可能形成波非线性相干作用的适合条件,而更特殊的是这个低气压快速运动的话,在深水区波的相干作用可能比海岸反射波的作用更强,尽管后者对近岸是决定性因素。由于频率随海的深度变化以及对高频的强烈阻尼,尽管可以预期其频谱会有明显变化,但微震动的周期应该是相应波动周期的一半。

2008 年 4 月 16—20 日,在南中国海一个名为"浣熊"的台风影响我国,台风在菲律宾南部形成热带低气压后,向西北方向运动逐渐加强为 3 级台风,最后在我国广东省登陆(图 8-13)。

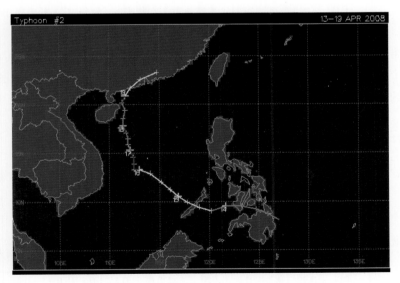

图 8-13　2008 年 4 月 16—20 日"浣熊"台风的路径

图 8-14 的上图是湖北黄梅地震台的宽频带 VP 倾斜仪以 1 秒采样率(1Hz)记录的台风引起微震动的曲线,可以清晰地看到台风的整个生命过程,微震动过程整个形态如纺锤形,台风引起地面倾斜的最大值约 3 毫角秒,付氏功率功率谱结构清晰、完整,显示的卓

越频带为 0.15~0.35Hz(卓越周期为 7~3s)，见图 8-14。

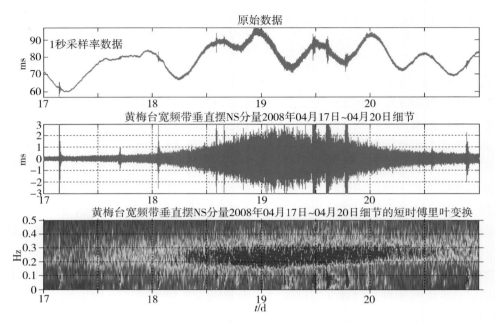

上图为原始数据曲线，中图为滤除固体潮及长周期项的曲线，下图是付氏动态谱

图 8-14　2008 年 4 月"浣熊"台风期间湖北黄梅地震台宽频带 VP 倾斜仪(1 秒采样率)的记录

从甚宽带地震计记录的台风激发的微震动的振幅谱看(图 8-15)，其卓越频带为
0.15~0.3Hz(约 7~3.5s)，与宽频带垂直摆倾斜仪的记录结果基本相同。从图 8-15 可见，
卓越频率大约是 0.2Hz(即 5s)，这与 Higgins 的理论结果相一致。

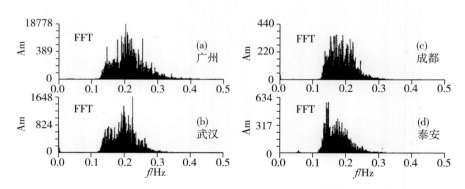

图 8-15　甚宽带地震计 JCZ-1 记录台风激发的微震动的振幅谱(张雁滨)

台风激发的微震动可以影响到很远距离。2001 年 11 月 6—12 日在南中国海发生了一
次强台风(图 8-16)，风力达到 17 级(Typhoon 4)，在 5000 多千米外我国新疆地区的地震

仪都能记录这次台风激发的微震动(图 8-16)。

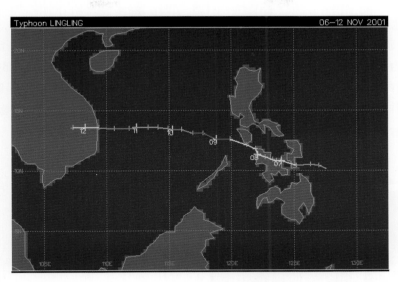

图 8-16　2001 年 11 月 6—12 日南中国海"Lingling"台风的路径

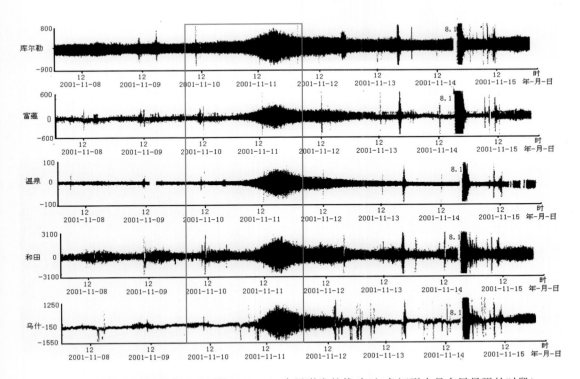

图 8-17　我国新疆地震台记录到的"Lingling"台风激发的扰动(红色矩形内是台风最强的时段)

　　2008 年四川汶川 $M8.0$ 地震之前的 5 月 7—13 日，西太平洋经历一次 14 级威马逊强台风。这次台风被我国广大地区地震台站的地倾斜、地应变和重力观测所记录到，对识别汶川 $M8.0$ 地震前可能的"前兆异常"信息造成了干扰。

　　图 8-18 显示，这次台风的最大风力时段为 10 日 12：00—24：00 时，台风路径距四川成都地震台最近距离的时间为 11 日 12：00 时。图 8-19 显示，在四川成都地震台 Gs15 重力分钟采样率(未经滤波的输出)记录曲线上台风扰动清晰可见。图 8-20 是陕西西安台、辽宁沈阳台和福建漳州台秒采样率重力仪上的记录，太平洋"威马逊"台风激发的扰动也非常清晰。台风扰动，这是目前高采样率形变重力观测的主要干扰源之一。

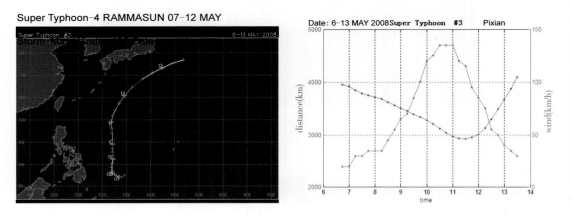

右图是风速(红色曲线)和距成都地震台的距离(蓝色曲线)

图 8-18　2008 年 5 月 7—13 日西太平洋威马逊台风的路径

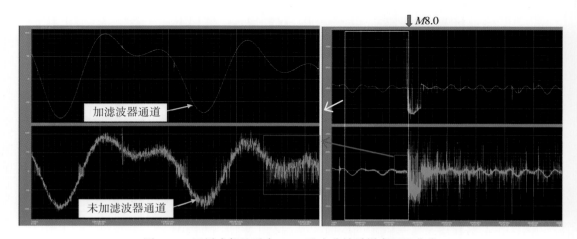

图 8-19　四川成都地震台 Gs15 重力分钟采样率记录曲线

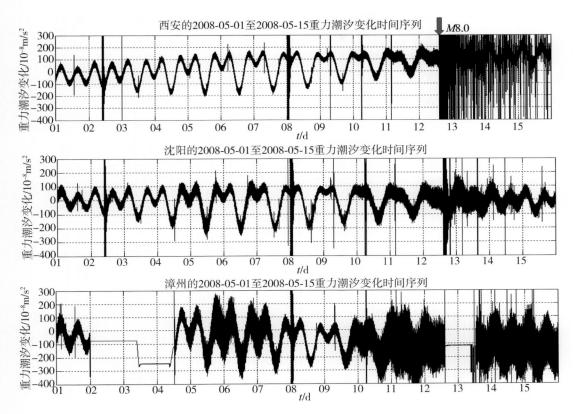

图 8-20　2008 年 5 月 7—13 日西太平洋"威马逊"台风期间，在西安台、
沈阳台和漳州台秒采样率重力仪上的记录

8.5　地震预测-预警的可能方法

地形变连续观测是一种相对高频的观测，其观测数据序列蕴含了丰富的地动信息。如前所述的固体潮、降雨、气温、台风、地脉动等信息，毫无疑问也蕴含孕震过程信息。这些作用或影响一般表现为不同周期的波动，并且在时间上的占位各有不同，如固体潮和地脉动是无始无终、占满整个时间轴的，有些只占一段时间——称为暂态过程，如降雨、气温、台风引起的波动等。因此根据这些特征，利用时频分析法可以加以识别。总之，这种相对高频的时间序列数据蕴含了更加丰富的地动（地形变）信息，为研究跟踪地震短临震过程提供了可能。

本节我们将简述几种目前用的震情跟踪分析和地震预测-预警的方法。

8.5.1　潮汐因子法

对原始观测数据进行调和分析，可以得到潮汐因子和相位滞后。固体潮潮汐因子是用来表征介质弹性模量的变化,直接反映地壳介质的弹性特征。一般说来,一个地区地壳的岩石特性在正常情况下是稳定的,与弹性密切相关的固体潮潮汐因子也呈稳定的形态。一旦由于应变积累而使该地区的岩石特性发生了变化,则潮汐因子也相应变动,如果应力是持续的,潮汐因子将系统偏离背景值;在局部应力释放等情况下,潮汐因子呈现突跳、固体潮畸变等不稳态。在一次大震孕育过程中,随着应力的积累,震源区介质和密度的变化及物质的迁移等都可以导致潮汐因子在时间和空间上的变化。潮汐因子 γ 值是实测固体潮振幅与理论振幅之比,以 γ 值变化作为地震预报的判据在我国获得了较广泛的应用。牛安福(1998)、李正媛(2003)等曾用经典的固体潮调和分析方法对川滇地区和甘肃地区的固体潮形变数据进行了研究,发现当震源孕育到一定阶段后,孕育区的微裂隙会出现扩展、串通,介质性质发生变化,固体潮会相应发生畸变,在一定范围内波动的潮汐因子和相位滞后可能会出现偏离基值的异常变化。

潮汐参量的异常特征大体可分为三类:趋势持续增大或减小;趋势性增大又恢复,或减小又恢复;持续突跳性的抖动变化。这些异常变化的持续时间都在 2 个月以上,并且 3~5 个月内异常变化量都大于 1.5~2 倍均方差。

图 8-21 为 1995 年云南武定 6.5 级地震前攀枝花台倾斜潮汐因子东西向的结果,地震前 5 个月左右潮汐因子呈现一个趋势性增大过程。图中以一个月为时间窗计算潮汐因子,并且时间窗不重叠,也可以根据数据采样率不同采用不同的时间窗计算潮汐因子,并且滑动步长可以小于时窗长度。

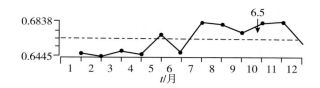

图 8-21　攀枝花倾斜东西向 1995 年潮汐因子

图 8-22(a)是 2013 年 7 月 22 日甘肃定西 $M6.6$ 地震前宁夏泾源地震台(震中距 225km)洞体应变潮汐因子图,震前潮汐因子在经历长时间缓慢下降过程后显著回升,在回升过程中发生了地震。图 8-22(b)是 2014 年 11 月 13 日四川康定 $M6.3$ 地震前,松潘地震台(震中距 262km)垂直摆倾斜仪的潮汐因子图,震前潮汐因子有一个明显上升过程并保持在高位时发生了地震。

8.5.2　"数据年"时窗法

"数据年"时窗法,是指以 365 天为时间窗长,通过考查时窗内数据序列是否存在"破年变"现象来判断有无地震危险的方法。365 天是地球公转了一周,经历了四季,即经历一个完整周期。一年周期是地球运动的最基本周期,相应地连续形变观测数据序列,如地

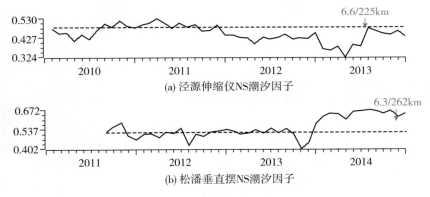

图 8-22 震前潮汐因子变化图

倾斜、地应变 365 天的观测数据序列，会呈现一次明显的周期性变化。一般而言，地球大的环境条件不会有显著变化，所以比邻"数据年"窗内的观测数据序列的周期性变化形态也基本是一致的。当地壳运动、地震孕育等过程会引起局部区域变形，形变台站如果正好处在这个变形影响的范围内，则就能观测到这种变化，观测数据可能表现为"正常年变周期"被打破的现象，简称"破年变"现象，所以这种"破年变"现象可能与地震孕育有关。

与"日历年"时间窗以每年 1 月 1 日至 12 月 31 日为时间起止点有所不同，"数据年"时间窗的时间起止点是不固定的，而是取决于"最新数据"的时间，目的是保证"最新数据"曲线在时间窗内有"足够的长度"。例如，"最新数据"的时间是 2015 年 9 月 20 日，那么倒退 365 天，就以 2014 年 9 月 21 日作为"数据年"时间窗的起点，余类推。一般对于低采样率数据，如整时值或日均值，时间窗取整到月即可。还是以上面数据日期为例，时间窗的起止时间为 2014 年 10 月 1 日至 2015 年 9 月 30 日，往回退一年就是 2013 年 10 月 1 日和 2014 年 9 月 30 日，再往回退一年就是 2012 年 10 月 1 日和 2013 年 9 月 30 日，余类推。一般考察最近的 3~5 个"数据年"时间窗变化即可。

图 8-23 展示了 2011 年新疆尼勒克 $M6.0$ 地震前倾斜、应变的"破年变"异常。图中展示 2008—2011 年的 4 个"数据年"的地倾斜、地应变观测数据曲线。图中显示，各台观测曲线前 3 年的年变形态是基本一致的，但 2011 年的曲线打破了前 3 年的年变规律，即发生了"破年变"。2011 年 11 月 1 日在新疆尼勒克与巩留交界地区发生 $M6.0$ 地震，地震震中位于有"破年变"异常的台站的包络区内。

图 8-24 是 2012 年 9 月 7 日彝良 $M5.7/5.6$ 地震前的倾斜、应变"破年变"异常分布，图中红色三角形是出现"破年变"异常的台站，这次地震震中位于最集中的异常台的包络区边缘。但总体而言，这种"破年变"的或类似的长趋势的"形变异常集群区最可能是未来地震的危险区"。

需要指出的是，各台出现"破年变"异常的时间可能各不相同，有的出现得早一些、有的出现得晚一些，这可能与震源形变过程的传播有关。

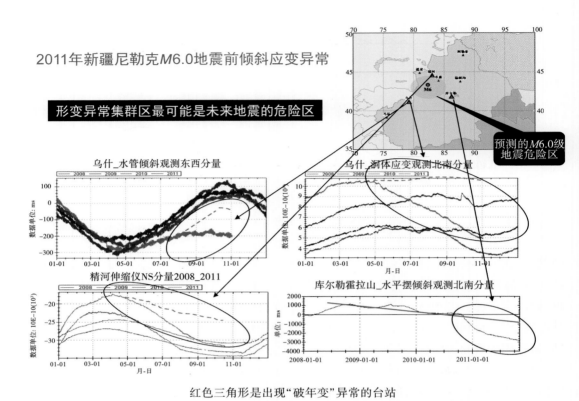

红色三角形是出现"破年变"异常的台站

图 8-23 2011 年新疆尼勒克 $M6.0$ 地震前倾斜应变的"破年变"异常分布(张燕等,2010)

这一方法由中国地震局地震研究所张燕博士提出,很容易发现趋势性异常,即"破年变"现象,方法简单易行,不需要进行计算,只需绘制数据曲线,操作性强,非常适合于进行年度、半年、月会商或短期地震趋势会商。

8.5.3 "前兆源"定位法

著名地震学家安艺敬一(Keiiti Aki,2004)指出,观测 Data = Signals + Noises。他认为,从数理逻辑上讲,信号(Signals)总是可以用模型去模拟或逼近的。根据这一逻辑,连续形变观测数据,如位移、倾斜、应变和重力等观测数据都由"信号"和"噪声"组成。"信号"是可以传播的,所以我们可以在远处观测到;"信号"是有源的,所以我们可以溯源。我们通过对观测数据的处理分析,识别出某些时段的"异常"信号,并且可以肯定这些异常与某个"异常"的源有关。如果它是一个"孕震源"的话,那么我们就可称这些"异常"为"前兆",相应的"源"就称为"前兆源",利用观测值来确定"前兆源"位置的方法就称为"前兆源"定位法。

设在某地震台,对位移、倾斜、应变进行了多测项观测,获得观测值分别为 L_{ui}、$L_{\eta i}$ 和 $L_{\varepsilon i}$,通过一定的异常识别程序,可获得相应的"异常"值 l_{ui}、$l_{\eta i}$ 和 $l_{\varepsilon i}$,于是可得观测

2012年9月7日彝良M5.7/5.6地震前的形变异常分布

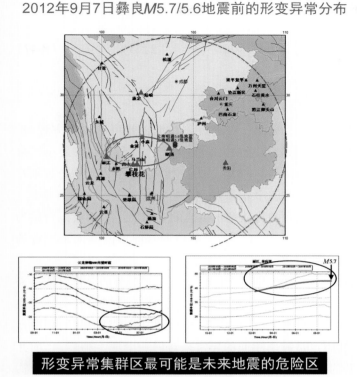

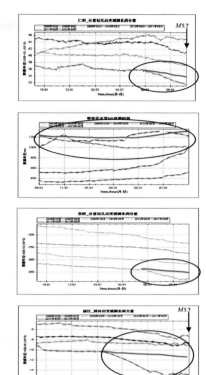

形变异常集群区最可能是未来地震的危险区

红色三角形是出现"破年变"异常的台站

图 8-24　2012 年 9 月 7 日彝良 M5.7/5.6 地震前的形变"破年变"异常分布(张燕等, 2010)

"异常"值方程如下:

$$\begin{cases} l_{ui} + v_{ui} = \kappa_u u_i(p, \ h, \ \alpha, \ a, \ R) \\ l_{\eta i} + v_{\eta i} = \kappa_\eta \eta_i(p, \ h, \ \alpha, \ a, \ R) \quad (i = 1, \ 2, \ 3) \\ l_{\varepsilon i} + v_{\varepsilon i} = \kappa_\varepsilon \varepsilon_i(p, \ h, \ \alpha, \ a, \ R) \end{cases} \quad (8\text{-}46)$$

式中, v_{ui}、$v_{\eta i}$ 和 $v_{\varepsilon i}$ 分别是观测异常值与相应模型值之间的误差; $u_i(p, \ h, \ a, \ R)$、$\eta_i(p, \ h, \ a, \ R)$ 和 $\varepsilon_i(p, \ h, \ a, \ R)$ 分别是相应的模型值; $i = 1, \ 2, \ 3$ 表示有三个分量观测值, 但倾斜和应变在多数情况下只有两个分量观测值; κ_u、κ_η 和 κ_ε 是与仪器传递函数有关的常数; p 是与"前兆源"体表面最大应力值成比例的特征量; h 是震源深度; α 是"前兆源"构型参数; a 是"前兆源"体的尺度特征量; R 是台站与"前兆源"体地面中心的距离, 与震中距相当。为了实现解算, 仅将 a 和 R 作为待定参数, 其余参数都作为先验常数。

方程(8-46)中的模型值与待定参数一般是非线性的关系, 经线性变换后, 待定参数相应变为 δa 和 δR, 则误差方程形式表示如下:

$$
\begin{cases}
v_{ui} = \kappa_u \left[\left(\dfrac{\partial u_i}{\partial a} \right)_{a_0} \delta a + \left(\dfrac{\partial u_i}{\partial R} \right)_{R_0} \delta R \right] - l_{ui} \\[3mm]
v_{\eta i} = \kappa_\eta \left[\left(\dfrac{\partial \eta_i}{\partial a} \right)_{a_0} \delta a + \left(\dfrac{\partial \eta_i}{\partial R} \right)_{R_0} \delta R \right] - l_{\eta i} \quad (i = 1,\ 2,\ 3) \\[3mm]
v_{\varepsilon i} = \kappa_\varepsilon \left[\left(\dfrac{\partial \varepsilon_i}{\partial a} \right)_{a_0} \delta a + \left(\dfrac{\partial \varepsilon_i}{\partial R} \right)_{R_0} \delta R \right] - l_{\varepsilon i}
\end{cases}
\tag{8-47}
$$

式中，a_0 和 R_0 为初值。只要台站进行了观测，有了观测数据，就可以得到方程(8-47)。如果式(8-47)中方程的个数大于待定参数个数(本方程中为 2)，那么就按最小二乘法解出 δa 和 δR，进一步可得 $a = a_0 + \delta a$ 和 $R = R_0 + \delta R$；如果式(8-47)中方程的个数刚好与待定参数个数(本方程中为 2)相同，则直接解出 a 和 R。

如果在一定区域范围内至少有 3 个以上台站可以解出各自的 a 和 R，那么就以台站为圆心、R 为半径画圆，这些圆交会出的区域就是"前兆源"的位置，即可能是未来地震的危险区；而由解出的 a 则可以估计可能的震级。

实施上述方法，关键有两点：第一，正确识别异常值，并证明多个台的异常可能是来自同一个"源"。关于异常识别，可采用多种方法，如回归分析、多项式拟合、小波变换等；要证明异常来自同一个源比较困难，没有明确的方法，我们采取的方法是进行两两台站异常值频率的相关性分析，隐含的假定是频率相同的异常来自同一个源。第二，"前兆源"定量模型的选取，以简单易求解为原则。可供选择的模型有：球形震源模型(冯德益，1983)给出了位移场、应变场、倾斜场的计算公式；位错模式(Okada，1985；陈运泰，1979)也给出了位移场、应变场、倾斜场的计算公式；单力源模型(A. S. Alekseev，1998)只给出位移场的计算公式；包体流变模型(宋治平，2000)也给出了时变位移场的计算公式。

下面是对前兆源定位法的回顾性检验。根据球形震源模型(冯德益，1983)中最简单的"膨胀与收缩"模式给出倾斜场和应变场计算公式，以倾斜观测数据得模和面应变(南北、东西线应变分量之和)作为观测值(顾及其坐标变换不变量的特性，可忽略台站与"源"之间的位置关系，由此可以将待定参数减至最少)，以小波变换同一频段内的异常值(2σ 位阈值)作为观测异常值，这样可以省去两两台站异常值频率的相关性分析，仅选 R 作为待定参数。计算过程复杂，考虑篇幅，不再赘述，仅以图形给出结果(图 8-25、图 8-26)。

从图 8-25 来看，交会出 3 个"危险区"，汶川 $M8.0$ 地震震中落入中间的"危险区"。根据王卫民(2008)发布的主震断层上最终静态滑动量在地面上投影分布图，可以看出，地震破裂带贯穿了中间与北东侧的"危险区"，而没有向西南侧的"危险区"扩展，这其中动力学机理有待进一步深入研究。图 8-24 似乎提示，一次 $M8.0$ 地震在震前可能不止一个"活动源"或"危险区"，这是另一个需要深入研究的问题。

图 8-26 是云南地区一些震例检验结果，在 7 个震例中，姚安 $M6.5$(2000)、大姚

$M6.1$(2003)和武定$M6.5$(1995)地震的震中都落入了交会出的"危险区"内，且"危险区"范围较小，永胜$M6.0$(2001)、大姚$M6.1$(2003)和丽江$M7.0$(1996)地震震中在"危险区"边缘，而宁蒗地震基本未交会出"危险区"。粗略地看，当有异常台站勾勒的"包络区"覆盖"震源"时，交会出"危险区"一般较小且震中基本落入其内；反之，则不能。

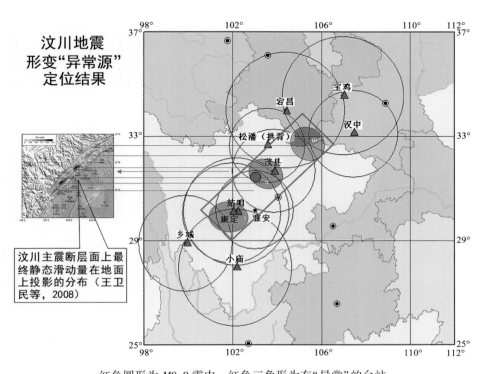

红色圆形为$M8.0$震中，红色三角形为有"异常"的台站

图8-25　根据"前兆源"定位法，用汶川地震前四川地区的地倾斜地应变观测数据获得的"异常源"定位结果

检验结果总体来看，"前兆源"定位法是基本正确的，具有实际可用性。但是，该方法计算复杂，并且还需要较多的先验参数，而这些先验参数都不易确定。

8.5.4　时频分析法

高精度连续形变观测值序列是地动信号的表征，显示出波动的特征。地动状态可以用信息来表达，而信息的传播和被认知离不开信号，因此可以认为世界上普遍存在的运动的事物都是可以用信号表示的，如电流和机械振动信号、流体波动信号、雷达信号以及地震信号等。随着科学技术的发展，对信号进行分析的方法也在不断发展。目前，主要的分析信号方法有三种：时域分析、频域分析和时-频域分析。传统的傅里叶变换和逆变换是在时域和频域对信号进行分析的经典方法，是信号处理强有力的工具，但是，不能同时显示时间和频率信息，因而不适宜于处理非平稳信号；1946年Gabor发展了传统傅里叶变换，

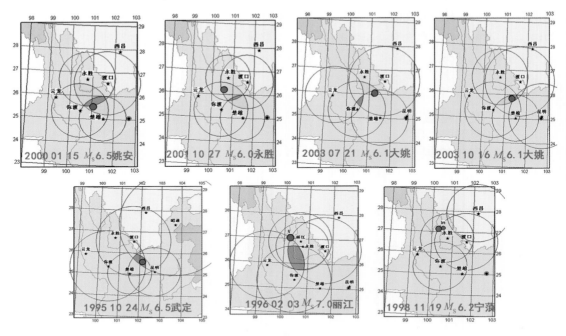

红色圆形为震中，黑色小五角星为台站

图 8-26　根据"前兆源"定位法，用云南地区几次地震前的地倾斜地应变观测资料，获得的"异常源"定位结果

提出短时傅立叶变换，但是不能满足时频窗自适应调节的要求。20 世纪 80 年代初，法国地球物理学家提出的小波（Wavelet）分析方法，具备了时频窗自适应调节功能，是一种信号的时间-频率联合分析方法，具有频域和时域局部显微能力；1998 年，NASA 的 Norden E. Huang 等提出了希尔伯特-黄（Hilbert-Huang，HHT）变换，适合于非线性非平稳信号的线性化平稳化处理，具备 Wavelet 变换的优点，并且在谱结构上比 Wavelet 更清晰可辨；1996 年，Stockwell 等提出了 S 变换，在时间域和频率域同时存在的基础上描述了信号的能量信息，综合了短时傅里叶变换和 Wavelet 变换的优点，且为线性变换，不存在交叉项，具有较高的时频分辨率。连续形变观测数据序列是非平稳信号序列，为了有效提取有用的信息，必要采用适合的信号处理分析方法。

信号的频率是信号的固有特征，是区别"此信号"非"彼信号"的定量指标。地震波具有特定的频率与频域，且不同（大小）的地震，其频率与频域各不相同。在连续形变观测数据值序列中，固体潮显示出特定频率和频域；降雨干扰、温度变化影响、台风干扰等，都有各自特定的频率与频域，这些提供了进行区分和识别的方法与技术途径。

信号的时间过程反映了信号的生灭，即信号何时出现与何时消失，据此可以判断信号表征的是暂态过程还是永续过程。例如，固体潮信号反映的是永续过程，在时间轴上是无始无终的，有些地噪声也呈现此特征；而地震过程、降雨干扰、温度变化影响、台风干扰等则是暂态过程。那么，地震暴发前的孕震过程会发出何种信号？是否存在频域上时域上可识别的、能区别其他过程的特征呢？这将是高精度连续形变观测在地震预测-预警中应用研究的重点方向之一。

下面以小波（Wavelet Db4）变换的应用为例，讨论高精度连续形变观测数据序列的处理分析及其在地震预测中的应用。

如前所述，法国地球物理学家提出的小波变换法具有时频窗自适应调节功能，是一种信号的时间-频率联合分析方法，被誉为信号处理分析的显微镜和望远镜。如图 8-27 所示，二进小波（Db4）是将观测数据序列分解成两个系列：D 系列和 A 系列。其中，D 系列是带通滤波系列，可以显示暂态过程——新信号的出现与消失时间，以及该信号的频段，具有显微镜的功能；A 系列是低通滤波系列，显示趋势性态势与大尺度动态过程，具有望远镜的特性。以下将以应用实例来叙述二进小波（Db4）在连续形变观测数据处理分析及其在地震预测中的实际应用。

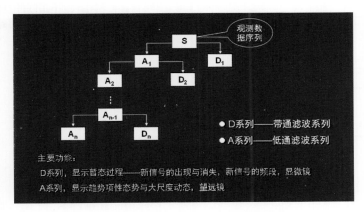

图 8-27　Wavelet Db4——二进小波变换法示意图

1. 地形变趋势性大尺度动态过程的识别

中国地壳运动观测网络的 GPS 跟踪站（约 25 个站）自 1999 年以来保持连续工作，以 30 秒为采样率，以 24 小时为时间窗，即每 24 小时解算 1 次站坐标（相当于 24 小时采样率），获得了长时间的跟踪站的坐标观测数据时间序列。这是一种很低采样率的时间序列数据，采用小波（Db4）A 系列对其进行变换。经过分析，发现 A 系列的第 8 层变换结果——A_8 序列含有 256 天及以上的各种周期项地壳运动与变形，季节变化及更短周期的变化成分基本被滤除，反映的是趋势性大尺度地壳运动与变形的动态过程（图 8-28）。

图 8-28 显示，在东亚地区每次发生 M7.8 及以上大地震之前都有一个数年的时段，GPS 位移时间序列的长趋势项都有一个加速增长的过程，基本上我国整个大陆地区的 GPS 跟踪站都（准）同步一致运动。我国整个大陆地区的空间平尺度意味着大深度运动，因为只有大深度的运动，才可能引起如此大范围地壳块体（准）同步一致运动。这是 M7.8 及以上大地震可能存在深部作用的 GPS 观测证据。

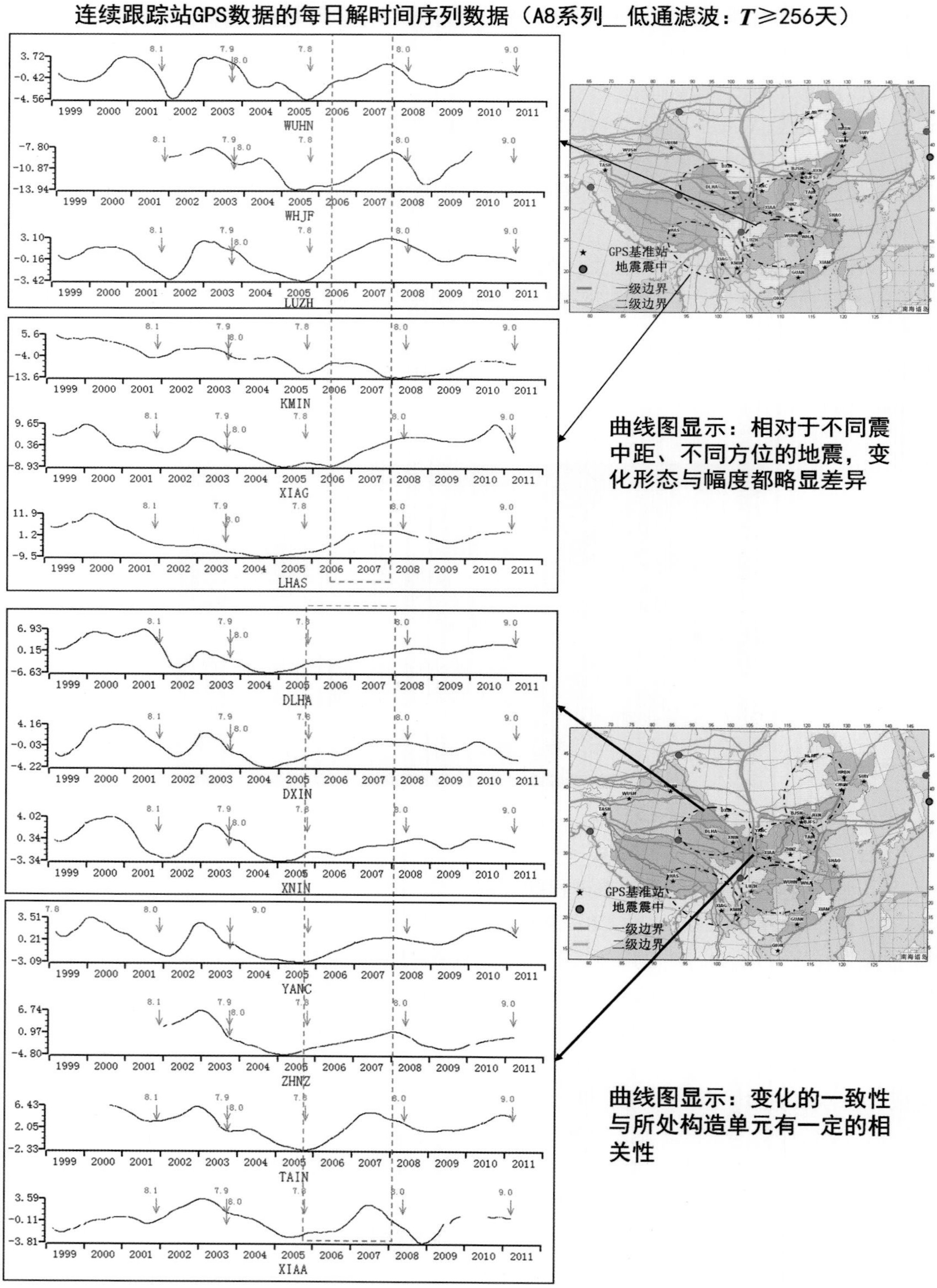
连续跟踪站GPS数据的每日解时间序列数据（A8系列__低通滤波：*T*≥256天）
WUHN
WHJF
LUZH
KMIN
XIAG
LHAS
DLHA
DXIN
XNIN
YANC
ZHNZ
TAIN
XIAA
GPS基准站
地震震中
一级边界
二级边界
曲线图显示：相对于不同震中距、不同方位的地震，变化形态与幅度都略显差异
曲线图显示：变化的一致性与所处构造单元有一定的相关性

图 2-28(A)

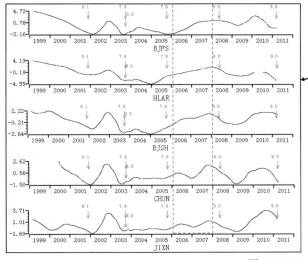

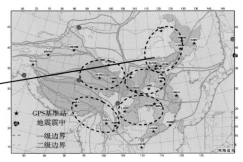

曲线图显示：非线性长周期变化与我国大陆及周边M7.8以上地震在时间上有明显相关性

图 2-28(B)

图 8-28　GPS 跟踪站数据序列的小波变换结果(张燕，吴云等，2012)

连续 GPS 跟踪观测具有其他手段不可替代的作用，提供了一种分析判定地震大形势的新的直接的观测手段：大范围 GPS 时间序列的长周期(准)同步一致性加速变化，表明一个大地震的孕育过程正在进行之中，并且已经临近。尽管不能给出大地震临近的确定时间，但仍然具有警示作用，可以作为地震大形势的判定指标之一。

2. 地形变"异常"的频率空间分布特征的识别

如前所述，小波(Db4)D 系列的带通滤波功能在细节部分表现为：可以比较清晰地分离不同频率的地壳运动与形变信号，可能与信号源的空间位置有关；可以较准确地显示新信号的出现时间与终止时间，这些只占有限时间段的信号，可能与某个暂态过程有关。所以，利用小波(Db4)D 系列的前一个功能，依据多个台站的地倾斜、地应变的观测数据序列的"异常"的频率的空间分布特征，可能找出"异常源"，即"前兆源"的位置。

图 8-29 是采用小波 Db4 对云南楚雄地震台地倾斜观测数据序列的变换结果，对 A 系列只列出 A_9，即第 9 层，对应的周期 $T \geqslant 512$ 小时，反映的是趋势性大尺度动态过程；D 序列列出了第 1~9 层，即 D_1—D_9。其中，由于数据采样间隔为 1 小时，因此 D_1 的周期为 2~4 小时，D_2 的周期为 4~8 小时，余类推，直至 D_9 的周期为 512~1024 小时。所以，D_1 反映的是较短周期的地动信息，D_2—D_5 显示的是固体潮信息，它们都占满整个时间轴；而 D_6—D_9 展现的是某个暂态过程的信息。小波(Db4)变换这种功能，为我们提供了分频段分析台站连续形变观测数据的新的有力工具。

2008 年四川汶川 $M8.0$ 地震发生之后，地震大地测量学科组织科研力量对地倾斜、地应变台站(包括地方台站)的连续观测资料进行了系统处理分析，其中，小波(Db4)变换的结果提供了分析认识台站连续形变观测数据的新视角。

图 8-30 是四川及周边地区倾斜应变呈现异常的台站分布图，图中的三角形和正方形都表示台站。图 8-30(a)显示，从原始观测数据曲线就可以判定出"异常"的台站(红色三

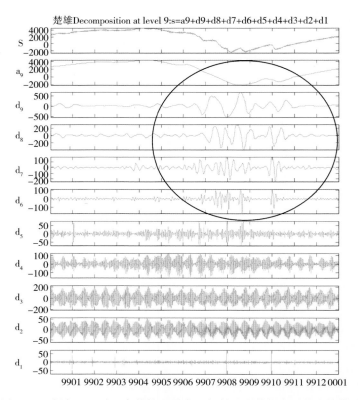

楚雄Decomposition at level 9:s=a9+d9+d8+d7+d6+d5+d4+d3+d2+d1

图 8-29　小波 Db4 对云南楚雄地震台地倾斜观测数据序列的变换结果

角形)比较少,比例不到 15%。图 8-30(b)显示,经小波(Db4)变换后,可以判定出"异常"(以 2σ 为异常阈值)的台站(红色三角形与红色正方形)显著增多,比例上升至 67%,这证明了小波变换的显微镜功能。图中的红色三角形表示第 6 层即 D_6 出现"异常"的台站,红色正方形表示第 7、8、9 层即 D_7、D_8 和 D_9 出现异常的台站。图 8-30(c)的柱状图显示,在距震中 200km 的圆形区范围内,D_6 层异常的台站比例是 100%,其他层的异常依次下降;在距震中 200~550km 的环形区范围内,D_7 和 D_8 层异常的台站比例较高,其他层异常比例低;在距震中 550~600km 的环形区范围内,D_8 和 D_9 层异常比例明显高于其他层异常的比例;图中红色大圆为距震中 800km,在这个距离之外异常台站很少。

图 8-31 显示川滇地区部分倾斜应变观测台站出现异常,据此画出如图所示的地震危险区,约一个月后的 7 月 9 日在危险区内发生姚安 $M6.0$ 地震。

上述汶川 $M8.0$、姚安 $M6.0$ 地震前倾斜应变异常的空间分布特征表明:连续形变观测的相对高频异常集群区最可能是未来地震危险区。这为利用多台站连续形变观测异常的频率空间分布特征判定地震危险区提供一种可行的技术手段。这种连续形变异常的频率空间分布特征符合"波"的传播衰减规律,其物理机理是:孕震震源产生的应力波动的高频成分衰减快,只能在近源处可以观测到,而较低频率的波动可以传播更远,所以远场的台站也能观测到。

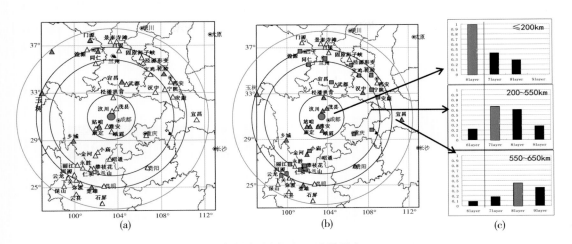

红色圆为汶川 M8.0 地震震中

图 8-30 四川及周边地区倾斜应变台站分布图

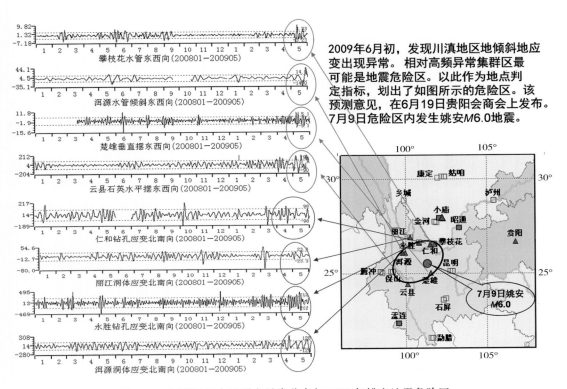

图 8-31 川滇地区台站形变异常分布与 2009 年姚安地震危险区

连续形变的相对高频异常集群区最可能是未来地震的危险区，如图 8-32 所示。这是一种频率空间扫描法，提供了一种基于多台形变观测判定地震危险区的可操作的方法。当

445

台站较少时，可不进行频段划分，即简化为形变异常集群区最可能是未来地震的危险区。这与前述"数据年度"时窗法判定危险区表述相一致。实践表明，地震震级与异常区域的范围有关，一般而言，范围越大震级越大。值得注意的是，排除各种非地震因素的干扰，是实现上述目标的关键，降雨、大风及人为干扰是主要影响因素，必须加以排除。

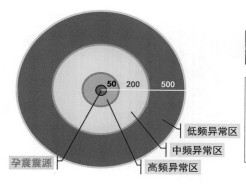

图 8-32　连续地形变前兆异常频率的空间分布特征

3. 地形变"异常"频率的时间分布特征的识别

地形变"异常"的频率时间分布特征问题的研究，也即"异常"的频率时间变化特征问题的研究，其目的是为了探寻临震预报或临震预警的方法。之所以将聚焦点放在临震地形变"异常"的频率时间变化特征上，是因为频率是孕震源的本质特征，频率的时间变化特征反映了孕震源过程的动力学特征。孕震源过程的频率时间变化特征是可以从地形变观测数据序列中提取的，这就与观测联系起来，具有了可操作性。

周硕愚(1992，2015)讨论了地震的岩石圈整体孕育观，提出地壳中"坚固体—软包体"协同联合孕震的模式；Zoback（2001）认为石圈脆性层(上地壳)、韧性层(中地壳)和软流层(下地壳)共同总体上承载了板块驱动力，引起下地壳和上地幔稳态蠕滑，导致上地壳脆性层的应力积累；Keiiti Aki（2004）认为观测信号复杂的高频部分主要来源于岩石圈的脆性层，且暗示低频部分来自韧性层和软流层；杨巍然（2009）提出了"板内地震过程的三层次构造模型"；等等。所以，在讨论地形变"异常"的频率时间变化特征的识别问题时，将与固体介质中破裂的频率特征问题和流体介质中振荡的频率特征问题结合起来进行。

（1）上地壳固体介质中破裂的频率特征

地球物理与地震学家陈运泰院士早在 1976 年基于圆盘位错模型给出了固体介质中位错激发的弹性波体波初动半周期的平均值 $\overline{\tau}_{2c}$，或用频率来表达：

$$\overline{\tau}_{2c} = \frac{a}{v_b}\left(1 + \frac{\pi}{4}\frac{v_b}{c}\right) \text{ 或 } \overline{f}_{2c} = \frac{v_b}{a\left(1 + \frac{\pi}{4}\frac{v_b}{c}\right)} \tag{8-48}$$

式中，a 是位错圆盘的半径，v_b 是破裂扩展速度，c 是剪切波传播速度。将式（8-48）对 a 和 v_b 求增量比的值

$$\frac{\Delta \bar{f}_{2c}}{\bar{f}_{2c}} = \frac{1}{1 + \dfrac{\pi}{4} \dfrac{v_b}{c}} \frac{\Delta v_b}{v_b} - \frac{\Delta a}{a} \qquad (8\text{-}49)$$

根据陈运泰(1976)的论文,$\dfrac{v_b}{c}$ 取为 0.9,则式(8-49)近似为

$$\frac{\Delta \bar{f}_{2c}}{\bar{f}_{2c}} = 0.6 \frac{\Delta v_b}{v_b} - \frac{\Delta a}{a} \qquad (8\text{-}50)$$

式中,$\dfrac{\Delta \bar{f}_{2c}}{\bar{f}_{2c}}$ 称为频率增量比,$\dfrac{\Delta v_b}{v_b}$ 称为破裂速度增量比,$\dfrac{\Delta a}{a}$ 称为位错源尺度增量比。另据姚孝新(1976)的实验研究,脆性介质的破裂一般有两种方式:一种是产生快速破裂扩展,并辐射弹性波;另一种是蠕裂扩展,并不辐射弹性波,但也会产生缓慢的形变波。一般而言,若产生快速破裂,则破裂扩展速度要达到 $v_b \approx 0.38 v_p$,且要保持这个速度,否则破裂就会终止扩展。由此基本可以推断在临震阶段,v_b 是应该基本保持不变,即 $\Delta v_b = 0$,所以式(8-50)退化为

$$\frac{\Delta \bar{f}_{2c}}{\bar{f}_{2c}} \approx -\frac{\Delta a}{a} \qquad (8\text{-}51)$$

由此可以认为,在临震阶段破裂激发的体波频率变化,主要受控于破裂源的尺度的改变,其增量比在量值上与位错源尺度增量比相等,符号相反,即破裂源的尺度增大则频率减小,反之亦然。

关于地震孕震模型问题,早期的讨论似乎主要集中在上地壳脆性层,如 Scholz(1973)的扩容(DD)模式、В. И. 米雅奇金(1975)的雪崩式不稳定裂隙(IPE)扩展模式、Mitiyasu Ohnaka(1992)地震破裂成核模式等。其中 IPE 模式描述,实际岩石中总存在着随机分布的结构缺陷——裂纹,地震孕育发生过程一般地要经历四个阶段(见图8-33):

阶段 I:裂纹均匀分布阶段,此阶段可能不产生"前兆";

阶段 II:有利方向上的裂纹数量和尺度缓慢增长,总形变率持续增长;

阶段 III:有利方向上裂纹数量和尺度迅速增长,变形带收窄,预滑、错动,辐射弹性波,总形变率快速增长,这是临震过程阶段;

阶段 IV:辐射地震波,急速卸载(应力降),总变形率急剧增长,宏观破裂。

由此可见,临震过程的阶段 III 主要特征是:破裂数量大幅度增加,慢速错动向快速错动、小尺度错动向大尺度错动发展;并且这一阶段的末期,小尺度错动向大尺度错动发展将成为主流,所以其频率变化特征应该符合式(8-51),即频率呈现下降变化,其动态频谱呈"视红移"特征。

(2)流动流体界面振荡的频率特征

流体介质中的振荡频率特征是极其复杂的,但层结流体无旋流动在切变(滑脱)面扰动的频率特征却比较简单。如图8-34所示,两密度 ρ_1 和 ρ_2($> \rho_1$)不同的均质流体,以不同的速度 U_1 和 U_2 沿 x 方向流动时,可产生切变流动不稳定。海霍姆兹(Helmholtz)研究了

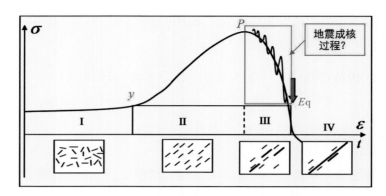

图 8-33　地震震源区雪崩式裂纹不稳定模式（IPE）

该稳定性问题，所以称为海霍姆兹不稳定问题。海霍姆兹考虑层结流体的流动是无旋的条件下，得到上下层流体界面的扰动位移具有如下形式：

$$\eta = a\exp[i\kappa(x - ct)] \tag{8-52}$$

式中，κ 为波数，$c = c_r + ic_i$ 为复相速度。显然 $c_i > 0$ 时，流动是不稳定的，即

$$\eta = a\exp[\kappa c_i t]\exp[i\kappa(x - c_r t)] \tag{8-53}$$

式中，扰动振幅出现了随时间不断增大的因子 $\exp[\kappa c_i t]$，而 c_i 由下式确定：

$$c_i = \left[\rho_1\rho_2\left(\frac{U_1 - U_2}{\rho_1 + \rho_2}\right)^2 - \frac{g}{\kappa}\frac{\rho_2 - \rho_1}{\rho_1 + \rho_2} - \frac{T\kappa}{\rho_1 + \rho_2}\right]^{1/2} \tag{8-54}$$

式中，g 为重力加速度，T 为表面张力。这时决定扰动频率是相速度的实数部分 c_r

$$c_r = \frac{\rho_1 U_2 + \rho_2 U_2}{\rho_1 + \rho_2} \tag{8-55}$$

扰动频率为 $\sigma = \kappa c_r$，于是扰动频率的增量比 $\dfrac{\Delta\sigma}{\sigma} = \dfrac{\Delta c_r}{c_r}$，根据式（8-9），可得

$$\frac{\Delta\sigma}{\sigma} = \frac{\rho_1}{\rho_1 + \rho_2 U_2/U_1}\frac{\Delta U_1}{U_1} + \frac{\rho_2}{\rho_1 U_1/U_2 + \rho_2}\frac{\Delta U_2}{U_2} \tag{8-56}$$

如果 $U_2 \gg U_1$ 或 $U_2 \ll U_1$，那么就有

$$\frac{\Delta\sigma}{\sigma} \approx \frac{\Delta U_2}{U_2} \quad 或 \quad \frac{\Delta\sigma}{\sigma} \approx \frac{\Delta U_1}{U_1} \tag{8-57}$$

由此可见，这时扰动频率增量比近似等于流速快的那一层的流速增量比。

近年来，地震孕育过程中的深部作用受到重视。陈运泰院士（2001）指出，在地表所观测到的一切地球物理、地球化学和地质现象以及生物演化、环境变迁、全球变化和海洋的形成与演化等现象，都取决于发生于地球内部深部的动力过程。陈颙院士（2013）认为，地球内部炙热岩浆的运动造成了地壳的突然震动，地震是活的地球的特征。黄金莉（2006）应用层析成像技术以较高分辨率解析了高速体与低速高导体的分布结构图像，比较清晰地展示了我国大陆地震活动的动力学环境和动力作用条件。Caroline Beghein

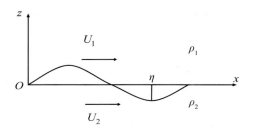

图 8-34　上下层流体界面的扰动位移

（2014）研究了岩石圈与岩流圈（也称软流圈）的边界的结构与动力过程，进一步地解释了全球板块动力学。陈立德（2014）论述了大陆岩浆活动型地震的特征——地面垂直上冲运动特征。梅世蓉（1995）提出坚固体模式，强调地震动力源来自软流层热物质上涌。杨巍然（2009）提出了"板内地震过程的三层次构造模型"，认为上地幔软流层上涌的热作用、化学作用引起上覆地壳变形和应力集中，导致地震。

张培震院士（2008）指出，川西高原地壳的"热"、"软"、"厚"发育了"低速高导"层，存在岩浆活动；论述了中下地壳的流动驱动上覆脆性地壳变形和断层活动，导致应变积累和释放、形成强烈地震；张院士进一步引入层流（Channel Flow）概念，讨论了压力差驱动的泊季耶流（Poiseuille flow）、上部脆性地壳运动或底部岩石圈俯冲导致的库脱流（Couette flow）流以及 Poiseuille-Couette 混合流的层流动力学过程，阐述了汶川 $M8.0$ 大地震的深部动力学作用机理。

2008 年 5 月 12 日汶川 $M8.0$ 地震之后，闻学泽（2014，学术报告）引用电磁测深和人工地震测深剖面结果，如图 8-35 所示，论述了龙门山断裂带西侧即川西高原岩石圈内部 20~30km 范围内存在低速滑脱层。滑脱层界面上临震前可能产生较显著的速度差——切变速度。王琪基于 GPS 观测的速度数据通过反演，间接证明川西高原岩石圈内部 15~22km 的范围存在大规模近乎水平的滑脱面，汶川 $M8.0$ 地震过程中滑动错距达到 2~6m。

根据闻学泽、王琪的研究，我们有理由推断：如果龙门山构造深部在脆性地壳（形成推覆体）与流变及软流层（形成滑脱层）之间存在流速及流速差，那么当流速增加且流速差达到一定阈值后则滑脱面上的扰动将产生动力失稳，即扰动振幅按 $\exp[\kappa c_i t]$（$c_i > 0$，见式（8-54））增长，而扰动频率也（见式（8-55））增加，由此可知，临近地震爆发，由于滑脱层面上扰动随时间持续增强，那么近场的精密地震仪可能记录到这种扰动，并且扰动频率可能增加，其动态频谱呈"视蓝移"特征。

如上所述，可以推断，如果处于孕震源近场的形变（包括测震学）观测仪器的数据采样率足够高，那么在孕震临近爆发的阶段，其观测数据序列的特征频率（或卓越频率）对于上地壳脆性层中的破裂而言，将由高向低迁移，动态频谱呈"视红移"现象；对于中下地壳流变层与软流层滑脱面的扰动而言，将由低向高迁移，动态频谱呈"视蓝移"现象；这是孕震过程进入临震最后阶段的表征。

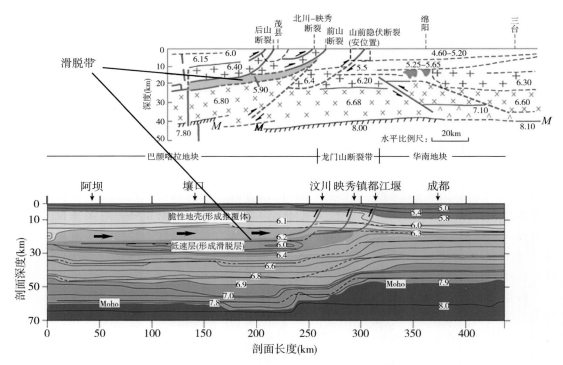

图 8-35　龙门山构造电性与波速结构剖面图（引自闻学泽报告）

如图 8-36 所示，这种动态频谱的"似红移"与"似蓝移"行为随时间呈相互"靠拢"趋势，当它们交会时将产生"同频共振"，图中的"地震启动频率"（Initial Frequency，In）与"同频共振"对应的频率是否为同一个频率？同频共振是否一定导致整体崩溃——导致地震？对此可以做些简单的讨论。

根据图 8-35，将上地壳脆性层由于位错破裂激发震动的行为简化为一个"简单振子 1"的行为，并具有频率 v_1；将中下地壳韧-流变层与软流层之间的滑脱面上由于存在滑动速度差激发扰动的行为也简化为一个"简单振子 2"的行为，并具有频率 v_2；将上地壳脆性层与滑脱面之间的韧-流变层简化为一个"耦合单元"，并具有"耦合系数" μ，由于与频率的量纲相同，因此也可称 μ 为耦合频率。

如图 8-37 所示，根据振动理论，简单振子 1 和简单振子 2 的耦合系统有两个可能的频率

$$v_{+,-} = \left[\frac{1}{2}(v_1^2 + v_2^2) \pm \sqrt{(v_1^2 - v_2^2)^2 + 4\mu^4} \right]^{1/2} \tag{8-58}$$

也就是说，耦合以后，每个振子是两种不同频率简谐运动的组合，一般不是周期运动。令 $X_1 = C_+ e^{-2\pi i v_+ t}$，$X_2 = C_- e^{-2\pi i v_- t}$，那么耦合系统的普遍运动可表示成如下简单形式

$$\begin{cases} x_1 = X_1 \cos\alpha + X_2 \sin\alpha \\ x_2 = -X_1 \sin\alpha + X_2 \cos\alpha \end{cases} \tag{8-59}$$

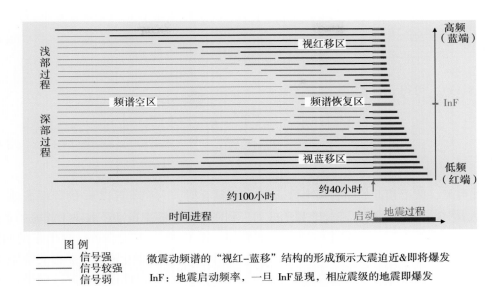

图例

▬▬ 信号强　　微震动频谱的"视红-蓝移"结构的形成预示大震迫近&即将爆发
── 信号较强　　InF：地震启动频率，一旦 InF 显现，相应震级的地震即爆发
─ 信号弱

图 8-36　临震微地动频谱(频率-时间结构)模式示意图

如图 8-38 所示，假定以 x_1，x_2 坐标平面上的一点表示某一时刻系统运动的位置，其 x_1 轴表示振子 1 运动，x_2 表示振子 2 的运动，那么耦合系统的运动就对应点在平面上的运动，这个平面称为位形平面，而 XOX_2 称为简振坐标系。

图 8-37　两简单振子耦合系统示意图

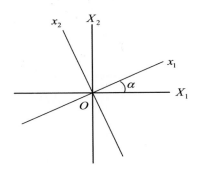

图 8-38　两简单振子耦合系统坐标系变换

共振的情况，也就是 $v_1 = v_2$，$\alpha = \pi/4$ 时，耦合系统会怎样运动？这时式(8-58)简化为

$$\begin{cases} v_+ = \sqrt{v_2^2 + \mu^2} \\ v_- = \sqrt{v_2^2 - \mu^2} \end{cases} \tag{8-60}$$

如果满足 $\mu \ll v_2$，也就是耦合作用很小，式(8-60)级数展开只保留前 2 项就够了，即

$$\begin{cases} v_+ = v_2 + \dfrac{\mu^2}{2v_2} \\[2mm] v_- = v_2 - \dfrac{\mu^2}{2v_2} \end{cases} \tag{8-61}$$

代入式（8-13），可得

$$\begin{cases} x_1 = \dfrac{\sqrt{2}}{2}\left[C_+ \, \mathrm{e}^{-2\pi i\left(v_2+\frac{\mu^2}{2v_2}\right)t} + C_- \, \mathrm{e}^{-2\pi i\left(v_2-\frac{\mu^2}{2v_2}\right)t} \right] \\[3mm] x_2 = \dfrac{\sqrt{2}}{2}\left[- C_+ \, \mathrm{e}^{-2\pi i\left(v_2+\frac{\mu^2}{2v_2}\right)t} + C_- \, \mathrm{e}^{-2\pi i\left(v_2-\frac{\mu^2}{2v_2}\right)t} \right] \end{cases} \tag{8-62}$$

由此可见，两个相近的固有频率为 v_2 的振子耦合时，它们不再以 v_2 的频率振动，而以比 v_2 大 $\mu^2/2v_2$ 或比 v_2 小 $\mu^2/2v_2$ 的频率振动，到底以哪个频率振动还取决于起振的条件。一般情况下，系统的运动是上述两种运动的叠加。图 8-39 是按式（8-62）画出来的曲线，表示振子 1 和振子 2 的运动，可以看出，它们之间进行着能量相互输运，振幅交替加大与减小，即振子 1 的振幅由小变大时振子 2 的振幅则由大变小，以此循环往复，如果系统内没有能量耗散的话，就会一直进行下去。由此可以推断，如果一个系统内部的耦合作用比较弱的话，意味着系统整体运动的各个可能的频率均为实数，系统维持动态稳定，耦合作用强弱的物理含义包括两方面：耦合单元固有的耦合频率 μ 的高低和是否达到共振条件。

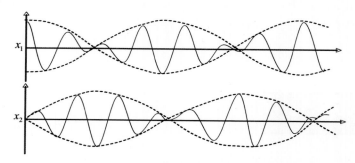

图 8-39　两个简单振子耦合系统的运动

如果不满足 $\mu \ll v_2$，甚至于 $\mu > v_2$，这可理解为强耦合作用，那么式（8-60）就不能作展开处理，这时

$$\begin{cases} v_+ = v_2\sqrt{\mu^2/v_2^2 + 1} \\[2mm] v_- = iv_2\sqrt{\mu^2/v_2^2 - 1} \end{cases} \tag{8-63}$$

可见，v_- 成为了虚数，代入式（8-13）

$$\begin{cases} x_1 = \dfrac{\sqrt{2}}{2}\left[C_+ \, \mathrm{e}^{-2\pi i v_2[\mu^2/v_2^2+1]^{1/2}t} + C_- \, \mathrm{e}^{2\pi v_2[\mu^2/v_2^2-1]^{1/2}t} \right] \\[3mm] x_2 = \dfrac{\sqrt{2}}{2}\left[- C_+ \, \mathrm{e}^{-2\pi i v_2[\mu^2/v_2^2+1]^{1/2}t} + C_- \, \mathrm{e}^{2\pi v_2[\mu^2/v_2^2-1]^{1/2}t} \right] \end{cases} \tag{8-64}$$

可见式中出现了 $e^{2\pi v_2 [\mu^2/v_2^2-1]^{1/2}t}$，它是随时间 t 发散的项，这意味着耦合系统失稳。

综上所述，如图 8-36 所示的"启动频率"（InF）应该比需达到的共振频率还要略低一些，数值上应该趋近于 $v_2\sqrt{\mu^2/v_2^2-1}$，也就是失稳的频率。这就表明，如果孕震源具有如图 8-35 所示的分层结构以及运动方式，那么韧-流层的作用也是关键性的。地震活动的分布告诉我们，大地震并不是在地球的任何地方都会发生，而是集中在某些地震带或某些区域。例如，就全球而言，有环太平洋地震带和地中海-喜马拉雅地震带分布；就中国而言，有南北地震带、华北地震区和新疆地震区等分布。这应该与这些带和区域的深部构造有关，在这些带和区域具备上地壳脆性层、中下地壳韧-流层及软流圈的分层结构，具备岩石圈的整体承载驱动与运动的条件，具备韧-流层"承上启下"的强耦合作用。

图 8-40 是 2008 年汶川 $M8.0$ 地震发生前 96 小时四川成都台、陕西安康台、广东广州台和新疆和田台 JCZ-1 宽频带地震仪记录的小波谱图，显示虽不很清晰但可识别出"视红移"与"视蓝移"并现的频谱时间变化结构。在这期间虽然存在台风干扰，但与单纯的台风干扰频谱图比较，仍可发现显著的差异（图 8-14）。

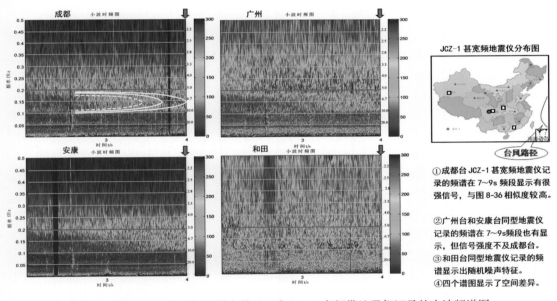

① 成都台 JCZ-1 甚宽频地震仪记录的频谱在 7~9s 频段显示有很强信号，与图 8-36 相似度较高。

② 广州台和安康台同型地震仪记录的频谱在 7~9s 频段也有显示，但信号强度不及成都台。

③ 和田台同型地震仪记录的频谱显示出随机噪声特征。

④ 四个谱图显示了空间差异。

图 8-40　四川汶川 $M8.0$ 地震之前，四个 JCZ-1 宽频带地震仪记录的小波频谱图

图 8-41 是湖北黄梅台 VP 摆宽频带倾斜仪记录的小波谱及相应时段内的台风路径图。图中的上图是汶川 $M8.0$ 地震前后倾斜仪记录的频谱图，同时段经历一次称为"威马逊"的台风（路径如右侧上图）；下图是 2010 年 10 月 25—30 日倾斜仪记录的频谱图，这次台风路径（见右侧下图）与"威马逊"台风相近但更靠近大陆一些。由图可见，两次台风的频谱图有显著差异。图 8-41 中的左上图与图 8-39 中的左上图很相似，它们除了受到台风扰动影响也可能受到汶川地震临近的影响，但黄梅台站距汶川地震震中超过 1000km，远场记录的可信度经常受到质疑。

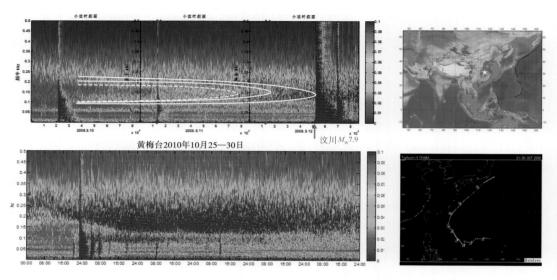

图 8-41　汶川 M8.0 地震黄梅台 VP 宽频带垂直摆倾斜仪记录的小波谱图

图 8-42 是成都地震台 JCZ-1 甚宽带地震仪 2008 年 5 月 7—12 日（14:28 之前）垂直分量的功率谱密度（PSD）曲线图，红色竖线指示的是 0.2Hz（5s）频率。一般认为这是地脉动噪声的频率，包括台风扰动、北方冷气流及本地大风扰动等；在红色矩形的频带 0.04~0.09Hz（25~11s）可以看出存在较强信号，这应该是深部流动或流变加速的反映；图中考察的时段比较短，所以无法知道其起始时间；红色正方形的频带为 0.1~0.5Hz（10~5s），可以看出，在这一天（5 月 11 日 14:29 至 12 日 14:28，即震前 24 小时），这个频段的信号显著增强，推测应该是深部滑脱层两侧的基本流流速加快引起的。根据式（8-56），流速增加会引起滑脱面扰动频率升高，同时流速增加还可能引起滑脱面速度差显著增加，并引起扰动相速度由实数转为复数。由式（8-54）可知，此时扰动振幅快速增长并导致振荡失稳。图 8-42 中的蓝色矩形的频带为 0.3~2Hz，在地震前的 9、10、11 日这个频带内信号显著抖动，我们推测这是上地壳脆性层中最后阶段破裂成核过程的反映：大量小尺度破裂发展成较大尺度破裂，并不断向更大尺度的破裂推进。由式（8-51）可知，这个过程波动的频率是下降的。图 8-40 和图 8-42 从不同的角度显示，汶川地震的孕震系统最终趋向 0.1~0.5Hz（10~5s）频段，并选择了其中的某个频率启动发震。

以上讨论了地形变"异常"频率的时间变化特征识别的方法。以汶川 M8.0 地震为例，分析了临震阶段，地形变（包括测震）高采样率数据序列频率的时间特征，探讨其动力学含义或物理力学机理，提出了如图 8-35 所示的"临震频率-时间结构模式"。这为台站连续形变观测应用于地震短临预测提供了一种新的技术途径，展现了新的希望；同时也为台站连续形变观测技术的发展提供了设计参考。

但是，我们的研究还在起步阶段，理论研究还不够深入。目前还受到连续形变观测在时间-空间密度还不够的限制，也受到大地震稀少不易进行检验的限制，所以这些结论是初步的且可能不正确，研究工作有待进一步深入。

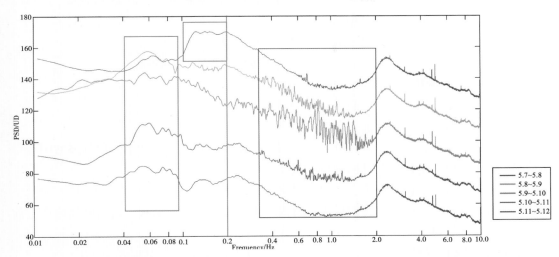

图 8-42 成都台 JCZ-1 甚宽带地震仪 2008 年 5 月 7—12 日（14:28 之前）垂直分量的 PSD 谱线图

8.6 我国连续形变观测台网的信息产品

8.6.1 地倾斜和地应变数据的分类分级

1. 数据分类

地倾斜观测台网的产出分为观测数据和产品数据两类。数据分类应符合 DB/T 11.1—2007、DB/T 11.2—2007 和 DB/T 45—2012 的规定。

DB/T 11.1—2007 地震数据分类与代码 第 1 部分：基本类别。

DB/T 11.2—2007 地震数据分类与代码 第 2 部分：观测数据。

2. 数据分级

地倾斜台网产出数据共分为 5 级，其中 0 级和 1 级为观测数据，由测站产出；2 级、3 级和 4 级为产品数据，由测站和学科中心产出。

①0 级数据包括原始数据和仪器日志；

②1 级数据包括降采样数据和预处理数据、观测日志、工作日志；

③2 级数据包括均值数据、潮汐参数、异常数据；

④3 级数据包括观测精度指标和图形产品；

⑤4 级数据包括观测报告、运行年报、异常数据跟踪分析报告、地震事件简报等。

8.6.2 各级单位的产出要求

1. 区域前兆台网中心产出

承担单位：35 个省市自治区的区域前兆台网中心。

产出要求：负责完成各自区域台网产品产出任务：

①台网运行报告：按日产出区域前兆台网运行监控日报，按月产出区域前兆台网运行月报，按年度产出区域前兆台网运行年报。

②分析研究报告：按月产出区域台网异常跟踪简报。

③地震应急产品：中强地震后一周内产出区域台网地震事件简报。

2. 国家前兆台网中心产出

承担单位：中国地震台网中心。

产出要求：负责完成国家前兆台网中心产品产出工作：

①台网运行报告：按日产出全国前兆台网运行监控日报，按月产出全国前兆台网运行月报，按年度产出全国前兆台网运行年报。

②分析研究报告：按月产出全国台网异常跟踪简报。

③地震应急产品：中强地震震后 3 小时内产出前兆台网应急简报，震后两周内产出前兆台网地震事件简报。

3. 形变台网中心产出

承担单位：湖北省地震局、地壳应力研究所。

产出要求：负责完成地壳形变台网地倾斜、地应变产品产出任务：

①分析研究产品数据：按年、月产出全国倾斜及应变台站主要潮波参数及其精度数据。

②可视化图形产品：按月产出全国倾斜及应变台站主要潮波潮汐因子变化空间分布图、全国钻孔应变面应变月变化空间分布图、全国钻孔分量应变台站最小主应变分布图、全国钻孔分量应变台站最大主应变分布图、全国钻孔分量应变台站最大剪应变分布图。

③台网运行报告：按日产出全国倾斜及应变台网运行及仪器故障监控日报，按月产出全国倾斜及应变观测网运行月报、月质量评价报表，按年产出全国倾斜及应变观测网运行年报告。

④分析研究报告：按月产出地倾斜及应变台网异常跟踪简报。

⑤地震应急产品：中强地震震后 3 天，产出震区及周边倾斜及应变台站分布图、震区及周边区域倾斜及应变同震曲线图集、震区及周边区域倾斜及应变潮汐因子时间序列图集、震区及周边区域倾斜及应变台站去潮汐曲线图集、震区及周边区域倾斜及应变台站年变曲线图集；震后 1 周，全国钻孔应变面应变同震应变阶的张压性变化分布图、全国钻孔应变面应变同震应变阶的大小变化分布图；震后 2 周，产出全国地倾斜及应变台网地震事件简报。

8.6.3 各类产品的产出内容及格式

1. 分析研究产品数据

全国倾斜台站、洞体应变台站、钻孔应变台站 M_2 波参数及其精度数据：对各台站倾斜观测数据进行调和分析计算后获得的 M_2 波潮汐因子、相位滞后及其均方差等。每月 10 日提交上月计算结果；3 月 31 日提交上年度计算结果，产出格式：数据库存储。

2. 可视化图形产品

全国倾斜台站、洞体应变台站、钻孔应变台站 M_2 波潮汐因子变化空间分布图：根据全国各台站调和分析计算结果，绘制全国或区域各测项主要潮波潮汐因子变化状况分布图。每月 10 日提交上月计算结果，产出格式：JPG。

3. 台网运行报告

①全国倾斜、应变台网运行及仪器故障监控日报：每周二、周五提交，产出格式：Excel、Word。

②全国倾斜、应变观测网运行月报告：全国倾斜观测网运行月报告，包括台网运行状态、仪器工作情况、资料产出质量、环境干扰事件、资料产出情况汇总、台网月评价结果等；每月 20 日提交上月运行报告，产出格式：PDF。

③全国倾斜、应变台网运行质量评价月报表：每月 15 日提交上月评价报告，产出格式：Excel。

④全国倾斜、应变区域台网月评价报表，每月 15 日前提交上月评价报表，产出格式：Excel。

⑤全国倾斜、应变观测网运行年报告：全国倾斜观测网运行年度报告，包括台网运行状态、仪器工作情况、资料产出质量以及环境干扰事件汇总、台网年评价结果等，每年 3 月 31 日以前提交上年度报告，产出格式：PDF。

4. 分析研究报告

倾斜、应变台网数据跟踪月报和图集：汇总区域中心报送的监测数据跟踪分析报告，归纳、综合分析本学科的监测数据跟踪分析成果及存在问题，列出下月须重点跟踪分析目标及主要解决的问题，编写学科监测数据跟踪分析报告；每月 15 日提交，产出格式：Word。

5. 地震应急产品

①震区及周边倾斜应变台站分布图：图件绘制震中位置及周边倾斜台站分布图，绘制范围依地震震级而定，震级越大覆盖范围越大；震后 3 天提交，产出格式：JPG

②震区及周边区域倾斜应变同震曲线图集：在扫描震区及邻近区域倾斜观测同震效应的基础上，绘制出同震效应的倾斜应变分钟值曲线，形成 PDF 文件；震后 3 天提交，PDF 格式。

③震区及周边区域倾斜应变潮汐因子时间序列图集：按震中距排列，绘制特定范围内倾斜台站各测项滑动潮汐因子时间序列曲线，绘制时间段 3 年及以上；提交时限：震后 3 天产出，产出格式：PDF。

④震区及周边区域倾斜应变台站去潮汐曲线图集：按震中距排列，绘制震前 15 或 30 天特定范围内主要倾斜台站各测项去潮汐曲线；震后 3 天提交，产出格式：PDF。

⑤震区及周边区域倾斜应变台站年变曲线图集：按震中距排列，绘制特定范围内主要倾斜台站各测项年变曲线图，绘制时间段 3 年及以上；震后 3 天提交，产出格式：PDF。

⑥倾斜应变台网地震事件简报：当我国大陆发生中强地震时（以东经 105 度为界，东

部发生 5 级以上地震，西部发生 6 级以上地震），结合台网分布情况、资料产出情况、数据变化情况、同震反映等，编写地震事件分析报告，阐明台网映震情况。报告资料扫描范围：按震中与观测站的距离确定，震级 5~5.9 级为 400km 的台站；6~6.9 级为 600km 的台站；7 级以上地震为全部台站；震后 2 周提交，产出格式：Word。

（本章由吴云、张燕、吕品姬、吴海波撰写）

本章参考文献

1. 蔡晋安，陈会忠，马宗晋．中国陆区大震预测途径探索战略研究[M]．北京：地震出版社，2014.

2. 蔡学林，曹家敏，朱介寿，等．龙门山岩石圈地壳三维结构及汶川大地震成因浅析[J]．成都理工大学学报（自然科学版），2008，35(4)：357-365.

3. 车用太，鱼金子．地壳流体对地震活动的影响与控制作用[J]．国际地震动态，2014(8)：1-9.

4. 陈立德，付虹．地震预报新概念[M]．北京：地震出版社，2014.

5. 陈立德，付虹．地震预报基础与实践[M]．北京：地震出版社，2003.

6. 陈颙．减灾三句话[J]．中国地震局科技委原始专家甘肃行（专刊），2013.

7. 陈运泰，林邦慧，王新华，等．用大地测量资料反演的 1976 年唐山地震的位错模式[J]．地球物理学报，1979，22(3)：201-217.

8. 陈运泰，刘瑞丰．地震的震级[J]．地震地磁观测与研究，2004，25(6)：1-12.

9. 陈运泰，滕吉文，张中杰．地球物理学的回顾与展望[J]．地球科学进展，2001，16(5)：634-642.

10. 陈运泰，许力生．青藏高原及其周边地区大地震震源过程成像[J]．地学前缘，2003，10(1)：57-62.

11. 陈运泰，林邦慧，李兴才．巧家、石棉的小震震源参数的测定及其地震危险性估计[J]．地球物理学报，1976，19(3)：206-231.

12. 陈运泰．地震预测：回顾与展望[J]．中国科学（地球科学），2009，39(12)：1633-1658.

13. 池顺良，骆鸣津．海陆的起源[M]．北京：地震出版社，2002.

14. 杜方，闻学泽，张培震，等．2008 年汶川 8.0 级地震前横跨龙门山断裂带的震间形变[J]．地球物理学报，2009，52(11)：2729-2738.

15. 冯德益．震源外围应力场及地震前兆现象的初步理论分析（一）震源外围地面应力场的计算[J]．地震科学研究，1982(1)：1-12.

16. 冯德益．震源外围应力场及地震前兆现象的初步理论分析（二）第一类地震前兆现象[J]．地震科学研究，1982(3)：20-27.

17. 冯德益．震源外围应力场及地震前兆现象的初步理论分析（三）第一类地震前兆现象[J]．地震科学研究，1983(3)：20-25.

18. 傅容珊，万柯松，崇加军，等．地震前兆还是其他因素？——与"汶川大地震宽带地震仪短临异常及成因初探"作者商榷[J]．地球物理学报，2009，52(2)：584-589.

19. 许厚泽，等．固体地球潮汐[M]．武汉：湖北科学技术出版社，2010.

20. 郝晓光，胡小刚．汶川大地震"震前扰动"存在"第三类脉动"吗？[J]．地球物理学进展，2009，24(4)：1213-1215.

21. 胡小刚，郝晓．强台风对汶川大地震和昆仑山大地震"震前扰动"的影响分析[J]．地球物理学报，2009，52(5)：1363-1375.

22. 胡小刚，郝晓光，薛秀秀．汶川大地震前非台风扰动现象的研究[J]．地球物理学报，2010，53(12)：2875-2886.

23. 敬少群，吴云，乔学军，等．GPS时间序列及其对昆仑山口西8.1级地震的响应[J]．地震学报，2005，27(4)：394-401.

24. 敬少群，王佳卫，吴云．用GPS时间序列获取中国大陆微动态应变场[J]．地震学报，2006，28(5)：478-484.

25. 雷建设，赵大鹏，苏金蓉，等．龙门山断裂带地壳精细结构与汶川地震发震机理[J]．地球物理学报，2009，52(2)：339-345.

26. 李玉锁，修济刚，李继泰，等．火山喷发机理与预报[M]．北京：地震出版社，1998.

27. 李正媛，陈鹏．川滇强震震源区形变潮汐短临变化特征[J]．大地测量与地球动力学，2003，23(2)：55-60.

28. 刘昌铨，嘉世旭．唐山地震区地壳上地幔结构特征——二维非均匀介质中理论地震图计算和结构分析[J]．地震学报，1986，8(4)：160-171.

29. 刘昌铨，杨建，李捍东，等．唐山地区伯格庄—丰南—宁地壳测深资料的新解释[J]．地球物理学报，1983，26(S1)：628-640.

30. 刘启元，李昱，陈九辉，等．汶川$M_S8.0$地震：地壳上地幔S波速度结构的初步研究[J]．地球物理学报，2009，52(2)：309-319.

31. 刘瑞丰，陈翔，沈道康，等．宽频带数字地震记录震相分析[M]．北京：地震出版社，2014.

32. 刘瑞峰，陈运泰，任枭，等．震级的测定[M]．北京：地震出版社，2015.

33. 陆远忠，吴云，王炜，等．地震中短期预报的动态图像方法[M]．北京：地震出版社，2001.

34. 马瑾，郭彦双，卓雁群，等．断层活动协同化是进入亚失稳应力状态的标志[J]．中国地震局科技委院士专家甘肃行专辑，2013.

35. 梅世蓉．地震前兆场物理模式与前兆时空分布机制研究——坚固体孕震模式的由来与证据[J]．地震学报，1975，17(3)：273-282.

36. 倪四道．应急地震学的研究进展[J]．中国科学院院刊，2008，23(4)：311-316.

37. 牛安福，李旭东，柯丽君．倾斜潮汐振幅因子γ值异常的定量化研究[J]．大地测量与地球动力学，1998，18(2)：63-67.

38. 牛安福．地倾斜变化的突变性与地震关系的研究[J]．地震学报，2003，25(4)：

441-445.

39. 牛之俊，马宗晋，陈鑫连. 中国地壳运动观测网络[J]. 大地测量与地球动力学，2002，22(3)：88-93.

40. 乔学军，王琪，吴云. 中国大陆 GPS 基准站的时间序列特征[J]. 武汉大学学报（信息科学版），2003，28(4)：413-416.

41. 申重阳，吴云. 云南地区主要断层运动模型的 GPS 数据反演[J]. 大地测量与地球动力学，2002，22(3)：45-61.

42. 申重阳. 地壳形变与密度变化耦合运动探析[J]. 大地测量与地球动力学，2005，25(3)：7-12.

43. 帅平，吴云. 用 GPS 测量数据模拟中国大陆现今地壳水平速度场及应变场[J]. 地壳形变与地震，1999，19(2)：1-8.

44. 宋治平，尹祥础，梅世蓉. 包体流变模型体应变场时空演变的理论分析[J]. 地震学报，2000，22(5)：491-500.

45. 孙其政，吴书贵. 中国地震监测预报 40 年（上册）[M]. 北京：地震出版社，2007.

46. 唐林波，李世愚，苏昉，等. 强震前兆低频波的实验研究[J]. 中国地震，2003，19(1)：48-57.

47. 滕吉文，张永谦，闫雅芬. 强烈地震震源破裂深层过程与地震短临预测探索[J]. 地球物理学报，2009，52(2)：428-443.

48. 滕吉文，阮小敏，张永谦，等. 青藏高原地壳与上地幔成层速度结构与深部层间物质的运移轨迹[J]. 岩石学报，2012，28(12)：4077-4100.

49. 王椿镛，吴建平，楼海，等. 川西藏东地区的地壳 P 波速度结构[J]. 中国科学（地球科学），2003，33(S1)：181-189.

50. 王卫民，赵连锋，李娟，等. 四川汶川 8.0 级地震震源过程[J]. 地球物理学报，2008，51(5)：1403-1410.

51. 王绪本，朱迎堂，赵锡奎，等. 青藏高原东缘龙门山逆冲构造深部电性结构特征[J].地球物理学报，2009，52(2)：564-571.

52. 吴建平，黄媛，张天中，等. 汶川 M_S8.0 级地震余震分布及周边区域 P 波三维速度结构研究[J]. 地球物理学报，2009，52(2)：320-328.

53. 吴翼麟. 倾斜固体潮振幅因子动态变化的意义[J]. 地壳形变与地震，1985，5(2)：30-35.

54. 吴云，申重阳，乔学军，等. 现今地壳运动与地震前兆研究[J]. 大地测量与地球动力学，2002，22(1)：22-28.

55. 吴云，申重阳，周硕愚. 基于边界元的非连续（块体系统）形变反分析法[J]. 武汉大学学报（信息科学版），2003，28(3)：345-350.

56. 吴云，帅平. 用 GPS 观测结果对中国大陆及邻区现今地壳运动和形变的初步探讨[J].地震学报，1999，21(5)：545-553.

57. 吴云，孙建中，乔学军. GPS 揭示的现今地壳运动与地震前兆特征[J]. 大地测量与地球动力学，2003，23(3)：14-20.

58. 吴云，张燕，周硕愚，等．连续形变观测与地震前兆研究[C]//中国地球物理学会，中国地震学会．中国地球物理2010．北京：地震出版社，2010.

59. 吴云．台湾集集9·21地震地壳形变的简介与讨论[J]．地壳形变与地震，2001，21(2)：59-63.

60. 吴云．地形变测量(试用本)[M]．北京：地震出版社，2008.

61. 许厚泽．固体地球潮汐[M]．武汉：湖北科学技术出版社，2010.

62. 胥颐，黄润秋，李志伟，等．龙门山构造带及汶川震源区的S波速度结构[J]．地球物理学报，2009，52(2)：329-338.

63. 杨海燕，胡家富，赵宏，等．川西地区壳幔结构与汶川M_S8.0级地震的孕震背景[J].地球物理学报，2009，52(2)：356-364.

64. 杨巍然，曾佐勋，李德威，等．板内地震过程的三层次构造模式[J]．地学前缘，2009(1)：206-217.

65. 姚孝新．破裂速度与地震[J]．地球物理学报，1976，19(2)：118-124.

66. 尹祥础．固体力学[M]．北京：地震出版社，1985.

67. 余志豪，王彦昌．流体力学[M]．北京：气象出版社，1982.

68. 张国民，张培震．大陆强震机理与预测研究综述[R]．中国基础科学·重大项目综述，2004.

69. 张培震，闻学泽，徐锡伟，等．2008年汶川8.0级特大地震孕育和发生的多单元组合模式[J]．科学通报，2009，54(7)：944-953.

70. 张培震，邓起东，徐锡伟，等．盲断裂、褶皱地震育新疆1906年玛纳斯地震[J].地震地质，1994，16(3)：193-202.

71. 张培震，王敏，甘卫军，等．GPS观测的活动断裂滑动速率及其对现今大陆动力学的制约[J]．地学前缘，2003，10(S1)：81-91.

72. 张培震，甘卫军，沈正康，等．中国大陆现今构造作用的地块运动和连续形变耦合模型[J]．地质学报，2005，79(6)：748-756.

73. 张培震，郑德文，尹功明，等．有关青藏高原东北缘晚新生代扩展与隆升的讨论[J].第四纪研究，2006，26(1)：5-13.

74. 张培震，徐锡伟，闻学泽，等．2008年汶川M8.0级地震发生断裂的滑动速度复发周期和构造成因[J]．地球物理学报，2008，51(4)：1066-1073.

75. 张培震．青藏高原东缘川西地区的现今构造运动、应变分配与深不动力过程[J]．中国科学D卷，地球科学，2008，38(9)：1041-1056.

76. 张培震．中国大陆的活动断裂、地震灾害及其动力过程[J]．中国科学地球科学，2013，43(10)：1607-1620.

77. 张世民，谢富仁，黄忠贤，等．龙门山地区上地壳的拱曲冲断作用及其深部动力学机制探讨[J]．第四纪研究，2009，29(3)：449-463.

78. 张雁滨，蒋骏，李胜乐，等．热带气旋引起的震颤波[J]．地球物理学报，2010，53(2)：335-341.

79. 张燕，吴云，段维波．GPS 长趋势变化与大地震的关系［J］．武汉大学学报（信息科学版），2012，36(2)：675-678.

80. 张燕，吴云，刘永启，等．潮汐形变资料中地震前兆信息的识别与提取［J］．大地测量与地球动力学，2003，23(4)：103-108.

81. 张燕，吴云，刘永启，等．小波分析在地壳形变资料处理中的应用［J］．地震学报，2004（S1）：104-176.

82. 张燕，吴云，吕品姬．汶川 8.0 级地震前定点形变异常特征［J］．地震学报，2009，31(2)：152-159.

83. 张燕，吴云，施顺英．GPS 时间序列揭示地震前兆的初步探索［J］．大地测量与地球动力学，2005，25(3)：96-99.

84. 张燕，吴云，施顺英．地震前兆源定位方法研究［J］．大地测量与地球动力学，2007，27(4)：87-91.

85. 张燕，吴云．2008 汶川地震前的形变异常及机制解释［J］．武汉大学学报（信息科学版），2010，35(1)：25-29.

86. 赵文津，吴珍汉，史大年，等．国际合作 INDEPTH 项目横穿青藏高原的深部探测与综合研究［J］．地球学报，2008，29(3)：328-342.

87. 赵仲和，周克昌，李学良，等．中华人民共和国地震行业标准．DB/T 11.1—2007 地震数据分类与代码 第 1 部分：基本类别［S］．北京：地震出版社，2010.

88. 周克昌，赵仲和，孙士铉，等．中华人民共和国地震行业标准．DB/T 11.2—2007 地震数据分类与代码 第 2 部分：观测数据［S］．北京：地震出版社，2010.

89. 周硕愚，吴云，施顺英，等．现今地壳运动动力学基本状态与地震可预报性研究［J］.大地测量与地球动力学，2007，27(4)：92-99.

90. 周硕愚，吴云．地震大地测量学五十年——对学科成长的思考［J］．大地测量与地球动力学，2013，33(2)：1-7.

91. 周硕愚，吴云，李正媛．形变大地测量学的进展、问题与地震预报［J］．大地测量与地球动力学，2004，24(4)：95-101.

92. 周硕愚，吴云，姚运生，等．地震大地测量学研究［J］．大地测量与地球动力学，2008，28(6).

93. 周硕愚，吴云．地壳运动-地震系统自组织演化模式假说［C］//中国地球物理学会，中国地震学会．中国地球物理 2010．北京：地震出版社，2010.

94. 周硕愚，吴云．地壳形变测量学之进展与展望［J］．大地测量与地球动力学，2002a，22(3)：94-101.

95. 周硕愚，吴云．推进地学创新的地壳形变大地测量学［J］．国际地震动态，2002(10)：1-11.

96. 周硕愚，吴云．NASA 未来 25 年固体地球科学规划及其启示［J］．大地测量与地球动力学，2003，23(2)：117-121.

97. 周硕愚，吴云．由震源到动力系统——地震模式百年演化［J］．大地测量与地球动力学，2015，35(6)：911-918.

98. 周硕愚. 系统科学导引[M]. 北京：科学出版社，1992.

99. 朱介寿. 汶川地震的岩石圈深部结构与动力学背景[J]. 成都理工大学学报（自然科学版），2008，35(4)：348-356.

100. В И 米雅奇金. 地震孕育过程[M]. 顾瑾萍，译. 北京：地震出版社，1975.

101. Mitiyasu Ohnaka，啜永清. 震源成核：一个短期前兆的物理模型[J]. 防灾博览，2000(1)：1-27.

102. P M 莫尔斯. 振动与声[M]. 南京大学翻译组，译. 北京：科学出版社，1974.

103. Aki K. A new view of earthquake and volcano precursors[J]. Earth，Planets and Space，2004，56(8)：689-713.

104. Alekseev A S, Belonosov A S, Petrenko V E. A mathematical model of determining the stress field and dilatant zones by geodetic data [J]. Bull. Novosib. Comput. Cent., Ser. Math. Model. Geophys., 1998(4)：15-21.

105. Caroline Beghein, Kaiqing Yuan, Nicholas Schmerr, et al. Changes in Seismic Anisotropy Shed Light on the Nature of the Gutenberg Discontinuity[J]. Science（print ISSN 0036-8075，online ISSN 1095-9203）December，2014，343(6176)：1237-1240.

106. Deacon G E R. Relations Between Sea Waves and Microseisms[J]. Nature，1947，160(160)：419-421.

107. Erik L, Olson & Richard M, Allen. The deterministic nature of earthquake rupture [J]. Nature，2005，438(7065)：212-215.

108. Gilmore M H. Microseisms classified according to type of storms[J]. Eos Transactions American Geophysical Union，1946，27(4)：466-473.

109. Gutenberg B. Microseisms in North America[J]. Bulletin of the Seismological Society of America，1931，21(1)：1-24.

110. Gutenberg B, Richter C F, Wood H O. The earthquake in Santa Monica Bay, California, on August 30, 1930[J]. Bulletin of the Seismological Society of America，1932，22(2)：138-154.

111. Hiroo Kanamori. Real-time seismology and earthquake damage mitigation[J]. Annu. Rev. Earth Planet. Sci，2005(33)：195-214.

112. Huang J, Zhao D. High-resolution mantle tomography of China and surrounding regions[J]. Journal of Geophysical Research Solid Earth，2006，111(B9)：4813-4825.

113. Jinli Huang, Dapeng Zhao. High-resolution mantle tomography of China and surrounding regions[J]. Journal of Geophysical Research，2006，111(B9)：4813-4825.

114. Kanamori H. Real-time seismology and earthquake damage mitigation [J]. Nature，1997，390(6659)：461-464.

115. Keiiti Aki. A new view of earthquake and volcano precursors[J]. Earth，Planets and Space，2004，56(8)：689-713.

116. Keiiti Aki. Seismology of earthquake and volcano prediction [M]. Beijing：Science Press，2009.

117. Lee A W. Further investigations of the effect of geological structure upon microseismic disturbance [J]. Geophysical Journal of the Royal Astronomical Society, 1934, 3(s6): 238-252.

118. Lockner D A, Byerlee J D, Kuksenko V, et al. Quasi-static fault growth and shear fracture energy in granite[J]. Nature, 1991, 350(6313): 39-42.

119. Longuet-higgins M S, Ursell F. Sea Waves and Microseisms [J]. Nature, 1948 (162): 700.

120. Miche M. Mouvements ondulatoires de la mer en profondeur constante ou décroissante [J]. Ann Ponts Chaussées, 1944(114): 131-164.

121. Olson E L, Allen R M. The deterministic nature of earthquake rupture[J]. Nature, 2005, 438(7065): 212-215.

122. Paul Rydelek, Shigeki Horiuchi. Earth Science: is earthquake rupture deterministic? [J]. Nature, 2006, 442(20): E5-E6.

123. Okada Y. Surface deformation due to shear and tensile faults in a half-space [J]. Bulletin of the Seismological Society of America, 1985, 75(4): 1135-1154.

124. Okada Y. Internal deformation due to shear and tensile faults in a half-space [J]. Bulletin of the Seismological Society of America, 1992, 82(2): 1018-1040.

125. Ramirez J E. An experimental investigation of the nature and origin of microseisms at St. Louis[J]. Bulletin of the Seismological Society of America, 1940, 30(2): 139-178.

126. Sato T, Hirasawa T. Body wave spectra from propagating shear cracks[J]. J. Phys. Earth, 1973, 21: 415-431.

127. Scholz C H. The Mechanics of Earthquakes and Faulting (2nd Edition) [M]. Cambridge University Press, 2002.

128. Scholz C H, Sykes L R, Aggarwal Y P. Earthquake prediction: a physical basis[J]. Science, 1973, 181(4102): 803-810.

129. Shamita Das, Scholz C H. Why large earthquakes do not nucleate at shallow depths, Letters to Nature[J]. Nature, 1983, 305(13): 621-623.

130. Stockwell R G, Mansinha L, Lowe R P. Localization of the complex spectrum: the S transform[J]. IEEE Transactions on Signal Processing, 1996, 44(4): 998-1001.

131. Wang Q, Qiao X, Lan Q, et al. Rupture of deep faults in the 2008 Wenchuan earthquake and uplift of the Longmen Shan[J]. Nature Geoscience, 2011, 4(9): 634-640.

132. Whipple F J W, Lee A W. Notes on the theory of microseisms[J]. Geophysical Journal of the Royal Astronomical Society, 1935, 3(8): 287-297.

133. Zoback M D, Townend J. Implications of hydrostatic pore pressures and high crustal strength for the deformation of intraplate lithosphere [J]. Tectonophysics, 2001, 336(1-4): 19-30.

134. Zoback M D, Zoback M L. State of stress in the Earth's lithosphere[J]. International Geophysics, 2002, 81(2): 559-568.

第9章　岩石圈构造运动和地震破裂过程反演

　　岩石圈构造运动主要源于地球内动力，机理比较复杂，涉及地壳、地幔的力学、热学、地下水等各种因素。构造运动会引起相应的构造变形，一般指长期构造运动引起的变形。地震(大地的快速震动)是构造运动的特殊形式，引起的与地震有关的变形可称为地震变形。岩石圈长期构造运动变形和地震变形蕴含着壳下物质运移、物性时空变化的多种信息，通过对地壳形变观测值的数值模拟研究，可以推测和了解岩石圈分块、界面、运移参数、流变结构参数等各种地球物理信息。由岩石圈构造运动动力学参数推演地球物理形变场的过程称为正演，反之为反演。

　　大陆岩石圈长期构造变形有两种极端的模型：连续变形和大陆逃逸。连续变形模型认为大陆内部岩石圈的变形过程是连续的变形；大陆逃逸模型则认为大陆内部的变形是非连续的，可描述为一系列刚性块体的相对运动，块体内部相对稳定，绝大部分变形局限在块体边界断裂带上。随着块体划分尺度变小，两种极端模型的模拟结果会趋向基本一致。通过对岩石圈长期构造运动参数的反演，可以了解岩石圈的变形模式和运动状况等。

　　地震形变的幅度、机制与岩石圈浅部弹性层、深部黏弹性层以及地下水的多种复杂动力学过程相关。地震发生后，往往引起各种不同的震后效应，例如在断层面及其扩展面上的震后余滑、下地壳和上地幔的震后黏弹性松弛、震后孔隙水回弹等。地表对下地壳和上地幔的黏弹性响应包含有深部地球介质丰富的流变信息。通过对地震形变的模拟反演，可以了解岩石圈深部物性时变，探索岩石圈变形机制与地球深部构造演化规律。

　　本章先介绍构造形变模型和地震形变模型，然后介绍最优模型参数及其置信区间的反演方法，以及地球物理反演的约束问题、分辨能力。最后给出典型的反演算例，并根据构造运动和地震破裂模型在地震危险性评估中的应用，阐述构造运动和地震破裂反演的意义。

9.1　岩石圈形变模型

9.1.1　连续变形模型

　　连续变形模型认为大陆内部岩石圈的变形过程是连续的变形；反映到印度板块与欧亚板块的碰撞引起的亚洲大陆内部的构造变形模式上，印度板块的挤压主要由青藏高原地壳的广泛增厚来吸收(England and Houseman, 1986；England and Molnar, 2005)。杨少敏等(2002)将中国大陆现今构造变动视为一种连续的地壳变形，利用双三次样条函数模拟近期中国大陆及周边地区 GPS 速度场，显示印度板块与欧亚板块的碰撞、挤压是构成中国

465

大陆内部岩石圈水平形变的主要驱动力。

9.1.2　刚性块体运动模型

刚性块体运动模型认为大陆内部的变形是非连续的,与大洋板块没有什么区别,均可描述为一系列刚性块体的相对运动。块体的边界切割整个岩石圈,块体内部相对稳定,绝大部分变形局限在块体边界断裂带上;反映到印度板块与欧亚板块的碰撞引起的亚洲大陆内部的构造变形上,印度板块的挤压主要由东亚大陆地壳的大范围东向逃逸吸收,地壳增厚是次要的(Avouac and Tapponnier, 1993; Replumaz and Tapponnier, 2003)。

刚体块体运动模型认为活动块体以刚体性质做整体运动,内部不发生应变。其运动方式由欧拉矢量描述,公式如下:

$$\begin{bmatrix} V_e \\ V_n \end{bmatrix} = r \begin{bmatrix} -\sin\varphi\cos\lambda & -\sin\varphi\sin\lambda & \cos\varphi \\ \sin\lambda & -\cos\lambda & 0 \end{bmatrix} \begin{bmatrix} \omega_x \\ \omega_y \\ \omega_z \end{bmatrix} \tag{9-1}$$

式中,λ、φ 分别为观测点经度、纬度,V_e、V_n 为东方向速度和北方向速度,ω_x、ω_y、ω_z 为块体的欧拉矢量,r 为研究块体的平均曲率半径。根据块体欧拉矢量可以求解块体任何一点的运动速率;或者利用在研究块体上分布合适的两个以上的 GPS 站运动速率,通过最小二乘法计算块体运动的欧拉矢量。边界断层的长期的滑移速率可以通过这两个块体的旋转在其边界处的速度差得到。

乔学军等(2004)利用川滇地区 1998—2002 年 200 多个 GPS 点位的多期复测结果,将川滇地区分为 9 个次级活动块体,计算了各个活动块体的欧拉旋转矢量和主要活动断裂的运动速度,表明川滇菱形块体的现今地壳运动由北往南逐渐增强,青藏高原物质的侧东向挤出在滇中块体南部明显下降。

9.1.3　弹性位错模型

1. 半无限空间矩形断层弹性位错模型

断层位错理论是由 Steketee 于 1958 年首先引入地震学领域的。此后,很多人对此进行了深入的研究探讨,发展了许多描述各向同性弹性半空间介质的形变公式。Okada(1985)对这些已经发表的描述由断层位错引起形变的分析公式进行回顾和检查,并且推导了由于断层张裂分量引起的位错、应变公式,使矩形断层均匀位错模型达到了比较完善的程度。

Okada(1985)理论模型如图 9-1 所示。假设弹性半空间的地壳里有一个矩形断层,断层的走滑、倾滑和张性错动分量分别为 U_1、U_2 和 U_3,断层的底部深度为 d,长与宽分别为 L、W,倾角为 δ,走向 α,由弹性位错理论(Okada, 1985)可求得由于断层错动在地表引起的 GPS 观测点 (x, y) 的形变 $f(x, y)$:

$$f(x, y) = f(L, W, d, \delta, \alpha, \xi_1, \xi_2, U_1, U_2, U_3, x, y) \tag{9-2}$$

Okada(1985)弹性位错模型在地震同震形变反演和地壳长期构造形变反演上获得大量的应用。陈运泰等(1979)用大地测量资料反演了 1976 年唐山 7.8 级地震的位错模式,表明唐山地震的发震构造是一个总体走向为北东 49°的右旋正断层,断层面倾向南东,倾角

76°。断层长 84km，宽 34km，走向滑动错距 459cm，倾向滑动错距 50cm，地震矩 4.3×10^{22} 达因·厘米。

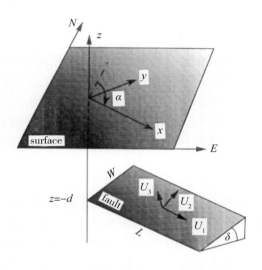

图 9-1　矩形断层均匀位错模型

谭凯等（2013）用近场密集的同震形变数据约束汶川地震破裂几何特征及同震滑动分布。反演结果显示汶川地震撕裂龙门山中南段近水平滑脱层，宽度达到 60~80km，释放能量约占总标量地震矩的 12%；在 16~21km 深度出现两三个滑动量高达 6~7m 的破裂区；深部低角度破裂往上转为高角度逆冲，沿龙门山中央断裂以约 55°倾角出露地表。

McCaffrey（2002）把观测到的 GPS 速度场解释为刚性块体的旋转以及相互作用的块体沿着它们的边界所产生的弹性应变。块体旋转通过球坐标角速度（欧拉极）来描述；断层几何形状通过不同深度节点的坐标定义；闭锁断层附近的应变通过弹性半空间位错模型来描述，并采用 Okada 的公式计算应变。

王伟等（2008）利用中国大陆及邻区 1683 个 GPS 测站的观测资料，建立由 31 个活动地块组成的大陆变形运动学模型，将大陆构造变形视为活动地块的刚性旋转和地块边界断层闭锁的弹性变形的综合响应。结果表明，在 GPS 观测精度内，该模型整体上较好地反映了中国大陆构造变形的主要特征。模型给出的主要断层滑动速率在青藏高原及周边为 6~18 mm/a，在中国东部地区为 1~4mm/a，与地质长期速率比较一致。

2. 地壳分层半无限空间矩形断层弹性位错模型

Wang 等（2003）利用 Thomson-Haskell 算子和 Hankel 变换，用 FORTRAN77 程序语言编写了软件 EDGRN/EDCMP，在地壳分层弹性半空间内，计算矩形断层位错引起的地壳形变，可以应用于地震同震形变和震间构造变形计算。EDGRN 功能是计算格林函数，EDCMP 功能是计算断层位错引起的形变。EDGRN/EDCMP 模型的形变计算结果与 Okada（1985，1992）模型差异不大，差异主要来源于地壳分层及物质参数不同的影响。

3. 球体位错模型

对于广域性地壳变动（震中距>100 km），地球的曲率不能被忽略。这时，平面半空间位错理论计算结果不够精确。因此，孙文科等（2012）和 Pollitz（1992，1997）等以球对称、自重、分层、完全弹性地球模型为基础，提出了准静态球体位错理论，用以计算地表任何地方因地震引起的同震位移、应变、重力变化和大地水准面变化。

9.1.4 震后余滑模型

产生震后余滑的机制可能有两种：速率增强摩擦余滑和线性黏性剪切区蠕滑。速率增强摩擦余滑是指，地震时断层滑动速率越大，则断层浅部上下盘的摩擦力越大，因而在断层浅部产生应力，地震后该应力推动断层浅部继续滑动，产生震后余滑。线性黏性剪切区蠕滑可能是，线性黏性过程的剪切区形变，例如晶粒间的压溶蠕动或扩散蠕变。如果不考虑余滑的物理机制差别，只考虑震后余滑的模拟效果，则震后余滑都可以用弹性位错模型来简单模拟。

1. 速率增强摩擦余滑

在速率增强摩擦的余滑模式（Marone et al.，1991）中，弹性层的地壳由浅部的速率增强摩擦区（$A-B>0$，速率越大，摩擦越大）和深部的速率减弱摩擦区（$A-B<0$，速率越大，摩擦越小）组成。断层的速率减弱摩擦区由震前速率突然增大为同震速率，并持续短暂的时间；速率增强摩擦区的摩擦力随速率增大而变大，所以速率受到抑制，从而在速率增强区和速率减弱区之间产生应力。地震结束后，速率增强摩擦区在应力的驱动下继续滑动，产生地表余滑。

Marone 等（1991）给出断层迹线的余滑解析公式为：

$$U_p = \frac{A-B}{k}\ln\left[\left(\frac{kV_{CS}^s}{A-B}\right)t+1\right] \tag{9-3}$$

式中，U_p 为断层迹线滑动量；$A-B$ 为摩擦率参数；k 为速率增强摩擦区的硬度；V_{CS}^s 为速率增强摩擦区的平均厚度同震滑动速率；t 为震后时间。

如果观测点不是位于断层迹线，一般需要根据弹性位错理论（Okada，1985）将断层滑动转化为测量点的形变。

根据 Marone 给出的两组经验参数可得到地震两条断层迹线的滑动曲线（图 9-2），形变主要集中在断层附近。余滑一般主要发生于断裂中部并且局限在上部 4 km（Marone et al.，1991）。震后开始滑动很快，然后是震后 100~300 天的缓慢滑动（Marone et al.，1991）。一般需要 1~2 年时间使得震后滑动率恢复到长期蠕动率（Nason，1973；Schulz，1982）。

2. 线性黏性剪切区蠕滑

对于线性黏性剪切区蠕滑，每个时间段的滑动可以用下式计算：

$$ds = \frac{\delta\tau}{\left(\dfrac{\eta}{w}\right)}dt \tag{9-4}$$

式中，$\delta\tau$ 是依赖时间的与地震有关的剪应力，dt 是时间步长，η 是黏度，w 是剪切区的宽度。

3. 弹性位错余滑模型

以上速率增强摩擦余滑和线性黏性剪切区蠕滑模型考虑了震后余滑产生的机制。如果

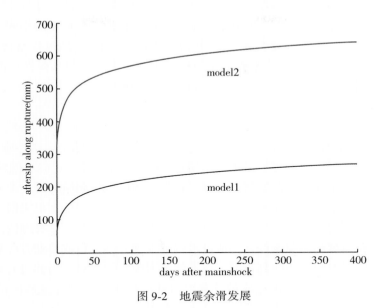

图 9-2 地震余滑发展

不考虑余滑产生的物理机制差别，只考虑震后余滑的模拟效果，则震后余滑形变都可以用弹性位错模型来简单模拟，也可以获得比较好的数值模拟效果。

9.1.5 震后孔隙回弹模型

地震产生孔隙水压梯度，震后孔隙水流动重新平衡，引起地壳不断扩张或收缩，产生孔隙弹性回弹形变。未经排水的（同震条件的）孔隙弹性层的泊松比较高，经过排水（震后条件，同震水压梯度已经消失）的孔隙弹性层的泊松比较低，两种泊松比的弹性位错形变的差值就是孔隙弹性回弹形变（Peltzer，1998）。Peltzer 得到的松弛时间一般为 0.75 ± 0.12a（227~313 d）（Peltzer，1998），与其他学者（Schulz，1982；Nur，1971）根据上地壳孔隙流体来解释的与地震有关的现象的松弛时间相类似。

9.1.6 震后黏弹性松弛模型

震后黏弹性松弛模型基本上可分为解析法和数值法。Nur（1974）、Savage（1978）利用解析公式对无限长的直立型走滑断层进行黏弹性响应模拟。Pollitz（1992，1997）建立的震后黏弹性响应半解析模型中引入球谐函数展开。孙荀英（1994）、Elizabeth（2002）曾采用三维黏弹性有限元方法研究震后形变。

Pollitz（1992，1997）建立的利用球谐函数展开的半解析模型建立在球坐标系统下，考虑了地球曲率和重力的影响，模型认为脆性的弹性地壳层之下存在黏弹性层（譬如大陆下地壳和上地幔）。因为黏度与温度和压强有关，在地幔浅部，黏度主要受温度影响，所以黏度随深度而变小；但在地幔深部，黏度主要受压强影响，所以黏度随深度而变大（Vergnolle et al.，2003；Weertman，1978）。地震应力重分布引起的应力在"柔软"的黏弹性层中不能长期保持不变, 黏弹性层随时间变化与上地壳的弹性层应变发生耦合。

根据模型可以计算震后任一时间间隔内应变和应力在地表或地下的空间分布。控制黏弹性松弛的主要因素是地震破裂参数(断层几何形状和滑动量)、地球模型特征(弹性和黏弹性层的厚度、黏度结构)。形变松弛的空间模式主要由弹性层与黏弹性层的相对厚度决定, 而响应的时间发展主要由黏度来约束(Vergnolle, 2003)。

9.1.7　地震破裂过程模型

地震破裂过程模型描述了震源的性质, 包括几何参数和地球动力学参数两大类参数。几何参数是描述震源的几何性质, 包括断层的尺度、空间位置、走向、倾角、震源深度等。地球动力学参数是描述震源的物理过程, 包括开始破裂的起始时刻、上升时间以及断层的滑动幅度等。对于给定的介质模型和震源模型, 用数学方法计算出来的理论的地球介质响应就是理论地震图。地震波理论的出发点是弹性动力学方程, 计算理论地震图实际上就是在特定的介质模型和震源条件下, 通过求解弹性动力学方程或波动方程获得介质中的位移场。由于实际震源和介质的复杂性, 在求解过程中常需针对不同的研究对象和目的对介质模型、方程或解的形式做出相应的简化, 由此产生了计算理论地震图的各种实际方法, 有离散波速法、广义射线法、有限差分法、有限元法等。

9.2　反演算法

参数估计分为参数最优值估计和参数置信区间估计。参数最优值估计的途径一般有两种, 一种是在参数初始值处将方程线性化, 通过矩阵求逆解方程得到模型参数的改正数, 称为线性反演。另外一种方法, 按一定的要求产生一组模型参数, 由此参数计算相应的地球物理量的理论值, 将其与观测值比较, 并用一个目标函数指标来衡量理论值与观测值的符合程度。如果认为目标函数指标不是最小, 则再按要求产生另外一组物理模型参数, 继续进行计算和比较, 如此反复进行, 直到符合一定的误差范围为止。此种方法, 称为试错法或非线性优化方法。非线性优化方法有蒙特卡罗法、模拟退火算法、格网搜索法等。

参数置信区间估计一般基于参数最优值估计的基础上, 有 bootstrap 方法、F 比检验法、误差干扰法等。

9.2.1　参数最优值估计

反演问题的最优解, 根据数学技术分为线性反演和非线性反演两类方法。

1. 线性反演

假设观测值为 D, 观测值改正数为 V, 观测值对应的权为 P; 形变方程函数为 F, 未知参数为 X, 形变方程线性化系数矩阵为 A。

最小二乘法求解就是在目标函数最小的原则下对未知数进行求解。经典最小二乘法的目标函数是观测值的不符值 PVV, 使下面的目标函数(观测值不符值)最小:

$$(F(X) - D)^{\mathrm{T}} P(F(X) - D) \tag{9-5}$$

未知参数强烈依赖于未知参数初始值。如果方程是线性的, 那么不管参数初始值如何选取，最后都可以得到正确的参数改正数。如果方程是非线性的，不同的未知参数初始值得到不同的参数改正数，不能保证未知数收敛于最优解。线性反演的优点是运算速度比较快。

对于断层滑动分布求解，为了使反演得到的滑动分布比较接近实际情况，往往加以一定的约束，例如要求断层滑动分布比较连续平滑，那么其目标函数需要加上"滑动参数粗糙度"：

$$\text{Roughness} = (LX)(LX) \tag{9-6}$$

式中，L 是拉普拉斯算子。目标函数需要在观测值不符值 Misfit 和参数粗糙度 Roughness 之间达到平衡，引入平滑因子 β，则参数最优值应该使下面的目标函数最小：

$$(F(X) - D)^{\mathrm{T}}P(F(X) - D) + \beta^2(LX)(LX) \tag{9-7}$$

不同的平滑因子将会给出不同的最优解。一般可以根据观测值不符值和粗糙度的折中（trade-off）曲线来选取平滑因子，选取的原则是平滑因子不会不恰当地增加观测值不符值。

方程的求解，可以采用各种最小二乘法，比如有界变量最小二乘法（BVLS）、非负最小二乘法、阻尼最小二乘法等。

比如，可以用有界变量最小二乘法求解地震断层滑动分布。对于给定的一组断层几何形状参数，离散化断裂段的滑动量与地表形变之间是线性关系 G，格林函数 G 可以用 Okada（1985，1992）弹性半空间矩形断层位错模型计算，或者地壳分层矩形断层位错模型或者弹性半空间三角形位错模型计算。令形变观测值为 d，用有界变量最小二乘法求解滑动分布，使下式函数最小：

$$F(s, \beta) = \| W(Gs - d) \|^2 + \beta^2 \| Ls \|^2 \tag{9-8}$$

式中，平滑算子 L 是拉普拉斯有限差分算子，$W^{\mathrm{T}}W = \Sigma^{-1}$，其中 Σ 是 GPS 数据协方差矩阵，β 是平滑因子，$\| W(Gs - d) \|$ 是不符值，$\| Ls \|$ 为粗糙度，β^2 是粗糙度与不符值之间的权。

2. 非线性反演

非线性反演可以处理比较复杂的非线性问题。有些方程不好进行线性化，可以用格网搜索法、蒙特卡罗方法、模拟退火算法、遗传算法等非线性方法进行寻优。

（1）蒙特卡罗方法

蒙特卡罗方法是随机产生一组地球物理模型参数，由此计算相应的地球物理量的理论值，将其与观测值进行比较，如果不符合，再按照随机分布规律产生另一组物理模型参数，继续计算和比较，反复进行，直到符合一定误差范围为止。该方法一般很难达到全局最优解，不能保证最终解的质量。

（2）模拟退火算法

模拟退火算法是从局部搜索法演变而来的。它改变局部搜索法只接受优化解迭代的准则，在一定限度内接受恶化解（康立山等，2000）。

模拟退火算法源于对固体退火过程的模拟，先对固体加温，在熔解温度下，固体粒子能量的非均匀状态被破坏，并会达到新的平衡，系统能量增大。然后徐徐降温，使系统在每一温度下都达到平衡态，系统能量也逐渐降低。当温度降到结晶温度后，物体结晶，系统能量达到最小值。

设组合优化问题的一个解 i 及其目标函数 $f(i)$ 分别与固体的一个微观状态 i 及其能量 $E(i)$ 等价，令随算法进程递减的控制参数 t 担当固体退火过程中的温度 T 的角色，温度由一个冷却进度表控制。

在某控制参数 T(称为温度)下，当前解为 i，对应的目标函数为 E_i，在邻域产生新解 j，对应的目标函数为 E_j，模拟退火算法接受新解 j 的准则称为 Metroplis 准则，可描述如下：

如果 $E_j < E_i$，则以 j 取代 i 成为当前解；

如果 $E_j > E_i$，若 $\exp\left(\dfrac{E_i - E_j}{T}\right) > \text{rand}(0,1)$，也以 j 取代 i 成为当前解。

式中，$\text{rand}(0,1)$ 为 $0\sim1$ 间的均匀分布的随机数。

模拟退火算法依据 Metroplis 准则接受新解，因此除接受优化解外，还在一个限度范围内接受恶化解。开始时 T 值大，可能接受较差的恶化解；随着 T 值的减小，只能接受较好的恶化解；最后在 T 值接近于零值时，就只能接受优化解了。这就使模拟退火算法可以从局部最优的"陷阱"中跳出，更有可能求得组合优化问题的整体最优解，又不失简单性和通用性。

温度 T(或 t)是由冷却进度表控制的，由高到低慢慢地降为几乎为零。它有一个初值 T_0、衰减函数、终值 T_f。当然也可以用一组数列 T_i 取代衰减函数。

(3)格网搜索法

格网搜索法是对未知参数在一定的范围内以一定的步长变化，依次计算每个备选模型的目标函数，并选取观测值目标函数不符值最小的备选模型，作为最佳未知参数模型。

由于有些问题的计算时间很长并且计算复杂，使用其他非线性优化方法或者是最小二乘法都不现实，反而用格网搜索法比较有效。比如有限元模型、震后黏弹性松弛半解析模型，比较适合用格网搜索法寻找未知参数的最优解。

9.2.2 联合反演问题

地球物理联合反演是指利用两种或两种以上的观测物理量求解未知参数的反演方法。因为约束数据可能是具有不同量纲的观测物理量，所以约束数据可能需要进行数据归一化，并且在联合反演模型中给出它们恰当的相对权比，以使反演结果更合理。

9.2.3 约束条件

地球物理反演的最大问题是解的不唯一性。对于实际的地球物理问题，可以用已知的地质、地球物理、岩石学等方面的知识和资料对求解参数进行约束，这些知识和资料可以称为"先验性信息"。例如，地壳中的纵波速度在 8km/s 以内，浅源震源深度在 $0\sim30$km 以内等。一般来说，存在四种约束条件：

①非负约束条件。地球介质的绝大多数物理参数(如地震波速度、密度等)都取正值。

②区间约束条件。分布在地球内一定部位的物理参数总在一定范围内取值。例如地幔内部的运动，一般为 $10^{25}\sim10^{30}\text{m}^2/\text{s}$。

③特定约束条件。例如，利用钻孔所得介质参数作为已知值，从而减少了待求的

参数。

④函数关系约束条件。

9.2.4 模型分辨率

Du 等(1992)以分辨率矩阵 **R** 来评估模型的可靠性,其对角线元素 $r_j(j=1,2,\cdots,2n,n$ 是子断层数)反映子断层滑动分量估算强度。如果该分量能够完全分辨,其值为 1;如果完全不能分辨,其值为 0;通常对角元素 $0<r_i<1$。我们将子断层对角元素平方和的均方根 $R_i(i=1,2,\cdots,n)$ 的倒数 ρ 作为其模型分辨率的代用指标,具体定义为:

$$\rho = \frac{\alpha}{\sqrt{R_i}} \tag{9-9}$$

式中,α 代表子断层的线性尺度,在谭凯(2013)的模型中为 3km 或 4km;ρ 代表了模型能够可靠分辨的滑动分布尺度大小。例如,在汶川地震滑动分布反演(谭凯等,2013)中,浅部贴近地表的模型分辨率最大达 6~8km,最低部位在小鱼洞附近,分辨率也在 12~14km,而深部分辨率较差,但最低也在 16~20km。因此认为,模型显示的主滑动区以及浅层的滑动空区是可靠的。

9.2.5 参数置信区间估计

依据前述线性或者非线性优化方法,可以得到未知参数的全局最优解或者局部最优解,参数最优值的置信区间估计有三种方法。

1. bootstrap 方法

bootstrap 方法开始于一套大地测量数据,在这一套数据里采样组合,得到很多套数据,例如 $N=4000$ 套。对每套数据利用上述方法进行非线性优化反演,得到 $N=4000$ 个断层模型,将每个参数(如参数 M)的所有数据从小到大排列,得到该参数的数列:$M_i(i=14000)$。将该数列上下界分别去掉 2.5% 的数据(例如:$4000\times2.5\%=100$ 个数据),即是 95% 置信区间(Cervelli,2001):

$$95\%置信区间:\left[M_{N\times2.5\%},M_{N-N\times2.5\%} \right]$$

式中,M 为某参数由小到大排列的数列,N 为反演得到的断层模型个数。

2. F 检验法

使用 F 分布检验,假设观测值是正态分布,目标函数在全局最小值处可以线性化,那么,所有 $\chi^2 < \chi^2_{opt}$ 的模型被认为处在最优模型的 $100 \times \alpha\%$ 置信区间内(Draper and Smith,1981)。

$$\chi^2_\alpha = \chi^2_{opt}\left[1 + \frac{m}{n-m}F(m,n-m,1-\alpha) \right] \tag{9-10}$$

式中,n 是数据个数,m 是模型参数个数,F 是自由度为 m 和 $n-m$ 的 F 分布。

3. 误差干扰法

所有测量数据都有误差,误差具有不确定性,误差干扰法认为不确定的误差将会引起反演结果在某个范围内变化,这个反演结果变化范围就是我们需要知道的参数置信区间。因此,为了求得参数置信区间,将观测数据随机加上不确定的误差,得到很多套含有误差干扰的数据，例如 $N=4000$ 套。对每套数据利用上述方法进行反演，得到 $N=4000$ 个断层模型，将每个参数(例如参数 M)的所有数据从小到大排列，得到该参数的数列：$M_i(i=1,$
$4000)$。将该数列上下界分别去掉 2.5% 的数据(例如：$4000\times2.5\%=100$ 个数据)，即是 95% 置信区间。

$$95\%置信区间：\left[\,M_{N\times2.5\%}\,,\,M_{N-N\times2.5\%}\,\right]$$

式中，M 为某参数由小到大排列的数列，N 为反演得到的断层模型个数。

我们针对某个实验区，采用三种方法求参数置信区间，发现 F 比检验法给出的置信区间范围最小，bootstrap 法的次之，误差干扰法给出的置信区间范围最大。

9.3　长期构造运动和地震应力对地震活动的综合影响

地震是应力积累到一定程度突然释放的过程，主要与岩石圈积累的构造应力有关。因而，断层滑动速率和断层闭锁深度是判断断裂活动强度的重要依据，同时也是地震危险性分析的重要基础数据。以大地测量数据为约束，可以反演长期构造运动模型的断裂滑动速率和闭锁深度，进而求得地震复发周期 T，评估断层的背景地震发生概率。

假设从上一次地震到这一次地震的地震周期里，断裂以固定的长期滑动速率滑动并积累形变，然后在本次地震中释放掉所有积累的滑动变形，则各段地震复发周期 T 等于各段破裂的平均同震滑动量 S 除以其长期滑动速率 V：

$$T=\frac{S}{V} \tag{9-11}$$

式中，T 是地震复发周期；S 是同震滑动量，根据同震形变场反演得到；V 是震间断层长期滑动速率，可以用震间 GPS 地壳运动速度求得。

用于地震危险性分析的概率模型有泊松分布、对数正态分布等模型，主要与地震复发周期相关。例如，泊松模型的概率密度函数、条件概率分别为：

$$\left.\begin{array}{l}f_{\exp}(t)=\lambda\exp(-\lambda t)\\P_c(t_e\leqslant t\leqslant t_e+\Delta t)=1-\exp(-\lambda\Delta t)\end{array}\right\} \tag{9-12}$$

式中，λ 为断裂段地震年平均发生率，$\lambda=\dfrac{1}{T}$；t_e 为地震离逝时间；Δt 为预测时间。

参考 Toda 提及的将地震发生率转换为标准泊松概率的公式：

$$P=1-\exp(-r) \tag{9-13}$$

根据断层发震概率 P 可得背景地震活动率 r：

$$r=-\ln(1-P) \tag{9-14}$$

地震的发生除了与断层长期构造运动积累的能量有关，与周边强震的地震应力影响也有明显的联系。因为一个强震爆发后会引起周边区域应变和应力调整，有可能增加(触发)或者抑制某个区域的地震活动。库仑应力触发理论是表示地震应力影响的较好方法。地震应力触发分为静态应力触发，黏弹性应力触发和动态应力触发三种模式。以大地测量资料反演获得地震破裂精细模型，可以为库仑应力计算提供可靠的基础。

根据库仑破裂准则，使岩石破裂失稳的库仑破裂应力为：

$$\Delta\sigma_f = \Delta\tau + \mu(\Delta\sigma_n + \Delta P) \tag{9-15}$$

式中，$\Delta\tau$ 为断层上的剪切应力变化(沿断层滑动方向为正)；$\Delta\sigma_n$ 为正应力变化(使断层解锁为正)；ΔP 为断层区的孔隙压力变化(压缩为正)；μ 为摩擦系数(范围为 0~1)。破裂在 $\Delta\sigma_f$ 为正时被驱使，为负时被抑制，增加剪切应力和使断层解锁这两种情况均可驱使破裂；ΔP 与 $\Delta\sigma_n$ 作用的趋势相反，在式(9-14)中引入有效摩擦系数 μ' 而合并成一项，即为下式：

$$\Delta\sigma_f = \Delta\tau + \mu'\Delta\sigma_n \tag{9-16}$$

Dieterich 推导了应力扰动后的地震活动率关于时间 t 的函数 $R(t)$：

$$R(t) = \frac{r}{\left[\exp\left(\dfrac{-\Delta\sigma_f}{A\sigma}\right) - 1\right]\exp\left(\dfrac{-t}{t_a}\right) + 1} \tag{9-17}$$

式中，A 是断层结构参数；σ 是全部正应力，实际应用中通常取 $A\sigma$ 值为 0.1~0.5bar；r 是背景地震活动率；$\Delta\sigma_f$ 是库仑应力变化；t_a 是应力扰动的持续时间。要计算式(9-15)中的 $R(t)$，首先要得到背景地震活动率和库仑应力变化。其中前者可以在式(9-13)中得到，后者可以在式(9-15)中得到。

令发生应力扰动时的断层发震概率为 P'，则由式(9-13)、式(9-14)和式(9-17)有：

$$P' = 1 - \exp\left\{\frac{\ln(1 - P)}{\left[\exp\left(\dfrac{-\Delta\sigma_f}{A\sigma}\right) - 1\right]\exp\left(\dfrac{-t}{t_a}\right) + 1}\right\} \tag{9-18}$$

式中，P 是未发生应力扰动的发震概率。

9.4 岩石圈形变反演应用

9.4.1 中国大陆块体运动模型

GPS 速度场的产生可能有多种解释，其中一种可能是刚性块体的旋转和边界断层闭锁产生的形变。相邻两个块体的旋转和其边界断层的长期的平均滑移速率都可以通过欧拉极表示，反演时估计的参数包括每个块体的欧拉矢量、闭锁系数、块体的统一应变率。这里把块体的旋转和弹性半空间位错模型产生的断层附近的应变结合起来采用模拟退火法同时反演。

边界断层的长期的滑移速率可以通过这两个块体的旋转在其边界处的速度差得到。而这两个块体的运动都可以通过球坐标下的欧拉极表示。计算断层闭锁产生的变形采用 Okada 的模型和公式。

当然，实际的震源断层面不可能是一个简单的几何平面，而可能是一个凹凸不平面。断层也不是完全闭锁。断层在不同深度、不同部位闭锁程度是不同的，能量积累也不同。闭锁系数 φ(或称闭锁率)可以理解为断层面中闭锁部分的面积所占的百分率(大小从 0~100%)。一般在地表附近(如 0~10km 处)，断层完全闭锁，闭锁系数 $\varphi = 1$；在断层底部，系数 $\varphi = 0$。

如将地震看成断层面上的突然位错，则可以形成地震力矩，简称地震矩，其定义为：$M_0 = \varphi \mu AD$，其变化率为 $\dot{M}_0 = \varphi \mu AV$。式中，$\varphi$ 为闭锁系数（闭锁率），A 是断层面的面积，μ 为岩石剪切模量，D 为断层面的平均错矩，V 为旋转角速度得到的长期滑移率。

并不是所有块体边界都必须定义为断层。如果某个边界没有定义断层，则当做自由滑动并且不产生弹性应变。

采用的约束模型的观测数据包括 GPS 数据、断层滑移率、地震滑移矢量、转换断层方位角、表面应变倾斜率、表面抬升率等。断层几何形状当作已知值并通过断层面在不同深度节点的坐标定义。

反演时估计的参数包括每个块体的欧拉矢量、闭锁系数、块体内部的均匀应变率。结果可以求出每个块体的欧拉矢量、块体运动方向和速率、块体均匀应变、边界断层滑移率。模拟效果的不符值：

$$\chi_n^2 = \frac{\sum_{i=1}^{N}(r_i/f\sigma_i)^2}{N-P}$$

式中，N 为观测量个数，P 为待估参数个数，$N-P$ 为自由度，r 为观测值与模拟值的残差，σ 为观测值误差，f 为误差尺度因子。

为得到使 χ_n^2 达到最小的一组最佳参数值，使用模拟退火算法求解。

利用中国大陆及周边地区的 1683 个 GPS 测站资料，建立 30 多个块体组成的活动地块运动学模型，以约 30 条产状各异、滑动速率不等的第四纪活动断层为地块边界，将大陆构造变形视为活动地块的刚性旋转和地块边界断层闭锁的弹性变形的综合响应。地块运动学模拟研究表明，在 GPS 观测精度内，该模型整体上较好地反映了中国大陆构造变形的主要特征，模型给出的主要断层滑动速率在青藏高原及周边为 6~20mm/a，在中国东部地区为 1~4mm/a（图 9-3），与地质长期速率比较一致。

9.4.2　汶川地震断层破裂模型

地震破裂模型包含破裂几何形状参数（长度、宽度、深度、倾角、走向、水平位置）和滑动参数（走滑、倾滑和张性滑动量）。汶川地震后，不同学者用地震波、大地测量等资料给出了十多个地震破裂模型。用地震波数据、InSAR 数据或者陆态"网络工程"GPS 数据反演得到的断层模型，破裂位置与地质资料差别较大，至多只能在浅部区分出虹口、北川、南坝三个凹凸体，并且滑动分布比较平滑。Wang 等（2011）、谭凯等（2013）用地质资料对破裂位置进行较强的约束，利用更为密集的 GPS 资料、InSAR 与精密水准观测，联合反演汶川地震的破裂几何形状和滑动分布，结合地表破裂和余震分布特征，揭示龙门山断裂带凹凸体及障碍体的几何形状、展布特征及其与前震、主震和余震的关系，更好地理解汶川地震的地质构造背景和孕震过程。

1. 模型构建

将龙门山断裂按 3.5km×2.5km 离散化，研究各小断裂的详细滑动分布。

2. 反演方法

对于搜索到的每一组几何形状参数，离散化断裂段的滑动量与地表形变之间是线性关

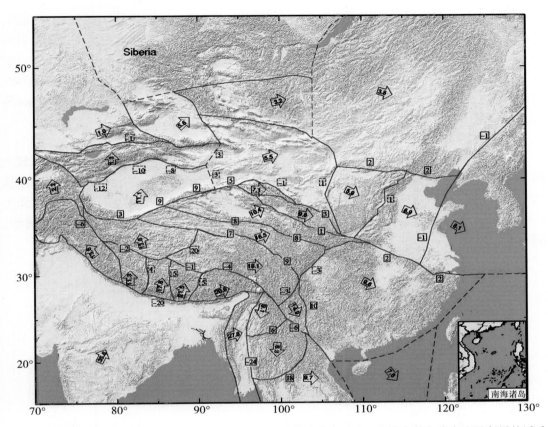

箭头内数字代表活动地块运动速率，以西伯利亚块体为参考基准；方格内数字代表边界断层的活动速率，虚线方格为正断层或逆断层，数字为正表示拉张，数字为负表示挤压；实线方格为走滑断层，数字为正表示左旋，负表示右旋。

图 9-3　中国块体运动速率和主要边界断层的活动速率（王伟等，2008）

系 G，此处用 Okada(1985)弹性半空间位错模型计算格林函数 G。令形变观测值为 d，用有界变量最小二乘法（BVLS）求解滑动分布，使下式函数最小：

$$F(s, \beta) = \parallel W(Gs - d) \parallel^2 + \beta^2 \parallel Ls \parallel^2 \tag{9-19}$$

式中，平滑算子 L 是拉普拉斯有限差分算子；$W^{\mathrm{T}}W = \Sigma^{-1}$，其中 Σ 是 GPS 数据协方差矩阵；β 是平滑因子；$\parallel W(Gs - d) \parallel$ 是不符值；$\parallel Ls \parallel$ 是粗糙度；β^2 是粗糙度与不符值之间的权。

3. 滑动约束范围

基于野外地质考察的地表破裂大小及分布特征，初步将北川及彭灌断裂带的位错量限制在 5~15m 的范围，进行一系列的数值计算和精度评估，最终根据最小的加权残差平方和（WRSS）及地质考察的地表破裂大小，分别取 9m 和 6m 作为北川及彭灌断裂带位错量的上边界。

4. 权重确定

观测值的权重为对角的协方差矩阵，忽略观测值之间的相关系数。对于 GPS 观测，取 3 倍的中误差以弥补忽略相关性及潜在的系统误差。对于三角点和水准点的结果，则根据其标准误差确定权重。将重采样的 InSAR LOS 观测值作为独立观测，并忽略了各点的空间分布、噪声水平及图像的去相关因素，采用统一的权重系数 $(1/\sigma^2)$。基于 InSAR 精度评估，参考已有研究人员的结论(Shen et al.，2009；Feng et al.，2010)，取 $\sigma = 40\text{mm}$ 作为 InSAR LOS 观测值的中误差。

5. 平滑因子

不同的平滑因子将会给出不同的最优解。为了提高运算速度，首先将断层离散成较大的小断裂，来选取平滑因子。为了简化问题，根据观测值不符值和粗糙度的折中曲线来选取平滑因子，选取的原则是平滑因子不会不恰当地增加观测值不符值。不符值和粗糙度的折中(trade-off)曲线如图 9-4 所示，平滑因子可以在 1.0~4.0 间选择。在后面的研究中，将平滑因子固定为 2.0，以方便关注破裂几何特征变化。

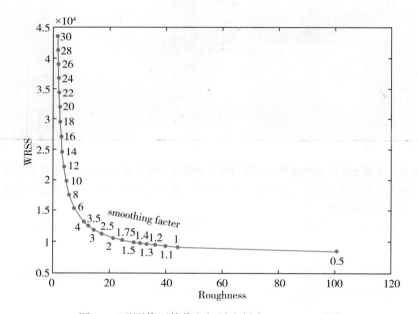

图 9-4 观测值不符值和粗糙度折中(trade-off)曲线

6. GPS 和 InSAR 联合反演结果

GPS 和 InSAR 联合反演获得的断层滑动分布如图 9-5 所示(谭凯等，2013)。滑动分布表现为非均匀破裂特征，可以明显区分其中数个离散的区域峰值滑动面(即凹凸体)，相互之间被滑动量较小的间隙体明显隔开。滑移值大于 6m 的凹凸体有 5 处：草坡到虹口、清平、北川、南坝和青川。草坡到虹口的滑动区逆冲为主，被低滑动区分割成三个从西南下部扩展到东北地表的三个高滑动区。清平高滑动区分布较浅，走滑已经占了很大的分量。北川凹凸体分布较深，被 8~12km 宽的低滑移间隙与清平凹凸体完全隔开，其整体为倾滑运动，并且在浅部向南坝延长了40～60km。南坝大于6m的滑动区和大于2m的滑动区分布也较深。青川大于6m的滑动极少，一般大于2m，分布较浅，最后在地下深处还延伸了30km。彭灌断裂是分布于浅层8～9km的范围的滑动大于2m的凹凸体，释放的矩震能量较小，以倾滑为主，局部伴有较小的走滑分量。

因此，走滑量大于2m的主破裂区域始于距震中西南20km处的卧龙，破裂沿北东方向传播一直延伸至沙洲镇，破裂长度至少291km，略小于余震延展的长度，长于地震地质考察的地表破裂长度，因为南北两端深处都有尚未出露的滑动。假设该地区地壳介质的平均剪切模量为30GPa，则根据反演的位错分布得到各个凹凸体所在断层段的地震矩和矩震级，总地震矩为9.67×10^{20}Nm，对应的矩震级为$M_W7.96$，与USGS（7.6×10^{20}Nm）及GCMT（9.43×10^{20}Nm）发布的地震矩基本一致。凹凸体的最大滑动介于3～13m，相应的矩震级为$M_W6.5$～7.4。较小的滑动，一般位于历史地震$M<7$级的等震区域（闻学泽等，2009），但是汶川地区$M_L>4$的余震分布在大的凹凸体周围，具有明显的集群特征，尤其在南部地区，其震源机制与凹凸体的几何形状一致。

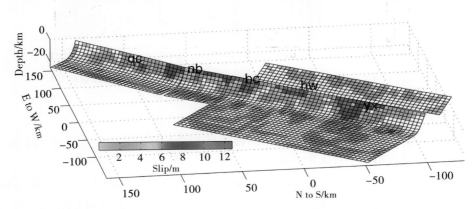

图9-5 GPS和InSAR联合反演弹性半空间模型总滑动分布（谭凯等，2013）

与其他模型相比，静态大地测量资料强化了对破裂模型的约束，给出了较为精细的破裂分布结构（图9-6）。与类似的研究成果比较，目前已展示的地震和大地测量模型仅仅在浅部展示了2个或3个凹凸体。由于分辨率的限制而没有沿倾滑方向延伸，这些模型未能清晰地反映出主震、余震造成的滑动间的关系（张勇等，2008；Shen et al.，2009）。Shen等（2009）用InSAR和158个GPS同震形变反演的弹性半空间位错模型，至多只能在浅部区分出虹口、北川、南坝三个凹凸体，并且滑动分布比较平滑。

基于地震波的滑动分布和破裂过程反演，一般先根据震源机制解或地质调查结果给出的破裂位置和几何形状构建离散化的断层模型，然后反演各小断裂的滑动分布和破裂过程。其预先给出的破裂位置、分段和形状一般表征粗略的平均特征，一般也揭示了大尺度破裂的不连续分布特征，即破裂在时间上可以细分为强度不等的子事件，在空间上一般表现为大小有别的主要滑动区。张勇等（2008）用远场地震波数据反演得到比较简单的单一矩形断层模型，破裂位置与地质资料差别较大。王卫民等（2008）根据地质考察资料确定

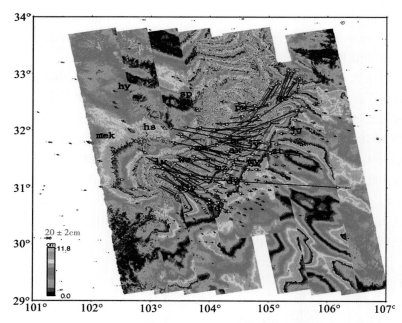

黑箭头：GPS 观测值；红箭头：GPS 模拟值；条纹：InSAR 干涉观测值

图 9-6　GPS 和 InSAR 联合反演弹性半空间模型模拟效果图（谭凯等，2013）

破裂地表位置，其破裂位置、深度和倾角的选择具有较大的不确定性。模型几何形状的不确定性将会对滑动分布产生较大的影响。

　　Shen 等（2009）给出的模型主要依据 9100 个 ALOS/ENVISAT 升轨 InSAR 图像采样点，模型细节特征来自 InSAR 的观测约束，148 个 GPS 站资料只起辅助作用，且对近场 GPS 站按位移幅度进行降权处理，更削弱 GPS 资料的约束强度。尽管模型拟合误差小（InSAR 拟合误差为 1.9cm，GPS 拟合误差大约为 4cm），但中央断裂上仅显示映秀、北川、南坝三个局部峰值超过 9m 的主破裂区，前山断裂没有明显的破裂峰值区，模型分辨率较低。

　　Tong 等（2010）利用 5738 个 ALOS 卫星 InSAR 图像采样点（其中 729 个来自下降轨道）和近场 GPS 测站 103 个水平位移分量资料建模。该模型凸显了映秀、北川、高村、南坝、汉旺五个主破裂区域。该模型的一个特点是引入地表破裂勘察资料作为模型约束条件，模型细节特征可能更多体现了地表数据的贡献。尽管模型分辨率有所提高，但 InSAR 数据的拟合中误差增加到 10~12cm，比 Shen 等（2009）的模型大，GPS 拟合中误差更大，达到 14.5cm，说明模型误差较大。

　　Feng 等（2010）给出的模型也显示浅部有六个主破裂区（其破裂面两端的滑动模式与我们略有不同）。模型反演仅用 2150 个受电离层误差干扰相对较小的 ALOS 数据，但对有限的 GPS 数据依据测站距离远近给予特别加权，大幅增加了近场 GPS 数据的权重。为数不多的 GPS 数据可能决定了断层浅部的滑移分布，提高了模型分辨率，但一定程度降低了模型精度，拟合 InSAR 数据中误差达到 7.7 cm，相对较高。

GPS 和 InSAR 联合反演的模型与此前主要依赖 InSAR 建模的主要差别在深部破裂状态，清楚显示 15 km 以下两个分别位于卧龙、草坡峰值高达 6 m 主破裂区。该区与断坡断层主破裂区域分离，其释放的地震矩相当于两次 $M_W>7$ 大震。此外，滑脱层还有三四个中小规模破裂区，散布在理县、汶川和茂县一带，大致也相当于 $M_W6.6\sim6.8$ 强震。由于 InSAR 数据对位于浅部、高角度断坡断层滑动相对敏感，而对深部、近水平滑脱层破裂分辨能力相对薄弱，以 InSAR 为主的反演模型不能可靠展示这些深部破裂特征。而位于断层上盘 GPS 资料重现滑脱面非均匀破裂特征。深部破裂区的识别得益于龙门山地区加密的 GPS 观测，说明在逆冲破裂上盘获取密集、高精度、三分量同震位移资料，对研究特大地震震源过程具有重要价值。

9.4.3 汶川震后黏弹性松弛模型

2008 年 5 月 18 日汶川 $M_W7.9$ 强震后，中国地震局立即组织了地震科学考察 GPS 监测。中国地震局地震研究所除了完成地震科考任务，还新建了 25 个 GPS 连续站，与各级 GPS 连续站、流动站一起组成汶川震后 GPS 监测网络(谭凯等，2013)。中国地震局地质研究所与北京大学也在汶川震区布设了 30 多个 GPS 连续站监测震后变形(王敏，2010)。根据这些震后监测数据可以获得震后形变场的时空演化图像，震后形变随时间衰减，震后 1~2 年内大部分站点的震后位移方向与同震位移方向相近。

震后变形的力学机制具有多种解释，如震后余滑(Marone et al.，1991)、震后孔隙回弹(Peltzer et al.，1998)和震后黏弹性松弛(Vergnolle et al.，2003)。震后余滑形变由震后地震断层面及其扩展面的缓慢滑动引起，通常地震破裂面两侧附近的形变最大，余滑过程一般局限在震后 1~2 年内。震后孔隙回弹形变由震后孔隙水重新平衡引起，也是在地震破裂面附近的形变最大，一般震后一年即可恢复平衡。震后黏弹性松弛是由岩石圈下部流变物质的应力松弛引起，可以在更长时间、更大空间内持续。

相对于同震形变和震后余滑，黏弹性松弛形变反映深部壳下丰富的震源物理过程、深部动力学信息，可以约束研究深部流变结构，深化岩石圈动力学研究。汶川地震所在的巴颜喀拉地块属青藏东北缘，以其巨厚、软弱地壳成为探索青藏高原隆升机制的一个关键部位，其岩石圈弹性层厚度、流变物质黏滞系数、弱壳强幔或强壳弱幔对于青藏高原构造演化具有不同的指示意义(Royden et al.，1997；Owens and Zandt，1997；Bürgmann and Dresen，2008)，对青藏高原隆升和演化研究具有重大的科学意义。

沈正康(2012)研究了汶川地震震后形变场的时空演化过程，震后四年来观测结果表明，断裂带东西两侧形变场存在明显差异，西侧近场位移累积超过 100mm，而东侧仅约 10mm，反映了形变源的非对称性分布及两侧介质性质的明显不同。巴颜喀拉地块下地壳与上地幔黏性系数约为 $10^{19}Pa/s$，比下地壳层流支持者认为可能存在的介质黏性高约两个数量级，因而初步判定，大范围、全下地壳范围的层流在这一地区并不存在。

丁开华(2013)研究了中国地震局地震研究所和武汉大学观测的汶川地震 GPS 震后形变数据，求得震后松弛时间约为 38d，并获得各测站的震后位移场。基于黏弹性松弛模型，对震后位移进行了模拟，反演出龙门山地区地壳的弹性层厚度的最佳估值为 45km，黏弹性层的黏滞系数的最佳估值为 $1.8 \times 10^{19} \mathrm{Pa/s}$。

而谭凯(2010)通过数值模拟发现,不但震后余滑与黏弹性松弛间存在折中关系,甚至汶川壳下流变物质的黏度与厚度也存在折中关系。如果将震后变形视为大部分由余滑引起,则黏弹性松弛成分将很少,对应的壳下单层流变物质黏度对数的高值至少在 21 以上。反之,将震后变形视为大部分由黏弹性松弛引起,并假设上部弹性层为 20km,中间黏弹性层为 5km,而深部物质黏度相对于中间层大两个量级,则中间层黏度对数应该大于 17.5,即龙门山地区可能存在一个岩石强度较低层。具体方法如下:

假设远场变形全部由震后黏弹性松弛引起,反演深部流变结构参数。同震破裂模型为1217 个子断层滑动分布模型,作为震后形变研究的先验参数。

设计汶川地区双层流变结构的初始模型是:上部弹性层埋深 22km,下面两层黏弹性层埋深分别为 32km、52km,其中 22~32km 对应于中地壳,32~52km 对应于下地壳(可能包含上地幔顶部)。深度大于 52km 的物质黏度可能随着压强的增大而增大,并且该深度的物质黏度变化对地表观测值的影响不是很敏感,所以将深度大于 52 km 的物质设定为类似于弹性强度很大的物质。

基于本节确定的 1217 个子断层的同震破裂模型,采用格网搜索方法反演流变结构黏度,黏弹性层黏度对数(上层为 v_1,下层为 v_2)都从 16 以 0.3 步长增加到 22。用 VISCO1D 软件(Pollitz,1992,1997)计算每个模型的震后黏弹性松弛形变模拟值。以残差平方和 $\boldsymbol{R}^2$ 作为观测值不符值(misfit),以衡量模型对观测数据的拟合程度:

$$\boldsymbol{R}^2 = \boldsymbol{r}^{\mathrm{T}} \boldsymbol{r} \tag{9-20}$$

式中,$\boldsymbol{r}$ 为形变模拟值与观测值之差,则观测值不符值最小的流变结构参数就是所求。

9.4.4　高频 GPS 形变约束的汶川地震破裂过程

按照破裂过程反演结果给出的结果信息量来看,破裂过程反演可以大致分为几大类:

① 只给出滑动量大小的反演。反演过程中一般需要给定一个恒定的破裂速度和子断层的时间函数——通常为三角形。破裂速度的大小可以根据研究人员的经验给定,也可以在某个范围内以一定步长不断试解,搜索出一个残差最小的解对应的最优破裂速度,作为给定的破裂速度。这类研究所涉及的待解参数较少,反演求解稳定,计算效率也较高,但给出的信息不多。

② 给定子断层震源时间函数,但不给定统一的破裂速度,反演子断层的滑动量和初始破裂时刻。在这种情况下,滑动量的反演是一个线性问题,而子断层的初始破裂时刻的反演为非线性问题,这两个问题可以迭代地进行——先线性地反演滑动量,再非线性地反演子断层初始破裂时刻,直到最后迭代稳定地收敛为止。

③ 同时给出滑动量大小和子事件时间过程的反演。这类工作基本上都是线性反演,所涉及的待解未知参数较多(单一机制下一般为:子断层数×子断层震源时间函数点数),虽然计算量大大增加,但由于减少了反演过程中的人为假定,从理论上说能得到更符合实际的结果,因而能更好地解释资料。有些研究者为了减少计算量,给子断层震源时间函数加了一些附加约束条件,如设定子断层震源时间函数由若干个一定形状的窗所组成,只需要反演求解各个窗的幅度便可,这样有助于减少待解参数,提高计算效率。

以 GPS 和 InSAR 同震形变场为约束反演得到的汶川地震滑动分布，展示了从虹口到青川的数个高滑动区（谭凯等，2013），从静态滑动的角度对汶川地震的破裂情况进行了评估，为防震减灾、地震危险性分析提供了参考。但静态滑动分布反演结果不包含破裂时间的先后信息，无法反映震时断层破裂发展情况。研究地震瞬间断层破裂随时间的发展则是地震破裂过程反演问题。

谭凯（2011）以静态滑动分布研究结果为基础，以 GPS 连续站动态形变为约束数据，模拟研究汶川地震破裂过程。采用格网搜索方法，寻找模拟值与观测值的最佳符合参数。将静态滑动分布反演结果设定为滑动量初值，并将滑动角固定不变——与滑动分布模型的滑动角一致。震源时间函数的上升时间则根据破裂面积来确定。格网搜索断层平均破裂速度和子事件破裂速度，获得动态形变观测值和模拟值相关系数最大的 4 个破裂子事件发展过程。格网搜索得到的平均破裂速度为 2.5km/s，子事件破裂速度为 3km/s，破裂从震源向北东向扩展，破裂持续时间为 105s。

9.4.5　汶川地震对周边断层库仑应力和发震概率影响

利用 2008 年汶川震前的 GPS 速度场，计算了青藏高原东部主要断层背景地震活动性和发震概率，然后根据密集的近场同震形变约束的精细的汶川地震破裂模型，分析汶川地震引起的周边断层库仑应力的变化，并对应力扰动后周边断层发震概率的变化进行了定量估计。研究表明，鲜水河断裂北段（道孚-康定段）有明显的应力增加，最大应力增加值达到 0.67bar，其他应力增加值较小的区域有东昆仑断裂、嘉黎察隅断裂、岷江断裂南段和成都德阳断裂东北段，而鲜水河断裂南段（康定-泸定段）、岷江断裂北段、成都德阳断裂西南段和虎牙断裂的应力积累则明显降低。综合震前发震概率和汶川地震应力变化影响估算的应力扰动后的发震概率表明，受汶川地震影响，鲜水河断裂北段（道孚-康定段）发震概率明显增加，大震发生概率接近震前的 2 倍。

（本章由谭凯撰写）

本章参考文献

1. 陈运泰，黄立人，林邦慧，等．用大地测量资料反演的 1976 年唐山地震的位错模式[J]．地球物理学报，1979，22(3)：201-217.

2. 丁开华，许才军，温杨茂．汶川地震震后形变的 GPS 反演[J]．武汉大学学报．信息科学版，2013，38(2)：131-135.

3. 国家重大科学工程"中国地壳运动观测网络"项目组．GPS 测定的 2008 年汶川 Ms8.0 级地震的同震位移场[J]．中国科学（D 辑：地球科学），2008(38)：1195-1206.

4. 康立山，谢云，尤矢勇，等．非数值并行算法——模拟退火算法[M]．北京：科学出版社，2000.

5. 刘刚，谭凯，彭懋磊，等．用超长基线解算分析汶川地震动态形变特征[J]．大地测量与地球动力学，2011，31(5)：14-19.

6. 乔学军，王琪，杜瑞林. 川滇地区活动地块现今地壳形变特征[J]. 地球物理学报，2004，47(5)：805-811.

7. 沈正康，王敏，王凡，等. 汶川地震震后形变过程与龙门山断裂带及周边介质流变学性质研究[C]//中国地球地理学会. 中国地球物理学会第二十八届年会论文集. 合肥：中国科学技术大学出版社，2012.

8. 孙文科. 地震位错理论[M]. 北京：科学出版社，2012.

9. 孙荀英. 刘激扬，王仁. 1976 年唐山地震震时和震后变形的模拟[J]. 地球物理学报，1994，37(1)：45-55.

10. 谭凯，王琪，王晓强，等. 震后形变的解析模型和时空分布特征[J]. 大地测量与地球动力学，2005，25(4)：23-26.

11. 谭凯，李杰，王琪. 大地测量约束下的阿尔泰山岩石圈流变结构[J]. 地球物理学报，2007，50(6)：1713-1718.

12. 谭凯，乔学军，杨少敏. 汶川地震 GPS 形变约束的破裂分段特征及滑移[J]. 测绘学报，2011，40(6).

13. 谭凯，杨少敏，乔学军，等. 2008 年汶川地震中断坡-滑脱断层破裂：龙门山挤压隆升的大地测量证据[J]. 地球物理学报，2013，56(5)：1506-1516.

14. 谭凯. 汶川地震断层滑动与形变演化模拟研究[D]. 北京：中国地震局地球物理研究所，2011.

15. 王伟，王琪. GPS 观测约束下的中国大陆活动地块运动学模型[J]. 大地测量与地球动力学，2008，28(4)：75-82.

16. 王琪，张培震，牛之俊，等. 中国大陆现今地壳运动和构造变形[J]. 中国科学(D 辑：地球科学)，2001，31(7)：529-536.

17. 王庆良，巩守文，张希. 由 1990 年青海共和 7.0 级地震震后垂直形变求得的地球介质有效弛豫时间和黏滞系数[J]. 地震学报，1997，19(5)：480-486.

18. 王卫民，赵连锋，李娟，等. 四川汶川 8.0 级地震震源过程[J]. 地球物理学报，2008，51(5)，1403-1410.

19. 王敏，沈正康，万永革，等. 2008 年汶川 M_W7.9 地震 GPS 震后形变场监测与龙门山断裂带震后滑移及其邻区流变学相应研究[C]//中国地震学会. 中国地球物理 2010. 北京：地震出版社，2010.

20. 徐锡伟，闻学泽，叶建青，等. 汶川 M_S8.0 地震地表破裂带及其发震构造[J]. 地震地质，2008，30(3)：597-629.

21. 杨少敏，游新兆，杜瑞林，等. 用双三次样条函数和 GPS 资料反演现今中国大陆构造形变场[J]. 大地测量与地球动力学，2002，22(1)：68-75.

22. 张培震，徐锡伟，闻学泽，等. 2008 年汶川 8.0 级地震发震断裂的滑动速率、复发周期和构造成因[J]. 地球物理学报，2008，51(4)：1066-1073.

23. 张勇，冯万鹏，许力生，等. 2008 年汶川大地震的时空破裂过程[J]. 中国科学(D 辑：地球科学)，2008，38(10)：1186-1194.

24. Avouac J P, Tapponnier P. Kinematic model of active deformation in central Asia[J].

Geophys. Res. Lett., 1993, 20(10), 895-898.

25. Basu A, Frazer L N. Rapid Determination of the Critical Temperature in Simulated Annealing Inversion[J]. Science, 1990, 249: 1409-1412.

26. Bock Y, Nikolaidis R M, Paul J de Jonge. Instaneneous geodetic positioning at medium distances with the Global positioning system[J]. J. Geophys. Res., 2000, 105: 28223-28253.

27. Bürgmann R. Dresen G. Rheology of the lower crust and upper mantle: evidence from rock mechanics, geodesy and field observations, Annu. Rev[J]. Earth Planet. Sci., 2008, 36: 531-567.

28. Cervelli P F. Using Geodetic Data to Infer the Kinematic and Mechanical Properties of Deformation Source on Kilauea Volcano[C]. Hawaii, 2001.

29. Chen C, Zebker H. Network approaches to two-dimensional phase unwrapping: intractability and two new algorithms[J]. J. Opt. Soc. Am., 2000, 17: 401-414.

30. Choi K, Bliich A, Larson K M, et al. Modified sidereal filtering: Implications for high-rate GPS positioning[J]. Geophys. Res. Lett., 2004, 31(22): 178-198.

31. Cohen S C. Postseismic dformation due to subcrustal viscoelastic relaxation following dip-slip earthquakes[J]. J. Geophys. Res., 1984, 89: 4538-4544.

32. Comninou M A, Dundurs J. The angular dislocation in a half-space [J]. Journal of Elasticity, 1975, 5(3-4): 203-216.

33. Das S, Aki K. Fault plane with barriers: A versatile earthquake model [J]. J. Geophys. Res., 1977, 82, 5658-5670.

34. Draper N R, Smith H. Applied Regression Analysis, 2nd Edition[M]. New York: Wiley, 1981.

35. England P, Houseman G. Finite strain calculations of continental deformation, 2 Comparison with the India-Asia colision zone[J]. J. of Geophys. Res, 1986, 91, 3664-3676.

36. England P, Molnar P. Late Quaternary to decadal velocity fields in Asia [J]. J. of Geophys. Res, 110, B12401, 2005.

37. Feng G, Hetland E, Ding X, et al. Coseismic fault slip of the 2008 M_W7: 9 Wenchuan earthquake estimated from InSAR and GPS measurements [J]. Geophys. Res. Lett. 2010, 37, L01302.

38. Hreinsdóttir S, Freymueller J, Bürgmann R, et al. Coseismic deformation of the 2002 Denali fault earthquake: Insights from GPS measurements[J]. J. Geophys. Res., 2006, 111, doi: 10. 1029/2005JB003676.

39. Hubbard J, Shaw J. Uplift of the Longmen Shan and Tibetan plateau, and the 2008 Wenchuan (Mw7. 9) earthquake[J]. Nature, 2009, 458: 191-194.

40. Ji C, Larson K M, Tan Y, et al. Slip history of the 2003 San Simeon earthquake constrained by combining 1-Hz GPS, strong motion, and teleseismic data[J]. Geophys Res Lett, 2004, 31, L17608, doi: 10. 1029/2004GL020448.

41. King G & Vita-Finzi C. Active folding in the Algerian earthquake of 10 October 1980

[J]. Nature, 1981, 292: 22-26.

42. Klinger Y, Xu X, Tapponnier P, et al. High-resolution satellite imagery mapping of the surface rupture and slip distribution of the Mw7.8, 14 November 2001 Kokoxili earthquake, Kunlun fault, northern Tibet, China[J]. Bull. Seismol. Soc. Am. , 2005, 95: 1970-1987.

43. Larson K M, Bodin P, Gomberg J. Using 1-HZ GPS data to measure deformations caused by the Denali fault earthquake[J]. Science, 2003, 300: 1421-1424.

44. Lasserre C, Peltzer G, Crampe' F, et al. Coseismic deformation of the 2001 $M_W = 7.8$ Kokoxili earthquake in Tibet, measured by synthetic aperture radar interferometry [J]. J. Geophys. Res., 2005, 110, doi: 10.1029/2004JB003500.

45. Marone C J, Scholz C H, Bilham R. On the mechanics of earthquake afterslip[J]. J. Geophys. Res. , 1991, 96: 8441-8452.

46. Massonnet D, Rossi M, Carmona C, et al. The displacement field of the Landers earthquake mapped by radar interferometry[J]. Nature, 364: 138-142, 1993.

47. Matthews M V, Segall P. Statistical inversion of crustal deformation data and estimation of the depth distribution of slip in the 1906 earthquake [J]. J. Geophys. Res. , 1993, 98: 12153-12163.

48. McCaffrey R. Crustal block rotations and plate coupling[J]. Geodyn. Ser., 2002, 30, 100-122.

49. Meade B J. Algorithms for the calculation of exact displacements, strains, and stresses for triangular dislocation elements in a uniform elastic half space[J]. Computers & Geosciences, 2007, 33: 1064-1075.

50. Nur A, Mavko G. Postseismic viscoelastic rebound[J]. Science, 1974, 83: 204-206.

51. Nur A and Booker J R. Aftershocks caused by pore fluid flow? [J]. Science, 1971, 175: 885-887.

52. Okada Y. Surface deformation due to shear and tensile faults in a half-space [J]. Bull. Seismol. Soc. Am. , 1985, 75: 1135-1154.

53. Okada Y. Internal deformation due to shear and tensile faults in a halfspace [J]. Bull. Seismol. Soc. Am. , 1992, 82: 1018-1040.

54. Olson A H, Orcutt J A, and Frazier G A. The discrete wavenumber / finite element method for synthetic seismograms[J]. Geophys. J. R. Astr. Soc. , 1984, 77: 421-460.

55. Owens T J & G Zandt. Implications of crustal property variations for models of Tibetan plateau evolution[J]. Nature, 1997, 387, 37-43.

56. Öncel A O and Wyss M. The major asperities of the 1999 Mw = 7.4 Izmit earthquake defined by the microseismicity of the two decades before it[J]. Geophysical Journal International, 2002, 143(3): 501-506.

57. Peltzer G, Rosen P, Rogez F. Poro-elastic rebound along the Landers 1992 earthquake surface rupture[J]. J. Geophys. Res. , 1998, 103: 30131-30145.

58. Pollitz F. Postseismic relaxation theory on a spherical Earth [J]. Bull. Seismol.

Soc. Am. , 1992, 82: 422-453.

59. Pollitz F. Gravitational-viscoelastic postseismic relaxation on a layered spherical Earth[J].J. Geophys. Res. , 1997, 102: 17921-17941.

60. Royden L H, Burchfiel B, King R, et al. Surface deformation and lower crustal flow in Eastern Tibet[J]. Science, 1997, 276, 788-790.

61. Replumaz A & Tapponnier P. . Reconstruction of the deformed collision zone Between India and Asia by backward motion of lithospheric blocks[J]. J. of Geophys. Res., 2003, 108 (B6)2285.

62. Savage J C, Prescott W H. Asthenospheric readjustment and the earthquake cycle[J]. J. Geophys. Res. , 1978, 83: 3369-3376.

63. Schulz S S, Mavko G M, Burford R O, et al. Long-term fault creep observations in central California[J]. J. Geophys. Res. , 1982, 78: 6977-6982.

64. Shen Z K, Sun J B, Zhang P Z, et al. Slip maxima at fault junctions and rupturing of barriers during the 12 May 2008 Wenchuan earthquake[J]. Nature Geoscience, 2009, 2: 718-728.

65. Tong X, Sandwell D & Fialko Y. Coseismic slip model of the 2008 Wenchuan earthquake derived from joint inversion of interferometric synthetic aperture radar, GPS, and field data[J]. J. Geophys. Res. 2010, 115, B04314.

66. Vergnolle M, Pollitz F, Calais E. Constraints on the viscosity of continental crust and mantal from GPS measurements and postseismic deformation models inwestern Mongolia [J]. J. Geophys. Res. , 2003, 108(B10): 2502.

67. Wang Q, Zhang P, Freymueller J, et al. Present-day crustal deformation in China constrained by Global Positioning System measurements[J]. Science, 2001, 294: 574-577.

68. Wang Q, Qiao X, Lan Q, et al. Rupture of deep faults in the 2008 Wenchuan earthquake and uplift of the Longmen Shan[J]. Nature Geoscience, 2011, 4: 634-640.

69. Wang R J, Lorenzo-Martín F, Roth F. Computation of deformation induced by earthquakes in a multi-layered elastic crust-FORTRAN programs EDGRN/EDCMP[J]. Computer and Geosciences, 2003, 29: 195-207.

第 10 章 基于 GPS 的地震-电离层效应研究

10.1 电离层概述

地球周围的高层大气，吸收太阳紫外线和 X 射线谱段的辐射，电离生成自由电子和离子，形成电离层。通常所说的电离层指的是处于地面上 $60\sim1000\text{km}$ 区域的电离大气。在这一范围内，除了自由电子和离子外，还有大量的大气分子和原子未被电离，因而电子和离子的运动除了受地磁场影响外，还因碰撞而显著地受背景中性成分的约束。电离成分在与中性成分碰撞时，将部分能量传递给中性成分，而在大气稀薄的地方，因其热容量很小，中性成分的温度明显上升，故一般条件下，大气温度和离化气体温度是不相等的。所以，在这一高度范围内，电离部分称为电离层，而中性背景被称为热层（熊年禄等，1999）。电离层的发现，不仅使人们对无线电波传播的各种机制有了更深入的认识，并且对地球大气层的结构及形成机制有了更清晰的了解。

10.1.1 电离层分层结构

在离地球 $60\sim1000\text{km}$ 高度范围内，大气吸收太阳极紫外线（EUV）、X 射线、太阳宇宙射线和 Lyman-α 而被辐射离化，其中 EUV 是这个区域的主要热源和离化源。某一高度的离化率依赖于大气成分的密度和这个高度上入射离化源的强度和频谱特性。当太阳辐射进入中性大气时，太阳辐射的不同谱段能量被不同的大气成分吸收，形成各自的电离极值区，导致电离层产生分层现象。中性大气的密度随高度上升而下降，这样使其对紫外线的吸收随高度下降而上升，最大的吸收和电离发生在距地面 $200\sim400\text{km}$ 的高度范围内，这个区域也是原子氧、离子氧最为稠密的地带。鉴于电离层宏观总电量为 0，而一个氧原子电离产生一个电子，电子数目应近似等于离子的数目，因此，电子密度的最大值也出现在这一高度范围内。就电动力学过程而言，底部电离层以光化学平衡为主，而上部电离层以扩散平衡为主。根据电离源的具体情况，一般考虑将电离层划分为如下几层：

（1）D 层，位于 $60\sim90\text{km}$ 高度范围内，基本上由太阳辐射的具有高穿透力的 X 射线电离产生，一般出现于白天，晚上趋于消失，该层对高频无线电波的吸收起主要作用。

（2）E 层，位于 $90\sim140\text{km}$ 高度范围内，由穿透力稍低的 X 射线电离产生。E 层取决于太阳活动、日夜条件及地磁纬度，它主要出现在白天，晚上有所下降。它的剖面形状仅有一个小的弯曲，且经常会出现，因此有个局部的最大值。这层也会有另外的特征出现，即所谓的偶发 E 层（Sporadic E-layer or Es. layer），此小薄层覆盖面积可达数百至数千平方公里，厚度为 $1\sim2\text{km}$，其电子密度较大，有时甚至大于 F 层的峰值电子密度。

（3）F 层，大致位于 140~1000km 高度范围内，是电子密度剖面的主要集中区域。电子含量的绝大部分都位于这一层，该层对高频无线电波的反射起主要作用。F 层亦会出现电子密度不均匀结构体，即扩展 F 层（Spread F-layer），F 层中电波的散射效应即是由此扩展层造成的。在赤道地区，这种不均匀体经常会沿着地磁方向拉长，可分布于较宽的高度范围内（250~1000km）。鉴于 F 层的有关特征，可将其划分为两层：

①F1 层，在 140~210km 高度范围内，它仅在白天出现，可通过电子密度剖面上一个小的弯曲将其识别出来。

②F2 层，位于 210~1000km 的高度范围内，整个电子密度剖面的峰值 NmF2 就位于这一层内。

在电离层的 F 层中，电子密度剖面的最大值 NmF2 将整个电离层分为上下两个部分，即顶部电离层和底部电离层。图 10-1 描述了中纬地区典型的电子密度剖面。

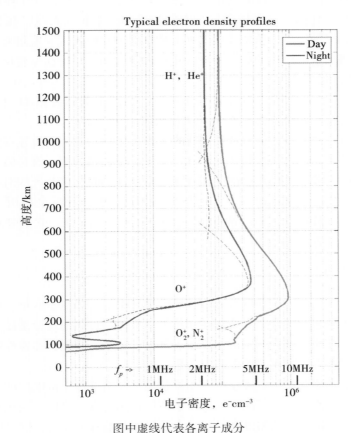

图中虚线代表各离子成分

图 10-1　典型中纬地区白天和夜晚电子密度剖面（Bilitza，2000）

10.1.2　电离层的变化

由于太阳是电离层的主要电离源，因此太阳辐射的变化及它与地球的相对几何关系的

变化都会给电子含量在时间和空间上的分布带来大的动态效应:

1. 周日的变化

由于地球在不断地旋转,太阳和地球的相对位置遵循周期为一天的变化。因此,电离层的电离程度也将依赖于这一周期随太阳的辐射强度而变化。

2. 纬度的变化

电离层的具体状态也与所处的地理纬度有关。在靠近磁赤道的低纬地区,Appleton-Hartree 异常现象(即赤道异常)在这里发生,其明显的特征就是电子密度在磁赤道上空相比于磁纬 ±15°附近有巨大的降低,形成类似驼峰状的分布,这就是空间物理常说的"喷泉效应"(fountain effect),这一现象的物理机制为:在磁赤道地区,一个东向电场和南北向磁场的作用导致等离子体向上漂移,到达一定高度后因受到重力与压力梯度力的作用,随后会沿着磁场线向下扩散而形成双峰。在中纬地区电离层变化较小,但在高纬地区,特别是在 60°~70°的极区,其短期的变化比低纬地区更为迅速。在极区,存在着地磁场与太阳沉降粒子间的相互作用,而当地磁场与南向的星际磁场相联系时,在太阳喷射事件之后,会伴随有地磁暴的产生,给电离层带来大的扰动。在极盖区,太阳天顶角的变化比其他地方小得多,因此这一区域的电子密度变化也相对较小,但是这一变化仍可被探测到。

3. 太阳周期变化

太阳黑子数是表征太阳活动水平的一个指标,而这个指标遵循 11 年的周期性变化,因此电离层的长趋势变化也遵循一个 11 年的周期变化。

除了上面提到的电子密度的规律性变化外,与太阳活动有关的突发现象也会使电离层偏离其常态,导致电离层异常结构体的存在。一个比较突出的例子就是磁暴的影响,这种由太阳风与地球磁场耦合作用产生的物理现象可持续几小时甚至几天的时间,且其影响不一定是全球性的。典型的磁暴以一个突变开始(称为急始),随后会经历一个持续几天的恢复期而逐渐趋于平静。表征地磁情的常用指标有 Dst、Kp、K,它们分别表示赤道、全球及各站所测得的地磁场扰动程度。

10.1.3　电离层的探测

电离层探测的目的是为了获取有关电离层的物理参量,如电子含量、电子密度、电子温度等,以此来揭示它们的时空变化规律和特征。电离层探测的理论基础在于电离层等离子体对穿越其间的无线电波会产生诸如反射、散射、相干、吸收、多普勒频移等效应,通过这些潜在的效应即可解算有关的电离层参数。

从地基电离层垂测开始,电离层的探测设备逐步向精度高、范围广的方向发展,现在非相干散射雷达、火箭或卫星探测已经成为电离层观测的常用手段。相比较而言,电离层垂测仪因其运行成本低、观测精度高,故一直是最主要的探测设备,它可以准确地获取观测站上空的电子密度分布状况。电离层垂测仪在垂直方向连续发射 0.1~30MHz 的无线电信号,当向上传播到等离子体频率与发射频率相等的高度时,无线电信号就被反射回来,通过测量无线电信号的往还时间即可测定随高度变化的等离子体频率。这种探测设备主要获取峰值密度 NmF2 以下的电子密度,这里 NmF2 也对应着电离层的最大频率,即临界频率 foF2,超过这一临界频率的无线电信号将不会反射回来。卫星顶部探测则利用 1000~

2000km 轨道高度上的卫星，探测 F2 层峰值高度以上直至卫星高度处的等离子体频率。通过这种底部、顶部的电离层探测，利用等离子体频率和电子密度间的比例关系，就可确定整个电子密度剖面，如对电离层电子密度最大值 NmF2 与临界频率 foF2 而言，其比例关系式如下：

$$(foF2)^2 = \frac{e^2}{4\pi^2 \varepsilon m} \cdot NmF2 \approx 80.6 NmF2 \tag{10-1}$$

式中，e 为电子电量，m 为电子质量，ε 为自由空间的介电常数。如果无线电信号的频率大于临界频率 foF2，则信号将穿透到电离层的更高空间而不会被反射。利用信号的往还传播时间，可得到电离层相应电子密度处的虚高：

$$h' = \frac{c\tau}{2} \tag{10-2}$$

式中，τ 为往还传播时间，c 为光速。这个高度不是相应电子密度处的真高，因为电磁波传播受到中性大气层、电离层的影响，另外还存在着仪器的偏差。对应着发射频率的虚高图称为电离图，运用电离图和式(10-1)，从电离层探测仪得到的临界频率可计算出各层的电子密度，这个数据的精度取决于下面几个因素：①仪器设备的内在精度；②标定方法的精度；③电离图中读数的精度。

电离层垂测为建立经验电离层模式提供了大量的基础数据，但是这种探测方式只能获得固定位置随高度和时间变化的电离层信息，难以获得大范围的空间结构信息。电离层探测仪的另一局限在于对处于 NmE 与 NmF2 谷形区间的电子密度数据难以直接获取。大功率的非相干散射雷达是近年发展起来的一种强有力的探测设备，可以提供整个电离层 E 区和 F 区的电子密度等参数，可是这种设备的建造和运营费用极为昂贵，难以得到普遍的应用。搭载有专门探测设备如质谱仪、等离子体朗缪尔探针等的火箭和卫星的实地探测，一般也只能得到其飞行轨迹附近的电离层信息，探测区域极为有限。

当前，利用电离层对卫星无线电信号传播的影响(即相位和振幅的变化)来获取信号传播路径上的电离层积分效应(如总电子含量)则成为流行的电离层探测方式，由卫星发射信标电波，地面接收卫星信标，信标信号受电离层的影响，产生多普勒频移或偏振面的旋转，这类测量可以得到沿传播路径上的电子总含量，这种方式探测精度非常高，但垂直分辨率较低。利用 GPS 信号探测电离层，在最近二十年得到了长足的发展，为电离层物理研究提供了大量的数据资料。

10.2 基于 GPS 的电离层信息获取技术

全球定位系统 GPS(Global Positioning System)的问世，使低成本、高精度的地基电离层观测成为可能，并进一步开发为天基 GPS 电离层掩星观测技术。地基和天基 GPS 观测具有精度高、覆盖范围广、运行维护成本低等许多优点，因此这两种 GPS 电离层技术成为当前探测电离层的主要手段。随着天、地基 GPS 观测规模的扩大，运用层析重建技术还可获取一定区域的三维电离层分布。下面是对这几种电离层信息获取技术的简单介绍。

10.2.1　地基 GPS 电离层观测技术

　　地基 GPS 观测网络本是为地壳运动监测与研究而布设的，但随着数据处理技术的进步和对电离层监测的需求，利用地基 GPS 观测技术可以获取单站垂直总电子含量 VTEC（Vertial Total Electron Content）、二维平面 VTEC 的变化。因此，地基 GPS 观测网络成为了廉价获取电离层动态变化信息的基础设施。图 10-2 描述了地基 GPS 的电离层观测技术。

　　电离层斜总电子含量（STEC）被定义为电子密度沿射线传播路径的线积分。因此，从 GPS 卫星至地面接收机路径上的 STEC 可表示为：

$$\text{STEC} = \int_R^T N(l)\,\mathrm{d}l \tag{10-3}$$

　　考虑到电离层为色散介质，对双频地基 GPS 接收机而言，某一观测历元的 STEC 可由载波相位（$L1$，$L2$）或测码（$P1$，$P2$）伪距分别反演得到。鉴于 GPS 接收机的工作环境或其本身的稳定性，通常其原始载波相位观测值会存在粗差或周跳，因此，在 STEC 反演前，我们需要剔除粗差和修复周跳，以保证载波相位观测的连续性和可靠性。

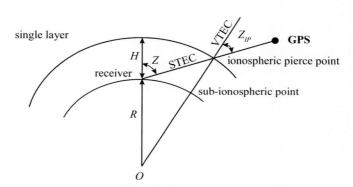

图 10-2　地基 GPS 电离层观测及 STEC 与 VTEC 转换示意

　　利用载波相位观测值反演的 $\text{STEC}_{L1,2}$ 具有较高的精度，但是因包含未知的整周模糊度，其是一个相对值。尽管整周模糊度事后可解算，进而可确定出绝对的 STEC，但是其结果的时效性大为延迟，故在实际的计算中，较少采用这种通过解整周模糊度来计算绝对 STEC 的方法。利用测码伪距反演的 $\text{STEC}_{P1,2}$ 是个绝对值，但其精度略差。因此，在实时或准实时解算 STEC 的过程中，一般采用测码伪距和测相伪距的线性组合（即载波相位平滑伪距）来反演精度较高的绝对 STEC 值。

$$\text{STEC} = \frac{f_1^2 f_2^2 (\bar{p}_2 - \bar{p}_1)}{40.3(f_1^2 - f_2^2)} \tag{10-4}$$

$$\bar{p}_1 = \phi_1 + \hat{p}_1 - \hat{\phi}_1 + 2 \cdot \frac{f_2^2}{f_1^2 - f_2^2}[(\phi_1 - \hat{\phi}_1) - (\phi_2 - \hat{\phi}_2)] \tag{10-5}$$

$$\bar{p}_2 = \phi_2 + \hat{p}_2 - \hat{\phi}_2 + 2 \cdot \frac{f_1^2}{f_1^2 - f_2^2}[(\phi_1 - \hat{\phi}_1) - (\phi_2 - \hat{\phi}_2)] \tag{10-6}$$

式中，$\phi_i(i=1，2)$ 是剔除粗差、修复周跳之后的载波相位观测值，$\hat{p}_i - \hat{\phi}_i(i=1，2)$ 是一个连续观测弧段上所有可接受的测码伪距平均值和对应的测相伪距平均值之差。

从上可以看出，利用载波相位平滑伪距来反演 STEC 的算法非常简单，但是这样反演得到的 STEC 仍然包含了固有的系统误差，即 GPS 卫星和地面接收机的仪器硬件延迟。因此，在精确计算真实 STEC 的过程中，仪器硬件延迟的估计非常重要，忽略其影响，将导致计算所得的 STEC 精度大为降低，甚至得出错误的信息。为了估计仪器硬件延迟，在日固参考框架下，针对地基 GPS 网络观测区域，一个单层球壳的电离层分布模型常被引入，因此通过载波相位平滑伪距反演的初始 STEC 存在如下关系：

$$\text{STEC} + b_r + b^s = \text{STEC}_{\text{real}} = m(e) \cdot \text{VTEC} \tag{10-7}$$

式中，$m(e) = \left[\cos\left(\arcsin(\dfrac{R \cdot \cos e}{R + H})\right)\right]^{-1}$ 是射线路径上真实的 $\text{STEC}_{\text{real}}$ 与穿刺点（信号射线与薄层球壳的交点）处垂直 TEC（即 VTEC）之间转换的映射函数；e 为 GPS 卫星的高度角；R 是地球平均半径；H 为薄层电离层高度；$b_r + b^s$ 是 GPS 卫星和地面接收机的仪器硬件延迟（DCB）之和（1ns DCB = 2.852TECu）。为了估计仪器硬件延迟，地区或全球的 VTEC 分布通常可用函数模型来近似表达，如多项式或球谐函数等。考虑到中国区域的大小，在这里我们选用球谐函数模型来近似表达 VTEC 在中国区域的分布，其表达式如下：

$$\text{VTEC}(\beta，s) = \sum_{n=0}^{n_{\max}} \sum_{m=0}^{n} \overline{P}_{nm}(\sin\beta)(a_{nm}\cos ms + b_{nm}\sin ms) \tag{10-8}$$

式中，$n_{\max}$ 是球谐展开的最大阶数；$\overline{P}_{nm} = \Lambda(n，m)P_{nm}$ 是正则化的伴随勒让德函数；a_{nm}、b_{nm} 是 VTEC 球谐模型的待估系数；β、s 是穿刺点的地磁纬度和日固经度（$s = \text{LT} - \pi = \text{UT} + \lambda - \pi$），其中 λ 为穿刺点的地磁经度，LT、UT 分别为当地时和世界时。

一般来讲，仪器硬件延迟 $b_r + b^s$ 是非常稳定的，日—日变化相对较小，在几天甚至一月内可近似为一不变的未知常数。因此，通过相位平滑伪距，利用一天内解算的原始 STEC，结合式（10-7）和式（10-8），通过最小二乘法可精确地估计出 VTEC 球谐模型系数和仪器硬件延迟。

薄层电离层球谐系数的确定直接给定了地区或全球 VTEC 的二维分布，而仪器硬件延迟的确定，使得射线路径上的真实 $\text{STEC}_{\text{real}}$ 可从式（10-7）中获得，进而可转化为该射线穿刺点上空的 VTEC。考虑到一个地面站可同时接收多颗 GPS 卫星信号，因此对一个观测历元，该 GPS 观测站上空的 VTEC 可近似表达为下式：

$$\text{VTEC} = \frac{\sum\limits_{i=1}^{n} \dfrac{\text{VTEC}_i}{D_i^2}}{\sum\limits_{i=1}^{n} \dfrac{1}{D_i^2}} \tag{10-9}$$

式中，i 为观测卫星的数目，D 为各穿刺点距离该 GPS 观测站在电离层薄壳上投影点之间的距离。这样，一段观测时间之后，该 GPS 观测站上空的 VTEC 可形成一个时间序列。

10.2.2　空基 GPS 电离层掩星观测技术

20 世纪 90 年代开发的 GPS 无线电掩星技术使低成本、全天候、全球覆盖的近地空间观测成为可能。这种技术的观测原理是在低轨卫星(LEO)上，安放一台 GPS 双频掩星接收机，通过测量被电离层和大气遮蔽的 GPS 卫星信号来反演电离层和大气参数(图 10-3)。

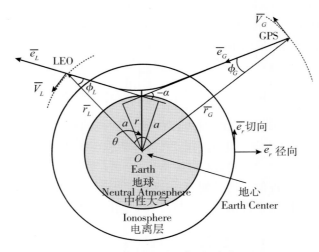

图 10-3　GPS 掩星观测示意(吴小成，2008)

由于传播介质折射指数的变化，GPS 卫星信号在穿过地球电离层和中性大气时，电波路径会出现弯曲和延迟。因此，从 LEO 掩星接收机测量的电波相位数据，就可以计算信号弯曲量大小，并利用 Abel 积分变换解算电离层或中性大气折射指数，继而推导电离层电子密度或中性大气密度、压力和温度等参数廓线(Yunck et al.，1988；Gurvich and Krasilnikova，1990；Hardy et al.，1994；Melbourne et al.，1994)。自 1995 年美国 Microlab1 低轨卫星(GPS/MET)首次验证了 GPS 无线电掩星探测地球电离层和大气的可行性(Ware et al.，1996；Kursinski et al.，1996，1997；Hocke et al.，1997；Hajj and Romans，1998；Schreiner et al.，1999)以来，国际上相继实施了 Orsted、CHAMP、SAC-C、GRACE、COSMIC、Metop-A 等掩星观测计划，尤其是 COSMIC 星座掩星计划的实施极大地提升了对电离层的探测能力，为空间天气的研究提供了大量的基础资料。本节将对电离层掩星的经典反演方法——Abel 积分变换反演以及一种顾及电离层水平梯度的掩星反演法进行简单介绍。

基于光学近似的经典 Abel 电离层掩星反演主要采用了两个假设条件：①电离层电子密度的局部球对称；②一次掩星事件中掩星射线与 LEO 近似地位于同一平面内。在此条件下，Abel 积分变换可采取基于射线弯曲角或总电子含量 TEC 的方式来进行电离层掩星反演。

1. 基于射线弯曲角的 Abel 积分变换反演

在电离层掩星观测示意图 10-3 中，O 为地心，P 为电波路径上离 O 点最近的点(掩星切点或近地点),OP 长度为 r,α 为电波弯曲角,a 为碰撞参数,设 P 点折射指数 n,则 $a = nr$。图中,$\boldsymbol{r}_L$ 和 $\boldsymbol{r}_G$ 分别是 LEO 卫星和 GPS 卫星的位置矢量,$\boldsymbol{r}_L$ 和 $\boldsymbol{r}_G$ 的夹角为 θ,$\boldsymbol{V}_L$ 和 $\boldsymbol{V}_G$ 分别是 LEO 卫星和 GPS 卫星的速度,$\boldsymbol{e}_L$ 和 $\boldsymbol{e}_G$ 分别是电波射线在 LEO 卫星和 GPS 卫星处的方向矢量。电波多普勒频移 f_d 是卫星运动速度在电波射线方向上的投影,可表示为:

$$f_{\mathrm{d}} = \frac{f}{c}(\boldsymbol{V}_G \cdot \boldsymbol{e}_G - \boldsymbol{V}_L \cdot \boldsymbol{e}_L) = \frac{f}{c}(V_G^t \sin\phi_G - V_G^t \cos\phi_G - V_L^t \sin\phi_L - V_L^t \cos\phi_L)$$

(10-10)

式中,上标 r 和 t 分别表示速度在径向和角向的投影。电波多普勒频移 f_d 可以由相位观测值 L 对时间求导得到:

$$f_d = -\frac{f}{c}\frac{\mathrm{d}L}{\mathrm{d}t}$$

(10-11)

设 GPS 卫星和 LEO 卫星处的折射指数为 1,由 Snell 定理可得

$$r_L \sin\phi_L = r_G \sin\phi_G = a$$

(10-12)

由式(10-10)、式(10-11)和式(10-12)可计算出 ϕ_L 和 ϕ_G,根据几何关系,弯曲角 α 可由下式给出:

$$\alpha = \phi_L + \phi_G + \theta - \pi$$

(10-13)

在掩星观测的局部地区,假设折射指数球对称分布,则折射指数可由 Abel 积分变换得到:

$$n(a_0) = \exp\left[\frac{1}{\pi}\int_{a_0}^{\infty}\frac{\alpha(a)}{\sqrt{a^2 - a_0^2}}\mathrm{d}a\right]$$

(10-14)

式中,a_0 为当前掩星观测所对应的碰撞参数。电离层折射指数 n 可表示为:

$$n = 1 - 40.3\frac{N_e}{f^2}$$

(10-15)

通过多普勒频移计算射线弯曲角,进而利用 Abel 积分变换来反演电子密度剖面,该方法对卫星定轨精度要求很高,且需要准确解算卫星速率,处理过程较为复杂。在实际的电离层掩星反演过程中,通常可采用如下方法来确定射线弯曲角。

在电离层球对称假设下,射线弯曲角 α 和介质折射指数 n 有下列关系:

$$\alpha(a) = -2a\int_a^{\infty}\frac{(\mathrm{d}\ln n/\mathrm{d}r)}{\sqrt{n^2 r^2 - a^2}}\mathrm{d}r$$

(10-16)

式中,r 表示地球局部中心到掩星射线路径上某积分线元的距离,n 为该距离 r 所在处的折射指数,a 为碰撞参数。因为 $n = 1 - \frac{40.3}{f^2}N_e$,且 $n \approx 1$,所以

$$\frac{\mathrm{d}\ln n}{\mathrm{d}r} = -\frac{40.3}{f^2}\frac{\mathrm{d}N_e}{\mathrm{d}r}$$

(10-17)

由几何关系可知,$r = \sqrt{a^2 + s^2}$,对该式求导得到:

$$\frac{\mathrm{d}r}{\mathrm{d}a} = \frac{a}{r} \Rightarrow \frac{\mathrm{d}N_e}{\mathrm{d}r} = \frac{r}{a}\frac{\mathrm{d}N_e}{\mathrm{d}a}$$

$$ds = \frac{r}{\sqrt{r^2 - a^2}}dr \qquad (10\text{-}18)$$

式中，S 表示从掩星切点沿射线路径至 GPS（或 LEO）卫星的距离。将式（10-17）和式（10-18）联立，得

$$\alpha = -2a\int_a^\infty \left(-\frac{40.3}{f^2}\frac{r}{a}\frac{dN_e}{da}\right)\frac{dr}{\sqrt{n^2 r^2 - a^2}} \approx \frac{80.6}{f^2}\int_a^\infty \frac{dN_e}{da}\frac{rdr}{\sqrt{r^2 - a^2}}$$

$$= \frac{80.6}{f^2}\int_0^\infty \frac{dN_e}{da}ds \approx \frac{40.3}{f^2}\int_{\text{LEO}}^{\text{GPS}}\frac{dN_e}{da}ds = \frac{40.3}{f^2}\frac{d\,\text{TEC}}{da} \qquad (10\text{-}19)$$

利用式（10-19）时，对轨道高度较高的 LEO（如 COSMIC），计算获得的弯曲角 α 和真实值较为接近，但对于轨道高度较低的 LEO（如 CHAMP），则 TEC 的计算需要扣除轨道高度以上电离层的影响，否则 α 将引入较大误差。

2. 基于掩星射线路径 TEC 的 Abel 积分变换反演

电离层 TEC 的解算需要对 GPS 接收机仪器偏差（Differential Code Biases，DCB）进行估计，一旦获得精确的 DCB 估计值，即可获得高精度的 TEC 值。

地基 GPS 接收机仪器偏差的估计方法一般是采用多项式、球谐函数等拟合实际观测的 VTEC 来建立电离层函数模型，把 VTEC 视为时间和经纬度的函数，联合解算出仪器偏差（Wilson et al.，1993；Sardon et al.，1994；Ma and Marayuma，2003；Schaer et al.，1998）。以上所有方法，都是假设电离层电子含量都集中在距地面一定高度（$H \leqslant 450\text{km}$）的薄层球壳上，在该球壳上 VTEC 的分布可通过合适的函数模型来表达。然而，对于轨道高度一般在 400km 以上的低轨 LEO 卫星，因其运动速度快（每秒达数公里），导致观测数据量和观测范围都非常有限，故上述 VTEC 分布模型的引入都不合适，以致 LEO 接收机仪器偏差的求解不能采用与地基 VTEC 观测类似的方法。针对空间掩星观测，LEO GPS 接收机 DCB 的估计可借鉴 COSMIC 卫星所采用的方法（Syndergaard，2006）或 CHAMP 卫星所采用的方法（Heise et al.，2005）。DCB 精确估计后，利用载波相位平滑伪距法即可轻松地计算出掩星射线路径上的 TEC。

鉴于 GPS-LEO 掩星射线在电离层中的弯曲量是个较小的量（在电离层 F2 层区域其弯曲一般不超过 0.03°），且 GPS 掩星射线与直线传播的偏离量比电离层的垂直结构尺度小得多（（Hajj and Romans，1998；Hajj et al.，2000）），在考虑 L1/L2 信号传播路径近似相同的条件下，常引入掩星射线路径上的 TEC 来反演电离层折射指数，其 Abel 积分变换对构成如下（Schreiner et al.，1999；Tsai et al.，2001）：

$$\text{TEC}(r_0) = \left(\int_{r_0}^{r_{\text{GPS}}} + \int_{r_0}^{r_{\text{LEO}}}\right)\frac{rN_e(r)}{\sqrt{r^2 - r_0^2}}dr \approx 2\int_{r_0}^\infty \frac{rN_e(r)}{\sqrt{r^2 - r_0^2}}dr \qquad (10\text{-}20)$$

$$N_e(r_0) \approx -\frac{1}{\pi}\int_{r_0}^\infty \frac{d\,\text{TEC}(r)/dr}{\sqrt{r^2 - r_0^2}}dr \qquad (10\text{-}21)$$

式（10-20）和式（10-21）仅对轨道较高的 LEO 卫星（即 $n(r_{\text{LEO}}) \approx 1$）适用。这里，进入式（10-21）中的 TEC 可使用相对量，该相对 TEC 可通过掩星观测的双频载波相位线性组合直接反演得到，而不需要解算相位模糊度，计算相对简单。

对于像 CHAMP 这样具有较低轨道高度的 LEO 卫星，其轨道高度以上电离层对整个射线路径上的 TEC 贡献已不能忽略，因此不能采用式(10-20)和式(10-21)来进行电离层掩星反演。对这类具有较低轨道的 LEO 电离层掩星反演，通常采用的是另一种形式的 Abel 积分变换对，即 LEO 轨道高度以下那部分掩星路径上的 TEC 与电子密度组成的积分变换对：

$$\text{TEC}'(r_0) = 2\int_{r_0}^{r_\text{LEO}} \frac{rN_e(r)}{\sqrt{r^2 - r_0^2}}\mathrm{d}r \tag{10-22}$$

$$N_e(r_0) = -\frac{1}{\pi}\int_{r_0}^{r_\text{LEO}} \frac{\mathrm{d}\,\text{TEC}'(r)/\mathrm{d}r}{\sqrt{r^2 - r_0^2}}\mathrm{d}r \tag{10-23}$$

这里的 TEC′称为改正的 TEC，该 TEC′通常采用掩星侧 LEO 处的 TEC 减去非掩星侧 LEO 对称点(关于掩星切点对称)处的 TEC 来确定(Schreiner et al.，1999；Tsai et al.，2001)。不难看出，式(10-22)和式(10-23)构成的改正 TEC 的 Abel 反演方法仅能得到 LEO 轨道高度以下的电离层剖面。当然，这种方法也同样适用于轨道较高的 LEO 电离层掩星反演。

事实上，在利用 Abel 积分变换进行电离层掩星反演时，都会碰到异常积分的问题。如式(10-23)所示，当 r 趋近 r_LEO 时，$\mathrm{d}\,\text{TEC}'(r)/\mathrm{d}r$ 趋近于 $-\infty$，这会给数值积分带来困难；同样，在反演剖面顶部电子密度时也较困难，因为这时的 r_0 趋近 r_LEO，从而使 $r^2 - r_0^2$ 趋近于 0，而 $\mathrm{d}\,\text{TEC}'(r)/\mathrm{d}r$ 趋近于无穷大。通常而言，下限积分异常可通过变量替换来解决，而上限积分异常的解决则较复杂。鉴于这种情况，CDAAC(COSMIC Data Analysis and Archive Center)通过对 LEO 轨道高度以下电离层进行球形分层(确保每层至少有一条掩星射线穿过)，直接将式(10-22)右边的积分项进行了分层离散化，在球对称及层间电子密度线性变化的条件下，从顶到底可依次递归确定各层的电子密度(Lei et al.，2007)。显然，CDAAC 的反演方法尽管计算简单，但相对式(10-22)和式(10-23)构成的 Abel 反演方法，却引入了离散误差。

从上面的分析来看，针对 LEO 电离层掩星的 Abel 反演，在考虑一次掩星事件中掩星射线路径与 LEO 近似地位于同一平面内的前提下，经典 Abel 反演都是基于电离层电子密度局部球对称假设条件下的反演方法，而这一假设的引入正是 Abel 积分变换反演电离层的最大误差源，因为这种假设与实际的电离层分布结构不一定吻合，而 Abel 积分变换对是建立在水平结构线性分布条件下的表达式，当掩星区电离层存在大规模水平梯度时，Abel 积分变换反演的结果精度将显著降低。

此外，在轨道相对较高的 LEO 电离层掩星反演中，LEO 所处高度电离层折射指数 $n = 1$ 的假设也不可避免地会引入反演误差，这一假设忽略了 LEO 轨道高度以上电离层对射线弯曲角或 TEC 计算的影响；而在轨道相对较低的 LEO 电离层掩星反演中，LEO 轨道高度以下那部分掩星射线弯曲角或 TEC 的精确求定也存在实际的困难，这主要是因为：一方面需要有非掩星侧的跟踪观测数据；另一方面在不考虑一次掩星事件中电离层动态变化的情况下，即使非掩星侧存在观测数据，并可计算各采样观测点或内插点处的 TEC(或弯曲角)，但由于在掩星侧观测的射线(LEO—掩星 GPS)与在非掩星侧观测的射线(LEO 对称点—掩星 GPS)一般情况下并不共面,如果这两条射线穿越的空间区域相距甚远或构成的夹角较大,将导致掩星侧 TEC(或弯曲角)减去非掩星侧对称点 TEC(或弯曲角)不能代表 LEO 轨道高度以下那部分掩星路径上的真实 TEC(或弯曲角),甚至会导致两者相减得到的 TEC(或弯曲角)毫无实际意义。

可见,电离层局部球对称假设是经典 Abel 积分变换应用于电离层掩星反演的重要前提,因此在电离层电子密度局部球对称假设得不到近似满足的情况下,引入电离层水平梯度信息,寻求新的反演方法,将显得甚为必要。针对这一问题,我们将借助地基 GPS VTEC 数据引入电离层水平梯度信息来改善球对称的 Abel 电离层掩星反演(Hernández-Pajaes et al.,2000;Garcia-Fernande et al.,2003;刘赵林等,2009;周义炎等,2012)。

3. 地基 VTEC 约束的电离层掩星反演

目前,地基 GPS 连续观测站的广泛分布为我们获取高精度 VTEC 信息提供了非常好的条件,最方便的 VTEC 信息源是各 GPS 研究机构如国际 GNSS 服务中心(IGS)、美国喷气推进实验室(JPL)、欧洲定轨中心(CODE)等提供的全球电离层图 GIM,这些丰富的电离层水平分布信息为我们改善经典 Abel 电离层掩星反演创造了条件。IGS 的 GIM 是通过赋权合并其他机构的计算结果而得到,其提供的全球 VTEC 数据可作为精确的电离层信息源(Hernández-Pajaes et al.,2009)。因此,充分利用这一信息源,以改善球对称电离层掩星反演具有相当的可行性。在下文中,我们将这种引入地基 GPS VTEC 信息的反演方法简称为地基 VTEC 约束的电离层掩星反演法。

正常情况下,就一次电离层掩星事件而言,其覆盖的空间区域可达数千公里之距,在这一区域内相距较远的两个地理位置,其处于同一空间高度处的电子密度值一般具有较大的差异,这使得电离层电子密度球对称分布假设不具真实性,特别是在日出日落的分界区、磁暴期间以及低纬地区。因此,如何较为真实地揭示电子密度的水平分布状态是改善 Abel 电离层掩星反演的关键所在。这里,针对电离层 VTEC 和 F2 层的峰值密度 NmF2,引入如下关系:

$$\tau = \frac{\text{VTEC}}{\text{NmF2}} \tag{10-24}$$

式中,τ 被称为电离层 F2 层标高(亦称为板厚)。通常情况下,一定区域的标高变化不会太大,可近似为一常数值(García-Fernánez,2004)。受这一关系的启发,假设对地面任意一点,其上空的电子密度分布与 VTEC 可表示为:

$$N_e(\lambda,\phi,h) = \text{VTEC}(\lambda,\phi) \cdot F(h) \tag{10-25}$$

式中,$F(h)$ 称为归化的电子密度,且满足 $\int_0^\infty F(h)\,\mathrm{d}h = 1$。统计分析表明:通常,一定区域内不同地理位置的电子密度剖面存在较大差异的情况下,其对应的归化电子密度剖面却极为相似,即使是在电离层赤道异常区(García-Fernánez,2004)。因此,在本书介绍的电离层掩星反演方法中,我们将用归化的电子密度球对称假设来取代经典 Abel 掩星反演中的电子密度球对称假设。

目前,执行 GPS 掩星计划观测的 LEO 卫星中,电离层掩星观测的采样率一般为 1Hz,其相邻两条掩星射线的掩星切点半径之差通常在 3km 以内,于是我们考虑将电离层进行球形分层(LEO 轨道高度以上每 3km 为一层, 直至 1200km 高度附近; LEO 轨道高度以下每 3km 为一层, 直至 60km 高度附近; 共划分为 380 层), 确保每层至少有一条射线穿过。这样, 在假设掩星射线近似直线传播的前提下, 以地基 GPS VTEC 为先验信息, 在基于归化电子密度局部球对称假设条件下, 可提供射线穿越区域的各层电子密度值, 而掩星射线 TEC 即是这些电子密度值沿射线路径积分的结果。在考虑层间电子密度线性变化并对积分进行分层离散化后, 针对每一条掩星射线, 均可建立相应分层归化电子密度(未知常数)与该射线 TEC 之间的一个线性方程, 整个掩星观测期间即可构成一个包含各分层归化电子密度的 TEC 方程组, 该方程组可包括最靠近下降掩星发生时刻或上升掩星结束时刻的部分非掩星观测射线的 TEC 方程, 通过最大熵原理求解该方程组可得到各个分层的归化电子密度, 进而利用地基 VTEC 信息获得掩星区各个分层的真实电子密度值。图 10-4 描述了这一反演方法中射线 TEC 的重建。

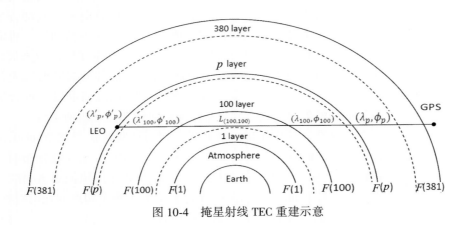

图 10-4 掩星射线 TEC 重建示意

结合图 10-4, 掩星射线总电子含量 TEC 可表达为:

$$\text{TEC}(j) = \sum_{k=p}^{380} \left[l_{j,(k,k+1)} \cdot F(k) \cdot \text{VTEC}(\lambda_{j,k}, \phi_{j,k}) \right] +$$
$$\sum_{k=1}^{p-1} \left\{ l_{j,(k,k+1)} \cdot \left[\text{VTEC}(\lambda_{j,k}, \phi_{j,k}) + \text{VTEC}(\lambda_{j,k}, \phi'_{j,k}) \right] \cdot F(k) \right\}$$

$$(10\text{-}26)$$

式中, j 为电离层掩星观测采样编号; F 为各分层的归化电子密度, 是待求参数, 其中 $F(p)$ 为 LEO 所在分层(第 p 分层)的归化电子密度; VTEC 为相应地理位置上空的垂直总电子含量。考虑掩星期间观测的所有射线 TEC(包括部分非掩星射线 TEC), 即可形成一个超定的线性方程组。对此方程组, 我们采用倍乘代数重建法(MART)来求解, 其各分层迭代初始值 $F_0(k)$ 可按以下方式给出:

$$F_0(k) = \frac{N_{e,0}(k)}{\text{VTEC}(\lambda_{T(300)}, \phi_{T(300)})}, \quad k = 1, 2, \cdots, p, \cdots, 380 \quad (10\text{-}27)$$

式中, $(\lambda_{T(300)}, \phi_{T(300)})$ 为掩星切点高度在 300km 附近的地理位置, p 为 LEO 所处圈

层的编号，该圈层为 $p-1$ 与 p 层的分界线(图 10-4)。各层电子密度初始值 $N_{e,0}$ 在电子密度球对称假设下可由以下方式计算：

$$N_{e,0}(k) = \frac{\sum\limits_{j=p}^{380} \text{TEC}(j)}{\sum\limits_{j=p}^{380}\sum\limits_{i=p}^{380} l_{j,(i,i+1)}}, \quad p \leq k \leq 380 \qquad (10\text{-}28)$$

$$N_{e,0}(k) = \frac{\text{TEC}'(k)}{l_{k,(k+1,k+1)}}, \quad k = p-1 \qquad (10\text{-}29)$$

$$N_{e,0}(k) = \frac{\text{TEC}'(k) - 2\cdot\sum\limits_{i=k+1}^{p-1} N_{e,0}(i)\cdot l_{k,(i,i+1)}}{l_{k,(k+1,k+1)}}, \quad 1 \leq k < p-1 \qquad (10\text{-}30)$$

式中，TEC 为非掩星观测射线的总电子含量，TEC′为掩星射线在 LEO 轨道高度以下那部分路径上的总电子含量。需要注意的是，在利用式(10-30)计算电离层底部各分层的初始电子密度值时，由于电子密度球对称假设的应用或 TEC′计算的不精确性，可能导致一些分层出现负电子密度值，这时我们将用与其相邻的上一分层的电子密度值来代替。事实上，在确定 LEO 轨道高度以下各分层电子密度初始值时，穿过各分层的射线通常不止一条，但在计算初始值时对每个分层仅取一条射线，而对 LEO 轨道高度以上各分层初始值的确定则取最靠近下降掩星发生时刻或上升掩星结束时刻的非掩星观测射线。

如果掩星区 VTEC 为常数或呈线性分布，则上式的解与球对称假设的 Abel 反演解理论上趋于相等，其差别仅是由不同算法引入的误差；当掩星区 VTEC 呈线性分布时，对方程组(10-26)求解仅需每条掩星射线切点处的 $\text{VTEC}(\lambda_T, \phi_T)$ 和非掩星侧那边射线与相应圈层交点处的 VTEC 值，因为有下面的关系存在(考虑射线关于掩星切点的几何对称性)

$$\text{VTEC}(\lambda, \phi) + \text{VTEC}(\lambda', \phi') = 2\text{VTEC}(\lambda_T, \phi_T) \qquad (10\text{-}31)$$

当 VTEC 为非线性变化时，对方程组(10-26)求解则需要有射线与各圈层交点处的所有 VTEC 数据。对应上述情况，任意地理位置处的 VTEC 均可通过 IGS GIM 或将其对应的四个格网点 VTEC 值内插而得到(Schaer et al.，1998)。

10.3　电离层三维层析重建技术

电离层层析重建技术(Computerized Ionospheric Tomography，CIT)是一种利用空间无线电波延迟来反演电离层电子密度分布的遥测技术，它源于计算机层析(Computerized Tomography，CT)，是计算机层析技术在电离层探测领域内的应用。GPS 观测技术的发展为电离层层析重建的应用研究提供了高精度的 TEC 观测数据，而 GPS 观测网络的广泛布设则推动了该技术的迅猛发展。与传统的地基电离层垂直观测相比，电离层层析重建技术能够重建大尺度范围的电子密度分布结构，且具有高精度、低成本、实时观测等优点。因此，电离层层析技术从诞生之日起就一直受到世界各国学者的关注(Raymund et al.，1990；Hajj et al.，1994；Ruffini et al.，1998；Mitchell and Spencer，2003；Bhuyan et al.，2004；Jin and Park，2007；Thampi et al.，2009；Nesterov and Kunitsyn，2011；闻德保，

2007；李慧，2012；姚宜斌等，2014）。

10.3.1 电离层层析原理

当 GPS 无线电信号穿过某一电离层区域时，其射线路径上的 TEC 与射线上任意点处电子密度的关系可以用下面的积分式表示：

$$\text{TEC} = \int_l N_e(\boldsymbol{r})\,\mathrm{d}s \tag{10-32}$$

式（10-32）便是电离层层析重建的数学模型。其中，积分号下面的 l 为积分路径，N_e 为电子密度，$\boldsymbol{r}$ 是观测时刻由经度、纬度和高度组成的位置向量。式（10-32）是一个连续积分方程，为了用数值方法求解该积分方程，我们需要对研究的电离层区域进行离散化处理，即按照大地坐标的经度、纬度和高度将电离层区域划分成多个小网格，以便于将式（10-32）进行离散化。图 10-5 是电离层层析的几何示意，它展示了信号射线是如何穿越电离层的以及电离层区域是如何被离散化的。

为了离散化式（10-32），我们还要作如下三个假设：

①在一段时间（如 30min）内，电离层的电子密度变化很小，可视为稳定不变的物理量；

②射线穿过电离层时，因电离层折射效应而发生弯曲，但这个弯曲角很小，因此可以近似认为卫星信号射线是沿直线穿过电离层区域的；

③如果网格划分得足够小，可以认为在一个网格单元内电子密度处处相同，因此可以用网格单元几何中心处的电子密度作为这个网格单元的电子密度。

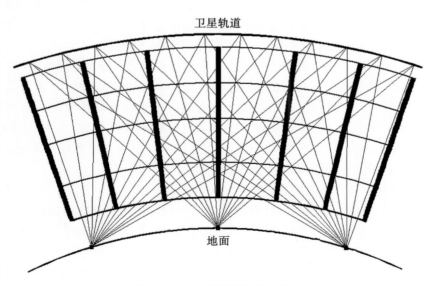

图 10-5 电离层层析的几何示意

基于上述假设，如研究的电离层区域被划分为 N 个网格，我们可以将式（10-32）变为：

$$\text{TEC}_i = \sum_{j=1}^{N} G_{ij} x_j \tag{10-33}$$

式中，$G_{ij} = \int_{S_i} g_j(\boldsymbol{r}) \mathrm{d}s$；$g_j(\boldsymbol{r})$ 是电子密度函数 $N_e(\boldsymbol{r})$ 的基函数，可取为像素基函数，即

$$g_j(\boldsymbol{r}) = \begin{cases} 1, & \text{若 } \boldsymbol{r} \in \text{第 } j \text{ 个网格单元} \\ 0, & \text{若 } \boldsymbol{r} \notin \text{第 } j \text{ 个网格单元} \end{cases} \tag{10-34}$$

x_j 是第 j 个网格的平均电子密度；$i = 1$，…，M，M 是观测值个数，即总共观测到的射线条数。式(10-33)可以用矩阵形式表示成线性方程组为：

$$\boldsymbol{Y} = \boldsymbol{A}\boldsymbol{X} \tag{10-35}$$

其中，$\boldsymbol{X}$ 是 $N{\times}1$ 的列向量，元素 x_j 如上所述；$\boldsymbol{Y}$ 是 $M{\times}1$ 的列向量，元素 y_i 表示第 i 条射线的 TEC 观测值；$\boldsymbol{A}$ 为 $M{\times}N$ 的系数矩阵，元素 a_{ij} 表示第 i 条射线被第 j 个网格所截取的线段长度，显然如果这条射线不穿过第 j 个网格，则 $a_{ij} = 0$。

通过求解射线上的 TEC 和射线被各格网体截取的线段长度，则可利用方程组(10-35)得到待研究区域的电离层电子密度分布。

10.3.2　电离层层析重建方法

1. 电离层层析重建的不适定性

电离层层析重建是一个不适定的反演问题。根据图 10-5 可知，电离层层析重建属于锥束图像重建问题。由于研究区域内的观测站数目较少、或者观测站分布不均匀，加上所选择的观测数据的仰角都比较大，导致有一部分网格只有一条射线，甚至根本没有射线穿过，造成系数矩阵 $\boldsymbol{A}$ 不满秩，即使我们可以通过延长观测时间等方法来增加观测量，使得方程个数大于未知数个数，但由于某些观测量存在较强的相关性，使得系数矩阵 $\boldsymbol{A}$ 仍不满秩，因此方程组(10-35)是一个秩亏方程组，它的解不唯一。

重建电离层电子密度分布时，常常需要在重建过程中引入隐含着电离层背景信息的初始值，这样可使解快速收敛。传统的做法是通过经验电离层模型(如 IRI 模型或者 PIM 模型)给出密度分布场，将其作为初始解代入方程组，通过迭代算法对初始解不断进行修正，最终得到方程组的最小二乘解。下面所介绍的代数重建技术 ART (Algebraic Reconstruction Technique)便是这样一类反演算法，该算法适合投影数据采集量比较少的图像重建，即对不适定方程组的求解有较好的效果。

2. 反演算法——代数重建技术

代数重建技术(ART)是电离层层析重建中应用最广泛的算法。它适用于不完全投影数据的图像重建，抗噪声干扰能力强(张顺利等，2006)，因此它既能适应大型稀疏方程组的求解，又能较好地解决电离层层析重建的不适定性。

ART 算法以某个电离层经验模型(如 IRI、PIM)作为待重建区域电子密度分布的初始值，通过迭代逐步修正初始值，直到修正的值满足一定精度条件为止。该算法中，每一次迭代修正都只针对一个方程进行，本次迭代完成后，取下一个方程进行下一次修正。假设方程组(10-35)包含 M 个方程，则从第一个方程开始，经过 M 次迭代修正称为一轮迭代，每一轮迭代完成后，算法将返回到第一个方程开始新一轮迭代。对于第 k 次迭代，ART

算法的修正公式为：

$$x_j^{(k+1)} = x_j^{(k)} + \lambda \frac{y_i - \sum\limits_{l=1}^{N} a_{il} x_l^{(k)}}{\sum\limits_{l=1}^{N} a_{il}^2} a_{ij}, \; j = 1, \; 2, \; \cdots, \; N \qquad (10\text{-}36)$$

式中，λ 为松弛因子，取值范围为 $0 \sim 2$；$i = \mathrm{MOD}(k, \; M) + 1$；$k$ 从 0 开始计数，初始值向量为 $\boldsymbol{X}^{(0)}$，观测值个数为 M，网格个数（即未知数个数）为 N。

如果从几何意义上考虑，ART 算法是很好理解的。以二元线性方程组为例，方程组表达式如下：

$$\begin{cases} a_{11}x_1 + a_{12}x_2 = b_1 \\ a_{21}x_1 + a_{22}x_2 = b_2 \end{cases} \qquad (10\text{-}37)$$

两个二元线性方程在平面内确定了两条直线，如图 10-6 所示，两条直线相交于 P，则 P 的坐标即二元线性方程组（10-37）的解。设初始值为点 I，使用 ART 算法求解方程组时，若不考虑 λ，那么调用式（10-36）修正初始值的过程，用几何的观念看就是将点 I 先投影到一条直线上，然后将投影点再投影到另一条直线上。以此类推，若方程组（10-37）的解存在，则迭代结果是点 I 逐渐收敛到点 P（如图 10-6 折线所示的过程）。

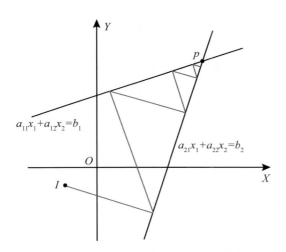

图 10-6　ART 求解二元线性方程组的示意

若将方程组推广到 N 维空间，如方程组（10-35）所表示的，则每一个方程都可以视为 N 维空间里的一个超平面，这些超平面的交点就是方程组（10-35）的解，式（10-36）在几何上就可以看做是点 $\boldsymbol{X}^{(k)}$ 在第 i 个超平面上的投影。其中，λ 称为松弛因子，它控制投影的程度，当 $\lambda = 1$ 时为完全投影，即投影点落在超平面内；当 $0 < \lambda < 1$ 时，投影点向超平面靠近，但未到达超平面；当 $1 < \lambda < 2$ 时，投影点越过超平面。

需要说明的是，ART 算法不保证解为正，利用该算法进行电离层层析重建时，由于电子密度的非负性，因此，在迭代过程中必须加上 $\boldsymbol{X}$ 的各元素非负的约束条件（邹玉华，

2004），即当 $x_j^{(k)} < 0$ 时，令 $x_j^{(k)} = 0$。

10.4　地震-电离层效应分析与研究

地震活动促发电离层扰动的现象一直为众多学者关注，尤其是电离层异常一般在震前的 0~5 天内出现的统计报道让不少地震学家看到了突破短临地震预报瓶颈的希望，并寄予非常高的热情（Pulinets and Boyarchuk，2004）。在本节，利用中国地壳运动观测网络的地基 GPS 观测数据，在解算单站和二维 VTEC 分布的时间序列之后，将 2008 年汶川大地震作为典型震例，我们对其进行了详细的地震-电离层异常检测与分析研究，并对中国大陆 2000—2014 年期间的 $M_S \geqslant 6.0$ 强震进行了震前电离层异常特征的统计分析与研究。

理论上，电离层层析重建能够获得电离层的三维分布，为全面、精细捕捉电离层动态变化提供了可能，但在实际的观测中，受限于观测站点的不均匀分布和有限数量，层析的精度在一些地方不是很理想。尽管 TEC 是一个积分量，但其具有较高的精度，能够真实可靠地反映电离层动态变化，因此在地震-电离层效应的检测与研究中，我们考察和分析的对象选择了 GPS VTEC 观测值。针对 VTEC 时间序列观测值，欲对某一天进行异常检测时，取其前 10 天的 VTEC 数据作为参考背景（此背景期内不包含受太阳耀斑或磁暴活动等影响的观测数据，否则这一天内的观测数据将被背景期前一天的数据取代），将此 10 天内每天同一时刻的 VTEC 观测值作为数据序列。假设该序列服从正态分布，计算其均值 μ 和标准偏差 σ，通过考察当天电离层 VTEC 值是否落在置信区间 $[\mu - 2\sigma, \mu + 2\sigma]$ 来判断异常，若考察的 VTEC 观测值超出此区间的上边界或下边界，且持续时间大于 2 小时，则认为当天电离层变化出现正异常（$\Delta \text{TEC} = \text{TEC} - (\mu + 2\sigma) > 0$）或负异常（$\Delta \text{TEC} = \text{TEC} - (\mu - 2\sigma) < 0$）。

10.4.1　汶川 $M_S 8.0$ 大地震

利用中国地壳运动观测网络的地基 GPS 观测资料，我们对汶川 $M_S 8.0$ 地震期间电离层 VTEC（单位为 TECu，$1\text{TECu} = 10^{16}$ 电子/m²）的变化进行了时间序列的异常检测（Zhou et al.，2009）。

图 10-7 是震中附近 LUZH GPS 站上空的 VTEC 时间序列变化情况，不难看出，在震前出现了几次显著的电离层异常。

为了对这些异常有更全面认识，针对中国区二维 VTEC 分布时间序列，我们进行了震前的异常检测，图 10-8~图 10-12 分别为 4 月 29 日、5 月 3 日、5 月 6 日和 5 月 9 日检测出的电离层异常的空间分布，其绝对异常量 ΔVTEC 都非常明显，且异常均自东向西漂移。

图 10-13 是在 4 个异常天内 5 次电离层异常在异常峰值时刻的变化幅度（相对于前 10 天的均值）分布图，其最大扰动幅度分别达到了 40%、40%、80%、40% 和 70%。从地基 GPS 的观测区域来看，所有这些异常持续时间都超过了 4 小时。

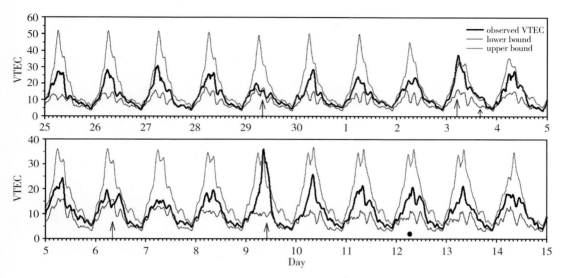

异常出现在 4 月 29 日、5 月 3 日(两次)、5 月 6 日和 5 月 9 日(世界时 UT)

图 10-7　震中附近 LUZH GPS 站在汶川地震期间的 VTEC 序列

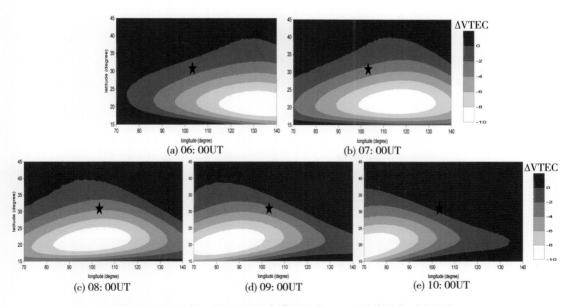

图 10-8　2008 年 4 月 29 日震中附近上空 VTEC 异常分布时变演化

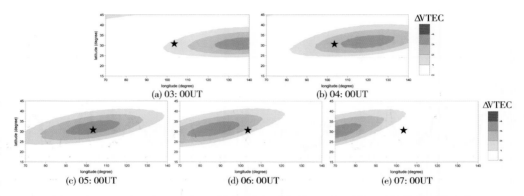

图 10-9　2008 年 5 月 3 日当地时下午时段震中附近上空 VTEC 异常分布时变演化

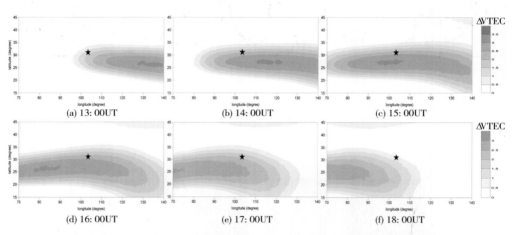

图 10-10　2008 年 5 月 3 日当地时晚上时段震中附近上空 VTEC 异常分布时变演化

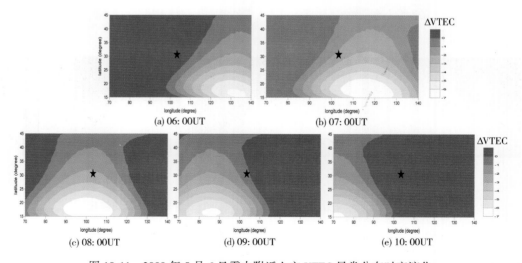

图 10-11　2008 年 5 月 6 日震中附近上空 VTEC 异常分布时变演化

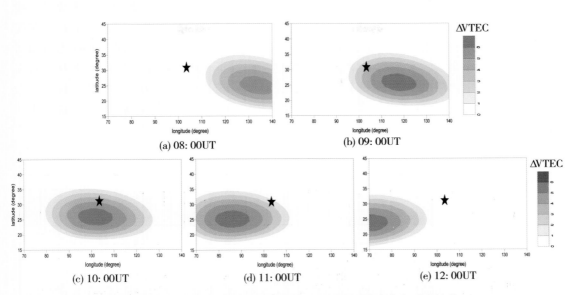

图 10-12 2008 年 5 月 9 日震中附近上空 VTEC 异常分布时变演化

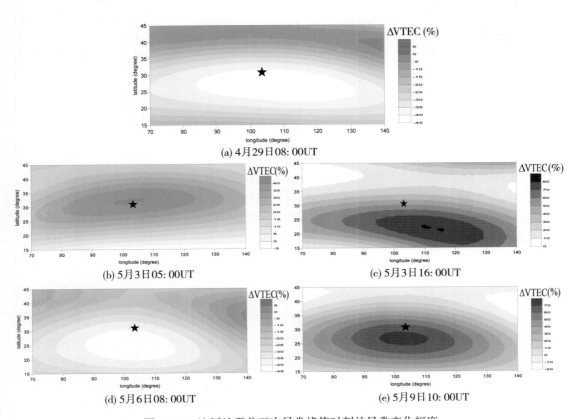

图 10-13 汶川地震前五次异常峰值时刻的异常变化幅度

　　鉴于地磁活动和太阳活动对电离层的显著影响，在识别电离层异常的扰动来源时，我们也对地磁指标 Dst、Kp 和太阳辐射流量 F10.7 进行了考察（图 10-14）。总的来看，在震前 5 天内太阳活动相对平静，而 2008 年 4 月 24 日—5 月 6 日期间则出现了地磁扰动和弱磁暴。基于这个事实，且所有异常其相对变化都超过了 30%（来自底部大气动力学的影响，一般导致电离层的日-日变化不会超过 30%）（Mendillo et al.，2002），因此，我们认为 5 月 9 日的异常可能与汶川地震的孕育活动有关，而其他的 4 次异常可能与地磁活动有关。

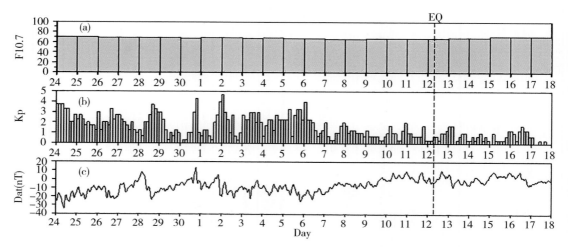

图 10-14　2008 年 4 月 24 日—5 月 17 日太阳辐射通量（F10.7）和地磁指标（Kp、Dst）

10.4.2　地震-电离层效应的统计分析

　　为了探寻地震-电离层异常的规律和特征，利用中国地壳运动观测网络的 GPS 数据，我们解算了中国区的 VTEC 分布，并对中国大陆 2000—2014 年间共计 52 次 $M_S6.0$ 及以上地震进行了系统的地震-电离层异常检测和研究。表 10-1 是这 52 次地震的异常检测结果（地震期间由日-地空间环境突变而引起的电离层异常没有在表 1-1 内列出），其中"异常天"一列里的数字表示震前的天数，如（5）表示震前第 5 天，（0）表示地震当天；"异常状态"栏里的负号（-）表示可能与地震有关的电离层负异常，正号（+）表示可能与地震有关的电离层正异常，右斜杠（/）表示没有检测出与地震有关的电离层异常。

　　考虑地震期间的日-地空间环境，在排除非震因素对电离层的干扰后，统计表 10-1 所涉及的地震-电离层效应，结果表明：绝大多数地震在震前一周内于震中附近均出现了可能与地震有关的电离层 VTEC 异常扰动，而扰动有正有负；地震引起的电离层异常区可达到 10°以上，东西与南北向的尺度之比约为 3∶1；异常区往往向赤道方向偏移；地震-电离层异常多出现于当地时下午时段内，异常持续时间一般为 4~6 小时。值得关注的是，地震-电离层前兆的短临特性相当突出，这是地震电离层前兆相比其他前兆的一大优势。但遗憾的是，目前所进行的一些震例分析表明，并不是所有的强震在震前都检测到了电离层异常，这充分说明地震-电离层效应研究的复杂性和难度。因此，深入研究地震-电离层的耦合机理，揭示地震对电离层的作用过程，是对这一现象做出科学解释的基础。

表 10-1　　中国大陆 2000—2014 年期间 $M_s \geq 6.0$ 地震的震前电离层异常统计

发震时间（北京时）	震中位置（度）	深度（km）	震级（M_s）	异常天（震前）	异常状态
2014-11-22-16：55	四川康定（30.3N，101.7E）	18	6.3	5	+
2014-10-07-21：49	云南景谷（23.4N，100.5E）	5	6.6	8，7，4，2	+，+，+，−
2014-08-03-16：30	云南鲁甸（27.1N，103.3E）	12	6.5	6，3，2，1	+，+，+，+
2014-05-30-09：20	云南盈江（25.0N，97.8E）	12	6.1	9，4	−，−
2014-02-12-17：19	新疆于田（36.1N，82.5E）	12	7.3	8，5，0	+，+，+
2013-08-12-05：23	西藏左贡（30.0N，98.0E）	10	6.1	4，2	+，+
2013-07-22-07：45	甘肃岷县（34.5N，104.2E）	20	6.6	2，1	+，+
2013-04-20-08：02	四川芦山（30.3N，103.0E）	13	7.0	5，4	−，−
2012-08-12-18：47	新疆于田（35.9N，82.5E）	30	6.2	2，1，0	+，−，−
2012-06-30-05：07	新疆新源（43.4N，84.8E）	7	6.6	/	/
2012-03-09-06：50	新疆洛浦（39.4N，81.3E）	30	6.0	4	+
2011-11-01-08：21	新疆尼勒克（43.6N，82.4E）	28	6.0	/	/
2010-04-14-09：25	青海玉树（33.2N，96.6E）	19	6.3	/	/
2010-04-14-07：49	青海玉树（33.2N，96.6E）	14	7.1	9	+
2009-08-28-09：52	青海海西（37.6N，95.8E）	7	6.4	6，5	+，+
2009-07-09-19：19	云南姚安（25.6N，101.1E）	10	6.0	7，2	+，+
2008-11-10-09：22	青海海西（（37.6N，95.9E）	10	6.3	/	/
2008-10-06-16：30	西藏当雄（29.8N，90.3E）	8	6.6	4，1	+，+
2008-10-05-23：52	新疆乌恰（39.5N，73.9E）	33	6.8	/	/
2008-09-25-09：47	西藏仲巴（30.8N，83.6E）	20	6.0	8	+
2008-08-30-16：30	四川攀枝花（26.2N，101.9E）	10	6.1		
2008-08-25-21：22	西藏仲巴（31.0N，83.6E）	10	6.8	6	−
2008-08-05-17：49	四川青川（32.8N，105.5E）	10	6.1	/	/
2008-08-01-16：32	四川平武（32.1N，104.7E）	20	6.1	2	+
2008-07-24-15：09	四川青川（32.8N，105.5E）	10	6.0	7	+
2008-05-25-16：21	四川青川（32.6N，105.4E）	33	6.4	4，3	+，+
2008-05-18-01：08	四川江油（32.1N，105.0E）	33	6.0	/	/

续表

发震时间(北京时)	震中位置(度)	深度(km)	震级(M_S)	异常天(震前)	异常状态
2008-05-13-15：07	四川汶川(30.9N, 103.4E)	33	6.1	/	/
2008-05-12-19：10	四川汶川(31.4N, 103.6E)	33	6.0	/	/
2008-05-12-14：43	四川汶川(31.0N, 103.5E)	33	6.0	/	/
2008-05-12-14：28	四川汶川(31.0N, 103.4E)	14	8.0	3	+
2008-03-21-06：33	新疆于田(35.6N, 81.6E)	33	7.3	1	+
2008-01-16-19：54	西藏改则(32.5N, 85.2E)	33	6.0	5, 3	+, +
2008-01-09-16：26	西藏改则(32.5N, 85.2E)	33	6.9	7	+
2007-06-03-05：34	云南普洱(23.0N, 101.1E)	33	6.4	/	/
2007-05-05-16：51	西藏日土(34.3N, 81.9E)	33	6.1	8, 7, 6	+, +, +
2005-04-08-04：04	西藏仲巴(30.5N, 83.7E)	33	6.5	0	+
2005-02-15-07：38	新疆乌什(41.6N, 79.3E)	33	6.2	2	+
2004-07-12-07：08	西藏仲巴(30.5N, 83.4E)	33	6.7	8	−
2004-03-28-02：47	西藏-青海(34.0N, 89.4E)	33	6.3	7, 3	+, +
2003-10-25-20：41	甘肃民乐(38.4N, 101.2E)	33	6.1	0	+
2003-10-16-20：28	云南大姚(26.0, 101.3E)	10	6.1	7, 3	−, −
2003-07-21-23：16	云南大姚(26.0N, 101.2E)	15	6.2	5	+
2003-07-07-14：55	西藏-青海(34.6N, 89.5E)	33	6.1	2, 1	+, +
2003-04-17-08：48	青海德令哈(37.5N, 96.8E)	15	6.6	8, 7	−, −
2003-02-24-10：03	新疆喀什(39.5N, 77.2E)	33	6.8	7, 6	+, −
2001-11-14-17：26	新疆若羌(36.2N, 90.9E)	15	8.1	3, 2	−, +
2001-10-27-13：35	云南永胜(26.2N, 100.6E)	10	6.0	6	+
2001-03-05-23：50	西藏玛尼(32.4N, 86.5E)	10	6.4	6, 5, 4, 2, 1	+, +, +, +, +
2001-02-23-08：09	四川雅江(29.4N, 101.1E)	15	6.0	6, 5, 3	+, −, −
2000-09-12-08：27	青海兴海(35.3N, 99.3E)	10	6.6	5, 3	+, −
2000-01-15-07：37	云南姚安(25.5N, 101.1E)	32	6.5	1	+

10.4.3　地震-电离层耦合机理

任何异常现象的出现都与一定的物理或化学机制相联系，地震-电离层效应也不例外。地震与电离层的耦合是个非常复杂的物理和化学过程，对其机理的解释目前主要集中在两个方面：①由地震引起的声重力波(AGW)到达电离层，导致电离层的强烈扰动；②由地震破裂引起的附加垂直电场或电磁辐射(EM emission)作用于电离层，导致离子的重新分布。图 10-15 描述了与这两种解释机制有关的地震-电离层耦合作用通道(Kamogawa et al.，2004)。

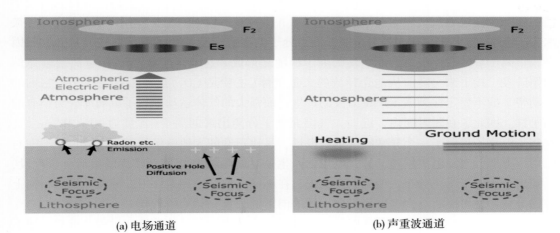

(a) 电场通道   (b) 声重波通道

图 10-15 地震-电离层耦合机理示意

1. 地震-电离层耦合的声重力波机制

许多学者认为，地震前声重力波的产生扮演了电离层扰动的角色(Garmash et al.，1989；Lin'kov et al.，1991；Shalimov，1992；Hegai et al.，1997；Shalimov and Gokhberg，1998；Mareev et al.，2002)。Shalimov 和 Gokhberg(1998)认为地震前声重力波的产生可能有三个来源：①具有分块结构的地壳产生活塞似运动(内重力波 IGW)；②温室气体释放到大气中产生了不稳定的热异常；③岩石圈气体不稳定地释放到大气中。考虑到迄今为止没有观察到震前地壳存在活塞似运动，因此 Voitov 和 Dobrovolsky(1994)认为，活动构造断层邻近区的气体释放是大气扰动的支配源。

2. 地震-电离层耦合的电磁辐射机制

声重力波机制在地震-电离层效应的解释中曾一度占据领导地位，Mareev 等对震前气体释放产生重力波的思想进行了说明(Mareev et al.，2002)，然而 Pulinets 和 Boyarchuk (2004)对用这一思想来解释地震的电离层效应提出了质疑，他们认为声重力波机制的解释仍然需要有力的实验来检验，因为到现在为止，已记录的强震之后即使更强的地面运动所激发的电离层扰动也非常小(Pulinets and Boyarchuk，2004)。Calais 和 Minster(1995)用 GPS 技术实验性地记录到 1994 年 1 月 $M6.7$ 的 Northridge 地震由声重力波产生的 TEC 扰动变化量比电离层的背景值小 2~2.5 个量级，且这一结果也被 Davies 和 Archambeau(1998)的理论计算所证实。此外，震前异常电场的产生也有许多学者给予解释或说明(Hao et al.，2000；Jianguo，1989；Nikiforova and Michnowski，1995；Rulenko，2000；Vershinin et al.，1997)。有鉴于此，Pulinets 和 Boyarchuk(2004)认为声重力波引起的地震-电离层前兆几乎可以停止讨论，而地震活动区异常电场的产生才是震前电离层扰动的真正来源

（Pulinets and Boyarchuk，2004）。下面我们将以气体释放形成异常电场的理论对地震-电离层耦合机理作详细介绍（King，1986；Pulinets and Boyarchuk，2004；Rapoport et al.，2004）。

在地震活动区，除了力学变化外，包括氡、稀有气体、温室气体等的释放也同时处于活跃状态。在近地大气层，在氡的离化作用下，离子、分子的相互作用形成以离子群（被水分子吸附着）形式存在的等离子体，而水分子的高偶极矩阻止了离子群的再合并，归因于正负离子群的库仑引力，准中性的离子群随之形成。这个阶段就是地震-电离层前兆的初始阶段。接下来，震前从地壳释放的大量气体（主要是 CO_2）扮演了双重作用，它们的运动带来的不稳定性刺激了声重力波的产生；而强大的气体运动摧毁了以弱库仑力结合的离子群。因此，在短时间内，近地大气层充满了分离出来的离子（含量为 $10^5 \sim 10^6 \, cm^{-3}$），这些带电离子导致了一个异常的强垂直电场，且比正常的大地电场约高一个数量级。在对流层—上部大气—电离层里，异常电场的产生是对地震-电离层耦合作用的最后一个阶段，导致离子、电子的再分布。值得注意的是，在不同的地球物理条件下，异常电场有指向上方的分量，也可能有与大气电场指向一致的向下的分量。

除上面提到的原因外，异常电场对电离层的扰动也涉及另外的近地过程。首先，地下气体的释放除了具有摧毁中性离子群的作用外，也携带有亚微细粒的浮质物，特别是金属浮质物，这些浮质物将增加电场强度，因为浮质物的产生降低了大气的电导率（Krider and Roble，1986）；其次，在震前，与电磁辐射有关的 ULF、ELF、VLF 也在地震孕育区被发现。当前，对 ULF、ELF、VLF 电磁辐射的探测和识别技术已非常成熟，然而这些辐射与地震之间的机理性关系依然不是很清楚。

穿透到电离层 E 层的异常电场给这一区域的电子含量带来了异常的分布，这已被实验所记录（Liperovsky et al.，2000）。取决于地表电场的方向（上或下），电子含量可发生正的或负的偏离（Pulinets and Boyarchuk，2004）。另外，产生电场的地区几何形状决定了电离层异常分布的形态。然而，在任何条件下，只有异常电场垂直于磁力线的分量才能穿透到电离层。在异常电场指向地表的情况下，一个偶发的 E 层将在地震活动区上空形成，这已被实验和理论计算所证实（Kim et al.，1993；Ondoh and Hayakawa，1999）。

归因于地磁场线的等位性，电场实际上将没有任何延迟地穿透到更高的电离层，因此，在 F 层有两个主要的现象将会被看到。其一，因焦耳热作用形成的最大电导率区域将会有声重力波的产生，继而引起电离层小规模的异常（Hegai et al.，1997）。这些过程通过用无线电物理技术或光学监测技术记录不同高度的周期性电子振荡而得以证实，并已被实验性的数据所支持（Chmyrev et al.，1997）。此外，将是在 F_2 区域形成大规模的电子含量异常，这些异常已被卫星和地面的电离层探测仪及 GPS 接收机所观测到。在 F 区，鉴于电场、磁场的交互作用导致粒子漂移的复杂性，大规模的异常以及与声重力波相联系的异常可能不仅在震中上空分布，而且也可能会向赤道方向偏移。

在更高的上空，也可能产生这样的效果：小规模的电离层异常沿磁力线传播进入磁层，形成一个像管道一样的场，在这里来自不同源的 VLF 辐射将会被分散（Kim et al.，1997）。因此沿异常电场产生的区域，在磁场管道里将导致 VLF 辐射水平的增加（Shklyar and Nagano，1998）。在修正了的磁管道里，这种增加的 VLF 辐射已被早期的电磁前兆卫星探测到。

最后,在大气、电离层、磁层这种复杂的过程链中产生了粒子沉降,使更低的电离层产生电离,导致 D 区电子含量的增加,从而降低了电离层的高度。电离层高度的降低改变了从 VLF 到 VHF 无线电波传播的条件,地震前无线电波传播异常的现象已被实验记录到(Biagi et al.,2001;Gufeld et al.,1992;Kushida and Kushida,2002)。

不可否认,地震前的确观测到了气体的大量释放(King,1986;Pulinets 和 Boyarchuk,2004;Rapoport et al.,2004),但气体释放形成异常电场也仅是地震电磁辐射机理的一种可能解释,异常电场产生的来源仍有众多说法,如岩石的压电效应(Yoshida and Ogawa,2004)、地下水的流电势(Ondoh and Hayakawa,2002;Kormiltsev et al.,1998)、摩擦电磁学(Takeuchi et al.,2004)、滑动位错(Hadjicontis and Mavromatou,1995;Teisseyre,2001;Varotsos et al.,2001)、应力触发的移动正电子洞(mobling p-holes)(Freund,2000)等,地震电磁辐射机理的真实来源究竟如何,仍需要进行深入的研究和探讨。

10.5 小结与展望

从 1964 年美国阿拉斯加大地震的电离层异常扰动现象出发,到揭示岩石圈(地震)—大气层—电离层的耦合(LAI Coupling)机理,地震-电离层效应的研究已历经近 50 年,相应地也积累了丰富的研究成果。目前,地震-电离层效应的研究主要集中在以下两个方面:①地震-电离层前兆异常检测和统计分析;②岩石圈(地震)—大气层—电离层的耦合(LAI Coupling)机理探索。在地震-电离层前兆检测和统计分析方面,Liu 等(2000,2004)针对台湾地区 $M_S \geqslant 6.0$ 地震的电离层效应统计分析表明:地震-电离层异常一般在震前 0~5 天出现;Pulinets 和 Boyarchuk(2004)进一步指出:取决于观测站所在位置和具体的孕震环境,异常的扰动有正有负,而且通过地震电离层异常扰动的起始时间、所在位置、区域大小还可近似确定地震三要素(时间、地点、量级)。此外,对地震-电离层效应的机理解释主要集中在以下两个方面:一是地震激发的声/重力波到达电离层导致电离层的强烈扰动;二是地震孕育活动产生附加电场或电磁辐射作用于电离层导致电子密度的再分布。

在地震前兆的物理基础尚需深入研究的情况下,统计分析具有重要意义。一方面,有些异常暂时不能做出机理上的解释,但明确其与地震的统计关系具有实用意义;另一方面,许多异常现象可能与地震相关性较高,但由于没有扣除随机概率和进行全时空大样本检验,很难对这些异常现象的预测能力进行评价。而所有这些统计工作的前提是必须有丰富的电离层探测数据做基础,因此,开展时空维连续的立体式电离层监测对地震监测预报也具有重要的参考作用。

目前,全世界有 20 多个国家近 30 个科研团体正在从事地震-电离层效应研究工作。地震频发的墨西哥在其首都附近的 Guerrero 地区布设了综合性的前兆观测系统工程 PREVENTION,这其中就有监测地震电离层前兆信息的探测设备,如地基 GPS 接收机(探测电离层 VTEC)、电离层垂测仪等;而专门致力于地震电磁前兆监测的卫星工程也已得到实施,如俄罗斯的 COMPASS、美国的 QuakeSat、法国的 DEMETER 等,我国也即将实施地震电磁监测试验卫星计划,因此这些观测系统和工程将极大地推动地震-电离层效应在地震监测预报领域里的实际应用。

　　地震-电离层效应的研究离不开高精度的电离层观测，地基 GPS 作为当前探测电离层的新技术，使低成本、高精度的电离层连续观测成为可能。而且，一定规模的地基 GPS 网络观测，还可构建观测区 VTEC 二维平面分布，这为异常区位置和大小的确定提供了可能。天基 GPS 电离层掩星技术是一种覆盖全球的高精度电离层剖面观测手段，但受制于掩星观测卫星的数量，其获取的掩星电子密度剖面数量非常有限，且各掩星电子密度剖面在时空维均不连续，这给电离层正常参考背景的精确建立带来了困难，使时间序列法检测出的电离层异常不具可靠性。因此，地基 GPS 电离层技术在大范围、连续监测电离层动态变化方面具有优势，具备监测地震-电离层前兆信息的能力，是揭示震前电离层异常扰动特征和规律的有效手段。在可预期的将来，随着可观测多个全球导航卫星系统（GPS、GLONASS、Galieo、BDS 等）GNSS 接收机的出现，电离层信息量的获取还将成倍的增加，这将进一步增强地基 GNSS 技术监测震前电离层异常扰动的能力。

（本章由周义炎、吴云撰写）

本章参考文献

1. 李慧. 基于 GNSS 的三维电离层层析反演算法研究［D］. 中国科学院大学博士论文，2012.

2. 刘赵林，孙学金，符养. 电离层的掩星分离假设反演法［J］. 天文学进展，2009，27（3）：270-279.

3. 熊年禄，唐存琛，李行健. 电离层物理概论［M］. 武汉：武汉大学出版社，1999.

4. 姚宜斌，汤俊，张良，等. 电离层三维层析成像的自适应联合迭代重构算法［J］. 地球物理学报，2014，57（2）：345-353.

5. 闻德保. 基于 GPS 的电离层层析算法及其应用研究［D］. 中国科学院研究生院博士论文，2007.

6. 吴小成. 电离层无线电掩星技术研究［D］. 中国科学院研究生院博士论文，2008.

7. 张顺利，张定华，李山，等. ART 算法快速图像重建研究［J］. 计算机工程与应用，2006，42（24）1-3.

8. 周义炎，申文斌，吴云，等. 地基 GPS VTEC 约束的电离层掩星反演方法［J］. 地球物理学报，2012，55（4）：1088-1094.

9. 邹玉华. 地面台网和掩星观测结合的时变三维电离层层析［D］. 武汉大学博士论文，2004.

10. Bhuyan K, Siugh S B, and Bhuyan P K. Application of generalized singular value decomposition to ionospheric tomography［J］. Annales Geophysicae, 2004(22): 3437-3444.

11. Biagi P F, Ermini A, et al. Disturbances in LF radiosignals and Umbria-Marche(Italy) seismic sequence in 1997—1998［J］. Phys. Chem. Earth, 2001(26): 755-759.

12. Bilitza D. International reference ionosphere 2000［J］. Radio Science, 2000, 36(2):

261-275.

13. Calais E and Minster J B. GPS deTECtion of ionospheric TEC perturbations following the January 17, 1994, Northridge Earthquake[J]. GRL, 1995(22): 1045-1048.

14. Chmyrev V M, Isaev NV, et al. Small-Scale Plasma Inhomogeneities and Coreelated ELF Emissions in the ionosphere over an Earhquake Region[J]. JASTP, 1997(59): 967-974.

15. Davies J B and Archambeau C B. Modeling of atmospheric and ionospheric disturbances from shallow seismic sources[J]. Phys. Earth Planet. Inter., 1998(105): 183-199.

16. Freund F. Time-resolved study of charge generation and propagation in igneous rocks[J].J. Geophys. Res., 2000, 105: 11001-11019.

17. Garcia-Fernande M, Hernández-Pajaes M, Juan JM, et al. Improvement of ionospheric electron destiny estimation with GPSMET occultations using Abel inversion and VTEC information[J]. J. Geophys. Res., 2003, 108(A09): 1338-1346.

18. García-Fernánez M. Contributions to the 3D ionospheric sounding with GPS data[D]. Catalunya: Departments of Applied Mathematics IV and Applied Physics, PolyTEChnic University of Catalonia, 2004.

19. Garmash S V, Lin'kov E M, LN Petrova, GM Shved. Generation of Atmospheric Oscillations by Seismic Gravitational Vibrations of the Earth[J]. Izvesitya Atm. Ocean Phys, 1989(25): 952-959.

20. Gufeld I L, Rozhnoy AA, et al. Radio wave field disturbances prior to Rudbar and Rachinsk earthquakes, Izvestiya[J]. Earth Physics, 1992(28): 267-270.

21. Gurvich A S, Krasilnikova T G, Navigation satellites for radio sensing of the Earth's atmosphere[J]. Soviet Journal of Remote Sensing, 1990, 7(6): 1124-1131.

22. Hadjicontis V and Mavromatou C. Electric signals recorded during uniaxial compression of rock samples: their possible correlation with pre-seismic electric signals [J]. Acta Geophys. Pol., 1995(43): 49-61.

23. Hajj G A, Ibanez-Meier R, et al. Imaging the ionosphere with the Global Positioning System[J]. International Journal of Imaging Systems and Technology, 1994(5): 174-184.

24. Hajj G A, Romans L J. Ionospheric electron destiny profiles obtained with the Global Positioning System: Results from the GPS/MET experiment[J]. Radio Science., 1998, 33(1): 175-190.

25. Hao J, Tang T and Li D. Progress in the research of atmospheric electric field anomaly as an index for short-impending prediction of earthquakes[J]. J. Earthquake Pred. Res., 2000 (8): 241-255.

26. Hardy K R, Hajj G A, Kursinski E R. Accuracies of atmospheric profiles obtained from GPS occultations[J]. Int. J. Satell. Commun., 1994, 12(5): 463-473.

27. Hegai V V, Kim V P, Nikiforova L I. A Possible Generation Mechanism of Acoustic-Gravity Waves in the Ionosphere before Strong Earthquakes[J]. J. Earthquake Predict. Res., 1997(6): 584-589.

28. Heise Stefan, Stolle C, Schluter Stefan, Norbert Jakowski. Differential Code Bias of GPS Receivers in Low Earth Orbit[M]//Reigbe Cr, Luhr H. et al. Earth Observation with CHAMP Results From Three Years in Orbit. Berlin: Springer Berlin Heideberg, 2005: 465-470.

29. Hernández-Pajaes M, Juan J M, Sanz J, et al. The IGS VTEC maps: a reliable source of ionospheric information since 1998[J]. J. Geodesy, 2009, 83(3-4): 263-275.

30. Hernández-Pajaes M, Juan J M, Sanz J. Improving the Abel inversion by adding ground GPS data to LEO radio occultations in ionospheric sounding[J]. Geophys. Res. Lett. , 2000, 27 (16): 2473-2476.

31. Hocke K. Inversion of GPS meteorology data[J]. Annales Geophysicae, 1997, 15 (4): 443-450.

32. Jianguo H. Near erath surface anomalies of the atmospheric electric field and earthquakes[J]. Acta seismol. Sin. , 1989(2): 289-298.

33. Jin Shuanggen and Jong-UK Park. GPS ionospheric tomography: A comparison with the IRI-2001 model over South Korea[J]. Earth Planets Space, 2007(59): 287-292.

34. Kamogawa Masashi, Jann-Yenq Liu, Hironobu Fujiwara, et al. Atmospheric field variations before the March 31, 2002 *M*6.8 earthquake in Taiwan[J]. TAO, 2004, 15(3): 397-412.

35. Kim V P, Hegai V V, Illich-Svitych P V. On the Possibility of a Metallic Ion Layer Forming in the E-Region of the Night Midlatitude Ionosphere Before Great Earthquake [J]. Geomagn. and Aeronomy, 1994, 33: 658-662.

36. Kim V P, Hegai V V. On possible changes in the midlatitude upper ionosphere before strong earthquakes[J]. J. Earthq. Predict. , 1997(6): 275-280.

37. King C Y. Gas geochemistry applied to earthquake predict: A overview [J]. J. Geophys. Res. , 1986, 91: 12269-12281.

38. Kormiltsev V V, Ratuchnyak A N, et al. Three-dimensional modeling of electric and magnetic fields induced by the fluid flow movement in porous media[J]. Phys. Planet. Inter. , 1998, 105: 109-118.

39. Krider E P and R W Roble. The Earth's electrical Environment[M]. Washing D. C.: National Academy Press, 1986.

40. Kursinski E R, Hajj G A, Bertiger W I, et al. Initial results of radio occultation observations of Earth's atmosphere using the Global Positioning System[J]. Science, 1996, 271 (5252): 1107-1110.

41. Kursinski E R, Hajj G A, Schofield J T, et al. Observing Earth's atmosphere with radio occultation measurements using the Global Positioning System[J]. J. Geophys. Res. , 1997, 102 (D19): 23429-23465.

42. Kushida Y and Kushida R. Possibility of earthquake forecast by radio observations in the VHF band[J]. J. Atmos. Electr. , 2002(22): 239-255.

43. Lei J H, Syndergaard S, Burns A G, et al. Comparisons of COSMIC ionospheric measurements with ground based observations and model predictions: Preliminary results[J]. J. Geophys. Res. , 2007, 112(A7): A07308.

44. Lin'kov E M, Petrova L N, Osipiv K S. Seismic Gravitational Pulsations of the Earth and Atmospheric Disturbances as Possible Precursors of Strong Earthquakes[J]. Trans. USSR Acad. Sci. Earth Sci. , 1991(306): 13-16.

45. Liperovsky V A, Pokhotelov O A, Liperovskaya E V, et al. Modification of sporadic E-layers caused by seismic activity[J]. Surveys in Geophysics, 2000(21): 449-486.

46. Ma G, Maruyama T. Derivation of the TEC and estimation of instrumental biases from GEONET in Japan[J]. Annales Geophysicae, 2003, 21(10): 2083-2093.

47. Mareev E A, Ludin D I, Molchanov O A. Mosaic source of internal gravity waves associated with seismic acvity [C]//Lithospheric-atmospheric-Ionospheric coupling, edited by Hayakawa M and Molchanov O A, TERRAPUB. Tokyo. 2002: 335-342.

48. Melbourne W G, Davis E S, Duncan C B, et al. The application of spaceborne GPS to atmospheric limb sounding and global change monitoring[M]. JPL Publication, 1994, 94-18, Jet Propulsion Laboratory, California Institute of TECnology, Pasadena, California.

49. Mitchell, C N and Spencer P S J. A three dimensional time-dependent algorithm for ionospheric imaging using GPS[J]. Ann. Geophys. , 2003(46): 687-696.

50. Nesterov I A and Kunitsyn V E. GNSS radio tomography of the ionosphere: The problem with essentially incomplete data[J]. Adv. Space Res. , 2011, 47(10): 1789-1803.

51. Nikiforova N N and Michnowski S. 1995. Atmospheric electric field anomalies analysis during great Carpatian earthquake at Polish Observatory Swider[C]. IUGG XXI General Assembly Abstract. Boulder, Colorado. VA11D-16, 1995.

52. Ondoh T and Hayakawa M. Anomalous occurrence of Sporadic E-layers before the Hyogoken-Nanbu Earthquake, M7. 2 of Jannary 17, 1995[M]//Atmospheric and Ionospheric Electromagnetic Phenomena Associated with Earthquakes. Tokyo: Terra Scientific Publishing Company, 1999: 629-640.

53. Ondoh T and Hayakawa M. Seismo discharge model of anomalous sporadic E ionization before great earthquakes, Seismo Electromagnetics lithosphere-atmosphere-ionosphere coupling [R]. edited by Hayakawa M and OA Molchanov, Tokyo, 2002: 385-390.

54. Pulinets S A and Kirill Boyarchuk. Ionospheric Precursors of Earthquakes[M]. Berlin Springer, 2004.

55. Rapoport Y, Grimalsky V, et al. Change of ionosphere plasma parameters under the influence of electric field which has lithospheric origin and due to radon emanation [J]. Phys. Chem. Earth, 2004(29): 579-587.

56. Raymund T D, Austen J R and Franke S J. Application of computerized tomography to the investigation of ionospheric structures[J]. Radio Sciences, 1990(25): 771-789.

57. Rocken C, Anthes R, Exner M, et al. Analysis and validation of GPS/MET data in the

neutral atmosphere[J]. J. Geophys. Res. , 1997, 102(D25): 29849-29866.

58. Ruffini G, Flores A and Rius A. GPS tomography of the ionospheric electron content with a correlation function[J]. IEEE Transactions on Geoscience and Remote Sensing, 1998 (36): 143-153.

59. Rulenko O P. Operative precursors of earthquakes in the near-ground atmosphere electricity[J]. Vulcanology and Seismology, 2000(4): 57-68.

60. Sardon E, Rius A, Zarraoa N. Estinmation of the transmitter and receiver differential biases and the ionospheric total electron content from global positioning system observations[J]. Radio Science, 1994, 29(3): 577-586.

61. Schaer S, Gurtner W, Feltens J. IONEX: The ionosphere map exchange format version 1[C]//Proceeding of the 1998 IGS Analysis Centers Workshop, ESOC, Darmstadt, Germany, 1998: 233-247.

62. Schreiner W S, Sokolovskiy S V, Rocken C, et al. Analysis and validation of GPS/MET radio occultation data in the ionosphere[J]. Radio Science, 1997, 34(4): 949-966.

63. Shklyar D R and Nagano I. On VLF wave scattering in plasma with density irregularities [J]. J. Geophys. Res. , 1998(103): 29515-29526.

64. Syndergaard Stig. Processing of FORMOSAT-3/COSMIC ionospheric data at CDAAC [DB/OL]. 1st FORMOSAT-3/COSMIC data users workshop, Boulder, Oct. 2006: 16-18, 2016. http: //opensky. ucar. edu/islandora/object/confenence%3A039.

65. Takeuchi A, Nagahama H, et al. Surface electrification of rocks and charge trapping centers[J]. Phys. Chem. Earth, 2004(29): 359-366.

66. Teisseyre R. Dislocation dynamics and related electromagnetic excitation [J]. Acta Geophys. Pol., 2001(49): 55-73.

67. Thampi S V, Lin C, Liu H, et al. First tomography observations of the midlatitude summer nighttime anomaly over Japan[J]. Journal of Geophysical Research, 2009: 114.

68. Tsai L C, Tsai W H, Schreiner W S, et al. Comparisons of GPS/MET retrieved ionospheric electron destiny and ground based ionosonde data[J]. Earth Planets Space, 2001, 51(3): 618-625.

69. Varotsos P, V Hdjicontis, et al. The physical mechanism of seismic electric signals[J]. Acta Geophys. Pol., 2001(49): 416-421.

70. Vershinin E F, Buzevich A V, Ymoto K, Tanaka Y. Correlations of seismic activity with electromagnetic emissions and variations in Kamchatka region [M]//Hayakawam. Atmospheric and Ionospheric Electromagnetic Phenomena Associated with earthquakes. Tokyo: Terra Scientific Publishing Company, 1999: 513-517.

71. Voitov G I and Dobrovolsky I P. Chemical and isotopic-carbon instabilities of the native gas flows in seismically active regions[J]. Izvestiya Earth Science, 1994(3): 20-31.

72. Ware R, Rocken C, Solheim F, et al. GPS sounding of the atmosphere from low Earth orbit: preliminary results[J]. Bull. Am. Meteorol. Soc. , 1996, 77(1): 19-40.

73. Wilson B D, Mannucci A J. Instrument biases in ionospheric measurements derived from GPS data[C]//Proceedings of ION GPS'93, Salt Lake City, 1993.

74. Yoshida S and Ogawa T. 2004. Electromagnetic emissions from dry and wet granite associated with acoustic emission[J]. J. Geophys. Res., 2004: 109.

75. Yunck T P, Lindal G F, Liu C H. The role of GPS in precise earth observation[J]. IEEE Position Location and Navigation Symposium, 1988: 251-258.

76. Zhou Yiyan, Wu Yun, Qiao Xuejun, et al. Ionospheric anomalies detected by ground-based GPS before the M_W7.9 Wenchuan earthquake of May 12, 2008, China[J]. Journal of Atmospheric and Solar-Terrestrial Physics, 2008, 71(8-9): 959-966.

第11章　理解地震大地测量学观测数据

基于对地震大地测量学观测目的、方式和数据特性的分析，对某些观测结果及其动力学内涵作了初步解释。地震大地测量学是现今地壳运动、大陆动力学、地震动力学、地震科学和地震预测等当代地球科学前缘研究创新不可缺失的新信源。然而，前人未能获得的科学新信息往往内蕴于相互作用导致的复杂性之中。在大力发展新技术的同时，还必须以地球系统科学—地球动力系统的新科学理念，促成多门学科和不同方法论的结合互补，方能深入挖掘此宝贵金矿、理解内蕴信息，进而建立更符合大自然实况的科学模型，扎实地促进地震预测。

11.1　地震大地测量学观测数据的新颖性和丰富复杂的动力学内涵

11.1.1　地震大地测量学观测数据的新颖性

地球科学本质上是观测学科。但它所属的各门学科，由于侧重目标和观测方式的不同，必然导致所获观测数据具有不同的特性。例如，地震大地测量学具有独特的时间频率域（10^{-2}秒~10^2年；似零频~50Hz）。又如，同源于大地测量学的以测绘为目的的大地测量学和以地震为目的的地震大地测量学其观测数据除具相同特性外，还具有某些鲜明的不同特性。前者准动态、采样间隔稀疏（数年以上），10^{-6}的相对观测精度一般即可满足其基本要求；而后者则要求高密集采样（年、季、月、日、时、分、秒及秒以下），长期连续监测（数年至数十年），相对精度应达到10^{-11}~10^{-7}，在某些地域要求空间采样也需具高密度，且要求监测系统不仅能观测地表变化，还能在一定程度上探测地下和高空的相关变化。地震大地测量学以现代大地测量学理论和高新技术为基础，以观测现今构造活动微动态、地震动力环境变化和地震孕育发生的动力学过程为目标，是近数十年中发展起来的新兴交叉学科，其观测数据具有新颖性和不可取代性（周硕愚等，1994，1999，2002，2008，2013；吴云等，2008；赖锡安等，2004；姚运生等，2008）。其观测特色主要体现在：

1. 连续揭示地壳运动的现今时间过程（10^{-2}秒~10^2年）及其宽阔频率域

在一定程度上填补了地震学与地质学及地貌学之间的空白域，且其高频部分正在逐步与地震学衔接。揭示出此"处女地"（地球科学观测空白域）中过去未能认知或无法定量的多种自然现象，从而开拓了现今地壳运动观测与动力学研究新领域，促进地震学、大地测量学与地质学的结合。长时间尺度（如万年、百万年、数千年）的地学研究需要现今尺度的观测来验证，与人生寿命相关的现今尺度连续观测是应对当代人类生存发展难题（减灾、环保、公共安全）所必需的。

2. 从全球到定点、从地表至深部与高空，多种尺度与多层次的主动观测(探测)

观测具有主动性，可设计与可实现。从全球板块至板内亚板块、各等级的活动地块、各等级的边界带和断裂带、地块内部和断裂带细部，直至某一定点，均可实施连续动态监测。立脚地壳表面还可对地下(中下地壳、上地幔、壳-幔边界、幔-核边界)和高空(对流层、电离层)的介质物性实施一定程度的连续动态探测，增添了固体地球物理学与高空地球物理学探测手段。

3. 在严谨参考系中精确测定各子系统、各基元的相互关系和空-时(频)整体演化过程

精确性与可评价性原是大地测量学科传统优势。更由于 GNSS、卫星重力、绝对重力等新技术和 ITRF(国际地球参考框架)；大地水准面以及多种不同用途的相对参考框架，如中国大陆整体无旋转基准(杨国华，江在森等，2005；江在森，刘经南，2010)、以某地块或某区域为基准等的研发。从而可实现以不同尺度和不同分辨率，精确地研究各子系统、各基元间的相互关系和在空-时(频)域内的整体演化。在地球科学迈入地球系统科学新时期的 21 世纪，此特性对综合多地域和多学科交叉的新研究域，如大陆动力学、地震科学、"复杂系统、灾变形成及其预测控制"等的研究具有不可忽视的意义与价值。

11.1.2 有别于测绘的地震大地测量观测数据内涵与误差理念

为不同目的采用不同观测方式所获得的观测数据，必然具有不同的内涵和不同的误差理念。

以测绘为目标的大地测量学的主要任务是建立控制网，而计量的主要任务是检验产品质量是否符合设计标准，因而主要关心的是目标值(如长度、直径等)的精度。对目标值的测量(或计量)是在一个短暂的时间(如小时或几天)内完成的。目标值的真值被认为是静态的不变的某一恒定值，或一个设计值，认为误差来源于测量仪器、观测员和外界条件。对观测值的理解是：

$$观测值 = 目标值 + 系统误差 + 偶然误差 + 粗差 \tag{11-1}$$

这种理解是符合测绘和计量工作的实际和需求的。

以地壳运动和地震为目标的大地测量学——地震大地测量学的主要任务是通过动态连续观测，揭示现今构造活动微动态、地球内外动力环境变化和地震孕育发生的动力学过程。因此对地震大地测量学观测数据内涵和观测数据误差的理解，与测绘和计量有所不同：

①观测值是具有多种动力学内涵、结构复杂的时变函数。

观测值不是一个数值，而是一个过程(一般在数年以上)，是一个未知的有待理解的具有多种动力学(物理学)含意的时变函数 $f(t)$。$f(t)$ 是对外界多种动力源发出的多种激励信号的综合响应，它具有较宽的频域(其采样间隔约为 10^{-2} 秒 至数年)和复杂的结构(如准线性、非线性、周期性、波动性、暂态事件、自相关、互相关等)。

②将"系统误差"理解为观测系统对动力因子激励的响应更为适宜。

外界条件不仅是误差来源，更确切地说是动力来源(激励信号源)。企图通过持续观测揭示外界条件随时间的变化正是地震大地测量学的目的。因此地学环境条件变化导致观测值的变化不宜作为系统误差理解，实际上它们反映了大气圈、水圈、宇宙天体和生物圈

(含人类活动)的各种动力学因子对岩石圈(或地壳)的作用以及岩石圈(或地壳)对这些作用的响应。例如,年周变(季节变)、日周变、固体潮汐、水库水荷载变化引起的形变等,显然将它们理解为某种动力学过程和对动力学过程的响应,要比理解为误差更为合理。这种貌似"系统误差"的变化,既有可恶的应该加以消除的一面,反过来又有能提供新信息宝贵的一面。例如,可以利用 GNSS 观测值中各种相对于定位目的而言的"系统误差"来探测电离层和对流层中介质参量的变化,分析与地震有关的波动信号等;发展出"GNSS 电离层学"、"GNSS 气象学"、"GNSS 地震学"和"GNSS 固体潮"等,开拓新的动力学信息源。又如,可以利用地应变、地倾斜和相对重力台站观测值中各种相对于地应变、地倾斜和重力变化目的而言的"系统误差",来探测地下介质物性随时间的变化(应变、倾斜和重力潮汐因子,勒夫数),从而获得有用的地表年周变(季节变)定量过程等。

当然观测值中也包含着由观测系统本身可能产生的系统误差,如 GNSS 观测中的框架幌动、共模误差,形变台站观测中的仪器零漂、格值不准等。

③粗差有可能是信息(小概率的地球动力学暂态事件)。

按大地测量学的传统观念,粗差是应坚决舍去的。但对地震大地测量学而言,粗差也有可能是信息。例如,同震形变可以引起记录曲线的阶跃,观测系统对地震波的响应可以引起大幅度的波动(同震振荡),而某些非线性加速、突跳和群发性突跳也不能完全排除是短临前兆(如预滑动、与地震成核相应的临界变形过程)的可能,它们均有可能出现大于 3σ 的变化。必须区分粗差和显著的动力学暂态事件,不能简单化地一概删除。

④目标值是映射与地球内部动力和物性有关的多种参量时序的集合。

目标值不是不变的确定量,而是一个时间序列。不是一个参量时序,而是多个参量时序的集合。基于研究和监测预测的实际需要,可从集合中选择某一参量时序作为目标时序。如 GNSS 的目标时序,可以是某点在 ITRF 地球框架中的坐标,也可以是外空电离层电子浓度的变化、地球内部的固体潮汐、对同震位错响应、地震激发的波动,等等。地壳应变、地倾斜和重力的目标时序可以是地球固体潮汐半日波(M2、S2、N2)、周日波(O1、K1)和地下介质勒夫数(h、k、l),也可以是趋势性变化、地表年周变(季节变)、大(强)震前的临界暂态波动,等等。断层形变的目标时序可以是趋势性、周期性形变,也可以是各种蠕变事件和波动,等等。一般通过模型改正或滤波等途径,删去、削弱其他参量时序成分,保留、突出选定的参量时序成分。

⑤偶然误差是观测偶然误差和模型偶然误差的组合。

偶然误差不仅来至测量误差,还包括各种改正模型导致的误差。

⑥对地震大地测量学观测时序内涵的理解:

$$观测时序=地球内动力响应+地球外动力响应+观测系统误差$$
$$+粗差(或动力学事件)+偶然误差 \tag{11-2}$$

可见地震大地测量学与经典大地测量学在数据处理上,除了共同关注目标值精度(均方差或标准差)外,前者还有新的独特要求,即"理解"(理解观测值的物理构成、各成分的相互关系及其动力学意义)和"预测"(建立现今地壳运动模型,预测未来变化,并在预估正常变化的基础上识别异常变化,持续推进地震预测和防灾减灾的科技进步),它们都是地震大地测量学必须直面的问题。

小结：设置在地球内外圈层界面—地壳浅表层中的地震大地测量学监测系统，由于有着不同于传统大地测量学的一系列特色：更高的精度、高密集采样、甚宽频带、长期动态持续监测、地壳与地球内外多圈层动力学耦合等，因而其观测数据内涵与结构均十分复杂。地震大地测量学观测数据新颖性的价值主要体现在其动力学内涵，而内涵的地球动力学(大陆动力学、地震科学等)和地球系统科学(地球动力系统)新信息与观测数据的复杂性又紧密相连，往往互为因果，相反相成。

11.1.3 观测站(监测系统基本单元)——一个多输入单输出的复杂信息系统

地震大地测量学的监测系统尽管门类繁多，较为复杂。然而位于地球系统内、外圈层交界面——地壳表层并按某种时间间隔采样的观测站(包括定点台站和流动复测点)是监测系统的基本单元。它可以是空间大地测量的 GNSS 站，或动力大地测量和几何大地测量的形变站，也可以是物理大地测量的重力站，等等。观测站所获取的时间序列 $f(t)$ 是组合生成多种空、时、频域动态图像和建立各种模型的基本信息单元。通过对观测站时间序列 $f(t)$ 的审视，就可基本了解观测数据复杂性与动力学内涵的关系。

1. 地壳表层观测站及其环境 —— 一个感知地学信息的多层结构

地震大地测量学的基本任务是通过动态连续观测，揭示现今构造活动微动态、地球内外动力环境变化和地震孕育发生的动力学过程。地震大地测量学监测系统就是感知(揭示)上述动力学过程时-空-频域现今演化的信息系统。观测站与周围环境则是信息系统的基本单元(基元信息系统)。它具有多层次的结构，如图 11-1 所示。其核心是观测系统，包括观测仪器(传感器灵敏度、频带宽度、长期稳定性等)、观测条件(基岩性质、洞室、钻孔、基墩、标石等)和技术管理等。观测站的地理环境包括：地质、地貌、气象、水文、植被、人类活动等。观测站的感知(动态监测)目标是，以观测站为中心的一定范围的构造环境和一定深度的地体环境，它们的微动态变化过程，正是我们期望获取的信息。但其量级往往很小，很容易被干扰，甚至被淹没。观测站获取信息的能力，取决于上述多

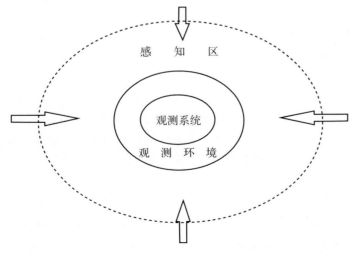

图 11-1 观测站及其环境 ——一个感知地学信息基本单元的多层结构

种元素集和关系集的综合作用。观测仪器先进，技术管理水平高固然是前提，但若观测条件不佳、邻近地理环境不佳或遭到人类活动破坏，导致强干扰，则会极大地降低信噪比，使感知范围缩小，感知能力降低。由于"大陆岩石圈是一个不均一、不连续、具有多层结构和复杂流变学特征的综合体"（许志琴，2006），观测站可感知的构造空间范围与地下深度很难简单地确定，往往有待于在实践中逐步认知，且它们也可能随时间有所变化（如地球动力学大事件、地震大形势、地震孕发过程等）。多种观测系统（站、网）整体互补是提升感知能力与信噪比的有效途径。

2. 观测站——一个多输入单输出的复杂信息系统

图 11-2 是位于地壳表层上的地震大地测量观测站，一个多输入单输出的复杂信息系统示意图。观测站系统 Sob 可表示为：

$$Sob = \langle A, R \rangle \tag{11-3}$$

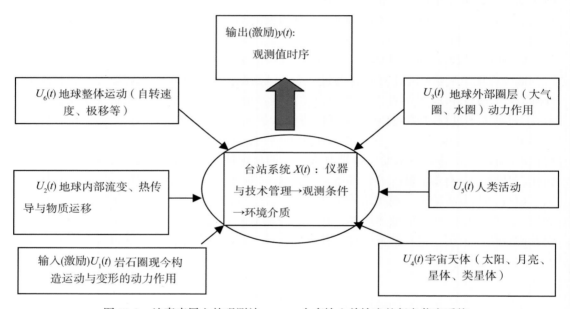

图 11-2　地壳表层上的观测站—— 一个多输入单输出的复杂信息系统

A 表示观测站系统 Sob 所包含的元素集合，即观测仪器（传感器灵敏度、频带宽度、长期稳定性等）、观测条件（基岩性质、洞室、钻孔、基墩、标石等）和技术管理的集合；R 表示元素之间相互关系的集合。观测系统 Sob 是由它的元素集和关系集共同决定的。

由于观测站系统位于地球系统的内、外圈层界面——地壳表层上，它自然要受到多种内、外动力因子的综合作用，表现为多种动力因子 $U_1(t)$、$U_2(t)$、$U_3(t)$、$U_4(t)$、$U_5(t)$、$U_6(t)$ 等对观测站系统 Sob 的输入（激励）：

①$U_1(t)$ 表示岩石圈现今构造运动与变形的动力作用（板块、板内块体、边界带、断裂带、应变-应力场等），可视为"阻抗力"类；

②$U_2(t)$ 表示地球深部流变、热传导与物质运移的动力作用（中下地壳、软流圈、地

幔对流等），可视为"体积力"类；

③$U_3(t)$表示地球外部圈层（大气圈-气温、气压、降水、台风、电磁活动等，水圈-地下水、河川径流、冰雪等）的动力作用；

④$U_4(t)$表示宇宙天体（太阳、月亮、星体、类星体等）的作用；

⑤$U_5(t)$表示人类活动（水库蓄水、工程建设、爆炸等）的作用；

⑥$U_6(t)$表示地球整体运动（自转速度、极移等）的作用。

$Y(t)$是观测站系统对多种动力因子激励的综合响应，以一个单一的复杂的时间序列输出。

因此，位于地壳表层上的地震大地测量某手段观测站是一个多输入（激励）和单输出（响应）的信息系统。观测值时序列 $Y(t)$（或 $f(t)$）具有高度的复杂性，同时又内含多种宝贵的动力学新信息，两者互为依存。这些映射大陆岩石圈-现今地壳运动与变形-地震孕发动力学过程的新信息，是地球动力学、大陆动力学和地震科学不断创新发展的智慧源泉，但又只有下许多工夫，才能从复杂性数据中挖掘、识别、理解与应用。

11.1.4　观测站时间序列的分解、模拟合成与理解

如前所述，地震大地测量观测值时序内含着多种复杂的动力学因子。理解观测值时序究竟包含了哪些因子，它们的物理学和动力学意义及其相互关系，是正确应用其有意义信息的前提。即如何从长时程的、多种采样间隔的、宽频带的、混杂了地球内部和外部多种动力学因子的、有噪声的、模糊的、随机的实际观测值时序中，提取隐含在其中的我们事先不知道却又是有用的物理学和动力学信息，否则虽然有海量般的数据累积，但我们依然是"坐在信息金矿上的穷人"。

多种经典的或当代的有关时序研究的思路和数学方法均可供我们借鉴（杨叔子等，1991，1992；郭秉荣等，1996；刘秉正等，2004；Jiawei Han at el.，2006；金聪等，2007；孙义燧等，2009），包括：时间序列分析（如 ARMA 等）、时频分析（如小波分析等）、盲信号分离技术（如独立分量分析，ICA）、地动信号源定位（如震源扫描算法，SSA）、非线性时序分析（如重构相空间、分维、Lyapunov 指数、混沌时序分析）和数据挖掘、大数据理论方法等。

地震大地测量学多年的实践表明，由于观测手段的差异，各观测站地理、构造和深部环境的差异，不同研究和预测目的之差异等，很难机械地套用某种现成方法，需要针对实况（研究目的、复杂的地体与动力学环境）灵活地构建。方法本身无优劣之分，符合该观测值时序实况，能满足研究目的的方法就是好方法。在此提出以下概念性建议：

1. 地震大地测量时间序列的频率分解

频率较幅度、斜率等而言，似能更好地映射时序因子内涵的物理学或动力学性质，且已有不少可资应用的数学方法，故首选时间序列的频率分解。

目前地震大地测量学时序的采样间隔大约是 10^{-2} 秒~1 年。按采样定律：

$$F_C = \frac{1}{2\Delta T} \tag{11-4}$$

式中，ΔT 为采样间隔，F_C 为截止频率。当 ΔT 为 1 年时，$F_C = 1/2 \times 365 \times 24 \times 60 \times 60\text{s} \approx$

1.6075×e⁻⁸ Hz，即该时序频率域≤1.6075×e⁻⁸ Hz，可视为近似零频，适宜现今构造运动微动态研究。当 ΔT 为 0.01 秒时，$F_C = 1/2×0.01 = 50$Hz，该时序频率域范围在 50Hz 以内，已初步与地震学频率域相交叉。

地震大地测量学时间序列的频率分解有两种途径：一种是视实际需要，采用不同的采样间隔(年、月、时、分、秒及其下)，分解生成各种不同频率域的子时序；另一种是使用各种时频方法和带通、低通、高通滤波方法直接分解观测值时序。

周期 $T≥1$ 年的成分，已基本滤去气压、气温、降水、台风等气象因子，地震及其前后短周期波动、蠕动、脉动、突跳等，基本能代表现今地壳运动的趋势性变化，可与地质学的新(现代)构造运动对比。

目前已被确认的周期波动有：365 天的年周变(季节变)和 24 小时的日周变，它们反映了地球公转、自转过程中大气圈、水圈多种动力因子的综合作用；周期为 23~25 小时的多种地球固体潮汐，反映了月、日天体引力对地球介质的激励以及对这种激励的响应。

当采样间隔为 0.01 秒或更小时，时序频率达到 50Hz 或更高频率，可观测到多种波动，可望从位移的视角参与地震学的研究，如 GNSS 地震学等。

至今还存在许多我们尚未认知的自然变化过程、周期与事件，有待探索与开发。

地球系统内外圈层动力学环境变化，现今地壳运动与地下物质运移，在"阻抗力"和"体积力"共同作用下的地震孕发过程，这些都是我们期望从多因子交错混杂的迷雾中发现和提取的信息。

2. 地震大地测量常态变化与异态变化

"常态变化"指的是在没有罕见的"动力学暂态事件"(如与破坏性地震和火山爆发有关的形变、地球动力学大事件、人类活动强干扰等)影响的条件下，所产生的"正常变化"。常态变化也可以理解为在地球动力学"定常态"和"周期态"因素制约下发生的变化。它具有大概率，能持续或反复发生，可定量刻画其过程并能在一定误差范围内(以一定的分辨力)模拟并预测其未来变化。常态变化的另一种更粗略的理解是排除了"动力学暂态事件"后的长时间尺度平均(如多年时序平均等)。

"异态变化"指的由罕见的"动力学暂态事件"(如破坏性地震、火山爆发、人类活动强干扰等)所导致的异常变化。它为具短暂过程的小概率事件。

"常态变化"和"异态变化"具有相对关系，都是一种包含复杂因子的时序过程。由于我们对前者认知较多，能以一定的分辨力建立定量模型，并演绎(预测)其未来变化；对后者则认知甚微。因此，建立"常态变化模型"，从观测时序中加以扣除，以实现常态变化与异态变化的分离，就成为我们目前的合理选择。

3. 建立常态变化模型以识别异态变化的探索

$$f(t) = N(t) + A(t) + V(t) \tag{11-5}$$

式中，$f(t)$ 表示观测值时序，$N(t)$ 是观测值时序中内涵的常态变化，$A(t)$ 是观测值时序中内涵的异态变化，$V(t)$ 是随机变化。

$$N(t) = M_1(t) + S_1(t) + \eta_m + \eta_s \tag{11-6}$$

常态变化 $N(t)$ 中一般包括现今地壳运动的趋势性变化 $M_1(t)$ 以及多种周期性变化如年(季节)变、日变，固体潮汐等；还应根据不同观测手段实况考虑耦合关系导致的互相

关 η_m（例态形变与气象因子等、重力与地形效应等）以及时序本身的自相关 η_s。在时序长度足够的前提下，式（11-6）是可以用一定的数学形式定量表达并实际建立的：

$$f(t) - N(t) = A(t) + V(t) \tag{11-7}$$

从观测时序 $f(t)$ 中扣除常态变化模型时序 $N(t)$，即可获得在一定误差背景内的异常变化时序 $A(t)$：

$$A(t) = M_2(t) + S_2(t) + C(t) \tag{11-8}$$

经验表明，异常变化时序 $A(t)$ 通常包括非线性特征强烈的趋势性变化 $M_2(t)$（如明显偏离继承性构造运动和强震前夕预滑动等非线性变化）；$S_2(t)$ 可能包括多种频道内至今尚未认知的周期或准周期波动，特别是强震前后的一些机理不明的波动、地震激起的波动以及非地震动力（如台风等）激起的扰动；$C(t)$ 可能包括同震位错、强震前后的某些非周期暂态事件、机理机理不明的突跳和脉动等。

地壳一刻不停地在运动变化着。$N(t)$ 映射由动态观测信息系统所获得的大概率过程（正常变化），$A(t)$ 则映射地壳运动的小概率过程或事件（异常变化）。设某事件（或过程）为 A_i，它一旦出现，则其携带的信息量为 $I(X_i)$：

$$I(X_i) = \log \frac{1}{P(A_i)} \tag{11-9}$$

信息量是事件（或过程）出现概率倒数的对数，即事件的概率越小，一旦出现（被认知），其信息量就越大。虽不能就此确定为地震前兆，但此异态也很有可能与地震孕发有关。"建立常态变化模型以识别异态变化"的思路和方法，在不少场合已取得较好结果。但由于地震大地测量学时间序列的高度复杂性，尤其是对现今地壳运动和地震孕发机理认知甚少甚浅，因此仍是一种探索。

11.1.5 地震大地测量学观测数据可能提供的基础信息

1. 地球圈层与时、空、频域

地球圈层：立足于地壳界面，精确测定现今地壳运动变形过程和重力场变化，探测并反演地球内部和外部各圈层相互作用及其演化过程。

空间域：由定点至全球。

时间域：由 10^{-2} 秒至数十年。

频率域：由 50 Hz 至近似零频。

2. 时间过程及其参量

①地壳水平运动与垂直运动。包括：位移、速度、加速度、应变率，应变率变化；长趋势变化、线性变化、非线性变化、周期性变化、暂态变化等。

②现今构造活动（微动态）。包括：构造板块与边界带运动、大陆板内地块与边界带运动、断层系（网络、带、分段）运动、块体内部变形（应变、倾斜、密度）等。

③与地震、火山、地质灾害等孕发及其后过程有关的运动。包括：非线性变形、密度变化、预滑动、蠕变、各种波动、脉动、颤动、突跳、位错、慢地震、静地震、震后余

滑、库伦应力场等。

④对地震波的响应。以微位移变化的途径记录地震波,其中包括:地震破裂过程激发出的波动、同震位错等。

⑤绝对与相对重力场及时变。

⑥地球内部介质物性(密度、各种固体潮汐因子、勒夫数)变化与物质运移。

⑦电离层介质物性(电子密度、TEC 等)对流层介质物性(湿度等)。

⑧地壳缓慢变化(冰后回弹、海平面上升等)。

⑨人类活动导致环境变化(水库、滑坡、核爆效应等)。

3. 空间分布随时间变化图像

①欧亚板块-中国大陆与相邻板块现今运动时变图像;

②大陆现今地壳运动速度场、应变率场空间分布时变图像;

③大陆内部各地块边界带运动及地块内部变形时变图像;

④垂直形变场空间分布时变图像;

⑤InSAR 监控区内的三维地壳运动空间分布时变图像;

⑥多种尺度重力场空间分布时变图像;

⑦地壳面下不同深度密度场空间分布时变图像;

⑧固体潮汐因子与勒夫数空间分布时变图像;

⑨电离层电子密度空间分布时变图像;

⑩与地震、火山、地质灾害等孕发及其后过程有关的空间分布时变图像,如变形(密度)局部化变化等。

4. 频谱结构空间分布随时间变化图像

①震源区、近源区及远源区连续形变频谱结构时变图像;

②不同断层网络及断层不同分段断层形变频谱结构时变图像等。

5. 连接不同地域自然现象变化关系的参考系族

①大空间尺度地壳运动参考系:国际地球参考框架(ITRF)、相对于欧亚板块参考系、中国大陆内部整体无旋转基准等;

②局部空间尺度地壳运动参考系:在 ITRF 等大尺度框架下,实现基准转换的相对于某地块或某地域的参考系;

③不同圈层、不同地域某些参量之间长期稳定的常态耦合关系;

④相对于异态变化的常态变化动态基准。

基于地震大地测量学观测数据可能提供的基础信息,以地球系统科学-地球动力系统为框架,通过多学科结合,进行更深入地挖掘、理解与建模,必将源源不断地为地学基础研究(地球动力学、大陆动力学、地震科学、地震动力学等)与应用研究(地震危险性评估、地震预测、预警等)注入宝贵的新信息,并持续推进它们的进步。而前者的进步,又必然会强劲地促进后者的扎实前进,进而持续推进防灾减灾和公共安全的进展。

11.2 地震大地测量学观测结果的启示——动力学内涵及相关问题

11.2.1 验证了板块学术又揭示出其难以解释的多种大陆变形与地震现象

表 11-1 概括了经典的和经过改进的现代板块构造学术的主要论点。板块构造学说固然是一项全球整体活动的革命性的地球科学成就，但正如不少地质学家和地球物理学家所指出的那样，板块构造学说难以"登陆"，即难以直接解释大陆内部若干地质学和地球物理学现象。

基于空间大地测量（GPS，VLBI，SLR，DORIS 等）对全球现今地壳运动的实测数据，先后建立了一系列的板块运动模型，它们与地质学长时间尺度的板块构造模型整体符合良好。如 ITRF2000VEL 与 NUVEL-1、NUVEL-1A，NNR-ITRF2000VEL 与 NNR-NUVEL-1、NNR-NUVEL-1A 整体符合较好（赖锡安等，2004）；又如 ITRF2008 与 NNR-NUVEL-1A、NNR-MORVEL56 整体符合较好（Altamimi et al.，2011，2012）。现代大地测量学不仅以实际观测验证了板块构造学说，并揭示出从百万年前至现今时间尺度演化进程中板块运动的整体稳定性。

更具创新意义的是，地震大地测量学对中国大陆及其邻近地域的多年观测和研究，全景而又定量地揭示出板块学术无法解释的多种现今大陆变形动力学与地震现象。按经典的板块构造学说，大陆（板块内部）应是均一的刚性体，不存在非均匀运动、变形与地震，变形与地震仅发生在板块边界带中。然而地震大地测量学的观测结果表明，大陆内部大自然的实况十分复杂，大陆不是均一的刚性体，它具有亚板块（一级活动地块）、块体（二级活动地块）以及更次级地块，即多层次的镶嵌结构。大陆内部边界带（断裂带）也不是单一的断裂面而是一组不同断裂的组合。变形与地震不仅发生在欧亚板块与印度板块、太平洋板块、菲律宾海板块汇聚的边界带，也广泛发生在大陆内部各级地块的边界带，甚至地块内部。大陆内部除不均一的刚性运动外，还存在显著的变形，包括弹性、黏弹性和流变。大陆的深部以及表面都存在着物质运移，密度与多种物性参量的变化。大陆内部各块体、各断裂之间存在着强相互作用，上地壳与下地壳和岩石圈地幔、与上地幔软流层之间存在着显著的动力学耦合，与地球外圈层（对流层、电离层）、日、月星体之间也存在着动力学耦合。在不同构造动力学环境件下，各大（强）地震孕发过程既有共性又有个性。在各大（强）震孕发过程之间具有相互作用与合作竞争。在多尺度的空间域、时间域和频率域内，现今地壳运动呈现出定态与暂态相结合的多姿多彩的复杂动态行为；映射出大陆岩石圈层层、块块和层块之间相互作用，动力学耦合的演化过程。这些现今时间尺度的全景定量新颖信息，对大陆动力学、地震科学、地震动力学、地震预测与预报显然具有不可缺失的基础科学意义与应用价值。

表 11-1　　　　　　　　　　经典与现代板块构造基本原理比较

（根据 Khain，1994；Dobretsov 等 1998 修改，引自于崇文，2003）

经典板块构造，1968	现代板块构造，1993
（1）固体地球上部划分为脆性岩石圈与塑性软流圈	（1）固体地球划分为岩石圈与软流圈，但前者已遭受分层（stratification）和变形，而软流圈的厚度和黏滞性在侧向发生显著改变
（2）岩石圈划分为有限数目的大型和中等大小的板块。当板块沿着软流圈顶部彼此发生相对运动时，主要的构造、地震和岩浆活动集中在板块边界	（2）岩石圈划分为大、中、小板块。大型板块之间是由小板块嵌成而成的带，而大板块本身沿垂向和侧向是不均匀。大型活动集中在板块边界，然而即使在板块内部也有小范围的展现
（3）岩石圈板块的水平运动服从 Euler 定理	（3）大型和中等板块的水平运动跟从 Euler 定理，但小板块可能经历较复杂的运动
（4）注意到三类主要的相对板块运动： （a）展现为裂谷和扩张的离散 （b）展现为俯冲的碰撞的会聚 （c）沿转换断层的剪切位移	（4）注意到三类主要的板块运动： （a）展现为裂谷和扩张的离散 （b）展现为俯冲、逆冲、质量沿侧向和剪切的挤压或呈深层贯入的汇聚 （c）沿转换断层的剪切位移，常伴有压缩（扭压）或应变
（5）大洋中的扩张被沿其周边的俯冲和碰撞所补偿，而地球的半径和体积保持定常	（5）大洋中的扩张不仅被俯冲和碰撞所补偿，而且也被其他过程（逆冲、剪切和挤压）所补偿，而地球的定常半径和体积问题则有争议
（6）岩石圈板块的位移是由软流圈中对流运动作用下的拖曳所引起，对流是热对流而且包容整个地幔	（6）岩石圈板块的位移不仅由对流运动的拖曳引起，而且也由因重量增大（榴辉岩化作用）而使俯冲带变紧以及从洋中脊轴离开所引起。对流是多层而复杂的
（7）板块构造中未涉及几个极重要的地球动力学过程或被不适当地简化了	（7）内生过程的周期性，板内变形和岩浆作用以及板块边界上过程的复杂性必须予以考虑

　　以下各小节，将初步研讨地震大地测量学揭示的板块学术难以直接解释某些现今大陆变形与地震现象及其动力学内涵。

11.2.2　复杂的板内变形现象与"大陆现今变形动力学"

1. 演绎中国大陆现今地壳运动的 GPS 模型族在不同参考框架下的新信息

　　20 世纪 90 年代以来，基于 GPS（GNSS）动态实测数据，在建立中国大陆速度场和陆内块体现今运动学模型方面，取得了逐步深入的令人瞩目的进展。建模的观测站数量由初期的 20 余个扩展到数百个以至上千个，模型越来越精准（周硕愚，张跃刚等，1988；朱文耀等，2001；Q. Wang et al.，2001；刘经南等，2002；王敏等，2003；黄立人等，2004；李延兴等，2004；江在森等，2010）；从仅考虑中国大陆、块体的刚性运动模型（球壳面上的平动与转动)发展到添加了变形项的改进型模型(顾及球壳面上的弹、塑性变形)(李延兴等,2001,2003);从国际地球参考框架(ITRF)、欧亚板块基准发展到中国大陆整体无旋转基准(杨国华等,2005;江在森等,2006)以及多种有利于揭示局部变形与地震效应的相对基准。难能可贵的是,这些由不同学者先后建立的中国大陆速度场和陆内块体现今运动学模型,彼此之间尽管有粗细之分,然而在整体上是能相互验证的;与地质学、地球物理学的相关研究成果相比较,虽然反映的时间尺度不同,但在整体上也是能相互验证的。可以认为地震大地测量学建立的刻画中国大陆及其内部地块的现今运动学模型整体上是可靠的。模型填补了地壳运动中的现今时间域的空白区,并以前所未有的高度定量化的形式出现,既能归纳越来越多的观测数据,又可演绎中国大陆任一地点的现今地壳水平运动。

由 GPS(GNSS)实际测定的大陆现今地壳运动速度 V,包含有多种信息成分:

$$V = V_1 + V_2 + V_3 + V_4 \qquad (11\text{-}10)$$

式中,V_1 为大陆地块在软流圈上的刚性运动;V_2 为地壳的变形(不均匀地壳浅部阻抗变形及深部物质运移、上涌产生的体积变形);V_3 为地壳对地球外部圈层及天体动力作用的响应,例如周年季节变化、固体潮汐等;V_4 为与地震(小概率的动力学暂态事件)有关的局部地壳形变(震前、震时与震后)。因此,GNSS 既可提供映射深部流变动力过程的信息(V_1),又可提供浅部阻抗动力过程的变形信息(V_2),还可开拓 GNSS 固体潮与勒夫数、GNSS 电离层与对流层、GNSS 地震学、地震变形动力学等(V_3 和 V_4)多种新信息域,生动地体现了复杂性与内蕴的多种动力学新信息的统一。

通过适当的数据处理可以滤去 V_3 和 V_4,进而建立反映地球内部动力过程的中国大陆现今地壳水平运动的常态模型:

$$V = V_1 + V_2 \qquad (11\text{-}11)$$

图 11-3 展示了以全球 ITRF 框架为参考系的中国大陆水平运动速度场。它包括了欧亚板块、中国大陆整体和中国大陆内部各个部分的刚性运动与变形,突出反映了欧亚板块向东偏南运动和印度板块向北偏东运动的共同作用,但各局域之间的差异被掩盖。

图 11-4 展示了以欧亚板块主导部分为参考系的中国大陆水平运动速度场。由于欧亚板块整体的刚性运动已被扣除,图中显示了中国大陆的刚性运动和中国大陆内部的变形。速度矢量的量值(模)已大为减少,矢量的方向也发生了变化,展现出从西部至东部的逐渐变化,即由 NNW 到 N,再到 NNE、NE、NEE、EW、EES 以至 ES 方向,在南北构造带(地震带)的南部甚至转为 NS、SSW 方向。突出反映了印度板块对欧亚板块的俯冲碰撞对中国大陆地壳运动产生的显著作用。由于中国大陆整体的刚性运动未被扣除,掩盖了太平洋板块、菲律宾板块的作用。

图 11-5 展示了以中国大陆整体无旋转基准为参考系的中国大陆水平运动速度场。由于在扣除欧亚板块整体的刚性运动后,又扣除了中国大陆整体的刚性运动,凸显出中国大陆内部不均匀的相对运动与变形,矢量的量值(模)更为减少。

与图 11-4 比较,图 11-5 中矢量的方向在中国大陆西部基本无变化,仍表现了印度板块俯冲碰撞的主导作用。但在东部,矢量方向则产生了明显变化,显露出太平洋板块向西俯冲和菲律宾板块向西北俯冲(台湾东部仰冲)对中国大陆东部的作用:东北地块内出现

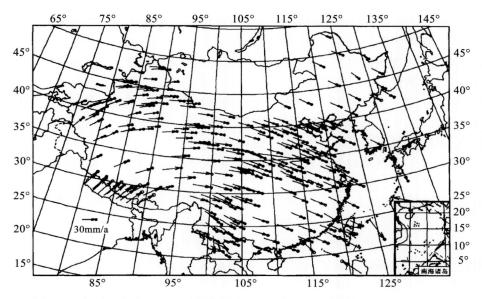

图 11-3　相对于全球 ITRF2000 框架的中国大陆水平运动速度场(李延兴，2003)

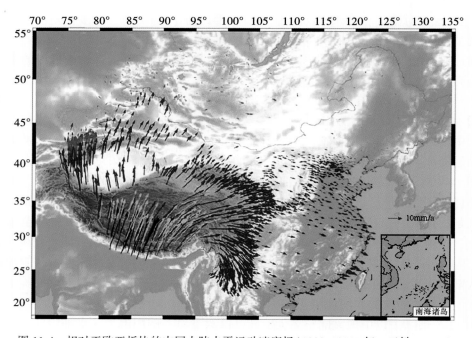

图 11-4　相对于欧亚板块的中国大陆水平运动速度场(1999—2007 年，王敏，2009)

了由东向西的运动；华北地块内由 ES 向转为 WS 向运动，直至鄂尔多斯地台边缘，在华北地块与华南地块的边界带上还出现 NS 向运动；华南地块内由 ES 向转为了 SSE 向等。

图 11-6 是地质学界给出的 0.78Ma 以来中国大陆的新构造运动图。

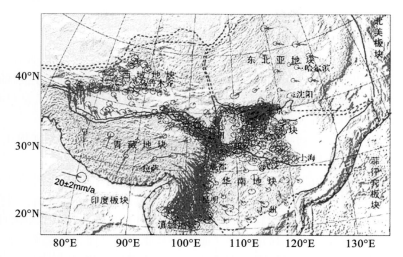

图 11-5 整体无旋转基准框架下的中国大陆水平运动速度场(江在森，2006)

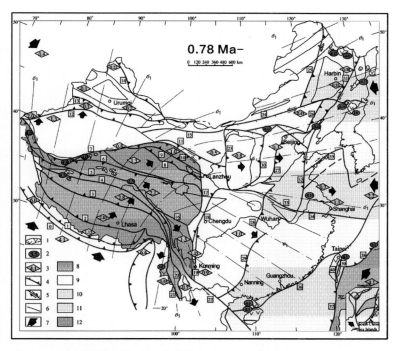

图 11-6 中国大陆新构造运动略图(0.78Ma 以来)(Tianfeng Wan, 2011)

2. 新信息的启示和对发展"现今大陆变形动力学"的作用

综观上述结果，可以看出地震大地测量学 GPS(GNSS)模型族(图 11-3、图 11-4、图 11-5)能定量地揭示出板块学术难以解释的现今大陆变形现象，为"现今大陆变形动力学"的发展提供新的不可缺失的基础信息和建模的定量约束：

①欧亚板块内部运动具不均一性，中国大陆与其整体运动有一定相似性，但又有明显差异。

②中国大陆内部现今地壳运动具不均一性。

除整体运动外，其内部存在着运动方式互有显著差异的各个区域(如西部与东部、东部之北部与东部之南部以及板块边界带等)。这些差异既来自反映深部过程的刚性运动，也包含岩石圈浅部的变形；前者的量值显著地大于后者，而且两者之间也存在动力学耦合，总体上前者制约着后者。

③中国大陆现今地壳运动—变形的主要动力源——印度板块及太平洋板块、菲律宾海板块与欧亚板块的相互作用。

图 11-5 是其直观生动的映射，印度板块的俯冲碰撞控制了中国西部的地壳运动，对东部(如华南地块)也有一定影响。华南地块、鄂尔多斯地台的坚固阻挡，既限制了印度板块动力作用的东进并迫使其向南转折(至今仍在继续)，又造就了中国内陆最大最强烈的南北地震带。中国东部之北部显示了由东向西的运动，似可理解为太平洋板块以较缓角度从海沟处俯冲插入中国东部岩石圈的内陆，可能直达鄂尔多斯地台的北边缘与东边缘，也使东北有深震发生。中国东部之南部的运动依然显示出指向东南方向，似可理解为菲律宾海板块以较陡角度俯冲甚至返折为仰冲(台湾东部、马里亚纳海沟)，因而未能深入到中国大陆内部，动力作用局限于边缘地带，大陆内部也无深震。

④整体揭示中国大陆各组成部分现今构造运动强烈程度和地震危险性空间分布。

图 11-4、图 11-5 粗略直观地展示出：中国大陆现今水平运动速度场的空间分布；中国大陆各部分现今构造运动强烈程度和地震危险性的空间分布；印度板块以及太平洋板块、菲律宾板块作为中国大陆主要动力源的意义。基于空间等新技术的地震大地测量学是发展和建立"现今大陆变形动力学"和"地震动力学"不可缺失的基础。

⑤证实新构造运动以来至现今，中国大陆的地壳运动保持着整体稳定和有序状态。

GPS(GNSS)观测给出的相对于欧亚板块的中国大陆水平运动速度场，与地质学研究给出的中国大陆的新构造运动整体符合良好(图 11-6)，可视为数年至 10 年的现今运动与近百万年来地壳运动的平均状态整体符合良好。说明至新构造运动以来，中国大陆的地壳运动保持着整体稳定和有序状态，现今地壳运动是新构造运动(现代地壳运动)的延伸、继续及其微动态，两者基本的动力学状态一致。

⑥地震大地测量学对现今大陆变形的精确测量及其动力学机制的初步揭示，是大陆动力学研究的一个新起点。

地表构造运动图像是深部动力作用某种程度的映射。中国大陆(板块内部)地表构造运动图像(图 11-4、图 11-5)在动力源上既与板块运动密切有关，又显然比板块运动图像复杂得多。"大陆岩石圈是一个不均一、不连续、具多层结构和复杂流变学特征的综合体"，"愈来愈发现运用经典的板块理论很难解释大陆地质……对引起大陆变形相关的地球深部过程仍然无从知晓"(许志琴，2006)。通过现代大地测量的新观测技术"对大陆变形的精确测量，揭示动力学机制，无疑是大陆动力学研究的一个新起点，具有全球地学科学的先导意义"(中国科学院地学部地球科学发展战略报告，2009)。正如无论什么样的地幔动力学模型都应能解释板块运动一样；无论什么样的大陆动力学模型都应能解释大陆现今地壳运动的定量观测结果。因此，地震大地测量学对中国大陆现今地壳运动和重力场的定量观测结果是大陆动力学最基础的新信息和约束条件之一。

⑦大陆内部相互作用使地震预测面对复杂性。

大陆内部不均一的横向多地块和深部多层次相互作用，导致变形与地震孕发的复杂性。地震预测应走向现今大陆变形动力系统演化与震源力学相结合的创新之路。

⑧地震大地测量学催生"现今大陆变形动力学"新学科。

基于地震大地测量学翔实而又精确的观测及探测，全面获取中国大陆现今变形新信息，促进学科交融，可望推进"现今大陆变形动力学"（present-day deformation dynamics on the continent）新学科的成长与发展。它对大陆动力学、地震科学和地震动力学具有不可缺失的基础意义，对推动地震预测与防震减灾逐步走出困境有创新价值。

11.2.3 套用全球板块建模方法也能建立大陆地块模型的启示

1. 值得深思的实践：套用全球板块建模法也能建立大陆内部活动地块模型

全球岩石圈具有不连续的结构，由多个相互作用的活动板块镶嵌而成，可用基于地学痕迹长时间尺度的地质-地球物理学结果，也可用大地测量学现今尺度实测数据建立运动模型。建模的地球物理前提是固体地球上部在垂向上可以分为物性不同的两大圈层：刚性岩石圈和塑性软流圈。岩石圈驮在软流圈上并受其拖曳而运动，多个镶嵌的岩石圈刚性板块构成了地球表面，板块之间以离散带（海岭）、汇聚带（海沟、大陆碰撞）和转换断层为其边界带；板块运动的驱动力来自地球内部，可能是地幔对流。经典力学已证明：定点转动刚体的任何有限位移（平移与旋转）等效于绕通过某定点的某轴的一次转动，可用欧拉转动定律（euler's rotation theorem）来定量刻画。因此，刚性板块在地球表面的运动可视为绕地球质心至某固定点的转动，这恰与以地球质心为原点的 GPS（GNSS）坐标系（国际地球参考框架 ITRF）相对应。基于实际观测获得的在一定时间间隔内的多个站点的水平运动速度，考虑经度、纬度、地球半径等参量，就可求出三个欧拉角（eulerian angle），从而建立板块运动模型：

$$\begin{bmatrix} V_e \\ V_n \end{bmatrix} = r \begin{bmatrix} -\sin\varphi\cos\lambda & -\sin\varphi\sin\lambda & \cos\varphi \\ \sin\lambda & -\cos\lambda & 0 \end{bmatrix} \begin{bmatrix} \omega_x \\ \omega_y \\ \omega_z \end{bmatrix} \tag{11-12}$$

至 20 世纪 80 年代以来，基于 GPS（GNSS）观测所建立的全球板块运动模型（如 ITRF96、ITRF97、ITRF2000……ITRF2008）与地质-地球物理学模型整体符合较好，被认为是较为成功的，获得了科学界较普遍的承认。尽管驱动全球板块运动的动力源，尚在探索中，认识正在逐步深化，如由初期的"被动对流"论演进到"主动对流"论，（Forsyth and Uyeda，1975；Zoback et al.，1989），由"双层对流模式"发展到"单层对流模式"（Mattauer，1999），等等。然而板块运动的主要动力来至地幔对流依然是科学界的基本观点。

位于欧亚板块东南隅的中国大陆岩石圈也具有不连续结构，即活动地块的镶嵌结构。以地质学的新构造研究为基础，结合相关学科资料，我国地质学家将中国大陆岩石圈划分为多个亚板块、活动块体组合（丁国瑜，1989，1991；图 11-7），或多个一级活动地块、二级活动地块组合(张培正，2003；图 11-8)。

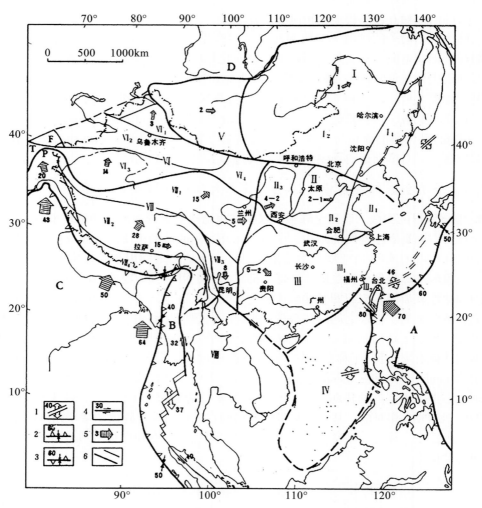

1—4：活动板块相对动运方向及速率(毫米/年)：1. 分离边界、扩张脊；2. 俯冲边界；3. 碰撞边界；4. 走滑转换边界；5. 板块的绝对运动和亚板块、块体相对欧亚板块(西伯利亚)的运动方向和速率(毫米/年)；6. 亚板块、块体连界；A. 菲律宾海板块；B. 缅甸板块；C. 印度板块；D. 欧亚板块

图 11-7　中国大陆及邻区活动板块、亚板块及块体划分(丁国瑜，1991)

　　1998 年以来，基于 GPS(GNSS)观测，在建立中国大陆板内地块(亚板块或一级活动地块、活动块体或二级活动地块)的现今运动模型时，大地测量界基本是将建立全球板块运动模型使用的 Euler 方法，即式(11-12)搬过来套用，并未深入地考虑"全球构造板块"与"中国大陆板内地块"是否存在地球动力学环境条件的差异，但至少在亚板块(一级活动地块)层次上，这种套用似乎又是可行的。20 余年来，模型虽然越来越精细，但不同学者基于不同测站数和不同时间区间所建立的各个板内块体模型之间及其与地质学模型、地球

物理学相关研究成果之间是能相互验证的，具有较好的整体一致性。

鉴于 GPS(GNSS)测站设置在地表，除反映地块整体在深部软流圈上滑动的刚性运动外，还应包含浅部脆性层(上地壳)中的应变信息。一些学者(李延兴等，2003，2004；江在森，2008)在式(11-10)的基本项之后加入了一个表示浅层应变的付加项，假设其具有均匀应变特性如式(11-11)所示，也可假设其具有其他特性(如线性应变特性等)。

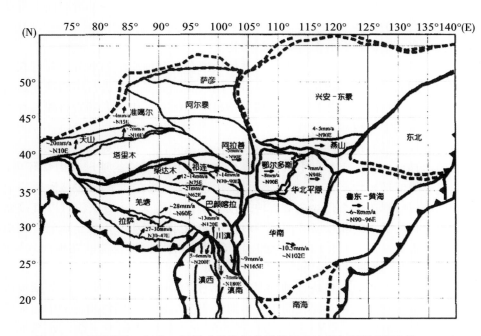

图 11-8 中国大陆一级和二级活动地块划分及其运动速度矢量图(张培震，2003)

$$
\begin{bmatrix} V_e \\ V_n \end{bmatrix} = r \begin{bmatrix} -\sin\varphi\cos\lambda & -\sin\varphi\sin\lambda & \cos\varphi \\ \sin\lambda & -\cos\lambda & 0 \end{bmatrix} \begin{bmatrix} \omega_x \\ \omega_y \\ \omega_z \end{bmatrix} + \begin{bmatrix} \varepsilon_e & \varepsilon_{en} \\ \varepsilon_{ne} & \varepsilon_n \end{bmatrix} \begin{bmatrix} (\lambda - \lambda_0)r\cos\varphi \\ (\varphi - \varphi_0)r \end{bmatrix}
$$

(11-13)

李延兴等(2003)在 ITRF2000 框下以 1598 个站速度场为基础，全面测定和研究了中国大陆一、二级活动地块及其边界带和应变场的现今运动。研究发现，基于式(11-12)和式(11-13)所建立的两类模型无本质性差异，但后者的拟合精度略优于前者。他对"活动地块存在性"做了统计检验：5 个一级活动地块，除华北与华南地块之间差异运动不显著外，所有一级活动地块之间差异运动均显著，而华北与华南地块之间其应变场差异仍然明显；对 13 个二级活动地块的统计检验，也得到了与一级活动地块统计检验的类似结果。结论是"在中国大陆及其周边地区活动地块是存在的"。其他多位研究者也获得了类似结果。

2. 对中国大陆深部物质性质、深部与浅部动力学关系及地震预测的启示
①板块构造学术并非完全"不能登陆"。

　　学术界流行的一种观点是，板块构造学术不能用于大陆，即"不能登陆"。简单生硬地套用，固然是不行的。但如何解释用刚性力学为基础的欧拉转动定律，既能成功地用于建立全球板块运动模型，又能较为成功地用于建立中国大陆活动地块运动模型（至少对一级活动地块）的事实呢？是否说明在地球动力系统下属的两个不同等级的子系统，即全球构造板块与大陆活动地块之间，不仅存在差异性，也存在某些相似性或可类比性。例如，均具横向分块和深部分层结构，刚性板块或准刚性板内地块均能在深部滑脱面上滑动以及深部与浅部之间耦合关系等。

　　②中国大陆岩石圈同样具有多等级镶嵌结构。

　　地震大地测量学定量验证了中国大陆活动地块的存在和地质学的划分，并可在某些局部域助其细化；同时又在活动地块及其边界带空间尺度上证实正在进行中的现今运动是百万年地质学新构造运动的继承与延续。与相关学科共同证实了中国大陆岩石圈具有不连续结构，即地块网络的多等级镶嵌结构。

　　③中国大陆地块具有准刚性，其深部滑脱面应具流变性，有待更深入研究。

　　中国大陆活动地块在一定程度上具有可类比于全球构造板块的地球动力学环境（至少对于亚板块或一级活动地块而言），它具有准刚体性质，也能在陆下（板内）滑脱面上平移与旋转。否则难以解释为什么建立全球板块运动模型使用的 Euler 方法，可以直接套用来建立中国大陆的板内活动地块模型并能基本取得成功。似乎表明，不仅全球岩石圈板块能驮在全球软流圈上运动，而且板内中国大陆及其诸活动地块同样也能驮在板内软流圈（或某些滑脱面）上运动，运动具有连续性。

　　地幔软流圈对驮在其上的板块或地块具有类似于"传送带"的性质。对全球构造板块而言，其下软流圈运动方式相对比较简单，但对处于多个板块共同作用下的中国大陆板内活动地块而言，深部软流圈（及某些滑脱面）运动的方式就可能相当复杂。如图 11-4、图 11-5 所示，其传送方式不是直线式平推，而是以印度板块对中国大陆俯冲碰撞的主方向为轴呈扇形展开推进，甚至向东南、向南转折。这全是板内陆下地幔软流圈运动直接导致的吗？是否还存在陆下局部对流、中下地壳隧道流（channel flow）、比软流圈浅的某些滑脱面的作用？这些深部过程尚不清楚，有待大陆动力学等的深入研究。然而地震大地测量学给出的中国大陆地壳、活动地块及边界带的现今运动定量结果，将为大陆动力学模型提供约束和验证条件。

　　④大陆地块现今运动构成：映射深部稳滑的刚性运动为主体项，浅部应变及蠕变为附加项。

　　GNSS（GPS）观测和大陆地块现今运动模型，既包含了刚性运动——地块整体在深部软流圈上的稳滑，又包含了应变——地块上部（浅部）由于阻抗导致的变形，因而同时具有深、浅部动力学意义。基于 Euler 运动学方程，加入与未加入应变项所建立的地块运动模型，两者之间没有实质性的差异，只是前者与观测值的拟合精度更好。说明刚性运动项是模型的基本项（主体项），而应变项是其附加项（二次项），但也是其重要内涵之一。

　　⑤大陆地块在深部塑性圈（滑脱面）上的现今滑动速率相当稳定。

　　为什么不同学者基于不同时间区间所建立的多个板内块体现今运动模型，彼此之间能相互验证具有较好的整体一致性？似乎表明块体在深部塑性软流圈（滑脱面）上的滑动速率是相当稳定的,且其滑动速率也显著地大于 GNSS(GPS)的测量误差,故而能显现上述结果。

⑥深部滑动导致的刚性运动对地震危险性判定等具基础意义,地震前兆则应在脆性层和脆-韧性转换层中寻觅。

GNSS 板内活动地块模型以其导出的边界带运动,反映了地块在深部软流圈上的稳定滑动,具有重要的岩石圈动力学和地震动力学基础意义。全球应力场图的编制者 M. D. Zoback 等认为:由于岩石圈三层次之间互相耦合,下地壳和上地幔盖层的稳态蠕变,会增强在它们上面的脆性层内的应力,"某一区域构造稳定之所以稳定,是因为此区域的韧性层变形率低,而某活动地区之所以活动是因为其韧性层变形率高"(Zoback et al.,2001,2002;Keiiti Aki,2003)。深部稳滑定量信息对地震危险性估计、地震复发周期、地震长期预测和数值模拟等均具重要的基准意义。由于破坏性地震及其孕发过程中的变形-应变变化主要发生在上地壳(脆性层)中,因此映射地块整体在深部软流圈上稳定滑动,即刚性运动的信息,难以视其为前兆,只能视其为动力学背景。具有直接意义的地震地壳形变前兆,似应在岩石圈脆性层(上地壳)和脆性-韧性转换层中寻觅。

⑦在大陆内部用 Euler 方程建模时应考虑是否具备必要前提。

基于 GNSS(GPS)多测点复测数据应用 Euler 方程建立大陆某地域现今运动模型时,应考虑球面几何学、地质学和该区大陆岩石圈动力学环境等前提条件。

⑧GPS(GNSS)块体与边界带模型族的意义。

地震大地测量学观测及其所建立的多层次、多尺度现今大陆运动与变形模型族,由于其高度的精确性、空间域的全面复盖性、局部区域的精细性、宽频时变连续性和 ITRF 框架下的可关联性,具有丰富的动力学内涵,对"现今大陆变形动力学"的形成,对推进大陆动力学和地震科学及地震预测的发展具有重要的意义。

11.2.4 中国大陆地壳形变图像——大尺度连续形变与小尺度非连续形变的叠加

近五十年来,地震大地测量学应用空间(卫星)大地测量、几何大地测量、物理(重力)大地测量和动力大地测量多种观测技术与理论,依托两个全球参考基准(国际地球参考框架 ITRF、大地水准面)和各种相对参考基准(中国大陆相对于欧亚板块、整体无旋转基准、为特定研究目的选择的不同的相对基准等),对中国大陆现今地壳运动开展了宽频域内的多种空间尺度的动态监测与研究。从大尺度到小尺度的空间系列包括:中国大陆及其周缘地域→各等级活动地块→边界带、断裂带、断层→地块内部→定点连续观测台站等,揭示出中国大陆地壳形变图像具有大尺度连续形变与小尺度不连续形变相叠加和频谱结构由近似零频至高频的基本特征。例如,中国大陆地壳水平运动速度场或应变率场呈现出大尺度连续变形图像,而在大陆内部各次级和更次级地块之间,特别是其边界带呈现出较小尺度范围的非连续变形图像。这些由地震大地测量学观测所揭示的中国大陆现今地壳形变图像特征,可能与大陆岩石圈具有纵向(深部)分层,横向分块的复合结构和作为一个动力系统其层与层、块与块和层与块之间的相互作用有关。

大陆岩石圈比大洋岩石圈老得多,厚得多,复杂得多。图 11-9 在一定程度上似可说明地震大地测量学所观测到的结构复杂性。从纵向(深度分层)上看,大陆岩石圈主要由上地壳(Upper crust)、下地壳(Lower crust)和岩石圈地幔(Lithosphere mantle)三部分组成,共同在下伏的软流圈(Asthenosphere)向上移动;此外在上地壳之上还有较薄的沉积盖层。在每层之间均存在着地震波速在此发生显著变化的分上下层为不同物理性质的界面。上地壳与下地壳之间存在不连续的康氏界面或低速层,其上基本呈脆性,其下基本呈韧性。在下地壳与岩石圈地幔之间存在着壳-幔边界面(莫霍界面,Moho),它是一个密度分界面,又是一个重要的重力均衡补偿面。而岩石圈整体与软流圈(上地幔上部由柔性塑性带组成的低速圈层)之间的分界面则是一个显著的物态分界面,因而前者才能在后者之上稳定地滑动。每层之间的界面均存在滑脱性或分离性(Detachment),从而在岩石圈中产生了一系列切割深度不同的滑脱或拆离断层(Detachment fault),从横向(地球壳面)上看构成了不同等级、不同空间尺度的活动地块以及作为其围限的边界带(断裂带)。例如,切割到软流圈顶部的"岩石圈断层(Lithosphere fault)"很可能是大陆板内亚板块或一级活动地块的边界带;切割到壳-幔边界面(Moho界面)的"地壳断层(Crustal fault)"、切割到下地壳顶部的"基底断层(Foundation fault)"、切割到上地壳顶部的"地表断层(Superficial fault)"则可能是次级或更低级地块的边界带或断裂带及断裂。

同一等级在同一滑脱界面上运动的诸地块显示的地壳形变图像往往会呈现出大尺度连续变形特征(至少在近似零频或低频域视窗内),但不同地块之间在较高频域视窗内也会表现出小尺度不连续变形特征。一般情况下,高等级的地块在深度深的层面(滑脱面)上运动,如一级活动地块(亚板块)很可能是在软流圈顶部滑动,所呈现的地壳形变图像空间范围较大,连续变形性较强,常态性(稳定性)也较强;而低等级和更低等级地块在深度浅或更浅的层面(滑脱面)上运动,其空间范围较小或更小,其非连续变形性就会增加或显著增加,常态性会减弱而暂态性则会增强(特别是在高频域视窗内)。由于高等级地块包含了多等次(层次)的次级地块,因而中国大陆地壳形变图像会呈现出大尺度连续变形与小尺度非连续变形的叠加。地质学家与地球物理学家以不同视角建立的各种中国大陆动力学模型(Tapponnier et al.,1982,2001;England et al.,1986,1997;曾融生等,1992,1994;傅容珊等,2002,2004)均可能从大尺度连续变形或较小尺度不连续变形的实测图像中,找到可印证他们模型的大地测量学证据。

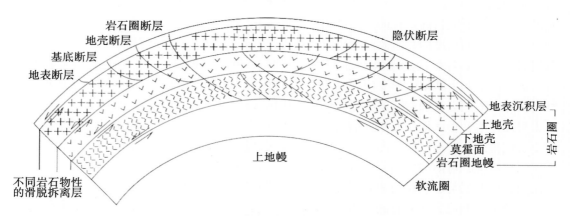

图 11-9　大陆岩石圈层次和各种断裂与滑脱的关系示意图(W. Y. Zhan,1984)

11.2.5 浅部脆性层形变与深部韧性层蠕变的动力学耦合——以断层现今运动 为例

20 世纪末至 21 世纪初，一些学者提出了岩石圈上地壳脆性层（Brittle）、下地壳韧（延、塑）性层（Ductile）和上地幔软流圈（Asthenosphere）三种不同深部层次的动力学耦合以及地震孕发机理的新概念模型（Scholz，1990，2002；Zoback and Townend，2001；Keiiti Aki，2003；杨巍然，2009）。

基于岩石实验，任何岩石的形变样式都可以分为两类：低温低压条件下的脆性形变（brittle deformation）和在高温高压条件下的韧性形变（ductile deformation）。前者表现为微裂隙的相互作用与生长，摩擦滑动等受库伦-纳维尔（Coulomb-Navier）剪切破裂准则控制，主要与压力有关；后者则受控于幂次定律的蠕变方程，主要与时间有关。在两类之间存在一个脆-韧性形变过渡带（包括脆性—半脆性转换与半脆性—韧性转换），即在压性环境中可能有微裂隙的存在并相互作用，而同时又存在着韧性变形机制（Hamblin and Christiansen，2001；周瑶琪等，2013）。

不同学者对大陆岩石圈分层的观点基本相同，但又有具体差异，如分为二、三、四层等。在图 11-10 中，将大陆岩石圈分为上地壳、下地壳和莫霍面（Moho）之下的上地幔岩石圈。上地壳视为脆性层，下地壳及其以下基本视为韧性层。大（强）地震可能主要发生在地壳脆性层的下部或脆-韧转换层上部。

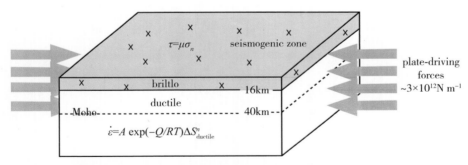

图 11-10 板块驱动力作用下的大陆岩石圈三层耦合（脆性上地壳、韧性下地壳和上 地幔）地震模式，采用于计算应变率的大陆岩石圈分层动力结构示意略图 （Zoback et al.，2001）

Zoback 等在编制全球应力场图时对岩石圈构造应力进行全面调研后（岩石圈构造应力是基于其脆性部分进行观测得到的）提出了新观点：板块驱动力作用于岩石圈上，只要岩石圈三层之间是相互耦合的，在下地壳和上地幔就将引起稳态蠕变，由于它们的蠕变，而增强在它们上面脆性层内的应力，因此"某区域构造之所以稳定，是因为该区域的韧性层形变率低，而活动地区之所以活动，是因为其韧性层部分的形变率高"（Zoback et al.，2002；Aki，2003）。

在本书 11.2.2，基于 GNSS（GPS）复测结果求得的相对于欧亚板块的中国大陆水平运动速度场(图 11-4)和整体无旋转基准框架下的中国大陆水平运动速度场(图 11-5),它们所包含的主要成分是中国大陆岩石圈深部的现今水平运动年速率,即主要为韧性层的形变率。总体上可看出,某处深部韧性层的形变率高,其上面区域现今构造运动和地震活动性就强烈;反之亦然。例如,云南和贵州地域虽紧相邻,前者包括南北带南段及其以西地域,其深部韧性层的形变率高,因而其现今构造运动和地震活动性均强,大震、强震很多;后者在南北带南段以东,其深部韧性层的形变率低很多,因而从有历史资料以来至今没有发生过大于和等于 $M_S6.0$ 级的地震。又如西部的现今构造运动和地震活动性显著地大于东部。再如东部之北部其深部韧性层的形变率较东部之南部大,因而华北曾发生过若干大地震;而华南除其东南边缘(如泉州)外,基本上没有发生过 $M_S7.0$ 级地震。图 11-4和图 11-5 可粗略地视为中国大陆形变动力学图像或地震危险性区划图像。

以走滑断层为例,较易于直接阐明岩石圈浅部地壳形变及地震行为与深部蠕变的动力学耦合关系,即地震地壳形变循回(seismic-crustal deformation cycle)现象。图 11-11 是在深部滑移作用下的走滑断层地震地壳形变循回示意图。

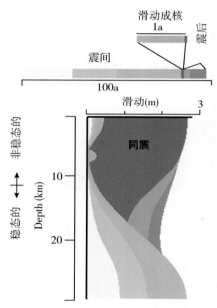

图 11-11　深部滑移作用下的走滑断层地震循回,采用了在 11km 深度从非稳态转换到稳态滑动的摩擦模型(Tse and Rice,1997;引自 Scholz,2002)

图 11-11 展示了断层上部脆性层的形变与断层下部(深部)韧性层的流变具有动力学耦合关系。当断层上部脆性层处于闭锁状态时,其下部(深部)韧性层依然持续不断地以速率 V_s 做稳定的无震滑动(蠕变、流变),导致断层上部脆性层的应变-应力积累(负位错),直至大(强)地震发生。同震破裂释放弹性应变能,断层上部脆性层产生同震位错并形成破裂带,使上部脆性层和下部(深部)韧性层的相对运动在短暂时间内趋于同步。震后在上部脆性层中由于惯性、摩擦力等多种物理、化学因素的综合作用,产生了对数型的

震后无震蠕滑，经过一个调整时段后，断层上部脆性层重新闭锁，进入下一次的断层形变循回和地震循回。若从地球系统科学和动力系统的观点看，是在系统演化过程中，在动力吸引子主宰下，浅部断层运动由震间形变(稳定态→准稳定态)→震前形变(非稳定态→地震成核)→同震形变(失稳)→震后调节→新稳定态的一种自组织(自调节)过程。

中国鲜水河断层是川滇地块和巴颜喀拉地块的边界带，由炉霍、道孚、乾宁和康定等多条断裂组成，全长约360km，是一条压性走滑型大断裂。1973年2月6日炉霍M_S7.6级地震后，建立了跨越大地震主破裂面的多个跨断层形变动态测量场地，如墟墟(距震中约15km)、虾拉沱(距震中约50km)、道孚等。地球动力学和断层力学的实验和理论分析认为：由于同震错动-岩石破裂导致断裂面的"磨蚀磨损"(较软物质断层泥产生，杨氏模量、黏滞系数显著降低等)，一条完整的磨损曲线包含一个初期"插入"阶段，高初始磨损速率随时间呈指数下降，最终达到一个稳态速率(Rabinowicz，1965；Scheidegger，1982；Scholz，1990，2002)。我国多位学者对炉霍M_S7.6级地震后鲜水河跨断层形变测量时序做过系列研究，结果表明：震后形变存在着与磨损曲线相对应的非线性蠕变——呈指数(对数)衰减并逐步趋于稳态速率的过程(刘本培，1985；吕弋培1988；旷达，1988)，还存在着多种样式的短周期(数小时至数天)蠕变事件(周硕愚等，1996)；假设断层两盘块体在其底部(深部)以定常速率蠕滑，断层上部存在若干闭锁区，深浅部存在动力学耦合，据此建立了断裂带蠕变的流变模型，并对断层北西段的蠕滑过程作了数值模拟，较好地重现和解释了1973年炉霍7.6级地震后至1981年道孚6.9级地震的断层蠕变的时空进程(吴维夫，1992；周硕愚，2004)。

我们尤为关注的是地震大地测量学特有的观测技术与方法，如何在研究断层带(活动地块边界带)深部流变与浅部形变耦合和地震动力学中发挥其特有的作用。自然界中的断层带并非整齐划一的切面：它除长度和深度外，还存在宽度(数十米至数十千米等)。在地震破裂过程中由变形局部化和成核作用等形成的断层带在一定的宽度内必然具有复合结构。地震大地测量跨断层监测，在现场调查、地槽开挖、基建与观测中，均证实除主断裂外，还存在若干支断裂(走向也不一定均平行)以及断层泥等。美国圣·安得烈斯断层和我国鲜水河断层跨越主断面不同尺度的地形变观测表明：跨距越长，测得的断层活动速率就越大，直至趋于两侧地块的相对运动速度。

杜方、闻学泽等(2010)在研究鲜水河断裂带炉霍段在炉霍7.6级的震后滑动时，将多年积累的不同手段、不同跨距的断层形变监测数据(近场)和近年的GPS测量结果(远场)相结合，较好地揭示出断层两侧地块深部韧性层持续的相对运动(无震滑动)和浅部脆性层在地震震后滑动的耦合关系(表11-2)。

表11-2　**1973年炉霍7.6级地震后，鲜水河断裂带炉霍段跨断层近、远场测量获得的随时间变化左旋位移与形变速率(杜方等，2010)**

跨断层形变监测项	监测时段	横跨主断层的跨距(m)	沿主断层的累积左旋蠕动量(mm)	沿主断层蠕动速率(mm/a)
分体式碑亭	1984.08—2007.12	5	40	1.73

续表

跨断层形变监测项	监测时段	横跨主断层的跨距(m)	沿主断层的累积左旋蠕动量(mm)	沿主断层蠕动速率(mm/a)	
DJS 蠕变仪	1976.06—1978.12	40	8.54	0.95	
	1999.01—2007.12		5.96	0.66	
短基线	1976.06—1978.12	144	26.04	10.27	
	1979.01—1988.12		75.83	3.79	
	1999.01—2007.12		22.66	2.52	
断层两侧区域GPS站速度（拟合值）	1999—2007	10000	—	4.3	±0.97~1.25
		20000		6.5	
		40000		8.7	
		60000		9.6	
		80000		10.0	
		120000		10.0	

由表 11-2 可见：跨断层观测时序(短基线、蠕变仪)震后形变速率随时间而逐渐衰减。同一地域，跨距不同的监测手段测定的断层形变速率具有显著差异，跨断层测量的跨距越短，形变速率越小；跨距越长，形变速率越大。但当跨距≥60km，形变速率不再增加而趋于 10.0 mm/a 的定常值，似乎表明断层主断面(主破裂面)两侧各 30km 处是近场与远场速率发生显著变化的分界线。此范围可能是与大地震的应变(应力)积累—释放相关的断裂带宽度，即浅部脆性层变化信息的可显示区，而在该范围之外则反映深部韧性层的定常稳滑。

短跨距只能反映断层带破裂宽度内主断裂面或某些断裂面的相对运动(浅部信息)，只有完全跨越了断层破裂宽度的足够长的跨距(如表 11-2 中 GPS 测定的大于 60km 以上的跨距)方能揭示出断层两侧块体整体的相对运动(深部信息)。在 1973 年 2 月 6 日炉霍 7.6 级地震之后大约 5 年的时段内，断层浅部脆性层的运动速率(10.27mm/a)与深部韧性层的运动速率(跨距≥60km，9.60~10.00 mm/a)基本相同，即浅部脆性层与深部韧性层准同步运动，炉霍断层段处于开放状态，相应于理论"磨蚀磨损曲线"以高速率滑动的初期阶段。尔后，在摩擦力等多因素作用下，浅部脆性层的运动速率逐渐减少(3.79 mm/a→2.52 mm/a→……)，直至重新进入闭锁状态(同时仍会保持一个很小的稳态滑动速率)，在深部韧性层持续相对运动的拖曳下，浅部重新发生弹性变形与应变积累。

实测数据从震后形变视角，验证了"断层深浅部动力学耦合的概念模型"(图 11-11)。然而在鲜水河断裂带炉霍段两侧地表(距主断面≥30km)，用 GPS 测定的两盘相对运动速率能否代表深部的两盘(两地块)的相对运动速率？它是否具长期稳定性？

表 11-3 给出了不同学者基于不同学科和方法求得断裂带运动速率。杜方基于断层两侧各 GPS 站求得的年速率(跨距大于 60km 后继续增长而速率不再增加)与李延兴以 Euler 方程为主体的两大地块模型演绎的边界带速率一致，应代表了两盘(两地块)在深部韧性层中的相对滑移速率。数年至 10 年时间尺度的大地测量学速率与数千至数万年或百万年

尺度的地质学平均速率及地震学速率符合较好，表明从新构造运动至现今，鲜水河断裂带北西段剪切运动年速率具有稳定性。估计再经历 15~25 年，鲜水河断裂带炉霍段将完全"闭锁"进入积累下一次大地震应力应变的震间闭锁阶段，开始新一轮的地震—地震形变循回。

表 11-3　　　不同学科、方法给出的鲜水河断裂带北西段剪切运动年速率

学科 与方法	大地测量学 GPS 断层两侧 远场测量	大地测量学 GPS 大陆地块 现今运动模型	地质学 鲜水河 断裂带	地质学 中国大陆块体 现代地壳运动		地震学 鲜水河断裂带 地震矩张量
时间尺度	数年	10 年尺度	数千至数万年			约百万年
年速率 （mm/a）	实测速率	模型速率	平均速率			平均速率
	10.0	9.8	8~12	8.3±3	10± 2	10.9
来源	杜方 （2010）	李延兴 （2003）	李天祒 （1997）	丁国瑜 （1989）	张培震 （2013）	孙建中 （1999）

综上所述，似可认为：

①中国大陆岩石圈是一个纵向分层（上部脆性层，下部韧性层及其间的脆-韧转换带）和横向分块，具有层次镶嵌结构的动力系统。印度板块等的驱动力立体地作用于各层，深部韧性层流变（稳态蠕滑）耦合至浅部脆性层，产生遵循库仑-纳维尔剪切破裂准则的裂隙生长、摩擦滑动、应力积累—释放等。它可能是大陆地壳形变与地震孕发的主要力源，但非唯一力源，深部地幔软流圈上隆、热物质沿某通道上涌等，也是不可忽视的力源。

②地震大地测量学可望在多种空间尺度（如中国大陆、某断层某段、某潜在震源处）用实测数据验证"大陆岩石圈深浅部动力学耦合"和"地壳形变—地震循回"概念模型，并与相关学科结合建立定量模拟模型，进而推进地震预测。

③为全面同时观测到浅部脆性形变、深部韧性形变和两者之间的脆-韧性形变，地震大地测量学必须研究和发展近远场结合，多种空-时-频尺度和不同观测方式互补组合的整体观测系统。在技术层面上还应研究观测的空间尺度与勘探深度、观测点密度与分辨率等的关系。

11.2.6　断层运动分段性与断层网络运动时空协同性（丛集性）

地震大地测量学观测不仅能定量判断某活动断层是否具分段性，还发现在大（强）震发生之前断层网络内部多条不同断层可能出现活动的时空协同性（丛集性）。前者是将一条大型的断层带视为一个动力系统研究其内部的差异性，后者是将由若干条不同断层组成的网络视为一个动力系统研究其相互作用与协同性。

1. 现今断层运动的分段性

活断层的分段（segmentation）对地震预测、潜在震源确定和重大工程的地震危险性评

估均具重要意义。地质学对断裂的分段包括：断层形态的几何学分段、断层的结构分段、断层的活动性分段和断层的破裂分段。"段是断层的破裂单元。断层分段就是对断层进行破裂单元的划分。"（丁国瑜，1993）

　　地震大地测量学能精确、快速测定现今断层运动的方式、速率以及蠕变，直接地定量给出分段的判据。现以鲜水河断层为例来略加说明（图 11-12）。

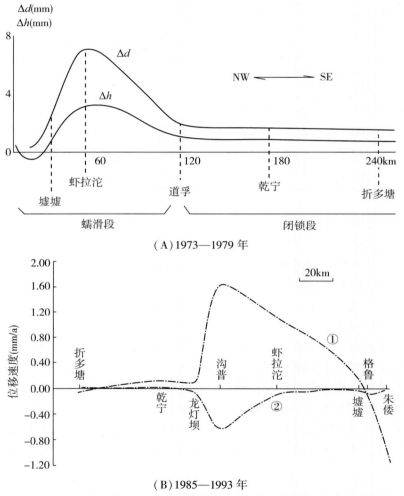

（A）各场地断层水平和垂直运动速率（mm/a）空间分布揭示的断层分段（1979 年道孚 6.9 级地震前）（刘本培）；（B）各场地断层水平运动走滑和张压速率（mm/a）空间分布揭示的断层分段（1985—1993年），①为平行于断层的走滑速率以左旋为正，②为垂直于断层的张压速率以张为正；横坐标的地理方位是：SE←→NW（吴维夫）。

图 11-12　鲜水河断裂带上各跨断层形变场地揭示的现今断层运动速率空间分布及分段（周硕愚，2004）

　　从图 11-12 可看出，尽管取用的实测数据来至不同的时间区间，然而定量揭示出的鲜水河断裂带现今分段特征总体上一致：北西段为相对开启的蠕滑段，其中墟墟、虾拉沱、沟普等测站的时间序列均显示出 1973 年 2 月 6 日炉霍 7.6 级地震后的对数蠕滑特征，应属于炉霍大震破裂后尚未恢复的调整单元；南东段的乾宁和折多塘等则显示出相对闭锁段的特性；细致定量地揭示出断裂带水平运动显著高于垂直运动，以左旋走滑为主兼挤压的运动方式及其空间分布。图 11-12(A)与图 11-12(B)相比较，又揭示出空间分布随时间的微变化，例如图 11-12(A)中(1979 年道孚 6.9 级地震之前)以道孚为两段的分界，以虾拉沱的蠕滑量为最大；而在图 11-12(B)中则以龙灯坝为两段的分界，以沟普的蠕滑量为最大。这展示了地震大地测量学的细致、定量，可以实时揭示断层带现今运动及其动力学过程的特有优势。

图 11-13 中的短周期无震蠕变事件(蠕变阶、蠕变坡等)是由布设在断层带各场地上 DJS 型断层蠕变仪连续自动记录的。它直接显示出以龙灯坝为分界，其北西的地段是无震蠕变事件频次高的地段，其南东的地坝则是无震蠕变事件频次极低的地段。图 11-12 和图 11-13 分别来至两种数采密度不同的观测(低频的短基线、短水准测量和高频的连续自记仪器)，然而其分段结果基本一致。这揭示了断层无震滑动速率高的地段，同时也是高频无震蠕变暂态事件出现频繁的地段，即现今断层的调整段；反之则为现今断层的闭锁段，即主要的能量积累段。

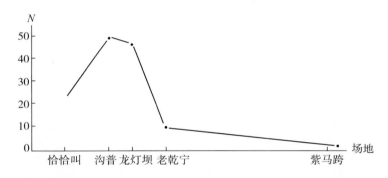

图 11-13　鲜水河断裂带上各蠕变仪记录的蠕变事件总次数 N 及其空间分布(1989 年 7—9 月)

2. 现今断层运动的时空协同性(丛集运动性)

有些地域的活动断层不是以某大断层带为主体的长线分布，而是由几个不同方向的不连续的与其他断层交汇或汇而不交的许多短断层段组合而成的"断层网络系统"。它的分段性甚不明显，但其断层活动性在时空上往往具有"丛集特性(Grouping)"或"协同特性(Synergetic)"。例如，唐山 7.8 级大震的发震断层就很短，不服从以分段特性为基础归纳出的震级和断层长度的经验公式 $M \propto \log L$。从单一断层长度无法估计地震危险性；而只能借助于断网络整体活动的空间规模和活动强度。由于空间分布的支离破碎，对信息的处理方式不可能是"分段"，而应是"整体合成"。因此在现今断层运动和地震动力学研究中，除分段特性外，还存在"断层网络现今运动的丛集特性(时空协同性)"。无论从理论视角(如何理解不仅在中国大陆活动地块边界带上会孕发大地震，在活动地块内部也有孕发大地震的可能)，还是从应用基础视角(地震危险性和地震预报)，都应对"断层网络丛集运动"这一问题加强研究。现以京津唐断层带网络和唐山 7.8 级地震为例来略加说明。

　　华北亚板块(一级活动地块)是我国岩石圈中最破碎的地块(鄂尔多斯块体内部保持完整)。处于华北亚板块北部的京津唐断裂带其基本框架是纵横交错相互分割的断层网络。它由贯穿此区的北西向活动断裂带(南口—宁河—渤海断裂)与一系列北东向活动断裂带(大海沱—紫金关、怀柔—八宝山—保定、平谷—夏垫—河间、唐山—沧东)以及东西向活动断裂带组合而成。地壳被割裂成多层次嵌套的许多个网络块体,如图 11-14 所示。

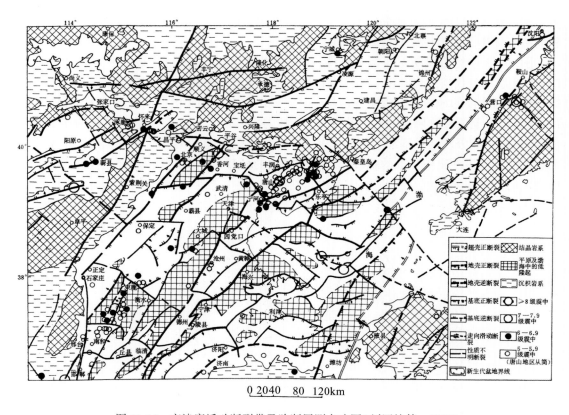

图 11-14　京津唐活动断裂带及跨断层测点略图(刘国栋等,1982)

　　在处理此区域 1972—1992 年各跨断层测点的时间序列数据时,发现各测点时序除各自存在丰富多彩的个性外,还若隐若现地存在着相互协同的整体共性,即地震平静时段似以小幅度随机波动为主,在大(强)震之前若干测点的速率却又准同步地增大,然而单一测点时序却很难明确地与大(强)震相呼应。为此,对每一时序做低通滤波($T \geqslant 365$ 天),滤去气象、水文等因素引起的年周变(季节变)及多种短周期扰动后,再进行区域的多测点的形变速率合成,期望在一定程度上抵消和削弱各时序的随机成分,但能保留和突出准同步性的整体协同变化。

　　图 11-15 的整体活动强度随时间变化图像和表 11-4 中相应的参量,反映出该区域断层网络系统的震间运动(正常态)维持在一个较低的水平,而大(强)震前在大幅度超越震源区的广阔空间范围内(图 11-14)出现多个观测点时序准同步的活动强度增强,从而使水平

和垂直速率合成结果较震间正常态增大了 6 倍与 2.5 倍(唐山大震)或 2.6 与 2.25 倍(大同强震)。区域断层网络系统的合成结果能够较单测点显著提高信号-噪声比,说明区域断层网络系统所属的各断层和断层段可能受到共同的动力环境和动力源的控制,从而产生时空协同性较明显的运动,显示出大陆现今断层运动的一种新特性,即运动的时空协同性(丛集性)。

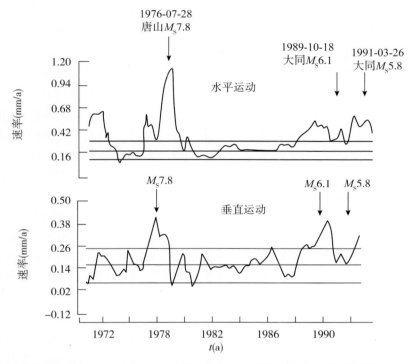

图 11-15　首都圈断层系统水平与垂直运动的整体活动水平随时间的变化(周硕愚,1991,1998)

表 11-4　　　华北地块北部京津唐断层网络系统现今地壳运动参量(周硕愚,**1998**)

断层系统现今运动	定常运动(稳定态)	震前加速运动(亚稳定态)	
		$M_S > 7.0$(唐山地震)	$M_S \approx 6.0$(大同地震)
水平运动速率 V_h(mm/a)	0.20	1.20(加速 6.0 倍)	0.52(加速 2.6 倍)
垂直运动速率 V_v(mm/a)	0.16	0.40(加速 2.5 倍)	0.36(加速 2.25 倍)
水平垂直运动速率比 V_h/V_v	1.25	3.00	1.44
块内垂直形变场分形维数	1.80	1.66(下降 7%)	1.72(下降 4%)
现今区域应力场	最大主压应力轴方向 NE70° ~ NE85°		

京津唐断层网络系统的现今断层运动为什么会具有丛集性(时空协同性)？它受到何种共同的动力环境和动力源的控制？由 GNSS 观测无整体旋转基准所给出的中国大陆内部现今相对变形分布图(如图 11-5 或江在森，2005)可看出，华北地块内部的现今变形呈现受到太平洋板块自东向西俯冲插入中国大陆深部直至鄂尔多斯地块东边缘的效应，变形指向由东西向、西南向到鄂尔多斯地块东边缘转为北南向。以大陆现今变形动力学的视角，鄂尔多斯地块可能是印度板块和太平洋板块，分别从不同方向、以不同方式作用于中国大陆的两种效应汇聚区或变形转换地带之一。华北地块深部由于太平洋板块以低角度俯冲、滞留，可能引起深部脱水、局部对流环、软流圈物质上涌等，导致华北平原地壳破裂明显、断层网络复杂交错；基于 GNSS 测量，对中国大陆活动地块现今运动和应变状态的研究也表明华北活动地块主压应力轴的方位角为 85°接近东西方向，其块内应变也以张性为主(李延兴，2003)。贯穿京津唐断层网络系统的北西向活动断裂带(南口—宁河—渤海断裂)是一条具有反扭走滑成分的正断层、切割地壳很深。它可能成为连接浅部断层运动与深部太平洋板块俯冲舌作用的物质流和能量流的通道；大区域的共同的深部作用与浅部断层之间的相互作用相结合，可能是此区域呈现出现今断层运动丛集性(时空协同性)的原因。发生在华北地块内部的唐山大震的能量，主要不是来自单一断层段，而是来自深部控制下广阔区域的断层网络运动在唐山"坚固体"的累积。

地震大地测量在其他地区在大地震之前(如滇西、滇东等)也发现了断层网络(系统)现今地壳运动的丛集性——时空协同性(周硕愚，1994，1998，2004，2008；施顺英，2007)。这种特性是否只能出现在某些特定的地域？其动力学机理是否可望成为连接深部流变与浅部形变、窄狭震源区与广阔远源区变形动力作用的信息通道？有待更深入研究。

11.2.7　地壳的多种周期波动与拟周期韵律

地震大地测量学观测揭示出中国大陆现今地壳运动中内含多种周期的波动。有些周期的形态和动力源均较明确，称为"周期波动"；另一些则比较复杂，尚在探索之中，暂称为"拟周期韵律"，简示于表 11-5 中。

表 11-5　　　　　　　　　　　　　地壳的周期波动与拟周期韵律

名　称	周　期	解释与探索
地球固体潮汐	长周期、周日、半日、1/3 日等，如 M_2：12h，25m；S_2：12h，00m；O_1：25h，49m；K_1：23h，56m 等	月亮、太阳以及近地行星运行对地球的引力变化导至地球内部和表面的周期性变形
周日变	24h	地球自转过程中太阳、大气圈、水圈多种动力源对地壳的作用(温度、荷载、压力等)与地壳的响应

续表

名　称	周　期	解释与探索
年周变(季节变)	365 天	地球公转过程中太阳、大气圈、水圈多种动力源对地壳的作用(温度、荷载、密度、质量迁移、压力等)与地壳的响应
同震波动		各种密采连续观测手段(宽频应变、倾斜和重力;连续 GPS)均能记录到同震波动。形变与地震计对地震的响应途径不同(位移、加速度等),有待深入研究
"地震-地壳形变循回"(拟周期韵律)	不同构造环境和不同震级的地震具有不同的拟周期韵律,如百年、千年、万年以及大循回等。又可分为"狭义"与"广义",前者指某断层某地段的特征地震循回,后者指由不同动力学阶段及形态构成循回的一般特征	认为存在"地震循回"自然现象,即在某构造部位,应变能逐渐积累至突然释放(地震),又再次逐渐积累至再次突然释放(地震)的拟周期过程(韵律)。与之相应的"地震-地壳形变循回"为:震间形变—震前形变—同震形变(位错)—震后形变—震间形变的拟周期过程(韵律)(N. Fujita, Y. Fujii, 1973),也可理解为逐渐偏离动力系统稳定态(吸引子)通过突变又回归至稳定态的自调节(自组织)过程(周硕愚,1988)
"地壳形变十年波动"(拟周期韵律)	约 10 年周期	地壳形变—地球物理场—日长变化十年尺度相关,拟源于核幔耦合(王庆良,2003)
"大空间尺度的趋势性低频涛动"(拟周期韵律)	低频域段($T>512$ 天);	拟与深部过程有关,尚待进一步证实与研究(张燕等,2005、2012;吴云等,2010)
一种"较大空间尺度的高频颤动"(拟周期韵律)	涛动过程 1~3 年 3~5 秒	中国大陆地壳对西太平洋台风移动过程的响应,空间范围可由沿海至南北带,尚待进一步证实与研究(吴云等,2010)
大(强)震前的临界波动(临震前驱波?拟周期韵律)	由分钟到月?	可能与震前"地震成核"、"断层预滑动"、微破裂、慢地震、静地震、临界响应灵敏度变异等破裂临界动力过程有关的波动和暂态事件群在多次大(强)震前似曾有所显露,但极为复杂多样,有待进一步证实与深入研究

11.2.8　地球各圈层介质物性参量的动态连续探测(反演)

地震大地测量学采用了当代多种新的方法和手段,不仅能连续观测地球球壳上部岩体的多种运动和变形,还能动态连续探测(反演)地球内部和外部圈层中介质物性参量变化和物质运移。由于实现了对地球立体的动态连续观测和探测,我们不仅能研究球壳上板块之间、板内各层次块体和边界带之间及其与地震之间的相互作用,还能研究球壳上的地壳运动、变形、地震和地球内部各圈层、地球外部各圈层之间的相互作用和动力学耦合,从而可望将分割孤立的研究提升为更高层次的动力系统(Dynamical Systems)研究,即动力系统的结构、环境、演化、状态和行为的研究,如对地球动力系统、大陆动力系统、活动构造地块动力系统、活动断层动力系统、大(强)地震孕发动力系统等的研究。这显然更符合自然界的实况,更有利于推进地球动力学、大陆动力学、地震科学、大陆现今变形动力学和地震预测研究。

1. 地球重力场、密度场及其时变

基于地面相对重力测量(台站连续和区域流动)、绝对重力测量和卫星重力测量(CHAMP、GRACE、GOCE)的整体结合,能以更高的空间分辨率和精度,给出中国大陆及其局部地域的重力场基本场及其时变场,进而推演出不同深度(如上、下地壳、岩石圈地幔、软流圈等)的密度场及其时变场;与地震层析成像相结合,促进地球内部物理学和大陆动力学研究;与形变场结合,实现阻抗力与体积力结合,推进大(强)震孕育过程和地震预测研究(申重阳、李辉等,2008,2009;玄松柏等,2010)。

2. 地球固体潮汐与勒夫数时变

将固体地球视为一个系统,月亮和太阳的引潮力是大自然赐予我们的可精确计算其理论值的连续不断地输入(激励)信号;而基于数字化连续观测台网(地应变、地倾斜、重力)和 GPS 连续观测台网等所实际观测到固体地球潮汐,则是系统对输入(激励)信号所产生的响应(输出)。两者相结合,相当于对地球内部介质物性及其时变进行连续不断物理探测。我们可望获得重力潮汐因子 δ_2、倾斜潮汐因子 γ_2、面应变潮汐因子 f_2、体应变潮汐因子 Ω_2,它们反映了地球固体潮汐实际值与理论值的差异。再通过潮汐因子 δ_2、γ_2、f_2、Ω_2 之间的线性组合又可求得实测的勒夫(Love)数——h、k、l。勒夫数是反映地球内部结构的参数,基于某种地球模型如果知道了地球内部的密度和弹性参数的分布,就可以从理论上直接解算出勒夫数的理论值。因此实测勒夫数和地球模型理论勒夫数之差异,可用于检验模型的真实性和改善模型。例如,将地球液态外核的弹性参数取作零,所反求的洛夫数较为接近实际,由此推断地球外核可能是液态。由于连续观测所求得的潮汐因子 δ_2、γ_2、f_2、Ω_2 与勒夫数 h、k、l,可视为一个反映地球内部介质密度和弹性参数随时间变化的窗口。在多种动力作用下,当现今地壳运动偏离正常动平衡动力学状态,尤其是进入大(强)震、火山喷发等灾变前的临界状态时,潮汐因子与勒夫数也有可能产生某种异常(中国地震局监测预报司,2008;蔡惟鑫和 Ricardo Vieira Diaz,2005)。

3. 电离层参量时变

基于地基 GNSS(跟踪站、基准站)观测和天基 GNSS/LEO 电离层无线电掩星反演(Inversion Radio Occultation, IRO),可连续探测电离层 F2 层的电子总含量(TEC, Total

Electron Content)、临界频率 fOF2(或峰值电子密度 NmF2)、峰值高度(hmF2)等参量的动态变化，通过震前的电离层异常，进而探索岩石圈(地震)—大气层—电离层的动力学耦合(LAI Coupling)，如由地震引起的声重力波(Acoustic Gravity Wave，AGW)到达电离层，导致电离层的强烈扰动，或由地震破裂引起的附加垂直电场或电磁辐射(EM emission)作用于电离层，导致离子的重新分布等，期盼能为临震异常监测提供一种新手段(周义炎等，2009，2012；林剑，2009)。

4. 意义与困难

国家自然科学基金委员会、中国科学院在《未来 10 年中国学科发展战略·地球科学》中指出："直到目前为止，还不能够将地幔动力学和板块运动学有机联系起来，只能将地幔和岩石层(圈)分开来考虑。"(2012)地震大地测量学集成高新技术，应用新的方法和手段，不仅精化地壳的现今运动、变形和重力场动态的监测并将其拓展到地球内部和外部各圈层；从而为在地球系统科学和动力系统这一整体的当代科学框架下，推进研究各圈层之间动力学耦合的实际过程逐步创造了条件，这对大陆动力学、地震科学、现今大陆变形动力学和地震预测研究无疑是有意义的。

鉴于研究对象的跨圈层性和高度复杂性，无论在观测理论和技术、还是理解和模拟上都依然存在一系列有待克服的困难。例如，在地球系统的各个圈层中任何物质(系统、实体、质点)的任何迁移或其密度(体积、质量)的任何改变，都可能导致重力观测值的改变。怎样才能客观地分辨与识别其来源并研究其因果关系？又如，现有的监测系统能分别求得各种固体潮汐因子及其动态变化，但要通过它们的组合求得各种勒夫数及其动态变化就相当困难。再如，尽管反映地壳表层形变和重力场演化的动态图像已经不少，反映不同深度密度场的图像也有一些，但如何在一个统一的动力学框架内，真正实现地表与深部、形变与重力、应变与密度变化、阻抗力与体积力的整体互补建模，似乎仍在探索之中。如何才能不当"信息金矿上的穷人"？如何才能摆脱"手段多多交叉少"的状态？科学地理解、模拟、应用地震大地测量学观测结果依然是我们面临的实际问题。

11.3 理解和应用数据的主要困难——复杂性及其对策

建立天-地-深整体观测系统，获取大量精确的动态数据，是认知岩石圈现今地壳运动动力学过程，进而预测破坏性地震的基础。然而，即便拥有数据，依然存在着理解和应用的困难，这就是复杂性(complexity)。应对复杂性是一个既困难又颇具吸引力的挑战！

11.3.1 体验复杂性之一：观测数据

地震孕发被认为是应变(力)积累和释放的过程。因此地震和形变观测被认为可望获得最直接的力学信息，若其确为地震前兆则是直接型力学型前兆。而其他观测手段获得的是力学→物理、力学→化学、力学→物理和化学、力学→物理、化学→生物等信息。从信息论观点看，信息的每次转换，均可能带来不同程度的失真。国际地学界较普遍的观点是：能阐明与形变(或破裂)有内在关系的观测手段方能表明具有地震前兆价值。当然，其他观测手段也具有各自的独特优势，同样必须重视并通过综合应用提高对认知与预测的信度。然而，将地震大地测量学观测数据应用于认知岩石圈现今地壳运动，在动力学机理和地震预测方面，仍然面临着观测数据复杂性的困难。复杂性来源于设立在地球壳面上的观测站(观测系统的信息基元)对复杂相互作用的综合感知(包括地体内部相互作用及其与外部的复杂相互作用)。任何一种设立在地球壳面上的观测站，其观测时序中必然包含地球外部圈层(水圈、大气圈、生物圈)及天体(日、月等)的影响，一般情况下这些影响都视为干扰，但在某些情况下也可视为有用信息(见本书 11.1 节)。

鉴于大陆岩石圈具有多等级的镶嵌结构，在层与层、块与块、层与块之间持续进行着复杂的相互作用。假定外部影响均已排除，余下的均为来至地球内部的信息，但这些信息对认知岩石圈现今地壳运动演化和地震预测而言，依然存在复杂性。例如，GNSS(GPS)测量既包含岩石圈深部的韧性形变(流变、蠕变)，又包含岩石圈浅部的脆性形变(如应变)，可能还包含了对远方巨大地球动力学事件的响应。重力测量在一定的灵敏度(分辨率)范围内，可能包含了地球表面、地球内部各圈层、外部各圈层以至宇宙天体之任何物质(质点)运移和密度变化信息。不同跨距组合的跨断层测量可望揭示由主断面至断裂带、由浅部至深部的不同物性的断层形变信息。定点连续观测台站除直接反映地表应变、倾斜及各种周期与非周期变化外，还包含着地球内部介质物性时变信息以及多种涛动、脉动、扰动、颤动等。这些信息又与观测的参考框架、实施方式和采样密度等有关。要逐一识别动力来源，分解这些信息是不容易的。再假定，已成功分解了各种观测手段获得的地球内部信息，但在实际研究中国大陆岩石圈整体或某地域现今地壳运动演化过程，某破坏性地震(或成组关联性破坏性地震)孕发过程和地震预测时，如何综合应用，合理装配这些形形色色的分散零碎信息，建立符合自然规律的科学概念模型、定量模型和可操作的预测方法，又是非常困难的。这不仅需要以牛顿力学体系为基础的经典的"还原论"方法，还需要以系统科学、地球系统科学、地球动力系统和动力系统为基础的"整体论"方法；两者结合互补，方能科学合理地理解和应用来之不易的观测数据。

11.3.2　体验复杂性之二：大地震的个性(海城→唐山→汶川)

中国大陆具有深部多层次和多级块体网络结构，孕发大地震的构造和动力学环境存在差异，孕震动力系统存在差异，导致大地震在共性之外还存在个性(包括孕发过程以及地震活动与地壳形变特征的差异)。

1. 未识复杂性——海城大震

1966 年邢台 6.8 级地震后，强震活动向北北东方向发展；1969 年发生渤海 7.4 级地震；1975 年 2 月 4 日发生辽宁海城 7.3 级地震。对海城地震做过成功的预测预报，极大地减少了伤亡，被誉为"人类首次实现了对大地震的预报"。海城预测借助了邢台"小震闹、大震到"经验，地震学判据主要是"前震(小震)密集—平静—大震"；金县(州)台跨断层短水准和营口台地倾斜时序在地震前的显著变化(图 11-16)，似可以用"断层回跳模式"、"扩容模式"和"地震地形变时变过程经验曲线"来解释；再加上宏观异常等。看来规律是如此确定和简单，中国地震人意气风发，国际地震人热烈祝贺，"坚冰已破，航路已通"，我们这一代人就要攻克地震预报关了！此时还没有体验到复杂性。

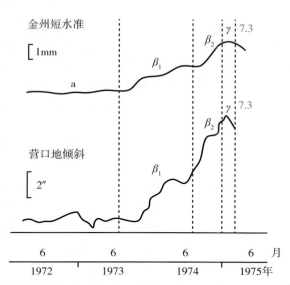

图 11-16 辽宁金县台跨断层垂直形变和营口台地倾斜时序与海城 7.3 级地震(两台距震中均约 190km)
(朱风鸣、吴翼麟)

2. 初识复杂性——唐山大震

大自然很快就否定了"简单性",敲响了"复杂性"的警钟!在观测密度、科技实力均远超过辽东半岛的首都圈地域,1976 年 7 月 28 日发生了未能预报的唐山 7.8 级地震。曾令人兴奋的"海城经验"失灵!不具重现性。唐山大震没有前震,"密集—平静—大震"的判据失效。唐山大震没有发生在中国大陆一、二级活动地块的边界带(断层带)上,而发生在华北地块内部,发生在"唐山菱形块体"("坚固体")内部,与其他断层并未完全连通或汇而不交的一条长度甚短的北东向的唐山断裂上,其断裂规模完全不能与 7.8 级大震相匹配。"断层是地震的前提条件;断层长度越长,震级越大"的传统认识受到挑战!这很难简单套用源于板块边缘的长而直的圣安德烈斯断层的"断层回跳模式"来理解,同样也很难主要以岩石破裂实验为基础的"干模式"或"湿模式"来理解,却恰恰印证了难以用"还原论"的局部(一条活动断层中的某一"闭锁段"、某一个视为点源的震源)来解释和演绎广阔空间域内地壳系统整体演化并导致某大震发生的过程。看来"动力系统"、"孕震系统"的演化更能逼近大自然的本性。

唐山 7.8 级大地震之前,在华北北部远远超越震源区的广阔空间范围内,多个跨断层测点协同性地出现了水平形变和垂直形变增强,表现出大震之前断层网络的时空协同运动。任何单一的断层形变时序均难以说明唐山大震的孕发过程,而断层网络多个断层形变时序低频成分整体的速率合成则能相当好地映射出唐山大震的孕发过程,可能是华北北部断层网络的丛集性运动导致唐山大震(图 11-14、图 11-15 和表 11-4)。

基于分布在震源之外的多处跨断层观测时序,对首都圈断层系统水平与垂直运动整体活动强度随时间的变化的研究(周硕愚,1991)与有限元分析"唐山地震的发生是由于唐山外围一些断层的活动引起唐山附近应力集中的结果"(马瑾,1980)是能相互支持与验证的。而基于地震大地测量动态图像揭示的"形变空区"(周硕愚，1991，1997)与地震学的"地震空区"、"高 Q 值区"在空间上也是基本吻合的，支持比断层孕震说更广义的"坚固体孕震说"(梅世蓉，1995)。震前地壳形变(断层网络中的水平与垂直运动、区域垂直形变场)异常首先在震源区之外出现。宁河-昌黎断层是"唐山菱形块体"("坚固体")内部的一条规模颇小的北东向断层，也是唐山大震的发震断层。在大震前的 2~3 个月，位于宁河-昌黎断层西南末端的宁河跨断层测量场地(震中距 $\Delta \approx 40km$)观测到超常大幅度的断层预滑动，与此同时在该断层东北末端附近的马家沟和昌黎地电阻率台也观测到超常大幅度异常变化。似乎显示了一种地壳形变局部化异常先在震源区外围(近源区)出现，由外向内推进，直至发生临界预滑动，"坚固体"破裂，大震发生。

可见，唐山大震的孕发过程远比单一断层的"断层回跳"复杂。它至少是"坚固体"与其外围广阔环境中多条断层的相互作用，即震源区与比其大若干数量级的"红肿区"(付承义，1993)的相互作用。它也是"以坚固体为'系统核'的孕震系统的演化及其行为"(周硕愚，1995)，体现了复杂系统各部分之间的相互作用和整体演化。

3. 深感复杂性——汶川大震

2008 年 5 月 12 日发生的汶川 8.0 级大震，是有历史记载以来首次发生在大陆内部的高角度的逆冲型 8 级强震，是首例发生在大陆内部低滑动速率断裂上的逆冲型 8 级强震(张培震等，2009)，与我们经历或研究过的大地震相比较，具有鲜明的差异性。在常规思维中往往认为"地震震级越高，震前形变应越大"，但我们却未能观测到能与 8 级大震相匹配的显著的震前形变异常，异常强度远低于海城、唐山、松潘、丽江等 7 级地震，甚至某些 6 级地震。这很难直接套用国内外已有的多种地震地壳形变经验归纳模式和地震孕发物理模式来解释，已超越了之前的科学认知域。这可能是汶川大震未能预测的基本原因。

汶川大震后，我国地震人在分析多种观测数据(尽管此区域在观测密度与布局上均不足)、现场科考和多学科交融的基础上，已初步提出了一些试图解释汶川大震的模式或假说，如"汶川 $M8.0$ 强烈地震形成模型"(滕吉文等，2008)、"多单元组合孕震模式"(张培震等，2009)、"考虑地块相互作用与低速层影响的孕震模式"(杜方等，2009)，"地壳运动系统自组织演化的地震模式"(周硕愚等，2010)、"构造动力过程由大尺度至小尺度的强震危险性时空逼近"(江在森等，2010，2013)等。尽管这些模式假说不尽相同，但其内含共同性是：突破了某单一断层(震源)孕发地震传统思路的局限，扩大空间、时间视野，将大地震孕发过程视为大陆岩石圈变形动力系统及其子系统演化过程中产生的一种行为。在广袤空间域(包括深部)和时间域动力环境下，各子系统之间的相互作用，形成了汶川大震孕发系统并产生了自己的整体涌现性——孕发过程及其多种行为，从而使汶川大震不同于我们曾研究过的其他大地震。

孕发汶川大震的动力系统由"系统核"单元(龙门山断裂带)、推压单元(青藏地块-巴颜喀拉地块)、支撑单元(华南地块-四川盆地)和深部物质运移上涌单元等构成(图11-17)。北东走向，长约 500km，宽约 40~50km 闭锁的龙门山断裂带是动力系统的"系统核"，其功能为长期缓慢积累应变和届时突然破裂并释放巨大应变能。稳定性高的华南地块-四川盆地在西面支撑着龙门山断裂带，两者共同构成了阻滞青藏地块继续东进的坚固屏障，是中国内陆最大最强烈的南北地震带中非常重要的一段。由于印度板块对欧亚板块的俯冲碰撞，中国大陆青藏高原除增厚外还产生了向东的物质挤出，地壳运动方向逐次转向，由北北东向→北东向→东向；在几个子系统（单元）相互作用的制约下，当接近龙门山断裂带地域时，东向地壳运动出现了主要指向南东以及指向北东的分流（分岔），致使直接作用于龙门山断裂带的地壳运动速度矢量变得微弱（应变速率甚小），成中国大陆地壳形变动力学和岩石圈动力学中极具特色的一个地域。此运动方向转变特征，在百万年尺度的新构造运动（图 11-6、图 11-7）和由 GPS 测定的十年尺度的现今构造运动（图 11-4、图 11-5）研究结果中具有一致性，体现了相互作用导致此地域动力系统的整体涌现性（动力吸引子主宰下的协调有序与长期稳定性）。这是龙门山断裂带应变速率虽很小，却又能在很长的时间间隔中累积很大应变能，导致 M_S8 级大震发生的动力环境条件。

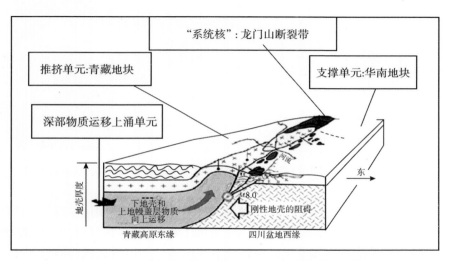

图 11-17　孕发汶川大震的动力系统及其子系统略图
（据滕吉文等（2008）图改绘）

　　地震大地测量对地壳运动的多种观测（特别是空间大地测量），为揭示孕发汶川大震动力系统的现今演化过程提供了新颖、翔实的定量信息，详见在本书第 13 章，此处仅从复杂性的角度做粗略研讨。图 11-18 是以华南地块为相对参考基准给出的 GPS 水平运动速度场（1999—1994 年），可揭示出更多的细节。从图中可清晰地看出，面对龙门山断裂带等青藏地块-华南地块边界带的阻挡，从汶川以西大约 800km 的羌塘地域开始，冲击力强大的大约平行的北东东和北东向矢量场出现了扇形发散与分流。最强大的分流一族以优美的弧形逐次转折向南，次强的分流另一族则转折向北北东，均绕开了龙门山断裂带。分流（分岔）后中央部分以东南和东东南方向直接作用于龙门山断裂带的速度场矢量已经大为削弱，且断裂带自身又具"坚固体"特性，因此求得的跨越断裂带的两侧相对运动速率仅在 GPS 观测误差范围内，即≤1~2mm/a。此外其矢量方向与北东走向龙门山断裂带的夹角不是小的锐角而近似于直角，断层两侧相对运动速率再分解为挤压和剪切两分量后，剪切分量还要再小于此值。这就直接证实和解释了为什么龙门山断裂带应变积累很慢，M_S8 级大震的复发周期会很长。

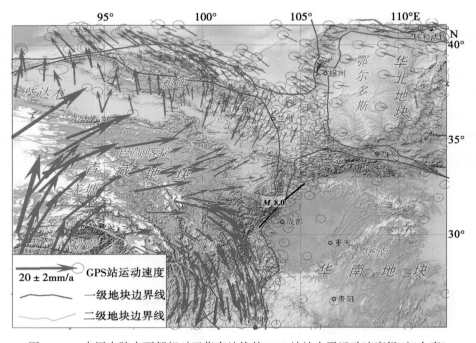

图 11-18　中国大陆中西部相对于华南地块的 GPS 站站水平运动速度场(江在森)

采用 Euler 运动学方程建立的 GPS 速度场模型求出的活动地块边界断裂带两侧(盘)相对运动速度，主要反映了深部韧性层中的韧性形变(蠕滑)；深浅层之间存在着动力耦合，与震源应变(力)积累-释放直接有关的弹性变形或滑移应该出现在浅部脆性层中，出现在主断面两侧一定宽度内的变形带内(见本书 11.2.3、11.2.5)。可惜龙门山断裂带基本缺失这种列阵式的能与远场观测相呼应的多尺度的近场密集观测，仅有五处跨越支断裂的短水准观测场地，然而仍可提供一些浅部韧性层中断裂带常态与异态运动信息。

从表 11-6 中可看出，龙门山断裂带脆性层中断层系统整体合成的正常态年速率≤ 0.1mm/a，比 GPS 给出主要反映韧性层蠕滑的年速率(≤1~2mm/a)还要小很多。其他学者给出的断裂带的正常态年速率也是 0.1mm/a(车兆宏)，它小于首都圈，更小于滇西的正常态年速率。然而从 2006 年年底出现了加速度过程长度显著大于采样间隔的趋势性异常($M_S8.0$ 级大震之前约 33 个月)，即便抛开有争议的耿达场地，趋势性异常依然存在其量值虽小(≤ 0.3 mm/a 或 0.5mm/a)，但仍比正常态速率大 3.6 倍或 5.0 倍，是具有显著性的异常信息。尽管由于多种历史原因在龙门山断裂带未能事前部署更多的近场观测，但不能否定在汶川大震之前一年多出现了断层的趋势性加速滑动，似可认其为是一种大震临界预滑动信号。普遍远离龙门山断裂带的地形变连续观测，仅在相对最为靠近震中的有限台站(如姑咱台，震中距 158km)检测到临界异常(陈志遥等，2009；丘泽华等，2009；张燕等，2009)，异常值太小可能是一个重要原因。

表 11-6　汶川、唐山、丽江地震断层系整体活动强度演化主要参数(周硕愚等，2009)

地震	断层系统	跨断层形变测线数	时序长度(年-月)	新层系统正常态整体合成速率/mm·a⁻¹	新层系统震前整体合成速率(异常)/mm·a⁻¹	速率倍增比(震前/正常)	震前异常持续时间
汶川 M_S8.0 (2008-05-12)	龙门山断裂系	A: 5(垂直)	1997—2008-01	0.095	0.477	5.0 倍	约 33 个月
		B: (垂直，无耿达)	1997—2008-01	0.074	0.266	3.6 倍	约 29 个月
唐山 M_S7.8 (1976-07-28)	首都圈断裂带网络	30(垂直)15(水平)	1972—1992	0.160	0.400	2.5 倍	
丽江 M_S7.0 (1996-02-03)	滇西断裂带网络	14(垂直)13(水平)	1982—1994	0.673	1.681	2.5 倍	约 17 个月

　　多种地震大地测量学的观测与研究，分别识别出汶川大震前在不同尺度空间域和时间域内呈现出显著的震前异常，如 2002 年鲜水河断裂带断层运动异常(江在森等，2009)，2004—2005 年出现印度板块与中国大陆相对运动增强(江在森等，2006)，2004—2005 出现中国大陆北东向地壳缩短(杨国华等，2006)，2005 在龙门山断裂带上出现包含未来大震震中在内的重力场异常(祝意青等，2007)，2006 年年底在龙门山断裂带出现断层运动增强(周硕愚等，2009)等。还有两次很可能与汶川大震孕发过程有关的环境动力变化事件，即 2001 年 11 月 14 日昆仑山口西 M_S8.1 级大地震和 2004 年 12 月 26 日印度尼西亚苏门答腊 Mw9.1 级巨震。前者加速了巴颜喀拉地块的东向运动(乔学军等，2002)，可能导致鲜水河断裂带上多处跨断层形变场地出现趋势性异常；后者发生在印度-澳大利亚板块(印度板块是其中的一部分)与欧亚板块边界带上，苏门答腊海沟几乎为大地震破裂所贯穿，是一个涉及深部过程的大地球动力学事件，有可能出现板块间的调整，导致印度板块向北运动的暂时增强，从而与上述的 2004 年后诸种异常有关。可见汶川大震的发生不仅与孕震系统内部各子系统(单元)相互作用有关，还与系统之外的更广袤空间中的动力环境变化有关，似乎呈现出一种异常由大空时尺度的外围向地震孕发系统小尺度"系统核"(震源区)推进的动力学图像。

　　作为青藏和华南两大地块(亚板块)边界带——龙门山断裂带，经历数千年尺度长期闭锁已蓄积了巨大应变能，但仍继续以微小速率极其缓慢地添加应变，很可能已进入震前形变后期(似可类比于已进入岩石破裂实验曲线的第二屈服点或地震-地壳形变经验曲线 β2 阶段或动力系统自组织演化过程的临界态，即非稳定的定态。此时通过外部动力环境的变化来打破"僵局"的可能性很大。2001 年昆仑山口西 M_S8.1 级大地震和 2004 年印度尼西亚苏门答腊 M_W9.1 级巨震发生，尤其是后者，有可能在一定程度上改变了汶川大震孕震系统的动力学环境。两次大震之后，产生了上述一系列的由大尺度至小尺度，由外围向龙门山断裂带震源区，由深度向地表，按时间顺序逐次推(逼)进的地形变(重力)异常事件，应不是偶然的。

　　触发汶川大震发生的途径之一，可能是深部物质上涌。重力场动态研究表明，在东经99°~109°，北纬27°~37°范围内，在1988—2000年间和1988—2002年间未显现异常；而在1998—2005年间和1998—2007年间，在龙门山一裂带上围绕汶川 M_S 8.0级大震未来震中出现了显著的异常(图11-19)。据图像(斑图)动力学，可理解为该区图像结构出现了由无序向有序转化即变形局部化过程(周硕愚，1998；孙义燧，2009)，有可能在大震前三年(2005—2007年)出现了深部物质上涌，导致在汶川大震震源区及近源区内出现了显著的有序性强的重力(含垂直形变)异常，具有较明显的前兆含意，击破了"非稳定的定态"，触发了大地震的发生。它与2006年年底在龙门山断裂带出现断层运动增强(周硕愚，2009)和同震破裂过程首先从逆冲开始然后再转为剪切(王琪，杨少敏)是密切相关的。因此，在图11-17中将不同于地块水平运动挤压(能量流，阻抗力)的"深部物质运移上涌(物质流，体积力)"列为动力系统的子系统(单元)之一。也可能还存在其他的触发途径，如在震后178天，打出了5口600~3400m深的科学钻井，初步研究表明："汶川断层破裂带的渗透率比已知其他地震破裂带的渗透率高，这表明汶川地震发生时，断层附近有显著的地下水流动"(薛莲等，2013)。

　　汶川大震还有待做更深入的研究。不仅动态观测数据存在复杂性，唐山、汶川等大震更使我们逐步认识到中国大陆现今地壳运动与地震的孕发的复杂性。只有从地球系统科学和动力系统的广阔视野，不拘束于一条断层、一个震源的狭窄视角，方可能理解孕震系统内部各子系统(单元)的相互作用，它们和系统外部动力环境变化的相互作用，以及由此产生的大自然的整体演化过程及其多种行为。"复杂性"不仅是一般经验感知的多样性，也不仅是统计学的离散性，而是复杂系统的动力学内在规律所致。它与经典动力学的研究是互补的。

11.3.3　理解复杂性

　　尽管地震大地测量学采用了当代最先进的测地理论和技术，得到了前人难以获得的、多层次的、多尺度的、精确的空间域-频率域-时间域的宝贵数据，构成了不断增加的海量般的新信源。但要真正理解其内涵的动力学信息，并能有效地利用(如发现自然规律、建模、预测，等等)仍是十分困难的，如本书11.1节和11.2节所述。信噪比、数据处理方法乃至数据挖掘都是必要的，但并非最本质的，最主要的困难在于面对所研究对象的"复杂性"(complexity)。

　　当代人类面临许多具有复杂性的问题，如发展、环境、生态、自然灾害等。它们的共性是多动力作用下结构复杂的系统，通过相互作用导致非线性，产生由局部性难以推断的整体性；系统演化和系统行为表现出多样性与整体涌现性(whole emergence)的结合。大陆现今地壳运动与地震显然也属于复杂性的问题之一。经典的科学观念认为生命现象与非生命现象是两个性质截然不同的区域；前者具有复杂性，后者则可视为"机器"，能在牛顿力学的基础上以"还原论"方法认识和解决一切问题，例如，经典动力学就是研究物体机

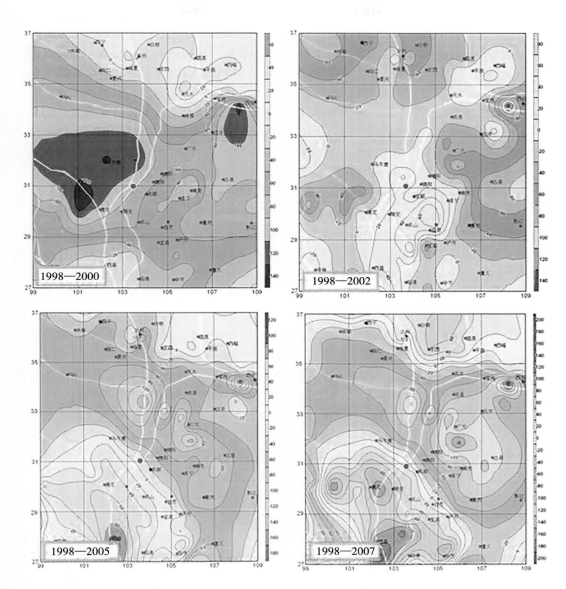

图 11-19　汶川 M_S8.0 级地震前重力场动态变化，图中红点为大震震中(申重阳，2009)

械运动变化与其所受力关系的学科。然而 20 世纪中叶起发生的一系列的科学革命(物理学、化学、生物学、系统学)颠覆了这种传统的科学观念。"耗散结构"、"协同学"、"整体涌现性"和"复杂适应系统"等理论，均证明一个开放的、复杂的非生命系统经过演化可以产生一系列的生命特征，如孕育与成长、生灭过程、自组织、自调节、自适应、自复制等，在物理学与生物学之间并不存在绝对隔绝的鸿沟，逐步形成了有别于经典科学的现代科学观念方法，它们之间的比较见表 11-7。

表 11-7　　　　　　　　　　　　经典科学与现代科学观念方法之粗略比较

经典科学观念与方法	现代科学观念与方法
机械论："世界是机器"，"地球是机器"，牛顿力学可描述一切；	系统演化论："地球是类似生命体的能自我演化的动力系统"（自组织、自调节），现代数学与现代力学描述；
还原论："宇宙之砖"，"低层次说明高层次"，经典地球动力学；	整体论：还原与整体涌现性相结合，分解与集成相结合，低层次与高层次难以相互规定，地球系统科学，地球动力系统；
完全确定论："非此即彼"，只有 0 和 1，强调完全定量与完全确定	非完全确定论：定量与定性相结合，确定性与不完全确定性相结合

　　复杂性意味着，当一个系统存在着许多部分，这些部分能以各种不同方式相互作用，以致整个系统表现出了生命的特征时，复杂性便开始起作用：这个系统会随着条件的变化而不断发展演变，使自己继续存在下去。这个系统还可能产生一些突然的和似乎无法预计的变化，一个或多个发展趋势会通过一种"正反馈回路"强化于一些发展趋势，使事态迅速失控并超越临界点，产生突发性行为（emergent behavior），使系统发生基本性质的改变，进入一个新的状态。"复杂系统"共同的基本特征是：系统整体大于并常常明显不同于各部分之和。因此很难仅根据其基本组成部分来预测未来（Geoffrey West，2013）。因此"复杂系统"可理解为：通过对一个系统的子系统的了解，不能对系统的性质作出完全的解释，即整体与部分之间的关系不是一种线性关系，整体的性质不等于部分性质之和。

　　在地球系统演化的漫长历程中，经过一系列相互作用形成中国大陆，直至形成当今的"现今大陆地壳运动与地震系统"。系统由板内多层次的活动地块组成，各活动地块之间与周缘环境（板块、深部等）之间以各种不同方式相互作用，产生出一系列既有基本稳定格局又具千变万化的地壳运动与地震现象。系统会随着条件的变化而不断地发展变化，且通过自组织、自调节，使自己整体保持稳定，继续存在下去。现今地壳运动是现代地壳运动的继承和微动态、多个潜在震源和震源的合作与竞争、形变循回、地震循回、地震生灭、地震孕发过程中，通过某些"正反馈"（如地震成核、断层预滑动等）超越临界点发生同震破裂，再回归至稳定态等，均表明"现今大陆地壳运动与地震系统"具有"演化特征"、"生命特征"，不能简单地视为"机器"。尽管震源本身地域窄狭（如断层的某闭锁段或某"坚固体"），但地震是否发生及其实际的孕育发生过程，则取决于大空间尺度和深部的多个部分及其与震源的相互作用；同样遵循着"整体大于局部之和，不可能仅根据局部来判别系统状态和预测未来"这一复杂系统的基本规律。可见"现今大陆地壳运动与地震系统"是一个复杂系统，破坏性地震源于特定的"孕震系统的演化"，地震大地测量学必须直面"复杂性"。"在数字化时代，我们需要掌握有关复杂性的普遍规律，来解决一些看起来难以应对的问题。"（Geoffrey West，2013）

　　"自 20 世纪 80 年代以来，地球科学开始走向以地球系统科学为特征的新时代"（21 世纪中国地球科学发展战略报告，2009），而"现今大陆地壳运动与地震系统"正是地球系统科学所属的一个子系统。地震大地测量学提供了巨大的并快速增长着的新数据信源，而

"'大数据'需要'大理论'"(Geoffrey West，2013)。显然只有从地球系统科学的战略高度，以动力系统构成与演化为途径，方能科学地连接、整合、融合多手段的多种观测数据、多种技术方法和多学科的多种理论模式，方能正确理解和有效开发前人无法拥有的地震大地测量学新信源，才可望"不当金矿上的穷人"，才能在发现自然规律上有所创新。

11.3.4 应对复杂性——地震大地测量学的科学技术对策

如前所述，我国地震大地测量学研究的主要对象是板内大陆现今地壳运动与地震行为，这是一个具有高度复杂性的有待探索的未知域。因为"大陆动力学是继板块大地构造理论之后固体地球科学发展的新的里程碑"(《21世纪中国地球科学发展战略报告》，2009)，而"地震预测是公认的科学难题"(陈运泰，2010)。此外，从信息获取视角看，建立在地球内外圈层界面——地壳浅表层中的地震大地测量学空-地-深立体监(探)测系统，由于有着不同于传统大地测量学和其他学科的特色，如多层次时-频-空尺度、高密采样、高精度长期持续监测、地震孕发与多层次变形动力系统耦合、地壳与地球内外多圈层动力学耦合等，因而其观测数据包含多种前人未能获取的宝贵的动力学新信息，既是地球动力学、大陆动力学和地震科学不断创新发展的新信源，但又具高度的复杂性。新信息流与复杂性紧密相连，创新希望与困难同在。为应对复杂性，地震大地测量学可望选取如下对策：

1. 科学思维：地球系统科学思维

复杂性源于系统内部各部分之间及其与环境之间的相互作用，唯有以系统科学的思维开展观测与研究才可能应对复杂性。当代人类面对一系列资源、生态、环境、灾害等全球复杂性问题的挑战，导致了地球系科学的形成。它"旨在回答地球系统的根本科学问题——地球系统的变化性、地球系统变化统的驱动力、地球系统对自然和人为变化的响应、地球系统变化的影响与后果、地球系统未来变化的预测(NASA，2000，2002)"。

"地球科学开始进入一个新的发展时期—地球系统科学时期"(《21世纪中国地球科学发展战略报告》，2009)。《国家中长期科学和技术发展规划纲要》中明确提出了"地球系统过程与资源、环境和灾害效应"，"复杂系统、灾变形成及其预测控制"等科学思想。方兴未艾的"地震科学"、"地震大地测量学"等前沿交叉学科，以大陆岩石圈组成部分之间的相互作用、变化过程和地震灾害行为为其关注焦点；且中国大陆现今地壳运动和地震系统本身就是地球系统的一个子系统，因此只有以地球系统科学的思维来指导研究工作，方能逐步穿透复杂性迷雾，认知自然规律，不断增强防震减灾实效。

实践表明，在科技条件和资源储备(如观测数据、实验、前人探索等)相类同的环境中，对能及时更新传统观念，采用当代新的科学思维、研究方法(工作方法)的科技人员和管理人员来说，往往能取得更好的科研成果和更大的社会效益。

2. 多层次研究框架：地球动力系统—中国大陆现今变形动力系统—孕震系统—震源

在多种新观测技术、新实验技术、新模拟技术和新科学思想的推进下，地球科学及所属的地震科学和地震大地测量学的发展将表现为"微观更微、宏观更宏、综合交叉集成化"的态势。因此需要构建一种研究(工作)框架，用以连接分散在不同的三维空间地域和时间-频率域中多种不同手段的观测数据、实验数据、模拟结果以致各相关学科的最新进展，并通过地球动力学、系统科学、复杂性理论、非线性动力学、动力系统等理论方法综合研究其相互作用，驱动力与响应、变化过程的整体涌现性（总体特征）与多样性（个性）、动力学状态、地震灾害生灭过程与未来变化的预测等。

中国大陆现今变形动力系统是开放的、经过亿万年演化形成的一种复杂动力学系统，是"地球系统"的子系统。它有自己的边界、复杂结构和多动力源，具有整体性和多样性相结合的动力学特性和现今地壳运动与地震行为。在它之下，根据研究与实用目的又可分解为各个层次的子系统，如西部、东部、大陆边缘；一级活动地块（亚板块）、二级活动地块（块体）、各等级边界带（断层带）、地块-断层带网络、某地域与深部；以某坚固体为系统核的孕震系统，等等，直至某一观测台站。动力系统框架有利于多学科的结合，有利于归纳、模拟、演绎和预测，有利于深化科学认知和提升应用实效。

3. 观测技术：不断发展完善适应动力系统的整体观测理论与技术

地震大地测量学基于全球卫星测地（GNSS，InSAR，CHAMP，GRACE，GOCE 等）和多种地面形变、重力高精度动态连续观测系统，为中国大陆现今地壳运动与地震系统（中国大陆现今变形动力系统——孕震系统）系统内部各部分之间及其与动力环境之间的相互作用、整体演化的定量研究，提供了空前良好的条件。但仍有许多不足之处，在汶川大震的监测、预测和研究中已深有所感。亟待不断发展完善适应动力系统演化的整体动态观测的理论与技术，方能更好地推进大陆现今地壳形变动力学、地震动力学、地震科学与地震预测。例如：

①获取深部信息的能力滞后于获取壳面信息能力，严重阻碍对岩石圈脆性层（上地壳）、脆-韧过渡带、韧性层（下地壳与岩石圈地幔），各层界面（低速层、莫霍面、软流圈）以及各等级断层（岩石圈断层、地壳断层、基底断层、地表断层）的整体动态过程和关联耦合的观测与研究。

②相对于 GPS（GNSS）的广泛应用，现有垂直形变观测的效率和能力严重滞后于水平形变。垂直形变对逆冲断层、深部物质上涌、地震前兆等有更敏感的关联，应加速推进垂直形变观测的现代化与创新。

③缺失跨越断裂带主断裂面两侧的近场（近震源）的较密集的列阵观测。弹性回跳模式中的震前弹性形变，仅出现在断裂带主断裂面两侧一定宽度之内，即主断裂面两侧的变形带之内。跨越断裂带的长边 GPS 或基于两侧地块 GPS 速度场模型推演出的边界带运动量，很难揭示出脆性层中震前弹性形变异常。对具高潜在危险性的地域（边界带）应布设小尺度与大尺度、近场与远场、密集与稀疏、高频与低频结合互补的多层次嵌套观测系统。

④只能测定某坚固体（或断层闭锁段）的现今应变速率，尚无法测定或综合估计已累积的现今应变总量。

⑤多手段组合的四维（x，y，z；t）整体动态观测有待加强。如 GPS（GNSS）与 InSAR、地面重力与卫星重力、重力与水准测量、地壳形变与重力测量的组合互补；水平形变场、垂直形变场、应变率场、重力场与不同深度密度场、固体潮汐因子（介质勒夫数）场的组合互补。

⑥提供较完整的演化图像（影像）促进图像（斑图）动力学研究与预测；研究地面连续

观测台站(CGPS、形变、重力、跨断层)和流动测量(形变、重力;相对、绝对)如何与卫星测量(GNSS, In-SAR, CHAMP, GRACE, GOCE 等)观测结果连接,从而实现信息融合、互验、互补,整体生成不同空-时-频的动态图象与参量。

⑦综合监测大(强)地震"孕震系统"进入"临界状态"和实时获取、处理、识别临震预警信号的理论方法与技术。

4. 研究方法:地球系统科学理念下,还原论与整体论、地球动力学与地球动力系统互补

傅承义院士早在 20 世纪 80 年代,就指出:"我觉得近年来的地震预测工作似乎处于胶着状态(国外也是),亟须从基本概念上进行反思,耗散结构论、协同论、突变论、分维分形等都是值得探索的方向……当前的问题似乎是如何将这些新观点与地震的具体实际联系起来?例如,地震的总体特征可能和地震的个性不同,但地震都有哪些总体特征?如何识别?等等。" ①"科学的发展不外乎分析与综合两个途径,而近代科学更注重分析",但"近几十年来又出现了系统论的思想,这就是把事物分为互相联系的部分去研究它们随时间的变化","综合是全面看问题,分析是深入看问题,这是相辅相成而不是相反的。所以综合的结果并不恒等于整体"。"以地震预测为例。人们把地震看做孤立的事件而研究岩层的断裂,把地震看成是裂纹扩展的问题。现在岩石的断裂力学虽自己已经发展得很远,但与预测地震的关系反而更为模糊了。地震区不是一个封闭的系统,它与周围的地壳构成一个系统而受着地壳运动的影响。若把着眼点仅集中在地震本身显然是不能根本解决问题的。"(傅承义,1993)

国际著名地震学家 Keiiti Aki(安艺敬一)在读了 V. I. Keilis-Borok 和 A. A. Soloviev 合编的新书《非线性动力学和地震预测》后,在致 V. I. Keilis-Borok 的信件中说道:"我特别喜欢您在第一章第 34 页中的两行文字:'地球动力学和非线性动力学处于地震预测的宽广领域(expanse)里的两个相反的极端',您的论述给了我一个关于地震预测研究前景的极其美好的展望。"(Keiiti Aki,2003)他还在《预测地震和火山喷发的地震学》一书中指出"模拟和监测紧密结合,也许有可能拯救单纯的地球动力学方法"。

"复杂系统"的基本概念为:通过对一个系统的子系统的了解(还原),不能对系统的性质作出完全的解释,即整体与部分之间的关系不是一种线性关系,整体的性质不等于部分性质之和,这样的系统称为复杂系统。美国圣菲研究所(SFI)提出了复杂适应系统理论等,认为"圣菲研究所正在架构的理论是第一个能替代牛顿以来,主宰科学的线性、还原论想法的严谨方案,而且这个方案能够充分解释今日世界的种种问题",并称之为"复杂性科学"。美国《科学》(Science)杂志 1999 年 4 月出版"复杂系统"专辑,认为"超越了还原论"正在开创 21 世纪的新科学。而近代科学的牛顿力学,以牛顿力学为基础的动力学(Dynamics)及其应用于地学领域形成的经典地球动力学(Earth Dynamics)均是以在一定简化条件下的分析和还原论为基础的。它们曾极大地推动了科学技术的进展,就是在今日仍继续发挥着重要作用,但仅用它们来理解和研究复杂系统是很困难的。因此"超越了还原论"不能理解为否定和抛弃,而应理解为突破它难以研究复杂系统的局限,提出了一种新的科学思想与科学方法。这与傅承义的综合与分析相辅相成;Keiiti Aki(安艺敬一)的地

---

① 摘自傅承义给周硕愚的个人通信,1989。

球动力学和非线性动力学处于地震预测的宽广领域的两极，展望了美好的研究前景；I. Prigogine（普利高津）物理学由存在发展到演化的基本观点均是一致的。

地球科学已进入地球系统科学的新时期。陈运泰院士将地震科学定义为：多学科交叉域综合研究地震现象的科学，包含传统地震学、地震大地测量学、地震地质学、岩石力学、复杂系统理论及信息和通信技术（2009）。地震大地测量学以"大陆岩石圈现今地壳运动变形动力系统"的演化及其地震灾变行为作为学科的研究目标和框架。更新自然观和方法论，理解复杂性，采用还原论与整体论互补的研究方法，如经典地球动力学与复杂动力系统理论，非线性动力学，地球动力系统结合互补；创新观测手段和研究途径，方能较好地揭示、认知，进而预测面对的复杂动力系统及其多种行为，才有可能挣脱地震预报的长期黏滞状态，逐步满足社会的急迫需求，居于世界先进水平（周硕愚等，2003，2008，2013，2015，2017）。

（本章由周硕愚撰写）

本章参考文献

1. 毕思文，许强．地球系统科学[M]．北京：科学出版社，2003.

2. 曾融生，孙卫国．青藏高原及其邻区的地震活动性和震源机制以及高原物质东向流动讨论[J]．地震学报，1992，14（增刊）：534-563.

3. 曾融生．固体地球物理学概论[M]．北京：科学出版社，1984.

4. 车兆宏，等．首都圈断层活动性研究[M]．//国家地震局综合观测队．地震综合观测与研究．北京：地震出版社，1994.

5. 陈鑫连，黄立人，孙铁珊，等．动态大地测量[M]．北京：中国铁道出版社，1994.

6. 陈运泰．地震预测：回顾与展望[J]．中国科学（D辑），2009，39（12）：1633-1658.

7. 丁国瑜．活断层分段——原则、方法及应用[J]．北京：地震出版社，1993.

8. 丁国瑜．中国岩石圈动力学概论[M]．北京：地震出版社，1991.

9. 杜方，闻学泽，张培震．鲜水河断裂带炉霍段的震后滑动与变形[J]．地球物理学报，2010，53（10）：2355-2366.

10. 封国林，董文杰，龚志强，等．观测数据非线性时空分布理论和方法[M]．北京：气象出版社，2006.

11. 傅承义，陈运泰，祁贵仲．地球物理学基础[M]．北京：科学出版社，1985.

12. 傅承义．地球物理学的探索及其他[M]．北京：科学技术文献出版社，1993.

13. 傅征祥，刘桂萍，邵志刚，等．板块构造与地震活动性[M]．北京：地震出版社，2009.

14. 郭秉荣，江剑民，范新岗，等．气候系统的非线性特征及其预测理论[M]．北京：气象出版社，1996.

15. 胡明城著. 现代大地测量学的理论及其应用[M]. 北京：测绘出版社，2003.

16. 江在森，刘经南. 应用最小二乘配置建立地壳运动速度场与应变场的方法[J]. 地球物理学报，2010，53(5)：1109-1117.

17. 江在森. 利用动态大地测量资料研究中国大陆构造形变与地震关系[J]. 武汉大学博士学位论文，2012.

18. 赖锡安，黄立人，徐菊生，等. 中国大陆现今地壳运动[M]. 北京：地震出版社，2004.

19. 赖锡安，刘经南. 中国大陆主要活动带现今地壳运动及动力学研究[M]. 北京：地震出版社，2001.

20. 李瑞浩著. 重力测量学[M]. 北京：地震出版社，1998.

21. 李延兴，杨国华，李智，等. 中国大陆活动地块的运动与应变状态[J]. 中国科学(D辑)，2003，33(Supp)：65-81.

22. 李延兴，张静华，李智，等. 由GPS网融合得到的中国大陆及周边地区的地壳水平运动[J]. 测绘学报，2003，32(4)：301-307.

23. 刘本培，李建中. 鲜水河断裂的活动特征[J]. 地震科学研究，1981(3).

24. 刘秉正，彭建华编著. 非线性动力学[M]. 北京：高等教育出版社，2004.

25. 刘国栋，貌顺民，刘昌铨. 地震地质背景[M]//梅世蓉. 一九七六年唐山地震. 北京：地震出版社，1982.

26. 马瑾，张渤涛，袁淑荣. 唐山地震与地震危险区[J]. 地震地质，1980，2(2).

27. 马瑾. 构造物理学概论[M]. 北京：地震出版社，1987.

28. 马宗晋，杜品仁. 现今地壳运动问题[M]. 北京：地质出版社，1995.

29. 梅世蓉. 地震前兆场物理模式与前兆时空分布机制研究(三)：强震孕育时地震活动与形变场异常机制[J]. 地震学报，1995，17(2)：170-178.

30. 美国国家航空和宇航管理局地球系统科学委员会. 地球系统科学[J]. 陈泮勤，等，译. 北京：地震出版社，1992.

31. 宁津生，刘经南，陈俊勇，等. 现代大地测量学的理论与方法[M]. 北京：测绘出版社，2005.

32. 乔学军，王琪，杜瑞林，等. 昆仑山口西 M_S8.1 地震的地壳变形特征[J]. 大地测量与地球动力学，2002(4)：6-11.

33. 申重阳，李辉，孙少安，等. 重力场动态变化与汶川 M_S8.0 地震孕育过程[J]. 地球物理学报，2009，52(10)：2547-2557.

34. 孙义燧主编. 非线性科学若干前沿问题[M]. 合肥：中国科学技术大学出版社，2009.

35. 滕吉文，白登海，杨辉，等. 2008汶川 M_S8.0 地震发生的深层过程和动力学响应[J]. 地球物理学报，2008，51(5)：1385-1402.

36. 王敏，沈飞康，牛之俊，等. 现今中国大陆地壳运动与活动块体模型[J]. 中国科学(D辑)，2003，33(增刊).

37. 王敏. GPS观测结果的精化分析与中国大陆现今地壳形变场研究[D]. 中国地震

局地质研究所博士学位论文，2009.

38．吴维夫．鲜水河断裂带断层蠕滑的流变模型及地震断层形变［D］．中国地震局地震研究所论文，1992.

39．吴云，张燕，周硕愚，等．连续形变观测与地震前兆研究［C］//中国地球物理2010——中国地球物理学会第二十六届年会、中国地震学会第十三次学术大会论文集．北京：地震出版社，2010.

40．吴云．中国地震局监测预报司．地壳形变测量［M］．北京：地震出版社，2008.

41．许志琴等．青藏高原大陆动力学(1984—2006)［M］．北京：地质出版社，2006.

42．杨国华，江在森，武艳强，等．中国大陆整体无净旋转基准及其应用［J］．大地测量与地球动力学，2005，25(4)：6-10.

43．杨叔子，吴雅等著．时间序列分析的工程应用(上册)［M］．武汉：华中理工大学出版社，1991.

44．杨叔子，吴雅等著．时间序列分析的工程应用(下册)［M］．武汉：华中理工大学出版社，1992.

45．姚运生，周硕愚，吴云，等．现代大地测量学与对地观测"十二·五"发展规划研究［J］．大地测量与地球动力学，2008，28(专刊)：49-55.

46．叶叔华．运动的地球——现代地壳运动和地球动力学研究及应用［M］．长沙：湖南科学技术出版社，1996.

47．于崇文．地质系统的复杂性(上、下册)［M］．北京：地质出版社，2003.

48．张培震，邓起东，张国民，等．中国大陆的强震活动与活动地块［J］．中国科学(D 辑)，2003，33(增刊)：12-20.

49．张培震，徐锡伟，闻学泽，等．2008 年汶川 8.0 级地震发震断裂滑动速率、复发周期与构造成因［J］．地球物理学报，2008，51(4)：1066-1073.

50．张培震，闻学泽，徐锡伟，等．2008 年汶川 8.0 级特大地震地震孕育和发生的多单元组合模式［J］．中国科学，2009，54(7)：944-953.

51．中国地震局监测预报司．汶川 8.0 级地震科学研究报告［M］．北京：地震出版社，2009.

52．中国科学院地学部地球科学发展战略研究组．21 世纪中国地球科学发展战略报告［M］．北京：科学出版社，2009.

53．周硕愚，施顺英，帅平．唐山地震前后地壳形变场的时空分布、演化特征与机理研究［J］．地震学报，1997，19(6)：559-565.

54．周硕愚，施顺英，吴云．强震前后地壳形变场动力学图象及其参量特征研究［J］．地震学报，1998，20(1)：41-47.

55．周硕愚，吴云，施顺英，等．汶川 8.0 级地震前断层形变异常及与其他大震的比较［J］．地震学报，2009，31(2)：140-151.

56．周硕愚，吴云．地壳运动-地震系统自组织演化模式假说［C］//中国地球物理2010——中国地球物理学会第二十六届年会和中国地震学会第十三次学术大会论文集．北京：地震出版社，2010.

57. 周硕愚，吴云. 地震大地测量学五十年——对学科成长的思考[J]. 大地测量与地球动力学，2013，33(2)：1-7.

58. 周硕愚. 蕴震系统自组织与前兆场整体演化[M]//地震科学联合基金会. 地震科学整体观研究. 北京：地震出版社，1993.

59. 周硕愚. 利用地面观测资料研究活动断裂带的运动学与动力学[M]//赖锡安，等. 中国大陆现今地壳运动. 北京：地震出版社，2004.

60. 周硕愚. 系统科学导引[M]. 北京：地震出版社，1988.

61. 周硕愚，吴云. 由震源到动力学章程——地震模式百年演化[J]. 大地测量与地球动力学，2015，35(6)：911-918.

62. 周硕愚，吴云，江在森. 地震大地测量学及其对地震预测的促进——50年进展、问题与创新驱动[J]. 大地测量与地球动力学，2017，37(6)：551-562.

63. 周瑶琪，章大港，彦世永，等. 地球动力系统及演化[M]. 北京：科学出版社，2013.

64. Altamimi Z, Métivier L, Collilieux X. ITRF2008 plate motion model[J]. Journal of Geophysical Research Atmospheres, 2011, 117(B07402)：47-56.

65. Altamimi Z, Dermanis A. The Choice of Reference System in ITRF Formulation[C]// VII Hotine-Marussi Symposium on Mathematical Geodesy. Springer Berlin Heidelberg, 2012：329-334.

66. Fujita N, Fujii Y. Detailed phases of seismic crustal movement[J]. J. Geod. Soc. Japan, 1973(19)：55-56.

67. Geoffrey West. Wisdom in numbers[J]. Scientific American, 2013, 308(5)：14.

68. Hamblin W K, Christiansen E H. Earth's dynamic systems (Ninth Edition)[M]. Prentice-Hall, Inc., 2001.

69. Keiiti Aki(安艺敬一). 预测地震和火山喷发的地震学[M]. 尹祥础，等，译. 北京：科学出版社，2009.

70. Robinson C K. 动力系统导引[M]. 韩茂安，邢业朋，等，译. 北京：机械工业出版社，2007.

71. Scholz C H. 地震与断层力学[M]. 马胜利，曾正文，等，译. 北京：地震出版社，1996.

72. Scholz C H. The Mechanics of Earthauakes and Faulting (2nd Edition)[M]. Cambridge University Press, 2002.

73. Tarbuck E J, Lutgens F K. Earth：An Introduction to Physical Geolog(Ninth Edition) [M]. Pearson Prentice Hall. Macmillan Publishing Company, 1993.

74. Wan Tianfeng. The Tectonics of China(中国大地构造——数据、地图与演化)[M]. 北京：高等教育出版社，2011.

75. Zoback M D, Townend J. Implications of Hydro-static Pore Pressures and High Crustal Strength for the Deformation of Intraplate Lithosphere[D]. Tectonophysics, 2011(336)：19-30.

76. Zoback M D, Zoback M L. State of Stress in the Earth, Lithosphere[M]. New York：

Academic Press，2002.

　　77. Zoback ML，Zoback MD，Adams J，et al. Global patterns of tectonic stress［J］. Nature，1989，341(6240)：291-298.

第12章　大陆现今变形动力系统演化与地震行为

多种地震模式学术思想百年进化的总趋势是由震源到动力系统。在地球系统科学框架下，基于五十年来地震大地测量学对大陆变形的精确观测和动力学的初步研究，以及对地球物理学、地质学、岩石力学、复杂动力系统理论等的交叉研究，追寻了由地球形成至大陆现今地壳运动的演化进程，从而揭示出中国大陆是一个强烈相互作用的复杂动力系统，在近百万年前涌现出的整体格局与态势一直延续至今，是一个能通过系统动力吸引子调控、保持整体有序稳定的自组织系统。地震孕发是系统演化进程中局部空时域偏离常态后为保持自身稳定的一种自调节行为，地震具有可预测性和预测的不完全确定性，由此提出了"现今大陆变形动力学"和"现今大陆变形动力系统演化及其地震灾变行为"的基本概念，对大陆动力学、地震科学、地震动力学和预测有重要意义；并提出了可能有助于地震预测创新的科学思路与方法，包括：寻觅中国大陆地震预测之道，揭示动力系统演化的整体观测理论与技术，观测—理解—模拟—预测正常动态(稳态)以识别异常，地震地壳形变循回模式及其动力学，动力系统临界态与大地震短临预测(警)，地震大地测量图像(斑图)动力学预测方法，对地震、地震预测和地震预报的再思考等。

12.1　地震模式学术思想的演化与启示

模式是科学认知征途中不可缺失的一个承前启后的必要环节。地震模式是地震预测中归纳与演绎的必需(傅承义，1993)，观测与模式的结合才是通向地震预测之路(Keiiti Aki，2003)。地震大地测量学不仅能有效监测地壳脆性层中应变的积累与释放，还能监测包括地球深部的物质运移与密度变化，因此地震大地测量学与地震模式具有天然密切的相互倚重关系。

地震模式是在实践结果(野外观测、震例分析、室内实验)的启发下，经过科学思维凝练升华后，提出的对地震成因和孕发过程的一种理解与解释。但由于自然过程的复杂性、观测信息的不充分(特别是对地球内部)、大地震样本的稀少等，迄今为止，已提出的各种地震模式都仍具有不同程度的"相对性"和科学假说的性质，有待进一步检验与完善。

12.1.1　回眸：随时间演化的地震模式

提出的地震模式必然受到当时观测技术、科学思想和科学界整体认知水平的制约，因此地震模式的学术思想也必然存在着变化或演化的历程。已提出的地震模式至少有数十种，各有其风采，恕不能尽述。表12-1仅从学术思想的视角，按时间先后列出了近百年(1910—2003年)来较典型的九种地震模式，并简述了其要点。它们大概可归为三类。

表 12-1　　　　　　　　　　几种不同学术思想的地震模式要点及提出年代

	模式名称	提出者与年代	要　点
I 类	弹性回跳模式	Reid，1910	地壳运动使岩石层中的断层累积弹性剪切变形，变形达到临界值时岩石发生断裂错动(地震)，尔后岩石又重回未变形状态，但两侧岩体已位移
	扩容模式(DD)	J. H. Whitcomb，C. H. Scholz，1973	弹性应变累积，岩石扩容膨胀，裂隙产生，流体进入，孔隙压力增大，摩擦力降低导致断层滑动破裂(地震)
	裂隙串通模式(IEP)	В. И. Мячкин，1973	在构造应力作用下，随机分布的微裂隙相互作用，数目与尺度缓慢增加。由于介质的非均匀性，裂隙在一个狭窄带(如断层带)内剧烈增加，串通发展为一系列相对大的裂隙形成了不稳定变形窄带；丛集裂隙雪崩式地串通，破裂加速扩展直至地震发生
II 类	组合模式	郭增建，1973	断层应力积累单元(摩擦阻力较大地段)与其两端应力调整单元(摩擦阻力较小地段)共同组合，相互作用，导致地震孕育发生
	红肿学说	傅承义，1976	较大地震发生前，在远比震源区大很多的范围内，可能出现由于岩石变形、物质迁移等导致的应力加速积累的异常区(红肿区)
	坚固体孕震模式(以坚固体为"核"的孕震系统演化模式)	梅世蓉，1995	震源体为坚固体(较大破裂强度块体或断裂带上的强闭锁段)，它被破裂强度或摩擦强度较低的介质结构与性质都不均匀的空间环境所包围(包括规模不等的断层和侵入体)。经过坚固体和外环境相互作用，出现一系列地震活动与地壳形变的协同性变化，导致在坚固体内发生大震。模式全称是"非匀介质中非均匀坚固体孕震模式"，梅世蓉的合作者周硕愚称之为"以坚固体为'核'的孕震系统演化模式"
III 类	碎裂圈、塑性圈和软流圈耦合作用断层形变地震循回模式	C. H. Scholz，1990，2002	当断层上部脆性层处于闭锁状态时，其下部(深部)韧性层依然持续地以速率 V_S 做无震滑动，由于运动受阻导致脆性层变形-应变积累，直至大地震发生；释放弹性应变能、脆性层同震位错并形成破裂带，使上部和下部(深部)的相对运动在短暂时间内趋于同步。震后经历一个调整时段，断层上部脆性层重新闭锁，进入下一轮的断层形变-地震循回
	脆性上地壳、韧性下地壳和上地幔三层耦合地震模式	M. D. Zoback，J. Townend，2001	岩石圈的三个层次之间相互耦合。下两层次中的稳态蠕变会增加上面脆性层中的应力；某区域构造稳定之所以稳定，是因为此区域的韧性层变形率低，而活动地区之所以活动是因为其韧性层变形率高
	预测地震(和火山喷发)的地震学新理念与途径	Keiiti Aki(安艺敬一)，2003	地震孕发来自岩石圈深部与浅部不同物性层间的动力学耦合，与火山过程基本相似，两者都是地球动力学与非线性动力学的接触点。在脆-韧转换带中，韧性断裂的增加使尾波 Q^{-1} 增加，同时在同一尺度上产生应力集中使震级近于 M_C 的地震频度 $N(M_C)$ 增大。在不同的地域均发现：在正常时段，尾波 Q^{-1} 随时间的变化与 $N(M_C)$ 同步，二者正相关，但是在大地震前，前者要滞后于后者 1~4 年。与普利高津不可逆过程热力学的耗散系统理论是吻合的。韧性部分和脆性部分的相互作用，在地震发生和火山爆发的前兆现象中发挥了重要作用

12.1.2 仅考虑了震源区(或发震断层段)的模式

弹性回跳模式来源于对1906年圣安德烈斯断层大地震的水平形变观测。扩容模式(DD)和裂隙串通模式(IEP)主要源于对小样本岩石破裂实验结果的类比。它们都是孤立地只考虑了震源区本身,而实际上震源区只是大自然孕震系统中的一个部分,它无法同周围的、深部的构造环境和动力作用分割开来。

DD"湿模式"和IEP"干模式"对多种前兆手段(波速比、形变、电阻率、微裂面积、水流速、氡含量、b值、地震次数等)的异常时变过程曾有过明确的规定:"它们都导出多种前兆应发生的次序。但两个模式后来都被证明是失败的。"(傅承义,1993)由于其本身的缺陷——基于孤立的、简单化的、完全确定论的还原论来推理,难以符合大自然复杂系统的实况,因而经受不住实践的检测。

但这三种模式在科学认知上都有其不可否认的贡献。尤其是弹性回跳模式,它抓住了地震发生在上地壳脆性层中,弹性变形(应变)由逐渐累积到突然释放又回归常态这一本质,故有其生命力,至今仍被不断拓展和改进,使之逐渐逼近于大自然的真实。DD"湿模式"中的流体进入裂隙,孔隙压力增大摩擦力降低的机理在水库诱发地震中得到验证。IEP"干模式"中的不稳定变形窄带内,裂隙雪崩式串通高速扩展,其实质正是系统演化至一定条件下所涌现的"正反馈"机理,对探索大地震的成核过程与短临前兆是有益的。

12.1.3 震源区和周围构造环境作为一个系统整体考虑的模式

随着观测技术的进步,广域信息的获取,对大陆强震前兆的定量研究以及系统科学理论的启示,科学家们意识到必须将震源区和周围构造环境作为一个整体来研究,否则既不能解释为什么震源要出现于此地而非彼地,也不能解释广域内多种震前异常的时空关系。

傅承义指出:"许多地震预报工作者由于受地震断层成因假说的束缚,只将注意力集中在断层所在的地点,这样就大大限制了观测的范围。其实,地震时能量的释放固然集中在断层错动的地方,但能量积累所影响的范围却大得多。""临震之前,相当大的一部分地球介质已经处于应力加速积累的状态。这部分介质可以叫孕震区(以前笔者曾称它为'红肿区')。""孕震区不等于由余震所划出的震源区,前者比后者要大得多。"(傅承义,1976)看似寥寥数语,却道出了一个超越当时国际认知的更先进的地震思维模式——红肿模式,其实质是具有重要开拓意义的孕震系统概念模式。

组合模式(郭增建,1979)发展和丰富了弹性回跳模式。阐明了断层的应力积累单元与其两端的应力调整单元之间关系及其在地震孕发过程中的作用。在断层的特定条件下,实现了震源区和周围构造环境的结合。

"非均匀介质中非均匀坚固体孕震模式"(梅世蓉,1996)考虑了板块内部大陆地震的构造环境和孕发过程不同于板间地震的更为复杂的特性。通过对不同时-空尺度内一系列地震活动异常与地壳形变异常相互关系的定量研究,观测数据与数值模拟,地球物理学与系统科学的结合,实际探讨了坚固体(震源区)与广阔外部构造环境之间相互作用的过程和如何导致在坚固体内发生大震的物理机理。它比组合模式更广义,又是红肿模式的具体化和定量化。梅世蓉的合作者周硕愚将该模式称为"以坚固体为'系统核'的孕震系统演化模式"(周硕愚等，1997a)。"非均匀介质中非均匀坚固体孕震模式"超越了多年来地震模式研究中的"还原论"局限，强调相互作用，在如何认知地震孕发自然规律上跃升到一个新的层次。

1976 年唐山 7.8 级大震发生在中国大陆华北活动地块内部一条长度甚短且未完全联通的唐山断裂上，用过去的各种地震模式均难以解释，而用非均匀介质中非均匀坚固体孕震模式则能理解其成因与孕发过程；而孕震系统演化理念又引导出"孕震系统的信息系统方法"、"形变场图像(斑图)动力学方法"(周硕愚，1991，1994，1996)。将此模式的理念和方法应用于一些大地震的预测和"平安预测"也取得了可喜的实效，前者如对 1996 年 2 月 3 日云南丽江 7.0 级地震的预测(中国地震局地震研究所的 1996 年度全国地震趋势研究报告，1995 年 11 月；周硕愚，1998；施顺英，2007)；后者如 1989 年大同 6.1 级等强震后，对首都圈近期地震形势的"平安预测"(国家地震局首都圈地震分析预报及现场工作组——分析预报中心、综合队、一测中心和地震所，1972)。

然而无论是"前三种"模式：弹性回跳模式、扩容模式(DD)、裂隙串通模式(IEP)，还是"后三种"组合模式，红肿模式和坚固体孕震模式都没有明确地、实际地考虑逐步积累和突然释放弹性应变能的脆性层(上地壳)与深部韧性层、软流圈(中下地壳、上地幔)之间的动力学耦合对地震孕发过程不可忽视的作用。这也许就是原有的各种地震模式在面临 2008 年四川汶川 8.0 级大震时均显得力不从心的原因。

12.1.4　地壳上部脆性层和深部韧性层与软流圈作为一个系统整体的模式

20 世纪与 21 世纪之交，地震预测的复杂性远超过科学界的预计，然而多项高新技术的综合应用增强了深部探测能力，地球系统科学、复杂系统理论的启示以及大陆动力学的兴起等，促使一些科学家将岩石圈的三个圈层作为一个整体系统来研究地震成因及其孕发过程，于是涌现了一批以岩石圈不同深部层次动力学耦合为基础的地震模式。

碎裂圈、塑性圈和软流圈耦合作用下的断层形变-地震循回模式(C. H. Scholz，1990，2002)，以岩石圈深浅部耦合的动力学研究，改善和推进了"弹性回跳模式"、"组合模式"以及地震与断层力学(The mechanics of earthquake and faulting)，使之上升到科学认知的新高度。

脆性上地壳、韧性下地壳和上地幔三层耦合地震模式(Zoback et al.，2001，2002)超越了仅在上地壳范围内研究地震成因的局限，也超越了仅在断层带上研究岩石圈三层次动力耦合的局限，明确提出了下两层次中的稳态蠕变会增加上面脆性层中的应力的新概念：某区域构造稳定之所以稳定，是因为此区域的韧性层变形率低，而活动地区之所以活动是因为其韧性层变形率高；强调了深部过程对浅部构造运动稳定性与活动性的作用，对促进地震预测与大陆动力学和地球系统科学的结合，深化地震预测基础研究有重要意义。

Keiiti Aki(安艺敬一)的预测地震和火山喷发的地震学(2003)，不仅倡导新理念且提出了新途径，正如他本人所言："我只想告诉全球的地震学家，我研究地震和火山五十年的发现……我相信它会有益于全人类的未来。"目前对火山喷发已可预测，而且是基于其内(深)部变化来预测地壳表面的喷发行为；地震不仅尚未实现预测，且依然停滞在基于地壳表层现象(地形变等)来反演深部；两者差距甚大，主要工作方向相反。从系统结构和动力学机理上类比了地震与火山后，发现"它们不仅在预测策略上，而且在物理模型上都可能很相似"。因此将预测火山喷发的经验应用于推进地震预测是必要的也是可能的。Keiiti Aki 发现：在脆-韧转换带中韧性断裂的增加使尾波 Q^{-1} 增加，同时在同一尺度上产生应力集中，使震级近于 M_c 的地震频度 $N(M_c)$ 增大。在不同的地域均有发现"在正常时段，尾波 Q^{-1} 随时间的变化与 $N(M_c)$ 同步，二者正相关，但是在大地震前，前者要滞后于后者 $1\sim4$ 年"。他用复杂系统理论主要奠基者之一 I. Prigogine 的不可逆过程热力学、耗散结构理论来解释和印证 Q^{-1} 与 $N(M_c)$ 随时间变化的关系，并认为正处在地球动力学和非线性动力学的接触（交汇）点上。岩石圈深层次和浅层次的动力学耦合是导致大地震发生的原因，"模拟和监测紧密结合，也许有可能拯救单纯的地球动力学方法"。Keiiti Aki 的科学新理念和实践，超越了地震预测的传统科学观念，体现了在地球系统科学框架下，对火山子系统与地震子系统共性的挖掘，多圈层动力学耦合概念模型与动态观测数据的互补，地球动力学、地震学、大地测量学等和复杂系统理论的交融的必要与可能。这有助于在一个更高的层面上，深化地震预测的基础研究与应用基础研究。

汶川大地震后，滕吉文（2008）、杨巍然（2009）、杜方、闻学泽（2009）等提出了基于板内大陆岩石圈三层次动力学耦合的地震模式等。除与 Keiiti Aki、M. D. Zoback、J. Townend、M. D. Zoback、M. L. Zoback 等的模式相呼应外，还强调了脆性层与韧性层、软流圈耦合的另一种方式，即地下热物质可能沿着裂隙通道上涌。

近数十年，现代大地测量学（空间大地测量学、动力大地测量学、物理大地测量学、几何大地测量学）实际用于中国大陆地震监测预测，开拓了整体、动态和定量研究现今（10^{-2} 秒—10^2 年）地壳运动—变形和动力学研究的新领域。促进了地球物理学、大地测量学、地质学三个学科的贯通以及它们与固体力学和复杂动力系统理论的交融，为地震模式研究提供了新的观测依据和新的科学思维。张培震等（2003，2004，2009），提出了"中国大陆地块运动和连续变形相结合的动力学模式"和"特大地震孕育和发生的组合模式"，认为中国大陆的总体构造变形由刚性和非刚性运动所组成，既不是完全刚性块体的运动，也不是完全黏塑性的连续变形，而是在连续变形背景下的地块运动。地块的变形和运动都是下地壳和上地幔黏塑性流动的地表响应，不同活动地块本身的性质决定着地块的整体性和变形方式；大地震孕发是几个构造元组合并相互作用的结果。周硕愚等（1994，2007，2010）提出了"地震地壳形变图象动力学方法"、"大陆现今地壳变形动力系统演化及地震行为"和"现今地壳运动-地震系统自组织演化模式"，认为中国大陆由多个相互作用的多层次的地块组成，在周缘板块和陆下地幔多种动力持续作用下，经过长期演化形成了由几种动力吸引子主宰的现今地壳运动自组织系统；动平衡稳定态是其常态（基准态），地震是系统演化过程中局部时空域偏离动平衡稳定态后导致的暂态行为，是系统为维持自身稳定必要的一种自调节行为，是具有可操作性的变形图像（斑图）动力学方法，可望成为由经验过渡到动力学预测的桥梁。江在森等（2010，2013）提出"从构造动力过程进行强震危险性时空逼近的科学思路及其技术途径"，且在汶川大震前几年曾提出过对中国西部近期大地震危险性大范围的预估（汶川大震震源包含其内）。这些正在发展中的新模式、预测思想及方法，似乎均具有地球科学进入地球系统科学新时期和现今中国大陆整体动态变形观测新信息的印记；大陆变形动力系统演化导致大（强）地震孕发系统行为的共同认知特征。

12.1.5　从点源到动力系统——地震模式学术思想演化的启示

1. 近百年来地震模式学术思想演化的轨迹及现今趋势

近百年来，地震模式研究的轨迹（发展趋势）大致为由震源至动力系统（周硕愚等，2015），由孤立研究震源区（断层段）扩展到震源区与周围构造环境的相互作用，又扩展到地壳上部脆性层和深部韧性层与上地幔间的动力学耦合。地球科学已进入地球系统科学新时期，将地震视为大陆岩石圈系统演化中的一种动力学行为，将震源及其构造环境与深部环境的组合作为一个整体的地震孕发动力系统（简称孕震系统），已成为更符合自然界实际的一种合理选择。其科学方法论由还原论演化到地球系统科学框架下还原论与系统论的结合，其学科思想由以牛顿力学为基石的经典地球动力学发展到地球系统科学和地球动力系统以及对前者的包容。

2. 地震模式取得进步的原因

地震模式取得进步的原因：高新观测技术的应用（空间、数字、深部探测）、学科交叉（地球动力学与复杂系统理论、现代数学、力学、物理学；地震学与地震大地测量学、地震地质学）、不懈的地震预测实践和地球科学家执著的终身的创新探索（如傅承义、Keiiti Aki、梅世蓉等）。

3. 地震模式对推进地震预测的作用

对野外观测结果的经验（统计）归纳，难于直接用于演绎（预测），因为样本的个性很强且随时间变化。岩石破裂实验结果，也难于直接用于演绎（预测）。不仅因为尺度效应，且实验室与大自然（物性、构造及深部环境等）的差异也阻碍了类比。企图将前兆识别程序化是不可取的，地震预测绝非工业生产线，来自不同空-时（频）域的数据流百态千姿。而模式是有可能将多种信息归纳，升华为一种科学理念，从而可用于演绎（预测未来）的科学认知过程与工作方法。尽管其本身也是相对的需要修改甚至可能被扬弃的，但只要坚持此科学认知途径，就必然能从科学基础上逐步深化对地震成因和孕发过程自然规律的认识。尽管依然艰难，但仍可望向前推进，这已为数十年实践所证明。

如果没有地震与火山深、浅部多层次耦合作用相似性的模型认知，是很难发现 Q^{-1} 与 $N(M_c)$ 关系的；如果没有断层脆性层和深部韧性层动力耦合的模型认知，是很难发展出负位错和形变-地震循回研究的；如果没有坚固体（震源区）与周围构造相互作用整体组合孕震的模型认知，也是很难想到去发展断层网络系统信息合成和形变场的图像（斑图）动力学方法的。可见 Keiiti Aki 说："每日接触监测数据和头脑中随时有模型结构，对敏锐地发现前兆现象是非常重要的。""模拟和监测紧密结合，也许有可能拯救单纯的地球动力学方法。"反之，如果仅停留在单一断层孕震致震的认知层面，是无法理解唐山大震的；如果仅停留在地壳脆性层的弹回剪切孕震致震的认知层面，也是无法理解汶川大震的；吃一堑不一定都能长一智。观测（含实验、经验）再多再新也无法直通地震预测的彼岸，必须架桥。只有通过模型结构与观测结果的相互作用，不断创新更适应大自然复杂系统的模式和方法，才可望在未来转败为胜。只有理解了以复杂性为基础的模式，地震预测才可能避免两个有害的极端（即"地震不可预测"和"已可实现地震预测"），技术的发展和布局的方向才能更明确。

4. 地震模式的相对性与模式族

一切模式均有相对性，既有认知大自然的相对性，也有适用范围的相对性。以复杂系统理论为基础的动力系统模式(整体论模式、演化模式)和以牛顿力学为基础的经典动力学模式(还原论模式、存在模式)相结合，有可能使我们对当今世界面临的科学难题获得前所未有的新认知能力。多个有一定科学依据并经过一定实践检验的模式组成的"模式族"是地震科学与地震预测的"智库"。在地球系统科学，地球动力系统，大陆现今地壳运动—变形动力系统及其下属一系列子系统的框架中，各种模式之间、模式和多种观测(实验)数据以及多种学科知识之间，都是可以连接、组合并互补的，进而形成揭示藏匿在复杂表象之后的自然规律的新认知能力，可望促进地震预测逐步挣脱"黏滞"状态。

12.2 复杂系统动力学——地球形成至现今大陆地壳运动的自组织演化

12.2.1 复杂动力系统演化——自组织理论概要

1. 从混沌到有序——"神"的他组织还是系统自组织?

自组织是复杂系统演化时出现的一种现象，在一定条件下由于系统内子系统的相互作用，使系统形成具一定结构和功能的过程；形成了比自组织之前更为有序的整体稳定状态。希腊神话中卡俄斯(Chaos，混沌)生了地母该亚(Gaea)，即地之女神；而天空、陆地和海洋又由她而生。中国神话传说认为"天地混沌如鸡子，盘古生其中……天地开辟，阳清为天，阴浊为地，盘古在其中……垂死化身……为四极五岳"，而后来又发生了天地结构不稳定的危机"四极废，九州裂，天不兼覆，地不周载"，则由女娲来补天复稳，于是"苍天补，四极正"。

现代科学研究认为：地球形成至今大约已有46亿年，它经历了复杂的演化，大致可分为天文、太古宙与元古宙、显生宙三大阶段。早期地球可能是一个体积庞大的尘埃集合体，一个没有大陆和海洋的同质混合物，经过热力和重力等作用形成最初的圈层结构。又经过漫长的演化，新生代开始时各大洲基本形成(郑度，2005)。中国大陆是在始新世中晚期(大约4000万年前)开始的新构造运动中演化形成的，包括喜马拉雅运动第一幕、第二幕和第三幕。上新世末-更新世时的第三幕(距今大约200万~300万年)形成了现代中国大陆内部结构、边界动力状态、现代构造应力场及现代地貌形态的基本格局(丁国瑜，2004，2011)。而近数十年来，地震大地测量学所测定的中国大陆现今运动，则被证明是百万年尺度的新构造运动及现代构造运动的延续与继承(周硕愚，1994；叶淑华，1996；赖锡安，2004)。

可见无论是中西方的神话传说，还是现代科学研究，都共同认为地球、中国大陆(以至万物)的形成，都有一种从混沌到有序的过程。神话认为是外部力量，无论地球、大陆还是生物和人，都是"神"的"他组织"结果。然而科学的认识也经历了一个相当曲折的过程。19世纪是古典科学全面发展的世纪，达尔文于1859年出版了生物学史上划时代的巨著《物种起源》，阐明了自然环境与生物的相互作用（选择与适应）导致了生物由简单到复杂、由低等到高等的演化过程和万物共祖的物种起源。在生物学领域驳倒了"神"的"他组织"说，并最终为科学界与全人类所接受。今天看来，《物种起源》本质上就是生物系统的自组演化。但在非生物学领域（物理、化学、地学等），却迟迟未能解决是否存在演化和演化过程的动力问题。尽管 1687 年牛顿的《自然哲学的数学原理》问世，牛顿力学体系建立，开创了理性时代，推动了科学技术的高速发展和人类进入现代社会。但它仍是存在的科学，而不是演化的科学。它讲因果关系，但无法上说明演化的动力学源头，因此牛顿自己也只好将"第一推动力"依然归因于上帝。非生物学领域到底是"他组织"还是"自组织"的问题仍然没有解决？直到 20 世纪下半叶，由于一般系统论（1968）、耗散结构理论（1969）、协同学（1977）和复杂适应系统理论（1995）的相继问世，这一问题才得到初步解决。

2. 系统自组织理论的基础阶段—— 一般系统论、控制论、信息论

理论生物学家贝塔朗菲（L. V. Bertalanffy）于 1937 年提出一般系统论（General System Theory）的概念，1968 年出版了《一般系统论：基础、发展与应用》。指出无论系统的种类和性质有何不同，均存在着具共性的一般性原则：整体性、关联性、有序性、动态性、终极性（目的性）等。系统理论由生物学家首先提出是很自然的，且贝塔朗菲已认识到生物学领域与非生物学领域的系统具有某些共同的规律。

数学家维纳（N. Wiener）认为"在科学发展上可以得到最大收获的领域是各种已经建立起来的部门之间的被忽视的无人区"。通过多学科之间的深度交融，1948 年他出版了《控制论（或关于在动物和机器中控制和通信的科学）》，在 1961 年的第二版中又补充了"关于学习和自生殖机"、"脑电波和自行组织系统"。控制论（Cybernetics）的创建，在生命科学与物理科学之间，以及在自然科学与社会科学之间架起了桥梁，具有划时代的意义。

数学家香农（C. E. Shannon）在 1948 年发表了《通信的数学理论》，宣告了信息论（Information Theory）的诞生。它侧重于研究系统中的信息传输、变换和处理问题，因此也是一种系统理论。从技术科学层面促进系统论的进一步发展，系统依赖于信息（能量流、物质流，也是信息流）实现自组织演化。

3. 系统自组织理论的提出——耗散结构理论、协同学

物理化学家普利高津（I. Prigogine）于 1969 年提出了耗散结构理论（Dissipative structure theory），发表了一系列的专著：《从存在到演化——自然科学中的时间及复杂性》、《从混沌到有序》和《确定性的终结——时间、混沌与新自然法则》等。他认为一个远离平衡态的开放系统（无论是力学的、物理的、化学的、生物的乃至社会的、经济的系统），不断地与环境交换物质和能量，抵消内部的增熵，一旦系统的某个参量变化达到一定的阈值，通过涨落，系统就可能产生转变，由原来混沌无序的混乱状态，转变为一种在时间、空间或功能上的有序状态。他把这种在远离平衡的非线性区形成的新的稳定的宏观有序结构命名为"耗散结构"。耗散结构理论研究一个开放系统在远离平衡的非线性区从混沌向有序转化的共同机制和规律，受到多种学科的广泛重视，并因此而获得 1977 年度诺贝尔化学奖。

理论物理学家哈肯（H. Haken）于 1971 年提出了协同学的概念，于 1977 年全面系统地提出了协同学（Synergetics），发表了一系列的专著：《协同学导论》、《高等协同学》和

《信息与自组织》等。他认为有序结构的出现并不是非要远离平衡态不可,而在于系统内部各子系统之间相互关联的"协同作用"。无论何种系统,它均由若干子系统组成,系统的状态由子系统的独立运动(如热运动)和子系统之间相互作用引起的协同运动共同决定。若独立运动居主导地位,不能形成整体的规律性运动,系统便处于无序状态。环境作用于系统的控制变量变化时,独立运动和协同运动的相对大小也在变化,当控制参量达到一定阈值时,独立运动和协同运动的相对作用处于临界态。系统内部状态变量的数目可能很多,大多数变量是在临界点附近,阻尼大、衰减快,对相变过程无明显影响的"快弛豫参量",只有几个甚至只有一个变量是在临界点附近无阻尼而主宰着相变过程始终的"慢弛豫参量",即"序参量"。"序参量"一旦出现就主宰系统进入有序化过程,它通过信息反馈也使得其他各个快弛豫参量支配着各子系统的行为,使整个系统走向有序稳定的结构。协同学还提出了一套寻求序参量的途径——"绝热消去原理"。协同学和耗散结构理论一样,都十分重视"涨落"的作用。涨落的出现是偶然的,但只有适应系统动力学性质的涨落才能得到系统中绝大部分子系统的响应,拓展至整个系统并把系统推进到一种新的结构状态。"协同学的中心议题是,探讨是否存在支配生物界和非生物界结构和(或)功能的自组织形成过程的某些普遍原理。"(哈肯,1983)

一般系统论已从概念上指出,系统结构的稳定性代表着有序性,但稳定性到底是怎样产生的呢?各种类型的系统怎样从无序走向有序呢?耗散结构理论和协同学分别以自己的理论回答了这一系统演进的重大问题。系统自己走向有序结构称为"系统的自组织",因此这两种理论都被称为系统的"自组织理论"(Self-Organization Theory)。"哈肯的贡献在于具体地解释相空间的'目的点'或'目的环'是怎么出现的。"(钱学森,1982)耗散结构理论只处理非平衡相变,而协同学既处理非平衡相变,也处理平衡相变,因此后者更具有普适性。

4. 系统自组织理论的发展——复杂适应系统理论

1984 年在被称为"老帅倒戈"的三位诺贝尔奖得主,即 1969 年物理学奖得主,"夸克(Quarks)理论"创始人盖尔曼(M. Gell-Mann);1977 年物理学奖得主,凝聚态物理学家安德森(P. W. Anderson);经济学奖得主,高度数学化经济学开创者阿罗(K. J. Arrow)的共同推动下,汇聚了一批多学科的优秀人才(物理学、经济学、生物学、核科学、非线性动力学、计算机模拟等),首次建立了专门从事复杂性科学研究的圣菲研究所(SantaFe Institute,SFI),多学科直接的深度交融并与计算机模拟紧密结合,强劲地推进了复杂系统研究(Mitchell Waldrop,1995)。

在 SFI 成立 10 周年时,计算机科学和电子工程教授并兼心理学教授、遗传算法的创始人霍兰(John Holland)提出复杂适应系统(Complex Adaptive System,CAS)理论。1995年,霍兰出版了《隐秩序——适应性造就复杂性》专著,认为复杂性是从简单性发展来的,是在适应环境的过程中产生的。复杂适应系统内部的个体,称为适应主体(adaptive agent),它具有通过与环境及其他主体反复不断的交互作用,"积累经验"改变自身的结构与行为方式,以适应环境的变化并和其他主体协调一致,促进整个系统发展、演化所具有的能力。复杂适应系统具有"流"(物质、能量和信息流的交换)、"非线性"关系、"多样性"、"聚集"(形成更大更高一级的主体,形成层次组织)四个共同特性和"标识"、"内部模型"、"积木块"三个机制。它强调主体是具有主动性的适应性的"活"的实体；主体之间、主体与环境之间的相互作用和相互影响，是系统演化和进化的主要动力；个体的适应变化融入整个系统的演化和进化中，适应性的概念贯穿了从主体到系统演化、进化的全过程(许国志，2000；李士勇，2006；黄欣荣，2012)。

5. 对系统自组织理论的初步理解

系统论、耗散结构理论、协同学和复杂适应系统理论共同揭示了系统演化的基本规律。在系统内部各部分(子系统)之间及其与环境之间的相互作用下，系统产生整体涌现性，即系统具有了孤立的部分(子系统)以及它们的总和所不具有的，而只有系统整体才能具有的新的有序特性。"自组织系统是在没有外界环境的特定干预下产生其结构或功能的。"(H. 哈肯，1977)"系统自己走向有序结构就可称为系统自组织"，"所谓'目的'就是在给定的环境中，系统只有在'目的点'或'目的环'上才是稳定的，离开了就不稳定，系统自己要拖到点或环上才能罢休，这也就是系统的自组织。"(钱学森，1982)自组织推动系统由混沌走向有序，由低级进化到高级；反之，若系统内部若不能相互协同，不能与环境相适应，系统就会走向消亡。

三类系统自组织理论虽然具有内在的根本性的共同认知。但由于提出者本身不可回避的学科群背景(尽管其目标均是为了超越学科和学科群)，其侧重点和研究方法也必然有一定的差异。笔者作为一名地震科学工作者，对协同学与耗散结构理论更具贴近感。鉴于复杂适应系统理论更强调其主体(子系统)是具有学习性、主动性和适应性的"活"的实体，也许复杂适应系统理论更适合用于社会经济系统、生物生态系统。

系统自组织理论为我们研究本专业复杂系统(例如现今地壳运动与地震系统)的演化与行为，提供了超越前人认知水平的新科学思维以及可超越并包容组合各种基于还原论的传统研究方法，从而形成更适应复杂系统的研究方法体系并创新出更能深刻揭示自然规律和更有实效的新方法。但它并不能代替传统各分支学科自身的发展，相反它要求分支学科应能更深入和更精确地描述各组成部分的自身规律，更关注各组成部分之间的相互作用过程。H. 哈肯特别提醒应用者注意："解释协同学的基本概念相当简单，但要用这些概念去处理实际系统时就需要大量的专门技术(如数学)知识了。"(1977)要真正深刻揭示地球系统及其子系统的演化规律并预测其未来行为，还有待系统科学、地球系统科学、地球动力系统和各专门学科(地学、数学、力学、物理学)本身的持续发展和相互交织交融的长期探索。

20 世纪下半叶提出的一般系统论(1968)、耗散结构理论(1969)、协同学(1977)和复杂适应系统理论(1995)等，为研究地球系统及其所属的各种子系统的演化和行为提供了新的基础理论。在科学认知上具有划时代的意义，被称为改变了世界科学图像和当代科学家思维方式的新科学，为解决当代人类社会面临的多种难题(如社会可持续发展、自然灾害、环境、资源等)指出了新途径。其影响了方方面面，十分深远。仅以地球科学域为例，NASA 在 1988 年适时提出了地球系统科学(Earth System Science)后，包括中国在内的许多国家共同认为"从 20 世纪 60 年代起，地球科学进入了以地球系统科学为特征新时代"，大陆动力学成为继板块构造学说之后固体地球科学发展的新里程碑，涌现出新兴的地震科学(地震学、地震大地测量学、地震地质学、固体力学、复杂系统理论和相关新技术的交融)等。面对复杂性和科学难题,交叉学科风起云涌,是人类认知自然能力新飞跃的前奏。

12.2.2 复杂动力学系统演化方程及其动力学吸引子

前一节简述了复杂动力学系统自组织理论的基本概念,本节将侧重讨论其演化方程及其导出的几种动力学吸引子。

1. 复杂动力学系统的演化方程、常态与暂态

"中国大陆现今地壳运动及地震系统"S是一个具有多层次复杂结构的动力系统,可表示为:$S=(A,R)$。其中,A表示系统中全部元素的集合,R表示全部元素之间关系的结合。系统由元素集与关系集共同确定,是一个"相互作用的多元素的复合体"。系统总是置于一定的环境之中,并与环境相互作用。如果系统的输入状态响应特性、输入-输出响应特性、满足线性叠加关系,则系统为线性系统,否则为非线性系统。实践表明此系统整体是一个具有非线性相互作用的系统,如在板块边界输入动力稳定的条件下,系统内部仍会出现今地壳运动时空分布的变异、地震平静期与高潮期的变化;又如在某边界带(断裂带)深部蠕滑保持稳定的条件下,地壳浅部仍会出现形变、应变的变化和地震的孕发、生灭等。非线性正是系统产生多样性、奇异性和复杂性的根源。因此只能在非线性的前提下来建立其演化方程。非线性系统动力学方程的一般形式为:

$$\begin{cases} X'_1 = f_1(x_1, \cdots, x_n; c_1, \cdots, c_m) \\ X'_2 = f_2(x_1, \cdots, x_n; c_1, \cdots, c_m) \\ \cdots \\ X'_n = f_n(x_1, \cdots, x_n; c_1, \cdots, c_m) \end{cases} \tag{12-1}$$

式中,x为系统内部状态参量;c为控制参量;X'为状态变量导数;$f_1, \cdots, f_n$中只少有一个为非线性函数。式(12-1)表明系统内部n个状态变量的相互作用,以及它们和m个控制参量(外部环境对系统)的相互作用共同导致系统各状态变量变化和系统状态的变化。用向量形式可表示为:

$$X' = F(X, C) \tag{12-2}$$

式(12-1)、式(12-2)在动力学中称为动力学方程,在系统科学中通常又称为系统演化方程或发展方程。由于是非线性方程,用解析法求解基本是不可能的,一般只能用几何方法,如庞加莱开拓的微分方程定性理论求解,或数值计算方法求解。侧重研究的是多种要素组成的复杂系统经过系统自组织演化后,涌现出的动力系统的整体特征。

动力系统的整体特征是通过在状态空间和参量空间中的描述,即"状态空间方法"来实现的。状态空间,又称为相空间(phase space),设系统具有n个独立的状态变量,状态变量的每一组具体数值$(x_1, \cdots, x_n)$,就代表了系统在n维相空间中的一个具体状态。状态在相空间中沿相轨道运动可以形象地比喻为物理空间的一个流(flow),有关系统动态特性的所有信息都蕴含其中。虽然状态空间有无穷多个状态,但从系统学、动力学或实用的角度我们仅关注其有限的状态。系统依靠内部的相互作用走向"自组织",产生整体涌现性,形成了有序稳定的动力学结构之后,主要表现为几类状态,即定态(steady state)、暂态(transient state)及临界态(critical state),它们代表了系统不同动力学行为的基本特征。

图 12-1 是复杂动力学系统(如现今地壳运动及地震系统)的定态和暂态的直观示意图。A、B、C 三个点代表定态,其余无穷多点均代表暂态。若把一个小球放在 A、B、C 中任一点,只要没有外来干扰,小球始终停留于该点不动。若把小球放在这三个点之外的任何位置,只要没有外力支撑,小球将立即离去。而定态又可分为两类:一类是"稳定定态"(stable steady state),另一类是"非稳定定态"(non-stable steady state),即"临界态"(critical state)。A、C 点代表稳定定态,即便受到外来扰动,它仍会自动地回归到稳定状态。B 点代表非稳定定态,只要出现外来扰动,它就可能立即失稳,这就是临界态。

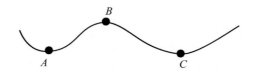

图 12-1　动力系统的定态(稳定定态)、暂态及非稳定定态(临界态)示意图

(1)定态(稳定定态)

系统到达后若无外部作用驱使,将保持不变的状态(即便受到外来扰动它仍会自动地回归到稳定状态)和反复回归的状态的集合。前者如中国大陆岩石圈及其所属活动地块在软流圈上的长期稳定蠕滑、震间地壳形变等,后者如年(季节)变、日变、固体潮汐等周期性的地壳形变。定态是现今地壳运动的稳定态、正常态和基本态。

(2)非稳定态(临界态)

相空间轨道偏离定态后到达的一个临界状态,此时只要出现外来扰动,它就可能立即失稳(突变)。如地震主破裂前的地震成核、断裂加速预滑、火山喷发及雪崩、滑坡爆发前夕等时的状态。一个复杂动力系统由于内部和环境的多种作用随时均可能出现扰动,非稳定态(临界态)不可能长期存在,因此又具有暂态的性质。

(3)暂态

相空间轨道上除开定态之外的其余无穷多相点均代表暂态。地震、火山等灾变事件也是暂态事件,相对于定态而言是一个小概率事件。暂态事件千姿百态。

2. 动力系统吸引子与稳定性

为什么复杂动力学系统(如现今地壳运动及地震系统)的演化与行为以定态为其基本的动力学特征? 因为经过长期的演化后,已形成了自组织系统的整体涌现性,出现了一些系统内在的动力学吸引子(attractor),它们从整体上控制和维持着系统的稳定和有序。动力系统吸引子具有终极性、稳定性和吸引性,可总称其为"目的性"。目的性是复杂系统共有的一种动力学特性,地球系统科学中的目的性可以与生命科学中的目的性相类比,并均可以用吸引子来定量描述。从暂态向稳定定态的演化过程,就是系统寻觅和到达目的过程。钱学森指出,"所谓目的,就是在给定的环境中,系统只有在目的点或目的环上才是稳定的,离开了就不稳定,系统自己要拖到点或环上才能罢休",体现了系统的自组织。

稳定性是系统的一种重要的维持生存机制,稳定性越好,系统的维生能力就越强。但从演化角度看，若一个系统的所有状态在所有条件下都是稳定的，它就没有变化、发展和创新的可能。一个不稳定的系统，无法正常运行和维持生存，因此稳定又是发展和创新的必要前提。稳定性(stability)指的是系统结构、状态、行为的恒定性，即抗干扰能力。直观地说，如果小扰动引起的偏离也足够小，或随着时间的推移，系统走向终态，偏离将消失，能回归到扰动前的状态，则系统是稳定的。如果小扰动引起的偏离超出允许范围，甚至偏离不断增大，出现大范围的振荡，或向无穷发散，则系统是不稳定的。对稳定性的定量描述与判定，通常采用李雅普诺夫(A. M. Liapunov)的数学定义：

$$| X_0 - \varphi(t) | < \varepsilon \tag{12-3}$$

$$I_{im} | X_0 - \varphi(t) | = 0 \tag{12-4}$$

式中，$\varphi(t)$ 是系统演化方程(12-2)的解，X_0 则是任何初态扰动导致的解。式(12-3)表示若两者之差(两个解的偏离)永远小于一个微小量 ε(并不要求最终消除偏离)，称为李雅普诺夫稳定性。式(12-4)则表示随着系统演化走向终态，解的偏离将消失，回复到扰动前的状态，称为李雅普诺夫渐近稳定性。两者相比，后者对稳定性的要求更为严格。

可通过李雅普诺夫直接方法，根据演化方程(动力学方程)的结构和参数，构造一个函数 $V(x)$。把定义中关于李雅普诺夫稳定和李雅普诺夫渐近稳定的基本要求转变为对函数 $V(x)$ 的要求，判明 $V(x)$ 是否满足这些要求，即可以判断系统是否稳定。如果存在连续可微正定函数 $V(x)$：① 若函数 $V(x)$ 沿着轨道的全导数是非正的(包括负和零)，则系统的零解是李雅普诺夫稳定的；②函数 $V(x)$ 沿着轨道的全导数是负定的(全部为负)，则系统的零解是李雅普诺夫渐近稳定的。

李雅普诺夫函数(指数)的正、负意义，还可以从动力系统演化中的反馈来理解。函数为负，意味着负反馈，即便受到扰动出现偏离，仍会自动回复到扰动前的状态，继续保持稳定性，如图 12-1 中的 A 点和 C 点，也就是动力系统稳定定态。反之若函数为正，意味着正反馈，受到扰动出现偏离后，偏离会越来越大，不能保持稳定而会失稳，如图 12-1 中的 B 点，即动力系统的非稳定定态(临界态)。

图 12-2 和图 12-3 在三维空间中(多维难以直观表达)表达了自组织系统的四种动力学吸引子的基本特性。

通常认为复杂动力系统吸引子包括：

(1)不动点吸引子(fixed point attractor)：定常吸引子的定态解

满足以下条件的状态点为系统演化方程——动力学方程(12-2)的定态解：

$$X_1' = X_2' = \cdots = X_n' = 0 \tag{12-5}$$

在不动点吸引子的作用下，在这些目的点上所有状态变量的导数均为 0，状态不再发生变化，表明系统处于平衡运动，保持稳定定态(动平衡态)，其 Liapunov 指数谱均为负。例如，在"中国大陆现今地壳运动及地震动力系统"的演化过程中，大陆速度场空间分布、大型活动地块及其边界带(断裂带)运动状态等，从百万年至现今整体保持稳定，即便因大地震孕发导致局部暂态偏离，震后仍要恢复到扰动前的稳定状态。

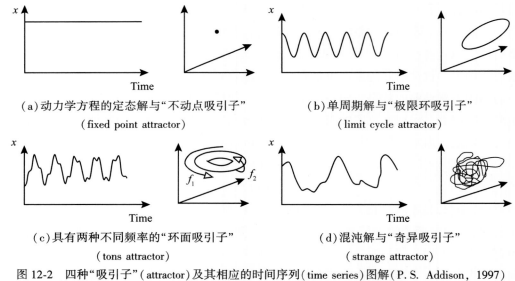

（a）动力学方程的定态解与"不动点吸引子"　　　　（b）单周期解与"极限环吸引子"
（fixed point attractor）　　　　　　　　　　　（limit cycle attractor）

（c）具有两种不同频率的"环面吸引子"　　　　　　（d）混沌解与"奇异吸引子"
（tons attractor）　　　　　　　　　　　　　　（strange attractor）

图 12-2　四种"吸引子"（attractor）及其相应的时间序列（time series）图解（P. S. Addison，1997）

（2）极限环吸引子（1imit cycle attractor）：周期吸引子的周期解

满足以下条件的状态点为系统演化方程——动力学方程（12-1）的周期解：

$$\varphi(t+T)=\varphi(t) \tag{12-6}$$

式中，T 为某常数，在极限环吸引子的作用下，周期解由相空间的一条闭曲线表示，代表系统的一条周期轨道，即极限环。例如"中国大陆现今地壳运动—变形动力系统"的演化过程中的多种周期变化（年季节变、日变、固体潮等）。

（3）环面吸引子（tons attractor）：拟周期吸引子的拟周期解

由多个不同周期且周期比为无理数的周期运动叠加在一起形成的复杂运动形式，称为拟周期运动。例如"中国大陆现今地壳运动—变形动力系统"演化过程中产生的地震行为在某些特定局域内可望出现的地震形变循回、地震拟周期、准周期现象。

（4）奇异吸引子（strange attractor）：混沌（chaos）解

一种确定性的随机运动，对外部轨道有吸引力，整体具有稳定性，但在吸引子内部，不同轨道之间相互排斥，又极不稳定。可比喻为：房间内关了若干只苍蝇，它们飞来飞去飞不出房间，但其飞行轨道既非单调变化，又非周期变化，是曲折起伏的非周期，具难以确定的随机性。其 Liapunov 指数谱，既有正又有零还有负，即发散、保持和收敛的特性共存，这亦是被命名为奇异吸引子的原因。虽已初步觉察在中国大陆大地震之前的某些地壳形变时间序列具有 Liapunov 正指数特征和混沌特性（周硕愚等，1993b；陈子林等，1993），但对中国大陆现今地壳运动中的奇异吸引子和混沌，仍缺乏认识。

（5）混沌边缘（edge of chaos）

介于有序（定常、周期及拟周期）与混沌之间的运动，可能是一种弱混沌态，一种非稳定定态（non-stable steady state），如图 12-1 中的 B 点，就是一种自组织临界（Self-Organization Criticality，SOC）。

它们的具体行为将结合地震大地测量学多年的实际观测在随后的各小节中讨论。

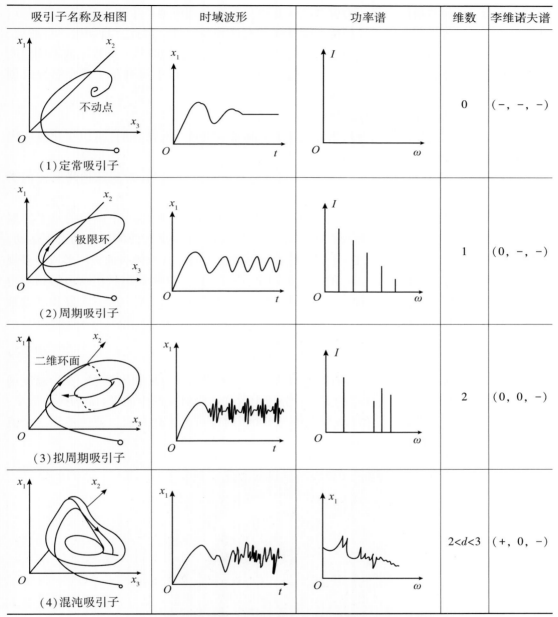

吸引子名称及相图	时域波形	功率谱	维数	李维诺夫谱
(1)定常吸引子			0	(−, −, −)
(2)周期吸引子			1	(0, −, −)
(3)拟周期吸引子			2	(0, 0, −)
(4)混沌吸引子			$2<d<3$	(+, 0, −)

图 12-3　三维相空间中四种动力学吸引子的基本特性(引自李士勇等，2006)

12.2.3　地球科学中的多种自组织自然现象

自组织(Self-Organization)是复杂系统形成和演化时出现的现象，是在一定环境条件下，由于环境对系统的作用和系统内部各子系统的相互作用，逐渐走向临界并在涨落作用下，使系统形成了原来不曾有的新的结构和功能，出现了比以前更为有序的稳定状态，也可称为"自创生"。在系统实现自组织(自创生)之后，由于环境、子系统的动态性和相互作用，还会出现一些新的变化。为应对这些变化，系统会相应地产生出自适应、自调节、自生长、自复制等过程，以继续保持系统整体的有序和稳定性。因此，自创生、自适应、自调节、自生长、自复制等可视为自组织的几种不同形式。它们既从不同程度或不同角度突出了自组织现象某一方面特征，又体现了自组织的共性。以下试列举了几个系统自创生、自调节(自适应)和自复制的实例。

1. 系统自创生(自组织)自然现象实例

(1)从均质化初始地球向分层次结构地球(地壳—地幔—地球)的自组织演化具体内容详见本书 12.2.4。

(2)贝纳尔-瑞利对流实验：从热传导到稳定对流及贝纳尔涡(对地球地幔对流的类比)

1906 年，法国学者贝纳尔做了一个著名的基础实验研究。他在一个圆形的水平容器内放一层液体(鲸蜡、硅油)，然后在底部均匀缓慢加热，开始没有任何液体的宏观运动，而仅有热传导，但当温度增加到一定程度热传导就突变为对流，液体表面突然形成许多规则的被称为贝纳尔涡(Benard cells)的多边形图案(图 12-4)，这种蜂巢状正六边形相当稳定。1916 年英国学者瑞利又从理论上加以说明，见式(12-7)，因此，这一现象和理论被称为贝纳尔-瑞利型对流。

$$R = \frac{\alpha\beta g h^4}{k\nu} \tag{12-7}$$

式中，R 是瑞利数；分子中含有产生对流所需要的量：α 为热膨胀系数，β 为温度梯度，g 为重力加速度，h 为液体层的深度；分母中含有妨碍对流产生的量：k 为热扩散率，ν 为黏性系数。当 R 达到一定值(实际上约为 1000)时即可产生热对流，若达不到这个值就不会发生热对流(上田诚也，1973)。

图 12-4 贝纳尔涡(Benard cells)(引自于渌和郝柏林，1984)

这是一个著名的系统自组织演化实验。外部环境持续地向液体提供热能，开始仍是热传导，底部受热液体处于不稳定的平衡状态，存在着许多随机涨落。在多动力因子综合作用下形成了序参量 R（瑞利数），当 R 增加到一定阈值时，涨落可以破坏平衡触发对流，产生系统的整体涌现性，即液体由无序（热传导、分子热运动）演变到有序（在液体内部产生若干对流环及在其表面形成规则的多边形图案，它们均为稳定的有序结构）。

地核可类比为此实验中热能的持续提供者，地幔则是实验容器中的黏性流体，其瑞利数 R 比实验中的瑞利条件值大很多，因此多层次结构的地球完全可望通过系统自组织（自创生）形成地幔对流及在地壳中形成相应的板块构造，并长期保持稳定的有序结构。

（3）板块构造运动（一个长期有序稳定的自组织系统）

"地球外核是液态而非固态的事实是地球热起源的证据。"地核顶部的温度可能大于1500℃，高于深部地幔，故能持续地向地幔提供热能维持地幔对流，为板块构造运动及各种地质活动提供动力。地幔可以表现为易碎的固态和液态双重特征：当快速变形时为碎裂，但在长时间尺度上表现为流动。地球最外层接近地表的岩石层是冷却的，坚硬难以变形，即使在漫长的地质时间内也是如此。这些近于刚性球状岩盖（板块）驮在软流圈上，在地幔对流的驱动下彼此之间协调有序持续稳定地运动着。刚性板块的这些基本特性赋予了板块构造的简单性和数学模型的简练性。通过欧拉运动学方程（Euler's kinematical equation）求出每个板块的三个欧拉角，或板块围绕其旋转"极点"的位置和围绕该极点旋转的速度，就可建立板块运动模型，对其上所有点的运动给出定量描述。

近年来，空间大地测量所建立的几年尺度的现今全球板块运动模型（如 ITRF2000、NNR-ITRF2000 等）与基于地质学、地球物理学为基础的反映数百万年尺度平均状态的现代全球板块运动模型（如 NUVEL-1A、NNR-NUVEL-1A 等）整体符合良好（赖锡安等，2004；周硕愚等，2002，2007）。当前正在进行中的几年尺度的全球板块运动与数百万年以来的平均状态相符合，表明至少从数百万年前至当今全球板块运动状态整体是有序而稳定的，证明板块构造运动是一个自组织系统。各个板块的欧拉参量构成了一组参量，它们可能就是哈肯（H. Haken）在协同学中所述的自组织系统的"序参量"，或至少是其序参量之一，它决定了板块运动的有序性。

还有许多研究支持地幔对流和板块运动的自组织有序稳定性。例如，地幔的运动是悠长的，具有代表性的速度大约为 5cm/a（根据大地测量、磁场、地震和地质监测），在这一速度下，地幔大尺度对流单元的"往返旅行"，也就是穿越地表 5000km 向下延伸 2900km，直到地幔的底部然后再返回到地表的过程，时间大约为 3 亿年。又如，陆壳的体积是恒定的，即俯冲消亡的数量和由上涌岩浆产生的新生陆壳的数量可能近似相等。此外，地幔对流携带地球深部炙热物质到达地表，热量散失到大气之中，最终到达太空，同时又携带低温地表岩石到达地球很深的部位。可能是通过温度、岩石黏度、对流速度、热能传递、热能耗散、温度等一系列复杂的负反馈机制，使温度长期稳定（变化甚微），从而有利于板块运动的长期稳定。

尽管地球内部问题仍为 21 世纪固体地球科学有待深入研究的重大科学问题，但"板块构造理论的原则已为整个科学界所接受，并广为应用。板块运动的自组织性和长期稳定性已较充分地被证实，对人类社会实用时间尺度而言（如千年、百年），更不待言。它为中国大陆现今地壳运动具有自组织有序稳定性提供了前提条件与基础。

2. 系统自调节、自适应(自组织)自然现象实例

系统经过自组织(自创生)由无序走向有序稳定(或通过系统进化,由较低级的有序走向较高级的有序)之后,由于环境或系统某些因素的变化,使系统某局部(或某子系统或某子系之局部)偏离了有序稳定状态,而系统具有适应变化并调节偏离部分使之回归,继续保持有序稳定状态的能力,称为系统自调节或自适应。以一个健康人为例,他(她)的各种生理指标,如体温、心跳频率、血压、血糖等均是稳定的,仅在一定小范围内波动,呈现出自组织稳定性。但由于某些原因(如外感风寒、内伤饮食等),会出现指标偏离正常,人感不适;一般情况下,只要保持合理生活方式,经过一个时期,指标就可恢复正常实现自我康复,这就是自调节。医生的介入与治疗,其目的(目标)也是帮助病人回归到生理系统的有序稳定态。自调节是系统维持自己生存的一种能力,在复杂系统层面上物理系统与生命系统具有可类比的共同的自组织机理。

(1)地壳均衡

不管地壳表层的形状和质量如何变化(如造山运动、火山活动、剥蚀沉积等),地壳仍能自动趋于静力平衡稳定状态。大地水准面之上山脉(或海洋)的质量过剩(或不足),则由大地水准面之下的质量不足(或过剩)来补偿。地壳表层物质的重量不是仅由地壳来支持的,必定还从地壳以下的某一深处得到支撑;地壳物质就像浮在水中的木块,木块高出水面越多,相应地陷入水中越深。地球表层和内部圈层相互作用,共同应对地壳表层形状和质量变化,保持地壳均衡,是地球系统的一种自适应行为。

(2)冰期后回弹

冰盖消融后,地壳抬升逐步重建均衡。

(3)大陆大地震前后地壳运动过程

稳态的地壳运动在局部区域受到滞阻,使该区域应变逐渐积累偏离稳态;大震发生后逐步回归稳态,继续正常运动。这是地壳运动系统为保持自身长期稳定的一种自调节行为。

3. 系统自复制(自组织)自然现象实例

自复制行为可能来自周期性的或拟周期性的自组织动力学机制,包括固体潮汐、现今地壳季节(周年)变化和特征地震循回(一种地震地形变循回)。

在某些活断层上(如美国圣安德烈斯断层、中国鲜水河断层等)具有相同运动方式和相近破裂长度,几乎原地重复近乎同等大小的地震。

12.2.4 从均质化初始地球到分层次结构地球——由混沌到有序的自创生(自组织)

系统的演化是不能割裂的,"如果他不知道自己来自何处,那就没有人知道他将去向何方"(克劳德·列维·施特劳斯,1967)。

太阳、陨石以及地球和其他行星形成的初始事件大约发生在4567Ma(约45.7亿年)前。太阳系形成后约4千万年(约45.3亿年前),由一块火星大小的物体与仍在形成中的地球相撞,"大撞击"过程中撞击者的大部分与地球混合且并入了地球,喷射抛出的部分形成了地球的卫星——月球。撞击增加的能量使地球变成一个大部分被熔化的球体，基本上熔化了整个地球，使地球内部大部分均质化，擦掉了地表已有的岩石记录；而迄今地球上发现的最古老的岩石约形成于40亿年前。从大撞击时间（地球内部大部分均质化，表层无岩石记录）到有最古老的岩石记录时间，两者之时间间隔约为5亿年。这段时期被称为冥古宙。由于仅从地球本身对该时期的认识非常有限，它成为地球的起源和演化十大研究问题之二：地球"黑暗时期"（地球诞生后的最初5亿年）究竟发生了什么？（美国国家研究委员会固体地球科学重大研究问题委员会，2008）

大约45.3亿年前的地球基本是一个被熔化的均质化的无序地球，没有形成岩石圈，但到40亿年前，则可能意味此时地球已演化成为包括岩石圈在内的分层次有序结构，已从一个灼热的岩浆"地狱"，变为一个有岩石、海洋和大气的世界。意味着通过约5亿年的自组织演化，产生了相变，由混沌到有序，应属自创生类型的自组织。自组织演化是多个子系统与环境之间相互作用的结果，是多种动力协同作用的结果，尽管我们尚不清楚全部的具体的过程。图12-5仅是对可能发生的过程的一种推测。

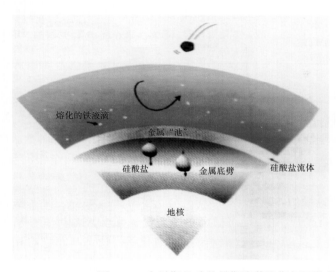

小滴的熔化金属下沉到岩浆海的底部，随着下沉而保持物质平衡，且当它们到达岩浆与固体岩石界面时沉积。从此处大滴的熔化金属(底辟)下沉经过固态但具有弹性变形的岩石下地幔，以到达正在增长的地核。这些底辟不会随着下沉而保持物质平衡，因此金属—岩石平衡的整体压力和温度取决于岩浆海底部的温度和压力（Wood et aL., 2006；美国国家研究委员会固体地球科学重大研究问题委员，2008）。

图12-5　在早期地球的早期岩浆海期间可能的成核情况

地球诞生是由混沌走向有序，科学与中外神话传说是一致的。但科学认为是动力系统的自创生——自组织，而神话则认为是神的意旨及其劳作——他组织。

12.2.5　大陆岩石圈的演化——稳态与非稳态相交替的自组织进化过程

地质历史具有连续性，表现为长时期的平稳渐变与较短时期的剧烈突变相交替，即旋回（cycle）或节律（rhythm）现象（Rampino and Stothers，1984；Williams，1986；Raup and Philip，1988）。

在岩石圈的形成和演化中，最引人注目的事件是联合古陆（Pangaea）的形成和演化（龚一鸣，1997）。表12-2中列出了地质历史中曾经出现过的五次联合古陆及其成型时间

与标志。显现出现较长时期平稳渐变和较短时期剧烈突变两者相交替的旋回或节律的
特征。

表 12-2　　　　　　　　　　地质历史中的联合古陆事件(龚一鸣，1997)

联合古陆类型	成型期	标志(或特征)
陆核型	太古宙末 (约 2500Ma)	部分熔融地壳的快速冷却和陆核的广泛形成
初始原地台型	古元古代末 (约 1900Ma)	陆核的进一步固化、扩展和集结，即原始地台的形成
成熟原地台型	长城纪末 (约 1450Ma)	陆核的进一步固化、扩展和集结，即原始地台的形成
地台型	震旦纪初 (约 850Ma)	具有真正地台基地结构的岩石圈巨型稳定体的形成
大陆型	古生代末 (约 250Ma)	陆地面积大量增加、浅海面积急剧减少，地球半径缩减，古地磁转向，$\delta^{13}C$，铱异常，气候变冷，浅海生物大绝灭等

地球是一个整体，其各圈层之间存在着物质流、能量流的相互作用；地球又是一颗行星，在太阳系中运动并随太阳系在银河系中运动，且受到银外大体运动背影条件的制约与影响。因此，联合古陆旋回事件是地球圈层耦合、地球内外因素耦合和自然临界、自然旋回现象集中体现和最高层次反映，其节律值为 600Ma 左右，大约相当于两个银河年(周瑶琪，2013)。

联合古陆形成和演化(进化)经历了大约以 600Ma 为节律的五次旋回，使大陆岩石圈动力系统的整体有序稳定性不断提升。由"动态稳定平稳渐变→ 临界剧烈突变→新的动态稳定平稳渐变"旋回过程，正是复杂动力系统(岩石圈)的演化——稳态与非稳态相交替的自组织进化过程。

12.2.6　继承新构造运动的中国大陆现今地壳运动——以自调节(自组织)为主的整体稳定

古生代末(约 250Ma)以后，以联合古陆大陆型为基础，中国大陆继续进行着自组织演化(进化)，从中生代至新生代又经历了印支运动、燕山运动和喜马拉雅运动等巨大的构造运动。对中国大陆影响最大最直接的是，在地体拼合、碰撞造山及高原隆升的深部驱动力共同作用下发生的青藏高原隆升和大陆动力学格局形成。"青藏高原隆升是地球上新生代最壮观的事件，它影响了资源的再分配及生存环境的变化，并在其内部及边缘诱发了至今异常活跃的地震灾害；青藏高原又是亚洲大陆的最后拼合体，它所显示出的地壳破损镶嵌结构，示踪了地质历史上诸地块多次离散、聚敛和碰撞造山动力学过程的证据，直至60~50Ma 印度/亚洲的最终碰撞。印度/亚洲的重大碰撞事件形成了广泛的大陆变形域(许

志琴，2006b)。

中国大陆地壳运动从时间上可以分为：百万年、千万年、十万年、万年、千年和百年尺度。时间越近，它对人类的影响越直接，尤为科学界和社会所关注，被认为是地球科学的"生长点"之一。国内外地质学家较深入地研究了从上新世末至更新世时开始的百万年尺度的新构造运动(Neotectonic Movement)，并试图通过地质学与地貌学相结合的途径研究全新世或更晚期近万年尺度的现代地壳运动(Recent Crustal Movement)。

中国大陆在始新世中晚期发生了喜马拉雅运动第一幕；在渐新世末至中新世时发生了喜马拉雅运动第二幕；从上新世末至更新世时开始的喜马拉雅运动第三幕，在更新世中期达到最高潮(何春荪，1986)。"喜马拉雅运动第三幕是形成我国现代构造应力场及现代地貌形态基本面貌的一个阶段。在我国，一般将这一构造幕以来的时段视为新构造阶段。"(丁国瑜，2004)

地震大地测量学应用空间、信息等新观测技术开拓了定量研究正在进行中的时间连续过程细节的秒至百年尺度的现今地壳运动(Present-day Crustal Movement)和现今大陆形变动力学(Present-day Continental Deformation Dynamics)的新领域。地壳运动是一个持续演化着的复杂系统，地震是此系统演化过程中的一种动力学行为。只有现今和过去相结合，才有可能理解现今，进而预测未来。当然"对过去的解释也需要对当前运行着的类似过程的知识"(NASA，1988)，因此必须研究现今地壳运动和新构造运动的关系。

1. 现今地壳运动及地震和新构造运动的关系

近五十年来，通过地震大地测量学的大量观测及其与地质学、地球物理学的交融，在中国大陆现今地壳运动和新构造运动的关系上已取得了较多进展，它包括：

(1)速度场

多位学者基于多期GPS观测所给出的中国大陆现今地壳运动速度(空间分布，年速度)与不同学者基于地质学方法平均结果给出的新构造运动速度场，符合较好，整体一致；

(2)活动地块及其边界带

多位作者基于多期(数年、十年)GPS观测所建立的现今中国大陆活动地块及其边界带运动模型与不同作者基于地质学不同时间尺度(1~2Ma、0.78Ma和0.10~0.12Ma)所划分的中国大陆活动地块及其边界带运动模型，符合较好，整体一致。

(3)应力场

由数年尺度(GPS)、数十年尺度(跨断层形变、台站应变、原地应力)、百年尺度(地震学)实际观测给出的现今应力场与由百万年尺度地学痕迹(地质学、古磁学)给出的应力场整体上大致符合，表明应力场的长期稳定性。

(4)动力学数值模拟

傅容珊从地幔动力学视角，采用应力应变幂指数流变模型，模拟了东亚大陆40Ma和0.1Ma时间尺度的水平形变场，并与10年时间尺度的GPS观测结果相对比，结论为"中国大陆构造应力场在过去以百万年计算和现代以10年尺度的观测基本上是稳定的"，"在印度大陆向北推作用的驱动下，东亚大陆岩石圈形变运动和应力场整体呈现出较为稳定的格局。这一格局不仅控制了我国西部地域的构造运动和动力学演化过程，而且也控制着现代该区域活跃的构造运动，包括青藏高原的持续隆升、塔里木盆地的相对下沉及高原东缘地壳物质的东向流动等"。"这一稳定的构造应力场也主导中国大陆内部强烈地震的频频发生。所以在研究强烈地震灾害和预测和预防时，应当将这一稳定的应力场作为基本的构造应力场背景。"(傅容珊，1998，1999，2004)

（5）地震孕发与稳定的动力学背景

周硕愚等从动力系统演化视角，基于地震大地测量学观测，用图像（斑图）动力学方法（Pattern Dynamics）研究过若干大震，发现地壳形变的时变过程、空间分布结构和频谱结构尽管在震前震时会出现对稳定的动力学背景的某种偏离，但震后仍会自动回归到稳定的动力学背景。现今地壳运动动力学基本状态是整体稳定态，是新构造运动的延续与继承。地震是一种偏离并又回归整体稳定态（动平衡常态）的局部暂态过程，是地壳运动系统为保持自身稳定的一种自调节行为（周硕愚等，1993，1998，2007）。

2. 中国大陆新构造运动至现今地壳运动的整体稳定性（动力系统自调节）

作为行星地球一个动力子系统的中国大陆在形成与演化的进程中，经历了若干旋回过程（全球地质历史中的联合古陆事件和"中国地质年代表"中的各种构造运动阶段），即较长时期的平稳渐变与较短时期的剧烈突变相交替的节律现象，体现了复杂动力系统演化中的一系列自组织（自创生、自调节等）过程。"新生代的喜马拉雅运动阶段的地壳发展历史，是地壳经过复杂变化日益接近现代的历史，是地理面貌日益接近现代的历史。"（宋春青，张振春，1988）在此过程中也出现过强烈的褶皱断裂运动、岩浆活动和大冰期等，但在更新世中期喜马拉雅运动第三幕达到最高潮之后，就表现出较长时期的平稳渐变和稳定有序的特征。即作为一个复杂动力系统的中国大陆经过自组织演化，此时出现了新的整体涌现性：在作为系统演化"目的点"或"目的环"的不动点吸引子和极限环吸引子、环面吸引子的控制与调节下，持续保持着系统与环境相协调和内部各子系统的协同有序，从而达到系统从百万年至现今整体的长期稳定。"所谓'目的'就是在给定的环境中，系统只有在'目的点'或'目的环'上才是稳定的，离开了就不稳定，系统自己要拖到点或环上才能罢休，这也就是系统的自组织。"（钱学森，1982）地震大地测量学数年、十年尺度的一系列观测结果与新构造运动百万年尺度平均结果的整体一致就是上述特征的有力的证明。

可以认为新构造运动及其所包含的现代地壳运动和现今地壳运动，整体具有渐变性，过程具有持续稳定性。这是大自然自组织演化的恩赐，只要人类不妄自尊大，不要企图"人定胜天"以"他组织"去干扰破坏大自然的自组织，从节律时间看，许多代人类均还可望享有适合生存的美好时光。由于动力系统结构复杂，始终受到内外多种动力的作用，即便整体稳定有序，在其局部域也会经常出现非稳定状态，系统就会通过自调节来消除局部非稳定状态，以维持整体的长期稳定，地震孕发过程也是地壳运动系统为保持自身稳定的自调节方式之一。因此中国大陆新构造运动，现今地壳运动其动力系统不是以剧烈突变为特征的以自创生为主的自组织，而是以整体协调稳定为背景的以自调节为主的自组织。这给大（强）地震的可预测性提供了科学依据，启示了科技途径。

12.3　中国大陆现今变形动力系统演化与地震行为

本节在地球系统科学、地球动力系统理念下，以大地测量学、地球物理学、地质学与复杂系统理论、动力系统的初步交融为前提，试图提出中国大陆岩石圈现今地壳运动—变形动力系统演化与地震行为的基本概念。它可望成为连接多种观测、模型、学科，整体探索并推进地震监测预测的框架。

12.3.1　中国大陆岩石圈现今地壳运动—变形动力系统

图 12-6 是中国大陆岩石圈现今地壳运动—变形动力系统的示意图。方框表示系统边界，边界内为系统本身，系统由多个具有相互作用的子系统(subsystem)构成。边界之外为系统环境(environment)，系统与环境之间存在着能量流、物质流和信息流的相互作用。输入是环境对系统的作用，在输入的激励下通过系统内部各子系统间的相互作用，系统涌现出与环境相适应的特定的整体性，形成系统与环境稳定的依存关系。输入 $C(t)$ 和系统内部各子系统之间发生复杂的相互作用，使系统产生整体响应，形成状态 $X(t)$，持续演化并产生出一系列行为形成系统的输出 $Y(t)$，如中国大陆现今地壳运动(含地壳运动、变形、深部物质运移)及地震等。在输入与输出之间存在着动力学反馈，负反馈趋稳定，正反馈趋激变。以上的一般性的原理描述同样适合于系统所属的子系统(周硕愚，1988；许国志，2000)。

图 12-6　动力系统示意图

为行文的简洁，以下探讨中也可将"中国大陆岩石圈现今地壳运动—变形动力系统"简称为"大陆现今变形动力系统"或"动力系统"。

12.3.2　现今大陆变形动力系统是复杂系统

在监测预测工作中，人们往往会说"此事物(或此数据)很复杂"，通常指的仅是多样性或统计结果的离散性，并不能代表复杂系统中复杂性(Complexity)的深刻含意。认识到非生命系统的复杂性，是从 20 世纪中期起许多卓越科学家群体共同努力的划时代的重大创新，如普利高津的耗散结构学派，哈肯的协同论学派，盖尔曼、安德森、阿罗、霍兰等的圣菲研究所(SFI)学派和钱学森学派，等等。面对 21 世纪人类面临的环境、资源、能源、自然灾害和持续发展等多种难题必须理解复杂系统(Understanding Complexity Systems)。

自 20 纪 80 年代以来，地球科学开始走向以地球系统科学为特征的新时代（Research Questions for A Changing Planet by Committee on Grand Research Questions in the Solid-Earth Sciences，National Research Council，2008；中国科学院地学部地球科学发展战略研究组，2009）。付承义院士是我国将新科学观念应用于地震领域的倡导者和指导者，他审读《系统科学导引》（周硕愚，1988）后，在致作者的信中说："我觉得近年来的地震预测工作似乎处于胶着状态（国外也是），亟须从基本概念上进行反思……出现了这方面的工作这是可喜的现象，当前的问题似乎是如何将这些新观点和地震的具体实际联系起来，例如，地震的总体特征可能和地震的个性不相同，但地震都有哪些总体特征？如何识别等。"（傅承义信函，1989）陈运泰指出"地震科学是在多学科交叉域综合研究地震现象的科学"，"所包含的学科有传统地震学、地震大地测量学、地震地质学、岩石力学、复杂系统理论以及与地震研究有关的信息和通信技术"（陈运泰，2009）；强调了学科交融、还原论与整体论的结合、理论与技术的结合和地震科学的发展需要复杂系统理论。

以地震科学多种观测事实为基础，结合地球系统科学、地球动力系统和复杂系统理论基本原理，我们认为"中国大陆岩石圈现今地壳运动—变形动力系统"是复杂系统。

1. 一个由大量不同等级和不同性质子系统组成的"系统"

"大陆岩石圈是一个不均一、不连续、具多层结构和复杂流变学特征的综合体。"（许志琴，2006b）纵向层次除脆性层、韧性层等基本结构外，还存在脆-韧转换带、不同岩石物性层面的滑脱（拆离）等；横向除活动地块、边界带等基本结构外，块体内部还存在更次级的子系统以及不均匀的硬、软包体、侵入体、断层、断裂等。这些介质结构和物性多样化的各个部分又以多种已知或尚未认知的相互耦合关系组成一个整体。

2. 一个开放的远离热平衡态的有组织的、有演化历史的"系统"

"系统"高度开放与环境（周缘构造板块、软流圈、地幔对流、可能上升到地表的超地幔羽、地球各外圈层、天体等）之间存在源源不断的能量流、物质流、信息流交换，消除"熵"的增生，保持系统作为远离热平衡态的耗散结构的自组织性。系统稳定存活有悠长的演化历史可追溯，并继续演化着。

3. "系统"各子系统之间及其与环境之间的非线性相互作用（动力学耦合）

在"系统"内部的各等级地块与边界带（断层带）之间、带的各分段之间、地块内各不均匀地体之间、脆性层与韧性层与软流圈之间、系统与环境（板块运动、地幔对流、大气层、天体等）之间存在着丰富的相互作用。它们不满足线性系统所要求的齐次性和叠加性，具有非线性。例如，即便在印度等板块对中国大陆的作用为稳定速率的条件下，大陆内部仍会出现地壳运动时空分布与地震活动强度演化的显著差异；当地震孕育过程进入临界态时，即便应力不再增加，也会突变失稳产生大的变形；震后形变呈对数型衰减；等等。非线性是系统产生多样性、奇异性和复杂性的根源。

4. 相互作用还表现为反馈：正反馈趋向激变，负反馈趋向稳定

例如，大震临界态时的"地震成核"、"断层预滑动"等具有自我催化作用的正反馈。大震后该区在一定时间内"对大地震免疫"、冰后回弹、重力均衡等具自我调节作用的负反馈性。两种反馈均有必要，通过地震等途径使局部不稳定地域归复（recurrence）稳定，使"系统"整体动态地保持生存与稳定，从而使自然环境和生态过程维持稳定，这对人类社会的持续存在与发展具根本意义。

5. 多种空间时间尺度的相互作用

"系统"的子系统间的相互作用(动力耦合),可能是浅层之间的、低等级子系统之间的,也可能是深部之间的、高等级子系统之间的;因此既有短程的,也存在长程的相互作用。同一断层上不同性质分段之间的、韧性层(稳态蠕滑)与其上面脆性层(相对闭锁)之间的、两个相邻地块之间的短程相互作用等。大空间尺度具有一定协同性的地壳运动行为和大地震群发的长程相互作用,例如,1976年在短短的87天中,以1500~2500km的长程,从中国西南至华北又折回西南,相继发生龙陵、唐山、松潘6次7.0级以上大震。又如2008年汶川8级大震前后在欧亚板块和澳大利亚-印度板块边界带及其影响区内发生一系列的大震和变形事件等。

6. "系统"内部一系列非线性相互作用导致系统整体涌现性

整体特性不等于所有组分之和,也不是环境能直接决定的,而是通过自组织形成的与环境相适应的动力系统的整体特性(结构、功能、演化与行为等)。经历了数十亿年漫长的地球与地质演化史,约在百万年前左右(喜马拉雅运动第三幕)出现系统整体涌现性,形成具有现今整体特性的中国大陆(如纵向多层次、横向多块体、整体而又不均一的结构;GPS观测确认的向北西、向北、向北东、向东、向东南和向南扇形展开的地壳运动,青藏高原东缘地球内部物质向东向南的流变等)。这些特性不是可以由某一局部或它们之和所能决定的。由于结构的非均一性和时间之矢的多种动力过程,系统的整体涌现性还必须动态地对系统做出适应性调整;多姿多彩的现今地壳运动和地震(高潮期、大地震等)行为等,正是必要的自调节途径之一,以维护"系统"的长期稳定与持续生存。

7. 现今大陆变形动力系统的定位与作用

现今大陆变形动力系统是一个复杂动力系统,是地球动力系统的一个子系统,也是地球系统科学框架系中的一个子框架。与地球科学基础研究、当代人类社会需求紧密相关,是一块尚待开垦的"处女地"。

12.3.3 现今大陆变形动力系统的结构与边界

1. 系统结构:横向多地块和深部多层次,包含多等级子系统的复杂结构

$$S=\langle A, R \rangle \tag{12-8}$$

式中,S表示系统,A是系统S中多个子系统的集合,R是子系统之间关系的集合。系统由子系统集与关系集共同确定,是相互作用的多个子系统的复合体。鉴于系统的规模,为便于研究,可将系统划分为若干个子系统,用S_i表示。S_i是S的一部分(子集合),即$S_i \subset S$;S_i本身也是一个系统,也应满足式(12-8)。复杂系统可逐次分解为多等级(多层次)的子系统。子系统及子系统之间关联方式(系统把其元素整合为统一整体的模式)的总和,称为系统的结构。

中国大陆岩石圈的基本结构是多等级、多层次的地块嵌镶结构。岩石圈主要由上地壳、下地壳和岩石圈地幔构成。纵向层次除脆性层、韧性层等基本结构外,还存在脆-韧转换带、不同岩石物性的滑脱拆离层(decollement)。

从本书第11章图11-9中可看出由深部至地表的"层次—界面—层次"结构,依次为:

上地幔—软流圈(滑脱层)—岩石圈地幔；岩石圈地幔—莫霍面(滑脱层)—下地壳；下地壳—(滑脱层)—上地壳；上地壳—(滑脱层)—地表沉积层。

在层与层之间存在着地震波速在此发生显著变化的分上、下层为不同物理性质的界面，各界面均可能出现滑脱、拆离。在大陆岩石圈形成和演化过程中，产生了各种由地表切割至不同深度的滑脱、拆离断层(detachment fault)：切割到软流圈顶部的岩石圈断层、切割到 Moho 面的地壳断层、切割到下地壳顶部的基底断层、切割到上地壳顶部的地表断层。它们分别作为边界带或断裂带、断层及断裂，构成了各种不同等级、不同规模而又相互作用的地块嵌镶结构。

大陆岩石圈和中国大陆现今地壳运动—变形动力系统均为规模巨大的复杂动力学系统。其结构与子系统可能具有以下特征：

(1)不同空间结构与不同研究目的的多等级子系统

按动力与构造特征，以南北地震带为界可将中国大陆分为中国西部、中国东部以及周缘板块俯冲碰撞边缘地带三大类。

按地块嵌镶结构的等级层次为：中国大陆⊃一级活动地块与边界带⊃二级活动地块与边界带⊃更次级的地块与断层带⊃地块内部与断裂带等。

按动力系统与地震行为关系，可分为中国大陆整体演化与长期地震预测系统、由某些特定地域组成的成组关联地震孕发与地震大形势系统、以某坚固体(闭锁段)为系统核的地震孕发系统以及为特定研究、试验与应用为目的而划定的其内部较其外部有更密切关联的系统。

(2)深部结构

深部结构包括多层次的脆性上地壳层、韧性下地壳与岩石圈地幔、软流圈、陆下地幔，还可细分出层与层间的过渡带，如脆-韧转换带等。

(3)时间-频率域

具甚宽频性：百万年、万年至数十年、年、月、日、时、分、秒及其以下。

(4)相互作用和动力学耦合

环境与系统、系统与各等级子系统之间、各子系统(各具不同的地域、深度和时频范围以及介质物性等)之间均具相互作用和动力学耦合关系。相互之间的激励(输入)与响应(输出)关系基本均是非性线，并具明显的反馈关系(负或正)，空间上的整体关联、长程关联，时空结构上的继承性，演化过程中的整体涌现性和多种可能性空间的分岔性、突变性等往往出人意料。其关联方式与系统结构鲜明显示了复杂动力系统特征。

2."系统"的边界：板块边界(撞碰带、海沟)与上地幔

系统之外的一切与其相关联的事物构成的集合，称为该系统的环境。系统 S 的环境 E_S 是指 S 之外一切与 S 具有不可忽略的联系的事物集合：

$$E_S = \{x \mid x \in S\ 且与\ S\ 具有不可忽略的联系\} \tag{12-9}$$

将系统与环境分开的界限称为系统边界，是把系统与环境分开来的所有点的集合(曲线、曲面或超曲面)。

中国大陆位于欧亚板块的东南隅。基于地质学、地球物理学和地震大地测量学多年的研究和观测结果，如板块构造学说、地震活动性、《中国岩石圈动力学地图集》和近 20 多年来中国大陆及其邻区空间大地测量结果及其定量模型等，可将中国大陆岩石圈现今地壳运动—变形动力系统的边界视为：

（1）球壳面上的边界

印度板块对欧亚板块俯冲碰撞的边界带、太平洋板块和菲律宾海板块以不同的低、高角度对欧亚板块俯(仰)冲的边界带。

（2）深部的边界

以岩石圈三层结构(上地壳、下地壳和岩石圈地幔)最下层的上地幔软流圈为边界。

（3）各子系统边界

根据实际结构及研究目的确定自己的边界。

12.3.4　现今大陆变形动力系统的动力源

环境对"大陆现今地壳运动—变形动力系统"施加的动力大概可分为三大类：地球内部动力(以地核为主导)、地球外部动力(以太阳为主导)和人类活动作用。其中，由地球内部对"系统"施加的动力，是导致现今地壳运动和地震灾变行为最基本的动力源。环境以能量流、物质流的形式作用于系统，导致系统内部物质运移、介质物性、体积力、阻抗力等的变化，通过直接驱动、耦合和协同效应、临界涨落放大、触发效应等多途径推动"系统"自组织演化。可近似将中国大陆岩石圈现今地壳运动—变形动力系统的动力源理解为：

1. 地球内部动力

（1）板块驱动力对中国大陆岩石圈的作用(是立体的整体作用并非仅是壳面作用)

大陆岩石圈多层次耦合(脆性上地壳、韧性下地壳和上地幔)导致区域构造运动和地震的新模式(M. D. Zoback，M. L. Zoback，2002；M. D. Zoback，J. Townend，2001；Keiiti Aki，2003，D. P. Yan，2009；杨巍然，2009)如本书第 11 章图 11-10 所示。目前该模式获得越来越多的科学证据。例如，对全球岩石圈构造应力的相当彻底的调研和全球应力场图的编制；多层次耦合模型基于韧性层稳滑对脆性层应力速率的模拟计算；对脆-韧转换带中尾波 Q^{-1} 和脆性层中地震频度 $N(M_c)$ 耦合相关关系的发现；对中国大陆内部多层拆离构造的实际调查研究(D. P. Yan et al.，2009)；基于 GPS 观测建立的中国大陆现今地壳运动模型等。基本认识是："假设岩石圈由三层组成：脆性的上地壳、韧性的下地壳和上地幔，假定这三层共同支持板块驱动力"，"只要岩石圈三层之间是互相耦合的，在下地壳和上地幔就将引起稳态蠕变，并由于它们的蠕变，而增强在它们上面的脆性层内的应力"。中国大陆现今地壳运动模型(以欧亚板块为基准或以中国大陆整体无旋转为基准)的空间分布图像(图 12-4 和图 12-5)，被公认为与区域构造运动强度和地震活动强度对应良好，恰好印证了大陆岩石圈多层次耦合新模式的结论——某区域构造稳定之所以稳定，是因为该区域的韧性层变形率低，而活动地区之所以活动，是因为其韧性部分的变形率高。脆性上地壳以弹性变形(应变)为主，韧性下地壳和上地幔盖层以韧性变形和黏塑性流变为主，从底部耦合驱动着上覆脆性地壳的运动和变形。显示出三层次耦合模式，比袭用的单层次(脆性上地壳)模式，更接近大自然的实际，较能揭示内蕴规律。

中国大陆位于欧亚板块的东南隅,欧亚板块本身的运动和印度、太平洋、菲律宾海板块对中国大陆的俯冲碰撞是中国大陆现今地壳运动—变形动力系统主要的动力源,而印度板块的作用尤为重要。

(2)壳幔边界(岩石圈–软流圈耦合)对中国大陆岩石圈的作用

尽管软流圈稳态塑性流能控维其上面的岩石圈地幔和下地壳韧性层的稳态蠕滑,从而使中国大陆岩石圈地壳运动保持有序和稳定状态。但当地幔(尤其是上地幔)中的重力——物理化学分异、物质相变发生时,就会在岩石圈底部施加上升力或下沉力,导致地壳中垂直向压应力、张应力和剪应力的变化以及水平向诸应力的变化;而当软流圈上涌,热物质挤向地壳底部或沿某通道上升直接穿入地壳内部时,均可能导致地壳内部非稳定动力学势态产生,成为地壳运动的另一类不可忽视的动力源,因而地震孕发和火山孕育爆发在一定程度上具有可类比性(郭增建,1979;Keiiti Aki,2003;杨巍然,2009)。汶川 8.0 级大地震前水平形变未能观测到显著异常,而垂直形变和重力却有较显著异常,也可能与物质流上涌击破龙门山断裂带的强闭锁有关,即该大震是浅层阻抗力(能量流)和深层体积力(物质流)共同作用的结果(滕吉文,2008;杜方,闻学泽,2009;周硕愚,2010)。

(3)核幔边界(核幔耦合)及地幔柱、羽的作用

岩石圈能超深俯冲,其板片可以从地球表面俯冲到核幔边界;反之,超地幔羽也可以从核幔边界直接上涌到地壳表层,并导致大量热点的产生(图 12-7)。核幔边界既是高速深俯冲异常板片的"墓地",又是低速异常体和超地幔羽的发源地。"研究岩石圈板块必须了解板块下的构造,探索岩石圈板块的驱动力应该从"岩石圈动力学"升华到"地幔动力学"(许志琴,2003,2006b)。

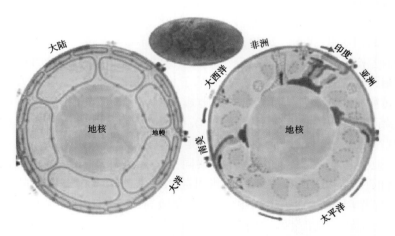

左图为双层对流模式,分为两部分:由上地幔的小对流环与下地幔的大对流环组成,是两个对流体系;右图为单层对流模式:表现了太平洋岩石圈板片往东及往西分别俯冲在美洲和亚洲大陆之下,抵达核幔边界,形成"墓地",印度次大陆岩石圈板片呈翻转几何学俯冲在亚洲大陆之下,下面有若干拆沉的岩石圈残片;东非、大西洋及东太平洋位置上有从核幔边界形成的超地幔羽上升到地表。假设整个中下地幔的对流由无数小对流环运载。褐色代表大陆地壳,蓝色代表大洋地壳,紫色代表厚度变化的上地幔,核幔边界附近带有"十"字的深蓝色地域为俯冲岩石圈的"墓地",红点域代表热的地幔羽,绿色虚线圈代表下地幔中的对流环。

图 12-7　地幔的对流模式(M. Mattauer,1999;引自许志琴,2006b)

（4）地球整体效应作用

地球整体效应作用有地球自转速度变化、极移等。

2. 地球外部动力

（1）水圈的作用

两极和高山的固态水、大海、洋流、河湖、深层与浅层地下水等以它们长期的和季节性等的变化影响到重力场和地球自转速率；降水、旱与涝、地下水对岩石裂隙的渗透（孔隙压力变化）与现今地壳运动与地震行为有一定关联，并使地震大地测量观测数据内涵更趋复杂，还存在剥蚀、沉积等导致的地壳形变。

（2）大气圈的作用

日照、温度、气压、降水量、台风等过程直接影响现今地壳运动的微动态变化。高空电离层动态、磁暴磁扰等与岩石圈中感应电流的耦合，可能导致断裂带温度和摩擦力变化，而台风等对地壳的加载有可能在地壳变形处于临界态时触发地震，同样使地震大地测量观测数据更趋复杂，还存在剥蚀、沉积等导致的地表形变。

（3）太阳、月亮等天体的作用

太阳是驱动水圈、大气圈变化的主要动力，对地壳表层形变有直接影响。太阳、月亮的起潮力使地球整体发生周期性形变——固体潮汐，可以利用其理论值与观测值间的差异，对地球介质勒夫数实施动态探测。在一定条件下，地球固体潮汐也有可能成为地震触发因子。此外，新星和超新星爆发和以宇宙线大的地面增强事件（GLE）为标志的太阳大的宇宙线耀斑等与大地震关系也在探索中（虞震东，2008）。

3. 生物圈中的智慧圈——人类活动作用

人类活动对现今地壳运动和地震的作用正越来越大，往往破坏了大自然自组织机制维持的稳定态，常常会遭遇意外的报复。几乎所有大型水库都存在水库诱发地震、地下核爆炸触发地震（Aki and Tsai，1972）。在陡峭地区，由于铁路、公路、采石场、采矿场开挖、人口膨胀使坡地上的建筑急剧增多，加大了山坡的坡度，植被被破坏，改变原有地壳的稳定性，滑坡灾难经常是天灾（暴雨、地震）与人祸的结合。

上述各动力可理解为图 12-6 中的动力系统的输入（能量流与物质流）。地球内部动力对中国大陆地壳运动及地震起着基本的常态的重要作用：如构造板块之间的相互作用主要导致地壳的水平运动和变形，也导致地壳的垂直运动和变形；来自深部的壳幔边界和幔核边界作用主要表现为物质运移导致地壳的垂直运动和变形以及密度和重力变化，也导致地壳的水平运动和变形。地球外部动力也不可忽视，它们不仅对地壳运动起着周期或韵律的调制作用，在地震孕育过程进入临界态时还可能激化外圈层与内圈层之间的动力学耦合，通过反馈（正、负）起到成核触发或抑制的作用，否则难以理解现今地壳运动及地震系统复杂的演化过程与行为。来自岩石圈内部和地球深部的动力固然十分重要，但当前我们对它们的实际观测（探测）和科学认知却依然很不足；对同震及震后动力行为虽有一定认识，但对震前（尤其是临界态）动力行为则知之甚少。这些都有待于地震学、地震大地测量学、地震地下流体学、地震电磁学等更多更深入的观（探）测研究和在地球系统科学框架下地震科学、岩石圈动力学、地幔动力学、大陆动力学、地球动力系统研究的进展。

12.3.5　"动力系统"的不动点吸引子效应——动力学稳定态(常态、震间态)

如 12.2 节所述，作为复杂动力系统的中国大陆地壳运动的演化方程，是非线性动力学方程组。用微分方程定性理论或数值计算方法求解，可获得演化的"终态"：由"不动点(定常)吸引子"控制的"目的点"、由"极限环(周期)吸引子"和"环面(拟周期)吸引子"控制的"目的环"。"目的点"的李雅普诺夫(Liapunov)指数均由"负数"组成，"目的环"的李雅普诺夫指数均由"负数"和"零"组成(图 12-3)。这意味着在演化过程中尽管经历扰动或偏离，经过系统自己的反馈调节最后仍会回归到"目的点"和"目的环"，继续保持系统的稳定状态。"所谓'目的'就是在给定的环境中，系统只有在'目的点'或'目的环'上才是稳定的，离开了就不稳定，系统自己要拖到点或环上才能罢休，这也就是系统的自组织。"(钱学森，1982)"现今中国大陆地壳变形动力系统"的定常吸引子效应表现为动力学稳定态、定常态或震间态。这种由整体论方法得出的综合结果与由还原论方法得出的分析结果是互补的和相通的。以下列出一些基于观测获得的现今中国大陆地壳变形动力系统不动点吸引子效应现象。

1. 与深部和大尺度运动有关的稳定态

(1)中国大陆地壳运动速度场的整体稳定性

从 20 世纪末到现在，多位研究者(周硕愚等，1998b；Q. Wang et al.，2001；李延兴等，2003；黄立人等，2004；江在森等，2006；王敏等，2009)先后以不同的 GPS 测站数量(由数十个至千个或更多)和不尽相同的数年尺度的时间间隔所给出的中国大陆现今地壳运动速度场，与不同的研究者基于地质学方法和时间尺度(1~2Ma、0.78 Ma)给出的中国大陆新构造运动速度场，两者在空间分布结构，速度矢量方向和模值上整体一致，仅存在粗细和精准度上的差异。

(2)大陆内部主要活动地块及其边界带运动的整体稳定性

应用一定时间隔的 GPS 观测数据，基于欧拉(Euler)运动学方程或又加入了应变附加项的方程所建立的现今活动地块模型和依据相邻地块得到的现今边界带运动，与地质学新构造运动和现代构造运动的结果整体一致。

(3)整体稳定性可能主要源于岩石圈地块的深部稳定滑动

基于欧拉方程能够合理并成功建模的地域，其地壳运动应包括地块在深部软流圈上的稳定滑动(即准刚性运动)和浅层中的应变等，而前者占主要成分。这种大陆深部的稳滑又与全球地幔对流和中国大陆周缘板块运动的整体稳定性有关。

一个实例是，作为青-藏亚板块内部的甘-青与川-滇两个活动构造块体边界带(丁国瑜)或巴颜喀拉与川滇两个二级活动地块(张培震)边界带的鲜水河断带北西段。用现今数年尺度的相邻两地块的 GPS 模型、完全跨越该断裂两侧变形带的 GPS 剖面、百万年尺度的新构造运动地质学方法、数万年-数千年尺度的现代地壳运动地质-地貌学方法和地震学的地震矩张量等五种不同学科不同时间尺度求得的该断裂带年速率(mm/a)相当接近，其中两种 GPS 和地震矩方法很一致，与地质学和地质-地貌学方法虽略有差别但仍相当一致(表 12-4)，可见两相邻活动地块(或块体)在深部相对滑动具有长期稳定性。

(4)8 级地震空间分布的稳定性

"我国大陆几乎所有 8 级和 80%～90%的 7 级以上强震发生在活动地块边界带上，表明地块间的差异运动是大陆强震孕育和发生的直接控制因素"，"活动地块是被形成于晚新生代晚第四纪(10 万～12 万年)至现今强烈活动的构造带所分割和围限、具有相对统一运动方式的地质单元"(张培震等，2003)。说明中国大陆地块网络在结构和动力学上均具有长期稳定性。

2. 与浅部和小尺度运动有关的稳定态

不动点吸引子效应不仅存在于中国大陆地壳运动—变形动力学大系统中，也存在于在纵向分层、横向分块基本格局下，由不同滑脱层拆离构成的不同等级的各个子系统中(见本书 3.2 节和图 12-2)。例如，每一个跨断层(或跨主断面)形变测量时间序列、每一个形变台站连续观测时间序列(地应变、地倾斜、GPS 等)，在正常情况下其趋势项($\Delta T \geq 365$ 天的低通滤波)基本上均呈准线性，表现出运动速率在一定时间区间(如数年、十余年内)内的稳定性。又如，在活动地块内部，由切割不是太深的断层所构成的断层网络，尽管各条断层或断裂之间的运动有一定差异，但代表该区域现今断层网络运动整体强度(活动水平)的合成值或平均值，在正常情况下和一定时间区间(如数年、十余年内)也显示出稳定性。

在稳定程度和时间持续长度上，小尺度的浅部地壳运动显著弱于大尺度的深部地壳运动。可能是高等级的大尺度的深部地壳运动控制了低等级的小尺度的浅部地壳运动以及后者内部相互协同的结果，而两者均显示出正常动态和震间态的特性。

3. 与时间过程、空间分布结构和时频结构有关的稳定态

除时间序列在正常情况下，在一定时间区间内，其趋势(低频成分)呈现准线性的稳定性外；由区域重复观测获得的描述其空间分布动态图像结构的结构参量(如不均匀度、信息熵、分维数、有序度等)在正常情况下，在一定时间区间和空间范围内也存在相对的稳定值。观测时序的时频分析(小波分析等)显示，在正常情况下，在一定时间区间内其时频结构也具有相对的稳定性。此外，功率谱等也存在类似现象。

4. 与相关关系有关的稳定态

地壳运动动力系统不动点吸引子效应的另一种表现是，在同一层次或不同层次中，不同的物理参量在正常情况下具有稳定的相关关系。前者如我们熟知的震级与地震频次的线性关系(b 值)；后者如尾波 Q^{-1} 值与震级近于 M_c 的地震频度 $N(M_c)$ 的正相关关系，"在正常时段，尾波 Q^{-1} 随时间的变化与 $N(M_c)$ 同步，二者正相关，但是在大地震前，前者要滞后于后者 1～4 年"(Kei Aki，2003)。

5. 震间形变(动力学稳定态)

地震孕发过程的地壳形变，包括对地壳运动动力学稳定态(震间形变)的偏离(震前形变)、临界突变(同震形变)和震后余滑(震后形变)重新归复到震间形变(动力学稳定态)。上述几类动力学稳定态对理解地震孕发过程和推进地震预测具有基础意义和应用价值。

12.3.6　动力系统的极限环与环面吸引子效应——周期波动与周期韵律

如前所述，动力系统有三种定态：不动点(定常)吸引子(稳定定态吸引子)、极限环(周期)吸引子和环面(拟周期)吸引子。前者使动力系统走向稳定定态，系统到达后若无外部作用驱使，将保持不变的状态（即便受到外来扰动它仍会自动地回归到稳定状态）；后两者是各种自动反复回归的、状态的集合。

1. 极限环吸引子（周期波动）效应

基于观测获得中国大陆地壳运动—变形动力系统的"极限环（周期）吸引子"和"环面（拟周期）吸引子"的诸种效应现象，如地球固体潮汐、周日变、年周变（季节变）、地震-地壳形变循回等，见本书 2.2 节，在此不作具体描述。

在地壳表面（含深度为数十米的浅层）进行的地震大地测量，包括多种台站连续观测、GPS、水准、重力、跨断层测量等，均包含周日变、年周变（季节变）的影响。当观测值的信息分辨力达到 10^{-8} 和更高时会包含地球固体潮汐的影响。在精细处理数据时，必须顾及。长期观测这些周期性变化，特别是各类地球固体潮汐因子以及由它们线性组合而推求出的勒夫数，对地球动力学模型和地下介质物性的定量探测有重要意义。地球固体潮汐因子和年周变（季节变）在正常情况下的长期变化，也构成一种稳定态背景，对地震预测具有一定意义。

2. 环面吸引子（周期韵律、拟周期运动）效应

环面吸引子是由多个不同周期且周期比为无理数的周期运动叠加在一起形成的复杂运动形式，称为拟周期运动。对地震机理和地震预测而言，最有意义的是"地震-地壳形变循回"（Earthquake-Crustal Deformation Cycle），包括狭义和广义的大（强）震循回以及成组关联的大（强）震丛集循回。

（1）狭义的地震-地壳形变循回

在特定活动断裂带的特定地段上发生震级基本相同的特征地震循回，可能是三层次结构岩石圈中，断层深部韧性层稳定滑动与断层上部脆性层形变动力学耦合所致。例如，在美国圣安德烈斯断裂带和我国鲜水河断裂带，均发现在某些断层段落中存在着特征震级地震的平均复发间隔（丁国瑜等，1993）。又如，汶川大地震后不少研究者（陈运泰、姚振兴、陈章立、纪晨、美国加州理工学院等）估算了龙门山断裂带 8.0 级强震可能的复发周期。考虑到彼此之间的差异，复发周期估计为 2000~6000 年（张培震等，2008）。狭义的地震-地壳形变循回对地震危险区划分、长期地震预测有参考意义。

（2）广义的地震-地壳形变循回

这是在大量观测数据归纳、岩石力学和复杂动力系统理论相结合的基础上，提出的一种大（强）震孕育发生过程的形变循回模型，对地震研究和地震长、中、短临预测有参考意义。

（3）成组关联的大（强）震丛集循回

由成组关联的大（强）震所形成的地震高潮期（幕）可能也具某种循回性，它对大陆动力学和地震超长期、长期预测有参考意义。

12.3.7　动力系统的自组织临界态（SOC）及其与地震预测的关系

1. 自组织临界（SOC）——处于"混沌边缘"的"非稳定定态"

在一切生命与非生命"动力系统"演化过程中均存在着临界和相变现象。一旦系统的参量（起主宰作用的序参量）变化到一定的临界阈值，系统就会产生状态的突变。液态水在标准气压下，温度上升到100C°化为气，下降至0C°凝为冰，这就是一个临界和相变的实例。临界态是通过系统自组织演化形成的，因此称为自组织临界（Self-Organization Criticality，SOC）。

图 12-8 是自组织临界的沙堆定性比喻。为定量研究沙堆演化过程，在实验室特制的设备中，将沙粒缓慢均匀地、一次一粒地撒落在一个圆形平面上，逐步形成沙堆。随着坡度的增加，会引起一些小崩塌。当加入的沙粒数量与落在边缘之外的沙粒数量在总体上达到平衡时，沙堆就停止增长，系统在此时就达到临界状态。对处在临界状态下的沙堆加入一粒沙子时，这粒沙子可能引起任何规模的崩塌，包括大崩塌。在混沌系统中微小的初始不确定性随时间按指数规律增长，而沙堆模型的不确定性按幂律增长，比混沌系统要慢得多。因此，认为沙堆模型所模拟的自组织临界状态（SOC），具有"弱混沌"或"混沌边缘"的行为特性，表现了系统在混沌边缘上的进化（Per Bak，Kan Chen，1988）。

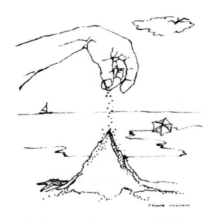

当缓慢地添加沙粒时，沙堆会自发地组织自己进入临界态，在此状态下，添加单一的沙粒可能触发任何尺度的"雪崩"。

图 12-8　自组织临界的沙堆比喻（Kim Christensen，Nicholas R. Moloney，2005）

从动力系统演化理念看，"自组织临界态"是介于"稳定态"、"周期态"、"拟周期态"三种定态和"混沌态"之间的一种较为特殊的过渡态。它不是完全的"混沌"，而是一种"混沌边缘态"。前三种定态是"稳定的定态"，而"自组织临界态"则是"非稳定定态"，如图12-1 中的 B 点。由于其 Liapunov 指数谱的符号中有"正"号，在正反馈的作用下，小涨落可能会放大为巨涨落，进而突变失稳，即很小的输入可能激励出很大的输出（系统响应），俗称"一根稻草压死一匹骆驼"。当绝壁的坡度和介质物性达到临界状态时，一声吼叫可能导致大雪崩、一场小雨，一个小震可能导致大滑坡。环境和生态系统缓慢持续地被破坏，当推进至临界态时会导致意外的大灾变。

2. 自组织临界（SOC）与地震预测的关系

Per Bak 和 Kan Chen 对自组织临界状态的研究认为："大的相互作用系统自然地朝着一种临界状态进化，在这种状态下，小事件能够导致大突变。"这是正确的，但生搬硬套到地壳运动上就十分片面和不符合实际。如认为"地壳的确被锁定在永久的临界状态",进而做出"地震不可预测"的错误推论。不少人盲目附和,但一些地球科学人持不同意见,如周硕愚(1993a,1999,2004,2007)、吴忠良(1998)、Sykes 等(1999)、Kei Aki(2003)、陈运泰(2010)等。下面基于复杂动力系统自组织演化理论,地震大地测量学和相关学科对中国大陆现今地壳运动动力系统的大量观测结果,来阐明自组织临界(SOC)与地震预测的关系。

①现今地壳运动动力学的基本状态(常态)是自组织稳定态(SOSS)而不是自组织临界态(SOC),SOC 不能否定地震预测。

对板块、块体,边界带、断层带及速度场、应力场等的观测与研究表明,现今地壳运动(几年至数十年尺度)与现代地壳运动(万年至十万年尺度)与新构造运动(约百万年尺度)整体上具有一致性。这表明地壳运动百万年来整体动态稳定,证实地壳运动动力系统存在不动点吸引子、极限环吸引子及环面吸引子,故而能长期保持自组织稳定态(Self-Organized Stable State,SOSS)。对正在进行中的现今地壳运动观测还表明:地震等暂态突变行为发生之后,地壳运动(时变过程、空间分布、频谱结构等)仍会自动回归到"震间形变"(正常态趋势性和周期性变化),表现为在各动力吸引子牵引下,震后对"稳定态"的归复。而震前出现的具有自组织临界态(SOC)性质的异常行为仅出现于局部时空域内,且震后就会消失。因此 Per Bak 推测地壳运动时时处处都被锁定在自组织临界态(SOC)的观点理论上是片面的,也不符合自然现象的实况。地壳运动的动力学基本态(定态、常规态)是自组织稳定态(SOSS),而自组织临界态(SOC)仅是地壳运动演化过程中出现于局部时空域中的暂态行为。

②仅出现于地壳运动局部时空域中的自组织临界态(SOC),也包含有一定的与预测地震三要素(时、空、强)有关的信息。

混沌是确定性的随机(在一定确定的相空间域中的随机运动),而混沌边缘态——自组织临界(SOC)又具有将小涨落放大为巨涨落的鲜明特性。在现今地壳运动整体稳定的背景下,当在某局部地域的某特定时间段中出现了类似临界态行为时,就像在平坦的沙滩上发现了一个突出的正在生长的沙丘。例如,在大强震之前往往会在未来的震源区和近源区地域,发现涨落增强、群体(丛集性)异常、超大幅度异常、地震成核过程、圈层耦合强化和触发效应等,有可能为地震预测提供一定信息。

③自组织临界(SOC)的存在,导致完全确定性的地震短临预测困难,我们只能逐步逼近自然规律制约的极限,但不能改变复杂动力系统的本性。

由于复杂动力系统存在"混沌态"和"临界态"("混沌边缘态"),尽管两者不足以完全否定地震预测的可能性,然而会使完全确定性的地震预测(特别是精确的短临预测)相当困难。不管观测技术如何先进,监测网络如何密布,我们只能逐步逼近自然规律所制约的极限,但无法改变复杂动力系统的本性。要实现对一切地震完全确定性的非概率的理想化的预测是不可能的。

12.3.8　地震的可预测性和预测的不完全确定性

地震预测是公认的世界科学难题,被认为是"人类进入 21 世纪以后,在地球与行星科学研究方面所面临的 10 个前沿性基础科学问题"之一(美国国家研究委员会地球科学重大研究问题委员会，2008)。它又是关系人类生存与发展的迫切社会需求之一。

1. 地震具有可预测性

人类盼望解决但至今尚未解决的难题可分为两类：一类是随着科学技术的进展将逐步得到解决；另一类是人的主观愿望与自然界内在的固有规律相悖，无论做怎样的努力均无法实现愿望，如"长生不老"、"永动机"等。地震预测应属第一类，理由如下：

(1)物理机理

地震学、地球动力学和岩石力学等均证实，地震孕发是固体地球的局部地域内应变(应力)逐步积累直至达到岩石强度而突然破裂并释放应变能的过程。只要能观测和识别此过程，就应能预测。

(2)现今地壳运动力学基本状态是自组织稳定态，具可观测性、可模拟性

在地球系统科学和地球动力系统框架下，以多尺度、动态连续、精确定量新观测技术为特色的地震大地测量学揭示出：当今正在进行中的现今地壳运动(数年至数十年)与现代地壳运动(万年、十万年尺度平均)和新构造运动(百万年尺度平均)在板块、速度场、应力场、板内块体、边界带、断裂带、块内变形等方面的运动均呈现出整体一致性。证实中国大陆地壳运动—变形动力系统是一个自组织系统，在系统吸引子的掌控下其动力学基本状态(常态、定态)是"自组织稳定态"(SOSS)，即百万年以来中国大陆地壳运动一直保持着整体的动平衡的稳定有序状态。地震孕发是局部时空域偏离稳定态，通过同震又归复稳定态的暂态过程，是系统为保持长期稳定所必需的一种自调节行为。地壳运动动力学稳定态是大自然对人类的恩赐，它具有可观测、可模拟和可演绎性，从而为预测地震提供了可能。

(3)地壳并非锁定在自组织临界态(SOC)，且 SOC 也可望为预测提供某些信息

地壳不是时时处处锁定在自组织临界态(SOC)，仅在一定条件下出现于某局部时空域，它是一种非稳定定态，是一种暂态。SOC 既有不利于地震预测的特性，又有为地震预测提供某些信息的可能。

(4)在一定条件下曾对某些地震有过预测，且科学技术正在飞速进步

尽管迄今为止，地震预测仍是失败多于成功，但不能否定曾对有的地震做过成功预测，对有些地震做过一定程度的预测(见本书第 13 章)，也不能否定对地震的科学认知正在逐步深化与全面(见本书第 1 章、第 12 章)，更不能否定对全面获取"大陆地壳运动—变形动力系统"定量信息的观测与探测技术(如空与地、浅与深、远与近、宽频率等)、多学科交融(地球物理学、大地测量学、地质学、力学、数学和系统科学等)和新的科学方法(地球系统科学框架下"还原论"与"整体论"的互补)均以前所未有的速度在进步。

2. 地震预测具有不完全确定性

(1)复杂动力系统的本性

无论大陆现今地壳运动—变形动力系统及其子系统，还是具体至某大震的地震孕发系统均为复杂动力系统。由于复杂相互作用导致的非线性，系统在演化过程中在某些关节点上会产生"分岔"(bifurcation)，即其前景不是唯一的，而存在多种可能性空间。由于临界自组织的存在，对三要素实现完全精准的确定性预测确也困难。无论在中国大尺度的还是

在美国小尺度(帕克菲尔德试验场)的监测预测实践中均获得证实。

(2) 大(强)地震既具共性又具个性

在整体稳定有序的大背景下，由于结构的不均一性和多种动态过程的作用。大地震孕发过程既具有共性又各具个性。例如海城、唐山和汶川三个大震，无论孕发过程和前兆，其差异性均大。经验固然难以生搬硬套，尽管有些地震在震后似可建立数值模型，但也无法用于对未来新地震的预测。以"还原论"、"确定论"思维建立的模式难以用于下一个地震，而以"系统论"、"动力系统"思维建立的模式似有普遍性，但又不够定量；从理论上说，两者结合应为最优，但这意味着对每一个大地震的预测都是一种"如履薄冰"的探索与发现过程。

(3) 对深部过程等的观测与理解尚有待强化

不仅要测定地壳脆性层，还涉及深部过程、触发诸因子等。一般说来，所需的观测信息总是不充分。即便比较充分，由于各种观测值不独立，存在复杂的交叉—反馈—耦合，似乎与量子力学中的"测不准原理"有可类比之处。

3. 地震预测内蕴规律性、整体涌现性和多样性、随机性的结合

(1) 地震预测可望取得不断的进步，但难以实现对所有地震的理想化预测

地震预测是防震减灾的基石，是绕不过去的坎，不仅短临预测不过关，长中期预测也存在问题(如汶川大震)。地震具可预测性，还存在着很大的潜在发展空间，执著坚持，不懈努力，可望取得不断的进步(如深化科学认知，减少"虚、漏报率"，提高三要素的准确度)，从而对前沿性基础科学问题和社会迫切需求做出双重贡献。然而，我们只能逐步逼近自然规律本身所制约的极限，企图对每一个地震都实现理想化的完全确定性的非概率的预测是不可能的。如同通晓战争规律的伟大统帅也不能确保每战全胜。

(2) 摒弃"浮躁"与"虚无"两极端，地震预测方能取得实在的重大的进步

"地震已可预测"和"地震不能预测"是认识的两种极端。前者以简单的确定性关系来替代复杂系统；后者断章取义，以偏概全，仅以过程中的一个暂态之一侧面来替代地壳运动自组织演化全过程的整体有序(稳定)全貌。从根源看均系未能认识到复杂动力系统固有特性及忽视地球科学观测基本事实。"浮躁"与"虚无"均严重障碍此前沿性基础科学研究和防震减灾关键科学技术的健康进展。唯有尊重大自然复杂系统的本性，全面看待科学难题，方能形成既符合客观规律又有利于人类需求的正确科学思路，进而在科学、技术和社会应对诸方面衍生出一系列既积极进取又切实可行的发展途径。

12.3.9　现今大陆变形动力系统演化与地震行为

系统相对于其环境所表现出来的任何变化称为系统的行为(behavior)，如图 12-1 所示，在环境输入 C 的激励下，通过系统 S 内部一系列复杂相互作用产生出的响应-输出 Y，可理解为系统的行为，或者说系统的行为是可望从外部探知的一切变化。对中国大陆现今地壳运动及地震系统而言，地震大地测量学和地震学观测到的多种现今地壳运动(包括位移、变形、应变、蠕变、重力变化、物质运移、场的时空变化、时间序列等)和地震(包括地震、慢地震、静地震、地震活动、地震波速变化等)都是该系统的行为。在不同的条件下能产生各种各样的行为，如演化行为、学习行为、适应性行为、整体涌现性行为、自

组织行为、平衡态行为、非平衡态行为、整体行为、局部行为、稳态行为、非稳态行为、临界态行为、非临界态行为、突变行为、维生(维稳)行为、生灭行为等。

系统的结构、状态、特性、行为、功能等随着时间的推移而发生的变化，称为系统的演化(evolution)。系统演化的动力来自系统的内部，取决于系统 S 的子系统集 A 和关系集 R(参见式(12-1))，即系统内部的相互作用。系统演化的动力也来自外部环境，即环境的时变、环境与系统相互联系和作用方式的变化。系统是在内部动力和外部环境动力共同作用下演化的。演化是一种时间过程，有自己的过程结构并可分为若干子过程(许国志、2000；周硕愚，1988)。

地震大地测量学取得的主要进展之一：开拓了现今地壳运动与大陆变形动力学研究新领域(周硕愚，2002，2013)。它基于新观测技术在多种空间尺度范围内(全球板块、大陆、各等级的活动地块、边界带、断层带、地块内部、直至某台站局部域)定量研究了中国大陆现今地壳运动的时间过程。揭示出当前正在进行的数年至数十年时间尺度的现今地壳运动与百万年尺度的地质学新构造运动(上新世末至更新世时开始)、万年尺度的现代构造运动(全新世或更晚)在整体上是一致的，具有良好的继承性。同时也验证了地质学和地球物理学划分的全球板块、中国大陆内部各等级的板内活动地块和边界带、断层带等的实在性，包括结构、运动方式、方向、平均速率、整体空间分布等；当然也存在粗略定性与精化定量之间的某些差异(赖锡安等，2001，2004；马宗晋等，2001；张培震等，2003；吴云等，2008；江在森等，2012)。地球动力学数值模拟获得"中国大陆构造应力场在过去以百万年计算和现代以 10 年尺度的观测基本上是稳定的"的结果(傅容珊，2004)。说明中国大陆经过漫长地质年代的演化(大规模的离散、聚敛，激烈的碰撞造山等)，通过内部各组成部分之间及其与外部环境之间的相互作用(能量流、物质流、动力耦合、协同作用；自创生、自适应、自调节等自组织)，大约在百万年前出现了整体涌性(whole emergence)，即只有系统整体才具有而任何部分以及它们的总和均不具有的特性。此时系统已能与环境相适应形成稳定的依存关系，具有自己特有的整体稳定的时空结构(spacetime structure)和整体稳定的持续向前的演化过程，系统进入了地质学新构造运动。而当前的现今地壳运动则是新构造运动及现代地壳运动的自然延伸与继承，也可以说前者既是对后者微动态的精化观测，又是进一步回溯理解与预测未来的研究。

中国大陆现今地壳运动—变形动力系统的演化及其地震行为可能具有如下特性：

①中国大陆现今地壳运动—变形动力系统是一个整体稳定的动力学系统。

系统经历了漫长而激烈的演化过程，通过自组织与整体涌现性，大约从百万年前始，中国大陆地壳运动系统在其子系统集、子系统关系集以及和环境关系上均整体趋于稳定。地震大地测量学测定的数年、数十年尺度的现今地壳运动与具有百万年尺度平均性质的新构造运动整体符合，说明在当今及可以预见的未来系统仍会保持(继承)整体稳定演化格局。

②系统演化中在某些局部不协调地域会出现非稳态行为导致潜在震源与震源。

由于横向(分块)和纵向(分层)均具不均匀结构，在内、外多种动力持续作用下，在能量流、物质流及其协同作用被滞阻(塞)的某些局部不协调域会出现非稳态行为。如物质流流动受阻不畅、韧性层蠕滑而其上脆性层闭锁、周围运动而其中的坚固体(段)闭锁等均可导致局部域应变积累，应力增强，直至发生突变暂态行为——地震。

③地震是动力系统为保持自身稳定必要的自调节行为。

地震击破局部滞阻(塞)，使能量流和物质流正常运行，该域回归常态的动态协同稳定性，使系统整体涌现性获得更新，有利于维持全局稳定和系统持续生存。

④ 地震大地测量学和地震学观测到的多种动态行为，是整体有序性和局部多样性及随机性的结合。前者源于系统的整体涌现性，后者源于系统的非均匀性和多种地球外部内部动力因子的时变及扰动。

⑤ 地震孕发的演化过程具有可预测性与预测的不完全确定性。

可能预测性源于系统的基本状态(常态)是自组织稳定态，而非自组织临界态(它只出现在特定的暂态的时空局域)。而稳定态(常态)—偏离稳态—临界态，失稳—稳定态(常态)的基本过程整体上具有可观测性。预测的不完全确定性源于演化中的分岔(多种可能性空间)与临界态的混沌边缘性。

⑥ 地震大地测量学的观测应是全面与重点互补的组合监测，如大尺度与小尺度、深层与浅层、远场与近场、低频与高频的结合。

⑦ 地震大地测量学的观测、理解、模拟与预测应是"还原论"和"整体论"的互补。

在地球科学进入地球系统科学新时期理念的指引下，实现经典地球动力学和复杂动力系统、地球动力系统，震源理论与现今大陆变形动力学，现今大陆变形动力系统演化及其地震行为的结合互补。

12.3.10　现今大陆变形动力系统——一个连接多种观测、模型与学科的框架

"地球科学开始进入一个新的发展时期——地球系统科学时期"，"地球系统科学成为构筑地球科学研究的统一集成框架"(中国科学院地学部地球科学发展战略研究组，2009)。同样，为了研究地球科学的一个子领域-大陆岩石圈的现今地壳运动与地震，显然也需要一个集成框架，我们期望以现今大陆地壳运动—变形动力系统为集成框架，用以连接多种观测、多种方法、多种模型和各相关学科，体现"还原论"与"整体论"的结合互补，深化现今地壳运动、变形动力学和地震研究，可能有助于逐步摆脱地震预测的长期胶着状态。它本身又是地球动力系统的一个子系统，利于及时吸取后者的最新进展。

1. 有利于纵向与横向学科的优势互补

传统地震学、地震大地测量学、地震地质学、岩石力学等属纵向学科，地球系统科学、动力系统、地球动力系统、复杂系统理论则为当代新兴的横向学科。后者不能代替前者自身的发展，相反它希望各分支学科能更深入更精确地揭示各个组成部分，各基本元的自身规律。但后者在研究和揭示前者各组成部分之间的相互作用，中国大陆岩石圈现今地壳运动—变形复杂系统(及其所属各层次子系统)的整体涌现性、演化过程和地震行为方面；在促进多学科相互结合，获得整体增益，揭示深层次内蕴机理和服务于预测方面，可望上升到一个前所未有的新水平。

2. 有利于还原论与整体论研究的结合，促进当代科学前沿研究

现代各传统分支学科是以牛顿力学、机械论、还原论(简化论)和确定论为基础的，固然已取得重大进展并将继续发挥作用，但面对当代的复杂问题和复杂系统(如自然灾害及其预测)就显得力不从心。以中国大陆岩石圈现今地壳运动—变形动力系统为集成框

架，则有利于还原论与整体论研究的结合，无论在科学思想和研究方法上均可望上升到一个新层面。《国家中长期科学和技术发展规划纲要（2006—2020 年）》明确指出"微观与宏观的统一，还原论与整体论的结合，多学科的相互交叉，数学等基础科学向各领域的渗透，先进技术和手段的运用，是当代科学发展前沿的主要特征，孕育着科学上的重大突破"，并规划开展"地球系统过程与资源、环境和灾害效应"、"复杂系统、灾变形成及其预测控制"等前沿研究。

3. 有利于激活创新思维

尽管传统地震学、地震大地测量学、地震地质学、岩石力学等均已分别取得许多研究成果和数据，但对相互关系（如局部与整体、个性与共性、浅层与深部、现在与过去、阻抗力与体积力、子系统间的交叉界面、稳定性与临界态等）却研究不足，因而在地震成因、机理和预测上进展甚缓。若接受复杂系统的科学方法，并以中国大陆现今地壳运动—变形动力系统及其地震行为为集成框架和共同目标，显然有利于激活创新思维。Alfred Wegener 受到南美洲东海岸与非洲西海岸相似性的启示（隐喻），进而提出大陆漂移说；Keiiti Aki 在研究火山喷发的定量预测时，联想到地震孕发过程中也可能存在与火山类似的脆—韧—流变的结构（类比），进而提出预测地震的新方法。他们的思维实质上是系统论思维，若用还原论思维面对此两种本质为复杂系统的问题，是不可能有如此重大创新的。

4. 有利于发展整体动态互补组合观测技术

地震部门对应用新观测技术有高度的敏感性，经常居于前列。但一种技术所观测的往往仅是复杂系统的某一层面或某一局部，因此存在如何实现有效的组合观测问题，即局部与整体、浅部与深部、近场与远场、高频与低中频率，等等。由于中国大陆现今地壳运动—变形动力系统是分层的，弹性形变和地震主要发生在上部的脆性层中；而由 GPS（GNSS）建立的大尺度的活动地块与边界带模型，主要反映的是大陆地块整体在软流圈上的稳态滑动（准刚性运动），其速率越大该区域的构造和地震活动就越强，具有动力学的基础意义，但它很难直接反映脆性层中应变应力累积的非线性过程。因此，地震前兆监测应是大尺度、深部、远场、低频与小尺度、浅部、近场、高频的观测技术组合。如美国板块边界带观测（PBO）就是 GPS 与电磁波测距与钻孔应变组合。在中国大陆及其各不同地域发展以定量、实时揭示不同等级（尺度）动力系统演化为目的组合集成观测（探测）系统十分必要。

5. 有利于前兆识别创新，促进地震预测脱困

在现今大陆变形动力系统时空框架中，定量考察多种空间尺度和不同深度异常的关系，有助于从整体演化的新视角来识别大地震和关联大地震的震前异常，促进地震前兆识别的观念与方法创新。

6. 有利于在大数据时代释放多年积累的多学科海量信息

在现今大陆变形动力系统演化框架中，整体理解并统一处理多年积累的和当下正在生成的多学科大数据信息，逐渐挣脱"信息金矿上穷人"的窘境，走向更深层次的认知。

12.4　中国大陆现今变形动力系统框架下地震监测预测

近数十年来，世界各地发生的一系列灾难性地震，超越了科学家们的认知。证实地震预测不是工程，而是前沿基础科学难题！我们无法改变地球—岩石圈—地壳运动变形—地震孕发这些复杂动力系统的本性和地球内部的不可入性及大地震的非频发性等，可能改变的只能是我们自己。前章述及，傅承义认为地震预测工作亟须从基本概念上进行反思，将耗散结构论、协同论等新观点如何与地震的具体实际联系起来。萨多夫斯基也认为需要探索新的理论和方法。安艺敬一认为，地震是一个平衡系统的耗散过程，地球动力学和非线性动力学处于地震预测领域里的两个相反的极端。先贤们的启示异曲而同韵，敲响了传统科学思路与方法的警钟！为使地震预测挣脱胶着状态困境，必须超越传统科学"还原论"的局限，在地球系统科学框架下走向还原论与整体论(复杂系统理论、地球动力系统)的结合，强化学科交融，进而寻觅和开拓新路。

在地球科学进入地球系统科学新时期的背景下，以近五十年来地震大地测量学对现今大陆变形的精确测量及对其动力学机理的初步揭示、近三十年来地震科学与系统科学及地球动力系统的交叉研究为基础，提出了"现今大陆变形动力学"、"现今大陆变形动力系统演化及其地震灾变行为"的基本概念。本节基于此新理念和多年地震预测实践，倡导一种地震监测预报新思想和方法，作为寻觅和开拓新路的建议与呼唤。

12.4.1　寻觅中国大陆地震预测之道

1. 将"悖论"(科学难题与现实需求)转化为交互驱动力

对板块内部的大陆地震预测和政府主导下的地震监测预报，可能是中国地震预测的两项基本特征。相对于以板块边缘地震和以大学研究为主的国家，我们面临着更多的挑战和更大的压力，但也有优势的一面。例如，陆地比海洋较易于观测与探测；不必忧心资助不继，能够持续地监测全局及重点地域，获得长期连续的宝贵动态数据集，利于揭示广阔空时域内各个不同部分之间的相互作用等。地震预报既是"地球和行星科学研究面临的前沿性基础科学问题"，又是当代社会迫切的现实需求。如何实事求是地反思数十年经验教训，以颖智的战略和途径面对此"悖论"，是对中国地震预测未来发展的严峻挑战。如何避免两种极端与片面，通过改革创新，在一定程度上将"悖论"转化为两者之间的交互驱动力，在探索与应用中适时相互促进，求得科学进展与社会需求互促的扎实而持续的逐步进步。

2. 必须超越经验性地震预测

一般认为地震预测的科学技术进步，大概可分为两大阶段，即由经验预测(包括统计预测)到数值预测。以地震地质、历史地震为背景，以地震活动、地震大地测量(形变、重力)、地电地磁、地下流气体等多学科动态监测为基础的经验地震预测，我国已开展了数十年，取得了不可否定的成绩，在发现新自然现象上今后依然具有意义。但经验预测属于"归纳法"范畴，虽然可望发现过去尚未觉察的某些自然现象，但不具确定性。鉴于地体不均匀结构和复杂动力过程导致的观测样本的差异与局限，归纳出的肤浅片面经验，很难用于演绎推理。例如，总结了海城大震经验，但无法应用于唐山大震预测；尽管精心研究了唐山大震(包括震后回溯性数值模拟)，仍然无法应用于汶川大震预测，等等。必须自我超越经验预测的局限，地震预测才有可能挣脱胶着状态的困境。

3. 创造条件积极探索动力学地震预测（数值预报）

一些学者希望通过数值预报推进我国的地震预测，但当前尚不具备数值地震预测的科学技术条件。以数值天气预测为例，天气过程主要发生在地壳之上大气层的对流层中，可通过地面站至风云卫星等实施整体的直接观测，已基本掌握了天气变化的规律（如天气系统、气团、锋面等），基于数学物理方法，建立了描写天气变化的大气动力学方程组并能求解，即便如此预测仍难以很准确（叶笃正等，2009）。地震孕发过程发生在地球内部，迄今为止无法直接观测，真正掌握地震孕发的基本规律并建立地震动力学方程组均还有待艰难探索。数值求解用计算机将地震预测直接算出来，当前还只能是一个美好的梦，尚有待地震科学和相关科学与技术的整体未来进展。

然而，在现今地壳运动—变形动力系统演化和地震孕发的某些阶段及某些问题上，例如震间形变正常变化的动力学模型（常态基准）、震后库仑应力场，对特定大地震震例的震后回溯研究等，已具备一定条件，应积极开展动力学数值模拟的探索。

4. 发展介于动力学与经验之间的"模式"加"观测"的"动力系统"理念下的地震预测

观测获得的经验不可避免地具有表象性、片面性和局限性，不可能直达自然规律。付承义强调模式的必要有两方面的原因："①经验关系都有它的应用范围。在范围之外必须外推，外推就必须模式。②前兆出现的方式常不以某个物理量单独出现，而是几个量的综合。综合不等于简单地叠加。如何最有效地综合，需借助于模式。"（1993）Keiiti Aki 临终前在总结他之所以在预测火山喷发和地震上能取得新进展时说："每日接触监测数据和头脑中随时有模型结构，对敏锐地发现前兆现象是非常重要的。"（2003）脱离模式的经验预测，尽管历经 N 次"败"或"胜"的实践，仍不知其基本原因何在。在理性认知上依然不能前行，是数十年徘徊的重要原因。

当前的态势是：必须超越经验预测，但又难以实施地震动力学方程组数值预测。显然应探索一条既能够不断逼近自然规律，又具可行性（可操作性）的预测道路。近百年来，地震模式学术思想演化的轨迹启示我们，地震模式演化趋势是：从点源到动力系统（周硕愚，2015），它和"地球科学进入地球系统科学新时期"的大趋势以及空间技术对全球多尺度整体动态监测能力的革命性进展都是相协同的。开拓发展介于"动力学"与"经验"之间的"模式"加"观测"的"动力系统"理念下的地震预测是一个合理的选择。动力系统理念（框架）下的地震模式是一种宽松的概念化的或半定性半定量的动力学模式，可望成为连接观测与动力学的桥梁。20 世纪 90 年代周硕愚等提出地震地壳形变图像动力学（Pattern Dynamics）的概念和一些具体方法，即在地球动力系统-现今大陆变形动力系统-地震孕发系统和地震动力学的理念和框架下，通过地壳形变图像空（间）-时（间）-频（率）结构及其参量的演化来识别和预测地震孕发过程，如偏离常态（稳定态）、多空时尺度演化关联、信息合成、变形局部化、寻觅未来震源和响应灵敏度变异等，在唐山大震模式研究和丽江大震预测等取得较好效果（周硕愚，1992，1994，1997，1998）；后来察觉此方法在理念和名称上均与非线性科学中的斑图动力学（Pattern Dynamics）（孙义燧，夏蒙棼，白以龙，2009；欧阳顾，2010）暗合。21 世纪初，江在森等基于对 GNSS 等空间测地新技术所获得的大量的多尺度动态数据的精细处理，研究了印度板块等动力作用对中国大陆、大陆速度场、大陆活动地块之间、边界带与多种应变率场之间的动态图像及其与大地震的关系，获得了若干新认知，如在汶川大震之前的地震大形势研究中，已觉察到"大区域应力应变场调整最可能使南北地震带中、中南段应力应变加速积累和集中，对该区域强震的孕育发生起促进作用"（江在森等，2006，2007）。提出了从构造动力过程进行强震危险性时空逼近的科学思路和动力动态图像预测方法（江在森等，2010，2013；见本书第 13 章）。

　　无论是"图像（斑图）动力学"还是"动力动态图像"，其本质均是在某种动力系统框架（理念）下，如中国大陆现今地壳运动—变形动力系统及其所属的不同等级和尺度的子系统，通过地壳形变图像空-时-频结构随时间的变化，来揭示动力系统演化过程及其地震动力学含意。这可望成为观测与动力学之间的桥梁，既可归纳多种观测信息流，又不排除对任何地震模式（还原论、整体论、定量、定性等）的探索应用并可为它们提供先验、约束和检验条件，还能与传统学科又能与新兴学科（系统科学、非线性动力学、复杂动力系统、地球动力系统）接轨。虽仍属于初步探索，但已证明我国当前侧重发展的介于动力学与经验之间的"模式"加"观测"的现今地壳运动—变形动力系统理念（框架）下的地震图像（斑图）动力学预测是适宜和可行的。当然继续重视新经验的积累和对一些特定领域的数值模拟也是不可缺失的。从形变（运动、变形、破裂）动力学的途径推进大陆动力学和地震动力学以及地震预测的进步，是地震大地测量学应尽的责任。

12.4.2　发展揭示动力系统演化的整体动态组合观测理论与技术

　　近数十年来我国在建立各类地震大地测量观测系统方面取得了显著进展，但由于其理论与技术或来自以测绘为主的大地测量学，或来自引进的通用新技术；若不融合重组和再创新，很难满足全面定量揭示复杂动力系统——中国大陆现今地壳运动—变形动力系统演化过程的要求。如何在动力系统理念（框架）下，扬长补短，互补增益，发展强化揭示动力系统演化过程及其地震行为的整体动态组合观测理论与技术，具有科学与应用双重基础意义，十分重要。

1. 动力系统框架下的多层次整体设计

　　①针对不同研究目标划分多层次动力系统。从我国及邻区地震大形势、关联性成组大震、某边界带大震、某个大强震直至某观测台站均为不同层次（等级）、不同尺度（规模）和不同目的"动力系统"，都应研发各自相应的整体动态组合观测理论与技术。

　　②具体考虑每个系统的组成与动力环境，如"系统核"（若减去此部分，则系统主要功能会丧失者称为此系统的系统核，如闭锁段、硬固体等）、系统内部结构（与系统核具最密切相互作用的部分，即系统的子系统）、动力环境（作用于系统，驱动其演化的能量流、物质流）以及它们的可观性、相干性、耦合关系。

　　③针对不同的动力系统设计相应的整体动态组合观测系统。如何有利于全面获取信息，处理和理解数据，进而建立定量的正常动态模型成为识别异常的可信度较高的背景。

　　④考虑相同层次和不同层次动力系统之间的关系和连接途径。包括直接（硬）连接，如通过 ITRF 框架、整体基准、大地水准面等；间接（软）连接，如信息连接如逻辑关系、相关关系等。

　　⑤改进地震模式与持续提升观测理论、观测技术并举，相互作用，循回促进。

2. 观测理论与技术的补短填缺

必要信息的短缺不仅直接阻碍地震预测（如汶川大震），而且难以建立科学地反映自然规律的地震模式，实现以形变动力学推进大陆动力学和地震动力学。补短扬优除改进某手段本身外，还必须考虑不同手段的组合互补、观测与理论方法的互补。

①垂直与水平：监测垂直运动和变形的能力，显著落后于监测水平运动和变形的能力。

②绝对与相对：获取应变（力）积累总量的能力，显著落后于获取应变率的能力。

③深部与浅部：获取深部信息的探测能力，显著落后于浅部的直接观测能力。

④高频与低频：台站与基准站连续观测时序已实现密采样（50Hz或更高频率），大致能与地震学频率域相叠互补，但部分仪器尚待优化，对高频数据处理的理论与方法尚待深化。

⑤介质物性与运动变形：获取地体介质物性的能力，显著落后于测定运动变形。

3. 全面与重点监测结合，特别关注界面，转换带、边界带和潜在大震震源

（1）全面与重点监测结合

高等级动力系统（大尺度的涉及更深部的）制约着其子系统——较低等级动力系统的演化及其地震行为，因此必须坚持长期的大尺度观测。但短临预测预警又要求密集观测，因此必须实行全面与重点（潜在危险区、试验场）相结合。

（2）关注大陆地壳运动—变形动力系统的关键部位

具体包括大陆岩石圈各深部结构界面、脆-韧转换带、大陆周缘板块边界带、大陆内部动力学显著差异带-南北带、活动地块边界带（断裂带）和潜在大震震源区。

4. 观测理论与技术的整体组合互补

（1）大尺度与小尺度、空间测地与地面观测的组合互补

以GNSS为代表的空间测地的主要优势为在统一的ITRF参考系中测定大空间尺度的现今地壳运动，包括映射深部准稳滑信息的似刚性运动以及浅部的应变（力）率动态，而在信息量成分上是以前者为主。因此GNSS在测定大陆速度场、周缘板块对大陆、大陆活动地块和边界带现今运动及其相互作用方面，具有空前的巨大优势。反映浅部应变（力）场的变化率固然也是其重要功能之一，但其信息具有一定空间范围的平均性质，且其精度也逊于地面观测手段。由于地体结构的不均匀，震前异常信号的微弱，在地震的中短或短临监测预测中，应考虑空间测地与地面断层和台站连续观测的互补，即大尺度与小尺度的互补（体、面、线、点的互补以及频率互补）。我国的多年实践、美国的PBO地震预测试验场（GPS与地面电磁波测距、钻孔应变等相组合）和近百年地震模式的进化是由点源到动力系统，均说明大尺度与小尺度整体组合互补观测的必要。

（2）浅部与深部观测（探测）的组合互补

浅部与深部各自遵循不同的岩石力学定律，大（强）地震是深部与浅部动力耦合所致，应实现两者的组合互补。重力对不同深度密度变化和物质运移的探测，GNSS模型对深部准稳定滑动（似刚性运动）的映射，能与地震学（深部地震活动、地震波速度变化等）相结合，并与地面多种直接观测手段组合互补。

（3）跨越断层与断层变形带内部、远源与近源观测的组合互补

百年来对地震断层回跳基本自然现象的认识逐步加深，不仅认识到是深部运动与浅部变形的动力耦合，而且在主震主破裂面（错动面）的两侧还存在着一个有限的"断层变形带"。震前、同震与震后变形都局限在此变形带之内，完全跨越此变形带的观测所获得的相对运动反映的是断层两侧地块的深部稳定滑动。这不仅符合提出"地震弹性回跳说"的美国圣安得列斯断层的情况，也在我国鲜水河断裂带多年、多手段、多跨距的观测中得到证实。我们不仅需要 GNSS 的完全跨越断层变形带的长跨距的"远源"监测；为了揭示震前变形与震后变形，还必须在断层变形带（破碎带）内部实施跨越主破裂面及某些支破裂面的短跨距的"近源"监测；定点台站连续监测（应变、倾斜、CGPS 等）也应考虑。缺乏贴近震源的监测，很难捕捉到短临或预警信号如预滑动、大幅度扰动等。

（4）低、中频与高频的组合互补

既实现对甚宽频率域的覆盖，高频部分与地震学交叉重叠，又持续大尺度复测并尽可能挖掘应用历史测量资料，争取回溯到数十年以至数百年。

（5）位移与介质物性观测组合互补

能量流、物质流均为大陆现今地壳运动—变形动力系统的动力源。除位移类（包括位移、速度、加速度、应变、倾斜等）观测外，不可忽视深部物质运移、介质物性参量（密度、各类固体潮汐因子、勒夫数）及其时空分布变化的观测、探测与反演。

（6）对主要干扰源及可能触发因子的兼顾观测与研究

我们期望获得的观测值（目的值），在许多频段都不可避免地受到其他信号的干扰如季节变、固体潮汐、海潮负荷、台风等热带气旋、天气过程、大地震、火山喷发、蠕变、地脉动、地颤动等。一方面增加了数据处理的难度，另一方面它们又具有一定的额外价值，如某种有用的物理量、某种正常动态背景、某种触发因子以及临界态时的涨落放大等，应列为可兼顾观测的数据并研究其常态。

12.4.3　正常动态（动力）参考基准的长期监测研究与模拟

对一个动力系统而言，精确地定量刻画过去历程和现在状态是为了预测未来。由于地体结构的不均匀和多种动力作用的交叉，现今地壳运动自然现象复杂多变、百态千姿，不同大（强）地震的震前异常在细节上也难以重现。通过何种途径识别地震异常，是制约地震预测的主要瓶颈之一。有幸的是中国大陆现今地壳运动—变形动力系统存在着正常动态（动力）参考基准，这是大自然的恩赐。

1. 中国大陆现今地壳运动正常动态（动力）参考基准客观存在的科学依据

（1）动力系统定常与极限环吸引子控制着稳态过程

中国大陆现今地壳运动—变形动力系统是具有自组织特性的复杂动力系统，其定常吸引子与极限环（周期）吸引子控制着其演化趋于并保持稳定的过程。

（2）现今地壳运动是百万年尺度新构造运动的继续

地震大地测量观测证实：大陆数年至数十年尺度的现今地壳运动与数万年、百万年尺度平均状态的现代和新构造运动整体一致。与动力系统自组织保持稳定态理论相互验证。

（3）大地震后地壳运动会自动归复至稳定定态——震间形变态

大地震孕发是一个暂态过程，结束后仍归复稳定定态——震间形变态。

2. 正常动态(动力)参考基准的可测定性、可跟踪性与可模拟性

动力系统演化过程以定态为主，能在较长时间间隔中以较大样本采样，具可测定性。正常动态(动力)基准也会有一些变化和自调节(尤其是低等级的子系统)，仍具可跟踪性。鉴于约束条件，先验条件较明确可以建立模型，甚至数值模拟(至少对高等级的子系统)。用后续的新观测数据能检验模型外推效果并改善模型。

3. 强化基础研究：对板块、地块边界带和岩石圈分层面的长期观测与模拟

（1）重要的基础与应用基础研究

对板块之间、活动地块之间及边界带的相对运动一般认为具长期的动态稳定性，但也不能完全排除在某些地球物理大事件(包括某些大地震或关联性成组大地震)前后的异常变化。前者是大陆动力学、地震动力学建立模型不可缺失的约束，且是长期地震预测的基础；后者则可望从大空间尺度动态视角为大地震提供某种警示。岩石圈物性分层界面(软流圈、莫霍面、低速层)的动态状态同样十分重要。

（2）有计划地持续进行长期观测与数值模拟

当前的研究较零散且时间历程太短，应系统地长期地(如数十年)进行观测与研究。

4. 全面建立与动力系统各子系统相对应的多种正常动态参考基准模型

中国大陆现今地壳运动—变形动力系统包括各层次不同子系统，如西部、东部、板块边缘带，一级活动地块，二级活动地块，地块内部，边界带，断裂带，断层网络，断层，断层某段，坚固体，某观测台站(具系统信息基元性质的子系统)等，均应通过一定长度的观测历程，建立与本子系统相应的正常动态(动力)基准模型并不断递推更新。

全面建立多种正常动态基准模型，不仅对地震预测极为重要，而且具有定量评估监测与观测技术水平和能力的价值(如预测未来正常动态的能力，识别异常的分辨力)。促进地震危险区与相对平静区、地震预测人员和台站观测人员的共同研究；有震报异常，无震报平安，均有其定量依据，效益是多方面的。

5. 模拟并推测正常动态以识别异常

我们无法预测未来是否会发生异常，但在对观测数据模拟后，可在一定的信度内推测未来的正常动态；当未来的实际变化超越了正常动态的置信区间时，可认为出现了异常(具小概率的暂态事件)。

（1）单测站正常动态与异常识别实例

对多年积累的数据做线性模拟并外推，可发现约从 2002 年(汶川大震前 4 年)起，鲜水河断裂带上侏倭、墟墟、沟普、老干宁、格篓等多个跨断层测量场地的短基线在与断层主断面斜交及近正交方向，均出现偏离正常动态参考基准(常态、震间态)的水平运动趋势性异常(图 12-9)，即鲜水河断裂带左旋速率降低，意味着巴颜喀拉地块向东南(指向龙门山断裂带)的运动速率增大，可视为是与 2008 年汶川 8 级大震发生有动力学关联的一种震前形异常。

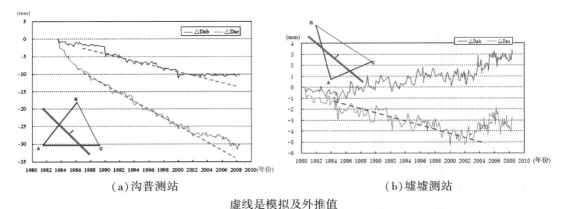

（a）沟普测站　　　　　　　　　　　　　　　（b）墟墟测站

虚线是模拟及外推值

图 12-9　2008 年汶川 M_S8.0 级大震前鲜水河断裂带跨越断层主断面短基线时序在正常动态背景上的趋势性异常变化（江在森，2009）

（2）震源周缘断层系统的整体活动强度正常态与异常识别实例

地震的同震破裂仅发生在地域狭窄的震源区，但其孕发过程中在围绕震源的一个相当范围内会出现地壳运动—变形等异常。因此有必要从"红肿说"、"孕震系统演化"的视角来研究震源周缘断层系统的整体活动强度正常态，进而识别震前异常。

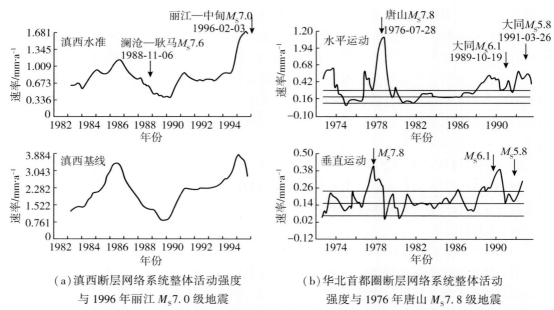

（a）滇西断层网络系统整体活动强度　　　　　　（b）华北首都圈断层网络系统整体活动
与 1996 年丽江 M_S7.0 级地震　　　　　　　　强度与 1976 年唐山 M_S7.8 级地震

图 12-10　大地震震源周围多个跨断层测站短基线、短水准时序的"系统信息速率合成"（周硕愚等，1998a）

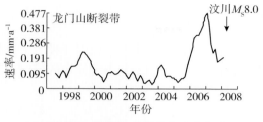

(a)5个测站时序的"系统信息速率合成"

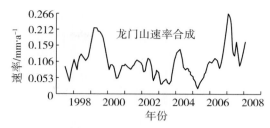

(b)删去了耿达测站4个测站时序的
"系统信息速率合成"

图 12-11 龙门山断裂带各断层形变测站短水准时序的"系统信息速率合成",揭示了垂直形变"整体活动强度"与汶川 $M_S8.0$ 级地震关系(周硕愚等,2009)

图 12-10、图 12-11 和第 11 章表 11-6 中的几个震例异常情况如下:

①唐山 $M_S7.8$ 级地震:首都圈断裂带网络(系统)在 1972—1992 年时段,其整体活动强度正常动态的垂直形变年速率为 0.16mm/a,水平形变年速率为 0.18mm/a。约在唐山大震前 29 个月,出现了超越两倍标准差的明显的加速度异常,异常对正常的速率倍增比:垂直形变 2.5 倍,水平形变更为显著。在其后的大同地震之前也出现了较明显的震前异常。

②丽江 $M_S7.0$ 级地震:滇西断裂带网络(系统)在所研究的时间段中,垂直形变和水平形变合成速率仅出现过两次加速度峰值,而 1988 年澜沧-耿马 $M_S7.6$ 地震和 1996 年丽江-中甸 $M_S7.0$ 地震恰发生在峰值之后。其整体活动强度正常动态的垂直形变年速率为 0.673mm/a。约在丽江大震前 17 个月,出现了显著的加速度异常,异常对正常的速率倍增比:垂直形变 2.5 倍,水平形变同样显著。以此异常为基础结合其他信息,中国地震局地震研究所曾在该大震之前三个月,在《1988 年度全国地震趋势研究报告》中提出过对此大震震级与地点较正确的预测。

③汶川 $M_S8.0$ 级地震:由于种种历史原因,地震震源周缘的观测站甚少且观测时序长度较短。用仅有的 5 个跨越支断层主断面的短水准时序实施系统信息速率合成,其正常态整体合成年速率仅为 0.095mm/a。约在汶川大震之前 33 个月,出现了显著的加速度趋势性异常,垂直形变异常对正常的速率倍增比为 5.0 倍。鉴于对距离大震震中最近的耿达测站($\Delta \approx 15km$)异常是否是干扰所致存在争议;在删去耿达测站后重新做系统信息速率合成,结果表明震前加速度趋势性异常依然存在,只是异常对正常的速率倍增比从 5.0 倍下降到 3.6 倍,仍属显著。

④丽江、唐山和汶川三个大地震的比较:因汶川缺失断层水平形变观测,仅能比较垂直形变。整体活动强度正常动态:丽江(0.673mm/a)>唐山(0.160mm/a)>汶川(0.095mm/a)。异常对正常的速率倍增比:汶川(3.6 倍或 5.0 倍)>唐山(2.5 倍)=丽江(2.5 倍)。趋势性异常持续时间:汶川(33 个月)>唐山(29 个月)>丽江(17 个月)。以上参数见第 11 章表 11-6。

这些参数与三个大震所在地区构造运动实况和震级大小是匹配的,与其他学者给出的数据也能相互印证,如车兆宏(1999)给出的首都圈(大华北)断层运动整体平均速率;垂直为 0.18mm/a，水平为 0.14mm/a，整体为 0.16mm/a。

（3）基于不同子系统实况研发不同的模型与方法

中国大陆现今地壳运动—变形动力系统及其各子系统均存在定常与极限环吸引子控制下稳态过程。应基于实况与研究目的，研发多种定量模拟正常动态和识别异常的模型。

6. 稳定的关系也是基准

除基于研究对象本身构建基准（如上述两实例）外，稳定的关系也是基准，如古登堡-里克特公式的 b 值，Kei Aki 的"尾波 Q^{-1} 随时间的变化与 $N(M_c)$ 同步，二者正相关"等。在中国大陆现今地壳运动—变形动力系统与环境、各子系统之间、各参变量之间也可望存在某些稳定关系。

7. 复杂多变中内蕴着相对稳定有序——大自然对预测的恩赐

从复杂动力系统共性看，地球可与人体类比、地震异常识别可与医学诊断类比，均是基于复杂多变中蕴涵着相对稳定基准的存在，方可能做出某种程度的预测。医生基于各类正常动态基准（体温、血压、各项血液指标和 CT 图像等）与实际体检结果的比较做诊断。地震预测除发展深部探测技术外，显然应努力推进正常动态（动力）参考基准的长期观测、研究和模拟，通过预估正常变化以识别异常，否则难以接受大自然的恩赐。

12.4.4　地震-地壳形变循回模式及其动力学过程

地震-地壳形变循回（Seismic-Crustal Deformation Cycle）既是一种颇受关注的自然现象，对它的交叉研究又初步形成了一种具共识的描述地震孕发生过程的"地震-地壳形变循回概念模式"。

1. 地震-地壳形变循回——观测经验、岩石实验、经典力学、动力系统理论与地震模式的基本共识

（1）国际地学界基于观测结果归纳的地震-地壳形变经验过程：共性与不足

数十年来基于对观测结果的归纳，不同国家的不同学者提出过若干经验模式。较有代表性的是日本 N. Fujita 和 Y. Fujii（1973）在归纳美国 G. L. Lensen（1968）和苏联 J. A. Meshenikov（1968）的阶段划分后，进而提出地震-地壳形变过程各阶段的经验模式。

图 12-12 给出了划分为四种阶段（相）的地震-地壳形变经验过程（$\alpha \rightarrow \beta \rightarrow \gamma \rightarrow \delta \rightarrow \alpha$）。中国地震大地测量学的多年观测检验了此种认识，对其阶段划分基本认可。此经验模式既有推进科学认知的意义，又有其不足：

①不同国家（苏联、美国、日本、中国）尽管存在地学条件的差异，但基于观测结果归纳的地震-地壳形变过程能具有基本共识，说明地震-地壳形变过程存在着共性，即在复杂多样性中蕴涵着整体一般性，令人欣慰！

②"$\alpha \rightarrow \beta \rightarrow \gamma \rightarrow \delta \rightarrow \alpha$"过程是用许多观测事实碎片拼凑而得的，其解释较粗略，也不尽合理；而没有理论基石的经验，从逻辑上说也是难以外推的。因此有必要从多视角的科学新进展来检验和充实此经验模式，使之从地震地壳形变经验过程，升华为地震-地壳形变循回概念模式。

（2）地震-地壳形变经验过程与岩石破裂实验基本结果的比较

地震-地壳形变经验过程是基于多个国家野外观测结果归纳所得的，而图 12-13 的应

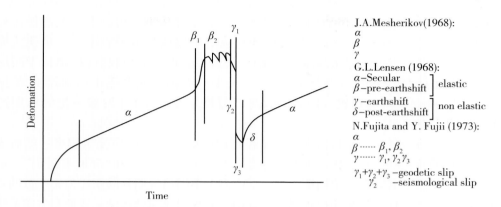

图 12-12　地震地壳形变随时间演化的各阶段（N. Fujita 和 Y. Fujii，1973）

力-应变曲线是岩石破裂的实验室成果。两者在揭示地震地形变整体演化过程上具有相当好的可对比性。如屈服点 y 恰是 α 相（震间形变，稳定态，准线性）与 β 相（非线性）的转折点；强度极限点 p 恰是 β 相和 γ 相（临界态）的转折点；而失稳点 i 则是由 γ_1（临界预滑动）推进至 γ_2（同震位错）的转折点。岩石实验赋予经验曲线物理含意，而前者又用自然界大尺度样本来验证了室内小样本岩石破裂实验的基本过程。

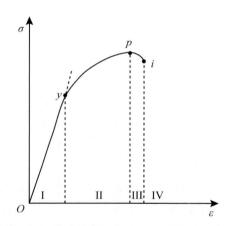

在 Δ-ε 关系曲线中，y 为屈服点，p 为强度极限点，i 为失稳点；Ⅰ 为稳定态（线性），Ⅱ 为亚稳态（非线性），Ⅲ 为亚失稳态（不可逆转），Ⅳ 为失稳态（同震破裂）。
图 12-13　岩石破裂实验的基本结果（马谨）

（3）传送带弹簧滑块模型的非线性动力学与复杂动力系统理论对地震地壳形变循回的解释

用一个传送带以恒定速度，带动其上受弹簧限制的质量滑块做往复运动的简单模型，是非线性动力学中的一个经典系统（Stoker，1950）。它可类比于一条纯剪切断层，其浅部脆性变形遵循库伦-纳维尔（Coulomb-Navier）摩擦、滑动准则；而深部则为两侧块体以定常速率蠕滑，在深、浅部耦合作用下，发生周期性的地震-地壳形变循回。图 12-14 是系统的相位图，包括一个周期吸引子和一个定点排斥子，相位平面上的任何初始状态不论其在吸引子内部或外部，其最后均将收敛于周期吸引子轨道。一旦到达周期吸引子轨道，就将沿顺时针方向做循回运动，从点 1 到点 2 为加载阶段（类比于断层应变积累），点 2 是临界摩擦点（强度极限点），从此点开始滑动并逐步回到点 1（类比于断层的震前预滑动、同震位错、震后滑移与归复性蠕变），再开始新一轮的周期运动（类比于地震形变循回）。

自然界的实况固然比一个自由度的简单模型（传送带弹簧滑块）复杂得多。然而描述自然界等复杂系统的动力学方程已证明，存在着"极限环吸引子"和"环面吸引子"，前者表现为周期行为，后者表现为拟周期行为，即由多个不同周现期且周期比为无理数的周期运动叠加在一起而形成的复杂的拟周期运动。中国大陆现今地壳运动—变形动力学系统是复杂动力系统，地震-地壳形变循回作为该系统的一种周期或拟周期行为，用复杂系统动力学理论是可以解释的（参见 12.2 节和 12.3 节）。

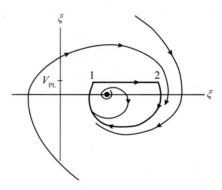

粗线轨道为周期吸引子，实心小圆是一个固定排斥子，箭头细曲线是系统相轨道示意

图 12-14　弹簧滑块往复运动动力学系统的相位形式图（引自 C. H. Scholz, 1990, 2002）

（4）地震模式与地震-地壳形变循回

基础性的地震模式如弹性回跳模式和一些新模式，如图 12-8 所示的大陆岩石圈三层（脆性上地壳、韧性下地壳和上地幔）耦合地震模式（M. D. Zoback, J. Townend, 2001）、大陆地块运动模式（张国民等, 2003）、特大地震孕发的多元组合模式（张培震等, 2009）以及地壳运动-地震系统自组织演化模式（周硕愚等, 1993a, 2007, 2010）等均支持地震地壳形变循回。而一些强调某一具体物理因子的地震模式，虽未直接说明地震-地壳形变循回，然而其演化过程阶段也与地震-地壳形变循回模式相应，如强调震源区裂隙雪崩式增长的 IEP 模式（В. И. 米雅奇金, 1975）等。

2. 地震-地壳形变循回概念模式及其各阶段的动力学含意

图 12-15 综合对野外观测的归纳、岩石破裂实验、经典力学与非线动力学理论演绎等，多途径的且又能相互验证的研究结果，基于现今变形动力系统自组织演化及其地震行为新科学理念，初步提出了一种描述地震孕发生灭过程的地壳形变循回概念模式。α 表示

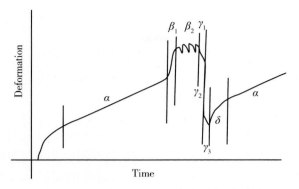

α震间形变—吸引子控制下的准线性
β震前形变—非线性与波动异常
γ临界形变与位错—γ_1临界预测动与涨
 落放大，γ_2同震位错，γ_3震后滑移，
δ震后复归性蠕变

图 12-15　地震-地壳形变循回概念模式($\alpha \rightarrow \beta \rightarrow \gamma \rightarrow \delta \rightarrow \alpha$)

长期的震间形变(动力系统定常吸引子控制下的稳定态，正常态，准线性态)；β 表示震前形变，包括 β_1 非线性趋势性加速和 β_2 波动异常；γ 表示地震滑动(滑移)，包括 γ_1 临界态预滑动与涨落放大(与地震成核过程相应)，γ_2 同震位错和 γ_3 震后滑移；δ 表示震后蠕变(以对数蠕滑方式对 α 的逐步归复)。震间形变 α，应从震后对数性蠕滑结束，新一轮应变累积开始之时计程(计时)。

　　"中国大陆是一个由若干相对完整的刚性块体和相对活动的塑性地带拼合而成的组合体。"(丁国瑜，1992)"大陆岩石圈是一个不均一、不连续、具多层结构和复杂流变学特征的综合体。"(许志琴，2006b)全球板块与边界带→大陆亚板块(一级活动地块)与边界带→块体(二级活动地块)与边界带(断层带)→……它们均是不连续的地壳嵌镶结构，可能还具有分形特征。边界带和各层次的断层带均以不同深度插入或切割地壳，可能深及上地幔软流圈、莫霍面、上下地壳界面(低速层)等滑脱层面。全球的大地震基本发生在板块边界带上。中国大陆的大地震，包括所有 8.0 级以上和 80% 以上大于 7.0 级的大震，都发生在活动地块的边界地带；少数发生在地块内部的大震如唐山 7.8 级地震，也与断层和断层网络运动密切有关。对现今断层运动时空过程连续精确的观测，有利于揭示应变(浅层)和流变(深层)之间的动力学耦合，促进板块运动学和地幔动力学的联系，具有深远的地学基础研究意义和直接改善地震预测的实用价值。又由于断层是地壳岩层中发生显著破裂和位移的断裂面(带)，同完整岩层相比，具有强度低和易变形的特点，因此断层比完整岩层其形变响应更灵敏，堪称"灵敏的地震动力学窗口"。

　　因此，我们可以借助于断层形变来探索地震-地壳形变循回过程各阶段的动力学含义：

　　(1)震后非线性归复蠕滑过程 $\delta(t)$

　　震后非线性蠕滑过程 $\delta(t)$ 可用 Lomnitz 提出的描述地球物质流变行为的对数蠕变函数(A. E. Scheideger，1982)来表达：

$$\delta(t) = A + B\ln(a + bt) + C \tag{12-10}$$

式中，δ 为蠕变，t 为蠕变时间同。V_δ 为蠕变速度：

$$V_\delta = B \frac{b}{a + bt} + C \tag{12-11}$$

　　随着 t 的增加，$bt \gg a$，则

$$V_\delta \approx \frac{B}{t} + C \qquad\qquad (12\text{-}12)$$

式(12-10)表明随着 t 的增加，蠕变速度逐渐下降，当 $t \to t_e$(蠕变停止时间)时，

$\frac{B}{t} \to 0$，则

$$V_\delta \approx C \qquad\qquad (12\text{-}13)$$

这意味着通过对数蠕变产生一个永久位移之后，又进入蠕变速度近似常数并同时开始新一轮积累弹性应变的近似线性的长期运动状态。鲜水河断裂带形变观测结果与对数蠕变函数拟合良好(刘本培等，1981；旷达，1986；杜方等，2010)。大地震的震后非线性蠕滑过程可能达数十年，如 1973 年鲜水河断裂带炉霍 7.9 级地震后，在该地段产生了显著的震后非线性蠕滑，V_δ 由初期的 10.27mm/a 按对数蠕变函数逐步衰减，估计 2010 年后还需 15~25 年才能终止震后蠕滑，重新进入"震间闭锁"(杜方，2010)，即此大地震震后非线性蠕滑过程可能为 42~52 年。各个地震震级与构造动力环境条件的差异，彼此之间会有所不同。

(2)震间形变 α(动平衡稳定态、定常态、加载态)

震间形变由深部稳滑导致浅部闭锁段以定常应变速率(ε_c mm/a)累积应变和定常蠕滑($V_\delta \approx C$)两部分组成，具准线性特征。在此背景上还会叠加多种周期波动(日变、年(季节)变及固体潮汐等)和对环境动力因子(大气圈、水圈动态过程、地震等)激励的响应。经过低通滤波($T > 365d$)基本排除各种非构造影响后，呈现出一种继承性的与新构造运动整体符合的、速率相对稳定的准线性运动。例如首都圈(大华北)断层运动整体平均速率为垂直运动 0.16mm/a，水平运动 0.18mm/a；滇西地区：垂直运动 0.67mm/a，水平运动 1.52mm/a；龙门山断裂带南段整体平均速率：垂直运动 0.09mm/a(周硕愚，1998，2009)。车兆宏(1999，2001)给出的首都圈(大华北)断层运动整体平均速率；垂直为 0.18mm/a，水平为 0.14mm/a；龙门山断裂带南段平均速率：垂直运动 0.05mm/a。两位学者给出的结果基本一致，并显示出不同区域断层震间形变的平均速率是滇西>首都圈>龙门山断裂带南段。

震间形变 α 可视为在断层深部滑脱层稳定的流变(蠕变)和区域应力场共同控制下，浅表断层的一种无震形变。反映该区域现今地壳运动动力系统在定常吸引子和周期(准周期吸引子)主导下，保持在动平衡稳定态，是一种定态(steady state)而非暂态(transient state)的运动，它将保持相对稳定并可望反复恢复的状态。

(3)震前加速运动 β

经过长期的逐步的应变积累，当应变积累总量已达到屈服点，在准线性运动背景上往往会出现非线性运动。一般在大震前数年有可能出现偏离定常速率的加速度的趋势性变异(周硕愚，1998，2007，2009)，例如唐山 M_S7.8 级和丽江 M_S7.0 级地震前均出现震前加速运动速率 V_{PE} 显著高于震间定常运动速率 V_0，其 $V_{PE}/V_0 \approx 2.5$；汶川 M_S8.0 级地震前也观测此种现象，见本书 11.3.2。

趋势性加速度的出现，意味着动平衡稳定态被改变，即该区域现今地壳运动的应变(力)有新的显著变化，如因深部流变(蠕变)主导的运动在上地壳的断层闭锁段或坚固体、

凸凹体处长期持续受阻导致应变累积(阻抗力)显著增加,或深部物质上升(体积力)等原因,导致地表断层的非线加速度运动等。它可能具有超越岩体屈服点,由稳定态进入亚稳定态的前兆意义,但其他原因,如近处地震或远方特大地震等也可能激励出加速度响应。

(4)临震预滑动 γ_1

一些大地震(唐山、丽江等)前数十天,在震中附近(数十千米范围)出现高速率大幅度的断层预滑动。例如,在唐山 $M_S7.8$ 级前三个月距震中 40km 的宁河跨断层场地垂直向出现大幅度大异常变化,在丽江 $M_S7.8$ 级前距震中数十千米的永胜、丽江、下关、剑川几个跨断层测站在垂直向(水准)和水平向(基线)上均观测到基本同步的远远超过两倍标准差的异常,有些已超过 10mm。地形变(应变、应力)本身及有关的物理量(如电阻率、地下流气体等)出现临界涨落放大。

可能反映了地震前夕,由于混沌边缘态——临界自组织的作用,多个微破裂在特定方向汇聚,相互作用,通过"正反馈"(Lyapouv 指数谱内出现正号),"响应灵敏度"显著提升,逐步形成不可逆的高速率大幅度滑动直至主破裂发生。这是一种与地震成核相呼应的同源异像变形过程。

(5)同震形变(位错)UE(γ_2)

主震发生,同震破裂位错。再经过震后蠕滑过程恢复到震间形变 α,开始新一轮循回(应变积累)。

3. 地震-地壳形变循回模式对地震监测预测的意义

(1)作为地震预测的一个具有一般共性的概念模式

傅承义指出综合归纳与外推预测都离不开模式,地震除个性外,也具有共性。Kei Aki 也多次强调预测需要有一个模型和观测之间密切的相互关联印证。当面对个性特征尚待探索的某个大地震,若有一个具有一般共性的概念模式作为介入起点,作为与观测数据相互反馈的基础,对科学认知的逐步深入和发现前兆可能均是有益的。综上所述,地震-地壳形变循回模式是现场观测、岩石实验、动力学、动力系统理论与地震模式的基本共识,它粗略地描述和解释了地震孕发生灭的一般性过程,似可能起到此种引导作用。

(2)判断地震孕发动力系统演化过程的阶段

面对某潜在震源或地震危险区,判断其现今演化过程处于何种阶段十分重要。地震-地壳形变循回模式或许可作为一种参照系。

(3)有待深入研究的广义的地震地壳形变循回问题

仅某些地震具备特征地震(Characteristic Earthquake)性质,即以同样的复发间隔在原地重复发生同等大小的地震。更多的地震具有多样化的难以完全重复的特征,应从复杂系统演化的视角、不同的地体环境,广义地来理解和研究地震-地壳形变循回。对其中一些阶段,如震前非线性加速运动、临震预滑动和涨落放大等的动力学机理及其所必须具备的观测条件,均有待深入研究。

12.4.5 动力系统临界态与大地震短临预测(预警)

1. 动力系统进入临界态——临界敏感性显著提高

动力系统在演化进程的不同阶段中,对控制变量响应的敏感性会有所变化。近数十年来，系统科学、动力系统、非线性动力学、岩石力学等多门学科的理论研究、数值模拟、破裂实验和现场观测均表明，当系统接近"失稳点"（"相变点"、"突变点"）时，系统对控制变量响应的敏感性会有显著的提升，将此种普遍存在的自然现象称为"临界敏感性"。"临界敏感性可能是灾变的一种共性前兆，如果能够监测临界敏感度的演化，便可能为灾变预测提供线索。"（夏蒙棼，白以龙，2009）

我们已讨论过"复杂动力系统的演化方程、常态与暂态、系统吸引子与稳定性"（本书 12.2.2 小节），"动力系统的自组织临界态（SOC）及其与地震预测的关系"（本书 12.3.7 小节）。当地震孕发系统经过长期演化进入临界态（一种介于稳定定态与失稳之间的非稳定定态、混沌边缘态），此时刻画动力系统稳定性的 Lyapunov 指数谱中会出现"+"号。若以三维相空向为例，其符号为：+、0、−，分数维 d 为：$2<d<3$。意味着系统此时有可能通过正反馈走向失稳，奔向灾变（突变）。

动力系统演化进入面临失稳的临界态，激励（输入）与响应（输出）之间的正反馈会导致响应敏感性显著提升，有可能观测到平时极为罕见的大幅度异常变化或涨落放大（群体性波动）。对系统的激励（输入）既包括地球的内动力因子。也包括外动力因子。可理解为无论是构造动力作用还是非构造的干扰，在系统进入临界态后均会获得放大。信息论指出，"信息量是事件（或过程）出现概率倒数的对数"（见第 11 章式（11-8）），临界敏感性显著提高，大信息量的出现为灾变预测（包括对破坏性地震的短临预测或预警）提供了理论支持，带来了希望。

2. 震中附近的断层预滑动

地震孕发系统作为大陆现今地壳运动—变形动力系统的子系统，进入临界态之后，由于在控制变量（系统的输入，包括地球内部与外部动力）和系统的响应行为（系统的输出）之间形成了动力学正反馈机制，原本微小的系统行为经过多次反复的正反馈，最后被放大为巨幅行为，导致系统产生突（灾）变，大（强）地震的主破裂发生。В. И. Мячкин（1973）提出的地震震源区雪崩式不稳定裂隙形成模式（IPE）所描述的雪崩过程实际上就是一种正反馈过程。在实际岩石中总是存在着随机分布的结构损伤（不同尺度的裂隙），当裂隙处于准均匀分布稳定阶段时不显示"前兆异常"；在构造应力持续作用下，随机分布的微裂隙相互作用，数目与尺度缓慢增加，裂隙在一个狭窄带（如断层带）内串通发展为一系列相对大的裂隙形成了不稳定变形窄带；而在进入临界状态后，丛集裂隙就雪崩式地串通，破裂加速扩展，断层预滑动直至失稳发生地震（同震位错）。岩石破裂实验证实了此过程（陈颙，1988）。断层的亚临界扩展和地震孕育过程的理论研究也证实了此过程（尹祥础，郑天愉，1982，1983）。

地震大地测量在某些大地震之前，在邻近未来震中的地域内（若恰好事先布设有跨断层形变场地）曾观测到一些断层预滑动现象。

三次大震之前断层形变的共同点为：①变化幅度变大，远超过多年的正常波动；②均发生在距未来震中很近的断裂面上。这可能是断层预滑动的基本特征（图 12-16、表 12-3）。

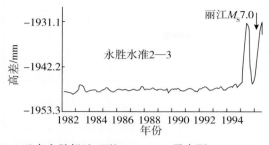

（a）云南永胜场地（丽江 $M_S7.0$，震中距 $\Delta \approx 71\ \text{km}$）

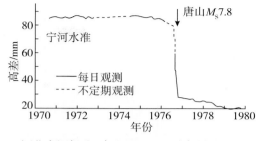

（b）河北宁河场地（唐山 $M_S7.8$，震中距 $\Delta \approx 40\ \text{km}$）

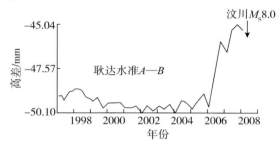

（c）四川耿达场地（汶川 $M_S8.0$，震中距 $\Delta \approx 15\ \text{km}$）

图 12-16　三次大震前震中附近断层主断面垂直分量的预滑动（周硕愚等，2009）

表 12-3　　　　　　　　　　　汶川、唐山、丽江地震预滑参数

地震	跨断层形变测站	震中距/km	震前预滑量/mm	预滑时间
汶川 $M_S8.0$	四川耿达	约 15	约 4.4	震前 29 个月
唐山 $M_S7.6$	河北宁河	约 40	7.2	震前 3 个月
丽江 $M_S7.0$	云南永胜	约 71	10.7	震前 20 个月

　　图 12-17 表示丽江 $M_S7.0$ 级地震前的断层预滑动。由于该震发生在事先已部署较稠密断层形变观测网络的"滇西地震预报试验场"，震中附近的五个台站共同观测到震前断层形变大幅度的显著变异。永胜台在"1—2"和"2—3"跨断层短基线测线出现了大幅度的水平形变异常，在"4—1"、"2—3"和"1—3"的跨断层短水准测线出现了大幅度的垂直形变异常；下关台在"2—3"和"2—1"测线分别出现大幅度的水平和垂直形变异常；丽江台在"1—3"测线出现大幅度的水平形变异常；剑川台在"1—3"测线也出现了大幅度的垂直形变异常。在震中的不同方位、不同距离和不同构造部位的五个跨断层形变台站观测到既有水平又有垂直的 9 项震前断层形变大幅度变异，具有高可信度。

　　在震中附近出现的断层预滑动是一种较快速的应力预释放，其速率远高于正常态应力缓慢积累的速率，不仅对震源区而且对近源区也会产生较显著的影响，因而物理机理上与地壳变形相关的其他测项也相应地会出现异常。例如，在唐山 $M_S7.8$ 地震前，宁河—昌黎断层之西南端宁河测站出现断层形变大幅度异常，在同一断层的东北端（另一端）也出现了马家沟台和昌黎台的地电阻率大幅度异常（赵玉林，钱复礼）、地下水位大幅度异常

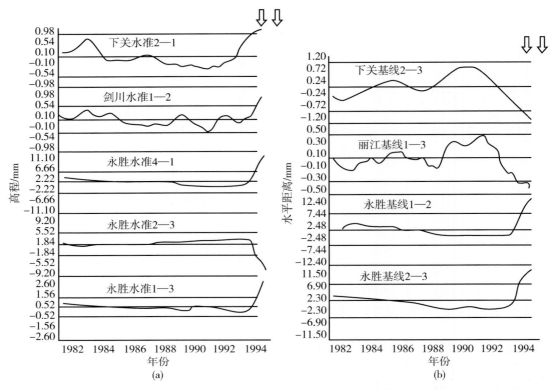

图 12-17　丽江 M_S7.0 级地震前震中附近（永胜台、丽江台、下关台、剑川台）断层形变的大幅度变化及其两倍标准差的置信区间（吴云）

（汪承民）等。又如在丽江 M_S7.0 级地震前，永胜台地倾斜，地应变固体潮振幅因子时序也出现异常，见图 12-18；相对于更长的时序背景（1990—1997 年）永胜台地倾斜固体潮振幅因子震前大幅度异常更为突出，见图 12-19。

　　除上述的"动力系统进入临界态——临界敏感性显著提高"的非线性动力学机理外，还可以从考虑介质流变性质的断层力学角度来解释大震前震中附近断层的预滑动现象。尹祥础和郑天愉（1982，1983）研究过一个边缘受均匀剪切应力作用的线性黏弹性材料无限大平板中 Ⅱ 型（滑开型）裂纹的准静态扩展问题。由于考虑了介质的流变性质，裂纹开始扩展的应力强度因子 K 不再像 Griffith 准则所确定的是一个唯一的值，而具有一个较大的范围：$K_{\min} \leqslant K \leqslant K_{\max}$。在正常态时段，应力强度因子 $K<K_{\min}$，不出现裂纹扩展，只存在继承性的断层稳定运动。当孕震系统发育至非稳定阶段时，因 $K>K_{\min}$，裂纹开始展扩并加速；但又因 $K<K_{\max}$，尚不能出现失稳扩展。因而出现了地震之前，孕震系统在一定的空间范围内，在亚临界状态下断层的加速滑动。郭增建和秦保燕（1979，1991）的震源物理研究认为，预滑动量级可能达到同震位错量的 5‰，远大于正常态下的断层运动速率。

　　大震前震源区内的断层预滑动与地震学中的地震成核过程密切相关，可能具有同源异象关系，是地震孕发系统进入非稳定态——临界态的重要自然现象及标识。

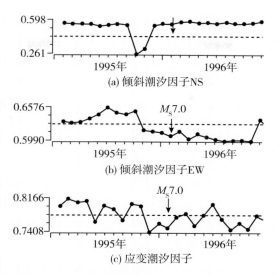

(a) 倾斜潮汐因子NS

(b) 倾斜潮汐因子EW

(c) 应变潮汐因子

图 12-18　永胜台地倾斜、应变固体潮振幅因子时序与丽江 7.0 级地震(1996-02-03)，
震中距 $\Delta=71$ km(李正媛)

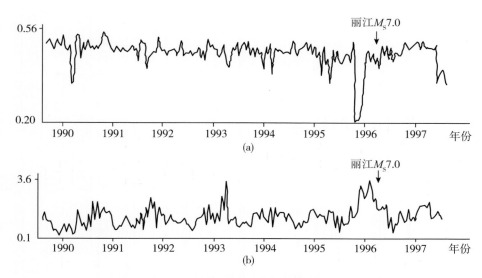

(a)

(b)

图 12-19　(a)永胜台地倾斜固体潮振幅因子时序；
(b)地倾斜固体潮矢量偏角时序与丽江 7.0 级地震(黎凯武)

3. 临界涨落放大及震源区与外围域的频率-空间分布差异

观测台站(场地)是现今地壳运动——变形动力系统的信息基元，由于多种动力因子(内部与外部、信息与干扰)的综合作用，任何时间序列均不可避免地存在着围绕低频趋势性变化的高频涨落。当地震孕发系统由稳定态进入临界态，在动力学正反馈机制作用下临界敏感性显著提高，可能在震源区以及近源区的高频率域出现群体突变异常——临界涨落放大。

　　应用频次(频率)信息合成方法,对川西、滇西区内姑咱、西昌、洱源、塘子、米易、渡口、盐源、宁蒗等 16 个连续观测台站(地倾斜、地电阻率、水氡)1976 年 1 月 1 日至 1977 年 4 月 30 日共 486 天的时序日均值做一阶差分,滤去了各种较长周期和趋势成分仅保留逐日变化高频成分 $\Delta f(t_i)$,再求其序列平均值 $E[\Delta f]$ 和标准差 S,以 $E[\Delta f]$ 为基线,$[+2.5S, -2.5S]$ 为置信区间,超出区间的 $\Delta f(t_i)$ 视为逐日变化异常。取时元长度为一个月,分别生成图 12-20(a)川西与图 12-20(b)滇西的频次(频率)直方图,其中图的上部分为等权合成,下部分为加权合成。

　　从图 12-20 可见,川西区(图 12-20(a))的高频群体涨落异常在 1976 年 8 月 16 日四川松潘 7.2 级地震前十分突出,但在 5 月 29 日龙陵 7.4 级地震前则不明显;反之,滇西区(图 12-20(b))的高频群体涨落异常在云南龙陵 7.4 级地震前十分突出,但在松潘 7.2 级地震前却不明显。然而,对发生在川、滇边界上的 11 月 7 日盐源 6.7 级地震,两区的合成图在震前均有异常。表明大震前显著的高频事件涨落异常群体,主要出现在未来震源区以及其邻近区,空间范围受到限制,且只在临震前出现(在本实例中约为 1~2 个月)。因此临界涨落放大的时空分布图像,可能具有预测发震地域及发震时间的一定价值。

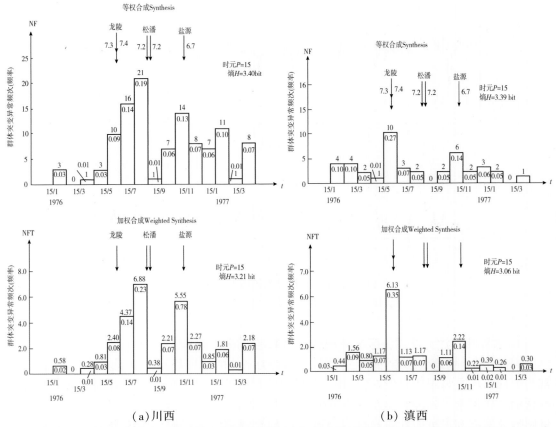

(a) 川西　　　　　　　　　　　　　　　(b) 滇西

图 12-20　川西与滇西地壳形变等观测台网高频涨落(日均值差分)异常的频次(频率)信息合成,1976 年 1 月 1 日至 1977 年 4 月 30 日,共 486 天,时元长度为月(周硕愚等,1986)

　　图 12-21 是基于首都圈断层网络内各断裂带上多条跨断裂面断层形变测量时序，生成的月均值差分——准高频涨落异常的频率信息合成图。在 14 年间仅出现过一次非常显著的准高频群体涨落异常，恰好在唐山大震之前。

　　基于地震孕发系统理念，对图 12-22 中所有地倾斜和地应变台站日均值时序，用小波方法作时-频分析获取各层次（各频率区间）中的异常。以汶川大震震中为圆心，统计不同震中距（同心圆）范围内的频率-空间分布。可看出相对的高频异常（小波分析第 6 层次之异常）的集群区（大概率区）主要在 200km 震中距之内；离震中越远，高频异常出现的概率就越小。高频异常的群发区可能包含有未来地震的发震域，预测时间尺度约为 3 个月至半年（吴云，张燕，2010）。

　　在松潘、龙陵、唐山、汶川等几个大震的短临阶段，均观测到相对于地壳形变趋势性慢变化的高频突跳群发（丛集）异常，主要集中在震源区以及其邻近区，呈现出震源区与外围区域的频率-空间分布差异。从高频域视角，证实了动力系统进入临界态——临界敏感性显著增高的理论。

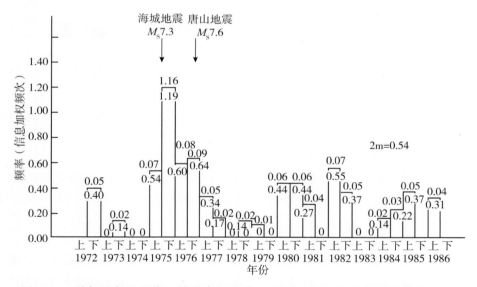

图 12-21　首都圈断层网络运动准高频涨落（月均值差分）异常的频率信息合成，
1972—1986 年，共 14 年，时元长度为半年（周硕愚等，1993a）

　　此外，还有一个不能回避的自然现象就是临震宏观异常。它曾有助于地震预报（如海城大震）或挽救过一些人的生命（如唐山大震）。当进入地震成核、预滑动、预破裂、雪崩式变形激烈的临界阶段时，对震源区和周围地域的应变（力）场与介质物性均会产生显著影响。通过力学、力学→物理学、力学→化学、力学→物理学、化学→生物学、生态学等多途径激发出各种临震宏观异常是可能的。实际各大震之前（包括汶川大震）均有多种多样的临震宏观异常。固然不能单纯依靠宏观异常作短临预测，但在长、中期预测和地震活动、形变重力、电磁、地下流气体等微观信息的基础上，宏观异常依是一个可资参考的信

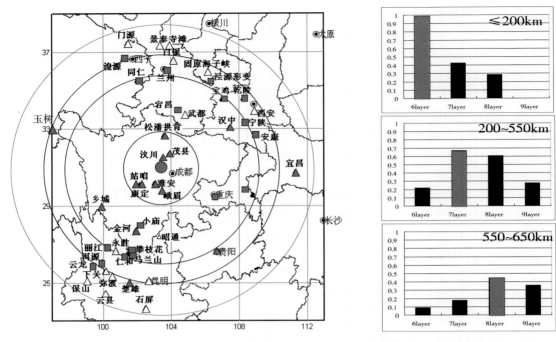

图 12-22 2008 年 5 月 12 日汶川 M_S8.0 级地震前台站形变异常的频率-空间分布(张燕，吴云)

息源。过分抬高与完全否定两种极端的认识均不可取。临震宏观异常同样可以用动力系统进入临界态——临界敏感性显著提高的理论来解释。

4. 地震短临预测的困难与希望

动力系统自组织临界(SOC)的动力学状态，是混沌边缘态，即一种非稳定的定态。其重要行为特征之一是：系统对动力输入(激励)响应的敏感度显著提高。这对地震预测既不利，却又有利。

(1)难以实现完全确定性的短临预测

各种动力因子的变化涨落都有可能起到触发地震的作用，因此期盼实现完全确定性的地震短临预测(尤其是精确的发震时间预测)是极其困难的。实际上对所有复杂动力系统，对所有灾变预测均如此，不可理想化。

(2)对未来发震地域以及时间、强度的重要提示

自组织临界态是一种介于混沌态和定常态之间的边缘态，一种非稳定的定态。混沌态是确定性的随机，例如，在三维相空向中，其 Lyapunov 指数$(\lambda_1，\lambda_2，\lambda_3)=(+，0，-)$，演化轨道既有分离(趋向不稳定)又有保持和收缩(趋向稳定)的奇异性，可形象地比喻为一只关在容器内的苍蝇，其飞行轨迹具有不确定性，但其活动范围限制在容器之内，又具有确定性。而定常态恰好可作为识别短临异常激变的天然基准。对地震预测有利之处是：①短临异常具有大信息量，异常的幅度(如断层预滑动及相关的大幅度异常)和出现的频度(如临界涨落放大群发)均显著地高于正常态和长中期阶段的变化。②未来震源区与近源区以及远源区之间，无论是低频大幅度变异还是高频群发突跳异常，均可能呈现出空间

分布差异。③可望缩小预测地域的范围,在一定程度上提示未来地震的震源区(类似平坦海滩上出现一个沙堆);而短临异常出现,预示地震已临近;短临异常强度、频度和范围越大,震级可能越大。因此不应丧失对地震短临预测的希望,何况对某些地震也曾有较成功的实践(如对海城大震曾做出 24 小时的短临预测)。

(3)坚定而扎实地探索地震短临预测和预警

地震短临预测和预警的意义在于拯救生命,通向它的路不是也不应是单一的。基于 P 波和 S 波走时差的地震预警固然值得称道,但它提供的预警时间极短(数秒至十余秒),且离震中很近的地域难以识别,过远的地域又无意义。复杂动力系统的临界敏感性原理和数十年的实践均证明,基于地壳形变等连续观测台网是有可能为短临预测(预警)做贡献的,但还有待我们做出创新性的多方面的努力。只有靠近未来震中才有可能揭示断层预滑动及其相关现象,因此要从根本上改进地震危险区的划分,在重大潜在危险区布设较密集的连续观测台网(GNSS、跨断层、倾斜、应变等)是必要的,有些手段禁止在断层的破裂带内建台值得商榷。空间等高新观测技术如何应用,如 GNSS 的"PPP"的快速定位等,有些学者结合汶川大震已进行了初步探索,应继续深入。临震前地形变等的频率域在空间-时间域中的动态变化(吴云等,2010)是一个值得深入的新的探索域,它同时也要求所有观测仪器必须具备清晰的频率特性。汶川大震前是否确定既无微观又无宏观的短临异常,原因何在?应该更客观地再研究。在大陆现今地壳运动变形动力系统——地震孕发动力系统框架下,研究多空间-时间尺度中异常出现的顺次、迁移路径(如远与近、深与浅)、相互作用、动力学耦合关系及模拟,由稳定态至亚稳定态,再至临界态走向失稳,可能很重要。

12.5 现今大陆变形图像(斑图)动力学——一种介于运动学与动力学之间的预测方法

地震预测必须超越经验预测,但目前尚不具备动力学数值预测的条件。现今大陆变形图像(斑图)动力学(Present-Day Deformation Pattern Dynamics)可望成为连接两岸的桥梁。它是一种介于运动学与动力学之间的、既具可操作性又具可升华性的地震预测方法。

12.5.1 斑图动力学(Pattern Dynamics)——非线性动力学的重要前沿,预测灾变的新途径

天下万物千差万别,但在其空间结构及其随时间演化方面却呈现某些相似特征,尤其是在其转变点附近会出现某些普适性行为(例如固体介质的屈服点,强度极限点、失稳点、液体介质的瑞利数阈等),这正是斑图动力学的研究领域。一个最经典的实例是"贝纳尔-瑞利对流",对水平容器内的一定液体从底部加热,初始阶段只有热传导但无对流,当温度增加到一定程度,系统序参量——瑞利数 R(由热膨胀系数、温度梯度、重力加速度、液体层深度、热扩散率和黏性系数等综合决定)达到一定阈值时,液体由无序(分子热运动,平庸时-空斑图)演变到有序(在液体内部产生若干对流环并在其表面形成多边形稳定有序斑图)(见 2.3 节及图 12-12)。贝纳尔-瑞利对流对推进地幔对流与板块运动研究

起到重要作用，可认为全球板块运动是在地幔对流作用下产生的稳定有序时-空斑图。

在自然界中存在着许多复杂动力系统，有待阐明的这些系统因涉及复杂性（内部难以直接观测的相互作用的复杂结构、复杂动力载荷、历史环境与过程、多尺度和多机制损伤的耦合演化过程、灾变过程等），经典科学方法已被证明力不从心，而斑图动力学则提供了新的希望和路径，如对破坏性地震、滑坡、矿难、火山喷发、生命线工程垮塌、航空航天器失事、机械结构失效等的研究与预测。斑图动力学研究斑图演化的动力学机理、行为和预测灾变的新途径，例如固体损伤破坏斑图的动力学复杂性、损伤斑图演化的跨尺度理论、损伤局部化——损伤斑图向损伤局部化斑图转变、损伤演化诱致灾变——损伤斑图向灾变性破坏转变、临界敏感性——损伤斑图向灾变性破坏转变的共性等（夏蒙棼，白以龙，2009；R. Clark Robinson，2007；刘秉正，彭建华，2004）。以地壳运动变形动力系统演化为基础的地震预测，显然必须学习、融合和应用此当代科学前沿理论。从 20 世纪 90 年代起，我国地震学（陈颙等，1994）和地震大地测量学（周硕愚等，1994，1996）均不约而同地开展了图像（斑图）动力学预测地震的探索。

12.5.2　地震大地测量图像动力学——现今大陆变形斑图动力学的探索与兴起

如何应用地表观测获得的现今地壳形变（运动、变形、重力）时间（频率）-空间域图像，识别现今地壳运动—变形动力系统演化与破坏性地震的孕发过程，多年一直备受关注。地震大地测量学在此问题上具有优势，一是其观测物理量同地震学一样均能直接与动力学过程接轨；二是具有统一的参考坐标系，如国际地球参考框架（ITRF）、大地水准面等，从而能严谨定量地研究各观测量的空间-时间（频率）关系。周硕愚等（1988，1990，1994，1997，1998）应用系统科学和非线性动力学理念，研究华北首都圈和滇西两个地震预测试验场的区域水准测量和断层网络形变测量时-空图像。设计出一些与动态图像配套的图像动力学参量方法，提出了"形变空区——孕震系统核"、"时间过程——由准线性走向非线性"、"空间分布——由准均匀（无序）走向非均匀（有序）"、"临界预滑动与涨落放大"等地震孕发过程理念，并将它们统称为形变图像动力学（Pattern Dynamics）。当时对图像一词的英译未选"Image"而选"Pattern"，是考虑后者有模式、样式的含义。它与后来才认知的非线性动力学中的斑图动力学（Pattern Dynamics）在物理内蕴及语义表达上不谋而合。相关内容曾两次被纳入 IASPEI 中国国家报告（1987—1990、1991—1994），该方面研究的学者并受到欧洲地球物理学会非线性动力学会议的邀请。

20 世纪末至 21 世纪初，随着中国地壳运动观测网络和中国大陆环境构造监测网络的建成和运行，GNSS 等空间技术得以广泛应用，地震大地测量揭示中国大陆多尺度现今地壳运动—变形的能力实现了革命性的飞跃。江在森等开展了"强震动力动态图像预测技术研究"，提出了从构造动力过程进行强震危险性时空逼近的科学思路（2010，2013）。将地形变图像（斑图）动力学的研究域，从孕震系统扩展到活动地块系统，直至中国大陆动力学系统，促进了多尺度（多等级）系统的整合耦合和时空逼近的强震孕发动力学过程研究，揭示出若干新自然现象，如印度板块与中国大陆的相对运动在 2004—2005 年增强，中国大陆北东向地壳缩短的相对运动在 2005—2006 年增强，青藏地块相对华南地块从 2005 年起运动增强等。这不仅有助于理解汶川大震，对大陆动力学、地震动力学、地震科学也很有意义。

我国不少地震大地测量学专家在严谨构建现今地壳形变，重力时空图像及其动力学参量并应用于地震预测上做出了各具特色的贡献，共同促进了地震大地测量图像(斑图)动力学在探索中的逐渐兴起。鉴于变形与地震密不可分，变形可视为零频地震，地震也可视为高频变形，与地震孕发过程有关的某些物理参量(电、磁、流体、气体)也应与变形相关，可见由"地震大地测量图像(斑图)动力学"扩展到"现今变形图像(斑图)动力学"，应更为有利。它可望成为唯象学、运动学通向动力学的桥梁，还可望成为连接还原论(经典力学)和整体论(动力系统，非线性力学)的一个通道，成为从复杂性中揭示内蕴规律性的途径。

12.5.3 以坚固体为"系统核"的孕震系统

1. 地震孕发系统及其"系统核"的概念

将震源区等同为地震孕发系统(或简称"孕震系统")是不正确的，但前者又是后者的"系统核"。"地震的孕育、发生需要有两个基本条件：一是具有积累足够弹性位能的条件，二是具有能产生突然的应力降的条件。为满足这两个条件，既需要一定规模的震源体积，又需要震源体与周围环境介质力学上的差异性，否则能量无法在局部地区形成相对集中并产生突然的应力降。"(梅世蓉，1993)因此地震孕发系统应由震源区(相对的坚固体)与其周围的近源区共同组成，其形象如具有坚固核的面包圈。"地震孕发是地壳运动—变形动力系统演化过程中，局部空-时域偏离自组织稳定定态并逐步走向非稳定定态(混沌边缘态)，导致的突变暂态行为"，是"系统为保持自身稳定的一种必要的自调节行为"(周硕愚，2010)。

$S = \langle A, R \rangle$，系统 S 由元素集 A 和关系集 R 共同决定。但各个元素对系统的贡献度是不同的，把对该系统而言是最关键最主要的元素称为"系统核"，若去掉此元素将对系统造成最大的破坏，甚至丧失基本功能。例如蜂王是蜂箱系统的"核"，多级喷气推进器是火箭系统的"核"等，显然震源区就是地震孕发系统的"核"，地震成核过程就是震源区走向临界失稳的过程。

2. 孕震系统的"核"——相对于周围地域的"坚固体"(可能的震源区)

在具有大(强)地震动力学背景的特定构造区域(如地块边界带、块内某些部位)，其中被地震、地形变活跃区所包围的局部相对平静区(坚固体)很可能就是未来大(强)震的震源区。形变空区、地震空区、高 Q 值区等，分别从变形、破裂、介质物性等不同视角共同组成识别标志。

3. 唐山 *M*7.8 级地震前五年的形变空区——唐山地震震源

根据 24 年(1968—1992 年)积累的多期精密水准重复测量资料，用多面函数拟合法编制了以唐山为中心的地壳垂直形变场年速率分布图系列(杨国华等，1995a)。图 12-23 是 1971—1975 年(唐山地震前 5 年至前 1 年)的形变分布图，可见周围地区形变明显，而在中央部分(零等值线圈定部分)，形变则极为缓慢。这是一个相对不变的稳定区，我们称之为"形变空区"。它恰好与 $M \geqslant 3.0$ 地震构成的"地震围空区"相吻合，与高 Q 值区和唐山地震震源区基本一致。

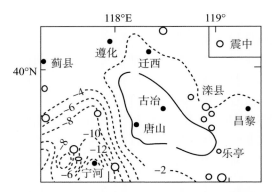

图 12-23　唐山 M7.8 级地震前的垂直形变空区与 $M \geqslant 3$ 级的地震围空区（1971—1975 年）

（周硕愚等，1997b；形变底图据杨国华等，1995a）

4. 汶川 M8.0 地震之前长期存在的形变空区——龙门山断裂带闭锁段

龙门山断裂带是中国大陆内部构造活动最强烈的南北地震带重要组成部分，从大陆动力学和中国大陆地壳运动变形动力系统看，它具有很高的地震危险性本应是不言而喻的。然而近些年来基于 GPS 地块运动模型推求得的巴颜喀拉地块与华南地块的边界带运动年速率仅为 1~2mm/a，基于短水准测定的断层运动年速率约为 0.1mm/a，表明该地段无论是深部滑动还是浅部形变的速率均很低，具形变空区性质；此外，该地段可能留下的所有历史地震记录，其震级均低于 6.5 级，也表明其具 $M \geqslant 7$ 级"地震空区"性质。该地段在高强度动力学环境和地壳应变积累速度极慢之间存在巨大反差，说明龙门山断裂带是南北带中的一个显著的闭锁地段，它具有特大地震的危险，但其地震地壳形变循回的周期却会很悠长。这在特大地震和大地震预测中是必须注意的。

12.5.4　震前变形局部化——空间分布图像演化由准均匀（准平庸性斑图）到非均匀（有序性斑图）

1. 空间分布图像结构参量演变——描述变形局部化的一种图像（斑图）动力学方法

构造物理学（马瑾，1987）、岩石物理学（陈颙等，2009）和矿山动力灾害（张东明等，2012）的研究与试验均表明，岩石的局部化变形是岩土材料失稳的一个重要特征，可能是灾变的先兆。地震大地测量学以一定时间间隔，在某一广阔空间范围内实施多期重复测量。在一定的参考框架下，基于相邻两期测量结果之差，可生成该时间间隔内某物理参量变化速率的空间分布等值变化线图像（如形变速度、重力变化率等）；N 期复测，可生成由 $N-1$ 个空间分布图像所构成的动态图像系列。如何从空间分布动态图像系列中，识别出大（强）地震之前的变形局部化行为？为从整体上定量刻画每幅动态图像空间分布结构随时间演化的特征，构建了动态场空间分布结构非均匀度参量——信息熵 $H(t)$、有序度 $R(t)$ 和分数维 $D_1(t)$：

$$H(t) = \sum_{i=1}^{N(r)} P_i(t) \lg P_i(t) \qquad (12\text{-}14)$$

$$R(t) = 1 - \frac{H(t)}{H_{\max}} \qquad (12\text{-}15)$$

$$D_1(t) = \lim_{r \to 0} \frac{I(t)}{\lg\left(\dfrac{1}{r}\right)} \tag{12-16}$$

式中，$N(r)$ 是等变线图所划分的量测单元，r 是尺度变换单元缩小的倍数，P_i 是单元中线条出现的概率，H_{max} 为最大熵。当空间分布完全均匀时，$P_i = 1/N(r)$，熵最大 $H(t) = H_{max} = \lg N(r)$，$R(t) = 0$；这相当于图像的空间分布结构处于完全随机、无序的状态，即平庸斑图状态。反之，当空间分布极不均匀时，$R(t) = 1$，$H(t)$ 与 $D_1(t)$ 的时变曲线同步，$R(t)$ 则与它们反向对称；这相当于该图像的空间分布结构处于有序斑图状态。当地震大地测量空间分布等变线图像系列，由"准均匀"走向"非均匀"时，分数维与信息熵下降，而有序度则上升；这意味着图像系列的演化由"震间形变的正常状态"(准平庸斑图结构)，发展到"震前变形局部化状态"(有序斑图结构)。

2. 唐山 M8.0 级地震前震源区和近源区地壳形变局部化过程——图像空间分布结构参量由准均匀到非均匀

基于精密水准重复测量，王若柏、杨国华等(1994)在以北京为中心的 3°×2° 围内，以 26 年的测量结果编制了 6 幅随时间演化的首都圈地壳垂直形变空间分布系列图，如图 12-24 所示。周硕愚等(1998a)在以唐山为中心的 2.5°×1.3° 范围内，以 24 年的测量结果编制了 7 幅随时间演化的唐山地区地壳垂直形变空间分布系列图，如图 12-25 所示。

周硕愚等提出了基于动态图像系列，定量刻画空间分布图像变形局部化结构参量演化的图像动力学方法。用式(12-14)~式(12-16)求得唐山地区和北京地区地壳垂直形变场空间分布结构参量演化——变形局部化过程及其与地震关系，如图 12-26 所示。

由图 12-26 可见，北京地区垂直形变场分数维 $D_1(t)$ 的正常值大约为 1.80，唐山地区 $D_1(t)$ 的正常值略小于 1.80。它代表了地震地壳形变循回概念模式震间形变(α)阶段的空间分布结构。由于在动力系统定常吸引子控维下，现今地壳运动的继承性和震间形变的准线性以及多种随机因素的作用，两期测量结果之差，使空间分布图像的结构呈现出"准均匀"状态，即以随机、无序为主的"准平庸斑图"的正常状态。唐山 M7.8 地震前，无论是在唐山地区(震源区及其周缘)还是在北京地区(震源之外的近源区)，均出现了明显的形变场降维现象，而唐山地区降维幅度大于北京地区。地震发生在分数维降至最低点并开始回升之后。分数维降低时，信息熵减少，有序度增加，表明震前地壳形变场空间分布结构由"准均匀"趋向"非均匀"，即出现了震前"变形局部化过程"(具有序性质的斑图)。震后又基本恢复到震间形变时的正常参数值，对应于震间形变 α 阶段的"准均匀"速率分布图像(准平庸斑图)。

在 1990 年青海共和 M6.9 级和 1981 年道孚 M6.9 级地震前，也曾发现垂直形变场分数维降低现象，近场降维幅度大于远场(王双绪，张永志，1993)。在汶川 M8.0 级地震前的重力场空间分布动态图像中，也存在由"准均匀"至"非均匀"图像结构的局部化现象(见第 11 章图 11-19，申重阳，2009)。

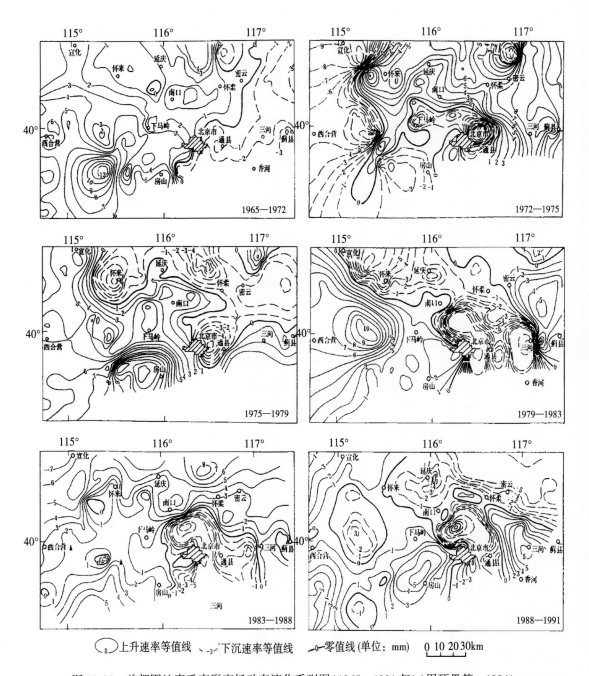

图 12-24　首都圈地壳垂直形变场动态演化系列图(1965—1991 年)(周硕愚等，1994)

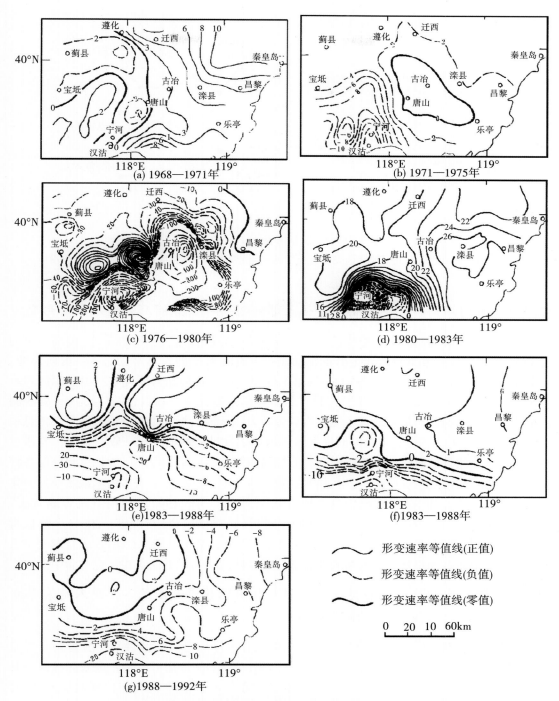

图 12-25　唐山地区地壳垂直形变场动态演化系列图(1968—1992 年)(周硕愚等，1998a)

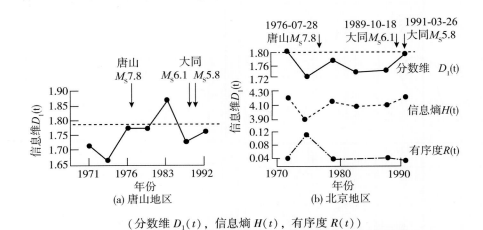

（分数维 $D_1(t)$，信息熵 $H(t)$，有序度 $R(t)$）

图 12-26 唐山地区与北京地区地壳垂直形变场空间分布结构参量（周硕愚等，1994，1998）

12.5.5 时间序列群体图像由准线性至非线性——由震间形变进入震前形变

形变时变由准线性演化至非线性，是岩石力学（越过屈服点）、动力系统（偏离稳定的定常态）、地震模式和观测经验（由正常动态——震间形变进入异常动态——震前形变；或由 α 相稳定态进入 β 相亚稳态）的一项基本标识。在一定的动力环境中，由震源区和近源区组成的大（强）地震孕发系统，包括了若干个信息基元——观测台站（场地）。各观测台站处于不同的构造部位与地理环境且均具多动力因子输入与观测值单输出的复杂信息系统性质（见本书 11.1 节），单台时间序列映射地震孕发过程的信噪比一般均偏低，若通过多台多个时序的叠加或模型的建立则有可能提高信噪比，此基本原理已为地震台阵等各种侦察微弱信号的监测系统所证实。在预测实践与研究中，已提出了一些揭示地震孕发演化时间进程的方法，如"孕震系统信息合成方法"（周硕愚等，1990）、"信息流合成方法"（薄万举等，1997）、"GPS 模型对两地块间相对运动的跟踪"（江在森等，2004），均取得较好效果（参见本书 12.4.3、12.4.4；本书第 6、第 11、第 12、第 13 章）。综合形变与重力、空间与地面多种观测手段的新的地震地壳形变图像动力学方法正在研究试验中。

12.5.6 特定空时域内响应灵敏度增强与频率结构变异图像——进入地震孕发系统的自组织临界阶段（SOC）

在某地域出现变形（或重力）空间分布局部化和时序族进入非线性后，应警惕临界态（参见本书 12.3.7 和 12.4.5）是否会来临。其斑图动力学的特征可能是：未来震源区及其邻近域"激励-响应灵敏度"增强，涨落放大和异常事件的频率-空间分布出现明显差异（参见本书 12.4.5）。这些信息可能有助于发震时间预测（警）和缩小发震地域预测的范围。

12.5.7 大地震后的应变（力）场变化图像与不同地域地震危险程度的增减

大陆地壳运动—变形动力系统内部各子系统之间持续存在着强相互作用，主宰着动力系统的演化及地震行为。某大震的孕发是周围各部分作用于该震源区所致；反之，该大震发生后又会作用于周围各部分，在一定程度上导致应变(力)场变化并影响其地震行为。

一次地震发生后，该源发地震在某一邻近接收断层上所产生的库仑应力变化 $\Delta\sigma_f$ 可表示为：

$$\Delta\sigma_f = \Delta\tau_s + \mu'\Delta\sigma_n \qquad (12\text{-}17)$$

式中，$\Delta\tau_s$ 表示源发地震在接收断层的走滑方向上产生的剪应力的变化，$\Delta\sigma_n$ 表示在接收断层上产生的正应力变化，μ' 表示受孔隙压影响的有效摩擦系数。通过黏弹性作用，由一次大地震导致的应力变化的影响可能持续几年到几十年的时间，这种影响可能促进或延迟邻区地壳内未来地震的发生(林间，2003)。

震后余滑、震后孔隙回弹和震后黏弹性松弛是几种可能导致震后变形的动力学机制。呈现对数型的震后余滑仅发生在源发地震断层破裂面两侧较狭窄带域，震后孔隙回弹变形也仅在地震破裂面附近最为显著。而由岩石圈下部物质的应力松弛引起的震后黏弹性变形，可以在更长时间、更大空间内持续。基于汶川 $M8.0$ 大震后中国地震局地震科学考察GPS 数据，反演了由震后黏弹性松弛导致的水平形变图像(参见本书第 9 章)。基于多期GNSS 网观测，还可望在更大的空间尺度上定量查获地壳形变场图像和某些动力参量的差异变化。

大地震对邻区以致更远地域应变(力)场变化及其地震行为的影响，是动力学数值模拟与图像动力学预测的交叉结合部，是深化科学认知和推动地震预测进步的一个领域。

12.5.8 变形事件长程空时关联图像与近期特大地震和成组关联性大震研究

1. 从复杂动力系统演化视角研究变形事件与特大地震及关联性大地震

在本书 12.1 节"地震模式学术思想的进化与启示"中已指出：近百年来地震模式演化的发展趋势是从点源到动力系统。将地震视为岩石圈现今地壳运动—变形动力系统演化中的一种动力学行为；在此框架下，将某地震震源及其构造环境、深部环境视为一个地震孕发动力系统(简称孕震系统)。在本书 12.3 节"中国大陆现今地壳运动—变形动力系统与地震"中又指出：此动力系统由多等级(尺度)的一系列子系统构成，在高等级(大尺度)系统与低等级(小尺度)系统之间，在同等级系统之间，在系统及其地震行为之间，都存在着复杂的相互作用和动力耦合；通过整体协同产生了此动力系统及其变形行为，地震行为在现今演化过程中的"整体涌现性"。因此仅在一个狭隘的时空域(震源及近源区)内，研究地震孕发-生灭过程不符合大自然的实况，特别是对特大地震和关联性大地震群而言。付承义提出过超越传统"震源说"的地震孕发的"红肿说"(1976)，但几年后他又指出"红肿说"还可以拓展，"地震是地球演化的结果"(1993)。

非线性动力学损伤斑图演化的跨尺度耦合理论指出，多尺度非均匀固体介质的损伤、破坏现象通常是一种从微观到宏观发展的非线性进化理论，可跨越非常大的尺度范围(夏蒙棼，白以龙，2009)。中国大陆现今地壳运动—变形动力系统具有由多等级(尺度)子系统组成复杂结构，是一个非均匀固体介质损伤和破坏的正在演化中的非线性动力系统，因此在多种尺度中出现地壳运动—变形和地震的长程关联行为是合理的。早在 1975—1976年的大陆地震高潮期(海城、龙陵、唐山、松潘等关联性大地震)前后，地震大地测量观测就曾察觉此类现象，并萌生了大系统孕发地震的思想（周硕愚等，1990，1993a），但当时还很难将远距离的相关事件实际连接。进入 21 世纪后，在地球动力系统新理论和 GNSS 新技术等的交融促进下，提出了"现今地壳运动-地震系统自组织演化模式假说"、"大陆现今地壳运动—变形动力系统演化及地震行为""地震模式——由震源到动力系统"（周硕愚等，1997b，2010，2013，2015）、"从构造动力过程进行强震危险性时空逼近的科学思路"（江在森等，2010，2013）。时至今日，从"现今地壳运动—变形动力系统"内的相互作用，长程关联的视角，实际研究特大地震和成组关联性大地震已初具备可能。

2. 昆仑山口西 *M*8.1、汶川 *M*8.0、芦山 *M*7.0 以及印度尼西亚苏门答腊 M_W9.1 等大地震的地壳运动—变形图像动力学关联

在表 12-3 中，一连串从"外"向"内"、从"深"向"浅"，从西向东、从北向南，从大空-时尺度到小空-时尺度，跨尺度的多种现今地壳形变图像，给人以直观鲜明的印象。似乎不仅各种地壳形变图像行为之间，它们与 2008 年 5 月 12 日的汶川 *M*8.0 级地震之间，而且与汶川大震之前的昆仑山口西 *M*8.1 级地震（2001 年 11 月 14 日）和之后的芦山 *M*7.0 级地震（2013 年 4 月 20 日）之间，甚至与印度尼西亚苏门答腊 M_W9.1 巨震（2004 年 12 月 26 日）之间，均可能具有在统一动力系统框架下，跨越多种空间-时间尺度的动力学关联——耦合和自组织协同性（表 12-4 仅是一种粗略的表达与探索），值得深入研究。

3. 推进在地球动力系统和中国大陆现今地壳变形动力系统框架下的特大地震与成组关联性大震的研究

对于汶川大震这一类的特大地震和成组关联性大震群，若仅从传统震源物理（力学），或小尺度孕震系统的视角均是很难理解其孕发过程的，更不用说前兆识别与预测了。它们涉及的不仅是某断裂带的某地段，也不仅是某一对活动地块，可能涉及从很大尺度到很小尺度的多种等级（多种层次）动力系统的相互作用及其整体演化和系列行为，正如付承义所述："地震是地球运动的结果。"不仅要超越经验预测，也需要超越割裂整体以还原论方法为基石的经典地球动力学预测，如 Kei Aki 所述："模拟和监测紧密结合，也许有可能拯救单纯的地球动力学方法。"基于多尺度地壳形变、地震、重力、电磁、流气体等综合观测，在地球动力系统和中国大陆现今地壳运动—变形动力系统框架下，通过图像（斑图）动力学、非线性动力学与地球动力学数值模拟的结合，深入研究此类自然现象，显然具有深化科学认知和推进地震预测的双重价值。从表 12-4 可以看出：汶川大震之前，在不同尺度的地域内，确曾出现过一系列可能是有动力学关联的异常事件演进。若以现今变形动力系统的新思想做更深入的研究，建立一种超越传统的大地震预测新模式和新方法是可能的，预测像汶川大震这样的地震也不是不可能的。

表 12-4　　　汶川大震前后地壳形变重力异常事件与地震的时空演化关联

时间序列	出现在不同尺度地域内的异常事件	相互作用与可能关联
2001 年 11 月 14 日（汶川大震前 7 年）	昆仑山口西 *M*8.1 级大震，加速了巴颜喀拉地块的东向运动（乔学军等，2002）	南边界带上的相对闭锁段被击破，加速巴颜喀拉地块的东向运动

续表

时间序列	出现在不同尺度地域内的异常事件	相互作用与可能关联
2002 年起(汶川大震前 6 年)	鲜水河断裂带(巴颜喀拉地块东段的南边界带)多个测站断层运动出现偏离长期准线性背景的趋势性转折(江在森等,2009)	地块东向运动加速,使鲜水河断裂带多个测站准同步出现了与左旋剪切和挤压变化背景相反的趋势转折,导致此断裂带南东段和龙门山断裂带中南段受力增强
2004 年 12 月 26 日(汶川大震前 4 年)	印度尼西亚苏门答腊发生 $M_W 9.1$ 级巨大地震	$M_W 9.1$ 级巨震发生在澳大利亚印度板块与欧亚板块两大板块边界带上,可能导致印度板块对中国大陆的相对运动和大陆内部应变积累的变化
昆仑山口西、苏门答腊两大地震之后(汶川大震前 4~7 年)	两大地震对中国大陆区域应变积累的影响包括"正影响区"和"负影响区"。巴颜喀拉地块东部和川滇地块北部均属"正影响区"(江在森,杨国华等,2005,2006,2007)	其后发生的汶川 $M8.0$、芦山 $M7.0$ 级大震均在中国大陆区域应变积累增强的"正影响区"内
2004—2005 年(汶川大震前 4~5 年)	印度板块对中国大陆的相对运动增强,出现偏离准线性长期正常背景的加速度——非线性趋势性异常(江在森等,2006)	苏门答腊 $M_W 9.1$ 级巨震发生,使同一板块边界带西段的印度板块对中国大陆的相对运动增强
2005—2006 年(汶川大震前 4~5 年)	中国大陆内部北东向地壳缩短的相对运动增强(江在森等,2006)	印度板块对中国大陆相对运动挤压增强导致中国大陆内部北东向地壳缩短
从 2004 年起(汶川大震前 4 年)	青藏块体整体地壳运动相对于华南、华北块体增强,出现偏离准线性长期正常背景的加速度——非线性趋势性异常(江在森等,2006)	在印度板块对中国大陆相对运动增强的动力学环境作用下,青藏块体对华南、华北块体的相对运动会出现偏离准线性长期正常背景的加速度异常
1988—2005 年(汶川大震前约 3 年)	1988—2005 年,在龙门山断裂带上出现包含未来大震震中在内的重力场异常区(祝意青等,2007)	印度板块对中国大陆、青藏块体对华南块体、巴颜喀拉地块对四川盆地的相对运动是立体的涉及岩石圈各层次。既可导致地下物质运移,密度变化和沿裂隙的深部物质上涌,也可导致地壳表层垂直形变异常;均可使重力场出现异常
1988—2005 年、2005—2007 年(汶川大震前 3 年至前 1 年)	五期重力复测揭示出:重力场在 1998—2000 年无异常,1998—2002 年异常不明显,1998—2005 年出现异常,1998—2007 年异常显著(申重阳,2010)	重力场异常有一个形成过程,其空间分布结构由杂乱无序走向有序,重力场正值与负值图像的边界梯度带与龙门山断裂带的交叉域恰是汶川大震震源区及近源区

续表

时间序列	出现在不同尺度地域内的异常事件	相互作用与可能关联
2006 年起(汶川大震前 2 年)至 2008 年 5 月 12 日	龙门山断裂带近震中的 5 个跨支断裂面垂直形变时序,均同步出现趋势性转折。信息合成表明:整体活动水平(强度)和突跳异常丛集频度显著增高(周硕愚等,2009)	经过由外到内、由深到浅的能量流和物质流,阻抗力和体积力共同作用的时空逼近,大震前两年在震源区出现断裂"预滑动"及涨落放大是可能的。从异常看,重力高于形变、垂直形变高于水平形变
2013 年 4 月 20 日(汶川大震后 5 年)	在南北地震带中南段,三条活动地块边界带交会("大 Y 字形")结点附近,长期闭锁的"形变空区"和"强震空区"内,发生汶川 $M8.0$ 级大震。发生芦山 $M7.0$ 级地震以及其后其他破坏性地震	汶川大地震击破该区域长期闭锁状态导致库仑应力场调整:龙门山断裂带西南段、鲜水河断裂带东南段和安宁河、则木河断裂带地震危险性增高

这种研究及预测途径,不排斥任何严肃的探索,不论其视角与方法论如何均能集成整合并添加进动力学框架,实现互验互补整体增益。我们头脑中有宏观概念模式和某些定量模式,在研究与预测的进程中,就可望实现模式与新观测数据的不断相互作用,既有利于发现前兆,又有利于检验与改进模式。

12.5.9　具大概率意义的"相对平安"图像

从某个台站的某种观测手段到某一地域,基于长期观测、模拟、检验和研究,可建立自己的正常动态(动力)变化模型及其概率置信区间,并可预测未来有限时段内的常态变化(见本书 12.4.3)。当未来实际变化未超越常态变化的置信区间时,可认为尚未观测到具小概率(大信息量)性质的异常变化事件。可解释为本台站或某地域的现今地壳运动—变形依然处在动力系统"定常吸引子"和"周期吸引子"等定态的控制维持之下,具有正常动态稳定性特征,预示着具有大概率意义的"相对平安"。从广义的减轻地震灾害视角(包括地震社会经济学效应引发的或因恐惧而产生的无序混乱现象)来看,预报平安和预报危险均具重要性,特别是对于某些经济发达且人口稠密的地区。

12.5.10　现今大陆变形图像动力学中某些可望重现特性的探讨

在地球系统科学框架下,基于地震大地测量学对现今地壳运动变形与地震关系的实际观测,结合岩石力学和复杂动力系统理论,初步提出如下可望重现的,即可能具有某种共性的图像(斑图)动力学特性:

①大陆变形动力学的基本状态(正常态)是自组织稳定态,而非自组织临界态(SOC);地震是局部时空域偏离稳态走向失稳又回归稳态的暂态行为。

②大(强)地震孕发系统由以"坚固体"为"核"的相互作用的不同物性部分组合而成。

③"大陆变形动力系统"的现今演化控制着"地震孕发系统"的动力学行为。

④存在着狭义与广义的地震-地壳形变循回过程。

⑤变形局部化：空间分布结构由准均匀(平庸斑图)→非均匀(有序斑图)→地震→准均匀。

⑥时间进程：准线性→非线性(加速度)→临界态→地震→归复准线性。

⑦进入临界态，可望出现系统临界响应敏感度增高，导致较显著的临界暂态事件与事件群，频率域结构的空-时变异。

⑧在地球动力系统和中国大陆变形动力系统框架内，可能出现变形事件长程空时关联，震前由外向内逼近未来特大(大)地震震源，震后影响则由内向外。

尽管大地震孕发图像各具个性，但在其空间结构及其随时间演化方面却呈现某些相似特征，尤其是在其动力学状态转变点附近会出现某些普适性行为，故其形变图像(斑图)动力学也可望具有若干共性。这对推进地震预测是有利的，尚有待更多的验证，更深入的研究。

12.6　对地震、地震预测和地震预报的再思考

12.6.1　与地震共处

如何看待地震？早在1775年11月1日葡萄牙首都里斯本发生8.8级大震时，法国思想家伏尔泰和德国哲学家、数学家莱布尼兹就有过激烈争论。对英国诗人蒲柏哲理诗中的名句"一条真理很清楚：任何发生的事皆有道理(One truth is clear; Whatever is, is Right)"，两人有着完全不同的看法。在地球科学进入地球系统科学时代，相关学科已较深度交叉的当今，我们似应肯定蒲柏的名句，地震和人类都是地球演化历程中出现的自然现象，从不同角度体现了地球依然是一颗活力充沛的星球。

地震是地球-地壳运动—变形动力系统为维持自身长期稳定必要的一种自调节(自组织)行为，是系统演化过程中，某些局部缓慢偏离又突变归复稳定态的一种局部暂态事件。地震既带来灾害，又是维持人类赖以生存的地壳长期全局稳定之必须，应该理性地看待地震。保护环境不仅是大气，也包括地体的稳定性。在内华达州试验场中进行地下核爆炸触发地震的证据表明，这种稳定性可被人类破坏。(Aki and Tsai, 1972)大型水库、深部采矿、对某些地质地貌区的过分开发等，或诱发地震或人为地加重了地震灾害已在国内外被广泛证实。有的国家曾扬言要研究"地球物理武器"，通过特种手段诱发他国的灾害性地震，更是违反人性。作为地球之子的人类，必须抛弃"人定胜天(地)"的狂妄，谦恭学习并逐步走向以最佳的方式与地震共处。

12.6.2　地震预测

1. 地震预测是防震减灾不可缺失的科学技术基础

不仅减少伤亡需要地震预测，抗震设防同样需要地震预测。一个发展中的大国，不可能全国均按高烈度设防；反之，把一个8级大震区定为低烈度区危害也甚大。从短临预测到长期预测均是防震减灾不可缺失的科学技术基础，是"绕不过去的坎"。尽管艰辛漫长，

必须坚定地持续推进地震预测；虚无与浮躁均源于对复杂动力系统认知的缺失。

2. 地震具有可预测性

地震是地壳运动—变形动力系统演化过程中发生的一种突变暂态行为。地壳运动是多样变化表象与整体动态内蕴有序性的结合。在系统动力学吸引子掌控下，地壳运动动力学的基本状态(常态)是自组织稳定态(SOSS)，具可观性并能以一定的分辨率模拟及预估，这是大自然的恩赐。自组织临界态(SOC)是仅出现于特定空间-时间域中的暂态，其本身仍内蕴一定的预测信息，"上帝是微妙的，但是上帝没有恶意"。当代多门学科研究、观测与预测实践印证了上述观念。

3. 地震预测具不完全确定性

由于系统演化中的"分岔"(bifurcation)，自组织临界以及相互作用下观测中存在着的类似"测不准原理"等，要实现完全确定性的地震预测十分困难。我们只能逐步逼近为自然规律制约的极限，但不能改变复杂动力系统的本性。

4. 地震预测在一定条件下也具可行性与可操作性

地震预测不具完全确定性，并不等于无法预测，我们仍可在一定条件下(包括自然、观测与认知)，通过努力实现具有一定信度的预测。随着科学技术的进步，地震预测还能不断进步，从而不断提升防震减灾实效，但不可理想化与绝对化。

5. 区分地震预测与地震预报

由于存在着科学难题与现实需求的"悖论"——报不准又不得不报，区分地震预测与地震预报很有必要。预测是纯科学技术问题，应鼓励科学家以观测数据和模式结合为基础，对自然系统的未来演化作演绎，严肃地预测地震(1~3 要素)，接受实践检验，认真评判成败原因，深化科学认知，但不可直接对外发布。预报以预测为基础，它处于地震科学与地震社会(经济)学的交叉域，是在自然与社会复杂系统交叉域中实施的一种不完全确定性的风险决策：预报或不预报？以何种方式预报？决策准则是"多害相权取其最轻"，尽可能减少伤亡和破坏，维护社会稳定与经济发展。

6. 地震监测不能狭隘地理解为地震前兆监测

GNSS、InSAR、重力(卫星、陆地、海洋)、精密水准、断层形变、定点形变等，综合构成揭示"岩石圈-现今地壳运动与物质运移动力学系统"演化的信息系统，具有重大的地球科学基础意义，例如近 20 年来强劲地促进了大陆动力学、地震动力学等的进步和跨学科优秀人才的成长。其数据是内涵丰富新颖的信息宝藏，不能狭隘地仅视其为地震前兆监测，不自觉地沦落为"金矿上的穷人"。此外在观测数据与地震前兆、地震预测之间并无直通车，地震前兆不可能靠工业化的生产方式来获取，"欲速则不达"。

12.6.3　地震预报

1. 地震预报——以灾害损失相对最轻为目标的风险决策

它是在地震预测(虽有一定信度，又具不完全确定性)基础上，充分考虑地震预测的实际水平和发布预报地域的实况(自然、社会、经济和人文)，预估其响应后果，而做出的使灾害损失相对为最轻的决策，具概率属性。

2. 评定地震预报的标准

标准应是预报所取得的减灾实效：伤亡、社会、经济、心理等损失相对为最小，包括：直接、间接、衍生灾害的减轻及其长期影响等。

3. "地震-社会(经济、人文)学"的作用

它是介于地震科学与社会科学、人文科学及行政学之间的交叉子学科，直接服务于地震预报风险决策，应重视发展。

4. 可能遭受地震灾害的地域应建立自己的地震预报风险决策模型，并对模型适时更新

试举一种可供参考的初级模型为例(周硕愚，1988)：设 A 为决策空间，即我们所可能采取的 n 种不同预报方式的集合，如向社会公开发布临震预警，以一定方式打招呼各级领导内部掌握，仅对生命线工程和某些部门(学校、医院)示警，不预报(它也是一种预报方式)等：

$$A = \{a_1, \cdots, a_i, \cdots, a_n\} \tag{12-18}$$

设 θ 为状态空间，即实际系统(预报地域)可能出现的 m 种状态的集合，如虚报、漏报、不同程度的偏差等。

$$\theta = \{b_1, \cdots, b_j, \cdots, b_m\} \tag{12-19}$$

$$\sum_{j=1}^{m} P(\theta_j) = 1 \tag{12-20}$$

其中，$P(\theta_j)$ 是状态 θ_j 出现的概率。

设 C 为效果空间，即采取 n 种行动方案(预报方式)在 m 种状态下取得的 $n \times m$ 种效果的集合：

$$C = \{C_{11}, \cdots, C_{ij}, \cdots, C_{nm}\} \tag{12-21}$$

采取第 i 种行动方案(预报方式)所取取得效果 C 的期望值为：

$$E = [C(a_i, \theta)] = \sum_{j=1}^{m} C(a_i, \theta_j) \times P(\theta_j) \tag{12-22}$$

估算出每一种行动方案(预报方式)后果(效果)的期望值，由于每一种方案均具有一定的风险，我们取损失为最小的方案作为预报方式决策的参考。

楼宝棠(1984)定量研究过对江苏 5 级左右地震预报方式的决策，认为在当时条件下(包括预测水平、社会承受能力等)，以不公开发布预报，而由领导内部掌握，提前采取各种必要措施相对为佳(损失可能最小)。陈修民等(2006)综合考虑多种预报方式及其后果，对浙江珊溪 4.6 级水库地震的预报曾做过恰当的决策，取得了相当好的社会经济实效。唐山 7.8 级大震前，有的县曾对本地域打招呼，也减少了人员伤亡。说明尽管在地震预测水平不高的条件下，若能结合实际综合预估多种可能后果而作出的预报决策，对减少损失仍是有一定作用的。

5. 在当前条件下预报方式不宜仅是"1"和"0"

[0，1]式预报违背大自然本性，不符合科学技术实际水平，可能导致"漏报"增加，浪费具有一定减灾价值来之不易的监测预测资源。应基于不同的实况，在 N 种可能的预报方式中作出以损失为最小的相对最佳决策。

6. 尽管地震预测是科学难题，但其任何进步均可能促进地震预报和防震减灾实效的逐步提升

对地震预测的两种极端看法（已可预测或不可预测）均源于对复杂系统缺乏科学认知且无视数十年预测实践，对科学和社会均有害，应坚定而又谨慎地继续推进地震预测。

7. 地震大地测量学的作用

以精确测量和研究现今大陆变形动力系统演化及其地震行为为己任的地震大地测量学，必须加速发展。在持续推进地球科学基础研究，地震预测科技进步和服务社会防震减灾等需求上，必将越来越多地做出自己应有的贡献。

（本章由周硕愚撰写）

本章参考文献

1. 安艺敬一（Keiiti Aki）．预测地震和火山喷发的地震学［M］．尹祥础，等，译．北京：科学出版社，2009．

2. 薄万举，谢觉民，楼关寿．非稳态断层形变及其信息合成［J］．地震学报，1997，19（2）：181-191．

3. 毕思文，许强．地球系统科学［M］．北京：科学出版社，2003．

4. 曾融生，丁志峰，吴庆举．青藏高原岩石层构造及动力学过程研究［J］．地球物理学报，1994，37（增刊）：99-116．

5. 曾融生，孙卫国．青藏高原及其邻区的地震活动性和震源机制以及高原物质东向流动讨论［J］．地震学报，1992，14（增刊）：534-563．

6. 车兆宏．首都圈断层活动性研究［G］//国家地震局综合观测队编．地震综合观测与研究．北京：地震出版社，1999．

7. 车兆宏，张艳梅．南北地震带中南段断层现今活动［J］．地震，2001，21（3）：31-37．

8. 陈运泰．地震预测：回顾与展望［J］．中国科学（D 辑），2009，39（12）：1633-1658．

9. 陈运泰．地震预测//地球科学编委会．"10000 个科学难题"［J］．地球科学卷．北京：科学出版社，2010：539-545．

10. 陈运泰．可操作的地震预测预报［M］．北京：中国科学技术出版社，2015．

11. 陈颙，黄庭芳，刘恩儒．岩石物理学［M］．合肥：中国科技大学出版社，2009．

12. 陈子林，周硕愚．蕴震系统前兆场的浑沌吸引子及其分维［J］．地震学报，1993，15（4）：463-469．

13. 丁国瑜．活断层分段——原则、方法及应用［M］．北京：地震出版社，1993．

14. 丁国瑜．中国大陆现代地壳运动的新构造背景［G］// 赖锡安，等．中国大陆现今地壳运动．北京：地震出版社，2004．

15. 杜方，闻学泽，张培震，等．2008 年汶川 8.0 级地震前横跨龙门山断裂带的震间形变［J］．地球物理学报，2009，52（11）：2729-2738．

16. 封国林，董文杰，龚志强，等．观测数据非线性时空分布理论和方法[M]．北京：气象出版社，2006.

17. 傅承义．地球十讲[M]．北京：科学出版社，1976.

18. 傅承义．地球物理学的探索及其他[M]．北京：科学技术文献出版社，1993.

19. 傅容珊，黄建华，徐耀民，等．印度与欧亚板块碰撞的数值模拟和现代中国大陆形变[J]．地震学报，2000，22(1)：1-7.

20. 傅容珊，郑勇，黄建华，等．大陆碰撞及中国大陆应力场的稳定性[G]//张中杰，等．中国大陆地球深部结构与动力学研究——庆贺滕吉文院士从事地球物理研究50周年．北京：科学出版社，2004.

21. 郭秉荣，江剑民，范新岗，等．气候系统的非线性特征及其预测理论[M]．北京：气象出版社，1996.

22. 郭增建，秦保燕．震源物理[M]．北京：地震出版社，1979.

23. 国家科委基础研究高技术司组织，叶叔华．运动的地球——现代地壳运动和地球动力学研究及应用[M]．长沙：湖南科学技术出版社，1996.

24. 黄立人，符养，段五杏，等．由GPS观测结果推断中国大陆主要活动构造边界及其活动方式[J]．地球物理学报，2003，46(5)：874-882.

25. 黄欣荣．复杂性科学方法及其应用[M]．重庆：重庆大学出版社，2012.

26. 江在森，杨国华，王敏，等．中国大陆地壳运动与强震关系研究[J]．大地测量与地球动力学，2006，26(3)：1-9.

27. 江在森，方颖，武艳强，等．汶川8.0级地震前区域地壳运动与变形动态过程[J]．地球物理学报，2009，52(2)：505-518.

28. 江在森，刘经南．应用最小二乘配置建立地壳运动速度场与应变场方法[J]．地球物理学报，2010，53(5)：1109-1117.

29. 江在森．利用动态大地测量资料研究中国大陆构造形变与强震关系[D]．武汉：武汉大学，2012.

30. 旷达．利用多场地断层形变测量研究区域构造应力变化[D]．武汉：中国地震局地震研究所，1988.

31. 赖锡安，黄立人，徐菊生，等．中国大陆现今地壳运动[M]．北京：地震出版社，2004.

32. 赖锡安，刘经南．中国大陆主要活动带现今地壳运动及动力学研究[M]．北京：地震出版社，2001.

33. 李士勇，等．非线性科学与复杂性科学[M]．哈尔滨：哈尔滨工业大学出版社，2006.

34. 李延兴，杨国华，李智，等．中国大陆活动地块的运动与应变状态[J]．中国科学(D辑)，2003，33(增刊)：65-81.

35. 李延兴，李智，张静华，等．中国大陆及其周边地区的水平应力场[J]．地球物理学报，2004，47(2)：222-231.

36. 刘本培，李建中．鲜水河断裂的活动特征[J]．地震科学研究，1981(3)：30.

37. 刘本培. 虾拉沱地震断层蠕动的观测与研究[J]. 地壳形变与地震, 1985, 5(4): 357-365.

38. 刘秉正, 彭建华. 非线性动力学[M]. 北京: 高等教育出版社, 2004.

39. 刘经南, 许才军, 宋成骅, 等. 精密全球卫星定位系统多期复测研究青藏高原现今运动与应变[J]. 科学通报, 2000, 45(24): 2658-2663.

40. 马谨. 构造物理概论[M]. 北京: 地震出版社, 1987.

41. 马瑾, 张渤涛, 袁淑荣. 唐山地震与地震危险区[J]. 地震地质, 1980, 2(2).

42. 马宗晋, 汪一鹏, 张燕平, 等. 青藏高原岩石圈现今变动与动力学研究[M]. 北京: 地震出版社, 2001.

43. 梅世蓉, 冯德益, 张国民, 等. 中国地震预报概论[M]. 北京: 地震出版社, 1993.

44. 梅世蓉. 地震前兆场物理模式与前兆时空分布机制研究(三)——强震孕育时地震活动与地壳形变场异常及机制[J]. 地震学报, 1996, 18(2): 170-178.

45. 钱学森, 等. 论系统工程[M]. 长沙: 湖南科学技术出版社, 1982.

46. 乔学军, 王琪, 杜瑞林, 等. 昆仑山口西 M_S8.1 地震的地壳变形特征[J]. 大地测量与地球动力学, 2002(4): 6-11.

47. 上田诚也. 新地球观[M]. 北京: 科学出版社, 1973.

48. 申重阳, 李辉, 孙少安, 等. 重力场动态变化与汶川 Ms8.0 地震孕育过程地球物理学报[J], 2009, 52(10): 2547-2557.

49. 施顺英, 张燕, 吴云, 等. 基于跨断层形变异常预测云南地震的试验[J]. 大地测量与地球动力学, 2007, 27(5): 82-87.

50. 孙义燧. 非线性科学若干前沿问题[M]. 合肥: 中国科学技术大学出版社, 2009.

51. 谭凯等. 汶川地震 GPS 形变约束的破裂分段特征及滑移[J]. 测绘学报, 2011, 40(6): 703-709.

52. 滕吉文, 白登海, 杨辉, 等. 2008 汶川 M_S8.0 地震发生的深层过程和动力学响应[J]. 地球物理学报, 2008, 51(5): 1385-1402.

53. 万天丰. 中国大地构造数据、地图与演化[M]. 北京: 高等教育出版社, 2011.

54. 汪成民, 陈非比, 徐心同. 对唐山地震前兆现象的几点认识[M]//国家地震局科研处. 唐山地震考察与研究. 北京: 地震出版社, 1981.

55. 王敏, 沈飞康, 牛之俊, 等. 现今中国大陆地壳运动与活动块体模型[J]. 中国科学(D 辑), 2003, 33(增刊).

56. 王琪, 张培震, Freymueller J T, 等. 中国大陆现今地壳运动和构造变形[J]. 中国科学(D 辑), 2001, 31(7): 529-536.

57. 王若柏, 杨国华, 耿士昌, 等. 北京地区地壳形变场及其动态特征[J]. 地震地质, 1994, 16(1).

58. 吴维夫. 鲜水河断裂带断层蠕滑的流变模型及地震断层形变[D]. 武汉: 中国地震局地震研究所, 1992.

59. 吴云, 张燕, 周硕愚, 等. 连续形变观测与地震前兆研究[C]//中国地球物理学会，中国地震学会. 中国地球物理学会第 26 届年会和中国地震学会第 13 次学术大会论文集. 北京：地震出版社，2010.

60. 吴忠良. 自组织临界性与地震预测——对目前地震预测问题争论的评述（之一）[J].中国地震，1998，14(4)：1-10.

61. 夏蒙棼，白以龙. 斑图演化的动力学[M]//孙义燧. 非线性科学若干前沿问道. 合肥：中国科学技术大学出版社，2009.

62. 许国志主编. 系统科学[M]. 上海：上海科技教育出版社，2000.

63. 许志琴，杨经绥，李海兵，等. 青藏高原与大陆动力学一地体拼合、碰撞造山及高原隆升的深部驱动力[J]. 中国地质，2006，33(2).

64. 许志琴，等. 青藏高原大陆动力学：1984—2006[M]. 北京：地质出版社，2006.

65. 许志琴，赵志新，杨经绥，等. 板块下的构造及地幔动力学[J]. 地质通报，2003，22(3)：149-159.

66. 杨国华，桂昆长，巩曰沐，等. 板内强震蕴震过程中地形变图像及模式的研究[J].地震学报，1995，17(2)：156-163.

67. 杨国华，巩曰沐，卢景忠，等. 描述地壳垂直运动过程的一种函数形式[J]. 地壳形变与地震，1995，15(1)：45-51.

68. 杨国华，江在森，武艳强，等. 中国大陆整体无净旋转基准及其应用[J]. 大地测量与地球动力学，2005，25(4)：6-10.

69. 杨叔子，吴雅，王治藩，等. 时间序列分析的工程应用（上册）[M]. 武汉：华中理工大学出版社，1991.

70. 杨叔子，吴雅，王治藩，等. 时间序列分析的工程应用（下册）[M]. 武汉：华中理工大学出版社，1992.

71. 杨巍然，曾祖勋，李德威，等. 板内地震过程的三层次构造模式[J]. 地学前沿，2009(1)：206-217.

72. 叶笃正. 天气预报怎么做如何用[M]. 北京：气象出版社，2009.

73. 尹祥础，郑天愉. 地震孕育过程的流变模式[J]. 中国科学（D 辑），1982(10)：922-930.

74. 于崇文. 地质系统的复杂性(上、下册)[M]. 北京：地质出版社，2003.

75. 于渌，郝柏林. 相变和临界现象[M]. 北京：科学出版社，1984.

76. 张东明，尹光志，王浩，等. 岩石变形局部化及失稳破坏的理论与实验[M]. 北京：科学出版社，2012.

77. 张国民，张培震. 大陆强震机理与预测研究综述[J]. 中国基础科学，2004(3)：9-16.

78. 张培震，邓起东，张国民，等. 中国大陆的强震活动与活动地块[J]. 中国科学（D 辑），2003，33(增刊)：12-20.

79. 张培震，王琪，马宗晋. 中国大陆现今构造变形的 GPS 速度场与活动地块[J]. 地学前缘，2002，9(2)：430-441.

80. 张培震，闻学泽，徐锡伟，等. 2008 年汶川 8.0 级特大地震孕育和发生的多单元组合模式[J]．中国科学，2009，54(7)：944-953．

81．郑天愉，尹祥础．断层的亚临界扩展和地震的孕育过程[J]．科学通报，1983 (21)：1325-1328．

82．中国地震局监测预报司，吴云．地形变测量[M]．北京：地震出版社，2008．

83．中国科学院地学部地球科学发展战略研究组．21 世纪中国地球科学发展研究战略报告[R]．北京：科学出版社，2009．

84．《中国岩石圈动力学地图集》编委会，丁国瑜．中国岩石圈动力学概论[M]．北京：地震出版社，1991．

85．Robinson，R C．动力系统导论[M]．韩茂安，等，译．北京：机械工业出版社，2007．

86．周硕愚．用信息论研究龙陵、松潘大震前的群体突变异常[J]．地震学报，1986 (增刊)．

87．周硕愚．系统科学导引[M]．北京：地震出版社，1988．

88．周硕愚．蕴震系统自组织与前兆场整体演化[M]//地震科学联合基金会．地震科学整体观研究．北京：地震出版社，1993：54-59．

89．周硕愚，陈子林．地震短临前兆机理与断层形变前兆标志[J]．地壳形变与地震，1993，13(增刊)．

90．周硕愚，吴云，王若柏，等．地震孕育过程中地壳形变场图象动力学参量的研究[J]．地震学报，1994，16(3)：336-340．

91．周硕愚．地壳形变图像动力学与地震预报[M]//许厚泽，欧吉坤，等．大地测量学的发展(祝贺周江文研究员八十寿辰)．北京：测绘出版社，1996：200-210．

92．周硕愚，梅世蓉，施顺英，等．用地壳形变图象动力学研究震源演化复杂过程[J]．地壳形变与地震，1997，17(3)：1-9．

93．周硕愚，施顺英，帅平．唐山地震前后地壳形变场的时空分布演化特征与机理研究[J]．地震学报，1997，19(6)：559-565．

94．周硕愚，施顺英，吴云，等．强震前后地壳形变场动力学图象及其参量特征研究[J]．地震学报，1998，20(1)：41-47．

95．周硕愚，张跃刚，丁国瑜．依据 GPS 数据建立中国大陆板内块体现时运动模型的初步研究[J]．地震学报，1998，20(4)：347-355．

96．周硕愚．现今地壳运动动力学基本状态与地震可预报性研究[J]．大地测量与地球动力学，2007，27(4)：92-99．

97．周硕愚，吴云，施顺英，等．汶川 8.0 级地震前断层形变异常及与其他大震的比较[J]．地震学报，2009，31(2)：140-151．

98．周硕愚，吴云．地壳运动——地震系统自组织演化模式假说[C]//中国地震学协会，中国地球物理学会．中国地球物理学会第 26 届年会和中国地震学会第 13 次学术大会论文集．北京：地震出版社，2010．

99．周硕愚，吴云．地震大地测量学五十年——对学科成长的思考[J]．大地测量与地球动力学，2013，33(2)：1-7．

100. 周硕愚，吴云．由震源到动力系统——地震模式百年演化[J]．大地测量与地球动力学，2015，35(6)：911-918.

101. 周瑶琪．地球动力系统[M]．北京：科学出版社，2013.

102. 祝意青，梁伟锋，徐云马．流动重力资料对汶川 M_S 8.0 地震的中期预测[J]．国际地震动态，2008(11)：118.

103. [比]伊·普里戈金．从存在到演化——自然科学中的时间及复杂性[J]．曾庆宏，等，译．上海：上海科学技术出版社，1986.

104. [德]H 哈肯．信息与自组织——复杂系统中的宏观方法[M]．成都：四川教育出版社，1988.

105. [德]H 哈肯．高等协同学[M]．郭治安，译．北京：科学出版社，1989.

106. [美]Lee R Kump，James F Kosting，Robert G Crane．地球系统(第三版)[M]．张晶，戴永久，译．北京：高等教育出版社，2011.

107. [美]J H 霍兰．隐秩序——适应性造就复杂性[M]．周晓牧，韩晖，译．上海：上海科技教育出版社，2000.

108. [美]J H 霍兰．涌现——从混沌到有序[M]．陈禹，等，译．上海：上海科学技术出版社，2001.

109. [美]Khalil H K．非线性系统(第 3 版)[M]．朱义胜，等，译．北京：电子工业出版社，2011.

110. Scholz C H．地震与断层力学[M]．马胜利，等，译．北京：地震出版社，1996.

111. Batchelor G K. An Introduction to Fluid Dynamics[M]. London：Cambridge University Press，2000.

112. Chen Yuntai. Earthquake Science：A new start[J]. Earthquake Science，2009，12(1).

113. Tarbuck E J, Lutgens F K. Earth ：an introduction to physical geology(9th ed)[M]. Pearson Prentice Hall Pearson Education，Jnc. Upper Saddle River，NJ 07458，2008.

114. England P，Houseman G A. Finite strain calculations of continental deformation Comparison with the India-Asia collision[J]. Geophys. Res.，1986(91)：3664-3667.

115. England P，Molnar P. The field of crustal velocity in Asia calculated from Q quaternary rates of slip on faults[J]. Geophys. J. Int.，1997(30)：551-582.

116. Geller R J. Earthquake prediction：a critical review[J]. Geophys J Int.，1997(131)：425-450.

117. Jackson E A. Perspectives of nonlinear dynamics [M]. Cambridge University Prees，1989.

118. Keiiti Aki. Seismology of earthquake and volcano prediction [M]. Beijing：Science Press，2009.

119. Keilis-Borok V I，Soloviev A A(Eds). Nonlinear Dynamics of the Lithosphere and Earthquake Prediction[M]. Springer，2003.

120. Knopoff L，Aki K，Allen C R，et al. Earthquake Prediction：The Scientific

Challenge, Colloquium Proceedings[J]. Proc. Nat. Acad. Sci. USA, 1991(93): 3719-3837.

121. Scholz C H. The mechanics of earthquakes and fault [M]. Cambridge University Press, 1990.

122. Scholz C H. The Mechanics of Earthquakes and Faulting (2nd edition) [M]. Cambridge University Press, 2002.

123. Shuoyu Zhou. Unstability of seismogenic system and nigentropy evolution of earthquake precursory field [C]//Sino-Japan conference on seismological research (SJCSR) proceedings, 1989: 28-31.

124. Stefan Hergarten. Self-Organized Criticality in Earth Systems[M]. Springer, 2002.

125. Tapponnier P, Xu Zh, Roger E, et al. Oblique stepwise rise and growth of the Tibetan Plateau[J]. Science, 2001(94): 1671-1677.

126. Turcotte D L, Schubert G. Geodynamics [M]. Cambridge: Cambridge University Press, 2002.

127. Hamblin W K, Christiansen E H. Earth's dynamic systems (9th ed) [M]. Prentice Hall, Inc. Upper Saddle River, New Jersey 07458, 2001.

128. Wang Q, Zhang P Z, Freymueller T J. Present-day crustal deformation in China constrained by Global Positioning System mea-surements[M]. Science, 2001(294): 574-577.

129. Zhou Shuoyu and Wu Yun. Self-Organization of the Crustal Movement and Earthquake Development System and the Evolution of the Precursory Field Towards Order[J]. Earthquake Research in China, 1991, 5(1): 7-16.

130. Zoback M D, Townend J. Earthquake loading by plate-driving forces [J]. Tectonophysics, 2001, 336(2001): 19-30.

131. Zoback M D, Zoback M L. State of Stress in the Earth' Lithosphere[M]. New York: Academic Press, 2002.

第13章 地震大地测量学——强震预测科技途径、问题与展望

把大地测量学理论、技术、方法与其他多学科理论、方法结合研究地震孕育、发生的动力动态过程,揭示地震机理,认识地震活动规律是地震大地测量学的重要任务。探索强震预测的科学技术途径亦是地震大地测量学的重要应用目标。本章主要结合我国开展大陆强震预测的任务需求,从观测到的强震孕育、发生过程的地壳形变主要特征等,初步研究、讨论了地震大地测量学开展大陆强震预测的科学思路和技术途径。主要内容包括:我国震情背景和大陆强震特点及开展地震开展地震预测面临的主要问题;从不同时空尺度的地壳运动、地壳形变基本动态特征及其与构造强震的孕育、发生过程可能的关联性的认识;地震大地测量学的大陆强震预测主要科学思路和技术途径;从多时空尺度地壳形变对汶川地震的反思;强震孕育过程地壳形变动态特征及预测判据;对地震大地测量学地震预测的展望。

13.1 地震预测的困难及大陆地震预测问题

地震预测总体上仍然是尚未攻克的科学难题,存在的困难和问题很多,大陆地震预测又有一定的特殊性。下面先介绍国际国内开展地震预测基本概况,分析中国大陆震情背景和大陆地震预测的主要困难和问题。

13.1.1 国际国内开展地震预测基本概况

1. 地震预测——世界性科学难题

从20世纪60年代我国及美国、苏联、日本等国开始进行地震预报探索,近50年来虽然在科学上取得了很多进展,但与实现地震预报的目标之间仍存在很大的距离。进入21世纪以来,人类已多次遭受灾难性大震袭击,包括在一些开展地震监测预报工作的地区发生的地震未有做出明确预报的例子,而做出较明确地震预测的地点却未发生预期的地震,地震预测的困难似乎超出了科学家的估计。如美国地震科学家根据圣安德烈斯断裂的帕克菲尔德断层重复地震模型预测在1985—1993年发生6级地震的概率高达95%,建立帕克菲尔德地震预报实验场(National Earthquake Prediction Evaluation Council Working Group,1994),建设密集地震监测台网(图13-1,Bakun et al.,2005),从多学科技术监测地震孕育发生过程,并捕捉一切可能的前兆以开展短期(几周内)地震预报。然而在预报时间窗(1985—1993年)内没有发生地震,直到2004年9月28日才发生6级地震(J. Langbein et al.,2005;张国民等,2009)。

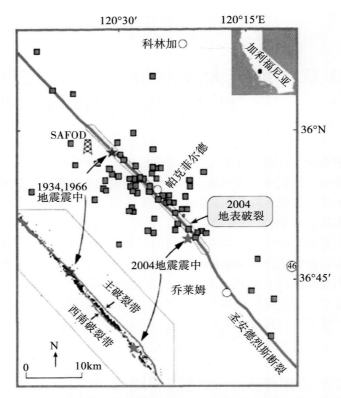

圣安德烈斯断裂(红线)上地震破裂带(黄色区域)，方块表示地震仪、应变仪、蠕变仪、电磁仪和连续 GPS 站；左下角为 2004 年帕克菲尔德 6 级地震(黄色破裂带内)余震(黑点)的分布。

图 13-1　帕克菲尔德地震预报实验场与 2004 年 6 级地震(Bakun et al.，2005)

　　日本地震科学家于 20 世纪 70 年代末开始提出的日本东海及南关东 8 级大震危险段(图 13-2 中观测强化地域)，主要由 1703 年以来 6 级以上地震的断层滑动和现代大地测量结果给出的应变分配综合估计断层滑动亏损率等，从而认定其 8 级(预测震级为 $M_W8.1$)大地震危险性已逼近(T. Nishimura et al.，2007)。但至今东海 8 级地震危险段尚未发生大震，而在不被关注的地区发生了 1995 年阪神 7.3 级、2005 年福冈 7.0 级等强破坏性地震，且在根据历史地震破裂段分布估计日本海沟中震级上限相对较低(估计为 7.5 级左右，复发周期 30~40 年，D. Normile，2011)的地段发生了日本有震记录以来最大的 9.0 级特大地震，更是超出了科学家的认识。

　　中国曾对 1975 年海城 7.3 级地震做出成功预报，以及对很少数的地震 1976 年松潘-平武 7.2 级地震、1995 年孟连 7.3 级地震、1997 年伽师强震群部分地震等做出了不同程度预报。但有大量的灾害性地震都未能有效地预测预报，特别是在 1976 年唐山 7.8 级、2008 年汶川 8.0 级大震灾地震的预报中遭到严重的挫折(中国地震局监测预报司，2009)。

　　那么地震预测这个科学难题是否无解呢？国际地震科学界关于"地震能否预测"、"是否应该把地震预测作为研究目标"有过激烈争论(R. S. Geller et al.，1996；L. Main et al.，

1997；M. L. Wyss et al.，1997；L. R. Sykes et al.，1999）。反对把地震预测作为科学目标的主要理论依据是地壳介质处于所谓自组织临界状态（P. Bak et al.，1989）。在这种状态下，介质处于进入混沌状态的边缘，并对初始条件极端敏感。或者通俗地说，由于非线性相互作用，任何小事件都有可能自动演化成为地震。针对地震能否预测的争论，美国著名地震科学家 Sykes 等曾分别对不同时间尺度地震预测的物理基础和实现预测的可能性进行了分析（L. R. Sykes et al.，1999）。他们从理论上批判了对地震预测全面否定的绝对化看法，认为地壳并非总处于自组织临界状态，地震作为一种复杂过程，与其他一些自然现象（如火山喷发、强风暴、天气变化等）一样，本身存在能够预测、可能预测以及不可预测的成分。他们认为地壳在构造加载的情况下，应力有一个缓慢增加的过程，混沌和非线性现象主要出现在地震破裂的非稳定滑动阶段，地壳进入自组织临界状态不应看作是地震预报的障碍，而应看作是地震形成的前兆。

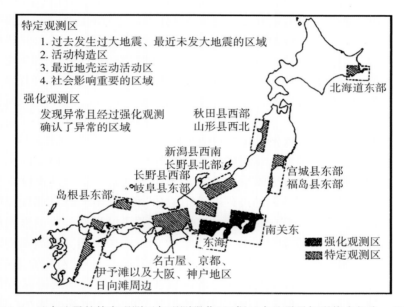

图 13-2　日本地震的特定观测区与观测强化区（据日本地震予知联络会报告，2002）

中国科学工作者至少不晚于美国也独立地提出了自己的看法。周硕愚等将中国大陆地震大地测量学观测结果和系统自组织理论相交融，提出地壳运动动力学的基本常态是自组织（SO）稳定态，而不是自组织临界态（SOC）。前者是动力系统的定态，后者是暂态，它只出现于演化过程中特定的局部时空域，从沙堆模型推论出"地壳被永久锁定在临界状态"是很片面的。而且自组织临界态具有混沌边缘态特性，这种确定性的随机行为对预测也是有意义的（即便处于 SOC 混沌边缘态，浑沌吸引子的具体跃迁轨道虽然难以预测，但吸引子本身仍体现了"相空间"压缩的确定性趋势。因此，地震不仅可能实现长、中期预测（地点与强度），短临预测也有取得进步的可能（逼近和压缩对时间、空间、强度的预测域）），因而不应对地震预报持悲观态度（周硕愚等，1999，2004，2007）。

2. 中国与国外地震预测的不同定位

1966 年遭受邢台 7.3 级地震灾难后，周恩来总理亲自领导开展大规模地震监测预报工作。中国是在观测技术和观测台网覆盖密度相当薄弱的基础上开展地震预报探索的，基于中国共产党全心全意为人民服务的根本宗旨，提出"边观测、边研究、边预报"的原则。在科技基础条件相当薄弱的情况下，我国地震工作者艰苦探索，形成了经验性地震预报的一套方法体系，并取得了对 1975 年海城 7.3 级地震(人类历史上第一次对强破坏性地震做出成功预报)等少数地震预报成功的辉煌成就。我国是世界上唯一一个把地震预报作为政府职责的国家。而其他国家政府部门支持地震科学研究探索，但不把地震预报作为政府职能。例如，美国内务部的 USGS 只对地震可能发生的地区及可能造成的危害和风险进行科学评估，并将这种长期地震预测结论公开发布，供公众参考，但不承担法律责任。日本曾提出过地震预测实用化目标，但遭受阪神大地震后认识到短期内难以达到地震预测预报的实用化目标，防震减灾对策的重点转向工程抗震方面(开展了全面"抗震补强"建设工程)，目前只在认定将发生 8 级大震的东海及南关东地区作为强化监测区做试验性预报。俄罗斯在苏联时期就曾进行了一些地震预测科学探索，因科学家们普遍认为在短期内难以找到广泛适用的地震预报模型，所以现阶段政府仍以支持基础研究和中长期预测为主。德国、英国、法国、意大利、澳大利亚和新西兰等国家也在积极开展地震预测科学探索，但也没有把地震短临预报作为一项政府职能，有些还将长期预测结果予以公布，但只局限于学术范畴，仅供警示参考。

各多震国在开展地震监测预报研究探索中在科学思路和定位上也有差异。中国限于观测与研究基础的不足，发展了基于观测到的各类"异常"与其后发生地震的经验统计性关系进行地震预测的独具特色的方法体系，提出了"长、中、短、临渐进式地震预报"(马宗晋等，1972)、"场的动态监视与源的过程追踪相结合"和"以场求源"(张国民等，1995)、"块、带、源、场、兆、触、震"(郭增建，1990)等重要科学思路。我国强调从较大的时空范围研究地震的孕育-发生。而早期以美国为代表的发达国家研究地震预测时更强调震源与近源场的研究。如美国的帕克菲尔德地震预报试验场，只是针对帕克菲尔德断层(长度仅约 40km)，且仅在近震源段沿断层狭小的区域开展密集综合观测研究(图 13-1)。日本虽对板块俯冲带进行研究，但开展地震监测预报研究的重点也都很狭小(图 13-2)。美国、日本总体上是针对逼近发震的明确潜在强震源开展地震预测探索的，反映了他们是以根据历史地震破裂段等判定的逼近发震的潜在强震源分布为基础而开展地震预测的。但日本实际发生的阪神、福冈等地震却突破了这种认识。中国则是对除青藏高原中南部地区被划为监测能力低的地区以外的全部地区开展地震监测预报工作，就是进行全面监视，以"场"求"源"。对此日本著名地震学家茂木清夫从构造动力环境的不同给出了解释：美国南加州是板块边界孕育发生地震，该区板块边界属单一的走滑断层，为相对简单的模式(可能没有显著的应力集中就可以发生断层运动，在这均一的断裂带内，前兆现象可以很弱)。日本位于板块削减带附近，板块俯冲带影响到一定宽度区域高度压缩且构造破碎，应力集中在许多点上，可观测到前兆异常。中国由于是印度板块、太平洋板块和菲律宾板块等联合作用的复杂变形区域，有大尺度的大陆构造，并处于高度受压的状态，地震前可能有显著的应力集中，可能出现较明显的前兆，有时还观测到远距离前兆(图 13-3)。

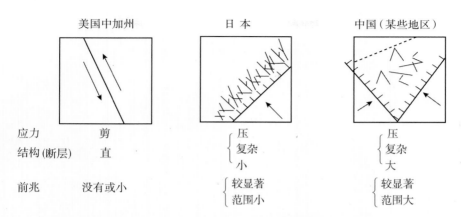

图 13-3　美国中加州、日本、中国简化构造与前兆现象的本质(Mogi，1984)

　　但美国科学家后来也认识到地震研究可能需要从更大空间范围开展，把对帕克菲尔德地震预报试验场的研究扩展到整个南加州。在科学研究方面，美国和日本更重视基础，包括在试验场或强化监测区多学科密集观测、地壳上地幔三维精细结构探测、孕震动力学综合模型与大型模拟等。而我国更侧重于全国范围观测资料密度相对不足的震例总结积累与预报实践。而在实际地震预测方面，美国和日本基本上是要在长期预报明确的强震孕育源的基础上开展，如美国的预报试验场针对的发震断层段非常具体(图 13-1)，日本 20 世纪后期开展地震监测针对的危险区都很小(图 13-2)，日本陆地面积仅略大于我国云南省而比四川小，从图中可看出其观测强化区和特定观测区尺度很小，而我国虽然强调长、中、短、临渐进式预报，但由于长期预报基础较薄弱，通常难以针对十分明确的长期强震危险段开展预测，包括10 年尺度和年度危险区都是相对较大尺度的。

13.1.2　中国大陆震情背景及大陆强震预测问题

　　本节从中国大陆百年来地震活动时空分布和中国大陆构造孕震环境基本特点，了解中国大陆地震活动的背景情况，进一步分析大陆强震预测的主要问题和困难所在。

1. 中国大陆强震活动时空分布特点

　　中国大陆强震多、震灾重。在 20 世纪一百年里，占全球陆地面积7%的中国大陆发生了全球35%的 7 级以上大陆地震(平均每 3 年就有 2 次 7 级以上地震)，因地震死亡的人数约占全球地震中死亡总人数的近一半(全球因地震死亡人数为 120 万人，其中我国 59 万人)。

　　我国在全球构造中处于欧亚板块东南隅，由于受印度板块北偏东向强烈推挤和太平洋板块向西俯冲联合等特殊的边界动力和构造环境的影响(马杏垣，1989)，中国大陆及其边缘的强震分布范围在全球来看是从板块边界向大陆内部延伸最广的。西部主要属于亚欧地震带，而东部华北、东北和东南沿海又与环太平洋地震带关联。由 7 级以上强震形成的我国西部及其周缘大三角强震区是全球最大规模的 7 级以上大陆强震区(图 13-4)，除属于印度板块与欧亚板块边界的喜马拉雅带上分布的强震外大部分是板内的强震，这在全球都是很特殊的。

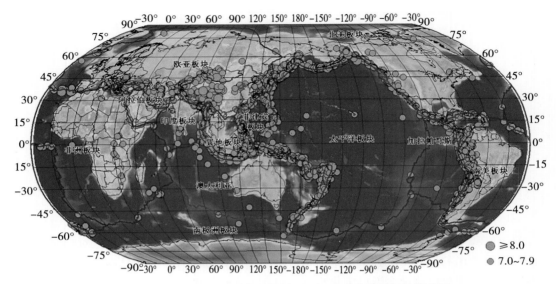

图 13-4　全球 $M \geqslant 7.0$ 地震(1900 年至今)震中分布及板块构造图

中国大陆潜在强震源分布广、原地复发周期长、孕震构造环境复杂，与板缘地震活动具有明显不同的特点。大陆地壳与海洋地壳的不同是在横向和纵向的结构与物性方面都存在很强的非均匀性，从而构成了大陆强震孕育的复杂环境条件(J. F. Dewey，1972；张少泉，1986)。在中国大陆孕震构造系统中广泛分布有众多的潜在强震源，根据新地震烈度区划给出的 7.0 级以上潜在震源：东部 7.0~8.5 级 152 个，西部 7.0~9.0 级 487 个(周本钢等，2013)。考虑到潜在震源都只按上限来计数，一个 8.0 级地震潜源相当于多个 7.0 级潜源(8.0 级以上大震通常是贯通多个破裂段的级联破裂，而实际上并不是每次都发生级联破裂，8.0 级以上浅源就有 111 个)，可以大致估计中国大陆实际上 7.0 级以上潜在强震源在 1000 个以上。因大陆内部应变积累速度较板块边界带慢得多(相差 1~2 个量级)，相对应的强震原地复发周期也长得多(除川滇地块等少数地区外多在千年以上)。

2. 大陆强震预测的主要问题和困难

地震预测是根据对地震规律的认识，预测未来地震的时间、地点和强度。实现地震预测的基础是认识地震孕育的物理过程以及过程中地壳岩石物理性质、力学状态的变化(《中国防震减灾百科全书·地震预测预报卷》)。据此，基于现代科学技术要实现地震预测所需要的科学支撑可概括为以下三个方面：

其一，对地震规律要有正确、完整的认识，就是对地震孕育-发生的物理全过程要有正确的系统的认识，并形成对地震孕育-发生的理论模型。

其二，对孕震过程有效的监测，就要有观测技术系统能够对地震孕育物理过程中地壳岩石物理性质和力学状态的动态变化进行动态监视，获取地震孕育过程的动态信息。

其三，有效的预测方法，即基于获取的反映地震孕育过程的观测信息做出地震预测的方法，其理想状态是建立物理预测模型，通过参数的动态变化能够定量反映孕震过程的进程，从而做出有效预测。

这三个方面是相互制约的，前两个方面是前提和基础，最后一个方面也是实现预测的关键。其一，关于对地震物理过程的认识不能凭空产生，而要基于对观测事实、实验资料来提升认识。其二，怎样建设、布局对地震孕育发生物理过程有效监测的技术系统，要以对地震孕育-发生的物理过程的正确的、系统的认识为指导，选取和最佳组合利用现代各类观测技术来实现，并要参考以强震长期或中长期预测来确定重点监测区域。其三，有效预测方法更是依赖于地震监测系统能够获取反映地震孕育进程信息的多寡、完整程度等，具体预测方法、模型的建立也依赖于对孕震理论认识的正确性和完整性。

地震预测问题提出的目的在于减轻地震灾害。由于人类常常遭受地震灾害袭击，对地震预测预报有着急切的需求，不可能等上述三个方面的科学支撑都具备了才搞地震预测预报。现阶段存在的困难和问题还很多。陈运泰、张国民等将其可概括为三个主要难点：第一，对地震孕育、发生物理过程的认识还很有限或不完整。包括目前地震成因理论和地震孕育模式，都还只是在最简化条件下的物理抽象，离科学揭示地震孕育、发生规律并可用于实际的地震预测还有很大的距离，从根本上制约了地震预测水平的提高（张国民等，2003）。第二，地震观测、探测能力不足，虽然地震观测技术系统在不断发展，但包括对观测到的信息与地震孕育过程的物理关联尚在探索之中，不仅不能深入到孕震层（地下一二十千米之下）直接观测震源过程，就地表观测获得的带有各种噪声的信息在空间和时间域的覆盖性、分辨率和动态信息获取能力也明显不足，对深部构造、介质物性探测的分辨更不足。第三，由于大震复发周期较长，大陆内部的大震复发周期更长，更难以获取其孕育-发生全过程的完整的观测资料，使研究孕震理论、模型的验证以及物理预测方法的有效性检验等都受到很大的限制。

而从我国大陆地震特殊的背景来看，第一，构造动力孕震环境更复杂。与海洋板块近刚体运动为直接动力输入的板缘构造环境相比，我国大陆内部构造孕震环境更为复杂。不仅周边板块驱动力的输入不单一（有印度板块、太平洋板块），而且大陆内部是多块体系统的相互作用（张培震等，2003），又有深、浅部更复杂的耦合（上地壳脆性层以弹性变形为主，下地壳、上地幔更多显示韧性流变特征），驱动力源也更复杂和更不稳定，对深浅部复杂的孕震环境的认知程度低，建立适合中国大陆构造环境的地震孕育、发生的模型更为困难。第二，强震长期预测的工作基础较薄弱。由于客观条件限制，我国强震长期预测工作基础薄弱。我国大陆存在 1000 多个潜在强震源，与板缘强震复发周期短、发震地点相对明确是显著不同的。由于大陆内部应变积累速率比板块边界要低得多（相差 1~2 个量级）而强震原地复发周期很长（邓起东等，2004），包括一些具有强震孕育能力的活动断裂上的破裂空段中甚至最近一次强震事件距今的离逝时间都不清楚（如唐山 7.8 级、汶川 8.0 级地震前），通过历史地震事件建立复发模型和通过离逝时间给出强震长期危险性评估，因资料的支持程度比板缘强震差得多。虽然在部分资料丰富、强震复发周期相对较短的地区开展了很好的工作（如闻学泽等，1993，1999；冉永康等，1998；张秋文等，2002），但相对于广泛分布的 1000 多个潜在强震源开展这方面的研究相当有局限。

总之，在中国大陆开展强震预测除科学上的基本困难外，由于中国大陆构造动力环境更为复杂，而潜在强震源多达 1000 多个且分布范围广，强震长期预测基础又较薄弱，还要把地震预测作为一项任务来做，因此强震预测工作总体上需要从中国大陆特殊的强震背景出发，理论、技术和方法的确需要不断研究，探索发展"中国特色"的路子。

13.2　地震孕育发生过程的地壳形变相关认识

构造地震是在地壳运动和地壳变形中孕育和发生的。进行地震预测探索，就要对地震孕育发生过程的地壳运动和地壳变形过程的认识不断深化，以求形成和发展基于大地测量技术开展地震预测的总体思路、技术途径和预测方法判据。下面对强震孕育过程中地壳形变的基本理论认识进行简要回顾，并对我国利用大地测量多种观测技术开展地震监测获得的地壳运动与地壳形变的时空特征及其与强震关系的一些基本结果和认识的积累做初步归纳。

13.2.1　强震孕育过程中地壳形变的基本理论认识和问题

1. 基本理论与认识回顾

由于地壳形变是与地震过程直接关联在一起的并可观测的现象，长期以来国内外开展地震研究都很重视通过观测和研究地壳形变时空动态来提取孕震特征。世界上对地震孕育和发生过程的第一个理论假设——弹性回跳理论，就是通过研究 1906 年旧金山大地震的大地测量资料（1851—1865 年、1874—1892 年以及旧金山大地震后的三组三角测量数据），通过对比分析地震前后的地壳变形特征而归纳出来的（Reid，1910）。这个理论认为，由于圣安德烈斯断层两侧存在地壳相对运动而断层处于闭锁状态，导致了断层附近地壳中弹性应变能的积累，当应变达到临界点后，发生破裂错动，断层回跳产生地震波（图 13-5）。据此理论，对于地震中长期预测最基本的认识是要研究地壳弹性应变积累，特别是发震断裂带应变积累状态。

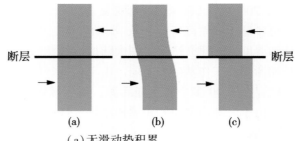

（a）无滑动势积累
（b）震间滑动势积累（断层闭锁）
（c）震时滑动势释放
图 13-5　弹性回跳理论模式（Reid，1910）

经过多年来的研究，关于地壳形变与地震的认识有了进一步的发展。一方面认识到地壳上部脆性层弹性应变积累是基础，是发生地震时所释放的弹性应变能的来源，另一方面认识到地震的孕育、发展过程与下地壳上地幔韧性层活动密切关联（图13-6），基本认识是下地壳深部韧性层长期处于相对稳态运动而不出现闭锁，地壳上部脆性层由于断层闭锁使相对运动被阻碍导致应变积累，同震破裂释放弹性应变使上部地壳孕震断层破裂错动发生相对运动与深部韧性层相对运动趋于一致。这实际上可看作是对弹性回跳理论的扩展，把基于地表观测的地壳脆性层的简单的弹性变形与回弹的认识（图13-5）拓展到与深部韧性层联系起来认识。国际上很重视把大地测量资料作为研究震间期发震断层应变积累速度的约束，由此研究应变积累状态为地震长期预测提供依据。

在弹性回跳理论基础上，Savage等（1973）较早就把走滑型断层在震间（地震周期中的应变积累全阶段）弹性应变状态的断层两侧位移分布与震时位错和断层两侧块体的相对运动联系起来（图13-6），较明确地给出了在震间早期和晚期不同的变形特征（图13-7）。断层在地震破裂经愈合后开始应变积累的早期变形发生在断层边缘带很狭窄的范围，而越到晚期（较接近下一次地震时），断层两侧变形范围就越宽，变形越平缓，且认为这种变形随离开断层距离而衰减的分布是由断层闭锁强度或深度决定的。按照这一基本认识，越到接近下一次地震发生时，在断层附近所能够观测的相对运动与变形就越小。

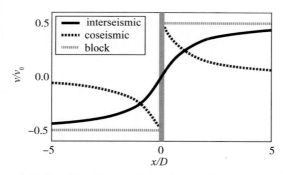

图13-6　跨断层的平行断层方向速度投影（震间、同震和块体运动）

（Savage et al.，1973；Meade et al.，2005）

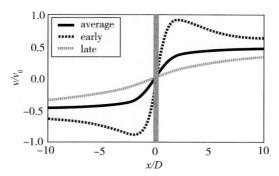

图13-7　地震周期内不同时期跨断层的平行断层方向速度投影（早期、晚期及平均）

（Savage et al.，1978；Meade et al.，2005）

　　苏联的梅希利科夫最先根据水准测量获得的地壳形变时程变化的震例，提出了反映地震孕育发生过程的三个阶段的划分（力武常茨，1978）。图 13-8（b）是日本的藤井阳一郎根据 30 个震例总结获得的地震孕育、发生过程中的地形变 $\alpha - \beta - \gamma$ 相形态特征，这已为人们所熟知（周硕愚等，1993）。它反映了从应变积累到失稳的变化过程，与岩石力学实验给出的结果相对应（图 13-8（a）中在经过稳定的弹性应变积累的 A—B 段后，进入非线性的 B—C 段应变会明显加速，在 C 点后出现失稳和应力降）。认为从时间进程来看，α 阶段前期属于断层愈合后的易变形段，其后有一个较长期正常稳定的线性应变积累阶段，之后地壳形变加速进入 β_1 阶段，再进入 β_2 阶段后出现明显的不稳定的变化，最后进入 γ 阶段后发生地震。上述对地壳形变的认识模式是在分析多个震例地壳形变资料基础上形成的，对孕震过程地壳形变的分析影响很大。

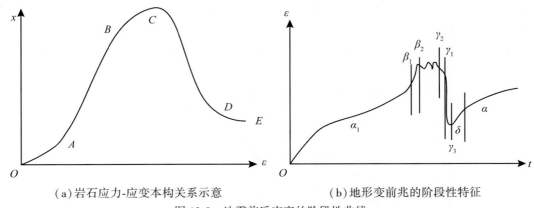

（a）岩石应力-应变本构关系示意　　　　　　（b）地形变前兆的阶段性特征
图 13-8　地震前后应变的阶段性曲线

　　由于国际上把大地测量资料作为研究震间期发震断层应变积累速度的约束以评估强震长期危险性是最受重视的。近二十年来，一方面 GPS 等空间大地测量资料应用于这方面的研究工作。另一方面，利用 GPS 连续观测台阵资料，针对板块俯冲带观测发现了慢滑移、静地震及脉动（Tremors）等较为清晰的或有一定周期性的"事件"，认为 GPS 检测到的这些"事件"来自脆-韧转换层，且发生"事件"时会转移部分应力到其上部的锁定层，从而使已积累大量应力应变的锁定层的应力增加而加大了地震危险性。这就为探索提取强震前短临前兆异常信息提出了新的可能途径，并获得了一些新认识（H. K. Dragert et al.，2001；K. Obara，2002；G. Roger et al.，2003；V. Kostoglodov et al.，2003；S. Ozawa et al.，2003）。由于深部结构及地震活动已探明板块俯冲带上板块俯冲本身涉及几百千米以下很大的深度，针对俯冲带地震孕育过程的一些现象在板内、大陆内部的地震孕育中是否也有，目前尚不清楚。

2. 对强震孕育过程中地壳形变的基本认识

　　经过几十年的研究，在强震孕育过程的地壳形变研究方面取得了大量的认识，在国际国内地学界比较重视的一些基本认识和需要研究的基本问题，主要包括：

　　①从弹性回跳理论假设（Reid，1910）来看，构造地震之所以会发生主要是由于孕震

断层处的地壳上部脆性层积累了大量弹性应变，当其达到一定限度发生脆性破裂错动地震，就把震前积累的大量弹性应变释放掉。因此，了解震前地壳应变积累状态是研究地震孕育长期进程的基础。因而需要研究孕震断层长期的应变积累状态。

②构造地震可能发生在地壳脆性层的底部或脆-韧转换层上边缘(H. S. Christopher，1998)，地震的孕育动力过程与下地壳-上地幔韧性层活动密切关联，因此需要研究韧性层活动引起的深部动力过程对孕震过程发展的影响。

③地震的孕育过程与孕震区应力、应变场演化密切关联，需要解决应变和应力分布的定量测量问题，进而研究近地表应力、应变随时间变化与地震孕育、构造驱动力及地球流变结构等之间的关系。

④影响地震孕育发展进程的驱动力源十分复杂，同时传递到孕震体的动力源还可能存在非稳态的扰动，这不仅需要关注孕震断层两侧块体之间相对运动，还需要从更大尺度的板块运动、地球深部大尺度的动力活动等方面进行研究。在大陆内部复杂的构造系统中，构造动力传递的过程更为复杂。

13.2.2 不同观测技术获得的地壳形变特征及其与地震的关系

随着空间大地测量技术发展应用，使大地测量技术由点到区域(观测网)尺度扩展到更大的空间尺度，通过各类观测技术能够获取包括从大尺度到全球板块运动、大区域地壳运动与地壳形变的时空分布，中尺度的地块相对运动，断裂带的构造变形动态以及最小的定点观测获得的地壳连续形变等多个尺度的地壳形变动态信息。了解不同空间尺度的地壳形变的主要特点，就可为研究大陆强震预测问题提供一些线索。

1. GNSS 观测反映的地壳水平运动与变形

GNSS 观测技术可观测大到全球尺度的整体，小到千米尺度的地壳相对运动，可为研究伴随强震孕育发生的构造变形背景与动态响应提供重要的观测约束。

①大区域地壳水平相对运动与变形主要受板块运动与相互作用控制，大陆内部呈现活动地块运动与边界带变形为主的与构造和动力背景相联系的地壳运动与变形协调有序性(李延兴等，1999，2003，2007；张培震等，2003；王琪等，2003；江在森等，2000，2006，2010，2013；杨国华等，2001，2003，2005)。可以认为，板块相对运动与相互作用可作为引起地壳发生变形的直接主因。

②GPS 观测获得的地壳变形空间分布总体上与构造地质现今构造运动与变形一致，分区构造变形特征清晰，且地壳变形强烈程度与强震分布在宏观上一致。由 GPS 获得的相对运动和地壳变形不仅与构造地质在晚第四纪以来的活动方式基本一致，而且由主应变率与活动断裂的交角、主压、主张应变比例及分量应变率量值大小等，可对中国大陆不同构造区的构造变形不同特征做出定量描述(江在森等，2001a，2003b，2006，2013；杨国华等，2001，2003，2005)。

③大尺度地壳运动具有相对稳定的变化趋势，但存在增强或减弱随时间变化，大尺度地壳运动可对较小尺度的地壳运动提供一定的约束(可能存在一定的平衡尺度，大于这个尺度的相对运动就具有一定的稳定性)。虽然地壳相对运动出现偏离稳定线性趋势的量与其相对运动总量相比很小，但也是 GPS 可检测到的(江在森等，2009，2013)。板块运动

的增强，有可能引起大区域强震活动增强(李延兴等，2011)。

④在未发生地震时活动地块边界处于锁定(即无蠕动)状态比较普遍，震前长期活动地块边缘的变形与发生强震时的变形恰好相反，地壳相对运动引起弹性应变积累与震时弹性应变释放的基本反向与"弹性回跳"说相符(吴云等，2001；江在森等；2003，2005，2006)。但由于 GPS 观测时段较短，所获得的地壳变形不一定能代表长期应变积累的变形分布，就可能与同震变形不对应，这可能是孕震晚期地壳弹性变形趋于极限表现出的异常状态(江在森等，2009)。

⑤地震破裂引起的形变场范围随着震级增大而增大，巨大地震影响场和震后调整可涉及很大的空间范围。既受相关构造带的控制，又可跨越多个构造带。巨大地震孕育过程可能涉及更大的范围(王敏等，2005，江在森等，2005)。因而，大地震的孕育过程也会涉及很大的范围。

⑥大地震通常发生在数年以上的与构造变形背景相一致的大尺度水平应变率场高值区，或地壳运动受阻地带显示的高应变率区边缘。昆仑山口西 8.1 级、汶川 8.0 级等地震震例表明，以走滑为主的大地震可能发生在与断层走滑错动相应的大尺度剪应变的高值区，以逆冲为主的大地震可能发生在相应方向大尺度挤压应变的高值区或其边缘(江在森等，2003，2006；武艳强等，2011)。

⑦GPS 连续观测结果显示，大地震前大尺度地壳相对运动增强，而跨发震构造一定尺度相对运动可能减缓，可能反映正常相对运动"受阻"或是在大尺度构造动力加载增强状态下，可能存在发震断层近震源区弹性变形逐步趋于极限状态且向外扩展(江在森等，2006，2007，2009，2013；武艳强等，2011)。

2. 区域水准网复测反映的地壳垂直运动与形变场

在我国区域水准网资料积累时间较长，长期以来在我国强震危险区预测中发挥了重要作用，但由于近些年来复测周期延长、复测资料减少，其发挥的作用也有所降低。

①地壳垂直运动在时间过程不如水平运动那样稳定，长趋势以山地上升、盆地下沉的继承运动为主，但几年尺度的动态变化存在继承运动与逆继承运动的交替变化，且与区域地震群体活动涨落有一定的呼应关系(江在森等，1997，2001)。据此曾推测南北地震带地区可能在 2007 年左右进入下一次较强地震活跃时段(地震大形势跟踪研究专家组，2004)。

②长期以来，强震往往发生在地壳差异运动显著的垂直运动速率高梯度带(或有地壳隆起区与之伴生)或其边缘(张祖胜等，1996；江在森等，1997，2001；王双绪等，1997)。活动断裂带附近局部隆起可能是逼近地震前断裂带应力集中的显示，对 6 级以上地震地点有较好的预测意义，如 1986 年门源 6.5 级地震前有这种典型异常(江在森等，2001；陈兵等，2003)，并在 2001 年永胜 6.0 级地震出现这样典型的局部隆起异常而做出明确的地点预测。

③从地壳运动与变形的时间过程来看，伴随地震(震前、震时、震后)过程有更为显著的地形变，活动断裂附近显著的地壳垂直形变更可能是伴随地震中-短期孕育、发生过程而出现的(江在森等，2001；陈兵等，2003)。而大地震前经历显著地壳形变后可能出现震源区附近一定尺度的弱形变("形变空区")状态(周硕愚等，1997；杨国华等，1995)。

3. 流动重力网获得的重力变化场动态变化

中国大陆流动重力网的规模及获得的复测资料量在全球是独一无二的。通过流动重力监测网获得的区域重力变化场空间分布，已取得了大量观测成果资料的积累，并已在地震危险区预测方面发挥很大作用。以相对重力测量技术为主并加上绝对重力测量资料约束的流动重力观测结果所给出的地面重力变化包括：测点发生垂直位移引起的重力变化和地壳密度或地下物质分布发生变化产生的重力效应。

①中国大陆多时段的重力变化场能够在一定程度上反映中国大陆在周边板块动力作用动态及大区域构造变形和分区构造活动的动态特征。重力场随时间变化显示了印度板块对中国大陆的碰撞作用可能非完全稳定状态。根据中国大陆的分区特征，重力变化场可分为青藏高原区、西北天山-祁连地区、大华北地区、华南区和东北区，与我国构造动力分区基本一致(李辉等，2009)。

②重力变化场图像在不同时段通常是多变的，其变化趋势不稳定，但能够反映构造运动强弱状态。大区域如中国大陆重力变化场显示的变化量大时可在 100×10^{-8} m/s^2 以上(李辉等，2009，2013；申重阳等，2010；祝意青等，2012a)，而相对小一些的区域重力变化场正值或负值也可达 60×10^{-8} m/s^2 以上(祝意青等，2001)。重力变化场的高梯度带的展布常常与区域内的主要断裂带的分布大体一致或相关，因而从重力变化场较长时间内的动态变化能够反映构造运动的增强或减弱变化(祝意青等，2001，2012a)。

③区域重力布格异常空间分布趋势可作为重力场变化背景趋势的重要参考。与垂直运动速度场以山地上升、盆地下沉作为继承性构造运动背景类似，重力场变化也有一定的长期背景趋势。区域布格重力异常分布可作为重力场变化的背景场，当监测区域的重力场变化与布格重力异常场整体趋势相近，反映了继承性构造活动的增强，就有利于地震活动。而当重力场变化与布格重力异常场趋势有反向时(或本区或邻区发生强震调整所致)，即使重力场变化显著也并不意味着有强震危险(江在森等，2001；祝意青等，2007，2012a)。

④强震发生前通常会经历较大范围与构造分布关联的重力显著变化或与构造断裂带大体一致的高梯度带及重力变化异常区向震源区附近局部收缩等特征。a. 出现较大范围的区域性重力变化异常，重力场变化的正值和负值相差幅度加大，整体上空间分布差异增大；b. 显著的重力变化差异分布与主要构造分布相关联，重力场变化的高梯度带与主要断裂构造带基本一致，或出现与主构造关联的重力变化的四象限分布特征等；c. 经历区域重力场变化大范围高值异常变化后明显减弱，而出现一定范围和幅度的局部重力变化异常区，预示地震危险性更为迫近，这通常是在未来强震震中区或附近形成；强震危险地点通常在局部高值(正值或负值)异常区或其边缘，或在高梯度带拐弯的部位(祝意青等，2010b)。据此认识，对 2008 年汶川 8.0 级地震、2010 年玉树 7.1 级地震、2013 年芦山 7.0 级地震都做出了较好的中期预测。

4. 跨断层场地观测反映的活动断裂带断层形变

构造地震主要发生在活动断裂带上，活动断裂带是现今地壳运动变形最显著的地带，亦可能是反映地壳运动和区域应力场动态变化的强信息带(周硕愚等，1994)。直接在活动断裂带上开展跨断层形变测量是我国服务于地震预报的独具特色的监测技术。跨断层形变测量结果可以直接反映断层在地表的相对位移动态过程，其物理意义明确，对捕捉强震前中短期以内的异常信息具有重要意义。由于跨断层形变测量多为流动观测（复测周期多为月或数月），主要用于地震中短期或中期预测，但台站跨断层形变测量可以获得断层形变短临丛集性前兆（卢玉良等，1996）。

①跨断层形变观测能够反映活动断裂带断层活动的强弱和时间过程增强或减弱状态，由区域跨断层观测场地群体给出的地断层活动速率与中强以上地震活动频度较为一致（车兆宏，2003）。这与震间期基本处于闭锁的活动断层在近地表存在少量滑动的认识（Scholz，1990）相一致。而在较强地震前也能够观测到区域断层活动速率增强，可通过断层形变信息合成来反映（周硕愚等，1990a，2009；薄万举等，1997；江在森等，2001；张希等，2010）。

②大地震前在近震源区可能观测到更显著的断层活动异常变化。如 1976 年唐山大地震前，距震中仅 20 多千米的宁河跨断层流动水准观测到显著的加速异常变化，可能是震前断层预滑的响应（赵国光等，1981）。1996 年丽江地震前，距震中近 70 千米永胜跨断层水准、基线也出现同步的大幅度（在正常 10 倍以上）异常变化（王永安等，2004）。观测场地所跨断层与发震断层有不同关联，所表现的异常特征虽不同，其变化幅度大是共同的。但这样的大幅异常变化有可能只在特殊部位观测得到，临近地震的发震断层更多表现为强闭锁，在有限的观测场地分布情况下也可能观测不到近震源区显著的断层形变异常变化。

③从断层形变长期资料分析断层形变的稳态与异常识别。由跨断层场观测到的断层相对运动趋势或总体累积量所表现出的断层压或张、左旋或右旋（通过多条测线基于断层两盘为刚体假设可进行计算）与活动断裂带长期构造活动背景一致。观测到的断层形变的正常特征大致上具有相对稳定的准线性趋势，或者虽然含有波动变化但基本保持在一定的范围内（这往往是因为观测值中包含非构造或环境噪声影响），从而可以据此建立观测值的准线性动态基值范围，而一旦观测值的变化显著偏离了这种正常动态范围就表明观测出现了异常（周硕愚，1994）。

④结合断层形变长趋势的断层形变异常特征分类。可对断层形变观测值出现的不同异常特征进行分类。如分为逐步偏离正常动态范围的"渐变型"异常和出现台阶、跳变的"突变型"异常（薄万举等，1997）两类，这两类异常都有一定的地震预测意义。根据孕震地壳形变的阶段模式可进一步把断层形变异常分为三类：第一类是在趋势性形变积累背景上出现了加速、转折趋向不稳定变化的异常，类似典型的 α-β-γ 相（力武常次，1975；美国地质调查局，1990）特征的异常，观测点近场区有应变积累增强发展到不稳定的反映；第二类是无长期形变积累而出现显著变化，变化幅度显著超出正常动态范围，或形成"台阶"而不恢复，或只是一个短暂过程就回归正常动态范围；第三类是断层形变趋势发生转折变化，即是转折点前后各有不同的准线性趋势，而这类异常也可能发展为第一类异常。第二、三类异常并不一定反映测点近场区的问题，而可能是由于跨断层观测对区域构造应力场或增强或调整、扰动的响应。因此，第一类异常通常距将发生的中强以上地震的震源区相对较近，大约几十至一百多千米以内（江在森等，1998；王双绪等，2001；张四新等，2011），对中强以上地震中短期的地点具有明确的指示意义。而对于第二、三类异常，对中强以上地震的地点无指示意义，但这类异常群体涨落对区域内地震危险性和发震时间有

预测意义。根据这一认识,第二监测中心分析预报室先后对 1995 年 7 月 12 日永登 5.8 级地震(江在森等,1998)和 2000 年 6 月 6 日景泰 5.9 级地震做出了三要素基本正确的中短期填卡预报(王双绪等,2001)。

⑤断层形变群体异常特征与中-短期地震危险性。通过异常分类及其时空特征的分析,亦可结合断层形变信息合成结果进行分析。可以通过区域的断层形变观测资料做一个区域或一条断裂带的断层形变信息合成进行地震危险时段的预测。而断层形变信息合成的方法已有多人做了探索,如孕震系统信息合成方法(ISSS,周硕愚等,1990b)、非稳态断层形变信息合成(薄万举等,1997)、断层形变压性运动与趋势信息合成(江在森等,2001)等。

⑥断层形变协调比异常。通过跨断层测量场地多条测线观测值来计算断层形变协调比,从另一角度反映断层活动状态是否正常。由不同方向的多条测线观测值构成的一些比值如果保持稳定状态,则反映断层可能主要是蠕动或为正常弹性状态。当断层形变出现显著异常但协调比值保持稳定,则对观测场地附近区域的较强地震不具有短期前兆异常意义。而当断层形变协调比偏离了稳定,才视为异常状态。往往在较强地震发生前的短期阶段就会显示断层形变协调比异常(张晶等,2011)。

5. 高精度定点连续形变观测反映局部岩体变形微动态变化

定点连续形变观测包括设在洞室及井下的倾斜、应变及伸缩等观测和钻孔应变等观测技术,是目前观测精度最高(可达 10^{-10} 精度)、连续性最好的手段,在获取地壳形变的时间域微动态变化信息方面具有显著优势,在获取地震中期、短期及短临前兆异常信息方面都有较明确的物理意义(力武常茨,1976;吴翼麟,1985;牛安福等,2005)。该技术虽然只能直接反映测站很局部的地壳变形状态(由于其与岩体的耦合尺度非常小,基本上属于"点"观测),但可以直接观测到地壳变形微动变化,并通过固体潮汐参数等(吴翼麟,1985;蒋骏等,1995;张雁滨等,1997)捕捉地壳介质力学参数变化信息,而可获得直接的力学前兆。

①定点连续形变正常动态特征。作为以捕获地震孕育发生过程中可能出现的地壳变形微动态异常信息的有效技术,一些优秀的观测仪器明显具有可描述的正常动态特征。地震平静期,定点连续形变观测资料一般显示出其固有的规律。例如,观测曲线显示固体潮清楚,固体潮振幅 γ 因子值的时程曲线平稳且在观测误差范围内随机涨落,受一定温度影响的台站,其倾斜矢量图为一年变椭圆,椭圆的形状、大小每年大体相似。偶然的跳动仅出现在极短的时间内,或者在明显的外界干扰时(吴翼麟等,1993)。

②震前定点形变不同阶段的异常特征。定点形变连续观测到的前兆异常变化包括渐变、突变、畸变、扰动、脉动和固体潮汐因子异常等多种变化。而处在震前不同的孕震阶段表现出不同的特征(吴翼麟,1990,牛安福等,1992):a. 震前中期异常主要特征:形变速率变化;方向变化,如倾斜矢量或主应变方向出现明显转折;物性变化,如固体潮汐因子系统偏离正常值等。b. 震前短期阶段异常特征:形变速度开始不稳定变化,如形变观测曲线的频繁跳跃;方向不断变化,如倾斜矢量曲线停滞、打结或 S 形变化等;物性参数不稳定变化,如 γ 值不稳定,γ 值中误差急剧增大,但系统偏离趋于恢复。c. 临震阶段:形变观测值出现比短临阶段更不稳定的变化,是在短临阶段已出现的异常的继续向不平衡(多样化)发展,异常幅度或异常扰动增多,观测曲线的固体潮波形畸变等。

③定点形变异常群体特征、时空分布与中短期、短临地震危险性。大震的同震阶跃是普遍而确切的，震前的地倾斜前兆信息存在但不是普遍的（约有 1/3 台站）（吴翼麟，1990）。在强震前短临阶段（震前 3~5 个月开始），震源区地壳介质存在一个显著的微变形过程，震中及近震区（不到 200 km 的范围内）出现以突变为主的群体性异常变化。强震前震源区及近震源区微形变异常的"群体集结"与"显著突变"这两个特征的合一，是较为可靠的短期前兆（张雁滨等，2002）。随着倾斜突变异常持续时间、异常幅度、异常范围越大，预示着将发生地震的震级越大。但异常达到峰值后的等待时间却可能与发生地震的震级负相关，即震级越大等待时间反而越短（牛安福，2003）。

④震前地壳形变异常的非均匀分布的特征。震前 1.5 年左右能检测出区域性的准同步形变异常并形成形变异常空区，继而在形变异常空区内出现显著异常。这样的形变异常空区可能是未来的地震危险区。随着地震危险性逼近在近震源区才出现异常，即异常从外围向未来震中区发展（牛安福等，1999）。但 2008 年的汶川 8.0 级地震近震源区没能检测到异常，很可能与震中区域介质所具有的高应变积累水平、小变形速率性质有关（牛安福等，2012）。

⑤定点形变观测到震前的地脉动现象。如一些台站的水平摆倾斜仪还记录到震前脉动，其中以远震前出现为多，有可能是震前震源体微破裂所产生的弹性波，经长距离传播，过滤而存留的长周期面波，与仪器频响的共振而生成（吴翼麟，1990）。周期较低的水平摆（如周期为 5~8 秒），尚记录到若干近震源区地震前的脉动，这是一种值得注意的现象。在一个台站上设置不同频率响应的倾斜仪，可能有助于这种前兆波频段和特征的探索（吴翼麟，1990），但这类或称为震颤波的异常信号也可能是非来自震源的地壳中某种其他扰动信息，如台风影响（蒋骏等，2009；张雁滨等，2013）。

⑥定点连续形变特定频段信息提取与"前兆源"定位探索。定点连续形变观测资料中包含多频域的丰富地壳形变信息，而孕震信息可能在某一频段。利用小波分析来提取特定频段信息，结合震源模型检测来自震源的震前异常信息，通过处理多个倾斜形变台站资料，探索地震"前兆源"定位方法，对云南地区发生的 6 级以上震例的回顾性检验，取得了较好效果（张燕等，2007），表明基于定点形变观测，也可能以"场"（场上的点）求"源"来给出地震三要素预测。

⑦定点形变异常与地震的关系的复杂性和异步性、非遍历性、非重复性及无记忆性，如倾斜观测包括长水管、水平摆、垂直摆和钻孔倾斜。仪器自身周期差别较大，有时存在趋势变化背离现象（牛安福等，2005）。短临前兆的表现是很复杂的，而目前识别地震短临前兆异常的指标仍然处于探索之中。据牛安福的大量研究表明，目前仅有加速变化（单调上升或下降）类可以指标化（因单调上升或下降，容易与大潮小潮区分），包括潮汐畸变（1 天以内）、阶跃、脉冲、毛刺等特征的定点形变异常，都难以明确标示。

13.3　地震大地测量学大陆地震预测科学思路与技术途径

地震预测的科学思路，就是解决怎样利用好现有观测技术、预测方法和研究基础，更科学、更有效地进行地震预测工作。讨论中国大陆地震预测的科学思路，要根据我国开展地震预测作为一项工作任务的需求，并针对中国大陆地震的特殊背景，最大可能地使地震预测达到一定成效。

13.3.1　中国地震预报总体科学思路

在 1989—1991 年编写《中国地震分析预报总指南》(1991) 中，在众多专家从不同角度提出地震预报科学思路的基础上，张国民等归纳了依据地震异常群体特征对孕震过程实行追踪预报的总体科学思路。即通过大范围、长时间、多手段前兆的连续观测，监视区域应力场的动态变化，探测其在正常背景上的异常变化，并从场、源和环境相统一的整体观出发，分析异常群体的时空强综合特征及其演化过程；应用从大量震例经验和理论、实验研究取得的对孕震过程阶段性发展的认识，以及各阶段中异常群体特征的综合判据与指标，对孕震过程进行追踪分析，并对地震发生的时间、地点、强度进行以物理为基础的概率性预报。这是适合板内地震特点、具有中国特色的地震分析预报科学思路(朱令人，2002)，其基本思路有以下几个方面：

（1）长、中、短、临渐进式预报思路

基于对地震孕育阶段性发展过程的认识，把地震预报分为长、中、短、临四个阶段，并建立了相应的工作程序。长期预报阶段主要追踪弹性应变和应变能的积累过程。中期预报阶段追踪非弹性变形如微破裂发展(微破裂数量和线度增加)或扩容等，以及伴随的效应如流体运移等导致的中期异常发展过程。在短临阶段主要追踪突发性异常，即由于岩体有效强度降低、破裂扩展加速及贯通、断层加速蠕动和不稳定形变区内宏观断裂形成等造成的一系列突发性短临异常。这一预报思路是追踪地震孕育过程的发展，以渐进的方式向未来地震时、空、强三要素逐步逼近预报的思路(马宗晋等，1982)。

（2）源兆与场兆的思路

源即震源，源的研究系指对震源形成及演变过程的研究。源兆即为在此过程中震源区及近源地区出现的各种效应。场即区域应力场，地质构造块体在边界力作用下形成区域应力场，由于岩石圈不均匀结构，因而在一些特殊部位形成多个应力集中区，其中有的可能发展成为孕震区，有的则为可能反映应力场变化的敏感点。场兆即为在震源形成及演变过程中，大范围区域应力场在众多敏感点显示的异常现象(张国民等，1991)。

（3）源的过程追踪与场的动态监视相结合思路

源的过程追踪思想基于对孕震过程在震源和近震源区可能产生的不同阶段效应，包括从弹性应变积累的长期孕震阶段向非弹性变形等中期阶段发展，再向破裂扩展加速及贯通和突发性异常等短临阶段发展的全过程。场的动态监视思想基于中国板内地震具有异常范围较大、异常群体动态演化过程与震源孕震过程同步起伏等基本事实，因而大面积监视场的动态以获得震源孕育过程的大区域背景性变化信息。由于场和源的相互作用，实现地震预报必须将源的过程追踪和场的动态监视两者结合起来(张国民等，1991)。

（4）"块、带、源、场、兆、触、震"协同的思路

"块"即地震构造块体。大陆地壳是由大大小小的不同层次的块体嵌套而成的。"带"为构造块体之间的边界带，也称构造带。在地球动力因子作用下，地质构造块体间出现

"压、拉、扭、错"多种力学性质的相对运动。边界带是集中反映这种运动的剪切带、形变带、应力应变集中带、地球物理和地球化学等异常带。"源"即边界带上摩擦强度大的阻挡构造块体运动的地段，显然这里将积累应力应变和能量，是可能孕育地震的震源区。"场"即区域应力场，随着构造活动的持续，应力应变的积累，形成了不断变化和增强的构造应力场和震源应力场。"兆"就是应力场发展过程中形成的反映地震孕育发展过程的异常变化。"触"是指在孕震晚期震源处于不稳定状态，外场(如天体引力、太阳活动、气压场等)的某些微小扰动，可能对地震的发生起触发作用。最后，在上述条件统一作用过程中发生地震(郭增建等，2002)。

此外，还有系统演化的思想。根据系统科学的观点，震源是一个复杂的开放系统。震源与其周围地质体之间具有能量、物质乃至信息的交流。在长期持续的构造活动中，构造块体的运动向震源区输入能量流、物质流，使系统积累应力、应变和能量，并逐渐远离平衡态。这个过程是减熵、降维和由无序向有序演化的过程。从而可以从系统科学的高度，应用确定性和随机性相结合的方法，寻求表述系统演化过程总体特征的参量，如熵值、分维、有序度等，为地震预报探索新的思想和方法(周硕愚，1988，1994)。

从以上中国地震预报科学思路的论述可以看出，其与美国、日本等国际上主要重视震源孕育过程的研究——孕震场主要以震源为核心的近场的思路是不同的，不仅从时间过程逼近，也从空间关联的角度进行动态逼近。这是符合中国大陆地震特点的具有中国特色的地震预报科学思路(张国民等，1991；朱令人，2002)。

13.3.2　地震大地测量学大陆地震预测科学思路

在中国地震预报总体科学思路指导下，地震大地测量学开展地震预测中有学科特色的科学思路需要进一步讨论，以下讨论的内容受限于笔者水平，仅提供一个初步的参考。

1. 边界动力→区域动态场→孕震危险段时空逼近的思路

(1)板块边界动力作用→区域动态场→应力应变增强-集中区→孕震危险段时空逼近

根据我国地震监测基础的发展和成场的观测数据产出逐渐丰富，在"十一五"国家科技支撑计划中开展了"强震动力动态图像预测技术"研究，提出了从构造动力过程进行强震危险性时空逼近的科学思路，即通过从板块边界动力作用→大尺度动态场→区域动态场→应力应变增强-集中区→孕震危险段中短期危险性的时空逼近的强震预测思路(江在森等，2010，2013)。从边界动力作用到多学科多尺度动态场的分析，判定应力应变积累增强-集中区，逐步锁定孕震带上强震高危险段，再依据锁定危险段强震孕育关联的短期动态观测信息预测发震时间的强震预测时空逼近的思路(图13-9)。

我国大陆具备发生强震的孕震构造带众多，有1000多个潜在强震源，作为地震预测最后要锁定的是那些弹性应变积累已经趋于极限进入非线性变形的孕震构造带危险段。从大尺度到小尺度来看，在边界动力作用动态影响下，大区域动态场发生变化，在一些区域形成应力应变增强-集中区，亦有部分地区出现应力应变减缓区。处在应力应变增强-集中区的孕震断裂带的那些长期应力应变积累水平很高已接近发震断层所能承受极限的孕震带地震危险性进一步增强，针对这样的孕震带捕捉其临界状态失稳前的非线性不稳定变化。

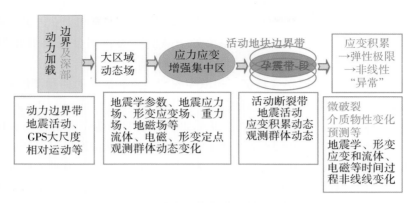

图 13-9　强震动力动态图像预测技术思路主线

由于地震大地测量学观测技术已形成包括板块相对运动、大区域地壳运动与形变应变场和重力场、重点区域高分辨形变应变场和重力场、断裂带形变综合观测、定点形变、应变、重力连续观测等多种空间尺度的高精度的连续与非连续观测技术，且已经在地震预测中应用，地震大地测量学开展地震预测就可以将上述"边界动力→区域动态场→孕震危险段"从空间域与时间域结合进行地震危险性逼近的思路作为总体科学思路。

（2）实现长、中、短、临相结合，逼近强震危险段

长期（10 年尺度或稍长时间）预测主要任务是从 1000 多个潜在强震源中确定未来 10 年可能发震的强震危险源，按中国大陆 7 级以上地震频度分布，10 年尺度少则 1~2 个，多则 10 多个。虽然目前技术水平不可能做得很准确，但从 1000 多个潜在强震源收缩到几十个以内是可能的，目前的 10 年尺度危险区一般为 20 多个（有些危险区中包含多个潜在强震源）。地震大形势、中期（3 年）预测则通过是从边界动力→大尺度动态场→区域动态场→应力应变增强-集中区的判定，与 10 年尺度长期预测的危险区结合，把强震危险区锁定在应力应变积累增强-集中区域内的 10 年尺度危险区，就可能把 3 年尺度的强震危险区再缩减到几个重点危险区。短临预报就以 3 年尺度的危险区为锁定目标区，重点进行发震时间的预测。这样就使得长、中、短、临很自然地结合起来，追踪、逼近强震危险段，最终作出短临预测。

2. 分析地壳形变动态变化偏离背景趋势的性质与强度，以识别孕震形变异常

识别孕震形变异常需要从地壳形变时空过程对强震危险源的孕育、发震是否有促进作用来考虑，这是一个基本思路。基于对具体地块边界带上的孕震区构造变形和应变积累的基本认识，由于块体和断裂带构造背景和动力环境等因素决定了这个区的构造应力应变积累的基本方式。从多种观测技术的动态资料与构造背景结合，先研究清楚地壳运动与构造变形的动态过程，包括明确认识其长期应力应变积累的长趋势及其围绕长趋势的动态变化。进一步研究当前的动态变化偏离背景趋势的性质与强度，从而可能识别出与强震孕育关联的形变异常。在数年内偏离长期背景趋势的动态变化既有正向偏离，即反映应变积累

速度在增大，也有反向偏离，即反映应变积累速度在减小，据此来判定这种异常对强震预测的意义。只有动态变化较长趋势应力应变积累速度加大，才有利于催促进入危险临界状态的潜在强震源的孕育过程发展，而若相反处于减弱状态，则会缓解潜在强震源的危险性。

3. 根据强震孕育不同阶段形变特征，提取中长期地点和短临时间预测的形变异常

根据岩石力学实验和震例研究已经给出地壳形变的阶段特征（α—β—γ—δ 4 阶段模式），强震孕育期包括较漫长的地壳弹性应变积累期，这期间地壳形变主要表现为准线性的特征，表明仍处于正常的应变线性积累期。当弹性应变积累接近极限水平后，其形变动态可能明显偏离长期的线性趋势而出现加速或转折等变化，反映孕震进入后期，即地震预测的中长期阶段以内。到最后失稳前会出现突变或预滑或脉动或震颤等不稳定的形变，表明孕震可能进入短临阶段。通过各类地壳形变观测发现应变积累偏离线性而处于孕震后期的强震源获取中长期（几年至十年甚至更长）强震地点预测依据，根据强震失稳前可能出现的不稳定的形变以获取短临预报依据。研究地壳形变时空动态过程来识别孕震异常，包括震例研究中曾得出观测点的异常，在孕震中期阶段可能由震源区向外发展，而短临阶段则又由外围向震中收缩等时空演化特征的应用。

然而，对于中国大陆这样由多块体组成的大陆内部复杂孕震系统，边界动力复杂，且各地块边界带不同段落处于不同孕震阶段，其断层闭锁程度和应变积累水平不同，使得大区域构造应力场本身就可能是非稳定的，因而活动地块边界带地壳形变在时间过程出现动态变化偏离准线性趋势比较普遍，由 GPS 等大地测量技术获得的不同尺度的地壳变形在时间过程呈现非线性的变化，往往不能等同于地壳变形进入非弹性变形阶段，而需要进行具体分析，需寻求其他的判定依据。从获取 10 年尺度强震预测地点依据方面，首先需要由孕震断裂近场、远场变形分布了解闭锁程度，关注那些强闭锁的断裂段。对汶川地震的研究表明，处于强闭锁的块体边界断裂带在临近大地震前的数年（甚至更长时间），可能出现主压应变方向明显偏离长期构造应力场主方向（江在森等，2009；武艳强等，2012）。由于孕震晚期临近发震的断裂段处地壳弹性变形趋于极限状态，当大尺度地壳相对运动的继续加载时，其在主压应力方向难以发生弹性变形来响应，使得主应变率方向偏离构造应力场主方向。中期阶段的异常特征则可与区域应力应变增强-集中区联系起来，在处于强闭锁的发震危险断层附近或关联断裂可能出现变形显著增强，而不一定是真正危险的发震断裂段本身。

4. 基于"场兆"和"源兆"特征识别这两类形变异常，逼近强震危险性时空

作为场兆的范围比较大，如 7 级以上地震的孕育范围不小于 300km；场内易滑动断层的活动具有准同步性；断层活动形变前兆异常是趋势性转折，或者阶跃，或者短暂异常后恢复正常，而无明显的持续加速与不稳定发展的短临前兆过程；地壳介质力学性质（如潮汐因子、加卸载相应比）变化不明显；从较大范围的动态场（如应变场、形变场、重力场）可能反映为构造活动增强区等；场兆不一定与单个地震一一对应，可能与区域地震活跃时段对应。场兆显著性和范围可能对未来（中-短期）地震活动水平、震级强度有关。

源兆的分布范围较小，限于发震断层带上或其附近，短临异常出现较晚；震前有加速过程，震后有蠕滑过程；源兆区内可观测到地壳介质力学性质变化（如潮汐因子、加卸载相应比）；源兆一般与单个地震对应，因而其对发震地点、时间都有指示意义，但其异常幅度、显著性不一定与发震强度有直接关系。因此，进行地震预测必须把源兆与场兆结合起来。

通过观测到的异常空间与时间分布与可能的孕震过程的关联性，加强场兆与源兆的结合。其中空间连续分布的动态场所反映的应力应变增强-集中区自然与其中的潜在强震源的危险性相联系，若能够对潜在震源可能的前兆（近源）场模式有认识，就可能更好地判断。而定点观测中场兆的大量出现通常预示着强震、大震危险逼近，通过时间关联与空间关联结合把场兆与具体的源及其源兆结合起来，从场兆与源兆结合来进行强震危险性时空逼近分析。

13.3.3 地震大地测量学大陆地震预测的技术途径和方法简述

1. 实现强震危险性时空逼近的主要技术途径

按这一总体思路，从技术途径上，需加强 GPS 等观测技术监测中国大陆周边板块相对运动的动态变化，为大的边界动力作用提供更充分的观测资料约束；需要加强中国大陆（或扩展到含边缘）大尺度地壳运动、应变场、重力场等监测能力，以便于结合边界动力作用的动态为从宏观上确定几年尺度的应力应变增强-集中区域提供重要背景约束；进一步加强南北地震带、华北、新疆等重点地区较高分辨率的动态场监测能力。一方面，根据较长时间的在孕震断裂带附近高分辨的形变资料给出断裂带应变积累状态、水平、断层闭锁程度等，为 10 年尺度强震危险地点提供预测依据。另一方面，通过重点地区的高分辨动态场的监视，进一步为应力应变增强-集中区和孕震危险段的锁定提供动态观测约束。通过在主要孕震构造区、带加密高精度连续形变观测台点，捕捉逼近发震危险的孕震危险段上强震前短临异常。

2. 大地形变异常信息提取与地震预测方法

大地形变观测手段主要是指用各种大地测量技术布设监测网之类的观测资料，如区域水准网、测距网、重力网、GNSS（全球导航卫星系统，目前应用最广泛的为其中的 GPS 全球定位系统）网等。这些构成监测网的观测资料无论是分期复测还是连续观测（如 GPS、重力网），都可以通过大地测量数据平差处理获得统一参考基准的整网动态变化结果，即网中所有的点的变化量都是相对某个统一的基准的。

（1）基本观测物理量动态场的建立

动态场异常提取与地震预测方法，一般都是按不同观测技术先获取观测量基本的空间分布场。如通过对水准监测网多期复测资料的动态平差，可获得统一基准的地壳垂直运动位移或速度场、对重力监测网多期复测资料动态平差，可获得统一基准的重力变化或重力变化速度场；对测距网多期复测资料动态平差，可获得统一基准的水平运动位移或速度场；通过对 GNSS 监测网多期复测资料动态平差，可获得统一基准的水平运动位移或速度场或三维运动的位移、速度场。进一步分析一些衍生的参数的空间分布场，如 GNSS 应变率场、区域水准垂直运动梯度场、重力梯度、重力位场等。

（2）建立空间连续分布场的方法模型

通常把经动态平差解算出各个点的值或速度值构成的场称为实测场，如实测速度场只在各观测点上才有值。进一步采用一定的描述模型获得监测网覆盖区观测值的空间连续分布，称为描述模型场。采用描述模型获得各种观测动态场空间连续分布，实际上包含了对各观测点上的实测值的空间滤波和对空间连续分布的推估，是基于观测量在空间上的分布是连续变化（无突变）的假设的描述模型。较优秀的方法有最小二乘配置法、球谐函数展开法和多面函数拟合法，这几种方法都可达到较好的拟合效果，其中最小二乘配置法抗差性更好。

（3）垂直形变场分析方法

①垂直运动与继承运动关系分析：分析垂直运动的分布与监测区内构造的关联性，是否与地质学上的继承运动（通常山区上升、盆地下沉，运动图像可从构造展布与构造应力场作用而得到解释）一致。由于地表是自由面，当区域构造应力场减弱或调整时，垂直运动的动态变化出现与继承运动不一致的逆继承（反向）运动。②垂直运动强度分析：可采用重心基准（或通量均衡基准）的垂直运动速度场，计算平均速率或平均升降差异（上升区平均速率与下沉区平均速率之差）等垂直形变场数字特征量来反映垂直运动强度，并分析不同时段的变化。③垂直形变空间梯度分析：局部垂直形变强弱主要看垂直形变梯度，垂直差异运动强烈就形成垂直运动高梯度带，而垂直运动绝对量值大小不反映垂直形变的强弱，可以在连续分布速度场基础上解算垂直速度梯度场来反映垂直形变强弱的分布。④监测区垂直运动的演化过程分析：一般区域强震活动滞后于继承性垂直运动增强，而强震活动应变释放和调整又可能引起垂直运动出现与继承运动相反的显著逆继承运动。⑤垂直形变异常区分析：隆起区与高梯度形变带、主干断裂附近的四象限分布（反映断裂带局部强闭锁）特征图像，可能在强震前数年至一二十年内出现，断裂带附近局部压性隆起可能在6 级以上强震前几年内出现。⑥垂直形变闭锁区：反映地壳弹性变形趋于极限后地壳形变明显减缓或趋于"平静"的局部区域（如 1971—1975 年垂直运动速率图显示唐山地震区及附近为 0 形变区），形变闭锁区的大小与未来地震强度有关。

（4）重力变化场分析方法

重力变化场的分析与垂直形变场有一定类似。重力变化包括地面观测点的高程变化和地下物质密度变化两方面因素。因此，如果有同网垂直形变观测综合起来分析更为有利。①分析观测时段重力变化与监测区内构造的关联性。②监测区重力变化总体强度分析：对各期统一基准的重力场变化也可计算重力变化总平均值，作为反映研究区重力变化总体强度，分析不同时段该强度变化。③重力场继承性变化与逆继承性变化分析：既要看重力变化量值大小，又要看其变化与继承性变化的关系。一般以与区域布格重力异常背景场的分布趋势一致的重力变化为继承性变化。④重力变化异常区分析：从单时段来看重力变化高值区为异常区，从多时段动态场来分析，更应关注持续高值区与转折区（在强震前可能出现转折）。强震通常发生在重力变化高值区或其边缘的高梯度带上。在孕震过程中重力变化场也可能出现重力相对上升与下降的四象限分布特征图像。⑤关注重力场变化的演化过程，在经较大区域重力场较大幅度变化（正值与负值差异大）后，重力变化高值区显著缩小而趋向局部化,这样的重力变化局部高值区对强震危险地点有指示意义。

(5)水平形变应变场与构造变形分析

水平运动速度场分析包括:①选取合适的参考基准(也叫参考框架):为了更清晰反映研究区内部相对运动,选取基准时应尽可能多地扣除研究区刚体运动成分。不同的基准(如全球、欧亚或某个块体、区域)下速度场的水平运动矢量长度及方向会有很大变化,只有研究区整体无旋转基准的速度场由于完全扣除了刚体运动,其矢量平均长度最小,而反映内部相对运动最清晰。②分析水平相对运动的分布与边界动力和区内构造的关系。③研究区整体地壳运动强度:以研究区整体无旋转基准的速度场可以类似于垂直形变场分析那样计算平均速度(矢量模平均)作为代表研究区整体水平运动强度的数字特征量。④通过速度矢量分量空间分布反映与主干断裂带的关系。可把速度矢量分解为平行与垂直断裂带两个方向的速率绘制成两向速度矢量空间分布图,这样可直观反映水平相对运动与活动断裂带的关系,反映断裂带变形特征。

水平应变率场分析:在速度场整体描述模型基础上可获得应变场的连续分布。①剪应变与压/张应变综合强度:可解算最大剪应变率、面应变率 2 个综合反映剪切和张压应变的参数量值在空间的分布来获得。②与构造断裂变形背景结合的应变分析:用第一剪应变率(反映北东与北西向剪应变,以北东向左旋与北西向右旋为正向)、第二剪应变率(反映南北与东西向剪应变,以南北向左旋与东西向右旋为正向)的正负及大小与断裂带方向结合,分析断裂带的剪切应变性质及应变强度。可用东西向、南北向、北东向及北西向分量(张或压)应变参数来反映断裂带受挤压或伸张的性质及应变强度。③应变场的异常区分析:应变场的异常区一般是指应变率相对高值区,特别是与构造变形背景相一致的应变率高值区。④从动态过程来分析异常区:大地震可能发生在与构造变形背景一致的应变持续高值区中。而 6 级多的地震则可能发生在新的高应变区,如 2007 年宁洱 6.4 级地震就发生在新出现的剪应变高值区。

活动断裂带构造变形与应变积累状态分析:①水平运动投影分析:为了分析特定方向上的水平相对运动可把水平运动速度投影到一定的方向上。可选择一个合适投影区做出剖面投影图,把运动速度分解为垂直断层方向和平行断裂带方向就可直观反映断裂带(张/压、左旋/右旋)活动与应变分布。虽然剖面投影反映分布的变化有客观性,投影剖面图像实际上与基准有关,若要想客观反映跨断裂带的总体扭动(左旋/右旋)和张压量,最好采用扣除区域刚体运动或断层一侧较稳定块体运动后的速度场来作投影。②对主要活动断裂带构造变形定量分析,具体计算跨断裂带一定宽度内的变形(应变)在两侧块体相对运动总量中所占比例,可分段计算跨断裂带的相对运动汇聚率与扭动率,以获得断裂带应变积累方式和强度,为强震地点预测提供参考。③活动断裂带断层滑动亏损与闭锁程度位错反演分析,通过连接块体与其边界断裂带的模型,以 GNSS 或结合水准等观测速度为约束,结合历史强震破裂分布等进行震间负位错反演,给出相对于断裂带两侧块体相对运动的断层滑动亏损分布和断层锁定程度分析,定量给出断裂带分段应变积累程度,为强震地点预测提供参考。

（6）GNSS 连续观测时间序列异常提取与分析

利用 GNSS 连续观测站的数据可提取站位移、站间基线长度和多站构成图形单元应变参数的时间序列，从而可探索提取地壳运动微动态异常信息。①需对这些时间序列数据进行滤波消噪（白噪声、漫步噪声等）和信号分频处理，以提取地壳运动与变形动态信息。②进一步提取有明确构造意义的动态信息，如线性长趋势可反映构造运动和变形背景趋势，大于年尺度的趋势转折（无非构造影响）等可反映构造变形的变化；更短时间的动态变化可能与噪声叠加在一起，需要做更复杂的处理才可能确认；站间基线和多站图形应变参数则可更明确反映块体之间、块体边界断裂带相对运动与变形的动态（张、压、左旋、右旋等），从而获得与断裂带-段应变积累动态变化信息。③时间序列分析与空间分布结合起来，包括注意长期背景和边界带断裂应变积累背景与当前动态变化的结合，可能从地壳相对运动与变形的时空动态进一步为判定孕震断裂带危险段及危险性分析提供参考信息。尚不多的震例显示，大震前较大尺度相对运动增强，而较小尺度相对运动与变形减缓，或停顿或转折变化。

3. 定点形变异常信息提取与地震预测方法

基于以定点形变台站和场地等观测，获得时间序列异常信息分析处理的结果，开展地震预测研究和实践。定点形变类观测手段包括台站连续形变观测，如倾斜、钻孔应变、伸缩仪观测及台站重力等观测，跨断层小尺度场地观测等在空间上属于离散点观测资料。这类观测资料异常提取是以单台单项时间序列分析为基础，包括针对单台单测项的方法和多台资料的综合分析方法。

单台单测项异常提取的主要思路是采用一定的模型来描述正常动态基值，再从偏离基值程度来识别异常。在此基础上提出的地震预测方法主要包括：

①按时间序列拟合而不考虑物理因素，以地震平静时段为正常动态基值求异常。这类方法的数据处理所用的数学模型比较灵活，一般情况下用增加线性参数的傅氏多项式模型即可做出正常动态基值的描述。用这样的模型可识别出地壳形变偏离长期线性趋势和年变特征改变（破年变）异常以及突变异常等。

②当物理机理比较清楚，又观测了主要干扰因子，则以物理模型为基础，或者以干扰因子为自变量，通过回归建立模型，排除主要干扰影响，建立动态基值而识别异常（目前多数情况尚不满足这样的条件）。所用的数学方法有多元线性回归、褶积滤波等。多元线性回归是建立形变观测时间序列与已知的多种干扰因素观测值及残差的线性方程组，求解出线性方程的系数，从而获得正常地壳形变时间序列的描述模型，当残差的量值超出了容许的范围则视为异常。褶积滤波方法通过设干扰因素影响的线性滤波因子建立干扰因素观测与地壳形变观测序列的关系，从而在描述正常形变时序模型中可以顾及干扰因素（如降雨、温度等）的滞后（有记忆）影响。残差超出了容许的范围为异常。

③灰箱分析。对清楚部分干扰以干扰因子为自变量，通过回归方程排除，不清楚的干扰部分通过时间序列拟合。主要方法有动态灰箱、带控制项的自回归模型（CAR）、维纳滤波、卡尔曼滤波等。动态灰箱模型包括地壳形变的长趋势（用滑动平均的低通滤波）、

年周期变化(用多年同相位平均)、可测环境因子的有记忆影响(用有记忆的滤波因子)、剩余随机涨落(按平稳随机过程用自回归模型)及残差多个部分。残差超出了容许的范围为异常。其他几种方法在此不一一介绍。

④倾斜、应变潮汐因子分析。潮汐因子表示实测固体潮幅与理论潮幅之比。在孕震过程中当孕震区地壳介质力学性质发生变化,会引起固体潮观测曲线偏离其正常范围而产生畸变,使潮汐因子出现异常变化。潮汐因子异常大多出现在震源区附近或个别应力集中点上,近震中区的潮汐因子异常出现较早,地震通常发生在潮汐因子异常恢复后几个月内。根据潮汐因子出现异常的范围、空间分布和异常时间等,可提供地震预测的强度、地点与时间预测的参考依据。

⑤倾斜、应变加卸载响应比分析。以固体潮引起的变形与构造应变积累方向一致为加载,反之为卸载,计算加载与卸载时形变量(倾斜、应变量)之比值作为跟踪的参数。当地壳保持弹性性质时,加卸载响应比应接近1,但当地壳弹性性质被破坏时(如有裂隙出现),加卸载响应比可能远远大于1。地震通常发生在加卸载响应比高值异常回落或恢复后数月甚至更长时间(震级越大等待时间越长),发震地点通常在加卸载响应比异常分布范围内。

⑥多台信息综合方法主要包括断层形变信息合成和多台定点形变异常综合信度分析等。

断层形变信息合成方法。包括断层活动速率合成,就是把一个断裂带或一个区域上全部跨断层观测场地观测到的断层活动速率(绝对值)进行合成处理,可以反映断裂带和断层网络群体活动状态。可在统一各跨断层场地长期趋势方向的基础上进行合成,以显示断层运动在原趋势上是增强或减缓的变化,还可以统一按断层压性运动方向进行合成,以显示断层压性运动是否有增强。

异常综合信度地震预测方法。先统计研究区域内各种形变异常的成功率,并求出各单台单项异常的信度,当信度超过0.5为出现异常。若出现多台异常,再以异常信度最高的台为中心选择一定范围对多台异常信度,按定权计算多台异常综合信度,计算震级。当综合信度值突然增大,表明地震可能临近。

13.4　多时空尺度地壳形变动态特征与汶川地震反思

发生在南北地震带中部有一定能力的地区的汶川地震是在地震部门几乎没有觉察的状态下发生的,包括中期预测也都没有关注到龙门山断裂带。对汶川地震进行研究和反思很有必要。本节基于对大地震孕育过程需要从更大的时空尺度来认识,从大尺度到区域尺度观测到的地壳形变动态变化特征进行分析,认识汶川地震前大、中尺度地壳形变背景与动态特征,以探索可能的大地震孕震形变异常和强震地点预测判据。

13.4.1　印度板块与中国大陆大尺度地壳运动动态特征

1. 印度板块与中国大陆的相对运动在 2004—2005 年增强

大陆内部强震的动力源来自板块边界动力作用向大陆内部传递和延伸。近十多年 GPS 观测板块间的相对运动的研究结果显示，周边板块相对中国大陆的运动虽然具有较稳定的趋势，但在时间过程的确存在可识别的动态变化。印度板块中部班加罗尔(IISC)至青藏块体南部拉萨(LHAS)两个 GPS 站(GPS 连续站的位置见图 13-10)之间的基线(大地线弧长)时间序列处理结果显示，伴随 2004 年 12 月苏门答腊 M_W9.1 级巨震过程基线缩短速度显著加大(江在森等，2007，图 13-11)。班加罗尔(IISC)与昆明(KMIN)以及班加罗尔与武汉(WUHN)之间的基线时间序列计算结果(图 13-12)也是在 2004—2005 年缩短速度有显著加大，显示印度板块与中国大陆的相对运动在 2004—2005 年增强。

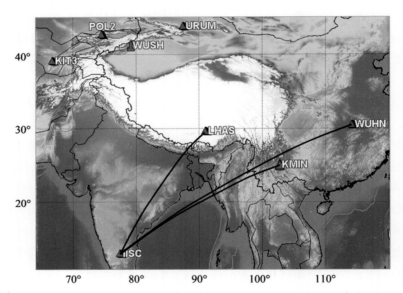

IISC(班加罗尔)—LHAS(拉萨)、IISC—KMIN(昆明)、IISC—WUHN(武汉)

图 13-10　中国大陆及其邻区部分 IGS 站分布及印度板块中部基线图

2. 中国大陆北东向地壳缩短的相对运动在 2005—2006 年增强

对中国大陆 GPS 基准站(空间分布见图 13-13)连续观测数据的处理结果表明，有大量北东向展布的 GPS 基线近几年来陆续出现转折、缩短趋势增强，特别是 2006 年以来缩短增强更普遍，现将跨南北地震带及附近区域出现转折的 GPS 基线结果列于表 13-1，反映北东向地壳缩短的相对运动增强。其中西南地区的 KMIN(昆明)、XIAG(下关)、LUZH(泸州)等站相关的北东或北北东基线先是伴随 2004 年 12 月苏门答腊 9 级地震过程在 2004—2005 年出现伸长变化，2005—2006 年转为缩短趋势变化。青藏块体内部的北东向基线并无显著缩短增强趋势，华南地块内部的北东向基线也未出现普遍缩短增强趋势。另外，有相当部分北西向 GPS 基线出现伸长增强趋势。

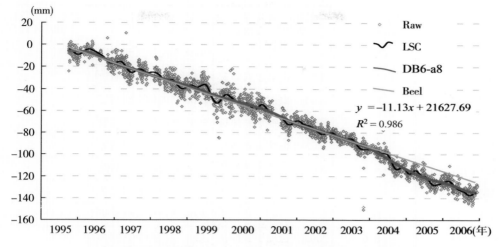

（a）大地线弧长观测值（Raw）、最小二乘配置拟合推估曲线（LSC）、
小波分解趋势（DB6-a8）、1995—2002 年线性拟合直线（Beel）

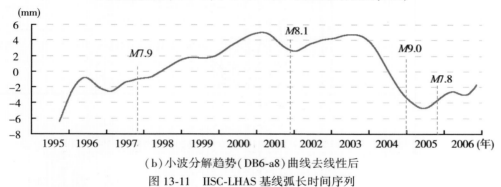

（b）小波分解趋势（DB6-a8）曲线去线性后

图 13-11　IISC-LHAS 基线弧长时间序列

（a）IISC（班加罗尔）-KMIN（昆明）　　　　　（b）IISC（班加罗尔）-WUHN（武汉）

　　浅色为大地线弧长观测值，黄色为最小二乘配置滤波后的完整序列；粗黑线为小波分解 DB6-a8。
（a）中右下角-34.7mm/a 表示长期基线缩短的年速率，图中的曲线已扣除

图 13-12　IGS 站 GPS 基线时间序列曲线

表 13-1　　　　　　近年来南北地震带及其邻区出现转折的部分 GPS 基线一览表

基线名称	长期变化速率（mm/a）	转折时间及特征（2004 年以前）	转折时间及特征（2004—2007 年）	转折时间及特征（2007 年以后）
LHAS-YANC	−22.3		2004.5 由伸长到缩短	
DXIN-HLAR	−1.6	2001.5 由缩短到伸长	2005.8 由伸长到缩短	
KMIN-YANC	9.7	2003.5 由缩短到伸长	2006.0 由伸长到缩短	
JIXN-LUZH	0.5	2004.0 由缩短到伸长	2005.9 由伸长到缩短	
HLAR-YANC	0.3	2003.2 由缩短到伸长	2005.9 由伸长到缩短	
XNIN-JIXN	−6.1	2000.4 由缩短到伸长	2006.0 由伸长到缩短	
KMIN-GUAN	−3.0		2005.5 由伸长到缩短	
LHAS-XIAA	−21.1		2004.2 由伸长到缩短	
SUIY-TAIN	−0.6	2002.2 由缩短到伸长	2004.5 由伸长到缩短	
QION-XIAA	4.7		2004.5 由缩短到伸长 2006.0 由伸长到缩短	2007.1 由缩短到伸长
KMIN-XNIN	15.5	2003.5 由缩短到伸长	2006.1 由伸长到缩短	
LHAS-XNIN	−16.2	2001.3 由伸长到缩短 2003.5 由缩短到伸长	2004.5 由伸长到缩短	2007.3 由缩短到伸长
XNIN-YANC	−4.8	2000.4 由缩短到伸长 2003.1 由伸长到缩短		

注：年份后小数表示全年按 10 等分的时间。

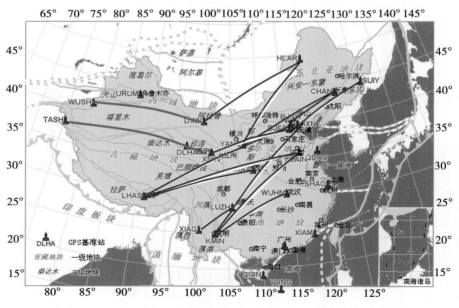

蓝色线表示的基线为趋势转折缩短，橘色线表示的基线为趋势转折伸长

图 13-13　中国大陆 GPS 基准站及近北东向等 GPS 基线展布

　　根据 1999—2004 年中国大陆整体无旋转速度场和连续应变率场主应变率分布，整体大尺度地壳形变的趋势是北东向地壳缩短与北西向地壳伸张（江在森等，2006）。因而由 GPS 连续观测资料给出的 GPS 基线时间序列所监测到的 2004—2006 年北东向地壳缩短增强，就属于与大区域继承性地壳形变相一致的增强。

3. 青藏块体整体地壳运动（相对华南、华北）增强

　　图 13-14、图 13-15 给出了由 GPS 连续观测资料计算的青藏地块相对华南地块和青藏地块相对华北东北的位移时间序列（光滑曲线为最小二乘配置滤波结果），青藏地块相对华南地块的运动无论是东向运动还是北向运动，在 2004 年后速度有明显加大。这可能与 2004 年 12 月 26 日在印度板块东边界南段与澳大利亚板块北边界交会处发生的苏门答腊 $M_W9.1$ 巨震特大破裂引起大区域地壳运动响应有关。图 13-14 青藏地块相对华南地块的运动（受到了苏门答腊巨震破裂过程的远场影响），而图 13-15 青藏地块相对东北华北地块的位移时间序列图（苏门答腊巨震影响可忽略），都显示青藏地块的东向和北向运动在 2006 年初开始明显偏离原 2001—2005 年的准线性趋势。把图 13-13 及表 13-1 与图 13-12 及图 13-11 对比可知，青藏地块北东向运动速度增大的转折时间比印度板块的 IGS 站与中国大陆几个 IGS 站构成基线时间序列所反映的相对运动速度加大的转折时间晚了近两年。这表明伴随苏门答腊巨震孕育发生过程印度板块推挤欧亚板块的运动增强造成板块动力作用增强，其影响向大陆内传递，导致其后 1~2 年青藏地块北东向运动增强。

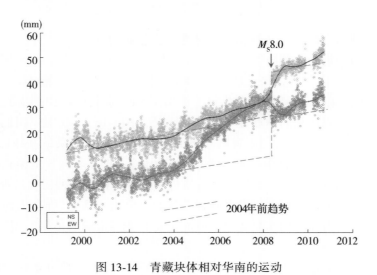

图 13-14　青藏块体相对华南的运动

　　由于 2004 年 12 月苏门答腊巨震和 2005 年 3 月 $M_W8.7$ 级地震的大破裂总长度达约 2000km，造成印度板块东边界较大尺度的"解锁"，其对印度板块推挤欧亚板块的影响很大，必然向大陆内部传播。V. K. Gahalaut 等（2008）的研究发现 2004 年苏门答腊地震后余滑的范围要比同震破裂位移的范围大得多。巨大地震对板块相对运动造成影响也会传递延伸影响到板内地块的运动与变形，这种板块动力作用增强引起板内相对运动与变形增强的过程不同于大地震破裂过程由应变大释放直接引起的同震位移"卸载"那么快，这"加载"

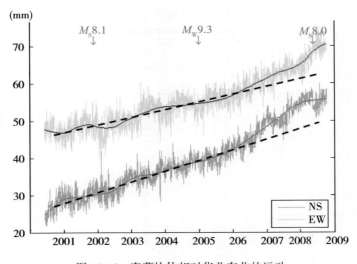

图 13-15　青藏块体相对华北东北的运动

影响有一个应力应变传递的过程。但这种影响却可能通过板块、地块相互作用而传递很远，其影响时间亦可能持续很长。

13.4.2　大地震引起构造应力场调整变化的区域地壳形变响应

1. 昆仑山口西 8.1 级地震过程引起的区域地壳形变响应

通过对中国地壳运动观测网络区域网、基本网 GPS 复测资料及 GPS 基准站资料反映各 GPS 站相对运动变化，以其变化是否与 2001 年昆仑山口西 8.1 级地震左旋剪切大破裂（地表破裂带长度达 426km）调整方向相符，给出了 GPS 资料能够识别出的观测站点伴随大地震过程出现了相对运动的站点分布涉及的范围（图 13-16）。利用中国地壳运动观测网络基本网 1998—2005 年各年份同步观测 GPS 站点组成尽可能多条的基线（主要得到中国地壳运动观测"网络工程"数据中心王敏研究员的帮助），根据基线长度值在昆仑山口西地震前后缩短或伸长的变化与震前趋势是否有较显著差异，再看这种变化是否与这次大地震发生过程东昆仑断裂带大规模左旋走滑破裂引起的变形能关联上（如在大地震破裂带东南侧的基线出现与震前有差异的缩短变化就可能是受大地震影响的结果），从而估计该大地震影响的范围。

图 13-16 圈出了昆仑山口西地震影响范围，图 13-17 给出了部分基线时间过程变化的结果。如 JB49—JB40 基线（图 13-17(a)）出现不同震前的缩短，显示 JB49 相对 JB40 向东运动显著，大致在 2006 年后恢复。值得注意的是包括在川滇地块内部有多个站点出现明显的受昆仑山口西大地震影响的变化，而巴颜喀拉地块东部靠近龙门山断裂带（相距约130km）的 JB34 站及 JB33 站受昆仑山大地震及震后影响的不明显，见图 13-17(c)、图 13-17(d)，与华南地块内部的 JB20 构成的基线在大地震过程中均未出现相对震前缩短加大的情况，这表明这两站相对华南地块内部的 JB20 站没有发生向东的运动增强的现象。图 13-16 根据地壳运动观测网络基本网历年观测结果的分析，还参考了流动资料包括同震位

移分布的结果。

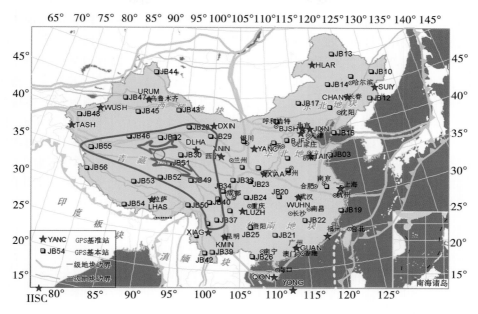

图 13-16　中国地壳运动观测网络基本网站点分布与昆仑山大地震应变释放影响示意图

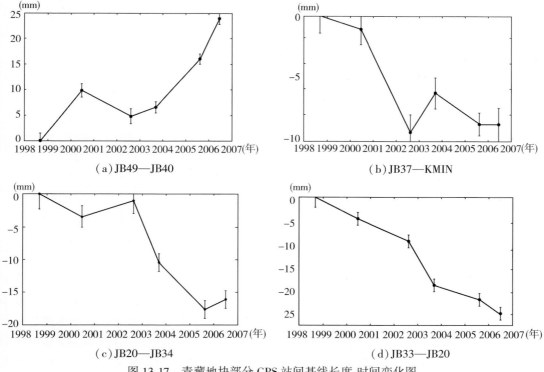

图 13-17　青藏地块部分 GPS 站间基线长度-时间变化图

2. 苏门答腊巨震引起中国大陆发生显著地壳变形的影响范围

2004 年 12 月 26 日印度尼西亚苏门答腊 M_W9.1 级巨大地震发生后，中国地震局组织第一、第二监测中心等单位于2005 年 1~2 月对川滇地区进行了一次 GPS 应急观测，地震预测研究所综合利用"网络工程"区域网复测资料和这次应急复测资料，解算了川滇地区伴随苏门答腊巨震破裂应变大释放引起的远场同震水平位移场（江在森等，2005；杨国华等，2006），如图 13-18（a）所示。结果表明，此次巨震对川滇地区的影响显著，整个复测区域 GPS 站位移为南部大北部小，优势位移分布方向为南西向，总体地壳变形特征为南西向伸张，在云南地区造成的位移量多在 10mm 左右，个别站点位移超过 20mm，但四川的影响相对较小（多与观测误差相当）。图 13-18（b）为图 13-18（a）虚线矩形框内的位移投影（纵坐标为 GPS 站 NNE 位移，横坐标为南边 NNE 向距离），显示北部变形量小（平缓）。由于南部的这种南西向伸张变形与该区域的构造变形背景的挤压趋势相反，对川滇南部的应变积累有卸载影响，可能缓解川滇南部地区的强震危险性。

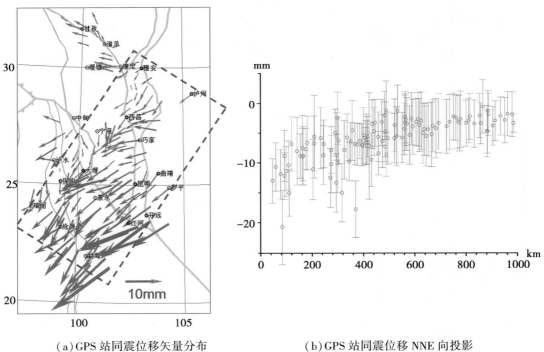

（a）GPS 站同震位移矢量分布　　　　　　（b）GPS 站同震位移 NNE 向投影

图 13-18　印度尼西亚苏门答腊地震导致川滇地区产生的同震地壳水平位移

利用"网络工程"基本网 1998—2006 年历年复测资料和 GPS 基准站资料，仍然主要采用基线计算的方法来分析检测出苏门答腊巨震应变释放引起的相对运动，分析其空间分布特征，与"南北地震带紧急震情跟踪专项"2005 年初对川滇地区进行 GPS 应急观测获得的印度尼西亚苏门答腊巨震远场同震位移场在川滇地区的结果（图 13-18）一致，华南地块南部有显著的南西向地壳伸张的同震位移。图 13-19 是综合基准站和基本网资料给出的印度尼西亚巨震应变大释放引起我国大陆地壳明显伸张的区域范围，图中用较粗弧线勾画出了从 GPS 观测资料能够识别出的范围，靠南部边缘更粗的弧线是估计伸张引起相对运动量大于 15mm 的地区。表明这次巨震应变释放影响是大区域整体性的，大体上是按震中距离衰减的，似乎并不受大陆内部地块结构的影响。当时根据这些 GPS 观测结果分析认为，苏门答腊巨震应变释放引起的地壳变形响应的确是与印度板块东边界作为右旋剪切边界带的大型破裂相联系的，就对我国大陆边界动力作用的影响而言，既有对印度板块东边界及其向北延伸的东侧地区的地震应变大释放的卸载影响，又有大破裂对印度板块东边界的"解锁"作用导致的印度板块对青藏块体推挤作用增强的影响，该巨震应变大释放引起川滇及华南地块南部地壳伸张的卸载影响显著，而导致印度板块推挤青藏高原增强和引起青藏高原北东向地壳缩短的影响尚不显著（图 13-19 灰色线条），但应当注意其滞后影响。

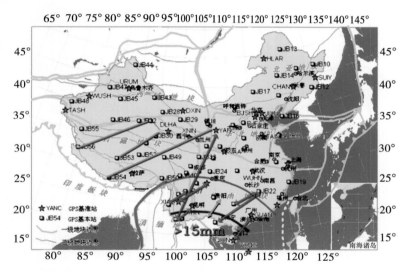

图 13-19　中国地壳运动观测网络基本网站点分布及苏门答腊巨震应变释放影响示意图

3. 昆仑山口西、苏门答腊两大地震对中国大陆应变积累的不同影响区

根据 GPS 资料反映的昆仑山口西地震影响引起 GPS 站点相对运动有变化的范围（图 13-16）和苏门答腊地震远场影响的情况（图 13-18、图 13-19），进一步获得昆仑山口西地震对区域应变积累"正影响区"（引起变形与长期应变积累方向一致，使应变积累进一步增加）与"负影响区"（引起变形与长期应变积累方向相反）的范围（图 13-20）。

图 13-16～图 13-20 等结果都是 2006 年、2007 年年度地震大形势研究报告中采用并在全国年度地震趋势会商会上展示过的，包括在全国年度地震趋势会商会上的大形势研究报告中对昆仑山口西、苏门答腊两大地震的影响分析。PPT 报告中还突出显示"昆仑山 8.1 级、印度尼西亚 8.7 级地震影响引起的大区域应力应变场调整最可能使南北地震带中段、中南段应力应变加速积累和集中，对该区域强震的孕育发生起促进作用"（印度尼西亚 8.7 级地震是指 2004 年 12 月 26 日苏门答腊 M_W9.1 级地震，当时中国地震台网测定面波震级为 M_S8.7 级）的观点，但给出的空间范围和时间尺度都是相对宏观的。

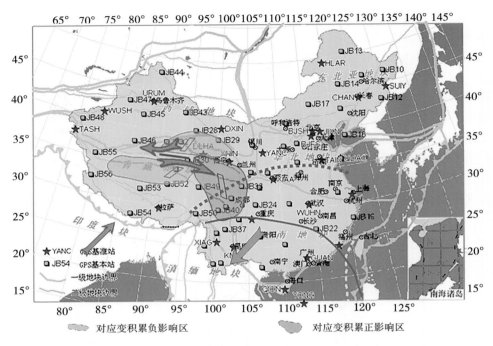

图 13-20　昆仑山口西、苏门答腊两大地震对中国大陆区域应变积累的影响

4. 区域水准和跨断层形变资料所显示的大地震对构造形变的影响

图 13-21 给出了 2000—2005 年青藏地块东北缘的祁连-河西地区垂直运动速率等值线分布。由于地表为自由表面，在通常情况下当水平构造应力场增强时会伴随一些垂直运动的隆升，而当水平构造应力场松弛时也会引起垂直运动下沉。图 13-21 的下沉区与 2001—2003 年 GPS 速度分布(图略)显示出受昆仑山口西大地震影响的"松弛"区域基本一致。

在 2006 年度地震大形势跟踪研究中发现鲜水河断裂带的有多个跨断层形变观测出现与原左旋或挤压趋势反向或减缓的转折异常变化。根据过去震例经验，这类趋势转折异常变化通常不反映这些观测场地所在断裂段有强震危险，而可能反映区域场上的地震危险性，但未能做出进一步判定。跨断层形变测量虽然是小尺度的，但处于地块边界带的断层带可能对区域构造活动与应力应变场变化的反应较敏感。在鲜水河断裂带中北段共 6 个基线水平形变观测场地中就有 5 个场(侏倭、墟虚、沟普、老乾宁、格篓，空间分布见图 13-22)出现这种趋势转折变化，且转折时间大多是 2001 年 11 月昆仑山口西 M_S 8.1 级地震之后(观测曲线见《汶川 8.0 级地震科学研究报告》第三章)，很可能是昆仑山口西地震大破裂影响，导致了巴颜喀拉地块向东的运动增强，使鲜水河断裂带出现了与左旋剪切兼挤压变化背景相反的断层形变趋势转折。不同构造区跨断层资料趋势转折与 GPS 给出的昆仑山口西大地震影响(图 13-21)是相关联和协调的。不仅鲜水河断裂带上的跨断层形变有准同步转折情况发生，在祁连地块北部的祁连山断裂带也出现较多的跨断层形变曲线准同步转折，也与昆仑山口西 8.1 级地震大破裂调整变化可以关联(图 13-22)。

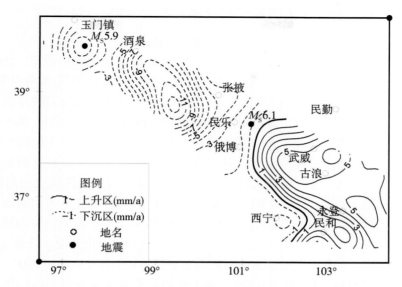

图 13-21　祁连-河西地区垂直运动速率等值线图(2000—2005 年)

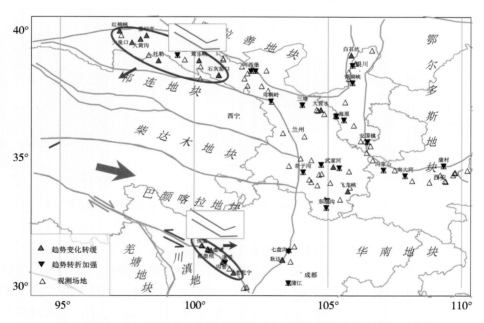

图 13-22　南北地震带中、北段跨断层形变观测曲线趋势转折场地分布图

13.4.3　大地震前不同尺度应变率场与地壳形变特征

1. 中国大陆大尺度应变率场与汶川大地震发生地点

图 13-23 给出了中国大陆东西向分量应变率场(处理方法见武艳强等，2009；江在森等，2010；Y. Q. Wu et al.，2011)的动态演化结果。中国大陆西部东西向变形较为剧烈，青藏块体西部(92°以西)东西向以拉张为主，东部(92°以东)东西向以挤压为主，反映了青藏高原物质东向流动受到四川盆地阻挡形成了大尺度的东西向压缩区，发生汶川地震的龙门山断裂带位于东西向压缩区内东部靠近边缘处。1999—2007 年 3 期应变率场结果均显示较大范围的东西向压应变高值区，其空间跨度 900km 左右，显示汶川地震的主要构造动力为东向挤压。这一整个中国大陆东西向分量应变率挤压范围最大的高值区与 2001 年昆仑山口西大地震发生在整个中国大陆第二剪应变率最大负值(东西向左旋剪切与南北向右旋剪切)高值区的情况(江在森等，2003，2006)类似。由于昆仑山口西地震为近东西向断层的左旋走滑破裂，而汶川大地震为北东向断层逆冲兼右旋破裂，需通过不同的应变参数来表现。这在一定程度上反映了汶川地震的孕震特征。图 13-23 中 2001—2004 年(已扣除同震位移)、2004—2007 年比 1999—2001 年的东西向应变负值区范围更大、量值更高，表明 2001 年昆仑山口西大地震的发生引起巴颜喀拉地块向东运动增强在一定程度上加速了汶川大地震的孕育过程。

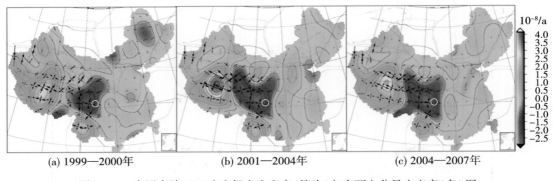

(a) 1999—2000年　　　(b) 2001—2004年　　　(c) 2004—2007年

图 13-23　中国大陆 GPS 应变场主应变率(箭头)与东西向分量应变率(色)图

2. 川滇地区区域应变率场与汶川地震发生地点

川滇地区 GPS 点位分布相对密集，可获取更高分辨的应变率场。采用最小二乘配置方法模型解算了川滇地区 1999—2001 年、2001—2004 年、2004—2007 年的 GPS 水平应变率场。从川滇地区应变率场东西向分量应变率参数分布(图 13-24)显示，鲜水河断裂带中段附近偏北侧的区域为持续的东西向压缩区，该东西向压缩区在 2001—2004 年有明显扩展，到 2004—2007 年极值区扩展到包括龙门山断裂带南段，汶川地震震中并不在极值区。

图 13-25 给出了面应变率分布图。面应变率为负值(压缩)区也是在 2001—2004 年开始龙门山南段有增强，到 2004—2007 年进一步增强，且极值区向北扩展使汶川大地震震中基本上在其中。这一结果表明，虽然从中国大陆应变场图来看，发生汶川大地震的区域

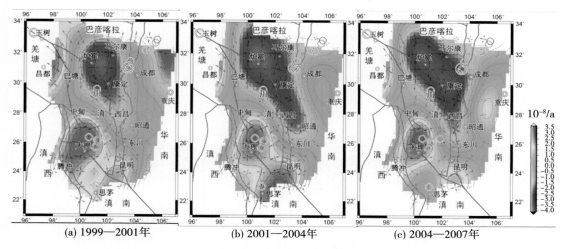

图 13-24　川滇地区东西向分量应变率(ε_λ)分布

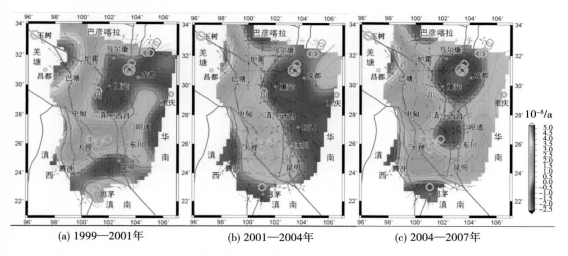

图 13-25　川滇地区面应变率(θ)与主应变率(ε_1，ε_2)分布

并不属于面应变率负值最高的区域(中国大陆应变场面应变率负值最高区为($-2.5 \sim -3.0$)$\times 10^{-8}$/a，龙门山断裂带地区为($-1.0 \sim -1.5$)$\times 10^{-8}$/a)，但从川滇地区的应变场图来看，在 2004—2007 年面应变率属于该区负值最高的区域。总体上地壳应变增强的部位主要是在汶川大地震过程中未发生破裂的龙门山断裂南段。

13.4.4　汶川地震前龙门山断裂带区域应变积累与同震位移对比

1. 区域水平相对运动与龙门山断裂带应变积累状态分析

图 13-26 是龙门山断裂带及其周缘各地块区域相对华南地块的水平运动速度场(1999—1994 年)。从图中看到，华南地块上的 GPS 站水平运动速度很小，速度矢量基本

上在一倍误差椭圆之内，表明华南地块整体上没有变形（以 GPS 观测精度均方差多在 1～2mm/a 检测到）。龙门山断裂带上的 GPS 站的速度矢量也大多在误差椭圆之内，且跨越龙门山断裂带的 GPS 站速度与华南地块相比没有发生显著变化。这与鲜水河-安宁河-则木河等川滇地块边界断裂带存在 8～10mm/a 相对运动显著不同。由于龙门山断裂带相对华南地块几乎没有相对运动，使得曾有研究者认为龙门山断裂带可能在现今已不活动或活动很弱了。

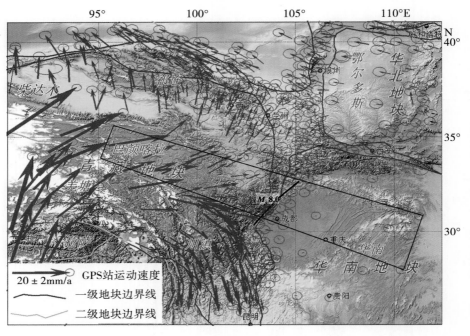

图 13-26　中国大陆中西部 GPS 站站水平运动速度场（相对于华南地块）

从大区域的相对运动的分布来看，青藏地块东部向东推挤华南地块，GPS 站速度矢量呈现明显的南北分异，川滇菱形地块的侧向挤出滑移变形，使得青藏地块东南部差异运动最为显著，呈现绕阿萨姆构造结顺时针扭转运动特征。在这种大区域顺时针扭转运动的格局中，推挤龙门山断裂带的巴颜喀拉地块东部的相对运动明显滞后，总体为逐步偏转、缓慢衰减的向东运动显示地壳缩短和剪切变形。龙门山断裂带西侧的 GPS 站水平运动所呈现有序偏转，靠东南部运动偏向南东，靠东北部运动偏向北东。从巴颜喀拉地块东部距龙门山断裂约 800km 处向东运动速度 5～8mm/a 逐渐衰减到龙门山断裂带处趋近于 0，显示大尺度近东西向地壳缩短。而巴颜喀拉地块向东的运动与川滇地块向东南滑移运动在大尺度上动力是同源的，由于四川盆地阻挡导致其运动受阻，使鲜水河断裂带有年速率约 10mm/a 的左旋走滑，这表明龙门山断裂带具备应力应变积累的构造动力条件。GPS 观测结果显示龙门山断裂带与华南地块没有明显差异，可能正是大地震孕育晚期最后阶段断裂带强闭锁的显示。

2. 龙门山断裂带及其两侧震前地壳变形与同震位移的对比分析

为了进一步分析龙门山断裂两侧的区域与该断裂相联系的相对运动与变形，从图 13-26 中截取跨龙门山断裂带及其两侧约 1500km 跨度的区域做 GPS 站运动速度垂直和平行于龙门山断裂带的方向投影分析。

图 13-27 是巴颜喀拉地块东部至华南地块延伸方向跨龙门山断裂带的 GPS 站速度剖面投影，横坐标轴是 GPS 观测站离开龙门山断裂带的距离。图的下部分是根据 GPS 站的高度给出了投影剖面的地形高度线。

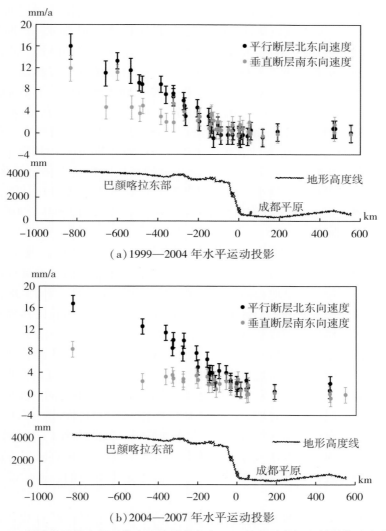

（a）1999—2004 年水平运动投影

（b）2004—2007 年水平运动投影

图 13-27 巴颜喀拉地块东部至华南地块延伸方向 GPS 站相对龙门山断裂带运动速度投影

图 13-27 显示，四川盆地一侧 GPS 站速度都在 0 值附近而无变形趋势，跨龙门山断裂处的 GPS 站速度与四川盆地也很一致，特别是 1999—2004 年，完全看不到变形趋势。龙

门山断裂西北侧的巴颜喀拉地块东部存在比较均匀的平行断裂带的右旋扭动和垂直断裂带的地壳缩短变形，但地壳缩短变形量小。采用线性模型计算，龙门山断裂西侧(巴颜喀拉地块东部)500km 的跨度上垂直断裂带(南东向)地壳缩短量每年为−3.5±0.6(mm/a)，应变率−0.7±0.1(10⁻⁸/a)，其中 1999—2004 年为−4.0±1.0(mm/a)，2004—2007 年为−3.1±0.7(mm/a)。这显示 2004—2007 年垂直断层方向的地壳缩短有所减缓，不过在断裂带附近 GPS 站速度反映地壳缩短并没有减弱，而减缓的是几百千米以外的 GPS 站的相对运动。由于整个龙门山断裂带三条主干断裂(汶川—茂汶、北川—映秀、灌县—安县)展布总宽度在 20~40km 范围，龙门山断裂带附近垂直断裂带的压缩变形强度比断裂带西侧 500km 范围的变形强度还要低，由此估计跨整个龙门山断裂带的地壳缩短量小于0.5mm/a，这与车兆宏根据小尺度跨断层形变资料计算的南北地震带断层活动速率龙门山断裂带跨断层垂直运动最弱(为 0.07mm/a，实际为完全闭锁状态，车兆宏等，2001)是一致的。同样在龙门山断裂带西侧 500km 的跨度上平行该断裂(即北东向)的地壳右旋扭动量每年为 10.7±0.8(mm/a)，应变率 2.1±0.2(10⁻⁸/a)，其中 1999—2004 年为9.9±1.2(mm/a)，2004—2007 年为 11.5±1.1(mm/a)。可见 2004—2007 年平行龙门山断裂的右旋扭动变形有增强，在 500km 尺度上增大了 1.6mm/a 的右旋扭动量，从图像上可看到在龙门山断裂带附近约 100km 范围 GPS 站速度分布的北东向扭动增强趋势显著(前一时段基本上是在 0 值水平，而后一时段有明显的扭动趋势)。但右旋扭动的变化主要发生在巴颜喀拉地块内部，龙门山断裂附近这种变形反而较小。取断裂带附近的 GPS 站速度进行计算，跨整个龙门山断裂带的 GPS 站速度在 1999—2004 年基本没有右旋扭动，而 2004—2007 年右旋扭动量约为 0.8mm/a(江在森等，2009)。

根据 GPS 观测获得的同震位移场的结果(国家重大科学工程"中国地壳运动观测网络"项目组，2008)，其主要分布特征是两侧对冲，以跨破裂带相向运动而地壳缩短为主，兼有右旋走滑。在破裂带一侧是地壳伸展的压应变释放的特征图像。图 13-28 是跨汶川大地震主要破裂带两侧延伸方向的矩形区 GPS 站同震位移投影图。同震位移分布符合随着离开破裂带的距离其位移呈幂函数衰减的特征。破裂带西北侧的龙门山地区位移量明显大于四川盆地一侧的位移量，按照离开破裂带 50km 的同震位移对比，大约西北侧的位移量是东南侧的两倍。但东南侧的四川盆地的确也发生了弹性应变释放特征的变形，而震前 8 年没有观测到四川盆地及其西边缘发生挤压变形，震前的 8 年变形与同震变形明显没有反向变形的对应。另外，同震位移表现为以逆冲破裂为主，逆冲的位移量与右旋走滑位移量之比在破裂带西北侧的龙门山地区约为 2:1，东南侧的四川盆地约为 4:1。而震前龙门山断裂西侧巴颜喀拉东部 500km 尺度变形是以右旋剪切变形为主，垂直断层方向的地壳缩短量与平行断裂带的右旋扭动量之比约为1:3。二者也是不对应的。这些都是值得思考的问题。

从"弹性回跳"的认知，地震发生时长期闭锁的断层瞬间"解锁"释放弹性应变所发生变形量就是震前断层长期闭锁应变积累阶段产生地壳变形的总量。所以从地震破裂的同震位移场可推知龙门山断裂带的长期应变积累过程的正常变形方式也应当是以垂直断层的压应变积累为主。这样就只能说明震前近十年 GPS 观测到的地壳变形状态不能代表长期的变形趋势，而可能是偏离了长期地壳变形趋势的异常状态。

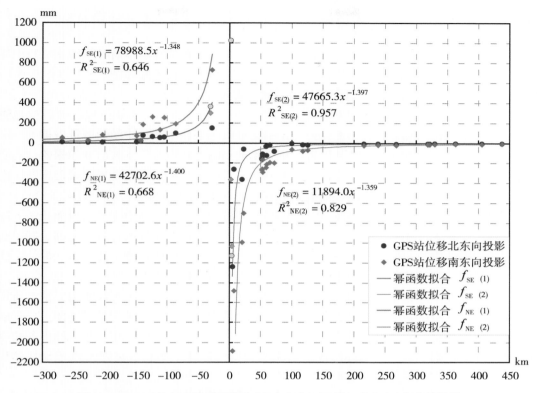

图 13-28　GPS 站与地震破裂带垂直(南东向)和平行(北东向)位移的投影

13.4.5　汶川地震的启示

①地壳形变观测到断裂带应变积累速率低不等于长期应变积累水平(总量)低;巴颜喀拉地块向东运动受到稳定的四川盆地阻挡,必然在龙门山断裂带积累大量弹性应变能,这种高应变积累的构造背景与地形变观测到跨断裂带极低的应变积累速率的矛盾,可能显示了逆冲型大震孕育到晚期地壳弹性变形趋于极限的状态,对这样有高应变积累构造背景而观测到应变积累速率很低的断裂带(段)正需要重视。

②GPS 观测显示,汶川大地震发生在印度板块北东向推挤增强后青藏地块北东东向运动增强的大区域构造动力作用增强的背景下,震中位于中国大陆整体应变场东西向分量应变率大范围负值(挤压)区最大值区内的前缘。从小尺度来看,龙门山断裂带多年处于低应变率积累状态,且主应变率方向与长期构造变形背景不一致。大、小尺度及与长期背景的明显差异可能是以逆冲为主的断裂带大震危险性逼近的重要表现。

③对大震引起应力场调整的影响通常与离开大震破裂的距离衰减及与构造分布有关,当出现对大震引起应力场调整的响应不协调的"受阻"带,可能表明该地带处于地壳弹性变形趋于极限而难以继续发生变形的高应力水平状态,正是值得关注的大震危险地带。

④大地震的预测需要从大时空尺度、大-小时空尺度配套来研究,需要配套的观测基

础支持。大地震的触发因素等问题需进一步研究。

13.4.6　强震孕育过程地壳形变动态特征及中期(数年)地点预测判据

为从多尺度的地壳形变资料来认识大地震孕育发生过程的物理本质，从动态资料中寻求大地震数年尺度危险地点判定依据，以下做一些认识上的讨论和归纳。

1. 从多尺度地壳形变时空过程来认识强震孕震形变动态特征

从目前 GPS 观测资料所反映的昆仑山口西 8.1 级地震和汶川 8.0 级地震前后的地壳相对运动与变形特征来看，关于地壳形变速率高危险还是速率低危险的问题可以得到一个初步的基本答案：孕震断层段及其附近在孕震晚期到临近地震时段反映应变积累的地壳变形趋向弱化，大地震发生前数年与长期应变积累一致的相对大尺度地壳形变可能增强，而与将发震的断层段关联的一定区域的地壳形变非均匀性可能增强。

①将发生大地震的孕震断层段及其附近局部区域或相对小尺度地壳形变可能趋缓，或保持低水平的地壳形变状态，可能这种减缓是一个相对长期的缓慢的过程，尤其是倾滑断层积累挤压弹性应变的情况，这种现象会更为突出，并且其时间尺度可能更长。另外，到更临近发震时段这种反映应变积累的地壳形变减缓的范围可能扩大。

②大地震发生前数年与长期应变积累一致的相对大尺度地壳形变可能增强，这里所说的相对大尺度，从昆仑山口西地震和汶川地震前的情况看是比发震破裂带尺度要大若干倍的尺度。从物理机制来理解，总体上说地壳承受构造力的长期持续作用引起持续不断的变形，孕震断层也都在一个围压环境内，当应变积累与弹性变形趋于极限，或者说临界状态，若有继续加强就可能发生地震，若有减弱就可能延缓地震的发生。

③将发震的断层段关联的一定区域的地壳形变非均匀性可能增强。从观测资料来看，目前 GPS 资料只是在汶川大地震前龙门山断裂带观测到这种现象，2004—2007 年龙门山南段局部压应变显著增强，而发生汶川地震的破裂带大部分处于低应变状态。但从物理机制上来分析，由于相对大尺度构造动力作用增强，而不同断裂带由于处于不同阶段的应变积累状态，有的处在震间较早期断层段属于易变形段，将发震的断层段则是弹性变形已趋于极限，对相对大尺度构造力作用增强的响应会显示出明显差别，因而导致一定区域的地壳形变非均匀性增强。周硕愚就曾从系统科学的思想提出图像动力学的概念，提出地震孕育、发生过程的地壳形变的区域整体空间分布为"准均匀→非均匀、地震→准均匀"的系统演化过程(周硕愚等，1996)。

巨大地震破裂事件更为突出，其所反映的孕震特征也应当较为突出。2011 年日本"3.11"9.0 级大地震虽然发生在距陆地 150km 的海沟俯冲带，由于震级规模大，由陆地上的 GPS 连续站资料也能显示出一定的特征。从此次巨大地震前数年 GPS 连续观测时间序列显示，地壳东西向缩短的相对运动在大尺度处于增强(在 2010 年、2011 年年度全国地震大形势研究报告中都提到太平洋板块向西俯冲从 2006 年以来增强持续)，但大震破裂带附近区域尺度呈现减缓，而整个日本海沟俯冲带从北到南呈现增强、持平、减缓、持平的分段差异变化(陈光齐等，2013)，亦支持上述认识。

2. 强震中期(数年尺度)危险地点预测判据

按照我国地震分析预报工作中的概念，中期一般指 1~3 年或稍长时间尺度。而从中期预测理论上来说是指应变积累已由稳定的线性阶段进入非线性阶段，但不同震级强度和不同的构造动力条件都会导致进入非线性阶段到发生地震的时间，不同个例可能有较大差异。地震预测是一个时空过程逼近的分析过程，因此归纳强震中期预测的判据亦包括从相对长些的时间尺度作为背景性的依据。

①孕震断层附近的变形特征是否表现为震间晚期的特征或断层强闭锁的特征——断层的变形宽度大而变形相对平缓，甚至边缘的变形与外围的变形相差不大的特征，包括属于非震负位错模型反演等定量分析结果显示的处于强闭锁状态和应力应变积累程度高的断层段。

②区域地壳形变空间分布特征，如变形方式，包括主应变率方向等，与地质构造背景的变形方式是否不一致。若一致则仍可能处于相对稳定的长期应变积累阶段，而若不一致，则表明其偏离了长期正常的应变积累背景状态而处于背景性异常状态。

③从 GPS 给出的大尺度反映相对低频域变形的应变率场分布来看，大地震的危险地点应关注与反映长期应变积累趋势的构造变形相一致的高应变率区，需要根据不同断层类型由不同的应变参数来表现。

④从孕震断层区域的地壳形变场分布要看是否符合一定的孕震形变场模式。这需要结合构造、动力背景等对具体区域以孕震断层为核心的孕震形变场模式先有认识。

⑤大尺度应力应变场调整，包括考虑大地震对孕震断层应变积累影响的分析等是否对孕震断层发生地震破裂错动有促进作用。针对已有较充分依据判定强震危险的孕震断层部位时（如 10 年尺度预测结果），若对长期应变积累背景的变形是减缓影响（"负影响"即相对"卸载"），则地震危险性亦减缓；若对长期应变积累背景的变形是增强影响（"正影响"即进一步"加载"）或构造应力场方向偏转更有利于断层滑动等，则意味着地震危险性进一步增强。

⑥对边界动力加载或大地震引起的区域构造应力场调整变化响应是否出现不协调，需要关注不协调的"受阻"弱响应或不响应地带。如昆仑山大地震引起大范围调整，无论从构造关联还是从离开破裂带的远近，龙门山断裂西北侧的 GPS 站点比川滇地块内部的站点都应当更容易响应，但它却不响应，就显示为由于长期应变积累的变形过程在该地带已经趋于地壳弹性变形的极限，意味着再继续加载就可能面临破裂。

⑦一定区域的地壳形变非均匀性可能增强。在较大尺度构造应力作用增强的情况下，如果存在孕震已到最后阶段的弹性变形逼近极限的强锁定断层段，孕震断层段不能通过发生弹性变形来响应，其临近段或构造关联部位就可能出现局部强烈形变，如汶川大地震前的龙门山南段出现局部的压应变率或东西向应变率高值区，使得整个区域的地壳形变非均匀性（空间差异性）增强。

以上对强震中期（数年尺度）危险地点的预测归纳了多条判据，但这些只是进行强震危险性动态跟踪可参考的判据。中国大陆地区存在众多的潜在强震危险源，且进入孕震晚期的也有多个，虽然从长时间尺度来看大区域构造应力应变场具有一定的趋势，但由于内部和外部因素（如大地震引起的调整等）不是衡稳不变的，这种变化导致具体孕震断层所受构造动力作用不稳定，对于接近或已进入大破裂失稳前临界状态的孕震断层，持续加载就会如期发生地震，动态变化为加速加载就会提前发生地震，减缓加载或有"卸载"就会延缓地震的发生。因此，需要动态跟踪更需要从大尺度(包括边界动力)到中尺度(区域)再到孕震断层高分辨近场动态进行有效监视，提高地壳形变等多种有效观测技术的时空分辨力是很有必要的。

13.5　对地震大地测量学地震预测的展望

通过本章前几节的讨论，可知由于中国大陆地震的特殊背景，大陆地震预测的困难较大，存在的问题还很多，但也要看到在地壳形变与地震观测研究已有一些积累，认识也在逐步进步，特别是近十年来观测技术发展，能够获得大、中、小不同尺度的高精度的连续观测资料，对认识大地震的孕育发生过程是很有帮助的。要实现具有坚实科学基础、成熟理论和方法的地震预测，有些关键科学问题并不是短时间内能解决的，可能还要有较长期艰辛的探索。中国地震监测预报作为政府的一项工作任务，在作为工作任务执行中难免有工程化、程序化的做法，包括前面讨论地震大地测量学地震预测科学思路和技术途径方面都有这方面的因素。但没有地震预测科学研究的进步做支持就难以提高地震预测的科学水平，也就难以提高预测水平。这一节对发展展望的讨论，将更多涉及地震预测研究问题。

13.5.1　在发展中国地震预测科学体系中地震大地测量学的作用

1. 中国地震预测预报的战略发展方向

中国几十年开展地震预测预报研究和实践探索中形成了独具特色的地震经验预测体系，是把经验预测作为中国特色的地震预测体系一直发展下去，还是要推动中国的地震预测从经验地震预测向物理预测或数值预测过度，抑或是通过开拓、发展形成更科学和切合实际的中国特色的地震预测科学新体系？这是当前和今后中国地震预测预报的重要战略定位问题。我们认为，既不能固守地震经验预测体系，而需要谋发展，又不能放弃地震经验预测体系。根据观测技术支持程度的不断提高，理论研究的进步，中国地震预测总体方向宜在现有基础上开拓发展形成包容经验预测、物理预测和发展数值预测，以及介于中间的有动力学含义的预测方法的中国特色的地震预测科学体系，总体上应向动力学地震预测方向发展。

在过去几十年中国地震预测预报研究和实践探索中，通过大量震例总结，研究前兆现象与地震的经验统计关系，在较明确的科学思路指导下发展预测方法，提炼预测判据指标，逐步发展和形成了中国特色的地震经验预测体系。从实际预测效果来看，在这一经验预测体系下对很少量的地震实现了有一定减灾实效的预测预报，但其预测成功率之低又是很难改变的。有观点把目前地震预测水平低归咎于经验预测的局限性。其实根本原因还是受到地震科学技术总体水平的制约。客观来讲，在科技基础支撑不足而地震预测预报又是作为政府的一项工作任务的情况下，这一地震经验预测体系是切合实际的，也是科学的。因而中国特色的地震经验预测总体思路和方法不能放弃，还可在观测技术系统发展基础上得到发展，使其达到更好的效果，至少在今后相当一段时间是这样。

为了谋发展，显然不能固守地震经验预测体系。虽然目前对开展地震数值预测研究还只是有些专家在呼吁(刘启元，2002；石耀霖等，2012)，而主张要从地震经验预测向物理预测发展，或强调要加强基础研究，加强大陆强震动力学成因、机理研究等，推进地震动力（物理）预报，或强调加强动力学模拟等则是共识（张国民等，2002，2005，2006；陆远忠，2005；周硕愚等，2013）。根据气象预测的发展历程，地震预测技术发展要搞数值预测是长期发展趋势（刘启元，2003；石耀霖，2012），但实现地震数值预测可能还有相当长的一段路要走。数值天气预报（numerical weather prediction）是指根据大气实际情况，在一定的初值和边值条件下，通过大型计算机做数值计算，求解描写天气演变过程的流体力学和热力学的方程组，预测未来一定时段的大气运动状态和天气现象的方法（G. J. Haltiner，1971）。数值气象预报从20世纪初期提出和尝试失败，直到第二次世界大战结束之后，由于电子计算机的出现，气象观测网特别是高空观测的发展，气象资料有了很大的改善，数值天气预报又引起了人们的注意，这之后才逐步发展，到初步实现经历了大约半个世纪。这表明数值气象预报不仅要有描写天气演变过程的流体力学和热力学的方程组及计算机技术支持，而且观测技术进步使能够获取反映大气实际情况的足够的气象观测数据是重要的基础。石耀霖认为，数值地震预测有五个环节：①对物理机制的认识和通过数学公式和数理方程的定量描述；②解这些方程的计算能力；③研究区域地下结构、物性以及建立特定区域模型；④边界条件；⑤初始条件。目前满足这些条件的情况是方程、计算能力为良，结构、物性为中，边界条件为差，初始条件为极差（石耀霖，2012）。这后面3个环节实际上就是反映观测和深部探测能力不足的问题。因此，一方面需要积极推动地震数值预测研究，另一方面也不能企望地震预测很快就过渡到数值预测。

考虑到地震预测与气象预测的实际问题有很大不同，包括气象观测可直接在整个空间不同层位获取观测数据，而地震观测则只能在地表或近地表进行，无法深入到孕震层观测等，现阶段地震预测可能需要开拓一些不同于经验预测而又达不到数值预测的方法技术。在"十一五"国家科技支撑计划重点项目"强震监测预报技术研究"中提出从"十一五"开始地震预测要逐步向物理预测拓展。通过研究初步建立了"强震动力动态图像预测技术"的思路、框架和方法，实际上是把"动力动态图像预测技术"作为经验预测与物理预测或数值预测之间的方法。一般把地震经验预测方法定义为依据观测到的"前兆"与地震之间的经验统计关系进行地震预测的方法。本来经验预测方法并不排斥物理机制的研究或从物理机制角度来理解"前兆"。虽然一些分析预报人员往往企盼观测数据至地震预测之间的"直通车"，阻碍了对观测数据深层次的研究、开发与应用。但转变测量数据处理传统观念，从大陆岩石圈现今地壳运动复杂系统，扎实深挖、提炼数据，逐步揭示表象后面的自然规律（周硕愚等，2013，2015）是专家所倡导的。强震动力动态图像预测技术则追求利用多种观测技术研究提取反映构造动力过程的动态图像，研究与孕震过程存在物理关联的动态场来进行强震预测的时空逼近（江在森等，2010，2013）。在"十二五"国家科技支撑计划项目中又在继续研究"基于动力过程的地震大形势预测关键技术"等，这类方法虽然不一定通过几年的研究就很成熟，但可以边研究边应用。因此，开拓研究这类方法是有重要意义的。

综上所述，总体上宜在现有的地震经验预测体系基础上开拓发展，包括在新的观测技术和地震科研条件下继续发展完善经验预测体系，积极推动动力学预测方法的研究，并研究介于经验预测与数值预测之间的具有动力学含义的预测方法和技术，形成包容多科学思路和模式的中国特色的地震预测科学新体系。

而动力学地震预测研究需要发展其相应的理论体系，要研究大陆地壳运动动力系统及其各子系统之间以及与环境之间的相互作用，由此产生的动力学时-频-空域过程及其与地震孕育发生的关系，加强综合性的整体动态研究。借助当代科学前缘的整体理论和定量方法来整合与升华，促使地震预测的进步。整体科学理论就是地球系统科学和复杂系统理论，定量方法就是经典动力学(还原论)与当代数学中的动力系统(整体论)的结合。

2. 地震大地测量学在地震预测中的作用

因地震过程的应力应变积累和释放都有相对的地壳形变发生，地震大地测量学观测技术拥有时空覆盖能力等优势，地震大地测量学观测资料和方法在我国长中短临渐进式地震预测工作的三个环节(10 年尺度长期预测、地震大形势和中期预测、短临预测)中都得到大量应用。随着空间大地测量等观测技术进步和研究的深入，其能够发挥的作用在不断提高。如从全国地震大形势预测研究报告所用资料中测震、形变、流体、电磁和其他学科资料所占的比重来看，在 1998 年时形变类仅占不到 4%，到 2006 年后已超过 20%，近三年平均超过 30%。这实际上是由于 GNSS 技术发展、中国地壳运动观测网络建成运行等，地壳形变类观测资料不再限于局部区域，而是包括对研究中国大陆周边板块运动、大区域动态场(包括速度场、应变场、重力场等)、应力应变集中区、大震影响等都可以给出一些观测和研究结果，这在过去是难以想象的。这些观测信息对于地震大形势研究着重大时空、大动态研究以及逐步趋向从构造动力过程来分析判定强震活动主体区等，都是十分重要的。

从长期地震预测发展将逐步发展动力学预测(或数值预测)来看，实现地震数值预测的主要环节中不仅边界条件主要通过地震大地测量学观测数据来给出约束(刘启元等，2002；石耀霖，2012)，而且对介质物性参数方面也能够给出一些参考信息。由于地壳形变与地震过程直接关联，地震大地测量学观测技术的优势，在时间尺度上不仅是填补地质学尺度与地震学尺度的空白，而且已可以覆盖到地震学尺度。在空间尺度上可大到全球尺度小到定点，在观测频域上可达到全频域。其观测的时间、空间分辨力还可有很大的发展，对研究大陆地震及其预测问题可提供十分重要的实际观测约束。再加上地震大地测量学数据处理和挖掘、理论模型和方法研究的进步，地震大地测量学必将在多学科地震预测中发挥更大作用。

13.5.2　针对地震预测任务需要加强的工作

为做好地震预测任务，需要解决科学基础支持的针对性研究问题。针对中国大陆构造动力环境更为复杂，包括板块驱动力和内部多块体系统使孕震断层受构造力的作用可能更不稳定等，而潜在强震源多达 1000 多个且分布范围广，强震长期预测基础又较薄弱。基于地震大地测量学针对这样的现实问题需要开展或加强以下工作。

1. 强震长期危险地点预测研究

按照长中短临渐进式预测思路或三个环节开展地震预测，长期预测的薄弱在于中国大陆有 1000 多个潜在强震源，有些潜在强震源目前处于什么孕震阶段并不清楚，按照较成熟的理论和方法通过大震复发周期和离逝时间等给出长期危险性，由于中国大陆内部大量的断裂带上大震重复周期太长（与板缘地震不同），一是难以获得足够建立模型的资料，二是即便建立模型预测时间尺度也大（误差大）。因此，包括更长期如几十年甚至百年预测都存在很大困难。对这一长期预测基础问题实际上基于地震大地测量学技术和方法是可能作出一些贡献的。总体上是利用构成场的地壳形变动态资料，通过孕震断层近场与远场变形的差异，加上块体相对运动等约束，给出断裂带不同段落应变积累状态，进而与断裂带不同段落处于震间期不同阶段或是否到晚期逼近发震联系起来的，包括简单模型定量方法，如用负位错模型等方法来研究断层滑动亏损、锁定强度，在理论上是可以解决这个问题的。虽然目前 GPS 观测资料空间分辨率尚不足，即作为地表位移的约束不足，且在结合断层结构和历史地震破裂段分布等研究细致的程度亦可能不够，但已经取得一定效果，包括用来判断出具体断层段上尚未达到孕震晚期而做出不具备大震危险的无震预测也是有效的。有了认识和思路，通过加强 GNSS 等监测点空间密度，提高地壳形变观测空间分辨率，开展这方面的工作可取得更好的成果。

2. 中国大陆边界板块动力作用研究

近些年来利用中国大陆 GPS 基准站与国际 IGS 站联合解算，或用 IGS 站时间序列来反映中国大陆周边的印度板块、太平洋板块等运动的动态，作为获取中国大陆边界动力作用动态的参考信息，但这方面的工作还存在不足需要加强，包括：①从观测资料来看，观测站点对板块相对运动的控制不足。如从地震活动现象有反映中国大陆地震活动与印度板块两"触角"（即其向北运动前缘的东、西两个构造结）活动有关联。目前尚没有能力观测到这两个"触角"的不同活动动态，这也需要从监测布设方面加强。②需要结合多种资料研究周边板块动力作用具体对中国大陆内部的影响，包括若加载增强怎么影响和影响范围等，印度板块、太平洋板块的影响及其影响范围存在分歧，也说明研究不足。③要研究板块动力作用向大陆内部的传递，包括要结合周边板块边界与中国大陆的接触方式。研究工作的加强，就需要监测周边板块对中国大陆构造动力输入更具体的动态变化监视到，研究板块动力向大陆内部的传递是怎样通过中国大陆内部构造格架和深浅部过程来传递的，传递的构造途径和时间过程。这样才能够把边界动力与中国大陆地震形势更好地联系起来。

3. 大、中尺度动态场研究

目前已用于地震大形势、强震主体活动区和年度地震危险区预测的地壳形变、应变场、重力场等大、中尺度的动态场，怎样能够成为"十一五"提出的"强震动力动态图像预测技术"中的"动力动态图像"，需要研究的深入和加强。所谓动力动态图像，要能够反映构造动力过程。需要加强动态场与静态构造关联的研究，并要研究构造动力过程中多种动态场的关联耦合。从大、中尺度动态场研究形成应力应变增强-集中区的判别方法，包括孕震形变场的识别技术等需要研究。实际上不仅需要研究不同类型（走滑、逆冲、复合）断层孕震形变模式及区域孕震模型等予以支持，还包括一些地质构造区模型或是概念模型的建立、断层相互作用机制及深浅部耦合以及多块体相互作用。再加上在动态场分析中，认识了解到逼近强震危险程度不同的强震危险源可能的在区域动态场变化中有不同响应等分析，从多方面不断探索、挖掘，包括与其他学科结合，把"动力动态图像"做出来，才能更好地"场"、"源"结合和以"场"求"源"，为强震预测提供判据。

13.5.3　发展地震动力学模型综合预测(或数值预测)需要开展的工作

发展具有预测功能的动力学模型融合多学科实际观测资料，模拟、逼近强震孕育、发生的实际物理过程，逐步实现动力学模型的强震预测(或数值预测)，是推动地震预测科技进步和提高科学水平的发展方向。地震大地测量学现阶段可开展的工作，在此做点讨论。

1. 为发展地震数值预测宜开展的基础工作

现阶段地震预报探索的重点是对地震过程的观测与模拟(张国民等，2005)，包括对地震孕育发生的全过程(即震前、震时、震后)的观测和对该过程及其过程中所观测到的各种现象、事件的物理与数值模拟的科学探索。即在实际观测的基础上探索地震物理过程。为此，地震观测要强化科学基础，并加强大陆强震成因的动力学研究。需要开展大陆多尺度动力系统模拟研究(周硕愚等，2013，2015)，建立多层次多阶段的多种模式(基于地球系统由多层次的子系统构成的思想)，概念模式、数值模型与实际应用之间的反馈促进，用模式、模型从物理机制来描述观测资料的动态变化。这样逐步研究积累，逐步从简化模型发展到综合的能够融合多种观测资料的大型模型和方程组，逐步走向动力学综合模型的数值预测试验研究。

2. 重点地区不同构造环境孕震形变场模型及其模拟研究

与气象数值预报需要对实际气象演化过程能够模拟类似，地震孕育、发生过程是发生在地球岩石圈内不断变形、应力应变和介质物性演化过程之中。需要通过模型和实际观测能够模拟岩石圈(地壳、上地幔)的变形和应力应变、介质物性的实际变化过程。迄今为止，人类监测地壳动力学变化过程的任何观测都只能限于地表或者地表附近。相对于其他观测物理量，地震孕育形成过程与由其引发的地表变形之间有着更为直接的联系(刘启元等，2002)。地震大地测量学在地表观测到的地壳形变通过深浅部结构是与深部应力应变等状态关联的。中国大陆不同构造区具有不同的构造孕震环境，包括近断裂带剪切变形为主的孕育走滑型地震的变形带、以垂直主断裂带挤压变形为主的孕育倾滑型地震的变形带以及混合型的变形带，会形成多种差别，还存在区域整体挤压或扩张的显著差异。如有少数强挤压区的最大主应变率几乎不显示张应变，而有些地区则以主张应变率占显著优势，即便都是主压应变方向与主断裂带斜交而孕育走滑型地震，但由于变形的总体张压不同就会形成地震变形场和震前变形场的差异。如同为走滑破裂的 1920 年的海原 8.5 级地震因处在压缩区，其破裂带为 220km，而 2001 年昆仑山口西 8.1 级地震因处在扩张区破裂带则长达 426km(扩张状态下的纯走滑的破裂就可能更充分发育，江在森等，2003)。还有孕震断层的产状、孕震断裂带两侧介质强度是否有差异等，都会导致同震形变场和震前形变场的差异，但在具体构造区具体的孕震断裂带上就有特定的孕震地壳形变场的模式。因此需要针对不同构造孕震环境建立多种孕震地壳变形模式和模型，并通过与实际构造、观测资料和历史地震资料等结合的数值模拟，对处在不同孕震阶段的断层近场-区域变形分布、构造应力场加载或卸载的响应等进行模拟，建立不同构造环境的孕震形变场模型，既有助于从实际观测中识别具有强震危险源所在，又可以为发展动力学综合模型提供建模参考。

3. 中国大陆多层次多尺度现今尺度地壳应力应变场模型与模拟

因中国大陆强震孕育背景与板缘地震有很大的不同，不仅总体上孕震断裂带应变积累速率低，而且由于更复杂的边界动力和大陆内部多块体系统的关联影响，导致孕震断层所受的构造应力加载更不稳定，驱动力更复杂也更容易出现扰动。1000 多个处于不同孕震阶段的潜在强震源，在统一的构造应力场作用下，这些强震危险源的孕育发展相互关联、影响。为最终实现地震数值预测，需要从时空过程进行有效的动态跟踪分析，包括综合边界动力作用—大区域动态场—发震构造带—局域孕震形变场，从时空逼近来捕获某些进入危险期的强震源的孕震发展过程。这就需要建立大区域包括中国大陆及其周缘整体的岩石圈变形和应力应变场、介质物性动态变化的物理模型、数值模型。这涉及多尺度的孕震构造、深浅部结构、介质物性、边界动力和深部动力等多种因素。鉴于问题的复杂性，可以采取逐步趋近的方式，先探索不同层次和尺度的简化模型。

多层次多尺的模型，可包括中国大陆整体、青藏块体、南北地震带、新疆、华北等不同区域模型。如中国大陆岩石圈构造动力模型，区域范围包括中国大陆及其周缘，涉及中国大陆边界动力作用，中国大陆内部块体系统结构，中国大陆分区介质物性特征、分区构造变形方式和深部动力环境等。要建立这样具有高度复杂性的模型需要不断探索。通过地震大地测量学观测资料可对模型逐步验证、检验。如模型模拟得到的动态场是否与 GNSS 等观测到的周边板块运动和大陆内部地壳变形一致，进一步与中国大陆重力场观测结果是否一致，边界动力作用发生变化时的响应是否与实际观测结果一致，从而分析模型的结构、约束条件与实际至少具有某种意义的等效性。这就需要概念模式、数值模型与实际应用之间的反馈促进（周硕愚等，2013，2015），中国大陆整体模型是相对宏观的，在此基础上需要缩小构造区域做进一步的模型模拟，用要更高分辨的观测资料，把静态的地质结构、介质物性和动态因素考虑得更细致一些，以为强震危险性进一步时空逼近提供支持。

为了实现用多尺度动态观测资料对大区域构造动力动态过程进行有效的模拟和逼近强震孕育、发生的物理过程，也需要有功能强大、灵活的大区域动力学动态过程模拟技术做支持。鉴于此，不仅要将已经广泛应用、发展成熟的有限元数值模拟技术应用于区域构造动力动态过程逼近的模拟研究，也需要推动在动态过程模拟方面有优势、融合了有限元连续变形模拟和非连续变形数值分析（DDA）块体系统模拟优势的三维数值流形方法（NMM）在研究区域构造动力动态过程与强震过程研究中的应用。

（本章由江在森撰写）

本章参考文献

1. 薄万举. 系统工程学在大地形变测量预报地震中的应用 EI2[J]. 地震，1991，11 (3): 22-30.

2. 薄万举，吴翼麟. 形变，应变短临前兆标志体系的应用研究[J]. 华南地震，1996，16(4): 28-33.

3. 薄万举，谢觉民，楼关寿. 非稳态断层形变及其信息合成[J]. 地震学报，1997，

19(2)：181-191.

4. 车兆宏，范燕．成组活动强震跨断层形变前兆相似性特征［J］．地震，2000，20（sup.）：38-43.

5. 车兆宏，张艳梅．南北地震带中南段断层现今活动［J］．地震，2001，21（3）：31-38.

6. 车兆宏．我国断层形变观测在地震研究中的进展及问题［J］．国际地震动态，2003（11）：11-14.

7. 陈兵，江在森，张四新，等．1986 年门源地震（M_S6.4）过程地形变演化特征及块体模型解析［J］．西北地震学报，2003，25（3）：240-245.

8. 陈光齐，武艳强，江在森，等．GPS 资料反映的日本东北 M_W9.0 地震的孕震特征［J］．地球物理学报，2013，56（3）：848-856.

9. 陈章立，李志雄．地震预报的科学原理与逻辑思维［M］．北京：地震出版社，2013.

10. 邓起东．活动构造研究的进展［J］．现今地球动力学研究及其应用．北京：地震出版社，1994：211-221.

11. 付虹，赵小艳．汶川 M_S8.0 地震前云南地区显著前兆观测异常分析［J］．地震学报，2013，35（4）：477-484.

12. 郭增建，秦保燕，徐文耀．震源孕育模式的初步讨论［J］．地球物理学报，1973（16）：43-48.

13. 郭增建，秦保燕．震源物理［M］．北京：地震出版社，1979.

14. 郭增建．地震预报思路的再讨论［J］．国际地震动态，2002（6）：1-4.

15. 蒋骏，张雁滨．发震断层面上潮汐有效剪切应力增量的计算与加卸载的确定［J］．中国地震，1995，11（1）：72-83.

16. 蒋骏，张雁滨，李畅，等．汶川 8.0 级地震前的"震颤异常波"甄别［J］．国际地震动态，2009（4）：35.

17. 江在森，王双绪，赵振才．南北地震带与青藏块体东部近期大地形变与地震特征［J］．中国地震，1997，13（2）：61-65.

18. 江在森，祝意青，王庆良，等．永登 5.8 级地震孕育发生过程中的断层形变与重力场动态图象特征［J］．地震学报，1998，20（3）：264-271.

19. 江在森，张希，陈兵，等．华北地区近期地壳水平运动与应力应变场特征［J］．地球物理学报，2000，43（5）：657-665.

20. 江在森，张希，崔笃信，等．青藏块体东北缘近期水平运动与变形［J］．地球物理学报，2001a，44（5）：636-644.

21. 江在森，丁平，王双绪，等．中国西部大地形变监测与地震预测［M］．北京：地震出版社，2001b.

22. 江在森，张希，祝意青，等．昆仑山口西 M_S8.1 地震前区域构造变形背景［J］．中国科学（D 辑），2003a，33（Z1）：163-172.

23. 江在森，马宗晋，张希，等．GPS 初步结果揭示的中国大陆水平应变场与构造变形［J］. 地球物理学报，2003b，46（3）：352-358.

24. 江在森，牛安福，王敏，等. 活动断裂带构造变形定量分析［J］. 地震学报，2005，22（6）：610-619.

25. 江在森，杨国华，王敏，等. 中国大陆地壳运动与强震关系研究［J］. 大地测量与地球动力学，2006，26（3）：1-9.

26. 江在森，方颖，武艳强，等. 汶川 8.0 级地震前区域地壳运动与变形动态过程［J］. 地球物理学报，2009，52（2）：505-518.

27. 江在森，刘经南. 利用最小二乘配置建立地壳运动速度场与应变场的方法［J］. 地球物理学报，2010，53（5）：1109-1117.

28. 江在森，刘杰，刘耀炜，等. 强震动力动态图像预测技术研究报告（"十一五"国家科技支撑计划重点课题研究报告）［R］. 国家科技报告（科技部网站），2013a.

29. 江在森，张希，张晶，等. 地壳形变动态图像提取与强震预测技术研究［M］. 北京：地震出版社，2013b.

30. 国家重大科学工程"中国地壳运动观测网络"项目组. GPS 测定的 2008 年汶川 M_S8.0 级地震的同震位移场［J］. 中国科学（地球科学），2008，38（10）：1195-1206.

31. 李辉，申重阳，孙少安，等. 中国大陆近期重力场动态变化图像［J］. 大地测量与地球动力学，2009，29（3）：1-10.

32. 李辉，等. 重点地区重力场长期动态变化和孕震过程异常特征研究［M］//江在森，等. 地壳形变动态图像提取及强震预测技术研究. 北京：地震出版社，2013.

33. ［日］力武常茨. 地震预报［M］. 冯锐，周新华，译. 北京：地震出版社，1978.

34. 李延兴，胡新康，赵承坤，等. 华北地区 GPS 监测网建设、地壳水平运动与应力场及地震活动性关系［J］. 中国地震，1998a，14（2）：116-125.

35. 李延兴，胡兴康，赵承坤，等. GPS 跟踪站的初步结果所揭示的板内及板缘地壳水平运动［J］. 地壳形变与地震，1998b，18（2）：28-34.

36. 李延兴，杨国华，李智，等. 中国大陆活动地块的运动与应变状态［J］. 中国科学（D 辑），2003，33（Supp）：65-81.

37. 李延兴，张静华，何建坤，等. 由空间大地测量得到的太平洋板块现今构造运动与板内形变应变场［J］. 地球物理学报，2007，50（2）：437-447.

38. 李延兴，栾锡武，陆远忠，等. 3 个海洋板块运动加速导致全球地震活动增强［J］. 地球物理学进展，2011，26（5）：1576-1582.

39. 刘强，余庆坤. 2003 年大姚 6.2 和 6.1 级地震的断层形变异常特征［J］. 地震研究，2004，27（4）：301-307.

40. 刘启元，吴建春. 论地震数值预报——关于我国地震预报研究发展战略的思考［J］. 地学前缘，2003，10（特刊）：217-224.

41. 刘启元，陈九辉，李顺成，等. 新疆伽师强震群区三维地壳上地幔 S 波速度结构及其地震成因的探讨［J］. 地球物理学报，2000，43（3）：356-365.

42. 刘启元. 高分辨率地震成像研究——21 世纪地震学发展的重要趋势［J］. 国际地震动态，2000（4）：9-11.

43. 刘序俨. 联合倾斜和重力固体潮资料检测地面倾斜[J]. 地壳形变与地震, 1992, 12(4): 26-29.

44. 陆远忠, 叶金铎, 蒋淳, 等. 中国强震前兆地震活动图像机理的三维数值模拟研究[J]. 地球物理学报, 2007, 50(2): 499-508.

45. 陆远忠. 关于推进我国地震预报进步的几点建议[J]. 国际地震动态, 2005(5): 81-84.

46. 美国地质调查局. 地震中期预报的观测和物理基础[M]. 北京: 地震出版社, 1990.

47. 卢玉良, 谢觉民. 断层形变短临丛集性前兆研究[J]. 地壳形变与地震, 1996, 16(3): 22-30.

48. 马青, 黄立人, 马宗晋, 等. 中国陆中轴构造带及其两侧的现今地壳垂直运动[J]. 地质学报, 2003, 77(1): 35-43.

49. 马杏垣. 中国岩石圈动力学图集[M]. 北京: 中国地图出版社, 1989.

50. 马宗晋. 华北地壳的多(应力集中)点应力场与地震[J]. 地震地质, 1980, 2(1).

51. 马宗晋, 傅征祥, 张郢珍. 1966—1976 中国九大地震[M]. 北京: 地震出版社, 1982.

52. 马宗晋, 等. 从中国五大地震谈大陆地震预报的程序(综述)[J]. 国际地震动态, 1982(6): 3-4.

53. 梅世蓉. 地震前兆场物理模式与前兆时空分布机制研究(一)——坚固体孕震模式的由来与证据[J]. 地震学报, 1995, 17(3): 273-282.

54. 梅世蓉. 地震前兆场物理模式与前兆时空分布机制研究(二)——强震孕育时应力、应变场的演化与地震活动、地震前兆的关系[J]. 地震学报, 1996a, 18(1): 1-10.

55. 梅世蓉. 地震前兆场物理模式与千兆时空分布机制研究(三)——强震孕育时地震活动与地壳形变场异常与机制[J]. 地震学报, 1996b, 18(2): 170-178.

56. 牛安福, 吴翼麟. 地倾斜矢量的稳定性和震兆特征的研究[J]. 西北地震学报, 1992, 14(2): 36-41.

57. 牛安福. 地倾斜变化的突变性及与地震关系的研究[J]. 地震学报, 2003, 25(4): 441-445.

58. 牛安福, 江在森. 我国地形变观测预报地震的现状及对地震预测问题的思考[J]. 国际地震动态, 2005(5): 174-178.

59. 牛安福, 张凌空, 闫伟, 等. 汶川地震前南北地震带中北段地形变变化特征的研究[J]. 地震, 2009, 29(1): 100-107.

60. 牛安福, 张凌空, 闫伟, 等. 汶川地震近震源区地形变短期前兆现象的解析[J]. 地震, 2012, 32(2): 52-63.

61. 申重阳, 李辉, 孙少安, 等. 2008 年于田 M_S7.3 地震前重力场动态变化特征分析[J]. 大地测量与地球动力学, 2010, 30(4): 1-7.

62. 石耀霖. 地震数值预测——飘渺的梦, 还是现实的路[J]. 中国科学人, 2012(11): 18-25.

63. 宋淑丽，朱文耀，廖新浩．GPS 应用于地球动力学研究的进展[J]．天文学进展，2003，21(2)：95-112.

64. 冉勇康，邓起东．海原断裂的古地震及特征地震破裂的分级性讨论[J]．第四纪研究，1998，18(3)：271-278.

65. 王敏，张祖胜，许明元，等．2000 国家 GPS 大地控制网的数据处理和精度评估[J]．地球物理学报，2005，48(4)：817-823.

66. 王敏，张培震，沈正康，等．全球定位系统(GPS)测定的印度尼西亚苏门答腊巨震的远场同震地表位移[J]．科学通报，2006，51(3)：365-368.

67. 王双绪，江在森，陈文胜，等．景泰 5.9 级地震的断层形变异常及中短期预报[J]．地震学报，2001，23(2)：151-158.

68. 王双绪，江在森，崔笃信，等．丽江 7.0 级地震前形变场演化与孕震信息提取[J]．中国地震局，1997，13(4)：338-348.

69. 王永安，刘强，王世芹．丽江 7.0 级地震前跨断层形变累积率的变化特征[J]．地震研究，2004，27(1).

70. 闻学泽．准时间可预报复发行为与断裂带分段发震概率估计[J]．中国地震，1993，9(4)：289-300.

71. 闻学泽．中国大陆活动断裂段破裂地震复发间隔的经验分布[J]．地震学报，1999，12(6)：616-622.

72. 温联星，陈颙，于晟．我国地震减灾中地震学面临的巨大挑战[M]．北京：科学出版社，2011.

73. 武艳强，江在森，杨国华，等．利用最小二乘配置在球面上整体解算 GPS 应变场的方法及应用[J]．地球物理学报，2009，52(7)：1707-1714.

74. 武艳强，江在森，杨国华，等．汶川地震前 GPS 资料反映的应变率场演化特征[J]．大地测量与地球动力学，2011，31(5)：21-29.

75. 武艳强，江在森，杨国华，等．南北地震带北段近期地壳变形特征研究[J]．武汉大学学报(信息科学版)，2012a，37(9)：1045-1048.

76. 武艳强，江在森，闫伟，等．中国大陆应力、应变率场方向特征[J]．大地测量与地球动力学，2012b，32(1)：5-9.

77. 吴翼麟．倾斜固体潮振幅因子 γ 值动态变化的物理意义[J]．地壳形变与地震，1985，5(2)：121-126.

78. 吴翼麟．定点形变前兆预报地震的观测技术与分析方法[J]．地震，1990，10(5)：33-46.

79. 吴翼麟，李旭东．定点形变方法多指标判别地震异常的追踪分析[J]．地壳形变与地震，1991，11(1)：10-22.

80. 吴翼麟，李平，陈光齐，等．以倾斜固体潮探测地壳内的应变积累[J]．中国地震，1992，8(4)：62-67.

81. 吴翼麟，牛安福，李爱萍．孕震区形变异常临近地震时的有序度研究[J]．地壳形变与地震，1993，13(3)：7-12.

82. 吴云. 台湾集集 9·21 地震地壳形变的简介与讨论[J]. 地壳形变与地震, 2001, 21(2): 59-63.

83. 项目组. 2006—2020 年中国大陆地震危险区与地震灾害损失预测研究[M]. 北京: 地震出版社, 2007.

84. 杨国华, 桂昆长. 板内强震孕震过程中地形变图象及模式的研究[J]. 地震学报, 1995, 17(2): 156-163.

85. 杨国华, 谢觉民, 韩月萍. 华北主要构造单元及边界带现今水平形变与运动机制[J]. 地球物理学报, 2001, 44(5): 645-653.

86. 杨国华, 韩月萍, 王敏, 等. 中国大陆几个主要地震活动区的水平形变[J]. 大地测量与地球动力学, 2003, 23(3): 42-49.

87. 杨国华, 江在森, 武艳强, 等. 中国大陆整体无净旋转基准及其应用[J]. 大地测量与地球动力学, 2005, 25(4): 6-10.

88. 赵国光, 张超. 伴随前兆蠕动和震后滑动的准静态形变——模型与观测实例[J]. 地震学报, 1981, 3(3): 217-230.

89. 张晶, 牛安福, 高福旺, 等. 固体潮汐参数变化与地震关系研究[J]. 大地测量与地球动力学, 2005, 25(3): 86-90.

90. 张晶, 陈荣华, 杨林章, 等. 强震前形变潮汐异常判识与机理研究[J]. 地震学报, 2006, 28(2): 150-157.

91. 张晶, 郗钦文, 杨林章, 等. 潮力与潮汐应力对强震触发的研究[J]. 地球物理学报, 2007, S0(2): 448-454.

92. 张晶, 黎凯武, 武艳强, 等. 断层活动协调比在地震预测中的应用[J]. 地震, 2011, 31(3): 19-26.

93. 张国民, 刘蒲雄, 陈修启. 高潮期中成串强震间的相互关系及其机理探讨[J]. 地震, 1991, 11(3): 1-11.

94. 张国民, 张培震. "大陆强震机理与预测"中期学术进展[J]. 中国基础科学, 2000(10): 4-10.

95. 张国民. 关于加强地震预报基础研究的思考[J]. 国际地震动态, 2003(11): 1-4.

96. 张国民. 中国大陆活动地块与强震活动关系[J]. 中国科学(D 辑), 2004, 34(7): 591-599.

97. 张国民, 张晓东, 吴荣辉, 等. 地震预报回顾与展望[J]. 国际地震动态, 2005(5): 39-53.

98. 张国民, 任金卫, 马宏生. 地震预测研究的发展展望[J]. 东北地震研究, 2006, 22(4): 1-5.

99. 张国民, 钮凤林, 邵志刚. 帕克菲尔德地震预报实验场: 2004 年 6 级地震及其对地震物理和地震预测研究的影响[J]. 中国地震, 2009, 25(4): 345-355.

100. 张培震, 邓起东, 张国民, 等. 中国大陆强震活动与活动地块[J]. 中国科学(D 辑), 2003, 33(增刊): 12-20.

101. 张培震, 甘卫军, 沈正康, 等. 中国大陆现今构造作用的地块运动和连续变形耦合模型[J]. 地质学报, 2005, 79(6): 748-756.

102. 张少泉. 地球物理学概论[M]. 北京: 地震出版社, 1986.

103. 张秋文, 张培震, 王乘, 等. 中国大陆若干地震构造带的地震准周期丛集复发行为[J]. 大地测量与地震动力学, 2002, 22(1): 56-62.

104. 张四新, 刘立炜, 薛富平, 等. 断层形变异常的地震与无震判别[J]. 大地测量与地球动力学, 2011, 31(5): 65-70.

105. 张希, 江在森, 王双绪, 等. 断层形变的应变强度比动态图像与震例综合研究[J]. 地壳形变与地震, 2001, 21(1): 37-42.

106. 张希, 薛富平, 贾鹏. 甘肃及其边邻地区断层形变特征强度时序变化与强震关系[J]. 国际地震动态, 2010(10): 43-48.

107. 张燕, 吴云, 施顺英. 地震"前兆源"定位方法研究[J]. 大地测量与地球动力学, 2007, 27(4): 87-91.

108. 张雁滨, 蒋骏, 尹祥础. 地表潮汐应变观测的响应比及特征[J]. 地球物理学报, 1997, 40(4): 522-528.

109. 张雁滨, 蒋驶, 钱家栋, 等. 地壳介质微形变异常与强震短临前兆[J]. 地震学报, 2002, 24(1): 103-108.

110. 张雁滨, 蒋骏, 李才媛, 等. 昆仑山强震前的震颤波并非源自慢地震[J]. 地球物理学报, 2013, 56(3): 869-877.

111. 朱令人. 论中国特色的地震分析预报科学思路[J]. 地震, 2002, 22(2): 1-8.

112. 祝意青, 江在森, 陈兵, 等. 南北地震带和青藏块体东部重力场演化与地震特征[J]. 中国地震, 2001, 17(1): 56-69.

113. 祝意青. 青藏高原东北缘强震前兆特征研究[J]. 国际地震动态, 2007(5): 16-21.

114. 祝意青, 梁伟锋, 徐云马, 等. 汶川8.0地震前后的重力场动态变化[J]. 地震学报, 2010, 32(6): 633-640.

115. 祝意青, 梁伟锋, 湛飞并, 等. 中国大陆重力场动态变化研究[J]. 地球物理学报, 2012a, 55(3): 804-812.

116. 祝意青, 梁伟锋, 陈石, 等. 青藏高原东北缘重力变化机理研究[J]. 大地测量与地球动力学, 2012b, 32(3): 1-6.

117. 周硕愚, 董慧凤, 宋永厚, 等. 用信息论方法研究大震前的突变异常[J]. 地震学报, 1986, 8(增刊): 121-133.

118. 周硕愚, 韩健, 宋永厚, 等. 断层网络形变前兆学原理与应用[J]. 地壳形变与地震, 1990a, 10(1): 1-12.

119. 周硕愚, 吴云, 董慧凤. 孕震系统信息合成方法(ISSS)[J]. 中国地震, 1990b, 6(4): 35-42.

120. 周硕愚. 断层形变测量与地震预报[J]. 地壳形变与地震, 1994, 14(4): 90-97.

121. 周硕愚, 施顺英, 帅平. 唐山地震前后地壳形变场的时空分布、演化特征与机理研究[J]. 地震学报, 1997, 19(6): 559-567.

122. 周硕愚，吴云，施顺英，等．汶川 8.0 级地震前断层形变异常及与其他大震的比较[J]．地震学报，2009，31(2)：130-151.

123. 周硕愚，吴云．由震源到动力系统——地震模式百年演化[J]．大地测量与地球动力学，2015，35(6)：911-918.

124. 周本刚，陈国星，高战武，等．新地震区划图潜在震源区划分的主要技术特色[J]．震灾防御技术，2013，8(2)：113-124.

125. 中国地震局监测预报司．强地震中期预测新技术物理基础及其应用研究[M]．北京：地震出版社，2008.

126. 中国地震局监测预报司．汶川 8.0 级地震科学研究报告[M]．北京：地震出版社，2009.

127. 中国地震局监测预报司．卫星遥感及地球变化磁场地震短期预测方法研究[M]．北京：地震出版社，2006.

128. 中国地震局监测预报司．地震中短期预报的物理基础研究[M]．北京：地震出版社，2002.

129. 中国地震局监测预报司．GPS、卫星遥感、地球变化磁场地震短期预测方法研究[M]．北京：地震出版社，2006：1-72.

130. 中国地震局监测预报司．2004 年印度尼西亚苏门答腊 M_S8.7 级大地震对中国大陆地区的影响[M]．北京：地震出版社，2005.

131. Bak P, Tang C. Earthquake as a self-organized critical phenomenon[J]. J Geophys Res, 1989(94)：15635-15637.

132. Bakun W H, Aagaard B, Dost B, et al. Implications for prediction and hazard assessment from the 2004 Parldidd earthquake[J]. Nature, 2005(37)：69-974.

133. Dennis Normile. Devastating Earthquake Defied Expectations[J]. Science, 2011, 331(6023)：1375-1376.

134. Dewey J F. Plate tectonics[J]. Scientific American, 1972(226)：55-68.

135. Dragert H, Wang K, James T S. A Silent Slip Event on the Deeper Cascadia Subduction Interface[J]. Science, 2001(292)：1525-1528.

136. Gahalaut V K, Jade J, Catherine J K, et al. GPS measurements of postseismic deformation in the Andaman-Nicobar region following the giant 2004 Sumatra-Andaman earthquake[J]. J Geophys Res, 2008(113).

137. Geller R J, Jackson D D, Kagan Y Y, et al. Earthquakes cannot be predicted[J]. Science, 1996(275)：1616-1617.

138. Geller R J. Earthquakes prediction：A critical review[J]. Geophys. J. Int, 1997(131)：425-450.

139. Haltiner G J. Numerical Weather Prediction [M]. New York：John Wiley & Sons, 1971.

140. Kostoglodov V, Singh S K, Santiago J A, et al. A Large Silent Earthquake in the Guerrero Seismic Gap, Mexico[J]. Geophys Res Lett, 2003, 30(15)：1807.

141. Langbein J, Boroherdt R, Dreger D, et al. Preliminary report on the 28 September 2004, *M*6. 0 Paddield, California earthquake[J]. Scismol Res Left, 2005(76): 10-26.

142. Main L. Long odds on prediction[J]. Nature, 1997(385): 19-20.

143. Meade B J, Hager B H. Block models of crustal motion in southern California constrained by GPS measurements[J]. J. Geophys Res, 2005.

144. Mogi K. Fundamental studies on earthquake prediction[C]// A collection of paper of international symposium on ISC SEP. Beijing: Seismologieal Press, 1984: 375-402.

145. National Earthquake Prediction Evaluation Council working Group. Earthquake research at Parkfield, California, 1993 and beyond: Report of the NEPEC working group to evaluate the Parldleld earthquake prediction experiment[R]. U. S. Geol. Surv. Circ., 1994, 1116: 1-14.

146. Nishimura T, Sagiya T, Stein R S. Crustal block kinematics and seismic potential of the northernmost Philippine Sea plate and Izu microplate, central Japan, inferred from GPS and leveling data[J]. J Geophys Res, 2007, 112(B5): 37-55.

147. Normile D. Devastating earthquake defied expectations: waves of destruction[J]. Science, 2011, 331(6023): 1375-1376.

148. Obara K. Nonvolcanic Deep Tremor A ssociated With Subduction in Southwest Japan [J]. Science, 2002(296): 1679-1681.

149. Ozawa S, Hatanaka Y, Kaidzu M, et al. A seismic Slip and Low-frequency Earthquakes in the Bungo Channel. Southwestern Japan[J]. Geophys Res Lett, 2004(31).

150. Reid H F. The Mechanics of the Earthquake, the California Earthquake of April 18, 1906, Report of the State Investigation Commission, Vol. 2 [R]. Carnegie Institution of Washington, Washington D C, 1910.

151. Roger G and Dragert H. Episodic Tremor and Slip on the Cascadia Subduction Zone: The Chatter of Silent Slip[J]. Science, 2003(300): 1942-1943.

152. Savage J C, Burford R O. Geodetic determination of relative plate motion in central California[J]. J Geophys Res, 1973a(78): 832-845.

153. Savage J C, Prescott W H. Precision of Geodolit distance measurements for determining fault movements[J]. J Geophys Res, 1973b(78): 6001-6008.

154. Scholz C H. Earthquakes and friction laws[J]. Nature, 1998, 391: 37-42.

155. Sykes L R, Shaw B E, Schlz C H. Rethinking earthquake prediction[J]. Pageoph, 1999, 155(2): 207-232.

156. Wu Y Q, Jiang Z S, Yang G H, et al. Comparison of GPS strain rate computing methods and their reliability[J]. Geophys J Int, 2011.

157. WYSS M L. Cannot earthquakes be predicted[J]. Science, 1997, 278: 487-488.

第14章　地震大地测量学在地质灾害与环境监测中的应用

前述章节，已就地震大地测量学的纵向沿革与发展、学科的架构与内涵、学科的核心范畴与方法论、学科的横向交织与延拓等进行了详细的论述。显而易见，地震大地测量学以其固有的科学属性，在深空、深海和深地（即"三深"）领域高精度的定量、实时观测以及与地球物理学和地质学的交融、渗透，已经发展成为探索现今地壳运动与地球动力学的支撑学科之一，地壳形变观测数据，也被国际认可在地震预测与预报研究中相对有效的一类地震前兆（陈运泰，2009）。此外，大量实践证明，地震大地测量学在其他地质灾害和自然灾害的监控、预警、应对、指挥防灾减灾系统工程中，也发挥着重要作用。

本章中，我们以较典型的个案为例分别简要论述地震大地测量学在水库地震、火山喷发、滑坡（泥石流）、地面沉降等典型地质灾害的监测、预报方面的应用和意义，以及地震大地测量学在地下水储量变化监测、地下储气库的地表形变监测方面的应用。最后，针对我国城市化进程的加速，在资源、生态和环境问题日益突出的背景下，提出一些理想化的建议。

14.1　地震大地测量学在水库诱发地震研究中的应用

14.1.1　水库诱发地震的含义和研究概况

1. 水库地震的定义

《水库诱发地震危险性评价》（GB 21075—2007）定义：水库诱发地震（reservoir-induced earthquake）是指由于水库蓄水或水位变化而引发的地震。当前有使用水库诱发地震和水库触发地震（reservoir-triggered earthquake）的称谓以区别引发地震成因机制上的不同。前者认为水库周围的原始地壳应力不一定处于破坏的临界状态，水库蓄水或水位变化后使原来处于稳定状态的结构面失稳而发生地震；而后者认为水库周围的地壳应力已处于破坏的临界状态，水库蓄水或水位变化后使原来处于破坏临界状态的结构面失稳而发生地震（中国地震局，2009）。笔者认为，由于水库所在区的大地构造属性不同（相对稳定或相对活动），历史和现代地震记录完整性的差异，缺乏实测地应力数据等，尚难以判定和区分水库周围的原始应力是处于临界状态还是非临界的相对稳定状态，因此在本章中我们将上述两类与水库蓄水有关的地震，统称为水库诱发地震，简称水库地震。

2. 水库地震的地理分布

据不完全统计（夏其发等，2012），全球已发生水库地震约134例（图14-1(a)），散布于6大洲33个国家，其中亚洲12国54例，非洲5国6例，大洋洲2国7例，欧洲8国

31 例，北美洲 2 国 22 例，拉丁美洲 4 国 14 例。中国的水库地震有 25 例（图 14-1（b）），但其中 5 例尚有争议，另 2 例则被视为构造型地震。

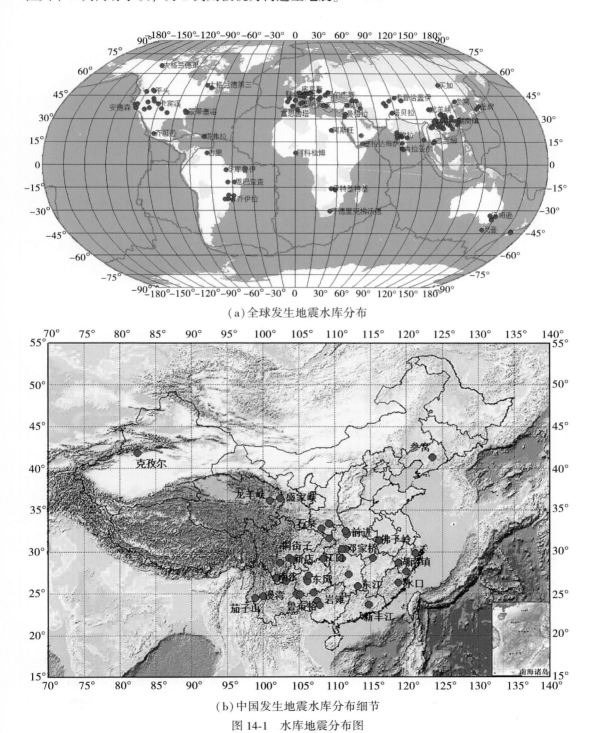

（a）全球发生地震水库分布

（b）中国发生地震水库分布细节

图 14-1 水库地震分布图

在上述地震中，震级≥6.0级的有4例，分别是1962年3月中国新丰江M_S6.1级（震中烈度Ⅷ度）、1963年赞比亚-纳米比亚卡里巴M_S6.1级地震、1966年希腊克瑞玛斯塔M_S6.2级地震和1967年印度柯依纳M_S6.5级（震中烈度Ⅷ～Ⅸ度）地震。震级4.5～5.9的有35例，其余均为震级≤4.4级的小震。

上述M_S≥6.0级或较大的地震已造成较严重的水库地震灾害。例如，印度柯依纳M_S6.5级水库地震，震中位于大坝下游3km，震源深度8km。震中烈度Ⅷ～Ⅸ度，破坏半径达50km，有感半径600km，持续时间45s。大坝坝体发生损害，水电站建筑物损坏较重而停止运转。下游震中区的柯依纳纳加尔区成为一片废墟，180人死亡，2300人受伤，80%以上的房屋被毁或不适宜居住，约1000个村镇受到影响，47300栋房屋震坏，成千上万人无家可归。

中国新丰江M_S6.1级水库地震，震中位于大坝下游1.1km，震源深度5km，震中烈度Ⅷ度。在大坝上部108m高程处出现了82m长的贯穿性的水平裂缝，并有渗水现象，附属建筑物受到损毁而停止运转。倒塌房屋1800间，6人死亡，80人受伤。

希腊克瑞马斯塔M_S6.2级水库地震，震中位于大坝上游25km的库岸附近，震中距库边约8km，坝区的影响烈度为Ⅷ度。大坝右侧发生山崩和滑坡、地面裂缝等。倒塌房屋480栋，1200栋受到严重损坏，1人死亡，60人受伤。为了确保水库安全，震后对水位实行限制在270m高程以下，并对大坝进行抗震加固。

意大利瓦让水库，于1963年9月在大坝附近发生了M_S4.0级水库地震，当时大坝并未受到损坏，但1个月后，在大坝上游的古滑坡复活，诱发了$2.4\times10^8\mathrm{m}^3$的大滑坡，将坝前1.8km长的库区全部填满而使水库报废。滑坡激起了70多米高的巨浪，使大坝下游1.6km处的朗加罗镇荡然无存，死亡2000余人。这是一例典型的由水库地震触发古滑坡复活而导致的间接灾害。

随着全球水库以每年大约11座的速度兴建，水库诱发地震灾害及其危害性也越来越引起国际社会的关注。从20世纪50年代至今，全球地质地球物理、大地测量、地震和水工科技工作者已对100余座水库地震的个案进行了研究，积累了较多的资料，取得了不同程度的认知，并对拟建水库和已（扩）建大型水库分别进行水库危险性评价和监测。研究内容集中在以下几个方面：①水库坝高、库型、库容、蓄（泄）水进程与地震活动的相关性；②地层（岩性）介质、地质构造（大地构造属性）、地形地貌与地震活动的相关性；③断裂活动与地震活动的相关性；④地壳形变与地震活动的相关性；⑤水库地震与水文地质环境的相关性研究；⑥地应力、孔隙压力与地震活动的相关性研究；⑦水库地震发震标志与水库地震成因机制研究；⑧水库地震危险性评价、监测与应急预案研究。

14.1.2　地震大地测量学在水库地震研究中的应用

在全球已发水库地震中，对水库区进行地震大地测量的案例十分罕见，仅有美国米德湖、中国新丰江水库和丹江口水库3例。然而随着人们对水库地震危害性认识的加深和地震科技发展，近十年来，在已建大型水库地震监测中，地震大地测量学方法已发挥着重要作用，并得到迅速发展。现以实例论述如下：

1. 新丰江水库地震

为研究新丰江水库区地壳形变与地震的关系，原中国科学院测量与地球物理研究所（即武汉地震大队、中国地震局地震研究所前身）及其他有关单位制定了大地测量布网方案，1961 年开始在库区开展精密的大地形变测量，1963 年在水库峡谷的地震密集区布设精密水平形变三角测量网，并对起始边界进行拉普拉斯天文方位角测量和物理测距（微波、光速、激光），在大坝附近的河源断裂上进行断层位移测量和大坝主体形变测量。上述测量积累了水库区地壳形变的系统资料，为了解库区地壳运动和形变应力场提供了丰富的数据，也为研究水库地震机制解、分析地震趋势和探索地震前兆提供宝贵资料。现对丁原章(1998)资料详摘如下：

(1) 库区垂直形变测量

图 14-2 为新丰江库区垂直形变测量线网。自 1961 年以来，观测到的地壳垂直形变大致可分为两个阶段：

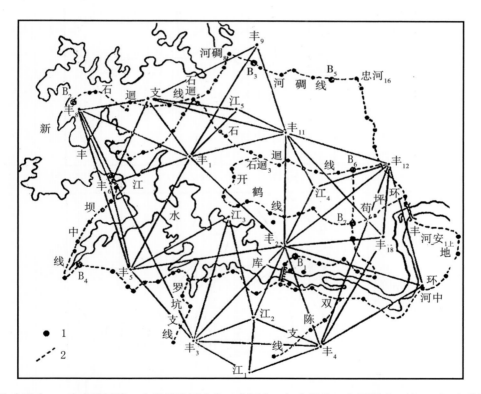

1 为水准点；2 为水准网线；丰字号及河中为三角网点；江字号为三角网插点；丰₃—丰₈ 为基线边天文拉普拉斯点；丰₄—丰₁₂ 为基线校核边；B₁—B₇ 为 7 个水准点。

图 14-2　新丰江水库区水平形变网和垂直形变网的分布(丁原章等，1989)

第一阶段(1961—1964 年)，即 1962 年 6.1 级地震前后，峡谷区地形变确有明显变化。

　　第二阶段为 1964 年以后，此时期垂直形变量无明显规律，而且变化量甚小。1962 年 6.1 级地震前后的地形变则有较强的趋势性变化，峡谷东北侧和峡谷比较，前者相对隆起，峡谷相对沉降。隆起和沉降均呈北西向延伸，但在 6.1 级地震的震中区则为北北西向，与主震的发震构造(新港—白田断裂)基本相符(图 14-3(a))。主震以后，本区地形变的格局没有剧烈变化，仍然继续发展。不过随着较强余震的发生(1962 年 7 月 29 日 5.1 级地震)，地形变梯度带的总体走向更显示北北西向(图 14-3(b))。1964 年以后，各观测点的升降运动时有变化，但地形变梯度带与地表断裂无对应关系，仅人字石断裂附近差异升降稍大。

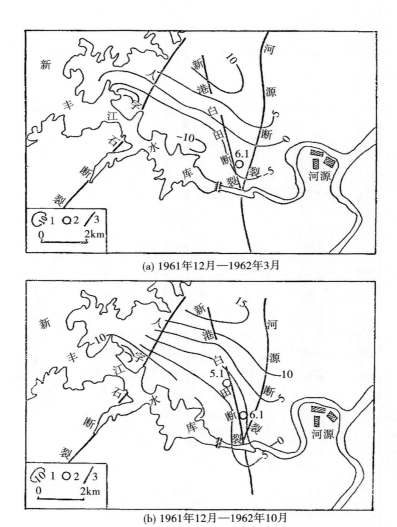

(a) 1961年12月—1962年3月

(b) 1961年12月—1962年10月

1—垂直形变等值线；2—震中；3—断裂

图 14-3　新丰江水库峡谷区垂直形变图(朱运海，1987)

表 14-1 为库区几次较强地震前后的垂直形变量。由表可见，库区较强地震前后垂直形变有以下特征：① 震前和震后垂直形变的方向相反（表 14-1）；② 震后的垂直形变量一般大于震前的垂直形变量；③ 垂直形变量和水平形变量都显示本区地形变包含弹性形变成分；④ 垂直形变量明显小于水平形变量。

表 14-1　　　　　　　**新丰江水库几次较强地震前后的垂直形变（丁原章等，1989）**

		6.1 级 （1962.3.19）	5.3 级 （1962.7.29）	5.3 级 （1964.9.23）	4.2 级 （1964.6.21）
近震中北边点位 之速度变化	震前	+1.17mm/月	−2.12mm/月	+0.6mm/月	−0.57mm/月
	震后	−1.63	+0.27	−0.32	+0.16
近震中南边点位 之速度变化	震前	−2.36	+0.36	−0.59	−0.16
	震后	北岸+1.20 南岸−1.11	−1.46	−0.52	+0.84

（2）库区水平形变测量

水平形变测量由天文方位角测量和三角网测量组成，实例精度超过国家一等点。测量结果表明，在主震后几年内较大余震前后均出现地壳有明显的水平形变。例如，丰$_3$点在 4.3 级地震前天文方位角测值为 12.60″，与 2—12 期的平均值 12″.41 相差 0″.19，在误差范围之内。4.3 级地震后为 11″.83，是历期数值的最小者。丰$_3$与丰$_8$的距离为 7.4km，4.3 级地震所产生的形变量为 0″.77，相当于丰$_3$点位向东移动 27mm。丰$_8$点没有震前观测数值，震前值采用 2—12 期的平均值 24″.92，与实测值 24″.66 相比较得到地震产生的形变量为 0″.26，即丰$_3$点向东移动 9.3mm。地震前后地壳介质曾发生弹性形变，从发震至恢复正常位置历时一个多月。

再如 1964 年 9 月 23 日 5.3 级地震，震前 3 个月的相对均值位移矢量表明，丰$_3$点已恢复到原来位置。5.3 级地震震中在丰$_{10}$点西南 1.2km 处，丰$_{10}$点的位移矢量方向与上期相反，量值为 10.7±9.3mm，已超过测量误差。5.3 级地震后一个月的相对均值位移矢量显示，丰$_{10}$点的位移矢量最大（11.2±10.8mm），方向与震前相反，超过测量误差范围，与震前相比位移矢量达 18.5±9.9mm，位移量为误差椭圆的两倍，月变化速度为 4.6mm/月。

综上所述，新丰江水库的地壳形变测量，是全球已发水库地震区利用地震大地测量学方法研究得最详细的案例，所获得的结果迄今仍有重要意义。

2. 丹江口水库地震

丹江口水库大坝坐落在鄂豫交界北北西向丹江注入近东西向汉江的汇合部位，故形成丹库和汉库两库区。坝高 162m，水库正常蓄水位 157m，库容 174.5×10^{8}m^3。库区历史地震有 29 次，烈度最大为有感。1959 年以来的仪器记录表明，在蓄水前 8 年间，库区无 M_S≥2.5 级地震活动。

1967 年 11 月水库开始蓄水，初期水位上升比较缓慢，库区没有 M_S≥1.2 级地震活动。1969 年 9 月当水位上升到 135m 高程时，1970 年 1 月—1971 年 10 月在丹库区发生

M_S1. 2~3. 1 级地震 20 余次。以后水位逐渐上升，地震活动逐步由外围向库域迁移，其活动频度和强度也随之增大。1973 年 10~11 月水库水位急速上升达到历史最高水位时，地震活动达到顶峰。11 月 29 日在宋湾附近接连发生 4. 7 级（震中烈度Ⅶ度，震源深度为 9km）、4. 2 级和 4. 6 级地震各一次。此后，地震活动水平仍随水库水位的升降有起伏地变化，但总的趋势是缓慢衰减，地震活动范围亦逐渐缩小，主要密集于宋湾和林茂山两地。

中国地震局地震研究所利用激光测距、精密水准和跨断层测量等大地测量方法对丹江口水库地震库区地壳垂直升降、地面倾斜和断层滑移等，进行了较长期详细的测量与研究，并依次探讨了水库诱震机制和后续地震趋势及强度预测（吴翼麟，1979）。

（1）库区地壳垂直变形

蓄水后库区垂直变形范围较广，表现为地面下降，1970 年测得前 5 年的平均值为 14mm，年平均为−2.8mm，较蓄水前增大三倍。1973 年冬，当水位升至 155m（即蓄水深 70m）时，丹库与汉库之间的地带（文献中的 C 区），地壳反向抬升，1973 年 11 月 29 日的 Ms4.7 级主震即发生在这种显著反常回升段约 15km 的宋湾地区。

（2）库区断层位移变形

库区断层位移测量布设如图 14-4 所示，表 14-2 为断裂两侧测点的测量结果。

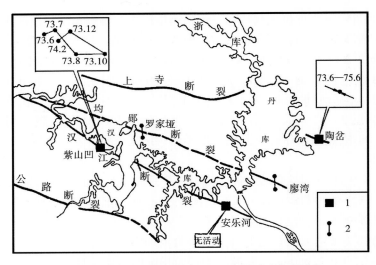

1—断层水平和垂直观测点；2—跨断层垂直观测点

图 14-4　库区断层位移测点布设简图（吴翼麟，1979）

表 14-2　　　　库区及外围各测点断层两侧垂直变形观测结果（吴翼麟，1979）

点名	位置	原高程施测时间	1970 年复测之高程变化（坝前水深约 50m）	1973 年复测之高程变化（坝前水深约 70m）
丹库 40	均郧断裂北侧	蓄水前一年（1966）	−10. 37mm	−18. 15mm
丹库 41	均郧断裂南侧	蓄水前一年（1966）	−9. 74mm	−16. 04mm

续表

点名	位置	原高程施测时间	1970 年复测之高程变化（坝前水深约 50m）	1973 年复测之高程变化（坝前水深约 70m）
		两侧差异	0.63mm	2.11mm
马家湾	汉江断裂北侧	蓄水前一年（1966）	-15.12mm	-16.32mm
丹库 1	汉江断裂南侧	蓄水前一年（1966）	-12.17mm	-10.17mm
		两侧差异	2.95mm	6.15mm
白草 II$_{19}$	公路断裂北侧	蓄水前一年（1966）	-22.07mm	缺
丹库 12	公路断裂南侧	蓄水前一年（1966）	-21.01mm	缺
		两侧差异	1.06mm	缺

由表可见，蓄水后随水位增高，断裂两侧垂直位移有加大趋势。但是这些测点均距库水淹没区尚有一定距离，测点的间距一般为 4~10km，因此表中所列的震前（1970 年）和蓄水震后（1973 年）的变化幅值，可能也含有蓄水后引起的地壳变形量。

从 1966—1973 年以来，对库区的汉江断裂、均郧断裂和陶岔断层分别进行了水平和垂直测网（跨断层短基线、小三角网、激光测距）定期测量。其中汉江断裂柴山凹点 5 年 4 次测量表明，水平形变方式是由北西往南东，再恢复到北西；陶岔第四纪断层则显示北西—南东向的挤压，其余测点揭示断裂缺乏明显垂直和水平位移。图 14-5 为蓄水造成岩体水平位移与附加应力（吴翼麟，1979）。

此外，吴翼麟（1979）还利用面水准（或短水准）对丹江口大坝区进行了地倾斜观测，以探索水库区的地震活动。1974—1975 年先后在大坝右岸和左岸建立了水准地倾斜场地，观测一直延续至今，并对一些小震如 1977 年 M3.8 级地震有明显的响应。

3. 美国米德湖水库地震

米德湖又称博尔德水库，水库大坝为胡佛大坝，位于美国科罗拉多河布拉克峡谷出口处，距博尔德城约 10km。坝高 221m，水深 191m，库长 118km，水库面积 633.7km²，总库容 348.5×10^{8}m³。水库由三个大盆地组成。米德湖水库 1935 年开始蓄水，1936 年建成，1936 年 9 月 7 日发生 M4.5 级地震，1939 年 5 月 4 日又发生 M5.0 级地震。它是全球报道最早的水库诱发震例。

图 14-6~图 14-7 表示 1935—1964 年和 1949—1964 年米德湖周围相对于坎斯普临兹的高程变化。从图中可以看出 1935—1949 年的沉陷控制着以后的高程变化（H. K. 古普塔等，1980，转引自韦斯特加德和艾德金斯，1934）。

罗杰斯和加兰辛（1974）计算了 1939—1963 年发生的七次 5.0 级和一次 4.8 级地震的期望位移。位移总量为 27.5cm，比同一时期在米德湖观测的最大沉陷大 40%。

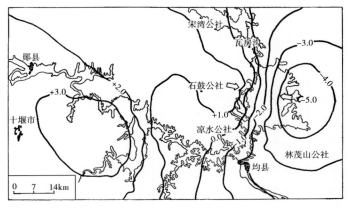

(a) Δx 等值线

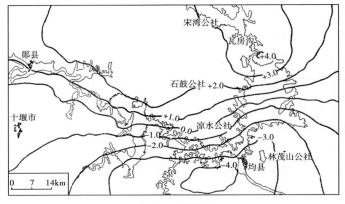

(b) Δy 等值线

箭头表示水体造成的附加主张应力方向

图 14-5　丹江口水库水平形变等值线图与附加应力(吴翼麟,1979)

综上所述,在现有文献所及的水库地震案例中,新丰江水库区和丹江口水库区的大地测量成果,不仅获得了水库蓄水前后地壳垂直和水平变形、地面倾斜和主控断裂两侧位移大量真实的数据,为研究水库地震活动与大坝几何学,蓄水进程震级大小、频度与衰减,地质、地貌与水文地质环境之间的互相关,提供了坚实的基础,也为后续深入探讨水库类型和地震成因机制,以及检验数值模拟和计算水体荷载、应力增量、孔隙压力、主震断层面解和震源参数(杨懋源,1975;王妙月等,1976;高士钧等,1996)等准确性的依据。

14.1.3　地震大地测量学在拟建、已建大型水库监测与研究中的应用

随着人们对水库地震危害性的认识与重视以及现代地震监测科学技术的发展,世界各国对拟建和已建的大型或重要水库,分别进行地震危险性评价和水库地震监测。

在已建水库地震监测的实例中,中国长江三峡工程诱发地震监测系统是同类项目中规模最大、观测手段最全和类别最多、技术最先进的综合性监测系统(中国地震局地震研究所等,2011)。该系统由数字遥测地震台网、地壳形变监测网络、地下水动态监测井网和

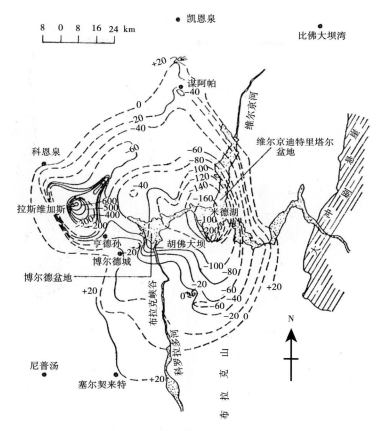

实线代表 1963 年测量结果，虚线代表 1964 年测量结果

图 14-6　1935—1964 年相对于坎斯普临兹高程变化的等高线（单位：mm）

（H. K. 古普塔等，1980，转引自拉腊和桑德斯，1970）

地震监测总站（包括信息采集、无线通信、网络、数据库和地震前兆分析软件等）组成。其中，地壳形变监测网络由区域水平监测网、区域垂直监测网、区域重力监测网、跨断层三维形变监测网和库盆形变观测五个有机结合的子网构成。该网络综合了全球定位系统（GPS）、精密激光测距、峒体形变观测技术、精密重力和精密水准测量等是当代地震大地测量学常用的观测技术。

　　该系统自 2001 年 7 月正式运行以来，在长江三峡水库 135m、156m 和 172m 试验性蓄水期间，获取了因蓄水进程而导致的形变场、重力场等的动态变化过程，为三峡水库蓄水期间的地震趋势判断、地震应急和水库地震深入研究提供了科学依据。

　　图 3-22（参见第 3 章）给出了蓄水前后库区的重力场动态变化（孙少安等，2004）。由图可见，蓄水前重力相对变化范围为 $-60\times10^{-8} \sim 80\times10^{-8}$ m/s^2，且大多数在 $-40\times10^{-8} \sim 40\times10^{-8}$ m/s^2 范围内变化。2003 年 5 月 25 日至 6 月 11 日蓄水引起的最大重力变化接近 200×10^{-8} m/s^2，且离库岸越近，变化幅度越大，表明库水荷载和地下流体效应对库区地壳的密度结构有明显影响。

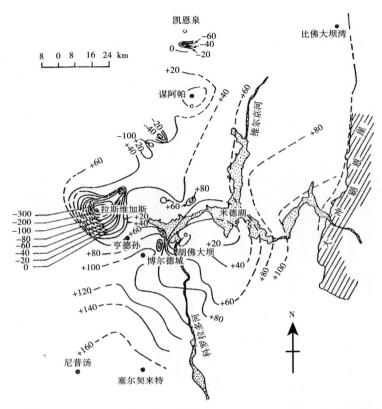

图 14-7　1949—1964 年高程变化等高线(H. K. 古普塔等，1980，转引自拉腊和桑德斯，1970)

本图详细注释见图 14-6

　　图 14-8 ~ 图 14-10 分别为三峡库区蓄水引起的垂直形变场模拟、蓄水前后垂直形变，垂直形变 GPS 实测结果和 1998—2007 年三峡地区水准测量的垂直形变速率图。由图 14-8 ~ 图 14-10 可见，监测区虽然水平形变较小，但垂直形变则较为明显。形变主要集中

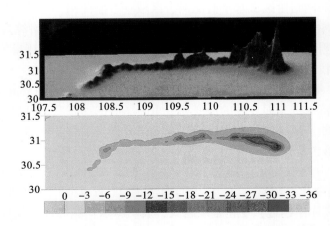

图 14-8　三峡水库蓄水载荷引起的库区垂直形变场模拟图(单位：mm)

在坝址至香溪间的近岸库段，是因水体荷载产生变形特别是垂直形变的高值区。这与三峡水库蓄水后，秭归盆地、香溪河口至九湾溪一带是水库的主要蓄水场所相对应。

跨主要库段的三条测线，垂直测量结果揭示了库盆随蓄水而发生垂直位移变化的过程。三条测线均表现为随测点远离库岸、变形逐渐减小的趋势，跨河处附近测点累计沉降量较大，变形量主要发生在 2003 年蓄水之后。

上述结果与重力观测结果有较好的对应关系。

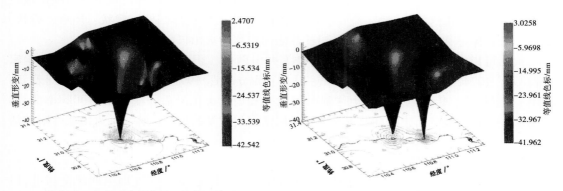

(a) 蓄水后一个月垂直形变的GPS实测结果　　　(b) 蓄水后三个月垂直形变的GPS实测结果

图 14-9　三峡水库蓄水后垂直形变 GPS 实测结果(单位：mm)

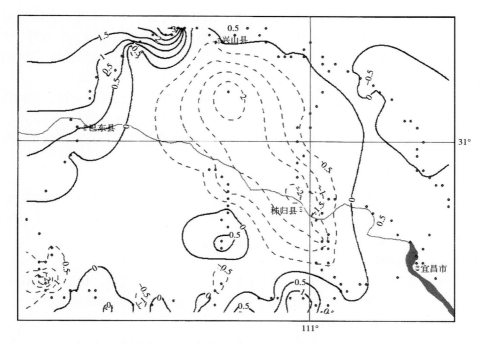

点—水准点；虚线—下降；实线—上升(单位：mm/a)

图 14-10　1998—2007 年三峡地区水准测量的垂直形变速率图

14.2　地震大地测量学在火山监测与预报中的应用

14.2.1　全球火山活动概况

1. 火山、休眠火山与活火山

科学家们给火山和火山喷发的现代定义为：高温的地下熔体流体经地下通道喷出地表谓之火山喷发，由这些喷(溢、流)出物形成的锥形山或负锥形凹地、穹状、环形、盾状、席状、墙状体等称为火山，火山喷发时的地表出口称为火山口(刘若新，2005)。

火山可以分为休眠火山(死火山)和活火山两类，但这并非绝对。有些火山学家(Walker，1974；T. Simkin 和 L. Siebert，1984；Aramaki，1991；Szakacs，1994；刘若新，2005)根据经验、传统以及活火山休眠时间频率和熄灭火山最后一次喷发时间频率曲线，认为那些正在喷发或历史时期及近 10000 年以来有过喷发的火山，称为活火山或休眠的活火山。

2. 全球火山的分布

按照上述火山的定义，目前全球大约有 1500 座火山在 10000 年(即第四纪全新世)以来至少喷发过一次(Simkin et al.，1981；Simkin and Siebert，1994；J. Kuroiwa，2005；D. Dzurisin，2007)，其中 534 座火山在历史上曾经喷发过。图 14-11 为全球主要活火山分布图。

由图可见，全球火山分布与现行板块构造的汇聚俯冲带、大洋中脊、大陆裂谷带有关，并与地震活动带形影相随，形成环太平洋火山带、大洋中脊火山带、东非裂谷火山带和地中海-喜马拉雅火山带。相关文献(李玉锁等，1998)对这几条火山带进行了简明叙述。

(1)环太平洋火山带

环太平洋火山带，南起南美洲的奥斯特岛，经南北美洲的科迪勒拉山脉，转向西北的阿留申群岛、堪察加半岛，向西南延续到千岛群岛、日本列岛、琉球群岛、台湾岛、菲律宾群岛和印度尼西亚群岛，全长 4 万余千米。全带有活火山 512 座，占全球现代喷发火山的 80%。

(2)大洋中脊火山带

大洋中脊也称大洋裂谷，主要有大西洋中脊、印度洋中脊和太平洋中脊三大中脊构成，并与其他造山带、海沟、大陆裂谷、岛弧系交切、转换成"W"形图案，总长 8 万余千米，有活火山 100 多座。

(3)东非裂谷火山带

该裂谷带分为两支：裂谷带东支南起希雷河河口，至红海北端，长约 5800km；西支南起马拉维湖西北端，至阿伯特尼罗河谷，长约 1700km，分布 30 余座活火山。

(4)地中海喜马拉雅火山带

该火山带横贯欧亚的南部，东延与太平洋火山带的苏门答腊火山岛弧相接，全长 10 余万千米。该西段的地中海、红海和亚丁湾等，火山活动强烈，中段火山活动微弱，但东段喜马拉雅山北麓火山活动又趋强，如卡尔达西火山群、可可西里火山群和腾冲火山群，

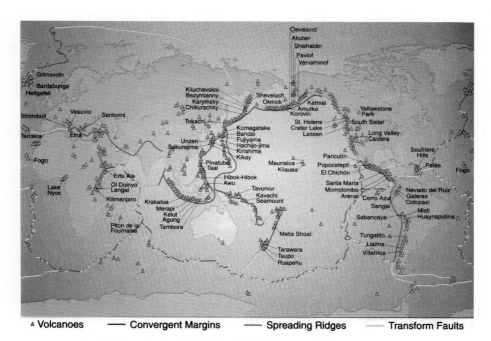

图 14-11 全球主要活火山分布图(Julio Kuroiwa, 2007)

等等,共有火山 100 多座。其中中国的卡尔达西火山和可可西里火山在 20 世纪 50 年代和 70 年代曾有过喷发。

3. 中国的火山

与前述火山带相比,中国火山活动的强度和频度较低,已停止喷发或休眠的火山较多,而全新世以来的活火山亦较少。据统计,中国新生代的火山有 1 000 余座,它们集中成群成带,分布极不均匀。大致可以分为台湾-西沙火山带、长白山-庐江火山带、福鼎-海南岛火山带、大兴安岭-太行山火山带、西昆仑-可可西里火山带和冈底斯山-腾冲火山带七个火山带(李玉锁等,1998)。

其中,西昆仑山-可可西里山火山带,西起班公湖,东至昌都,长约 1300km,宽 200 余 km,有 12 个火山群,64 座火山。据报道,在昆仑山中段的卡尔达西火山曾于 1951 年 5 月,可可西里火山于 1973 年 7 月喷发过。

冈底斯山-腾冲火山带是阿尔卑斯-喜马拉雅火山带的组成部分,由西部的冈底斯山,向东经雅鲁藏布江,沿澜沧江至云南的腾冲,长约 2200km,宽约 150km。目前只发现 3 个火山群,48 座火山。

14.2.2 火山作用与火山灾害

火山作用与地震活动都是地球运动的一种表现类型。火山喷发实际上是地下岩浆生成、聚集、运移,并与水圈、大气圈相互作用最终喷(溢)至地表的结果。利用地震大地测量学技术监测火山变形,需要了解火山作用和形成火山灾害的全过程,但是这个过程极其复杂，读者可以参阅有关火山学的专著。

1. 火山作用

据文献（刘若新、李霓，2005）所述，火山喷发的物质基础——岩浆，在上地幔当温度达到 $1000\sim1300℃$、压力大于 1.5×10^9Pa 以及地壳温度 $650\sim900℃$、压力 0.5×10^9Pa 时，所处部位的岩石会产生部分熔融，从而生成岩浆，当溶解有挥发分（主要是 H_2O、CO_2 及 C1，F，SO_2 等）的岩浆上升而温度、压力下降时，挥发分会从岩浆中溢出来。当岩浆和挥发分沿火山岩浆通道继续上升，温度、压力也继续下降，挥发分和岩浆就会沸腾而碎屑化和泡沫化。当气泡迅速膨胀并破碎，气体与泡沫化的岩浆快速冲出地表形成喷发，特别是当岩浆中含有饱和甚至过饱和 H_2O 时，或此岩浆与地下水、地表水相互作用，将发生猛烈的爆炸喷发。岩浆房中的岩浆源源不断地通过火山管道向上输送并不断被碎屑化和泡沫化，然后向大气层喷射形成喷发柱，其高度可达 $10\sim30km$ 甚至 55km。这取决于岩浆房的规模、内压力、挥发分含量和火山喷发口的直径。当岩浆中挥发分含量较低，并且岩浆上升至地表喷出时，并未遇到地表水或富水的含水地层，就不会出现碎屑化和泡沫化——岩浆由火山口或裂隙通道喷出地表，形成熔岩盾、熔岩流等。不同大地构造环境岩浆的成分、聚焦和运移喷发的方式也有差异，因而形成不同的火山带和不同的喷发类型。

2. 火山灾害

火山活动从两个方面造成灾害：一是喷发的直接影响，如熔岩流、热火山灰流、火山喷发碎屑、严重的火山灰沉降；二是造成的次生影响，诸如海啸、滑坡和热汤流等（张志强等，2010）。强烈的火山活动已造成惨重的人畜伤亡和财产损失，仅 1600—1986 年间全球因火山活动共死亡 564612 人，1900—1986 年间死亡 76152 人，更严重者甚至毁灭整个城镇（庞培、赫库兰尼姆、圣·皮埃尔、阿梅罗等），并对全球气候和大气层造成影响。

14.2.3 地震大地测量学在火山监测与预报中的应用

1. 火山监测与预报现状概述

地球科学家从 19 世纪中期已经开始对火山进行监测和预报。联合国第 42 届大会通过《国际减灾十年》决议中，特别强调要加强对火山的研究，并提出了八大执行项目。20 世纪 80 年代中国地震局也成立了火山专业委员会，推进我国境内对火山的监测研究。火山监测的最终目标是研究、探索岩浆运移的清晰图像：从上地幔到地壳，再在地壳中短暂聚焦，最终到达地表的喷发全过程。经过半个多世纪的研究，火山学家已成功预报了夏威夷基拉韦厄火山、日本珠火山、菲律宾皮纳图博火山、印尼默拉皮火山和美国圣海伦火山等的喷发。科学家期望在 21 世纪前 10 年，能够完成对所有活火山或潜在活火山的灾害评价，并在某种监测水平下对少数火山进行监测，以获取可溶的长期和短期的喷发前兆（Scarp and Tiling，1996），从而减轻火山灾害（刘若新，2005）。

然而应当看到，由于火山作用过程的复杂性，目前在预测火山喷发过程中尚存在很多不确定性，需要综合不同学科的观测数据。不仅要实时跟踪岩浆涌向地面的运移，而且要跟踪影响岩浆喷发潜能物质特性的变化，并探索、总结火山喷发的能发机制和普适性的前兆信息。

2. 火山监测中的地震大地测量学的作用和方法

上述较成功预测火山喷发的实例表明，地震大地测量学方法在监测和预报火山喷发过程具有重要作用，它能提供长期至中期火山喷发的前兆信息，并提供预报的基础数据（Scarp & Gasparini，1996）。据统计，目前，全球 55 个火山观测所（站）中已有 71% 布设了火山地壳形变测量。如在著名的乌苏（VSU）、岩手（Iwate）、三宅岛（Miyke Jima）、硫黄岛（Iwo Jima）、拉包尔（Rabaul）、奥克莫克（Okmok）、韦斯特达尔（Westdahl）、阿库坦（Akutau）、南姐妹山（South Sister）、埃特纳（Etna）以及南美安第斯山脉多发火山，都布设有大地形变监测站（刘若新，李霓，2005）。

地震大地测量监测方法可以分为两种：常规或传统方法（三角测量、垂直测量、倾斜测量、潮汐测量、重力测量等）和现代大地测量方法（GPS、CGPS、SAR、InSAR、LiDAR、微重力、电子测距、卫星红外测量等）。其中 GPS（CGPS）能够探测到岩浆侵入引起的地面变形，LiDAR、SAR 和 InSAR 测量能以厘米级精度测绘出熔岩地形图，而 SAR 和 InSAR 还可以监测到大面积的变形信号，综合预测数据可以揭示火山气体的逸动，岩浆脱气的深度与速率。读者如果有兴趣，可参阅 D. Dzurisin 等的专著 *Volcano Deformation Geodetic Monitoring Techniques*（2007）。

现以实例分别论述常规大地测量与现代大地测量两种方法在火山监测中的应用。

（1）西班牙 Lanzarote 岛火山常规大地形变监测

Lanzarote 岛位于加那利群岛东北端，与 Fuerteventura 岛右行斜列排布，由 4~5km 厚的基底（基性和超基性岩）、沉积盖层（石英岩和页岩）和潜火山岩（玄武岩、岩脉）组成（蔡惟鑫等，2005）。火山活动有三幕：6~12Ma 的高原玄武岩；1Ma 的第四纪火山活动；近代火山作用，包括 1730—1736 年间的强烈喷发。在构造、地貌上 Famara 和 Los Ajaches 为最大高程 600m 地块或火山锥组成的丘陵（图 14-12）。

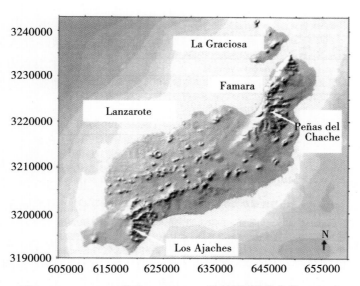

图 14-12　Lanzarote 岛和 La Graciosa 岛地形（蔡惟鑫等，2005）

西班牙地球物理学家早在 20 世纪 70 年代已在该岛上逐步建设一系列火山地球动力学监测实验站。1988 年，经中国和西班牙政府批准的《火山与地球动力学监测研究》双边科技合作项目后，以中国地震局地震研究所蔡惟鑫研究员和西班牙天文与大地测量研究所的长 R. Vieira 教授为首席专家的项目组，从 1990 年始，将新研制的数字化、型号多达 22 种水平应变仪、静力水准仪和铅垂摆倾斜仪，分别安装在 Cuera 和 Timanfaya 火山监测实验站与 Basilacc 地球动力学基准实验站上，进行长期连续观测，以探索火山活动引起的地壳形变和喷发的前兆信息。

（2）美国夏威夷基拉韦厄火山的检测

该火山位于美国夏威夷群岛上，海拔 1247m，火山表面覆盖着不超过 1100 年的熔岩，已记录有 48 次喷发（刘若新，2005）。

①常规大地形变监测。在基拉韦厄的哈利冒冒火口附近，从 1956 年以来就安装了水管倾斜仪进行地形变的连续观测，是较早利用常规形变观测方法监测火山喷发的观测台。其倾斜变化与喷发的关系如图 14-13 所示。

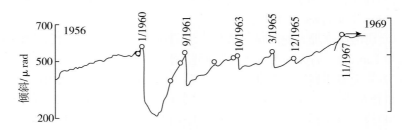

倾斜 1μrad 的增加相当于山顶部隆起 8m；⊙：山顶喷发；○：山腰喷发（1rad = 10^{-2}Gy）
图 14-13　夏威夷火山观测所（HVO）观测的倾斜变化（李玉锁等，1998，转引自 Decker 和 Kinoshita，1971）

根据 Swanson 等（1976）报道，1969 年 2 月东断裂喷发前 2 小时，其倾斜变化矢量和垂向变化如图 14-14 所示。1968 年 10 月以后，由于向浅部的岩浆房注入岩浆，使基拉韦厄的山顶持续地膨胀，从 12 月到 1969 年的 2 月，以东断裂的两个地点为中心，出现了隆起，于 2 月在基拉韦厄破火山口南部，集中发生了浅源（<5km）地震。喷发前频繁的地震活动，被认为是火山喷发的前兆。

到 1969 年 2 月中旬，不仅基拉韦厄山顶，就连玛考富西火山口周围，也因为储存有被注入的岩浆而发生隆起，并频繁发生浅源地震，类似于长周期的微震也不断出现。2 月 22 日早晨，在东断裂上部，开始发生了微动和微小地震群，15 分钟后，从阿莱（Alae）火山口北东 300~500m 的龟裂处喷出了熔岩泉，至 28 日已喷出了 $20×10^5$ m³ 的熔岩。据分析，1968 年 11 月到 1969 年 2 月基拉韦厄火口附近的地壳变化，用不同压力源模型，推断该区岩浆房的深度大约是 2km（垂直变化）或 4km（水平变化）。

②GPS 和 CGPS 在基拉韦厄火山中的应用。美国斯坦福大学、美国地质调查局（USGS）夏威夷火山观象台（HVO）、夏威夷大学以及 VNAVCO，Inc.（美国 NAVSTAR 大学联合股份有限公司）等，是 HVO 火山监测的主要组成单位。

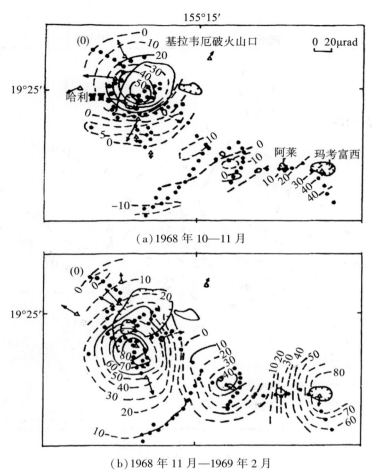

(a) 1968 年 10—11 月

(b) 1968 年 11 月—1969 年 2 月

△—倾斜仪；●—水准点；o—基准点

图 14-14　1969 年 2 月基拉韦厄火山喷发前倾斜矢量变化和垂直变化(单位：mm)

(李玉锁等，1998，转引自 Swanson et al.，1976)

　　CGPS(Continuous GPS)台网，有能力跟踪由于岩浆侵入、喷发、断裂活动和东裂谷南侧滑动引起的地面形变。例如，CGPS 数据揭示基拉韦厄火山 1997 年 1 月 30 日喷发引起的形变，表现在喷发前 8 小时的压缩和裂谷带的扩张。Owen 等(2000b)认为这次喷发与其说是裂谷带扩张和其南侧脱顶褶皱之上的滑动，倒不如说是由于最顶部岩浆房的超挤压所致(见图 14-15)。

　　GPS 和其他大地测量，也监测到 1999 年 9 月 12 日岩浆侵入到东裂谷上部变形事件，CGPS 台网、地倾斜和应变仪观测还获得 2000 年 11 月月初在裂谷带南侧的无震滑动。Cervelli 等(2002b)认为这是被滑动前 9 天 1m 深的强降雨触发所致。

　　总之，在基拉韦厄这类频发活火山地区，GPS 和 CGPS 能够提供实时或准实时跟踪火山变形和预测火山喷发的信息。目前，为了跟踪火山变形，HVO 详细按实时和单历元随时处理 CGPS 数据，以期获得地表位移详尽的三维记录。

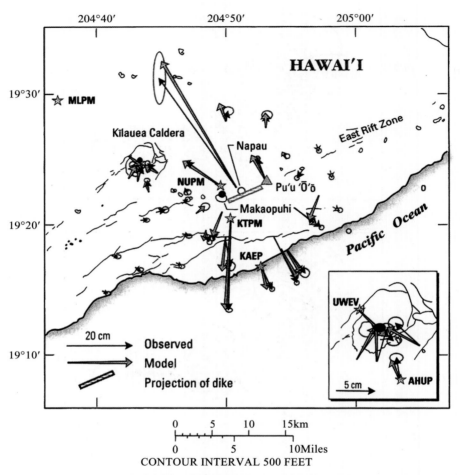

由综合连续和间断性 GPS 监测获得的资料绘制（D. Dzurisin，2007，转引 Owen et al.，200b；Segall et al.，2001）。图中，带有 95% 可信度的椭圆代表观测的位移；灰色箭头表示模拟预测结果；4 个字母（台站名称）表示 GPS 台站记录是连续的；沿东裂谷带 Makaopuhi 附近和基拉韦厄存火山中间的小影线图，表示推测的地倾斜中心位置；右下角小插图为基拉韦厄火山最高点位置附近的局部放大；细线示断裂、地表破裂和喷发产生的裂隙。

图 14-15　夏威夷基拉韦厄火山 1997 年 1 月喷发伴随的地表水平位移

除夏威夷基拉韦厄火山的 CGPS 台网外，美国还在加州长谷破火山进行连续、实时监测，在南加州和太平州西北（与加拿大）建立连续运作的参考网（CORS）、综合 GPS 台网（SCIGN）和大地测量台阵（PANGA）。日本也布设了国家 GPS 台网（GEONET），以监测火山活动和慢地震活动。

（3）InSAR 在监测美国俄勒冈三姐妹火山中的应用

SAR（合成孔径雷达）和 InSAR（合成孔径雷达干涉测量）也是目前用于监测火山活动和地面变形的一种现代化方法。其基本原理是使用星载雷达的相位信息，将相隔数月至数年拍摄的图像结合在一起，探查地面高程及其动态变化，最终可以获得地面的三维图像，且精度和分辨率比 GPS 要高。近十多年来已在意大利埃特纳火山、美国加州长谷破火山、怀俄明州黄石破火山、阿拉斯加奥克莫克火山、阿库坦火山、韦斯特达尔火山和基斯卡火山群、印度洋 Piton de la fournaise，La Re'union 火山、加拉帕戈斯和智利几座火山等得到广泛应用。现以美国俄勒冈州三姐妹火山为例较详论述。

三姐妹火山是从玄武岩到流纹岩火山作用长期活动的中心，第四纪形成 5 个大的火山锥：3 个姐妹山、破顶（Broken Top）和学士（Bachelor）山（图 14-17）。其中以南姐妹山最年轻，喷发熔岩组分为玄武安山岩到流纹岩，形成时代大部（而非全部）属晚更新世（Qp^3）。大约在距今 2200 和 2000 年前，最年轻的喷发使其南侧和北东侧产生一系列火山口，喷出物为流纹岩火山碎屑、熔岩流，并形成火山穹隆。

2001 年，美国地质调查局的 Chuck Wicks，利用 InSAR 获得的一张干涉影像图揭示，在南姐妹山最高点西侧约 5km 处存在一个引人注目的靶心图式隆起区，大约从 1996 年 8 月到 2000 年 10 月间，在直径约 20km 范围内最大隆升达 11cm。弹性点源模拟表明，在地下 6.5 ± 0.4km 深处，岩浆侵入的体积增加了 0.023 ± 0.003km^3，其形变场超出了事先设置的 EDM（电子测距）和地倾斜观测网络的范围。2001 年夏季包括 GPS 在内的测网复测，再次证明了 InSAR 的结论，并发现在 InSAR 测量之前，变形很小或者没有变形。补充干涉图的连续分析揭示，隆升始于 1997—1998 年，到 2001 年 9 月累积隆升量已达 14cm（图 14-16），至 2005 年 5 月，以大约 3cm·a^{-1} 的稳定速率持续隆升，但该地区每年仅发生几次微震（$M<3$）。目前，美国地质调查局火山灾害项目，通过其 David-Jonston 喀斯喀特火山观测站（CVO）与美国林业部门合作，增加了对该区的监测，公开提供有关火山活动的信息。

综上所述，利用 InSAR 对火山活动进行监测，可以极大增加对岩浆移动、聚集和喷发全过程的了解，对探明火山活动的细节变化十分有用，是一种极有前途的地震大地测量方法。

14.3　地震大地测量学在滑坡地质灾害监测预报中的应用

滑坡等自然灾害是地壳运动与所处环境和人为活动共同作用的结果。其中，前者是形成滑坡等的物质基础或者载体，后两者是滑坡致灾的触发因素。滑坡等属地质灾害，故发生的范围广、密度大、频率高，损失严重。本节依次简述这类灾害的分布、致灾、触发和监测治理的现状，以实例较详论述了地震大地测量学在监测与预报滑坡等灾害中的应用情况。

14.3.1　滑坡地质灾害的分布

滑坡等地质灾害的分布与地质构造、地形地貌和河流水系等密切相关。图 14-17 为中国滑坡分布图。由图可见，中国的滑坡主要集中在以下地区：

①极高密度区，主要分布在川滇山地、长江三峡、黄土高原的部分地区；

②高密度区，主要分布在秦巴山区、长江三峡、川滇山地、云贵高原、台湾山地和黄

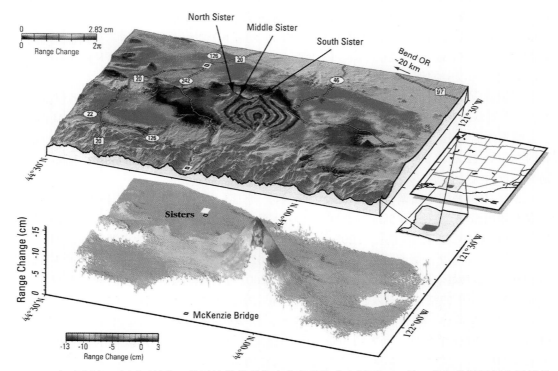

（上为干涉图，下为解缠图）5 条干涉带几乎集中在南姐妹火山以西 5km 处，并与此期间朝向卫星的 14cm 的地面运动同步。加时频干涉图的分析表明，这和隆升开始于 1997 年或 1998 年，并至少在整个 2002 年夏季形成稳定的 3～4cm·a⁻¹ 的速率。根据重复水准、GPS 测量数据以及在形变区两个连续的 GPS 台站的资料，这一隆升曾延续到 2005 年 5 月。模拟研究表明，隆升是在地下 5～7km 深处岩浆以 0.006km³·a⁻¹ 的速率向上挤压造成的。

图 14-16　1995 年 9 月至 2001 年 9 月俄勒冈州破火山中心、三姐妹地区（红色矩形区域）
InSAR 图（D. Dzurisin，2007，转引自 Wicks et al.，2002）

土高原的部分地区；

③中等密度区，主要分布在太行山，山西高原，青藏高原东南、天山、东南及华南丘陵的一些地区；

④低密度区，主要分布在大、小兴安岭，内蒙古高原、山东丘陵、江南丘陵、四川盆地、青藏高原北部和阿尔泰山的一些地区；

⑤极低密度区，主要分布在东北平原、华北平原、长江中下游平原、塔里木盆地、柴达木盆地、准噶尔盆地和鄂尔多斯高原等平原和盆地内（殷坤龙等，2010）。

14.3.2　滑坡地质灾害

滑坡一旦形成下滑，就会以巨大的动（势）能摧毁滑坡沿线一切障阻物，造成人员伤亡和经济、财产损失的直接（一次）灾害效应。有些滑坡还会产生间接（二次）灾害效应，

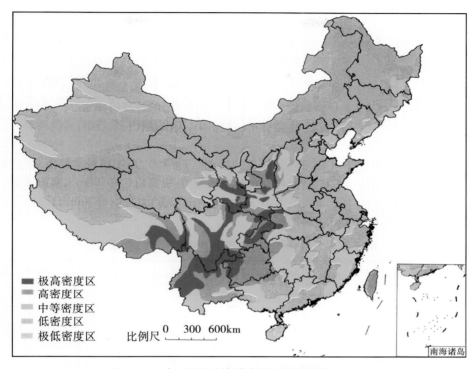

图 14-17 中国滑坡灾害分布图(殷坤龙等，2010)

甚至更间接的(三次)灾害效应，形成一系列灾害链。据统计，我国西北、西南地区，每年因滑坡等地质灾害死亡人数近千人，直接经济损失 80 亿~100 亿元，间接损失更难以估计(黄润秋等，2010)。

14.3.3 滑坡地质灾害的诱(触)发因素

中国滑坡等地质灾害固然与其生成的地质、地形地貌和水系发育有关，但诱(触)发因素则表现得更为显著。例如 2008 年 5 月 12 日汶川 8.0 级地震诱发了 15000 处滑坡、崩塌、泥石流灾害，致使 2000 人死亡。又如 1920 年 12 月 16 日海原 $8\frac{1}{2}$ 级地震，诱发 675 处大滑坡，形成 40 余个堰塞湖，死亡 10 万人。黄润秋等(2008)曾根据我国 21 处灾难性(大型)滑坡事件，总结了诱(触)发滑坡的 5 大主要因素。统计认为 20 世纪 80 年代以来，中国大陆所发生的大型灾害性滑坡，约 70% 与极端气候条件或气候变异相关，约 50% 为强降雨所致，23% 与人类活动有联系。2004 年，笔者曾对与三峡水库移民有关县市数十处滑坡调查表明，高达 80%~90% 的滑坡事件是由于不合理的人工开挖前缘和后缘开荒种植引起的。有资料显示，20 世纪 80 年代以来，随着中国西部地区的大开发，该地区大型滑坡等地质灾害发生频度有上升趋势。

14.3.4 滑坡地质灾害监测与预报现状

由于滑坡地质灾害分布广，频度高，损失和对生态环境影响严重，因此世界各国都十分重视对其监测、预报和防治，联合国《国际减灾十年》(1990—2000 年)也将此类灾害列为重点执行项目。在过去二三十年间，中国政府和国土资源部等职能部门相继颁布了《防灾减灾法》、《地质灾害防治管理办法》和《地质灾害防治条例》等法规，极大地促进了对中国大陆滑坡等地质灾害的调查、监测、预报、防治和理论研究，比较成功地预报了几次滑坡灾害事件(表 14-3)，对一系列危害性严重的岩崩、滑坡进行了防治。目前，在以中国地质环境监测院为首和有关高校、科研单位参与下，对中国大陆的地质灾害形成的控制因素、力学机制，监测网站建设，灾害的危害性风险分析、评价、灾害的预警系统等，继续进行深入研究，并取得显著进展。

表 14-3　　　　中国大陆滑坡成功预报的实例统计(黄润秋等，2008)

滑坡名称	滑动时间	预报时间	误差时间
宝鸡卧龙寺新滑坡	1977 年 5 月 5 日		
湖北大冶铁矿象鼻山北帮滑坡	1979 年 7 月 11 日	1979 年 7 月 9 日发出滑坡预报	滞后 2d 左右滑动
白银折腰山露天矿 IX 和 X 号滑坡	1983 年 7 月 9 日和 10 日	1983 年 7 月 5 日发出滑坡预报	滞后 3d 左右滑动
金川露天矿采石场滑坡	1983 年 7 月 9 日		
长江新滩滑坡	1985年6月12日3时45分	临滑预报成功	滞后半天左右
长江鸡鸣寺滑坡	1991年6月29日4时58分	1991 年 6 月 29 日	滞后 1d 发生
甘肃黄茨滑坡	1995年1月30日2时30分	1995 年 1 月 31 日	预报滞后 21h30min
甘肃焦家村滑坡	1996 年 2 月 13 日 1 时 08 分	1996 年 2 月 12 日	滞后 1d 发生
宜汉天台乡特大型滑坡	2004 年 9 月 5 日 11 时	临滑预报成功	

14.3.5 应用实例——长江三峡新滩滑坡的监测与预报

滑坡地质灾害从其形成到致灾，是一个复杂的地质-物理过程，受多种因素制约，灾害类型也各不相同，每种类型都具有相应的地质地貌，岩(土)体结构与变形破坏条件，因此对其进行监测的技术思路和方法亦有差异。大量的实践证明，大地测量学在监测滑坡等地质灾害的变形过程具有关键作用。现以实例较详细说明。

长江西陵峡新滩滑坡位于湖北省秭归县境内的新滩镇北岸，与链子崖危岩体隔江对峙，下距三峡大坝 26km，为一多期活动的古崩塌滑坡体(图 14-18)。1985 年 6 月 12 日凌晨 3:52—3:56 时，新滩镇北岸沿广家崖岩堆—窝塘坑—姜家坡—新滩斜坡一线发生了总

体积约 3000×10⁴m³ 堆积层大型滑坡，高速 10~30m/s 下滑的土摧毁新滩千年古镇，毁坏
481 户居民的房屋计 1569 间，农田 780hm²。约有 1/10 的土石下滑入江，涌浪高达 54m，
浪峰宽 310m(薛果夫等，1988)，波及长江上下游江面约 42km，击沉 8km 水内机动船 13
艘、木船 64 只。前缘入江土石约 340×10⁴m³，形成高出江水面长约 93m，宽约 250m 的碍
航滑舌，中断航运 12 天(王尚庆等，2008)。

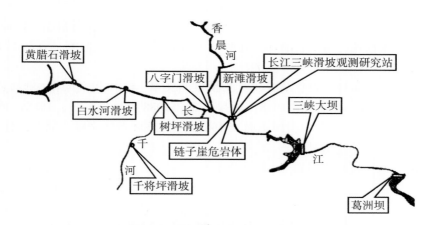

图 14-18   长江西陵峡新滩滑坡地理位置示意图(王尚庆等，2008)

由于预报准确及时，撤离措施有效，滑坡区内 457 户计 1371 人在滑坡前夕全部安全
撤离，无一伤亡，正在险区航行的 11 艘客货轮及时避险，使这场不可抗拒的地质灾害损
失减少到了最低程度(据估算，为国家减少直接经济损失 8700 万元)(王尚庆等，2008)。

新滩滑坡成功的预报，是在原湖北省西陵峡岩崩调查处(现湖北省岩崩滑坡研究所)
的组织、协调下，省内外不同单位发挥相关学科优势，坚持长期监(观)测、科学合理的
风险评估和正确决策的结果。然而，遗憾的是在见诸于公开的文献中，对协作单位的工作
或只字未提，或着墨甚少。本节笔者认为有必要就原武汉地震大队(现中国地震局地震研
究所)1971—1990 年间在新滩滑坡前后的监测研究做简要回顾。

早在 1971 年，武汉地震大队就对长江沿岸数十处古滑塌和崩塌体作为地震能引起的
次生灾害进行了考察和研究，以后逐渐把重点转移至新滩江段的两岸。1972 年湖北省西
陵峡岩崩调查处成立，在武汉地震大队、长江流域规划办公室、湖北省地矿局等单位的协
作和帮助下展开系统地监测。

1973 年，根据湖北省鄂革〔1973〕第 223 号文及省科委召开的西陵峡岩崩调查协作会
的安排，武汉地震大队承担了关于新滩、链子崖岩崩区可能受到的地震最大强度及其对危
岩体影响的研究和链子崖 8~12 号缝岩体绝对位移观测和研究两项任务。

1974 年 3 月，地震研究所派出形变测量专业人员到岩崩区，根据实地情况，拟定了
由 7 个测点、12 条边组成的形变观测网的布设方案，然后踏勘选点、建造标墩，同年 10
月开始观测。之后，又派出科技人员携带仪器设备到现场边观测边对岩崩调查处的测量人
员进行辅导、培训，直到 1979 年才把观测任务交给岩崩调查处独立进行，地震研究所继
续负责资料分析处理和技术咨询工作。1975 年 2 月，余绍熙、况仁杰提交了《西陵峡链子

733

崖绝对位移观测初步小结》。1977 年开始，由长江流域规划办公室协助西陵峡岩崩调查处在链子崖对岸的新滩滑坡体的边坡处，建立 8 个控制点、12 条边组成的形变监测网，地震研究所负责资料处理。1982 年利用五年的观测资料提交了《西陵峡新滩滑坡体绝对位移观测小结》。同年，况仁杰等用数据统计方法，分析了 8 年按月观测的资料，写出了《链子崖临江位移》的研究报告，认为链子崖近期不会整体滑塌，零星崩落仍会出现，为后来加强北岸的新滩滑坡体监测的决策提供了明确的论据。

新滩滑坡后，地震研究所况仁杰等又系统整理了滑前所有的测量数据，以探索、总结有意义的滑前临界前兆，协助岩崩调查处继续进行后滑体的位移监测，直至 1990 年滑体趋稳才结束课题。

新滩滑坡后，一系列回顾总结成功监测预报的文章、著作相继问世（例如陆业海等，1991；王尚庆，1986；骆培云，1988；薛果夫等，1988；王兰生等，1988；孙广忠等，1988；王尚庆，2008）。本节中引用王尚庆 1986 年和 2008 年的文献，简要叙述利用大地测量学方法监测滑体的变形过程。

新滩滑坡大地测量监测网如图 14-19 所示。

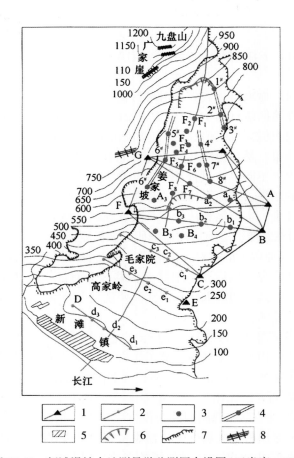

图 14-19　新滩滑坡大地测量学监测网布设图（王尚庆，2008）

新滩滑坡监测工作始于 1977 年 11 月。监测系统由 5 条视准线兼短水准测量路线计 15
个变形观测点、15 个三角交会观测点及一个监测控制网（6 个控制点）组成。斜坡的水平
位移（向长江方向的单向位移）采用视准线法，用 WILDT$_3$ 光学经纬仪（1″级）和特制的游标
活动觇牌观测，当水平位移量大于活动觇牌读数范围时改为小角法观测；斜坡的垂直位移
采用几何水准测量法，用 WILDN$_3$ 水准仪观测；交会观测点（F$_1$~F$_8$ 和 A$_3$~B$_4$）的三维位移
采用前方交会法和精密三角高程测量法用 T$_3$ 经纬仪观测。

王尚庆（1986，2008）依据 1977 年 11 月至 1985 年 6 月上中旬 7 年多的位移观测资料
和实地宏观地质巡查观察结果综合分析，滑坡的发展变化过程经历了缓慢变形→匀速变
形→加速变形→急剧变形 4 个阶段（图 14-20）。

（1）缓慢变形阶段（1979 年 8 月以前）

主滑区姜家坡不断接受其后缘和西侧黄崖崩塌块石的冲击、加载堆积，促使斜坡开始
产生变形，地表出现近南北向长大裂缝；滑体向下蠕动，月变形率小于 10mm。

（2）匀速变形阶段（1979 年 8 月至 1982 年 7 月）

滑体变形量逐渐增大，月变形率为 10~50mm。原地表裂缝逢雨复活，并扩展变形。
姜家坡前缘相继出现 $20×10^4$~$85×10^4$m^3 危岩体，其上出现"醉汉林"伴有小崩塌。

（3）加速变形阶段（1982 年 7 月至 1985 年 5 月）

主滑区监测点运动速度加快，蠕变曲线变化持续上升，A$_3$、B$_3$ 观测点分别以
171.9mm/月和 168.2mm/月变速向南滑移，累计位移量高达 5845.3mm 和 5718.8mm，变
化速度是前一阶段的 5 倍以上。后缘拉张下坐至 15m，东、西两侧羽状裂缝基本连通，出
现松动、沉降带和阶梯状次生裂缝；前缘 $85×10^4$m^3 危岩体下坐 3~5m；毛家院后出现明显
剪鼓胀异常。主滑方向为南偏西，即直指新滩镇。

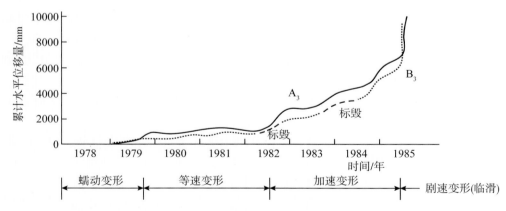

图 14-20　新滩滑坡发生前 A$_3$、B$_3$ 观测点水平位移-时间关系曲线（王尚庆，2008）

（4）急剧变形阶段（1985 年 5 月中旬至 6 月 11 日）

仪器监测和实地宏观地质巡查结果都十分明显地表明滑坡险情恶化，斜坡变形剧烈，
处于临界破坏状态。

姜家坡至广家崖坡脚的观测点变化量急剧增大，位移处于峰值，A$_3$、B$_3$ 和 F$_1$~F$_7$ 九个

观测点的蠕变曲线都于临滑前 28 天(5 月 15 日)同时出现拐点,斜率变化突增变陡趋于 90°。

从 5 月中旬至 6 月上旬,滑体上各测点变形量骤然加大。A_3 点先后向西南位移 2.318m 和向西直移 6.083m;B_3 点则先是突然朝东南位移 10.764m,后继之位移 2.961m。$F_1 \sim F_7$ 测点向西南位移 3.07~15.77m,下沉 0.63~2.47m;F_8 测点则因沉降过大而失测。至临滑前夕,$F_1 \sim F_7$ 测点向南位移 6.04~24.05m,并以每分钟 5.3mm、4.7mm、4.4mm、4.0mm、2.8mm、1.9mm 和 1.3mm 的速率由后朝前推移。

后缘广家崖坡脚在 6 月 10 日一夜间坐落 2m;东西两侧拉张沉降带增宽至 10~35m,下错距 3~5m,逐渐趋于连通,形成弧形拉裂圈;姜家坡前缘坡脚潮湿,剪鼓胀异常明显。

至滑坡前 2 天,主滑体已出现临界破坏的变形、滑崩地震、地热、地下水和动物异常前兆,终于在 1985 年 6 月 12 日凌晨发生新滩大滑坡事件。

新滩滑坡成功预报的经验或启示,就在于对滑体从其潜伏阶段(1964 年前)至破坏阶段(1985 年 6 月 12 日)长达 20 多年时间内,在地质调查与勘探的基础上,采用常规的大地测量学方法,在滑坡致灾前 10 年坚持间断性或实时性监测,合理判断滑体在不同变形阶段特征,总结临界破坏前兆,及时提出预报决策意见。事实证明,地震大地测量学方法在新滩滑坡预报中起到关键作用。

14.4　地震大地测量学在地面沉降监测中的应用

地面沉降也是全球最广泛的一种地质现象(灾害)。据文献(何庆成等,2004),中国目前已有 96 个城市和地区发生不同程度的地面沉降,它们集中分布在东部长江三角洲、华北平原、淮北平原、松嫩江平原和关中平原。截至 1998 年统计,地面累计沉降量 460~2780mm,沉降速率为 10~56mm/a。其中又以长江三角洲和华北平原的地面沉降更为严重,前者沉降量超过 200mm,沉降面积近 10000km²;后者则更甚,沉降量为 200~1000mm,面积达 74698km²。

图 14-21 是华北平原 2002 年累计的地面沉降量示意图。图 14-22 是华北平原 2003 年累计的地面沉降量分布图。

地面沉降主要是由于不合理、高强度的开采地下水所致,而地壳运动、地表静荷载、工程建设等自然或人为因素导致的沉降仅占总沉降量的 5%~20%。地面沉降已经造成严重的社会、经济和生态环境问题,经济损失难以估计。

为了调查和监测地面沉降,避免其成灾扩大化,有关单位从 20 世纪 70 年代起曾进行调查,并利用常规大地测量方法进行监测。2000 年李德仁等利用欧空局 ERS-1 和 ERS-2 相隔 1d 的重复轨道 AAR 数据,经过差分处理对天津市地面沉降进行研究,获得揭示地面沉降范围及其分布的干涉纹图。该图与 1995—1997 年重复水准测量求得的地面沉降等值线图,具有明显的一致性和相似性(李志明等,2004)。同期,中国地质环境监测院等提出了一套完整的战略设想和防治地面沉降方案。其中,除了利用常规的大地测量学方法进行监测外,同时以新技术新方法加强地面沉降监测,包括利用全球定位系统(GPS)、合成孔径雷达(SAR)、合成孔径雷达干涉测量(InSAR)、合成孔径雷达差分干涉测量(D-InSAR)和激光雷达(LiDAR)等，探测地表微小的信息变化，地面沉降引起的变形或次生灾害，为建立华北平原地面沉降信息系统和防治提供基础资料。

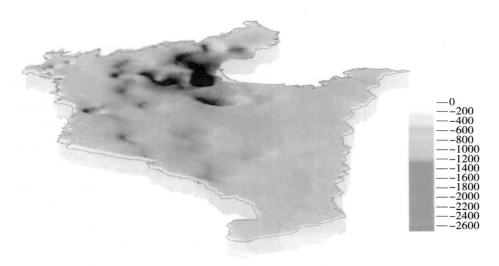

图 14-21　华北平原 2002 年累计的地面沉降量示意图(单位：mm)(何庆成等，2004)

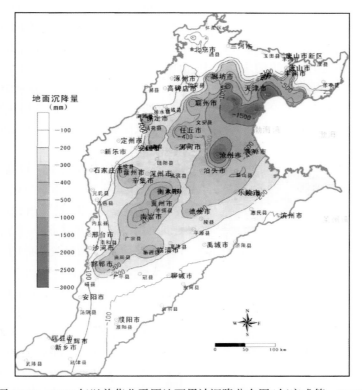

图 14-22　2003 年以前华北平原地面累计沉降分布图(何庆成等，2006)

14.5　地震大地测量学在地下水储量变化监测中的应用

GRACE 卫星重力用于监测地下水变化及干旱情况，已经取得一定进展。

2002 年 3 月由美国国家航空航天局 NASA 和德国宇航中心 DLR 联合发起的重力场恢复与气候实验（Gravity Recovery and Climate Experiment，GRACE），用于观测地球重力场的数值及变化（时间精度为 1 个月左右）。GRACE 数据可以用于研究地表质量的变化。

易航等（2014）利用 2003—2012 年间的 GRACE 数据计算美国本土地下水的变化，并将结果与水文学模型模拟值进行比较，建立全新的干旱指数 GHDI（GRACE-based Hydrological Drought Index），用于监测美国本土的干旱情况。研究采用去相关滤波和高斯平滑处理等处理方法（S. Swenson et al., 2005；J. Wahr et al., 1998），对 2003—2012 年间的 GRACE 数据进行处理，并去除冰后回弹效应的影响，由重力变化转化为地表等效水质量的变化，得到 2003—2012 年间美国本土地下水的年际变化。通过 GRACE 数据计算的 2003—2012 年间美国本土北部和南部的地下水呈现出相反的变化趋势：北部地下水由约 −5cm 增长至约 11cm（与平均值相比），增长的中心由西北向东北移动；而南部地下水由约 5cm 减少至约 −7cm，减少的中心由西南向东南移动。此外，2006 年美国本土中南部区域观察到了显著的地下水减少。将 GRACE 数据和两个水文学模型（Mosaic LMS、NOAH LMS）计算出的地下水年际变化进行比较，从相关性和年度循环幅度方面来看，它们在美国本土大部分区域是一致的，但在某些时段的局部地区存在一些差异。此外，两个水文学模型模拟的结果也有所不同。考虑到 GRACE 数据在时间和空间上误差的连续性，GRACE 数据可以作为水文学模型修改提高的参考。利用 GRACE 数据计算的美国本土地下水变化异常值（与平均值相比）对传统的干旱指数 PHDI 进行拟合，建立了一个全新的干旱指数 GHDI，它和传统干旱指数帕氏水文干旱指数（Palmer Hydrological Drought Index，PHDI）吻合得很好。基于 GRACE 数据的新的干旱指数 GHDI 与传统干旱指数 PHDI 相比具有以下优势：定义和计算更加简单、直接，需要很少的水文学资料，可以扩展至监测全球的干旱情况。

中科院测量与地球物理研究所"卫星大地测量与全球环境变化"研究团队冯伟博士、钟敏研究员、许厚泽院士，与法国空间局/大地测量研究中心（CNES/GRGS）Richard Biancale 教授和 Jean-Michel Lemoine 博士、国际水资源协会主席夏军教授（武汉大学/中科院地理所）合作，在 GRACE 卫星重力监测华北地下水方面开展了深入研究，利用 GRACE 卫星重力数据和土壤水资料定量估计了近十年来华北地下水储量变化的时空分布和长期趋势（图 14-23）。

研究发现，华北地区（包括北京、天津、河北和山西）每年损耗约 83±11 亿吨地下水。这一结果是早期基于浅层地下水统计数据估算结果的 3 倍多。两者之间的巨大差异表明，华北地区深层地下水损耗远大于浅层地下水损耗。此外，研究还发现，华北地下水减少最明显的地区主要在石家庄、保定等太行山山前平原区和北京、天津等地。

该研究成果于 2013 年 3 月在国际水资源领域期刊 *Water Resources Research* 上发表（W. Feng et al., 2013）。该项研究拓展了 GRACE 在地下水监测方面的应用，加深了人们对华北地区地下水的认识，对了解地球系统的质量变化和迁移、区域水资源管理和开展全球水循环研究具有重要意义。

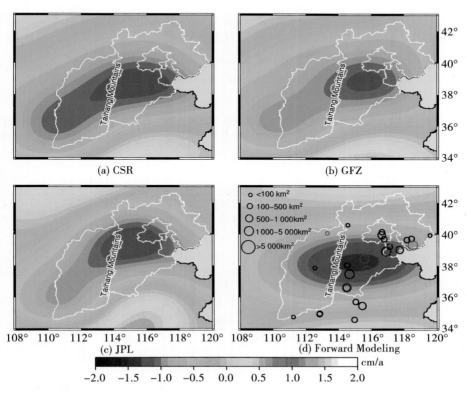

图 14-23　利用 GRACE 卫星重力数据监测得到的华北地下水 2003—2010 年变化趋势图(W. Feng et al. , 2013)

14.6　地震大地测量学在能源领域中的应用

地下储气库在注、采气的反复加载、卸载过程中，会引起储气库岩石盖层及地表的一系列变形，采用 GPS 和 InSAR 等技术监测能源设施的地表形变，已经得到应用。

新疆大学于江教授团队采用 GPS 技术对地下储气库进行了监测研究。他指导的研究生刘志成(2015)以储气库区形变监测网为基础，采用高精度 GPS 水平位移观测和精密水准测量沉降观测等技术，获取注、采过程中随压力变化下储气库区地表的三维形变结果，采用弹性模型进行非线性三维有限元数值模拟与分析，预测地表三维形变规律，研究地下储气库应力-压强-形变的关系，分析在储气库安全运行过程中的断层活动特征，对储气库的运行安全进行评价，从而保障地下储气库安全平稳地运行。

乔学军团队采用 InSAR 等技术，在监测地下储气库的地表形变监测研究方面取得进展。他指导的研究生陈威等(2016)，利用 2013G08 ~ 2014G08 观测的 17 景 TerraSAR GX 卫星雷达影像，采用小基线集(Small Base Line Subset，SBAS) InSAR 技术获取呼图壁地下储气库运行期间的地表形变序列(图 14-24)，并结合地下储气库注(采)气井口的压力数据，采用多点源 Mogi 模型对储气库的形变场进行模拟。结果表明，整个储气库区域的形变特征为非连续分布，形变与注(采)气压力变化具有较好的相关性；注(采)气期间沿卫星视线向(LOS)的形变峰值分别为 10mm 和-8mm；采用自适应前向搜索法，基于多点源 Mogi 模型初步模拟注(采)气期间的形变过程，当地下储气库的注(采)气平均气压分别为 18MPa 和 15MPa 时，LOS 的形变可分别达到 7mm 和-4mm，地表形变的大小与注(采)气井口密度有关。储气库的储气分布呈非均匀状态，即地下气库结构复杂多变。

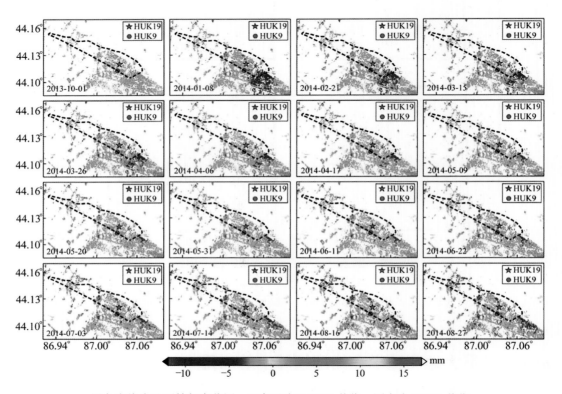

黑色虚线为地下储气库范围，五角星为 HUK19 井位，圆点为 HUK9 井位
图 14-24　呼图壁地下储气库形变时间序列图(陈威等，2016)

因此，采用 InSAR 等技术，可实现对地下储气库进行形变监测，有利于深入了解储气库内部的构造运动特征、储层岩石应力应变状态及地震活动性随注(采)气压力变化的规律等，以确保储气库的稳定、高效运行。

(本章由饶扬誉、刘锁旺撰写)

本章参考文献

1. 白成恕, 马旭辉, 武新明, 等. 利用 GRACE 数据探测长江流域水储量变化[J]. 测绘与空间地理信息, 2013, 36(5): 165-166.

2. 蔡惟鑫, Vieira R, 等. 火山与地壳变动[M]. 北京: 地震出版社, 2005.

3. 曹艳萍, 南卓铜. GRACE 重力卫星数据的水文应用综述[J]. 遥感技术与应用, 2011, 26(5): 543-553.

4. 陈威, 余鹏飞, 熊维, 等. 新疆呼图壁地下储气库的 InSAR 形变监测与模拟[J]. 大地测量与地球动力学, 2016, 36(9): 803-812.

5. 陈威, 余鹏飞, 熊维, 等. 新疆呼图壁地下储气库的 InSAR 形变监测与模拟[J]. 大地测量与地球动力学, 2016, 36(9): 803-807.

6. 陈运泰. 地震预测: 回顾与展望[J]. 中国科学(D 辑: 地球科学), 2009, 39(12): 1633-1658.

7. 丁原章, 肖安予, 常宝琦, 等. 水库诱发地震[M]. 北京: 地震出版社, 1989.

8. 樊力彰. 小数据集时间序列 PS-InSAR 技术及其地表沉降应用[D]. 阜新: 辽宁工程技术大学, 2011.

9. 古普塔 H K, 拉斯托吉 B K. 水坝与地震[M]. 王卓凯 等, 译. 北京: 地震出版社, 1980.

10. 何成庆, 刘文波, 李志明. 华北平原地面沉降调查与监测工作思路[G]//钟自然. 地质环境保护与地质灾害防治——中国地质环境监测院建院 30 周年论文集. 北京: 中国大地出版社, 2004.

11. 何建国. 长时序星载 InSAR 技术的煤矿沉陷监测应用研究[D]. 中国矿业大学(北京), 2010.

12. 何庆成, 刘文波, 李志明. 华北平原地面沉降调查与监测[J]. 高校地质学报, 2006, 12(2): 195-209.

13. 胡乐银. 应用 InSAR 时序分析方法监测断层活动性研究[D]. 青岛: 山东科技大学, 2010.

14. 黄宝伟. 基于 D-InSAR 和 GIS 技术的煤矿区地面沉降监测研究[D]. 北京: 中国石油大学, 2011.

15. 黄润秋, 许强, 等. 中国典型灾难性滑坡[M]. 北京: 科学出版社, 2008.

16. 黄润秋, 许强, 戚国庆. 降雨及水库诱发滑坡的评价与预测[M]. 北京: 科学出版社, 2007.

17. 李玉锁, 修济刚, 李继泰, 等. 火山喷发机制与预报[M]. 北京: 地震出版社, 1998.

18. 李志明, 何庆成. 合成孔径雷达干涉测量(InSAR)在地面沉降监测中的应用[G]//钟自然. 地质环境保护与地质灾害防治——中国地质环境监测院建院 30 周年论文集. 北京: 中国大地出版社, 2004.

19. 刘欢欢，范景辉，陈建平，等．基于相位空间相关性分析的 PSInSAR 技术在地面沉降监测中的研究与实践[J]．地理与地理信息科学，2012，28(3)：15-19.

20. 刘若新，李霓．火山与地震[M]．北京：地震出版社，2005.

21. 刘若新，魏海泉，李健泰，等．长白山天池火山近代喷发[M]．北京：科学出版社，1998.

22. 刘志成．新疆某地下储气库注采周期地表形变监测与数值模拟研究[D]．乌鲁木齐：新疆大学，2015.

23. 毛玉平，艾永平，李志祥．水库诱发地震研究[M]．北京：地震出版社，2008.

24. 任婧．基于 InSAR 技术的矿区地表沉降监测[D]．太原：太原理工大学，2011.

25. 山锋．基于 SBAS-InSAR 技术的大同市地面沉降监测研究[D]．西安：长安大学，2011.

26. 邵叶．基于 D-InSAR 和 Offset_Tracking 技术的同震形变场提取研究[D]．北京：中国地震局地震预测研究所，2011.

27. 史卫平．DInSAR 技术及其在矿区地面沉降监测中的应用研究[D]．青岛：山东科技大学，2010.

28. 苏晓莉，平劲松，叶其欣．GRACE 卫星重力观测揭示华北地区陆地水量变化[J]．中国科学(D 辑：地球科学)，2012(6).

29. 孙少安，项爱民，刘冬至，等．三峡工程蓄水前后的精密重力测量[J]．大地测量与地球动力学，2004，24(2)：30-33.

30. 孙鑫喆，徐锡伟，陈立春，等．2010 年玉树地震地表破裂带典型破裂样式及其构造意义[J]．地球物理学报，2012，55(1)：155-170.

31. 陶秋香．PS InSAR 关键技术及其在矿区地面沉降监测中的应用研究[D]．青岛：山东科技大学，2010.

32. 王尚庆．长江三峡新滩滑坡(1985)[M]//黄润秋，许强，等．中国典型灾难性滑坡．北京：科学出版社，2008.

33. 王尚庆，等．长江三峡滑坡监测预报[M]．北京：地质出版社，1998.

34. 王亚男．InSAR 技术用于矿区大量级塌陷监测研究[D]．西安：长安大学，2011.

35. 吴翼麟．丹江口水库诱发地震文集[M]．北京：地震出版社，1979.

36. 夏其发，等．水库地震评价与预测[M]．北京：中国水利水电出版社，2012.

37. 辛亚芳．西安市地面沉降信息管理系统开发与 InSAR 数据后处理研究[D]．西安：长安大学，2011.

38. 许才军，龚正．RACE 时变重力数据的后处理方法研究进展[J]．武汉大学学报(信息科学版)，2016，41(4)：503-510.

39. 闫大鹏．基于 D-InSAR 技术监测云驾岭煤矿区开采沉陷的应用研究[D]．北京：中国地质大学(北京)，2011.

40. 杨帆，邵阳，马贵臣，等．InSAR 技术在海州露天矿边坡变形监测中的应用研究[J]．测绘科学，2009，34(6)：56-58.

41. 易航，温联星．卫星重力监测美国本土地下水变化及干旱情况[C]//中国地球物理学会，等．中国地球科学联合学术年会——专题3：地球重力场及其地学应用论文集．
北京：2014.

42．殷坤龙，张桂荣，陈丽霞，等．滑坡灾害风险分析［M］．北京：科学出版
社，2010.

43．翟宁，王泽民，鄂栋臣．基于GRACE反演南极物质平衡的研究［J］．极地研究，
2009（1）．

44．翟宁，王泽民，伍岳，叶聪云．利用GRACE反演长江流域水储量变化［J］．武汉
大学学报（信息科学版），2009（4）．

45．张继超，宋伟东，张继贤，等．PS-DInSAR技术在矿区地表形变测量中的应用探
讨［J］．测绘通报，2008（8）：45-47.

46．张微．基于D-InSAR的杭州地区地壳形变监测及机理研究［D］．杭州：浙江大
学，2008.

47．美国国家研究委员会固体地球科学重大研究问题委员会．地球的起源与演化——
变化行星的问题探讨［M］．张志强，郑军卫，王天送，等，译．北京：科学出版社，2010.

48．中国地震局．地震标准汇编2009（第一册）［M］．北京：地震出版社，2009.

49．中国地震局地震研究所，长江水利委员会三峡勘测研究院．长江三峡工程诱发地
震监测系统［R］．2012.

50．朱武，张勤，赵超英，等．基于CR-InSAR的西安市地裂缝监测研究［J］．大地测
量与地球动力学，2010，30（6）：20-23.

51．Scarpa R，Tilling R I．火山监测与减灾［M］．刘若新，等，译．北京：地震出版
社，2001.

52．Dzurisin D. Volcano Deformation：Geodetic Monitoring Techniques. Springer
Praxis，2007.

53．Feng W，Zhong M，Lemoine J M，et al. Evaluation of groundwater depletion in North
China using the Gravity Recovery and Climate Experiment（GRACE）data and ground-based
measurement［J］. Water Resour. Res. ，2013（49）：2110-2118.

54．Ju Xiaolei，Shen Yunzhong，Zhang Zizhan. GRACE RL05-based ice mass changes in
the typical regions of antarctica from 2004 to 2012［J］. Geodesy and Geodynamics，2014，5
（4）：57-67.

55．Kuroiwa J. Disaster Reduction：Living in harmony with nature［M］. Peru：Intl Code
Council，2004.

56．Swenson S，and Wahr J. Post-processing removal of correlated errors in GRACE data
［J］. Geophys Res Lett，2006，33（8）．

57．SU XiaoLi，PING JinSong & YE QiXin. Terrestrial water variations in the North China
Plain revealed by the GRACE mission［J］. Science China（Earth Sciences），2011（12）．

58．Wahr J，M Molenaar，and F Bryan. Time variability of the Earth's gravity field：
Hydrological and oceanic effects and their possible detection using GRACE［J］. J. Geophys Res.
Sol. Ea.，1998，103（B12）：30205-30229.

59. Zhou Y, Jin S, Tenzer R, et al. Water storage variations in the Poyang Lake Basin estimated from GRACE and satellite altimetry［J］. Geodesy and Geodynamics，2016，7（2）：108-116.

60. Zhao Q, Hu Z, Guo J, et al. Precise relative orbit determination of twin GRACE satellites［J］. Geo-spatial Information Science，2010，13（3）：221-225.

第15章　当代全球对地观测系统的进展

地球科学正在经历重大的变化和自我超越，"自20世纪80年代以来，地球科学开始进入一个新的发展时期——地球系统科学时期"（中国科学院地学部地球科学发展战略研究组，2009；陈宜瑜等，2002；刘东生，2006）。1988年NASA提出《地球系统科学》，获得国际科学界的广泛认同与响应。地球系统科学强调必须将地球的各组成部分和各圈层作为有机联系的系统，综合集成性地研究全球尺度的各种物理、化学和生物现象与各种复杂过程的相互关系。地球系统科学的研究方法包括四个步骤：观测、分析和解释、模拟、验证和预测（NASA，1988；陈泮勤，2003；孙枢，2005）。在地球系统科学思想的指导下，在全球规模上已经组织了一系列重要的国际联合研究计划，建立了多个国家、区域甚至全球尺度的观测、监测和信息共享网络。例如，美国NASA的地球科学事业（ESE）计划、欧盟的全球环境监测系统（GEMS）、全球综合地球观测系统（GEOSS）、全球大地测量观测系统（GGOS）等。在此基础上，数字地球正在向智慧地球迈进。

在数字地球时代，大地测量从静态到动态、从地基到天基、从区域到全球迅速发展，定位精度显著提高，由运动学迈向动力学-动力系统，应用领域不断拓宽。重力卫星的发射使得地球重力场观测正在由地基向天基转变，精度和覆盖率不断提高，为统一全球高程基准创造了条件。全球导航卫星系统（GNSS）飞速发展，美国正在实施全球定位系统（GPS）现代化计划，俄罗斯正在着手格洛纳斯（GLONASS）补星完善，欧盟的伽利略系统（Galileo）预计在2013年初步组网，我国北斗卫星导航系统目前已向亚太地区提供定位、导航以及通信服务。多系统兼容互操作成为GNSS应用主流。基于多种大地测量观测手段的全球大地测量观测系统（GGOS）建设成为新的发展方向。

现代科学技术和对地观测等新技术的发展，推动了地球科学问题的深入研究，使一些重大地球科学问题的研究可能面临新的突破。对地观测技术、地球内部和海洋探测技术、分析测试与实验技术、地球信息技术构成了地球科学的四大技术体系，并极大地推动了地球科学的发展，使地球科学进入了对地球进行整体研究的新时代（吕克解等，2006）。

本章将重点介绍与地震大地测量相关的当代先进观测系统和技术的发展动态与趋势。对地震大地测量学观测系统和技术的创新，可望具有扩大视野和前瞻性意义。

15.1　全球对地观测系统发展动态

为了获取地球四大圈层（岩石圈、水圈、大气圈和生物圈）不断变化的信息，20世纪后40年人类在航空航天信息获取和卫星对地观测方面成绩斐然。现在人类已迈出构建天地一体化对地观测系统的坚实步伐，但对地观测现状仍不尽如人意，尤其是国家、组织和学科间的观测协调和资源共享不够，观测系统的持续发展能力不足，缺乏观测数据向有用信息的转化。为此，21 世纪初，国际社会提出了多种跨国家、跨组织对现有和待建的对地观测系统进行统一整合和协调集成的计划，如 ESE、GEOSS、IEOS、GGOS 等。其要点是协调目前全球独立运行的各种监测平台、资源和网络，弥合系统之间的鸿沟，支持系统间的协同工作，逐步建设一个由多系统组成的综合、持续、协同的分布式对地观测系统，以保障监测和跟踪全球各个角落地球环境的变化，为全球性、国家性、地区性、部门性环境、健康、灾害等社会公益事业的政策制定、决策与服务提供更快、更多、更好的数据与信息基础(吴立新等，2006)。

15.1.1　美国 NASA 的地球科学事业(ESE)计划

美国地球观测计划(EOS)的提出和实施带动了新一轮对地观测技术的浪潮，NASA 于 2000 年提出的以观测、描述、了解进而预测地球系统变化为宗旨的"地球科学事业"(Earth Science Enterprise，ESE)计划，将地球系统科学的概念引入计划中，把对地球观测技术和面临的科学问题紧密结合，开创了地球研究的新时代(NASA，2001，2002)。

1. ESE 的目标及其战略计划框架

2002 年，NASA 制订 ESE 战略计划的任务与目的是提高人类对地球系统的科学认识，包括提高关于地球系统对自然与人为变化的响应的科学认识，改进现在和将来对气候、天气和自然灾害的预测和预报。其科学目标是：观测、认识并模拟地球系统，以了解地球如何变化的以及对地球上生命的影响。根据这一总体目标又分解出五个科学主题：

①了解并描述地球是怎样变化的(Variability，变化性)；

②识别并测定地球系统变化的主要原因(Forcing，驱动力)；

③认识地球系统如何相应响应自然和人为变化(Response，响应)；

④确定由人类文明进程而导致的地球系统变化的后果(Consequence，后果)；

⑤实现对地球系统未来变化的预测(Prediction，预测)。

在应用方面，ESE 战略计划提出的目标是扩大并提高地球科学、信息与技术的经济和社会效益。任务包括：

①证明科学技术能够开发出公共与私有机构决策所需要的工具。

②激发公众对地球系统科学的兴趣和理解，鼓励青年学者以科学技术为终身职业。

ESE 的技术目标是：开发和采用先进技术，保障卫星成功运行并为国家繁荣服务。任务包括：

①开发先进技术，降低地球科学观测的成本并提高预测能力。

②与其他机构合作，在利用遥感对地球系统进行观测与预测的过程中发现和使用更好的方法。

在确立上述目标任务的同时，ESE 战略计划制订了分三个阶段实施的框架(图15-1)以及未来 30 年的工作路线图(图 15-2)。

2. ESE 的技术计划及核心技术领域

作为 ESE 计划的核心部分，NASA 于 2002 年公布的 ESE 技术战略，提出了以科学/应用需求为先导，推动技术投资，做到对关键观测技术与信息技术的重点投资和研发，进而提升、扩展 NASA 的卫星遥感观测能力、信息综合处理能力，并以先进技术和观测结果促进 NASA 的地球系统科学研究应用。

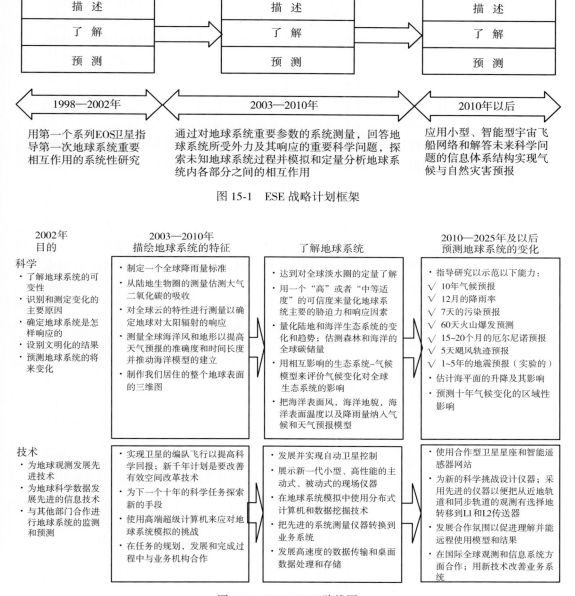

图 15-1　ESE 战略计划框架

图 15-2　NASA ESE 路线图

　　NASA 的仪器开发策略将主要集中在更有能力解决科学任务的观测手段上。支持仪器的空间平台开发主要集中在减小体积、重量和操作的复杂性。如果这些技术在实施一项卫星任务之前研发出来，则成本和计划的不确定性以及风险将会显著地减小。仪器开发重点主要包括以下几点(NASA,2001)：

①更小的、智能探测器阵列和被动遥感系统。它可以减少传感器子系统的质量和功率，简化校准、集成和操作的程序，以便充分利用整个电磁波谱的全部信息内容。

②空间激光雷达的主动式遥感器的设备结构。先进的传感器使这些设备在寿命、效率和任务执行方面得到了改进，同时也减少了质量、体积和成本。

③能够显著减少寿命循环周期的平台结构的出现。它主要是通过减少质量、体积、能量和操作的复杂性和增加桌面操作的自动化程度来实现。

④能使小型的科学考察飞船飞行的技术和运算法则。

⑤先进的小型化技术将实现更小、更有用的亚轨道平台。

⑥发展机载、亚轨道和空基平台上的技术示范与试验台的校正。

ESE 关键观测技术投资的重点领域覆盖了整个电磁波谱，包括主动和被动两种传感器。对关键观测技术的重点投资将大大改善当前的观测能力，拓宽了仪器在太空中的观测视角，提供连续的全球覆盖，如卫星运行在同步轨道或天平动点(libration point)。同时，为了降低全部观测成本，将研制体积更小、费用更低的飞行器运行于较低的地球轨道。

NASA 信息技术的投资重点是开发研制端对端的信息系统，涉及从观测开始，到数据获取处理、计算、传输，再到地面、存储、数据挖掘，一直到最后产品发布的全过程。其信息技术投资重点(表 15-1)放在开发或调整最新发展的技术领域，为空间应用和地球系统科学知识和信息产品的产生与应用提供支持。

表 15-1　　　　　　关键信息技术的主要挑战和技术投资的重点

信息技术领域	主　要　挑　战
机载数据处理	应用和调整商业技术，发展达到误差容许和高效的机上处理器
空基交流	为了实现空间动态联结和动态空间联结能力，通过签订协议而使网络式传感器的概念合法化；可移动的终端和空间商业网关的整合；安全的重点管理协议的形成
高端计算	通过开发下一代原理模型，地球系统科学框架和耦合模型，数据同化以及通过为新近开发出的计算平台进行模型性能优化，而形成高仿真(时间和空间两方面)的地球过程模型
信息综合(数据压缩融合、管理、可视化)	从大量多卫星数据集中提取信息，提供快速便捷的数据存取和分发
卫星自动化	开发实时的事件探测和图像识别技术；自动维护的卫星和仪器；传感器再瞄准目标的高级指令语言
数据存取与分发	提供随意存取极端大型数据集的技术；提供从多任务数据集中提取小地块数据子集和地理位置定位的技术

ESE 计划中所设想的全球性观测网络包含着允许太(10^{12})字节的数据传输和管理的先

进计算技术与通信网络概念，这也是实现 ESE 可视化所必需的。对全美国用户提供的地球空间信息将会使有关地球系统动力学的知识产生重大的飞跃，例如，先进的信息网络不但使数据获取和自然模拟活动成为可能，而且能提高其效率和功能，这种模拟甚至能区别地球系统中自然和人为引起的变化。

ESE 技术战略所考虑的信息系统侧重以"端对端结构"（end to end）促进技术发展，即以信息开始传送的太空一端到达知识提高的用户一端。在信息系统中主要开发的软、硬件技术包括（NASA，2001）：

①飞船上的硬件和软件结构，它可以引进诸如智能平台和传感器控制这类新任务的业务运行能力。这一计划的内容与 NASA 的空间运行管理组织（SOMO）相协调。

②把多数据集和精确的、可视化的地球系统数据及信息连接起来的有效途径。

③商业用户与当地用户通过采用适应各自用途的方式使其扩大了接触地球科学信息的范围。

④把高性能的计算和交流（HPCC）概念转换成未来太空/地面交流的基础设施成分。

3. 未来 20 年的地球科学展望

NASA 在全球变化研究中所强调的长期、连续的地球观测基础上提出了系统测量的概念（NASA，2010）。系统测量的观测策略集中在一组有限的独立特征参数上，这些参数将分别刻画出组成地球系统的大气、海洋、陆地和海洋生态系统、大气化学、冰原以及地球表面地形的变化，主要包括大气温度、大气水汽、全球降雨量、土壤水分、海洋表面状况、海面风、海面温度、海冰范围、陆地初级生产力、海洋初级生产力、臭氧总量、臭氧垂直分布、冰的表面状况、重力场、大地参考系、地球内部运动等参数，可用于回答以下有关地球系统的变化及其趋势的诸多问题。

在从地球系统变化及其趋势的基本全球观测到了解地球内部过程和响应并评估其后果的进程中，成功的预测是最终的目的。NASA 的 ESE 计划对 25 年地球科学研究预期成果做了如下展望：①实现 10 年周期的气候预测；②15～20 个月的厄尔尼诺预报；③12 个月的区域降水率预测；④ 60 天的火山预警；⑤ 10～14 天的天气预报；⑥ 提前 7 天发出空气质量通报；⑦提前 5 天做出飓风轨迹预测（误差为±30 km）；⑧ 提前 30 分钟进行龙卷风预警；⑨1～5 年的地震实验预报。

ESE 计划同时对未来的空间对地观测系统，对 2010—2020 年的技术进步及 2030 年的地球科学做了展望。

观测与信息技术的进步及科学研究和模拟手段的发展都是实现地球系统预测的长期构想所必需的，未来的观测技术将包括智能传感器，能够自动运行的全球传感器网络（卫星星座、海底观测网、地面观测网的组合），高速计算技术与通信技术能迅速查询、定制并向用户提供所需的专用信息产品。

NASA2030 年地球科学展望（Earth Science Vision，ESV），主要是为了提高整个地球系统开发观测和预测能力。ESV 建立了一个研究流程，即先用一组国际地球观测系统进行地球系统的动态观测，然后用一组互动模式描述生物地球物理化学过程。这些模式包括地球流体系统（包括大气和海洋）、生物圈和固体地球方面的模型。观测完成后，地球信息系统将为系统相互作用进行定量预测，不断根据观测对系统相互作用做出评估。

NASA 以期在地球科学、综合地球观测和建模系统的专长，将在地球信息系统的发展和实施中发挥重要的作用。NASA 的任务将是提供观测地球所有组成的新能力的开发，并协助预测未来地球的变异和变化的程度。NASA2030 年地震观测对测量技术指标的需求及固体地球过程预测的目标如表 15-2 和表 15-3 所示。

4. NASA 地球科学研究方法特色

NASA 地球科学研究通过大力发展观测平台和技术手段(新型传感器等)，进一步提高完善现有的空间对地观测能力，使空间观测范围扩大，测量精度提高，明确要求优先发展关键技术并且加强技术方法和手段的综合集成。

表 15-2　　作为 2030 年地球测量和模拟系统一部分的地震观测系统需求

测　量	频　率	水平分辨率	准确率
地壳形变	天到周	1~10m	5mm 瞬间 1mm/a(10 年以上速度)准确
地壳重力变化	周	50~100km	0.1
表层探测	周	100m/10m	5%saturation

表 15-3　　2030 年地球测量和模拟系统要求的固体地球过程预测目标

2000 年	2015 年	2030 年
30 年地震概率评价	试验 5 年区域地震预报	主要断层体系每月地震灾害评估
地震物理学知识匮乏	地震物理学模型产生，成功再现地层系统相互作用	有构造、水文等因素引起的地壳形变时间变化模型
时空尺度地壳信息的基本认识	抗震和瞬时应急预案备受关注	掌握所有变形的信息
每日和每周火山活动预警	每周和每月火山活动预警	每月或更长时间火山活动预警
正在开发岩浆动态模型	评价、审定岩浆动态模型预测喷发	气候模式中考虑潜在喷发对大气成分的影响

NASA 地球科学研究计划的特点是综合不同类别的观测、基础研究、模拟和数据分析意见以及野外和实验室研究。尤其是进行复杂科学问题的前沿研究时，充分考虑到遥感技术与定位观测互相补充的必要性。ESE 计划确定的 3 种空间卫星(用于系统观测的研究型卫星、业务先驱和技术示范类卫星)已与 NASA 地球观测系统最初的体系结构有明显的区别，将对基本过程长期观测记录的汇集和引入新的观测技术结合起来，加强了对关键环境变量的系统性观测，为实现从观测到预测地球系统的变化，迈出了关键性的一步。

与美国全球变化研究计划(USGCRP)的研究范围相比较，NASA 地球科学的重点放在测量强迫参数变化和描述地球系统自然变化以及对强迫的响应上，尤其是通过可以提供全球覆盖、高空间分辨率和/或时间分辨率的空间测量，得到那些不能通过常规观测网络得到的参数。

综合不同学科的科研成果来完整描述大气、海洋、冰、陆地和生物圈之间的耦合，综合观测结果与模型描述，是 NASAESE 计划的特点。地球系统耦合模型是预测地球系统未来变化和趋势的工具，这类模型也可作为对未来潜在变化进行科学评估的手段。地球系统模型研究和数据同化系统的发展是进行地球系统各个组分间相互作用研究并预测耦合系统中的变化及趋势的关键。

15.1.2 全球综合地球观测系统(GEOSS)

为了更好地落实"数字地球"研究计划，从 2003 年 7 月至 2005 年 2 月，由美国、日本和欧盟作为组织和发起者，召开了 3 次国际地球观测部长级高峰会议。会议所形成的有关全球综合地球观测系统(Global Earth Observation System of Systems，GEOSS)的华盛顿宣言、GEOSS 框架文件和 GEOSS 10 年执行计划等文件充分表明：通过更加广泛和有效的国际合作，建立全球天地一体化的地球观测系统，对于深入认识地球系统动态过程和资源环境问题，为人类与地区安全以及可持续发展提供信息与技术保障已成为全球大多数国家和国际组织的共识(冯筠等，2005)。

全球综合地球观测系统(GEOSS)是一个更新、更广泛的概念，是一个集数据获取、数据管理、模型建立、决策制定于一体的综合、同步、持续观测的地球观测系统。其实质是一个包括卫星对地观测系统在内的"多系统组成的集成系统"，是各类对地观测系统之间的联合和协同，是一个分布式系统集(吴立新等，2006)，包括实地(insitu，含地基(surface-based)、海基(ocean-based))、空基(airborne-based)和天基(space-based)观测，使用卫星、浮标、气象仪器、地震仪等设备，每个子系统均由观测、数据处理与存档、数据交换与分发组件构成(吴立新等，2007)。2005 年第三届对地观测峰会签署的《GEOSS 十年实施计划》对 GEOSS 的目标、范围、效益及技术方法等内容进行了详细的阐述。

1. GEOSS 的目标

GEOSS 的目标是在未来的 10 年多时间里，通过一个由国家和政府间的、国际的和区域性的组织构成的全球性团体——国际地球观测组织(Group on Earth Observation，GEO)，建立一个综合、协调和可持续的全球地球综合观测系统，更好地认识地球系统，包括天气、气候、海洋、大气、水、陆地、地球动力学、自然资源、生态系统以及自然、人类活动引起的灾害等。全球对地观测集成系统的远景是连续地监测地球的状况，实现从一个综合、协调和持续的地球观测系统的数据和信息中，增进对地球动力过程的了解，提高对地球系统的预测能力，促进各国履行国际环境条约的义务，为合理的决策提供及时、高质量、长期的全球信息。

GEOSS 的工作范围如图 15-3 所示。

2. GEOSS 的特点

GEOSS 将提供一种总体的、概念的和组织性的框架，以构建集成的全球对地观测系统。GEOSS 由现有的和将来的对地观测系统组成，是对这些系统功能与管理的补充而非替代。GEOSS 将提供一种协同、加强和补充机制，搜集和捕捉各类对地观测研究项目的成就，使其转向持续的业务化运行。GEOSS 将努力做到覆盖世界上的每个角落，包括多种平台(地基、空基和天基)的观测；主要关注区域或全球尺度上的、多领域交叉性应用

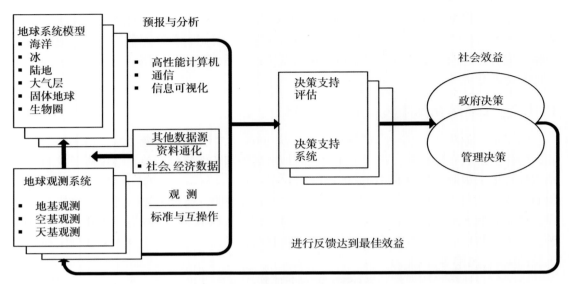

图 15-3　GEOSS 系统结构框图

目标，同时也可帮助提高国家、地区和特殊部门对地观测的能力建设。

GEOSS 具有覆盖全球性、观测综合性、系统集成性的特点。

覆盖的全球性表现在：①GEOSS 将尽可能包含世界上所有的国家和地区以及所有涉及地球观测的机构；②GEOSS 提供的观测数据将全部来自于参与国，包括政府和非政府的系统，包括在任何国家的领土以外所进行的观测，如公海、南极和来自空间的数据；③GEOSS 优先考虑的是尺度大于一个国家的地球系统过程，如全球气候系统等。

观测的综合性表现在：①GEOSS 将通过现有的观测、处理系统的合作来逐步建立。同时，随着需求和能力的发展，鼓励并提供新的观测和产品；②GEOSS 将优先考虑观测资料的连续性和充足性，优先考虑与社会利益有关的领域内重要的用户需求，以获取基于观测的产品，优先发展目前还没有开发的产品等。

系统的集成性表现在：①GEOSS 是由现有的和将来的地球观测系统所组成的综合系统，包括从最初的数据收集到信息产品的全过程；②GEOSS 并不意味着试图把全球所有的地球观测系统合并成一个中央控制的单一系统。它的目的在于改进对用户的数据供应，并不认为把现有的观测和数据分发系统合成为一个新的国际组织是理所应当的。

3. GEOSS 的技术方法

GEOSS 由以下几个功能单元组成：①识别公共用户需求；②获取观测数据；③将数据处理成有用的产品；④交换、发布和存档共享数据、元数据及产品。

GEO 将会采取一系列途径促进该计划的实施，包括建立标准的、专门的面向任务的、多系统组成的全球地球观测系统结构，提交专门的任务书来参与国际性的组织和机构，在国家机构中协调和合作，与国际性的组织取得协作，提供一个从部级到更高级别的官方对话和针对科学和技术层面议题的解决方案的论坛，以及支持系统内部和现有系统交叉的机制。

GEOSS 以现有的观测、数据处理、数据交换和发布系统为基础，同时培育和推荐一些新的有 GEO 成员参与并管理的系统，以应对需求变化和能力发展的要求。GEOSS 需要长期、连续的观测，同时将大力推进与此相关的科学研究、能力体系建设和跨越式发展，协调解决影响系统发展的核心问题。在 GEOSS 的实施中提倡：不断增加对模拟和分析方法的共享，尤其要快速地将观测数据转化为适用的产品。

4. GEOSS 的应用与服务

GEOSS 将应用于以下九大领域：

①减灾。减少因自然或和人类活动引发灾害造成的生命财产损失。与各种灾害紧密相关的观测可以帮助减少其造成的损失，如荒地火灾、火山爆发、地震、海啸、沉陷、山崩、雪崩、冰冻、洪水、恶劣的天气和污染等。通过 GEOSS 的实施，将会更好地协调监测、预报、风险评估、早期预警，减轻灾害损失，迅速应对本地的、区域的和全球性的危险情况，从而带给我们一个更加及时的信息发布环境。

②健康。理解自然环境因素对人类健康和生命的影响。就地球观测需求而言，健康问题涉及对空气、海洋和水的污染，同温层的臭氧损耗，持续的有机污染物，富营养化的监测，还包括监测与天气相关的疾病带菌者。GEOSS 将会改进获取环境数据和健康统计指数的流程，促进对疾病的预防，为持续改善人类健康做出贡献。

③能源。提高对能源资源的利用和管理水平。GEOSS 的成果在能源领域所起的支持作用表现在：对环境更加负责和公平的能源管理，能源供需关系的更好匹配，减少能源基础设施的风险，能够得到更加准确的温室气体和污染物的统计资料以及对潜在的可更新能源有更好的理解和认识。

④气候。理解、评估、预测、减轻和适应气候变化和演变。应对气候变迁和变化需要对其有更好的科学的理解，而这是以充足的、可信赖的观测为基础的。GEOSS 的成果将会提高模型模拟、适应气候变化的能力。更好地理解气候及其对地球系统的影响（包括人文和经济方面），在避免扰乱天气系统的情况下，为改进天气预报和推进可持续发展做出贡献。

⑤水。通过更好地理解水循环过程改善水资源管理。与水有关的问题在多系统组成的全球地球观测系统中包括：降水、土壤湿度、水的流速、湖泊和水储量等级、雪盖、冰川、地表水蒸腾、地下水、水质和水的利用等。将观测、预报、决策支持系统整合在一起并使气候数据和其他数据更好地结合，继续巩固地面站点观测和自动数据收集系统，在水文观测缺乏的地方建立数据收集和利用的渠道。通过这些措施，多系统组成的 GEOSS 将会大大改善全球整体的水资源管理水平。

⑥天气。提高对天气信息的掌握、预报与预警能力。在 GEOSS 中涉及的天气观测基于适时的短期或中期预报需要。GEOSS 有助于填补观测中的差异，如海上的风速、湿度廓线、降水和数据的收集。将动态取样的方法延伸到全球，提高初始预报的能力，增加发展中国家传递基础观测数据和使用预报产品的能力。每个国家都希望能及早预知严重的天气情况，以便减少生命财产损失。同时，对天气数据的有效利用也使其他社会领域受益。

⑦生态系统。提高对陆地、海岸和海洋生态系统的管理能力。在 GEOSS 的实施中将

要寻找可靠的方法及可获得的观测数据，在全球基础上去探索和预报生态系统条件的变化，评估资源使用的潜力和限度，更好地协调和共享生态系统观测数据，弥补空间和时间上的差异。同时，将会更好地集成地面站点与空基的观测。

⑧农业问题。支持可持续农业与抗荒漠化。GEOSS 将会对关键的数据进行连续性观测，例如应用高分辨率的卫星观测数据。一个真正的能实现全球制图和信息服务的系统，必须集成农业、森林和水产业等方面的社会经济数据，包括扶贫工作和粮食监测、国际计划和可持续发展等方面的数据。

⑨理解、监测和保护生物多样性。GEOSS 将统一多个生物多样性观测系统并创建一个整合其他类型的生物多样性数据和信息的平台，填补分类学和空间上的知识空缺，同时，也将加快信息收集和发布的步伐。

5. 中国综合地球观测系统(CIEOS)

中国作为 GEO 的创始国之一，积极推进 GEOSS10 年执行计划，2007 年正式发布了"中国综合地球观测系统"(China Integrated Earth Observation System，CIEOS)(十年规划)。

中国综合地球观测系统的总体部署如图 15-4 所示。在现有系统的基础上，加强 12 个依托各部门的业务观测系统(包括地震和地球物理监测系统)，实施 7 个跨部门集成观测计划，建立若干区域地球观测中心，强化对中国关键地域、重点地区的观测，行成一个优化的中国综合地球基本观测网络，获取准确、持续、可靠、规范的基本观测和初级产品，努力实现海量数据的标准化存储、安全性管理和高效能处理，为地球观测数据的交换、分发、共享和服务提供保障，为政府各部门、专家、公众所需要的各种应用产品的开发提供基础服务。

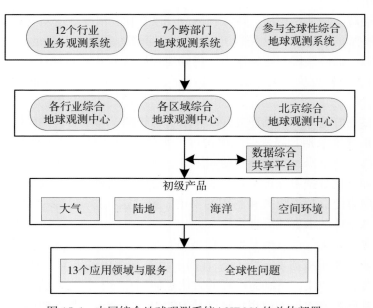

图 15-4　中国综合地球观测系统(CIEOS)的总体部署

中国综合地球观测系统服务的具体内容包括 13 个方面：①减轻因自然和人为灾害所造成的生命财产损失；②了解环境因素对人类健康和环境的影响；③改善能源管理；④认识、评估、预测、减缓和适应气候变化及其易变性；⑤理解水循环，改善水资源管理；⑥提高天气预报和预警水平，改进气象服务；⑦加强陆地、海岸带和海洋生态系统的管理和保护；⑧支持可持续农业，防治沙漠化；⑨理解、监测和保护生物多样性；⑩监测地形、地质，加强矿产资源的勘探；⑪监测城市安全，加强城市规划和管理；⑫海洋信息、预报和预警；⑬空间环境信息、预报和预警。

中国综合地球观测系统构建步骤将分为以下 5 个方面：①加强和逐步整合各部门的力量，减少分散重复、优化中国对地观测的总体结构，提高整体效率和综合效益。②对于各部门目前尚未开展的对地观测活动或需跨部门组织的活动，需要共同组织实施。其中已明确的 7 个观测计划为：中国气候观测系统实施方案、中国大气（化学）观测系统计划、中国海洋观测系统计划、中国水循环观测研究计划、中国碳循环观测研究计划、中国生态观测系统计划、中国空间环境观测系统。③建立国家对地观测数据库和交流中心。④充分发挥地方的积极性，在中国的重要大区如新疆、华东、东北、华南等建立若干区域性的地球观测中心，为解决区域性灾害和经济发展问题提供技术支撑和优质服务。⑤积极参与全球对地观测组织和相关活动，利用国际观测的海量数据，争取为国家带来最大利益。

15.1.3 智能对地观测系统（IEOS）

为了顺应 GEOSS 的发展，在第一届对地观测峰会后，经过 18 个月的战略研究，美国环保署（EPA）于 2005 年 4 月 6 日提出智能对地观测系统（Integrated Earth Observing System，IEOS）的战略计划报告，并成立了各部委间对地观测协调组织（Interagency Working Group on Earth Observation，IWGEO）。IEOS 战略计划报告强调：近期应关注 6 个重要机会（行动措施），即数据管理、提高对灾害预警的观测、全球陆地观测系统、海平面观测系统、国家干旱信息一体化系统、空气质量评估和预报系统。

1. IEOS 的体系结构、原理及特点

（1）体系结构

IEOS 基于空间构建，实现数据获取、分析和通信系统的在轨集成，可为全球各类用户实时提供对地观测数据和满足各个领域应用需求的信息产品（李德仁等，2005）。

IEOS 采用了多层卫星网络结构，实际上是一种格网（Grid）结构（图 15-5）：

第一层由地球观测星座（Satellite Groups，SG）组成。一个地球观测星座由分布在不同轨道高度的多个 EOS 卫星组成（比如低轨的高分辨率遥感卫星，中高轨的 NOAA 气象卫星、海洋卫星、ETM、SAR、Radarsat 等遥感卫星，以及重力、电磁、测高卫星等），各卫星之间由网络互联互通、协同工作。每一个星座有一颗卫星称为星座长（Group Lead），负责同其他星座的星座长和地球同步卫星通信，管理协同星座中的其他卫星。星座长的作用，相当于局域网的服务器，负责同外部网络通信并管理本局域网。

第二层由地球同步卫星组成。由于 EOS 不可能同时为全球的用户提供数据，需要地球同步卫星与星座长、用户和地面控制中心通信。

这两层卫星组成的星座通过 Grid 进行通信和协同工作。IEOS 的用户可以使用接收设

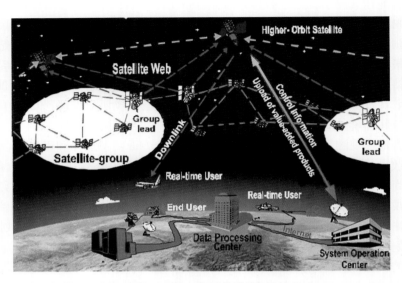

图 15-5　智能对地观测系统(IEOS)卫星网络结构图(引自 Zhou et al. ，2002)

备通过 Grid 直接获取卫星数据。用户通过接收装置向系统发出指令，系统认证后，使用专门的数据传输软件将所需要的数据以特定的频率传给用户，用户通过互联网或无线网络接收，整个操作过程如用使用电视遥控器选择电视节目一样方便(图 15-6)。

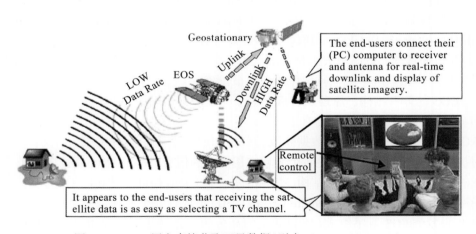

图 15-6　IEOS 用户直接获取卫星数据(引自 Zhou et al. ，2002)

(2)工作原理

通常状况下，系统的每颗卫星利用各自搭载传感器和在轨数据处理设备独立工作，在没有检测到数据变化的情况下不把数据传送给同步卫星、用户或地面控制中心。一旦对地观测卫星检测到变化(例如火灾)，卫星自动调整角度和姿态，获取地物变化情况，同时该卫星通知同星座的其他卫星，其他卫星同样自动调整获取数据。这样就可以获取变化前后的多角度、多传感器、多分辨率和多光谱数据。这些数据整合后由星座长根据不同的变化类型传给地球同步卫星，同步卫星进行压缩等后处理，然后通过卫星间的通信，再传送到用户手中。另外，同步卫星可能具备对数据的分析和解译能力，为用户提供增值数据产品，例如，可以将预测灾害后的 5 天后火灾蔓延的情况一并提供给用户。

此外，系统根据不同用户、不同变化为用户提供最需要的数据。例如监测森林火险时多光谱数据显然比全色影像更重要，战场打击效果的评估则相反。当然，系统也可以根据控制中心或授权用户的指令改变数据提供的策略。

（3）主要特点

IEOS 的主要特点有：数据在轨处理，可实时分发给各类用户需求的增值数据产品；事件驱动的机制使用户可实时获取全球任何地区多角度、多分辨率和多波段的数据系统扩展增强，新型传感器、数据处理设备能够即插即用；卫星的体积小，重量轻，寿命短，更新快。

2. IEOS 的关键技术和进展

IEOS 的关键技术主要有在轨处理技术、高速通信网络和事件驱动（event driven）技术等。

IEOS 以用户的需求为设计的出发点，以不同应用需求的用户提供最恰当的数据产品为目的，在轨数据处理是实现这一目标的出路，也是系统设计中最关键的部分。在轨处理包括影像处理、数据管理、数据分发、任务定制与规划几方面。在轨影像处理除包括传统的图像处理外，由于 IEOS 采用事件驱动的机制，在轨自动变化检测的能力显得非常重要。在轨数据管理方面，系统须自主满足用户对数据的需求，如数据存储、数据压缩等。IEOS 能够实时自动地将数据直接分发给不同用户，不需任何人工干预。此外，IEOS 卫星能够自适应地安排观测、数据处理任务，保证最优化运行。

高速通信网络是星座各个卫星间的组网，通过它才能使星座内部的卫星协同工作，星座与星座之间协同工作，实现星座与地面控制中心和用户之间的联系和互动。"事件驱动"功能是 IEOS 的智能化的另一个重要指标，通过这项功能使卫星能自动发现地球系统的异常现象，如洪水、火山喷发等，还能使星座的卫星实时协同观测，并把获得的信息实时分发到地面控制中心或主管用户部门。特别是高频率、大数据量的数据快速传输技术，是影响 IEOS 运行的关键技术。对于 IEOS 至关重要的是地球系统各种自动变化检测技术，目前缺乏知识导引的特征级的决策检测技术。

目前，IEOS 已经从理论走向实际，已投入运行的欧空局（ESA）环境与安全监测计划（GMES）就是一个实践。GMES 计划由空间、现场观测、数据集成和信息管理、应用与运营服务 4 个部分组成。GMES 计划的空间段包括欧洲各国卫星、欧洲气象卫星组织的卫星及欧空局卫星的空间段和地面段，地面段由飞行操作段、有效载荷地面段及数据接入集成层组成；空间数据与现场数据相互补充，在对地观测数据接入集成层中整合，并为数据集成和信息管理提供基础，数据集成后相成的产品为商业、公共、科学等领域的用户提供多种服务。GMES 系统将各种相互补充的数据源结合在一起，具备更先进的预报能力，直接为用户提供环境和民事安全的信息及全面的综合服务，带来了巨大的社会经济效益。

智能对地观测系统的进一步发展是在格网技术支撑下实现空间数据获取、传输、存储、处理、分析、信息提取、知识发现到应用的一体化、自动行化、智能化和实时化，即建立广义空间信息网格(李德仁，2005)。

15.1.4　全球大地测量观测系统(GGOS)

1. GGOS 概况

2003 年 7 月在日本札幌举行的第 23 届 IUGG 大会上，国际大地测量协会(IAG)提出了全球大地测量观测系统(Global Geodetic Observing System，GGOS)工作项目(党亚民等，2006)。GGOS 就是要通过整合各种大地测量观测手段以及各种技术方法(图 15-7)，在大地测量的三个基本领域(图 15-8)，即在地球表面的几何形状和运动状态、地球方位和自转、地球重力场及其时变特征这些方面形成新一代大地测量产品。这些大地测量成果可以被广泛应用于科学、实际应用和社会各领域，除此之外，在诸如全球变化、自然灾害和灾害预报等方面为政府决策、经济发展提供基础性支持。

(1)GGOS 的任务

GGOS 的任务有两个方面：大地测量内部的整合和大地测量对其他科学、公众的服务。大地测量内部的整合主要任务有：

①大地测量数据的收集、存档并确保其可用性；

②确保大地测量三个领域的稳健性(robustness)；

③识别大地测量产品，并满足产品的精度、分辨率和一致性；

④促进 IAG 相近服务机构的合作，发现其间的问题并设法解决。

目前，大地测量的三个领域提供的产品在稳健性方面有一定的差距，主要是由于所使用模型不一致以及给不同应用领域提供产品的要求不同。参数的精度和时间分辨率也存在类似的问题，例如，目前在几何参数方面达到了 10^{-9} 的精度(地球表面坐标)，但重力参数(大地水准面、重力异常等)则远低于这个水平。在大地测量服务机构中，一直忽略了全球统一的高程参考基准(全球垂直基准，global vertical datum)、垂直变形模型(构造、均衡、载荷等)、随时间变化的海平面模型以及地面重力资料的可用性。

(2)GGOS 的目标

①维持具有时序特征的几何和重力参考框架的稳定性；

②确保大地测量标准和在各地球科学领域应用的大地测量协定的一致性；

③为满足现代精密观测的要求，改善大地测量模型；

④考虑在所有领域几何和重力产品的一致性。

(3)GGOS 的地球动力学应用

地球是一个动力系统，地球内部的动力过程及其相关的物质迁移导致板块构造运动、火山活动和地震。大气和海洋的动力过程引发大气、陆地、水圈、海洋与天气、气候和全球变化相关的低温层物质运动。所有这些动力过程肯定也会影响三类基本的大地测量数据：地球形状(几何)、重力场和自转。利用空间大地测量手段可以获得三种大地测量观测量及其时间变化，这些数据主要结合空间和航天传感器以及地面观测网获得。其中几何、运动学参数主要由 GNSS、卫星测高、InSAR、移动 SLR、遥感、水准、验潮站等获得；地球重力场则由卫星重力、航空/船测重力、绝对重力等获得；地球自转则由 VLBI、

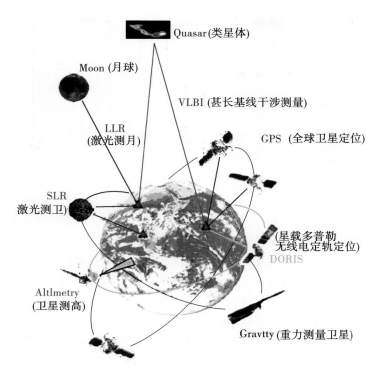

图 15-7　GGOS 综合观测系统

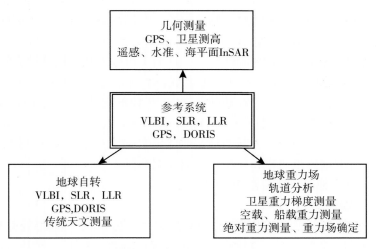

图 15-8　GGOS 的三大支柱

SLR、LLR、DORIS、GNSS 得到。

利用对地球形状(几何)、重力场和自转的观测，可精确测量和连续监测地球系统的物质运动及其地球动力学过程，并对地球物理过程进行更加科学合理的解释(图 15-9)。

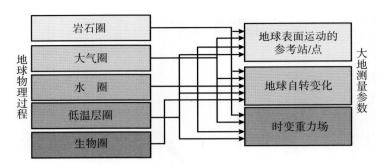

图 15-9　大地测量参数的地球物理解释

GGOS 是国际大地测量协会(IAG)当前的领先任务，它的目标是协调和整合各种大地测量的各种"测量"活动。协调意味着将大地测量观测技术和分析方法一起提高到在高科技水平上的相互协调，以保持一致。在同一地点的不同大地观测技术必须相互联测和统一标准，这意味着大地测量观测数据在处理和分析时，应使用统一的规范、统一的技术标准、统一的模型、统一的参数等。只有采用这样协调一致而得到的大地测量成果在同一个参考系统中才是一种相互相容的成果(陈俊勇，2005)。

整合的目的是将已有的大地测量监测地球系统的现象和过程的有关信息，整合成相互相容的处于同一个时段的大地测量成果。特别强调的是：要将大地测量中的几何和物理的观测数据，整合成在地球系统内，包括固体地球、水圈(大陆水、海洋、冰层)和大气，具有相互相容而又协调一致的参数、常数、模型、框架和系统。其中几何参数主要是用于描述地球形状、地形变、自转及极移。物理参数主要描述地球重力场、地球质量分布及其迁移。

GGOS 未来构想包括以下几方面的考虑：① 为了更好地开展地球动力学和全球变化研究，GGOS 将对不同的大地测量技术、不同模型、不同方法进行整合，使大地测量产品的一致性和长期可靠性得到保证；②在地球科学中，GGOS 将为全球变化提供科学数据和基础设施建设；③GGOS 是大地测量对地球科学发挥重要作用的新途径，它架起大地测量和其他学科联系的桥梁，从而奠定大地测量在地球科学中的位置；④GGOS 整合 IAG 的各项工作，并强调各种大地测量研究和应用领域的补充特征。

2. 空间和地面大地测量联合观测

(1)"共点"大地测量

GGOS 号召各国将各种空间和地面大地测量技术汇集在一个测站点进行"共点"测量。不同大地测量技术的综合或联合应用有一个很重要的前提，就是这些技术要有"共点(共同测点)"测量，即它们的测量点要重合或是彼此处于近距离(即各技术所处测站的三维空间是一致的)。不同而又互补的大地测量仪器的共点测量是很重要很关键的，其原因大体有以下几个方面：

①对于空间大地测量的众多技术手段而言，若没有基于共点的测量数据或是没有不同测点的联测数据，就不可能建立一个唯一的共同的全球大地测量参考框架。

②"共点"测量就可以利用不同大地测量技术的观测成果进行相互比较，这既包括空间的，也包括地面的大地测量成果，以便对大地测量的各种参数进行研究，这肯定要优于仅利用一种大地测量技术所求定的结果。而且这种比较可以发现某一种特定大地测量技术的测量偏差，或是数据处理中有不完善的系统偏差，从而使联合各种技术的大地测量成果会更符合客观实际。

③互相补充的空间大地观测技术是唯一的途径去区分地球系统中不同过程所造成的差异。

（2）"共点"空间大地测量

GGOS 这个项目的进一步深化，就是集中空间大地测量技术的优势进行全球性重大项目的基础数据研究，即所谓的"整合空间大地测量技术作为全球大地测量和地球物理观测系统的基础 GGOS-D"。这是当前联合空间大地测量不同技术进行实时和准实时"共点"测量方面一个最重要的示范性项目。GGOS-D 项目涉及空间大地测量的各种技术，如 VLBI、SLR、GPS、DORIS 等。采用它们每周的数据（以 SINEX 形式），用两种不同软件分别进行成果解算。根据 GGOS-D 的初步运作，提出了成果解算时的"注意"事项供参考（陈俊勇等，2007）：

①严格使用国际认可的公共标准，包括有关的大地测量、地球物理和软件中所使用的参数及模型；

②除了用 SLR、VLBI 和 GPS 的测量成果，还应采用测高卫星和重力卫星的测量成果；

③充分考虑各种参数间的联系，如几何因子、地球自转、重力场和海平面；

④考虑采用一些新的参数，如黑洞坐标、章动偏移及其速率，对流层天顶延迟及其梯度，地球重力场新的低阶球谐函数的系数等；

⑤对某些参数解算的时频要再高一些，例如，对地球自转参数解算不再是每周一次，而是每天一次，甚至再短一些。

GGOS 是今后地球科学发展前沿的基础设施。考虑到地球系统是一个整体（包括固体地球、大气、海洋、水圈、冰、液核等），用大地测量观念对它进行综合研究，从而使大地测量的科技人员可以利用 GGOS 向全世界的地球科学界提供高质量的大地测量服务和大地测量的参照系，在对地学的理念方面和观测资料方面提供一种创新的观测资料（陈俊勇等，2003）。

15.2　后 GPS 时代的卫星导航定位新技术

正当 GPS 全球定位系统备受青睐、如日中天之际，施浒立研究员及景贵飞、崔君霞博士提出后 GPS 时代和 GPS 后时代卫星导航定位技术发展向何处去的发问和命题（许厚泽，2011）。本节主要介绍美国国家定位导航授时（PNT）体系和 GPS 现代化计划。

15.2.1　美国国家定位导航授时（PNT）体系

为了确保美国的安全，并保持和巩固其引领 GNSS 的主导地位，美国国防部和运输部于 2006 年联合发起了一项国家定位导航授时（Positioning Navigation and Timing，PNT）体系结构研究。在 30 多个军民商用户部门和政府机构的大力支持下，2008 年 9 月，美国国家安全航天办公室发布了《国家定位导航授时（PNT）体系结构研究最终报告》。该项目研究的目的是"制定一个全面的国家层面的 PNT 体系结构，到 2025 年左右提供更有效和更高效的 PNT 能力，并为现存的各种 PNT 系统和服务探索一条渐进的发展道路"。

1. PNT 政策与目标

《美国国家星基 PNT 政策》文件包括：①新政策的适用范围；②美国制定本政策的背景；③目的和目标；④对外国利用美国星基 PNT 能力的规定，重点是 GPS 技术和产品出口管制的原则；⑤对美国各政府机构在星基 PNT 方面的作用与职责的规定。

PNT 政策最基本的目的是要使美国维持星基 PNT 服务，增强系统备份能力和服务阻止能力。具体包括：①确保提供不间断的 PNT 服务；②满足不断增长的军民用需要；③保持卓越的军用星基 PNT 服务；④继续提供超越国外民用星基 PNT 服务与增强系统的民用服务，保持竞争力；⑤保持作为国际已接受的 PNT 服务的基本组成部分，促进其他国家 GNSS 与 GPS 的兼容与互操作；⑥保持美国在该领域的技术领先地位。

2. PNT 体系结构

PNT 体系结构主要用以指导近期和中期的 PNT 能力决策。其涉及的主要有用户（军事用户、国土安全用户、民用、商用、个人）、领域（空间、空中、地球表面与地下/水下）、任务、资源、提供者等。PNT 应用分为定位、导航、指向、授时四大类别的 11 种类（位置服务、跟踪、测绘、科学、休闲、交通、机械控制、农业、武器、指向、授时）应用。

PNT 体系结构研发团队完成了三种体系结构的评估与分析工作（图 15-10），其结论是：现存和演变基线的体系结构均无法满足未来 PNT 能力需求。因此必须基于近期、中期和长期发展设想远景，构建理应实施"目标"体系结构，解决 PNT 能力不足的问题。

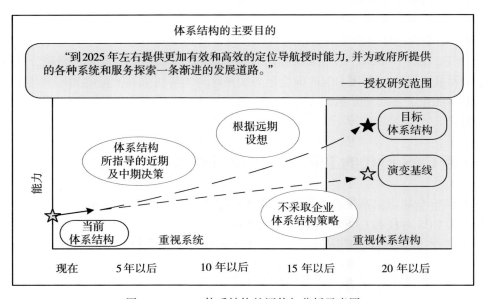

图 15-10　PNT 体系结构的评估与分析示意图

为达到此目标，研发团队提出了 PNT 体系结构指导原则（图 15-11）：包括美国在 PNT 领域所发挥作用的顶层设想、实现这种设想所采取的体系结构战略以及支持该战略的四个要素。

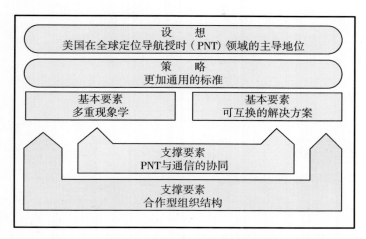

图 15-11 美国 PNT 体系结构的指导性政策示意图

当前的实际 PNT 体系结构是一种各自独立、烟囱式发展的系统及其自行组网的混合体。它由若干外部的、自主的 PNT 供应商以及 PNT 增强系统组成。这些系统向无数空间、空中、陆地和航海用户提供 PNT 服务。未来 PNT 服务必须得到大量使用能力和基础设施的支持，必须应对包括频率、天气、财政和地缘政治在内的各种挑战。

美国 PNT 体系结构的发展远景是，通过开发和部署能在全球使用的有效的 PNT 能力，保持美国在全球 PNT 的主导地位。具体内容包括：①国家 PNT 体系结构以 2004 年美国总统签署的《美国国家星基 PNT 政策》为基础；②有效地（成本、时间进度、可接受的风险、用户影响）开发最佳的技术和系统；③发布稳定的政策；④通过商业领域内的竞争鼓励创新，确保稳健性和持久的局间协作与合作；⑤使军用、民用、商用及国外系统和技术的实际应用最大化；⑥深思远虑地开发并提供标准和最佳实践。

在以上工作的基础上，设想的 PNT（2025 年）体系结构如图 15-12 所示。

3. PNT 体系结构转型计划及 2025 年路线图

美国"国家定位导航授时体系结构实施计划"（V. D. Karen，2009）给出了 2025 年前美国 PNT 发展路线图，内容涉及国家 PNT 体系结构策略、基本要素和支撑要素。每一部分的发展路线图概括了现在和将来所需执行的任务，包括基础条件建设任务、能力建设任务和新能力实现任务等。

（1）"最佳共性需求"策略实施计划

执行策略的总体计划如图 15-13 所示，旨在为政府和商业提供更强的 PNT 能力，具体任务包括：GPS 现代化，消除冗余全球导航卫星系统（GNSS）增强设备和服务，设别、确定和监测 PNT 系统服务水平。此外还包括探索具备完好性的高精度（HAWI）需求、技术方案和应用潜力，PNT 用户设备现代化，总结和修正 PNT 出口管制和导航技术和方法，寻

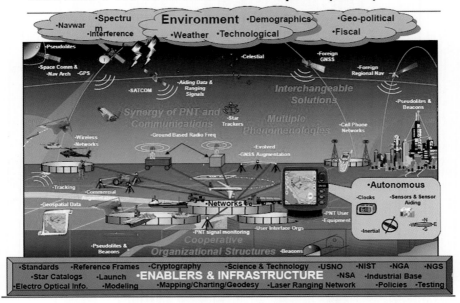

图 15-12　设想的 PNT(2025 年)体系结构

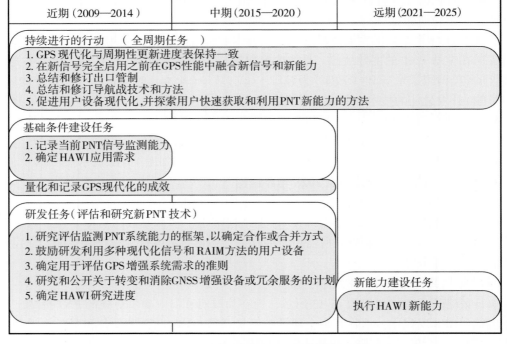

近期(2009—2014)	中期(2015—2020)	远期(2021—2025)

持续进行的行动　(全周期任务)

1. GPS 现代化与周期性更新进度表保持一致
2. 在新信号完全启用之前在 GPS 性能中融合新信号和新能力
3. 总结和修订出口管制
4. 总结和修订导航战技术和方法
5. 促进用户设备现代化,并探索用户快速获取和利用 PNT 新能力的方法

基础条件建设任务

1. 记录当前 PNT 信号监测能力
2. 确定 HAWI 应用需求

量化和记录 GPS 现代化的成效

研发任务(评估和研究新 PNT 技术)

1. 研究评估监测 PNT 系统能力的框架,以确定合作或合并方式
2. 鼓励研发利用多种现代化信号和 RAIM 方法的用户设备
3. 确定用于评估 GPS 增强系统需求的准则
4. 研究和公开关于转变和消除 GNSS 增强设备或冗余服务的计划
5. 确定 HAWI 研究进度

新能力建设任务

执行 HAWI 新能力

图 15-13　最佳共性需求策略实施路线图

求 PNT 用户利用新能力的快速方法。

执行该计划将允许 PNT 用户和 PNT 供应商采用鲁棒的 PNT 服务组合，进而消除当前体系结构存在的 PNT 能力空缺或不足。

（2）多重现象学实施计划

多重现象学是指多样化的物理现象，如多种射频、惯性传感器以及利用这些物理现象的信息源和数据传输路径，为用户提供可互换的解决方案。多重现象学实施计划（图15-14）主要是集成用户装备（IUE）研发，其能够检测和处理多模方案，以从多个 PNT 源获得可靠的 PNT 信息。同时还包括各种标准和政策的制定等任务。

图 15-14 多重现象学实施路线图

多重现象学实施计划将赋予用户利用多个信息源进行定位、测向和授时的能力，可解决当前基于射频（RF）的 PNT 方法无法满足受阻环境下用户需求的能力空缺。

①基于 RF 的专用 PNT 技术，如伪卫星和信标，在一定条件下可支持有限的 PNT 应用，包括改善城市峡谷地区的 PNT 服务可用性，有利于提高物理障碍条件下 PNT 的稳健性。

②包含自主 PNT 技术（惯性和时钟）的 IUE，其应用将有利于外部信号的锁定和支持RF 信号中断期间继续提供 PNT 信息。

③未来 IUE 可将多个信息源的数据进行对比以检测退化或误导信息，可为用户提供

更稳健的 PNT 服务。

④IUE 的可替代性(AoA)分析可帮助用户自动选择集成哪些 PNT 数据源。

(3)可互换的解决方案实施计划

该实施计划(图 15-15)的目的是确保用户可以对多重现象中的 PNT 数据源进行自主选择以克服 PNT 服务中的现有能力或未来能力的缺项。此计划将进一步提升 PNT 间的可互换性,改善用户对互操作能力的接受程度。

图 15-15　可互换的解决方案实施路线图

具体转型任务包括:

①标准的 PNT 时空参考系统有利于商业部门的发展应用。不断出现的新需求将需要更精确参考框架的支持。升级的天文参考框架将支持高精度和太空平台测向需求。

②信息监测、交换和性能标准的制定有助于 IUE 实现多种 PNT 数据源之间的自动切换和自动组合。

③通用的栅格参考系统将提高互操作性,减少操作紊乱,降低因定位误差导致任务失败的风险(例如军事瞄准、火力打击和救援等)。

(4)PNT 与通信的协作实施计划

该实施计划(图 15-16)主要目的是加强用户与作为 PNT 源、传输 PNT 辅助和增强信息的通信网络的链接。这主要取决于对利用通信系统进行定位导航授时的创新性方案的研究认识,以及对修改通信能力并将其作为 PNT 源的研究认识。

①在启动新系统和设备的研发进程之前，必须对详细标准和方案进行深入研究和细致评估。分析工作有助于用户对适合通信和 PNT 融合的方案做出决定，例如用户可以利用通信网络的能力克服物理障碍和电磁干扰问题提高 PNT 的稳健性。

②该计划还能挖掘更多潜在的应用领域，包括电视信号、无线电广播信号、移动基站，为室内和城市峡谷区域提供 PNT 服务。

③通信和 PNT 融合也可以辅助地球轨道之外的导航，提供告警信息播发的通信链路和分发空间信息等。

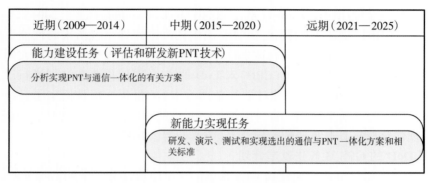

图 15-16 PNT 与通信的协作实施路线图

(5) 合作型组织结构实施计划

合作型组织结构实施计划目的是促进各组织结构之间的协作，提升信息共享水平。建立面向整个社会的行业评估中心将对 PNT 体系结构及其应用的优点进行讨论和评价。评估中心将重点关注 PNT 相关的科学和技术领域所做的努力，确保 PNT 规划办公室对国家 PNT 体系结构实现情况和成本有深入的了解，具体任务如图 15-17 所示。

图 15-17 合作型组织结构发展路线图

定位导航授时系统正在改变我们生活的方方面面,其应用仅受"人类想象力"和"PNT系统自身能力"的制约。我们要掌握未来 PNT 技术发展方向与重点,着手研究建立适合中国国情的国家定位导航授时体系结构,并制订可执行的实施路线图。

15.2.2　GPS 现代化计划

为了保持 GPS 系统的技术领先及维持相应产业的发展势头,美国于 1999 年 1 月提出了 GPS 现代化计划。其主要目的是为了更好地保护美方的利益和使用,发展军码,强化军码的保密性,加强抗干扰能力;阻扰敌方的使用,施加干扰;在无威胁地区保持民用用户的更精确、更安全使用(Kanwaljit et al.,2000;R. D. Fontana et al.,2001)。

2011 年,美国国防部(DoD)提出了 GPS 现代化改造计划,包括采购性能更好的新型 GPS 卫星、对地面运行控制系统进行改造、采购 M 码信号接收机等,以期大幅提升 GPS 的各项性能。美国国会预算办公室(CBO)对 DoD 的 GPS 现代化改造计划进行了分析,并发布了《针对军事用户的 GPS 现代化计划与备选方案》的报告。报告提出了升级 GPS 的 3 个备选方案,对各方案所需费用、提升的性能、实现的时间进行预测评估,该报告对美国 GPS 系统的现代化改进具有重要的指导意义(方秀花等,2012)。

1. 美国 DoD 的 GPS 现代化改造计划

美国 DoD 的改造计划将全面覆盖 GPS 系统的 3 个组成部分:采购 GPS ⅡF、GPS Ⅲ 卫星替换整个星座;升级改造地面控制系统;研制开发新型军用接收机。2012—2016 年期间总投资约 72 亿美元,在随后的 9 年,还需投资约 150 亿美元。到 2026 年全部计划完成时,DoD 将实现 GPS 系统的全面升级,有效提升系统在干扰环境下的性能。但是计划的全面实现,可能会推迟到 2030 年。

①空间段卫星的替换。GPS ⅡF 和 GPS Ⅲ 是能播发 M 码信号的新型卫星。GPS ⅡF 共计划发 12 颗,将在 2014 年前发射完成。2014—2018 年发射 8 颗 GPS ⅢA 卫星,2018—2024 年发射 16 颗 GPS ⅢB 卫星,2025—2030 年发射 8 颗 GPS ⅢC 卫星(CBO 认为,要实现 DoD 计划预期对 GPS 系统能力的提升至少需要 16 颗 GPS ⅢC 卫星)。

②地面控制系统的升级改造。只是更新 GPS 卫星星座,是不可能使 GPS 系统的抗干扰及其他性能全面提升的。因此,升级改造地面控制系统,提高其对新型卫星的运行控制能力是十分必要的。地面控制系统升级后应具备的能力是:能监控所有在轨运行卫星播发的军用 M 码信号;可以连续更新卫星播发的时间和卫星位置校正信息(而目前的系统每天只可以更新 1 次);能够有效控制 GPS ⅢC 卫星"点波束功率增强"天线(GPS ⅢC 卫星配备一个大型天线,可实现地面上指定区域的功率增强,即"点波束功率增强")。

③新型军用接收机的开发。对于新型接收机的开发,DoD 计划在 2012—2016 年完成全功能 M 码接收机的研发。2013 年完成样机研制,2016 年开始各种武器平台的应用测试工作。

虽然改造 GPS 卫星的计划并不会增加民用信号的强度,也不会提高民用接收机的抗干扰性能,不过该计划还是可以对民用用户的定位能力进行改善。具体地说,与现有的卫星相比,GPS ⅢA 卫星发射的信号,可令军民两种类型的用户定位精度从现在的 10 英尺(约 3m)提升到 3 英尺(约 0.9m)。据 DoD 称,一旦有足够的 GPS ⅢC 卫星,所有用户的定位精度将达到 0.5 英尺(约 15cm)。

2. 美国 CBO 提出的备选方案

DoD 的 GPS 现代化改造计划,主要是增强卫星能力提高 GPS 系统性能,而 CBO 的备选方案则更加注重提高军用接收机本身的性能(表 15-4)。

表 15-4　　　　　**DoD 升级 GPS 卫星星座计划以及 3 种备选方案**

各项指标 / GPS 改进方案		DoD 计划	备选方案 1	备选方案 2	备选方案 3
所需 GPS 卫星数量	3A	8	40	40	40
	3B	16	0	0	0
	3C	16	0	0	0
	总和	40	40	40	40
主要改进	接收机具有 M 码能力	是	是	是	是
	接收机装备改进的天线	否	是	否	是
	接收机装备惯性导航系统	否	是	是	是
	采用 iGPS	否	否	是	是
成本与时间安排	2012—2025 年的总投资成本(以 2012 年美元汇率为参考,单位:亿美元)	222	199	189	209
	重要功能实现时间	2026	2018	2018	2018
	全部功能实现时间	2030	2026	2026	2026
其他	接收机需要增加重量和功率	否	是	是	是
	提高峡谷和山区的导航能力	否	否	是	是
	需要依赖商业系统	否	否	是	是

备选方案对星座的更换只采用 GPS Ⅱ F、GPS Ⅲ A 卫星,而取消了 GPS Ⅲ B、GPS Ⅲ C 的建设计划。备选方案也将升级 GPS 地面运行控制系统,使其不仅保持对现有在轨卫星的运行控制能力,也能够对未来新型 GPS Ⅲ A 卫星及其播发的功率增强 M 码信号进行运行控制。但 CBO 对地面控制系统的升级放弃了 DoD 计划中的某些内容,如研发星间高速交叉耦合设备及其控制软件,还有专为 GPS Ⅲ C 卫星设计的点波束功率增强天线等。

备选方案 1:改进军用 GPS 接收机性能,为干扰环境下的用户提供更好的定位能力。主要采用 2 项技术对接收机性能进行提升。第一,改进接收机天线。对于窄带干扰,只需采用抑制不同干扰信号的多种滤波器;对于宽带干扰,需要采用各种专业的定向天线。定向天线仅接收来自卫星方向的信号,而对其余方向的干扰均予以滤除;还有一种调零天线,由许多独立单元组成,使用调零技术抑制干扰,如果天线有一单元对准某一干扰信号，该元件就会关闭，而天线其他单元仍正常接收信号，从而实现对干扰的屏蔽，即使接收机受到多个不同方向的干扰，调零天线仍然可应对自如。第二，增强 GPS 接收机的处理能力。方法之一是组合使用 GPS 接收机惯性导航系统（INS），惯性导航系统与 GPS 组合后，GPS 接收机接收来自惯性导航系统的辅助信息，提高了接收机对 GPS 信号的处理能力和噪声滤除能力，当 GPS 信号受到强烈干扰，接收机失去信号锁定时，惯性导航系统还可单独进行工作。通过增加接收机的抗噪声能力，使其在更严重的噪声环境下仍能够检测和处理 GPS 信号，从而使 10W 干扰机的宽带噪声影响范围从 88km 减少至 3km。

备选方案 2：依托"铱"星系统增强 GPS。将利用商用"铱"星通信网络进行导航数据中继，即 DoD 的创新计划"GPS 完好性增强计划（iGPS）"的内容。"铱"星网络可提供大功率信号，提高 GPS 接收机捕获和跟踪微弱 GPS 信号的能力，缩短捕获和跟踪锁定 GPS 卫星信号的时间，使得接收机在干扰环境中具有更好的可用性。

备选方案 3：结合备选方案 1 和备选方案 2。该备选方案包含备选方案 1 和备选方案 2 的所有改进措施，不但将对军用接收机的天线进行改进和引入惯性导航系统，同时也将利用 iGPS 网络的中继数据。是对前两个方案的综合应用。按照方案 3 进行 GPS 升级，接收机抗干扰性能、定位精度等性能的提升将更加明显，能将 10W 干扰机导致军用接收机丢失 GPS 信号的影响范围从 88km 减少至约 40m。

与 DoD 的计划相比，3 种备选方案将会更好更快地实现改善 GPS 抗干扰效果（表 15-5）。如果按 DoD 的计划采用增强 M 码信号功率的 GPSⅢC 卫星，那么其全部效益只有到 2030 年当第 16 颗 GPS ⅢC 卫星入轨后才可能被发掘出来。较早一些的效益可能也要到 2024 年当 8 颗 GPS ⅢA 卫星和 16 颗 GPS ⅢB 卫星全部入轨组成 GPSⅢ星座之后才能获得，不过那时可能只有很少的军用接收机具有处理增强 M 码信号的能力。

表 15-5　　　　　　　　　**DoD 计划及 3 种备选方案对 GPS 接收机的影响**

GPS 改进方案　　　性能		DoD 计划	备选方案 1	备选方案 2	备选方案 3
10W 干扰机的影响范围/km	当前	88	88	88	88
	2020 年	88	3.0	1.0	0.2
	2030 年	4.0	0.65	0.22	0.04
接收机接收信号强度/10^{-16}W	当前	1.6	1.6	1.6	1.6
	2020 年	1.6	1.6	1.6	1.6
	2030 年	160	5	5	5
定位精度/m	当前	3.0	3.0	3.0	3.0
	2020 年	3.0	3.0	0.2	0.2
	2030 年	0.15	0.9	0.2	0.2

相比之下，CBO 的备选方案中所涉及的技术，包括改进 GPS 接收机天线、引入小型

惯性导航设备以及 iGPS 系统都已经开始开发了，增强现有军用 GPS 接收机的辅助设备可能在近几年内就能推出，而大量的改性型接收机到 2018 年也能投入市场。因此，备选方案可以比 DoD 计划早 8 年实现对军用 GPS 抗干扰能力的改进。

备选方案 2 和备选方案 3 通过近地轨道的铱星卫星来增强现有的 GPS 星座可带来额外的增益。铱星所提供的广大覆盖范围将确保接收机，即使在山区以及高大建筑物阻挡的城市环境下，仍至少存在一颗视距卫星。此外，因为数据可以经常地通过中继的方式进行更新，从而保证使用 iGPS 接收机的用户，可以达到与使用 GPS ⅢC 卫星传输数据的用户具有几乎相同的定位精度，但却比后者早实现若干年。

利用近地轨道的铱星卫星通信网络进行数据中继，弥补了现有 GPS 在回传通信方面的不足，又回归到早期卫星导航与通信融合的发展道路。施浒立等提出的"双向卫星导航定位监测技术"、"入向卫星导航定位监测技术"的设计理念，也是导航与通信融合思想的继承和发展。

3. 现代化后的 GPS 信号

随着 GPS 现代化的实施，可应用于定位的 GPS 信号资源更为丰富。除 P 码和 M 码为美国军方和特殊用户使用外，民用 GPS 信号资源将包括 3 种载波(L1、L2、L5)和 4 种信号(L1 C/A、L2C、L5C、L1C)。

①L2C 信号。按照 GPS 现代化计划，在 Block ⅡR-M 型卫星及随后各类 GPS 卫星的 L2 载波上将增设第二种民用信号，主要目的在于使民用用户也能利用双频消除电离层影响。L2C 码是由中等长度的 L2CM 码和周期很长的 L2CL 码通过时分复用技术组合而成的。L2CM 码的码长为 C/A 码的 10 倍，L2CL 码的码长为 C/A 码的 750 倍。增加码长将提升在森林、城市等隐蔽地区信号的捕获能力。此外长码也具有更强的抗射频干扰能力，并可减少多路径误差的影响。

②L5C 信号。L5C 信号为 GPS 在 2008 年开始播发的第三种民用信号。发射 L5C 码带来的主要好处是：改善了多路信号互相关统计特性，提高电离层延迟修正能力，提高了抗射频干扰能力和完好性监测能力，提高了抗多径性能，可进行瞬时载波相位测量和模糊度解算。L5C 信号功率也有所提高，用户接收的最小信号功率为-154.9dbBW。

③L1C 信号。L1C 信号为 GPS 发射的第四种民用信号，计划 2013 年发射。主要目的是使用户实现不同 GNSS 系统之间的互操作性。

后 GPS 时代，空中的卫星导航系统将增至 4 套以上；卫星信号资源更加丰富；在轨卫星数量增至 140 多颗，甚至更多。不难设想，美国并不希望 GPS 系统从一枝独秀沦落为"四分天下"。实施 GPS 现代化的目的，一是为了更好地满足美国及其盟国在军事方面的需要；二是扩展民用市场，继续维持 GPS 在民用卫星导航定位领域的主导地位。

15.3 广义遥感技术

15.3.1 广义遥感概念及后遥感应用技术

1. 广义遥感的概念

2005 年 2 月欧空局(European Space Agency，ESA)出版了《GEOSS 十年实施计划指南文本》(下文简称《指南文本》)。关于遥感的内涵，《指南文本》中指出："总体来讲遥感是指远离目标一定距离进行的观测，但 GEOSS 中的遥感特指空间卫星进行的可见光、红外和微波波段的高、中、低分辨率的对地观测。"空基、高空探测器及其他形式的近地表遥感则统一划入实地观测的范畴。《指南文本》中将实地观测定义为："局部进行或离目标体数公里以内进行的观测，包括利用地面观测站、飞行器、高空探测器、轮船、浮标等进行的观测。"

吴立新等(2006)认为，可以采用广义遥感(Generalized Remote Sensing，GRS)将《指南文本》中定义的遥感(狭义的)、实地观测同其他非接触式观测、传感及地球物理手段统一起来。为此，建议将一切利用电磁与非电磁信号、远离目标体进行直接或间接感知和测量的方式统称为广义遥感(吴立新等，2007)。GRS 将目前用于地球观测的热红外遥感、PS InSAR 和高分辨率(空间、时间、光谱、位置)遥感、地应力测量、声发射(AE)测量、地球物理勘探(地震、重力、地磁)、三位激光扫描、近景摄影测量等技术进行了整合与集成，为集成"卫星-航空-地表-地下"立体地球综合观测体系奠定了基础。

2. 后遥感应用技术

后遥感应用技术是遥感专家刘德长对遥感应用进行新思维基础上提出的新理念。后遥感应用技术是指在数字地球框架下，将遥感技术与传统地质方法和现代信息技术相结合的遥感信息深化应用技术(温兴煜，2010)。它的核心是遥感信息的延伸应用和信息化。后遥感应用技术理念的要点有三个方面：首先是要充分发挥遥感技术的优势，但是遥感技术的应用不能拘泥于遥感技术本身的应用，随着遥感技术的发展，应加强遥感信息的综合应用；其次，后遥感应用技术强调将遥感技术与各应用领域的传统方法技术的结合；要将专业知识渗入遥感应用的全过程，使信息转化为创新认识。

固体地球灾变特征表现为多模式、多状态、多谱段、多层次、多尺度的可测物理量，如应力、温度、形变、AE(声发射)、EMR(特别是热辐射和微波辐射)。这些物理量并非孤立和杂乱无章，而是相互关联和有秩序的。某些信息之间表面上互斥，但本质上并不矛盾，而可能是相关协同和互补强化的。如大量的岩石破裂 EMR 实验与实践研究充分证明岩石破裂过程中 EMR 与 AE 是显著相关的。可以推断：若构建多手段同步观测体系，通过多种广义遥感信息融合，能够解决单一信息源无法识别或难以准确识别固体地球灾害前兆的科技难题。

因此，需要突破经典遥感信息融合的局限，从时间、空间和物理尺度挖掘和阐明广义遥感信息中多种物理量之间及岩石受力灾变前兆之间的关联机理与规律，开展广义遥感信息融合机理和灾变前兆识别方法的研究，构建多尺度、多层次、多主题的固体地球灾害前兆识别理论与方法体系，建立各类固体地球灾害的广义遥感前兆识别模型，全面提高固体地球灾害前兆识别的可行性与可靠性。

信息融合本质上是一种对多源信息进行综合处理的技术。在经典遥感领域，经多源遥感影像配准后，从数据层、特征层和决策层进行融合处理，可以获得比单一信息源更高的分类和识别精度；对多时相遥感影像进行配准和变化检测，则可以实现对地学现象与过程的动态监测。但是，固体地球灾害广义遥感信息融合存在三大问题：① 参与融合的信息源具有异构(点、面)、多位(空中、地表、地下)、多谱(可见光、近红外、热红外、微波等)、多参(辐射、温度、应力、应变、声波等)和多态(瞬态、暂态、恒态)特点，需要突破和拓展经典遥感信息融合的理论体系，发展广义遥感信息融合理论与前兆识别方法；②岩石灾变的广义遥感前兆往往是弱信息，需要突破和拓展狭义遥感影像融合中强调主信息的方式，突出异常信号和弱信息的提取，发展新的融合算法；③复杂干扰环境下广义遥感信息的不确定性相当明显，需要克服狭义遥感信息融合重处理、轻精度的缺陷，研究广义遥感信息融合中的不确定性与可靠性问题（吴立新等，2007）。

不断增强的空间对地观测技术和正在建设的多种观测系统为我们提供了多种多样、源源不断的关于地球内部、表面、大气层和电离层的观测数据，这些数据必然承载了地球内部变化及孕震过程的某些关联信息。如果能揭示地球系统岩石圈—盖层—大气层—电离层（LCAI）之间的相互作用机理和耦合过程，并据此分析多源观测数据的内在联系、变化规律和异常特征，则可建立基于广义遥感技术和多参数关联分析的地震异常识别模型。在此基础上，充分发挥广义遥感技术的作用，深入挖掘航空遥感、地面遥感、地下遥感观测数据的内涵，并与孕震区的岩石圈、盖层的具体特征及孕震模式相结合，运用物联网、大数据和云计算，可望发展形成地震监测预警新技术，进而开启地震监测预报希望之门（吴立新等，2013）。

15.3.2 地面遥感新技术

1. 无线传感器网络技术

无线传感器网络（Wireless Sensor Networks，WSN）是指将传感器技术，自动控制技术，数据网格传输、存储、处理与分析技术集成的现代信息技术，是后 PC 时代信息科学技术发展的主要趋势。WSN 由大量资源受限的传感器节点组成，是一种无中心节点的全分布式系统。传感节点一般配置有感测单元、计算单元、存储单元和通信单元等模块。传感器节点以随机部署或确定性部署的方式在监测目标区域内协作完成监测对象的监测、计算和数据传输任务，实现监测区域的长时间，不间断监测（J. Yick, et al., 2008）。每个节点一般置于观测对象的附近，或与观测对象直接接触，甚至埋于感兴趣观测对象当中。可以获得关于观测对象的图像、声音、气味、震动等物理、化学、生物学特性。人们可以通过手机、互联网等无线通信技术控制传感器开启或关闭，获得各种数据，对所获数据进行显示、储存或分析，并通过网络传输到数据收集中心。它的发展及其广泛应用前景主要归因于传感器技术的小型化、智能化、廉价性和数据无线传输的可能性（宫鹏，2007）。

无线传感器网络作为"地球观测系统"的一个近地的组成部分，近年得到广泛公认。在环境遥感领域，国际上已经把无限传感网络技术视为未来一个非常重要的发展方向。一些主要从事地球信息科学的著名单位，如美国地质调查局（USGS）、美国国家研究委员会（NRC）、美国地球空间情报局（NGA）等都把"无线传感器网络"与卫星遥感并列为 2006 年以后的重点 10 年研究计划（见表 15-6），把 WSN 作为 EOS、IEOS、GEOSS 计划的补充，被视为地球空间信息科学领域的重要组成部分。

我国《国家中长期科学和技术发展规划纲要（2006—2020 年）》在重大专项、优先发展主题、前沿领域中也将 WSN 列为其重要方向之一。可以预见，WSN 将为地球系统科学和环境科学研究的各方面带来一场革命，并将成为其标准的观测手段（J. K. Hart et al., 2006）。开放、标准化、具有互操作性的 WSN 组网构成传感器 Web，为进一步实现

GEOSS 目标提供了基础设施和技术手段。

表 15-6　　　美国国家级地球空间信息科学技术研究机构及学术组织的优先发展方向

美国地球空间情报局(NGA)2006年提出的优先科研目标	美国国家研究委员会(NRC)2006 年出版 Beyond Mapping 指出地球空间信息技术的发展趋势	美国地质调查局(USGS)2006RH 规划的今后 10 年的六大重点科学发展方向及三大技术
• 在任务规划、处理、发布过程中同化各类传感器网络 • 从异构传感器数据链中实现时空数据挖掘与知识发展 • 时空数据库管理 • 过程自动化与人类认知 • 可视化 • 地球空间数据的高性能网格计算 • 图像融合 • 数据集成过程中的文字与地名搜索规则 • 从多种数据中检索移动目标 • 数据再利用 • 地球空间数据本体 • 多级安全	• 从纸质到数字化数据存储与表达 • 从地图到用户可控内部数据处理过程的制图服务、多目的制图 • 可用传感器范围激增,加入动物和机器人携带的传感器,大大提高了空间、时间精度,传感器便于定位 • 来自不同源地的地理信息瞬时集成成为可能 • 大量虚拟现实技术再现地理环境的演变	• 生态系统科学 • 环境与健康 • 水普查 • 自然灾害科学 • 气候模拟 • 能源与矿产资源 • 特被指出必须采纳的三大技术:纳米技术、地球微生物学以及基于遥感与传感器网络的环境感知技术

2. 无线传感器网络技术是地面遥感的新技术

美国国家航空航天局喷气推进实验室(Jet Propulsion Laboratory,JPL)基于传统遥感技术对地面观测的瞬时性和不确定性,于 1997 年提出通过地面布设无线传感器网络对地表环境实时连续监测以弥补传统遥感技术不足的想法,并建立了 Web Sensor 的概念和雏形(K. A. Delin et al.,2005)。随后,微软研究中心、加州大学、约克大学、亚利桑那大学等也都相继开展了相关研究,并成立了 Web Sensor 联盟,研发的开放式 Web Sensor 体系架构和节点在地震、海洋、洪水、积雪 、冰川及动植物栖息等方面已有不同深度和广度的应用案例(晋锐等,2012)。在国内,宫鹏最早将 WSN 的概念引入到环境应用领域,提出 WSN 作为传统遥感技术新生长点的思想(宫鹏,2007),并在水位监测、声像一体化及遥感验证场等方面取得初步成果。

遥感技术的基础是辐射传输理论,其技术序列包括传感器设计、数据获取、数据处理、信息提取和应用五个部分。新的应用需求对传感器设计、数据获取和信息提取不断提出新的要求。无线传感器网络的技术层面和传统遥感有很多相似之处。它能够使用更多的传感器、有更灵活的传感器搭载平台、更容易的数据校正和简单的数据处理(宫鹏,2007)。图 15-18 中间的虚线箭头是指遥感数据和无线传感器网络数据之间的相互辅助关系。航空遥感可以装载一个无线传感器网络数据接收站,在飞机过顶时向下方的传感器网络节点发送指令，启动和实施数据传输。地面传感器网络节点原始数据可以互助遥感数据校正和信息提取。经过处理的地面网络节点数据可以支持遥感数据的应用，反之亦然。

无线传感器网络技术的特点之一是拥有为数较多的传感器，可以自动构成网络传感器组合，通过协同工作完成对较大面积区域的多种信息获取任务。在信息获取方面，无线传感器网络和遥感有一个较大的不同。遥感数据一般以成像形式供人们使用。人们通过对图像色调及空间结构变化特征进行解译而获得信息。无线传感器网络技术主要是直接测量对象的各种特性，如温度、湿度、压力、应变、位移、加速度等。

相对于传统监测技术而言，人们认为遥感数据现势性强，而相对于无线传感器网络技术而言，遥感的现势性和时间采样频率要差得多。无线传感器网络技术能做到实时数据传输、显示和基本分析。有了实时数据就能实现与其他来源或其他无线传感器数据的瞬时集成。下一步实时显示才能成为可能。无线传感器网络技术，加上传统的遥感，再加上虚拟现实，就形成了天地一体化的遥感系统。美国军方专门成立地球空间情报局(NGA)收集分析全球的地球空间信息。其主要任务之一是传感器瞬时集成和虚拟现实技术，这对地震前兆监测具有非常重要的意义。

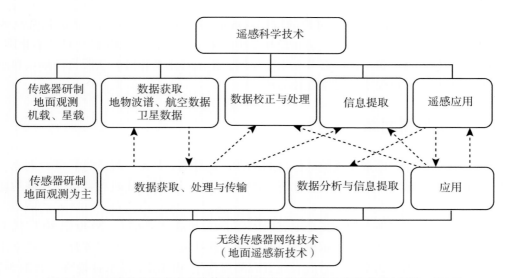

图 15-18　遥感科学技术和无线传感器网络技术的基本内容及联系(宫鹏，2007)

3. 基于无线传感器网络的地震监测系统

无线传感器网络主要分为两种体系结构：对等式和分布式结构。由于地震监测的区域大且分散，可采用对等式节点拓扑布置方式。在较集中的监测区域布置传感器网络，然后通过网关与远程监控中心进行通信。系统总体构成如图 15-19 所示。网络主要组成部分有：

①传感器节点：将传感器周期性采集到的信息，如加速度、温度、应变、位移等信息，以多跳路由的方式发送到网关。

②GPRS 网关：位于传感器网络边缘，实现传感器网络与互联网的互连互通，把汇聚

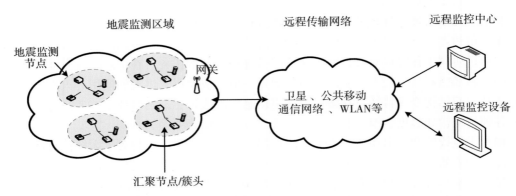

图 15-19　基于无线传感网络的地震监测系统结构(赵作鹏，2010；吕晶晶，2011)

的信息以自定义数据格式发送到远程监控中心。

　　③远程监控中心：对收到的信息进行瞬时集成、实时综合处理，从而实现对监测区域的预测预报。

　　WSN 除了具有自动、实时、可控的数据获取能力，还具有小型化、集成化和高效节能的突出优势，便于野外大范围安装布设和维护。更为突出的是 WSN 是一种智能化网络，通过各种通信技术可将各个传感器节点动态组网，形成传感器矩阵，实现目前单点观测无能为力的区域尺度关键要素的时空连续监测。

15.4　海底观测网络

　　深海海底是地球表面最贴近地球深部的地方，是对地壳甚至地幔的过程进行观测、对地球内部构造进行探索，进而对于由此造成的环境变化与自然灾害进行监测和预警的理想场所。

　　最早提出海底观测需求的，正是地震监测(Sutton et al.，1965)。20 世纪 80 年代末期开始的全球变化研究，强烈地展示出海洋对全球气候环境的重要性和必要性，于是学术界的注意力投向深海的海底观测。对海底地震观测更为迫切的需求是来自地震灾害的预警。2004 年印度洋地震引发的海啸、2006 年台湾以南的南海地震，都足以说明海底观测的重要性；而 2011 年 3 月 11 日发生的 M_S9.0 级东日本大地震及其随后引发的海啸及核泄漏，更加强调了地震观测预警的迫切性。正是在科学与资源开发等许多需求的驱动下，海底观测系统在欧洲、美国、日本等地迅速发展，成为继地面/洋面和空间之后，观测地球系统的第三个平台(汪品先，2007)。

15.4.1　海底观测技术平台

1. 海底观测站和海底观测链

　　与传统的观测手段相比，近几十年来，海洋观测遵循科学与技术相结合的创新之路，经历了海底观测站、海底观测链到海底观测网的发展历程，开发了海底观测固定平台、活动平台和海底下的观测平台等。

当前的海洋观测正在进入整合的新阶段，许多海底观测站，内容更加丰富，本身就是多种手段的组合，比如欧洲的 GEOSTAR 和夏威夷海区的 ALOHA-MARS 站（图 15-20）。

GEOSTAR 由海底基站、MODUS（海底科学移动式搬运装置）和信息传输系统等三部分组成，装载有地震、地磁、重力、地球化学和海洋学的各种传感器（图 15-20（a）；Beranzoli et al.，1998）。其中海底基站是进行海底观测的主体，由装载科学仪器的四脚框架、外壳、电池、数据获取和控制系统（DACS）等组成。MODUS 是一种为投放和回收海底站而专门设计的简化 ROV（remotely operated vehicle，水下机器人）。GEOSTAR 的通讯系统有两套，一套是浮力数据容器（buoyant data capsules），充满数据后可以通过命令遥控或者自动释放回到海面；另一套是双向的声学联系，通过装有遥测装置和无线电/卫星信号发射器的海面浮标，将海底观测站与岸站相连结。ALOHA-MARS 站（图 15-20（b）；Howe et al.，2010)本身就是一套"智能传感器网络"（smart sensor web），其主干是锚碇的潜标，潜标上装有三件设备：在海面以下 165m 处的浮标上装有次级节点和多种传感器，近海底有另一个次级节点和多种传感器，中间装有沿缆线上下滑行的剖面器。同时还配有 1.8m 长的水下滑翔机 Seaglider，能够在水深 1000m 以内游弋，出水面时通过卫星传送数据。此外，锚系通过海底的网络连接岸站，获得能量、输送信息。取得的实时数据又会跟遥感资料结合，通过数值模型做出海洋环境的预测，这是海底观测站的发展方向。

(a) GEOSTAR

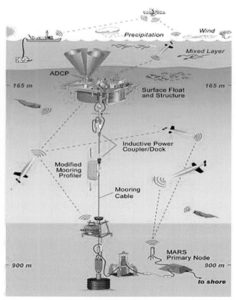

(b) ALOHA−MARS

图 15-20　GEOSTAR 海底观测站和 ALOHA-MARS 锚系观测链

将数个海底观测站用缆线"链"接起来，就组成海底观测链。海底观测链可通过水声通信等方式把观测数据发送到海面，再经卫星系统等系统，将数据发回岸基接收站。

GEOSTAR 就是典型的海底观测链。

2. 海底观测网络

当前，海底观测技术的前沿，是用光缆连接的海底观测网。海底观测网是通过在海底铺设水下光电缆，沿光电缆设置多个观测站，搭载相关仪器设备和传感器，构建网络上的一个个"节点"（图 15-21；Howe and McGinnis，2004）。仪器设备和传感器采集的数据则通过光电缆传回岸上，为科研人员的科学研究提供连续而海量的观测数据和影像资料。相比于以往的海面观测和遥感观测，海底观测网还具有各种技术优势，它可通过岸基联网方式解决以往传统探测方式遇到的电源供应、大量信息实时传输、气象海况条件受限制等瓶颈问题，长期连续地对海底物理、化学环境变化进行实时原位分析。

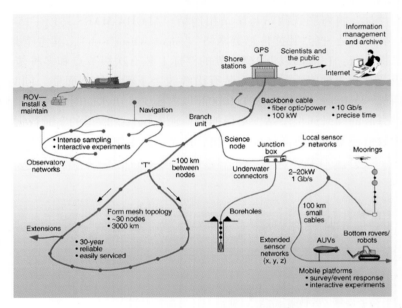

图 15-21　光纤海底观测网构成示意图

海底观测最宝贵的是连续观测，海底观测最大的技术瓶颈是长期不间断的电力供应和信息传输网络化，这两点恰恰是海底观测网络的特色和优势。

3. 海底井下地震观测

1979 年，DSDP（国际深海钻探计划）第 65 航次首次在加利福尼亚湾一口水深 3000 多米的 485A 井，将夏威夷大学地球物理所制造的地震仪，放到海底下 224m 深处进行"斜向地震试验"。DSDP 第 88 航次、91 航次和 ODP（大洋钻探计划）第 128 航次，都投放了井下地震仪做几十天的观测。然而在井下进行长期观测，则始于 1990 年代执行"大洋地震网"（OSN）计划。1991 年在胡安·德·夫卡洋中脊的 Middle Valley 井中使用了一种封井装置——CORK，也就是海底井塞（图 15-22（a），Becker and Davis，2005）。

20 多年来，CORK 已经成为大洋钻探的主要技术手段之一。1991—2003 年，大洋钻探计划总共在 18 个井位安置了 20 套 CORK。2010 年的 IODP（综合大洋钻探计划）第 327

航次再次返回胡安·德·夫卡洋脊布设 CORK，足见 CORK 在 ODP 中的重要性。

CORK 经历了由初级海底井塞、先进型海底井塞到有缆型井塞的发展。一种发展方向是"地震井塞装置"（SeisCORK），即将地震仪加在 CORK 内（图 15-22（b））。将地震仪放到井下的 SeisCORK 有一系列优点：噪声干扰大为减少；距离震源更近，可观测到更小的地震活动；频率带宽较宽，能观测到水平偏振波等。美国罗得岛大学目前正在研制一种称为"轻便有缆海底地下原位观测系统"（SCIMPI）。与 CORK 相比，SCIMPI 大大简化了安装过程，显著减少了预算经费，在沉积层的海底大概可降低一半费用，同样可以观测众多的井下参数（温度、压力、应变等），是一种大有前景的新技术。

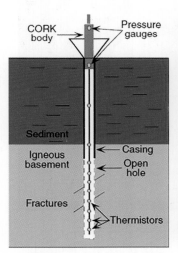
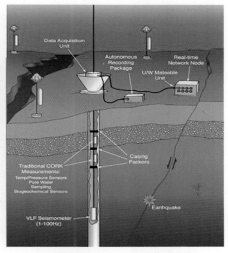

(a) 井塞CORK基本结构示意图　　　(b) 地震井塞SeisCORK工作原理图

图 15-22　井塞 CORK 基本结构示意图和地震井塞 SeisCORK 工作原理图

15.4.2　国际海底观测网的建设计划

基于海洋科学研究对海底观测的迫切需求，近年来发达国家纷纷提出本国的海底观测网络计划或投巨资建设本国的海底观测网络。这里主要介绍美国的 OOI 计划、欧洲的 ESONET/EMSO 计划、日本的 DONET 计划等。

1. 美国的 OOI 计划

"大洋观测计划"（Ocean Observation Initiative，OOI）是美国国家基金委（NSF）管理下正在建设中的海洋大型科学计划。OOI 从 2009 年开始才得到财政支持，最后的实施方案是 2009—2014 年间用 5 年多时间和 3.8 亿美元建造大洋观测的三大部分：区域网、近海网和全球网，计划运行周期 25 年以上（COL，2010）。OOI 包括 CI（Interactive Cyberinfrastructure）、RSN（Regional Scale Nodes）、GSN（Global-Scale Nodes）和 CSN（Coastal-Scale Nodes）4 个部分，其中 CI 把 RSN、GSN 和 CSN 三类观测整合一体，并深入数据验证、服务和研究等。海洋地震观测集中在 RSN（区域网）中。RSN 经费 1.3 亿美元，在东北太平洋铺设 900km 左右的海底电缆，建设 7 个海底观测主节点，和 NEPTUNE Canada（2009 年 12 月 8 日已正式启用）一起构成对 Juan De Fuca 块体的整体观测（图 15-23）。

OOI 的 7 个主节点提供大功率电源（8kW）、宽带网络（10GB/s）和高精度授时（10ms 以内），并连接扩展节点，构成区域观测网的中心。超宽频带海底地震仪（360s-50Hz）是每个主节点的关键传感器之一。处于板块边界的节点还配置了区域微震和强震海底观测网。

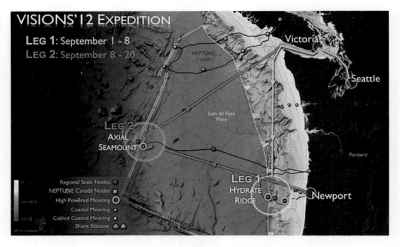

图 15-23　OOI 计划与 NEPTUNE Canada 布设示意图

2. 欧洲的 ESONET/EMSO 计划

欧洲当前的种种海底观测计划可以归纳为两个：一个是 ESONET 计划，即"欧洲海洋观测网"（European Sea Observatory Network），一个是 EMSO 计划，即"欧洲多学科海底观测计划"（European Multidisciplinary Seafloor Observatory）。ESONET 只负责设计、示范，本身并不建网，也不运行（Puillat et al.，2009）；EMSO 才是实际的建设计划（Favoli & Beranzoli，2009），但二者密切配合、协同推进。

ESONET 计划建设的 12 个区域网，7 个在大西洋，5 个在地中海与黑海（图 15-24）。初步估计，总共缆线长达 5000km，需要经费 2 亿欧元左右。这是欧洲共同体国家多年探讨后精选的结果。ESONET 区域网络的部署，根据的是板块构造位置、海底和海洋学特征，其科学目标是提供欧洲周围具有代表性海区的监测能力，实时地监测海洋环境过程与岩石圈、生物圈之间的相互作用及海洋自然灾害。其中以地震观测为主题的有：伊比利亚网（Iberian）、马尔马拉海网（Marmara Sea）及西爱澳尼亚网（Western Ionia）。

3. 日本的 DONET 和 NanTroSEIZE 计划

近十年来，日本海洋科技界积极推动建造大规模的海底观测系统，并在 2003 年 1 月提出新的科学海底电缆观测网络计划 ARENA（Asakawa et al.，2004）。ARENA 网的设计布局先是在日本东面海域沿太平洋俯冲带的两侧拉网，每隔 50km 设一个观测节点、网与 4

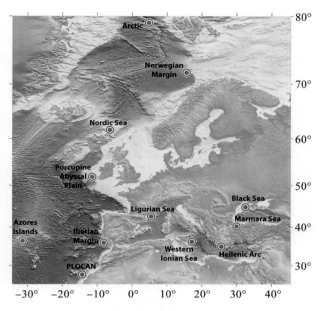

图 15-24　ESONET 计划建设的 12 个区域海底观测网

个岸站连接，因此，当一段缆线出问题时观测网依然可以运行。每个观测节点有众多的传感器呈树状连接，这是与美国-加拿大 NEPTUNE 计划不同的另一种设计，无论在抗故障能力、电源供应系统、数据传输系统等各方面都有创新，可惜未获批准。

取代 ARENA 的 DONET 计划，是"地震和海啸海底观测密集网络"（Dense Ocean-floor Network System for Earthquakes and Tsunamis）的简称，改在日本大地震多发区"南海海槽"建网（图 15-25）。

DONET 观测网的最大特色在于观测仪器的密集分布，这也是其名称以"D"（dense）开头的道理。整个 DONET 观测网集中在纪伊半岛以南的海域，2011 年 7 月 31 日，围绕 5 个科学节点的 20 个观测站全部安装完毕，节点间距 15～20km，每个节点安装超宽频带地震仪（360s-50Hz）、强震仪、压力计等多种观测仪器，能够精确观测不同程度的地震、海啸和海洋板块变形等。2011 年 3 月 11 日 M_S9.0 级东日本大地震，800km 外的 DONET 网仍然记录到 80mm 振幅的记录。

DONET 网以观测地震海啸为主题，不等于排除其他观测内容。DONET 的下一步建设将拓宽观测范围，因为即便从地震机制及其影响出发，也需要开展海底地下水流、生物地球化学以及海底生物等多学科的观测研究，从"俯冲带工厂"的角度理解发震带的深部过程。更为重要的下一个目标，是将日本"南海海槽发震带试验"（NanTroSEIZE）的井下地震观测站与 DONET 联网，这将为海洋的地震监测打开新的篇章。

日本"南海海槽发震带试验"（Nankai Trough SEIsmogenic Zone Experiment）是在 IODP 框架下，实现对南海海槽俯冲断层的复合钻探和长期钻孔观测。复合钻探由 3 个阶段的航次组成，是 IODP 第一个立管钻探计划（图 15-26）。通过钻孔实现对板块交界区域的动力

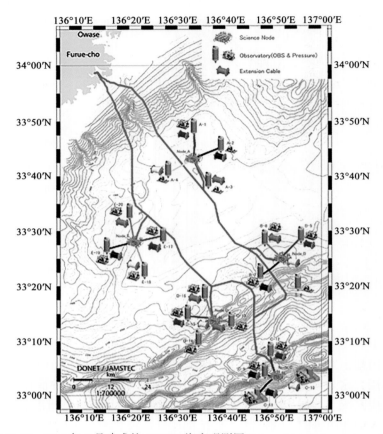

图 15-25　2011 年 7 月建成的 DONET 海底观测网(http：//www.jamstec.go.jp)

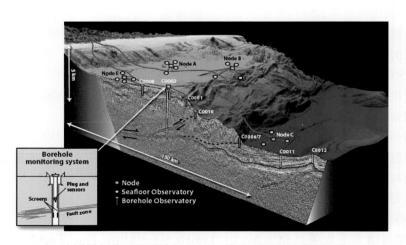

图 15-26　IODP 大洋钻探井下观测站与 DONET 海底观测网的联网前景(IODP，2011)

782

学监测，包括倾斜、测震、压力、温度等，帮助理解断层和地震发生的物理过程，深入认识孔隙压力和应力在地震过程中随时间的变化。日本南海海槽具有非常高的地震活动性，其俯冲区的结构已借助地面观测站做过较好研究，通过对其发震带的复合钻探和钻孔观测，将最终验证关于发震带的各种假说。

21 世纪被称为"海洋的世纪"。新兴的海底科学是海洋科学研究的重点领域和前沿领域。海底观测网的建设和多参量光纤海底地震仪的研制，必将开创我国海洋观测的新时代。

15.5 面向未来的空天地一体化网络技术

15.5.1 空天地信息网络基础

1. 发展空天地信息网络基础的意义

空天地信息网络由深空网络、天基网络、临近空间网络、超低空网络以及地面支撑网络(含海洋网络)组成，包括信息获取、传输、处理、分发和导航、控制等主要功能，涉及信息、物理、天文、力学、地球科学、管理等多个学科。其面向光学、红外、雷达、激光、微波、高光谱等多谱段信息，支持高速宽带大容量信息传输以及多元、多尺度、多质、多时相信息共享与处理，实现快速高效的信息服务，作为人类活动拓展至空间、远海乃至深空的信息基础设施，已成为当今全球科技和产业发展的热点，也是未来 10 年我国信息科学学科优先发展的 5 个重大交叉领域之一(国家自然科学基金委员会等，2012)。

空天地信息网络是人类进入空间的桥梁。21 世纪，进入空间的模式从单纯将飞行器送入空间执行单项任务的方式向网络化系统级进入空间的模式发展。欧美的多个星座计划已印证了这一趋势。特别是空间对地观测系统通过网络化可以提高时间分辨率、空间分辨率和频(光)谱分辨率，并实现有效的资源共享和信息融合。空天地信息网络也是实现全球一体化快速，及时航空、航海信息服务的重要途径。

空天地信息网络是人类认识空间和海洋的手段。空间和海洋是重要的科技资源，也是重要的战略资源。为了更加精细、更加全面地认识空间和海洋，当今的空间观测、海洋观测、对地观测已从单一模式向多模式(光学、红外、微波、多光谱)协同方向发展，而空天地信息网络则是实现多手段协同的必要前提。

2. 研究目标和科学任务

空天地信息网络基础研究的目标是为集成大尺度时空基准、广域通信与信息分发、多元宇观信息感知、星际远程控制等功能为一体的立体综合观测网络奠定理论和技术基础，有效支持天基、空基、地基的各种应用，服务于深空探测、空间互联网、协同空管、导航定位、移动通信、远海通勤等发展需求。

具体目标是探索构建互联互通、无缝一体的网络系统框架的理论基础，通过系统综合研究先进的通信网络、信息传输、智能处理与高效服务等核心技术，实现全天时、全天候、全方位、近实时地获取各种空间和地域信息，为各类用户提供大范围、高精度的导航定位信息，实现大容量、大范围信息的快速分发。同时，与地面通信系统融合，发展星上处理等核心技术，支持广域通信覆盖，形成空天地一体化信息系统的中枢和纽带。

未来 10 年，我国空天地信息网络基础研究预期的代表性任务有（国家自然科学基金委员会等，2012）：

①全球网络快速接入：以空天飞行器为代表，空天地信息网络为其提供全球范围的测控、通信、导航等综合信息支持，完成星座测控、对地观测全球范围实时回传等标志性试验，为我国导航组网、对地观测等重大工程提供理论基础。重点研究星上路由交换、星间链路、空天地动态组网等关键技术，发展空间互联网国际标准，与欧盟等国际组织共享空间资源，推进国际化空天地可以研究与空间利用。

②国土与深海无缝连接：以地面用户和远洋舰船为代表，空天地信息网络为其提供导航定位、移动通信、多媒体集群等综合信息支持，完成移动通信天地融合覆盖、深海通勤导航支持等标志性试验，为进一步开发国土资源和维护全球经济利益提供技术途径。重点研究星上处理、动态波束、天地协同等关键技术，形成国家利益所达区域信息无缝覆盖和全球重点区域机动覆盖的能力。

③宽带大容量的信息传输：信息传输的瓶颈成为信息获取和应用的最大障碍，空天地一体化微波通信系统和激光无线通信系统，实现海量数据的星星、星地传输。在传统的微波通信领域中，要重点解决新的编码、解码技术，调制、解调技术和扩谱技术，提高信息传输率、系统可靠性以及抗干扰能力。

3. 天基互联网

随着地面互联网的不断发展，利用卫星网络实现全球任何地方任何用户的互联网服务，构筑天基互联网，已成为卫星网络的发展和下一代互联网的重要内容。

天基互联网需要卫星网络能与地面互联网无缝连接，且可以为各种终端提供灵活的互联网接入，以电路交换为核心的窄带卫星通信网和以 ATM 交换为核心的宽带卫星通信网虽然技术比较成熟，但无法与目前广泛使用的基于 IP 的互联网有效兼容，因此需要采用以 IP 为核心的卫星组网技术。

以 IP 为基础的天基互联网是目前卫星组网技术研究的热点，也是构建空天地一体化全球通信网的重要组成部分，目前这方面的研究和建设已经起步，欧美等发达国家以及一些公司正在开展相关系统建设，一些系统已经进入实用阶段。

15.5.2　天地深对地观测传感网

随着大量的对地观测卫星的运行，基于有线或无线传感器的地基观测技术也迅速发展，各种地基观测系统的数量呈指数递增。然而，单纯地增加传感器资源，仍然难以有效满足地球表面监测综合性、应急性等多样化的需求，主要原因在于：①卫星观测系统不能协同；②空天地异构传感器缺乏耦合机制；③观测与决策服务缺乏关联（李德仁，2012）。

对地观测传感网是对地观测领域出现的新方法，它是将具有感知、计算和通信能力的传感器以及传感器网络与万维网相结合而产生的（Butler，2006），具备大规模网络化观测、分布式信息高效融合和实时信息服务能力，目前已经在加州森林野火、泰国洪水检测、南极冰雪自动提取等方面进行了初步应用（李德仁，2012）。空天地一体化对地观测传感网（Earth Observation Sensor Webs）由协同观测系统和聚焦服务系统组成，如图 15-27

所示。

聚焦服务是解决海量信息资源的个性化精确服务的主要途径之一（杨强等，2010）。聚焦服务系统（图15-28）在互联网环境下，通过一系列标准接口来提供自动化的传感器规划与调度、异构观测数据获取及在线数据处理等服务，从而实现网络环境下多传感器资源的动态管理、事件智能感知、按需观测、观测融合、数据同化和智能服务，从已有的地球空间信息（4A——Anytime，Anywhere，Anything，Anyone）服务能力转变为灵性（4R——Right Time，Right Information，RightPlace，Right Person）服务能力（李德仁，2012）。

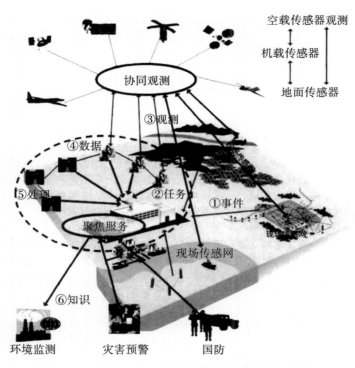

空载传感器观测

机载传感器

地面传感器

协同观测

③观测

④数据

⑤处理

②任务

①事件

聚焦服务

现场传感网

⑥知识

环境监测   灾害预警   国防

图 15-27   空天地一体化对地观测传感网概念图（李德仁）

空天地一体化对地观测传感网的构建，需要解决多传感器协同观测、传感网数据同化与信息协同处理以及时空信息聚焦服务模型等关键科学问题。

1. 事件感知与多传感器协同观测

由于卫星、航空、地面等传感器系统在观测模式、观测原理、应用目的和处理方式等方面存在很大的不同，观测平台、接收系统、处理系统和分发系统之间大多是封闭、孤立和自治的，空天地观测系统缺乏关联、传感器没有统一规划、观测数据很难共享，无法满足地表监测的综合性、快速应急响应的需求，需要在统一的流程下构造事件、传感器、观测和决策模型相互关联的观测系统体系，提供空天地传感器的最优布局。

2. 对地观测传感网数据同化与信息协同处理

在对地观测传感网环境下，可实时获取多时-空-谱尺度的地基、空基和天基观测数

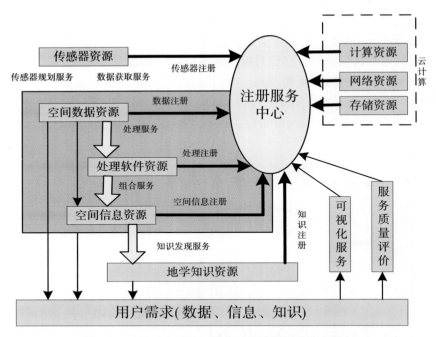

图 15-28　基于空天地一体化对地观测网的信息服务

据，为地表参数信息提取与变化分析提供了基础数据保证。然而，由于各种空天地传感器的观测机理千差万别，观测性能各不相同，传统的对地观测数据处理方法不能耦合具有超强时-空-谱异质特性的多源观测数据，不能有效地综合利用对地观测传感网中的多维互补信息。另外，传感网中的空间观测数据仅能表达观测参量之间的隐含关系，无法表达各参量的时空连续分布及其转换机制。因此，需要在分布式网络环境下，实现空天地数据融合、同化与协同信息处理，快速、精确、全面地提供复杂时空环境多变信息。

3. 任务驱动的时空信息聚焦服务模型

现有的决策支持和服务模型基本上采用单一的传感器数据源，局限于孤立地获取特定的、有限的信息，不能结合多平台、多传感器数据源提供事件监测所急需的多种时空现势信息，不适应分布、协作、可扩展的网络化环境，无法根据任务对传感器资源、数据资源、计算资源和决策资源进行高效聚集，不能满足用户的多样化需求。在对地观测传感网环境下，传感器观测数据具有实时化、多源化特点，数据处理和信息提取分布在不同的服务节点上，决策模型需要主动发现更多来源的相关信息参数；面向不同应用领域用户的多样化任务需求，需要聚合相对分散的传感器资源、时空数据、信息处理资源、决策模型，提供适应对地观测传感网环境的决策支持和服务模型。因此，需要智能聚合对地观测传感网资源和模型，实现从传感器观测、数据处理、信息提取到决策模型的无缝连接，建立面向任务的空天地一体化对地观测传感网时空信息聚焦服务，从不同层次、不同角度向不同需求的用户提供及时、可靠、主动的信息服务，从而满足各种综合性、区域性和专题性的分析决策需要。

15.5.3　数字地球神经系统

比尔·盖茨在《未来时速：数字神经系统和商务新思维》中提出了一个新的思维概念——数字神经系统(Digital Nervous System)。数字神经系统是一个整体上相当于人的神经系统的数字系统。它利用相互连接的计算机网络(如 Internet)和集成软件，创造一种新的协作工作方式；它能够模拟人脑的神经功能，可以自行识别模型和程序并解决相关问题；它使一个组织能感知其所处的环境，迅速察觉竞争者的挑战和客户的需求，做出及时的反应。

同样，在数字地球(Digital Earth，DE)模型中，可以引入神经系统的概念(齐锐等，1999)。通过类比生物神经网络系统和网络化数字地球的特点，综合运用高速计算机网络、云计算、人工智能等领域的理论和方法，开展数字地球的信息输入与反应机制等研究，从一个全新的角度来研究数字地球。

葛罗斯(Neil Gross)早在 1999 年 8 月 30 日发行的《商业周刊》杂志上，为数字地球神经系统提供了一个很生动的叙述：在下一个世纪，地球将披上一层电子皮肤。这一层电子皮肤会以因特网为骨架，并使用它来传达感觉。这层皮肤也正被缝合在一起，它是由上百万电子传感器所组成，包括温度计、压力计、空气污染监测器、心电图传感器等。这些传感器连续不断地观察与监控着城市、交通、大气层、我们的日常对话、身体状况，甚至是我们的梦。

数字地球神经系统，也有人称为全球感测网(World-wide Sensor Web，WSW)。对它的研究已经吸引了全球许多学界和业界的注意。《自然》(*Nature*)期刊形容 WSW 会是 2020 年的计算机平台，它由许多微小的计算机组成，不间断地监视着生态系统、建筑甚至我们的身体状况。

由"无缝隙"连接的探测网络、交战网络和通信网络组成的美国"网络中心战系统"，是一个典型的数字地球神经系统。探测网络把所有战略、战役和战术级探测器连为一体，能迅速提供"战场空间态势图"；交战网络主要连接各武器系统；通信网络则对前两者起支撑作用，是它们的神经中枢。通过战场各作战单元的网络化，可加速信息的快速流动和使用，使各分散配置的部队共享战场信息，把信息优势变为作战行动优势，从而协调行动，最大限度地发挥作战效能(张军，2008)。因此，在第一次海湾战争中，从侦察卫星获取战场信息到设在美国的指挥中心做出决策，并将决策信息返回到海湾战争的指挥员那里，需要经历 3 小时，而现在还不到 3 分钟时间，未来可能只要 3 秒钟，如同人体的神经系统一样迅速。

微软的"传感地图"(Sensor Map)计划则提供了一个实时空间信息平台，让全世界各地的科学家可以使用网络电子地图为接口，发布、搜索与查询为数众多的实时传感器观测的信息。美国的 OOI 计划(大洋观测计划)与加拿大的 NEPTUNE 计划，则在不间断地监测着北美太平洋外岸 Juan De Fuca 板块区域的深海物理、化学、生物、地质状态与过程。

我们知道世界上已经有许许多多不同类型的传感器，布设在地球的各个角落。也有越来越多的传感器，彼此以传感器网络链接，可以大量地传递实时观测资料，作为实验或决策分析之用。

但是，当传感器和传感器网络科技逐渐成熟以后，科学家们就发现一个新的问题，那就是这些不同的传感器网络之间，并没有相互连接在一起，也就是说，在不同的传感器网络之间，无法使用与分享彼此的观测数据与运算资源。比如，中国现有的各类地球观测网络就是这样，由于隶属关系的不同，彼此之间无法分享观测数据和运算资源，更无法共同执行智能化的观测任务。

全球信息网(World-Wide Web，WWW)的概念很简单，就是通过一系列的国际标准协议，来构建一个计算机的全球信息基础建设，让分布在世界各地的计算机系统可以分享数据与运算资源。这个连接与分享的概念虽然简单，却彻底地改变了我们的日常生活。

全球感测网(WSW)之于传感器，就像是全球信息网（WWW）之于计算机系统。全球感测网是一个专门为传感器设计的全球信息基础建设，不同的传感器可以在这个全球感测网里，交换观测数据、运算资源与其他相关的信息。全球感测网的用户可以在世界上的任何一个角落，发布、搜寻、查询甚至操纵在远程的各种不同种类的传感器。

对于用户来说，全球感测网就像是一个全球规模的传感器，可以进行各式各样的观察任务，观察各式各样的现象，甚至预测未来可能发生的事件。全球感测网让用户可以监控世界的实况，并且可以任意组合这些观测信息与观测资源，来创造各式各样的应用。

2009 年初，美国惠普公司对外公布了"地球中枢神经系统"项目。该项目计划用 10 年时间在地球上各个地方部署 1 万亿个图钉大小的传感器。这些传感器可以测量温度、湿度、振动、张力等，然后把采集到的信息发送到电脑服务器上进行分析处理，并自动发出提示。

地球科学研究进入地球系统科学新时代，以解决人类面临的资源、环境、灾害等难题为己任。它强烈地呼唤空天地网络等新技术。本章简述的仅是其中的一部分。在此领域，我国正在跟进，迅速迈入自主创新，与国际发展齐头并进，如北斗导航系统、不依赖地面测控的 X 射线脉冲星自主导航技术(帅平，2009，2016)等，必将强劲地推动地球科学的创新发展。

地球科学、大陆动力学、地震科学、地震大地测量学等，均是以观测为基础的科学。当整体精确地揭示过去未能认知的自然现象并发现与已有的理论相矛盾时，意味着突破传统的创新将由此起步。新观测技术(全球对地观测系统、空天地一体化网络等)与新科学理论(地球系统科学、动力系统、大陆变形动力系统等)，在揭示和理解复杂系统演化及预测其未来行为上，是天然契合，互补互促的。在两者强劲的共同推进下，地震监测预测历经多次艰难的实践与检验，通过观测→理解→模型→预测(检验)的多次认知与升华，必将逐步逼近自然规律，从而为地震预报和防震减灾不断做出更有实效的贡献。正如一些中外科学家预言："真正令人激动的研究才仅仅是开始。""世界的永恒奥秘在于它的可理解性。"(爱因斯坦)"长风破浪会有时，直挂云帆济沧海。"(李白)

(本章由刘文义撰写)

本章参考文献

1. 曹秀云. 临近空间飞行器成为各国近期研究的热点[J]. 中国航天, 2006 (6): 32-35.

2. 陈俊勇, 程鹏飞, 党亚民. 卫星重力场探测及空间和地面大地测量联合观测[J]. 测绘科学, 2007, 32 (6): 5-6.

3. 陈俊勇, 党亚民. 国际大地测量和地球物理联合会 2003 年日本大会札记[J]. 测绘科学, 2003, 28 (3): 1053-1058.

4. 陈俊勇. 空间大地测量技术对确定地面坐标框架、地形变与地球重力场的贡献和进展[J]. 地球科学进展, 2005, 20 (10): 131-133.

5. 陈泮勤. 地球系统科学的发展与展望[J]. 地球科学进展, 2003, 18 (6): 974-980.

6. 陈宜瑜, 陈泮勤, 葛全胜. 全球变化研究进展[J]. 地学前缘, 2002, 9 (1): 11-19.

7. 党亚民, 陈俊勇. GGOS 和大地测量技术进展[J]. 测绘科学, 2006, 31 (1): 131-133.

8. 方秀花, 尹志忠, 李丽. 美国防部 GPS 现代化计划及其备选方案解读[J]. 装备学院学报, 2012, 23 (3): 83-86.

9. 冯筠, 高峰, 黄新宇. 构建天地一体化的全球对地观测系统[J]. 地球科学进展, 2005, 20 (12): 1327-1333.

10. 宫鹏. 环境监测中无线传感网络地面遥感新技术[J]. 遥感学报, 2007, 11 (4): 545-551.

11. 郭丽红, 李洲. 美国国家天基 PNT 概况[J]. 全球定位系统, 2011, 36 (5): 85-90.

12. 国家遥感中心. 地球空间信息科学技术进展[M]. 北京: 电子工业出版社, 2009.

13. 国家自然科学基金委员会, 中国科学院. 未来 10 年中国学科发展战略: 信息科学[M]. 北京: 科学出版社, 2012.

14. 晋锐, 李新, 阎保平, 等. 黑河流域生态水文传感器网络设计[J]. 地球科学进展, 2012, 27 (9): 993-1005.

15. 李德仁, 沈欣. 论智能化对地观测技术[J]. 测绘科学, 2005, 30 (4): 9-11.

16. 李德仁, 童庆禧, 等. 高分辨率对地观测的若干前沿科学问题[J]. 中国科学: 地球科学, 2012, 42 (6): 805-813.

17. 李宏, 文华, 等. 临近空间飞行器在空天防御中的应用研究[J]. 地面防空武器, 2013, 44 (1): 21-27.

18. 刘德长, 叶发旺. 后遥感应用技术研究与地质实践[J]. 国土资源遥感, 2004 (1): 11-14.

19. 刘东生. 走向"地球系统"的科学: 地球系统科学的学科雏形及我们的机遇[J]. 中国科学基金, 2006, 20 (5): 266-271.

20. 吕晶晶，刘国鹏，姚金杰，等．基于无线传感器网络的地震监测系统设计[J]．传感器世界，2011，17(7)：29-32.

21. 吕克解，周小刚．"地球系统探测新原理与新技术"优先领域与地球系统科学[J]．地球科学进展，2006，21(10)：1097-1100.

22. 齐锐，张大力，阎平凡，等．数字地球神经系统模型研究[J]．计算机工程与应用，1999(8)：7-10.

23. 上海海洋科技研究中心(筹)．海洋地质国家重点试验室(同济大学)．海底观测——科学与技术的结合[J]．上海：同济大学出版社，2011.

24. 施浒立，景贵飞，崔君霞．后 GPS 和 GPS 后时代的卫星导航系统[M]．北京：中国科学出版社，2012.

25. 帅平，李明，陈绍龙，等．X 射线脉冲星导航系统原理与方法[M]．北京：中国宇航出版社，2009.

26. 帅平．脉冲星宇宙航行的灯塔[M]．北京：国防工业出版社，2016.

27. 孙枢．对我国全球变化与地球系统科学研究的若干思考[J]．地球科学进展，2005，20(1)：6-11.

28. 唐克，冯宝龙，谢宝军，等．临近空间飞行器开发利用现状与发展趋势[J]．飞行导弹，2012(11)：44-49.

29. 汪品先．从海底观测地球——地球系统的第三个观测平台[J]．自然杂志，1997，29(3)：125-130.

30. 温兴煜，刘德长．后遥感应用技术的开拓者[J]．科技中国，2010(7)：92-93.

31. 吴立新，李德仁．未来对地观测协作与防灾减灾[J]．地理与地理信息科学，2006，22(3)：1-8.

32. 吴立新，刘善军．GEOSS 条件下固体地球灾害的广义遥感监测[J]．科技导报，2007，25(6)：5-11.

33. 吴立新，郑硕，仲小红，等．四川芦山 M_S7.0 级地震前卫星线性云异常现象[J]．科技导报，2013，31(12)：23-26.

34. 杨强，隋福宁，邓苏，等．基于主题分析的网络信息资源聚焦服务方法[J]．科学技术与工程，2010，10(19)：4813-4817.

35. 赵作鹏，王潜平，于景邨，等．复杂环境下地震监测的无线传感器网络系统设计[J]．计算机工程与设计，2010，31(15)：3371-3373.

36. 中国科学院地学部地球科学发展战略研究组．21 世纪中国地球科学发展战略学报告[M]．北京：科学出版社，2009.

37. 周洪斌，胡国军．临近空间飞行器及其测绘应用前景[J]．测绘科学与工程，2012，32(2)：67-70.

38. 比尔·盖茨(Bill Gates)．未来时速：数字神经系统与商务新思维[M]．蒋显景，姜明，译．北京：北京大学出版社，1999.

39. Beranzoli L, De Santis A, Etiope G, et al. GEOSTAR：A Geophysical and Oceanographic Station for Abyssal Research[J]. Physics of the Earth and Planetary Interiors,

1998, 18(2): 175-183.

40. Butler D. 2020 computing: Everything, everywhere [J]. Nature, 2006 (440): 402-405.

41. Congress of the United States Congressional Budget Office. The GPS for military users: Current modernization plans and alternatives[OL]. [2017-06-15]. http: www. cbo. gov/new_ pubs.

42. Delin K A, Jackson S P, Johnson D W, et al. Environmental studies with the Sensor Web: Principles and practice[J]. Sensors, 2005(5): 103-117.

43. Favali P, Beranzoli L. EMSO: European multidisciplinary seafloor observatory [J]. Nuclear Instruments and Methods in Physics Research A, 2009(602): 21-27.

44. Fontana R D, Cheung W, Novak P M, et al. The new L2 civil signal[C]. ION GPS, 2001, 11-14 Sep. Salt Lake City, UT: 617-631.

45. Hart J K, Martinez K. Environmental sensor networks: A revolution in earth system science[J]. Earth-Science Reviews, 2006(78): 177-191.

46. Howe B M, Chao Y, Arabshahi P, et al. A Smart Sensor Web for Ocean Observation: Fixed and Mobile Platforms, Integrated Acoustics, Satellites and Predictive Modeling[J]. IEEE Journal of Selected Topics in Applied Earth Observations and Remote Sensing, 2010, 3(4): 507-521.

47. Howe B M, McGinnis T. Sensor Networks for Cabled Ocean Observatories[C]. The 3rd International Workshop on Scientific Use of Submarine Cabled and Related Technologies, 2004: 216-221.

48. IODP. Illuminating Earth's Past, Present, and Future. The International Ocean Discovery Program, Science Plan for 2013—2023[R]. Integrated Ocean Drilling Program, 2011.

49. Kanwaljit, David Turner, Michael Shaw. 2000. Modernization of the Global Positioning System[C]. ION GPS 2000, 19-22 Sep. Salt Lake City, UT: 2175-2183.

50. Karen V D. National positioning, navigation, and timing architecture [C]//The Institute of Navigation International Technical Meeting, January 26, 2009.

51. NASA. 1988. Earth System Science[R]. Washington D C, 1988.

52. NASA. 2001. Exploring Our Home Planet-Earth Science Enterprise Strategic Plan. Jan.

53. NASA. 2002. Earth Science Enterprise Technology Strategy[R]. Washington D C, 2002.

54. National Security Space Office. 2008. National positioning, navigation, and timing architecture study[R]. 2008.

55. OOI: Ocean Observatories Initiative Final Network Design [R]. Washington D C: Consortium for Ocean Leadership, 2010: 167.

56. Sutton G H, McDonald W G, Prentiss D D, et al. Ocean-bottom seismic observatories [J]. Proceeding of the IEEE, 1965, 53(12): 1909-1921.

57. Yick J, Mukherjee B, Ghosal D. Wireless sensor network survey [J]. Computer Networks, 2008, 52(12): 2292-2330.